中国农业文化遗产 第二卷

中国农业文化遗产名录

上册

◎王思明 李明 主编

国家出版基金项目
NATIONAL PUBLICATION FOUNDATION

中国农业科学技术出版社

图书在版编目（CIP）数据

中国农业文化遗产名录：全2册 / 王思明，李明主编 .
— 北京：中国农业科学技术出版社，2016.6
（中国农业文化遗产）
ISBN 978-7-5116-2407-9

Ⅰ . ①中… Ⅱ . ①王… ②李… Ⅲ . ①农业—文化遗产—中国 Ⅳ . ① S-62

中国版本图书馆 CIP 数据核字（2015）第 300285 号

责任编辑 朱 绯 李 雪
责任校对 贾海霞

出 版 者 中国农业科学技术出版社
北京市中关村南大街 12 号 邮编：100081
电 话 （010）82106626（编辑室）（010）82109704（发行部）
（010）82109703（读者服务部）
传 真 （010）82106626
网 址 http://www.castp.cn
经 销 者 新华书店北京发行所
印 刷 者 北京科信印刷有限公司
开 本 787 mm × 1092 mm 1 /16
印 张 84.75
字 数 1968 千字
版 次 2016 年 6 月第 1 版 2016 年 6 月第 1 次印刷
定 价 320.00 元

江苏高校哲学社会科学重点研究基地
中 国 农 业 历 史 研 究 中 心

阶段成果

《中国农业文化遗产》编委会

《中国农业文化遗产名录》编委会

总　序

农业虽有上万年的历史，但在社会经济以农业为主导，社会文明以农耕为特色的农业社会，农业是主流生产和生活方式，农业不可能作为文化遗产被关注。农业作为文化遗产受到关注始于社会经济和技术发生历史性转变之际——工业社会取代农业社会、工业文明取代农业文明、现代农业取代传统农业的背景之下。

正因如此，50多年前，当中国农业科学院·南京农学院创建农业历史专门研究机构时，将之命名为“中国农业遗产研究室”，西北农学院将之命名为“古农学研究室”。

很长一段时间，中国农业遗产的研究侧重于农业历史，尤其是古代农业文献的研究。农业历史与农业遗产在研究内容上有广泛的交集，但并不完全一致。因为历史是一个时间概念，其内涵更加宽泛，绝大多数农业遗产都属农业历史的研究对象，但许多农业历史的内容却谈不上是农业遗产。这是由遗产的性质和特征所决定的。

在遗产保护方面，人们最早关注的是自然遗产和有形文化遗产。20世纪末，国际社会开始关注口传和非物质文化遗产。在这种背景下，农业文化遗产的保护工作逐渐进入人们的视野。2002年，联合国粮农组织（FAO）启动“全球重要农业文化遗产”项目（GIAHS）。

但FAO关于农业遗产的定义是为项目选择而设定的（农村与其所处环境长期协同进化和动态适应下所形成的独特的土地利用系统和农业景观，它要具有丰富的生物，而且可以满足当地社会经济与文化发展的需要，有利于促进区域可持续发展）。而实际上，农业文化遗产的内涵比这丰富得多。《世界遗产名录》分为“文化遗产”“自然遗产”“文化与自然双重遗产”“文化景观遗产”和“口传与非物质文化遗产”5个类别。如果依据这个标准判断，农业遗产实际包含除单纯“自然遗产”外所有其他文化遗产门类。

农业遗产是人类文化遗产的重要组成部分，它是历史时期，与人类农事活动密切相关、有留存价值和意义的物质（tangible）与非物质（intangible）遗存的综合体系。它包括农业遗址、农业物种、农业工程、农业景观、农业聚落、农业工具、农业技术、农业文献、农业特产和农业民俗10个方面的文化遗产。

中国的农业遗产研究始于20世纪初期，大体经历了4个发展阶段。

1. 20世纪初至1954年

1920年，金陵大学建立农业图书部，1932年又创建农史研究室，在万国鼎先生的倡导下开始系统搜集和整理中国农业遗产。他们历时10年，从浩如烟海的农业古籍资料中，搜集整理了3 700多万字的农史资料，分类辑成《中国农史资料》456册。

2. 1954年至1965年

1954年4月，农业部在北京召开“整理祖国农业遗产座谈会”。不久，在国务院农林办公室和农业部的支持下，在原金陵大学农业遗产整理工作的基础上成立中国农业科学院·南京农学院中国农业遗产研究室，万国鼎被任命为主任。与此同时，西北农学院成立古农学研究室，北京农学院、华南农学院也相继建立了研究机构，逐渐形成了以“东万（万国鼎）、西石（石声汉）、南梁（梁家勉）、北王（王毓瑚）”为代表的中国农业遗产研究的4个基地。

3. 1966年至1977年

由于“文化大革命”的缘故，本时期农业遗产研究专门机构被撤并，研究工作大多陷于停顿。

4. 1978年至今

改革开放以后，科研工作逐步恢复正常。不仅“文化大革命”前建立的农业遗产研究机构陆续恢复，一些新的农史研究机构也陆续建立，如中国农业博物馆研究所、农业部农村经济研究中心当代农史研究室、江西省农业考古研究中心等。1984年，中国农业历史学会在郑州宣告成立，广东、河南、陕西、江苏等省还组建了省级农业史研究会。农业史专门研究刊物也陆续面世，如《中国农史》《农业考古》《古今农业》等。

在农业遗产专门人才培养方面，1981年，南京农学院、西北农学院、华南农学院、北京农业大学等被国务院批准具有农业史硕士学位授予权。1986年，南京农业大学被批准具有博士学位授予权；1992年，被授权为农业史博士后流动站。西北农林科技大学在农业经济管理学科设有农业史博士专业；华南农业大学在作物学专业设有农业史博士方向。具有农业史硕士学位授予权的高校还有中国农业大学、云南农业大学等。

过去几十年，中国农业遗产的研究在工作重心上发生过几次重要的变化。

1. 从致力于古农书校注和技术史研究向农业史综合研究和农业生态环境史研究转变

农业古籍是先人留给我们的宝贵遗产。经过万国鼎、王毓瑚、石声汉等前辈们的艰辛努力，摸清了中国农业遗产的“家底”，相继整理出版了《中国农学史》（上）《中国农学书录》《氾胜之书》《齐民要术校释》《四民月令辑释》《四时纂要校释》和《农桑经校注》等专著，为后来研究的开展奠定了坚实的基础。

改革开放以后，农业遗产的研究重心出现了新的变化，逐渐由古农书的校注解读向农业科技史、农业经济史和农业生态环境史转变。本时期农业遗产研究有两项大的工程：一是《中国农业科学技术史稿》（国家科技进步三等奖）；二是《中国农业通史》（10卷，目前已出版5卷）。

2. 从单纯依托纸质历史文献研究向结合实物的考古学和民族学研究拓展

20 世纪 70 年代，裴李岗、磁山、河姆渡等遗址陆续发掘，随之出土了大量农具、作物、牲畜骨骸等农业遗存，农业遗产学者开始有意识地把考古发现运用到农业起源的研究中。

游修龄、李根蟠、陈文华等先生很早就注重这方面的研究，发表了不少相关研究报告和论文，考古学者涉足农史研究者则更多。1978 年，陈文华在江西省博物馆组织举办了“中国古代农业科技成就展览”，后来又创办了《农业考古》杂志，对该学科方向的发展起到了积极的推动作用。

3. 从单纯依赖历史文献学研究方法向借鉴多学科研究方法，特别是信息科技研究手段的变化

一方面，中国现存农业资料和历史文献浩如烟海，而且古籍在翻阅或利用过程中不可避免地发生损坏或丢失现象，不利于其本身的保护。另一方面，很多农业古籍被各家图书馆及科研单位视若珍宝，一般不能借阅，其传播和查询、阅览也受到诸多限制，影响了农业遗产研究的进一步深入和发展。

有鉴于此，近年来，国内农业遗产研究机构在将农遗资料与信息技术结合方面陆续进行了一些有益的尝试。2005 年，在国家科技部专项资助下，中华农业文明研究院启动了中国农业古籍数字化工作，并制作完成了一批中国农业古籍学术光盘，17 种 800 多卷。2006—2008 年，中华农业文明研究院又陆续建设了“中国传统农业科技数据库”“中国近代农业数据库”“农史研究论文全文数据库”等农业遗产数据库，并创建了“中国农业遗产信息平台”。《中华大典·农业典》开始尝试开发和利用古籍电子资源进行编纂，相关数据库和应用软件基本研制成功；中华农业文明研究院也充分利用自己开发的各种数据库进行科学研究工作，尤其是《清史·农业志·清代农业经济与科技资料长编》6 卷的编纂工作。一些以农业遗产为主题的文化网站也相继创立，如南京农业大学中华农业文明研究院创办的“中华农业文明网”、中国科学院自然科学史研究所曾雄生创办的“中国农业历史与文化”、中国社会科学院经济研究所李根蟠先生创办的国学网“中国经济史论坛”等。

4. 从原来静止不变的农业遗产资料研究向活体、原生态农业遗产研究和保护的转变

活体、原生态农业也是农业遗产的一个重要组成部分。中国是一个农业大国，拥有悠久的农业历史和灿烂的农业文化。在漫长的发展过程中，中国农民积累了丰富的农业生产知识和经验，创造了许许多多具有民族特色、区域特色并且与生态环境和谐发展的传统农业系统：桑基鱼塘系统、果基鱼塘系统、稻作梯田系统、稻鱼共生系统、稻鸭共生系统、旱地农业灌溉系统、粮草互养系统等。这些珍贵的文化遗产具有很高的科学价值和现实意义。

早在 2000 年，皖南乡村民居和四川都江堰水利枢纽工程就被联合国教科文组织列入《世界文化遗产名录》。近年来，在联合国粮农组织的倡导下，尤其是中国科学院自然与文化遗产研究中心的积极推动下，在这方面已经取得了长足的进展。2005 年，浙江青田“稻鱼共生系统”被 FAO 列为首批全球重要农业文化遗产试点，2010 年，云南红河“哈尼稻

作梯田系统”和江西万年“稻作文化系统”也被列为试点。2011年6月10日，贵州从江“侗乡稻鱼鸭系统”成为中国第四处全球重要农业文化遗产保护试点。

注重动静相宜、科普与科研相结合的各种农业博物馆也相继成立，中国的农业遗产研究开始走出象牙塔，迈向社会。

1983年，在农业部的支持下，中国农业博物馆建立，开始大规模征集与古代和近代农业相关的文物，并成为全国科普教育基地。2004年，南京农业大学创办了中国高校第一个集教学、科研和科普为一体的中华农业文明博物馆。目前也是国家科普教育基地。2006年，西北农林科技大学博览园建成，一共设有5个馆，其中就有农业历史博物馆。各地关于农具、茶叶、蚕桑等专题博物馆则多达几十家。

应该说，截至目前，除了古农书的整理与研究，中国农业遗产的很多其他工作都仅仅是刚刚起步，例如，全国农业文化遗产的类型、数量、分布及保护情况，农业文化遗产保护相关理论、方法与途径等。哪些亟待保护？如何保护？如何实现社会、经济、文化和生态价值的平衡？所有这些问题都需要认真研究和探讨，需要多学科的协作和多方面的共同努力。2010年和2011年，中国农业科学院、中国农业历史学会和南京农业大学中华农业文明研究院在南京陆续举办了两届“中国农业文化遗产保护论坛”，集合政府、学术界和遗产保护地多方面的经验和智慧，探讨中国农业文化遗产保护中亟待解决的理论和实际问题。也是出于这些考虑，中华农业文明研究院决定继承原来编纂《中国农业遗产选集》的传统，启动《中国农业遗产研究丛书》，积极推进中国农业文化遗产研究工作的开展。

生态发展上，人们关注生物多样性的重要性；社会发展上，人们关注社会多元化的重要性；但在人类发展上，我们却常常忽视民族多样性和文化多样化的重要性。一个民族的文化遗产是这个民族的文化记忆。保护文化多样性就是保护人类文化的基因。它既是文化认同的依据，也是文化创新的重要资源。因此，保护农业文化遗产是保护人类文化多样性的一项非常有意义的工作。

中华农业文明研究院院长

王思明

2015年9月1日

目　录

第1章 绪论

中国是世界上农业发展最早的国家之一，拥有悠久的农业历史和灿烂的农业文明。中国的黄河流域和长江流域是中国农业文明的摇篮，曾经与尼罗河、底格里斯河、幼发拉底河和恒河流域一同被世人视为世界古文明中心地。上万年的农业文明、从未中断过的农耕历史，拥有先进完备的农业科学技术知识体系，使中国成为世界上拥有农业文化遗产种类最为丰富、数量最为庞大的国家。农业文明的发展不仅为历代中国人民提供了丰富的物质生活资料，也为中国社会文化的发展创造了基础条件，深刻地影响了中国传统文化的形成和发展，是形成中华民族个性和民族精神的基础。从某种意义上说，农业文明是中华文明立足传承之根基，农业文化遗产是中国传统文化遗产的核心部分，是中国文化传承、发展和创新的文化基因和重要资源。

在漫长的农业文明发展历程中，中国劳动人民积累了极其丰富的农业生产知识和经验，加上不同地区自然环境与人文环境的巨大差异，创造出许许多多具有地方传统和民族特色，并与自然环境融合发展的珍贵农业文化遗产，如稻鱼（鸭）共生系统、桑（果）基鱼塘系统、稻作梯田系统、旱地农业灌溉系统、农林复合系统、粮草互养系统、间作套种、坎儿井、砂石田等。正是这些具有极高历史、审美、生态、经济、文化、社会和科技价值的农业文化遗产，使中国这个自然条件并不优越的古老国度，在数千年间实现了超稳定发展，基本上实现了对土地的永续利用，确保了中国社会的可持续发展。但随着近代工业文明的发展，工业化、城镇化和农业现代化的快速推进，化肥、农药、除草剂、催熟剂等现代农业技术大量被使用，土地板结、硬化、地力下降、酸碱度失衡、有毒物质严重超标等一系列问题开始困扰人们，农业文化遗产遭到了前所未有的冲击和威胁，一些珍贵和重要的农业文化遗产正面临着被破坏、被遗忘、被抛弃的危险。然而，对于大多数人而言，由于缺乏专业知识，关于什么是农业文化遗产、哪些才是需要保护的重要农业文化遗产等问题难于真正清楚和理解。因此，编写《中国农业文化遗产名录》的意义不仅在于提供农业文化遗产研究的基础资料，而且可以让人们比较直观地了解哪些是重要和珍贵的农业文化遗产。

一、农业文化遗产名录建立情况

文化遗产名录是名录的一种，是汇集有关文化遗产名称及其基本情况和资料的工具，也是保护文化遗产的重要方式。通过建立文化遗产名录以及名录的宣传、申报、评估，设立文化遗产保护基金等方式，既能增强公众的文化遗产保护意识，又能更好地保护和传承这些文化遗产。目前，已有的农业文化遗产名录主要有两个：一是全球重要农业文化遗产（GIAHS）保护试点“名录”，二是中国重要农业文化遗产“名录”，但是这两个名录都是以狭义农业文化遗产为保护对象的，保护范围和数量比较有限。与农业文化遗产有关的遗产名录则有《世界遗产名录》《人类非物质文化遗产代表作名录》《急需保护的非物质文化遗产名录》、国内各级“非物质文化遗产名录”、《国际灌溉排水委员会世界灌溉工程遗产名录》等，其中都包含了各种类型的广义“农业文化遗产”，对保护农业文化遗产也起到了重要作用。

（一）“全球重要农业文化遗产名录”

2002年8月，联合国粮农组织（FAO）、联合开发计划署（UNDP）、全球环境基金（GEF）和联合国教科文组织（UNESCO）、国际文化遗产保护与修复研究中心（ICCROM）、国际自然保护联盟（IUCN）、联合国大学（UNU）等10多个国际组织或机构以及一些国家政府，启动了全球重要农业遗产系统（Globally Important Agricultural Heritage Systems，GIAHS）保护和适应性管理项目工作。该项目的目标是在经济与文化全球化、生态环境变化、政策不确定性及人类活动对环境影响越来越大的背景下，建立全球重要农业文化遗产及其有关的景观、生物多样性、知识和文化保护体系，并在世界范围内得到认可和保护，使之成为可持续管理的基础。该项目计划在全球环境基金（GEF）的支持下，通过6年左右的努力，建立一个包括100~150个不同类型农业生产系统的网络，促进农业文化遗产的保护并使之得到全世界的认可。[①] 从联合国粮农组织对GIAHS的界定以及GIAHS项目的实践来看，GIAHS项目保护的对象是世界范围内重要的农业生产系统和景观。

自2002年联合国粮农组织发起全球重要农业文化遗产（GIAHS）保护计划以来，GIAHS项目得到了世界各国的积极响应，截至2014年6月，全球已经有中国、秘鲁、智利、印度、日本、韩国、菲律宾、阿尔及利亚、摩洛哥、突尼斯、肯尼亚和坦桑尼亚等13个国家具有典型性和代表性的31个传统农业系统被评选为GIAHS保护试点（表1-1）。其中，中国11个、日本5个、韩国2个、印度3个、菲律宾1个、伊朗1个、秘鲁1个、智利1个、坦桑尼亚2个、阿尔及利亚1个、突尼斯1个、摩洛哥1个、肯尼亚1个。此外，还有5个国家的15个传统农业系统被列为GIAHS候选地。虽然没有被正式表述为“全球

---

① 闵庆文：《全球重要农业文化遗产——一种新的世界遗产类型》，《资源科学》，2006年第4期

重要农业文化遗产名录”，但 GIAHS 保护试点实际与其他遗产名录的形式和功能并无明显差别。

中国是最早参与这个项目并实施最成功的国家之一。目前，入选“全球重要农业文化遗产”保护试点的我国 11 个传统农业系统包括：浙江青田“稻鱼共生系统”（2005 年）、云南红河“哈尼稻作梯田系统”（2010 年）、江西万年“稻作文化系统”（2010 年）、贵州从江县“侗乡稻鱼鸭系统”（2011 年）、云南“普洱古茶园与茶文化系统”（2012 年）、内蒙古“敖汉旱作农业系统”（2012 年）、河北“宣化传统葡萄园”（2013 年）、浙江绍兴“传统香榧群落”（2013 年）、江苏兴化“垛田传统农业系统”（2014 年）、福建福州“茉莉花种植与茶文化系统”（2014 年）和陕西“佳县古枣园”（2014 年）。

表 1-1　已列入“全球重要农业文化遗产名录”的项目

项目名称	所属国家（地区）	列入时间
青田稻鱼共生农业系统	中国（浙江）	2005 年
智鲁群岛岛屿农业系统	智利	2005 年
安第斯山脉高原农业系统	秘鲁	2005 年
伊富高稻作梯田农业系统	菲律宾	2005 年
埃尔韦德绿洲农业系统	阿尔及利亚	2005 年
加夫萨绿洲农业系统	突尼斯	2005 年
卡贾多马赛草原游牧系统	肯尼亚	2008 年
恩戈罗马赛草原游牧系统	坦桑尼亚	2008 年
基哈巴农林复合系统	坦桑尼亚	2008 年
红河哈尼稻作梯田系统	中国（云南）	2010 年
万年稻作文化系统	中国（江西）	2010 年
从江侗乡稻鱼鸭复合系统	中国（贵州）	2011 年
克什米尔藏红花种植系统	印度	2011 年
能登半岛“里山、里海”景观生态系统	日本	2011 年
佐渡岛稻田—朱鹮共生系统	日本	2011 年
阿特拉斯山脉绿洲农业系统	摩洛哥	2011 年
普洱古茶园与茶文化系统	中国（云南）	2012 年
敖汉旱作农业系统	中国（内蒙古）	2012 年
科拉普特传统农业系统	印度	2012 年
宣化传统葡萄园	中国（河北）	2013 年
绍兴传统香榧群落	中国（浙江）	2013 年
库塔纳德海平面下农耕文化系统	印度	2013 年
熊本县阿苏可持续草地农业系统	日本	2013 年
静冈县传统茶—草复合系统	日本	2013 年
大分县国东半岛林—农—渔复合系统	日本	2013 年
兴化垛田传统农业系统	中国（江苏）	2014 年
福州茉莉花和茶文化系统	中国（福建）	2014 年
佳县古枣园系统	中国（陕西）	2014 年

（续表）

项目名称	所属国家（地区）	列入时间
济州岛石墙系统	韩国	2014 年
青山岛传统灌溉梯田	韩国	2014 年
法罕省卡尚坎儿井灌溉系统	伊朗	2014 年

（二）“中国重要农业文化遗产名录”

2012 年 4 月，为加强我国重要农业文化遗产的挖掘、保护、传承和利用，农业部下发《农业部关于开展中国重要农业文化遗产发掘工作的通知》，正式启动了“中国重要农业文化遗产（China-NIAHS）发掘工作”，目标是“以挖掘、保护、传承和利用为核心，以筛选认定中国重要农业文化遗产为重点，不断发掘重要农业文化遗产的历史价值、文化和社会功能，并在有效保护的基础上，与休闲农业发展有机结合，探索开拓动态传承的途径、方法。”这也使我国成为世界上第一个开展国家级农业文化遗产评选与保护的国家。“中国重要农业文化遗产”项目计划从 2012 年起，每两年发掘和认定一批中国重要农业文化遗产，各省（自治区、直辖市）及计划单列市上报的候选项目原则上不超过 2 个。[①]

自 2012 年 4 月起，农业部在全国范围组织开展了中国重要农业文化遗产的申报和评选认定工作，先后分三批认定了 62 个传统农业系统入选中国重要农业文化遗产名单（表 1-2）。其中，2013 年 5 月 17 日，农业部公布了第一批 19 项中国重要农业文化遗产名单；2014 年 6 月 12 日，农业部公布了第二批 20 项中国重要农业文化遗产名单；2015 年 10 月 10 日，农业部公布了第三批 23 项中国重要农业文化遗产名单。虽然没有称为“名录”，但其实际上已相当于名录，甚至已有学者将其表述为“中国重要农业文化遗产名录”。

表 1-2　已列入“中国重要农业文化遗产名录”的项目

项目名称	列入时间
河北宣化传统葡萄园	2013 年 5 月
内蒙古敖汉旱作农业系统	2013 年 5 月
辽宁鞍山南果梨栽培系统	2013 年 5 月
辽宁宽甸柱参传统栽培体系	2013 年 5 月
江苏兴化垛田传统农业系统	2013 年 5 月
浙江青田稻鱼共生系统	2013 年 5 月
浙江绍兴会稽山古香榧群	2013 年 5 月
福建福州茉莉花种植与茶文化系统	2013 年 5 月
福建尤溪联合梯田	2013 年 5 月
江西万年稻作文化系统	2013 年 5 月
湖南新化紫鹊界梯田	2013 年 5 月

① 《农业部关于开展中国重要农业文化遗产发掘工作的通知》（农企发 [2012]4 号）

（续表）

项目名称	列入时间
云南红河哈尼稻作梯田系统	2013年5月
云南普洱古茶园与茶文化系统	2013年5月
云南漾濞核桃作物复合系统	2013年5月
贵州从江侗乡稻鱼鸭系统	2013年5月
陕西佳县古枣园	2013年5月
甘肃皋兰什川古梨园	2013年5月
甘肃迭部扎尕那农林牧复合系统	2013年5月
新疆吐鲁番坎儿井农业系统	2013年5月
天津滨海崔庄古冬枣园	2014年6月
河北宽城传统板栗栽培系统	2014年6月
河北涉县旱作梯田系统	2014年6月
内蒙古阿鲁科尔沁草原游牧系统	2014年6月
浙江杭州西湖龙井茶文化系统	2014年6月
浙江湖州桑基鱼塘系统	2014年6月
浙江庆元香菇文化系统	2014年6月
福建安溪铁观音茶文化系统	2014年6月
江西崇义客家梯田系统	2014年6月
山东夏津黄河故道古桑树群	2014年6月
湖北羊楼洞砖茶文化系统	2014年6月
湖南新晃侗藏红米种植系统	2014年6月
广东潮安凤凰单丛茶文化系统	2014年6月
广西龙脊梯田农业系统	2014年6月
四川江油辛夷花传统栽培体系	2014年6月
云南广南八宝稻作生态系统	2014年6月
云南剑川稻麦复种系统	2014年6月
甘肃岷县当归种植系统	2014年6月
宁夏灵武长枣种植系统	2014年6月
新疆哈密市哈密瓜栽培与贡瓜文化系统	2014年6月
北京平谷四座楼麻核桃生产系统	2015年10月
北京京西稻作文化系统	2015年10月
辽宁桓仁京租稻栽培系统	2015年10月
吉林延边苹果梨栽培系统	2015年10月
黑龙江抚远赫哲族鱼文化系统	2015年10月
黑龙江宁安响水稻作文化系统	2015年10月
江苏泰兴银杏栽培系统	2015年10月
浙江仙居杨梅栽培系统	2015年10月
浙江云和梯田农业系统	2015年10月
安徽寿县芍陂（安丰塘）及灌区农业系统	2015年10月

（续表）

项目名称	列入时间
安徽休宁山泉流水养鱼系统	2015年10月
山东枣庄古枣林	2015年10月
山东乐陵枣林复合系统	2015年10月
河南灵宝川塬古枣林	2015年10月
湖北恩施玉露茶文化系统	2015年10月
广西隆安壮族“那文化”稻作文化系统	2015年10月
四川苍溪雪梨栽培系统	2015年10月
四川美姑苦荞栽培系统	2015年10月
贵州花溪古茶树与茶文化系统	2015年10月
云南双江勐库古茶园与茶文化系统	2015年10月

综上所述，GIAHS项目和China-NIAHS项目保护的对象都是农业生产系统和农业景观，这种保护实践无疑是对农业文化遗产保护对象的重要创新和有益扩展。但同时我们也应该意识到，相对于我国数量庞大、种类繁多而又亟待保护的广义“农业文化遗产”而言，仅从少数的、重要的农业生产系统和农业景观考虑保护问题显然是不够的。

（三）《世界遗产名录》与农业文化遗产

为了保护世界文化和自然遗产，联合国教科文组织于1972年11月16日在第十七次大会上正式通过了《保护世界文化和自然遗产公约》。1976年，联合国教科文组织成立了世界遗产委员会，并建立了《世界遗产名录》，其目的是为了保护世界文化和自然遗产，这在文化遗产保护史上具有划时代的意义。被世界遗产委员会列入《世界遗产名录》的地方，可以接受“世界遗产基金”提供的援助，能够提高遗产地在世界范围内的知名度，往往还能成为世界级名胜。中国于1985年12月12日加入《保护世界文化和自然遗产公约》，1999年10月29日当选为世界遗产委员会成员。截至2015年7月，经联合国教科文组织审核被批准列入《世界遗产名录》的中国世界遗产已有48项，其中，自然遗产10项，文化遗产34项（含跨国项目1项），自然与文化双重遗产4项。遗产总数名列世界第2位，仅次于意大利的51项。

虽然《世界遗产名录》没有列入农业文化遗产这一类型，但实际已经包含了多项农业文化遗产，具体类型则包括遗址类、景观类、工程类和聚落类农业文化遗产。事实上有些已经被列为文化景观的世界遗产同时也是全球重要农业文化遗产（GIAHS）的保护试点，如菲律宾安第斯山脉的稻米梯田、中国云南的红河哈尼梯田等。目前，已列入《世界遗产名录》与农业有关的国外文化遗产项目主要有：墨西哥瓦哈卡古城和阿尔万山考古遗迹（1987年）、菲律宾安第斯山脉上的稻米梯田（1995年）、荷兰金德代客—埃尔斯豪特的风车系统（1997年）、荷兰比姆斯特尔迂田（1999年）、法国圣艾米利昂葡萄园（1999年）、古巴维纳勒斯山谷（1999年）、法国卢瓦尔河谷（2000年）、奥地利瓦豪文化景观（2000

年)、瑞典奥兰南部农业景观(2000 年)、古巴咖啡种植园考古景观(2000 年)、葡萄牙阿尔托杜劳葡萄酒地区(2001 年)、匈牙利托考伊葡萄酒产区历史文化景观(2002 年)、德国莱茵河上游中部河谷(2002 年)、葡萄牙皮克岛酒庄文化景观(2004 年)、墨西哥龙舌兰景观及古代龙舌兰产业设施(2006 年)、阿曼阿夫拉季灌溉系统(2006 年)等。[①]而已列入《世界遗产名录》与农业有关的中国文化遗产项目主要有 5 项:皖南古村落(西递、宏村)(安徽,2000 年)、都江堰(四川,2000 年)、开平碉楼与古村落(广东,2007 年)、福建土楼(福建,2008 年)、红河哈尼梯田文化景观(云南,2013 年)。

2012 年 11 月 17 日,国家文物局公布了最新一版的《中国世界文化遗产预备名单》,名单中首次出现了农业遗产类型,名列其中的有 10 项:哈尼梯田(云南省元阳县);普洱景迈山古茶园(云南省澜沧拉祜族自治县);山陕古民居:丁村古建筑群(山西省襄汾县)、党家村古建筑群(陕西省韩城市);侗族村寨(湖南省通道侗族自治县、绥宁县;广西壮族自治区三江县;贵州省黎平县、榕江县、从江县);赣南围屋(江西省赣州市);藏羌碉楼与村寨(四川省甘孜藏族自治州、阿坝藏族羌族自治州);苗族村寨(贵州省台江县、剑河县、榕江县、从江县、雷山县、锦屏县);坎儿井(新疆维吾尔自治区吐鲁番地区)。

(四)各类"非物质文化遗产名录"与农业文化遗产

"非物质文化遗产名录"包括《人类非物质文化遗产代表作名录》《急需保护的非物质文化遗产名录》以及国内的各级"非物质文化遗产名录"。

根据 2003 年 10 月 17 日通过的《保护非物质文化遗产公约》的规定,2008 年 11 月联合国教科文组织设立《人类非物质文化遗产代表作名录》和《急需保护的非物质文化遗产名录》两个名录。通过"非物质文化遗产基金"为非物质文化遗产的保护规划、项目以及建立非物质文化遗产清单提供资金。2004 年 8 月 28 日,十届全国人大常委会第十一次会议表决通过了全国人大常委会关于批准联合国教科文组织《保护非物质文化遗产公约》的决定。2011 年 2 月 25 日,第十一届全国人民代表大会常务委员会第十九次会议通过了《中华人民共和国非物质文化遗产法》,自 2011 年 6 月 1 日起施行。

教科文组织大会于 2003 年 10 月 17 日通过了《非物质文化遗产公约》。2005 年,国务院办公厅下发《关于加强我国非物质文化遗产保护工作的意见》,国务院下发《关于加强文化遗产保护的通知》,明确了非物质文化遗产保护的方针和政策。

人类口述和非物质遗产代表作的评选从 2001 年开始,平均每两年一次,联合国教科文组织分别于 2001 年、2003 年、2005 年、2009 年、2010 年、2011 年、2013 年命名了七批人类口头和非物质遗产代表作。至 2013 年底,我国入选联合国教科文组织的《人类非物质文化遗产代表作名录》的项目已达 30 个,列入《急需保护的非物质文化遗产名录》的中国项目有 7 个,是目前世界上拥有世界级非物质文化遗产数量最多的国家。其中,列入《人类非物质文化遗产代表作名录》的农业文化遗产有:中国蚕桑丝织技艺(2009 年)、贵州

① 崔峰:《农业文化遗产保护性旅游开发刍议》,《南京农业大学学报(社科版)》,2008 年第 4 期

侗族大歌（2009年）、朝鲜族农乐舞（2009年）；列入《急需保护的非物质文化遗产名录》的农业文化遗产有：羌年（2008年）和黎族传统纺染织绣技艺（2008年）。

目前，我国已建立了国家级、省级、地市级、县级四级“非物质文化遗产名录”。中华人民共和国国务院分别于2006年、2008年、2011年和2014年先后批准命名了四批国家级非物质文化遗产名录，共计1 517项。其中，2006年5月20日公布第一批国家级非物质文化遗产名录共计518项；2008年6月14日公布第二批国家级非物质文化遗产名录共计510项；2011年6月10日公布第三批国家级非物质文化遗产名录共计191项；2014年7月16日公布第四批国家级非物质文化遗产名录共计298项。除国家级非物质文化遗产名录外，我国还有31个省级非物质文化遗产名录；334个市级非物质文化遗产名录；2 853个县级非物质文化遗产名录。其中都包含了大量的民俗类农业文化遗产。

（五）《国际灌溉排水委员会世界灌溉工程遗产名录》与农业文化遗产

随着人们对文化遗产的认识和保护实践的不断深入，与农业文化遗产有关的新的文化遗产类型也在不断出现。2014年9月16日，在韩国光州举行的第22届国际灌排大会暨国际灌溉排水委员会（ICID）第65届国际执行理事会上，来自日本、中国、斯里兰卡、泰国、巴基斯坦的17处古代水利工程被列为首批《国际灌溉排水委员会世界灌溉工程遗产名录》，其中，中国入选4处，即湖南新化紫鹊界秦人梯田、四川乐山东风堰、浙江丽水通济堰和福建莆田木兰陂。世界灌溉工程遗产都是工程类农业文化遗产，是古代水利工程可持续利用的典范。

世界灌溉工程遗产是国际灌溉排水委员会从2014年开始首次评选的世界遗产项目，旨在更好地保护和利用古代灌溉工程，挖掘和宣传灌溉工程发展史及其对世界文明进程的影响，学习古人可持续性灌溉的智慧、保护珍贵的农业文化遗产。

与中国农业文化遗产有关的遗产名录还包括《世界记忆名录》《中国档案文献遗产名录》《国家珍贵古籍名录》《国家级畜禽遗传资源保护名录》等，其中包含了许多文献类农业文化遗产和物种类农业文化遗产。如已列入《中国档案文献遗产名录》的锦屏文书、清代四川巴县档案中的民俗档案文献等就与农业的关系密切，2014年修订的《国家级畜禽遗传资源保护名录》列入了八眉猪等159个畜禽品种都属于物种类农业文化遗产。

建设生态文明、建设美丽中国、实现中华民族永续发展，是党的十八大提出的宏伟目标。对中国农业文化遗产进行调查、梳理、编制《中国农业文化遗产名录》，对于保护这些珍贵的农业文化遗产、挖掘传统农业的价值、传承中华农业文明、促进农业的可持续发展、保持中国传统农业文化的独特性和多样性，无疑具有积极的意义。

二、中国农业文化遗产名录的分类体系

建立农业文化遗产名录以及有关农业文化遗产的所有行之有效的保护、利用及管理措

施和政策，均需建立在农业文化遗产分类的基础之上。

农业文化遗产的分类包括简单分类和分类体系。

（一）农业文化遗产的分类

分别从广义和狭义“农业文化遗产”概念的角度，国内外专家学者对其进行过多种分类，既有简单分类，也有比较完整的分类体系。

1. 广义分类

（1）早期的分类

从现有的文献来看，我国著名农业历史学家石声汉先生是最早对农业遗产进行明确分类的学者。石声汉先生在 1981 年出版的《中国农业遗产要略》一书中，将农业遗产分为“具体实物”和“技术方法”两个大类。其中，“具体实物”指可以由感官直接感知的农业遗产中的生产手段部分，包括生物、农具和农业生产技术设施所留下的“基本建设”。生物包括已驯化了的和正在驯化中的植物、动物；农具包括耕垦、保养、灌溉、收获、初步加工、贮藏乃至于纺织等各方面简单或者复杂的人力、畜力、水力、风力等机械；农业生产技术设施所留下的“基本建设”包括各种加工过的农用土地，如旱田、水田、梯田、园圃、果林的建置，供农业生产用的大小农田水利工程以及畜舍牧场等饲养基地。“技术方法”指在一定的条件下，使用一定的生产手段，把从生产实践中得到的认识，用语言乃至文字加以总结整理，成为理性知识，是可以传授的。大致包括两个方面：直接用于农业生产的栽培饲养技术方法，包括如何整理及利用土地，如何选育，如何栽培、护理、保管、收获以及生产程序等农事活动的安排。农村生活所必需的各种家庭副业方面的技术方法，包括农作物和畜产品的初步加工制造、保藏、利用，农具修造等。[①]

（2）从物质形态角度的分类

韩燕平、刘建平等学者认为，农业遗产由农业文化遗存组成，这些遗存由农业相关的遗址、农业制度、耕种方法与技术和与农业相关的民俗文化、与农业相关的社会活动场所（农民住宅、古村落、宗教活动地等）组成。在形式上由两部分组成：一是物质实体，农作物遗存、生产工具遗存、水利灌溉工程遗址、田地遗址、特色农业等一切与农业生产相关的物质实体以及有物质实体形成的特色景观；二是非物质遗产，历代耕种制度、土地制度、耕种方法与技术的演进、历代农业的产值、产量、规模以及农民的生活状况、农业民俗等[②]。

徐旺生、闵庆文等学者认为，农业文化遗产可以分为物质类遗产、非物质类遗产和混合类遗产 3 种类型。其中，物质性农业文化遗产有 5 种类型，分别是农业遗址类遗产、农业工程类遗产、农业工具类遗产、农业物种类遗产、农业景观类遗产；非物质性农业文化遗产有两种类型，分别为农业技术类遗产、农业民俗类遗产；混合类农业文化遗产有两种

① 石声汉：《中国农业遗产要略》（第 1 版），农业出版社，1981 年，第 1 页

② 韩燕平，刘建平：《关于农业遗产几个密切相关概念的辨析——兼论农业遗产的概念》，《古今农业》2007 年第 3 期

类型，分别为农业文献类遗产、农业品牌类遗产。[①] 编者认为，广义的农业文化遗产分为物质类遗产、非物质类遗产和混合类遗产 3 种类型是合适的，但是物质性农业文化遗产应该包括遗址类、工程类、工具类、文献类、物种类、特产类 6 种类型；而非物质类遗产应该包括技术类、民俗类两种类型；混合类农业文化遗产应该包括景观类、聚落类农业文化遗产两种类型。

（3）从存在和展示形式的分类

按照遗产的存在和展示形式还可以分为记忆中的农业文化遗产、展台中的农业文化遗产、舞台中的农业文化遗产和生活中的农业文化遗产。[②] 记忆中的农业文化遗产，指没有客观载体、以文字和口头叙事形式记载和传承的农业文化遗产，如农业文献中的记载、民间传说等；展台中的农业文化遗产，指以文物、遗址、建筑等形式存在的农业遗址、农业工程、农业工具、农业相关的文物保护单位等；舞台中的农业文化遗产，指那些以表演等艺术形式存在的戏曲、民歌、仪式；生活中的农业文化遗产，指以活态形式存在的仍然存在于遗产原真性主体生产、生活中的农业文化遗产，如农业景观、农业聚落、农业民俗等。

（4）从“活化”程度的分类

广义的农业文化遗产按“活化”的程度可以分为“固态”农业文化遗产和“活态”农业文化遗产。其中，“固态”农业文化遗产是指其形态是凝固不变的，包括遗址类、文献类农业文化遗产以及现在不再使用的农业工程、农业工具等。“固态”农业文化遗产可以采用“静态”保护方法，即以图片、文字、录音、录像、实物、模型、数字化等多种技术手段进行记录、收集、保存、陈列，建立农业文化遗产数据库和资源库。“活态”农业文化遗产是指其形态仍然在使用、在发展变化，包括农业景观、农业聚落、农业特产、农业物种、农业民俗，仍在使用的农业工程、农业工具和农业技术。“活态”农业文化遗产可以采用“动态”保护方法，即让农业文化遗产真实地生活在创造者的世界里面，让文化生态在流传中继承，在展示中保护，在利用中发展。

2. 狭义农业文化遗产的分类

狭义农业文化遗产是以作物为基础的，其明显特色是高度的生物多样性，这反映了当地农民通过种植若干品种的作物来尽量减少风险的战略，以稳定长期单产，促进膳食多样化、以少量投入获得最大收益。生物多样性系统通常享有营养丰富的植物、昆虫天敌、授粉生物、固氮和氮分解细菌以及多种多样、具备各种有益生态功能的其他生物。其他系统通过最佳利用各种地貌成分（如高地、谷地）或综合利用作物和畜牧而达到多样化。[③]

最初，按照全球重要农业文化遗产（GIAHS）的定义及联合国粮农组织所制定的标准，典型的 GIAHS 即狭义的农业文化遗产分为 7 种类型：① 以水稻为基础的农业系统；② 以玉米 / 块根作物为基础的农业系统；③ 以芋头为基础的农业系统；④ 游牧与半游牧系统；

---

① 徐旺生，闵庆文：《农业文化遗产与“三农”》，中国环境科学出版社，2008 年，第 5 页

② 参考彭兆荣著《文化遗产学十讲》，云南教育出版社，2012 年，第 170 页

③ 赵敏：《中外农业遗产介绍》，《中国旅游报》2005 年 6 月 17 日，第 11 版

⑤ 独特的灌溉和水土资源管理系统；⑥复杂的多层庭园系统；⑦ 狩猎—采集系统。[①]

2011 年，联合国粮农组织有关专家将典型的 GIAHS 扩展为 10 种类型：① 以山地稻米梯田为基础的农业生态系统（Mountain rice terrace agroecosystems）；② 以多重收割 / 混养为基础的农业系统（Multiple cropping/polyculture farming systems）；③ 以林下叶层植物为基础的农业系统（Understory farming systems）；④ 游牧与半游牧系统（Nomadic and semi-nomadic pastoral systems）；⑤ 独特的灌溉和水土资源管理系统（Ancient irrigation，soil and water management systems）；⑥ 复杂的多层庭园系统（Complex multi-layered home gardens）；⑦海平面以下系统（Below sea level systems）；⑧ 部落农业文化遗产系统（Tribal agricultural heritage systems）；⑨高位值的庄稼和香料系统（High value crop and spice systems）；⑩ 狩猎—采集系统（Hunting-gathering system）。[②] 这一分类虽然在数量上有所增加，但仍然局限于狭义的农业文化遗产，并且有些已列入“全球重要农业文化遗产”的项目明显并不属于这 10 种类型，而狩猎—采集系统则与我们一般对农业生产系统的理解并不一致，因为狩猎、采集是一种通过猎捕食物和直接采摘可食用果实的生存技能，而不依靠驯养或农业的生存状态，而农业社会出现后逐渐取代狩猎采集社会。

此外，闵庆文等学者还将狭义的农业文化遗产按功能分为复合农业系统、水土保持系统、农田水利系统、抗旱节水系统、特定农业物种等类型。[③]

（二）本书中农业文化遗产的分类体系

如前所述，编者认为“农业文化遗产是人类文化遗产的重要组成部分。它是历史时期人类农事活动发明创造、积累传承的，具有历史、科学及人文价值的物质与非物质文化的综合体系。”这里说的农业是“大农业”的概念，既包括农耕，也包括畜牧、林业和渔业；既包括农业生产的条件和环境，也包括农业生产的过程、农产品加工及民俗民风。在石先生相关论述的基础上适当扩展，将农业文化遗产细分为 10 个大类：既包括有形物质遗产（具体实物），也包括无形非物质遗产（技术方法），还包括农业物质与非物质遗产相互融合的形态。即：遗址类、物种类、工程类、技术类、工具类、文献类、特产类、景观类、聚落类、民俗类 10 种主要类型，在每种主要类型的农业文化遗产中又可以划分为若干基本类型，即二级分类（表 1-3）。

表 1-3　广义“农业文化遗产”的分类体系

主要类型	基本类型
A 遗址类农业文化遗产	AA 粟作遗址　AB 稻作遗址　AC 渔猎遗址　AD 游牧遗址　AE 贝丘遗址 AF 洞穴遗址

① Parviz Koohafkan：《全球重要农业文化遗产（GIAHS）的保护与适应性管理》，《资源科学》2009 年第 1 期

② Parviz Koohafkan and Miguel A. Altieri，Globally Important Agricultural Heritage Systems：A Legacy for the Future Food and Agriculture Organization of the United Nations，Rome，2011

③ 闵庆文，孙业红：《农业文化遗产的概念、特点与保护要求》，《资源科学》2009 年第 6 期

（续表）

主要类型	基本类型
B 物种类农业文化遗产	BA 畜禽类物种　BB 作物类物种
C 工程类农业文化遗产	CA 运河闸坝工程　CB 海塘堤坝工程　CC 塘浦圩田工程　CD 陂塘工程　CE 农田灌溉工程
D 技术类农业文化遗产	DA 土地利用技术　DB 土壤耕作技术　DC 栽培管理技术　DD 防虫减灾技术　DE 生态优化技术　DF 畜牧养殖兽医渔业技术
E 工具类农业文化遗产	EA 整地工具　EB 播种工具　EC 中耕工具　ED 施肥积肥工具　EE 收获工具　EF 脱粒工具　EG 农田水利工具　EH 农用运输工具　EI 植物保护工具　EJ 加工工具　EK 生产保护工具　EL 渔具　EM 养蚕工具　EN 其他农具
F 文献类农业文化遗产	FA 综合性类文献　FB 时令占候类文献　FC 农田水利类文献　FD 农具类文献　FE 土壤耕作类文献　FF 大田作物类文献　FG 园艺作物类文献　FH 竹木茶类文献　FI 畜牧兽医类文献　FJ 蚕桑渔类文献　FK 农业灾害及救济类文献
G 特产类农业文化遗产	GA 农业产品类特产　GB 林业产品类特产　GC 畜禽产品类特产　GD 渔业产品类特产　GE 农副产品加工品类特产
H 景观类农业文化遗产	HA 农（田）地景观　HB 园地景观　HC 林业景观　HD 畜牧业景观　HE 渔业景观　HF 复合农业系统
I 聚落类农业文化遗产	IA 农耕类聚落　IB 林业类聚落　IC 畜牧类聚落　ID 渔业类聚落　IE 农业贸易类聚落
J 民俗类农业文化遗产	JA 农业生产民俗　JB 农业生活民俗　JC 民间观念与信仰

本名录按照广义农业文化遗产的分类体系共收录中国境内农业文化遗产 1 121 项，其中，遗址类农业文化遗产 119 项，物种类农业文化遗产 207 项，工程类农业文化遗产 85 项，技术类农业文化遗产 78 项，工具类农业文化遗产 161 项，文献类农业文化遗产 90 项，特产类农业文化遗产 102 项，景观类农业文化遗产 106 项，聚落类农业文化遗产 67 项，民俗类农业文化遗产 106 项。

1. 遗址类农业文化遗产

遗址类农业文化遗产体现农业起源及农耕文明历史进程，是指已经退出农业生产领域的早期人类农业生产和生活遗迹，这些遗产包括遗址本身以及遗址中发掘出的各种农业生产工具遗存、生活用具遗存、农作物和家畜遗存等重要考古遗存。这类遗产主要是指一些早期农业遗址，特别是新石器时代的农业遗址。旧石器时代人类以渔猎和采集为主，人类进入新石器时代以后，开始定居下来，刀耕火种，从事原始农业生产，并把一些野生动物驯化成家畜，从而有了比较稳定的食物来源。因此，新石器时代的遗址是最早产生的农业文化遗产。

作为历史上人类活动的痕迹，遗址类农业文化遗产在研究史前农业、古代农业甚至于当时人类生活、生产方式都有着十分重要的作用。农业遗址发掘出的房屋、墓葬、村落、灰坑等遗迹和骨器、石器、陶器、植物种子、动物遗骸等遗物都或多或少的反映出当时人类生存状况与生产、生活方式。

作为考古学对象的实物资料包括遗迹和遗物两大部分，遗迹和遗物又统称为文化遗存。遗址类农业文化遗产既包括遗址本身，如村落遗址、房基、灰坑、窑址和墓葬等遗存，也包括遗址中发现的石器、骨器、蚌器等生产工具、生活用具以及动植物遗存等遗物。遗迹通常分为房屋、水井、村落、运河、墓葬等人工建筑和设施，是古代人类活动所遗留下来的、不可移动的文化遗存。遗物是指古代人类遗留下来的各种生产工具、生活用具、武器及装饰品等。一般而言，遗物都经过人类有意识的加工和使用。在新石器时代遗物中，生产工具和生活用具占据了主要部分。生产工具主要有石器、骨器、蚌器等，生活用具主要是陶器。磨光石器是新石器时代生产工具中数量最多的一种，约占各种生产工具总数的90% 以上。

据不完全统计，现在全国已知的新石器时代遗址总数约上万处，既有距今万年左右的，也有很多是距今 9 000~4 000 年的。[①] 遗址类农业文化遗产的典型代表有：彭头山文化遗址（公元前 8200 年—前 7800 年）、裴李岗文化遗址（公元前 5300 年—前 4600 年）、磁山文化遗址（公元前 5400 年—前 5100 年）、河姆渡文化遗址（公元前 5000 年—前 3300 年）、大溪文化遗址（公元前 4400 年—前 3300 年）、仰韶文化遗址（公元前 7000 年—前 6000 年）、大汶口文化遗址（公元前 4300 年—前 2500 年）、马家窑文化遗址（公元前 5800 年—前 4300 年）等。遗址类农业文化遗产内容丰富多种多样。很多农业遗址是某一类型文化的延续，如仰韶文化、龙山文化、大汶口文化、马家窑文化、良渚文化等，大量同文化不同类型的遗址发掘对于探究人类早期文明亦有重要意义。也有很多农业遗址包含多种文化，长江下游的新石器时代遗址常有 2 种或 3 种文化遗存上下相叠压，如江苏吴县草鞋山遗址，其上层文化堆积为良渚文化、中层为崧泽文化、下层为马家浜文化。

我国遗址类农业文化遗产分布范围遍布全国 33 个省市，呈现出以腾冲—黑河一线为界，北多南少，东中部多西部少，并明显的以河南、陕西中部为中心向四周递减的同心圆格局，并且大量的农业遗址是沿黄河、长江流域分布的，这和我国地形地貌、气候条件、水资源分布等因素密切相关。遗址类农业文化遗产按照当时人类主要的农业生产活动可划分为粟作遗址、稻作遗址、渔猎遗址、游牧遗址、贝丘遗址等。

（1）粟作遗址

粟作遗址，指以粟作文化为显著特征的古代遗址类型，代表了中国古代北方的农业文化。中国目前发现栽培粟的最早年代是河北武安磁山遗址。该遗址的发现是中国新石器时代考古的重大突破，不仅出土了大量的与粟作文化有关的石镰、石磨盘、石磨棒等生产工具，还出土了陶器、石器、骨器、蚌器、动物骨骸、植物标本等约 6 000 余种，而且发现了 80 余座当年贮粟的窖穴或祭祀坑，遗址出土的粟灰、家鸡骨骸和核桃壳，使磁山被确认为是世界上粮食作物——粟的最早发源地，还是中国家鸡和中原核桃最早的发现地。

（2）稻作遗址

稻作遗址，指以稻作文化为显著特征的古代遗址类型，代表了中国古代南方的农业文化。在江西仙人洞、吊桶环遗址都有野生稻和人工稻的线索，并出土了 12 000 年前的野生稻植硅石和 10 000 年前的栽培稻植硅石，这是现今所知世界上年代最早的栽培稻遗存之

① 张江凯，魏峻:《新石器时代考古》，文物出版社，2004 年，第 17 页

一。对吊桶环遗址的稻作植硅石分析显示了将野生稻驯化为人工稻的历程，证实该地区是亚洲乃至世界上最早栽培水稻的地区。

（3）渔猎遗址

渔猎遗址，指以渔猎文化为显著特征的古代遗址类型，代表了中国北方草原渔猎文化。例如发现于 20 世纪 20 年代末的黑龙江齐齐哈尔昂昂溪遗址，出土的大量鱼骨、蚌壳和兽骨证明了当时人类是以渔猎为生存手段，被确定为新石器文化的突出代表，有“北方的半坡氏族村落”的美誉。

（4）游牧遗址

游牧遗址，指以游牧文化为显著特征的古代遗址类型，古代游牧民族文化大都发源于干旱—半干旱的草原地区，由于频繁迁徙，游牧遗址一般很少有丰富的地层堆积，遗址内出土物较少，常见的遗迹形式主要是石结构建筑、墓葬、岩画等。统治阶层和从事宗教活动的萨满等神职人员，不亲事畜牧生产，不必随时迁徙，其所在的地点既是一个部族的政治中心，也是部族举办祭祀、丧葬等活动的中心，所以这类遗址墓葬、岩画分布相对集中。

（5）贝丘遗址

贝丘遗址，是以文化层中包含人们食余弃置的大量贝壳为显著特征的古代人类居住遗址类型。日本称为贝冢。贝丘遗址大都属于新石器时代，有的则延续到青铜时代或稍晚。贝丘遗址分布在沿海、内陆滨湖和临河地带，所含贝类基本上分为海生和淡水两大类。在贝丘的文化层中夹杂著贝壳、各种食物的残渣以及石器、陶器等文化遗物，还往往发现房基、窖穴和墓葬等遗迹。中国沿海发现贝丘遗址最多的，当推辽东半岛、长山群岛、山东半岛及庙岛群岛。

（6）洞穴遗址

洞穴遗址，是古代人类利用山岩自然洞穴生活或埋葬死者，从而留有原生文化堆积的一种人类居住遗址类型。洞穴遗址所处年代主要为旧石器时代和新石器时代，个别可到较晚时期。它们反映出人类生产力低下、依赖洞穴作为栖息地、就近利用所处地理环境进行狩猎和采集活动的历史。中国旧石器时代的洞穴遗址，著名的如北京人洞穴，其文化堆积总厚达 40 米，约从 70 万年前延续到 23 万年前。中国新石器时代的洞穴遗址，以华南石灰岩溶洞发育区的最为突出，数量较多，具有代表性的有广西桂林甑皮岩遗址等。

20 世纪 90 年代以前，由于考古技术、观念尚不发达，考古工作者在发掘遗址后往往就地划范围保护，并将遗址出土文物运送至博物馆陈列保护。此种做法的出发点是好的，但是在保护、运送过程中难免因为种种原因对遗物造成或多或少的破坏。随着科技、知识和观念的进步，当今学术界、考古工作者更侧重于在遗址地本址的基础上建设农业博物馆、考古遗址公园等进行“原生态”保护，实行大遗址保护策略。

本名录共收录中国境内遗址类农业文化遗产 119 项（表 1–4），其中，粟作遗址 42 项，稻作遗址 46 项，渔猎遗址 11 项，游牧遗址 11 项，贝丘遗址 8 项，洞穴遗址 1 项。

表 1–4　入选名录的中国遗址类农业文化遗产

遗产类别	数量	遗址类农业文化遗产			
AA 粟作遗址	42	北京东胡林遗址	山东后李遗址	河南西山遗址	陕西姜寨遗址
		北京上宅遗址	山东西河遗址	河南庙底沟遗址	陕西石峁遗址
		河北于家沟遗址	山东北辛遗址	河南妯娌聚落遗址	甘肃大地湾遗址
		河北南庄头遗址	山东大汶口遗址	河南三杨庄汉代聚落遗址	甘肃东灰山遗址
		河北北福地遗址	山东丁公遗址	河南王城岗及阳城遗址	甘肃马家窑遗址
		河北磁山遗址	山东城子崖遗址	河南小双桥遗址	甘肃齐家坪遗址
		山西柿子滩遗址	河南李家沟遗址	陕西北首岭遗址	青海柳湾遗址
		山西陶寺遗址	河南裴李岗遗址	陕西李家村遗址	青海马厂塬遗址
		内蒙古兴隆洼遗址	河南唐户遗址	陕西鱼化寨遗址	青海喇家遗址
		内蒙古赵宝沟遗址	河南仰韶村遗址	陕西杨官寨遗址	
		内蒙古红山后遗址	河南后冈遗址	陕西半坡遗址	
AB 稻作遗址	46	上海崧泽遗址	江苏青墩遗址	安徽薛家岗遗址	湖南彭头山遗址
		上海广富林遗址	江苏藤花落遗址	安徽凌家滩遗址	湖南八十垱遗址
		上海马桥遗址	浙江上山遗址	安徽尉迟寺聚落遗址	湖南城头山遗址
		江苏顺山集遗址	浙江小黄山遗址	安徽垓下遗址	湖南汤家岗遗址
		江苏龙虬庄遗址	浙江跨湖桥遗址	江西仙人洞、吊桶环遗址	广东牛栏洞遗址
		江苏青莲岗遗址	浙江河姆渡遗址	河南贾湖遗址	广东石峡遗址
		江苏三星村遗址	浙江田螺山遗址	河南八里岗聚落遗址	广西晓锦遗址
		江苏草鞋山遗址	浙江罗家角遗址	湖北鸡公山遗址	重庆大溪遗址
		江苏绰墩遗址	浙江马家浜遗址	湖北城背溪遗址	云南海门口遗址
		江苏东山村遗址	浙江良渚遗址	湖北屈家岭遗址	云南大墩子遗址
		江苏赵陵山遗址	浙江钱山漾遗址	湖北石家河遗址	
		江苏北阴阳营遗址	安徽双墩遗址	湖南玉蟾岩遗址	
AC 渔猎遗址	11	内蒙古兴隆沟遗址	辽宁新乐遗址	辽宁三道壕西汉村落遗址	黑龙江新开流遗址
		内蒙古富河沟遗址	辽宁小珠山遗址	吉林万发拨子遗址	福建奇和洞遗址
		内蒙古二道井子聚落遗址	辽宁牛河梁遗址	黑龙江昂昂溪遗址	
AD 游牧遗址	11	四川刘家寨遗址	西藏曲贡遗址	新疆东黑沟遗址	新疆洋海古墓群遗址
		西藏卡若遗址	西藏昌果沟遗址	新疆孔雀河遗址	新疆尼雅遗址
		西藏小恩达遗址	青海宗日遗址	新疆罗布泊小河遗址	
AE 贝丘遗址	8	福建昙石山遗址	广东咸头岭遗址	广西顶蛳山遗址	台湾芝山岩遗址
		湖南高庙遗址	广东古椰贝丘遗址	台湾圆山遗址	香港东湾仔遗址
AF 洞穴遗址	1	广西甑皮岩遗址			

2. 物种类农业文化遗产

物种类农业文化遗产，指人类在长期的农业生产实践中驯化和培育的动物和植物（作物）种类，主要以地方品种的形式存在。物种类农业文化遗产可分为畜禽类物种和作物类物种。物种类农业文化遗产是经过人类加以驯化和培育的物种资源，单纯采集和捕猎，不属于农业生产范围。所以，天然资源（野生动植物资源）一般不属于农业遗产。渔业资源的传统利用方式主要是对江海湖泊中自然放养的渔类资源的捕捞，人工养殖多始于现代，因此，此类遗产亦未包括渔类资源。

物种类农业文化遗产是既有重要的历史价值、经济价值和社会价值，又具有地方代表性，而且还传承至今的传统物种资源。对于一些曾在农业生产中发挥过重要作用的农作物品种资源，尽管目前已不在大田生产中大面积栽培，而是保存在品种资源库中，但仍有其重要的历史价值，并以其优良特性在今后的育种中具备潜在的种质资源价值，起到保持生物多样性的重要作用。本名录共收录中国境内物种类农业文化遗产207项，其中，畜禽类物种134个，作物类物种73个。

（1）畜禽类物种

畜禽类物种主要是现存的传统地方畜禽品种，包括各种役畜，提供肉、蛋、乳的家畜、家禽，鱼、蚕、蜂、人工繁殖的昆虫和软体动物等。

我国是世界上畜禽遗传资源最丰富的国家之一，畜禽遗传资源约占世界总量的1/6。目前我国生产上利用的畜禽品种资源仍以传统地方品种为最重要。据《中国畜禽遗传资源状况》（2004年）的记载，我国畜禽遗传资源主要有猪、鸡、鸭、鹅、特禽、黄牛、水牛、牦牛、绵羊、山羊、马、驴、骆驼、兔、梅花鹿、马鹿、水貂、貉、蜂等20个物种，已认定畜禽品种（或类群）576个，其中地方品种（类群）426个（占74%）、培育品种有73个（占12.7%）、引进品种有77个（13.3%）。其中地方品种按畜种划分猪品种有72个，牛品种有88个，羊品种有74个，禽品种有134个，其他品种有58个。

本名录共收录畜禽类物种134个（表1-5），其中，畜品种有91个（猪品种34个，牛品种21个，羊品种21个，马品种6个，驴品种5个，骆驼品种1个，鹿品种1个，兔品种2个），禽品种有40个（鸡品种22个，鸭品种8个，鹅品种10个），其他品种有3个（蜂品种3个）。

（2）作物类物种

作物类物种包括各种粮食（供给淀粉的各种种子、块根、块茎等）、蔬菜、果树、药材、花卉、纤维、油料、糖料、饮料、染料、香料植物和绿肥作物等经过人工栽培的种类。

作物类物种类型丰富，各种作物的地方品种数以万计。中国为世界栽培植物重要起源地之一。起源于中国的农作物有粟、稷（黍子）、水稻、荞麦；豆类有大豆、毛黄豆；蔬菜有白菜、萝卜；果树有桃、杏、李、梨、柑橘、荔枝等。目前，中国的栽培作物有661种（不包括林木），其中粮食作物35种，经济作物74种，果树作物64种，蔬菜作物163种，饲草与绿肥78种，观赏植物（花卉）114种，药用植物133种。[①] 其中，粮食作物主要包括禾谷类作物、豆类作物、薯类作物等；经济作物包括油料作物、糖料作物、纤维作物、嗜好作物等。

从作物的类型和品种总量来看，中国已收集的作物遗传资源以地方品种为主，约占85%。但是各种作物差别较大。一般来说，主要作物的地方品种所占比例相对比次要作物的少，这是因为大宗作物育种历史悠久，育成了大批优良品种（系）。正因为如此，大宗作物在生产上利用的品种几乎都是育成品种；而小宗作物的地方品种仍在生产上种植，但随着小宗作物育种的不断发展，有的正在被育成品种或杂交品种所替代。

总的来看，随着育种技术的进步和生产上的变化，生产上种植应用的品种数量总体呈

① 王述民，等:《中国粮食和农业植物遗传资源状况报告（I）》，《植物遗传资源学报》2011年第1期

现明显的下降趋势，地方品种的数量不断减少，少数新选育的品种占据了相当大的栽培面积。例如，20 世纪 40 年代中国种植的水稻品种有 46 000 多个，基本上是传统的地方品种；而现在种植的不到 1 000 个，其中面积在 1 万公顷[1]以上的只有 300 个左右，而且半数以上是杂交稻。20 世纪 40 年代中国种植的小麦品种有 13 000 多个，其中 80% 以上是地方品种，而 20 世纪末种植的品种只有 500~600 个，其中 90% 以上是选育品种。[2]

本名录共收录作物类物种 73 个（表 1–5），其中，水稻品种有 41 个（早籼品种 7 个，中籼品种 3 个，晚籼品种 10 个，中粳品种 4 个，晚粳品种 9 个，糯稻品种 4 个，粳稻品种 2 个，籼稻品种 2 个），小麦品种有 20 个，棉花品种有 12 个（亚洲棉品种 10 个，草棉品种 2 个）。

表 1–5　入选名录的中国物种类农业文化遗产

遗产类别	二级分类	数量	物种类农业文化遗产			
BA 畜禽类遗产（134）	畜	91	八眉猪	大蒲莲猪	秦川牛	雷州山羊
			大花白猪（广东大花白猪）	巴马香猪	晋南牛	和田羊
			黄淮海黑猪（马身猪、淮猪、莱芜猪、河套大耳猪）	玉江猪（玉山黑猪）	渤海黑牛	大尾寒羊
			内江猪	河西猪	鲁西牛	多浪羊
			乌金猪（大河猪）	姜曲海猪	温岭高峰牛	兰州大尾羊
			五指山猪	关岭猪	蒙古牛	汉中绵羊
			太湖猪（二花脸、梅山猪）	粤东黑猪	雷琼牛	圭山山羊
			民猪	汉江黑猪	郏县红牛	岷县黑裘皮羊
			两广小花猪（陆川猪）	安庆六白猪	巫陵牛（湘西牛）	百色马
			里岔黑猪	莆田猪	辽宁绒山羊	蒙古马
			金华猪	嵊县花猪	内蒙古绒山羊（阿尔巴斯型、阿拉善型、二狼山型）	鄂伦春马
			荣昌猪	宁乡猪	小尾寒羊	晋江马
			香猪（含白香猪）	九龙牦牛	中卫山羊	宁强马
			华中两头乌猪（通城猪）	天祝白牦牛	长江三角洲白山羊（笔料毛型）	岔口驿马
			清平猪	青藏高原牦牛	乌珠穆沁羊	关中驴
			滇南小耳猪	帕里牦牛	同羊	德州驴
			槐猪	独龙牛（大额牛）	西藏羊（草地型）	广灵驴
			蓝塘猪	海子水牛	西藏山羊	泌阳驴
			藏猪（阿坝藏猪）	富钟水牛	济宁青山羊	新疆驴
			浦东白猪	德宏水牛	贵德黑裘皮羊	阿拉善双峰驼
			撒坝猪	温州水牛	湖羊	敖鲁古雅驯鹿
			湘西黑猪	延边牛	滩羊	福建黄兔
				复州牛		四川白兔
				南阳牛		

[1] 1 公顷 =10 000 平方米，全书同

[2] 王述民等：《中国粮食和农业植物遗传资源状况报告（Ⅰ）》，《植物遗传资源学报》2011 年第 1 期

（续表）

遗产类别	二级分类	数量	物种类农业文化遗产			
	禽	40	大骨鸡 鲁西斗鸡 吐鲁番斗鸡 西双版纳斗鸡 漳州斗鸡 白耳黄鸡 仙居鸡 北京油鸡 丝羽乌骨鸡 茶花鸡	狼山鸡 清远麻鸡 藏鸡 矮脚鸡 浦东鸡 溧阳鸡 文昌鸡 惠阳胡须鸡 河田鸡 边鸡	金阳丝毛鸡 静原鸡 北京鸭 攸县麻鸭 连城白鸭 建昌鸭 金定鸭 绍兴鸭 莆田黑鸭 高邮鸭	四川白鹅 伊犁鹅 狮头鹅 皖西白鹅 雁鹅 豁眼鹅 鄢县白鹅 太湖鹅 兴国灰鹅 清远乌鬃鹅
	其他	3	中蜂	东北黑蜂	新疆黑蜂	
BB作物类遗产（73）	水稻	41	夏至白（早籼） 珍珠早（早籼） 红脚早（早籼） 雷火粘（早籼） 六十子（早籼） 五十子（早籼） 早三倍（早籼） 中大帽子头（中籼） 灌县黑谷子（中籼） 乌嘴川（中籼） 油粘子（晚籼）	黄禾子（晚籼） 西瓜红（晚籼） 小红稻（晚籼） 白壳矮（晚籼） 十石歉（晚籼） 塘埔矮（晚籼） 一粒种（晚籼） 粤油占（晚籼） 矮仔占（晚籼） 黄壳早二十日（中粳） 大车粳（中粳）	旱石稻（中粳） 小白稻（中粳） 25.412（晚粳） 三朝齐（晚粳） 老来青（晚粳） 太湖青（晚粳） 铁梗青（晚粳） 荔枝红（晚粳） 大黄稻（晚粳） 三穗千（晚粳） 四上裕（晚粳）	鸭血糯（糯稻） 金坛糯（糯稻） 苏御糯（糯稻） 贵州黑糯米（糯稻） 胭脂稻（粳稻） 水葡萄（粳稻） 八宝稻（籼稻） 丝苗（籼稻）
	小麦	20	矮立多（小麦） 金华白蒲 碧玉麦 扁穗小麦 碧蚂一号	成都光头麦 滁县白和尚头 定兴寨（春麦） 方六柱（小麦） 黄县大粒半芒	江东门（小麦） 晋江赤仔 蚂蚱麦（关中） 南大2419 平原50麦	商丘葫芦头 铜柱头 小红麦 蚰子麦 三月黄（苏、皖）
	棉花	12	长丰黑子（亚洲棉） 百万棉（亚洲棉） 江苏常熟鸡脚棉（亚洲棉）	南通青茎鸡脚丫铃黄花（亚洲棉） 江阴白子（亚洲棉） 孝感长绒（亚洲棉）	紫血花（海北洋花、红槿槭花）(亚洲棉） 石系亚1号(亚洲棉） 保山土棉（亚洲棉）	通农2号（亚洲棉） 安西草棉（草棉） 金塔草棉（草棉）

3. 工程类农业文化遗产

工程类农业文化遗产，指为提高农业生产力和改善农村生活环境而修建的古代设施，它综合应用各种工程技术，为农业生产提供各种工具、设施和能源，以求创造最适于农业生产的环境，改善农业劳动者的工作、生活条件。工程类农业文化遗址具有重要的科学价值、生态价值，在区域历史文化中具有重要地位。这些遗产中不仅有水利工程设施这样的物质文化遗产，还有治水理念、水管理文化、农村防洪抗旱灌溉互助合作制度等非物质文化遗产，它们通过碑刻、典籍、农书、档案、族谱及乡规民约等形式流传下来。

中国自古以来在农业用水方面一直很不理想。中国大部分地区气候受季风影响，降雨量年内分配很不均匀，往往不能满足农业的需要，亟须靠人工灌溉来保证。因此，中国自远古就开始重视农田水利的兴修。从浙江余姚河姆渡遗址出土的大量稻谷遗存以及骨耜来推测，河姆渡人从事水稻生产，已初步掌握了根据地势高低开沟引水和做田埂等的排灌技术。黄河流域一直流传着大禹“疏九河”“尽力乎沟洫”的传说。夏朝时我国人民就掌握了原始的水利灌溉技术。这些可算得上是中国农田水利事业的萌芽时期了。[①]而到了西周时期已构成了蓄、引、灌、排的初级农田水利体系。春秋战国时期，都江堰、郑国渠、芍陂、漳河渠等一批大型水利工程的完成，促进了川西、中原等地农业的发展。其后，农田水利事业由中原逐渐向全国发展。两汉时期主要在北方有大量发展（如六辅渠、白渠），同时大的灌溉工程已跨过长江。魏晋以后水利事业继续向江南推进，到唐代基本上遍及全国。宋代更掀起了大办水利的热潮。元明清时期的大型水利工程虽不及宋前为多，但仍有不少，且地方小型农田水利工程兴建的数量越来越多。各种形式的水利工程在全国几乎到处可见，发挥着显著的效益。

在我国境内依然保存了大量的古代水利工程的遗迹，有些至今仍然发挥着作用。2010年，水利部组织了在用古代水利工程与水利遗产的调查。调查历时一年半，这是我国首次全国范围内展开水利文化遗产的调查。根据调查结果，我国水利文化遗产类型、数量十分丰富，其中以古代水利工程为多。但是，多数工程经过不断改造，而仍然保持原有工程形态的古代水利工程占总数不到30%。调查自2010年1月至2011年6月，历时一年半，调查范围为1911年以前兴建的水利工程与水利遗产，主要包括灌溉工程、防洪工程、城市水利、园林水利、水运工程、水土保持工程、水电工程、供排水工程、海塘工程和水力工程等。其中水力工程是指利用水能的灌溉、粮食加工机械或机具（如水碾、水磨、轮式水车等）。调查以在用的古代水利工程重点，对具有重要历史文化影响的水利工程与遗产，其时限可延长至1949年。调查内容主要包括工程位置、工程类别、工程主要效益、始建年代、保存和利用现状、管理部门、存在问题等7个方面。调查确认古代水利工程与水利遗产379处、584项，其中包括世界文化遗产两处，全国重点文物保护单位33处，省级文物保护单位47处。[②]

工程类农业文化遗产主要是农业水利设施，具体可以分为运河闸坝工程、海塘堤坝工程、塘浦圩田工程、陂塘工程、农田灌溉工程等类型。

（1）运河闸坝工程

运河闸坝工程指用以沟通地区或水域间水运的人工水道及其附属的水闸、水坝等工程设施，具有航运、灌溉、分洪、排涝、给水等多种功能。运河在穿过山岭和跨越河流、河谷时，运河的河岸和河床须有防止浸蚀、渗漏的保护设施；其船闸建筑通常采用梯级式多级船闸，或采用在两闸间相隔一小段河道的梯段式船闸；蓄水库的建设应有向高处供水的高水位水库，弥补过闸泄水和蒸发的损失；另须建筑低水位水库，以容受船只频繁过闸时

① 阴法鲁等:《中国古代文化史（下）》，北京大学出版社，2008年版，第797页

② 邓俊，王英华:《古代水利工程与水利遗产现状调查》,《中国文化遗产》2011年第6期

所泄入的水量。中国的运河闸坝工程建设历史悠久，开凿于公元前506年的胥河，是世界上最古老的人工运河，亦是我国现有记载的最早的运河，上游连接长江在安徽芜湖的支流水阳江，下游连接太湖水系荆溪。始建于春秋时期的京杭大运河是世界上里程最长、工程最大的古代运河，南起余杭（今杭州），北到涿郡（今北京），途经今浙江、江苏、山东、河北四省及天津、北京两市，贯通海河、黄河、淮河、长江、钱塘江五大水系，全长约1 797千米。2014年6月22日，第38届世界遗产大会宣布，中国大运河项目成功入选世界文化遗产名录，成为中国第46个世界遗产项目。

（2）海塘堤坝工程

海塘堤坝工程指为阻挡浪潮、防御潮水灾害而人工修建的堤防。在中国东南沿海，海塘对于当地农业生产和生活具有重要屏障意义。自汉唐起，江、浙、闽沿海人民为防御潮水灾害而开始修建江海堤防。海塘从局部到连成一线，从土塘逐渐演变为土石塘、石塘，五代时采用“石囤木桩法”，北宋时采用了“坡坨法”石塘技术，建筑技术水平不断提高。明清时，海塘工程更受重视，投入的人力、物力之多以及技术上的进步都超过其他历史时期。目前的海塘主要分布在江苏、浙江两省以及福建省、上海市等。尤其在杭州湾两岸，海塘绵延，用以保护塘内耕地和平民生活。

（3）塘浦圩田工程

塘浦圩田工程是古代太湖地区劳动人民的创造。在浅水沼泽或河湖滩地取土筑堤围垦辟田，筑堤取土之处必然出现沟洫；为了解决积水问题，又把这类堤岸、沟洫加以扩展，于是逐渐变成了塘浦；当发展到横塘纵浦紧密相接，设置闸门控制排灌时，就演变成为棋盘式的塘浦圩田系统。隋、唐、宋时期，太湖流域的塘浦圩田大规模兴修尤为突出。宋代范仲淹在《答手诏条陈十事》（1043年）中描述道：“江南旧有圩田，每一圩方数十里，如大城，中有河渠，外有闸门，旱则开闸引江水之利，潦则闭闸拒江水之害，旱涝不及，为农美利。”太湖地区的塘浦圩田形成于唐代中叶以后。五代时吴越国利用军队和强征役夫修浚河堤，加强管理护养制度，设立“都水营田使”官职，把治水与治田结合起来。这些措施对塘浦圩田的发展和巩固起到了良好作用。北宋初，太湖流域塘浦圩田废而不治，中期又着手修治。南宋时大盛，作了不少疏浚港浦和围田置闸之类的工程。

（4）陂塘工程

陂塘工程指利用自然地势，经过人工整理的蓄水工程，适建于丘陵地区，起始于淮河流域，汝南、汉中地区也颇发达，其功能是蓄水溉田。两千多年前的文献中已有利用陂池灌溉农田的记载。著名的芍陂由春秋时楚相孙叔敖主持修建，是我国最早的一座大型筑堤蓄水灌溉工程，今天的安丰塘就是其残存部分。汉代，陂塘工程修建已很普遍，东汉以后，陂塘工程修建加速发展。从云南、四川出土的东汉陶陂池模型，可看出当时已在陂池中养鱼，进行综合利用。中小型陂塘适于小农经济的农户修筑，南方地区雨季蓄水以备干旱时用，因此修建很多。元代王祯《农书·农器图谱·灌溉门》说：“惟南方熟于水利，官陂官塘处处有之。民间所自为溪堨、水荡，难以数计”。

（5）农田灌溉工程

农田灌溉工程，指从水源向农田引水、输水、配水、蓄水、灌水以及排水等各级渠沟或管道及相应建筑物和设施的总称。农田灌溉工程包括灌溉渠系工程、井灌工程等类型。

灌溉渠系工程，一般由取水枢纽（渠首工程）、灌溉渠道、渠系建筑物和田间工程四部分组成，其主要作用是把从水源引取的灌溉水输送到农田。商周时期农田中出现沟洫。战国时期，大型渠系建设迅速兴起，魏国西门豹在今河北临漳一带主持兴建漳水十二渠，为中国最早的大型渠系。公元前3世纪，蜀守李冰主持修建了举世闻名的都江堰工程为无坝引水渠系，渠道工程主要由鱼嘴、宝瓶口和飞沙堰三部分组成，至今历时两千多年仍在使用，整个工程规划布局合理，设计构思巧妙，管理运用科学，施工维修经济，为中国古代灌溉渠系中不可多得的优秀工程。建成后，四川平原遂"旱则引水浸润，雨则杜塞水门……水旱从人，不知饥馑，时无荒年，天下谓之天府也"。[1] 关中平原上的郑国渠是规模最大的一个渠系工程，由水工郑国主持修建。渠西引泾水，东注洛水，干渠全长三百余里，计划灌溉面积达四万顷。西汉时，灌溉渠系工程继续有发展，关中地区建成了白渠、六辅渠、成国渠、蒙茏渠、灵轵渠等，西汉以后，灌溉渠系工程的发展基本上处于停滞状态，只是在少数地方略有兴建而已。

井灌，是利用地下水的一种工程型式。在中国浙江省余姚河姆渡遗址第二文化层有木结构水井，是已发现的最原始的水井，距今约5 700余年。春秋时期已用桔槔提取地下水灌溉。中国北方许多地方地表水不足，故重视发展井灌。战国以来，北方井灌相当流行，在战国遗址中曾发现用于农田灌溉的水井，瓦圈水井就是当时打井技术进步的一个标志。唐代开始应用水车提取井水。明清时，在今陕西关中，山西汾水下游，河北、河南平原地区形成了井灌区。明代徐光启在《农政全书》的《旱田用水疏》中，根据不同的砌护材料将水井分为石井、砖井、苇井、竹井和木井等。坎儿井，是新疆地区利用天山、阿尔泰山、昆仑山上积雪融化的雪水经过山麓渗漏入砾石层的伏流或潜水而灌溉的一种独特形式。坎儿井在西汉时就有了。人们根据当地雨量稀少、气候炎热、风沙大的特点，在地下水流相通的地带开凿成列的竖井，其下有横渠（暗渠），然后通过明渠（灌溉渠道）把水送到农田里。

中国农业生产的发展、兴衰与工程类农业文化遗产有着密切的关系，具体表现在：一是对中国农业经济区的形成和转移有重大影响。如秦汉时期，一系列大规模灌溉渠系陆续兴建，由此而形成了关中、成都平原和冀、鲁、豫等几个重要农业经济区。东汉至魏晋，陂塘水利灌溉事业的发展，使江淮之间成为重要农业经济区。中唐以后，长江下游塘浦圩田水利的发展为农业经济重心逐渐南移江南地区创造了条件。二是水利促进了一些地区耕作栽培制度的发展。如长江流域下游地区，随着塘浦圩田水利的发展，排灌技术的进步，耕作栽培制就由一年一熟逐步演进为稻麦两熟和两稻一麦的制度。三是水利使一些地区的作物组成发生变化。黄河流域自西周迄至春秋，主要农作物为黍、稷；而到战国、秦汉时

① 常璩:《华阳国志·蜀志》，刘琳校注本，巴蜀书社，1984年，第202页

期，粟、菽（大豆）、麦则成为主要农作物。菽、麦对水分的要求较高，水利灌溉事业的发展是促成这一变化的重要原因之一。再就是农田水利排灌事业的发展，促使一些低产地区变成为农业高产区。[①]

本名录共收录中国境内工程类农业文化遗产 85 项（表 1–6），其中，运河闸坝工程 32 项，海塘堤坝工程 14 项，塘浦圩田工程 3 项，陂塘工程 11 项，农田灌溉工程 25 项。

表 1–6 入选名录的中国工程类农业文化遗产

遗产类别	数量	工程类农业文化遗产			
CA 运河闸坝工程	32	海口川字闸	鸿沟	淮阴水利枢纽	丹徒水道
		成都府南河	灵渠	无锡特色水系	金口坝
		庆丰闸	南越国木构水闸遗址	洪泽三河闸	李渔坝
		金门闸	戴村坝	南京东水关	草堰石闸
		金中都水关遗址	三江闸	胥河	上海志丹苑元代水闸遗址
		柳林闸	邗沟	孟渎	南旺分水枢纽
		京杭大运河	破冈渎和上容渎	归海五坝	聊城土桥闸
		荆江分洪区	溧水胭脂河天生桥	京口闸	淤泥河
CB 海塘堤坝工程	14	龙首坝	清坝	镇海堤	淮安高家堰
		石龙坝水电站	林公堤	浮山堰	淮安周桥大塘
		松花坝	赵家闸	渔梁坝	
		九里堤	盐官海塘及海神庙	苏北海堤	
CC 塘浦圩田工程	3	太湖围田	高淳相国圩	兴化垛田	
CD 陂塘工程	11	泗华陂	木兰陂	雷陂	留公陂
		太平陂	芍陂	赤山湖	天宝陂
		槎滩陂	练湖	鉴湖	
CF 农田灌溉工程	25	坎儿井	五门堰	引漳十二渠	通济堰
		察布查尔大渠	都江堰	别公堰	台湾古灌区工程
		宁夏古灌区	红河哈尼梯田水利工程	红旗渠	它山堰
		郑白渠	龙泉渠桥背水	五龙口水利设施	铜山向阳渠
		成国渠	东风堰	新化紫鹊界梯田	
		黄河水车工程	后套八大渠	六门堤	
		西域古明渠	长渠	七门堰	

4. 技术类农业文化遗产

技术类农业文化遗产，指农业劳动者在古代和近代农业时期发明并运用的各种耕种制度、土地制度、种植和养殖方法与技术。包括土地利用技术、土壤耕作技术、栽培管理技术、防虫减灾技术、生态优化技术、畜牧养殖兽医渔业技术等。中国传统农业以劳动集约为特点，技术上表现为精耕细作，中国传统农业技术的演化以继承为前提，其过程是一个由简单到复杂，由单一性到多样性的累积过程。

① 阴法鲁等:《中国古代文化史（下）》，北京大学出版社，2008 年，第 796–797 页

（1）土地利用技术

土地是农业生产的基本生产资料。土地利用技术是为了扩大耕地面积，把原来一些不太适合农耕的土地改造为适合农耕而应用的技术方法。

夏、商、西周，休闲制代替了原始农业的撂荒制，出现了畎亩结合的土地利用方式。春秋战国至魏晋南北朝，连种制取代了休闲制，并创造了灵活多样的轮作倒茬和间作套种方式；隋唐宋元，水稻与麦类等水旱轮作一年两熟的复种有了初步的发展。明清，除了多熟种植和间作套种继续发展以外，又出现了建立在综合利用水土资源基础上的立体农业的雏形。①

战国时期，对丘陵地、平地、低洼地 3 种类型的土地已有所利用。到汉代，种植业比较发达的中原地区，沼泽地已基本上垦辟治理为农田。隋唐以后，经济重心转移到南方。人口增加和土地兼并促使人们向山地和水域开发，出现了梯田、圩田、涂田、沙田、架田等土地利用形式。

北方一些地区的农民在自然条件非常差，甚至种植业难以发展起来的地方，也千方百计地扩大种植面积。突出地表现在两大创举上，其一是改造盐碱地，其二是明清时期甘肃地方农民创造的“石子田”。

（2）土壤耕作技术

土壤耕作技术是使用农具以改善土壤耕层构造和地面状况等的综合技术体系。是耕作制度中土地保护培养制度的重要环节。包括基本耕作（翻耕、深松耕等）和表土耕作（耙地、耢耱、整地、镇压、耖田等）两类。

中国传统农业耕作技术的演变可以概括为：火耕法→耦耕法→垄作法→代田法和区田法→亲田法→复种轮作法。②

中国北方传统农业的旱作技术体系，早在春秋时代就强调“深耕熟耰”“深耕疾耰”“深耕易耨”的耕作技术，传统的精耕细作技术开始萌芽；在汉代采用的是耕摩结合的方法，即翻耕后用“摩”来摩平地面和摩碎土块，以减少土壤水分的散失；魏晋时期，则在耕摩之间又加上了“耙”，形成了以创造蓄墒防旱的良好耕层为目的的耕、耙、耱三位一体旱地耕作技术体系，并重视中耕除草和轮作倒茬。中国南方传统农业的水田耕作技术体系，宋代以后创造了以耕、耙、耖为主要技术环节的整地技术，曲辕犁的出现则解决了南方水田面积较小，耕作起来回转不便的问题。

（3）栽培管理技术

中国传统农业是集约型农业，主要特点是因时因地制宜，精耕细作，以提高土地利用率、提高单位面积产量为中心。其栽培管理技术包括选育良种、灌溉排水、田间管理技术、多样化的肥料制作和施肥等多个方面。

几千年来选育和积累了大量适用于不同农田条件和经济要求的品种，从丰产、优质到

① 李根蟠：《精耕细作的传统农业的形成和发展》，中国乡村发现网，2012 年 9 月 13 日

② 苏黎，陈凡：《中国传统农业技术演化特征分析》，《中国农学通报》，2008 年第 4 期

抗逆等各种类型都有，作物品种资源居于世界首位。《诗经》中已有“嘉种”的概念；汉代《氾胜之书》首次记载了选留种技术；北魏《齐民要术》对于选种留种技术有了系统的记载，即今称之“穗选法”；其中还提出了“本母子”瓜的留种技术；南北朝时期出现了类似今日的“种子田”；清代则出现了“一穗传”技术。

我国古代十分重视对农时的掌握，不违农时尤其是掌握适宜的播种期，是传统农业自古以来的基本原则之一。《吕氏春秋·审时》提出“厚（候）之为宝”，从作物生长角度，论证了掌握农时的重要。战国时代已形成了利用二十四节气来掌握农时的技术。

中国传统农业很重视发展农田灌溉排水技术，合理排灌也是改善土壤环境的重要措施，这方面有先秦的农田沟洫、战国以后的灌淤压碱，南方稻作的烤田技术等。

中国南方，宋代以后对育秧、插秧有严格的技术操作要求，对于稻田的耘耥、施肥以及灌溉排水都有科学的管理措施，重视中耕成为中国传统农业区别于西欧传统农业的特点之一。

中国传统农业一种强调施肥和保持地力的重要性。这一优良传统始于战国，发展于宋元，至明清更趋完善。主要措施是充分利用人畜粪溺、种植豆料绿肥、藁秆还田、人工沤制堆肥、烧制熏土、捻取河泥、施用饼肥以及把一切生活消费后的“废物”归还土壤。

（4）防虫减灾技术

中国传统农业崇尚自然界各种物质与事物之间相生相克关系的阴阳五行思想，善于利用农业生态系统中生物之间彼此依存和制约的关系，使其向有利于人类的方向发展。中国传统农业中颇有特色的生物防治技术，也是据此而创造的。

传统农业等防虫减灾技术包括生物防治技术、物理防治技术、栽培防治技术和非化学农药防治技术。[①] 其中，生物防治技术别利用生物间的相生相克关系和食物链原理防治病虫害和草害。代表性的有利用植物化感作用控制有害生物、以虫治虫、青蛙食虫、益鸟捕虫、家禽治虫等。物理防治技术代表性的有人工扑打、火焚水淹、饵诱、除虫器械等。栽培防治技术代表性的有深耕翻土、选育抗虫品种、掌握农时、耕除杂草、轮作换茬、控制温湿度等。非化学农药防治技术则是利用植物性、矿物质药物采用浸水、喷洒、熏烟等施用方法来控制虫害。

稻田养鸭治虫是中国生物防治史上具有极高的历史价值和科技价值，李约瑟在他的科学巨著《中国科学技术史》一书中，多次提及中国应用鸭子防治害虫并给予高度的评价。

（5）生态系统优化技术

生态系统优化技术，是指巧妙地利用水陆资源和各种农业生物之间的互养关系，组成合理的食物链和能量流，充分地利用土地、阳光、水、空间、时间，形成互相依存、互相促进的人工生态系统良性循环，营造理想的生态环境，达到最佳经济效益，同时减少环境污染的相关农业技术，反映了我国“天人合一”的传统农业思想。

我国从春秋战国时期至明清时期，出现大量农林牧复合系统，这些都运用了以系统观

① 徐旺生，闵庆文：《农业文化遗产与“三农”》，中国环境科学出版社，2008年，第44-45页

点构建和优化农业结构，达到充分而合理利用自然资源，维护生态平衡的生态系统优化技术。复合农业系统中的典型代表包括：农田复种轮作制度；作物间种系统；农林复合系统，包括林（果）—粮食作物，林（果）—经济作物，林（果）—药材，林（果）—草等；农牧结合结构；农渔复合结构；基塘系统等。[①]

16 世纪中期，太湖地区出现粮、畜、桑、鱼相结合的基塘，珠江三角洲出现果鱼、桑鱼结合的基塘。桑基鱼塘采用生态系统优化技术形成了非常完整的循环体系：农民深挖鱼塘，垫高塘基，在塘基上种植桑树，在塘内养鱼，在桑树上养蚕。蚕沙（蚕的粪便）落入塘内可以喂鱼。桑基鱼塘既促进了种桑、养蚕及养鱼业的发展，又带动了缫丝等加工工业的进步，是一个完整、科学的水陆资源相互利用的人工生态系统。据《补农书》记载，明末清初浙江嘉湖地区形成“农—桑—鱼—畜”相结合的生态系统优化技术：圩外养鱼，圩上植桑，圩内种稻，又以桑叶饲羊，羊粪壅桑，或以大田作物的副产品或废脚料饲畜禽，畜禽粪作肥料或饲鱼，塘泥肥田种禾等。

（6）畜牧养殖兽医渔业技术

传统畜牧养殖兽医渔业技术包括牲畜和家禽等的饲养、繁殖、相畜、阉割和兽医等方面的技术，主要是依靠农牧民、渔民直接生产经验积累和创造。

早在先秦，马、牛、羊、猪、狗、鸡就是主要的家养动物。北方和西北游牧族饲养的驴、骡、骆驼，汉以后大量传入中原，成为重要畜种。春秋战国以后，除游牧族外，大牲畜向役用发展；猪、羊、家禽主要供肉用；马主要用于军事，被奉为六畜之首；耕牛随着犁耕的推广，其重要性日增；狗原供猎用，西汉以前曾是重要食畜，之后作为食畜的重要性日趋下降。鹅鸭在先秦已有饲养，与鸡的地位有逐渐提高的趋势。少数民族还有人养象、鹿、鹰等。人工养鱼不晚于周代。经济昆虫饲养首推家蚕与蜜蜂。

农区养畜以舍饲与放牧相结合，部分农业副产品用作饲料，畜粪则用于肥田，是农牧互养的良好形式。中国古代培育出许多牲畜良种，中国猪种对西欧古代和近代猪种改良作出了贡献。在饲养、繁殖、相畜、阉割和兽医等技术方面都有重要创造。例如，中国古人很早就将杂交优势用于动物生产，先秦时代，中国北方少数民族地区的游牧民族就利用马驴杂交产生杂种后代骡和駃騠，并开始输入内地。中国古代的动物杂交不仅运用于马、驴之间，还用于其他动物的育种，如牦牛和黄牛的杂交，家鸡和野鸡的杂交，番鸭和麻鸭的杂交等。中国古代还利用阉割技术来改变动物的某些天性，古称“去势”。早在周代，人们就已认识到经过阉割的猪，性情温顺，《周礼》中有关于“攻駒”和“攻特”的记载，即是指给马和牛做阉割手术。

本名录共收录中国境内技术类农业文化遗产 78 项（表 1–7），其中，土地利用技术 7 项，土壤耕作技术 14 项，栽培管理技术 26 项，防虫减灾技术 9 项，生态优化技术 14 项，畜牧养殖兽医渔业技术 8 项。

① 徐旺生，闵庆文：《农业文化遗产与“三农”》，中国环境科学出版社，2008 年，第 50 页

表 1–7　入选名录的中国技术类农业文化遗产

遗产类别	数量	技术类农业文化遗产			
DA 土地利用技术	7	梯田技术 架田技术	涂田技术 柜田技术	圩田技术 砂田技术	江苏兴化垛田技术
DB 土壤耕作技术	14	畎亩法 代田法 区田法 亲田法	耦犁法 耧播法 刀耕火种 耜耕法	耦耕法 农田沟洫 稻麦二熟复种制 耕、耙、耢、压旱地耕作技术体系	耕、耙、耖、耘、耥水田耕作技术体系 轮作与间、套、混作技术体系
DC 栽培管理技术	26	踏粪技术 堆肥技术 基肥技术 追肥技术 绿肥技术 聚糠稿技术 火粪技术 水稻育秧移栽技术 稻田灌溉水温调节技术	烤田技术 棉花整枝摘心技术 赶霜露技术 品种选育技术 选种用种技术 内蒙古敖汉旱作农业技术 江西万年稻作农业技术 河北宣化传统漏斗架葡萄栽培技术	甘肃皋兰什川古梨栽培技术 辽宁鞍山南果梨栽培技术 辽宁宽甸柱参传统栽培技术 新疆吐鲁番坎儿井农业灌溉技术 云南普洱古茶树栽培管理技术	浙江杭州西湖龙井茶栽培技术 福建安溪铁观音茶栽培技术 湖北赤壁羊楼洞砖茶栽培技术 广东潮安凤凰单丛茶栽培技术
DD 防虫减灾技术	9	火烧蝗虫法 蚕种浴种法 盐浥贮茧法	人工扑打蝗虫法 挖沟掩埋灭蝗法	传统农业防治法 传统生物防治法	传统药物防治法 浸种催芽法
DE 生态优化技术	14	甽浴土技术 淹灌洗碱技术 淤灌压碱技术 陂塘综合利用技术 稻鱼（鸭）共生技术系统 桑基鱼塘技术系统	云南漾濞核桃—作物复合技术系统 浙江绍兴会稽山古香榧农业技术系统 甘肃迭部扎尕那农林牧复合技术系统	陕西佳县古枣园生态技术系统 天津滨海崔庄古冬枣园技术系统 山东夏津黄河故道古桑树群栽培技术系统	福州茉莉花种植与茶文化技术系统 云南广南八宝稻作生态技术系统
DF 畜牧养殖兽医渔业技术	8	圈养与放牧结合饲养技术 阉割术	相畜术 家畜引种和改良技术	中兽医治病技术 护蹄技术	驯养鸬鹚捕鱼技术 驯养水獭捕鱼技术

5. 工具类农业文化遗产

工具类农业文化遗产，指在古代和近代农业时期，由劳动人民所创造的、在现代农业中缓慢或已停止改进和发展的农业工具及其文化。涉及的农具主要包括依靠人力、畜力、水力、风力等非燃气、燃油动力的农具及其文化，以及在由手工工具和畜力、风力、水力农具向机械化农具转变时期所创造的半机械农业工具及其文化。[①] 工具类农业文化遗产中既包括各个历史时期制作使用的农具实物（包括已经鉴定为保护文物和尚未鉴定为保护文物的农具实物）等物质文化遗产，也包括各类农具的制作工艺、使用方法及其在农村、农业、农民的民俗活动中的精神价值等非物质文化遗产。

① 丁晓蕾，王思明，庄桂平：《工具类农业文化遗产的价值及其保护利用》，《湖南农业大学学报（社会科学版）》2014 年第 3 期

农业生产工具自春秋战国以来称之为“田器”“农器”和“农具”。制造农具的原料，最早是石、骨、蚌、角等。商周时代出现了青铜农具，种类有锛、臿、斧、斨、镈、铲、耨、镰、犁形器等。春秋战国时期，冶铁技术的发展加快了铁农具代替木、石、青铜制农具的历史进程。

中国传统农具经过长期发展改进，基本形成了基本形成了北方以旱地耕作为主的耕—耙—耢农业工具体系，南方以耕—耙—耖为主的水田农业工具体系。同时，在西部多山地区林业工具类型品种较多，在北方畜牧业发达地区分布有丰富的畜牧业工具，在沿江地区、水网密集的江南地区以及沿海地区则发明使用大量的淡水渔业工具和海水渔业工具。

中国作为一个传统农业大国，农业生产工具遍布全国。千百年来，在农业生产发展的历程中，在长期的生产生活实践中，勤劳智慧的劳动人民发挥自己的聪明才智，不断创造、发明，改良使用了适合各地地理、地质、气候条件的农具，极大地提高了劳动生产力和生活质量，推动社会向前发展。其中，既有以曲辕犁、龙骨车、耙、耖为代表的适合水田稻作的工具，也有适合旱地麦作的耧车、耙耱等工具，有以稻床、连枷等为主的收获农具，有磨、碓为代表的加工农具；有整地、中耕工具，有与滨海地域风力资源丰富等自然条件相适应的风车机械，也有与水网密集相适应的筒车灌溉工具；有适合淡水养殖、捕捞、水上运输等农业生产活动相适应的渔船、渔网等渔业生产工具，也有适合陆地运输的板车等。此外，在长期的农业生产过程中，人们还创造发明出独特的农业生产保护辅助工具，如秧马、竹马甲、竹膊笼、指头篮等。传统农业工具种类齐全、数量众多，有许多农具都极具典型的区域特色，凝聚着中国人民的聪明智慧。

中国的传统农具是中国历史上劳动人民发明创制，承袭沿用的农业生产工具的泛称，其产生和发展是社会生产力发展的重要标志，是劳动人民在农业生产中的杰出创造。其发展从制作材料、使用功能、动力和机构等方面经历了一个由简单到复杂不断丰富过程，每一次的发展变革都凝结着劳动人民的智慧，各种工具对中国古代农业发展做出了巨大贡献，随着社会的进步和科技的发展，农业机械化程度不断提高，现代机器大生产的发展进步让传统农具走向衰落，逐渐退出舞台，许多传统农耕器具和生活用具被废弃、毁坏、消失，逐渐淡出人们的生活。工具类农业文化遗产是农业发展的经典代表符号，几千年来，中国的农业工具在不同历史时期，经历了材质、造型、功能的变迁，同时，也经历了与区域生态环境、农业产区生产要求以及当地物产条件、气候条件等各方面相适应的过程，形成了大量类型丰富的、富有地方特色的各类工具类农业文化遗产。

按照其功能和使用范围，属于农业文化遗产范畴的中国传统农具大致可分为14类：农业、林业、畜牧业生产中的整地工具、播种工具、中耕工具、积肥施肥工具、收获工具、脱粒工具、农田水利工具、农用运输工具、植物保护工具、加工工具、生产保护工具；副业生产中的渔具、养蚕工具和其他农具。

（1）整地工具

整地工具指用于耕翻土地、破碎土垡、平整田地等作业的工具，可分为犁、耱、耙、磙、开沟工具和其他整地工具。其中，犁又分为旱地犁、水田犁、山地犁等类型。中国汉代耕犁已基本定型，畜力犁已成为最重要的耕作农具，汉武帝时期搜粟都尉赵过推广过“二牛三人耕”的耦犁；魏晋时期北方已经使用犁、耙、耱进行旱地配套耕作；唐代创制了新的曲辕犁即“江东犁”，当时陆龟蒙《耒耜经》中详细记述了它的部件、尺寸和作用；宋代南方已形成犁、耙、耖的水田耕作体系。

（2）播种工具

播种工具指用于播种小麦、水稻等农作物的农业工具，可分为平原旱地播种工具、水田播种工具。其中最重要的创造发明是耧车，为汉武帝时赵过大力推广的新农具之一。用耧车播种，一牛牵引耧，一人扶耧，种子盛在耧斗中，耧斗与空心的耧脚相通，且行且摇，种乃自下，能同时完成开沟、下种、复土三道工序，大大提高了播种效率和质量。

（3）中耕工具

中耕工具指用于除草、间苗、培土作业的农业工具，可分为旱地中耕工具、水田中耕工具两类。我国春秋战国时已有了铁锄；汉代以后的铁锄和近代使用的基本上没有什么差异；宋元之际的《种莳直说》中第一次记载了耧锄，这是一种用畜力牵引的中耕除草和培土农具。

（4）积肥施肥工具

积肥施肥工具指用于收集、贮存、施用肥料的农业工具。如粪耧、施肥耧、施粪车、罱泥夹等。

（5）收获工具

收获工具指用于各种农作物收割、采摘的工具，包括各种刀（铚）、镰、打钩（收获水果）、提杆（拔棉花秆）等。我国新石器时代已有石制或蚌壳制的割取谷物穗子及藁秆的铚与镰；后来逐渐出现青铜和铁制的铚和镰，几千年来铚和镰的形制基本上没有多大变化；宋以前还出现了拨镰、艾、翳镰、推镰、钩镰等收获农具。

（6）脱粒工具

脱粒工具指用于各种谷物脱粒的工具。在原始农业阶段，人们可能是直接用手捋的方式摘取植株上的谷粒。随着农业的发展，种植规模的扩大，就出现了各种各样的脱粒方式，或以物击于谷物，或以谷物加于物，相应地有了各种各样的脱粒农具，如连枷、稻床、禾桶，碌碡（石磙）、脱粒机、打稻机等。脱粒工具的选择与谷物类型有关，用连枷来脱粒的稻谷往往是脱粒较为困难的粳稻；用“拌桶摔打”的则是“易脱”“工省收早”的籼稻。

（7）农田水利工具

农田水利工具指用于兴修水利、提水灌溉和排涝的工具，可分为农田水利施工工具、提水工具等。中国西周时期，桔槔、辘轳等具有简单机械结构的提水工具开始出现；东汉时期已出现龙骨水车；元代王祯《农书》里记载了水转翻车、牛转翻车、驴转翻车、高转筒车，效率比较高。

（8）农用运输工具

农用运输工具指用于农业物资搬运的工具，可分为水上运输工具、陆地运输工具、挑担工具等。南北方地理环境决定了运输方式的不同。南方多河流湖泊，水域纵横，多丘陵地形，陆路不便，水上运输工具得到较快发展；北方地形平坦宽阔，适合陆路运输，陆地运输工具比较先进；挑担工具主要在山区或运输量较小时使用。

（9）植物保护工具

植物保护工具指用于保护农作物、防治各种病虫害的工具。如喷粉器、喷雾器、稻梳等。

（10）加工工具

加工工具主要包括粮食加工工具和棉花加工工具两大类。粮食加工工具从远古的杵臼、石磨盘发展而来，可分为扬场工具、去壳碾米工具、磨粉工具等。汉代出现了杵臼的变化形式踏碓，石磨盘则改进为磨、砻。南北朝时期出现了碾。元代棉花成为我国重要纺织原料，逐步发明了棉搅车、纺车、弹弓、棉织机等棉花加工工具。

（11）生产保护工具

生产保护工具指用于保护工作中的农业劳动者身体的工具。如秧马、斗笠、蓑衣、草裤、竹马甲、竹膊笼、指头篮等。

（12）渔具

渔具指用于渔业捕捞和采收水域中经济动物的各种工具的总称，可分为渔船、网渔具、钓渔具、耙刺类渔具、笼壶类渔具等。早在 6 000 多年前，中国就出现了骨制鱼叉、钓钩、枪头、鱼镖等；3 000 多年前已出现铜制钓钩；古代甲骨文中有用竿和网捕鱼的象形文字；《易经·系辞下》中有“结绳而为罔罟，以佃以渔”的记载；唐代陆龟蒙在《渔具诗序》中详细描述和区分了当时的渔具和渔法。

（13）养蚕工具

养蚕工具指用于采摘桑叶、饲养家蚕的工具，包括蚕架、蚕网、蚕箔、蚕匾、桑剪等。

本名录共收录中国境内工具类农业文化遗产 161 项（表 1-8），其中，整地工具 36 项，播种工具 7 项，中耕工具 14 项，积肥施肥工具 7 项，收获工具 5 项，脱粒工具 9 项，农田水利工具 23 项，农用运输工具 17 项，植物保护工具 4 项，加工工具 13 项，生产保护工具 2 项，渔具 17 项，养蚕工具 7 项。

表 1-8　入选名录的中国工具类农业文化遗产

遗产类别	二级分类	数量	技术类农业文化遗产			
EA 整地工具	犁	16	二牛抬杠	黑龙江旧木犁	双层犁	天水山地犁、
			大木犁	独角犁	南昌老犁、宁明	西安山地犁、
			皋兰土犁	大草犁	旧犁	陕西翻地犁
			石犁	滑杆犁	涵江水田深耕犁	
			延安耩子犁	但店步犁	东台双铧犁	
					水田拉锹	
	耱	1	耱			
	耙	11	燕翅耙	钉齿耙	旧式水耙	贵州碎土耙
			木耙	转耙	耖	中山水田耙
			安平两用耙	双轮磨耙	旧式闸耙	
	磙	2	小木磙子	长条石磙子		
	开沟工具	4	关中开沟犁、山西开沟犁	双腿开沟耠子	三行开沟器	四行开沟器

（续表）

遗产类别	二级分类	数量	技术类农业文化遗产
	其他整地工具	2	横銎式青铜钁（镢） 关中铁铣
EB 播种工具	平原旱地播种工具	6	点葫芦 带水耧子、带水耧 耩子、活腿耧、三腿自动耧 吉林补种器 六腿耧 双斗独腿耧、玉米播种耧、独腿耧
	水田播种工具	1	插秧船
EC 中耕工具	旱地中耕工具	11	三角锄 手锄、安徽四齿锄 三用活页锄 松土爪 耧锄 板锄 八齿耘耙 南通培土器 镫锄 双头锄草器、双口刮刀 耘锄、东台三齿耘锄
	水田中耕工具	3	落（络）田耙 小四方薅秧耙 水田锄草器
ED 施肥积肥工具		7	粪耧 施粪车 追肥抗旱车、浇水车 罱泥夹 施肥耧 黑山追肥器 掖县粪杈
EE 收获工具		5	铁镰 豌豆铲 删刀 拔棉秆器 劈草刀
EF 脱粒工具		9	连枷 脚踏脱粒机 乱草机 碌碡 马拉打稻机 木制打稻机、黄包车式水田打稻机 板桶 水力打稻机 玉米搓子、玉米脱粒器
EG 农田水利工具	农田水利施工工具	7	镐 桶锹 吊杆 木制三锤打夯机、羊蹄夯 尖镢 辽宁板锹 竹溜绳
	提水工具	16	戽斗 立式水车 筒式水车、畜力五筒水车 水斗 龙骨水车 木制抽水机、抽水风箱 辘轳 抽水竹筒 脚踏水车、脚踏轧花机改装提水车 土轮水车 风车 马拉洒水车、牛拉水车 卫转筒车 木制水车、手摇式水车 广济风力水车 吸筒水车、手摇水轮水车
EH 农用运输工具	水上运输工具	6	歪尾船与舵笼子船 沉水苗船 送粪船 竹筏 宁乡乌江子船 水陆两用船
	陆地运输工具	8	畜力车 勒勒车 推车、小推车 大车 牛驮工具 旧式独轮人力车、云南独轮手推车 四轮车 解放车
	挑担工具	3	背斗 扁担 挑框
EI 植物保护工具		4	盐城木制喷粉器 喷雾器 安徽稻梳 千斤塔
EJ 加工工具	扬场工具	4	辽宁扬场机 权 风扇车 昌图大豆选种机
	去壳碾米工具	6	杵臼 脚踏碓 脱茫机 手摇碾米机 水碓 碾子
	磨粉工具	3	石磨 手摇磨 畜力单轮双磨
EK 生产保护工具		2	秧马 斗笠、蓑衣、草裤、竹马甲、竹脯笼、指头篮
EL 渔具		17	车竿 鱼镖 夹夹网 声捕鱼 撩钩 旋网 弓箭 渔船 霖（罧） 粘网（丝网） 孔明闸 笼、篮、簖类渔具 罾 罱网 鸬鹚 鱼卡 鱼网
EM 养蚕工具		7	蚕架 蚕箔 蚕簇 桑剪 蚕网 蚕匾（筐） 火缸

6. 文献类农业文化遗产

文献类农业文化遗产，指古代留传下来的各种版本的农书和有关农业的文献资料，在农业历史学界、图书馆学界等一般使用（古）农书、农业历史文献、农业古籍或古代农业文献来概括，包括综合性文献和专业性文献。综合性文献从体裁看，有按生产项目编排的知识大全类农书，有按季节编排的农家月令类农书，也有兼有两者特点的通书类农书；从内容所涉及范围看，有全国性大型农书，有地方性小型农书。中国早期古农书，以生产谷物、蔬菜、油料、纤维和某些特种作物（如茶叶、染料、药材）、果树、蚕桑、畜牧、材木、花卉等为主题的“整体农书”占大多数。专业性文献最早出现在相畜、兽医和养鱼等方面，晋、唐以后逐步扩展到花卉、农器、植茶、养蚕、果树等方面，到明清时还出现了救荒和治蝗专书。总体来看，时代越往后，农业分工越细，专业性文献也越多。①

中国农书启始于春秋战国。当时诸子百家中有农家，《汉书·艺文志》列农家著作九种，如《神农》《野老》等，已佚。这一时期的农业文献资料较为零散、稀少，且多已失传。流传下来的仅有《管子》的《地员》篇，《吕氏春秋》中的《上农》《任地》《辩土》《审时》四篇，《周礼》中有关农业的条文以及中国最早的历书《夏小正》等。②

对于文献类农业文化遗产，国内学术界并无统一的分类标准，学者们大都根据自己的理解进行分类。王毓瑚将其分为综合性农书、天时与耕作专书、各种专谱、蚕桑专书、兽医书籍、野菜专著、治蝗书、农家月令书和通书性质的农书9个系统。石声汉按照写作对象将其分为整体性农书和专业性农书，按体裁分为农家月令书、农业知识大全和通书，按作者分为官书和私人著作，按地域分为全国性农书和地方性农书。《中国农书目录汇编》分为总记类、时令类、占候类、农具类、水利类、灾荒类、名物诠释类、博物类、物产类、作物类、茶类、园艺类、森林类、畜牧类、蚕桑类、水产类、农产制造类、农业经济类、家庭经济类、杂论类、杂类，共21类。《中国古农书联合目录》将其分为农业通论、时令、土壤耕作灌溉、治蝗、作物、蚕桑、园艺、蔬菜、果木、花卉、畜牧兽医（孵卵、蜂附人）、水产（蟹、金鱼附人），共13类。《中国农学书录》将其分为农业通论、农业气象占候、耕作农田水利、农具、大田作物、竹木茶、虫害防治、园艺通论、疏菜及野菜、果树、花卉、蚕桑、畜牧兽医、水产，共14类。③《中国农业古籍目录》将其分为综合性、时令占候、农田水利、农具、土壤耕作、大田作物、园艺作物、竹木茶、植物保护、畜牧兽医、蚕桑、水产、食品与加工、物产、农政农经、救荒赈灾、其他，共17类。《中华大典·农业典》将其分为综合、粮食作物、园艺作物、经济作物、农具、蚕桑、畜牧兽医、渔业、水利、农业灾害、农学农书，共11类。《中国明清时期农书总目》分为通论、时令占候、耕作农田水利、农具、大田作物、竹木茶、灾荒虫害、园艺、蚕桑、畜牧兽医、水产，共11类。《江苏农业文化遗产调查研究》将其分为综论概论、时令占候、农田水利、农具、土壤耕作、大田作物、园艺作物、竹木茶、植物保护、畜牧兽医、蚕桑、水产、食品与加

① 阴法鲁等:《中国古代文化史（下）》，北京大学出版社，2008年，827页

② 惠富平:《中国传统农书整理综论》,《中国农史》1997年第1期，第102-110页

③ 惠富平:《中国农书分类考析》,《农业图书情报学刊》1997年第6期

工、物产、农政农经、救荒赈灾、其他，共17类。

综合上述农业文献分类，可以将文献类农业文化遗产分为综合性类、时令占候类、农田水利类、农具类、土壤耕作类、大田作物类、园艺作物类、竹木茶类、畜牧兽医类、蚕桑渔类、农业灾害及救济类文献，共11类。

（1）综合性类文献

综合性类文献指内容带有综合性质，涉及本分类两种以上的农业文献。代表性文献有《氾胜之书》《齐民要术》《农政全书》等。西汉氾胜之的《氾胜之书》是西汉晚期的一部重要农学著作，一般认为是我国最早的一部农书，书中记载黄河中游地区耕作原则、作物栽培技术和种子选育等农业生产知识，反映了当时汉族劳动人民的伟大创造。北魏贾思勰的《齐民要术》是我国现存最早最完整的综合性农书，着重于各项技术知识的系统记录，除了各种作物、蔬菜、果树、林木的耕作、选育、保护和畜牧、养鱼等广义农业的各部门之外，还有农产品加工、保藏、酿造、烹调、织染、日用品保管，乃至制造笔墨、化妆品等，是“百科知识”型的。明代徐光启的《农政全书》是最重要的全国性综合农书，全书分为12目，共60卷，50余万字，基本上囊括了中国古代汉族农业生产和人民生活的各个方面，而其中又贯穿着一个基本思想，即徐光启的治国治民的“农政”思想，这正是《农政全书》不同于其他大型农书的特色之所在。

（2）时令占候类文献

时令占候类文献包括以月令、时令及岁时为编纂框架的综合性类农业文献以及农时、物候、节气、农业气象等农业文献。这类书因着重于时间计划，对农作物生产过程没有作系统的连续叙述，技术性知识显得分散些。以月令体裁写成的农书约20余种，其中代表性文献有春秋时期的《夏小正》、东汉崔寔的《四民月令》、唐代韩鄂的《四时纂要》等。大型农书如明《农政全书》、清《授时通考》以及小型农书如清张宗法撰《三农纪》等书中都专辟月令体例的内容。东汉崔寔的《四民月令》是农家月令书中最有代表性的著作，它将一年12个月必须进行的农业生产操作事项，按时令缓急，依次安排。唐代韩鄂《四时纂要》按月详细开列农村居民的农事与其他活动项目，是农村日用百科全书，曾对后世农家历的编纂很有影响。

（3）农田水利类文献

农田水利类文献指记载农业水利议论和规划或兴修工程设施以调节和改变农田水分状况和地区水利条件，以利农业生产的农业文献。代表性文献有《泰西水法》《吴中水利全书》等。明代徐光启与传教士熊三拔合译的《泰西水法》是一部介绍西方水利科学的重要著作，后被收入《农政全书》。宋代单锷的《吴中水利全书》是作者调查太湖周围的水系源流，历时30余年将其调查的研究结果著此为书。

（4）农具类文献

农具类文献指记载各种农具的农业文献。代表性文献有《耒耜经》《农器谱》等。最早记述和研究农具的古籍，当推《周礼·考工记》。唐代陆龟蒙的《耒耜经》是唐代末期记述江南地区农具的专著，是最早记述农具的专书，共记述农具4种，其中对被誉为我国犁耕史上里程碑的唐代曲辕犁记述得最为准确详细。其他农具专书还有宋曾之谨的《农器谱》、明王徵的《新制诸器图说》和清陈玉璂的《农具记》等。专业性农书中，农具书是较少的一类。但在一些综合性农书中，大量载有中国古代的农具。如元代王祯的《农书》虽然是综合性农书，但其中《农器图谱》20 集，占全书 80% 的篇幅，几乎包括了传统的所有农具和主要设施，堪称中国最早的图文并茂的农具史料，后代农书中所述农具大多以此书为范本。

（5）土壤耕作类文献

土壤耕作类文献包括土壤、井田、耕作耘锄、区田及营田等内容的农业文献。代表性文献有《御制耕织图》《农说》《泽农要录》等。清代《御制耕织图》又名《佩文斋耕织图》，是中国农桑生产最早的成套图像资料，以江南农村生产为题材，系统地描绘了粮食生产从浸种到入仓，蚕桑生产从浴蚕到剪帛的具体操作过程，它的绘写渊源可上溯至南宋，绘者为楼璹，耕图、织图各 23 幅，共计 46 幅图，每图配有康熙皇帝御题七言诗一首。

（6）大田作物类文献

大田作物类文献包括粮食作物、经济作物等内容的农业文献。代表性文献有《禾谱》《江南催耕课稻编》《金薯传习录》《御题棉花图》等。如北宋曾安止的《禾谱》是中国第一部水稻品种专著，共五卷。清代李彦章编撰的《江南催耕课稻编》是一部总结水稻生产尤其是提倡种早稻、推广双季稻生产经验的专著。清代方观承的《棉花图》是我国最早的棉花栽培技术和纺织加工技术的图谱。宋代王灼的《糖霜谱》为我国古代首部关于甘蔗栽培几制糖法的专著。

（7）园艺作物类文献

园艺作物类文献包括蔬菜、果树、花卉等内容的农业文献。中国古代蔬菜类农书较少，但有关蔬菜的文献则很多，多散见于综合性农书、月令类农书和重要的类书中。北宋僧人赞宁的《笋谱》是第一部关于竹笋的专著，南宋陈仁玉的《菌谱》是第一部关于菌类的专著。果树专著的出现则始自唐代以后。南宋韩彦直《永嘉橘录》是第一部柑橘栽培学专著；北宋郑熊的《广中荔枝谱》是第一部荔枝专谱。据王毓瑚《中国农学书录》所载，花卉类农书总数达 150 种。《全芳备祖》是宋代花谱类农书集大成者，著名学者吴德铎先生首誉其为“世界最早的植物学辞典”。北宋刘颁的《芍药谱》、宋代刘蒙的《菊谱》、宋代赵时庚的《金漳兰谱》、南宋范成大的《范村梅谱》分别是第一部关于芍药、菊花、兰草和梅花的专著。

（8）竹木茶类文献

包括竹、木、茶等内容的农业文献。代表性文献有《竹谱》《茶经》《桐谱》等。南朝刘宋戴凯之的《竹谱》是我国现存最早的一部竹类专著。唐代陆羽《茶经》是中国乃至世界现存最早、最完整介绍茶的专著，被誉为“茶叶百科全书”，此书是一部关于茶叶生产的历史、源流、现状、生产技术以及饮茶技艺、茶道原理的综合性论著。北宋陈翥的《桐谱》是我国第一部研究泡桐的专著。

（9）畜牧兽医类文献

畜牧兽医类文献包括马、牛、猪、羊、禽等内容的农业文献。从历代书目中可查到的畜牧、兽医类文献约 500 余部（篇），但保留下来的仅 1/10。主要包括天象、物候和农事活动，畜牧类农书以“相畜”为最多，是把一年中该做的事逐月加以安排，其次是“马政”，有关饲养管理、繁育及畜产品利用加工的文献多散见于综合性农书如《齐民要术》、王祯《农书》《农政全书》等的畜牧部分。战国以前的相畜文献未能流传下来，两汉以后流传的相畜文献包括《伯乐相马经》《宁戚相牛经》和《隋书·经籍志》中的《相鸭经》《相鸡经》《相鹅经》等。明杨时乔的《马政纪》是现存较完整的一部马政书。兽医类多为专书，流传的重要兽医专书中有唐李石撰《司牧安骥集》、北宋王愈撰《蕃牧纂验方》、元卞宝撰的《司牧马经·痊骥通玄论》以及明喻仁、喻杰兄弟编著的《元亨疗马集》等。

（10）蚕桑渔类文献

蚕桑渔类文献包括蚕桑、桑、渔业等内容的农业文献。代表性文献有《蚕书》《陶朱公养鱼经》等。如北宋秦观的《蚕书》是宋代有关养蚕制丝技术的专著，主要总结宋代以前兖州地区的养蚕和缫丝的经验，尤其对缫丝工艺技术和缫车的结构型制进行了论述。春秋时期范蠡的《陶朱公养鱼经》是我国古代第一本养鱼专书。明代黄省曾的《种鱼经》是我国现存最早的淡水养殖专著，内分 3 篇，分述鱼种、养鱼方法和海洋鱼类。明代屠本畯的《闽中海错疏》是我国现存最早的地区性海产动物志。

（11）农业灾害及救济类文献

农业灾害及救济类文献包括救荒赈灾虫害防治、救荒野菜等内容的农业文献。代表性文献有《救荒活民书》《野菜谱》等。南宋董煟《救荒活民书》是第一部研究治蝗和荒政学的著作。清顾彦所辑的《治蝗全法》是篇幅最多、内容最全的一部治蝗专书。从明代开始，陆续出现野菜类专著如明代朱橚的《救荒本草》、王磐的《野菜谱》、鲍山的《野菜博录》等。这类专书的目的在救荒，所记植物大都是野生蔬菜，并都有图像。

中国作为历史悠久的农业大国，从远古至清末历代遗留下来的农业文献十分丰富，涉及农、林、牧、副、渔等自然科学和农业政策、农业经济等社会科学的各个方面，数量庞大，承载了中国传统农业的精髓，反映了传统农学发展历程和规律，是我国农业文化遗产的重要组成部分。文献类农业文化遗产是中国传统农学的载体，是历代国家政权用来劝农的重要工具，为中国农业精耕细作优良传统是形成起了积极的推动作用。

关于文献类农业文化遗产的数量，农史和图书馆学界一般以统计广义的农业生产技术和相关农业生产的农业古籍为主。如 1957 年王毓瑚编著的《中国农学书录》（1964 年修订版）共登录农业技术古籍 542 种，其中存目 300 余种，佚目 200 余种；1975 年，日本天野元之助在《中国古农书考》中收录农书 243 种，而所附索引开列的农书和有关书籍名目约 600 种。这大致囊括了中国历史上出现的主干农书。另有一些书目对农书收录的范围加以扩大，收录种类和数量也有增加。如 1959 年北京图书馆（现名中国国家图书馆）主编的《中国古农书联合书目》，汇编了 25 个省、市及单位图书馆的古农书目，还包括一些农书的整理研究著作，共收录农业技术与农业经济类古籍 643 种；1995 年出版的《中国农业百科全书·农业历史卷》附有“中国古农书存目”简表，收书也较多。如果根据实际的文献查考，数量应该更多，如王达《中国明清时期农书总目》就收录了包括佚目在内的近 1 400

种。另据《中国农业古籍目录》统计，流传至今的农业古籍共有 2 084 种，从涵盖面及数量上都可称得上是目前最丰富的农业文献编目，能够较好地反映全国农业古籍存佚及收藏的情况。这些珍贵的农业文献反映了我国传统农业和社会发展的历程，积淀了丰厚的农业技术知识和生产经验，对数千年传统农业的发展起到了重要的指导作用，是中华民族宝贵的农业遗产和文化财富。

本名录选择历史悠久、版本珍贵、保存情况良好、内容重要、历史与现实影响深远的文献予以收录，共收录中国文献类农业文化遗产 90 项（表 1–9），其中，综合性类文献 23 项，时令占候类文献 6 项，农田水利类文献 5 项，农具类文献 6 项，土壤耕作类文献 6 项，大田作物类文献 6 项，园艺作物类文献 12 项，竹木茶类文献 8 项，畜牧兽医类文献 7 项，蚕桑渔类文献 6 项，农业灾害及救济类文献 5 项。

表 1–9　入选名录的中国文献类农业文化遗产

遗产类别	数量	文献类农业文化遗产	
FA 综合性类文献	23	吕氏春秋二十六卷（《上农》等四篇）（秦）吕不韦撰 氾胜之书二卷（汉）氾胜之撰 南方草木状三卷（晋）嵇含撰 齐民要术十卷 杂说一卷（北魏）贾思勰撰 农书三卷（宋）陈旉撰 种艺必用（宋）吴怿撰（元）张福补遗 琐碎录二十卷（宋）温革撰 农桑辑要七卷（元）大司农司撰 农书三十六卷（元）王祯撰 种树书（元末明初）俞贞木撰 便民图纂十六卷（明）邝璠撰 宝坻劝农书（明）袁黄撰	农政全书六十卷（明）徐光启撰 天工开物三卷（“乃粒”等篇）（明）宋应星撰 沈氏农书一卷（明）沈氏撰（清）钱尔夏订正 补农书二卷（清）张履祥撰 农桑经（清）蒲松龄撰 授时通考七十八卷（清）乾隆敕修（清）鄂尔泰等辑 知本提纲十卷（清）杨屾撰 三农纪二十四卷（清）张宗法撰 齐民四术十二卷（《郡县农政》）（清）包世臣撰 马首农言一卷（清）祁寯藻撰 明清农业方志手抄资料
FB 时令占候类文献	6	夏小正（汉）戴德撰 四民月令（汉）崔寔撰 四时纂要（唐）韩鄂撰	农桑衣食撮要二卷（元）鲁明善撰 田家五行三卷（明）娄元礼撰 农圃便览（清）丁宜曾撰
FC 农田水利类文献	5	潞水客谈一卷（明）徐贞明撰 常熟县水利全书十卷（明）耿桔撰 吴中水利全书二十八卷（明）张国维撰	泰西水法六卷（意大利）熊三拔（明）徐光启笔记（明）李之藻订正 畿辅河道水利丛书（清）吴邦庆撰
FD 农具类文献	6	渔具诗序（唐）陆龟蒙撰 耒耜经一卷（唐）陆龟蒙撰 农器谱三卷（宋）曾之谨撰 农具记一卷（清）陈玉璂撰	远西奇器图说录最三卷（瑞士）邓玉函口授（明）王徵译绘　新制诸器图说一卷（明）王徵撰 河工器具图说四卷（清）麟庆撰
FE 土壤耕作类文献	6	於潜令楼公进耕织二图诗一卷（宋）楼璹撰 御制耕织图（清）清圣祖撰（清）焦秉贞绘 农说一卷（明）马一龙撰	教稼书一卷（清）孙宅揆撰 泽农要录六卷（清）吴邦庆撰 营田辑要三卷（清）黄辅辰撰

（续表）

遗产类别	数量	文献类农业文化遗产	
FF 大田作物类文献	6	江南催耕课稻编一卷（清）李彦章撰 浦泖农咨（清）姜皋撰 金薯传习录二卷（清）陈世元撰	御题棉花图（清）方观承绘 棉业图说八卷（清）农工商部撰 烟草谱八卷（清）陈琮撰
FG 园艺作物类文献	12	荔枝谱一卷（宋）蔡襄撰 菊谱一卷（宋）刘蒙撰 百菊集谱六卷（宋）史铸撰 糖霜谱一卷（宋）王灼撰 橘录三卷（宋）韩彦直撰 全芳备祖五十八卷（宋）陈景沂撰 祝穆订正	菌谱一卷（宋）陈仁玉撰 牡丹史四卷（明）薛凤翔撰 荔枝谱七卷（明）徐𤊹撰 二如亭群芳谱二十八卷（明）王象晋撰 花镜六卷（清）陈淏子撰 植物名实图考三十八卷（清）吴其濬撰
FH 竹木茶类文献	8	竹谱一卷（晋）戴凯之撰 笋谱一卷（又二卷）（宋）赞宁撰 桐谱一卷（宋）陈翥撰 茶经三卷（唐）陆羽撰	茶录二卷（宋）蔡襄撰 大观茶论（宋）赵佶（存疑）撰 茶疏一卷（明）许次纾撰 茶解一卷（明）罗廪撰
FI 畜牧兽医类文献	7	司牧安骥集五卷（唐）李石撰 痊骥通玄论六卷（元）卞宝撰 元亨疗马集（明）喻本元 喻本亨撰 鸡谱五十一篇（清）佚名	猪经大全一册（清）李德华 李时华增补 抱犊集（清）佚名 养耕集（清）傅述凤撰
FJ 蚕桑渔类文献	6	蚕书一卷（宋）秦观撰 蚕经（又名养蚕经）（明）黄省曾撰 豳风广义三卷（清）杨屾撰	湖蚕述四卷（清）汪日桢撰 养鱼经一卷（春秋）范蠡撰 闽中海错疏三卷（明）屠本畯撰
FK 农业灾害及救济类文献	5	救荒活民书三卷（宋）董煟撰 救荒本草（明）朱橚撰 荒政辑要十卷（清）汪志伊撰	野菜谱一卷（明）王磐撰 捕蝗图册（清）李源撰

7. 特产类农业文化遗产

特产类农业文化遗产，即通常人们所指的传统农业特产，指历史上形成的某地特有的或特别著名的植物、动物、微生物产品及其加工品，有独特文化内涵或历史。

特产类农业文化遗产具有以下几个特点：一是其生产应该具有较长的历史；二是生长环境特殊，具有地域性特点，其独特的品质优势无法复制；三是其品质优异或独特，优于其他产地同类产品；四是其种养方式或加工方式特殊，具有地域性特点。

参考 2010 年 2 月国家统计局第 13 号局长令发布的《统计用产品分类目录》以及 2008 年 2 月国家林业局、国家统计局联合印发的《林业及相关产业分类（试行）》，特产类农业文化遗产可以分为农业产品类特产、林业产品类特产、畜禽产品类特产、渔业产品类特产和农副产品加工品类特产 5 个基本类型。

（1）农业产品类特产

农业产品类特产指地方特有的农作物产品及其副产品。包括：谷物及其他作物，蔬菜、园艺作物，水果、坚果、饮料和香料作物，中药材，水生植物类。其中，“谷物及其他作物”包括谷物、薯类、油料、豆类、棉花、麻类、糖料、烟草和其他作物；“蔬菜、园艺作物”包括蔬菜、食用菌、花卉、盆景及其他园艺作物。

（2）林业产品类特产

林业产品类特产指地方特有的各种木材、非木材林产品与采集产品及其林业副产品。包括：原木、原竹，非木材林产品与采集产品，其他林业副产品。其中，“其他林业副产品”包括以竹、藤、棕、苇为原料的加工产品等林业副产品及其制品。

（3）畜禽产品类特产

畜禽产品类特产指地方特有的各种畜禽产品及其副产品；包括畜产品、禽产品、其他副产品。其中，“畜产品”包括牲畜、生皮、兽毛等；“禽产品”包括活禽、鲜蛋、羽毛等；“其他副产品”指动物自身或附属产生的产品，包括蚕茧、燕窝、鹿茸、牛黄、蜂乳、麝香、蛇毒、鲜奶等。

（4）渔业产品类特产

渔业产品类特产指地方特有的各种淡水产品和海水产品；其中，“淡水产品”包括淡水养殖和淡水捕捞产品；“海水产品”包括海水养殖和海水捕捞产品。

（5）农副产品加工品类特产

农副产品加工品类特产，指地方特有的直接以农、林、牧、渔业产品为主要原料，通过各种加工活动生产的食品、调味品、饮料等产品。包括肉蛋制品、蔬菜加工品、水产加工品、茶、酒、调味品和发酵制品、其他农副特产。其中，“其他农副特产”包括淀粉及淀粉制品、豆腐及豆制品等加工品。

1999年8月，原国家质量技术监督局发布了《原产地域产品保护规定》，对利用产自特定地域的原材料，按照传统工艺在特定地域内所生产的，质量、特色或者声誉在本质上取决于其原产地域地理特征的产品，以原产地域进行命名实施保护。2005年6月，国家质检总局制定发布了《地理标志产品保护规定》。农业部于2008年2月颁布施行《农产品地理标志管理办法》，对来源于特定地域，产品品质和相关特征主要取决于自然生态环境和历史人文因素的农业的初级产品，以地域名称冠名实施地理标志农产品登记。地理标志作为一种与农业相关的特殊知识产权在农业领域发挥着越来越重要的作用，因此，这些年来伴随着国家地理标志制度保护工作的开展，有相当数量的特产类农业文化遗产在上述两个部门获得了地理标志产品登记。

本名录共收录中国境内特产类农业文化遗产102项（表1-10），其中，农业产品类特产62项，林业产品类特产2项，畜禽产品类特产10项，渔业产品类特产4项，农副产品加工品类特产24项。

表 1-10　入选名录的中国特产类农业文化遗产

遗产类别	二级分类	数量	特产类农业文化遗产			
GA 农业产品类特产	谷物及其他作物类	13	仰韶小米（仰韶贡米） 万年贡米 沁州黄小米 龙山小米	宣汉桃花米 河龙贡米 竹溪贡米 纪山龙米	紫鹊界贡米 晋祠大米 定边荞麦 洋县黑米	蕲春珍米
	蔬菜、园艺作物类	9	昭化韭黄 荔浦芋 陈集山药	庆阳黄花菜 偃师银条	铜陵白姜 马家沟芹菜	福州茉莉花 平阴玫瑰
	水果、坚果、饮料和香料作物类	28	吐鲁番葡萄（干） 哈密瓜 库尔勒香梨 鞍山南果梨 泊头鸭梨 莆田桂圆 南山荔枝	漾濞核桃 京东板栗 建瓯锥栗 桐乡槜李 南丰蜜橘 瓯柑 容县沙田柚	沧州金丝小枣 黄骅冬枣 秦安蜜桃 南汇水蜜桃 烟台苹果 临潼石榴 塘栖枇杷	余姚杨梅 张夏玉杏 威县三白西瓜 罗田甜柿 泰兴白果 枫桥香榧 汉源花椒
	中药材类	10	哈达铺当归 怀山药、怀菊花、怀地黄、怀牛膝	盐池甘草 石柱黄连 平顺潞党参	文山三七 江油附子 宁夏枸杞	长白山人参 昭通天麻
	水生植物类	2	湘莲	蔡甸莲藕		
GB 林业产品类特产		2	庆元香菇	房县黑木耳		
GC 畜禽产品类特产	畜产品	4	从江香猪	苏尼特羊肉	新晃黄牛肉	中阳柏籽羊肉
	禽产品	4	泰和乌鸡	临武鸭	兴国灰鹅	寿光鸡
	其他副产品	2	阳城蚕茧	西丰鹿茸		
GD 渔业产品类特产	淡水产品	2	阳澄湖大闸蟹	全州禾花鱼		
	海水产品	2	大连海参	合浦南珠		
GE 农副产品加工品类特产	肉蛋制品	2	金华火腿	平遥牛肉		
	蔬菜加工品	2	四川泡菜	涡阳苔干		
	茶	10	龙井茶 洞庭碧螺春 庐山云雾茶	信阳毛尖 祁门红茶 安溪铁观音	武夷岩茶 普洱茶	福鼎白茶 蒙山茶
	酒	5	贵州茅台酒 五粮液酒	泸州老窖	西凤酒	绍兴黄酒
	调味品和发酵制品	1	山西老陈醋			
	其他农副特产	4	八公山豆腐	中江挂面	弋阳年糕	龙口粉丝

8. 景观类农业文化遗产

景观类农业文化遗产，即农业景观，它是由自然条件与人类活动共同创造的一种景观，由区域内的自然生命景观、农业生产、生活场景等多种元素综合构成，其景观所反映的是相关元素组成的复合效应，包括与农业生产相关的植物、动物、水体、道路、建筑物、工具、劳动者等，是一个具有生产价值和审美价值的系统。景观类农业文化遗产反映了当地居民长期生产生活下形成的与自然和谐共处的土地利用方式，生产价值、生态价值与审美价值的和谐统一。与一般的自然和文化遗产不同，农业文化景观遗产是一种活态遗产，是农业社区与其所处环境协调进化和适应的结果，它保护的是一种生产方式，一种农民仍在使用并且赖以生存的耕作方式。[①] 农业景观具有生态、文化、美学等多重价值，其中美学价值尤为显著，已经成为许多遗产地发展旅游的重要吸引物。

景观类农业文化遗产包括农业生态景观和农业文化景观。农业生态景观指一个由不同土地单元镶嵌组成、具有明显视觉特征的地理实体，它处于生态系统之上、大地理区域之下的中间尺度，是长期以来在人类活动影响下，人与自然协同进化下所形成的，由森林、草原、农田、河流、湖泊、村落等各类型生态系统组成的独特景观。农业文化景观则包括聚落、街道、建筑、人物、服饰、交通工具、栽培植物与养殖动物等。[②]

景观类农业文化遗产可以有多种分类方式。从我国的气候特征及地理位置来看，景观类农业文化遗产大致可分为东北旱地—水田—林地农业景观、北方旱地农业景观、南方水田农业景观、山区梯田农业景观、陇中地区砂田农业景观等类型。按照联合国粮农组织的定义，全球重要农业文化遗产（GIAHS）是一种独特的、具有丰富生物多样性的农业景观。从狭义农业文化遗产及 GIAHS 的角度，可以将我国潜在的景观类农业文化遗产大致划分为 4 个类型：复合农业系统、水土资源管理系统、庭院生态系统、特色农作文化系统。其中较典型的系统有：稻作与旱作梯田系统、稻作文化系统、桑基鱼塘系统、黄土高原淤地坝系统、坎儿井水利工程系统、旱作农业系统、草原游牧系统和特色农作系统等。[③] 从大农业的结构来看，景观类农业文化遗产可分为种植业景观、林业景观、畜牧业景观、渔业景观、副业景观等类型。

基于广义农业文化遗产的视角，并结合大农业结构分类，可以将景观类农业文化遗产分为农（田）地景观、园地景观、林业景观、畜牧业景观、渔业景观、复合农业系统。

（1）农（田）地景观

农（田）地景观是以农作物为种植主体，通过传统的自然生态的农事活动，向人们展示传统的农田等田园景观之美。农（田）地景观包括梯田、垛田、圩田、架田（葑田）、八卦田、石砂田等具体类型。

如哈尼稻作梯田系统的森林—村寨—梯田—水系“四素同构”的生态与文化景观因地制宜，巧妙利用当地气候和水土资源，形成景观结构合理、功能完备、价值多样的复合农业系统，是山地生态农业的典范。

（2）园地景观

园地景观是以园艺植物为种植主体以及传统的园艺、花圃等农事活动构成的田园景观。园地景观包括古葡萄园、古石榴园、古荷园、古牡丹园、古杜鹃群落、古梅园等具体类型。

---

① 闵庆文，刘珊，何露，等:《农业文化景观遗产及其动态保护》,《中国文物报》2010 年 6 月 13 日

② 何露 闵庆文:《农业文化遗产的景观及其保护》,《农民日报》2013 年 11 月 15 日

③ 同①

（3）林业景观

林业景观是以林场、天然山林、特色果园等作为主体，包括林木培育、保护、利用等林业生产活动在内所构成的景观。林业景观包括古梨林、古板栗林、古枣林、古核桃林、古荔枝林、古柑橘林、古梅林、古银杏林、古香榧林、古茶树群落、古桑树群落、古竹林、古松林等具体类型。

（4）畜牧业景观

畜牧业景观的构成主体包括广袤的草原、草地和畜群等以及草原放牧等畜牧活动形成的景观。畜牧业景观主要有草原文化景观和高原游牧文化景观。

（5）渔业景观

渔业景观是以海洋、滩涂、江河、湖泊、水库、鱼塘等水体为基础，以水产养殖、捕捞等渔业生产、生活活动等为主体形成的景观。渔业景观分为淡水渔业景观和海水渔业景观。

（6）复合农业系统

复合农业系统是指采用传统农业耕作制度和农业技术、体现生物多样性和文化多样性的传统农业生产系统，复合农业系统包括稻鱼共生系统、稻鱼鸭系统、基塘农业系统等具体类型。

本名录共收录中国境内景观类农业文化遗产 106 项（表 1–11），其中，农（田）地景观 17 项，园地景观 20 项，林业景观 55 项，畜牧业景观 4 项，渔业景观 2 项，复合农业系统 8 项。

表 1–11 入选名录的中国景观类农业文化遗产

遗产类别	数量	景观类农业文化遗产			
HA 农（田）地景观	17	元阳哈尼梯田 龙脊梯田 凤堰古梯田 紫鹊界梯田 梅源梯田	尤溪梯田 加榜梯田 江岭梯田 庄浪梯田 崇义客家梯田	涉县旱作梯田 兴化垛田 塘浦圩田 芜湖圩田 秦王川砂田	秦淮河架田 杭州南宋八卦田
HB 园地景观	20	宣化传统葡萄园 清徐古葡萄园 临潼西石榴园 枣庄万亩石榴园 白洋淀元妃荷园 金湖荷花	菏泽古今牡丹园 云南普洱古茶园（景迈、芒景千年万亩古茶园） 保靖黄金寨古茶园 贺开古茶园 困鹿山古茶园	景谷（苦竹山）古茶园 镇沅千家寨野生千年古茶园 白莺山古茶园 塘坝千年古茶园 凤凰山古茶园	台湾冻顶茶园 滨州无棣千年古桑园 安定御林千亩古桑园 夏津黄河故道古桑树群

（续表）

遗产类别	数量	景观类农业文化遗产			
HC 林业景观	55	荔波百年古梅园 东湖磨山古梅园 梅花山梅园 苏州邓尉山“香雪海” 麻城龟峰山中国杜鹃园 贵州百里杜鹃林 什川古梨园 庞各庄万亩梨园 莱阳西陶漳古梨园 山阳千年梨园 冠县中华第一梨园 芦沃太平山千亩古梨园 登瀛古梨园 沭阳古栗林 邳州炮车古板栗园	邵店古板栗园 淮源千年古栗园 刘埔板栗园 佳县古枣园 新郑中华（黄帝）古枣园 内黄千年古枣园 崔庄皇家枣园 王宿里坝上古枣园 庆云唐枣园 桑珠古核桃园 漾濞核桃林（光明万亩核桃生态园） “古核桃树王” 从化古荔枝林（从化“荔枝王”）	禄段古荔枝贡园 高州古荔枝贡园 惠州百年荔枝林 “宋家香” 安陆钱冲古银杏园 泰兴古银杏群落 金佛山古银杏园 龙门场古银杏群 邳州港上国家银杏博览园 生生园 随州千年银杏谷 “中华银杏王” 会稽山古香榧群 湖南千年古香榧林 岩泉天然香榧群落	保康县长叶榧群落 泰宁县长叶榧群落 苏州东山橘林 苏州西山梅林 万州区百年红桔树群 焦作博爱古竹群落 四川蜀南竹海 溧阳南山竹海 洛宁古竹林 易县清西陵古松林 霞浦杨家溪古榕树林 茅镬村古树群
HD 畜牧业景观	4	那拉提草原游牧景观	那曲高寒草原游牧景观	祁连山草原游牧景观	科尔沁草原游牧景观
HE 渔业景观	2	太湖珍珠养殖景观	合浦南珠养殖景观		
HF 复合农业系统	8	青田稻鱼共生系统 湖州桑基鱼塘 俞家湾桑基鱼塘	珠三角桑基鱼塘 内蒙古敖汉旱作农业系统 辽宁鞍山南果梨栽培系统	福建福州茉莉花种植与茶文化系统 迭部扎尔那农林牧复合生态系统	

9. 聚落类农业文化遗产

“聚落”一词古代指村落，如中国的《汉书·沟洫志》的记载：“或久无害，稍筑室宅，遂成聚落”。近代泛指一切居民点，是人类各种形式的聚居地的总称。聚落是不单是房屋建筑的集合体，还包括与居住直接有关的其他生活设施和生产设施。聚落既是人们居住、生活、休息和进行各种社会活动的场所，也是人们进行生产的场所。聚落是在一定地域内发生的社会活动、社会关系和特定的生活方式，并且是由共同的人群所组成的相对独立的地域生活空间和领域。它既是一种空间系统，也是一种复杂的经济、文化现象和社会发展过程，是在特定地理环境和社会经济背景中，人类活动与自然相互作用的综合结果。

聚落起源于旧石器时代中期，随着人类文明的进步逐渐演化。在原始公社制度下，以氏族为单位的聚落是纯粹的农业聚落。进入奴隶制社会后出现了居民不直接依靠农业营生的城市型聚落，但乡村聚落始终是聚落的主要形式。狭义的乡村聚落是指村庄，是以农业（包括耕作业或林牧副渔业）生产为主的居民点。进入资本主义社会以后，城市聚落广泛发展，乡村聚落逐渐失去优势。

聚落类农业文化遗产，泛指人类各种形式的有重要价值的农业聚居地的总称，包括房屋建筑的集合体、与居住直接有关的其他生活、生产设施和特定环境等。

中国幅员辽阔、农业历史悠久、民族众多，地理、气候差异明显，文化多元，在漫长农业历史进程中形成了众多聚落类农业文化遗产。其中，传统村镇聚落作为人类居住文化的历史载体，作为人类各个历史时期的生活见证，它在农耕社会中形成和发展，是东方农业文明的载体，因而是农业文化遗产的重要组成部分。聚落与周围环境的关系十分密切，不同地区的乡村，聚落内部的组成要素、结构与布局（如经济职能、村落形态、房屋建筑形式结构等）均有明显差异，聚落类型也不相同。聚落类农业文化遗产按主要经济活动类型可以分为农耕类聚落、林业类聚落、畜牧类聚落、渔业类聚落、农业贸易类聚落等；按其形态特征分为点状聚落（又称散漫型村落或散村）、线状聚落（路村、街村）及块状聚落（又称团聚型村落、团村或集村）。

（1）农耕类聚落

农耕类聚落指以农业（种植业）为经济活动主要形式的聚落。农耕类聚落通常是固定的，多分布于河谷平原以及河阶地形上，有农舍、牲畜棚圈、仓库场院、道路、水渠、宅旁绿地以及特定环境和专业化生产条件下的农业设施，外围通常分布有大片的农田。居民的主要劳动和劳动收入来源是种植业，一般还兼营动物饲养、果树栽培和其他家庭副业。以农耕为主要特征的农耕类聚落，人们可以凭借先进的工具和技术条件来增大改造生存环境的强度和力度，从而提高了一定的单位空间所能容纳的人口数量，在一定时期的某一相对稳定的地理单元内，维持了“人—地—粮”之间的平衡，随之建立以农业、园艺、家畜饲养、各种手工业、加工业等综合型经济生活为基础的聚落。我国大多数村落都属于这一类型，集中分布在黄河中下游、长江中下游、珠江流域、东北平原上。

（2）林业类聚落

林业类聚落指以林业为经济活动主要形式的聚落。林业类聚落通常也是固定的，多分布在山区与半山区，居民的主要劳动和收入来源以林业生产为主。在山地丘陵区，有许多经营竹、木等用材林和桑、茶、油桐、油茶等经济林的林果业村落，如新疆吐鲁番的葡萄沟即以栽培、经营葡萄为主。

（3）畜牧类聚落

畜牧类聚落指以畜牧业为经济活动主要形式的聚落，主要分布在山区和有天然草原的地方，居民的职业主要是从事畜牧业劳动，主要收入来源于畜牧业。畜牧类聚落多是单一的民族居住，广泛分布于我国半干旱、干旱地区的内蒙古、新疆、青海、西藏及西北其他省区，由于草原载畜量有一定限制，牲畜的放牧半径远大于农耕区的耕作半径。聚落呈现出一种不规则的具有弹性的散居状态，公共性建筑少，住宅建筑向简易性或实用性方面发展。在牧区，定居聚落、季节性聚落和游牧的帐幕聚落兼而有之。北方地区以游牧为主的蒙古、哈萨克、裕固以及少数藏族牧民等民族聚落介乎固定与半固定民族聚落之间。

（4）渔业类聚落

渔业类聚落指以渔业为经济活动主要形式的聚落，包括从事海洋和淡水渔业捕捞、养殖为主的聚落。主要分布在沿海地带和江河湖泊附近。我国东南沿海一带有许多专以捕鱼为主的渔业村落，生产地区是广阔的海洋和沿海滩涂，在优良的避风港内可以形成规模很大的聚落。浙、闽、粤、苏、鲁诸省的渔业村镇人口常达数千人以至上万人，一般渔村的经济都比较发达。在珠江三角洲、长江中下游平原地区也有许多专以捕鱼、养殖为主的渔村。在渔业区，有定居聚落，还有以舟为居室的船户村（水上人家）。

（5）农业贸易类聚落

农业贸易类聚落指以农业贸易为经济活动主要形式的聚落，其前身是“街村”，逐渐发展就成了“圩镇”、城镇。这种聚落一般都有比较完整的公共建筑及公用设施、道路系统、居民住宅、商业区等设施，聚落中圩场、集市及主要街道不仅担负着商品交换的功能，还具有聚落中心广场的功能。以壮族聚落中的圩场最为典型。

此外，单纯的副业聚落在我国较少，但以副业为主兼营少量耕作业和林果业的聚落却十分常见。如在山区中有以制造石磨、石碑为主的聚落，有的聚落则以制造雨伞、竹器、陶器为主，有的平原聚落以植桑养蚕为主。

我国一些重要的聚落类农业文化遗产已被列为“中国历史文化名镇（村）”。到目前为止，住房和城乡建设部（以下称住建部）、国家文物局先后公布了五批共 181 个“中国历史文化名镇”和 169 个“中国历史文化名村”。2003 年，建设部、国家文物局公布第一批中国历史文化名镇 10 个，村 12 个；2005 年公布第二批中国历史文化名镇 34 个，村 24 个；2007 年公布第三批中国历史文化名镇 41 个，村 36 个；2008 年公布第四批中国历史文化名镇 58 个，村 36 个；2010 年公布第五批中国历史文化名镇 38 个，村 61 个。共 350 个中国历史文化名镇名村，其中名镇 181 个，名村 169 个，分布范围已覆盖全国 31 个省、直辖市、自治区。它们在很大程度上代表了我国不同区域传统乡村聚落的地貌特点、文化类型以及民居形态特色。目前，除了国家级的 350 个历史文化名镇名村，各省、自治区、直辖市人民政府公布的省级历史文化名镇名村已达 700 余个。

2012 年 4 月，住建部、文化部、国家文物局、财政部印发的《关于开展传统村落调查的通知》中，提出了传统村落保护的概念，是指“村落形成较早，拥有较丰富的传统资源，具有一定历史、文化、科学、艺术、社会、经济价值，应予以保护的村落”，并提出符合传统建筑风貌完整、选址和格局保持传统特色、非物质文化遗产活态传承三个条件之一，即可认定为传统村落。这是在城镇化和新农村建设中一种更宽泛的保护，对保护聚落类农业文化遗产具有积极的意义。

本名录共收录中国境内聚落类农业文化遗产 67 项（表 1-12），其中，农耕类聚落 44 项，林业类聚落 4 项，畜牧类聚落 6 项，渔业类聚落 1 项，农业贸易类聚落 12 项。

表 1-12 入选名录的中国聚落类农业文化遗产

遗产类别	数量	聚落类农业文化遗产			
IA 农耕类聚落	44	白龙村	理坑村	朱家峪村	红崖村一组
		灵水村	流坑村	李家疃村	河口村
		于家村	汪口村	大旗头村	连城村
		英谈村	俞源村	自力村	莫洛村
		临沣寨（村）	深澳村	南社村	迤沙拉村
		张店村	厚吴村	大芦村	萝卜寨（村）
		大余湾村	宏村	高山村	隆里村
		滚龙坝村	西递村	十八行村	肇兴寨
		张谷英村	唐模村	党家村	大顺村
		上甘棠村	田螺坑村	杨家沟村	民族村
		高椅村	培田村	麻扎村	上盐井村
IB 林业类聚落	4	西井峪村	明月湾村	陆巷古村	南长滩村
IC 畜牧类聚落	6	三家子村	美岱召村	阿勒屯村	错高村
		五当召村	郭麻日村		
ID 渔业类聚落	1	东楮岛村			
IE 农业贸易类聚落	12	爨底下村	皇城村	渔梁村	云山屯村
		鸡鸣驿村	梁村	下梅村	白雾村
		西湾村	礼社村	保平村	诺邓村

10. 民俗类农业文化遗产

民俗类农业文化遗产，指一个民族或区域在长期的农业发展中所创造、享用和传承的生产、生活习惯风俗，包括关于农业生产和生活的仪式、祭祀、表演、信仰和禁忌等。它起源于人类社会群体的生产生活，在特定的民族、时代和地域中不断形成、扩大和演变，为民众的日常生产生活服务。农业生产过程不仅是物质生产过程，还同时承担着精神生活的功能。

由于民俗类农业文化遗产是从当地人民生产、生活习惯中演变和形成的，受地理环境、当地人农业生产方式、历史传统的影响和制约，因而显示出浓烈的地方特色。民俗类农业文化遗产是原始艺术的重要组成部分，其以特定的审美情趣和价值观念，潜移默化地影响和规束人们的道德意识和生活行为。它不仅是一个地区在历史积淀中形成的农业文化，而且是一种约定俗成并世代传承的农业生产制度和乡村行为规则。许多重要的民俗类农业文化遗产被列入《人类非物质文化遗产代表作名录》以及国家、省和地级市的“非物质文化遗产名录”。

依据农业生产对象，民俗类农业文化遗产可以分为种植业、林业、渔业、畜牧业、副业民俗，而以种植业民俗为核心。依据应用层面，民俗类农业文化遗产可以分为农业生产民俗、农业生活民俗、民间观念与信仰 3 类。

（1）农业生产民俗

农业生产民俗是在各种物质生产活动中产生和遵循的民俗，主要围绕农作物种植、动物养殖等核心方面展开，从具体民俗事项来看，包括生产工具民俗、技术过程习俗及其相应的人文仪式等，涉及作物种类、作业方法、农具使用、求雨、驱虫、生产的信仰、禁忌与仪式等。如哈尼族梯田农耕礼俗，包括开垦耕种礼俗、节庆祭典礼俗等，流传于云南省红河哈尼族彝族自治州红河、元阳、绿春、金平、建水县的哈尼族村落。

（2）农业生活民俗

农业生活民俗包括服饰民俗、饮食民俗、节庆民俗、娱乐民俗等，直观地反映出某一地域多姿多彩的文化性格。从服饰民俗看，甪直水乡妇女稻作服饰以双色相间的三角包头、独特别致的大襟纽襻拼接衣裤、飘逸洒脱的绣裥裙等反映了江南吴地历代服饰文化的传承和积淀。如溱潼会船，它是国内惟一保存最为完整、最具原生态特质的水上庙会，始终固守着一套特定的程序，数百年来基本不变。溱潼会船是里下河地区特有的稻作文化民俗的活化石，是集中展现苏北里下河水乡历史、道德、宗教、民俗等文化积淀的大型水上庙会，对于研究里下河地区农耕社会的生产发展以及稻作文化民俗风情、意识形态等具有重要的参考价值。

（3）民间观念与信仰

民间观念与信仰是指民众自发地对具有超自然力的精神体的信奉与尊重。它包括原始宗教在民间的传承、人为宗教在民间的渗透、民间普遍的俗信等。如江浙地区的祁门傩舞、八社神灯、佾舞、磐安炼火、景宁畲族祭祀仪式、嘉善田歌、浦江迎会、青田鱼灯、高淳跳五猖、钟馗戏蝠、男欢女喜舞等。

民间观念与信仰集中在与农业生产与日常生活紧密相关的主题方面，如水神崇拜，2008年入选国家级非遗名录的“骆山大龙”是溧水农村传统民俗活动的重要遗存，当地百姓每逢新年来临时便在湖滩上载歌载舞、龙舞盘旋，以降魔驱妖，祈求风调雨顺、人口平安。骆山大龙龙身巨大，体长将近百米，参与者达500人之多，号称“江南第一大龙”。

由于民族众多，每个民族又有不同的民俗，同一民俗在不同阶段也有变化，民族间的交流会使民俗相互影响，因此，我国的民俗类农业文化遗产又呈现出多元性、复合性、变异性的特征。目前，中国列入《人类非物质文化遗产代表作名录》的非物质文化遗产有30项，其中的中国蚕桑丝织技艺（2009年）、贵州侗族大歌（2009年）、朝鲜族农乐舞（2009年）以及列入《急需保护的非物质文化遗产名录》的羌年（2008年）、黎族传统纺染织绣技艺（2008年）等都属于典型的民俗类农业文化遗产。

本名录共收录中国境内民俗类农业文化遗产106项（表1-13），其中，农业生产民俗22项，农业生活民俗45项，民间观念与信仰39项。

表 1-13 入选名录的中国民俗类农业文化遗产

遗产类别	数量	民俗类农业文化遗产			
JA 农业生产民俗	22	惠东渔歌	阳新采茶戏	翻山铰子	嘉善田歌
		小金口麒麟舞	七江炭花舞	薅草锣鼓	麦秆贴画
		打春牛	朝鲜族农乐舞	昌都锅庄舞	扫蚕花地
		舞阳农民画	长岛渔号	塔塔尔族撒班节	青神竹编
		赫哲族鱼皮服饰	鼓子秧歌	锡伯族贝伦舞	
		土家族摆手舞	崇明山歌	哈尼哈吧	
JB 农业生活民俗	45	嗨子戏	侗族大歌	兴国山歌	襄垣炕围画
		泗州戏	海南苗族民歌	永新盾牌舞	合阳跳戏
		铜陵牛歌	黎族民歌	朝阳民间秧歌	武山旋鼓舞
		五河民歌	临高渔歌	辽西太平鼓	扁担戏
		米粮屯高跷	摆字龙灯	上口子高跷秧歌	珞巴族服饰
		屏南四平戏	井陉拉花	乌力格尔	弦子舞
		寿宁北路戏	西宫大蜡会	宁夏回族山花儿	拉祜族芦笙舞
		四平锣鼓	落腔	丹麻土族花儿会	壮剧
		泰宁梅林戏	兴山民歌	老爷山花儿会	青田鱼灯
		柘荣布袋戏	阜新东蒙短调民歌	两夹弦	
		咸水歌	漫瀚调	商羊舞	
		壮族春牛舞	全丰花灯	襄垣鼓书	
JC 民间观念与信仰	39	东至花灯	彝族火把节	蒙古族祭火	都江堰清明放水节
		杨树底下村敛巧饭风俗	仡佬毛龙节	义县社火	羌年
		巴郎鼓舞	老古舞	祭敖包	大六分村登杆圣会
		巴寨朝水节	鄂温克族“瑟宾节”	祭河神	跳曹盖
		沙溪四月八	赫哲族食鱼习俗	隆德民间祭山	望果节
		宾阳炮龙节	五大连池药泉会	同心莲花青苗水会	达古达楞格莱标
		那坡彝族跳弓节	安仁“赶分社”	大通傩舞老羊歌	赶茶场
		瑶族长鼓舞	桑植白族仗鼓舞	九曲黄河灯会	浦江迎会
		瑶族祝著节	土家族过赶年	土族於菟	酉阳古歌
		苗族鼓藏节	宜章莽山瑶族盘王节	南郑协税高跷社火	

第2章 中国遗址类农业文化遗产

一、粟作遗址

北京东胡林遗址

东胡林遗址位于北京市门头沟区斋堂镇东胡林村西，永定河支流清水河北岸的二级阶地的马兰黄土上（位于北京市门头沟区东胡林村西侧的清水河北岸三级阶地上），高出河床29米。

该处遗址是1966年北京大学地质地理系同学在门头沟区实习期间发现的。随后，中国科学院古脊椎动物与古人类研究所对其进行了清理，发现大致代表3个个体的残存人骨以及螺壳项链、骨镯、石片等古代文化遗物。2001—2006年，经国家文物局批准，由北京大学考古文博学院和北京市文物研究所组成的包括考古、环境、地质及科技考古等多学科人员参加的东胡林考古队，在多次调查的基础上对该遗址进行了4次正式发掘。

发掘区主要集中在大冲沟西侧及遗址的西南部，揭露面积200多平方米，发掘工作取得了丰硕的成果。发现的遗迹有墓葬、灰坑、火塘10余座等，出土的遗物包括石器、陶器、骨器、蚌器以及数量较多的石块和崩片、动物骨骼、植物果壳、螺蚌壳等。其中，石器包括有打制石器、磨制石器与细石器等，以打制石器居多，其次是细石器，磨制石器的数量很少。出土的动物骨骼以鹿类骨骼居多，另有猪、獾等动物的骨骼及牙齿；软体动物如螺、蚌、蜗牛等的壳也发现很多，且种类丰富，最大的蚌壳直径可达20多厘米以上。

东胡林遗址是华北地区新石器遗址资料最丰富的：一是打制石器和细石器共存；二是磨制石器或者磨制石器的毛坯形态出现；三是谷物加工工具出现；四是早期陶器；五是墓葬；六是火塘或者早期火灶出现。与同地区同时代其他遗址相比，东胡林遗址是将文化因素体现最全面、发展水平最高的。

在东胡林遗址，既发现有打制石器、细石器、磨制石器、谷物加工工具、陶器等文化遗物，又发现有火塘、墓葬等遗存，这不仅对全面了解新石器时代早期“东胡林人”的生

北京东胡林遗址和发掘的东胡林人遗骸

活方式、埋葬习俗及生产方式等具有重要价值，同时对于探讨农业的起源、陶器的起源与发展都有着十分重要的意义。另外，在此遗址中出土了比较丰富的动、植物遗存（包括浮选采集标本），为复原距今 1 万年前后“东胡林人”的生活、生产方式以及生存环境，探讨农业、家畜的起源以及新石器时代早期的人地关系等，提供了十分宝贵的实物资料。北京地区是人类重要的发祥地之一，“北京人”“新洞人”“山顶洞人”“田园洞人”等化石的发现为研究北京乃至华北地区古人类的发展演化提供了十分珍贵的实物证据。但是，自山顶洞人和田园洞人（距今 2 万年和 3 万年）以后直至新石器时代中期，北京乃至华北地区的古人类是如何演变的尚缺乏更多实物资料。特别是距今 1 万年前后的古人类正处于晚期智人向现代人演变的重要时期，这个时期的古人类体质状况、食物结构、谱系等都是学术界十分关注的。保存完好的东胡林人遗骸的发现和研究（包括体质人类学研究、古病理学及遗传学研究），不仅为了解北京人—山顶洞人—现代人的演化进程及其谱系提供科学依据，而且对于认识新石器时代早期人类的经济活动方式、食物结构及环境变化对人类自身的发展演化产生的影响也有重要的科学价值。

东胡林遗址距今约 9 000~10 000 年，在目前北方地区发掘的新石器时代早期遗址中，文化内涵最为丰富。

北京上宅遗址

上宅遗址是 1984 年文物普查时平谷县发现的一处重要遗址，形成于新石器时代，位于北京市平谷县韩庄乡上宅村西北的一块高地上，因以前建有古庙，当地称大庙台。此地北靠燕山支脉——金山，南临泃河，地势高出泃河河床 10~13 米。经国家文物局批准，1985 年春至 1987 年秋由北京市文物研究所与平谷县文物管理所合作，分 5 期对遗址进行了发掘，取得了较重要的收获。

遗址东西长 100 米，南北宽 50 米，面积约 5 000 平方米，文化层厚 0.5~4 米。总发掘

北京上宅遗址

面积 3 500 余平方米，出土器物 3 000 余件，其中陶器有红陶钵、灰陶钵、深腹罐、圈足碗、船形器、豆形器、鸟头羽身器物等，均为刮条纹、刻划纹、之字纹，石器有打制和磨制石器，其中有石刀、石斧、石磨盘、石磨棒、石凿、石铲等。此外，还有用于狩猎的石球、弹丸及捕鱼用的网坠、石制小工艺品等。还出土做工精细的艺术珍品，如陶猪头、陶羊头、陶熊、陶鱼头、石网坠、刮削器、石猴、异形器等。该遗址共分 8 层，上层为商周至唐辽文化，中层与红山文化接近，下层经 C14 测定距今 6 000~7 000 年，为新石器时代中早期文化。

上宅文化遗址，是继河南仰韶文化、甘肃马家窑文化、山东大汉口文化、河南龙山文化之后，又一处重要远古遗迹。

上宅文化的发现和确定，把北京地区与周围新石器文化的源流、体系类型和相互关系的探索工作，向前推进了一大步。

上宅遗址处于燕山南麓的泃河流域，在新石器文化早期应与西辽河流域、大凌河流域同属一个文化体系，其后则分别发展，各具特征。如上宅文化晚期、内蒙古小山遗址、辽宁红山文化的遗址中都有红顶碗（钵）、深腹罐（筒形罐），而无三足器，都压印之字纹，而不见绳纹等。上宅文化不见彩陶，则又区别于小山遗址和红山文化遗址，上宅文化中较多的圈足碗（钵）、鸟首形镂孔器、盘状磨石及单面起脊斧状器表现出自身文化的鲜明特点。这些说明，新石器时代在北方草原和中原地区这两大原始文化圈内，有多种原始文化共存，各有特点，但又有一定的共性。

上宅文化处于北方文化区的南部边缘地区，对于深入研究这两大文化区的相互关系与原始文化的传播，提供了重要资料。遗址中不仅出土了大量石器、陶器，还出土了一些动、植物标本，这些实物资料对于研究北京地区新石器时代较早期先民的生活习俗、社会关系及生产力发展水平，无疑是十分重要的。

上宅遗址所处地由于砖厂常年取土，遗址遭到很大破坏。后经文物保护部门抢救，已得到良好的保护。

河北于家沟遗址

于家沟遗址位于河北省阳原县虎头梁村西南约 500 米，桑干河上游的阳原泥河湾盆地，海拔高程 865 米左右。地貌上属于桑干河的三级阶地。该阶地为基座阶地，基座为泥河湾层的灰绿色豁土，阶地沉积物以黄土质粉砂为主，厚 750 米。河北省文物研究所和北京大学考古系于 1995 年至 1998 年对河北省阳原县泥河湾盆地进行发掘，1998 年重点对泥河湾中部虎头梁一带的于家沟遗址、马鞍山遗址等 10 个旧石器遗址和姜家梁新石器时代遗址以及墓地进行了发掘，发掘面积达 2 700 平方米。其中于家沟遗址发掘面积总计约 120 平方米，出土了石制品、陶制品、骨制品及装饰品等文化遗物和哺乳动物化石 1 万余件。

遗址分为 6 个文化层。最上部为黑褐色砂质土层，为新石器时期文化层，距今约 5 000~8 000 年，最终判定为旧石器晚期。

出土文化遗物主要有石核、尖状器、石镞、磨光石斧、石磨盘、石磨棒、骨锥、钻孔蚌饰品、陶纺轮和一些陶片，并发现一座墓葬。

新石器时期文化层下为细石器文化层，距今约 8 000~14 000 年，可分为上、中、下 3 个部分，均有细石器工艺制品，此外，上层包含有大量哺乳动物化石、烧骨、鸵鸟蛋皮、蚌片、锥形石核、楔形石核、磨光石斧等。在其中下部发现两片陶片，一件是夹砂灰陶，另一件为夹砂夹云母片的黄褐陶，胎厚约 0.64 厘米，表面饰有刻划纹，经测定年代在距今 11 700 年左右；中层遗物的种类和数量最多，以楔形石核技术为代表的细石器制品量大增，仅有个别柱状石核存在。该层出土陶片大多是小块的夹砂黑褐陶与夹砂黄褐陶，有的还夹杂云母片、蚌屑或石英粒等料，质地粗糙，表面不平，保留有捏压刮抹痕迹，胎厚多在 0.7~1.1 厘米。由于烧成温度不高，胎质疏松。出土的装饰品有几十件，多用贝壳、螺、鸵鸟蛋皮及鸟骨等材料，经打磨钻孔制成。

最引人注目的是一件近圆形蚌饰品，直径仅 1 厘米，是用蚌壳磨制而成，周缘被切割成齿轮状，中央有一穿孔，四周点缀 19 个未穿透的细小锥窝，器形十分精美，显示了高超的工艺水平。此层中还发现肢解动物、烤肉进食及小范围的石制品异常密集区域，说明

河北于家沟遗址及石制品

这里可能是一处临时的石器加工场所；下文化层发现的细小石器制品依然比较多，但材料相对劣质。下文化层出土的大批动物遗骨颇引人注目，绝大多数的标本非常破碎，动物的头骨和肢骨都被砍砸成碎片。动物种类极其单调，羊类的骨骼占绝大多数，大型动物数量不多。

于家沟遗址文化遗物埋藏在桑干河支流的第二阶地堆积中，文化层总厚度约 7 米，年代跨度约为距今 5 000~14 000 年，层位清晰、内涵丰富，是华北地区极为难得的更新世末期——全新世中期的地层剖面和文化剖面，为这一地区旧石器时代向新石器时代过渡的考古学文化研究提供了科学可靠的地层证据和文化序列证据。遗址下部出土的细石器工艺制品、装饰品和楔形石核、细石叶、端刮器、尖状器、雕刻器、锛状器等石器，动物骨骼以及年代超过万年的夹砂黄褐陶片，对旧石器时代向新石器时代过渡、农业起源、制陶业起源等重大学术课题的研究，具有重要意义。

泥河湾盆地于家沟遗址入选 1998 年度“全国十大考古新发现”。而泥河湾盆地遗址群 2001 年 3 月入选“中国 20 世纪 100 项考古大发现”，被国务院列为全国重点文物保护单位。2002 年初，泥河湾地质遗迹晋升为国家级自然保护区。

河北南庄头遗址

南庄头遗址属全国重点文物保护单位，位于河北省徐水县高林村乡南庄头村东北约 2 千米处，地处太行山东麓余脉，华北平原北部西缘，其东不远有萍河与鸡爪河，周围地形西北逐渐升高，东南逐渐低缓，平均海拔 21.4 米，面积约 20 000 平方米，是中国北方地区年代最早的新石器时代的遗址，距今 9 700~10 500 年。已发现的遗迹有 5 条灰沟、2 座灰坑和 2 个用火遗迹。出土遗物丰富，种类有石磨盘、石磨棒、骨锥、骨针、种子和少量的夹砂深灰陶、夹砂红褐陶片、石片以及水沟等人类活动的足迹，另外还有鼠、鸡、狗、狼、猪、鹿等动物骨骼，其中部分骨骼有烧烤、切割的痕迹。

遗址发现于 1986 年，当时在黑色淤积土下发现了文化层，出土了兽骨、木炭和石器等。文化层距地表约 180 厘米，其上覆盖较厚的黑色和灰色粉沙黏土，为湖相沉积。至今，北京大学考古学系、河北大学历史系、河北省文物研究所和市、县文物部门等单位，先后进行了 3 次考古发掘。3 次发掘出土了大量人类遗存，最为可贵的是总计 10 余片陶片的发现。这些陶片多数都很破碎，陶胎壁厚约 0.8~1.0 厘米，烧成温度低，质地极疏松，陶色不纯，按陶质可分为夹砂深灰陶和夹云母褐陶两大类，多数有纹饰，以浅细绳纹为主，是目前中国考古发掘得到的地层和年代都确切的最早的陶制品之一。由这些陶片的质地推测，我国应当有更为久远的陶器发展史。出土的动物骨骼很多，鹿科动物数量较多，还包括鼠、鸡、狗、狼、猪、鸟类、鱼类、鳖类以及螺、蚌等，其中部分骨骼有烧烤、切割的痕迹。出土工具有石磨盘、石磨棒及骨、角器等。标本经 C14 测定，年代为公元前 8500 年—前 7700 年。

南庄头遗址是我国重要的新石器时代早期文化遗存，其年代比以磁山文化为代表的一

河北南庄头遗址及出土的有加工痕迹的鹿角

类黄河流域新石器时代遗存早近 2 000 年。磁山、裴李岗新石器时代文化已经有了较高水平的原始农业、家畜饲养业和制陶业。在此之前，还应当有一个较长的发展阶段。南庄头遗址已经有了石磨盘和石磨棒等谷物加工工具，有了猪、狗等家畜和陶器；这就把我国农业、家畜饲养业和陶器的烧造历史又提前了一个时期，为研究中国文明的起源提供了新的资料和线索。

南庄头遗址的发现和发掘，填补了我国旧石器时代晚期文化至磁山、裴李岗新石器时代早期文化之间的一段空白，具有重要的学术研究价值。同时，也为研究中国北方地区全新世气候环境的变迁提供了珍贵的地层剖面。南庄头剖面下伏马兰黄土，其上的湖沼堆积物有系统而可靠的 C14 年代数据。底部淤泥堆积物的年代与许多学者所主张的全新世下限年代相近，可视为晚更新世与全新世两个地质时代的结合部，对第四纪晚期的古地理、古气候及生态环境的研究有着重要的科学价值，是研究全新世，特别是全新世初期的气候演变，探讨全新世下限和该时期人类文化发展的重要地点，是我国新石器时代考古的一项重大发现，具有十分重要的意义。另外，该遗址所出的丰富遗物，为研究中国北方地区早期新石器文化的文化特征及农业、饲养业、制陶业的起源等提供了非常重要的材料。

南庄头遗址保存状况较为完好，2001 年被评为第五批全国重点文物保护单位。

河北北福地遗址

北福地遗址位于河北省易县西南北福地村南的台地上，地处太行山脉东麓与河北平原的接壤地带，史前时代属黄河下游地区。周围地貌属低山丘陵间的宽阔河谷，中易水由西向东横穿谷底，今河床海拔 61~68 米。河水西出较高、较窄的山地峡谷间，流经到遗址区一带河谷突然变宽，似一小盆地，东西长约 6 500 米，南北宽约 3 000~5 500 米，地表高低起伏，海拔 62~100 米。遗址区分布在中易水河北岸第二阶地上，海拔 80~90 米。

1985 年，河北省文物研究所、吉林大学考古专业和保定地区文物管理所联合组成的拒马河考古队，调查发现并试掘了北福地遗址，发掘面积 100 余平方米。主要收获是发现

河北北福地遗址及出土文物（图片来源：段宏振《北福地：易水流域史前遗址》）

了两种文化面貌相异的新石器时代文化遗存，即以釜与支脚为特征的甲类遗存和以直腹盆（盂）与支脚为特征的乙类遗存。因发掘面积有限未找到确切的地层依据，当时的发掘者暂将此两类遗存归为同一时期，称之为“北福地一期”遗存。1997 年，河北省文物研究所对遗址进行了正式发掘，发掘面积 750 平方米，发现房址 3 座、灰坑 30 座，出土了石器、陶器等遗物。2003—2004 年，河北省文物研究所对北福地遗址进行了连续两个年度的正式发掘，对遗址进行全面的勘察，发掘总面积 400 余平方米。经过近 3 个月的发掘和初步整理，确定了乙类遗存早于甲类遗存，丰富了两类遗存的文化内涵。

北福地遗址出土了十几件陶刻面具，面具边缘常见有切割修整痕迹。面具的形制有大小之分，大者与真人面部基本相同，小者 10 厘米左右。面具图案有人面和兽面，兽面有猴、猪、猫科动物面。采用的雕刻技法有阳刻、阴刻、镂空 3 种技法相结合，使陶刻面具具有写实性、象征性和装饰性融为一体的艺术风格，成为史前原始艺术的精品。

在北福地遗址的发掘中，发现了灰坑和完整的房屋遗迹十几座，其分布较为密集，在平面布局上排列有序，具有一定规律，应属一史前村落遗址。保存较完整的房址发现 10 座，其形制均为半地穴式，平面形状分长方形、近方形和近圆形 3 种，室内地面中央存红烧土灶面，周围分布有柱洞。房址填土、出土遗物非常丰富，包括天然石块、石料、各种类型的石制品、陶器残片、陶刻面具作品、胡桃等。

在北福地一期文化遗存的发掘中，祭祀场所的发现是此次的重要收获。平面近长方形，东西长 10.8 米，南北宽 8.4 米，总面积约 90 余平方米。从保存较好的西北部观察，其构造应是直接挖建于生土之上，深 20 余厘米。在祭祀场中央摆放着祭祀物品，有陶盂、石斧、水晶饰件、陶环、玉器共 90 余件。在上述的祭祀场中，还摆放了一件大型石耜，长 46 厘米，通体被磨光。这种制作精细的大型石耜，是我国新石器早期遗址中第一次发现。其形体非常精美，不管大石耜是属于原始人用的祭物，还是被祭祀的对象，都表明了这个祭祀场是为了祈求农业的丰收而设置的。北福地第一期文化祭祀场中出土了数量较少的玉器、只发现了玉玦、玉匕两种器形。其数量虽少，但也属于一个重要发现。在同时期的新石器遗址中，发现使用玉器的遗址，在全国范围内仅发现了一处，而且在辽宁省。北福地祭祀场中发现了玉器，也是非常重要的发现，说明北福地的原始人类，对玉的性质有了初步的认识，并且制造了不同器形的玉器，将我国的玉器起源提早了 1 000 年。对于玉石类器物，华北地区没有产地，只有辽宁岫岩和新疆的和田是非常丰富的产区，从另一个侧面反映出，北福地的原始人开始懂得了物品的交易和流通。

易县北福地遗址发现于 1985 年，是河北最重要的史前遗址之一，并被列为 2004 年全国考古十大发现之一，对研究北方地区史前文化具有特别重要的意义，一直备受学术界关注。2003—2004 年度的发掘，发现了 3 个阶段的新石器时代遗存，其中北福地一期遗存是此次发掘最重要的发现，其年代与磁山文化、兴隆洼文化的年代大体相当（公元前 6000—前 5000 年），在地域上填补了这两种文化之间的空白。遗址中发现大量的房址、灰坑、还发现了祭祀场遗迹，出土了玉器、石器、陶器等重要遗物，特别是发现了大量刻陶假面面具，是目前所见年代最早、保存最完整的史前面具作品，为研究原始宗教或巫术提供了重要新资料。

北福地遗址正处在新石器时代中原、北方、山东三大文化区之间的夹缝交界地带，文化地理关键，是研究三系统之间错综复杂关系的重要地域。此外，遗址属于史前村落遗址，是早期新石器文化生存发展于环境人地关系研究的较好个案标本。

北福地史前文化遗址是目前整个华北地区仅晚于徐水南庄头遗址的早期新石器村落遗址，其中几项重要的发现，大多是中国之最，而且面积很大，保存最好，已被批准为第六批全国重点文物保护单位。

河北磁山遗址

磁山遗址位于河北省南部武安市磁山村东约 1 千米处的南洺河北岸台地上，“磁山文化”的命名地。遗址东北依鼓山，距武安城 17 千米距今约 8 300 年，突破了新石器时代仰韶文化考古的年代，因此其具有典型的代表意义。

1972 年发现的磁山文化遗址，总面积近 14 万平方米。1976—1978 年在这里进行了 3 次发掘，至 1978 年底，发掘面积达 6 000 平方米，文化层厚 1~2 米，不少窖穴深达 6~7 米。出土了陶器、石器、骨器、蚌器、动物骨骸、植物标本等约 6 000 余种，为寻找中国更早的农业、畜牧业、制陶业的文明起源，提供了可贵的线索。如果说，在 7 000 多年前，地球上许多地方还是鸿蒙未开的话，而这里的人们已经种植谷物，饲养家禽，制作生产、生活用具，烧制陶器，进入了人类最早的文明。

中国已故著名考古专家夏鼐先生指出：“磁山文化遗址的发现是中国新石器时代考古的重大突破。”它为研究和探索中国新石器时代早期文化提供了丰富、宝贵的地下实物资料。

在遗址发现了两座房基址，均为半地穴式房屋。在房基遗址器物中，有一烧土块，沾

河北磁山遗址出土文物

有清晰可辨的席纹，说明在 7 300 年前这一带即编制苇席，由此也可想像苇席给人们生活带来的极大便利，考古学家称此器物为全国之最。

磁山遗址发现的房子为椭圆形和圆形两种。半地穴，深约 1.2 米，长 3 米，宽 2 米。前有一坡道或台阶。房内堆积很多，芦苇压印的烧土地当是房子墙壁或屋顶的遗存。窖穴有长方形、圆形、椭圆形和不规则等几种，以长方形为最多。

有的窖穴底部有一块大砺石，周围散布很多石块、石片、残石器和石器成品，可能是当时石器加工场所。有的底部发现在石磨盘和石磨棒旁放一陶罐。粮食窖穴形状多长方形，深度在 3~6 米，底部有腐朽的粟灰堆积，厚度一般在 0.5~2.5 米。

在遗址另外还发现近百处由石磨盘、石磨棒和陶盂、支架、三足钵、小口长颈罐等成组器物堆放在一起的迹象，最少 3 件，多者达 20 余件，它的性质还有待研究。出土遗物有陶器、石器、骨器、蚌器、动物骨骼及植物果实。

陶器多手制，火候低，陶质粗糙，造型简单，器形不规整，器壁较厚，以夹砂陶为主。羼和料有石英、粗砂、细砂和云母。颜色有红、褐和灰褐 3 种。据出土红陶样品的测定，烧成温度为 700~930℃。器表多素面，纹饰以浅细绳纹较多，还有编织纹、附加堆纹、剔刺纹等。泥质红陶胎厚，火候低，光洁度差。器形有倒靴式支架、直壁平底盂、三足钵、小口长颈罐、漏斗形器、舟形盆、罐、圈足罐、豆等，以支架、盂最有代表性。另外还发现一些微型陶器，可能是祭祀用的冥器。石器有斧、铲、锛、凿、镰、磨盘、磨棒等。以斧的数量最多，有通体磨光，也有局部磨光，器形一般都较小。出土骨器数量较多，有铲、针、笄、镞、鱼镖、梭、锥、匕、饰等。蚌器有铲和装饰品。遗址出土的动物骨骼包括兽类、鸟类、龟鳖类、鱼类、蚌类 5 大类、23 种。家畜家禽有犬、猪和鸡。磁山遗址出土的家鸡骨骸是已知中国发现的最早的家鸡骨骸，比原来认为的世界最早饲养家鸡的印度，要早 3 300 多年。

磁山被确认为是世界上粮食作物——粟的最早发源地，还是中国家鸡和中原核桃最早的发现地。农作物粟（谷子）、家鸡和胡桃（核桃）三大发现，不仅反映了磁山先民在认识、利用和改造自然过程中为人类生存与发展所做出的巨大贡献，并改写了我国乃至世界粟作农业、家鸡驯养和核桃产地的历史。

1988 年，磁山遗址被国务院公布为全国重点文物保护单位。2011 年 2 月，“磁山文化遗址游览区”总体规划已经制定完毕，而依照规划内容中国磁山文化遗址博物馆同年 10 月在河北省武安县揭幕，磁山遗址在得以保护的同时向游客展示磁山文化。

山西柿子滩遗址

柿子滩遗址位于吉县城关西南 30 千米的清水河畔，西距黄河 2 千米。清水河发源于吉县东部高天山，向西北至川庄乡折向西南，沿高祖山与火炎山之间谷地流贯吉县全境注入黄河。流域地区的黄土梁如和高源地形被清水河切割为河谷。柿子滩遗址为清水河阶地堆积，烟河水深切基岩达 30 米而形成“基座阶地”。阶面海拔高度 560 米，源面海拔为 1 000 米。

柿子滩遗址东西分布约 10 千米，面积约 6 万平方米，是一处重要的旧石器时代晚期遗址。1980 年发现并试掘，2000—2001 年，在 15 千米的范围内新发现 25 处旧石器地点以及一个中心遗址区，组成了柿子滩遗址群。2001 年至今进行了连续发掘，新发现 10 余处人类用火遗迹，上万件石制品动物化石、石磨盘、石磨棒和蚌质穿孔装饰品。

柿子滩遗址的文化遗物包括石制品和岩画两部分。石制品大部分以石英岩为原料，器形有削状器、尖状器、锥钻、石锯、琢背石片等。石制品等共 1 807 件，其中由直接打击法打制并细加工的石片石器 1 020 件，间接法压制的典型细石器 755 件，砾石石器 18 件，还有 2 件蚌器，均出自底砾层上部的 2~5 层。岩画两方亦归入上层文化，有 12 件粗壮石器和 1 块槽形砾石出自底砾层（第 1 层），称为下层文化。而综观柿子滩遗址上层文化的内涵及性质，可归纳为 5 个特点：① 典型细石器是文化性质的主宰；② 石片制器是文化性质的特征；③ 单向打击修理是工艺的主导方式；④ 石片石器和细石器是表异里同的结合体；⑤ 器物组合反映了社会形态和工艺传统的进步性。

山西柿子滩遗址及出土文物

岩画发现于遗址西北侧石崖南。岩画无疑是值得重视的发现，它反映了当时人们的信仰崇拜，表明已懂得用绘画艺术的形式反映自己的心理与信仰。从发现的研磨赤铁矿石粉的磨盘、磨石和赤铁矿石块看，绘画已在当时人们精神生活中占了一定的地位。

柿子滩遗址是以典型细石器为主体的旧石器时代晚期文化遗存。其文化层的石制品虽然分为细石器和石片石器两类，但与华北至西伯利亚以及日本和北美的细石器并无多大的区别。它具有中国西部风格，代表了旧石器时代晚期之末广泛分布于黄土高原和黄河中游一种独特的区域文化，而且可以与欧洲旧石器时代晚期文化作对比；其次它还是具有可靠年代证据的典型细石器文化，成熟的细石器工艺和技术是探索中国北方旧、新石器时代过渡的珍贵资料。

柿子滩遗址群考古发掘被列为“2001 年全国考古十大发现”之一，也是山西省文物局“十五”计划重大研究课题之一。柿子滩课题的深入开展对建立西部史前文化的时空构架，探索中国细石器文化的区系类型以及华北旧石器时代晚期向新石器时代早期过渡等，都有着重要的学术意义。

山西陶寺遗址

陶寺遗址是黄河中游地区以龙山文化陶寺类型为主的遗址，总面积约 300 万平方米，位于中国北部山西省的襄汾县。遗址所处时代为公元前 2500 年—前 1900 年。遗址内发现有房址、墓葬、陶窑、水井等遗迹和大批陶、石、铜、木等各种质料的遗物。除陶寺类型的遗存外，遗址还包括庙底沟二期文化和少量的战国、汉代及金、元时期的遗存，被列为 20 世纪中国百项考古大发现。

在陶寺遗址的发掘过程中，考古队员发现了规模空前的城址、与之相匹配的王墓、世界最早的观象台、气势恢宏的宫殿、独立的仓储区、官方管理下的手工业区等。有许多专家学者提出，陶寺遗址就是帝尧都城所在，是最早的“中国”。

陶寺遗址有着 8 个“最”：①史前东亚最大的城址；②发现了世界上最古老的观象台，比英国的巨石阵早 500 年；③最早的测日影天文观测系统；④发现了到遗址发掘为止最早的文字；⑤发现了中国最古老的乐器；⑥发现了中原地区最早的龙图腾；⑦发现了到遗址发掘为止世界上最早的建筑材料——板瓦；⑧发现了黄河中游史前最大的墓葬。

陶寺遗址早期文化遗存的主要特点是：陶器主要为手制，陶胎一般比较粗厚，器壁厚薄不均匀，器形也不如何规整；陶器颜色较杂，纹饰主要采用绳纹；炊具釜灶较多，其次为扁矮足鼎，侈口深腹罐、陶缸等；器具以平底器为主，圈足器很少，袋状三足器仅有一种；盆、罐、瓮的扣多平折；扁壶的对称钮多在颈部。

陶寺遗址晚期文化遗存的主要特点是：陶器的制作方法除手制外还出现了轮制、模制等其他制作方法，陶胎较薄，器壁厚薄较为均匀，器形也较为规整，绝大部分为火候较高的灰陶和磨光黑陶；纹饰除早期的绳纹以外，篮纹也成为了主要的纹饰，方格纹则已成为居绳纹、篮纹之后的纹饰；炊具主要是陶鬲，其次是部分三足器，没有发现釜灶、鼎、缸；

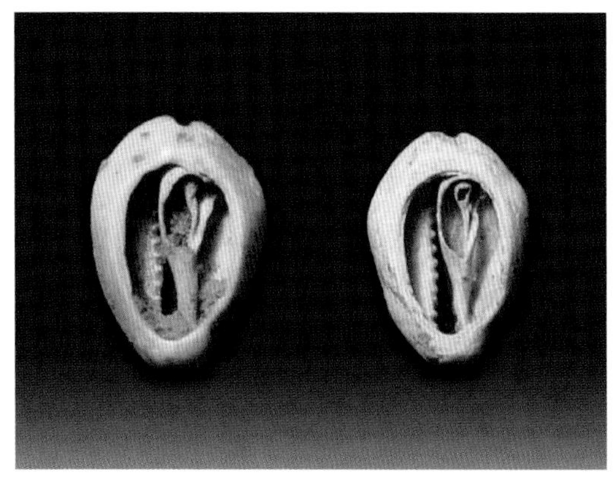

山西陶寺城址内观象台遗址及城址内出土货贝（图片来源：山西省考古研究所 http://www.sxkaogu.net.）

泥制容器中，形制大小不同的圈足罐、折肩罐十分普遍，圈足豆、敞口盆、单耳杯比较多见；扁壶一侧壶腹中部明显外鼓，口部下收有短颈，凸状钮施在户口沿上；罐、盆、豆等器口内沿多见双折细棱等。从整个器群来看，这期遗存有一些接近河南龙山文化的因素以及较多与河南龙山文化三里桥类型相近的因素。

陶寺遗址的早晚两期文化遗存，就文化面貌来看，两者之间的关系十分密切并且已有迹象表明，陶寺文化早晚两期遗存之间有承袭关系，从总的方面来看，仍属龙山文化范畴，但同时又具有自身的特点。因此，考古学界将陶寺遗址视为黄河中游龙山文化的另一种新的类型。

陶寺遗址的发现，对于探索中国古代文明的起源和尧舜时代的社会历史具有重要意义。

著名考古学家苏秉琦先生曾这样评价："陶寺文化不仅达到了比红山文化后期社会更高一阶段的'方国'时代，而且确立了在当时诸方国中的中心地位，它相当于古史上的尧舜时代，亦即先秦史籍中出现的最早的'中国'，奠定了华夏的根基。"根据发掘的成果来看，陶寺社会贫富分化悬殊，少数贵族大量聚敛财富，形成特权阶层，可能已出现阶级，走到了国家产生的边缘。

一般认为国家的形成可作为文明阶段的标志。对于国家的形成标志，一些学者提出其标志应当包括文字、城市、大型礼仪性建筑以及青铜器等。而在分析陶寺已发现的遗存之后，可以发现这些文明因素在陶寺遗址中都可以找到原型。而且中国古代的巫文化崇拜、祖先崇拜以及礼乐典章制度的发达也应当肇始于陶寺文化。

2001 年，陶寺遗址入选第五批全国重点文物保护单位。

内蒙古兴隆洼遗址

兴隆洼遗址位于中国北部内蒙古自治区的敖汉旗宝国吐乡兴隆洼村，地处大凌河支流牤牛河上游右岸一东西向低丘岗地上，为新石器时代聚落遗址，约公元前 8200 年—前

7400年。兴洼遗址总面积约2万余平方米，它是西辽河流域和内蒙古地区最早的新石器时代文化遗址。

自1983年起，考古工作者已先后对其进行了近10次发掘。发现有聚落房址、环形壕沟、墓葬、灰坑等大量遗迹。其中，遗址中心的两座房址面积达140平方米左右。出土物除大量的石器、陶器、骨器、蚌器外，还发现了中国迄今年代最早的玉器。陶器中的陶塑作品也十分具有特色，是中国新石器时代文化中的首次发现。兴隆洼遗址是中国迄今发现的保存较好、时代最早的一处聚落遗址。

兴隆洼文化因内蒙古敖汉旗兴隆洼遗址的发掘而得名，正式发掘出土玉器的总数已达100余件。经C14测定，兴隆洼文化的年代为距今7 400~8 200年，由此认定兴隆洼文化玉器是迄今所知中国年代最早的玉器，开创中国史前用玉之先河。

1994年，兴隆洼文化查海遗址曾发掘发现一条距今8 000年的兴隆洼文化石块堆塑龙。这条龙用大小均等的红褐色砾岩摆塑，全长19.7米，龙头部最宽处约2米，呈昂首张口、弯身弓背状。这样的龙形在后来的考古中又有多次发现：1987年，由濮阳市文物工作队发掘发现于一座形式奇特的墓葬内。该墓中部有一具成年男性骨架，大体呈头南足北的仰卧直肢姿势，在人骨架的东西两侧以蚌壳摆塑了龙虎图案。龙虎头北尾南，与人骨架的头脚方向相错。其中蚌壳龙位于人骨架的东侧，长1.78米。龙昂首、曲颈、弓身、前爪扒、后爪蹬，状似腾飞。“查海龙”对后世龙形产生了重大影响，堪称中国龙的原型。

兴隆洼聚落遗址的地层关系较单纯，房址、窖穴与灰坑、围沟等遗迹大多开口于耕土层下，直接打破生土层。除发现一些红山文化或夏家店下层文化灰坑和围沟分别打破兴隆洼文化房址外，还发现兴隆洼文化房址打破围沟的层位关系一例；兴隆洼文化房址间的打破关系十例。发掘前，地表可见数十个不规则形的“灰土圈”和一弧形“灰土带”。发掘证明，每个“灰土圈”就是一个半地穴式房址；弧形“灰土带”则为兴隆洼一期聚落西段围沟。

内蒙古兴隆洼遗址及出土文物

兴隆洼文化的命名地，为北方地区新石器时代聚落形态的研究提供了翔实的资料。兴隆洼遗址是兴隆洼文化的命名地，是目前中国全面发掘保存最完整、年代最早的原始村落，对于我们认识原始社会的历史有着重要的学术价值。兴隆洼遗址出土了非常奇特的居室葬俗，对研究远古人类的埋葬习俗提供了一笔十分珍贵的资料。遗址出土的目前所知中国年代最早的玉器、玉玦，是世界范围最古老的耳饰，为我们探讨中国玉文化的源流提供了实证。遗址还出土了中国完整的蚌裙服饰，这在世界范围内同期也是罕见的。通过对兴隆洼遗址出土的资料进行多角度分析，能够确认这个地区文明进程以及在东北亚地区所占有的学术地位，为确立西辽河文化与黄河文化平行发展，对人类起源多元一体论提供了史证。

1996 年，兴隆洼遗址被列为第四批全国重点文物保护单位，还被列入“1992 年全国考古十大发现”和“20 世纪中国百项考古大发现”。

内蒙古赵宝沟遗址

赵宝沟遗址是以赵宝沟文化命名的遗址，位于赤峰市（原昭乌达盟）敖汉旗新惠镇东北 25 千米处。四周环山，山上大都覆盖着较厚的土层，少数山体岩石裸露。山峰较低，坡度不大。山脚地带呈高低不平的缓坡状，向阳的山坡和山脚地带多已辟为耕地。

遗址面积约 9 万平方米，地表可见房址的灰土堆积被破坏后遗留的灰土片。每个灰土片就是一座半地穴房址。由于农耕翻土，遗址上植被稀疏，水土流失严重，多数房址保存不佳。房址平面呈长方形或正方形，也有呈梯形，皆为半地穴式建筑，成排分布。与兴隆洼文化相比，赵宝沟文化的聚落规模明显增大，但二者在社区布局方面有很强的共性，如房址均成排分布，面积有大小之分等。这些共性与地域相同、技术水平相近、文化之间具有直接性传承关系等多种因素有关，但更主要的应归结为相近的经济模式。赵宝沟文化石器的主要特点是磨制器与丰富的细石器共存。石质的生产工具主要有尖弧刃石耜、扁平体石斧、弧刃石刀、石磨盘和石磨棒等。可以看出赵宝沟文化在生产工具方面较兴隆洼文化有一定改进。

赵宝沟遗址出土的陶器质地多为夹砂陶，陶色为黄褐色，也有红褐色。陶器均为手制，器形较为简单，但比兴隆洼文化陶器器形多。

尊形器是赵宝沟文化的典型陶器之一。敛口或直口，长粗颈，扁圆腹，底部略内凹。器表磨光后，在腹部多压划几何纹样。在个别尊形器的腹部甚至压印有繁缛的动物图样。对于动物头部处理采用以写实与夸张相结合的艺术手法，旨在突出该动物最具特点的器官。

在赵宝沟文化中，尚未发现专门用来祭祀的场所，所以当时的祭祀活动很可能在室内进行。那些刻画灵物图案的尊形器就是祈求狩猎活动成功的祭祀用具。从而可以看出狩猎活动在赵宝沟先民的经济生活中占有重要地位，而宗教典礼的内容也多与此相关。兴隆洼先民直接用动物的头骨进行祭祀，而赵宝沟先民则将日常猎取的动物形象刻画在陶器上用于祭祀。

赵宝沟文化略晚于兴隆洼文化而早于红山文化，属于新石器时代早期文化，三者之间

内蒙古赵宝沟遗址出土陶器

在宗教传统方面具有明显的继承和发展关系。赵宝沟文化与红山文化有不少共同之处，甚至在某些方面（如赵宝沟猪龙与红山文化猪首蛇身玉龙之间必然有密切联系，而且两种文化陶器的腹部都有压印的之字纹）高于红山文化，所以赵宝沟文化应是红山文化发展中起过重大影响的古文化。

2006 年，赵宝沟遗址被列为全国重点文物保护单位。

内蒙古红山后遗址

红山后遗址位于内蒙古自治区赤峰市城东北 3 千米红山北麓，为我国北方新石器时代重要遗存，距今约 5 000 年。“红山文化”由此得名。

红山后遗址包括聚落古遗址和古墓葬等。出土新石器和青铜器时代陶器、石器、骨器。以细泥彩陶和石耜最重要，在北方农业发展史的研究中占有重要地位。红山文化是中原仰韶文化和北方草原文化在西辽河流域相碰撞而产生的富有生机和创造力的优秀文化，内涵十分丰富，手工业达到了很高的阶段，形成了极具特色的陶器装饰艺术和高度发展的制玉工艺。

2003 年，中国社科院考古研究所内蒙古考古一队与赤峰市红山区文化局、文物管理所联合进行调查，在红山后遗址发现一处距今 5 500~6 000 年的红山文化中期聚落。该遗址分布有红山文化时期长方形半地穴式房址，表面呈灰黑色，直径约 7 米。已发现房址 20 余座，面积约 5 万平方米。

红山文化是中国北方地区最著名的史前文化之一，主要分布在内蒙古东南部和辽宁西部地区。红山文化最著名的中国最早“C”形玉龙的发现、牛河梁大型祭坛的发掘，引起了海内外广泛关注。但作为红山文化命名地的红山后遗址，研究工作十分薄弱，在很大程度上也制约了对红山文化的深入认识。

从调查出土的遗物看，泥制红陶占相当大的比重，罐、钵、碗是主要的器类。器表多施以平行斜线、弧边三角纹等几何图案，是红山文化中期典型彩陶纹样。同时还发现有施

内蒙古红山遗址群及出土文物

以压划“之”字纹的夹砂灰陶。红山文化陶器以“之”字纹为主，“之”字纹线细且纹带较宽，连线和篦点共用，横压竖带与竖压横带共用，直线与弧线和波浪线共用，是红山文化承继本地区土著文化因素的物质化的反映。

在采集到的诸多标本中，有一件造型完整的红山文化石器，此石耜形体较大，状似草履，长 26 厘米，最宽处 14 厘米，这是国内罕见的、完整的、为数不多的石耜标本之一。石耜主要用于垦荒、起土，这说明当时的农业生产以耙耕农业为主，印证了赤峰地区发达的红山文化耜耕农业。

2006 年，红山遗址群被评为第六批全国重点文物保护单位。

山东后李遗址

后李遗址位于淄博临淄区齐陵街道后李官村西北约 500 米处、淄河东岸的二级台阶上，它地处沂泰山系北侧山前冲积扇和鲁北平原，距临淄区辛店城区约 12 千米，西北距临淄齐国故城约 2.5 千米。由于受淄河水的冲刷，遗址的西、南两侧形成高达 10 余米的断崖，遗址东西约 400 米，南北约 500 米，总面积约 15 余万平方米。

1988—1990 年，山东省文物考古研究所为配合济青高速公路建设，对遗址进行了 4 次发掘，共开探方 179 个，揭露面积约 6 500 平方米，清理小型墓葬 189 座，大、中型春秋墓各一座，大型春秋车马坑一座，不同时期的灰坑 3 800 余座，另有灰沟、水井、陶窑、房基计 40 多处，其中的大型春秋车马坑步入了 1990 年中国十大考古发现的行列。通过发掘发现，遗址的文化堆积厚达 2~5 米，划分为 12 层。自下而上的层次是：12~10 层为新石器时代早期的后李文化遗存，9 层为新石器时代中期的北辛文化遗存，8~6 层为周代遗存，5~3

层为西汉至明清遗存。

在后李文化遗存中有灰坑、墓葬、烧灶、房址、陶窑等。灰坑为圆形、椭圆形和不规则形。墓葬有小型土坑竖穴式和土坑竖穴侧室两种形制。房址为半地穴式，不规则圆形，地面为夯土，坚实较硬。陶窑为竖式陶窑，分窑室、火膛和泄灰坑三部分。出土遗物有陶器和骨器。器形有鼎、钵、双耳罐、釜、盂、器盖及尖顶器等，其中以深腹圜底釜最为常见。陶质以夹砂陶为主，陶色以红陶、红褐陶居多，有少量黑褐陶和黄褐陶。纹饰有附加堆纹、指甲纹、压印纹和乳钉纹。骨角蚌器多为凿、匕、锥、镖、刀、镰等。有少量石器，以磨制为主。种类有锤、斧、铲、磨盘、磨棒、刮削器、尖状器等。

后李文化遗址距今约 7 500~8 500 年，是山东地区迄今为止最早的新石器时代的考古文化和人类遗存。长期以来，由于受资料、实物等诸多条件的限制，考古学者一直把北辛—大汶口文化视为山东地区最早的文化，但是，后李文化遗址的发掘，将山东文化的发源年代向前推进了 1 000 多年。后李文化也因临淄后李遗址而得名。

在中国，目前公认的新石器文化大约起始于公元前 6 000 年左右，即距今约 8 000 年（最近考古发掘证实，其实际开始年代应当更早）。后李文化遗址不论是开始年代，还是它的文物特征，都与我国新石器文化恰好吻合，同时又具备其独特性，可以说，后李文化遗址是我国新石器文化遗址的代表之一。后李文化遗址的出土文物虽然在今天看来简单、制作水平也比较低，但是这里的先民在 8 300 年前已经开始制作陶器，在当时的世界上已经是极高的文明。有学者提出，根据后李陶器制作的水平推断，山东淄博是中国陶瓷的发源地，这一点，尚需进一步研究和证实。其实后李文化遗址的发掘，真正意义不仅仅在于其文物所代表的文明程度，还在于它把整个山东地区的文化历史提前了一大步，并最终连成了一个完整的体系。同时，整个海岱地区史前文化的谱系脉络也从此清晰地显现了出来，即：后李文化—北辛文化—大汶口文化—龙山文化—岳石文化。

后李遗址的商周文化遗存发现较多，情形也相当复杂。出土的鬲、罐、簋等地方特色

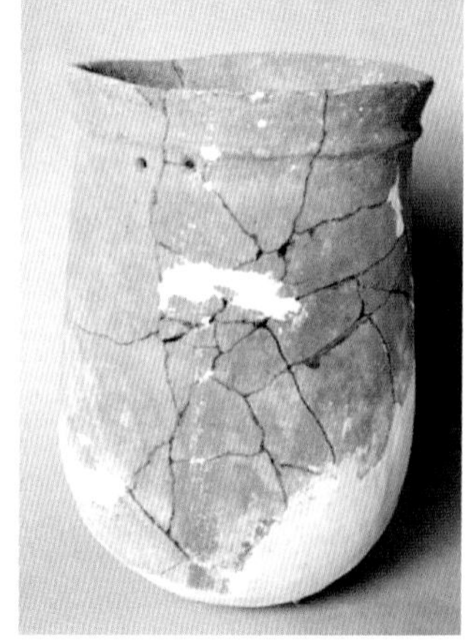

山东后李遗址出土文物

非常浓厚，表明土著文化因素占有很大比重，另外又具有商文化、周文化的因素。史载商末至西周前期，这一地区分布着众多的方国，后李遗址的发掘，对于研究该地区商、周、土著等各种文化的传承、交流及其融合过程有着极为重要的意义。后李遗址的发掘对鲁北地区新石器文化及商周等文化的研究提供了参考，对于齐地文化的年代分期和研究也具有十分重要的意义。

1992 年，后李遗址被列为省级重点文物保护单位，2006 年，被列为第六批全国重点文物保护单位。

山东西河遗址

西河遗址位于济南城东章丘市龙山镇西北约 400 米处，遗址呈缓坡状隆起，周围渐低。西部向河凸出，东西约 500 米，南北约 350 米，面积约 15 万平方米，文化堆积厚约 2~3 米。西河遗址东距城子崖遗址约 1 600 米，其主要文化遗存为后李文化时期，还有少量大汶口文化、龙山文化以及部分汉唐时期的遗迹和遗物。

1987 年春，济南市文化局文物处和章丘县博物馆于文物普查时发现。由于窑场取土，遗址已被破坏约 6 000 平方米。1991 年 7—8 月、1993 年和 1997 年，山东省文物考古研究所对遗址进行抢救性发掘，发现房址、墓葬、灰坑、灰沟等遗迹和陶器、石器、骨器等遗物。时代分属于新石器时代较早时期后李文化、大汶口文化、龙山文化和唐代。

清理的两座后李文化的房址均为半地穴式，面积 40 余平方米。房子西半部地面和部分墙壁先用黄泥抹光后经火烤而成，地面干燥坚硬。房子中心建置有 3 组由 3 个石质支架组成的灶，其中西北一组的支架上还留有一件陶釜。出土遗物有陶釜、盆、罐、壶、碗等，石器有磨盘、磨棒、铲等。此外，文物普查时还于遗址上采集有商周时期的遗物。

西河遗址是山东境内新石器时代早期文化中一处保存较好、面积较大的典型聚落遗址，

山东西河遗址

距今 7 700~8 400 年，是山东地区目前发现的最早的考古学文化遗存，填补了山东地区旧石器时代向新石器时代过渡的空白。对研究黄河下游地区新石器时代早期考古学文化的面貌特征、年代与分期、经济生活、社会性质以及聚落形态等学术课题提供了重要的科学资料。

1992 年，被评为山东省重要文物保护单位。1997 年，被评为“全国十大考古发现”之一。2001 年，被公布为第五批国家重点文物保护单位。

山东北辛遗址

北辛遗址位于滕州市官桥镇东南北辛村北首薛故河南岸，面积约 5 万平方米。该遗址在 1964 年全省文物普查中首次发现，1978 年冬至 1979 年春经中国社会科学院考古研究所发掘，出土大批陶器、石器等文物 2 000 余件。经测定，年代为距今约 7 300~8 400 年，是我国在黄淮地区发现最早的新石器时代遗址。

遗址出土文物最能反映北辛文化特点的是陶器。陶器均为手制，有夹砂陶和泥质陶两种。纹饰有窄堆纹、蓖纹、划纹、压划纹等。窄堆纹以数条为一组，组成各种纹饰，颇有特色；蓖纹、划纹、压划纹也有一定的代表性。器形有鼎、釜、罐、钵、碗、盆、壶、支座等，都是这一遗址典型性的器物。石器有打制和磨制两种，打制石器数量较少，有敲砸器、盘状器和斧、铲、刀等，制作虽较简单，但器形相当规整，已经定形。

磨制石器有铲、刀、镰、磨盘、磨饼、磨棒、凿、匕首等。其中铲的残片居多，在千件以上，呈长方形、长梯形、舌形等几种，器形较大，通体磨光，制作比较精制，有使用痕迹。磨盘呈三角形的为多，矮足的磨盘甚为罕见，用石磨盘加工粮食。骨、角、牙器有镞、鱼镖、鹿角锄、凿、匕、梭形器、针、锥、笄等，都颇具特色。

窑穴遗址上发现粟类颗粒炭化物，是目前我国出土发现最早的粟类实物之一。同时出土的骨箭、海网坠、弹丸、动物骨骸及磨制精细的骨针、陶纺轮等表明当年先民以渔猎为主。

手工业生产有了萌芽，出土的骨针、纺轮、陶器上的席纹等，说明以野生纤维和动物毛绒为原料的纺织、缝纫、编织已经出现。制陶处在较原始阶段，器类较简单，手制痕迹

山东北辛遗址出土文物

比较明显，但却发现了使用单彩的“红顶碗”，为其后东方原始文化中出现的彩陶追溯到了渊源。

北辛遗址的发现是海岱文化区新石器时代的一次重要发现，“北辛文化”的命名，是山东大汶口文化发展的源头，将山东的史前考古向前推进了一大步，具有重大的历史意义。

1991 年，北辛遗址被列为省级重点文物保护单位。2006 年，被列为第六批全国重点文物保护单位。

山东大汶口遗址

大汶口位于泰山南麓大汶口镇的汶河两岸，泰安城南 30 千米处的大汶河畔，遗址面积 80 余万平方米，文化层堆积 2~3 米，是大汶口文化的发现地和命名地，被考古界命名为“大汶口遗址”。

1959 年 6 月，在汶河南岸的宁阳县堡头村西首次发掘，揭露面积 5 400 平方米，清理墓葬 133 座，出土随葬品 2 100 余件，属大汶口文化中期和晚期。1974 年、1978 年在汶河北岸先后两次发掘，揭露面积 1 800 平方米，发现墓葬 56 座、房址 14 座、灰坑 120 余个，主要遗存的年代属大汶口文化早、中期。3 次发掘证明，大汶口遗址包括大汶口文化发展的各个阶段，距今 4 600~6 400 年前的新石器中期文化遗存，以翔实资料揭示原始社会解体、阶级社会产生的全过程。下有 4 000~4 600 年前的龙山文化遗存，上有距今 6 400~7 500 年前的北辛文化遗存。

3 次挖掘发现，“大汶口文化”内涵丰富，遗址有墓葬、房址、窖坑等遗存。出土的陶、石、玉、骨、牙器等不同质料的生产工具、生活用具和装饰品都异常精美。生活用具主要有鼎、豆、壶、罐、钵、盘、杯等器皿，分彩陶、红陶、白陶、灰陶、黑陶几种，特别是彩陶器皿，花纹精细匀称，几何形图案规整。生产工具有磨制精致的石斧、石锛、石凿和磨制骨器，而骨针磨制之精细，几乎可与今针媲美。一般认为，早期属于母系氏族社会末期向父系氏族社会过渡阶段，中晚期已进入父系氏族社会。

山东大汶口遗址及出土文物

大汶口遗址是大汶口文化的命名地。它的发现揭示了大汶口文化时期当地居民的埋葬形态。为山东地区的龙山文化找到了渊源，也为研究黄淮流域及山东、浙江沿海地区的原始文化，提供了重要的线索。大汶口遗址的墓葬中普遍盛行随葬獐牙的习俗，有的还随葬猪头、猪骨以象征财富。葬式以仰身直肢葬为主。许多墓葬中还随葬有数量不等的牲畜，表明当时社会已经出现了贫富分化现象，说明私有制已经出现。墓葬以男、女分别单葬为主，也有成年男女合葬，女性处于从属地位，预示着母权制的动摇和父权制的产生。随葬品数量悬殊，质量优劣差别大，有的墓空无一物；有的多达 180 多件，而且品种复杂，制作精致，有珍贵的碧玉铲、玉臂环、玉指环、透雕象牙梳、绿松石镶嵌象牙雕筒、象牙梳、可与现代钢针媲美的骨针等。陶器中有精美的彩陶和光洁的白陶，有独特的猪形器、鸟形器。

1982 年，大汶口遗址被列为第二批全国重点文物保护单位，并入选“20 世纪百项考古大发现”。

山东丁公遗址

丁公遗址位于山东省邹平县苑城乡丁公村东，西南距邹平县城约 13 千米，处于鲁北平原南部的山前平原上，其西 0.8 千米有孝妇河自南向北流入小清河。遗址总面积约 16 万平方米，文化层一般厚约 2~4 米。文化遗存延续时间较长，地层堆积自下而上依次为大汶口文化、龙山文化、岳石文化、晚商和汉代 5 个大时期的堆积，并见有零星的东周和宋代墓葬等，但未发现与其相应的文化层堆积。文化层堆积仍以龙山文化为主，堆积厚度超过其他各个时期的总和。所采集的文物标本除蚌器外，主要有石铲、磨制石斧等石器，还有骨簇、骨针及具有龙山文化典型特征的蛋壳陶片。

山东丁公遗址出土文物

遗迹种类有房址、灰坑和墓葬等。属龙山文化时期的房址共 20 余座，多被打破，残损较甚。有地面式和半地穴式两种，而以前者为多。形制上绝大多数为（长）方形，圆形者较少。灰坑共发现 500 余个，在发掘区内分布普遍。绝大多数坑口呈（椭）圆形，有的直壁，有的为斜壁。多无特殊加工痕迹，为一般垃圾坑。坑内一般出土物丰富，以陶片为大宗，多有可复原者。墓葬计 20 座，均为长方形土坑竖穴。一般为单人仰身直肢葬，多有木质葬具，熟土或生土二层台，以熟土二层台为多，方向多东偏南，有的有随葬品。

遗址内发现的龙山文化城址，城墙宽约 25 米左右，面积 10.5 万平方米。城外有宽 30~40 米的濠沟，最深处低于城内地面 3 米以上。城内发现房屋基址近百座，其中既有面积超过 50 平方米的大型房屋，也有面积不足 10 平方米的小屋。

龙山文化时期的遗物出土相当丰富。陶器有鼎、鬲、罐、匜、平底盆、三足盆、杯、盒、器盖等，泥质为夹砂灰陶、泥质灰陶、泥质黑陶为主，多为轮制，少数手制。岳石文化时期遗迹有房址、灰坑、灰沟，出土遗物有罐、盆、豆、平底尊、器盖等。尤为珍贵的是出土了黑陶鬼脸式鼎腿、猪嘴鼎腿等。经考证，为典型的龙山文化和岳石文化遗存。这种类型的陶器在滨州地区内是首次发现，对研究古文化发展有重要意义。

丁公遗址是重要的史前遗址，对于研究中国文明起源，具有重要的学术价值。丁公龙山文化城址和文字的发现，对研究中国文明起源、中国古代城市起源与发展、中国文字起源等课题，具有十分重要的意义。

丁公遗址被列入“1991 年全国十大考古发现”。2001 年，被列入第五批全国重点文物保护单位。

山东城子崖遗址

城子崖遗址位于济南市章丘龙山镇龙山村东北，巨野河东岸、胶济铁路的北侧。1930 年在这里发现了龙山文化，发掘工作对中国史前考古与古史研究产生了深远影响。城子崖龙山与岳石文化遗址是一处新石器时代晚期龙山文化遗存，总面积为 22 万平方米。

城子崖遗址内涵丰富，延续时间长，堆积层分为三层，上层为周代文化层，中层为岳石文化层，下层为龙山文化层，出土了大批各时代的文化遗物。下层的龙山城址南北最长处 530 米左右，东西宽约 430 米左右，墙基宽约 10 米，占地面积约 20 万平方米。城址内文化层堆积丰富，有房基、水井、窑穴等遗址。陶器以黑陶、灰黑陶为主，石器多为磨制，还有骨器。1928 年和 1930 年曾进行过两次发掘，首次揭示出以精美的磨光黑陶为显著特征的龙山文化。

考古发掘发现了城子崖龙山文化城址。该城始建于距今 4 500 余年前的龙山文化早期，这是目前黄河流域最大的龙山城，也是全国最大的龙山城址之一。确认了 20 世纪 30 年代初发现的“黑陶文化期城”是岳石文化城址。这是目前黄河、长江流域第一座有夯筑城垣的夏代城址，而且可能是一座由龙山文化时期直接延续到夏代的城，其格局与龙山文化城一致，晚期阶段城内面积约 17 万平方米。城子崖龙山文化和岳石文化城址在层次上相互衔

城子崖遗址

接，不存在间歇层。这为研究从龙山文化时期到夏代连续发展千余年的早期夯筑技术和城垣建筑史提供了形象、直观的科学资料。该遗址丰富的堆积，复杂而明确的地层，大量的陶器，可为建立该地区系统而可靠的龙山文化编年提供依据。查明城子崖上层的周城基本属于春秋时期的城址，其上限为西周晚期，下限在春秋末年，战国时已废弃，代之而起的是此城东北两千米的平陵城。

龙山文化的陶器多素面、磨光黑灰陶，器表常饰弦纹、压划纹，流行盲鼻和横向宽鋬。代表器型有白衣黄（红）陶粗颈袋足鬶、素面肥袋足甗、素面筒腹袋足鬲、扁三角形足或乌首形足的各式鼎及扁足盆、高圈足盘、直腹宽鋬筒形杯等。石器多磨制，有斧、铲、镰、半月形穿孔石刀、镞等。骨角器有锥、针、笄、镞、鱼叉等，还有穿孔蚌刀和带齿蚌镰。此外首次发现由牛和鹿等肩胛骨修治的卜骨。

城子崖下文化层出土器物表明，城子崖的文化遗存，与在河南省渑池县仰韶发现的距今 6 000~7 000 年前的以红陶、彩陶为特征的仰韶文化的遗存完全不同，它是仰韶文化之后我国新石器时代晚期文化的一个重大发现。因为它的发现地属历城县的龙山镇，所以城子崖下文化层的文化遗存被命名为“龙山文化”，也称“黑陶文化”。

城子崖龙山文化遗址年代约在公元前 2600 年—前 2000 年，前后延续达 600 年左右。它上承大汶口文化，下限已进入我国历史上的第一个王朝——夏朝时期，是我国历史上的一个重要时代。

1990 年，山东省文物考古研究所对城子崖遗址进行了勘探和发掘，发现城子崖遗址是由龙山文化城址、岳石文化城址和周代城址重叠而成，澄清了 60 年来有关城子崖遗址时代的争论。其中龙山文化城址面积为这一时期古城址之最；岳石文化城址是迄今发现的惟一一座夏代城址。这一发现对研究中国古代城市发展和中国文明起源等问题具有十分重要的意义，并由此揭示出来的龙山文化，对于认识和研究中国的新石器时代文化起了巨大的推动作用。城子崖遗址的发掘，为中国史前城址和文明起源问题的研究提供了重要资料。

城子崖及其周围的古代遗址，形成了一个从新石器时代到两汉的基本完整的古代文化区。城子崖龙山文化城址具有早期城市的雏形，说明当时它已经成为一个权力中心、经济中心、文化中心。城子崖岳石文化城址的发现，填补了我国城市考古的空白。在此之前，在龙山文化城址和商代文化城址之间尚未发现夏代文化城址。城子崖岳石文化城址的发现，为研究中国文明起源、中国城市发展史及夷夏关系提供了重要资料。

城子崖遗址入选“1990 年全国十大考古发现”，并被评为“20 世纪百项考古大发现”。1961 年，城子崖龙山与岳石文化遗址被列为第一批全国重点文物保护单位。2006 年，被列入国家文物局发布的“十一五”期间 100 处大遗址保护名单。

河南李家沟遗址

李家沟遗址位于河南新密岳村镇李家沟村西。该处地形为低山丘陵区，海拔高约 200 米。地势由东北向西南部倾斜，黄土堆积发育。属于淮河水系溱水河上游的椿板河自北向南流经遗址西侧。李家沟遗址即坐落在椿板河左岸以马兰黄土为基座的二级阶地堆积的上部。该遗址是 2004 年底郑州市文物考古研究院进行旧石器考古专项调查时发现。遗址所处位置有因煤矿采矿形成的塌陷，加之降水与河流侵蚀等自然因素的影响，临河一侧已出现严重垮塌。

为全面了解遗址文化内涵，提供相应的保护对策与方案，北京大学考古文博学院与郑州市文物考古研究院于 2009 年秋季和 2010 年春季两度联合组织实施抢救性发掘，并获得重要发现。

李家沟遗址经过 2009—2010 年的发掘，揭露面积近 100 平方米，发现了距今 8 600~10 500 年左右连续的史前文化堆积。堆积下部出土细石核与细石叶等典型的细石器遗存，中部是普遍施压印纹的粗夹砂陶及石磨盘等新石器时代早期遗存，上部则发现典型的裴李岗文化陶片。

细石器文化遗存的挖掘面底部与其下的次生马兰黄土为不整合接触，保留有清楚的侵蚀面。上面分布着众多石制品、人工搬运石块、动物骨骼碎片、陶片和局部磨制的石器，

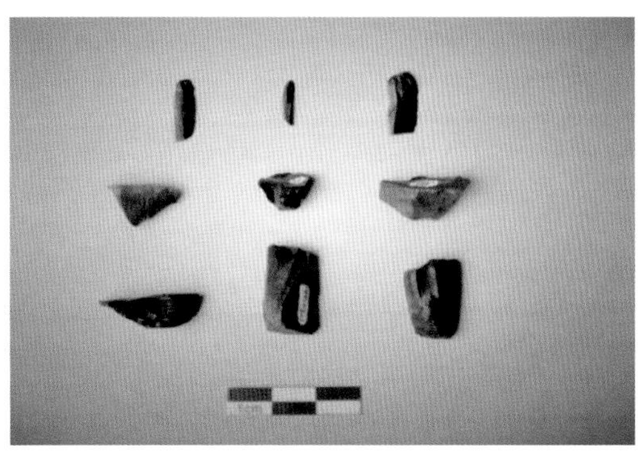

河南李家沟遗址出土的陶片及细石器

这显示当时人类就活动在次生马兰黄土被侵蚀后形成的地面上。其中，细石器文化层发现打制石器 1 000 余件、人工搬运石块近 200 件，尤为重要的是发现有磨制石锛 1 件、陶片 2 片。这 2 枚夹砂陶、素面、烧制火候较低、器形简单的陶片，将中原地区的制陶技术向前推到了距今 10 000 年。数量众多的遗物和清楚的遗迹明确显示当时人类曾在此居住。

早期新石器遗存的文化层明显增厚，显示当时人类在该遗址停留的时间更长，规模与稳定性远大于细石器文化阶段。亦发现了很清楚的人类活动遗迹，同样是石块聚集区，东西长约 3 米，南北宽约 2 米。遗迹中心由磨盘、石砧与多块扁平石块构成，夹杂着较多的烧石碎块、陶片以及动物骨骼碎片等。带有人工切割痕迹的食草类动物长骨的断口清楚显示这里加工过动物骨骼。

裴李岗阶段的文化遗存仅发现于挖掘区南区的第二层和第三层，主要是陶片。

综上所述，李家沟遗址是中原地区发现的首个旧石器时代晚期到新石器时代过渡的遗址，有 10 000 年前的旧石器文化地层，有 9 000~10 000 年前的“李家沟文化”地层，还有 8 000 年前的新石器时代地层，三层连续叠压，非常罕见，填补了中原地区从裴李岗文化到旧石器时代晚期文化之间的空白。

李家沟遗址代表了中原地区旧石器时代到新石器时代早期的一个关键转型，它的发现，从多个角度揭示了中原地区史前先人从流动性较强、以狩猎大型食草类动物为主要对象的旧石器时代，逐渐过渡到具有相对稳定的栖居形态的新石器时代的演化历程。是中原地区裴李岗文化发现 30 多年以来新石器时代早期考古上的一次重大突破，代表着一种全新的文化面貌。

李家沟遗址入选“2009 年度全国十大考古新发现”。

河南裴李岗遗址

裴李岗遗址位于河南省新郑县城西北约 8 千米的裴李岗村西，双洎河由北向南经遗址的西边流过，遗址高出地面 3~4 米，面积约 2 万多平方米。

1956 年，新郑县文物普查中遗址被发现。1977—1979 年，进行过 3 次发掘，发现大量墓葬、灰坑等遗迹和遗物。遗址东半部为村落遗址，文化层厚 1~2 米，内含遗物极少。西半部为氏族墓地。墓地与住处相邻，墓葬分布密集。墓向基本一致，葬式皆为仰身直肢。墓坑呈长方形，边缘不整齐，随葬品主要是石器和陶器。石器有磨制的或琢磨兼施的，其中典型器物有锯齿石镰、两端有刃的条型石铲等。陶器均为手制，代表器物是三足陶钵、筒形罐等。

出土的木炭标本经测定，距今约 8 000 年，绝对年代早于仰韶文化 1 000 多年，是新石器时代中期遗址。它的发现填补了我国仰韶文化以前新石器时代早期的一段历史空白。证明早在 8 000 年前，我们的先民们已开始定居，从事以原始农业、手工业和家畜饲养业为主的氏族经济生产活动。裴李岗文化是中国新石器时代早期的考古学文化，也是中华民族文明起步文化，它以新郑为中心，东至河南东部，西至河南西部，南至大别山，北至太行

河南裴李岗遗址及出土文物

山。重要遗址还包括临汝中山寨、长葛石固遗址等。

在 1977 年两次试掘中，共开挖沟 5 条，清理墓葬 8 座，灰坑 3 个。文化层厚 0.5~0.7 米，出土有碎陶片和烧土碎块等，在此之下发现墓葬两座。清理出的八座墓葬均为成人墓，有少量的生产工具和生活工具随葬，如石铲、斧、镰、刀，陶壶、罐、鼎等。出土遗物中发现较为完整的石器 25 件，陶器 21 件，骨器 1 件，兽骨 2 件。生产工具主要是石器，包括铲、斧、镰、刀、弹丸、磨盘和磨棒等，共 86 件。石器的质料有石灰岩和砂岩两类，制法有磨制和琢制两种。生活用具主要是陶器。可以复原的 24 件。陶质可分泥质红陶和夹砂红陶两类。有个别陶片为泥质灰陶，陶土似经过仔细的淘洗和选择，陶质细腻，羼和料均匀。制法全部是手制，多采用泥条盘筑法，火候较低，因此质松易碎，除个别小型器外，完整的较少。陶器的颜色为红色或橙红色，泥质红陶器表面为红色，而胎内多呈灰色，器表红色容易脱落而显露出灰胎。夹砂红陶多呈黑红色，泥质陶多素面无纹，夹砂陶一般有附加乳钉或用蓖形器压印的凹点纹和划纹。器形有壶、罐、鼎等。

1977—1982 年春，考古工作者先后对新郑县的裴李岗、唐户和沙窝李遗址进行发掘，其中对裴李岗和沙窝李进行了五次较大规模发掘，发掘面积 3 550 多平方米，清理墓葬 146 座、灰坑 44 个、陶窑 1 座，获磨制石器 212 件、陶器 299 件。其他还有房基、窖穴、骨器和动植物残存等。从裴李岗遗址出土的文物内涵分析，考古学家认为中国的农业革命最早在这里发生，裴李岗先民已进入锄耕农业阶段，处于以原始农业、手工业为主，以家庭饲养和渔猎业为辅的母系氏族社会。它与同时期的河北武安县的磁山文化和陕西华阴县的老官台文化相比，处于领先地位。继新郑县的裴李岗诸遗址发掘后，考古学者又在河南省境内发现 100 多处此类文化遗址。

裴李岗遗址入选“20 世纪百项考古大发现”，其出土器物有独具一格的文化面貌，被考古学界命名为“裴李岗文化”。1986 年，裴李岗遗址被列为省级重点文物保护单位。2001 年，被列为第五批全国重点文物保护单位。

河南唐户遗址

唐户遗址位于新郑市观音寺镇唐户村南，北距观音寺镇约 1 500 米。遗址北起唐户村南，东有沂水，西有九龙河，南临溟水与九龙河两河的交汇处历代相传称该地为“黄帝口”。遗址为河旁台地，北高南低，高出河床 5~7 米，海拔 128.4 米。其南北长 1 568 米，东西宽 300~500 米，其中裴李岗文化遗存面积达 30 万平方米，是我国目前发现的面积最大的裴李岗文化时期的聚落遗址。唐户遗址文化遗存堆积丰富，包含有裴李岗文化、仰韶文化、龙山文化、二里头文化及商周文化，是一处跨时代的聚落群址。

唐户遗址于 1975 年被发现。1976 年，原开封地区文物管理委员会、郑州大学和新郑县文物管理委员会对其进行了考古发掘。1982 年春进行了第二次调查与试掘。遗址西北部属裴李岗时期，文化层厚约 2 米。中部偏北属仰韶文化时期，文化层厚约 3 米，与裴李岗文化时期的一部分叠压。采集和试掘获得了大量的陶、石、骨器以及房基、瓮棺。遗址南端属龙山文化时期，文化层厚 2~4 米，内含遗物丰富。西周时期文化层叠压在仰韶文化层之上。西周墓葬均打破仰韶文化层。1976 年共发掘墓葬 39 座和一个车马坑。39 座墓中属西周的 12 座，属春秋时期的 19 座。

2006—2007 年，郑州市文物考古研究院配合南水北调中线工程，对遗址进行全面调查和考古发掘，发现旧石器加工地点 4 处，裴李岗文化时期大型居住基址 5 000 平方米，出土了一批重要文化遗物。发现可以确认的裴李岗文化时期的房址 63 座，灰坑（窖穴）204 座，沟 4 条（排水系统 1 条），壕沟 1 条。这些新发现的房址，数量多，形制多样，单间式房址 60 座，双间式 3 座。房址分布较有规律，分 4 组布局，其中 2 组具有排状布局的特征，并且聚落中还设计有排水系统，是新石器时代早期聚落考古的重大发现，进一步丰富了裴李岗文化的内涵，对研究裴李岗文化时期的聚落形态，房屋建筑方式，特别是裴李岗文化时期的家庭组织结构、农业文明的起源等具有重大学术价值。

综合多次考古挖掘与研究，唐户遗址中仰韶文化早期遗物采集量较多，生产工具有石

河南唐户遗址

斧、陶纺轮骨镞、角靴形器；生活用具主要为陶器，共采集陶片 2 599 件，复原 38 件。从陶质上看，分泥质陶和夹砂陶两大类，其中有一少部分细泥陶，多数是钵，陶色主要有褐、红、灰 3 种，另还有少量姜红、姜黄陶。以夹砂褐红陶为主，红陶次之，灰陶再次之，器表纹饰以弦纹为主，次之为素面，另有少量的指甲纹、划纹、捺窝纹、红顶和彩陶等。彩陶饰黑、红、棕单彩。花纹有带状纹、弧边三角纹、平行直线纹、圆点纹，彩陶片有一定数量，但都十分碎小。陶器制法均为手制，有一部分经慢轮修整，器形有鼎、罐、盆、钵等。

仰韶文化中期采集遗物较为丰富，生产工具为石、陶、骨 3 类。主要器形为弹丸、砺石、纺轮、骨镞等。生活用具主要是陶器，采集的陶器标本个别完整，多数较残破，经粘对修复，复原了一部分，器类较为丰富。以质地分为泥质陶和夹砂陶两大类，其中有一少部分细泥陶，多是钵、碗。陶色主要有褐、红、灰 3 种，陶器制法均为手制，大部分经轮修，器形有鼎、罐、盆、钵、瓮、器盖、碗、豆、尖底瓶、环、灶等。

唐户仰韶文化晚期遗物的采集量，从整体比较要少于早、中期，各种生产工具较前有明显增多。

2006 年，唐户遗址被列入第六批全国重点文物保护单位。

河南仰韶村遗址

仰韶村遗址位于河南省渑池县城北 7.5 千米仰韶村南的台地上，属于新石器时代仰韶文化的典型遗址，“仰韶文化”因此而得名。遗址遗址长约 900 米，宽约 300 米，面积近 30 万平方米，文化层厚度 2~4 米。

仰韶村遗址于 1920 年秋被发现，1921 年瑞典学者 J.G. 安特生进行考古调查和发掘。1937 年，河南省博物馆曾派人到仰韶村遗址进行考古调查，采集了石器、骨器和彩陶片。1951 年，中国科学院考古研究所在仰韶村遗址进行调查和试掘，发现仰韶村遗址存在着仰韶文化和龙山文化两种不同的文化因素。1980 和 1981 年，河南省文物研究所在仰韶村遗址进行发掘，发现仰韶村遗址主要包括有仰韶文化中期（庙底沟类型）、仰韶文化晚期、龙山文化早期（庙底沟二期文化）和龙山文化晚期（河南龙山文化）四层互相叠压的文化堆积，其中仰韶文化晚期包含了两个层次的不同年代的遗存。其上还有东周文化的遗存。

仰韶文化是距今约 5 000~7 000 年中国新石器时代的一种文化。分为半坡类型和庙底沟类型两种，主要分布于黄河中下游一带，以河南西部、陕西渭河流域和山西西南的狭长地带为中心，东至河北中部，南达汉水中上游，西及甘肃洮河流域，北抵内蒙古河套地区。已发掘出近百处文化遗址，出土文物均反映出较同一的文化特征。选址一般在河流两岸经长期侵蚀而形成的阶地上，或在两河汇流处较高而平坦的地方，这里土地肥美，有利于农业、畜牧，取水和交通也很方便。由于属于母系氏族公社制繁荣时期的文化，早期盛行集体合葬和同性合葬，几百人埋在一个公共墓地，排列有序。各墓规模和随葬品差别很小，

仰韶村遗址及出土文物

但女子随葬品略多于男子。

在手工业方面，仰韶文化的制陶工艺相当成熟，前期的陶器多是手制的，中期开始出现轮制的。器物规整精美，多为细泥红陶和夹砂红陶，灰陶与黑陶较为少见。其装饰以彩绘为主，于器物上绘精美彩色花纹，反映当时人们生活的部分内容及艺术创作的聪明才智。另外还有磨光、拍印等装饰手法。造型的种类有杯、钵、碗、盆、罐、瓮、盂、瓶、甑、釜、灶、鼎、器盖和器座等，最为突出的是双耳尖底瓶，线条流畅、匀称，极具艺术美感。另外，一些陶器上留有布和编织物印下来的纹路，由此可见，仰韶文化有编织和织布的手工业。

在生活方面，仰韶文化是一个以农业为主的文化，其村落或大或小，比较大的村落的房屋有一定的布局，周围有一条围沟，村落外有墓地和窑场。村落内的房屋主要有圆形或方形两种，早期的房屋以圆形单间为多，后期以方形多间为多。房屋的墙壁是泥做的，有用草混在里面的，也有用木头做骨架的。墙的外部多被裹草后点燃烧过，来加强其坚固度和耐水性。

仰韶文化的生产工具以较发达的磨制石器为主，农耕石器包括石斧、石铲、磨盘等，除此之外还有骨器。仰韶先民除农耕外还进行渔猎，出土的骨制的鱼钩、鱼叉、箭头等就是最好的证明。在发掘的动物骨头中除猎取的野生动物外还有大量狗和猪的骨骼，羊比较少。

1961 年，仰韶村遗址被列为第一批全国重点文物保护单位。

河南后冈遗址

后冈遗址坐落在河南安阳洹河南岸一舌形河湾的高冈上，是我国著名的考古学家梁思永先生于 1931 年春首次发现的一处重要古遗址。从 1931 年春至 1934 年春，后冈遗址共发掘过 4 次。发掘区主要在冈顶附近及遗址的北半部，发掘面积总计 1 209 平方米。

冈呈不规则的椭圆形，南北长约 400 米、东西宽约 250 米，遗址总面积约 10 万平方米。它包含有仰韶、龙山和殷代 3 个不同时期的文化遗存，其中以龙山文化遗存的分布范围最广，文化遗物最丰富。

河南后冈遗址出土文物

在中国考古进入近代考古学范畴，田野考古的水平大大提高的背景下，梁思永先生参加殷墟第四次发掘，他彻底否定前者的“殷墟淹没说”，开始确认版筑上的柱础石和窖穴等考古遗迹，复原建筑遗址。在错综复杂的地层堆积中，明确了仰韶、龙山和商代文化的叠压关系，首次判断出这些文化的时代序列，这就是后冈三叠层的发现，它建立了中国考古学的典范，成为中国近代考古学迈入成熟阶段的显著标志。

另外，在发掘中除了发现大量的遗迹和遗物外，主要还发现了龙山文化时期一段长 70 余米、宽 2~4 米的夯土围墙，发掘了 1 座两条墓道的商代大墓，后者第一次揭示出商代奴隶社会以人殉葬的史实。

新中国成立后，为配合基建工程，对后冈进行过 3 次发掘，发掘区主要在遗址的南半部。通过大规模的钻探和发掘，获得了大量的资料，进一步搞清了后冈遗址文化遗存的分布和堆积情况，进而展开了对仰韶文化后冈类型和后冈二期文化的研究工作。

为进一步了解后冈龙山文化遗存的特征并探索其年代和分期，1979 年由中国社会科学院考古研究所、安阳市博物馆、南京大学历史系的工作人员对该遗址再次进行发掘，并发表了发掘报告。1979 年挖掘区位于遗址的中心，冈顶南侧的阶梯状土地，发掘的遗物大部分出土于灰层和灰坑之中，小部分出土于房址和墓葬之中，遗物相当丰富，分为陶器、玉石器、骨器、蚌器和自然遗物 5 类，其中完整器和复原的器物共 823 件。其中，完整和复原的陶器共 542 件，分为泥质灰陶、夹砂灰陶、泥质黑陶、夹砂黑陶、泥质红陶、夹砂红陶和白陶 7 种。灰陶最多，约占陶片的 70%，陶器以素面和磨光的数量最多。纹饰有绳纹、篮纹、方格纹、弦纹、划纹和少量附加堆纹，其中以绳纹为主，篮纹和方格纹次之，弦纹和划纹较少。器形可分为平底器、圈足器、三足器和器盖、器座四大类。其中平底器最多，约占陶容器的 79%，三足器次之，圈足器最少。制法有轮制、模制和手制 3 种，其中轮制最多，手制最少。中小型器物，如平底盆、碗、器盖等皆轮制。豆、圈足盘等身、足分别轮制，后粘结成器。

遗址出土玉、石器共135件。其中石器131件，质料主要有石灰岩、砂岩和燧石等。制法主要是磨制，其次是打制。大型石器大都是磨制而成，细石器多为打制而成。穿孔一般为两面对钻，有管钻和锥钻两种。石器的种类可分为生产工具（包括武器）和装饰品两种。生产工具共129件，主要有斧、铲、锛、凿、刀、镰、垫、抹子、柞、纺轮、臼、磨石、磨盘、镞、矛、弹丸、镖枪头、刮削器、尖状器19种。玉器4件，有环和璧两种。骨器119件。系用兽骨和家畜的肢骨制成，少数用禽类骨管制成。制法有刮削和磨制两种。蚌器共34件。主要有刀、镰、锛、镞、蚌饰和穿孔蚌6种。

自然遗物主要有家畜骨骼、兽骨、鱼骨、螺和蚌等。其中动物骨骸出土800余件，可鉴定者仅有296件。家畜骨骼203件，占动物骨骼总数的69%，主要有猪、牛、狗等，其中猪骨最多，183件。兽骨90件，主要有鹿、獐、兔等，其中鹿骨69件，占兽骨总数的78 %。兔骨仅有一残下颌骨。另外，有鸡骨1件，鱼骨2件。蚌、螺壳数量很多，多发现于房基下或其附近，往往埋有完整河蚌，有的堆积五六层之多。

从出土遗物可以看出，后岗遗址先民的生产工具已较为先进，以磨制石器为主，并且已经具有较发达的农业，主要作物为粟和黍，同时饲养猪、狗、羊等家畜。陶器的制造、磨光石器的广泛使用以及村落出现、氏族制度的形成等，都标志着其属于新石器时代晚期。

后冈文化孕育发展了中国文明初期的青铜文化，是探索夏文化的对象并提供了追寻商文化渊源的线索。

河南西山遗址

西山遗址位于郑州市北郊23千米处的古荥镇孙庄村西，北距黄河约4千米。它北依邙山余脉——西山，南面有一条季节性河流——枯河。遗址坐落在枯河北岸二级阶地的南缘，正是豫西丘陵与黄淮平原的交界处。

1984年冬，在郑州西北郊进行考古调查时发现了西山遗址。1993—1996年，国家文物局第七期、第八期、第九期考古领队培训班先后在此举办，实际发掘面积达6 385平方米。除发现了一座仰韶时代晚期城址，在城址内外还发掘、清理了大量的窖穴、灰坑、房基和墓葬，出土了大批陶、石、骨、蚌、角器。

西山遗址的文化堆积以仰韶时代遗存为主，各类遗迹层层相叠，打破关系错综复杂。出土遗物以陶器最为典型。早期陶器以泥质红陶为主，夹蚌屑的褐陶和红陶也占相当比例。器表以素面为主，部分饰以弦纹、指甲纹、划纹等。彩陶仅见红、褐色的条带纹。

随时代发展，夹砂陶的比例增大，夹蚌陶逐渐减少。器表仍以素面为主，其他可见弦纹、线纹、附加堆纹等。彩陶的繁盛期，纹饰多样，有红、褐、黑彩的网格纹、平行线纹、变形索纹以及写意的植物、动物、水波纹等。以后彩陶逐渐减少，只有少量的网格纹。

除出土文物之外，西山仰韶遗址更为重要的是仰韶时代城址，是迄今中原地区最早的史前城址，城址平面近似圆形，直径约180米，推测城内面积原有25 000多平方米。因枯河冲刷及山坡流水浸蚀，城址的南部已被破坏。现存面积约占原城址的4/5，即19 000

多平方米。如果将城墙及城壕的范围也计算进去，则面积可达 34 500 多平方米。现存城墙残长约 265 米，墙宽 3~5 米，存高 1.75~2.5 米，全部埋在今地表以下。城墙在筑造过程中，随着高度的增加而逐级内收，形成台阶状，每版内收的幅宽不完全相同。城墙夯土多为黄褐色或褐灰色，含有较多的烧土粒、料僵石粒、碎陶片和蚌片等。墙外有壕沟环绕，沟宽约 4~7 米，西北段墙外更宽达 11 米，沟深 3~4.5 米。根据《考工记・匠人》《墨子・城守篇・备城门》所记载的城墙高厚比指数和收杀比例推算，西山城墙的高度应为 4~5 米。如此高度的城墙加上其外侧的壕沟，就构成了城址防御的屏障。

河南西山遗址出土的彩陶

城内建筑基址多有奠基坑，用瓮棺葬埋葬儿童，已发现窖穴与灰坑 2 000 余座，出土大量各类遗物。

西山遗址的仰韶文化遗存跨越了仰韶时代早、中、晚 3 个时期，其文化面貌与周边的郑州大河村、后庄王、荥阳点军台、青台、秦王寨诸遗址基本相同。遗址面积大、堆积厚，是豫中地区为数不多的经大规模科学考古发掘的新石器时代遗址之一。总之，西山城址的发现为研究仰韶晚期豫中地区的文化面貌、社会形态、早期城址的发展等提供了珍贵的实物资料。对于研究华夏早期文明的起源和形成及中原地区在其中所起的历史作用也具有非常重要的意义。

西山遗址入选“1995 年度中国十大考古发现”。1996 年，被列为第四批全国重点文物保护单位。

河南庙底沟遗址

庙底沟遗址位于陕州古城南，距市区 4 千米，是一处原始氏族公社的村落遗址。庙底沟遗址总面积约 24 万平方米。1956—1957 年为配合三门峡大坝的建设，考古人员在此进行了大规模的发掘，共发现房屋 3 座、灰坑 194 个、窑址 11 座、墓葬 156 座，出土文物极其丰富，属于新石器时代的仰韶文化和龙山文化遗址。年代为公元前（3910 ± 125）年。

遗址内包括仰韶文化遗存（仰韶文化庙底沟类型）和仰韶文化向龙山文化过渡时期的遗存（庙底沟二期文化）。其中，庙底沟类型文化的分布范围包括陕西关中、山西南部以及河南西部的广大地区，而且影响范围很大，是仰韶文化中最为繁盛的一个类型。庙底沟二期文化则承袭仰韶文化发展而来，后来发展成为河

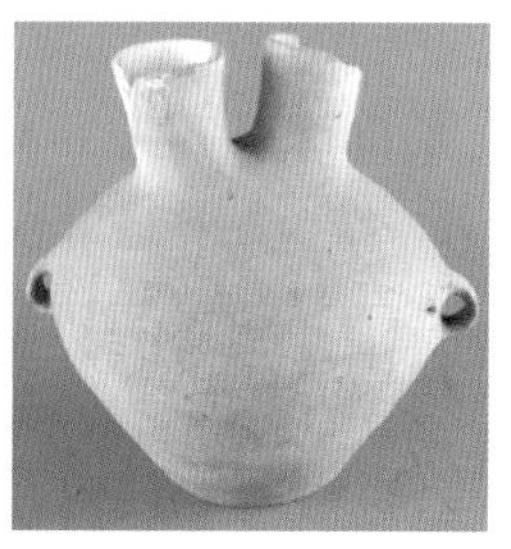

河南庙底沟遗址及出土文物

南龙山文化。遗址内出土有大量的石器、骨器、陶器等遗物。陶器以红地黑花为特点，其纹饰、造型已显示出礼器的先兆。

庙底沟文化是仰韶文化中期的代表，因首先发现于河南陕县庙底沟而得名，文化类型相当于黄帝文化，仰韶文化庙底沟类型文化遗址中所出土器物特征与黄帝时代所发明使用的器物是相一致的。陶器以深腹曲壁的碗、盆为主，还有灶、釜，甑、罐、瓮、钵及小口尖底瓶等。彩陶数量较多，为红陶，也有少数黑陶、灰陶，彩绘则以黑色为主。纹饰主要有花瓣纹、钩叶纹、涡纹、三角涡纹、条纹、网纹和圆点纹等，亦有动物纹饰。这些纹饰交互组成，并不均匀周整，也无一定规律。磨制石器以石铲较多，骨器出土较少，种类也显得简单。出土的工具以打制砍斫器、刮削器、石刀、石铲为代表。

庙底沟遗址中的房屋遗址为方形，半地穴式，屋内有一保存火种与取暖用的圆形火塘。四周墙壁用木柱作骨架，外边敷一层草拌泥的墙壁。这里龙山文化的房子是半地下圆形，底部铺一层白灰作为居住面，墙壁也很光滑，是经火烧过呈灰白色的硬面，看来它可能是属于尖锥顶形的房屋。

庙底沟类型以山西的汾河流域为发祥地，以黄土高原为核心区或根据地，以彩陶为特征向东西南北四方扩散，西至青海，东抵山东，北至内蒙古中部，南越长江，在燕山南麓和江苏北部都有其造访的身影。掀起了中国史前非常壮阔的一次艺术大潮。庙底沟文化彩陶向四方播散，对文化差异明显的南方两湖地区影响也非常强烈。这种影响一直越过长江，最远到达洞庭湖以南地区。在长江南岸的一些遗址，曾经出土过有明显庙底沟文化风格的彩陶，如枝江关庙山遗址的花瓣纹彩陶豆，器形虽不是庙底沟文化惯常见到的那种深腹盆，而是高柄的豆，说明这彩陶是在当地制作的。还有黄冈螺蛳山遗址的旋纹彩陶罐，无论器形与纹饰都是庙底沟文化的风格。安徽肥西古埂遗址虽然地处江北，出土的花瓣纹彩陶片也带有明显的庙底沟文化色彩。

庙底沟遗址的发现，解决了仰韶文化和龙山文化的分期，更重要的是解决了仰韶文化和龙山文化之间的关系。从而证明，中华民族的祖先从远古时代起经过仰韶文化、龙山文化直至商周，在黄河流域不断地发展并创造了高度的文明，为研究中国古代文化的发展提供了重要的实物例证。

2001 年，庙底沟遗址被列为第五批全国重点文物保护单位。

河南妯娌聚落遗址

妯娌聚落遗址位于洛阳市西北约 45 千米的黄河南岸。是一处从仰韶文化晚期延续到龙山文化早期的新石器时代聚落遗址。距今 5 000 年左右，其年代与学术界一般认识的黄帝时代年代相合。为配合黄河小浪底水库工程建设，1996 年 4~12 月，洛阳市文物工作队与郑州大学考古系师生共同对该遗址进行发掘。这次发掘是对该遗址的全部揭露并展现出一幅"王湾二期文化"聚落画卷。

遗址的基本布局是：北半部为居住区，居住区又划分为房基区、仓窖区和制石工场；南半部为墓葬区。居住区东半部为房基区。房基区有 15 处房基，房基平面多呈圆形，入口处有台阶，室内的地面用粗沙铺垫，地面平整坚实，有的房基内设有烧灶和壁灶，房基周围还有放置日常生活垃圾的灰坑等。

妯娌聚落遗址出土的陶器，与王湾二期出土陶器特征较为接近，但也具有一定的地方特点。房基区出土遗物主要是作为生活用具的陶器。陶器种类繁多，作为炊具的有三足鼎、夹砂罐和甑，作为盛具和水具的有彩陶罐、高领罐、大瓮、缸及壶、盆、豆等，作为食具和饮具的主要为碗和杯。陶杯型式多样，制作精细，既具有伊洛地区过渡期特征，又见东方大汶口文化和南方屈家岭文化风格。反映当时频繁的文化交融，也说明当时有了酒具。

陶器制作已从手制发展到慢轮修整阶段，多数器物采用手制与轮制相结合的方法。个别器物全部轮制，表明过渡期的制陶工艺有了明显的改进或提高。仓窖区南部的 3 座灰坑内出土了大批石料及石器半成品、成品。石料多为制作石器后剩余的废料，多采自附近山体或河边砾石区。石器种类主要是刀、斧、凿、铲、锄、础、网坠、砍砸器、石片、石器等，另有制石的工具锤、砧和石环等装饰品。

通过这些实物，加上出土的家猪、马、梅花鹿等动物骨骼，可以认定，在这一时期，黄河岸边有一个布局有序的史前聚落，人们逐水草而居，聚族生活，聚族而葬，过着一种以农业为主兼有畜牧业和渔猎业的定居生活。

除去妯娌遗址中的房基遗址和出土遗物之外，妯娌遗址中的另一个重要发现则是妯娌

河南妯娌聚落遗址及墓葬

大墓。妯娌遗址墓葬区的发掘面积为900余平方米，考古工作者共发现了55座呈西北向东南分布、排列基本有序的墓葬。除最西北部的1座为“合葬墓”和4座为未葬死者的“空墓”外，墓葬区的单葬墓共有50座，分大、中、小3类。其中中型墓7座，墓坑面积各5平方米左右，墓底有“二层台”，以棺木为葬具；小型墓42座，墓坑面积各2平方米左右，仅容单人入葬；惟一的大墓的墓坑面积竟达20.86平方米，是该墓葬区中规模最大的一座，与安阳殷墟妇好墓规模相当，经尸骨鉴定，墓主人为一青年男性。

这批单葬墓大、中、小型共存，规格有异，表明当时已经出现了金字塔式的社会框架，已经出现了阶级，步入了文明时代的门槛。而那座最大的墓的葬者当为氏族或部族的首领，甚而可能是在一定地域享有权利的方国首领。这批墓葬均无随葬品，是一种有别于晋南、黄河下游、长江中下游等地区同期文化葬俗的“薄葬习俗”，反映了河曲地带过渡期先民们的节俭观念。

妯娌遗址被列入“1996年全国十大考古新发现”。

河南三杨庄汉代聚落遗址

三杨庄遗址位于河南省安阳市内黄县梁庄镇三杨庄村，东南距现在的黄河河道最近约45千米。2 000多年前它毁于黄河泛滥而被泥沙深埋在地下，是一处西汉晚期规模宏大的汉代村落遗址，认为是一项可与意大利“庞贝古城”相媲美的考古发现。

2003年，三杨庄遗址在河南省内黄县梁庄镇三杨庄村村北500米处的河道疏浚工程实施过程中被发现。2003年7月8日，河南省文物考古研究所第三研究室进驻挖掘现场，确定三杨庄遗址的年代为汉代。三杨庄汉代聚落遗址是目前我国首次考古发现的大规模汉代农村类遗址，是目前我国发现的惟一一处保存完整、性质明确的西汉晚期至东汉初期的农业聚落遗址，是汉代考古中的一次历史性发现。

在初步完成考古勘探的100万平方米范围内，已发现14处汉代庭院及道路、湖塘、农田等遗迹，其中对4处庭院进行了发掘清理，总面积为9 000平方米，出土大量汉代遗物。

三杨庄遗址所展现的“宅建田中、田宅相接、宅宅相望”的聚落布局，首次直观再现了西汉时期黄河中下游地区农业生产状况、农村社会形态、农民生活情景，是一处价值巨大、内涵丰富、影响深远的独具特色的大遗址。

据遗址挖掘可见，这些庭院或经过统一的规定或约定俗成，它们均为坐北朝南，方向一致均为二进院布局，占地面积大致相同；前后左右相距的距离有远有近，最近的相距为25米，远的可超过500米，相互之间均被农田相隔。每家庭院南门外均有通向田间大道（一般宽约5米，有的地方宽约7米）的独家小道（一般宽约3米）。每家的庭院均在自己的田中。

内黄三杨庄汉代聚落遗址内已经发现的庭院均为二进院布局，堂屋（主房）全部为瓦顶；庭院周围或水沟环绕，或毗邻池塘，是汉代平民的普通庭院布局，印证了学者关于汉代庭院民居的猜测。

三杨庄聚落遗址及出土文物

三杨庄汉代遗址中发现的大面积耕作农田可以为真正理解汉代的代田法提供真实的实物样本。三杨庄汉代遗址中的一畮（垄）和一甽（沟）的合计宽度一般为 60 厘米。现存甽深（最高点到最低点高度约为 6 厘米），应该是庄稼收割后的深度。

另外，从三杨庄遗址内已发现的各庭院周围，特别是屋后广种树木的情况看，这符合当时朝廷的提倡和规定。在庭院遗址中清理出的一些树叶痕迹，很可能是桑树叶和榆树叶。说明当时的家庭中妇女肯定从事有养蚕、纺织等这类副业，也是家庭收入的来源之一。

2003 年，三杨庄汉代遗址被中国社会科学院评为“全国六大考古新发现”。2005 年，被评为“2005 年度全国十大考古新发现”之一。2006 年，被国务院公布为第六批全国重点文物保护单位，并被列入国家文物局发布的“十一五”期间 100 处大遗址保护名单。

河南王城岗及阳城遗址

王城岗及阳城遗址位于河南省嵩山南麓的登封市告城镇西部，是豫中名川颍河流经的登封中部的小型河谷盆地，海拔 270 米左右。城址雄踞于颍河与五渡河交汇处的岗坡上。

王城岗遗址东濒五渡河，南临颍河，南望箕山和大小熊山，西靠八方村，西望嵩山之主峰少室山，北依太室山前的王岭尖，地理位置十分重要。有人把这一地区同西亚两河流域新月形地带相提并论，说它是古代世界农业源的中心之一。

20 世纪 70 年代末至 80 年代之初，王城岗遗址龙山文化晚期小城，被视为当代最为重要的考古发现。21 世纪之初，作为“中华文明探源工程预研究”课题，面积 30 余万平方米的大城被发现，这在华夏文明的形成和发展研究中具有重要的学术地位与价值。

1975—1981 年间，河南省博物馆文物工作队和中国历史博物馆考古部对王城岗遗址进行发掘，发现了龙山文化晚期小城址。城址由东西两城并列组成，东城的西墙即西城的东墙，西城所在地势高于东城约 2 米。东城现存南城墙西段 30 米和西城墙南段 65 米。其形制为内角凹弧形，外角呈凸圆形，向外突出 2 米，为王城岗龙山文化二期。西城保存较好，四面的城墙轮廓清晰。南墙 82.4 米，西墙 92 米，北墙西段现长 29 米，东墙南段现长 65

王城岗及阳城遗址及出土文物

米。西南墙角为90°，西北城角为89°，其形制及年代与东墙相近。由于地面上的夯土损坏严重，所以原来夯土建筑台基的形制已无法复原。经过分析，可以找到十余处夯土建筑基址，其中分布在中西部较大的两处，一为呈南北长方形的夯土建筑基址，面积为150平方米左右，一为方形夯土建筑基址，面积为70平方米左右。现已在城址内发掘夯土坑13座，夯土残片多处，其中面积最大的有3平方米左右，最小的约1.5平方米。奠基坑13座，坑内填埋完整人骨13具，灰坑100多个，同时出土了大量文物。

21世纪之初，北京大学考古文博学院与河南省文物考古研究所分别于2002年、2004年两次对王城岗遗址进行考古发掘，在小城的西南部发现了大城。大城平面略呈长方形，北垣残长约350米，复原后长600米。现存城垣顶部残宽6.8米，基础宽12.4米，残高1.12米。夯层厚0.04~0.28米，夯窝直径5~7厘米，用黄色纯净土夯筑而成。其余各面城垣多被破坏。大城城内发现几片面积大小不一的夯土基址。出土陶器有鼎、罐、杯、缸、钵形盆、瓮等，石器有石料、砺石、铲、钻芯、石饰片等，骨器有镞。另有灰坑16座，可分为椭圆形口大底小袋状坑、圆形袋状坑等。出土陶器有鼎、罐、瓮、甑、盆、钵等，石器有铲、凿、刀、钻芯、砺石、琮等，骨器有镞、锥等。大城年代晚于小城。

王城岗遗址范围内发掘出来的文化遗存中，年代最早的为裴李岗文化，其次是龙山文化、二里头文化、商代二里岗文化、商代晚期文化及周代文化。其中以龙山文化的内涵最丰富。

阳城遗址位于郑州登封市东南12千米告城镇东北。城址呈南北长方形。北墙沿丘岭筑，长约700米，中段保留宽13米的缺口为城门遗迹，墙外侧有宽约60米的护城壕沟。东墙沿小溪西岸长约2 000米，仅存部分城墙。西墙沿丘岭修筑，长约2 000米，仅存北段，墙外侧有宽60米护城壕。

南墙临告城镇北侧沿颖河北岸长约1 000米，现存几段城墙。周长约5 700米，总面积140万平方米。残墙高1~2米最高处8米，墙基宽约30米。城墙系夯土筑成，部分城墙底部铺一层卵石。夯层厚6~9厘米，每层均有圆形夯窝。城墙内含春秋战国时期陶片。城内中部偏北有一处大型建筑遗址，基面上残留成片的铺地砖，其上堆积大量砖瓦和陶器残片发现有储水池、节水闸和排水管道等，反映了当时城市建设中给排水设施的先进水平。城内还出土有残铁器、铜镞和陶鬲、釜、盆、盂、碗、豆、罐等。在一些陶器上还印有“阳城仓器”“阳城”等戳记和其他陶文符号，证明这座城址是春秋战国时期的阳城。铸铁遗址在阳城南墙外，是战国时期的铸铁作坊，在遗址上发现不少战国时期的铸铁遗存。登封阳城地理位置十分险要，是当时著名的军事重镇，又是当时著名的冶铁之地。

王城岗及阳城遗址是一处以龙山文化中晚期为遗存为主，并兼有新石器时代早期裴李岗文化、商周遗存的古文化遗址。1996 年，被列为第四批全国重点文物保护单位。

河南小双桥遗址

小双桥遗址位于河南省郑州市西北 20 千米左右的小双桥村及其西南部，遗址处在索须河转弯处的旁台地上，文化堆积主要分布于小双桥、岳岗、葛寨、于庄、师家河等几个自然村之间，南北、东西各 2 000 米，遗址面积经钻探约达 150 万平方米。

小双桥遗址于 1989 年被村民发现。1990 年，河南省文物考古研究所开始对其进行了系统的调查和发掘。“夏商周断代工程”最新测年数据指出，郑州小双桥遗址的绝对年代相当于公元前 1435—前 1412 年，距今 3 400 余年，属于商代中期偏早阶段的一处重要遗址。

从 1990 年第一次挖掘开始，小双桥遗址又于 1995—2000 年间进行了数次再调查、复查及大规模的发掘，发掘遗址的面积庞大，达到 144 万平方米，遗址的中心区域发现有夯土墙、大型高台夯土建筑基址、宫殿建筑基址、小型房基、大型祭祀场、祭祀坑、奠基坑、灰沟、与冶铜有关的遗存等文化遗迹及大批质料各异、种类繁多的文化遗物。出土遗物除陶器外，还有青铜器、玉石器、原始瓷器、骨角牙蚌器、海贝、金箔、卜骨等，还发现有大量的孔雀石、铜渣。出土的青铜器有爵、斝、簪、钩、镞和建筑构件等，其中两件青铜建筑构件特别引人注目，根据构件的造型推断，应为宫殿正门两侧枕木前端的装饰物，由其形体推测，该宫殿，建筑规模宏大，厚重坚固，居住者应该是商王。在遗址内还发现有大形石磬、长方形石圭、石祖等，体形庞大，制作精致，也被认为是商王用的器物。

小双桥遗址还有一项重要发掘收获，就是发现了在陶器表面书写的“朱书陶文”，约有 8 个字。书写用的工具是毛笔，颜料为红色的朱砂。这些文字与殷墟出土的甲骨文和朱书文字一脉相承。这是目前发现的商代最早的书写文字，在我国文字发展史上有着重要的意义。

小双桥遗址分布面积大，堆积时间较短，但文化内涵丰富而重要，具有都邑遗址的规模和性质；遗址地处黄河南岸古敖地范围内，其文化年代属白家庄期，接郑州商城而繁荣，同时历时较短，合于仲丁迁隞的历史记载；遗址中大量岳石文化因素长方形穿孔石器的出现或可以和仲丁征蓝夷的历史相对应。所以小双桥遗址是目前所发现的处于郑州商城和安阳洹北商城之间的惟一一个白家庄期的、具有都邑规模和性质的遗址，它的发现预示着商都地望等夏商文化探索中的许多重大学术课题的研究将有新突破，是夏商周考古学上的一个重大发现。

小双桥遗址入选“1995 年度中国十大考古发现”。2006 年，被列为第六批全国重点文物保护单位。

河南小双桥遗址及出土文物

陕西北首岭遗址

北首岭遗址为中国黄河中游地区的新石器时代遗址。位于中国宝鸡市金台区金陵河西岸。北首岭遗址的发掘分为两个阶段，第一阶段是从 1958 年 8 月至 1960 年 12 月，发掘面积达 4 500 平方米，但为了保护遗迹和研究遗址建筑群之间的关系，仅清理到房址便停止了，所以发现的早期遗存较少。第二阶段是从 1977 年 10 月至 1978 年 6 月，主要目的是为了进一步了解仰韶文化早期遗存的面貌，所以大部分探方都挖到了生土，发现的早期遗存较多。

北首岭遗址主要为仰韶文化堆积，堆积厚度约 4 米。根据明确的叠压关系及遗物共存的情况，可以将仰韶文化的堆积划分为早、中、晚三期，年代为距今约 5 600~7 100 年。早期遗存不仅包含老官台文化遗存，也包含与仰韶文化较为接近的一类遗存；中期遗存，发掘者将其归入半坡类型仰韶文化或半坡文化之中，也有学者将较早一部分遗存区别出来，称为“北首岭文化”；晚期遗存属于庙底沟类型仰韶文化。

北首岭遗址出土遗物可分为陶、石、骨器及其他 4 类。下层陶器一般陶胎较薄、绳纹较细，以红陶为主，有相当数量的灰陶，器形有三足器、三足杯、鼎、深腹平底淋、深腹假圈足钵、直口罐、小口罐等。许多器物在口部附近有各种附加堆纹、戳刺纹、划压纹等装饰；中层陶器中红陶占绝大多数，灰陶相对减少。主要器形为尖底瓶、尖底罐、罐、瓮、钵、盆、壶、器座、错、环；上层陶器以红陶为主，主要器形为尖底瓶、罐、瓮、钵、盆、盖；石器有斧、锛、铲、磨石、磨棒、球等；骨器有锹、铲、锥、针、珠、鱼叉；其他有颜料、榧螺、蚌壳、螺壳和兽骨等。颜料有紫、红两色，有的做成彩锭。发现的兽骨，经考古所兽骨组初步鉴定，有猪、狗、牛、斑鹿、竹鼠、狐、獾、貉、田鼠等，与半坡遗址所出基本相同。

北首岭遗址发现清理房址 50 座，灰坑 75 座，窑 4 座，墓葬 451 座。发现随葬器物 900

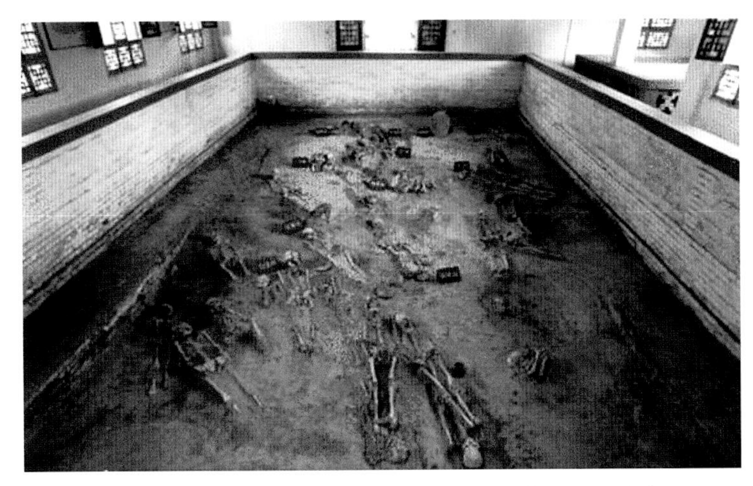

陕西北首岭遗址及出土文物

余件。房屋均为半地穴式，但大多破坏严重，有的仅剩下不甚完整的灶坑。

北首岭遗址还揭露了一批氏族墓地。北首岭仰韶文化时期，公共墓地已经普遍存在，有的甚至具有相当的规模，土坑墓多集中分布在靠近居住区的地方，墓区与居住区之间有明确的界限，可见是专门的墓地。并且土坑墓排列整齐，间隔均匀，墓底距地面深度接近。这一情况说明当时定穴安葬有一套比较严格的规则。与之情况类似的还有西安半坡、姜寨、横阵村等遗址。

北首岭遗址是新中国成立初期重要的考古发现之一，作为关中平原西部的一处重要的新石器时代文化遗址，为研究原始社会物质文化、经济生活提供了宝贵材料，对研究当时建筑布局和氏族生活情景也有一定的重要作用，为研究华夏文明演进的过程提供了不可替代的重要资料。

1957 年，陕西省政府将北首岭遗址列为省级文物保护单位。1986 年，宝鸡市政府成立北首岭文物管理所，并于 2000 年更名为宝鸡北首岭遗址陈列馆。2006 年 5 月，宝鸡北首岭遗址被国务院公布为第六批全国重点文物保护单位。

陕西李家村遗址

李家村遗址位于汉中市西乡县城南葛石乡和平村，牧马河南岸第一台地上。1958 年，农民在深翻土地时被发现。遗址于 1960 年、1961 年、1982 年由陕西省考古研究所汉水考古队进行 3 次考古发掘，累计发掘面积 1 310 平方米。出土遗物主要为石器和陶器，主要遗迹有灰坑、窑穴、红烧土居住面房址、陶窑、成人墓葬、瓮棺葬等。据测定，年代为距今 7 000 年以上，处于母系社会阶段，属于新石器时代早期文化。在李家村文化遗址未发现之前，我国新石器时期的文化只有属于中、晚期的仰韶文化和龙山文化，早期文化还是一个缺环。因此，中国考古学会第一次年会，将西乡李家村正式命名为“李家村文化”，作为我

陕西李家村遗址及出土文物

国新石器时代早期文化的标志。

据统计，3 次发掘累计出土石器 246 件，其中磨制石器 89 件、打制石器 134 件。打制石器以石片刮削器为最多，主要用石片周边的薄刃进行刮削和切割，其他打制石器有铲、刀、锛、网坠等。磨制石器中以铲居多，约占磨制石器的 70% 左右，主要特征是扁平磨光舌刃状，是该遗址磨制石器的代表物，另有斧、锛、凿、刀等。

陶器是李家村遗址出土遗物的主要特征。从陶质来看，主要为泥质内黑外红陶、夹砂灰白（褐）陶次之，泥质黑陶再次之，其余为泥质红陶和夹砂红陶。陶器纹饰主要有线纹和绳纹，个别有锥刺纹和布纹，未发现彩陶。线纹均饰于泥质内黑外红陶器外表，绳纹均饰于夹砂灰白（褐）陶器外表，泥质黑陶器均为素面。陶器器形主要有圈足碗、三足器、和平底钵 3 种，成为李家村类型遗存最具代表性的典型器，另外，还有少量的圜底钵和凹地小罐等。陶器制法采用“泥片砌筑法”，其圈足碗和三足器采用分段制作黏接合成的制陶技术。陶器的烧制，泥质内黑外红陶器采用倒扣覆烧技术，器外氧化呈红色，器内还原呈黑色，形成一种独特的烧制技术。

发掘出墓葬区一处，瓮罐葬两个，房屋遗址一处，柱洞数个。屋为园形，门各南开，屋后背水，室内地面夯烧坚固，室中有烧陶之窑迹，室外有残陶窑坑和灰坑，并有鹿角、兽骨等。

李家村遗址是中国考古学界发现的第一个前仰韶文化早期文化遗址，其文化内涵为认识中国新石器时代早期文化提供了一个重要标尺。李家村类型新石器时代文化遗址的发现，填补了这一地区新石器时代早期文化的空白，是联结其周边古人类文化的纽带，是汉水流域新石器时代文化发展序列的缩影，从而被考古学家称之为“探索仰韶文化前身的一个较可靠的新线索”“联系黄河、长江中游地区新石器早期文化的纽带”。西乡李家村类型的文化遗存的发现，有力地推动了中国前仰韶文化早期文化的研究，对汉水流域新石器时代考古学以及古文化史有着极其重要的作用。

2006 年，李家村遗址被国务院列入第六批全国重点文物保护单位。

陕西鱼化寨遗址

鱼化寨遗址位于陕西省西安市雁塔区鱼化寨街道鱼化寨西北侧，皂河西岸的二级台地上。遗址东、北两侧被皂河环绕，地势中心高，周围低，中心海拔 400 米，遗址面积约 7.5 万平方米，文化层堆积厚约 4 米。

自 1937 年被发现以来，先后进行了 4 次考古发掘和调查。总发掘面积 2 885 平方米，获得了一批包括老官台文化、仰韶文化和龙山文化的史前时期遗存。其中，以仰韶文化遗存最为丰富，共发现房址 107 座、灰坑 251 座、灶址 29 座、窑址 1 座、壕沟 2 条、墓葬 137 座，出土了大量的陶、石、玉、骨、蚌、角器。

鱼化寨遗址地层堆积最厚处达 4 米以上，堆积序列相对完整，主要分为三期，即仰韶文化早期、中期和晚期遗存。

仰韶文化早期遗存。主要遗迹包括房址、灰坑、灶址、窑址。共发掘仰韶文化早期房址 107 座，结构包括地穴式和地面式，平面形状包括圆角方形、圆形、椭圆形、梯形及不规则形。房址面积多在 10~30 平方米。房内出土有陶片，可辨器类有盆、钵、罐、瓮等。另出土有骨头、蚌壳；灰坑共发现 186 座，平面形状有方形、圆形、椭圆形及不规则形，结构有袋状、筒状、锅底状等。坑内填土呈灰褐色，包含有少量红褐色烧土残块，出土有盆、罐、钵、瓮、圆陶片等；发现灶坑 29 座。均为浅穴式，平面形状有圆形、椭圆形、圆角方形、梯形等，部分灶址周缘有灶圈。发现窑址 1 座，为横穴式窑，朝向西，由窑室、火膛、火道、操作间等部分组成。窑室顶部已毁，仅存窑床和窑壁局部。火膛位于窑室西侧，底部与窑室底部平齐，大体呈喇叭状。火道位于窑室底部，并与火膛相连，紧贴窑壁呈环形分布。操作间位于火膛西侧，半地穴式，平面大体呈长方形，口大底小。窑室内出土有少量夹砂红褐陶片，可辨器形有罐、钵等。

这一时期出土遗物有陶器、石器、骨器。鱼化寨遗址仰韶文化早期的陶器以泥质陶为主，夹砂陶次之，陶色以红陶为主，褐陶次之，还有少量黑陶。主要器类有尖底瓶、罐、盆、钵、瓮、壶、盂、釜、甑、器盖、锉、圆陶片等；石器数量较少，主要有斧、锛、铲、球等；骨器数量也较少，主要有笄、锥、匕、针等。

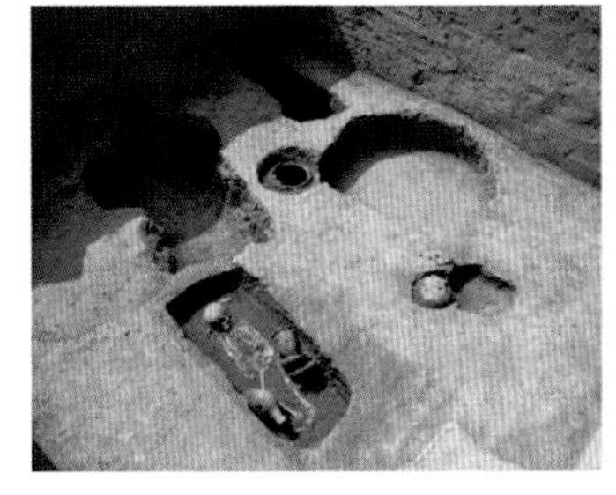

陕西鱼化寨遗址

仰韶文化中期遗存仅有少量的遗物，全部为陶器，器形有瓶、缸、盆等。

仰韶文化晚期发掘区遗迹为灰坑，共65座。平面形状有圆形、椭圆形及不规则形，结构有袋状、筒状、锅底状等。出土的遗物主要有陶器、石器、骨器。陶器以泥质陶为主夹砂陶次之。除素面外，纹饰以绳纹、线纹为主，其次为刻划纹、附加堆纹。陶器制法均为手制，一般为泥条盘筑，口沿、器表多经慢轮修整。主要器类有尖底瓶、罐、钵、盆、缸、甑、漏斗、器盖、刀、环、纺轮、笄等；石器数量较少，主要有斧、锛、球、网坠等；骨器数量也较少，主要有镞、笄、锥等。

鱼化寨遗址的发掘，为关中地区仰韶文化研究提供了丰富的资料，半坡类型早期遗存的发现，拓展了我们对仰韶文化早期发展阶段的认识，为仰韶文化早期的分期提供了新的依据。

陕西杨官寨遗址

杨官寨遗址位于陕西省高陵县姬家乡杨官寨村，地处泾渭交汇处西北约4千米的泾河北岸一级阶地上。2003年，陕西省考古研究院进行考古调查时首次发现。面积约80万平方米，2004年5月起，陕西省考古研究院开始对遗址进行考古调查，目前揭露面积达1.7万平方米。共发现仰韶时期各类房址57座、灰坑875个、陶窑21座、瓮棺葬43座。出土陶器5 273件、石器353件、骨器303件、蚌器16件。此外，遗址中还发现有汉、唐、明、清等时期的少量遗存。这里主要介绍遗址内的仰韶时期遗存。

根据地层堆积和发掘情况分析，杨官寨遗址以两个文化时期的遗存为主，即主要分布于北区的庙底沟文化和南部的半坡四期文化。

庙底沟文化遗存。庙底沟文化遗存最重要的收获是确认了遗址北部的庙底沟时期聚落环壕。杨官寨遗址庙底沟文化的聚落被一道壕沟环绕，该壕沟保存基本完整，平面略呈梯形，周长约1 945米，壕沟环绕面积24.5万平方米，壕宽9~13米、深2~4米。环壕聚落中也发掘出红烧土、贝壳、木炭屑、草木灰等，出土动物骨骼、贝壳、兽牙和陶片等遗物。

杨官寨遗址共发掘庙底沟文化房址23座，平面均为圆角方形或近圆形的单室结构，屋内面积多在15~25平方米，未发现大型房址，建筑方式可分为半地穴式和地面式建筑两类；共发现庙底沟文化灰坑390座，灰坑平面形状有圆形、椭圆形和不规则形，未见方形或长方形灰坑。出土有瓶、罐、钵、盆、瓮等陶器残片；另外还发掘有庙底沟文化陶窑13座，大多破坏严重，仅留窑床、火膛和操作坑。窑室、火膛、火道中均填有浅黄色土，土质较硬，夹杂较多料姜石、红烧土块等。出土有少量泥质、夹砂灰、红陶片，可辨器形有钵、罐、盆等器物口沿残片；共发掘庙底沟文化瓮棺葬14座，主要分布于遗址北区。墓穴均为长方形或椭圆形竖穴土圹，葬具多为尖底瓶、夹砂罐和盆等生活器皿。

半坡四期文化遗存共发现房址、灰坑、陶窑等遗迹单位500多个。这一时期最重要的收获是在发掘区南端一道东西走向的断崖上发现了成排分布的房址、陶窑。断崖带是遗址所在台地的南部边缘，断崖以下是古泾河道淤积。半坡四期文化的人们利用这道天然的断

陕西杨官寨遗址及出土文物

崖带修筑了房址、陶窑和其他设施。

房址遗址内共发现半坡四期文化房址 34 座，按照建筑方式可分为窑洞式和地面式两种。在内部发现有少量的土陶片；共发现灰坑 485 座，平面形状主要有圆形、椭圆形和不规则形，剖面以袋状坑为主，少量为筒状和不规则形。坑内填土呈浅灰色，土质疏松，内含红烧土、灰烬和少量木炭屑，并出土有少量动物骨头和陶片。陶器的可辨器类有钵、罐、盆、尖底瓶；共发现陶窑 8 座，由火膛、火道、窑室组成。窑室和火膛内填土灰褐色，土质较疏松。土陶片有尖底瓶、罐口沿残片；共发掘半坡四期文化的瓮棺葬 29 座，墓穴均为长方形或椭圆形竖穴土圹，葬具多为尖底瓶、盆等器物。

杨官寨遗址北部发现的庙底沟文化环壕聚落，使该遗址成为国内目前所知庙底沟时期惟一一个发现有完整环壕的聚落遗址，显示出杨官寨遗址在庙底沟文化石器的聚落群中的特殊地位。这一遗址的发掘和研究，为学术界研究庙底沟文化聚落问题提供了丰富的材料，为探索庙底沟文化聚落布局与社会结构等问题提供了重要线索，丰富了对庙底沟文化和半坡四期文化的认识。

2009 年，杨官寨遗址被列入“2008 年全国十大考古发现”。

陕西半坡遗址

半坡遗址位于陕西省西安市东郊灞桥区浐河东岸，是黄河流域一处典型的新石器时代仰韶文化母系氏族聚落遗址，年代为距今 6 300~6 800 年。该遗址 1953 年春发现，遗址面积 5 万平方米。1954 年 9 月至 1957 年夏季，由中国科学院考古研究所前后发掘 5 次，揭露遗址面积达 1 万平方米，获得了大量珍贵的科学资料。共发现房屋遗迹 45 座、圈栏 2 处、窖穴 200 多处、陶窑 6 座、各类墓葬 250 座以及生产工具和生活用具约近万件文物。

半坡聚落的范围为不规则圆形。居住区在中央，分南北两片，每片有一座供公共活动用的大房屋，还有若干小房子，其间分布着窖穴和牲畜圈栏。居住区有濠沟环绕，沟北是公共墓地，沟东有陶窑场。据研究，此聚落是集聚两个氏族的部落住地。

半坡类型的房子发现 46 座，有圆形、方形和长方形，有的是半地穴式建筑，有的是地面建筑。每座房子在门道和居室之间都有泥土堆砌的门坎，房子中心有圆形或瓢形灶坑，周围有 1~6 个不等的柱洞。居住面和墙壁都用草拌泥涂抹，并经火烤以使坚固和防潮。圆形房子直径一般在 4~6 米，墙壁是用密集的小柱上编篱笆并涂以草拌泥作成。方形或长方形房子面积小的 12~20 平方米，中型的 30~40 平方米，最大的复原面积达 160 平方米。储藏东西的窑穴分布于各房子之间，形状多为口小底大圆袋状。家畜饲养圈栏两个均为长方形。共发现烧制陶器的窑址 6 座，分布集中，可分为竖穴式和横穴式，窑室较小，直径只有 1 米左右。其中人面鱼纹彩陶盆，彩陶工艺是中国新石器时代原始工艺艺术的主体之一。

共发现墓葬 250 座。其中成人葬 174 座，埋葬小孩的瓮棺葬 73 座。瓮棺墓葬均在居住区内房子周围，以钵、盆与瓮或两瓮相对扣为葬具，往往在葬具器盖的底部有意识凿一小孔，似为灵魂出入口。随葬品多为日常生活实用器及装饰品等，到了晚期已有专门为死者做的冥器随葬。

半坡遗址共出土石、骨、角、陶、蚌、牙等质料的各种生产工具 5 275 件，另有陶制半成品 2 638 件。按照工具的主要功用，可区分为三大类：家业生产工具；渔猎工具；手工业工具。此外，还有其他一类，包括因功用不明或可兼用于不同工作部门的各种工具。生产工具有斧、铲、锛、刀、石磨盘和磨棒、箭头、鱼钩、鱼叉等。

生活用具主要是陶器，陶器以红色陶为主，还有红褐陶和少量灰陶。陶质有夹砂陶、泥质陶和细泥陶 3 种。器形以夹砂陶罐、泥质或细泥陶钵、盆和小口双耳尖底瓶为主组成一套日常生活用具。陶器表面多饰以绳纹、锥刺纹、弦纹、指甲纹和附加堆纹等，在细泥陶器上多饰以黑色彩画，图案主要有人面鱼、鹿、宽带、三角以及植物纹饰，有的还把人面和鱼有机地结合起来成为生动而富有特色的人面鱼纹。在钵口沿的宽带纹上发现有 22 种刻划符号，这可能是中国古代文字的渊源之一。在许多陶器的底部发现有布纹席纹和其他编织印纹。半坡人有了专门的制陶区，说明陶器已被广泛的应用，成为生产和生活的必需品，并且制陶工艺也发展到一个较高水平。

装饰品发现很多，计有 9 类 1 900 多件。以形状分，有环饰、磺饰、珠饰、坠饰、方形饰、片状饰和管状饰等；以功用分，有发饰、耳饰、颈饰、手饰和腰饰；以材料分，则有陶、石、骨牙、蚌、玉、阶壳等，其中以陶制的最多，石制、蚌制的次之，骨、牙制的较少。另外还有芥菜或白菜的碳化种子，粟的遗迹，人工饲养的猪、狗骨骼以及各种动物骨

陕西半坡遗址及出土文物

骼、鱼骨和果食等，说明半坡人过着以农业为主的经济生活，狩猎和采集也占有一定地位。

半坡遗址是中国首次大规模揭露的一处保存较好的新石器时代聚落遗址。它是黄河流域规模最大、保存最完整的原始社会母系氏族聚落遗址。半坡遗址的发掘，首次对一个原始氏族聚落遗址进行大面积揭露，确立了一个新的文化类型，为研究中国黄河流域原始氏族社会的性质、聚落布局、经济发展、文化生活等提供了较完整的资料。对研究中国原始社会历史和仰韶文化的分期具有重要的科学价值。

1961 年，半坡遗址被列为第一批全国重点文物保护单位。1996 年，半坡博物馆被确定为全国 100 个爱国主义教育示范基地之一。1997 年，西安市政府将半坡博物馆评定为“西安旅游十大景”之一。

陕西姜寨遗址

姜寨遗址是中国黄河中游地区新石器时代以仰韶文化遗存为主的遗址。姜寨遗址位于骊山脚下，陕西省西安市临潼区人民北路，地处临河东岸的第二台地上。1972 年当地农民在农田建设时发现。面积约 5 万平方米，除去自然或人为破坏，现存面积约 2 万平方米，遗址中心或重要区保存基本完好。

1972—1979 年，西安半坡博物馆和临潼区文化馆合作，先后进行 11 次大规模发掘，揭露面积 1.658 万平方米，是迄今中国新石器时代聚落遗址中发掘面积最大的一处。发现大批的遗迹和遗物，为研究石器时代考古及中国原始社会史提供了许多重要资料。

文化堆积。姜寨遗址发现了多种文化类型的地层迭压或打破关系。文化延续时间约两千多年，主要分为两个阶段、5 个时期，即仰韶文化时期的 4 个阶段（包括半坡早期类型、史家类型、庙底沟类型、半坡晚期类型）和龙山文化时期。经测定，半坡类型年代为距今 6 400~6 600 年，史家类型为距今 5 600 年。遗址最上层，有少量的陕西龙山文化遗存。姜寨遗址发掘为研究关中地区仰韶文化的发展序列提供了重要依据；揭露了半坡类型的一处聚落遗址，其保存之完好，布局之清晰是前所未有的；发现的大量遗迹、遗物等仰韶文化诸方面的内容。

整个遗址分为居住区、窑场和墓地 3 个部分。居住区略呈圆形，周围有天然河道和人工壕沟环绕，中心有大广场，广场周围分布着房子 100 余座，分为 5 个建筑群，每群包括一座大房子和若干中小型房子，均朝向中心广场。房屋按位置可分为地面建筑、半地穴和地穴式 3 种。略晚的房子还施以白灰。

窖穴大多数与房址交错在一起，有的十几个集中成一群。形状可分为圆形袋状、方形袋状、长方形圆角、椭圆形及不规则形五种，以前两种较多。窖穴口径一般都在 1 米左右，底径 1.5~2 米。突出的是前两种窖穴中各式的台阶式窖穴较多，有的沿直线逐级而下，有的沿顺时针旋转而下，有的沿逆时针旋转而下，有的台阶下分为两室。窖穴中的遗物主要为兽骨、螺壳等以及生产工具、生活用具的残品。

在居住地内外有许多陶窑。墓地主要在居住地区外东南方，墓葬有 600 多座，其中有

陕西姜寨遗址及出土文物

400座属于半坡类型，有200座属于史家类型。以单人葬为主，也有合葬墓，墓葬坑位的排列相当整齐，墓内有陶器等随葬品。随葬品基本全是生活用品，瓮、钵、棺座内最多放两件，其他墓道内多少不等。碗、盆、瓶、壶、盂、盘、杯等用具比较普遍。除此，在儿童墓和15~16岁女孩子墓中佩戴骨珠2 170余颗。整个墓地从北向南以幼儿瓮棺葬、儿童土坑葬和成人墓葬顺序埋葬。绝大多数墓葬头向西、面向上，个别墓葬头向西稍偏北。墓葬中发现有“割体葬仪”，把死者的右脚的四节趾骨割下来放入一个随葬的陶罐内。这种现象在半坡遗址墓葬中也有发现。

姜寨遗址出土生产工具和生活用具有1万多件，生产工具以磨制石器为主，还有许多骨器，生活用具主要为陶器。生产工具类以石、骨、陶、角、蚌等材料为主，共3 811件，器形有石斧、石锛、石铲、石凿、石刀、石钻、石球、石敲砸器、石臼杆、石砚、石弹丸、石锥、石砍器、石磨盘、石磨棒、石镞、石网坠、石纺轮等30余种，充分突出了新石器时代的石具物品。骨制工具占据第二位。除此，还意外地发现了黄铜片、黄铜管金属物。

生活用器主要以陶器为主，3 000余件，100余种。最为珍贵的是半坡时期的彩陶花纹和刻划符号及史家族类型，龙山文化时期的陶器形状、纹饰，均有很高的艺术价值。其特点是彩绘艳丽、形态奇特、花纹齐全。姜寨先民用各种颜色在石砚上磨成粉拌好，然后在陶器上绘成各种图案。遗址中出土的彩陶别具风格，陶盆内画有对称的鱼、蛙、人面等像生性花纹，形象逼真。一件鱼鸟纹葫芦瓶，形式新颖，花纹美观，极为罕见。一座墓内出土一套绘画工具，包括石砚、研磨棒与黑色矿物颜料等，对探讨彩陶绘画工艺弥足珍贵。

6 000多年前的临潼姜寨人已经开始使用乐器，在二期文化层的墓中，发现有大陶埙和小陶埙。在同一遗址同时出土的古代不同乐器实物，当属罕见。

姜寨遗址具有仰韶和龙山两种文化特征，其持续时间之长、规模之大是罕见的。这为研究当时的社会性质、社会组织、生产技术、家庭婚姻制度、社会生产状况及解决新石器时代的序列问题，都提供了宝贵资料，向人们展示了一幅原始人生活的丰富多彩的画卷。

1996年，姜寨遗址被列为第四批全国重点文物保护单位。2001年，被评为“中国20世纪百项考古大发现”之一。2006年，被列入国家文物局发布的“十一五”期间100处大遗址保护名单。

陕西石峁遗址

石峁遗址是陕北已发现的规模最大的龙山文化晚期人类活动遗址，也是中国已发现史前时期规模最大的城址。遗址位于陕西省神木县高家堡镇石峁村的秃尾河北侧山峁上，地处陕北黄土高原北部边缘。面积约 5 万余平方米。

石峁遗址自 1979 年被发现以来，半坡博物馆等机构先后开展了调查及小面积发掘。2011 年，由省、市、县 3 家文博机构组成联合考古队，对石峁遗址进行了区域系统调查，全面了解了石峁遗址的分布范围和保存现状，确认是目前国内所见最大的史前城址，属新石器时代晚期至夏代早期遗存。

石峁城址由“皇城台”、内城、外城 3 座基本完整并相对独立的石构城址组成。始建于 4 300 年前，到现代时期毁弃，大约存在了 300 年的时间，内城城内面积约 210 余万平方米，外城城内面积约 190 余万平方米，石峁城址总面积超过 400 万平方米。其规模远大于年代相近的良渚遗址、陶寺遗址等城址，成为已知史前城址中最大的一个。

“皇城台”位于内城偏西的中心部位，为一座四面包砌护坡石墙的台城，大致呈方形。台顶面积 8 万余平方米，目前保存最好的石墙位于东北角，总长度约 200 米，高 3~7 米。皇城台没有明显石墙，为堑山砌筑的护坡墙体。内城将“皇城台”包围其中，依山势而建，形状大致呈东北—西南向的椭圆形。城墙为高出地面的石砌城墙，现存长度 5 700 余米、宽约 2.5 米。外城系利用内城东南部墙体、向东南方向再行扩筑的一道弧形石墙，绝大部分墙体为高出地面的石砌城墙，现存长度约 4 200 米，宽度亦为 2.5 米左右。保存最好处高出现今地表亦有 1 米余。

依据地形差异，石峁墙体建造方法略有差异，其构筑方式包括了堑山砌石、基槽垒砌及利用天险等多种形式。在山石绝壁处，多不修建石墙而利用自然天险；在山峁断崖处则采用堑山形式，下挖形成断面后再垒砌石块；在比较平缓的山坡及台地，多下挖与墙体等宽的基槽后垒砌石块，形成高出地表的石墙。在调查中还发现了城墙越沟现象，在内、外城城墙上均发现有石墙由沟底攀山坡而上的迹象，外城还发现了沟壑底部的加宽石墙。城墙越沟现象将石峁城址基本闭合起来，形成了一个相对封闭的独立空间。

为了解决石峁城址的年代问题及进一步了解城址布局及功能区，2012 年，考古工作者重点发掘了城址外城东门遗址。该遗址门道为东北向，由“外瓮城”、两座包石夯土墩台、曲尺形“内瓮城”“门塾”等部分组成。“外瓮城”平面呈“U”形，将门道完全遮蔽，但与门道入口处的两座墩台之间并未完全连接，南北两端留有通道；夯土墩台以门道为界对称建置于南北两侧，长方形，外边以石块包砌，墩台内为夯打密实的夯土，条块清晰、夯层明显、土质坚硬。外城城墙与墩台两端接缝相连，墙体宽约 2.5 米，沿墩台所在山脊朝东北和西南方向延伸而去。进入门道后，南墩台西北角接缝继续修筑石墙，向西砌筑 18 米后北折 32 米，形成门址内侧的曲尺形“瓮城”结构。

值得注意的是，在外城东门的下层地面下发现了集中埋置人头骨的遗迹两处，一共 48

陕西石峁遗址

个头骨。一处位于外瓮城南北向长墙的外侧；一处位于门道入口处，靠近北墩台。这两处人头骨摆放方式似有一定规律，但没有明显的挖坑放置迹象，摆放范围外瓮城外侧呈南北向椭圆形，门道入口处的遗迹略呈南北向长方形。推测可能与城墙修建时的奠基活动或祭祀活动有关。

文物部门曾于1976—1981年对该遗址进行过初步发掘，发现有房址、灰坑以及土坑墓、石椁墓、瓮棺葬等，出土陶、玉、石器等数百件，尤以磨制玉器十分精细，颇具特色，其原料主要为墨玉和玉髓，器类有刀、镰、斧、钺、铲、璇玑、璜、牙璋、人面形雕像等。在遗址出土的玉器中，尤其以现藏陕西历史博物馆的玉人头像价值最高，是中国新石器时代遗址中发现的惟一一个以人为雕刻对象的玉器。石峁遗址玉器的出土可上溯至20世纪20~30年代，当时出土的玉器已散佚海外，被欧美几家博物馆入藏。2012年度对石峁外城东门址的考古发掘时出土了玉器、壁画及大量龙山晚期至夏时期的陶器、石器、骨器等重要遗物。陶器主要为鬲和罐两类。

结合地层关系及出土遗物，初步认定石峁城址（皇城台）最早当修建于龙山中期或略晚，兴盛于龙山晚期，夏时期毁弃，是黄河腹地二里头遗址之外一个重要遗址，也是我国北方地区一个超大型中心聚落。

2006年，石峁遗址被公布为第六批全国重点文物保护单位。2012年，石峁遗址以“中国文明的前夜”入选“十大考古新发现”。

甘肃大地湾遗址

大地湾遗址位于甘肃省天水市秦安县东北五营乡邵店村，分布在葫芦河支流清水河南岸的二、三级阶地相接的缓山坡上，距天水市102千米。大地湾遗址最早距今约8 000年，最晚距今约5 000年，有3 000年的文化延续，为新石器早期及仰韶文化早、中、晚各期文化遗址。文化分布面积约110万平方米，已清理发掘的面积为1.37万平方米，共清理出房屋遗址240座，灶址98个，灰坑和窖穴325个，墓葬71座，窑址35座及沟渠12段，累计出土陶器4 147件，石器（包括玉器）1 931件、骨角牙蚌器2 218件以及动物骨骼1.7万多件。大地湾遗址文化类型多、延续时间长、历史渊源早、技艺水平高、分布面积广、面貌保存好，是我国西北地区最重要的新石器时代遗址之一。

据考证，大地湾遗址大致可分为五期文化：前仰韶文化、仰韶文化早、中、晚期和常山下层文化，一期文化距今约 8 000 年，是中国西北地区考古发现中最早的新石器文化。

前仰韶文化。亦有学者称为大地湾文化或老官台文化，年代距今约 7 300~7 800 年，发现 4 座圆形半地穴式建筑房屋遗址。墓葬较为分散，均为单人仰身直肢葬，未见集中的公共墓地。陶器以夹细砂褐陶为主，陶色不匀，以圜底鉢、三足鉢、三足罐、直筒罐、小口壶、圈足碗为基本器型，流行规整的交错绳纹。鉢形器口沿内外常饰紫红色彩带，这是我国目前所见时代最早的彩陶。图案虽还不太完整，却将中国彩陶制造的时间上推了 1 000 年，并以不容置疑的事实说明，西北黄土高原地区就是中国彩陶的起源地。陶器制法独特，从陶片分层以及发现陶模的现象推断，应为模具敷泥法。石、骨器数量不多，且加工粗糙。该期文化特征鲜明，是渭河流域迄今为止发现的年代最早的新石器文化。

仰韶文化早期阶段，距今约 5 900~6 500 年。遗存丰富，保存较好，发现房址 156 座，是该遗址河边台地的主要遗存。房址除两座为圆形外，其余均为近方形或长方形半地穴式建筑，部分房址已经开始在穴壁四周立柱建墙。所有房址无一例外地设置了固定灶坑，满足了人类取暖和炊事的需要。墓葬分为成人墓和儿童瓮棺葬，成人墓为单人仰身直肢葬，随葬器物多放置于身体左侧的近方形小坑中。在聚落中新开辟了集中的公共墓地，陶器典型器物有直口钵、叠唇盆、侈口垂腹罐、葫芦瓶等。纹饰以斜绳纹居多。出现大量彩陶，多为黑彩，红彩较少，其中，写实和图案化的鱼纹极富特色。还发现一件人头形器口彩陶瓶，将造型、雕塑、彩陶艺术和谐地结合在一起，是这一时期史前艺术的代表作。陶器的制法与前期不同，改以泥条盘柱法为主，工艺有了长足的进步。使其数量显著增多，并且出现玉锛、玉凿。大量的农业生产工具和成套的谷物加工工具如碾磨石、碾磨棒、碾磨盘的出现说明原始农业已占主导地位。骨器的大量存在以及遗址中出土的木石器、兽骨最多也说明狩猎也占有相当大的比重。

仰韶文化中期，年代距今约 5 500~5 900 年。因本时期聚落遗址保存状况较差，揭露面积内聚落布局不甚清晰。房址均为近方形和长方形，出现双联灶，少数房址开始使用料姜

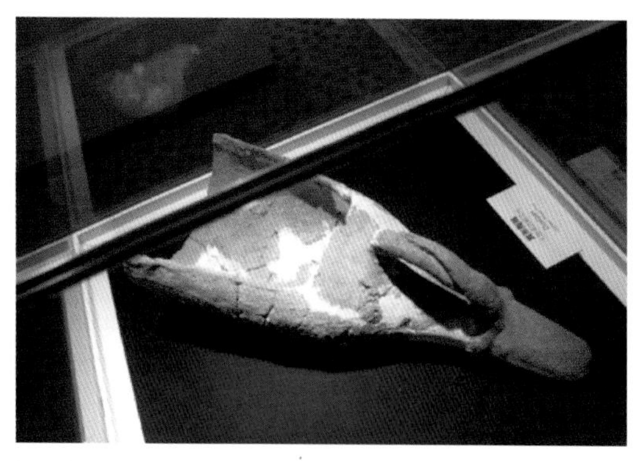

甘肃大地湾遗址及出土文物

石铺垫居住面，防潮性能增加。典型陶器有敛口钵、曲腹盆、双唇尖底瓶、鼓颈罐、曲腹瓮等。彩陶发达，以黑彩为主，偶有红、白彩，图案绚丽精美，线条生动活泼，以弧形线条构成的各类几何图案为特色。石骨器数量比二期少，但陶制生产工具如陶刀、陶纺轮更为规整多样，数量有所增加，装饰品陶环类别较前复杂。

仰韶文化晚期，年代距今约 4 900~5 500 年。这是遗址中内涵最为丰富、覆盖面最广的遗存。聚落主体坐落在依山面水的山坡上，两侧分别以沟壑为天然屏障。在聚落中心发现了分属不同阶段的大型公共建筑，周边分布着数个聚落居住区，形成众星捧月的格局，充分显示了先民总体规划的意识以及实施规划的卓越才能。在各类房址中，最具标志性的为编号 F901 的建筑，是中国史前时期面积最大、工艺水平最高的房屋。在面积达 130 多平方米的主室，地面由一种类似于现代水泥的混凝土铺就。经考证，其化学成分、物理性能等，均相当于现今 100 号水泥砂浆地面的强度。这种建筑材料是目前世界上最古老的混凝土。在混凝土地面之下，还使用了一种可防潮保暖，坚固地基的类似现代“人工合成轻骨料”的建筑材料的雏形。这个总面积 420 平方米的复合式建筑，开创了后世宫殿式建筑的先河。这一时期陶器种类复杂，大型器物增多，主要有敛口钵、平底或假圈足碗、敛口或侈口平沿盆、四足鼎、口沿厚重的直口缸、敛口瓮等。彩陶呈衰落趋势，但出现了容易脱落的彩绘陶。石器种类复杂，骨器则大为减少，陶制生产工具和装饰品骤然增加，说明农业生产发展迅速，狩猎比重持续下降，人口不断上升。

常山下层文化，距今 4 800~4 900 年。这一时期遗存处于遗址的最上层，主要分布在山坡地带，出土 20 余件陶器及数百片残片，清理房址 3 座、灰坑 4 个。房址为平底起建的白灰面建筑，陶器主要有敛口钵、平底碗、斜平沿盘、小口鼓腹壶、直口罐等，流行附加堆纹和横栏纹。这一时期出土文物不多，却是渭河流域首次发现，既有仰韶遗风，又有齐家文化因素，是一种过度遗存。

大地湾遗址的发现，为甘肃新石器时代树立了明确的比较完整的年代标尺，促进了我国西北地区考古学的研究。遗址丰富的文化内涵表明，甘肃是中华古文化的发祥地之一，也为探讨农业、陶器、彩陶的起源，史前建筑和中国建筑史的研究提供了一批弥足珍贵的科学资料。

1958 年，大地湾遗址公布为甘肃省级文物保护单位。1988 年，大地湾遗址被公布为第三批全国重点文物保护单位。2001 年，大地湾遗址被评为“中国 20 世纪百项考古大发现”之一。2006 年，被列入国家文物局发布的“十一五”期间 100 处大遗址保护名单。

甘肃东灰山遗址

东灰山遗址位于民乐县六坝镇东 1 500 米处的戈壁滩上，因先民们居住时间长，生活垃圾堆积成“灰山”而得名。遗址是由灰土与沙土堆积而成的一座沙土丘，高出地面约 5~6 米，沙土丘被当地群众称为“东灰山”，与六坝乡西北约 10 千米处的另一座沙土丘——“西灰山”遗址遥遥相对。遗址经测定为新石器时代遗存，年代距今为（5 000 ± 159）年。东灰山遗址于 1958 年甘肃省博物馆在民乐县的文物普查中发现，1987 年，甘肃省文物考古研究所与吉林大学考古系对该遗址进行了保护性发掘。揭露面积约 380 平方米，发现墓葬 249 座，出土遗物近千件。

发掘的遗迹。遗址北部墓葬区清理出的 249 座墓葬中有 219 座呈东北—西南方向，在分布上没有各自成群的倾向，但是墓葬之间的叠压打破关系丰富。排列有成排的倾向，与沙丘的走向一致。已发掘的墓葬均为土坑竖穴葬，穴壁规整，墓底平坦。墓穴平面均呈长方形，四角为圆弧形，墓穴形制的差别主要表现在穴壁是否有龛上，其中有龛墓共计 55 座，依照墓龛的位置可分为段龛墓、侧龛墓和端侧龛墓。无龛墓依照墓穴底部的结构可以分为平底墓、有台墓和坑墓 3 种。绝大部分为二次葬，少数一次葬。在可确定死者个体的 150 座墓葬中，大部为单人葬，合葬墓约占 1/3。大部分墓葬中有随葬品，随葬器物数量多寡不均，器物主要放置在墓穴的底部，有龛墓的随葬品主要放置在墓龛之中。有龛墓的随葬器物多于无龛墓。

出土的遗物。东灰山遗址发掘的各类遗物大多出自墓葬之中，包括陶、石、铜、骨、贝、牙、蚌器等。陶器主要为生活用容器，少量为生产工具及其他用具。陶质为夹砂陶，个体较大的器物所含砂粒较个体较小的器物所含砂粒更大。陶色以红色为基本色，由于烧制氧化不均，表现为砖红和橙黄等不同色调。基本制法为泥条盘柱、分段套接，个别较小的器物为手捏而成，未发现轮制、轮修和模制痕迹。陶容器的种类比较简单，有壶、罐、盆、方鼎、豆和器盖六大类。

石器主要为生产工具，少量为装饰品及其他。生产工具的器类有砍砸器、刮削器、斧、刀、锛、凿、磨棒、磨盘、球、环状器等；装饰品及其他有珠饰和条饰等。遗址所见石器

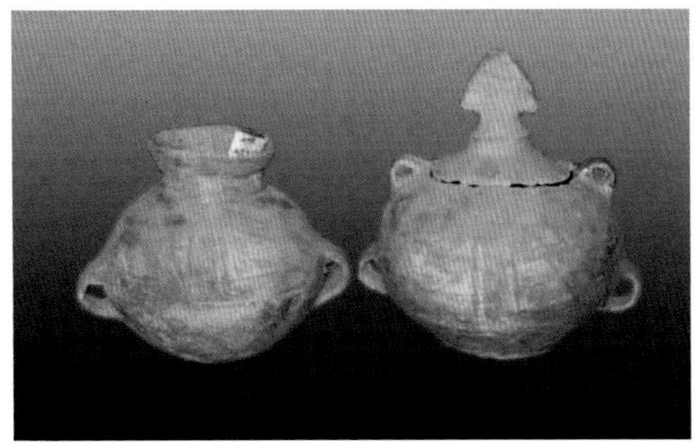

甘肃东灰山遗址及出土文物

的器类与墓葬所出石器的器类差别明显，遗址中石器的器类较多，其中最为常见的是砍砸器，形态有盘状、弧背、直背和凹背 4 种形式；墓葬随葬石器仅石刀和石斧两种，其中石斧仅 1 件，石刀有亚腰、双孔和单孔 3 种形式。

骨器主要为生产工具，器类主要有锥、针、匕、凿、纺轮等；另有少量卜骨，系羊肩胛制成，骨脊稍经削磨，骨面有破损，上有圆形灼孔；铜器包括生产工具和装饰品，器类主要有生产工具削刀、锥和装饰品镯饰、小圈。

自 1975 年起，考古工作者陆续从东灰山遗址中发现了炭化大麦、小麦、黑麦麦粒以及粟粒、稷粒等粮食作物，经过鉴定为普通小麦，这是中国境内年代最早的小麦标本。东灰山遗址是继玉门火烧沟遗址之后，又一处较大规模且经科学发掘的四坝文化遗址，为全面认识四坝文化的内涵和面貌提供了丰富资料。

甘肃马家窑遗址

马家窑遗址地处洮河西岸的一级阶地上，是黄河上游新石器时代晚期到青铜时代的著名遗址，年代距今约 4 000~5 000 年。

1924 年，马家窑遗址由瑞典学者 J.G. 安特生首次发现并进行了考古发掘。1957 年起经甘肃省博物馆等机构的多次调查，发现了马家窑文化的马家窑类型叠压在仰韶文化庙底沟类型之上的地层关系，从而确定了两者的时代早晚关系。此外，还发现了马家窑文化的半山类型和马厂类型、齐家文化、辛店文化以及寺洼文化等遗存，以马家窑类型的文化遗存最为丰富，马家窑文化以及马家窑类型均以该遗址命名。

遗址南北宽约 280 米，东西长 350 米，巴廊沟从遗址的中部穿过，沟沿一带被水冲刷，文化层暴露在外，厚约 0.3~0.5 米，内涵丰富。房屋遗址有方形、圆形两种，结构多为半地穴式。房型房屋是挖入地下约 1 米的半地穴建筑，平面呈方形和长方形，屋内有圆形火塘。圆形房屋挖一浅坑，平面呈圆形，进门有火塘，旁边有中心柱。屋址旁有公共墓地，位于较高的山岭山坡上，墓葬均为土坑葬，墓的形状不规则，盛行仰身直肢葬。遗址出土的石器包括石铲、石刀、石镰、石磨等，也有盘状器、铲形器，磨制较为精细。

马家窑文化，主要分布在甘肃中南部地区，以陇西黄土高原为中心，东起渭河上游，西到河西走廊和青海省东北部，北达宁夏回族自治区南部，南抵四川省北部。分布区内主要河流为黄河及其支流洮河、大夏河、湟水等。临夏是马家窑文化的核心区域，东乡县的林家遗址、康乐县的边家林遗址、广河县的地巴坪遗址是其中最重要的遗存。

彩陶发达是马家窑文化的显著特征，在我国所发现的所有彩陶文化中，马家窑文化彩陶比例是最高的，而且它的内彩也特别发达，图案的时代特点十分鲜明。从 20 世纪 50 年代末开始，随着大量新出土材料的积累，马家窑文化彩陶的研究，越来越受学术界关注，逐渐形成为史前文化研究中的一大热点。马家窑文化的彩陶继承了仰韶文化庙底沟类型的风格，比仰韶文化有进一步的发展。按照早中晚期可分为半山类型、马厂类型

甘肃马家窑遗址出土文物

和石岭下类型。陶质多为橙黄色，许多器物的口沿、外壁和大口器的里面都施以彩绘，花纹全部为黑色，主要包括有垂帐纹、水波纹、同心圆纹、重叠三角纹、漩涡纹、蛙纹和变体鸟纹等，表现出娴熟的绘画技巧。夹砂陶多饰以绳纹，某些器物的下部装饰有绳纹、上部施彩。彩陶的大量生产，说明这一时期制陶的社会分工已经专业化，出现了专门的陶工匠师。另外，也有专家认为，马家窑文化彩陶上发现的书写记号有可能是中国文字最早的雏形。

中原地区仰韶文化的彩陶衰落以后，马家窑文化的彩陶又延续发展数百年，将彩陶文化推向前所未有的高度。马家窑文化以彩陶器为代表，它的器型丰富，图案极富于变化和绚丽多彩，是彩陶艺术发展的顶峰，具有非凡的文化价值、欣赏价值及收藏价值。总之，马家窑文化以其丰富的内涵为进一步深入研究人类文明史提供了难得的实物资料，对远古人类文化的发展研究有着不可替代的研究价值。

甘肃齐家坪遗址

齐家坪遗址位于甘肃省的临夏回族自治州，为新石器时代晚期文化遗址，距今已有 4 000 年，是齐家文化的命名遗址。齐家坪遗址发现于 1924 年，面积约 1.5 平方千米，文化层厚 0.5~2 米。遗址内发现有多处房屋、窖穴、墓葬遗迹，出土物包括石器、陶器、骨器、玉器等生产工具和生活用具。此外，在遗址中还出土有铜镜一面，这是迄今为止发现的中国最早的铜镜。

齐家坪遗址的一大特征是玉器明显增多，这里早年曾发现过重型礼仪玉器——玉璧和玉刀，又曾发掘出祭坛遗址和目前所知最早的面条实物遗存。 出土物除陶器和石器外，还有铜刀、铜锥、铜斧、铜镜和玉琮等器物。

齐家坪遗址的陶器独具特色，主要有泥制红陶和夹砂红褐陶，还有少量的灰陶和泥制彩陶。纺织品以麻织面料为主，冶铜业发达，出现了红铜、铅青铜和锡青铜，表明齐家文化晚期已进入青铜时代。

齐家文化因齐家坪遗址最早发现与仰韶文化截然不同的单色压花陶器与古希腊、罗马的安佛拉瓶造型类似的双大耳罐而得名。齐家文化以素陶为主要特征，陶质精细，器型多

甘肃齐家坪遗址及出土文物

样，主要为泥质红陶和夹砂红褐陶，还有少量的灰陶。

1945年，中国考古学者夏鼐在广河县阳家湾发掘了两座齐家文化墓葬，证明了齐家文化早于马家窑文化的年代顺序。1947—1948年，考古学家裴文中在甘肃省湟河、大夏河、洮河流域考古调查中，发现90多处齐家文化遗址，首次发现了白灰面住室和石圆圈遗址。

1996年，齐家坪遗址被公布为第四批全国重点文物保护单位。

青海柳湾遗址

柳湾遗址，即柳湾墓地，位于青海省乐都县柳湾，坐落在村庄后面的半山白土坡上，是原始社会晚期的公共墓地葬群。1974—1980年，考古工作者在这里进行了大规模考古发掘，共清理出新石器时代晚期的马家窑文化半山类型、马厂类型，齐家文化和辛店文化墓葬1 700多座，出土了大量精美陶器和不同时代的各种生活用具、生产工具、装饰品3万多件。2001年，青海省文物考古研究所柳湾墓地考古发掘时发现的一批重要生活遗址，同时出土了一大批器具，其中出土的红铜簇填补了齐家文化柳湾类型在铜器方面的空白。

墓地按照原始社会不同文化类型的墓葬可分为马家窑文化半山、齐家文化与辛店文化等类型，其中以马家窑文化半山类型为主。

马家窑文化半山类型。墓葬集中在东区第一台地上，大多为长方形土坑墓，少部分为梯形一头大一头小的土坑墓。墓葬排列比较整齐，墓向南北居多。墓葬规模大小不一，普遍使用木棺葬具。木棺分吊头式和梯形两种，多以松柏为材料，四角采用穿榫结合，合缝都较紧密。葬式有单人葬、多人葬。人架摆放有仰身直肢、侧身直肢、俯身和二次葬，合葬墓中人架还有同棺上下叠压葬式，儿童葬法与成人相同。随葬器物有生产工具、生活用品及装饰品等。生产工具有石斧、石鳞、石凿、敲砸器、石球、石纺轮和骨制的锥、刀、镞等。生活用品主要是陶器，种类有壶、罐、盆、钵、杯等。装饰品有石制的串珠，不同形状的绿松石和骨片等。随葬器物数量各墓悬殊不大，大部分是一两件，随葬器物多放置在人架头部附近或足的下方。

齐家文化类型。齐家文化墓葬主要分布在墓地西部台地上，墓葬随自然地形排列，墓

青海柳湾遗址彩陶器皿

向多为西北向。墓葬有长方形土坑和带墓道凸字形墓两种。规模大小悬珠，大部分有木棺葬具，木棺有长方形和独木棺两种，个别的使用垫板。长方形木棺采用榫卯结构，有的在棺外附框架加固，独木棺系用圆木挖成。葬式有单人葬及合葬，人架摆放有仰身直肢、俯身、断肢、二次葬等。儿童墓与成人墓无区别。随葬的生产工具有石制的斧、锛、凿、刀、矛、球、纺轮，骨制的锥、针、镞，陶制的纺轮等。陶器有壶、罐、瓮、豆、高、杯等，装饰品有各种形状的绿松石、石串珠、骨珠、海贝、石壁、臂饰等。此外还出土 1 件石磬。随葬器物多寡不一，质量优劣也有差别，最少者只 1 件，最多者 20 余件，以 2~9 件较普遍，随葬器物多陈放在墓室一侧。

辛店文化类型。辛店文化墓葬，皆在墓地北部山顶上，墓葬大部为圆形土坑墓。葬式有仰身直肢和二次葬，随葬器物主要是陶器，石器只有打制石器 5 件，陶器都是加砂陶，有双耳罐和双腹耳罐。

柳湾墓地延续时间很长，大约有 1 000 年左右。时间之长，足以表明，当时的人们在相当发达的原始农业经济基础上，过着比较稳定的定居生活。半山类型墓葬中发现大量石臂饰、绿松石饰、串饰、蚌饰等，反映出当时人们已能制造各种丰富多彩的装饰品来打扮美化自己。生活稳定，社会更趋文明，这在发掘的柳湾、齐家墓葬中得以佐证。如墓葬中出现成人男女合葬，表明父权制出现，婚姻形态由对偶婚向一夫一妻制过渡。殉葬和陪葬品的多寡表明柳湾、齐家文化的社会发展阶段正处于氏族社会发生重大变革的历史时代，私有制存在，阶级产生，人类又向前迈进了一步。

青海马厂塬遗址

马厂塬遗址位于青海省民和县，地处湟水南岸第二台地上，面积近 3 万平方米，文化堆积厚 0.5~1.5 米，是黄河上游地区新石器时代晚期马家窑文化的一处遗址。

1924 年秋，瑞典学者 J.G. 安特生在西北进行地质考察时被发现。1957 年，中国科学院考古研究所对遗址进行了调查。1982 年、1984 年和 1987 年，青海省文物管理处、青海省文物考古研究所进行了复查。该遗址是研究青海东部地区古文化的主要遗址之一，马家窑

青海马厂塬遗址及出土陶器

文化的马厂类型即由此而得名。根据 C14 年代测定，马厂类型的时代约在公元前 2200—前 2000 年。

1924 年，首次发现时清理出墓葬两座，并在墓葬中出土 4 件彩陶，之后在遗址上采集的众多陶片风格与两墓所出土的基本相同，此后发现的凡是此种风格的陶器则被称为“马厂式陶器”。其特点为陶质比较粗糙，纹饰上有红黑相间或黑边红带的粗条纹，而更多的是单色花纹。常见的还有变体蛙纹、螺旋纹、菱形纹和编织纹等。

遗址分为居住地和墓葬地两部分。居住地在村庄的北部、西北部一带，墓葬地则在村内村北及村西地区。遗址总面积约 18.25 万平方米，文化堆积 0.15~3 米。从居住地的文化堆积及墓葬地中出土的随葬品分析，该遗址文化遗存以马家窑文化马厂类型、齐家文化居住遗址为主，还包括有马家窑类型、马厂类型、齐家文化、辛店文化和唐汪式陶器等多种文化遗存和辛店文化石棺墓地。

遗址断面暴露有灰坑，地面散布有大量陶片，马厂类型有蛙纹、圆圈纹泥质彩陶壶和彩陶罐、双耳盆、夹沙红陶盆、罐、瓮等；齐家文化有泥质红陶罐、双大耳罐、折肩蓝纹壶；辛店文化有夹沙红陶罐、绳纹罐、鬲、豆、盆、瓮及彩陶壶、罐等，彩陶纹饰有双钩羊角形纹、连续回纹、S 形纹、太阳形纹；唐汪式陶器有涡纹彩陶壶、夹沙红陶罐等。尤为重要的是在 2000 年的调查勘探工作中，发现了马家窑文化马家窑类型平行条纹彩陶片，从而丰富了该遗址的文化内涵。1991 年 10 月，在遗址上，发现了一件特别珍贵的马厂类型泥塑狗的彩陶壶，还采集到石斧、石刀、骨针等生产、生活器物。

由于该遗址文化内涵丰富，有马家窑文化马家窑类型、马厂类型、齐家文化、辛店文化和唐汪式陶器五种不同文化类型的遗址，而且其延续时间之长、文化堆积之厚均居于青海地区史前各遗址之首。此外，该遗址既有古代聚落遗址，又有墓地，所以对研究黄河上游古代先民生产、生活条件、居住方式、自然环境、地理气候、社会形态、经济结构、丧葬习俗等方面具有极为重要的科学研究价值，也对研究黄河上游新石器时代和青铜时代各文化内涵之间关系和史前文化序列具有重要的研究价值。

青海喇家遗址

喇家遗址位于青海省民和县官亭镇喇家村，是一处新石器时代的大型聚落遗址。总面积约 40 万平方米，重点面积约 20 万平方米。遗址内分布着许多史前时期与青铜时代的古文化遗址，诸如从庙底沟时期、马家窑文化、齐家文化到辛店文化等多种类型，其中以齐家文化遗址分布最多最广。尤其以发掘出非自然性死亡人体遗骸，是迄今为止发现的我国惟一一处大型灾难遗址。这座因地震和黄河洪水毁灭的史前遗址，被称为“东方庞贝”。

1999 年起，中国社会科学院考古研究所甘青队和青海省文物考古研究所联合开展官亭盆地古遗址群考古研究，1999 年秋对喇家遗址进行初次试掘。2000 年进行正式发掘，揭露面积 500 余平方米，清理房址 2 座、墓葬 7 座、灰坑 15 座，出土陶器、玉器、石器、骨器共计 255 件。此次发掘不仅探明本遗址是具有宽大环壕的大型聚落遗址，在聚落内分布有密集的白灰面房址，而且还通过对房址的发掘，发现人骨遗骸，揭示出前所未见的灾难遗迹。

发掘的遗迹。遗址中共发现房址两座，均由居室、门道、门前场地构成，门道与居室之间设有凸棱状门坎。两座居址均坐南朝北，门向一致。底部从门前场地至居室都呈缓状斜坡，北高南低。四周均未发现柱洞。居室南北两壁平直，剖面稍有弧度，东西两壁均向内拱曲、收缩，残口小而居住面大。残存穴壁都建于生黄土层中，生土壁上都先敷有一层草拌泥，然后再抹一层白灰面。由于房址建筑上部早已破坏殆尽，根据现存房址的遗迹和特点推断，可能属于窑洞式建筑，而口小底大等特点，也可推断窑洞原来顶部应略呈“券顶”形式，而非“弯窿顶”。

两座房址内发现有人骨，数量不等，姿态各异。一组组呈不同姿态分布于居住面上，从人骨分布姿态和房址内的红泥土及遗址内的红土堆积分析，室内死者应该死于洪水。考古学家认为，引起喇家遗址灾难的是一场地震，而摧毁聚落的是随后而来的山洪和黄河大洪水。

青海喇家遗址

出土的遗物。喇家遗址出土的遗物主要有陶器、石器、骨器、玉器和玉料。陶器的制法普遍采用手制，小型器用手直接捏塑成形，大型器采用泥条盘筑或对接成形，同时兼用慢轮修整技术。陶质可分为泥质陶和夹砂陶。泥质陶以红陶为主，橙黄陶次之，灰陶较少。器类有高领双耳罐、敛口瓮、敛口罐、双耳罐、大双耳罐、大三耳罐、单耳杯、尊等，器表多经过打磨，略有光泽，以素面为主，出土的玉器有玉璧、玉环、大玉刀、玉斧、玉锛等。玉璧呈圆形，璧外周磨制不规整，一面管钻单孔，璧面经磨制；玉料切割面平直光滑，其余各面均未经加工，呈自然状。出土的石器分打制和磨制。打制石器仅见刮削器；磨制石器有斧、锌、凿、刀、矛以生产工具为主，也有兵器。骨器因过于残碎，可判断器形有锥和匕，其余器形不详。

2002 年发掘过程中，在房址地面出土了一碗面条状遗物，但是已经风化，只有像蝉翼一样薄薄的表皮尚存，不过面条的卷曲缠绕的原状还依然保持着一定形态。根据有关专家的鉴定分析，面条状遗存是小米做成的面条。但是，关于喇家面条的真实成分，有学者对前人的研究提出了质疑，认为小米由于缺乏面筋蛋白，不适于用传统拉伸方法制作面条。

喇家遗址的发掘，出土了大量陶、石、玉、骨等珍贵文物，特别是反映社会等级和礼仪制度的“黄河磬王”、玉璧、玉环、大玉刀、玉斧、玉锛等玉器的发现，对研究齐家文化的文明进程和社会发展变化具有重要意义。喇家遗址包含了多种文化遗迹，具有多学科的研究价值。另外一个重要发现就是结构完整的窑洞式建筑遗迹，明确了窑洞式建筑应当是齐家文化的主要建筑形式这一长期困扰学术界的问题，对于黄土地带窑洞式建筑的发展历史和聚落类型的研究具有非常重要的意义。

据发现的面条和人工培育的苜蓿来分析，它以种植业（粟）为主要经济来源，有发达的制陶、制石、制骨等手工业，更有制作精美玉器的作坊。黄河上游是中华文明的重要源头之一，齐家文化是这一地区文明发展的关键阶段。喇家遗址的发掘为这一研究提供了非常重要的资料。

2001 年，喇家遗址被国务院列为第五批全国重点文物保护单位。2002 年，喇家遗址被评为“全国十大考古新发现”。2006 年，被列入国家文物局发布的“十一五”期间 100 处大遗址保护名单。

二、稻作遗址

上海崧泽遗址

崧泽遗址位于上海市青浦县城向东 5 000 米处的崧泽村，经过一系列的考古调查和发掘，发现了一个原始村落，距今约五六千年，并保存了大量的文物和史迹。它是上海地区迄今为止发现的最早的古文化遗址。发现人工培植的籼稻和粳稻的谷粒，证明了青浦地区的先民在距今 6 000 年左右已掌握了水稻种植技术，更证明了中国是世界上最早栽培水稻的国家。

崧泽遗址是一处新石器时代至春秋时期的遗址。按地层可分为上、中、下 3 层，其中下层的文化遗存是遗址中最具意义的部分，后被命名为“崧泽文化”。下层属新石器时代遗存，发现有当时储藏食物的窖穴、生产工具以及人工培植的稻粒。中层为一处原始社会公共墓地，墓葬为在平地上推土掩埋，葬式为仰身直肢葬，根据埋葬的特点判断，尚属于母系氏族社会时期。上层为西周晚期和春秋时期遗存，出土物包括陶器、瓷器、石器和少量青铜器。

崧泽文化是以青浦区城东 4 000 米处崧泽古文化遗址的中层文化为代表的一类新石器时代古文化。崧泽文化距今约 4 900~5 800 年，分布范围大致在长江以南、钱塘江以北、太湖以东地区。

1961—1974 年的两次有计划发掘，共发现了崧泽文化时期墓葬 100 座，共出土了大量玉器、陶器，还发现许多居住遗迹、制作石器场地遗迹，还发现 6 000 多年前的水稻种子粳稻谷和籼稻谷，家畜猪、犬骨骼。1982 年，全国考古学家在杭州举行的中国考古学年会上，认定崧泽文化是前承马家浜文化，后接余杭良渚文化的一种太湖地区新石器时代具有一定典型性代表的文化。

崧泽遗址是崧泽文化的命名地，它的发现为研究太湖地区原始文化和上海史前历史提

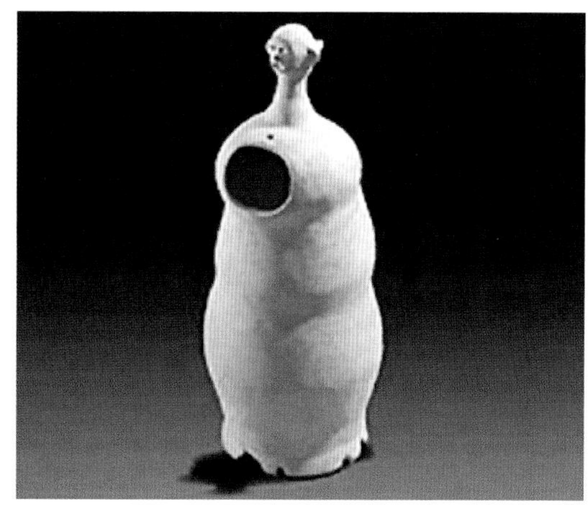

上海崧泽遗址出土文物

供了重要的实物资料。人工培植稻粒的发现，表明该地区的先民早在距今 6 000 多年前，已经掌握了水稻种植技术，证明了中国是世界上最早栽培水稻的国家。

2013 年 5 月，崧泽遗址被国务院核定公布为第七批全国重点文物保护单位。被评为“20 世纪全国百项重大考古发现”之一。崧泽文化也成为第一个以上海地名命名的考古学文化。

建成的上海崧泽遗址博物馆位于上海市青浦区赵巷镇崧泽村，总用地约 1.3 万平方米，总建筑面积 3 680 平方米，定位为“遗址保护管理、出土文物收藏、学术研究、乡土史教育及文化休闲旅游”。

上海广富林遗址

广富林遗址位于松江区方松街道广富林路以北、银河路以南、沈泾塘以东、油敦港以西，广富林村及北部一带。其东周时期文化遗存分布面积约 0.8~0.9 平方千米。

1958 年，当地农民开掘河道时，发现了大批古代遗存物。1961 年 9 月对其进行考古发掘，探明遗址为两层。上层面积 1 万平方米，出土大量陶片、陶纺轮、陶饼、带纹饰的硬陶和带釉陶等，系春秋战国时期文化遗存。下层面积 7 000 平方米，有灰坑 1 个，墓葬 2 座。一号墓葬品有陶罐、壶、带盖三足器、鼎、盘和纺轮等物，分置于墓主头足附近。在墓南约 2 米处，有较完整猪骨架一具。二号墓葬品有石铲、石镞、陶鼎、罐盘等物，分置于头、腰和足部附近。墓东约 12 米处有狗骨架一具。同时出土的还有陶器和磨制石器，如镰、斧、凿、铲、刀、矛等，属新石器时代晚期的典型良渚文化类型，是衔接崧泽文化和马桥文化的重要时代环节，从而将上海的历史有机的串联起来，使人们可以完整地了解上海历史发展的全貌，具有很大的考古价值。

1987 年，当地农民在挖土建房时发现凿形足陶鼎以及花瓣形圈足陶杯等 10 余件遗存物，经上海市文物管理委员会考古部专家鉴定，这批文物的年代属于崧泽文化晚期，为崧泽文化、良渚文化过渡期的典型器物。

1999—2005 年，上海市文物管理委员会考古队对遗址进行了比较全面的勘探和小规模的发掘，首次发现了一类新石器时代的晚期文化遗存。该遗存陶器具有鲜明特征，陶质为灰、黑、红褐夹砂陶和灰、黑、红泥质陶，前者占 65%，后者占 35% 左右。素面陶大约占 2/3，其余饰压印、刻划和附加堆纹。陶器种类有垂腹釜形鼎、浅盘细高柄豆、直领瓮、带流鬶和筒形杯。该遗存文化内涵非常单纯，根据器物比对，同分布在江苏高邮、兴化一带里下河地区的“南荡遗存”有相似之处。这类遗存在环太湖地区是第一次发现，依据考古学定名原则，称之为“广富林文化遗存”。广富林遗址上层发现了东周至汉代遗存，出土的建筑材料有大型卯榫绳纹铺地砖、兽面纹瓦当，另有青铜生产工具等，充分证明广富林在东周至汉代时期是一处非常重要的大型聚落。

2008 年，上海市文物管理委员会考古队对遗址进行了历史上最大规模的考古发掘，取得了丰硕成果。在 5 个方面有了显著突破：一是开掘面积 8 000 平方米，探方近 250 方，使遗址的文化内涵大面积地显现；二是遗址的良渚文化、广富林文化、东周文化等遗存的叠压关系更为清晰；三是进一步揭示了广富林文化时期，当地先民的饮食、居住、墓葬等习俗；四是发现了部分广富林文化时期的生产、生活环境，即遗址东北部的大片湖泊；五是广富林东周文化遗存有重大发现。

此次大规模考古的具体地点是在广富林遗址的最北端，在那里发现了广富林文化时期的生产、生活环境，即遗址东北部的大片湖泊。湖泊的沿岸发现大量木桩，其面积约 1 000 平方米。木桩应该是当时的渔业捕捞设施和沿湖泊的住宅。而在生活区发现的一条壕沟内，出土了许多良渚文化的陶器碎片，这是良渚人丢弃的生活垃圾。从而推断，良渚时期人们的生活地带也在附近。故该遗址存在着良渚文化与广富林文化在同一地点胶着的状况。

在湖边遗址还发现了大批陶器、植物遗存，另有梅花鹿角、猪等动物遗骨。

2008 年的考古发掘中，在广富林遗址还发现东周、汉代及宋元时期大量遗存。遗址出土了一批东周时期的重要文物，如东周时期的水井、龟甲、青铜鼎残件、青铜削、原始瓷器等。此次考古发现的东周水井形制很特别，井圈以未经加工的石块盘筑而成，石料概取

上海广富林遗址考古发掘现场

之于附近的辰山。井底还铺设有木板。我国自古有“因井为市”之说。因此，东周水井的发现，印证了广富林在当时已经形成市井。493 号灰坑中出土了大量陶器、木器和十余片龟甲。广富林发现的这块青铜器残片，是春秋铜鼎口沿，能清晰地看到上面的鱼鳞纹图案，表明它是一件青铜礼器的残片。广富林东周时期重要遗物的发现，从一个侧面印证了当地在东周时期曾经是吴国东境的一处有相当等级和规模的聚落，这里曾经居住着东周时期的贵族阶层。

在广富林遗址首次发现了稻壳和稻米，据此判断，上海的先民们已经开始人工种植水稻。以往，良渚文化时期的稻米已被发现，此次发掘出的广富林文化时期稻壳和稻米，数量较多，形态完整，是研究长江下游地区稻作史和农业经济形态的珍贵材料。而同时发现的鹿角和猪骨则表明，广富林文化先民已把猪和鹿作为主要的肉食来源。

广富林古文化遗址一直延续到春秋战国乃至两汉以前，几乎每个时代都留下了十分珍贵的文化遗存，这样的历史遗迹对于上海这样一个缺少历史根基的城市来说，其历史价值、社会效益以及经济意义都十分重大。

1977 年，广富林遗址被公布为上海市文物保护地点。2013 年，被公布为第七批全国重点文物保护单位。

上海马桥遗址

马桥遗址位于上海市闵行区马桥镇东俞塘村，坐落在一道被称为“竹冈”的贝沙堤之上，呈南北长，东西窄的宽带形状。

1959 年 12 月起发掘，面积约 5 000 平方米。马桥遗址处在冈身地带上，共分 4 层，依次为唐宋时期遗存、春秋战国时期遗存、商周时期遗存和新石器时代遗存，出土了一大批青铜器、纹印陶器、石器等珍贵文物，为上海古代历史的研究，提供了一批珍贵的实物。

对马桥遗址分布范围的认识，有一个不断深化的过程。20 世纪 60 年代的两次发掘认为，遗址的分布面积大约 5 000 平方米，主要分布在北松路南的俞塘河南北两侧。通过 20 世纪 90 年代的田野工作，对马桥遗址的分布范围和规律有了全新的理解和认识。

马桥遗址包括 3 层不同时代的文化遗存，分为 3 个大的阶段。第一阶段主要是良渚文化（个别遗存可以早到崧泽—良渚过渡阶段）。根据历次发掘结果，良渚文化遗存在遗址中部（Ⅰ区和 20 世纪 60 年代发掘区域）比较丰富，主要分布于砂堤之上和砂堤西侧，地层堆积比较厚，既有居住遗存，也有墓葬。在遗址北部（Ⅱ区），良渚文化遗存比较贫乏，以墓葬为主，也分布在砂堤之上和砂堤西侧，砂堤东侧只有小范围的零星分布。第二阶段是马桥文化，这是该遗址最重要也是分布面积最大的文化遗存，它们在遗址中部和北部、砂堤之上和东西两侧都有分布，而且相当丰富，是这个时期环太湖地区极罕见的一处大型村落遗址。第三阶段是春秋战国至宋元时期，发现了不同时期的文化层堆积、战国时期和宋代墓葬，唐代水井等遗存。

距今 5 500 年，马桥遗址已经形成陆地。从崧泽文化至良渚文化过渡时期，先民们就

上海马桥遗址和黄陶条格纹罐

开始在这里繁衍生息。至夏商时期，成为环湖地区面积最大、最具有当时社会生活面貌的典型村落，总面积超过 15 万平方米，范围之大为同一时期遗址所罕见。1982 年，被考古界定名为“马桥文化”。春秋战国至唐、宋、元时期，这里一直是先民们的定居地。1959 年年底发现，1960 年开始发掘，面积 1 万余平方米。遗址包括 3 层不同时代的文化遗存。上层为晚期几何印纹陶文化，出土的有印纹硬陶坛、罐、碗、壶和原始瓷器，属春秋战国年代。中层为早期印纹陶遗存，属商代。下层叠压着典型的良渚文化，属于新石器时代晚期，距今约 4 000~5 000 年。

文化遗存下面还有一条贝壳沙带，说明遗址所在地是古代海岸，古书上称为“冈身”。马桥古文化遗址处在冈身地带上，冈岗身即古海岸遗迹，为研究上海地区的成陆年代和文化历史提供了确凿的证据。遗址的发现，将上海一带的历史推前了 2 000 多年，同时这个遗址的发现，再次说明上海地区从新石器时代至唐宋时期古代人类生存环境的变化及生产活动的状况，对研究上海的古代历史有很高的价值。

1978 年，马桥遗址被上海市公布为市级文物保护单位。2013 年，被列为第七批全国重点文物保护单位。

江苏顺山集遗址

顺山集遗址位于江苏省泗洪县梅花镇大新庄西南，地处重岗山北麓，为丘陵墩形遗址，面积约 17.5 万平方米。

遗址地表为黄灰土，并杂以红烧土块，遗物分布普遍。遗址东部因采沙暴露了长约 100 余米的文化层，其厚度约 1.5 米左右。以下多是黄色自然土层和沙石层。几次发掘共清理墓葬 92 座，灰坑 26 座，房址 5 座，出土陶器、石器、玉器、骨器 400 多件。从断面上看，遗物的残片亦较多。剖面采集陶片以夹砂红褐陶和泥质红陶为主，可辩器形有鼎、豆、钵、罐、带纹饰陶支架等。该遗址还曾经出土过石斧、红砂陶杵、陶坠等。在遗址的剖面还发现了濠沟，深约 4 米，堆积早期遗物。经考证确认该遗址距今 8 300 余年。

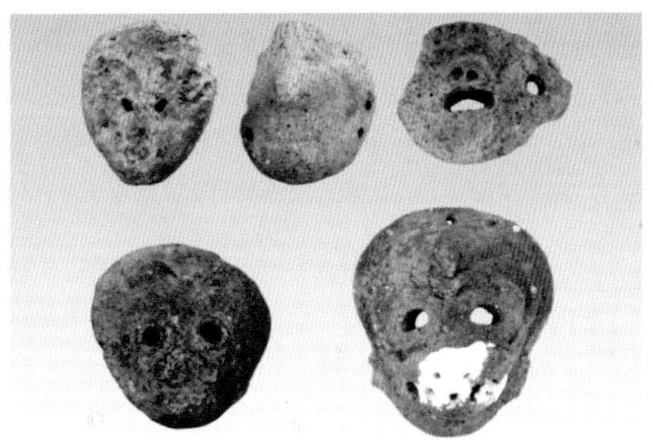

顺山集遗址Ⅱ区墓地和泥塑面具

早在1962年，顺山集遗址就由南京博物院尹焕章、张正祥等先生调查发现并命名，后经2007年第三次全国文物普查复查确认。虽然遗址发现得早，但是由于只经过简单的初步探测，并没有确定它是新石器时期的远古村落遗址，所以，长期以来未引起足够重视。2010年起，南京博物院联合泗洪县博物馆组成考古队再次对顺山集遗址进行钻探发掘。3年的发掘收获颇丰，目前已清理新石器时代的墓葬92座、房址5座、灰坑26座、灶类遗迹3座、大面积红烧土堆积及狗坑各一处，出土陶、石、玉、骨器共计300余件，还在多处浮选出的碳化稻米。遗址发现的环壕东西宽约230米、南北长约350米、周长近千米，将遗址划分为内外两个区域，环壕内是居住区，环壕外是墓葬区。此环壕是整个淮河下游流域发现时代最早、规模最大的环壕，堪称“中华第一壕”。

出土文物中，有一些巴掌大小的面具，被塑成人面、猴面、熊面和鸟面等形状。一枚在灰坑中被发现的残破玉管表明，当时人们已经用管钻技术加工玉石，这种技术被1 000年后的马家浜文化采用。最让专家们惊叹的，是一件精心制作的鹿角器，它的根部酷似猪鼻，而把手处则被打磨出野猪的獠牙、眼睛和耳朵，这应该是史前文明中最早的一件圆雕作品。鹿角器通体被打磨得像玉石一样光滑，这让专家们怀疑，它并非实用的农具，而是身份的象征。

虽然皖鲁豫地区此前发现过同时期的人类遗址，但顺山集遗址有几点值得特别关注：一是环壕内面积达7.5万平方米，是同时期遗址中规模最大的，这表明聚落的人口规模很大；二是这里发现了中国最早的陶灶；三是这里发现了炭化稻，对稻作农业的起源提供了新材料。

顺山集遗址的发现填补了淮河中下游史前聚落考古和考古文化的空白。顺山集遗址的发现，对青莲岗文化的研究及苏北地区早期人类聚落址的分布，尤其是壕沟的发现，对新石器时期人类居住环境研究有着重要的意义。作为古人类的生活，位于江苏省泗洪县梅花镇赵庄东侧的顺山集遗址，是整个淮河下游流域发现的时代最早、规模最大的环壕聚落，出土的稻谷标本由北京大学文博学院以C14检测确认，距今约8 100~8 300年。由此，江苏省的文明史推前了至少1 600年。

顺山集遗址以极具代表性的特征，被列入“2012全国十大考古新发现”。2013年8月

20 日，江苏省文物局公布了第二批大遗址名录，顺山集新石器时代遗址名列其中，成为全省 6 处大遗址之一。

江苏龙虬庄遗址

龙虬庄遗址位于扬州高邮市龙虬镇龙虬庄村。遗址四面环水，近似圆角方形，东西长约 230 米，南北宽约 205 米，面积 4 万多平方米，是江淮之间河网地区目前发现的这一时代面积最大的遗址。年代距今 5 000~7 000 年，为新石器时代遗址。

1993—1995 年，南京博物院考古研究所联合扬州、高邮等地博物馆先后进行了 4 次科学发掘，共开探方 54 个，发掘总面积 1 395 平方米，清理墓葬 402 座和房屋遗址 1 处，出土了大量遗物和碳化稻米，属于分布于大运河以东江淮地区的古文化类型。

新石器时代的文化层堆积普遍有 5 层，大致可分为连续发展的两个阶段。

第一阶段的文化遗物有双耳罐形釜、窄沿盆形釜、深腹筒形釜和少量带鋬、带腰沿的釜以及带流的实足盉、矮圈足豆、碗、矮扁足钵、罐、壶等，其年代距今 6 300~7 000 年。

第二阶段的年代距今 5 500~6 300 年，345 座墓葬皆属本阶段，主要分布于遗址的中部偏西，十分密集，人骨架层层叠压，大多不见墓坑，相互无打破关系，绝大多数墓葬头像东，以仰身直肢葬为主，亦有少量侧身屈肢葬，除单人墓外，还有双人合葬、多人合葬和二次葬，随葬器物一般 2~3 件，多者 10 余件，少者无随葬品，随葬器物置于头部、身侧或足部，常见头顶扣红陶钵，面部扣红陶豆或碗。

文化遗物有双耳罐形釜、盆形釜、罐形鼎、实足带流盉、豆、碗、钵、罐、壶、杯等，有的钵和豆有红色或黑色彩绘，皆为内彩。两个阶段的陶系相近，夹砂陶多呈灰色，以夹蚌、夹骨屑为多，泥质陶多呈橘红色，少量为灰黑陶。装饰除彩绘外，常见捺窝、指甲纹、指捺纹、镂孔等。骨角器发达也是该遗址的特色之一。另外还对探方 T3830 进

江苏龙虬庄遗址出土的陶器

行了分层浮选，除第五层为居住面外，在第四、六、七、八层中皆浮选出碳化的稻米 4 000 多粒。经鉴定为人工栽培粳稻，它的发现将我国人工栽培水稻的历史提早到 5 500 年前，并将中国史前的水稻栽培区从长江以南划到了淮河以南。同时，出土的陶片和鹿角上具有文字符号特征的刻划符号也是十分少见的，很有可能是甲骨文的起源。在遗址地层中出土的大量碳化稻米和古文字陶片对于研究稻作农业的起源和我国文字的产生均具有重要的意义。 高邮龙虬庄陶文被誉为“中华文明的曙光”。

龙虬庄遗址的发现，有力地证明了长江流域和黄河流域一样都是中华民族古文化的摇篮。其发现和发掘填补了中国江淮地区新石器时代早期古文化遗址的空白，其发掘成果对进一步探索江淮地区的史前文化，研究这一地区的古生态环境、稻作农业的起源和发展具有重要意义。

1993 年，龙虬庄遗址的发现被评为“全国十大考古新发现”之一。1995 年，被列为江苏省文物保护单位。2001 年 6 月，被国务院批准为全国重点文物保护单位。2011 年，被评为“江苏省大遗址”。龙虬庄遗址现已进行规划，计划建成“龙虬庄文化遗址公园”。

江苏青莲岗遗址

青莲岗遗址位于淮安市东北 35 千米的宋集乡青莲村，北临废黄河，面积 4 000 平方米。遗存分布中心在淮河中下游平原，因首次在青莲岗发现而被命名为“青莲岗文化”，年代距今 6 000~7 000 年。

1951 年，遗址被华东文物工作队发现。1951—1958 年南京博物院进行过 4 次调查和 1 次发掘。遗址分布范围很广，西起严码村，东至土城三棵松，约 4 平方千米。中心地带原来地势较高，又名东岗，面积 7 万平方米，后因历年挖黑土积肥，高墩变成黑土塘。1958 年发掘时，在其南部和西北部开了 4 个探方，探明地面向下 2 米为洪水冲积的黄褐色淤土，再向下有 2 米左右的文化层。

出土器物有石器、陶器，还发现有红烧土建筑残迹。有精致的砍伐用的扁平带孔石斧、石凿、石锛，翻土用的石犁，收割用的石镰，加工谷物用的石盘等石器工具。陶器种类不多，制作较为粗糙，常见器形有红陶钵、鼎、釜、双鼻小口罐，还有一定数量的深腹圜底罐、碗、支座、带流壶以及角状把陶器。陶器内壁绘彩比较发达，主要有水波纹和网纹以及弧线纹和八卦纹等，线条简练流畅，与其他新石器时代彩陶相比，风格迥然有别。

青莲岗遗址出土遗物表明，在当时已有相当进步的手工制造技术，能够制造精美的石器（生产工具），并用这些石器来劳动生产。这些石器都是用坚硬的花岗岩石和石英岩石制成的，反映出原始方式的农业生产在青莲岗文化氏族部落整个经济生活中占有重要地位。

遗址中发现两处红烧土建筑残迹，居住址墙壁用植物秆涂泥，经烤干后使用，质地坚硬，表面平整。在青莲岗的发掘物中还发现了炭化后的籼稻粒，说明当时这一带雨量充足，气候温润，青莲岗文化氏族部落普遍栽种水稻。水稻的栽种，从此也给人们提供了一种新的主要生活资料，也为后来发展这种作物奠定了基础。

江苏青莲岗遗址出土的石器

从遗址中集中放置的猪的下颌骨、牛牙床、鹿角和骨刺鱼镖以及陶网坠，说明了渔猎和采集经济并没有因为农业、牧业的发展而被排挤掉，它作为人们谋取生活资料的一种补充手段，这时仍继续进行并有着不同程度的发展。遗址中芦席上的“人”字形图案，与今天农村一些农民仍在使用的芦柴席的图案几乎没有什么两样，说明当时青莲岗人类的编织技术已经相当高明。从青莲岗遗址清理发掘和采集到大量的陶器、陶片，说明了这时期的制陶业已相当发达，技术上已能使用轮制，但手制的方法仍然保留着，制陶工具有陶杵、带有纺织纹的陶印模。青莲岗文化时期人类已经过定居的生活，居住的房屋主要为长方形或圆形的地面建筑。人们死后埋葬在氏族公共墓地，一般没有明显的墓穴，行单人葬，晚期出现少数成年男女合葬，并流行以陶器、生产工具和装饰品随葬的习俗。

青莲岗文化的发现，使东南沿海地区的原始文化同中原黄河流域的诸原始文化在地域上连成一片，形成了我国新石器文化的完整体系。

2013 年，青莲岗遗址被列为第七批全国重点文物保护单位。

江苏三星村遗址

三星村遗址位于常州金坛市西岗镇三星村北首，是太湖平原区和宁镇丘陵区的交界地带，总面积 5 万平方米。

1993—1998 年，共进行了 6 次发掘，清理面积 640 平方米。发现新石器时代马家浜文化晚期、崧泽文化早期遗存的墓葬 1 000 余座，灰坑 55 个，房址 4 处，出土完整人骨架以及陶、石、玉、骨器等各类文物达 4 000 余件。据 C14 测定和考古学研究，三星村遗址的年代为距今 5 500~6 500 年，为新石器时代遗存。

房址以分布密集的柱洞和红烧土构成。灰坑在房址附近，有圆形、方形、不规则形数种。灰坑多为圆形直壁平底，填土质地松软，其内含有较多的碳化水稻粒，经鉴定为人工栽培稻。

出土遗物以陶器为主，另有石器、玉器、骨角牙蚌器等。其中骨角牙蚌器等出土数量较多且制作精良，有些骨器经精细钻刻或抛光，具有浓厚的地方特色。骨器常见器行有刀、锥、匕、环、簪、针和针筒、匙、刻纹板状器等多种，另外还出土较多的鹿角靴形器、鹿角锥、象牙簪、象牙柱形器、蚌串饰等。靴形器常成对出于死者脚趾上，钩尖朝上，削形器上对称的孔眼是为了便于系扎固定，常与之伴出的有骨梭和网坠等织网、捕鱼类工具，据此推测其必与织网、捕鱼有关，是一件织、补渔网的辅助工具。

陶器出土数量最多，具有及其浓厚的地方特色。器形矮小，是三星村陶器的一大显著特征。陶器烧制火候高、质地坚硬、形态规整、明器风格独树一帜。陶器以泥质红陶和灰陶为主，另有夹砂红陶和灰陶及泥质红衣彩陶等。常见器形有釜、鼎、豆、罐、盆、杯、盘、杯、尊、纺轮、弹丸及陶猪等多种，其中鼎出土数量较多，可以分为釜形鼎、罐形鼎、盆形鼎等几种，其中一件人足形罐形鼎较为特殊。

玉石器出土相对较少，多为装饰品，有玉块、玉璜、玉船、玉串饰等数种。石器器形小巧、形制规整、磨制光滑，器形主要有锛、穿孔斧、七孔刀、三孔刀、锄、放论、砺石、石钺等数种。

历时 6 年的 6 次大规模发掘工作，填补了我国新石器时代长江下游太湖原始文化区和宁镇原始文化区交界地带的文化教育研究的空白；出土大量保存完好的人骨标本，为中国南方地区新石器时代体质人类学研究提供宝贵资料；出土 4 000 余件文物标本中，有许多是国内罕见珍品，具有十分重要的学术研究价值。如：彩陶豆上的云雷纹是目前国内云雷纹的最早例证，其布局和结构是良渚文化和商周青铜器文化云雷纹的直接始祖；出土的两件石钺是国内目前所见最早、最完整、最明确的礼器石钺，将钺的时代提早千余年；出土的刻纹骨器反映当时人们极其复杂的精神活动和宗教、迷信活动。这些发现对于进一步探

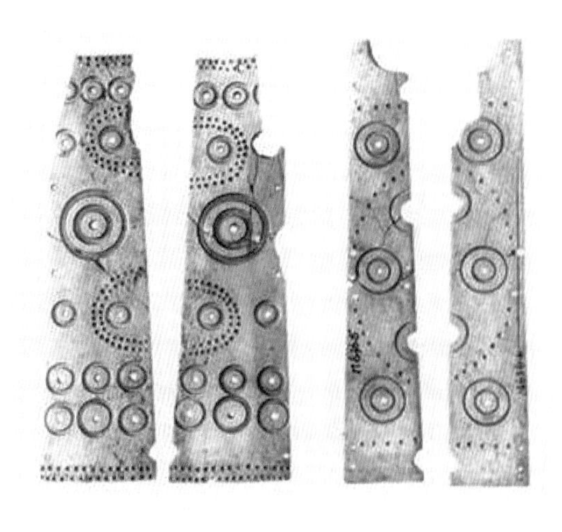

江苏三星村遗址出土的陶器

讨文化起源有这重大意义。

1998 年，三星村遗址被评为“全国考古十大发现”。2006 年，被列为全国重点文物保护单位。

江苏草鞋山遗址

草鞋山遗址位于苏州市城东 15 千米处唯亭镇陵南村阳澄湖南岸，总面积约 4.5 万平方米。分草鞋山和夷陵山两个土墩，相传为春秋时期吴国国王余昧的坟墓所在地。草鞋山高 10.5 米，夷陵山高 15.23 米。

该遗址为 1956 年江苏省文物管理委员会在文物普查中所发现。因当地砖瓦厂取土时发现了玉琮、玉璧等文物。南京博物院于 1972 年 9 月进行了探掘。经钻探初步查明，地下古文化遗址东西长 260 米，南北宽 170 米，总面积 4.5 万平方米，相当于草鞋山、夷陵山两个土墩面积的 3 倍。随后进行了两次正式发掘。1972 年 10 月至次年 1 月，1973 年 4~7 月，由南京博物院、苏州博物馆和南京大学等单位两次正式发掘，发掘总面积 1 050 平方米。清理出新石器时代的居住遗迹，11 个灰坑（窖穴）和 206 座墓葬，出土陶、石、骨、玉等质料的生产工具、生活用具、装饰品等共 1 100 多件。其中包括玉琮、玉璧、镂孔壶、四足兽形器等珍贵文物。由于文化层次多，出土遗迹、遗物丰富，从而为研究太湖流域古代文化提供了重要实物资料。1992—1995 年又连续进行了 4 次发掘，发掘面积一共近 2 000 平方米。

江苏草鞋山遗址及出土文物

遗址的文化堆积层最厚处达 11 米，可分为 10 个文化层，从地层叠压关系来看，由下而上依次为马家浜文化、崧泽文化、良渚文化，直到进入春秋时期的吴越文化。遗址所揭示的文化发展序列，为研究太湖流域的古代文化提供了标尺，具有典型意义。遗址中发现的 6 000 年前的水构建筑遗迹、炭化粳籼稻谷、炭化纺织品残片以及各文化层出土的制作精美的玉器、陶器等，说明太湖流域的先民，早在 6 000 年前就创造了当时比较先进的文化，成为我国丰富多彩的远古文化的重要组成部分。遗址的发掘，还首次从地层上证明了琮、璧、串饰等玉制品是良渚文化的遗物，也为我国玉器研究开创了一个全新的局面。

遗址中发现的动物遗骨经复旦大学生物系鉴定，最多的是梅花鹿、麋鹿、野猪、牙獐、水牛还有草龟、鳖、河蚌、鲤鱼等，反映本区当时存在的广阔的原始森林和丰富的水源。

1992—1995 年，中日两国专家根据中国南京博物院、江苏省农业科学院和日本宫崎大学合作研究草鞋山遗址古稻田项目协议，合作开展鞋山遗址古稻田研究，发现了 6 000 年前的马家浜文化时期有灌溉系统的古稻田，证明太湖流域是稻作文明的发源地之一。

东片：发掘面积 800 平方米，文化堆积层厚 1.8~2.4 米，按岩层特征和土质，土色分为 10 层，第 4 层为崧泽文化层，第 5~10 层均为马家浜文化层。水田遗迹发现于原生地表上，上层覆盖 8 层或 9 层。水田遗迹分布于地洼地带，由田块 29 块、水井 6 口、水沟 2 条，略呈南北走向，互相串联构成一组水田遗迹区。田块为平底浅坑，深 0.18~0.5 米，形状为椭圆形或长方圆角形，面积一般 3~5 平方米，田块之间有水口相连。水沟位于水田遗迹区的端部或边缘，通过尾部的水井与田块相连。水沟长 5 米左右，宽约 1 米。水井深 1.5~2 米，口大底小，口径 0.5 米左右，部分水井中央留有台阶，分析水井应有蓄水功能。田块内现有的填土经测定含有数量丰富的水稻植物蛋白石，均为 β 型，属于人工栽培稻而非野生稻，其粒型接近于现代粳稻。同时，在经水洗的填土里，发现较多的碳化米粒。

西片：发掘面积 500 平方米，基本地层与东片相同，唯其东周文化层较厚。水田遗迹被发现在相当于东片的第 7、第 8 层下，其遗迹现象与东片相近。包括田块、水沟和水井。田块之间亦有水口串联，唯其田块和水沟都围绕一个大水塘，呈辐射状组合分布。现已发现 3 组田块。水塘（仅揭示一部分）南北长 14.5 米，东西宽 0.8 米左右。塘边十分整齐，应是人工开凿，其用途当与水田遗迹相关。

此次是中日合作跨学科的研究，围绕草鞋山古稻田的发掘，通过对本区域古环境、古地貌、古气候、古植被等方面的综合分析，力求全面恢复当时稻作文化的面貌。

草鞋山遗址的一部分至今保存尚好，是太湖流域的一处具有代表性的新石器时代重要古文化遗址。

对于苏州的草鞋山文化遗址在中国考古学上的重要意义，目前，我国正在进行的中华文明探源工程中，东南文化考古的课题对中华文明探源工作来说非常有价值，其中，草鞋山文化对江南地区等级社会的起源与文化过渡阶段的历史有很重要的参考价值。

1995 年，草鞋山遗址被列为江苏省文物保护单位。2013 年，入选第七批全国重点文物保护单位。

江苏绰墩遗址

绰墩遗址位于江苏省昆山市巴城镇正仪绰墩村，遗址东西长 500 米，南北宽 800 米，总面积约 40 万平方米，中心区面积 29 万平方米，距今已有 6 000 余年。文化内涵从下至上依次为马家浜文化、崧泽文化、良渚文化和马桥文化，另有唐宋时期遗存。1961 年 1 月，南京博物院在进行太湖地区考古调查时发现该遗址。1982 年 7 月 30 日至 8 月 7 日，南京博物院在昆山文化馆配合下，对遗址进行调查与发掘。1998—2004 年由南京博物院、苏州博物馆及昆山文物管理所三家合作，先后进行了 6 次考古发掘，发掘总面积 3 393 平方米，发现新石器时期至唐宋时期各类遗存 450 处，其中，有房址 14 座、墓葬 95 座、灰坑 177 个、水井 90 口、水稻田 64 块、水沟 8 条、河道 2 条，出土各类器物 1 000 多件。

绰墩遗址不仅面积大，而且内涵丰富保存较完整，是太湖地区发现的文化序列最为完整、文化遗存极为丰富的一处重要史前文化遗址。

绰墩遗址内揭示出了大量的文化遗存，其中包括马家浜文化、崧泽文化、良渚文化和马桥文化。绰墩遗址内涵最丰富、文化发展最鼎盛的当属良渚文化时期，在 200 多平方米的范围内，共发掘、揭示出水稻田 24 块。其中的河道、房址、祭台及墓葬等共同构成良渚文化较完整的聚落形态。特别是由水沟、蓄水坑等组成的农田灌溉系统的发现，引起中外专家的浓厚兴趣。它代表了整个江南原始文化，对研究原始社会的自然环境、人口比例、社会结构及人类生产生活诸方面具有重要价值。

意外的是较多发现了陶盉，这些陶盉不仅造型优美，而且形式多样，说明了早在 5 000 多年前这里粮食比较充裕，酿酒相当普遍。

2002 年秋至 2003 年春，考古队进行了第五次考古发掘工作。发掘工作分二期，总发掘面积 1 128 平方米，发现遗迹 164 处。有灰坑、墓葬、水井、水田、房子、河道、沟等。其中，最重要的是发现了马家浜文化时期 25 块水田。这些水田是利用自然形成的低洼地或依地势开垦的小块农田，旁边还有用于灌溉的排水沟、蓄水坑等。在田块土样中淘洗出大

江苏绰墩遗址及出土文物

量的炭化米粒，有长粒型、椭圆型等多种形态，经江苏省农业科学院检测表明，每克土样的水稻植物蛋白石密度超过5 000个，也就是说这些田块均有大量水稻生长过。通过对水稻植物蛋白石定性分析证明，炭化的米粒是粳稻，从而又一次确定6 000多年前昆山地区已有人工栽培的水稻田。在164处遗迹内出土了各时期的器物363件，有陶器、石器、骨器等，其中一把马家浜时期的象牙梳弥足珍贵，它不仅在太湖流域属首次发现，而且对进一步研究马家浜时期的气候条件、自然环境、动植物的生存空间有重要意义。

绰墩遗址代表了整个江南原始文化，它对剖析长江下游社会历史发展的客观规律具有重要作用。

2006年，绰墩遗址被国务院公布为第六批全国重点文物保护单位。

江苏东山村遗址

东山村遗址位于江苏省苏州张家港市金港镇南沙东山村香山东侧的斜坡上，西距香山500米，北距长江2 500米，属台型遗址。据初步调查，古文化遗址南北长150米，东西宽300米，面积约4万平方米。

1989年和1990年，苏州博物馆和张家港市文物管理委员会进行两次发掘，发掘面积共约170平方米。遗址文化层厚度约4米，分为马家浜文化和崧泽文化并存，共发现墓葬8座，房址6座，出土玉、石、陶器近百件。

6座房址中，相当于马家浜文化时期的5座，相当于崧泽文化时期的1座。房址均为平地起筑，有方形、长方形和圆形，并有芦苇、稻草、稻谷、竹木、灰坑、红烧土等遗迹。遗址向东、南、北3个方向倾斜，文化层高低不一，厚2.5~3米，有连片的大面积红烧土和大量陶片，是一处大型原始村落遗址。出土物有陶罐、鼎、壶、盘、豆、杯、钵、石锛、凿、斧、刀、砺石、玉镯、璜等。8座墓葬均为浅穴土坑墓，人骨保存不好，随葬品较少，一般为4~12件，出土器物除本地文化特征外，还有一些其他文化因素。遗址中相当于马家浜文化时期的遗存，时代较早、堆积丰富，对马家浜文化的分期具有重要意义。

2008年8~11月和2009年3~11月，南京博物院等单位对其又进行了两次抢救性考古发掘。发掘总面积2 000多平方米，主要揭露出一处崧泽文化时期的聚落，包括房址和墓地。此外，还清理了10座马家浜文化时期的墓葬。

在马家浜文化层堆积中漂洗出较多的炭化稻米、瓜子、果核等植物遗存以及较多的动物骨骼标本。

陶质以泥质红陶为主，另有少量的夹砂红陶、泥质黑陶等，器型有陶釜、喇叭形圈足豆、陶盆、陶杯、尖底器等。崧泽文化时期的墓葬，共出土有陶器、石器、玉器等共140多件，器形有陶鼎、陶豆、陶罐、陶壶、陶杯、陶匜、陶钵、陶纺轮、陶釜、陶鬶、石钺、石锛、石凿、梯形玉饰、三角形玉饰、半圆形玉饰、环形玉饰等。陶器制作比较规整，以夹沙和泥质灰陶为主，红陶或红褐陶次之，有相当的黑陶。石器中的石钺和长条形石锛，磨制光滑精美，没有明显的使用痕迹。在墓葬年代上，从崧泽文化早期、中期到晚期均有

江苏东山村遗址出土文物

发现。

东山村遗址中崧泽文化早中期高等级显贵墓群的发现以及与小型墓埋葬区域的严格分离，将改变学术界以往对崧泽文化时期尤其是崧泽文化早中期社会文明化进程的认识。众多大型墓葬的揭露和玉器的出土，奠定了东山村遗址在长江下游尤其是环太湖流域经济和文化的中心地位，对研究沿江地区的文化内涵、太湖区和宁镇地区史前文化的交流提供了非常重要的考古资料。

1995 年，东山村遗址列为江苏省文物保护单位。2009 年，入选中国社科院公布的“中国六大考古新发现”。2010 年 6 月，被国家文物局评为“全国十大考古新发现”。2013 年 5 月，被国务院公布为第七批全国重点文物保护单位。

江苏赵陵山遗址

赵陵山遗址位于苏州昆山市西南 12.5 千米的张浦镇西南赵陵村。西距苏州城区约 27 千米，北距吴淞江约 3 千米，有古河道环绕，是太湖地区典型的土台型遗址。遗址西有吴县唯亭草鞋山、角直张陵山和昆山千灯少卿山，东有上海青浦福泉山等古遗址，均处于同一纬度。遗址面积 1 万平方米，高出四周 8 米有余。

1984 年年初，赵陵山遗址被发现。1990 年冬和 1991 年冬，南京博物院、苏州博物馆和昆山市文物管理委员会进行考古挖掘，发掘面积 1 000 多平方米。

赵陵山遗址文化堆积厚达 9 米，上层是春秋时代文化层；中层的良渚文化层为主要遗址，其中心部位是一人工堆筑大土台，厚约 4 米，东西约 60 米，南北约 50 米，面积近 3 000 平方米；土台下压着崧泽文化的堆积。

1990 年发现的 19 座墓葬集中分布于土台西北隅坡下，南北呈 3 列，无墓坑、葬具，随葬品极少。人骨方向不一，大多身首异处、肢体残缺，有的手足被捆绑，经鉴定以青少年为主，尤以男性居多，显然是人殉之死亡。如此集中、大规模、形式多样的集体人殉现象，在良渚文化考古中尚属首次发现。

在良渚文化地层中，出土数量较多的鱼鳍形、“T” 字形扁三足凿形鼎足，袋足鬶足，

江苏赵陵山遗址及出土文物

高把圈足豆，篮纹大口缸，灰陶贯耳壶，黑皮磨光陶罐等陶器。出土的石器有石耘田器，有断石锛、剖面菱形的带铤石镞等良渚文化遗物。

1991 年发现的 66 座墓集中分布在土台中部偏西，大致可分 3 层，每层分布密集，排列有序，一般有墓坑、葬具和随葬品。墓葬可分早、晚两期，以良渚文化中期偏早的墓为主。墓葬排列有一定的规律，大多为长方形浅穴墓，葬具多为施有赭色涂料的独木棺。葬式以仰身直肢为主，头向大多朝南，个别墓为二次葬。小型墓头向朝北，其余大多头向南偏东。随葬器物 600 余件，以陶、石、玉器为主。陶器有鼎、豆、壶、罐、钵、盆、杯等，泥质灰陶为主，有的上面有红、黄二色彩绘图案，有的口沿及底部有缺口和刻划纹，具有鲜明的地方特色。石器有规整、光滑的斧、钺、锛等，以磨制精良的扁薄形穿孔石斧和石钺为主。

玉器有璧、琮、环、镯、管、锥形器、冠饰品、坠饰、串饰等，皆以软玉精制而成，共有 200 多件，其中 125 件出自同一良渚早期氏族显贵大墓，这批玉器以神人和鸟兽纹为代表的几件透雕玉饰，造型独特，形象生动，工艺精湛，堪称良渚文化玉器瑰宝。一件宽 29 厘米、高 22 厘米的大型石钺是至今良渚文化中发现的最大的石钺。

遗址还发现两层面积约 80 平方米，厚 30~50 厘米的红烧土层。在下层红烧土下发现一批墓葬，墓葬的特点是有很好的葬具。并随葬精美的彩绘陶器。特别引人注目的是有的墓在葬具与墓坑间有明显的杀殉人架陪葬，脚端坑外埋有两具排列整齐的婴儿骨架，在婴儿骨架中间放置一只大陶鼎。有的婴儿还被直接放置在墓主两脚间或墓坑的外侧。根据器物特征判断，这批墓葬的时代应属良渚文化中期偏早。

遗址上层是春秋时期文化层；中层为良渚文化层；下层为崧泽文化层。赵陵山遗址的两次考古挖掘，大大地丰富了良渚文化社会面貌的内容，拓宽了良渚文化研究的视野，对探讨长江下游和太湖地区良渚文化的葬俗、社会性质以及文明起源都有重大的考古价值。

1992 年，赵陵山遗址被评为“1992 年全国考古十大发现之一”。2013 年，被列为第七批全国重点文物保护单位。

江苏北阴阳营遗址

北阴阳营遗址位于南京市区鼓楼岗西侧、金川河东岸。遗址为突出附近地面 5 米的椭圆形土墩。原来的面积约有 1 万平方米，西北部早年曾被挖毁，1954 年调查时尚存 7 100 平方米。

北阴阳营遗址为新石器时代晚期至商周时期文化遗存。下层为新石器时代晚期遗存，年代为公元前 4000—前 3000 年；上层为上周文化遗存，年代为公元前 1540—前 1195 年，相当于商代前期至西周初期。

1955—1958 年，南京博物院对北阴阳营遗址进行了四次发掘，揭露面积 3 100 平方米。共整理出四段“文化层”。其中第二层质地较密，出土的遗物显示出了西周早期的特征；第三层质地松软，出土遗物显示出商代早期的特征。而第四层质地较硬，经过鉴定为新石器时代文化层。学术界最初将其归属于青莲岗文化，后又有人定为青莲岗文化江南类型北阴阳营期，但是依然存在着较大争议，直到 1978 年，其才被学术界命名为北阴阳营文化。

在北阴阳营遗址东部，发现一处长方形居住面残迹，面积为 7 米 ×5 米。有椭圆形大灶坑（或火塘），久经烧用，坑壁坚硬。居住遗迹附近分布有许多废弃的灰坑。

从大量石器工具和庙山遗址陶器上的稻壳印痕可知，当时的经济生活以农业为主。从出土的兽骨得知，家畜有狗和猪。从骨镞、石球、陶弹丸等工具和鹿、水獭、鼋和龟类遗骸说明，渔猎是辅助性的经济部门。陶器制作处于手制轮修阶段，胎壁较厚。石器的磨光和穿孔技术较高。石料多从附近的紫金山（钟山）取得，有两件穿孔斧的质料属于铁矿石。制玉工艺较发达，使用蛇纹石、透闪石、阳起石、石英和玛瑙石等，成品都是小件装饰品。

北阴阳营遗址西部为一片集中的墓地，面积约 700 平方米，清理出墓葬 253 座，分布密集，上下叠压多的达 4 层。未发现墓坑和葬具。盛行单人一次葬，绝大多数头向东北，以仰身直肢葬为主，个别为屈肢葬。有二次葬墓 19 座，墓中乱骨成堆。没有发现男女合葬墓。大部分墓中有数量不等的随葬品，多数在 10 件以内，有一座墓内陶器和玉管等多至 40 件，另有几座还用一、二件猪下颚骨随葬。器物的组合，常见的是锛、斧、鼎、钵、

北阴阳营遗址出土文物窄带纹鼎和宽带纹豆

豆、罐、璜、等。陶器和石器无固定位置。装饰品中，放在耳边，璜置于颈下，管、坠等位于胸间；玛瑙石子含在死者口中或放在陶罐里，可能有原始信仰的用意。根据生产水平、未发现成年男女合葬墓及随葬品数量有所差别等情况，北阴阳营文化大致处于母系氏族社会末期，但已孕育着父系氏族社会的萌芽。

遗址出土生产工具 1 000 多件，其中，石器占 3/4，器形有斧、锛、凿、刀、镰、杵、矛头、箭头、纺轮等；铜器有斧、箭头、鱼钩和铜钻、铜削等；其余有陶网坠、陶纺轮、陶拍、陶勺和陶坩埚以及骨针、骨凿、角锥和骨料或角料磨制的箭头等。石器仍是当时的主要生产工具，农业是生活资料的主要来源。陶器上，以夹砂红陶和泥质红陶为主，灰陶次之。三足器、圈足器普遍。有富于特色的牛鼻式器、角状把手、弯屈的器足。部分陶器施加红衣。有少量彩陶，大都先抹橙色或白色陶衣，再以红彩或黑彩绘成宽带、网状、十字、圆圈等简单纹样，其中有很少的在内壁画彩。代表性器形有罐式鼎、双耳罐、三足、高柄豆、圜底钵、圈足碗等。石器大都磨制精细，多见舌形穿孔石斧，其他如环状大石斧、穿孔石锄、七孔石刀、长条拱背或带脊的石锛、楔形凿，也各具特点。玉石和玛瑙装饰品丰富，有、璜、管、珠、坠饰等。

北阴阳营遗址是目前南京城区范围内仅有的一处新石器时代文化遗存，是宁镇地区的典型遗存，“北阴阳营文化”因北阴阳营遗址而得名，为探讨北阴阳营文化的来龙去脉和确立宁镇地区新石器时代文化的序列，提供了重要线索。

江苏青墩遗址

青墩遗址位于海安县沙岗镇东南青墩村。遗址四面河渠环绕，海拔高度为 3.8 米，总面积约 2 万平方米。年代为距今 5 000 年左右。

1977—1979 年，南京博物院和南通博物馆对该遗址进行了 3 次发掘，共发掘面积 515 平方米。遗址文化层厚度 2~2.5 米，内涵丰富，遗迹以墓葬为代表。从层位关系和出土遗物分析，新石器时代文化层可分为早、中、晚三期。

早期发现有木结构建筑遗迹和墓葬，墓葬头向东，无墓坑，遗物有扁条形足罐形鼎、钵形豆、平底钵、折腹钵等，文化面貌与南京北阴阳营文化较接近；中期发现有零星分布的红烧土堆积和墓葬，墓葬头向东，大多数有浅竖穴式坑，墓中出土遗物丰富，器形有鼎、豆、罐、杯等。器形特征大部分与崧泽文化相类似；晚期以墓葬为主，头向东，未发现墓坑。出土遗物有黑皮陶贯耳壶、镂孔豆、穿孔石斧、石锛和玉琮、玉璧、与瑗、玉坠、玉镯等。均具有江南良渚文化特征。但又有一定地方性特点，如缺少良渚文化中常见的鱼鳍足鼎、带流宽把杯、竹节柄豆等器形。

从青墩遗址的文化遗存分析，尽管青墩遗址地处长江北岸，但总的文化面貌特征基本上与江南新石器时代遗存相类似，而与苏北地区的有关新石器时代遗存区别较大。文化层的遗存在总的特征上比宁、镇地区更接近于崧泽中层的文化遗存（崧泽文化距今约 5 000~5 800 年）。而上文化层的玉器等遗存则具有良渚文化的某些主要特征（良渚文化距

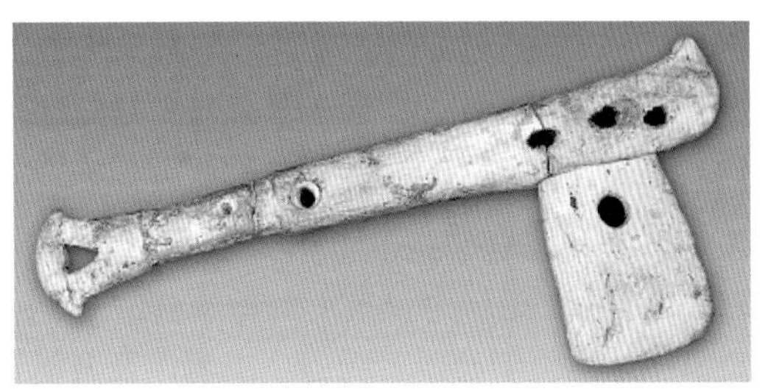

江苏青墩遗址发掘现场和红陶斧

今约 4 000~5 000 年）。

从青墩遗址古土样品的孢子花粉分析，青墩遗址的古气候由全新世中期的温暖潮湿转为晚期的温暖湿润。古青墩人在得天独厚的滨海平原上，从事农耕、渔猎、饲养、纺织等生产活动。特别需要提及的是，在第六文化层有占组合 2% 的荨麻科花粉，可能是苎麻属的一种，同层出土物中亦有陶纺轮，这说明，古青墩人已经开始种麻纺线织布，南通地区纺织业的历史似可追溯到 5 000 多年之前。玉璧、玉琮等较精致玉器的出现，可能也意味着已有专门从事某种生产的手工业者。

在青墩遗址出土的大批陶器中，有一枚堪称“国宝”的有柄穿孔红陶斧，系按石斧实物仿制的，分柄和穿孔斧两部分。此陶斧并非实用之物，但为当时穿孔石斧的装柄方法提供了实物证据。陶斧的造型十分别致美观，现为南京博物院收藏，系国家一级文物。无论从其历史价值、精神价值、美学价值都可称为海安的镇县之宝，是海安精神的象征和海安历史的佐证。此外，青墩出土的用鹿角制的耒和三叉形投掷器，在江苏系首次发现，亦具有重要的历史考古价值。

青墩遗址体现了地方性特征，这对于探索长江南北新石器时代诸文化关系以及根据遗址的地理位置、海拔高度和年代考察古海岸线和长江口岸变迁的历史，该遗址都提供了十分珍贵的资料。

2006 年，青墩遗址被列入第六批全国重点文物保护单位名单。

江苏藤花落遗址

藤花落遗址位于连云港中云乡西诸朝村南部，东距连云港 10 千米，处于南北云台山之间的冲积平原上，遗址表面与四周地面近平。遗址面积区 10 万平方米，文化层厚 2.5~4 米，主要为龙山文化的堆积，局部有岳石文化遗存。

1996—2000 年，南京博物院、连云港文管会、连云港市博物馆联合进行了大面积发掘，发掘总面积达 4 000 平方米。发现奠基坑、灰坑、灰沟、道路、房址、水沟、水稻田、石埠头等遗迹 200 多处，出土了石器、陶器、玉器以及炭化稻米等各类的作物标本 2 000 余件。

遗址中房址的叠压打破关系复杂，使用更迭频繁，主要为圆角方形和长方形平面布局，一般都挖有基槽，再于其中栽埋木桩，形成木骨泥墙，多使用中心柱，柱洞用陶片夯实形成圜底状。保存较好的 96LTF1，长 7.4 米、宽 2.5~3.2 米，面积达 23 平方米，分成东西两开间。在 E1 的东北有一条与其平行走向的灰沟（96LTG1），两岸成斜坡状、底部圜凹。沟现长 9 米，宽 2.2~2.3 米，深 1 米，东南部有台阶自上而下深入沟底，岸上有 4 块长方形石块铺成的石埠，沟内有残存的木桩。该灰沟与整个遗址的房屋布局和规划有着密切的内在联系。

遗址出土了石器、陶器、玉器以及各类动物遗骸标本。生产工具中，斧、锛、刀、镞、凿等各类石器形式多样，且大部分磨制极为精细。玉器仅发现小件锛、坠、锥形饰和六棱形水晶柱状体等。陶器有鼎、罐、盆、盘、豆、杯、器盖等。动物遗骸有猪、牛、梅花鹿等，而不见贝类等海洋生物遗骸，也很少见有鱼骨。证明藤花落遗址以农业经济为主，稻作农业经济非常发达。两城类型中也有少量蚌器和骨角器，而生产工具中不见蚌器和骨角器。陶器以夹砂红陶和黑陶为大宗，另有泥质磨光黑陶、灰陶以及零星的蛋壳陶，陶色有黑、红、褐、灰、白、黄等。从纹饰风格看，以素面为主，有弦纹、附加堆纹、绳纹、方格纹、篮纹、刻划纹、竹节纹、盲鼻、镂孔等，其中绳纹、篮纹和方格纹较多。出土了半月形穿孔石刀、蘑菇状提手器盖、带凸棱的尊、杯、盆以及夹粗砂的褐陶鼎、盆、罐、缸等典型岳石文化遗物。

藤花落古城由内外两道城垣组成。外城平面呈圆角长方形，由城墙、城壕、城门等组成，面积约 14 万平方米。南北长 435 米、东西宽 325 米、城周 1 520 米。墙宽 21~25 米、残高 1.2 米，由堆筑和版筑相结合筑成。内城有城垣、道路、城门和哨所等。内城平面呈圆角方形，面积约 4 万平方米。南北长 207~209 米、东西宽 190~200 米，城周 806 米。墙宽 14 米、残高 1.2 米，主要由版筑夯打而成。内城墙体夯土中均发现非常密集而又粗壮的木桩。整个内城墙的建造，耗费的木桩数以万计。外城为生产区，外城垣有明显的防洪功

江苏藤花落遗址

能。内城为生活居住区。在内城里发现 30 多座房址，分长方形单间房、双间房、排房、回字形和圆形房等各种形状。门大多朝向西南，与现代民居方向一致。房址有等级区分。其中最大的一座平面呈“回”字形，外间面积达 100 平方米，内间面积 31 平方米，应是一座与宗教、祭祀或其他大型集会活动有关的建筑设施。此外还发现水沟、水口、水坑、水田等与稻作农业生产有关的遗址。

在城内发现了碳化稻米数百粒，其中一粒茶色稻谷，从外形上来看与现代栽培稻已极为相似。大量发现碳化稻米在龙山文化中尚属首次。这说明在当时已经有了发达的稻作农业。根据稻粒是在城内发现的，有专家推测，为了抵御自然灾害及战乱，当时的人们除了在城外种粮食，城内也可能存在生产区。

藤花落遗址有保存较完整的龙山文化聚落以及丰富的岳石文化遗存，对研究东南沿海的古代文化以及连云港地区古代海岸线的变化及其与山东地区古代文化的关系具有重要意义。通过对遗址土壤植物硅酸体测定和众多遗址现象初步认定，城外和北部外城之间有着保存较好的稻作农业生产区，并发现 100 多粒炭化稻米粒，充分证明这一时期居民的生产生活活动以稻作农业为本。中国文物局有关考古专家认为，藤花落遗址距今 4 000 多年，是中国目前发现的史前城址中最典型的，对研究中国史前城址的平面布局具有重要意义，同时对海岱地区的古文化和中国文明的起源研究具有重要价值。

2000 年，藤花落龙山遗址的发现被评为“全国十大考古新发现”之一。2002 年，被公布为第五批江苏省文物保护单位。2006 年 6 月，被公布为第六批全国重点文物保护单位。

浙江上山遗址

上山遗址位于浙江省浦江县黄宅镇渠南村的浦阳江上游。地势平缓的河谷地带是浙中盆地的组成部分，其间分布一座座小山岳，多辟为耕地，遗址坐落在其中一座名叫“上山”的小山丘上。遗址西侧为浦阳江支流——洪公溪的古河道。

2000 年秋冬之际，浙江省文物考古研究所在进行浦阳江上游地区的新石器时代遗址考古调查过程中发现该遗址。2001 年、2004 年、2005—2006 年，浙江省文物考古研究所、浦江博物馆联合对遗址进行了三次发掘，发掘面积 1.8 万平方米。发掘过程中还对遗址的分布范围进行了勘探，遗址总面积约 2 万多平方米，年代距今约 9 000~11 000 年。

遗址地层堆积南北区不同。南区第五至八层、北区第五层及相关遗迹的出土遗物呈现一种前所未见的考古学文化类型，已命名为“上山文化”。北区第三、第四层及相关遗迹属于跨湖桥文化。南区第四层及相关遗迹的时代相当于河姆渡—马家浜文化阶段，但文化性质具有特殊性。南区第三层为春秋战国时期遗存。南北区的第二层均属唐宋以后的晚近阶段遗存。文化面貌以大量的打制并有滚磨痕迹的圆石球、钝角长方体的磨棒、形制较大的石磨盘及夹炭红衣陶器为基本特征。陶器多厚胎，低温烧制；器形单调，多为敞口、斜腹、小平底的盆类器，中腹或近沿处见有粗圆的桥形环钮。另外，石器中还有极少量的磨制石锛，陶器中也见极少量的釜、罐类器。陶器的纹饰仅见极少量的绳纹、戳印纹。特别值得

浙江上山遗址出土文物

指出的是，由于陶器的烧成温度低，胎体保留有粒形明确稻谷壳粒，数量多。

遗物主要包括石器和陶器。有机质保存不佳，发现极少量的骨质遗物如骨锥等。石器主要为打制石器，也发现极少量的磨制石器。打制石器包括石片石器和砾石器两大类，还有石核石器、磨石、石球、磨盘、穿孔器、镰形刀。前者是利用打制剥离的石片和石核作为工具，其制作过程通常包括从剥片到二次修理成器两个步骤。后者是直接采用砾石打（琢）制成工具。另有碎屑和废品等。打击石片的方法以锤击法为主，也可能有砸击法。二次修理主要用锤击法，包括向破裂面、向背面交互或错向修理。少量石片有比较宽而浅的石片疤。磨制石器有少量的锛、凿形器等。陶器分夹炭陶和夹砂陶两类。早期（第六至八层相关遗存）以夹炭陶为主，晚期（第五层及相关遗存）夹砂陶数量增加。夹炭陶胎体多可见炭化的稻谷壳和稻叶遗存。胎质较疏松，由于烧制火候不均，陶器胎体呈淡黄色；多厚胎，部分超过 2 厘米；器表施有红衣，多剥落。据检测，烧制温度约 800 度。制陶工艺有泥片贴筑、泥条拼接等，陶胎破裂面常见片状层理现象。据初步统计，85% 为平底器，其余一些陶器有圈足、圆底、锯齿或乳丁状足。可辨器形中大多为大敞口、小平底的盆形器，其他还有双耳罐、平底盘、钵形器等。多为素面，偶见绳纹、戳印纹。绳纹多见于环钮、把手根部的凹面位置，似为抹去后的残留。戳印纹见于罐的口沿。此外，还发现多角沿器。

浦江上山遗址代表了一种新发现的、更为原始的新石器时代文化类型，这种新颖的地域文化被命名为“上山文化”。当初河姆渡遗址出土 7 000 年的人工栽培的水稻，曾将世界稻作农业起源的研究热点引到长江下游地区。而上山稻作遗存的发现又把长江下游的稻作历史上溯了 3 000 年，表明长江下游在水稻栽培史上毫不逊色于长江中游地区，是世界稻作和栽培稻的最早起源之一。遗址中大量出土的以磨盘、磨棒、石球以及刮削（切割）器为主的打制石器，反映了与早期稻作农业共生的采集（渔猎）经济仍然占据十分重要的地位，打制石器小型化的特点或许与所谓的“广谱经济”相适应，植物和小型动物的经营成为经济活动的重要内容。尽管采集和狩猎仍然是上山文化类型不可忽略的经济方式，但原始的稻作农业在上山遗址中已经开始。

中国迄今发现的万年以上的早期新石器时代遗址中，以洞穴、山地遗址类型为主，而浦江的上山遗址位于浙中盆地，四周平坦开阔。这是人类早期定居生活的一种全新选择。遗址发现了结构比较完整的木构建筑基址，这反映了长江下游地区在新石器时代早期农业定居生活发生、发展中的优势地位。

2006 年，上山遗址被列为第六批全国重点文物保护单位。

浙江小黄山遗址

小黄山遗址位于浙江省嵊州市甘霖镇上杜山村，坐落于相对高度约 10 米的古台地上，遗址周围是曹娥江上游长乐江的河谷平原，地势平坦开阔，地理条件优越。遗址面积 5 万多平方米，是目前长江中下游地区距今 9 000 年前后规模最大的聚落遗址。

1984 年，嵊州市文物管理处文物普查时发现。2005 年 1 月，省文物考古研究所在曹娥江流域史前文化遗址专题调查时确认并发现该遗址下部堆积为新石器时代早期遗存，年代跨度大，延续时间长。报请国家文物局批准，省文物考古研究所会同嵊州市文物管理处于 2005 年 3 月 22 日至 7 月 20 日对小黄山遗址进行抢救性考古发掘，发掘面积近 1 000 平方米，分 A、B 两区，揭示大量储藏坑等遗迹，出土石器、陶器等器物数百件和大量陶片标本，取得重大收获。

小黄山遗址堆积厚 1~2 米，依据文化堆积内涵和地层叠压的相互关系，小黄山遗址文化内涵分成 4 个阶段，第四阶段堆积遗物显示为良渚文化晚期遗存。前三段遗存为小黄山遗址堆积的主体，文化内涵丰富，自身特征鲜明突出。

第一阶段遗存中，出土遗物仅见陶器、石器（玉器），无有机质文物发现。夹砂红衣陶占绝大多数，陶器胎壁粗厚，器形硕大，制作原始。平底器、圈足器为主，圜底器少见，不见三足器。器种单调，盆、盘、钵、罐、釜为基本陶器群，盆、盘、钵数量多，形态丰富。绝大部分陶器素面红衣，少量陶器口沿部刻划网格纹，绳纹少见。玄武岩质磨盘、饼状磨石出土数量多，最具特征。磨制石器数量不多，岩性以凝灰岩、硅质泥岩居多。通体磨制，残损严重。砺石、石锤、穿孔石器及便于捆绑的石球也很具特色。第六文化层还发

小黄山遗址深土坑和石雕人首

现一件石雕人首，高 7.6 厘米。玄武岩质砾石运用钻、刻、掏挖等工艺成形，形象传神。

第二阶段与第一阶段相比较，文化面貌、内涵特征发展演变脉络清晰。变化主要表现在陶器方面。夹砂灰陶数量明显增加，陶器胎壁趋薄。平底器、圈足器、圜底器大宗，不见三足器。盆、盘、钵、罐、釜、豆为常见陶器群。其中敛口钵、双腹豆、夹砂灰陶折肩卵腹绳纹釜、甑等陶器的形态特征，交错拍印（滚压）绳纹、镂孔放射线和红底白彩的装饰风格等与萧山跨湖桥类型文化同类陶器有着十分密切的传承发展关系。

第三阶段出土文物以夹砂灰陶为主，少量夹炭陶。夹炭红衣陶红色艳丽、夹炭黑陶黑色乌黑纯正。圜底器、平底器、圈足器常见，不见三足器。夹砂灰陶圜底釜、双鼻与口部齐平的平底罐、平底盆、平底盘、钵和小杯常见。绳纹流行，部分陶器外壁残存制作陶器时草刮痕迹。

小黄山遗址 3 个阶段遗存地层叠压关系清楚，文化内涵早晚传承演变轨迹清楚，阶段性特征明确，系同一文化的不同发展阶段。根据地层叠压关系和考古类型学的排比研究，第一阶段文化内涵与浦江上山遗址相近，敞口小平底盆传承发展的遞嬗关系明确。第二阶段遗存文化内涵中存在不少萧山跨湖桥文化因素，文化面貌总体上较跨湖桥更为原始和古老。第三阶段遗存和跨湖桥文化也有相当多的可比性；绳纹圜底釜、双鼻平底罐与河姆渡文化同类陶器也应存在某种内在的联系。

由于酸性土壤的埋藏保存环境，小黄山遗址发掘有机质文物发现很少，对研究小黄山先民生业形态带来了很多困难，但小黄山遗址大量储藏坑的发现，丰富的石磨盘、饼状磨石、磨球和石锤的出土，B 区坳毛蓬发掘点牛骨等动植物遗存的发现使可推断：小黄山先民已进入定居生活阶段，采集、狩猎是小黄山先民主要食物来源，生业形态适应依山傍水动植物资源十分丰富的自然生态环境。地层中稻属植物硅酸体的大量发现表明小黄山先民已经栽培或利用水稻，夹炭陶的大量出现也是很有说服力的证据。

小黄山遗址是曹娥江流域发现的时代最早的新石器时代遗址，是曹娥江流域乃至浙江省及东南沿海地区新石器时代考古发掘研究的重大突破。小黄山遗址发掘为跨湖桥文化的来源去向这一困扰考古界多年的重大学术问题的重新讨论研究提供了全新的视角和崭新的资料。

小黄山遗址地处在曹娥江流域上游河谷地带，遗址中新石器时代早期遗存的发现，为探索全新世以来浙江省乃至东南沿海地区人类迁徙发展的模式提供了又一新的个案资料，有力支持了人类由山区丘陵向平原、沿海岛屿迁徙发展的观点。

2005 年，小黄山遗址被评为“2005 年全国考古十大发现”之一。2013 年，被列为第七批全国重点文物保护单位。

浙江跨湖桥遗址

跨湖桥遗址位于浙江省杭州市萧山区西南约 4 千米，属城厢街道湘湖村，是由古湘湖的上湘湖和下湘湖之间有一座跨湖桥而命名。由于长期的湖底淤泥沉积，遗址的表土厚达 3~4 米，从而使遗址内的文物保存比较完整，现存于湘湖边的跨湖桥遗址博物馆。遗址面积近 15 万平方米，文化堆积层厚约 1~3 米，文化内涵丰富，面貌独特，C14 测定年代距今 7 000~8 000 年，超过著名的河姆渡遗址，这在东南沿海的新石器时代考古中是一个重要的发现。

20 世纪 70 年代初，杭州市文物部门曾在该遗址东南约 2 千米处采集到新石器时代遗物。80 年代以来，当地众多的砖瓦厂取土时又发现较多的新石器时代文化遗物。1990 年，遗址被萧山市文管会发现。经国家文物局批准，浙江省文物考古研究所、杭州市萧山区博物馆先后于 1990 年、2001 年、2002 年联合进行了考古调查和抢救性发掘，发掘面积总计 1 000 余平方米。有建筑遗迹、独木舟及其相关的重要遗迹发现，出土遗物有大量骨器、木器、石器、陶器和一些动植物遗存。

遗址出土遗物有陶器、石器、骨器和木器，有机质文物保存良好。釜、豆、盆、钵、甑、罐为常见的陶器群，形制别致，彩陶较多，分内彩和外彩两种。还发现千余粒栽培稻谷米以及国内最早的独木舟相关遗迹。

2001 年 5~7 月，浙江省文物考古研究所、萧山区博物馆对跨湖桥遗址进行第二次发掘，出土了一大批陶、石、骨、木器，其中陶器复原器近 150 余件，器物形态及其组合迥异于河姆渡、罗家角等附近地区发现的早期文化遗址，可明确为一个新的、独立的考古学文化类型。此次考古发现一件稍有残缺的绳纹小陶釜，口径 11.3 厘米、高 8.8 厘米，外底有烟火熏焦痕，器内盛有一捆植物茎枝，长度约 5~8 厘米，单根直径一般在 0.3~0.8 厘米，共 20 余根，纹理结节清晰，出土时头尾整齐地曲缩在釜底。从现象观察，当属因故（陶釜烧裂）丢弃的煎药无疑。标本送浙江省药品检验所中药室检测，定为茎枝类。传说中商初重臣尹伊发明“复方”草药，而这次出土的显然是“单方”，这一珍贵资料对研究我国中草药的起源尤其是煎药起源具有重要价值，说明史前期人们早已认识到自然物材的药用价值。

2002 年 11 月又发现了独木舟及相关遗迹，独木舟标本经 C14 测定，其存在时间达 8 000 年左右。这是目前发现的国内最早的独木舟相关遗迹，堪称“中华第一舟”。

遗址 T0510 探方的第七层中，发现“跨湖桥遗址出土的植物种实”——茶籽。其表皮呈黑褐色，略有炭化迹象，但并不粗糙，较为平滑；其形状为 1.42 厘米 ×1.58 厘米的圆

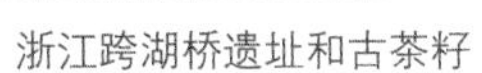

浙江跨湖桥遗址和古茶籽

形，种脐端微圆突，种脐处营养器官部分已消蚀为空，故呈现一条裂口。由于遗址深埋于古泻湖底部，长期的浸水环境及深厚淤土的隔绝作用，一些有机骨质的骨木器很好地保存下来，这颗古茶籽也是幸存物之一。这颗茶树种籽出土于文化层中，是与橡子、陶器等新石器时代人类活动遗物一起发现的，是人类的采集物，而不是自然的遗落。

跨湖桥遗址要早于河姆渡遗址 1 000 年，是当时发现的浙江省境内最早的新石器时代文化遗址。跨湖桥遗址的文化面貌非常独特，是一种独立的文化类型。这一发现，把浙江的文明史提前到了 8 000 年前的新石器时代早期，是浙江悠久历史和深厚文化积淀的重要证据，它再次有力地证实了长江流域也是中华文明的发源地之一。

2002 年，跨湖桥遗址被评为“2001 年度全国十大考古新发现”之一。2006 年，被列为第六批全国重点文物保护单位。

浙江河姆渡遗址

河姆渡遗址位于浙江省余姚市河姆渡镇金吾庙村（原罗江乡浪墅桥村），发现于 1973 年夏天，因当地农民建造排涝站时发现。

1973—1974 年和 1977—1978 年，由浙江省文管会、浙江省博物馆主持进行了两次发掘。遗址总面积达 4 万平方米，堆积厚度 4 米左右，上下叠压着四个文化层。其中，第四文化层的时代距今约 6 000~7 000 年，是中国现已发现的最早的新石器时代地层之一；第三、第四文化层保存了大量的植物遗存，动物遗骸，木构建筑遗迹和构件，以及数以千计的陶器、骨器、石器、木器等。出土了骨器、陶器、玉器、木器等各类质料组成的生产工具、生活用品、装饰工艺品以及人工栽培稻遗物、干栏式建筑构件，动植物遗骸等文物近 7 000 件，还发现丰富的栽培稻谷和大面积的木建筑遗迹、捕猎的野生动物和家养动物的骨骸、采集的植物果实及少量的墓葬等遗存。属于新石器时代中期的聚落遗址。

据测定，第一期文化遗存的绝对年代距今约 6 500~7 000 年。这是河姆渡四期文化遗存中保存情况最好的一期。无论是建筑遗迹或者是石、骨（角）、木、陶器，特别是骨（角）木器的大量发现，为其他任何一期所无法比拟的。居住区内除发现了排列有序的木构建筑遗迹外，还发现在很多灰坑中埋藏着许多野果核和动物骨骼，同时还发现了饲养家畜的圈栏。

还发现灰坑 5 个，作圆形或椭圆形，坑内放有麻栎果和菱角等植物果实，有的存放陶豆等器物。

在第一期地层及房屋内外、灰坑等遗迹中，发现了大量的生产工具、生活用具以及其他遗物：用于农业和日常生产活动的工具有石斧、石锛、石凿、骨凿、骨哨、角锄、木器柄、木铲、木杵等，用于狩猎、渔业的工具有骨镞，骨鱼镖、石球，而用于纺织、缝纫的工具有陶纺轮、石纺轮、木卷布棍、木织刀、骨机刀、分经棒、骨针、管状针、骨锥等，这些工具的发现，充分说明了河姆渡人已具有相当熟练的运用生产工具的能力。大批骨器的发现，反映了河姆渡时期的农业生产已进入农耕阶段，已有了比较发达的水田农业。木质工具有木铲、木斧柄、木锛柄、木矛、木桨、木杵、木机刀、木卷布棍、木经轴、木纺轮、圆木棒、木匕等。如此之多的木质工具的发现，在其他新石器时代遗址中是十分罕见的，它证明了在距今 7 000 年前后，木质工具已被广泛应用于生产和生活的各个方面。通过对出土的大量动物遗骨进行鉴定，发现了包括鸟类、鱼类、爬行类和哺乳类动物数十种，其中有家养的猪、狗和水牛骨骼，这说明河姆渡人已学会了饲养家畜。

在河姆渡第二期文化层中，发现了 13 座墓葬和 11 个灰坑，还有陶灶和陶豆，最引人注目的是木胎漆碗，这些都是新出现的器种。建筑遗迹破坏较甚，很难了解其全貌，但发现不少有价值的木质垫板，发现时都在木柱下端，应是后世柱础之雏形。在第二期文化遗存中，也发现了不少生产工具和生活用具。其制作方法比第一期有明显的进步，表现在器形较前规整，有明显的转折轮廓线，打制和修琢的痕迹明显减少，磨制技术得到普遍的应用，但器形较简单，主要有斧、锛和凿等。在木器生活用具中，出现了新创造的品种——漆碗，由整块硬木料剜挖而成。全器作椭圆形，外壁加工成瓜棱形，器表施一层薄薄的朱红色涂料，微有光泽。

第三期文化遗存是河姆渡遗址地堆积层中最薄的一层，发现的遗迹、遗物较少，但值得重视的是，在这一期文化层中，发现了一口水井，它由 200 余根桩木、长圆木等组成，分内外两部分。外围是一圈圆形栅栏桩残段，直径约 6 米，推测是当时井亭的支护结构。内圈有一圆形浅坑，深不足 1 米，在坑底中央有一方坑（井），边长约 2 米，壁四周密布排桩或半圆桩，并加水平方框支护。这是中国迄今发现的时代最早的水井实例之一。水井的发明只有在定居生活开始才成为可能，它证明了河姆渡时期的人已开始讲究饮水卫生。

在河姆渡第四层的居住区，发现以陶釜、陶罐为葬具的婴儿瓮棺葬两座。第一至第三层有 20 多座墓，均不见墓坑和葬具，仅有 1 座以木板垫底。成人和婴儿多为单人葬。有 3 座是两人合葬墓，其中 1 座是两个儿童。第二和第三层内的墓流行单人侧身屈肢葬，个别的是俯身葬，头向东或东北，大多数无随葬品。第 1 层内的墓流行单人仰身直肢葬，也有个别仰身屈肢葬，头向不一，以西北的居多，普遍有随葬品但并不丰富，最多的两座墓各有 6 件，一般放置釜、豆，少见生产工具。

河姆渡第四层较大面积范围内，普遍发现稻谷遗存，有的地方稻谷、稻壳、茎叶等交

浙江河姆渡遗址和出土的象牙雕太阳神鸟

互混杂，形成0.2~0.5米厚的堆积层，最厚处超过1米。稻类遗存数量之多，保存之完好，都是中国新石器时代考古史上罕见的。经鉴定，主要属于栽培稻籼亚种晚稻型水稻。它与马家浜文化桐乡罗家角遗址出土的稻谷，年代都在公元前5000年，是迄今中国最早的两例稻谷实物，也是世界上目前最古老的人工栽培稻。这对于探讨中国水稻栽培的起源及其在世界稻作农业史上的地位，具有重要的意义。

河姆渡文化代表性的农具有骨耜，仅河姆渡一处就出土上百件。还发现了安装在骨耜上的木柄。此外，还有很少的木耜、穿孔石斧，双孔石刀和长近1米的舂米木杵等。

家畜主要有猪、狗。破碎的猪骨和牙齿到处可见，并发现体态肥胖的陶猪和方口陶钵上刻的猪纹。有一件陶盆上刻划着稻穗猪纹图像，大体是家畜饲养依附于农业的一种反映。此外，还出土较多的水牛骨头，可能牛也已被驯养。

河姆渡出土大量野生动物遗骨，计有哺乳类、鸟类、爬行类、鱼类和软体动物共40多种。绝大多数是梅花鹿、水鹿、麋鹿、麂、獐等鹿科动物，仅鹿角即有400多件。鸟、鱼、龟、鳖遗骨数量也不少。还发现有极少的亚洲象、苏门犀、红面猴等温热地带动物的遗骸。骨镞达千余件之多，以铤部不对称的长锋或短锋斜铤镞较富特色，另有窄长锋柳叶形镞、钝尖或锐尖的锥形带铤镞等形制。未见网坠之类渔具，而存在大量鱼骨，有些骨镞当兼用于射、渔。其他渔猎工具还有木矛、骨鱼镖等。柄叶连体木桨的发现，说明已有舟楫之便，除用于交通外，可能也在渔捞活动中乘用。利用禽类骨管雕孔制成的骨哨，既是一种乐器，狩猎时也可吹音用以诱捕动物。

陶器以夹炭黑陶最富特点。尤其在早期，无论炊器和饮食容器，都属这种陶质。胎泥纯净，以大量的稻壳及稻的茎、叶碎末为羼和料。工艺技术上比较原始，器物均为手制，不甚规整。胎质比较粗厚疏松，重量较轻，吸水性强。晚期阶段，基本上仍用手制，但有的经慢轮修整。出现了三足器、袋足器等较复杂的器形。

关于编结纺织，在河姆渡发现有芦苇席残片，采用二经二纬的编织法。质轻的木纺轮，连同大小轻重不一的陶、石纺轮。可供抽纱捻线之用。还发现了据认为可能属于原始腰机部件的木质打纬刀、梳理经纱的长条木齿状器、两端削有缺口的卷布轴等。

河姆渡文化的骨器制作比较发达，有耜、镞、鱼镖、哨、锥、针、管状针、匕、有柄匕、梭形器、锯形器、凿、匙等各种器物，广泛使用于生产和生活领域。有笄、管、坠、珠等装饰品。还有蝶形器（原料有木、石、骨、象牙4种）、靴形器等暂不明用途的器物。磨制普遍精细，少数有柄骨匕、骨笄上，雕刻图案花纹或双头连体鸟纹，堪称精美的实用工艺品。另有20余件象牙制品，其中刻有双鸟朝阳图像的蝶形器、凤鸟形匕状器、雕刻编织纹和似蚕纹的小盅等，显示了当时的精湛技艺。

河姆渡遗址是“河姆渡文化”的命名地，是长江下游新石器中期文化的首次发现。在这个遗址里，发现了一大批具有相当发达文化标志、建筑水平很高的干栏式木构建筑和方形木构水井遗迹、水田农业种植的籼稻和粳稻遗存、原始纺织机构件、植物维编织物、木胎漆器、象牙雕刻制品等为代表的具有重要研究价值的实物资料和具有较高水平的原始艺术瑰宝。除此之外，还发现了60多种动物遗骸和多种植物果实。这为研究当地新石器时代农耕、畜牧、建筑、纺织、艺术等方面和中国文明的起源提供了珍贵的实物资料，有力地证明了长江流域同黄河流域一样，都是中华民族远古文明的摇篮，新中国成立以来最重要的考古发现之一。

1982 年，被国务院公布为第二批全国重点文物保护单位，并入选“20 世纪中国百项考古大发现”。

浙江田螺山遗址

田螺山遗址位于浙江省余姚市三七市镇相番村，地处姚江谷地北侧低丘环绕的小盆地中部，北面横亘四明山支脉翠屏山，东距海岸 30~40 千米，西南距河姆渡遗址约 7 千米。该遗址围绕一个名为田螺山的小山头分布，周围是大片低平湿软的稻田（海拔 2.3 米）。经钻探，遗址面积为 3 万多平方米，文化堆积厚度超过 3 米，分为 6 个文化层。在地下 2~3 米深处埋藏着距今年代约为 5 500~7 000 年的一个完整古村落，其存在的时间跨度在 1 500 年以上。

2001 年年初，该遗址因当地一家工厂打井被发现。2003 年，国家文物局批准对该遗址进行考古发掘。2004 年 2 月 18 日起至今 10 年，浙江省文物考古研究所主持，并联合宁波市文物考古研究所和河姆渡遗址博物馆不断发掘，按 5 米 × 10 米布置探方，发掘面积为 300 平方米。至 2004 年 7 月初，发掘工作在普遍发掘到第六层下的重要建筑遗迹层面，并落实了临时性的保护措施之后暂告一个阶段。

遗址第三至八层，根据土色、土质、叠压次序和出土器物的形制，可以分为早晚紧密衔接且文化内涵各具特色的 3 个阶段。

由于第六层下的堆积尚未全部发掘，第一期遗存中的遗迹除了 3 处木构建筑单元的局部较清楚以外，其他尚不详。出土遗物以陶器、骨器、石器为主。陶器以夹砂黑陶最多，夹炭黑陶次之，泥质陶尚未出现，这与河姆渡遗址同期的陶系构成有较大区别。陶器以圈底为主，平底次之，圈足较少，未见三足器。除陶容器外，还有陶纺轮、弹丸等小件制品。骨器（含角、牙器）是该遗址出土器物中数量、种类最多的器物，是当时人们的主要生产工具和生活用品。根据器形和用途的不同，选取不同种类、部位的动物骨头，用敲砸、切割、雕琢、钻凿、锉磨、刻划等方法制作而成。器类有耜、镞、哨、凿、锥、匙、针、饰件等，除耜以外，器形一般较小。出土的石器较少，有斧、锛、凿、砺石等，多数制作粗糙，打制出外形后在刃部略加修磨。另外，出土少量用各种矿物制作的玉器。出土的木器近 10 件，数量和种类较少，但保存状况较好。每件木器都用整块木头制作而成，加工方法有砍、劈、锛、削、凿、雕、刻、挖、磨等。器类有桨、蝶形器、矛形器、把手、器柄等。

第二期遗存中，第五、第六层的堆积由于受地下水浸润，木质遗物的保存状况较好。第 5 层下的遗迹较少，在 T203 偏西位置发现了几座位于居住区附近的简单墓葬。这几座墓葬均没有明显的墓坑、葬具和随葬器物，多数肢骨残缺不全且散乱无序，骨骸的形态特征显示其多为青少年，它们很可能属于非正常死亡的二次葬。由于埋藏的深度略浅，第二期遗物中有机质遗物的数量和质量都不如第一期，但陶器和石器相对较多。陶器中，夹砂灰黑陶最多，夹炭陶次之，泥质陶基本不见。器形比第一期相对规整，凸脊减少并弱化成附加堆纹，纹饰明显简化，素面陶器增多。骨器（角、牙器）是当时主要的生产工具和生活用具，数量多于石器、木器等。主要器类、器形与第一期基本相同，有些骨器的加工技术有所进步。石器占出土器物总数的比例仍很小，这与石器在生产、生活中很大程度上被骨器取代有关。器类有锛、斧、凿、楔等。由于文化堆积埋藏的深度仅 1 米多，地下水不能长期稳定在这个深度，有机质遗物的保存状况较差。除了柱坑底部的垫板和动物遗存外，木屑、果核、种子、草叶等只残留在较深的灰坑和柱坑底部。

第三期的遗迹较少且零散，只有一片较密集的石块、红烧土块分布区和少量的灰坑、柱坑、墓葬。出土遗物中，陶器以夹砂陶、泥质陶和夹炭陶的比例相当，其中夹炭陶的质地疏松，多有红衣，并多饰繁复的附加堆纹；夹砂陶以夹砂灰陶为主，含砂粒较粗，胎质多硬实；泥质陶有红、黑两种，前者多是外壁红、内壁黑，后者一般是泥质灰胎黑皮陶。器表装饰已明显简化，以素面为主，部分器物上有绳纹、短线纹、锯齿纹、附加堆纹等。陶釜中的敞口釜仍为主流炊器，但形制、装饰风格、制作工艺与前期相比有较大的区别，新出现了以不规整柱状足为特征的鼎、多角沿釜等炊器，另有罐、支脚、灶、陶塑等。石器（用各种矿物制作的玉器）在选料、工艺方面与第二期相比有明显的改进，高硬度的石料基本被淘汰，多选用沉积岩等硬度适中的岩石，但锋利程度有所提高。石器大多形体规整，磨制光洁，有斧、锛、凿、砺石、球、弹丸等。用各种矿物制作的玉器多采用线锯切割和片锯切割工艺，有玦、管、璜、珠、坠等。骨器（角、牙器）少，有耜、坠饰等。

田螺山遗址发现了其他遗址没有的人脸形陶支脚、形似大象头部的陶塑等陶器，这在河姆渡遗址中几乎没有见到。出土的器物中，双耳深腹夹炭陶罐残存部分有近 70 厘米高，这在浙江省范围内是首次发现。遗址中发现大量鹿角、鱼骨、象牙等动物骸骨和木材、菱角、酸枣等植物遗存，这反映了当时这一地区的自然状况。特别是遗址中发掘出的人为种

浙江田螺山遗址和出土的文物

植古茶树树根和壶形陶器证明，当时很有可能已经人工种植茶树并饮茶。遗址中的干栏式建筑范围和大小证明，当时的先民已经能够挖掘较深的土坑，且能够应用重力与承重力关系的经验进行建筑。跟据田螺山发掘的大量稻谷证明，随着时间推移，驯化稻的比例上升，且发现的稻谷并非原始栽培稻。这证明了长江流域稻谷种植历史比预想的更长。

田螺山遗址是迄今为止发现的河姆渡文化中地面环境保存最好、地下遗存相对完整的一处史前村落遗址，它向人们提供了极有价值的研究视角，对于充实和完善河姆渡文化内涵，推进河姆渡文化考古研究的整体局面提供了宝贵契机。田螺山遗址的发现完成了河姆渡文化早期遗址在姚江流域空间分布“由点到面”的历史跨越，对研究河姆渡文化的时空分布格局和社会规模具有突破性的价值。遗址发现的多层次的干栏式建筑以及埠头、独木桥等遗迹对河姆渡文化聚落研究具有关键的价值。田螺山遗址的地层堆积和文化内涵，解释了河姆渡文化早晚期遗存面貌较大差异而文化核心相对稳定的特征，从而可以有效地平息学术上对河姆渡遗址早晚期遗存的文化属性的争论。

2007 年，遗址发掘现场建起田螺山遗址现场馆，将遗迹发掘成果与发掘现场进行展示。2013 年，田螺山遗址被列为第七批全国重点文物保护单位。

浙江罗家角遗址

罗家角遗址位于中国浙江省桐乡市石门镇颜井桥村罗家角，东起小庄桥，西至陈家村，北临古运河，南抵罗家角，东西长约 400 米，南北宽约 300 米，总面积 12 万余平方米。该遗址于 1956 被发现，1979 年 11 月至 1980 年 1 月进行了局部发掘，表土层约 2 米，文化层厚 2~3 米，四层文化层均属马家浜文化。共出土石、陶、骨、木器 794 件。第四文化层出土的炭化芦苇经 C14 测定，最早年代距今（7 040 ± 150）年，处我国原始社会母系氏族公社时期，属马家浜文化早期，被称为马家浜文化罗家角类型。

1956 年，当地农民在水田中挖出大批兽骨、陶片和镌刻精美的猪獠牙饰品。浙江省文物部门派员调查，发现这是浙江迄今最大的一处新石器时代遗址。遗址总面积 12 万平方米。1963 年 3 月省人民政府列为省级重点文物保护单位。罗家角遗址位于桐乡市石门镇东北 2 千米处，1979 年，为配合农田水利建设，保护性发掘地下文物，省文物管理委员会组织考古队罗家角遗址进行局部发掘。开探方 41 个，发掘面积 1 338 平方米，文化层堆积厚 20~350 厘米，叠压着四个文化层，包涵物十分丰富，共发现完整或可复原的石、骨、木、陶器等 794 件。第三、第四层中的稻谷，经鉴定属于迄今发现最早的人工栽培籼稻和粳稻。第四层中的建筑木构件，多有榫卯和企口等残迹。

遗址出土文物较多。石器有石斧、石锛、石纺轮等，陶器有釜、盆、盘、钵、豆、鼎、碗、壶、纺轮等，骨器中有骨耜、骨哨。在陶片中有少量精美白陶，不亚于商代的白陶，有的白陶片上有乌头纹，还有捏塑男性陶人像。木器中有两件拖泥板状的木器和残存木桨，还有一批加工方正的榫卯建筑构件。陶器中尤其引人注目的是罗家角遗址出土的四片白陶片。白陶是瓷器的先祖，据当今科学分析，制作白陶的原料主要是高岭土，高岭土铁含量

浙江罗家角遗址出土陶器

低而铝含量高，较红、灰陶耐得起高温，烧成后外型洁白美观，坚硬耐用，人们对高岭土的认识和使用，为后来瓷器的发明和发展奠定了基础。从制作工艺和焙制方法上看，罗家角白陶的制作工艺应是轮制，否则不会这样光滑、均匀。焙制方法可能是用炉灶式，因篝火式达不到 1 000 度。可见马家浜人的生产力水平比同时代其他部落要高得多。

罗家角遗址还发现了不少陶纺轮，专家考证是马家浜人用于纺织的工具。在罗家角遗址、苏州吴县唯亭镇的陵南北村的草鞋山遗址都出土了这类纺织品实物，草鞋山出土的 3 块炭化了的纺织品残片，经纬分明，经过科学分析，这种织物用的原料是野生葛，纬线起花的罗纹编织，表明当时的编织工艺具有了相当的水平。作为迄今为止中国所发现的最早的织物标本之一，证明了马家浜人不再是赤身裸体，披着兽皮树叶，而是穿上了衣服。罗家角 1–3 层发现的遗物中，还有陶网坠等捕鱼工具，证实了马家浜文化在家畜饲养、捕鱼方式上也达到了相当的水平。

最令世人瞩目的是罗家角遗址第三、第四层中出土的 156 粒稻谷，经科学鉴定为距今（7040 ± 150）年的人工栽培籼稻和粳稻。1979 年和 1980 年对桐乡县罗家角遗址的发掘中，在第三、第四文化层中发现了炭化谷粒遗存，可供鉴定的标本有 156 粒，其中籼稻 101 粒、粳稻 55 粒，稻谷颗粒较河姆渡遗址发现的略小。对罗家角遗址 4 个文化层出土的陶片进行了植物硅酸体分析，结果从来自第二至第四等 3 个文化层的 5 块陶片中检出了稻运动细胞硅酸体。形状解析结果显示：罗家角遗址水稻硅酸体的纵长、横长较小，形状系数较大，是一类小型硅酸体；利用硅酸体 4 个形状特征参数进行亚种判别的判别值也较小，和现代栽培稻籼亚种的硅酸体更相近。但在硅酸体的分布图上出现多峰现象。从硅酸体形状分析结果看，罗家角遗址及其周围的栽培稻可能是一些以籼亚种为主，并混杂粳亚种的多样性群体。

经 C14 测定，河姆渡遗址第四文化层的年代为公元前（4780 ± 90）年，罗家角遗址的年代为公元前（5190 ± 45）年，距今已有 7 000 年左右，在当时是世界上最早的稻谷遗存。罗家角遗址发现的稻谷，在马家浜文化已发现的稻谷遗存中年代最早，较河姆渡遗址发现的稻谷遗存年代还要早 300 多年。

2001 年，罗家角遗址被列入第五批全国重点文物保护单位。

浙江马家浜遗址

马家浜遗址位于浙江省嘉兴市南湖区南湖街道天带桥马家浜村北 100 米的三河交叉处，东西长约 150 米，南北宽约 100 米，面积约 1.5 万平方米。

遗址于 1959 年 3 月被发现，随即对其抢救性发掘，发现有上下两个文化层，墓葬 30 多座，房屋遗迹一座，出土大量陶器、石器、玉器、骨器。陶器以釜类为主，鼎形器极少，以牛鼻式器型为陶器特征，陶色有一定数量的红衣陶。下文化层 15~75 厘米，为黑色黏土，发掘表明兽骨比上文化层更多，有骨镞、骨锥、骨针、骨凿、骨哨以及石斧、砺石等。在两层之间淤泥中还出土了 30 具人骨架，并有部分随葬品，包括生产工具、饰品等。在发掘中还发现了长文形房屋遗址，南北 7 米，东西 3 米，残存木柱等。值得一提的是在下文化层中还发现了碳化无角菱。从出土文物分析，马家浜遗址距今 6 000 多年，属新石器时代（中期）。其文化特征鲜明且典型，被命名为马家浜文化。

在距马家浜遗址被发现后 50 年的 2009 年，由浙江省文物考古研究所主持并联合嘉兴博物馆对马家浜遗址进行第二次也是首次主动性发掘。在遗址西北部 300 平方米的发掘范围内，发掘清理了马家浜文化墓葬 80 座。除发掘区西南角和东南角发现少量墓葬外，大部分墓葬集中于发掘区的东北角，目前已经确认了这处墓地的四至边界，墓地的面积约 200 平方米。近 60 座墓葬有较多的叠压和打破，从层位上观察，这处墓地大致可以分为两个阶段。发现的墓葬大部分都清理出了长方形竖穴土坑，个别墓葬还留存了木质葬具，从剥剔的形态看，仅是在墓底平铺木板，个别的还有盖板，但具体形态不清。绝大部分墓葬都保存了人骨遗骸，以俯身葬为主，有少量侧身屈臂葬和仰身直肢葬法。探方内还发现大量兽骨，其中还有水牛等大型动物的骨骼。

马家浜文化遗址出土的文物十分丰富，出土了大量完整或可复原的石、骨、木陶器物，其中石器包括石斧、石锛、石纺轮等，陶器有釜、盆、盘、钵、豆、鼎、碗、壶、纺轮等，骨器中有骨耜、骨哨。

浙江马家浜遗址及出土文物

马家浜的陶器独具特色，分为三期。早期陶器以灰黑陶和灰红陶为主，陶器成形基本采用手制。器表多素面或磨光，纹饰较少，主要纹饰有弦纹、绳纹、划纺、附加堆纹及镂空等，器型以釜为主。马家浜出土的黑陶中有一件镂空黑衣陶壶十分精致，此陶壶器表施黑陶衣，撇口，短粗颈，折肩折底，圈足高而外撇，通体镂空装饰。此件镂空黑衣陶壶是马家浜文化的象征器。

马家浜文化中期出土的陶器以夹砂红褐陶为主，仍有一定数量的灰黑陶和灰红陶，以素面的为多，绳纹基本消失，器型仍以釜为主。同时还出现了少量的鼎和较多的豆，还有牛鼻形耳的罐。晚期的陶器以夹砂红陶和泥质红衣陶为主，主要器型是釜、鼎、豆。马家浜文化最独特的是一种“腰沿釜”，鼎足一般为扁平或铲形，甚至有的鼎足为鱼鳍形。以腰沿釜为代表的马家浜文化陶器，体型大，器形多，已出现了三足器和袋足器。

从制作工艺和焙制方法上看，马家浜的陶器是由手工捏制，泥条盘筑，轮盘旋制逐步发展起来的。焙制方式的演变则更加漫长，最早是原始的篝火式，把制好的陶坯堆放在一起，四周围上柴火烧制，但温度不高，难以焙制大的器皿。后来逐步形成陶窑。可见马家浜人的生产力水平比同时代其他部落要高得多。

遗址还出土了磨光穿孔石斧、弧背石锛和角骨制耜、凿、锥和网坠等生产工具，说明当时的先民已经用磨制石器和骨角器开垦农田、栽种水稻、饲养家畜等。农业经济是马家浜时期主要的经济形式，特别是栽培水稻，培育出粳稻，是水稻种植的一大发展。为适应当地自然环境，渔猎经济在马家浜人的生活中也占有一定地位。

从出土的遗迹看，地面木构建筑住房、公共墓地和俯身直肢葬式等等都表现出一种与黄河流域原始文化不同的文化形态。

马家浜文化是长江下游太湖地区已发现的最早的新石器文化，马家浜文化遗址是该地域已发现的年代最早的文化遗存。“江南文化源头”也由此而来。随着20世纪七八十年代桐乡罗家角遗址、余杭吴家埠遗址、常州圩墩遗址等先后进行的考古发掘，到目前为止，长江流域及其以南共发现了2 000多处新石器时代遗址，年限最早的则是距今已有7 000年的桐乡罗家角遗址，其中出土的稻作要素是世界上迄今发现的栽培水稻最早的年限。从而不仅证实了中国是世界上最早人工栽培水稻的国家，而且也表明长江流域和黄河流域同是中华民族文化起源的摇篮。这些极其重要的成果使考古学者兴奋不已，除了学术上的讨论外，江、浙、沪考古同行互相参观学习，增加了交流，使马家浜文化的研究掀开了新篇章。

2001年，马家浜遗址被列为第五批全国重点文物保护单位。2013年，浙江省文物局公布其为第一批省级考古遗址公园。

浙江良渚遗址

良渚文化遗址位于杭州城北18千米处余杭区良渚镇。1936年发现的良渚遗址，实际上是余杭县的良渚、瓶窑、安溪三镇之间许多遗址的总称，遗址总面积约34平方千米。它是新石器时代晚期人类聚居的地方，为公元前3300年—前2000年，是长江下游良渚文化的代表性遗址。

良渚遗址最早被发现于 1936 年，当时西湖博物馆的工作人员施昕更在良渚一带最早进行了具有现代意义的田野考古发掘，出土的陶器中有引人注目的黑陶，当时被认为与山东龙山文化类似。随后，黑陶、磨光石器和精致玉器为代表的新石器文化遗存在环太湖流域不断被发现，与龙山文化的差异也逐渐明显。1959 年中国社会科学院考古研究所研究院，考古学家夏鼐依照考古惯例按发现地点良渚命名。1986 年，良渚反山遗址被发现，发掘出 11 座大型墓葬，有陶器、石器、象牙及嵌玉漆器 1 200 多件。直至 2007 年，良渚文化遗址从 40 多处增加到 135 处，有村落、墓地、祭坛等各种遗存。

良渚遗址居民过着较稳固的定居生活。在钱山漾遗址发现 3 座的民居遗址。其中一座东西长约 2.5 米，南北宽约 1.9 米，木桩按东西向排列，正中有一根长木，似起“檩脊”的作用，其上盖有几层竹席。另一座只在东边保存下一排密集而整齐的木桩，上面盖有大幅的芦席和竹席。

各地共发现墓葬数十座，墓坑呈长方形，以头向南的仰身直肢葬为主。有大、小墓之分。小墓在浙江海宁、嘉兴、平湖和余杭等地发现，随葬陶器的质量一般远逊于实用品，有的小墓用猪下颚骨或穿孔石斧和大型玉璧随葬。大型墓不仅墓坑规模较大，而且随葬器物数量多，质量也高。

良渚古城遗址位于良渚遗址核心区的莫角山一带，东西长约 1 500~1 700 米，南北长约 1 800~1 900 米，总面积达 290 万平方米。从出土的陶片和器物判断，良渚古城使用的下限，不晚于良渚文化晚期。作为文明初期最重要的人类聚落形式，城墙意味着社会组织从自然村落迈入了等级社会。良渚古城的发现，改变了良渚文化文明曙光初露的原有认识，标志 5 000 年前的良渚文化时期已经进入了成熟的史前文明发展阶段。

遗址出土大量文物。出土的石器有斧、凿、锛、镰、镞、矛、穿孔斧、穿孔刀等，磨制精致；特别是石犁的使用，说明当时早已进入犁耕阶段。新出现三角形犁形器、斜柄刀、“耘田器”、半月形刀、镰和阶形有段锛等器形。出土的陶器，以泥质灰胎磨光黑皮陶最具特色，以夹细砂的灰黑陶和泥质灰胎黑皮陶为主。轮制较普遍，一般器壁较薄，器表以素面磨光的为多，少数有精细的刻划花纹和镂孔。圈足器、三足器较为盛行。代表性的器形有鱼鳍形或断面呈“丁”字形足的鼎、竹节形把的豆、贯耳壶、大圈足浅腹盘、宽把带流

良渚遗址莫角山遗存和遗址内出土玉器、玉琮上神人兽面纹

杯等。玉器的发现很多，有璧、琮、璜、坠、环、珠等，大部分出土于墓葬中。据对有关出土文物的C14测定，其年代距今约4 200~5 300年，先后延续达千年之久。在陶器时代，中原地区并不流行三足鼎，鼎的器型在良渚的发掘中却十分常见。鼎在其祭祀中的使用，已初具后来中原礼制的萌芽。

良渚遗址并非现知最早发现稻米的文化遗存。在更早的河姆渡文化中就已发现过稻米的遗迹。而在良渚文化的稻米中，考古人员已经可以区分出籼稻和粳稻的不同。良种的驯化和培育，加之湿润温和的气候，使得规模庞大的古国获得了稳定的食物供应。与北方的粟作农业相比，稻作无疑需要更加繁细的耕作管理技术，这从另一个侧面证明了良渚文化社会组织的复杂性。

良渚遗址是良渚文化的中心，而莫角山聚落群就是这个中心的中心遗址。2007年，良渚古城的重大发现进一步证明这里是良渚文化的中心，是属于都邑性质的遗址，这为重新认识良渚文化的社会发展进程以及良渚文化在中华文明起源中的地位和意义都提供了全新的资料，成为中华五千年文明的实证地，也将杭州的建城史提前了3 000多年。

1961年，良渚遗址被列为省级重点文物保护单位。1994年，被列入中国政府向联合国教科文组织世界遗产委员会申请加入“世界遗产名录”预备清单，良渚遗址保护与开发的多位研究项目也被列为中国“21世纪议程”优先项目。1996年，被公布为国家级重点文物保护单位。2006年，经过国家文物局专家组的重新考察和评审，被列入国家文物局《中国世界文化遗产预备名单》，并被列入国家文物局发布的“十一五”期间大遗址保护项目库名单。2012年，良渚遗址被列入《中国世界文化遗产预备名单》，良渚申遗迈入倒计时。2013年，在杭州园林文物局对申遗工作的部署中明确，良渚遗址要争取获得2016年申报世界文化遗产的资格。

浙江钱山漾遗址

钱山漾遗址位于湖州市东南约7千米的八里店镇潞村，位于呈西北—东南走向的钱山漾的东南部。这里属于莫干山余脉的丘陵山地向东侧冲积平原的过渡地带，遗址周围有许多小山峰，东苕溪东侧支流从遗址西侧流过，并往北与西苕溪汇合后注入太湖。

该遗址最早由慎微之于1934年发现。1956年和1958年，原浙江省文管会、浙江省博物馆对该遗址进行过两次发掘，第一发掘开探方10个，大小不一，总面积390.5平方米；第二次发掘开探方13个，总面积为341平方米。遗址上层是以夹砂陶为主，并有少量几何印纹陶和原始瓷的遗存。下层为早期良渚文化遗存，以出土多种植物种子、丝麻织物、竹木器而著称，经校正的年代约为公元前3300—前2600年。2005年3~6月，浙江省文物考古研究所、湖州博物馆联合进行了第三次发掘，发掘地点位于20世纪50年代两次发掘区域以南约350米处。共布探方17个、探沟2条，发掘面积达1 400平方米。遗址主要包括新石器时代晚期和马桥文化两个时期的遗存，其中新石器时代晚期遗存又分为两期，即钱山漾一期文化和钱山漾二期文化遗存，遗址距今约4 700多年。

浙江钱山漾遗址及出土文物

出土遗物以陶器、石器为主，还有部分骨、木器。陶器以轮制为主，在部分陶器内壁或口沿上可见轮制留下的旋痕。质地分为夹砂陶和泥质陶，夹砂陶约占 70%。夹砂陶中主要有灰陶、红陶、黑陶和部分棕褐陶，泥质陶中以灰陶、黑陶为主，还有黑皮陶、红陶、灰黄陶和少量青灰陶。泥质青灰陶烧制火候略高，器表常装饰有条纹。另外，少量夹砂红陶的外表有灰白色涂抹层。陶器多为素面，装饰纹样有绳纹、篮纹、弦断绳纹或篮纹、方格纹、条纹、凹凸弦纹、附加堆纹或锯齿纹、水波纹、八字纹、刻划纹等，其中以弦断绳纹或篮纹最为盛行。部分鼎的颈部或颈腹部有竖向绳纹状抹痕，圜底部有交错刻划纹或绳纹。另外，在鼎口沿面发现有少量刻划符号。器形主要有鱼鳍形足的鼎、罐、豆、瓮、盘、长颈鬶、盆、钵、缸、器盖等。石器工具有斧、长方形锛、有段锛、长条形刀、斜柄刀、犁形器、“耘田器”和镞等，有一件石斧上墨绘回纹。石器均磨制。骨器仅见镞。竹木器丰富，发现竹篾编织物 200 多件，有篓、篮、谷箩、簸箕、竹席、“倒梢”等，已使用比较复杂多样的编织方法。木器中，翼长柄短的木桨长达 1.8 米左右，木杵尚留烧烤和砍削的加工痕迹，还有用独木剜成的千和木槽。

钱山漾遗址下层还发现了中国早期的丝织品和苎麻织品。丝织品有绢片、丝带和丝线，经鉴定为家蚕丝，为我国迄今最早发现的丝织品。残绢片长 2.4 厘米，宽 1 厘米，采用平纹织法，其经密、纬密每厘米各是四十根。遗址中还出土了麻布片、麻绳等纺织品，平纹麻布经鉴定为苎麻织物，其细密程度与现在的细麻布相似。说明当时太湖流域丝麻织品和养蚕、桑苎种植，已经相当发达，为我国蚕丝、麻纺织品最早的发祥地之一。遗址还出土许多植物种子，有稻谷、花生、芝麻、蚕豆、甜瓜子、菱、毛桃核和酸枣核等，均经鉴定。但也有人对花生、芝麻、蚕豆等的出土情况和鉴定结果持保留态度。

遗址还出土了木桨，证明当时已有原始的木船或竹筏。出土的石、陶瓷制成网坠、骨制的鱼标、丝线或亭麻线编织成的渔网，说明已经有了多种捕鱼工具。湖州先民当时已过着“饭稻羹鱼”的生活。当然，那时仍有一定的狩猎、采集活动。遗址中，还出土了 200 多件竹编器物，有箩、筐、席、竹绳等。竹子被广泛用于人们的生活、耕种、纺织、捕鱼（竹制“倒梢”捕鱼器）等诸方面，乃是我国竹器编织技术史上的重大贡献。

钱山漾遗址相当于黄河流域的河南龙山文化和山东龙山文化时期，它填补了原先几乎一片空白的湖州原始文化的历史。

2006年，钱山漾遗址被公布为第六批全国重点文物保护单位。

安徽双墩遗址

双墩遗址位于安徽省蚌埠市淮上区小蚌埠镇双墩村，1985年11月文物普查时发现。遗址南距淮河约4千米、北距北肥河约2.5千米。双墩遗址位于双墩村北200米的台地上，台地呈三角形，为该遗址的中心范围，保存面积约1.2万平方米。遗址地表为历代乱葬堆，坟垄空隙间为现代农田。遗址上层和四周均遭到破坏，东侧破坏更为严重，因现代人取土留有高约1米的断面。1986年秋，蚌埠市博物馆曾在遗址东南处抢救发掘约75平方米，取得了一定的收获。安徽省文物考古研究所配合国家文物局“苏鲁豫皖先秦考古重点课题”，于1991年春和1992年秋进行了两次发掘，两次发掘面积300平方米，出土了一批面貌新颖的文化遗物。经测定，双墩遗物距今约7 000年，是目前淮河中游地区已发现的年代最早的新石器时代文化遗存，也是淮河流域早期文明的有力证据。

双墩文化遗址出土了大量的陶器、石器、骨角器、蚌器、红烧土块建筑遗存、动物骨骼以及螺蚌壳等，种类繁多，既有生产工具、生活用具，也有大批刻画符号和泥塑艺术品。陶器以红褐色为主，其次是外红内黑色，还有少数器内外表均施红色陶衣及黑色和灰色陶。陶质多数为夹蚌末和夹炭陶，少数夹云母末陶，还有少量泥质陶。陶器均为手制，小件为手捏成型，大件多为泥片拼接而成，胎粗壁厚。在一些大件器物的壁上留有手制的指痕、拼接的缝痕和刮削痕。陶器以素面为主，有少数刻划纹、戳刺纹、刺点纹、指切纹、乳钉纹、附加堆纹和彩陶等纹饰。纹饰均为手制，多装饰在器物的口沿、肩部、鋬手等处。出土少量完整小件陶器，从陶片中修复了一部分器形，有生活用具和手工工具及渔猎工具等。器形有罐形釜、钵形釜、支架、鼎、鼎足、碗、钵、甗、器座、器盖，罐和纺轮及网坠、长核形器等。出土的石器数量较少，器形小，制作原始、粗糙。打制和利用自然石块制作，仅用斧、锛、石圆饼等石器上磨制。少数精磨和钻孔的石器制作技术进步。出土骨器（包

陶塑人头像和陶鼎

括鹿角器）24 件，截取动物的肢骨加工而成，制作有精有粗，经过磨制，多为手工工具和用具以及少量装饰品等，有锥、镞、笄、骨器。出土的蚌器数量多，大多数器形加工粗糙，制作简单，多截取厚蚌壳口部的一块，以口为刃，余不作加工或稍作处理，留下截取断面喳口。但也有少数选料讲究，加工精致的蚌器。器形多为刀、匕、锯等。

双墩遗址符号的刻划技法比较娴熟，应该说是一种比较规范和成熟的符号。符号的刻道多为刻划或压划，呈阴线，还有一些似用模印或剔刻等其他方法形成的符号，呈阳线。双墩刻划符号不仅数量多，种类多，形态也比较复杂，有单线、双线和多重线符号。还有很多不同的符号构成组合形符号，以鱼纹、猪纹为多，还有鹿、蚕、鸟、虫。双墩刻画符号可以说是中国文字起源的重要源头之一，对于中国文字乃至整个人类文字起源的研究都有十分重要的意义。

2013 年 5 月，双墩遗址被国务院核定公布为第七批全国重点文物保护单位。

安徽薛家岗遗址

薛家岗遗址位于潜山县王河镇永岗村，南离王河镇 4 千米，东距潜水 200 米，是一处以新石器时代遗存为主的古文化遗址。遗址为高约 3 米的椭圆形河谷台地，面积 6 万平方米。1979—2002 年安徽省文物考古研究所、中山大学人类学系曾在此六次发掘，面积约 3 000 平方米，发现房基、灰坑及墓葬等遗址，出土各类文物 3 000 余件，主要是石器，陶瓷和玉器，并发现了百余座的墓穴。初步揭示了薛家岗遗址的文化属性，是一处新石器时代晚期遗址，年代为距今 6 000 年至商代（公元前 17—前 11 世纪）。薛家岗遗址延续时间长，分布范围广，文化层堆积厚，遗迹遗物丰富和文化内涵深邃，新石器时代文化遗存明显区别于周围其他地区的文化特征，具有独立的发展序列，被考古学界命名为“薛家岗文化”。

房基该遗址发掘的房基有地面建筑和半地穴式建筑两种，长 3.9~4.75 米，宽 2.4~3.7 米。房基内均有瓢形火膛。遗址出土氏族墓葬 100 多座，有的无墓穴，有的为长方形土坑竖穴，无葬具。墓葬分早晚两期，其中早期随葬品差别不大，晚期多寡不均，对研究当时的氏族关系和社会性质提供了重要资料。据 C14 年代测定数据，薛家岗新石器时代文化遗存距今 5 000 年以上。

遗址文化堆积分为五层，第一层耕土层；第二层宋代瓦砾层；第三层商文化层；第四层、第五层为新石器时代文化层。依据地层叠压关系和出土遗物的演变规律，四五两层又分为四期文化。经过发掘，出土器物主要是石、陶、玉三大类。石器有石刀、石斧、石锛、石铲、石凿、石钺、石镞等。多通体精磨，对面穿孔，棱角分明，部分刀、铲的孔眼处还绘有红色花果形图案，色泽艳丽、画面拙朴。以奇数相列的 1~13 孔眼大件石刀，尤为特殊。特别是 13 孔石刀，宽 9~12 厘米，长 51.6 厘米，是我国迄今新石器时代考古中首次发现的具有明显个性的文物。陶器主要是鼎、豆、壶、罐、盆、碗、鬶、杯等，其中以枫叶形足釜形鼎，扁凹状、扁柱状鸭嘴形足罐形鼎，敛口、直口高柄豆，小口折腹壶，鸡冠耳

安徽薛家岗遗址及出土文物

鋬碗，喇叭口细高颈凿形足带把鬶等，为薛家岗遗址具有鲜明地方特色的代表器物。陶器的制法由手制到轮制，器形由平肩到圈足，种类由简单到复杂，表现了四期文化的发展序列。玉器有环、璜、管、琮、铲、扣形饰等。这些玉器，雕刻精美，图案对称，工艺水平很高。薛家岗新石器时代遗址还出土了大量陶球，其中最大直径 9 厘米，最小直径 1.8 厘米，表面有孔眼 1~46 个不等。球内装有小陶丸，摇之有声，清脆悦耳，球面以相互交错的针刺纹为装饰。有研究者认为，这种陶球是一种原始的"乐器"。铜器分为饪食器、酒器、水器、乐器、兵器、度量衡器、杂器 7 种。在此分类的基础上，以表格形式展示了各大类下不同种类的铜器的具体名称。经过分析发现，汉代铜器大多自名清楚；铜器有同实异名者，有同名异实者；与先秦铜器相比，器物种类上发生了很大变化；先秦铜器以礼器为主，而汉代则以实用器为主，不同的制作机构、制作地在不同的时间制作的铜器，其种类有所不同。

薛家岗文化的时代约在距今 5 000~6 000 年，其早期处在母系氏族社会向父系氏族社会的转变时期。这时的生活用具多，生产工具少，石器制作工艺粗劣，钻孔技术不发达，说明这时期社会生产力非常低下，人们除维持较低的生活水平外，不可能有多少剩余，氏族成员之间社会地位还是平等的，他们过着集体劳动的公有制生活。到了薛家岗文化的中、晚期，已经显露出阶级社会的萌芽：一是生产力水平的提高，生产工具、生活用品数量增多，种类齐全且制作精美。质料坚硬的石质生产工具的改进与提高，必然推动农业生产的大发展，这时的薛家岗人除维持较低生活水平之外，可能有所剩余，他们过着以农业经济为主的定居生活。二是出现了贫富分化。石质生产工具和玉饰切割工艺达到成熟阶段，陶器手轮兼制，器形规整，厚薄均匀；小件玉器钻孔精细，这就需要有熟练的手工业劳动者才能完成。因此，据推测这时的薛家岗人有一部分已脱离农业生产劳动，而专门从事手工业生产。农业和手工业生产有了分工，商品交换和氏族内部的贫富分化可能开始出现。所以，薛家岗人早期公有制生活，这时已逐步为私有制所取代。三是薛家岗人有着较高的审美欣赏水平，如陶器造型优美，纹饰图案形式多样；石器尤以石铲和多孔石刀最具特色，穿孔周围绘有规整的花果形图案，这是目前国内外绝无仅有的。另外，他们还有意识地制作了玉石、骨料及象牙品以作为头饰、颈饰和肢饰等，说明这时期薛家岗人佩带玉饰风气盛行。

薛家岗文化受黄河下游诸多文化影响，晚期又综合了长江下游地区各文化因素，通过交流、发展，终成为安徽惟一自成系统的一支重要部族文化，在长江流域新石器时代考古研究中占有极重要的地位，被学术界广泛关注。

1996 年，薛家岗遗址被列为第四批全国重点文物保护单位。

安徽凌家滩遗址

凌家滩遗址 1985 年发现于安徽省含山县铜闸镇凌家滩村，遗址总面积约 160 万平方米，经测定距今约 5 300~5 600 年，是长江下游巢湖流域迄今发现面积最大、保存最完整的新石器时代聚落遗址。自 1987 年以来，5 次发掘合计发掘面积不过 2 550 平方米，而通过现代航空遥感技术培训和考古钻探方法，测出凌家滩遗址总面积达 160 万平方米，发掘面积仅占遗址总面积的 1/800，神秘而丰富的凌家滩遗址仅仅才露出冰山一角。然而出土的文物数量，多达 1 900 多件，其精美程度令人叹为观止，包含着丰富的历史信息震撼海内外。它透露出长江中下游和黄河流域一样也是中华文明的重要发祥地。

1987 年 6 月第一次发掘就取得了惊人的发现，出土文物 200 多件，包括玉版、玉龟、玉勺等一大批精美玉器；尤其是发现一把重达 4.25 千克的石铲，这是我国新石器时代迄今发现最大的一把石铲。1987 年 11 月，紧接着对凌家滩遗址进行了第二次发掘，发掘面积 350 平方米，出土文物 300 多件，仅玉璜的种类就达 20 余种。这次发掘，揭露出墓葬 11 座，灰坑 2 个，发现人工构筑的遗存 3 处，初步认定凌家滩墓葬区是一处人工营建的墓地。1998 年 10 月，时隔漫长的 11 年后，考古队对该遗址进行了第三次发掘，发掘面积扩大到 1 300 平方米，墓地的整体面貌被揭露出来，明确了第二次发掘中发现的人工构筑遗存是祭坛遗迹。这次发掘揭露出祭坛 1 座，房屋遗迹 1 处及墓葬 29 座，出土了 500 多件文物，包括玉龙、玉鹰、石钻等重要文物在内。2000 年 10 月，对遗址进行第四次发掘，发掘面积 425 平方米。这次发掘面积虽不大，但成果十分丰富，除发现 25 座墓葬，出土 110 多件文物外，还发现了玉器加作坊遗址 1 处，在凌家滩村内发现了大面积红陶块建筑遗迹和一处用红陶块砌成的水井。2007 年 5 月，对遗址进行第五次发掘，发掘面积 450 平方米，共发现墓葬 4 座，灰坑 3 个，玉器、石器作坊遗址 1 处，出土文物 400 多件。这次发掘在祭坛近顶部发现一件用玉石雕刻的猪形器，重达 88 千克，堪称新石器时代玉器之最。在玉猪的身下压着一座疑似部落首领的大墓，墓坑内摆放随葬品约 400 多件。墓主人胸前摆放着 10 多件玉璜，两臂位置各放着 10 件玉镯，胸部以下至脚部叠压着玉钺、石钺、石锛、石凿，部分部位叠压达 2~6 层器物。

红陶块遗迹分布在凌家滩自然村内，总面积约 3 000 平方米，厚度 1.5 米。经过高温烧制，质地坚硬。单就红陶块本身而言，它是经过 800~1 000℃的高温烧制而成的，至今我们仍很难将其砸碎。中国古建筑协会会长杨鸿勋先生认定：红陶块属人类有意识加工的建筑材料，凌家滩的红陶块应是中国人类建筑史上的第二次革命，是现今人类所用各类砖的祖先。

凌家滩发现的一座大型祭坛遗址，是我国目前已知的规模最大、年代也较早的一处祭坛遗址。凌家滩祭坛为正南北向的长方形，现存面积约600平方米，原面积约1 200平方米，位于凌家滩遗址的最高处。在祭坛上发现有用于祭祀的“积石圈”和3个长方形的祭祀坑，在祭坛的东南角发现有红烧土和草木灰遗迹，草木灰堆积很厚，呈灰黑色，推测这里可能是祭祀时用火的地方。整个祭坛的形制和特征都表明它是凌家滩遗址中极为重要的一处举行宗教仪式的场所。

凌家滩墓葬区位于凌家滩聚区北部高岗平台地上，面积约1.4万平方米，规划周密，由南向北分列8排，以第一排和第二排墓葬规格最高，不仅墓坑面积较大，随葬品也十分丰富，数量达几十件甚至上百件，主要以玉器为主。随葬品层层叠叠规则的放置在墓主人的两侧及身上。

遗址出土玉器数量最多，品种最为丰富，雕琢精湛，是中国新石器时代其他古文化遗址不能比拟的，具有重要的考古、历史、科学和美学艺术价值。从出土的玉器看，凌家滩玉器的选料、设计、磨制、钻孔、雕刻、抛光等工艺技术都达到高度发达的水平。其中有不少玉器经过测试，其硬度都达到或超过7度，有的孔眼直径只有0.15毫米，而且所有钻孔的磨擦痕都十分规整、平行，而不是交错的乱痕。显然，考古界从前普遍认为竹管钻或骨头钻孔，是无法达到这样的效果的。

古井发现于红陶块遗迹中，该井井壁上半部系用红陶块圈成的，直径为1米、深3.8米。井的出现从一个侧面说明了凌家滩的先民们此时已进入了文明社会，因为他们已知道饮用干净卫生井水了，但从井底仅有少数陶片的现象以及井的位置来看，它应不属于一般人都能使用的水井，而是最高权力者使用的，或有重要的祭祀活动时才使用的“圣水”井。该井使用人工建筑材料和垒建技术，为目前国内已知最早的实例。

建筑遗迹“石墙”，发现于凌家滩遗址两块墓葬区的分界处，该“石墙”是一条高约30厘米，宽约20厘米，东北—西南走向，用小石块契垒而成的带状建筑物，因发掘面积有限，目前对它的长度以及功能还暂不清楚，但就其现有建筑物本身而言，就不得不为之

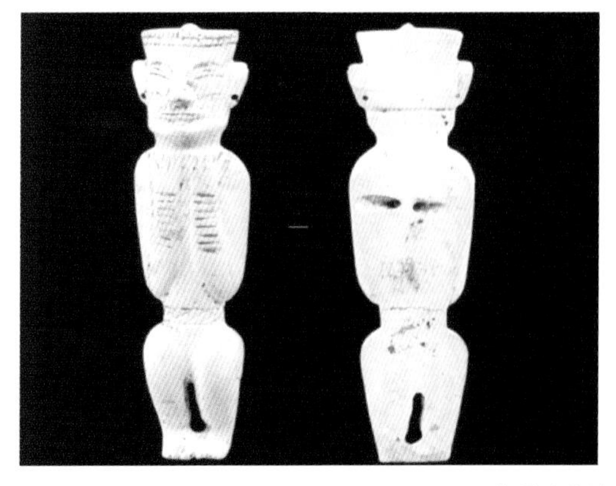

安徽凌家滩遗址出土文物

惊叹。该建筑物是利用石块自身宽窄大小不等的形状，一块块相互契垒起来的，每块石头之间没有任何黏合剂，但至今我们用手仍不易将契垒在一起的石块拿开。这足以表明凌家滩的先民们早在 5 000 多年前就已经掌握了几何力学，并有着高超的建筑水平。

凌家滩遗址是中国第一个以地势分层次建筑的聚落遗址，它是中国和世界文明史上极具代表性的一处文化遗产，在研究中国古代社会的演化，东西南北文化的交流与碰撞中，具有突出的地位。凌家滩祭坛、红陶块遗迹和玉礼器的出现，对研究古代宗教的起源，国家的起源，原始哲学思想的起源，历法制度的起源，金属冶炼技术的起源，龙凤文化的起源以及建筑史、工艺美学都具有重要意义。同时也表明凌家滩是中国玉文化发展的一个高峰。

凌家滩遗址因其各类遗存齐全，文化内涵丰富。专家评价，凌家滩遗址是目前我国考古发现的一处极为重要的新石器时代文化遗址，为探索中华文明的起源提供了可靠的依据，是中华文明史上一颗璀璨的明珠。

凌家滩遗址被评为“1998 年全国十大考古新发现”之一。2001 年，被国务院批准为国家重点文物保护单位。2006 年，被列入国家“十一五”期间 100 处大遗址保护总体规划之中。

安徽尉迟寺聚落遗址

尉迟寺遗址，位于安徽省亳州市蒙城县许疃镇毕集村东 150 米，是 5 000 年前人类文化遗址。该遗址是国内目前保存最为完整、规模最大的原始社会新石器晚期聚落遗存，东西长约 370 米，南北宽约 250 米，总面积约为 10 万平方米。尉迟寺相传是纪念唐代大将军尉迟敬德在此屯兵而建，故称“尉迟寺”。

遗址中的红烧土排房是我国迄今为止已经发现的最完整、最丰富、规模最大的史前建筑遗存。中国社会科学院考古研究所安徽工作队，从 1989 年至今，先后进行了 13 次发掘，在 1 万平方米的范围内，共清理出房迹 78 间，墓葬 300 余座及大量的灰坑、祭祀坑等。出土各种石器、陶器、骨器、蚌器等珍贵文物近万件。尉迟寺遗址因此被称为“中国原始第一村”。

尉迟寺遗址文化遗存非常丰富，可分为两个阶段。其中一期文化属大汶口文化；二期文化相当于龙山文化时期。发现的 41 座房址分成数排，分别以 2 间、4 间、5 间为一排，多呈东南—西北走向排列。房子的建筑形式基本一样，各房间面积一般在 10 平方米以上，其中最大的一间东西长 6 米，南北进深 4.94 米，面积近 30 平方米。每间房子由主墙、隔墙、门、居住面、室内平台和室内柱构成，主墙厚度在 30 厘米以上。门宽一般为 60 厘米，有木质门槛，门外用泥抹成斜坡状。面积大的房子设双门，面积小的设单门，门向多朝南或朝东。室内居住面与墙内壁同时烧烤，平整光滑。室内平台设在房间中部偏后，多在平台前两角或四角立有木柱。室内普遍遗留器物，少者四五件，多者达 80 多件，一般为 10~20 件。

安徽尉迟寺遗址房屋基址和立鸟异形陶器

墓葬分布较集中，头向东，分竖穴土坑墓和瓮棺葬两种。竖穴土坑墓多葬成年人和青少年，葬式有仰身直肢、侧身直肢、侧身屈肢。瓮棺葬约占墓葬总数的一半，埋葬的多是婴儿及幼童，一般 2~3 岁，最小者不足周岁。葬具由 2 件、3 件或 4 件套合组成，有鼎与鼎、鼎与瓮、瓮与瓮、尊与盆等多种组合。出土器物以陶器为主，其中多数是夹砂陶，陶色以红褐色为主，常见器物有鼎、鬶、罐、杯、大圈足豆等。在葬具上发现有 5 种不同的刻划符号，有的还在符号内涂朱。这些符号风格各异，线条流畅，刻划清晰自然，可能是一种较成熟的文字。

遗址出土文物较多，以陶器为主，还包括部分石器和极个别的骨器。陶器中完整器和可复原的器类包括鼎、罐、器盖、杯、尊、大口瓮、壶、甑、盆等，石器共 12 件。多数较完整，器类包括铲、锛、斧、钺、楔等。

鸟形神器是尉迟寺遗址出土的器物中最有代表性、最有特点、最有典型意义的一件器物，成为代表中国原始第一村的一个标志物。在尉迟寺遗址和其他地方的大汶口遗址的发掘中，这是迄今为止发现的最为完整的图腾，属首次发现，对史学界研究早期的陶器史、聚落考古史、宗教、图腾等方面都有典型的意义。

尉迟寺遗址出土的农作物遗存、动植物资料及文化堆积层和出土的动物骨骼表明，距今 5 000 年前，这里河湖相通，平原山地相间，植物茂盛，为古人类的生存提供了良好的生存环境。

在农作物的种植上，当时的农业文化已经进入到了迅速发展时期，当时的尉迟寺人由于受到南北文化相互交融的影响，最早起源于北方的粟类作物向南方传播；南方的稻作文化向北传播，并在皖北地区形成交融。在遗址周围发现大米和小米，正是尉迟寺遗址中农业文化的一个新内容。

从遗址中出土的大量水器、容器分析，这类器物与酿酒和饮酒有关。只有粮食有剩余才能进行酿酒，从一个侧面反映了当时的生产规模和生产水平。

遗址呈四周低中间高的凸形地貌，遗址中的红烧土排房是我国迄今为止已经发现的最完整、最丰富、规模最大的史前建筑遗存。

尉迟寺遗址成为考古界公认的“中国原始第一村”，最重要的原因是在这里首次发现了新石器时代规模最大、规格最高的房屋遗址。这里出土的红烧土房，为当时人类最豪华的住宅。每间房子均由墙体（主墙和隔墙）、房门、室内桩、房顶、居住面、灶址等部分组成，建造时均经过挖槽、立柱、抹泥、烧烤等工序。从总体上看，尉迟寺遗址文化遗存具有大汶口文化的特征，但自身特点也很浓厚，它代表了一个新的地方类型，即大汶口文化尉迟寺类型。为研究皖北地区原始社会中、晚期的历史提供了十分重要的资料。

2001 年，尉迟寺遗址被列为第五批国家级重点文物保护单位。2006 年，被列入国家文物局发布的“十一五”期间 100 处大遗址保护名单。

安徽垓下遗址

垓下，古地名。位于安徽省灵璧县城东南，韦集镇单圩老庄胡村附近。公元前 202 年，楚汉两军决战于此，刘邦大败项羽，迫使项羽演出“霸王别姬”和自刎乌江的历史悲剧。“垓下之战”，楚败汉胜，为时 4 年的楚汉战争结束，刘邦建立西汉王朝。在垓下，则留下了闻名世界的垓下古战场遗址。

2007 年春季，安徽省文物考古研究所对垓下遗址进行普探，并于当年 3~6 月联合固镇县文物管理所对遗址进行考古试掘。2008 年春季，考古队对遗址进行第二次发掘。经过钻探和两次考古发掘，发现了史前龙山时期和汉代的城址，发掘出新石器时代、汉代、宋代等不同时期的遗迹，出土石器、陶器、铜器、铁器、玉器以及瓷器等众多文化遗物。

遗址主体为不规则土筑四方城。城依地势而建，四角呈弧形。城外护城河遗迹可寻，虽部分已平为耕地，但大部分尚存。遗址内南半部为居民生活区，北半部分为耕作区，遗址外围为农田，沱河水（古为洨水）从遗址西南向北绕遗址西、北城墙外围，而后直流向东，沱河水与护城河相通，沱河在城的北部，被利用为护城河的一部分。遗址内地表，遍布汉代陶片、瓦砾等建筑材料碎片，随处可见到残破的绳纹筒瓦片、云纹瓦当片、板瓦片、碎青砖块、陶器碎片。这种堆积主要集中在城址北部的高地上。遗址上汉代文化层厚度从地表到下层 2~3 米不等。遗址的周围，分布着大大小小的汉墓数百座，这些汉墓俗称“古（谷）堆”。

钻探资料表明垓下遗址非普通的聚落遗址，而是一处重要的古代城址。该城址由城墙（即土垣）、城门、护城河、道路与排水系统、夯土建筑基址、红烧土遗迹、活动场、窑址、水井、灰坑等不同时期的多类遗迹组成。

城墙出土的陶片均属新石器时代晚期。陶片以夹细砂陶居多，泥质陶次之。陶色以红（红褐）陶为主，尤其是外红内黑（灰）陶有相当大的比例，泥质灰陶和泥质黑陶均磨光，器壁较薄，另有少数黄陶、白陶。器表多素面，纹饰以篮纹为主，另见附加堆纹、绳纹、方格纹、凹弦纹、线纹以及按窝与竖向凹槽等装饰。除 TG1 发现的小陶窑的窑灰堆积内出

安徽垓下遗址

土一件可复原的方格纹罐形鼎外，余者均为残片，可辨器形有罐、鬶、盆、壶、宽把筒形杯、器盖以及鼎足等。鼎足基本是侧装三角形和凿形足、横装扁平足三大类，其他类型少见；足跟大多数带有按窝和外平面带竖凹槽，部分鼎足的足尖外侧有手捏凹窝。部分鬶足内外套制。陶器既有淮北地区龙山文化共同的因素，同时又受河南龙山文化的影响。根据墙体出土的陶器特点，初步判断史前城墙的建筑年代不晚于龙山文化中期，即距今 4 300 年左右。

遗址发掘还发现并揭露新石器时代遗迹有西区的大型红烧土建筑遗迹、北城墙上的红烧土台、史前墙体上的小陶窑以及灰坑（6 个）与灰沟（1 条）。

垓下在 4 500 年前就是一处城址。时代为大汶口文化晚期至龙山文化早期。垓下之战古战场和汉代城址，是对早期古城的再利用。这一重大发现，填补了江淮地区无史前古城址的空白。垓下遗址所处的淮河中下游地区，正是我国古代东西南北文化的交汇地带，龙山时期城址的发现不仅填补了安徽无史前城址的空白，也是淮河流域发现的第一座史前城址，它为探索该地区龙山时期的考古学文化面貌，与中原同时期文化的关系乃至我国文明起源和早期城址形态与筑城技术的演变轨迹提供了新的线索。

2007 年，为制作《垓下遗址文物保护规划》，安徽省考古所对垓下遗址进行了初步的考古解剖，了解垓下遗址的分布情况和性质。

垓下遗址被评为“2009 年十大考古新发现”。1986 年，垓下遗址被安徽省人民政府批准为省级文物保护单位。2013 年 5 月，被公布为第七批全国重点文物保护单位。

江西仙人洞、吊桶环遗址

仙人洞、吊桶环遗址位于中国江西省上饶市万年县大源镇。仙人洞位于大源镇大源村小荷山脚，是一个溶洞，吊桶环位于仙人洞西南约 800 米处的山坡上，为溶蚀性岩棚，是新石器时代古人类活动遗址。

20 世纪 60 年代初在此进行过两次科学发掘。1993—1995 年，北京大学考古系、江西省文物考古研究所和美国安德沃考古基金会联合组成中美农业考古队，开展了对仙人洞取

水稻植硅石和仙人洞出土陶器

样、发掘和对吊桶环遗址的发掘，并对两遗址进行多学科的综合研究，取得了一批重要遗物，获取了大量自然、人文信息。1999 年夏，在 1993—1995 年度发掘工作的基础上继续进行了发掘，吊桶环遗址应为仙人洞居民狩猎的临时性营地和屠宰场。

该遗址有旧石器时代末期到新石器时代早期上下两层地层堆积，上层距今约 9 000~14 000 年；下层距今约 20 000~15 000 年。出土遗物有 625 件石器、318 件骨器、26 件穿孔蚌器、516 件原始陶片、20 余片人骨和数以万计的兽骨残片。两处遗址都有野生稻和人工稻的线索，对吊桶环遗址的稻作植硅石分析显示了将野生稻驯化为人工稻的历程，证实该地区是亚洲乃至世界上最早栽培水稻的地区。此外，还发现了 12 000 年前的野生稻植硅石和 10 000 年前的栽培稻植硅石，这是现今所知世界上年代最早的栽培稻遗存之一。其中，最特别的是年代超过万年的夹粗砂条纹陶、绳纹陶，这不仅是东亚地区，也是世界上目前发现年代最早的陶器标本之一。两遗址在石制品加工和陶器制作方面有明显差异。这两处洞穴遗址也是世界人类最早烧造陶器的地方之一。这里出土的陶器都是夹粗沙、厚胎，具有早期陶器的特点和风格，经测定，其年代大约在距今 1 万年以前，也是属于世界制陶最早的一个地方，而且品种丰富，自成系列，在国内乃至世界上都不多见。考古发掘表明，它们是华南地区最典型的史前人类栖息的洞穴遗址。陶片为目前发现的中国最原始的陶制品之一。发现了从旧石器时代向新石器时代过渡的清晰的地层关系证据，并找到新石器早期的水稻遗存。

万年仙人洞和吊桶环遗址的地层堆积，涵盖了由旧石器时代末期向新石器时代过渡的完整地层序列，它对于研究人类如何由旧石器时代过渡到新石器时代，提供了一个完整的文化演进过程。尤其是对有关稻作农业起源、陶器的发现、动物的驯化等重大学术课题的解决提供了相关的考古学证据，揭示出目前我国从旧石器时期向新石器时期过渡的最清晰的地层关系证据。

河南贾湖遗址

贾湖遗址位于河南省漯河市舞阳县北舞渡镇贾湖村东。贾湖遗址平面呈不规则的圆形，总面积 5.5 万平方米。是一处重要的裴李岗文化遗址。

1961 年，原舞阳县博物馆馆长朱帜在贾湖村土井和薯窖断壁上首次发现。1980 年，河南省博物馆考古队到舞阳调查，确认贾湖遗址为新石器早期文化遗存。1982 年 10 月，中国社会科学院考古研究所副所长安志敏教授到舞阳贾湖考察。1983 年 3~5 月，河南省文物研究所首次到贾湖试掘。试掘面积 50 平方米，发现陶、石、骨器数 10 件，发现窖穴 11 座，墓葬 17 座。

1983—2001 年，贾湖遗址先后进行了 7 次科学发掘，共揭露面积 2 657.6 平方米，清理出住房遗址 53 座，陶窑 11 座，墓葬 445 座，出土陶、石、骨等文物及文物标本 5 000 余件，骨笛 30 支，契刻符号 17 例，碳化稻米数千粒。

遗址中的栽培粳稻、30 余支多音阶鹤骨笛，尤其是出现于贾湖二三期文化层的距今 7 800~8 600 年的 10 余个契刻而成的符号，为学术界所重视，认为这些契刻符号具有原始文字性质。贾湖人发达的宗教文化和音乐文化，是有雄厚的物质基础作后盾的。贾湖所在地区，具有丰富的动植物资源，贾湖人又有发达的稻作农业，为他们提供了丰富的动物类食品和植物类食品，也为巫师阶层的形成和精神文化的创造提供了物质基础和前提条件。物质生活和精神生活的丰富，为原始文字的产生提供了必要性和可能性，从而奠定了汉字 8 000 多年的基础。

贾湖遗址的重大发现包括遗迹、遗物两部分。遗迹主要是古墓葬、房址、陶窑、灰坑等。墓葬多长方形土坑竖穴，墓向以西和西南居多，无葬具痕迹。75% 的墓葬皆有随葬品，少则 1 件，多达 66 件，随葬物大多为生活实用品，其中陶器与石器较少，骨器较多。有的随葬品成组出现，如龟甲、骨笛、叉形器成组出现的墓葬有 20 多座，这些墓一般均较大，随葬品较丰富。男性随葬品多为石铲、石斧、骨镖、骨镞等，女性随葬品以骨针、纺轮、磨盘较多。贾湖遗址的墓地比较集中，多成片出现，有的重复埋葬出现叠压。房址大多为

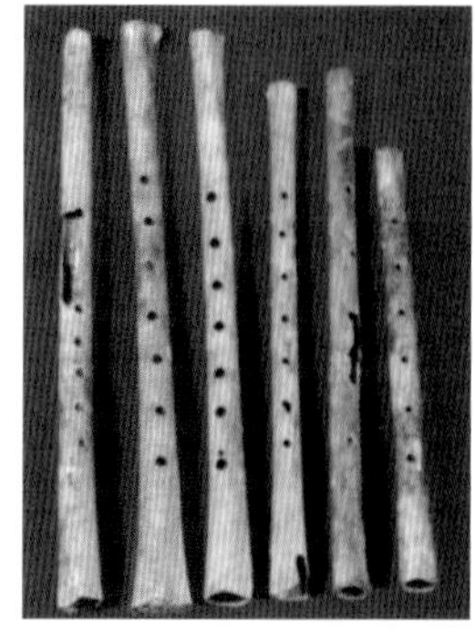
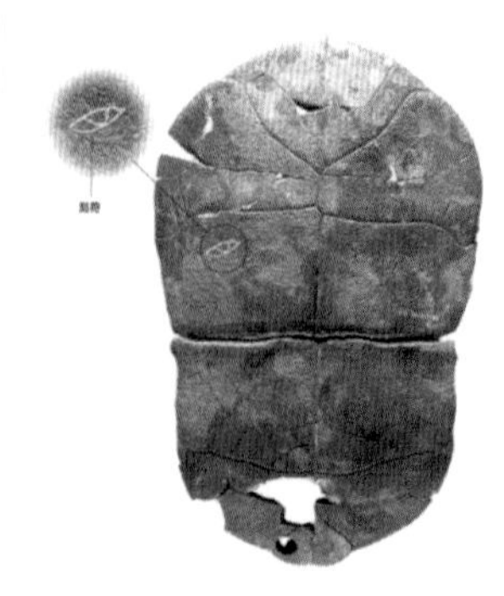

河南贾湖遗址及出土文物

椭圆形，结构以半地穴式为主，多为单间，有少量依次扩建的多间房。房址内有灶台、柱洞等。窑址较小，有窑室、火门、烟道和烟孔，有的保留有窑壁和火道。

遗物主要包括陶制品、石制品、骨角牙制品及动物遗骸、植物果核等。陶制品以红陶为主，有泥质、夹砂、加炭、夹蚌、夹云母陶等。种类有炊器（釜、鼎、甑）、食器（钵、三足钵、碗）、盛器（缸、双耳壶、罐、盆）及渔猎工具类（弹丸、网坠、陶锉、纺轮）。

石器包括加工工具，石砧、石钻、钻帽、石锤等；生产工具、生活用具，舌形石铲、齿刃石镰、石斧、石刀、石凿、石磨盘、石磨棒、石杵、石矛等；装饰品，石环、柄形饰、管形石饰、方形坠饰、三角形坠饰、圆形穿孔饰、梭形饰、穿孔石器等。装饰品大多打磨精、石质美；坠饰多绿松石，有的质如粗玉；多有穿孔，有的为横孔。

骨角牙制品包括狩猎、捕捞、纺织、缝纫、生活及宗教用品等。主要有骨镞、骨镖、骨矛、骨凿、骨匕、骨锥、角锥、牙锥、骨针、骨刀、牙削、骨环、叉形器、骨笛等。

动物遗骸有 20 多种。野生哺乳动物有貉、紫貂、狗獾、豹猫、野猪、梅花鹿、四不象、小鹿、獐、野兔等；家养或可能家养的哺乳动物有猪、狗、羊、黄牛、水牛等；鸟类有天鹅、丹顶鹤、环颈雉等；鱼类有鲤鱼、青鱼等；爬形类有扬子鳄、龟、鳖等。植物果核主要有碳化的人工栽培稻、野生稻、栎果、野胡桃、野菱、野大豆等。

贾湖遗址出土文物数量之多，品类之盛，制作之美，内涵之丰富，为全国其他同期遗存所罕见。著名考古学家俞伟超在《舞阳贾湖》序文中写道：“贾湖遗址的发掘，可称是 80 年代以来我国新石器考古中最重要的工作，对我国新石器早期遗存来说得到了迄今为止最丰富的资料。”

河南八里岗聚落遗址

八里岗遗址是新石器时代的古文化部落遗址，位于河南邓州市东郊约 3 千米处的湍河街道办事处白庄居委会（原城郊乡白庄村）。遗址主要分布在白河支流湍河南岸的二级台地上，面积约 5 万平方米，距今约 6 800 年，文化层堆积厚约 3~4 米。1991 年秋首次挖掘之后，至 2007 年，北京大学文博学院考古系与南阳文物研究所联合对八里岗遗址进行了 8 次发掘，揭露面积 5 000 余平方米，出土了大量的遗迹和遗物，收获颇丰。

发掘中发现了大量有价值的遗迹遗物，计有房基 66 座，墓葬 150 余座，灰坑窖穴千余个、文物标本万余件。遗址的中心区共清理窖穴、灰坑 500 余座，房屋遗迹 48 座，墓葬 120 余处，获得了大量陶、石、骨器等人工制品以及谷物、兽骨等自然遗物，揭示遗址的文化层堆积自下而上依次为：仰韶文化早期、中晚期，屈家岭文化中后期，石家河文化至龙山文化晚期地层。

八里岗遗址文化序列比较完整，为南阳盆地史前文化研究增添了一批新资料，其中多座仰韶文化晚期前段及庙底沟期的连间长排房子不仅在同类遗存中年代早，而且房屋本身及其他与之相关的迹象保存亦比较完备，更为史前考古学通过聚落遗存研究当时的社会历史提供了一批较好的素材。

河南八里岗聚落遗址及出土文物

几次发掘遗迹均见窖穴和灰坑，分布密集，大多数窖穴为圆形口小底大的袋形坑，较完整的深 3 米多，有的坑壁抹泥，有的穴底铺垫碎红烧土层以防潮，不少窖穴的堆土经浮选采集到炭化稻谷及其他炭化果实，还有若干窖穴废弃后用来葬人，或者整猪整狗出土。灰坑中出土大量陶器，亦有鹿、牛、猪、蚌等动物遗骸。

以上两期仰韶文化的陶器，以红陶为主，灰陶次之，黑皮灰胎陶很少。陶质以夹砂者居多，泥质的较少。器表多素面无纹，少数有弦纹和镂孔装饰，链式附加堆纹较少，后期还出现了少量细绳纹和篮纹。此外，还有一些红衣陶和彩陶。

八里岗遗址新石器时代的生业经济模式至少可以分为两段：第一段以前仰韶时期为代表，其特点是稻作农业与采集经济并存。第二段则包括仰韶至龙山晚期，其特点是以稻作为主，粟黍为辅，稻作与旱作并存的农业经济，采集活动所占比例很小甚至没有。八里岗自仰韶之后的新石器时代各时期，稻在谷物组合中的比例虽然有所起伏，但是无论在出土概率还是绝对数量上一直都保持了绝对优势，粟、黍则与水稻呈现出此消彼长的趋势，但一直居于次级地位。稻、粟、黍的稳定组合是八里岗遗址仰韶及之后各时期的重要特征，而这种组合可能在八里岗遗址文化和自然环境方面的变化发生时的应对过程中发挥了重要作用。

八里岗遗址因发现了仰韶文化中晚期长排连间套房房屋基址而被列入“1994 年度全国十大考古发现”。2001 年，被列为第五批全国重点文物保护单位。

湖北鸡公山遗址

鸡公山遗址位于湖北省荆州市小北门外约 4 千米处郢城镇郢北村鸡公山，是一处旧石器晚期遗址，距今约 5 万年左右。遗址原有面积约 1 000 平方米，于 1986 年荆沙铁路建设取土时被发现。1992 年，为配合宜黄公路建设取土，由荆州博物馆、北京大学考古系做抢救性发掘，揭露面积 467 平方米。

鸡公山遗址内旧石器及其加工残碎物比比皆是，其文化层厚达 1 米多。存在两期文化堆积，分上、下两个文化层。上文化层出土的遗物全是小型石器，年代距今 1 万 ~2 万年。下文化层是遗址的主体部分，属晚更新世或旧石器时代晚期，年代距今 5 万年左右。在下

湖北鸡公山遗址及出土文物

文化层的平面上，堆积和散布着数以万计的石器和石制品，其种类有尖状器、砍斫器、刮削器、石锤、石钻以及砾石、石核、石片等；除此之外，还发现了丰富的遗迹现象，在遗址中部有数个由大量石器围成的不规则形空地。鸡公山遗址是一处长期使用并保存完好的石器制作场，填补了我国旧石器时代平原居址的空白。清理发掘出 5 个直径 1.5~2 米的圆形居住遗迹；在居住区南侧根据现散落的石器种类及特点，并参照欧洲同类遗址的情况，推测是屠宰兽类的场所。

该遗址面积之大、地层关系之确切、文化遗物之丰富、遗迹关系之清楚在中国尚属首次发现，在世界上也属少见。尤其是下文化层居住遗迹和石器加工场遗迹的揭露，堪称中国旧石器时代文化考古的重大突破。它的发掘，将人类对江汉平原地区的开发历史提早了 4 万 ~5 万年，是中国考古界对旧石器时代人类在平原地带居住、生活等方面研究和探索的里程碑。

鸡公山遗址入选“1992 年度全国十大考古发现”。1996 年，被列为第四批全国重点文物保护单位。

湖北城背溪遗址

20 世纪 80 年代初期，湖北枝城市发现了一种以城背溪遗址为代表的新石器时代早期文化遗存。这类文化遗存均分布在宜昌市范围内，遗址点发现不多，并且尚未发表全部的正式发掘资料，但仍可看出其文化内涵明显地有别于已发现的其他原始文化。这类文化遗存以城背溪遗址最丰富，为了研究方便和与其他文化相区别，称之为“城背溪文化”。

1981 年，湖北省博物馆配合葛洲坝水利工程，抢救库区内的文物，在梯归县茅坪镇庙河村发掘了柳林溪遗址，在其下层发现有别于大溪文化等其他原始文化的遗存。1982 年 7 月，宜昌地区开展文物普查工作，在枝城市红花套镇吴家岗村发现了城背溪、孙家河、栗树窝子等遗址。1983 年 10 月，由湖北省博物馆、北京大学考古系、宜昌地区博物馆等单位联合对城背溪遗址进行了发掘。1984 年 4—5 月，考古工作者对该遗址又进行了第二次发掘。两次共发掘 285 平方米，文化层最厚处达两米，出土了一些与柳林溪遗址器物相似

湖北城背溪遗址出土的红陶盆

的、具有代表性的器物。与此同时，还正式发掘了与城背溪文化类似的花庙堤、栗树窝子、孙家河、金子山、枝城北、青龙山等遗址。

城背溪文化遗址，可分成两大类。一类以城背溪、枝城北为代表。位于紧靠长江边的一级台地上，洪水季节可能被淹没。文化层一般被埋于2~3米以下，地表上难以发现。另一类以金子山、青龙山为代表。位于临近长江的低山顶上，高出附近平地约15~30米。文化层往往暴露于地表，然而因临近大江，城背溪文化遗址受自然破坏较严重，发现的遗迹仅见于坑、沟之中，遗物也大都集中于当时的沟、坑里。

城背溪文化遗址中遗物主要有石器、陶器和骨器，还有较大量的动物骨骼和稻作遗物。石器是当时的主要生产工具，器类主要有斧、锌、铲、网、坠等，另有相当数量的用砾石打下的石片石器，如刮削器等。其主要特征是，斧平面多呈舌形、梯形、长方形，器体较薄；锌平面多呈长条状，器体较厚。在制作方法上有打制、琢制、磨制几种，以打制为主。另外在各遗址中发现有较多的、大小不等的石球，且多数为溪河中的球形砾石，有可能直接利用石球作狩猎工具使用。

陶器是城背溪文化的主要遗存，也是独具特色的。陶质有夹砂、夹碳、夹蚌、泥质4种，其中夹砂陶最多，约占70%以上。红褐色陶是城背溪文化的主要陶色，次为黑褐色陶、灰褐色陶、浅红色陶等。纹饰以绳纹占绝对优势，且呈交错状施于器表，有的器物（如釜、钵）从口到底通体施绳纹，除此而外，还有少量的细线纹、刻划纹、戳刺纹、镂孔纹等，并有极少量的彩陶，图案简单，以直线条为主。主要器类有釜、钵、罐、盆、碗、小口扁壶、支座等。另外，还出土有少量的平底器、圈足器，三足器少见。陶器制作方法均为手制，到目前为止，尚未见有轮制的痕迹，据中国历史博物馆馆长喻伟超教授观察，城背溪文化的陶器和陶片，“皆无泥条盘筑之痕”，而是“由若干块大小不一的泥片来互相粘贴成型”。这说明当时制陶方法还是比较原始的。

城背溪文化中也发现有少量骨器，器类有骨锥等，多残破不全。还有一些水牛骨、鳖腹甲、鱼牙和鱼腮等动物遗骸，可能是当时人们食后留下的遗物。

综合调查研究，城背溪文化遗存，无论是陶器的质地、器形、纹饰、制作方法，还是石器的特点、制作工艺等，都表现出新石器时代早期的原始特征，具有长江中游地区新石器时代文化较原始的特点。据 C14 测定，城背溪第三层的年代约为距今 7 500 年，枝江关庙山遗址二期（大溪文化）为距今 5 830~5 940 年。从文化堆积层观察，城背溪文化叠压在大溪文化层之下，早于大溪文化，是距今约 7 000 年前的新石器时代早期文化遗存。

城背溪文化遗存是鄂西地区，也是长江中上游地区新石器时代早期文化遗存，是我国目前发现的时代较早的新石器时代文化之一，它的发现是长江流域新石器时代早期考古的重大突破，填补了长江中游地区新石器时代较早阶段的文化空白，对于探讨长江流域的古代文明，研究长江中游地区的新石器时代文化具有十分重要的意义。

湖北屈家岭遗址

屈家岭遗址坐落在一片椭圆形的岗地之上，地势缓平，附近丘陵起伏，青木垱和青木河由东西两侧环绕其南，交汇合流，土地肥沃，物产丰富。屈家岭遗址于 1954 年修建石龙水库干渠时被发现，前后经过三次发掘。第一次发掘在 1955 年 2 月，由石龙过江水库指挥部文物工作队主持。第二次发掘在 1956 年 4 月至 1957 年 2 月，由中国科学院考古研究所张云鹏主持，共开探方 197 个，发掘面积 858 平方米，发掘材料整理成《京山屈家岭》专题报告，并提出屈家岭文化。第三次发掘在 1989 年 7 月，由湖北省文物考古研究所和荆州地区博物馆联合进行，发掘面积仅 87.5 平方米。

从首次挖掘至今，屈家岭遗址已经过长期深入研究，其遗存具有许多独特的特征，具有鲜明的江汉平原的特点，有别于我国新石器时代的仰韶文化和龙山文化，因而定名为“屈家岭文化”，该文化影响范围较广，东到湖北东部的黄冈、鄂城，西至三峡地区，北到河南南阳，南至洞庭湖滨，西北延伸至陕西南部的丹江流域。年代为距今约 4 600~5 000 年。经过发掘的屈家岭文化遗址有京山屈家岭遗址、荆州阴湘城遗址、石首走马岭遗址、钟祥六合遗址、天门邓家湾、谭家岭和肖家屋脊遗址等。

屈家岭遗址中出土了大量的石器，陶器等遗物。其中，石器有斧、铲、锛、凿、镰、箭头等，造型美观、多为磨制；陶器以彩陶纺轮、彩绘黑陶和蛋壳彩陶最具特色。陶制的鼎、豆、碗等器皿均为双弧形折壁，具有独特的风格。还有陶制环、球、鸡、狗等装饰器，反映出当时人们精神文化生活的面貌。大量的蛋壳陶器、彩绘陶器和彩绘纺纶，说明新石器时代江汉平原地区已具有较高水平的烧陶技术和纺织手工业。

该遗址中所保留的大量生产工具和粳稻谷壳表明，“屈家岭人”的社会经济是以农业为主，家畜饲养及渔猎采集也是很重要的一部分；农业和手工业已有分工，制陶业相当发达，陶器的品种丰富，图案美观。农业的进步和象征父权崇拜的“陶祖”的出现，说明其社会的发展已进入父系氏族的社会阶段。

湖北屈家岭遗址及出土文物

屈家岭文化的早期遗存主要包括湖北京山屈家岭遗址下层、朱家嘴、湖北武昌放鹰台遗址下层、湖南安乡划城岗遗址中层等。这一期的石器磨制较为粗糙，陶制工具中，大型黑、灰陶纺轮颇有代表性。陶器以黑陶为主，灰陶次之。中期是屈家岭文化的鼎盛时期，分布范围最广，代表性遗存有：屈家岭遗址晚期一和晚期二、湖北青龙泉遗址中层、宜都红花套遗址第四期、河南淅川下王岗遗址等。这一期的房屋发现较多，工具以石器为主，磨制较早期精细，陶制工具较少，以彩陶纺轮为代表。陶器以灰陶为主，黑陶次之，红陶数量很少。彩陶数量增多，其中，彩壳蛋陶则是屈家岭文化的代表。晚期的主要遗址有：天门石家河遗址下文化层、均县观音坪遗址下层等。晚期的石器以长方形石斧、双孔石刀和有铤石镞为代表。彩陶纺轮数量更多，形制变小。陶器仍以灰陶为主，红陶数量有所增加。

在建筑及墓葬方面，屈家岭文化遗址的房屋建筑多为方形或长方形地面起建式。墓葬形制以竖穴土坑墓为主。成人墓多集中于氏族公共墓地，多为单人仰身直肢葬，有拔掉上侧门齿的现象。小孩墓多圆形土坑瓮棺葬，葬具通常是在一个陶碗上对扣一陶盆或用两个陶碗对扣。

1956 年，屈家岭遗址被列为湖北第一批省级重点文物保护单位。1988 年，被列为第三批全国重点文物保护单位。2006 年，被列入国家文物局发布的“十一五”期间 100 处大遗址保护名单。

湖北石家河遗址

石家河遗址位于湖北省天门市石河镇北郊，是铜石并用时代文化，距今约 4 000~4 600 年，因发现于石河镇而得名。遗址区占地面积 8 余平方千米，由 40 处地点组成。石家河遗址是由谭家岭遗址、黄花坡遗址等数十个遗址区构成的遗址群，分布于方圆约 2 千米的范围之内，是中国长江中游地区迄今发现分布面积最大、保存最为完整的新石器时代聚落遗址。石家河遗址及由它命名的石家河文化代表了长江中游地区史前文化发展的最高水平，在中华民族文明起源与发展史上占有十分重要的地位。

石家河遗址中最著名的是位于遗址群中心的土城遗址。土城遗址拥有一座保存非常完好的西周城墙，距今已有数千年历史。土城大致为正方形，城墙外有宽 50 米的护城河，城基高约 3 米，城墙高度在 5~8 米，为夯筑，城墙外有围壕，东有河，西、南有围沟，是古代世界一项伟大的防御工程。20 世纪末，我国考古学家在城内发掘出大量包括翡翠、玛瑙、青铜器在内的珍贵文物，现存于荆州博物馆。土城遗址是江汉平原一处巨大的新石器时代人类聚居地。其附属地点之多，分布面积之广，在同时期遗址中罕见，具有稀有性、独特性和典型意义。它不仅是中华民族的宝贵财富，也是世界人类发展进步的宝贵文化遗产。是研究我国史前社会生产、社会生活、社会性质、社会结构、人口分布、聚落的发展演变，民族形成与文明起源、邦国兴起的实物资料宝库，具有不可替代的历史文化研究价值。

石家河文化的陶器以灰陶为主，其次为红陶，另有少量黑皮陶，陶器器表以素面为主，有纹饰的多见篮纹、方格纹和堆纹，绳纹较少，陶器制作方法中快轮制陶占一定比例，手制也较多。圈足器发达，三足器较多，凹底器也占相当大的比重，平底器较少。器形有豆、鼎、高领罐、腰鼓罐、擂钵、红陶杯等。另外还出土了大量的陶塑小动物及陶塑人像，多捏制而成，造型生动，栩栩如生。

石家河遗址出土的石器通体精磨，器类有斧、锛、凿、箭头、刀、镰等。玉器制作精细，有玉雕人像和各种动物雕刻。另外，在遗址中发现的大量碎铜块、炼渣及与冶铜有关的孔雀矿石，足以说明石家河时代的先民已能够人工冶炼铜。

在墓葬方面，有土坑墓和瓮棺葬两种。瓮棺葬多先挖一圆形土坑，然后放置葬具，葬具以陶瓮为主，另有陶缸、罐或两碗对扣。瓮棺葬葬成人和小孩，有的瓮棺内出土有大量的玉器。土坑墓多长方形竖穴，葬式多仰身直肢葬，多单人葬，随葬器物以陶器为主，也有玉石器随葬。

石家河文化是江汉平原继屈家岭文化之后发展起来的又一考古学文化，主要分布于江汉平原地区，其分布范围与屈家岭文化的分布范围大致相同。该文化已经发现有铜块、玉器和祭祀遗迹、类似于文字的刻划符号和城址，表明它已经进入文明时代。

1956 年，石家河遗址被列为湖北第一批省级重点文物保护单位。1996 年，被列为第四批全国重点文物保护单位。2001 年，入选“中国 20 世纪 100 项考古重大发现”。2006 年，被列入国家文物局发布的“十一五”期间 100 处大遗址保护名单。

天门市政府按照湖北省文物局的部署，委托湖北省文物考古研究所编制了《湖北省天门石家河遗址保护管理总体规划》，拟分三期目标进行实施。

湖北石家河遗址及出土文物

湖南玉蟾岩遗址

玉蟾岩，俗称虾蟆洞，位于湖南省道县寿雁镇白石寨村。洞穴较现代地面高约 5 米。洞口部分呈一宽敞的客厅，宽约 12~15 米，进深 6~8 米，面积约 100 平方米。遗址堆积物主要分布在洞厅内，积厚 1.2~1.8 米。自然堆积层次近 40 层。洞口朝东南，阳光充足。洞前地势平坦开阔，适宜于人类生息繁衍。1988 年，湖南省文物考古所对玉蟾岩洞穴遗址进行考察后，确定玉蟾岩遗址为旧石器文化向新石器文化过渡阶段的遗存。1993 年、1995 年湖南省文物考古研究所对遗址进行了两次考古发掘，发现 1 万年以前的栽培稻和原始贴塑陶片、编制印痕，防潮措施、大量动植物遗骸，表明中国的稻作农业起源与原始制陶术、编织术、防潮术、广食谱等农耕文明文化已有 1 万年以上的悠久历史，被誉为“天下谷源，人间陶本”。

第一，是稻谷标本的发现。1993 年，考古学家发现了稻属的硅质体。经鉴定，为野生稻，但具有人类初期干预的痕迹；1995 年，又发现了稻谷，谷壳出土时颜色呈灰黄色，共两枚。鉴定为栽培稻，兼备野、籼、粳的特征，是一种由野生稻向栽培稻演化的古栽培稻类型。这先后发现的共 4 枚原始栽培稻壳，测定年代为距今 12 000~14 000 年。2004 年，“中国水稻起源考古研究”中美联合考古正式启动，考古队在玉蟾岩再次发现五粒炭化的古稻谷，有力地证明稻作文明起源于此。

第二，是原始陶片的发掘。加上 2004 年的考古活动，三次发掘都出土了陶片，但分属于不同的个体。1993 年出土的陶片大致也可复原成釜形器，形态类同，个体略小。1995 年出土的古陶片复原出了一个高 29.8 厘米，口径 32.5 厘米的陶釜形器。这个下底细上口宽的湖南本土炊煮器又刷新一项世界之最——它是迄今所见人类最早的陶器制品，距今约 1.2 万年。2004 年中美联合考古队发现了更为原始的陶片，经过详细的测定分析，初步确定陶器碎片年代距今约 1.8 万年。2009 年 6 月 5 日美国《国家科学院学报》刊载了有关玉蟾岩陶片断代的文章，指出玉蟾岩出土的陶片大约距今 1.4 万 ~2.1 万年，这比世界其他任何地方发现的陶片都要早好几千年，也标志着玉蟾岩人在旧石器时代晚期就发明了陶器。

湖南玉蟾岩遗址

第三，是人类编制技术的产生。玉蟾岩陶片的编制印痕有清晰的经编与纬编，证实了人类利用植物纤维编织成布匹的技术已在距今 10 000~12 000 年前的中国产生。也由此可以推导出当时的人类已经掌握植物纤维的劈分与绩织技术，进入了制造时代，是当时世界上最先进的技术之一。

第四，是食物的广谱化。遗址中出土了大量的动植残骸和植物遗存，包括超过 28 种属的动物，27 种属的鸟类，5 种鱼类，33 种螺蚌类，40 余种植物果核以及平地烧灰堆，大量的石、骨、角、牙、蚌制生产工具等，令万年前的玉蟾洞人变得鲜活起来。动物遗骸以大型食草动物和小型食草动物为主，鸟禽类骨骼个体数量也达 30% 以上，这种现象在史前早期遗址中十分罕见，同时也说明玉蟾洞人的食谱十分广泛，成分也极为复杂。

第五，是防潮意识的产生。玉蟾洞穴原始地貌西高东低，大石密布。人们最初住进时，在参差的石缝间铺垫碎石，扩大有限的生活平面，在长期的生活当中，不断地局部铺垫灰白色、灰黄色石灰状堆积。这种铺垫，既可以平整地面又可以防潮作用，打开了房屋建筑防潮意识的先河。

玉蟾岩遗址的文化遗存，为人们展示了人类水稻农业产生过程的初级经济形态，诠释了人类制陶工业起源的过程，演绎了人类最早的手工编制工艺的兴起。在世界稻作农业文明起源及人类制陶工业起源的过程中具有重要的地位。

1995 年，玉蟾岩遗址被评为“全国十大考古新发现”。2001 年，被评为“20 世纪 100 项重大考古发现”。2001 年 6 月，被国务院公布为第五批全国重点文物保护单位。

湖南彭头山遗址

彭头山遗址位于湖南省澧县车溪乡孟坪村，澧阳平原中部，介于武陵山脉与洞庭湖盆地之间，是过渡地带。是一处新石器早期文化的代表性遗址，也是长江流域最早的新石器时代文化，年代距今约 7 800~8 200 年。

彭头山遗址于 1988 年 11 月正式发掘，总发掘面积近 400 平方米。聚落遗存可分为居住址、墓葬、灰坑 3 类。其中居住址多遭到严重破坏，整体形制保存清楚的很少。根据建筑形式，分为大型地面建筑和小型半地穴式建筑。

揭露面积中，共发掘墓葬 18 座，墓坑小而浅，有方形、长条形、圆形、不规则形等数种。多属二次葬，墓内不见骨骼。随葬陶器或完整，或残破，或二者兼有，数量 1~4 件不等。因墓坑较浅，体型较大的器物均被砸碎；一次葬的墓中保留骨架，随葬石质装饰品。共发现灰坑 15 个，平面多呈不规则圆形或椭圆形，少数无固定形状。底皆呈锅底状，深 15~30 厘米。

本次发掘发现了大量的陶片，其中可修复的器物达到百余件，陶器没有明显的夹砂陶和泥质陶的区别，除陶支座以外，各类器物皆为掺和大量稻壳、稻谷和其他有机物，陶胎呈黑色或深灰色，但内、外器表全为红色，似涂有厚约 1 毫米质地细腻的陶衣层。大多数器物上的纹饰为绳纹，或排印，或滚压而成。其他装饰有剔刺纹、戳印纹、刻划纹以及镂

湖南彭头山遗址及出土文物

孔、锯齿状花边等。体小的陶器多为直接捏塑成形，较大的陶器则多用泥片贴塑法成形，底部一般很厚。由于制作工艺较原始，胎壁普遍较厚。器种主要有多种形式的深腹罐、双耳罐、高领罐、釜、钵、盆、碟、支架等，也有极少的三足罐。陶片的泥料中夹大量碳化的稻谷、稻壳，虽经高温灼烧变形缩小，专家们认定其为栽培稻，这是世界上最早的稻作农业的资料。

根据石质、形制和制法，遗址石器可分为细小燧石器、大型打制石器和磨制石器 3 类。前两类数量多，所有石器皆选河卵石作原料。细小燧石器有刮削器（石片、石核）、锥形器、雕刻器 3 种。

考古发现遗迹有地面式、浅地穴式建筑遗迹和以小坑二次葬为主的墓葬。出土遗物中石器大多数都是打制石器，既有大型砾石石器，也有黑色细小隧石器，与本地旧石器时代晚期传统区别不大。陶器制造古朴简单，全部为原始的贴塑法制成，胎厚而不匀，大部分陶器的胎泥中夹有炭屑，一般呈红褐色或灰褐色。发现了世界上最早的稻作农业痕迹——稻壳与谷粒，为确立长江中游地区在中国乃至世界稻作农业起源与发展中的历史地位奠定了基础。

遗址地貌为相对高度约 5 米的小土丘。周围地势平坦，为澧水北岸的澧阳平原。据湖南省文物考古研究所孢粉实验室检测，此处在新石器时代早期属暖性针叶林为主的森林——草原环境，气候暖湿，气温较现代略低。发掘时清理了大型地面建筑和小型半地穴式建筑各 1 座，墓葬 18 座，灰坑 15 个，获得大量陶片，可修复器物达百余件。陶器绝多夹碳陶，大多数器物上饰滚压和拍印的绳纹。石器可明确区分为大型打制石器和细小燧石器。其中，大型打制石器与近邻旧石器晚期遗址出土物具有相似性，均为砾石石器，为研究该地区古人类由旧石器时代向新石器时代转变的模式提供了线索；细小燧石器有石核、石片和各种类型的刮削器，出现于旧石器时代末期，而延续到新石器时代中期，具有强烈的地域特点。磨制石器多见斧、锛。除此还有用硅质岩磨制的穿孔石管、棒状饰物，后者顶端可见刻画符号。彭头山遗址所显露的原始、古朴、粗放的风貌与本地区已知的各种新石器时代文化都明显不同，代表着一种新的考古学文化，学术界称之为“彭头山文化”。

经 C14 年代测定，“彭头山文化”距今为 8 000~9 000 年，属新石器时代早期，与中原地区裴李岗文化的最早年代相当或略早。其考古和发掘，在洞庭湖区逐渐建立起了彭头山文化—皂市下层文化—汤家岗文化—大溪文化—屈家岭文化—石家河文化等完整的文化发展系列。

湖南八十垱遗址

八十垱遗址位于湖南澧县梦溪镇五福村，是一处新石器时代早期遗址，属于彭头山文化。距今约 7 000~8 000 年，面积约 3 万平方米。1985 年湖南省文物普查中被发现，1993—1997 年先后 6 次发掘，完成发掘面积 1 500 平方米。

在湖南省文物考古研究所发表的《湖南澧县梦溪八十垱新石器时代早期遗址发掘简报》中，根据遗址地层单位叠压关系的早晚顺序，将遗址文化分期分为早、晚两期。

遗址出土的陶器特征为原始简单，陶质以夹炭红褐陶为主，也有少量的夹砂红陶和夹炭灰褐陶。器种简单，普遍为厚胎，无沿，短颈，唇面凹凸不平或捺压绳纹，垂腹，圜底。少量三足器，不见平底器。器种有小口深腹罐、大口深腹罐、筒形罐、卵圆腹罐、高领罐、高领双耳罐、深腹钵、浅腹钵、盘、支座、三足器等。其中早期全部为夹炭陶，陶质疏松、粗糙，黑胎，外表为红褐色或灰褐色。纹饰多为粗绳纹。器形主要为罐、钵等。晚期陶器以夹炭陶为主，也出现了少量夹炭夹砂陶，但砂砾不明显。制作工艺也有所进步，已开始打磨，外表较为规整、匀称。纹饰除延续早期之外，出现了规整的细绳纹，同时种类也增多。

出土的石器数量较多，制作较为粗糙，按照石器的形制和制法，可分为细小燧石器、大型打制石器、磨制石器 3 类。其中燧石器和打制石器数量较多，磨制石器中除一件较为精致石斧外，其余为磨制精细的管状装饰品。

遗址内发现环绕聚落的围墙和围壕，整体呈南北向，南北长 210 米。在年代久远的彭头山文化时期，人们开始挖凿壕沟，并把土方夯筑成墙，规模较大，由此可见当时社会经济水平较高，人口数量也较多，聚落也初具规模。遗址东北部发现海星状土台遗迹一处，遗迹四角外伸，立有中心柱，并发现有牛下颌骨，推测应为宗教祭祀遗迹。遗址内还发现

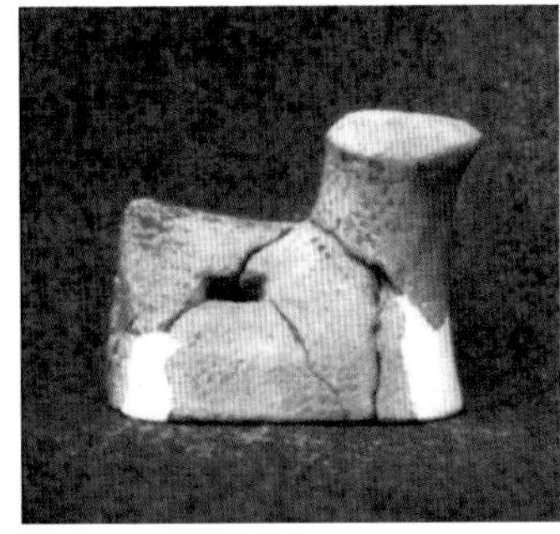

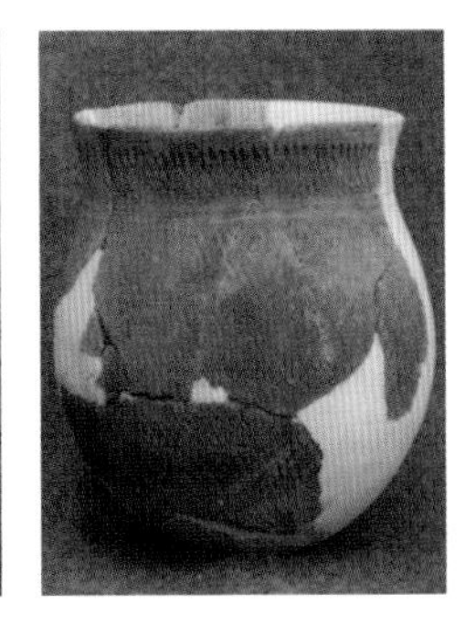

湖南八十垱遗址出土文物

有大量的居住房址，建筑形式以干栏式为主。

除建筑遗址之外，遗址内还发现了百余种植物秆茎和果实。数万粒完整形态的稻谷、稻米，是目前世界上发现最早的稻作农业遗存，为科学完整地认识“古栽培稻”在植物进化过程中的群体特征与地位，认识原始农业的真实面貌与发展状况提供了重要资料。

八十垱遗址是长江流域发现最早的环壕聚落，遗址的发现与发掘极大地丰富了“彭头山文化”的内涵，对研究聚落形态的起源、发展以及中国古代都城的起源都具有重要意义，也对稻作起源和原始农业的生产具有重要价值。

2001 年，八十垱遗址被公布为第五批全国重点文物保护单位。

湖南城头山遗址

城头山古文化遗址位于湖南澧县县城西北约 10 千米处，于 1979 年城头山澧县文管所在文物调查中发现。1991—2001 年，湖南省文物考古研究所对该城址进行了 11 次考古发掘，其中以 1998—2000 年最为详细。

古城址占地 280.5 亩，在时间上横跨了大溪、屈家岭和石家河 3 个文化时期，并可追溯到距今 8 000~9 000 年的彭头山文化时期。整个发掘期间，共清理重要遗迹有房屋 80 座，灰坑 446 个，灰沟 57 条，陶窑 10 座，墓葬 790 座，祭台 3 处，稻田遗址 2 处。发掘面积约 7 000 平方米，出土文物 16 000 余件。其中有屈家岭文化时期的玉环、玉松石耳坠、黑陶豆，大溪文化时期的玉块、玉璜、陶豆、陶盘、麻织品，6 000 年前的祭坛和汤家岗文化时期的兽面陶盘残片。另外还出土 50 多种农作物和植物籽实，近 20 种动物骨骸。

城头山发现的古城遗址，据专家考证，城头山古城是由外部宽深的护城河鸠工取土夯筑成的高大城墙，是我国迄今最早的古城，距今 6 000 多年，属于新石器时代中晚期的古城遗址。古城大致呈圆形，占地 18.7 公顷，从外向内，由护城河、城垣、城门、船埠以及城圈内相关遗迹组成。

城头山遗址不仅是中国史前城址的遗址，也是世界范围内迄今为止发现年代最早的稻田和灌溉系统。1997 年，考古工作者清理出了 100 平方米的水稻田，经证实，这些水稻田的时代应该属于汤家岗文化时期，距今 6 500 年。稻田旁有蓄水池、流水沟等灌溉设施。这是目前世界上已发掘的最早、形状最好、保存最完整的水稻田，城头山遗址古稻田的发现，有力地证明了洞庭湖区是世界稻作农业主要的发源地。

城头山还有比较完整的制陶作坊和多座台基式房屋建筑群。1994 年，发掘出的 8 座陶窑，除一座为屈家岭文化时期外，其余均为大溪文化早、中期。有的陶窑专门烧制红烧土块作为建筑材料，有的专门烧制一种陶器支座。与陶窑一起的还有料坑、注水坑、工棚。保存如此完整的制陶遗址群，在史前考古中也十分罕见。

氏族墓葬群距离居住区不远，墓葬层层叠叠，达六七层之多，分布密集程度前所未有。其中墓葬随葬品的多少可反映出当时明显的等级分化，有的墓葬随葬品仅为 1~2 件陶器，有的墓葬随葬品则达到百余件。城址东城墙内，是大溪文化早期的祭祀遗址。遗址由完整

湖南城头山遗址及出土文物

的祭坛和众多的祭祀坑组成，祭坛用黄色纯净土筑造，略呈椭圆形；祭坛边缘的祭祀坑有圆形、方形、长方形，形状和坑壁均十分规整，坑内祭物或为满坑倒扣的陶器，或为满坑的大块红烧土，或为满坑的草木灰，或者是牛、犀牛的肩胛骨、腿骨，还有的是釜、碗、碟等炊具、餐具和经过烧灼的大米。

1997 年，“城头山遗址发掘学术会议论证会”在北京召开，与会专家高度肯定了城头山的考古发掘，认为城头山的发掘对于研究旧石器时代向新石器时代过渡、早期新石器文化、史前聚落、农业起步和发展、前国家时期的社会组织和文明因素的形成等课题都有重要意义。

1992 年，城头山遗址被评为“全国十大考古新发现”。1996 年，被国务院公布为第四批全国重点文物保护单位。1997 年，第二次被评为“全国十大考古新发现”。2002 年，被评为“中国 20 世纪 100 项考古大发现”之一。2006 年，被列入国家文物局发布的“十一五”期间 100 处大遗址保护名单。2010 年，城头山遗址重点遗迹被制作成大型模型在上海世博会展出。

湖南汤家岗遗址

汤家岗遗址位于湖南省常德市安乡县，是新石器时代的古遗址，考古研究所在安乡县汤家岗遗址发现距今 6 000 年左右的环壕土围。

汤家岗遗址的面积有 2 万平方米，系当地学校教师潘能艳于 1977 年发现。1977 年夏季连续暴雨，汤家岗的抗旱沟有多处冲垮，泥石流处裸露着团粒状的烧土、卵石。有一天潘能艳从沟渠边经过，发现了打磨得光滑的石头，而且这些石头形状不同，有的像原始人用的砍砸器，有的像砍伐用的石斧，稍加辨认，他惊喜异常，随即搜集了一袋“石头”样品，直奔县里和省里汇报，并很快得到了证实：汤家岗发现的这些石质器具，就是新石器时代的文化遗存。

早期有灰坑（即原始人废弃物堆放之地）1 个，墓葬 10 座。早期石器除磨光石斧外，还有将卵石砸开，将裂面磨平，另一面保留天然石面的敲砸器，同时还发现有从燧石上打击落下来的石片。陶器按陶系分，数量最多的是粗泥红陶，其次为夹砂红陶、粗黑陶、泥质绛褐胎黑皮陶、泥质白陶等。手制，大部分有红色陶衣。器形有釜、盘、钵、碗、盆等。早期灰坑中出土一件陶塑猴头，刻出眼、鼻孔和嘴，吻部和眉骨均明显突出，为原始社会的艺术品。

中期有灰坑 9 个，墓葬 2 座。中期石器有斧、弹丸、敲砸器、打磨器等。陶器中夹砂红陶增加，泥质绛褐胎黑皮陶减少，出现少量泥质灰陶。彩陶数量略有增加，出现了红陶白衣上绘红、褐彩的，图案有点线纹、网纹、旋涡纹、波状纹等，其他装饰方法有印纹、刻划纹和拍印纹饰。器类有圜底器和圈足器，计有罐、釜、碗、钵、盘、豆、器盖、器垫主器座等。

湖南境内，彭头山遗址发现了古人类在生存过程中，开始对自己居住的地方周围挖壕沟，一方面保护自己，一方面排水防洪，考古学称这样的壕沟为“环壕”。城头山遗址，古人类已经发展出了城墙搭配壕沟的“城壕”式的防卫措施。考古学界认为在彭头山“环壕”到城头山“城壕”这两者的演变过程中肯定有一种过渡形态，这种形态究竟是什么？

汤家岗遗址的第三次考古发掘，考古学者终于发现了填补这一空白的“环壕土围”。考古学者认为“环壕土围”属于从壕沟发展至城墙的过渡形态，或许可以认为是城墙的雏形。

汤家岗遗址以艺术神器白陶的发现闻名于世。在此次汤家岗遗址的第三次发掘过程中，考古工作者发现了此前没有的带有彩绘的白陶，同时也在发掘 B 区发现了白陶的制作原料白膏泥层，这进一步佐证了汤家岗遗址作为白陶传播集散地的重要地位。白陶制作工艺的精美仍然令人叹为观止，发现的白陶可以清楚地看到上面带有红色彩绘。白陶制作原料白膏泥层的发现，进一步说明汤家岗是白陶的盛产地。白陶以汤家岗遗址为中心辐射发展传播至广东、珠江口、江浙一带。洞庭湖地区 6 000 年前的古代文化是灿烂辉煌的，从汤家岗白陶的发展可以体现出农业民族从内陆向沿海发展的一个趋势。

汤家岗文化有着特定的地域，存在于一定的时间，并有着一组特定的器物，这组器物的形态特征明显区别于其他的考古学文化，这是汤家岗文化之所以能够单独命名的先决条件。已经发现的属于汤家岗文化的遗存有：安乡汤家岗遗址下层，划城岗遗址下层，澧县丁家岗遗址早期地层，城头山遗址早期地层，华容刘卜台遗址第一期。汤家岗出土的稀世珍宝证明了这样一个事实：它也是长江中游、洞庭湖区古文明的一个摇篮，值得考古界进

湖南汤家岗遗址及出土文物

一步研究、探讨。

2013 年 5 月，汤家岗遗址被国务院公布为第七批全国重点文物保护单位。

广东牛栏洞遗址

牛栏洞遗址位于广东省英德市云岭镇东南面约 2 千米的狮子山南麓，牛栏洞是因当地村民在洞中圈牛而得名。洞内主要为廊道型发育，但较深处洞顶有落水洞使局部呈裂隙型发育，总面积约 400 平方米。

1983 年，英德县文物普查队在全县范围内进行文物普查时发现了牛栏洞遗址。1996 年和 1998 年由中山大学人类学系、广东省考古所、英德市博物馆组成联合发掘队，两次考古发掘共揭露面积 51 平方米。2011 年，为加强深入研究，考古学家对已揭露探方进行了进一步发掘。

洞内堆积物很厚，最厚处达 3.14 米，可分 8 层。有的胶结坚硬。堆积层中含有炭屑、烧土及大量螺壳、蚌壳、动物化石和人类化石等，文化遗物有大量的石制品和少量骨器、蚌器、陶片，证明这里是一处古人类长时期活动、居住的遗址。

牛栏洞遗址出土石制品有 800 多件，其中成型的有 200 多件。器类可分为陡刃器、砍砸器、刮削器、石锤、石钻、砺石、斧形器、铲形器、凿形器等，还有少量磨制石器。骨器主要有铲、锥、针。

经初步分析，牛栏洞遗址石器可以分为三期：第一期石器加工简单、器类多；第二期已出现一些较成形的石器，少量打击加工较好，器类增加；第三期石器的数量大大增加，打击加工修理较好的石器增多，且出现磨制刃部的石器和陶片，但无装饰品。

牛栏洞遗址的陶块和陶片，表面饰粗绳纹，无编织印痕，内壁加抹，表里呈褐色，厚 1.1~2 厘米。早期夹炭，晚期不夹炭、只夹砂，纹理不明。未见交错层理，显然不是采用

广东牛栏洞遗址

贴塑法成型，可能为手捏法成型。烧制火候极低，很松散，易破碎，相当原始，不能辨别器形。也可分为三期，第一期的绝对年代为距今（13 635 ± 100）年，第二期的绝对年代为距今（10 940 ± 200）年，第三期的绝对年代为距今（7 910 ± 100）年。这种年龄和出土从陶块到陶片的过渡变化是一致的。

牛栏洞遗址出土的动物化石有水鹿、梅花鹿、赤鹿、獐鹿、小鹿、巨羊、山羊等。食肉类动物以中小型种类较多，老虎、黑熊、豹等大型动物很少见，小型的啮齿类、翼手类、食虫类动物数量也不多。灵长类也有发现，但亦很少。此外，龟、鳖、蛇和鱼类化石出土不少。由此可见，当时云岭一带的生态环境适合于食草动物和小型兽类生活，而且周围水域面积颇为宽广，水生动物和贝类非常丰富，成为人类捕捞的主要对象。

此外，在前两次发掘中，在洞中发现水稻硅质体，经过分析研究后认为，牛栏洞遗址的水稻硅质体为一种非籼非粳的类型，文化层下部的层位水稻硅质体与现代水稻的差异较大，上部的硅质体与现代水稻较近似，但仍为籼、粳难分的状态，这种变化说明是原始水稻在进化过程中的一种表现。而在 2011 年的发掘中，在最下层的堆积中还发现了没有开始分化的水稻硅质体，这可能是野生稻的硅质体，而在靠上层的堆积中发现了少量已完成分化的硅质体。这一结果证实了前两次发掘的分析结果，牛栏洞遗址出土的硅质体基本上可以反映出稻作起源的整个过程。

经测定，牛栏洞遗址年代为距今约 8 000~12 000 年。出土的文化遗物反映出一个典型的中石器文化遗址的特色。该遗址出土的陶块、陶片已相当早，相当原始，而且还表现出演化系列，对研究我国制陶业的起源十分有意义。同时，原始水稻硅质体的发现，也为稻作起源提供了有力的旁证。

广东石峡遗址

石峡遗址位于曲江县城西南马坝人洞穴遗址所在的狮头山与狮尾山之间的峡地，面积约为 3 万平方米。遗址发现于 1972 年，1973—1985 年由广东省博物馆四次发掘，共揭露面积约 4 000 平方米，发现和展出了柱洞、灰坑、灶坑、陶窖等遗存文物，清理氏族公共墓地 100 多座，出土文物达 3 000 多件。遗址文化堆积厚 1~3 米，自下而上包含了 3 个不同时期的文化遗存，即石峡文化层、夏商时期文化层以及西周至春秋时期以夔纹陶为代表的青铜器时代文化层。

上文化层出土遗物，以广东通常所谓的“夔纹、云雷纹和方格纹组合的印纹硬陶”与少量的磨光石器、青铜器为特征，年代相当于西周晚期至春秋；中文化层出土遗物，以广东通常所谓的“曲尺纹、长方格纹组合的印纹软陶”与较多的磨光石器共存为特征，年代相当于夏商之际；下文化层的遗物，以泥质磨光陶、夹砂陶与大量的磨光石器共存为特征，出土有盘鼎、釜鼎、三足盘、圈足盘、豆、夹砂罐、釜等的残片、各种鼎足和残石镬、石锛、石铲、砺石及较完整的梯形石锛、大小石凿、石镞、石片、石锤、陶纺轮等，年代为距今 4 000~5 000 年。

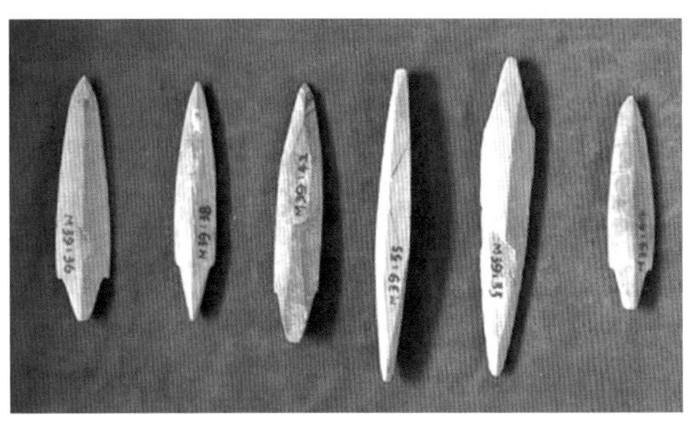

广东石峡遗址及出土文物

3 个文化层中最具特色、也最有代表性的为下文化层，区别于我国其他地区年代相当的其他文化，被称为“石峡文化”。其年代约为新石器时代晚期，约距今四五千年。墓葬分布密集，早期墓葬与晚期墓葬之间有打破关系，根据形制、葬俗和葬式不同，可以分为一次葬墓和二次葬墓两类。其中一次葬可分为浅穴墓、堆放石块墓和中等深穴墓。浅穴墓部分墓坑经过火烧且大部分没有随葬品。堆放石块墓墓坑未经火烧，仅有少量随葬品。中等深穴墓墓坑大部分用火烧过，随葬品的形制和组合与二次葬相同；二次葬墓墓坑基本都经火烧，坑壁四周有 2~3 厘米的红烧土，墓底或填土中发现有木炭、烧过的竹片和烧土块。

石峡遗址墓葬的主要特点是：第一，在葬俗方面，为东西向排列的长方形土坑墓，墓坑多经火烧。流行迁葬，有共同的氏族公共墓地。第二，随葬石质生产工具的比重很大，一些工具富有地方特色。第三，陶器盛行三足器、圈足器和圜底器。以浅盘、子母口的三足盘、圈足盘和子母口、带盖的盘鼎、釜鼎及甑最具地方特色。第四，二次葬大型墓中有一定数量制作精美的装饰品。

出土的文化遗物为墓葬中的随葬品，生产工具主要为石器和陶纺轮，石器器形有镬、铲、锛、凿、镞、钺、锥、网坠、石片、石棒和砺石等。多通体磨光，并运用切割、钻孔等技术，有单面钻和两面钻两种，以两面钻居多。

生活用具为陶器，按照制法有轮制、模制和手制 3 种，而以轮制、模制为主。陶器中素面最多，约占全部陶器的 70% 左右。纹饰中绳纹、镂孔装饰、附加堆纹较多，划纹、凸弦纹、锥刺纹、压点纹较少。器形有盘、豆、壶、盂、杯、瓮、罐等饮食器和贮盛器，鼎、釜、甑、鬶等炊煮器。

装饰品有有琮、璧、瑗、环、玦、笄、璜、管坠、珠、坠饰、元片饰、松绿石等。质料有纤维蛇纹石（火烧玉、白石脂、高岭玉）、大理岩和玉、松绿石等。

稻谷遗存发现于遗址文化层外和二次墓葬中，稻谷、米粒和烧土聚集一起成团状。谷粒和米粒已经炭化，经鉴定，属于人工栽培稻，与现在华南种植的籼粳稻基本相同，以籼稻为主。结合出土的石铲、石镬、大型长身石锛等生产工具推断，当时人们已经懂得种植栽培稻，农业成为当时主要生产活动部门。另发现炭化的山枣核、桃核等果核。

石峡遗址的发现和发掘，填补了广东地区秦汉以前古文化的空白，为探讨与邻近省区及东南沿海地区同时期文化之间的关系提供了丰富的实物资料，对考古学和历史学都有重要意义。石峡文化与岭南地区土著文化明显有别，少数陶器具有良渚文化特征。与北邻的江西赣江流域“樊城堆文化”关系最为密切，有人将两文化并称为“樊城堆—石峡文化”。

1979 年，石峡遗址被列为广东省级文物保护单位。2001 年，被列为第五批全国重点文物保护单位。

广西晓锦遗址

晓锦遗址位于广西北面越城岭西麓资源县资源镇晓锦村后龙山山坡的一级阶地上，为低山丘陵地形，山峰海拔 600~650 米，其间有一条涧溪汇入资江。

该遗址于 1997 年 12 月调查时被发现，并被确认为一处新石器时代文化遗址。1998 年10—11 月，广西壮族自治区文物工作队和资源县文物管理所对其进行了首次挖掘，揭露面积 90 平方米。1999 年 10 月至 2000 年 1 月进行了第二次发掘，揭露面积 256 平方米。2001 年 12 月至 2002 年 1 月进行了第三次挖掘，揭露面积 240 平方米。2002 年 8 月至 10 月第四次挖掘，揭露面积 50 平方米。四次发掘总计揭露面积 740 平方米，共出土石器 1 000 余件、陶片 1 万余片、炭化稻米 1.3 万多粒和少量完整陶器等一大批重要文化遗物。年代为距今约 3 000~6 000 年。

晓锦遗址所在的后龙山是一座孤立山岭，坡度较陡，曾遭到多次破坏，并在地表形成最厚 4 米以上的花岗岩风化土填土层，从而形成高低错落的山坡台地地貌。根据地层和出土遗物关系，可将遗址的文化遗存分为三期。

第一期发现遗迹有灰坑、柱洞。其中灰坑有长方形、圆形、椭圆形 3 种，一般为直壁或斜壁，平底或圆底，多数灰坑出有少量碎陶片、炭粒。柱洞均为椭圆形，分布零散，没有规律。出土的遗物有陶器、骨器。陶器绝大部分为陶片，完整的器形较少。均为夹砂陶，大部分夹细砂，少量夹粗砂和夹碳。陶色主要为灰黑陶、红陶和红褐陶，也有少量灰陶和灰褐陶。出土石器共 68 件。有磨制和打制两种，以磨制石器为主，打制石器次之。器形有斧、凿、链、矛、刀、砺石、锤、尖状器、刮削器等。石料有砂岩、泥岩、页岩等。加工技术有打制、磨制、穿孔。打制技术一般采用锤击法和单向加工技术。

第二期文化遗存发掘遗迹包括墓葬、灰坑、柱洞和烧陶遗迹。其中墓葬 3 座，灰坑 9 个，柱洞 85 个，主要分布在斜坡面上，大部分柱洞排列无规律，少量呈半圆形，有的柱洞平面保留圆形木柱痕迹。出土的遗物有陶器、骨器和炭化稻米。在该期有较多的炭化稻米和少量炭化果核。炭化稻米颗粒细长，经初步鉴定主要为粳稻，属于原始人工栽培稻。

第三期文化遗存发掘遗迹包括墓葬、灰坑、柱洞及房址、灰沟。其中墓葬 3 座，灰坑 64 个，房址 11 座，柱洞 104 个，灰沟 2 条。柱洞排列近圆形，保存较完整。整个房址则由 13 个近圆形柱洞组成。文化遗物为陶器、石器和较多的炭化稻米和少量炭化果核。碳化稻米颗粒饱满、短而胖，经鉴定为粳稻，属于原始人工栽培稻。

晓锦遗址地处长江流域与珠江流域两大水系交汇处，对该遗址的研究，有助于揭示这两大水系原始文化的发展关系。该遗址中大量柱洞、灰坑、水沟和房址以及陶窑和墓葬等用于探讨聚落形态的珍贵资料的发现，在广西原始文化山坡遗址中是首次发现；在遗址获得的一批反映石器加工技术的实物，如石锯、石钻、砺石等，为研究石器加工制作工艺流程提供了成套的实物资料；最重要的是，在晓锦遗址发现的炭化稻米，具有年代早、数量大、海拔高的特点，在广西新石器时代考古中亦属首次，也是到目前为止两广地区发现年代最早的一批标本，对研究稻作农业的起源和稻作文化的传播有十分重要的意义。炭化稻米经鉴定可确定为较原始的栽培粳稻，处于栽培稻进化的较早时期。

广西晓锦遗址出土的炭化人工栽培稻米

晓锦遗址考古发掘所取得的研究成果，得到了国内外专家学者的高度评价，被命名为“晓锦文化”。2009 年，晓锦遗址被列为广西壮族自治区第六批文物保护单位。2013 年，被公布为第七批全国重点文物保护单位。

重庆大溪遗址

大溪遗址西距巫山老县城 47 千米，隶属巫山县大溪镇大溪村，遗址现存面积约 4.95 万平方米，文化堆积层最厚 2.5 米。大溪遗址最早是在新中国成立前美国学者纳尔逊等一行到三峡地区考察时发现的。1958—1994 年，文物考古工作者先后对巫山大溪遗址进行了两次大规模调查，四次正式考古发掘，共揭露面积 670 平方米，出土石器、陶器、玉器、骨器、蚌器等各类遗物近 2 000 件。年代为距今约 5 300~6 000 年。由于遗址中出土的各类遗物文化面貌独特新颖，在长江上游发掘的遗址中未发现过，甚至在整个长江中游地区也未发现类似遗存，所以，考古研究者将大溪遗址命名为巫山“大溪文化”。

重庆大溪遗址及出土文物

大溪遗址主要遗迹为灰坑和墓葬，尤其是墓葬资料十分丰富，在遗址中共发现墓葬210座。在文化堆积层和墓葬中出土的遗物有石器、陶器、玉器、骨器、蚌器等。

第一，生产工具。生产工具主要为石器和骨器。制作石器的石料都很坚硬，制作方法主要为磨制。主要器形有斧、锄、铲、锛、凿、刀、杵、纺轮、球等，石器制作较精细，除杵、纺轮、球以外，其他石器的刃部一般磨制得较锋利，多数石器上有使用过的磨损痕迹。骨器出土的数量较多，主要见于墓葬中，少量见于文化堆积层中。多数通体磨光，尖锋锐利。主要器形有锥、矛、凿、匕、刮刀、针、纺轮等。其中，锥和针系多用兽类的肢骨制作而成，矛、凿、匕系多用劈开的兽骨的肢骨制作而成。

第二，生活用具。生活用具主要为陶器。陶色以红陶为主，黑陶、灰陶次之，少量彩陶。除墓葬中出土的极少量手捏制的小陶器外，其余绝大多数为日常生活实用器，陶器绝大多数为素面，制作陶器的陶土一般多是经过淘洗的，质地较细。以手制为主，也见有轮制的陶器，有的器物外表施红衣。

第三，装饰品。装饰品主要发现于墓葬中，有玉器、骨器和蚌器等。早期出土的装饰品器形种类比较单一，以耳饰为主，晚期出土的装饰品，器形种类增多，以项饰、手镯为主。此外还有玉饰、蚌饰和石饰。装饰品的制作，普遍采用切割和钻孔技术。主要器形有玉镯、石镯、象牙镯、蚌镯、石珠、石坠饰、蚌珠、玉璧、玉璜、玉玦、玉镯、蚌珠、绿松石坠饰等。

第四，墓葬遗存。死者均被埋在氏族公共墓地。由于墓葬均埋在土质极为松软的土层中，绝大多数墓葬找不到明显的墓坑壁，只有少数墓葬留有墓坑痕迹。墓坑一般较浅、较窄。没有任何葬具，墓葬密集重叠，相互打破关系十分严重。葬式以屈肢葬、直肢葬为主。在墓葬中发现有鱼骨，有的是整条大鱼与死者同葬，以鱼随葬的现象在大溪遗址墓葬中非常普遍，在成人墓和儿童墓中均有发现。鱼一般放置于死者身体两边。

根据大溪遗址出土的遗迹和遗物都侧面反映了大溪氏族社会的经济生活，各类生产工具的发现，可以看出当时农业种植经济在大溪人的生活中占有重要地位。遗址中大量鱼骨渣的发现，遗迹墓葬中以鱼随葬的现象都反映出渔猎在大溪人的经济生活中也占有很大比重。由于受到考古资料的限制，关于大溪遗址更为全面和系统的研究还有待加强。

2001年，大溪遗址被评选为“20世纪中国100大考古发现”。

云南海门口遗址

海门口遗址位于云南剑川盆地南部甸南镇天马村东北方距剑湖湖尾间250米处，总面积约10万多平方米，剑湖水由海门口流出流入黑漶江，后流入澜沧江。遗址曾于1957年、1978年和2008年三次考古发掘，其中2008年发掘面积大、出土遗迹、遗物丰富，地层清晰可靠。海门口遗址是一处从新石器时代晚期至青铜时代的大型水滨木构干栏式建筑遗址，反映出云南原始社会末期的社会面貌。

海门口遗址地层可分为4个地层组，分别对应4个分期。第一期年代距今3 800~4 000

  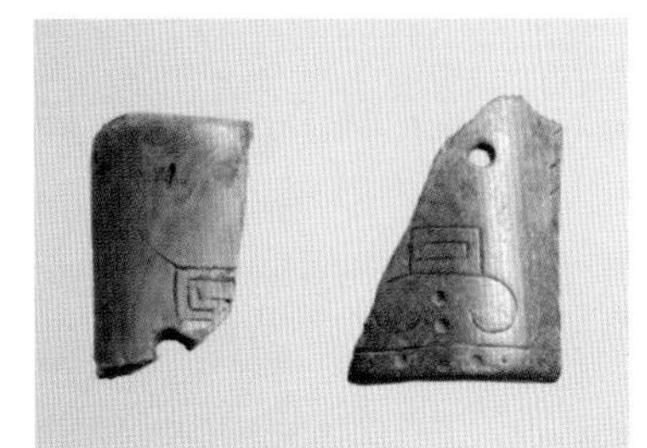

云南海门口遗址及出土文物

年，为云南新石器时代晚期。未见铜器。出土遗物以陶器为主，多为黑灰夹砂陶，其次为夹砂灰陶，也有泥质磨光黑陶。多数器物口沿处经磨光。纹饰以刻划纹为主，也有戳印和磨光。器型相对较小且均为手制。出土石器主要有斧、刀、凿、锥、镞等。作物有稻、麦等。房址为长方形“杆栏式”；二期年代距今 3 200~3 700 年，为青铜时代早期。陶器以夹砂灰陶为主，黑灰陶次之，其次是红褐和灰褐陶，少量泥质陶，部分器物口沿和器表还经磨光。有的器型较大，陶器均为手制。出土的石器较多，有斧、锛、刀、凿、镞、锥、研磨器、有孔器等，铜器有凿、镯、锥、铜块。作物有稻、麦、粟等。房址一座，为长方形“杆栏式”；三期年代距今 2 400~2 600 年，为青铜时代中晚期；出有铜器，陶器以夹砂灰陶为主，红褐和灰褐陶增多，其次是黑灰陶，出现少量红衣陶，陶器火候变低，均为手制。出土石器较多，有斧、锛、刀、凿、锥、镞、范等。铜器有锥、凿、刀、镯、镞等。骨器有镯、镞、锥等。作物有稻、麦、粟等。粗大木桩柱较多。遗址的晚期堆积年代为宋、元、明时期，出有铁器。陶器火候较好，均为轮制器，器型有宽沿釜、盆、侈口卷沿罐、直口罐、管状网坠、瓦片等。一期和二期之间发展较为紧密，有连续性；二期和三期之间有约 400 年的缺环，发展有间断。虽然有间断，但遗址的文化发展是一脉相承的。

海门口遗址是滇西北地区最重要的史前时代遗址。第一，是目前中国发现最大的水滨木构干栏式建筑聚落遗址，在世界上也极为罕见，为中国史前部落类型研究提供了宝贵实例。第二，海门口遗址文化堆积清晰，延续时间较长，文化遗存丰富，为建立滇西地区史前文化的序列和完善中国西南地区的文化谱系奠定了坚实的基础。第三，稻、粟、麦等多种谷物遗存证明了黄河流域的粟作农业已经延伸到滇西地区，而稻麦共存现象有可能为认识中国古代稻麦轮作农业技术的起源时间和地点提供重要信息。第四，第三次发掘出土的铜器和铸铜石范，以确切的地层关系证明了海门口遗址是云贵高原最早的青铜时代遗址，滇西是云贵高原青铜文化和青铜冶铸技术的重要起源地之一。第五，海门口青铜时代遗存与大理银梭岛遗址时代基本相同，但文化面貌存在很大差异。说明滇西地区青铜文化的多样性和复杂性，对认识青藏高原东部地区史前文化交流和族群迁徙很有帮助。第六，大量的动物骨骼、人骨以及其他种类的遗物，为考古学、人类学、民族学等相关领域提供更多的信息。

云南大墩子遗址

大墩子遗址西距元谋县城4.5千米，地处张二村河上游的两条季节性河沟之间。系一高出河床14米的河旁台地。遗址南因河水长期冲刷已成断崖，地层剖面十分清楚。

1972年2~4月，云南省博物馆在大墩子做了两次试掘，揭露面积235平方米。同年11月至1973年1月，云南省文化局举办的第一期文物考古学习班在这里实习，发掘261平方米。元谋大墩子新石器时代遗址的文化堆积较厚，内涵丰富，为研究我国长江流域古代文化和云南边疆的原始社会历史积累了重要的实物资料。通过发掘整理，发现墓葬、建筑等遗迹，陶器、骨器、角器、牙器、蚌器、石器和大量的兽骨等遗物。

根据地层与出土遗物分析，大墩子文化可分为早、晚两期。是一种文化的两个发展阶段。年代为距今3 200年。

早期生产工具种类较少，以石斧、石锛和双凸圆锥截尖形陶纺轮为代表。陶器的火候较低，多夹砂橙黄陶；纹饰以蓖齿状划纹与粗绳纹为主；器型以钵、盆与窄沿鼓腹罐、小口宽肩罐为代表；器皿口沿较窄。房屋建筑的四周均挖沟槽，柱洞排列于沟底。火塘坑壁涂草拌泥，周边有圆脊。

晚期生产工具的种类、数量增加。以石斧、石锛与平圆式陶、石纺轮为代表。陶器的火候亦低；夹砂橙黄陶绝迹，新出现少量的泥质红陶与泥质灰陶；纹饰以篮纹、附加堆纹与印制的点线纹为主；器形除罐外，尚有瓮、壶、瓶、杯等新器物；早期所流行的钵、盆在晚期不见；器皿口沿加宽。房屋建筑的四周不挖沟槽，直接在地面挖柱洞。火塘演变成简单而适用的圆形浅竖穴坑。

大墩子遗址出土遗物有陶器、石器、骨器、角器、牙器、蚌器以及大量的兽骨。生产工具以石、骨、蚌器居多。遗物大多发现于文化堆积层内或房址、窖穴、沟道遗存中。

出土遗物除石器陶器等器物之外，在出土的器物里发现了灰白色的禾草类叶子、谷壳粉末，其中的3个陶罐内，均发现大量的谷类炭化物。经初步鉴定谷类炭化物是粳稻。出土各种动物骨骼1 300多件。可惜破碎尤甚，可供鉴定的300多件。这些动物骨骼，经初步鉴定，均属我国南方常见的现生种。可分家畜（猪、狗），可能驯养的动物（牛、羊、鸡）、狩猎的动物（水鹿、赤鹿、麝鹿、野兔、豪猪、松鼠、竹鼠、黑熊、猕猴等）、野生动物及

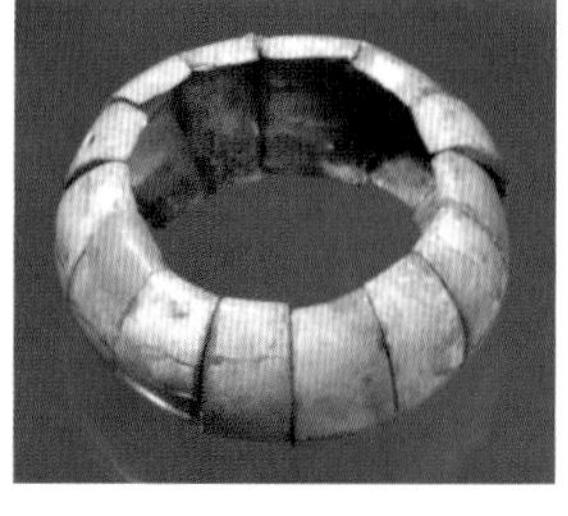

云南大墩子遗址出土文物

其他动物。

遗存发掘发现的房基打破、叠压关系比较复杂，分早、晚两期。早晚期分别有许多柱洞、沟槽等房屋遗迹。房基平面呈长方形，面积近 30 平方米。早晚期均属于地面木构建筑，四周竖立木柱，既可负荷笨重的房顶，又有支撑泥墙的作用，不同之处是早期房基有沟槽，房内面积较大，火塘多作圆角方形，周边有圆脊，底、壁涂草拌泥。晚期则纯属地面建筑，房内面积较小，火塘作成竖穴圆坑。在建筑技术上，早晚期的房屋的墙壁和屋顶都经烘烤，并且屋顶为稍作倾斜的平面结构；竖穴分布在房址近旁，有圆形、长方形和不规则形。根据露口层位，圆形穴属于晚期，其余属于早期；墓葬分为竖穴土坑墓和瓮棺葬，前者埋成人，后者埋幼童。其中，竖穴土坑墓葬均无葬具，葬式分为仰身断肢、仰身直肢、仰身屈肢、侧身、侧身屈肢、俯身屈肢与母子合葬 7 种。

大墩子遗址的建筑遗存，其建造技术与中原地区的仰韶文化基本一致。大墩子遗址尚未发现彩陶，也无三足器，与仰韶文化迥然不同。烧造技术均处于原始的手制阶段，出土大量的大口罐、钵却又有相似之处。因此推断与中原地区的仰韶文化相近。考古学家认为，以元谋大墩子遗址和西昌礼州遗址为代表的新石器文化，不同于长江中下游流域和黄河流域的诸文化，似属我国长江上游即金沙江流域的一种典型文化，从安宁河到龙川江，在今成昆铁路沿线，有着广泛的分布。

三、渔猎遗址

内蒙古兴隆沟遗址

兴隆沟遗址位于内蒙古赤峰市敖汉旗东部，地处大凌河支流上游左岸。兴隆沟遗址分为 3 个地点，分别属于兴隆洼文化、红山文化和夏家店下层文化聚落。2001—2003 年，中国社会科学院考古研究所内蒙古第一工作队对兴隆沟遗址进行了 3 次发掘，在房屋形制、聚落布局、居室葬俗、经济形态、原始宗教信仰、环境考古等方面取得了重大成果，对西辽河流域文明起源及早期社会发展进程研究、东北亚地区史前文化交流等均具有推动作用。兴隆洼文化中期聚落，总面积约 5 万平方米，距今约 7 500~8 000 年。地表分布有房址灰圈 150 余座，自东向西分成三区。3 年共发掘房址 37 座、居室墓葬 26 座、灰坑 50 余座，出土遗物有陶器、石器、玉器、骨器、蚌器、动物骨骼、自然石块等。

房址平面均呈长方形或近方形，皆为半地穴式建筑，可分为大、中、小 3 型。从现有的发掘结果看，5 号房址最大，面积为 86.24 平方米；10 号房址最小，面积为 27.5 平方米；其余房址的面积约为 40~70 平方米。5 号房址四角均堆有长方形或方形的熟土台，室内平面呈“亚”字形；13 号房址的西北角发现弧形暗道式出入口，成年人能从暗道爬出。“亚”字形房屋和暗道式出入口在中国东北地区史前时期房址中均系首次发现。

房址均呈东北—西南向排列，布局规整。从出土遗物的特征看，已发掘的东、中、西三区房址间无明显的年代差异，聚落布局经过统一规划，推断为一次性布局而成。房址呈三区分布的格局代表了兴隆洼文化聚落形态中的一种新的类型。

墓穴在房址中有固定的位置，墓口均呈长方形，墓壁竖直，底部平整。有的墓口被踩踏成硬面，与周围的居住面连成一体，证明埋入墓葬后该房址被继续居住；也有的墓穴直接打破居住面，墓口上未见硬面，证明埋入墓葬后该房址即被废弃。墓主人有成年人也有儿童，有的骨骼不完整或有明显的肢解现象。

房址堆积层内和居住面上出有较多的动物骨骼，以猪、马鹿和狍子为主。5 号房址西南部居住面上出有一组摆放规整的动物头骨，分别为 12 个猪头和 3 个鹿头。可以看出，狩猎经济在兴隆沟先民的经济生活中占有十分重要的地位。20 号房址西部堆积层内集中出有 10 余枚炭化的山核桃，是兴隆沟先民从事采集经济的重要证据。通过对房址和灰坑内发掘土样进行系统浮选，获得一批植物遗骸资料，10 号和 31 号房址内发现有炭化的的粟，经过人工栽培，是中国目前所发现的年代最早的粟，也是兴隆沟先民从事原始农耕生产的实证。发掘所获较多蚌壳和少量鱼骨资料显示，捕捞经济也是兴隆沟先民经济生活中的重要组成部分。

5 号房址西南部居住面上出土摆放规整的动物头骨，多数前额正中钻有长方形或圆形孔，其中两例留有明显的灼痕，具有鲜明的宗教祭祀性质。15 号居室墓葬的墓口西北端并排立置一大一小的 2 件陶罐，罐体下半段埋在墓穴填土内，大罐底部与墓主人头部上下相对，西南侧腹壁有 1 个圆形钻孔，直径 7 厘米。参考相关民族学资料，大罐上的钻孔可能作为墓主人“灵魂”出入的通道。石、蚌质人面饰及人头盖骨牌饰的发现，是研究兴隆沟先民宗教信仰的重要资料。

2012 年 5 月，赤峰市敖汉旗兴隆沟遗址发现一尊距今 5 300 多年、属于红山文化时期的精美陶塑人像。对于这次考古发现的重大意义，可以概括为：一是史前考古的重大发现；二是中华文明起源研究当中重要新成果；三是对红山文化乃至辽河流域的文明演进过程，包括当时的宗教信仰等方面的研究提供了难得的第一手资料；四是人像艺术和造型体现了史前艺术结晶，当时的雕塑技术令人震惊。该陶塑人像在敖汉的出土再次证明了敖汉旗包括敖汉所在的赤峰是红山文化的中心之一。

2003 年，在兴隆沟遗址出土的碳化谷物经世界权威鉴定机构鉴定，已有 7 700~8 000 年的历史，比中欧地区发现的谷子早 2 000~2 700 年。由此，专家们推断、论证认为，兴隆沟遗址出土的炭化谷物，是中国北方旱作农业谷物的惟一实证，是经过世界专业的早期农耕文明实验室鉴定出来的惟一的谷子和糜子的人工栽培标本，由此敖汉被认为是旱作农业的起源地，进入全球重要农业文化遗产名录。

2013 年，被国务院核定公布为全国第七批重点文物保护单位。

内蒙古兴隆沟遗址

内蒙古富河沟遗址

富河沟遗址位于内蒙古自治区巴林左旗，乌尔吉木伦河东岸。面积约6万平方米。1962年夏，中国社会科学院内蒙古工作队在这里挖掘，发现并挖掘出古人方形地穴式房址37座，出土大量陶器、石器、骨器、细石器。通过该遗址的发掘，确立了富河文化。这是从统称的“细石器文化”中划分出不同考古学文化的一次重要工作。

富河沟遗址属于新石器时代文化，无论陶器的器形和纹饰，石器的器形制作技术等，都表明这是一个有独自特征的器物群，已经具备了一种新的考古学文化类型要素，因首次在左旗富河沟发掘而被命名为“富河文化”。当时人们过着相对稳定的定居生活，以渔猎和采集为获取生活资料的主要手段，辅之以原始农业和家畜饲养。值得注意的是，富河文化先民已经有了占卜习俗，遗址中发现了卜骨，这是我国迄今为止发现的最早卜骨。

在遗址地表可以隐约看到许多小片灰土，称这种灰土为“灰土圈”。这些“灰土圈”之间是黄色生土。全遗址共有“灰土圈”160余个，都分布在山腰，东西排列得很有次序。由于长期的风刮水冲，特别是第一个山岗的下半和第二个山岗被辟为耕地，“灰土圈”已遭破坏，只第一个山岗上部的遗迹保存较好。

遗址共发现屋址37座。屋址有方形和圆形两种，大多数是方形（或梯形）的。一般东西长4~6米，南北长3~6米；最大的东西、南北皆长6米左右。屋基皆借山坡建成，先在山坡挖成簸箕形的上坎，然后以这簸箕形土坎为基础建起房屋。

陶器都是夹砂陶，质地疏松，陶色以黄褐色最多，灰褐色次之，器上的颜色往往并不一致。制法皆为手制，多以长条的泥片圃筑，体小的器物为捏制。器物外表面不论有无纹饰多经粗略的压磨，内表面都较外表面压磨的细致，触手毫无粗糙的感觉。在陶器上为缀合裂痕而钻孔的现象很普遍。石器数量很多，共2 000余件。分为大型石器和细石器两类。大型石器的制法绝大多数是打制的，大都经过第二步加工，多采用由一面向另一面单方向打击的和交互打击的方法。骨器很多，种类有锥、镞、刀柄、针、有齿骨条、匕、鱼钩、

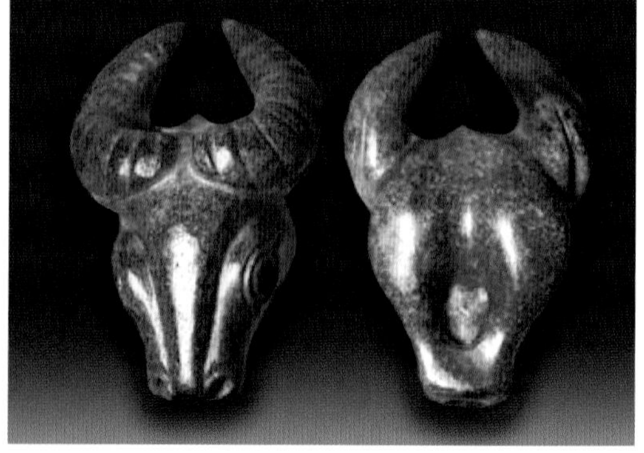

内蒙古富河沟遗址出土的陶器与骨器

骨饰等。据 C14 断代并经校正，年代为公元前 3350 年左右。

2013 年 5 月，被评为全国第七批重点文物保护单位。

内蒙古二道井子聚落遗址

二道井子夏家店下层文化聚落遗址坐落于赤峰市红山区文钟镇二道井子村打粮沟门自然村北部的山坡之上，占地面积约 3 万平方米。

自 2009 年 4 月始，为配合“赤峰—朝阳”高速公路建设，内蒙古自治区文物考古研究所组队对该遗址进行了抢救性考古发掘工作，已揭露面积 5 200 平方米，清理环壕、城墙、院落、院墙、房址、窖穴、墓葬等遗迹单位 300 余处，出土陶、石、骨、铜、玉器及毛、草编织物等 1 200 余件。

该遗址堆积深厚，平均深度达 8 米，个别探方内文化层相互叠压达 20 余层，由环壕、城墙及城内建筑遗迹三部分构成。环壕平面大体呈环状椭圆形，长约 190 米、宽约 140 米。环壕剖面呈“V”字形，外壁呈斜坡状，内壁略呈阶梯状，口宽约 11.8 米、深约 6.05 米。城墙则位于环壕内侧，基宽 9.6 米，存高 6.2 米。建筑方法为先挖成隆起于地面的梯形生土墙，进而在其两侧堆土包砌，使墙体的厚度、高度不断增加。城墙内侧坡度较缓，随着聚落内生活面的逐渐抬升，部分房址坐落于城墙之上；城墙外侧坡度陡峭，与环壕内壁相连形成统一的斜面，落差达 12 米。修建环壕时产生的土壤直接用于堆砌城墙，由于城墙不断扩建，贴附于城墙的堆土多者可达 7 层，且各层的结合面平整光滑、剥离自然。为使城墙更为坚固，个别地段采用了夯筑技术或包砌了土坯。

二道井子遗址共发掘窖穴 149 座，均位于房址周边，以圆形袋状居多，大多在坑壁抹有草拌泥，部分窖穴还在坑边垒砌一周土坯。一些窖穴内发现大量的炭化黍、谷颗粒和呈穗状的炭化粮食作物以及少量毛、草编织物。

出土遗物以陶器、石器和骨器为主，只发现少量玉器及青铜器等。陶器以筒腹鬲、鼓腹鬲、罐型鼎、豆、罐、三足盘、大口尊、瓮、小陶杯等为大宗，纺轮以及制作陶器的陶内模也较为常见；石器数量巨大，有斧、刀、铲、镞、锛、饼、球、槽、臼、杵、磨盘及

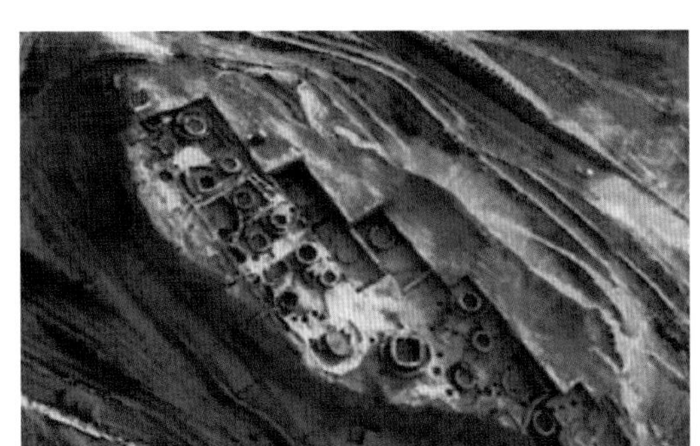

内蒙古二道井子夏家店下层文化聚落遗址

磨棒等，其中用砂岩磨制而成制作鞋子用的楦极具特色；骨器有三棱长铤镞、锥、铲、针、笄，磨制精致，部分还刻划有精美的几何花纹，另见为数不少的卜骨；玉器可见玉斧、小型玉环、项饰；青铜器有刀、锥以及喇叭口式耳环。

保存极佳的“地面”为研究不同遗迹之间的共时关系提供了有利的条件，环壕、城墙、院落、房址、窖穴、道路等建筑构成的聚落，为探索当时的聚落形态及社会组织结构设立了新的平台。多层叠压的房屋预示这一遗址存在着早晚相互衔接的不同时期的聚落，由此可以考察同一遗址不同时期聚落形态的变化，进而复原整个遗址始建、修缮、扩建、重建直至最终废弃的过程；通过自然科学手段，对采集的土样及出土的炭化有机物质进行检测，可以为探索当时的经济形态、自然环境及人地关系，提供有益的证据。

二道井子遗址文化内涵单纯，文化堆积深厚，建筑遗迹保存完整，是目前发现的保存最好的夏家店下层文化遗址。

辽宁新乐遗址

新乐遗址是新石器时代古文化遗址，位于沈阳市皇姑区黄河大街新开河北岸黄土高台之上，是一处原始社会母系氏族公社繁荣时期的村落遗址，其布局与半坡文化很相似，经中国社会科学院考古研究所测定新乐遗址距今有 7 200 多年的历史。遗址分布面积达 17.8 万平方米，中心区域 2.25 万平方米。新乐遗址于 1973 年被发现，该发现把沈阳城的历史推到 7 200 年前的新石器时期。自遗址被发现以后，经多次考古发掘，证明在这一地区存在着 3 种相互叠压的不同时期的文化堆积层，其中最早的新乐下层文化，具有丰富的文化内涵和鲜明的地方特点，被定名为“新乐文化”。新乐文化已成为沈阳地区史前文化典型代表和历史源头。

从 1973—1993 年，新乐遗址经过多次调查与发掘，有大量的实物资料证明在沈阳新乐地区共存在三种相互叠压的不同时期的文化遗存。即新乐上层文化（青铜时代，距今

辽宁新乐遗址和辽宁沈阳新乐遗址博物馆

3 000~4 000 年）、新乐中层文化（新石器时代晚期，距今约 5 000 年）、新乐下层文化（新石器时代中期，距今约 7 000 年）。其中具有独特文化内涵的新乐下层文化，成为新乐遗址，新乐文化遗存的主要代表。

新乐遗址出土文物相当丰富，包括石器、骨器、陶器、木器、煤制精品等重要文物千余件和古房址遗迹。其中“木雕鸟”是沈阳地区出土年代最久的珍贵文物，也是世界上保存最久远的木雕工艺品。

1984 年，建立新乐遗址博物馆，分为南北两个展区。北部遗址展区展示 7 000 年前原始建筑遗迹，除 2 号房址展示考古发掘现场外，另外复原 10 座原始半地穴式房屋，并在房屋中展示新乐先民的生活场景，如“狩猎归来”“氏族集会议事”“制陶”等。南部文物展区为现代博物馆建筑，展出在遗址发现的各种文物。

2001 年，新乐遗址入选第五批全国重点文物保护单位。

辽宁小珠山遗址

小珠山遗址又名土珠子遗址，位于辽宁省长海县广鹿岛中部的吴家村西。范围约 5 000 平方米。1978 年辽宁省博物馆、旅顺博物馆等单位进行发掘。文化堆积分下、中、上 3 层。据 C14 断代并经校正，中层的年代为公元前 4300—前 3900 年。遗址中揭示的地层叠压关系，为辽东地区新石器文化年代序列的研究提供了地层证据。

下层石器以打制的为主，器形有刮削器、盘状器、网坠、石球以及磨盘、磨棒。磨制石器仅石斧一种。发现有骨器。陶器以含滑石黑褐陶为主，均为手制，器形简单，主要是一种粗陶直口筒形罐，纹饰多竖“之”字形线纹，另有少量刻划纹。兽骨的种类有鹿、獐、狗，以鹿为多；还有一定数量的贝壳。

在中层发现有居住面、柱洞等建筑残迹。石器以磨制的为多，有斧、锛、镞。打制石器较少，有铲、无孔刀、镞以及磨盘、磨棒。有骨（牙、蚌）器。陶器为手制，多夹砂红

辽宁小珠山遗址及出土文物

褐陶，器形主要是侈口筒形罐，多饰刻划的斜线三角纹、人字纹；还有少量泥质红陶黑彩的彩陶片和个别的泥质黑陶三足觚形器等。兽骨的种类有鹿、獐、狗、猪；贝壳数量很多。

上层石器以磨制的为主，有斧、带肩斧、锛、双孔刀、镞。打制石器仅有网坠及磨棒。还发现了骨器。陶器为手制，主要是夹砂黑褐陶，多大口或小口的鼓腹罐，还有少量的鼎、豆，纹饰主要为附加堆纹和刻划纹。兽骨的种类有猪、狗、鹿、獐，以猪为多；也有大量贝壳，并有极少的鲸骨。

从遗物可以看出，当时已有一定的原始农业，饲养狗、猪等家畜，但渔猎占相当大的比重。此外，从中层的三足觚形器和上层的三环足盆等，可看出分别受到大汶口文化和山东龙山文化的影响。

遗址北侧发现了一处制骨作坊。岛上的先民们在史前年代，就已经开始工厂化地加工骨针、骨钩等生产生活资料。这是在辽东半岛首次发现的迄今为止年代最早的制骨作坊，为研究该地区史前时期人类的社会分工以及社会生产力发展水平提供了珍贵资料。

考古人员在小珠山二期遗址发现 180 多粒荞麦种子，这是在东北亚地区发现最早的荞麦种子。考古学界普遍认为，荞麦起源于中国东北地区并逐渐向西传播，但此前在传播路线的其他地区都发现过荞麦遗存，唯独东北地区没有发现。此次小珠山考古发现了大量荞麦种子遗存，为解决荞麦起源与传播这一世界性问题提供了最新材料。

此外，学术界一直认为，稻作起源于我国长江流域并逐渐向北传播，经过胶东半岛、辽东半岛的大连地区传至朝鲜半岛和日本列岛，在这个路径上，此前除辽东半岛外的其他地区都发现了年代较早的稻作农业遗存。此次在小珠山遗址、吴家村遗址找到了零星稻米遗存，未来将填补稻作农业传播路线的空白。

2013 年 5 月，小珠山遗址被国务院核定公布第七批全国重点文物保护单位。小珠山遗址公园占地面积 2~3 平方千米，遗址公园主要有三大功能：一是对遗址的保护与展示功能；二是考古科研功能；三是休闲游憩功能。根据初步规划，小珠山将建设博物馆、民俗博物馆、遗址现场展示、复原原始生产和生活场景、温泉会馆、考古研究基地等场所。

辽宁牛河梁遗址

牛河梁遗址，中国新石器时代红山文化祭祀建筑和积石冢群相结合的遗址。位于辽宁省建平和凌源两县交界处牛河梁北山。年代约为公元前 3600—前 3000 年。遗址对了解中国古代文明起源有重要价值。

牛河梁遗址以“女神庙”为中心，周围分布“女神庙”泥塑女神头像积石冢群。“女神庙”背依的山丘，顶部有一处大型山台遗迹；积石冢间有一座石砌圆形三层阶祭坛。“女神庙”是由北、南两组建筑物构成的半地穴式木骨泥墙建筑，南北总长 23 米多，部分墙面有彩色图案壁画。庙内出土的人物塑像具女性特征，保存的部位有头、肩、手、腿、乳房等。其中一件彩塑“女神”头像为一全身人像的头部，高 22.5 厘米，面涂红彩，眼内嵌淡青色圆形玉片为睛，额上的箍状物可能是发饰或顶冠，塑工细腻生动。

辽宁牛河梁遗址

1983 年开始发掘，已发现积石冢 20 多座，平面为方形、长方形或圆形，周边石台基的内侧排放着作祭器用的黑彩红陶无底筒形器。冢内往往以一两座地位尊贵的大型墓为主墓，周围或上部附葬多座小墓。墓内随葬品多玉器，有猪龙形玉雕、钩云形玉佩、玉璧和玉龟等，种类和数量随墓的大小而异，也有些墓空无一物。

重点保护遗迹共 4 处：第一处为女神庙及周围广场平台。位于山梁顶部南坡旧公路东西两侧。庙的室内面积 142.86 平方米，南北狭长，为包括主室、东西侧室、前后室的半地穴式多室结构，存深 0.8~1 米，有壁画和仿木建筑装饰。室内分布着大型泥塑女神群像、动物塑像、大型镂孔彩陶祭器等。庙北有近于长方形的开阔平台，面积约 4 万平方米，台边缘砌石块，结构多样。平台北缘有女神塑像出土地又一处，面积 65 平方米。附近还分布有窖穴、房址、陶器群遗迹地等。第二处为牛河梁积石冢群。位于京沈公路建平、凌源两县交界处，南缘至锦承铁路南的山梁坡地，东西长 110 米、南北宽 217 米，面积 22 870 平方米。已发掘出保存较好的积石冢四座，以及对面山丘的一座共五座，编号冢 1~ 冢 5，其中冢 1 附近有成群中小型石板墓，出土精美玉器 20 余件。冢 2 为方形大墓，面积 340 平方米。第三处为架子山积石冢，位于第二处东南锦承铁路南侧山梁上，共三冢，其中位于架子山丘顶上的双冢，南北并列，甚高大，四野开阔。另一冢在山丘下面东北 0.5 千米处。第四处为黑山头积石冢，位于女神庙正西约 1 500 米相连的两个山峰上，共两座。

牛河梁遗址属于红山文化晚期遗存，在中国辽宁省凌源、建平两市县交界处，因其山下的牤牛河而得名，被列入“中国 20 世纪 100 项考古大发现”。牛河梁遗址是距今约 5 000 多年的大型祭坛、女神庙和积石冢群址，其布局和性质与北京的天坛、太庙和十三陵相似。它的发现具有重大的科学价值和意义，它在国内外产生重大的社会影响，在中国考古学史上具有重要的地位和作用。

一般认为，牛河梁规模宏大的祭祀场所，是原始社会晚期一个规模很大的社会共同体举行大型宗教祭祀活动的圣地；积石冢所反映的社会成员的等级分化，显示出原始公社走向解体的迹象。5 000 年前，这里存在着一个具有国家雏形的原始文明社会。这一重大发现把中国古代史的研究从黄河流域扩大到燕山以北的西辽河流域，并将中华文明史提前了 1 000 多年。这一考古新成果对中国上古时代社会发展史、思想史、宗教史、建筑史、美术史的研究产生巨大影响。

1988 年，牛河梁遗址被公布为第三批全国重点文物保护单位。2006 年，被列入国家文物局发布的“十一五”期间 100 处大遗址保护名单。

辽宁三道壕西汉村落遗址

三道壕西汉村落遗址位于辽宁省辽阳市北郊三道壕村、太子河西岸冲积平原上，占地约 2 平方千米，是 1955 年我国第一次大规模发掘的汉代农村遗址。在万余平方米的发掘面积上，共清理出 6 户居住址、7 座窑址、11 眼水井、土窖等。还在附近清理出西汉棺椁墓群、儿童瓮棺墓地各一处。出土的文物有各式铁农具、车马器、陶制器皿、货币等万余件。还发掘出两段铺石大路，宽约 7 米，留有往来的车辙痕迹。由此南去 1.5 千米便是今辽阳市区。辽阳，西汉时称襄平，是古代东北的政治、经济、文化中心。遗址对研究 2 000 年前汉代农村的生产、生活、葬俗等情况，具有重要价值。

考古人员在三道壕西汉村落遗址，还发掘出 7 座砖窑，砖窑的建筑都是在地下穿一长方形直筒窑室，上口和窑门、窑床等重要部分用长方砖和黏泥筑造。各窑的构造和形式相同，砖窑是半地下的方形窑，一般窑室高约 3 米、宽 3 米，都具有窑门、火膛、窑床、烟道、烟囱各部。窑门前一般置有一个椭圆形柴场，柴场旁有的保存着平放的大堆砖垛、石堆。每窑每次可烧砖坯 1 800 块左右，生产能力是不大的。每月可烧四五次。烧出的砖为长方形灰色带有绳纹，和村址中以及辽阳一般汉墓中常见的灰色绳纹砖大致相同。此外各窑也烧造生活中常使用的陶制器皿，有的瓦当上还有“千秋万岁”字样。可见当时的手工业是十分发达的，可以认为当时是窑业由农业副业走向专业分工的开端，处于与小农业相结合的个体小手工业的发展阶段。

村落与外界相连的是一条宽阔的铺着河卵石的大道，分为主线和支线两段，全长共 190 米，路面宽达 6~7 米。约 2 000 年前的农庄就已铺设这样宽阔的大道，在世界上也是非

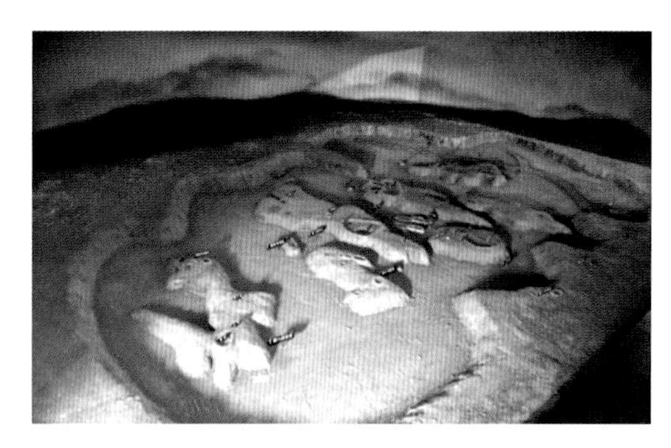

辽宁三道壕西汉村落遗址出土的沙盘和西汉铜熏炉

常少见的。再看铺的河卵石，大小不等，根据路基不同，有的铺 4 层，普通的铺两三层，路面中间稍高，两边很整齐，支线由转折处向北伸展。

遗址还保存下来一堆经过火烧的炭化高粱粒，应是当时一种主食。由此看来，当时生活在这块土地上的村民，用自己的智慧和辛勤的汗水，已经创造出了相对富足的生活。从中我们可以发现，汉代辽东农村生活从种植、收割，到运输、储藏以及畜业饲养等自给自足的自然经济面貌，与中原和齐鲁地区发现的汉代遗迹相比毫不逊色，为今天的人们了解当时的情景留下了十分珍贵的历史文物。

三道壕西汉村落遗址为东北最大的西汉村落遗址，反映了西汉时期分散的个体小农经济的生产方式和生活状况，为研究当时辽东地区的农业、手工业和社会发展提供了丰富的资料。

吉林万发拨子遗址

万发拨子（俗称“王八脖子”）遗址位于吉林省通化市郊金厂镇，是吉林省东南部、鸭绿江上游地区最具代表性的遗存之一。貌形态较为独特，西部为圜丘，东接平缓的漫岗山脊并与连绵的高山相连，形态近于俯卧的乌龟，山体大致呈东北西南走向。万发拨子遗址南侧为现代村落，向前半里许，金厂河经遗址东南部注入浑江。

遗址年代跨度长，遗址的年代跨度较大，从新石器时代直至明代晚期，其间历经了商周、春秋战国、两汉、魏晋等 4 个时期。这 6 个时期包括有新石器、先高句丽、高句丽早期土著、高句丽中晚期、满族先世 5 种文化性质的遗存，代表了 5 种新的考古学文化，大致涵盖了吉林省东南部、辽宁省东部及朝鲜半岛西北部的文化序列。万发拨子遗址对研究东北地区的考古学文化遗存及其与朝鲜半岛的文化关系具有极为重要的意义。

遗址分为东西两部分，西部圜丘及山脊上多见生活住址；东部则发现有相当数量的墓葬，形成东西长 750 米、南北均宽 200 米的遗存分布区，面积为 15 万平方米。遗址发掘面积 6 000 余平方米，文化堆积厚，分别相当于新石器、商周、春秋战国、西汉、魏晋及明代。已发现 22 座 4 个不同时期房址，3 个不同时期的墓葬 56 座。其墓葬非常有特色，分为土坑墓、土坑石椁墓、土坑石椁石棺墓、大盖石墓、大盖石积石墓、积石墓、阶坛积石墓等 7 种，还发现了以女性为主体的 40 余人的合葬墓。虽然分期上仍有缺环，但基本建立了从石板墓到积石墓比较清楚的序列，能看出前后传承。其中积石墓、方坛积石墓反映出高句丽时期的一种特殊葬俗，与这两种墓葬同期的生活居址的发现对于研究高句丽的起源与发展、早期社会生活具有重要意义。

遗址发掘区分出的 6 种考古学文化遗存，分别代表了 6 种新的文化类型；具有明确层位关系的新石器时代遗存在吉林南部系首次发现；二期青铜时代陶鬲的发现，纠正了鸭绿江中上游地区不使用陶鬲的这一传统看法；三期铜短剑和铸范的出土，表明春秋战国时期这一区域已存在自己的铸造业；四期环山围沟表明西汉时期该遗址是一个大型村落，推测应为高句丽早期的土著遗存；五期高句丽中晚期土著遗存，其陶器融合了中原

万发拨子遗址

与土著文化的特征，该遗址的分期工作把高句丽文化与本地区的青铜时代文化联系起来，将对东北亚青铜时代及高句丽遗存的研究产生重要影响。

万发拨子遗址对高句丽起源的研究产生重大影响，是东北边疆地区年代跨度较大，文化性质复杂、文化堆积较厚、文物最为丰富的一处文化遗产，具有较高的历史价值、科学价值、文化艺术价值。首次确定了高句丽早期生活居住址地文化内涵；具有传承关系的墓葬形制为高句丽墓葬起源研究提供了全新的视角。大量人骨为高句丽文化体质人类学的DNA研究提供了大量实物标本。该遗址的分期工作把高句丽文化与本地区的青铜时代文化联系起来，为青铜高句丽时期考古学文化的深入研究树立了一个可供参照的标尺，对东北亚青铜时代及高句丽遗存的研究产生重要影响。

经过对万发拨子遗址26座墓葬及灰坑中出土的猪骨进行了分析，揭示了该遗址中家猪和野猪在食物结构上的差异，探讨了采用食谱分析方法鉴别家猪与野猪的可行性。未污染猪骨的骨胶原 $\delta 13C$ 和 $\delta 15N$ 分析显示，猪主要以C3类植物为食。家猪与野猪的 $\delta 13C$ 值无明显差异，但 $\delta 15N$ 值的差异显著，这当与家猪食物中包含较多的蛋白质有关。家猪与野猪食谱的内在差异，预示着通过食谱分析方法科学鉴别家猪与野猪和探索家猪起源，将具有广阔的前景。

万发拨子遗址的考古发现，其考古和历史文化意义主要表现在：万发拨子遗址所处浑江中上游，应为“高句丽先世”貊人故地；遗址中土坑石椁（棺）墓与大石盖墓、积石墓共存，反映了西汉高句丽建国前，辽东“濊”与“貊”文化的交汇；遗址“二期”三足器的存在，主要反映了“西团山文化”的影响所及；以“三、四、五”期为代表的主体文化内涵，是“二江”流域“前高句丽”时期的貊族（高夷）青铜文化遗存；万发拨子遗址的“环山围沟（壕）”，是高句丽城邑出现前，貊部（高夷）氏族聚落的代表类型。在高句丽建国前，不存在“古句丽国”。

1999年，万发拨子遗址被列为全国十大考古发现。2013年，被列为第七批全国重点文物保护单位。

黑龙江昂昂溪遗址

昂昂溪遗址位于齐齐哈尔市西南 25 千米处，该遗址群由 22 处遗址和 17 处遗物点组成，均位于嫩江左岸，分布于昂昂溪区的 3 个乡镇辖区之内，分布跨度东至西、南至北各为 30 千米左右。距今 7 000 年，已被确定为中国北方草原渔猎文化、新石器文化的突出代表，有“北方的半坡氏族村落”的美誉。

其中大的遗址分类有：五福遗址、滕家岗遗址、霍托气遗址、莫古气遗址、额拉苏遗址、后五家子遗址、红旗营子遗址、大阿拉街遗址、前五家子遗址、心合遗址、北岗遗址、龙坑遗址、胜合遗址、南岗遗址、胜利三队一号遗址、水师遗址、哈钦岗遗址、小巴虎遗址。

五福遗址位于五福火车站南部的沙丘上，是昂昂溪文化的典型遗址。滕家岗遗址是昂昂溪遗址在 20 世纪 80 年代的代表，1980 年，黑龙江省考古工作队在该遗址进行了科学发掘，发现灰坑、窖穴、墓葬、护村壕、房址等遗迹，出土石器、骨器、陶器、玉器等大量珍贵文物。昂昂溪滕家岗等遗址，历年出土的压制石镞、石铲、石刀、石网坠、刮削器、环状石器、石磨盘、石磨棒、骨锥、骨鱼镖、骨刀梗、骨枪头、骨铲、骨凿、网纹骨管、陶罐、陶瓮、陶杯、陶网坠、陶塑鱼鹰、玉璧、玉环、玉石斧、蚌环、蚌刀等说明昂昂溪文化是一种以渔猎业为主，并兼有养畜业、农业和手工业等多种原始经济形态的北方草原新石器时代文化。

昂昂溪地区除发现有新石器时代昂昂溪文化遗址群外，还发现有大兴屯旧石器地点，故昂昂溪遗址群对于该地区从旧石器时代经新石器时代，到青铜时代文化过渡的文化源流研究有所帮助。

昂昂溪遗址发掘和采集的文物约有 3 000 件，主要是石器、骨器、陶器和精美的玉器等，种类繁多，器形复杂，是中国北方细石器文化、渔猎文化的考古基石之一，是北方细石器文化、渔猎文化的代表，被命名为“昂昂溪文化”。1930 年，考古学家梁思永在此发

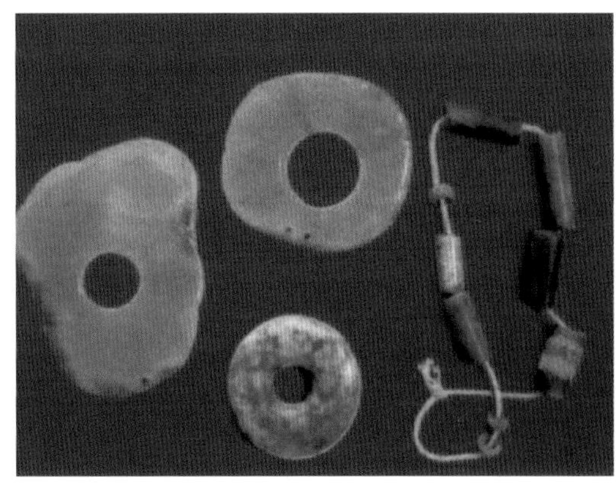

黑龙江昂昂溪遗址及出土文物

掘，及以后多次发掘，从遗址和墓葬中出土了大量用于渔猎的压制石器和骨器。

昂昂溪遗址有助于研究黑龙江省石器时代文化及东北地区远古历史。昂昂溪文化被载入《中国通史》《世界通史》和《中国名胜辞典》。著名历史学家郭沫若、范文澜、吕振羽等对昂昂溪文化都有高度评价。

1988 年，昂昂溪遗址被国务院列为全国重点文物保护单位，列入国家文物局“八五”保护规划之中。现建有昂昂溪文化陈列馆，并开放五福遗址、滕家岗遗址两处遗址可供参观旅游、考古研究和访根问祖。

黑龙江新开流遗址

新开流遗址位于黑龙江省密山县大、小兴凯湖之间新开流以东 1.5 千米的湖岗上。遗址东西长 300 米，南北宽 80 米，面积约 2.4 万平方米。1972 年发掘 280 平方米，发现新石器时代墓葬 32 座，渔窖 10 座，出土大量以鱼鳞纹、网纹、波纹为特征的陶器和以渔猎工具为主的石器、骨器、牙角器等。说明当时人们是以渔猎为生，尤以捕鱼为主要生产活动。

新开流遗址是一处不同于其他新石器时代文化、富有特色的遗址，以其为代表的这种类型文化遗存，被命名为“新开流文化”。

新开流遗址的鱼窖、葬俗具有特色；石器、骨（角、牙）器的种类和形制，陶器的纹饰等构成一个富有特征的器物群。这些都不同于国内迄今已发现的诸新石器时代文化。

下层，陶器为夹砂灰褐陶、黄褐陶，纹饰以大而深的刻菱形纹、三角纹、竖道纹、戳刺椭圆窝纹等为特征。镞、尖状器、刮削器等石器的形式较上层少。

上层，主要特征：墓葬的附葬制，葬式中一次葬与二次葬、仰身直肢葬与屈肢葬并存，随葬品一般较少，有陶罐、渔猎工具和小件饰品，有的尚有鱼骨、野猪牙、犬牙床、鹿（狍）角和鳖腹骨等。陶器的纹饰繁缛，常常几种纹饰并用，以鱼鳞纹、菱形纹为主，网纹、短条菱形纹、小长方格篦纹和篦点纹等颇具特色。生产工具以压制石器为主，磨制的较少，直接打击法打制的罕见。骨、角、牙器发达。其中柳叶形凹底石镞、鸟喙形尖状器、有柄圆头刮削器、剖面半圆形磨制石斧和石凿，骨鱼镖、骨鱼卡、骨（角）鱼叉、骨穿针、骨两端器、角穿锥、牙刀等都富有特征。

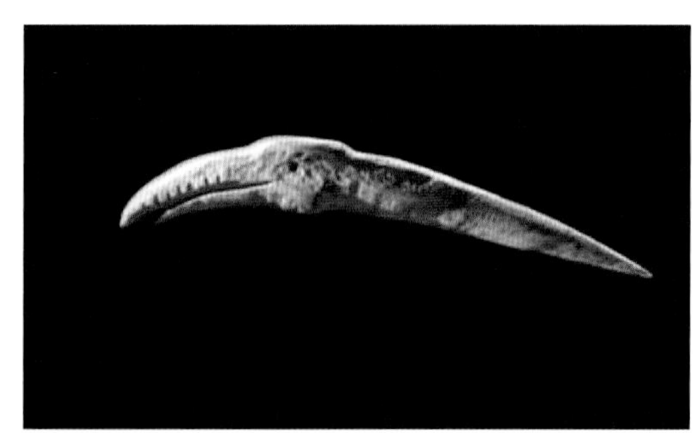
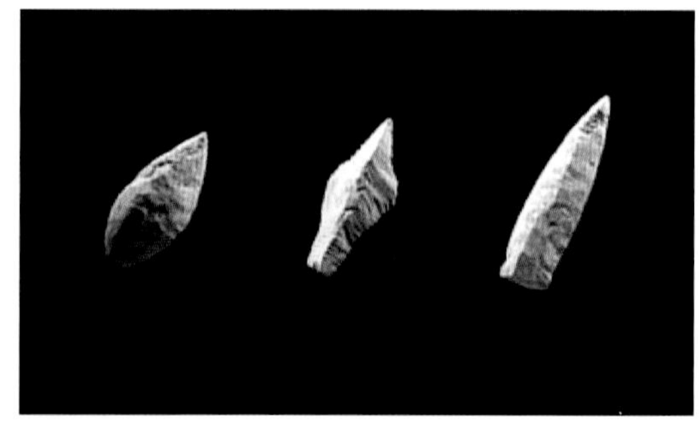

黑龙江新开流遗址出土文物

上、下两层的石器均以渔猎工具为主；下层的鱼窖，上层的大量鱼骨、兽骨；陶器的纹饰等。两层出土形制大体相似的石镞、尖状器、刮削器、斧、凿等生产工具。陶器器形单一，很少变化。作为上层特征的鱼鳞纹、菱形纹，在下层亦可见到。这些都表明上下两层在文化面貌上的一致性，当属同一文化，年代或相去不远。上层 M5 人骨，经 C14 年代测定，距今（5 430 ± 90）年（半衰期 5 730 年），树轮校正年代距今为（6 080 ± 130）年。

新开流遗址有较厚的文化堆积层，居住地挖有鱼窖，还有氏族公共墓地，埋葬又有先后，这些都表明当时的人们曾在这里长期定居，过着以捕鱼为主兼营狩猎的生活。

新开流遗址的发掘，证明黑龙江省以压制石器为主要生产工具的遗址，遍布全省各地。压制石器在我国的分布十分广阔，东起黑龙江西至新疆等北方各省区以及西藏和广东等地都有发现。越来越多的材料表明，石器的细化、压制石器的使用是许多民族（不论是畜牧业，还是农业的民族）普遍存在过的历史现象。压制石器在东北地区新石器时代仍普遍使用，直到金属工业后出现，才渐趋衰落；绥滨永生墓葬的发掘，证明在黑龙江流域压制石器的使用可能晚至辽金之际。

在以压制石器为重要文化因素的漫长年代和广阔地区内形成了多种文化，因此，不能把发现压制石器（或典型“细石器”）的遗存，笼统称为“细石器文化”；在“细石器文化”下面再划分为若干文化类型也是不妥当的。区分各种以压制石器为重要文化因素的遗存，给以不同的考古学文化命名是必要的，以新开流遗址为代表的这种类型的文化遗存，可以命名为“新开流文化”。

1981 年，新开流遗址被公布为省级文物保护单位。1983 年，新开流遗址与兴凯湖一起成为我国东北著名自然和人文景区，并且对我国人类进化历史和文化历史研究提供重要依据。在当地有新开流遗址的出土文物展览，每年吸引大量游客来此地参观游览。

福建奇和洞遗址

奇和洞遗址位于福建省漳平市象湖镇灶头村东北，在 2008 年 12 月第三次全国文物普查中被发现。2009—2011 年，福建博物院、龙岩市文化与出版局和漳平市博物馆组成发掘队，对该遗址进行 3 次考古发掘，发掘面积约 120 平方米。遗址出土了一批重要的遗迹与遗物。遗迹包括旧石器时代晚期人工石铺活动面、灰坑等，新石器时代早期房址、灶、火塘、柱洞、灰坑等。遗物包括人骨、打制石器、磨制石器、陶器、骨器、动物化石、煤矸石、动物骨骼、螺壳等。奇和洞遗址地层连续、清楚，C14 测年数据与文化特征表明：遗址的年代为距今 7 000~17 000 年，是一处旧石器时代晚期向新石器时代早期过渡的洞穴遗址，也是福建省已发现的最早的新石器时代遗址。

从上到下共分 9 层，根据考古发掘的层位关系以及相关层位的 20 多个测年数据表明：洞口探方的文化堆积层自下而上可分为 3 个史前阶段：即 7~6 层为旧石器时代末期文化层，含人工活动面遗迹、打制石器及少量哺乳动物化石（距今 12 000~17 000 年前）；5~3C 层为新石器时代初期文化层，含人类头骨、磨制石器、磨制骨器、陶器、艺术饰品和伴生动

福建奇和洞遗址及出土文物鱼形饰品

物群（距今约 9 000~12 000 年）；3B—3A 层为新石器时代早期文化层，发现有人类居住面遗迹、人类头骨、打制石器、磨制石器、磨制骨器、艺术饰品、陶器及伴生动物群（距今约 7 000~9 000 年前）。此外，在奇和洞支洞内调查发现的晚更新世早—中期哺乳动物群化石，其年代较早（距今约 6 万 ~10 万年）。

遗迹包括灰坑、沟、房址、柱洞、火膛、灶和鹅卵石石铺地面等。灰坑 13 个，形状多为不规则圆形或椭圆形。填土一般为黑灰色黏土或灰褐色砂质黏土，晚期灰坑包含少量青瓷片、螺壳、烧土粒、炭粒等。早期灰坑包含有少量动物遗骨和石块，以及细碎的陶片。房基 2 座，其中一座为新石器时代早期，残留有 11 个柱洞和居住面，并发现木骨泥墙的残块。

出土文物包括陶器、石器、骨器、艺术饰品及动物牙齿和骨骼等。陶器多为夹砂陶，以灰褐陶为主，灰黄、红褐陶次之，少量灰黑、灰白陶。火候较低，质地疏松。多属素面，部分轻微磨光；斜向或交错绳纹次之；少量刻划纹、锯齿纹、戳点纹、波浪纹、弦纹、压印纹、指甲纹、曲折纹和镂孔装饰；另有部分方格纹与弦纹，锯齿纹、戳点纹及压印纹，波浪纹与附加堆纹等组合纹饰，多位于器物颈和口沿部位；刻划和镂孔仅在极个别陶器中出现。可辨器形有：釜、罐、盆（碗）、钵、盘等。石制品类型丰富，有石核、石片、断块、石锤、石砧、砍砸器、刮削器、石球、砺石等，并出有磨制较精美的石锛、石斧、石刀、石凿、石网坠等。骨器有骨锥、骨匕、骨刀、管状器、鱼钩、尖刃器和打制骨片器等，多采用哺乳动物管状骨或肋骨加工而成。艺术饰品有由砂岩砾石磨制的鱼形雕刻钻孔佩饰件和由动物管状骨截取的骨管，反映当时人类已具备较高的制作工艺水平和审美情趣。陆生动物以哺乳动物种类最多，计有南蝠、蹄蝠、菊头蝠、白腹管鼻蝠、鼠耳蝠、鼯鼠、黑鼠、林姬鼠、岩松鼠、小家鼠、竹鼠、豪猪、犬、普通狐狸、赤狐、副獾、松貂、艾鼬、青鼬、黄鼬、黄腹鼬、鼬獾、小猪、野猪、水鹿、獐、小麂、山羊和猕猴；水生动物如螺类、蚌类、龟、鳖、蟹类、鱼骨以及少量鸟禽类骨骼等。

奇和洞遗址被评为“2011 年度全国十大考古新发现”之一。2013 年，被列为第七批全国重点文物保护单位。

四、游牧遗址

四川刘家寨遗址

刘家寨遗址是近年四川基本建设中新发现的一处新石器时代晚期遗址，位于阿坝藏族羌族自治州金川县二嘎里乡二级阶地刘家寨上，高程约 2 650 米。2011 年 9~11 月以及 2012 年 5~9 月，四川省文物考古研究院联合阿坝州、金川县文物管理所分两次对该遗址进行了考古发掘，共计 3 500 平方米发掘面积，取得了丰富的成果。

刘家寨遗址地层共有 5 层，堆积深度从 20~180 厘米不等，整个遗址发掘区高低起伏。两次发掘共清理新石器时代各类遗迹 350 处，其中灰坑 298 座、灰沟 1 条、房址 16 座、陶窑址 26 座、灶 7 座、墓葬 2 座。出土陶、石、骨、角等小件标本逾 6 000 件，仍有大量陶器正在拼对修复。

刘家寨遗址灰坑主要为圆形或者近圆形，有一定数量为不规则形。剖面呈锅底状和直筒状或袋状。部分灰坑壁、底发现工具痕。坑内堆积多为含草木灰较多的沙土，夹杂较多红烧土和炭粒，出土较多陶片和动物骨骼，筛选、浮选发现较多细石器、炭化植物种子。个别灰坑内堆积形式特殊，几乎只埋藏大块陶片或集中堆积大量大型动物骨骼。

房址出土于不同层位。早期层位只见方形木骨泥墙房址和圆形柱洞式房址，基槽宽约 15~20 厘米，柱洞径小，建筑面积仅有数平方米。晚期层位出现方形石墙建筑，这类房屋基槽较深，墙体一般达 50 厘米厚，多开间，甚者有二进深，建筑面积数十平方米。部分房址内堆积含大量草木灰。遗址南部区域堆积较厚，保存有 4 处活动面。其中可辨识的 3 处为建筑遗迹内活动面。

值得一提的是在发掘区内发现数处红黏土堆，土质较为纯净，曝晒后质硬。最大的一处堆积达数平方米范围，残存高度 10~30 厘米。这些土堆是否与制陶有关，还有待检测分析。

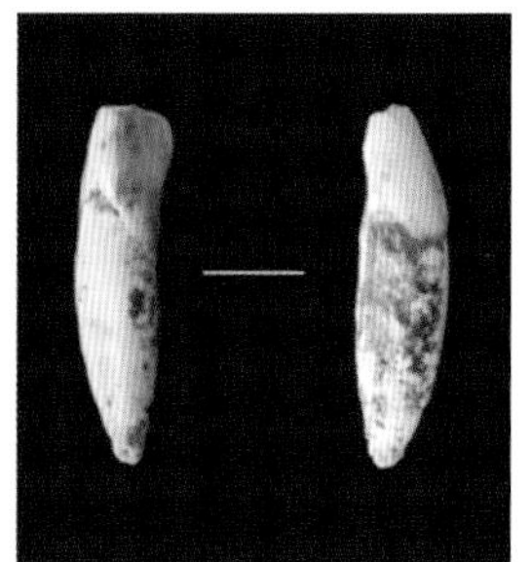

四川刘家寨遗址及出土文物

同时，与丰富遗迹相对应，遗址内出土大量陶、石、骨器等人工制品及丰富的动物骨骼。

出土陶器分夹砂陶和泥质陶。夹砂陶多为平底，褐陶、灰褐陶居多。方唇上多压印绳纹，也有部分压印花边口，器身饰以绳纹、交错绳纹、附加泥条堆纹等。

石器以磨制石器为主，也出有较多打制石器。石料多为硅质岩、石英、石英砂岩、页岩。磨制石器有斧、锛、刀、镰、凿、镞、锤、磨盘、磨棒、杵、笄、环、璧、纺轮等；打制的石制品有刮削器、小石片、细石核、细石叶等；还有少量利用天然形状略做加工的大型石器，如带柄石斧、鹤嘴石锄等，这在四川均为首次发现。

骨器主要以动物肢骨加工而成，主要有骨锥、针、凿、削、刀、匕、镖、笄、环、骨柄石刃刀和其他骨饰品。也有少量制作精美的蚌、角、牙饰品。骨锥数量巨大，是为该遗址特色，制作精细、粗糙皆有。

通过对出土动物骨骼初步辨识，有猪、羊、鹿、麂、獐、猴、豪猪、龟、鱼、禽类等，尤以羊、鹿、獐为大宗。发掘中还发现有少量窑汗和沾有朱砂的石片。

以前在茂县营盘山遗址发现了常见于黄河流域的灰坑葬，这次在刘家寨遗址居址附近再次发现，为探讨川西北地区新石器时代晚期埋葬习俗提供新的材料。

刘家寨遗址文化内涵与营盘山、姜维城等遗址出土遗存相似，与甘青地区大地湾第四期、师赵村第四期、东乡林家及白龙江上游马家窑文化等遗存面貌相近，年代大体处于仰韶时代晚期。但是，刘家寨遗址遗存丰富程度超出川西北地区以往任何已发掘的同时期遗址，是四川境内一处极为重要的新石器时代遗址，对研究当地新石器时代晚期考古学文化及交流提供了珍贵的实物资料。

西藏卡若遗址

卡若遗址位于中国西南部西藏自治区的昌都县，地处澜沧江西岸第二、三级台地上，海拔约 3 100 米，东靠澜沧江，西邻卡若水，北依土丘山，西面是一片平地。卡若遗址是一处新石器时代晚期文化遗址，年代为距今 4 000~5 000 年。卡若遗址于 1977 年夏天昌都水泥厂施工时发现，面积约 1 万平方米，但由于昌都水泥厂建厂，遗址东部已遭破坏，残存面积已不足 5 000 平方米。1978 年夏，西藏自治区文物管理委员会对遗址进行了正式的发掘，揭露面积 230 平方米，并发表有考古简报。1979 年，由西藏自治区文物管理委员会与四川大学历史系考古专业联合进行了卡若遗址的第二次发掘，揭露面积 1 570 平方米，加上第一次的考古发掘总发掘面积约 1 800 平方米。除早期破坏者外，其主要部分已全部揭露。2002 年 10 月，四川大学历史文化学院考古系、西藏自治区文物局为制定《卡若遗址保护规划》，再次联合组队对卡若遗址进行了探查确认，并在 1978、1979 年两次发掘区的东、西、南三面以及遗址西侧现昌都地区粮食局库区进行了小规模的发掘，共布探沟 7 条，揭露面积 230 平方米，发掘深度 0.6~3.2 米。

卡若遗址是考古界公认的西藏三大原始文化遗址之一。卡若遗址地层堆积厚 0.70~1.10 米。第一层为后期复盖层，第二、三、四层，均为新石器时代文化层，遗址文化分为早、晚两期（早期又可分为前、后两段），年代为距今 4 000~5 300 年。

根据遗址出土的遗物和遗迹，前两次发掘共获房屋遗址 28 座，可分为园底、半地穴式和地面 3 种类型，此外在遗址中还发现地面石墙、石子小路、石台基等遗迹。出土遗物有陶器、石器、骨器等。陶器均为平底器，器形简单，主要有罐、盆、碗等，均为夹砂陶，纹饰有刻划纹、绳纹、附加堆纹等，有极少数绘黑彩。石器是出土数量最多的，近 8 000 件，包括打制石器、细石器和磨制石器等，其中又以打制石器最丰，共 6 842 件，占石器总数的 85%，余为细石器和磨制石器，分别占 8% 和 6%，体现出强烈的地域性特征。骨器出土较少，但制作精细，其中包括骨锥、针、斧、抿子、刀梗、印模骨具等。出土遗物中的装饰品有骨笄、石环、石球、石璜、骨镯、骨牌饰等，还发现有穿孔的宝贝。农作物发现大量的粟米，品种虽然单一，却证明了定居农业是卡若遗址的重要门类。动物骨骼有两类，一类为饲养的家猪，另一类为猎获的鼠兔、鼠、獐、马鹿、狍子、牛、藏原羊、青羊等。遗址中还发现有几件陶纺轮，在一件陶罐的底部发现织物的印痕，每平方厘米范围内各有经纬线 8 根，因此推测当时已有一种粗糙的织物。

第三次发掘出土各类遗迹 21 处，包括房屋基址 3 处、灰坑 16 个、道路 1 段、水沟 1 条，发掘中提取了 6 个 C14 样品，经过测试，年代数据比较集中在距今 4 000 年前后，大致相当于卡若遗址分期的晚期。与过去相比较，此次发掘出土遗物的种类仍以石器、陶器、

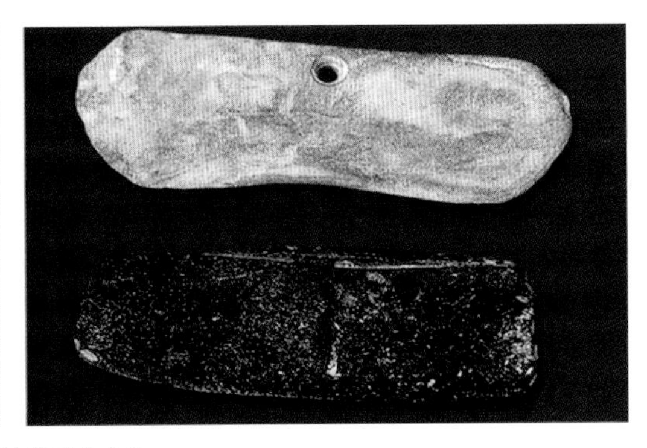

西藏卡若遗址及出土文物

骨器等为主，另外出土有大量动物骨骼，共计 4 755 块（件），其种属也较过去发现更为丰富，使卡若遗址的动物群与古环境研究有了新的进展。

昌都卡若遗址的考古发现和科学发掘，为我们提供了丰富的田野考古资料，从而成为西藏史前社会研究一个崭新的起点。人们心目中的古代西藏高原曾是一片荒芜不毛、寒冷干燥的地方，几乎被视为人类生存的“禁区”，卡若遗址的发掘证明了西藏高原自古就有人类生息繁衍。卡若遗址作为开端，将西藏高原人类活动的历史前推到距今 5 000 年左右，对研究西藏的原始文化具有划时代的意义，对西藏人的祖源提供了翔实的资料。

西藏小恩达遗址

小恩达遗址位于西藏自治区昌都县北 5 千米处的昂曲河东岸，东距小恩达乡 800 米。遗址分布在小恩达小学一带的第一、二级台地上，海拔 3 263 米。遗址面积约 2 万平方米。

1986 年西藏自治区文物管理委员会首次对遗址进行了调查和试掘。发现房屋遗址 3 座、灰坑 1 处、窑穴 5 处，出土了大量打制石器、磨制石器、细石器和陶片等。早期房屋以草拌泥墙建筑为代表，并在 2 米 ×10 米的探沟中清理出一处近 4 000 年的古墓葬。从打制石器、细石器、磨制石器三者并存，而且以打制石器为主的情况来看，小恩达遗址的年代处于新石器时代。根据出土文物的特征和 C14 测定和树轮校正，年代距今在 4 000 年左右，属于新石器时代晚期。

该遗址中的房屋遗址，房基周围有明础，墙壁以柱为骨，编缀枝条，内外涂草拌泥而成木胎泥墙，居住面中央有灶坑。这些特征基本与卡若房屋遗址相似，说明卡若遗址是当时藏东代表性的一种文化遗址。

小恩达遗址是藏东昌都地区继卡若遗址后科学发掘的第二处新石器时代遗址。它的发现对于探讨藏民族的起源，西藏地区早期与黄河流域等地的文化联系，以及建立和完善卡若文化的类型和序列均有着重要的意义。

小恩达遗址所反映的文化内涵，属于卡若文化的范畴，但又比卡若文化有明显的进步。

西藏小恩达遗址及出土文物

从遗址中出头的石器、兽骨等物来看，小恩达遗址已进入了以农业为主的定居生活阶段。从文化面貌来看，小恩达遗址还与西藏林芝、墨脱、拉萨北郊曲贡村几处遗址原始文化，与黄河中上游地区的原始文化，有着一定的联系。

小恩达遗址是藏东地区继卡若遗址之后科学发掘的第二处新石器时代遗址。它的发现对于探讨藏民族的起源，西藏地区早期和黄河流域等地的文化联系，以及建立和完善卡若文化的类型和序列提供了十分珍贵的材料。小恩达石棺墓葬所代表的考古文化在西藏尚属首次发现。发现虽少，不能代表其文化全貌，但仅此一点发现亦为研究小恩达石棺墓葬所代表的古代文化与西北齐家文化的关系提供了重要线索，同时也为西藏以及四川西部、云南西北部、青海等发现石棺葬文化起源提供了线索。

1996 年，小恩达遗址被西藏自治区人民政府公布为第三批省级文物保护单位。

西藏曲贡遗址

曲贡遗址是西藏境内继昌都卡若遗址之后，第二个正式进行考古发掘的新石器时代文化遗址。

曲贡，在藏语里是“水塘”之意，“曲”就是水，“贡”则是堰塘。1984 年 10 月，曲贡遗址由西藏考古学家在拉萨北郊娘热山沟曲贡村考古发掘，把拉萨的文明史推到 4 000 年之前。曲贡文化遗址分布在曲贡村和现军区总医院北面的山坡下端，坡上是裸露的山崖，坡下是拉萨河谷地。

遗址总面积超过 1 万平方米，是迄今在西藏发现的海拔最高、面积较大、文化层堆积较厚、文化内涵极其丰富、多种文化并存的遗址之一，被誉为拉萨的“半坡”。年代为距今 3 500~ 4 000 年。

曲贡遗址自 1984 年发现至 1992 年，由中国社会科学院考古研究所和西藏自治区文物管理委员会联合进行三次大规模的考古发掘。共揭露面积 3 000 多平方米，发掘揭露的遗迹主要为灰坑和墓葬两类，出土遗物有玉石器、骨器、陶器、小件铜器以及大量的动物骨骼。曲贡遗址是高原一处少见的古文化遗址，具有重要的研究价值。

因试掘面积较小，且遭到严重破坏，所以未能在遗址中发现房屋。1991 年，考古学家发现了一处居住遗迹。这是一个方形建筑基址，有石块砌成的壁面，居住面上散落着大量的木炭与草木灰。根据 C14 年代测定为距今 3 115 年。

曲贡遗址出土的遗物主要有石器、骨器、陶器和装饰品。石器以打制石器占绝大多数，以石片石器为主。石片石器普遍采用预加工技术制作，先在核体上整形修刃，工艺简练。打制石器主要类型有敲砸器、砍砸器、斧形器、凿形器、切割器、刮削器、尖状器、尖琢器、石钻和石镞等。少量细石器标本，多见细石叶，不见典型石核、出土的磨制石器和玉器很少，制作十分精致，采用了穿孔和抛光技术，主要器形有梳形器、锛、镞、刀、齿镰、重石、研色盘、磨盘和磨棒等。骨器有一定数量，品种比较丰富，锋刃磨制较精。主要类型有锥、针、镞、笄、饰牌、刀、梳形器等，其中以骨锥数量最多。陶器大部分为生活用

西藏曲贡遗址及出土文物

品，制陶采用了手制轮修技术，陶器的成型、装饰、焙烧都显示出相当高的水平。陶器主要器形有单耳罐、双耳罐、高领罐、大口罐、圈足碗、豆、盂、单耳杯、圈底钵等，多件圈底器，不见平底器。陶色以夹砂灰褐色、黑色、褐色为主，少见红陶和红褐陶。

另外，在遗址中还发现一枚铜镞，形体端正扁平，短距，边锋微弧，刃缘锋利，造型明显为仿自更早的骨镞。经鉴定分析，铜镞为配比规范的青铜，并为冶炼铸造而成，这说明大约在距今 4 000 年，青藏高原的先民已经开始跨入青铜时代。

关于经济生活，砍伐类石器可以用于砍伐灌木丛，开垦河谷地带的土地。切割类的石器可以用于谷物收割。绵羊、牦牛和狗的遗骸的出土，说明了家畜饲养的存在。这是迄今所知最早的家牦牛。这些遗物和遗迹的出土，都说明了当时的曲贡先民，已经有了以农耕为主、畜牧为辅的经济生活传统。家畜骸骨的出土表明农牧结合的模式在西藏地区很早就出现了，西藏农牧民对世界畜牧业的发展曾经做出过很大的贡献，而绵羊和牦牛在高原的驯化成功年代，也许要早于曲贡人生存的年代。

西藏昌果沟遗址

昌果沟遗址位于西藏山南地区贡嘎县东北雅鲁藏布江北岸，位于河谷中段东部山脚下的一级阶地上。遗址南北长约 600 米，东西宽约 300 米。遗址大部分被沙丘所覆盖，一部分经长期雨水冲刷和风力剥蚀，文化层和一些零星遗迹出露于地表，大量的文化遗物散落于地面。

遗址于 1991 年被西藏自治区文管会文物普查队发现，1994 年，中国社科院考古研究所西藏工作队与西藏自治区文管会组成联合考察队，对昌果沟遗址进行调查和发掘。调查采集的遗物共计 1 000 余件，主要包括生产工具和生活用具，生产工具主要为石器，生活用具主要为各类陶器。根据 C14 测定年代为距今 3 000 年左右。

石制生产工具有打制石器、细石器和磨制石器。打制石器在石质生产工具中占绝大多数，是地面散落最多的一类文化遗物，包括石核、石片、砍砸器、刮削器、凹缺刮器、石球和石钻等。磨制石器，器形有石刀、石臼、石磨盘、石磨棒、钻孔圆形器和齿刃器等。细石器，种类有典型的细石核和细石叶以及细小石片、碎片和碎屑等。其原料主要为隧石，个别的为水晶。共计 587 件。

西藏昌果沟遗址

陶器。陶质为夹砂粗陶、夹砂细陶和泥质陶 3 种，其中以夹砂粗陶最多，夹砂细陶次之，泥质陶最少。制法主要为手制，有些器物表面经过打磨，烧制火候一般较高，陶质较为坚硬。可辨认的器形有敛口折沿罐、侈口高领罐、直口高领罐、侈口矮领罐和圈足碗等。陶器中带圈足、耳形錾手的器物较多。器物表面以素面为主，纹饰有刻划纹、压印纹、锥刺纹和附加堆纹，没有发现彩绘陶器。另外，在采集的陶片中还发现一些作为刮削之用的圆形、椭圆形、方形和不规则形的陶刮器。与中原地区新石器时代遗址中的陶刮器相比，显得简单粗糙。

处于世界屋脊的昌果沟遗址，由于其特殊的地理位置，使得关于昌果沟新石器时代文化的研究具有更为重要的意义。

1996 年，昌果沟遗址被西藏自治区列为省级文物保护单位。

青海宗日遗址

宗日遗址位于青海省同德县城西北约 40 千米处，北依目杨龙瓦和塔拉龙山，南临黄河。遗址分布在黄河北岸的第一阶和第二阶地上。1982 年牧区文物普查试点中被发现，定名为兔儿滩遗址，后为使地点及名称准确而改为宗日遗址，1994 年，青海省文化厅文物处组织考古队开始对遗址进行正式发掘。到 1996 年年底，宗日遗址共发掘墓葬 341 座，探方 31 个，灰坑 18 个，祭祀坑 18 个，出土文物 2.3 万余件（包括生产工具、生活用具、装饰品）。是目前黄河上游发掘面积最大、出土文物最多、内涵最为丰富的新石器时代文化遗存。

出土遗物。宗日遗址出土的遗物中，完整陶器和装饰品多出于墓葬中，工具类和残碎陶器多出自居住区内。陶器可分为泥质陶和夹砂陶两类，根据不同特点又可分为 4 组。第一组属于马家窑类型，特点为：细泥或羼细砂陶，质地坚硬；胎和器表均呈橙黄色，大型器物的下腹部呈黄褐色，器表打磨光滑。大型器物通体彩绘或在腹部以上施彩，敞口的小件器物则多施内彩。绝大多数施黑彩，间以白彩的极少见。纹样以几何纹为主，常见旋纹、波纹、弦纹，还有网纹、弧线三角纹等。器类有壶、罐、盆、碗等。第二组为半山类型。陶质、陶色与第一组相似，但质地稍显粗糙。彩绘以黑红复彩和单一黑彩为主，纹样中锯齿纹、涡纹较多，另有圆圈纹、网纹、连弧纹等。其中以黑红复彩和锯齿纹构成的旋涡纹最具特色。器类有壶、罐、碗等，其中以直口、长颈、广肩、鼓腹、双耳的壶最为多见，颈部往往有两个对称的小鸡冠附耳。第三组为齐家文化陶器。夹粗砂乳白色陶占绝大多数，有极少量泥质乳白色陶。绳纹、附加堆纹较普遍。彩陶占一定比例，为单一紫红色彩，图案主要是变形鸟纹和多道连续折线纹（俯视呈多角星纹），还有折尖长三角纹、竖线折尖纹、网格纹、条线纹等。大型小口器物彩绘多在颈、肩部及口沿内侧，小型敞口器物则多为内彩。器类有壶、罐、碗、杯等。第四组为前所未见的地方特色陶器，称为宗日式陶器。主要是细泥橙红陶双大耳罐，另有少量夹砂灰褐色篮纹陶片。

石器有细石器、打制石器、磨制石器等，也有大量的装饰品。主要器形有石片、石核、斧、锛、凿、刀、纺轮、石球、石环和砺石等。装饰品有水晶石坠、绿松石块、玛瑙珠和玉璧等。骨器有生产工具、生活用具和装饰品等。制作方法有劈剥、磨制、穿孔和切割等。主要器形有骨锥、骨针、骨镞、骨鱼钩、骨刀、骨叉、骨勺、骨珠、骨片饰、骨笄、獐牙饰和海贝。骨叉的发现，在中国新石器时代考古中属于首次发现，它的出土证明中国人早在 4 600 年前的新石器时代就使用骨叉餐具进食。铜器有铜环和铜饰。

发掘的遗迹。宗日遗址发现了规模较大的木棺墓，重盖石棺墓和墓上用石块作标记的墓等，而且还出现了一些祭祀坑，弥补了青海远古文化发掘工作中的不少空白。从葬俗上看，墓坑平面呈圆角长方形和长方形，有二层台与侧室墓，石棺与木棺并用，以单人葬为主，多俯身直肢葬，且有一臂上举。墓地内有祭祀坑，墓上有石块标志和祭祀痕迹。

宗日遗址经过发掘，发现了大量的遗迹、遗物，极大地丰富了这一地区远古文化的面貌。时代早、位置远、资料新、内涵丰富是宗日遗存的最大特点，它填补了该地区新石器时代考古的一大空白。而宗日出土的遗物之精美、丰富更可称之为奇迹。房址遗迹、窑穴、灰坑、墓葬数量之大，石器、骨器、陶器等生产、生活、装饰品等种类之繁多，细石器的

青海宗日遗址出土文物

出土与动物骨骼数量之多，则再现了当时农牧业及狩猎经济并举的定居生活景象。

另外，宗日遗址大量特色鲜明的陶器的出土，显示出了一种新的文化面貌。遗址中具有马家窑类型、半山类型以及齐家文化特征的陶器的发现，标志着宗日遗址延续时间较长，并且接受过诸多文化的影响。但最多见的是具有地方特色的新器物，与相邻文化截然不同，可以确认为一种新的考古文化——宗日文化。

新疆东黑沟遗址

东黑沟遗址位于新疆巴里坤县石人子村、东天山（巴里坤山）北麓，面积约 8.75 平方千米。

1957 年，新疆维吾尔自治区文管会在哈密进行文物普查时发现，1981 年 4 月复查时称之为“石人子遗址”。2005 年 7~9 月，西北大学文化遗产与考古学研究中心在哈密地区文物局和巴里坤县文管所协助下，对该遗址进行了较为全面的调查和勘测，将之命名为东黑沟遗址。2006 年、2007 年，新疆文物考古研究所和西北大学文化遗产与考古研究中心对东黑沟遗址进行了发掘。遗迹主要分布在东黑沟与直沟两条狭长的山谷内和山前坡地上，共发现石筑高台 3 座、石围居址 140 座、墓葬 1 666 座、带画岩石 2 485 块。由此确认其为一处规模较大、内涵较丰富、具有代表性的古代游牧文化聚落遗址。

高台。东黑沟遗址共发现石筑高台 3 座，从南至北呈倒品字形分布。主要遗迹为两个使用面，分别称为上部使用面和下部使用面。下部使用面应当属于一座房屋建筑的地面，建筑总面积 166 平方米，最初四周有石围墙，墙内有用圆木构筑的建筑。圆木建筑可分为南、北两个部分。建筑内分布有大型火塘、灰坑等遗迹，并发现有大量使用过的陶器和石器以及少量铜器，还有几处集中分布的炭化麦类颗粒堆积。陶器数量很多，多为夹砂灰、褐陶，器形有双耳高领罐、双耳大口罐、双耳彩陶罐、双耳罐、单耳罐、单耳杯、椭圆形盆、钵、坩锅等；石器主要有磨盘、磨具、杵、锛、石饼、石拍、纺轮、穿孔器等；骨器数量较多，主要是有加工或使用痕迹的羊或马、牛的距骨，多成群出土。铜器数量较少，有刀、锥等。上部使用面分布有火塘、灶、灰坑等遗迹。火塘周围放置有排列整齐的 8 个大型石磨盘，并散布有一些石器和大型陶器的残片等。

石围居址。居址内主要为灰坑、灶和火塘。灰坑平面大小、形状不一，包含物都不丰富，一般有少量陶片、兽骨、炭灰等。

石圈遗迹。在发掘石围居址时发现了 4 个打破石围居址的石圈遗迹。石圈均为圆形或椭圆形，其内均发现有残缺不全摆放凌乱的人骨，出土有少量羊骨和马骨。从石圈遗迹的分布位置、埋葬内容看，应当与人牲祭祀活动有关。

墓葬。墓葬在东黑沟、直沟、东黑沟河滩及直沟两侧的山坡上都有分布。均为石筑，根据平面形状又可分为圆形和方形二类，其中圆形石堆墓又可分为环形、圆丘形和圆锥形三类。随葬品有陶器、金、银、铜饰品，骨、石器等。陶器主要有腹耳壶、单耳罐、钵，多为夹砂红陶。铜器主要有镜、锥等。骨、石器主要有骨镞、石磨盘和磨具等。

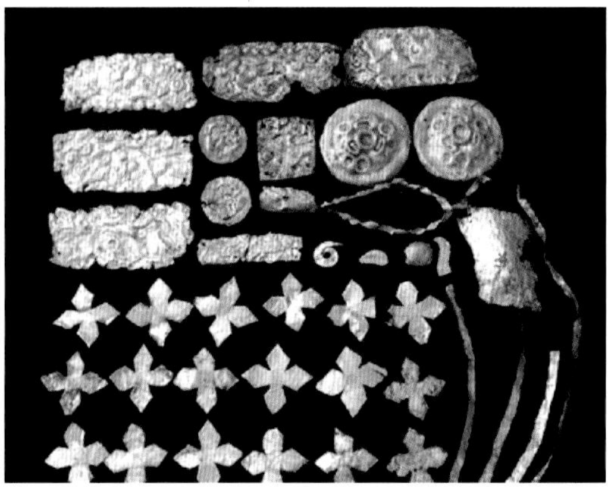

新疆东黑沟遗址及出土文物

岩画。岩画石材多为表面形成黑色、黑褐色沙漠漆的花岗岩和片麻岩。有岩画的岩面一般较光滑平坦，常在岩石南面，东面、西面也有岩画分布，但北面较少见，许多岩石还不止一个岩面有岩画。从岩画的表现形式看，可分为粗线条式、剪影式、轮廓式3种。从岩画的内容看，以动物、人物为主。动物个体形象以山羊最多，常见的还有鹿、马、盘羊、牛等，此外骆驼、豹、犬、狼、鸟等动物也偶有发现。在人物中，以描绘游牧民族生活的场景为最多，如人面、骑者、射猎、放牧、车辆、毡房、人和动物等，也有可能是祭祀或舞蹈的场景，此外，描绘战争、争斗的场景也有相当的数量。还有一些描绘自然界的图像，如太阳等。

东黑沟遗址的考古工作作为东天山地区古代游牧文化考古研究的重要内容，在古代游牧文化大型聚落遗址考古研究领域取得了重要突破，意义十分重大。

新疆孔雀河遗址

孔雀河位于新疆巴音郭楞蒙古自治州库尔勒市和尉犁县境内，全长758千米。维吾尔语称为“昆其达利雅”，“昆其”是皮匠之意，“达利雅”是河水之意，汉族人将昆其谐音为孔雀，于是就有了美丽的孔雀河之名。

孔雀河古墓沟位于孔雀河下游北岸第二台地上，地势较周围稍高的一片小沙丘上，东距干涸的罗布泊约70千米，海拔847米，墓地东西35米，南北45米，面积约1 600平方米。1979年，新疆社会科学院考古研究所在罗布淖尔地区孔雀河下游古墓沟全面发掘了一处原始社会氏族公共墓地，发掘古墓葬42座。墓地所在的沙丘地势缓平，地表隐约可见环列的木桩，透示了古墓地所在。

发掘的墓葬中，从地表特征、葬俗、出土文物异同可分为两种类型。

第一种类型，地表无环形列木，只部分墓葬墓室东西两端各有一根立木，露出地表。墓室为竖穴沙室。木质葬具无底，两块稍具弧度的长木板相向而立，两端各竖立一块小板，以为“档木”，盖板同样是无规则的多块小板，板上覆盖羊皮或簸箕状韧皮纤维草编织物。

出土文物大多是随身衣物或装饰品。由于气候干燥，埋葬很浅，墓葬中尸体及文物保存状况良好，尸体全身包裹于毛毯中，死者头戴尖顶毡帽，毡帽上或插禽鸟翎羽；脚穿皮鞋；于右胸上部，均见麻黄碎枝一小包；还有一件草编小篓，少数草篓内盛小麦粒，自十多颗至一百多颗不等。另有发现一些玉、骨、珠饰。在部分墓葬东头，还随殉有木质或石质人像，木质日用器皿（盆、碗、杯）、角杯、兽角、锯齿形刻木等。此外，还发现细石镞和小铜卷。

第二种类型，相对年代较第一种类型晚。地表有 7 圈比较规整的环列木桩，木桩由内而外，粗细有序。墓穴在环列木圈内。环圈外，有呈放射冬四向展开的列木，井然有序，蔚为壮观。由于埋藏较深，木质葬具均已朽烂成灰，仍可见出盖板和矩形边板的灰痕，但具体形制已难明了。出土文物较少，有锯齿形刻木、骨珠、骨锥、木雕人像，风格与第一种类型墓葬相似。另外，见有小件铜饰物，但不可见具体形制。

发掘资料表明，当时的古墓沟人生产以畜牧业为主体，主要饲养羊、牛。随葬品中的牛、羊角，包裹身体的毛布或毛毯、鞋帽等也都取自于牲畜，说明畜牧业是当时社会生产的主要部门。

出土的小麦粒表明了农业的存在，但占较小比例。据分析，出土的小麦粒从形态特征来看，与现代普通小麦相同，是典型的普通小麦。另外还有一些圆锥小麦的麦粒。说明在近 4 000 年前，我国新疆东部地区已经有纯一的普通小麦和普通、圆锥小麦群的存在。古墓沟是罗布淖尔地区具有特色的、本地少数民族的考古文化遗存，对认识罗布淖尔地区古代居民的种族特征、罗布淖尔以至塔里木盆地内新石器时代考古文化特点、社会经济状况等，都具有珍贵的科学价值。

新疆孔雀河遗址

新疆罗布泊小河遗址

罗布泊小河遗址位于罗布泊地区孔雀河支流——小河河道东侧约4千米处，遗址外观为一座椭圆形大沙丘，总面积约2 500平方米。年代约为公元前1650年—前1450年。

1934年，瑞典考古学家贝格曼首次在塔里木盆地罗布沙漠里发现一个“有一千口棺材”的古墓葬，并将其命名为小河墓地，在此处发掘墓葬12座。2000年，新疆考古研究所原所长王炳华和一个摄制组重新发现了小河墓地。2002年年底至2005年，新疆文物考古所先后对墓地进行4次发掘，共发掘墓葬167座，出土文物数以千计。

发掘表明，该沙丘是在一座原生的高阜沙丘的基础上，由不断构筑的多层墓葬以及自然积沙叠垒、堆积而成。在坟丘的中部和西南端各有一排保存较好的木栅墙，中部木栅墙将墓地分成独立的两个区域。

由于极为干旱的环境，小河墓地大部分遗迹现象和遗物得以良好保存。墓地墓葬可分为上下5层，发掘的墓葬分属于第一层和第二层。

墓葬结构基本一致，先在沙丘上刨挖沙穴，然后再穴中放置棺具，最后在棺前栽竖不同的立木，有的还立有更高的大木柱。第一层墓葬位于墓地沙丘顶部，埋葬极浅。第二层墓葬保存相对较好，依据棺前木柱、立木上的遗痕，可推断第二层墓葬的墓穴深度多在1米以上。墓穴形状很不规则，推测其平面大致呈圆角长方形，墓穴的大小一般能容纳一具木棺以及相关木柱、立木等，并略有宽余口。

墓穴中均有棺具，一墓一棺，且均为单人葬。木棺用胡杨木制成，无底。一具木棺大小刚好盛敛一个死者。木棺之上普遍覆盖着牛皮，牛皮上的中部多放一把红柳枝。常见的是12枝红柳，中间夹一支芦苇。木棺前竖立不同形制的立木，有的棺后还竖一根红柳棍。棺前立木因死者性别不同而有区别。男性棺前的立木似桨，“桨”面涂黑，“桨”柄涂红，柄端多刻有7道旋纹。女性棺前立木基本呈柱体，木柱端头均涂红，缠一段毛绳，绳下固定草束。据分析，“桨”象征女阴，柱体象征男根。

挖掘发现的遗物多为陪葬品，有木器、草编器、毛织品、大量的小铜片、少量的铜器及权杖、小麦、粟等。墓地发现史前宗教遗存非常丰富，象征男根女阴的立木、木雕人像、人面像。嵌在骨雕人面像的尖头木杆、冥箭、冥弓、木祖、涂红牛头、蛇形木杆、木器上相同数目的刻划纹，等等，将人们带入一个充满原始宗教氛围的神秘世界。其中木雕人面像、骨雕人面像、大型牛角、权杖头等文物在新疆考古史上均为首次发现。

小河墓地发现的大量小铜片、少量的铜器以及权杖、麦子、粟等遗物令人关注。小河居民生存的时代，以黄河流域为中心的中原地带和广大的内地，冶铜业和铜器制作业还没有发展起来。而偏居于河西、今天看来还包括新疆东部的居民却不约而同地制造出相当发达的青铜文化。近年来，冶金史专家发现这一地区冶铜术的兴起可能与西方有关。小河铜制品权杖的发现，无疑为中国境内青铜文化起源这一重大问题的研究提供了重要线索。小河发现的小麦来自西方，并通过新疆传入内地；发现的粟子，则源于中原。这些都将为史

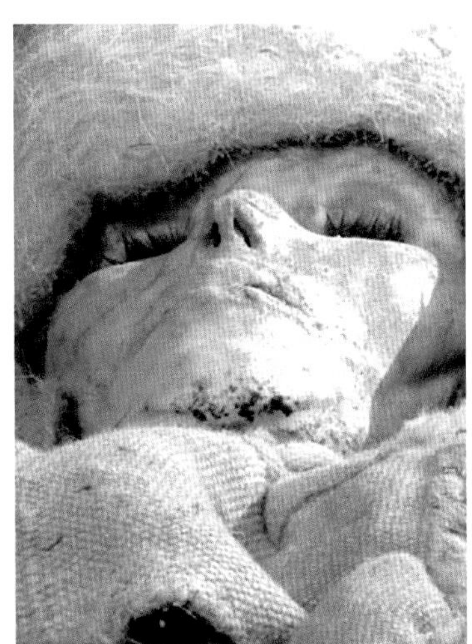

新疆罗布泊小河遗址和木乃伊

前东西方文化交流的研究带来新的契机。

发掘资料表明，小河墓地是史前罗布泊地区存在的一支面貌独特的考古文化的代表性墓地，墓地的墓葬分不同层位埋葬，所发现的遗迹遗物大多与原始宗教、巫术有关，为研究当时的社会结构、原始宗教信仰提供了珍贵的第一手资料。随着研究的深入，关于小河的疑问也越来越深，更多的谜题在等待人们解开。

据考古学者判断，“上千口棺材的坟墓”小河 5 号墓地封存了至少 3 800 年历史。它曾被世界考古学界认为是楼兰探险史、西域探险史上最神秘难解的古迹。

2005 年，罗布泊小河墓地考古项目被列入“2004 年度全国十大考古新发现”。

新疆洋海古墓群

洋海古墓群位于新疆鄯善县吐峪沟乡洋海夏村西北、火焰山南麓的戈壁沙漠地带。2003 年 3 月，新疆文物考古部门对鄯善县洋海古墓进行了抢救性发掘。这些墓葬分 3 块台地有序排列，出土文物从不同角度反映了洋海人所处的那个时代的生产力水平和社会面貌。

墓葬主要分布在相对独立的 3 片黄土梁上，西片、东片、南片共计 5.4 万平方米。从 2003 年 3~5 月，新疆文物考古研究所和吐鲁番地区文物局在洋海墓地共发掘了 509 座墓葬。年代为距今 2 000~3 000 年，大约相当于中原地区的西周至春秋战国时期。

考古发掘共清理出墓葬 509 座，墓地墓葬布局疏密相宜，井然有序，是吐鲁番盆地及其周围已知最宏伟的史前墓地。墓葬的形制最早为椭圆形竖穴土坑墓、长方形二层台墓、长方形竖穴墓、长方形竖穴袋状墓，最后是竖穴偏室墓。其中长方形二层台墓有单边、双边和四边都有二层台 3 种形式。这说明随着生产力水平的提高，当时人们的住所已由半地穴式改为地面上建筑。洋海墓地的葬具主要是圆木制成的尸床，尸床四条腿和横撑用榫卯接合，上面铺排横木棍或树枝。尸床面积略小于墓地，尸体和随葬品放在尸床上，除此，

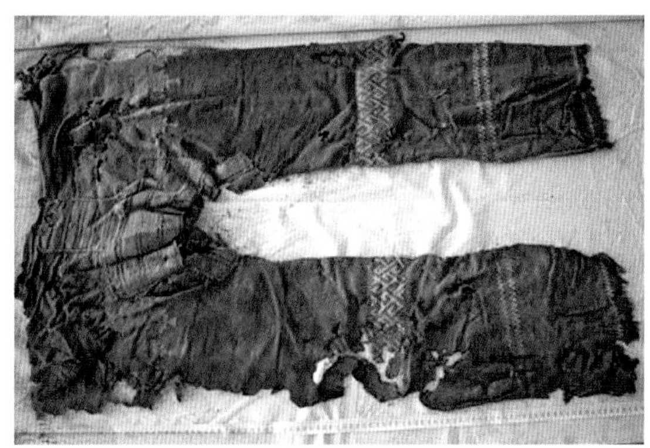

新疆洋海古墓群遗址及出土文物

还大量使用编织精美的草席、草编帘垫、毛毡和地毯。墓口遮盖物上面再盖上茅草、芦苇、甘草、骆驼刺、芝麻、大麻等草本植物。3处墓地虽地处相对独立的台地，但具有许多共性，墓地都分布在山前戈壁地带的黄土梁上，互相邻近。墓地的墓葬布局相似，各墓地墓与墓间距离相差甚微。另外，随葬品及埋葬方式所反映的生产方式文化习俗相同，墓葬结构、类型、分布规律一致，同型墓的葬俗、葬式、随葬器物相似或相近。还有一个共同特征，即在封盖好墓室后，往往在盖上放置一块或数块土坯，土坯个体较大，呈长方体状，表面有不同的纹样。

墓葬中出土了丰富的随葬器物，有陶、木、铜、石、铁、骨、金、银、角器以及海贝、草编器、皮革制品、毡制品、毛织物和服饰等。陶器、木器、毛、皮服饰是最常用的随葬品，几乎每座墓都有随葬。青铜工具和兵器、弓箭、羊头是基本随葬品，还有整羊、羊排骨或羊腿，牛头、整马、马距骨、马下颌和马肩胛骨、狗等。

出土陶器800余件，陶器种类有釜、罐、杯、壶、钵、盆、豆、双联罐等。其中彩陶近500件，其数量和质量都在新疆是无与伦比的，器形和纹样都很别致，具有鲜明的地域和时代特征。彩陶纹饰最早出现的是网格纹、三角纹、锯齿纹、竖条纹，其后有涡纹、波纹、同心圆纹、羽状纹等。彩陶绝大多数为红底黑彩，也有在一件器物上用黑、白、黄三色绘成复合彩的。施彩的器形主要有杯、罐、钵、筒形杯、豆、壶等。还有两件带柄陶器，柄端塑成盘羊和绵羊头像，形象逼真。

出土木器900余件，主要有桶、箜篌、手杖、钻木取火器、撑板、纺轮、碗、钵、盘、冠饰、耳杯、鞭、镳、梳等。大部分木桶的口、底外沿都阴刻连续的三角纹，有些木桶的口外沿还粘贴白果紫草籽粒，用来显示三角纹。在木桶外壁，阴刻、线刻出成组的动物形象，种类有北山羊、马、狼、虎、狗、骆驼、野猪、马鹿、鸟等。有些木钵、盆、器柄雕刻有山羊、狼、怪兽等形象。所有弓箭均为反曲弓，弓体用韧木、牛角、骨片、牛筋黏合成，做工考究，工序复杂。

出土铜器以直銎斧、穹背凹刃并带瘤状凸的环首刀和长銎穹背斧最具时代特征。其次是双孔马衔以及装饰有铜贝、铜节约的马辔头。青铜器的出土让考古工作者们喜出望外，此前，专家们一直苦于在吐鲁番盆地找不到属青铜时代的实物材料，洋海古墓青铜器的发现，填补了吐鲁番盆地青铜时代的实物材料。

另外，在随葬的容器中发现有粮食作物遗存，经鉴定为黍、青稞和普通小麦。并且可以推测，古洋海人的主要粮食为黍，次为青稞，普通小麦可能是混在青稞中保存下来的。

新疆尼雅遗址

尼雅遗址是汉晋时期精绝国故址，位于新疆民丰县喀巴阿斯卡村以北 20 千米的沙漠中，被称为“东方庞贝”。古遗址以佛塔为中心，散布于南北长 25 千米，东西宽 5~7 千米的区域内。

尼雅河流域的考古工作，最初是由外国探险家进行的。1889 年 5 月，俄国皇家地理学会组织普尔热瓦尔斯基第五次探险队探查了尼雅地区。翌年，法国杜特雷依探险队也到达了尼雅，但这两支探险队都没能进入尼雅遗址。1901 年，英国探险家斯坦因首次进入尼雅遗址并做了调查和发掘，此后的 1906—1931 年，斯坦因先后 3 次对尼雅遗址进行了探查。此外，20 世纪 80 年代前，若干中外地理学家、探险家、考古学家也对尼雅遗址进行过多次调查研究。1988 年和 1990—1997 年，由中国、日本有关方面联合组织的“中日共同尼雅遗迹学术考察队”对尼雅遗址展开了连续的调查和发掘。

尼雅遗址曾是汉晋时期西域丝绸之路南道上的一处东西交通要塞，遗址内发现有房屋、场院、墓地、佛塔、佛寺、田地、果园、畜圈、河渠、陶窑、冶炼遗址等遗迹。出土有木器、铜器、铁器、陶器、石器、毛织品、钱币、木简等遗物。此外，还发现了当时炼铁遗留下来的烧结物和炭渣。是新疆古文化遗址中规模最大且保存状况良好又极具学术研究价值的大型遗址之一。

发现的遗迹。尼雅遗址是一个游离的自然形态聚落，遗迹分布相当分散。现今能看到各种遗迹 100 多处，有佛塔和寺庙、房屋居址、陶窑和炼炉、田地和果园，畜舍和栅栏、木桥，道路和林带、涝坝、古城和墓地等。许多遗存建筑在孤立的土台上，构成一个居址

新疆尼雅遗址

的小单元，同时，自北向南也有数座居住遗址单元构成一个居住遗址群，由此形成了尼雅遗址的大聚落。尼雅佛塔是遗址中最具代表性的建筑，成为记录尼雅各遗迹方位坐标的基点。造型类似在新疆早期佛教遗迹中多有发现，可以看到印度早期佛塔对精绝王国的影响。在目前已知的100处遗址中，有70多处居住遗址。居住遗址相互孤立地建在一个个台面上，台面大都风蚀严重，很难找到一处完整的。由保存较好的居址可以看到，居住遗址由密集的多间住室和过道组成，有的各间住室间有门相通，形成住室相连组合式套，人们通过对室内残留的建筑遗迹和出土文物可以分析它的功能。

出土遗物。尼雅遗址中采集的遗物主要有陶器、青铜器、骨器、石器、木器等。陶器风格明显，多是素面，以戳印工艺制作图案，纹样有乳丁纹、弦纹、几何形折曲棱纹等，显示出亚洲北方草原文化的典型传统工艺及纹样特点。采集的石器有石镰、石斧、石磨盘、穿孔石器、石纺轮、石球等，直背斜刃铜刀的发现，显示出尼雅居民进入了青铜时代。木器有木碗、木盆、木杯等。同时也出土不少棉织品。

最为重要的是，具有文献价值的汉简和佉卢文书的发现。目前有确切报道的尼雅遗址出土文书共有1 191件，实际数量还应当在此数目之上。这些资料为研究尼雅古代社会生活状况，包括政治制度、经济方式、法律制度、社会生活、文化面貌、佛教、历史地理和生态环境等问题提供了基础。

尼雅遗址的文明，是一种特殊的丝绸之路文化现象，它吸收了多样的进步文化，显现着古河流文明、海洋文明、草原文明相互的撞击，出现了新疆沙漠绿洲的文明。尼雅文化似一个聚宝盆，丰富而多彩，深厚的文化沉积还需学者去细细的分解，使人们更清楚，全面地了解丝绸之路文化的众多现象。

1996年，尼雅遗址被评为“1995年全国十大考古发现”之一，并被列为第四批全国重点文物保护单位。

五、贝丘遗址

福建昙石山遗址

昙石山遗址位于闽侯县甘蔗镇昙石村西南、濒临闽江北岸的小山岗上，1954 年 1 月，在修建闽江防洪堤取土中发现。遗址面积约 1 万平方米。自 1954 年至 1996 年年底，先后经过 8 次发掘，第一次发掘由华东文物工作队和福建省文物管理委员会联合进行，以后 7 次先后由福建省文物管理委员会、福建省博物馆、厦门大学历史系、厦门大学人类博物馆等单位联合或单独进行发掘。发掘总面积累计 1 600 平方米，先后发现房基 1 处，灰坑 98 个，墓葬 68 座，祭坑 2 处，陶窑基 8 座，以及灶坑等。出土遗物有陶器、玉石器、骨牙器、牡蛎器等 1 200 多件。因出土器物具有鲜明的地方特色，且类似遗址都集中分布于闽江下游及沿海地区，所以学术界把此类文化遗存命名为"昙石山文化"。几乎是由当时人们丢弃的蛤蜊壳、贝壳、螺壳堆积起来的，厚度一般在 1 米左右，有的地方厚 3 米左右，为典型的海洋性贝丘遗址。昙石山遗址的中、下层年代距今约在 4 000~5 500 年前后。

遗址是文化内涵丰富的新石器时代晚期遗址，文化层有上、中、下三层叠压关系。它的上层包含有青铜时代黄土仑文化和新石器时代末期至青铜时代早期的东张中层文化的遗物，中层和下层是昙石山文化的两个时期。

昙石山文化的特点是：生产工具以小型石锛为主，前期磨制较粗糙，后期磨制较精致；前期和后期都使用大型牡蛎壳制成的工具——"贝耜"；陶器以泥质灰黑陶为主，前期则以细砂红陶和泥质红陶为主；日常生活的陶质器皿以釜、罐、豆、碗、杯、壶为多，流行圜底和圈足器，三足器少见。

昙石山遗址是福建考古史上第一次大面积的科学发掘，发现的遗迹遗物相当丰富，对于探索闽江下游及沿海地区原始社会晚期的历史和社会经济面貌具有十分重要的价值。

以闽江中下游为中心连接闽台两省的昙石山文化是福建古文化的摇篮和先秦闽族的发

塔式壶和陶罐

源地，它的出现，惊现了不为人知的先秦闽族文化，将福建文明史由原来的 3 000 年向远古大大推进了一步。昙石山遗址是中国东南沿海地区最早被命名、最具代表性的原始社会晚期文化——“昙石山文化”的命名地，也是福建省惟一经过多次正式考古发掘、积累资料最丰富、开展研究最多、并得到国内外公认的考古学文化的研究基地，在福建史前文化的学术研究中独占鳌头。

1996 年，在昙石山遗址原址建立昙石山遗址博物馆。目前遗址仍有 2/3 尚未挖掘，全部建成后其规模将超过半坡遗址、河姆渡遗址。2001 年，昙石山遗址被列为第五批全国重点文物保护单位。

湖南高庙遗址

高庙遗址位于湖南西部洪江市安江镇（原黔阳县）东北约 5 千米的岔头乡岩里村，地处沅水北岸的一级台地上，分布面积约 3 万平方米，是一处典型的贝丘遗址。年代距今约 6 800~7 800 年，存续时间大致在 1 000 年左右。遗址最初于 1986 年被发现，湖南省文物考古研究所分别在 1991 年、2004 年、2005 年 3 次进行了考古发掘，共揭露面积近 1 700 平方米。高庙遗址在台地顶部主要分布着史前居民的房屋、祭祀场所和墓地，地层堆积厚约 0.8~1.5 米，有 3~10 个左右的文化层。其周围的斜坡则属于贝丘堆积，厚约 6.5~3.5 米，最多可分为 27 层。

在遗址区地表分布着现代房屋及耕地，其下的文化堆积依次属于明清时期、东周时期及新石器时代，其中明清和东周时期的遗存已破坏殆尽。遗址中保存的主要是新石器时代文化堆积，可以划分为上、下两大部分（各自包含若干地层），分属于不同的考古学文化。其中，下部堆积的文化特征明显有别于周邻地区同时期的考古学文化。这类遗存在本地区多个地点均有出土，区域特征鲜明，以高庙遗址所出最为典型，又是最先发现，故可命名为“高庙文化”。

当时的居民主要选择依山依水而居，居住遗址大多分布在沅水主、干流两岸的一级台地上，房屋均为挖洞立柱的排架式木构地面建筑，方向朝东或朝东南，多为长方形两开间和三开间的结构，面积20~40平方米不等，有的设有专用的“厨房”，有的房屋附近还设有窖穴。在废弃堆积中富含大量螺、贝壳，并伴有龟、鳖、各种鱼类等水生动物遗骸以及猪、牛、羊、鹿、熊、象、獾、猴、犀牛等陆生动物骨骼，种类达数十种。对其中部分猪的颌骨进行鉴定，可以确定属于家猪。说明当时已有动物的驯养业。

2004年，考古工作者在遗址中发现了一具保存完好的7 400年前的女性人体骨架，受到考古学界的瞩目。2005年，考古队成功挖掘到一对夫妻墓，墓中存放贵族或宗教领袖权力象征的祭祀用品玉钺，贵族妇女装饰用品玉璜、玉玦等精美玉器，经考证，该墓为远古时期部落首领夫妻墓，距今在5 700年前。随后，又发现一个由10多座距今5 300~5 800多年的柱洞组成的房址及几十座古墓穴。

在高庙遗址中，还出土了一处距今7 000年左右的大型祭祀场所，已揭露面积700多平方米，据祭祀坑布局的情况，估算其整个面积在1 000平方米左右。整个祭祀遗址呈南北中轴线布局，由主祭场所、祭祀坑和与祭祀场所相系的附属建筑——议事或休息的房子及其附设的窖穴三部分组成。在目前所知中国同期史前遗址中，这处祭祀场所不仅年代早，规模大，且保存有因祭祀所需的各类设施。对研究中国史前人类宗教祭祀活动的行为方式、祭仪的起源，以及祭祀场所的结构和对后来祭坛的影响等均具有特别重要的意义。

出土的大量生产工具中，最具特色且数量最多的是各型器体厚重的砍斫器和用作刮削工具的各类石片石器以及扁平亚腰形网坠。它们绝大部分用锤击法单面打制而成，特别是石片石器，其制作和使用具有很大的随意性。

出土的陶器均为手制，器壁厚薄较均匀，规整程度与轮制陶器相近。主要为夹砂陶，少量泥质陶，另外还发现一定数量精美的白陶制品，时间距今7 800年左右。陶器器形主要是圜底器和圈足器，不见三足器和尖底器。器类主要有釜、罐、盘、钵、簋形器、碗、杯和支脚等，其中罐类器尤为丰富，器型多达十余种。丰富的陶器纹饰是高庙文化遗存中最突出的特征之一。在一件白陶罐的外底部还发现有彩绘的太阳图像。

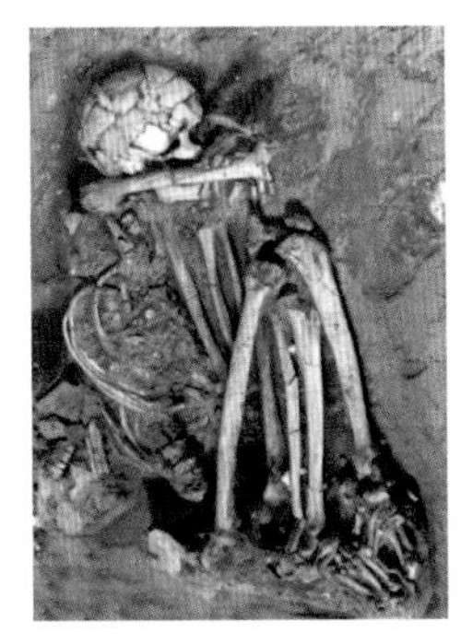

湖南高庙遗址、出土文物和屈肢葬人体骨架

高庙遗址的发掘，揭示了该遗址丰富的文化内涵，填补了湘西地区新石器时代中晚期区域考古学文化的空白，并确立了一种新的考古文化——高庙文化，更为重要的是，该遗址中出土的特殊遗迹和遗物，不仅为建立沅水中、上游地区的新石器时代考古学文化谱系奠定了基础，也为史前时期人类宗教信仰和中国文明起源重大课题提供了重要资料。

广东咸头岭遗址

咸头岭遗址位于深圳市大鹏湾东北的迭福湾内二、三级沙堤上，是一个相对封闭的自然地理单元。西南至东北长 120 米，西北至东南长 110 米，遗址面积约 1.3 万平方米。深圳市博物馆于 1985 年、1989 年、1997 年和 2004 年在遗址的东南部、中部和北部进行过 4 次发掘。2006 年 2~4 月，深圳市文物考古鉴定所和深圳市博物馆又在遗址西北部进行了第五次发掘。前后 5 次发掘的总面积近 2 300 平方米。

迭福湾的原始地形有三列与海岸线大致平行的沙堤。第三列沙堤为距今 7 000 多年全球大暖期高海面时由海浪潮汐堆积而成，咸头岭遗址主要位于第三列沙堤和第二列沙堤的部分区域。从出土的距今约 6 000~7 000 年新石器时代遗物来看，第三列沙堤所出遗物的年代早、晚都有，而第二列沙堤所出遗物的年代则基本偏晚。

咸头岭遗址的文化遗存主要包括新石器时代和商代两个阶段，其中以新石器的遗存最为重要。新石器时代的重要遗迹主要有灶、立石、建筑基址以及大面积的红烧土面等。出土陶器以夹砂陶为主，主要器类包括釜、碗、支脚和器座；泥质陶多为白陶和彩陶，还有少量的磨光黑陶，器类有罐、杯、盘、豆、钵等。石器则有锛、砧、石饼、砺石等。

陶器有夹砂陶、泥质橙黄陶和白陶三大陶系。根据地层叠压关系、各层所出陶器的特征和形式变化特点以及器物组合关系，可以把遗址的新石器时代文化遗存分为 5 个阶段、3 个时期。

考古人员在遗址清理出了房基和零散的柱洞、发现块状堆积的红烧土和灰坑等遗迹。虽不见房基全貌，但根据揭露状况，房基表面基本平坦，有的地方微凹，边缘不太规整，

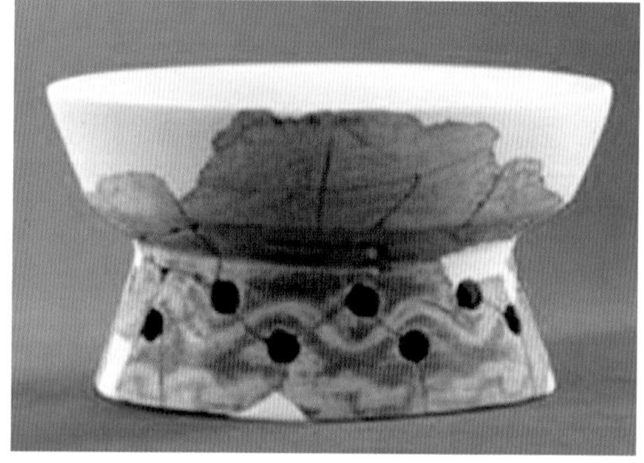

广东咸头岭遗址出土文物

用较硬的灰褐色土铺垫而成。

石器的石料主要为变质砂岩、砂岩、板岩。制作方法分磨制和打制两种，利用天然石料作工具。磨制石器有斧、锛、凿、刀、刀形器、纺轮和环；打制石器有砍砸器、研磨器和石片；天然石料工具均为不同形状的石料，未经任何加工，有明显的使用痕迹，主要器形有杵、敲砸器、砧、砺石和球。其中磨制和天然石料工具占较大比例。不经加工直接利用天然石料也是这一遗址的一大特色。

咸头岭新石器沙丘遗址内出土的陶器和石器的工艺制作水平和审美水平已相当高。大量陶器的出土说明当时已经人口众多，众多人口聚居又表明当时人们已经具备较强的生产能力，能够获取足以让他们生存的食物。同时，它也是截至 2007 年惟一一处可以比较全面反映珠江三角洲地区新时代中期考古文化面貌的典型遗址，为探寻珠江三角洲地区的古文化之源提供了重要线索。

2007 年，咸头岭遗址入选“2006 年中国十大考古发现”。

广东古椰贝丘遗址

古椰贝丘遗址位于佛山市高明区荷城街古椰村鲤鱼岗，东距西江约 1.8 千米，东北部为南蓬山，西南部为圣堂山。西江支流高明河经遗址南面而过。1986 年被发现，北京大学、暨南大学和广东省文物考古研究所 1996 年曾在此做过考古调查。2005 年 9 月，为配合广明高速公路建筑工程，广东省文物考古研究所对遗址进行了抢救发掘。发掘面积已超过 1 000 平方米，出土大量珍贵资料，年代为新石器时代晚期，距今约 4 000 年。

古椰贝丘遗址现存面积约 4 万平方米，已被发掘的区域位于遗址北部。发掘工作按岗顶、缓坡、坡脚、水田 4 个地貌分区进行，岗顶区发现柱洞、灰坑等遗迹。缓坡区已被大量的现代墓葬破坏殆尽，坡脚区堆积最厚的分 8 层，发现一处早期的活动面和一处唐代路面。位于水田区的文化层保存状况最好，是发掘的重点。

古椰贝丘遗址出土的贝壳

发掘中清理出柱洞、灰坑、活动面等遗迹，对研究和了解当时人类的居住和生活状况提供了重要信息。出土遗物分为人工制品和动、植物遗存，人工制品有陶、石、木、骨器等。以陶器为主，陶器中多为夹砂陶，器型有罐、釜、钵、钵形釜、圈足盘等。纹饰以绳纹为主，少量刻划水波纹、旋纹、半圆圜纹等；植物遗存为各种植物种子和稻谷，包括果核和坚果等，目前经初步统计，已经甄别出大于0.5厘米的植物种子20种以上，如橄榄、南酸枣、榛果和冬瓜子等。动物有淡水龟、鳖类和硬骨鱼类，其中鲶鱼科和鲈鱼科等少量种属可辨。陆生动物有野猪、鹿、牛、狗和亚洲象等。遗址中出土了3件加工和使用过的木质工具，这在岭南地区属于首次发现，在世界贝丘中也是独一无二的。这些木器包含了古代人的生活习性，具有不可替代的研究价值。特别重要的是，遗址中出土了20多粒稻谷，并且保存完好，大多没有炭化，从出土稻谷的形态来判断，为栽培稻。这在岭南地区的史前遗址中首次发现，同时也为研究岭南稻作起源提供了珍贵的实物资料。

古椰贝丘遗址位于三水盆地的边缘，地理位置独特。根据堆积层位和包含物特征，遗址的遗存可分为早晚衔接、连续发展的4个阶段。填补了珠江三角洲地区新石器时代晚期到早商以前的考古学编年体系的空白，是一个新的考古学类型，对于探讨西江、北江、东江古文化遗存之间的相互关系和完善本地区古文化谱系有重要意义。

2007年，古椰贝丘遗址入选“2006年度中国十大考古发现”。2013年，被列为第七批全国重点文物保护单位。

广西顶蛳山遗址

顶蛳山遗址位于广西壮族自治区邕宁县蒲庙镇新新村九碗坡自然村东北、邕江支流八尺江与清水泉交汇处的三角嘴南端的顶蛳山。整个山丘呈南北方向的椭圆状，三面环水，遗址就分布在整座山丘上，总面积约5 000多平方米，是广西境内保存面积最大、出土遗物、遗迹最丰富、最有代表性的新石器时代的贝丘遗址之一。

顶蛳山遗址发现于1994年，1997—1999年中国社科院考古研究所、广西文物队等单位对遗址进行了3次挖掘，共挖掘面积1 000多平方米，清理出房屋建筑的柱洞和331座墓葬，同时出土了大量的陶器、石器、骨器和蚌器等史前人类生活用具、生产工具和人类食用后遗弃的水类动物、牛、鹿、象、鸟等多种动物的骨骸遗骸。

按照地层重叠关系和出土遗物的类比分析，顶蛳山遗址的文化堆积可以分为四个时期。第一期为棕红色黏土堆积，不含或含少量的螺壳、石核，少量穿孔石器和陶器等。年代约距今1万年左右。第二期以螺、蚌壳堆积为主，出土遗物有陶器、石器、骨器和蚌器以及大量的水陆生物遗骸。陶器数量较多，以灰褐夹颗粒较大的石英碎粒粗陶为主，器表纹饰主要为浅篮纹和粗绳纹，器形为直口、敞口和敛口的圜底罐。少量的石器有斧、锛、穿孔石器、砺石等，骨器、蚌器的数量较多，骨器以磨制较精致的斧、锛、锥为主，蚌器以状似鱼头的穿孔蚌刀。第三期仍以螺壳为主，出土遗物与二期大致相同。陶器较第二期增多，器类除二期的圜底罐外，较多的是敛口、直口或深腹的圜底釜及高领罐，陶器均为夹砂陶，砂质较细，陶色有灰褐色、红褐色和外红内黑几种，器表纹饰以中绳纹为主，少量细绳纹，篮纹基本没有。石器仍然以斧、锛为主，除数量有所增加外，器形和制作方法与二期基本相同，蚌器以磨制的穿孔蚌刀为主，也有少量的蚌铲。骨器以镞、锥为主，另有骨针、鱼

广西顶蛳山遗址及出土文物

钩等遗物。另外此期发现的墓葬数量较多，分布密集。第四期为灰褐色黏土堆积，不含螺壳。出土物包括陶器、石器、骨器等文化遗物和大量的破碎兽骨等遗物，不见蚌器。年代距今约 6 000 年，为新石器晚期遗存。

发掘表明，顶蛳山遗址已经有了较为明确的功能分区，从东到西大致为居住区、墓葬区和垃圾区三部分。居住区位于遗址的东北部，发现了成排、有规律的柱洞 20 多个，为长方形的干栏式建筑，这一点是在广西史前考古中首次得以确定的，对探讨广西史前人类的居住形式及干栏式建筑的起源和发展具有重要的价值，是广西乃至我国南方通过考古确认的史前人类居所的惟一依据。墓葬区位于遗址中部，共发现墓葬 331 座，400 多个古人类遗骸，发掘结果表明，顶蛳山遗址已经有了公共的氏族墓地。垃圾区位于遗址西部。

另外，顶蛳山遗址出土了细小石器及数量较多的陶器，陶器具完整，且多达 20 多件，均为广西同类贝丘遗址中首次发现，其数量在广西史前考古的历史上是空前的。文化层位明确，序列清楚无混乱，为研究南方史前文明提供了诸多便利。出土的细小石器及数量较多的陶器均为广西同类贝丘遗址中首次发现。

顶蛳山遗址入选“1997 年度全国十大考古发现”。2001 年，被列为第五批全国重点文物保护单位。

台湾圆山遗址

圆山遗址位于台湾台北市中山区圆山西边缓坡，面积约有 2.7 公顷，为全台湾最珍贵的史前遗址之一，1896 年，受台湾总督府之托，东京帝国大学派出动物学、植物学、地质学及人类学 4 个学科专家到台湾展开综合调查。1897 年，伊能嘉矩与宫村荣一于台北圆山的西麓发现无数贝壳。该数量颇巨的贝壳残骸，据两学者推断应为史前时代人类食用贝类后所遗留，故称“圆山贝冢”。经对圆山贝丘上层和大岔坑上层遗物测定，年代在公元前 2560—前 500 年。之后两学者还陆续于当地发现石、玉、陶、骨、角器及墓葬等物，并确认台北仍为大湖的史前时代，圆山为有人类居住的小岛。

圆山遗址 1896—1999 年间经过多次考古发掘，发现其至少包含了汉人文化、植物园文

台湾圆山遗址出土文物

化、十三行文化、圆山文化、讯塘浦文化、大坌坑文化、先陶文化6个史前文化与一个历史文化，是台湾地区罕见的多文化层遗址。依照国际通行的办法，以最接近遗址的现代村落为该遗址命名的原则，因此将其遗址命名为“圆山遗址”。又将最先发现的遗址名称为该文化命名的原则，将其首先发现的史前人类活动纪录命名为“圆山文化”。

该文化距今有3 500~4 000年，属于新石器时代晚期的人类史前文化，包含上下两个文化层。上层是早期圆山文化，主要部分为堆积厚度达到2米以上的贝层，发现大量人类食用后的贝壳、兽骨以及使用后的器具。下层为晚期圆山文化，主要出土的是带有绳印纹的陶器，这是继大坌坑文化之后，台湾北部盆地发现的最古老的史前文化，因此也称下层大坌坑文化。其中，贝冢为圆山文化的最大特色，贝壳种类有乌蚬、牡蛎、九孔螺、芋螺、榧螺、川蜷螺、千手螺、窗贝等等，这些种类多半属于半淡半咸水性的贝类，可推断圆山时期台北湖为一咸淡水交杂湖泊。根据贝冢所保存下来食物残渣推测，当时代人已知饲养家畜，以捞贝、渔猎及农耕为生。

圆山遗址中保存下来的重要文物有大砥石一座。在石器中，有石锛、石斧、石锄、箭头、网坠等，最具代表性的是有段石锛和有肩石斧。据考证这种石器在我国福建光泽、浙江杭县、广东陆丰以及海南岛等地均有发现。圆山石斧与华北、辽东等地所发现的形式也极其相似。圆山文化中的陶器，质料多含细砂，以棕灰为主颜色，有的刷上棕黄色；有印纹，涂红彩；器形以碗和簋为主。

此外，在圆山文化的各处遗址均未发现铸铜的痕迹，但是却出土有少量的青铜器。共3件，一片“表现孔雀头部”的青铜器，一截手环残片，还有一枚两翼式青铜箭头，这枚箭头与殷墟大量出土的青铜镞大小、形状完全相同。

圆山遗址为圆山文化的代表性遗址，但由于早期动物园房舍及其周围道路房屋的辟建，儿童育乐中心的扩建，使得遗迹没有办法好好的保存下来。残存的部分，面积虽不大，但仍具有历史及文化价值。1988年，“中华民国内政部”将圆山遗址指定为第一级古迹；1995年，台湾大学城乡研究所规划设计圆山遗址为圆山史迹公园。

台湾芝山岩遗址

芝山岩遗址位于台湾台北市士林区的台北盆地东北，附近有双溪及其支流石角溪流过。1896 年被发现，1981 年台湾大学人类学系对遗址进行了发掘，发掘面积约 100 平方米。

遗址共有两个文化层，上层属圆山文化，下层属芝山岩文化。芝山岩文化层出土了极为丰富的遗物，有陶器、石器、骨角器、木器、草编、藤编、种子、稻谷、人骨、兽骨、鱼骨、贝饰及贝类等。陶器以泥质陶为主，夹砂陶较少。陶色有灰黑、红褐、黑皮陶、红衣陶等。其中灰黑陶占 50% 以上，红褐陶占 27% 左右，彩陶占 4%。均为手制，部分陶器似经过轮修。除彩陶、黑皮陶和少量细泥陶外，陶土一般都不经过特殊处理。器类包括罐、钵、器盖和少量的豆、碗、盘、环、纺轮等。以平底、圜底或凹底罐为主，并有少量圈足罐或带耳罐。一种器形似平底钵，但内底带纽的器盖很有特色，是芝山岩文化的典型器物。器表装饰以素面磨光为主，纹饰有圆形捺点纹、圆圈纹、绳纹、划纹、条纹、“八”字纹和附加堆纹等。彩绘多为黑彩、大多施于泥质红陶罐上，少数施于钵上，纹样以数条平行线的组合为主，或数组平行线交叉形成方格或菱形网纹，还有圆点、叶状或植物状钩纹、三角纹。

石器包括打制和磨制石器两种，打制石器有斧和砍砸器，磨制石器有斧、锛、凿、穿孔石刀、网坠、凹石、锤、杵、镞、环等。骨器中有锥、凿、鱼镖、管珠等。另有较多的鹿角器、牙器、贝环等。出土木器是这个遗址的一大特色，种类有长形尖状器（掘棒）、尖状器、加工木器残片、装饰品及陀螺形器。编织物包括草编、藤编和绳子等。草编编纹为“人”字形，每根草茎宽约 2~2.5 毫米。绳子由两股纤维搓成，质地可能属于麻类植物。

在地层堆积中还发现了 5 片人类头骨碎片，包括左右后顶骨和枕骨等，发掘者认为属同一个体，但年龄及性别不详。

台湾芝山岩遗址

遗址中还发现了较多的炭化稻米，米粒较小，形状粗胖，长约 4.2 毫米、宽约 2.5 毫米，发掘者认为是人工栽培的粳稻。但是，从遗址中发现的大量的鹿、猪、狗、鱼、蟹、龟等骨骼来看，捕捞和狩猎在人类的生活中仍占据着重要的位置。

据 C14 测定并经树轮校正，芝山岩文化年代为距今约 3 500~4 000 年。发掘者认为，芝山岩文化是与圆山文化的早期同时并存的两支不同的考古学文化，但芝山岩文化结束的时间早于圆山文化，叠压在芝山岩文化层之上的圆山文化应属于圆山文化的晚期。

香港东湾仔遗址

东湾仔遗址位于马湾岛东北角的东湾仔海湾。海湾的北、西、南三面为低矮的丘陵所环抱，东面临海。在现代沙滩的背后，为一长条形的古代滨海沙堤，沙堤海拔高度在 5~7 米之间，南北长约 100 米，东西宽约 30 米，总面积接近 3 000 平方米。东湾仔史前文化遗址在沙堤的北端，属于珠江口地区典型的海湾上升沙堤遗址。

由于东湾仔北将受到开发工程的破坏，香港特别行政区民政事务局古物古迹办事处遂决定对遗址作全面发掘。由办事处组织的考古队伍，于 1997 年 6 月 23 日正式开始发掘。9 月 15 日，中国社会科学院考古研究所的一支考古队应邀加入联合发掘，作为香港和内地文物保护机构的一次学术交流。田野发掘工作于 11 月 18 日结束，揭露面积总计超过 1 400 平方米，最重要的收获是清理出 20 座史前时期墓葬。

东湾仔北遗址由海岸至山丘，地表走势分为三级阶地，地质堆积包含有近代海滩沉积、高位海滩沉积、山坡冲积和山坡坡积等各种地质地带。第一级阶地海拔高 5 米以下，属近代海滩沉积。第二级阶地为高位海滩沉积，海拔高度 5~7 米，地表均为沙质土。第三级阶地为小山丘，属冲积和坡积地带，海拔高度 7~24 米，表层土壤为红黏土，基岩为中生代侏罗—白垩纪的凝灰质岩。东湾仔遗址正位于第二级阶地之上，地处第二级阶地和第三级阶地之间的高位海滩沉积和山坡坡积地质地带。

从地层堆积情况来看，各探方地层堆积的层次并不完全一致，除清代层外，有的有唐代文化层，有的则没有；遗址北部各方没有汉代文化层，汉代文化层主要集中在南部各方；上文化层只在遗址中部较靠近山坡处发现，遗物零散。中文化层普遍存在于几乎所有的探方中，为遗址的主要文化层。下文化层只在部分探方中发现，亦是遗址的重要文化层之一。按遗址的堆积情况，下文化层属第一期遗存，是遗址最早的文化层。中文化层属第二期遗存，以大量遗物和 19 座墓葬为代表。上文化层属第三期遗存，发现少量的遗物以及 1 座墓葬。在第一、第二期遗存之间，还有一个较长的间歇期。

第一期遗存仅见有零星柱洞和少量陶片。发现的一个柱洞，似经过有意识修整，洞底和洞壁均有一层厚约 1 厘米的硬面，但是由于只发现一个柱洞，对当时的建筑形式、规模大小均无法了解。从不多的陶片来看，均为夹砂陶，陶色斑驳不纯，多呈灰褐色，器类大多是侈口圆底釜或罐，另有筒形器座。最具时代特色的纹饰是一种竖向绳纹加横向划纹形成的类方格纹和饰于口沿内部或器表的波浪形划纹。

香港东湾仔遗址及出土文物

据邹兴华对珠江三角洲史前文化的分期，第一期遗存属于珠江三角洲第二期文化，亦即新石器时代中期后段，文化遗存的绝对年代大约在公元前 3700—前 2900 年。第二期遗址属于珠江三角洲第四期文化，即新石器时代晚期后段，其绝对年代大约在公元前 2200—前 1500 年。第二期遗存最为丰富，出土的绝大部分墓葬和遗物均属于这一时期。陶器中以夹砂陶为主，其次为泥质软陶，流行圜底器、带流器、折肩折腹器和凹底器；在泥质陶器的器身，尤其在底部，多拍印曲折纹、方格纹、叶脉纹、复线菱格凸点纹等。石器以有段石锛和断面呈“T”字形的磨光石环最具特色。第三期遗存发现了少量的几何印纹硬陶片和一座墓葬。几何印纹硬陶的出现，说明第三期遗存属青铜器时代，年代大约在公元前 1500—前 500 年。出土印纹硬陶器的遗址，遍及整个岭南地区。东湾仔北遗址的印纹硬陶，以至整个香港地区的印纹硬陶器跟梅花墩和银岗出土的标本十分相似，由此推测当时制作精美的印纹硬陶器，已成为一种重要的商品，在不同的族群中交换。值得一提的是，第三期遗存的墓葬中的随葬品属于典型的浮滨文化器物，墓内出土的长颈圈足壶和双流壶，跟粤东地区浮滨文化墓葬出土的长颈大口尊和鸡形壶有承袭和演变关系。由于东湾仔北遗址浮滨文化墓内出土的折肩圆底罐与第二期遗存的同类器相似，所以这座墓葬很可能是浮滨文化早期墓。这就表明，早在 3 000 多年前，珠江三角洲地区的先民与粤东韩江三角洲地区的先民，已有一定程度的接触了。

总之，东湾仔北遗址的发掘是香港考古的一个重大突破，它的挖掘和研究将为香港乃至整个珠江三角洲地区考古学上的许多学术问题提供有价值的资料。

六、洞穴遗址

广西甑皮岩遗址

甑皮岩遗址位于广西壮族自治区桂林市南郊的独山西南麓，是岭南已知新石器时代洞穴遗址中保存最为完整的一处，也是华南地区新石器时代早期的代表性遗址之一。

遗址在1965年文物普查时被发现，1973年首次挖掘并发表挖掘简报，引起极大关注。2001中国社科院考古研究所、广西壮族自治区文物队、桂林甑皮岩遗址博物馆及桂林市文物队联合对遗址进行了第二次挖掘。

洞内文化层面积约220平方米，遗址内文化层堆积西南厚东北薄，堆积物为褐色、棕褐色、棕黄色砂质黏土，为后期的钙质胶结。文化层至上覆盖着厚约10~80厘米的洞穴钙华层。最新研究将甑皮岩遗址的年代界定为距今7 000~12 000年。

甑皮岩遗址文化遗物非常丰富，先后出土了上万件石器、陶器（片）、骨器、蚌器等遗物；发现墓葬40座；大量的水、陆生动物骨骼化石；丰富的植物孢粉化石。并且在洞穴遗址内发现了圆形烧坑和很厚的灰烬，这是经常烧火的遗迹；另外还出土了很多具有绳纹粗陶罐，罐底往往有明显的烟熏痕迹，据此可推断，该阶段穴居甑皮岩的先民们已经开始以熟食为主。

首次挖掘后，发现甑皮岩遗址有两层钙华板，就以第二层钙华板为界，将遗址文化堆积分为早、晚两期。重新挖掘后，根据第二次挖掘的遗迹、遗物的土地层和文化特征，甑皮岩遗址的文化堆积层分为五个时期。一阶段的年代应在距今11 400~12 500年，二、三、四阶段大致处于距今10 300~11 000年，五阶段为距今7 600~8 800年。第二次发掘的遗址发现生存的动植物种类比原先增加了很多（仅动物就由70多种增加为113种），一种特别的鸟类还被命名为“桂林广西鸟”。

据出土的陶片分析，桂林是我国陶器的发源地之一。在第一期发现一件破碎的捏制夹

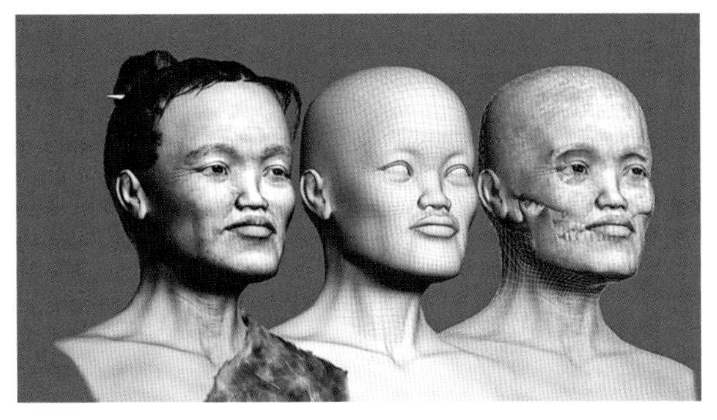

广西甑皮岩遗址及甑皮岩人的头像复原图

粗砂陶容器，是迄今在中国发现的最原始的陶容器实物之一。第五期进一步出现用慢轮技术修坯的泥质陶器，纹饰除传统的绳纹、篮纹等编织纹外新出现式样繁多的刻划纹、戳印纹、捺压纹，如干栏纹、水波纹、曲折纹、网格文、弦纹、乳钉纹、篦点纹、附加堆纹等，器型富于变化，有罐、釜、盆、钵、圈足盘、豆、支脚等器类。第五期的磨光石斧、石锛、石矛、石刀、骨镖、骨镞、骨锥、骨针制作精良，蚌匙全国仅见。

第五期文化代表了公元前 6000—前 5000 年间桂林史前文化的最高水平。墓葬发现于第四、五期，墓坑形状均为不太规则的圆形竖穴土坑墓，葬式为其他地方少见的屈肢蹲葬（蹲踞葬），人骨架多数保存较好，一些头骨上有人工穿孔。研究表明，“甑皮岩人”属于南亚蒙古人种，头骨的阔上面型、阔鼻型和低鼻根，表现出赤道人种的一些特征，是现代部分华南人和东南亚人的祖先。而甑皮岩遗址也被考古学家称为“华南及东南亚史前考古最重要的标尺和资料库之一”。桂林甑皮岩遗址博物馆和中国社科院考古研究所、吉林大学边疆考古研究中心合作，分别选取保存最为完好的男、女两具颅骨，对甑皮岩人进行了头像复原，将一万多年前的华南人面孔呈现出来。

农业方面，在考古挖掘中，发现了至少 67 个猪骨个体，但根据牙齿尺寸和年龄结构等形态特征和生理现象，判定甑皮岩遗址的猪仍为野猪，还未开始饲养家猪。由于甑皮岩一直没有发现任何稻属植物的遗存，说明甑皮岩人没有经营过稻作农业。甑皮岩农业只是园圃式农业。

甑皮岩遗址拥有深厚的文化堆积、清晰的地层序列以及丰富的文化内涵，为史前考古学，尤其是华南和东南亚地区史前考古学研究提供了十分丰富的考古资料。

1981 年，甑皮岩遗址被列为广西壮族自治区重点文物保护单位。2001 年，被列为第五批全国重点文物保护单位。

中国物种类农业文化遗产

一、畜禽类遗产

（一）畜

八眉猪

八眉猪又称为泾川猪、西猪，包括互助猪。八眉猪的中心产区为陕西泾河流域、甘肃陇东和宁夏的固原地区。主要分布于陕西、甘肃、宁夏、青海等省、自治区，在邻近的新疆和内蒙古亦有分布。

产区属西北黄土高原，海拔一般为 1 000~2 000 米，年平均气温，东部在 10℃以上，西部 0.6℃左右，年降水量 300~600 毫米不等。冬季严寒，夏季干旱，属典型的大陆性气候。水土流失，风沙弥漫，土壤瘠薄，植被稀疏。农作物以小麦、玉米、糜子、荞麦、马铃薯为主，油料作物次之，有油菜、胡麻等，并种有苜蓿。

八眉猪头较狭长，耳大下垂，额有纵行“八”字皱纹，故名八眉。被毛黑色。按体型外貌和生产特点可分为大八眉、二八眉和小伙猪三大类型。大八眉：体格较大，头粗重，面微凹，额较宽，皱纹粗而深，纵横交错，有“万字头”或“寿字头”之称，耳大下垂，长过鼻端，嘴直，背腰稍长，腹大下垂。四肢稍高，后肢多卧系，尾粗长，皮厚松弛，体侧和后肢多皱襞，呈套迭状，俗称“套裤”，被毛粗长；二八眉：介于大八眉与小伙猪之间的中间类型。头较狭长，额有明显细而浅的“八”字皱纹。生产性能较高，属中熟型。占八眉猪总数的 19% 左右；小伙猪：体型较小，侧面呈椭圆形，体质紧凑，性情灵活，头轻小，面直，额部多有旋毛，皱纹少而浅细，耳较小下垂，耳壳较硬，俗称杏叶耳，嘴尖，俗称黄瓜嘴，早熟易肥，适合农村个体户饲养，占八眉猪总数的 80% 左右。

八眉猪公猪性成熟较早，30 日龄左右即有性行为，母猪于 3~4 月龄（平均 116 天）开始发情，发情周期一般为 18~19 天，发情持续期约 3 天，产后再发情时间一般在断乳后 9

八眉猪（♂）

八眉猪（♀）

八眉猪（图片来源：北京农业数字博物馆 http://www.agrilib.ac.cn）

天左右（5~22 天）。产仔数头胎 6.4 头，三胎以上 12 头。肥育期日增重为 458 克，瘦肉率为 43.2%。八眉猪的肉质好，肉色鲜红，肌肉呈大理石纹状，肉嫩，味香，胴体瘦肉含蛋白质 22.56%。

八眉猪是一个良好的杂交母本品种，与国内外优良品种公猪杂交，一般具有较好的配合力。

2000 年 8 月，八眉猪被列入农业部颁布的《国家级畜禽品种资源保护名录》；2006 年 6 月，被列入农业部颁布的《国家级畜禽遗传资源保护名录》。

大花白猪（广东大花白猪）

大花白猪又称为大花乌猪、广东大花白猪、金利猪、梅花猪、梁村猪、四保猪、泥陂猪。产于广东省珠江三角洲一带，以佛山地区的南海、顺德、中山、高鹤；广州市郊区的番禺、增城、龙门、花县、从化，肇庆地区的高要县及肇庆市等为中心产区。大花白猪分布于广东省中部和北部地区的乐昌、仁化、连平、和平、兴宁、五华、曲江、英德等 42 个县、市。

珠江三角洲属南亚热带季风雨林气候，气候温和，雨量充沛，河流纵横，土地肥沃，是广东省重要的粮食和经济作物产区。用于喂猪的饲料以大米、米糠、甘薯等为主，青绿饲料终年不断，饲料条件优越。

大花白猪体型中等。耳稍大下垂，额部多有横行皱纹。背腰较宽，微凹，腹较大。被毛稀疏，毛色为黑白花，头部和臀部有大块黑斑，腹部、四肢为白色，背腰部及体侧有大小不等的黑块，在黑白色的交界处有黑皮白毛形成的“晕”。

大花白猪成年公猪平均体重 133.3 千克，体长 134.0 厘米，胸围 115.1 厘米，体高 69.9 厘米，成年母猪分别为：110.8 千克，124.1 厘米，111.7 厘米，62.3 厘米。母猪头胎产仔 12 头，三胎以上 14 头，仔猪存活率 96.2%。肥育期在较好饲养条件下日增重为 519 克，屠宰率为 70.7%，眼肌面积 18 平方厘米，瘦肉率为 43.2%。

大花白猪数量多，分布广，能适应炎热潮湿的气候。具有繁殖力较高、早熟易肥，脂

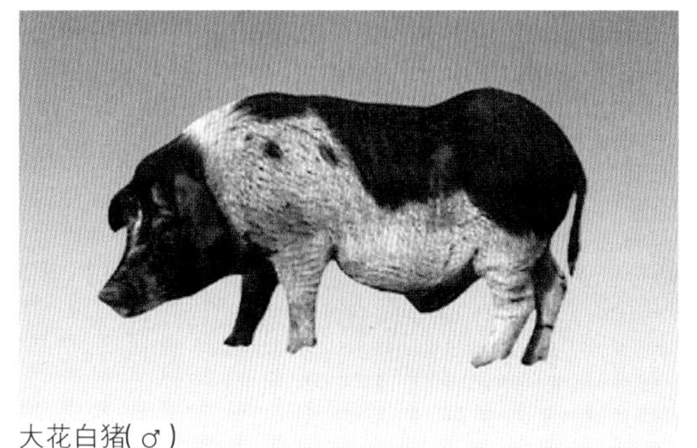
大花白猪(♂)

大花白猪(♀)

大花白猪（图片来源：北京农业数字博物馆 http://www.agrilib.ac.cn）

肪沉积能力强、配合力较好等特点，但增重速度较慢，饲料利用率较低。

2000 年 8 月，大花白猪被列入农业部颁布的《国家级畜禽品种资源保护名录》；2006 年 6 月，被列入农业部颁布的《国家级畜禽遗传资源保护名录》。

黄淮海黑猪（马身猪、淮猪、莱芜猪、河套大耳猪）

黄淮海黑猪又称为淮猪、莱芜猪、深州猪、马身猪、河套大耳猪。分布于黄河中下游、淮河、海河流域，包括江苏北部、安徽北部、山东、山西、河南、河北、内蒙古等省区。

包括淮河两岸的淮猪（江苏省的淮北猪、山猪、灶猪，安徽的定远猪、皖北猪，河南的淮南猪等）、河北的深州猪、山西的马身猪、山东的莱芜猪和内蒙古的河套大耳猪。以淮猪为例，体型较大，耳大下垂超过鼻端，嘴筒长直，背腰平直狭窄，臀部倾斜，四肢结实有力，皮肤黑色，被毛黑色，皮厚毛粗密，冬季密生棕红色绒毛。性成熟早、产仔数多、适应性强、耐粗饲、母性好、肉质鲜美。

淮猪成年公猪体重 140.6 千克，母猪体重 114.9 千克，头胎产仔 9~10 头，经产仔 13 头，日增重为 251 克。深州猪成年公猪体重为 150~200 千克，母猪为 100~150 千克，头胎产仔 10.1 头，经产仔 12.8 头，高水平营养日增重为 434 克，屠宰率为 72.8%。马身猪成年公猪体重为 121~154 千克，母猪为 101~128 千克，初产仔 10.5~11.4 头，经产仔

黄淮海黑猪（♂）

黄淮海黑猪（♀）

黄淮海黑猪（图片来源：北京农业数字博物馆 http://www.agrilib.ac.cn）

13.6 头，肥育期日增重为 450 克，瘦肉率为 40.9%。莱芜猪成年公猪体重为 108.9 千克，母猪为 138.3 千克，初产仔 10.4 头，经产仔 13.4 头，肥育期日增重为 359 克，屠宰率为 70.2%。河套大耳猪：成年公猪体重 149.1 千克，母猪为 103 千克，初产 8~9 头，经产仔 10 头，肥育期日增重为 325 克，屠宰率为 67.3%，瘦肉率为 44.3%。

能适应较粗放的饲养条件，繁殖力较高，体质较结实，胴体瘦肉比例较高，但生长缓慢，饲料转化率低。

2000 年 8 月，黄淮海黑猪被列入农业部颁布的《国家级畜禽品种资源保护名录》；2006 年 6 月，被列入农业部颁布的《国家级畜禽遗传资源保护名录》。

内江猪

内江猪主要产于四川省的内江市和内江县，分布于内江、资中、简阳、资阳、安岳、成远、隆吕和乐至等市县。

内江猪产区位于四川盆地中部沱江流域。境内河渠纵横，浅丘起伏，海拔 400~600 米，气候温和多雨，年平均气温 17.7℃，年降雨量 1 043 毫米，是四川省富饶的农业区之一。盛产水稻、玉米、甘薯、小麦、豌豆、甘蔗等作物。青绿饲料四季常青，以叶用甜菜、甘薯藤、天星苋、蚕豆苗等为最多。粗料以干甘薯藤及花生、豌豆、蚕豆、茎叶等为主。当地制糖、碾米，推粉、榨油和酿酒等加工业历来发达，糖渣、米糠、麦麸、粉渣，花生饼、菜饼和酒糟等农副产品丰富，为养猪提供了优越的条件。

内江猪体型大，体质疏松，头大、嘴筒短。额面横纹深陷成沟，额皮中部隆起成块，俗称“盖碗”，耳中等大、下垂，体躯宽深，背腰微凹，腹大不拖地，臀宽稍后倾，四肢较粗壮，皮厚，成年种猪体侧及后腿皮肤有深皱褶，俗称“瓦沟”或“套裤”，被毛全黑，鬃毛粗长，乳头粗大，一般 6~7 对。

内江猪成年公猪体重（169.26 ± 7.20）千克，体长（150.40 ± 2.55）厘米，胸围（129.60 ± 2.55）厘米，体高（77.91 ± 1.20）厘米，成年母猪相应为:（154.80 ± 0.95）千克，（142.75 ± 0.43）厘米，（122.8 ± 0.79）厘米，（68.84 ± 0.55）厘米；内江猪产仔数中等，母猪头胎产仔（9.35 ± 2.44）头，二胎产仔（9.83 ± 2.37）头，三胎及三胎以上产仔

内江猪（♂）

内江猪（♀）

内江猪（图片来源：北京农业数字博物馆 http://www.agrilib.ac.cn）

（10.40 ± 2.28）头。60 天泌乳量 186.8 千克。中等饲养条件下肥育期日增重为 410 克，90 千克的肉猪屠宰率为 67.5%，眼肌面积 17.6 平方厘米，瘦肉率为 37%。

内江猪对外界刺激反应迟钝，忍受力强，对逆境有良好的适应性，对不良饲养条件的耐受力较强，遗传性强，杂种后代均不同程度表现额宽、额面皱褶多，有旋毛等外貌特征，胴体也呈现屠宰率较低，皮厚等性状。

2000 年 8 月，内江猪被列入农业部颁布的《国家级畜禽品种资源保护名录》；2006 年 6 月，被列入农业部颁布的《国家级畜禽遗传资源保护名录》。

乌金猪（大河猪）

乌金猪又称为柯乐猪、威宁猪、大河猪、凉山猪，产于云南、贵州，四川三省接壤的乌蒙山和大、小凉山地区，分布于毕节、巧家、美姑等 30 多个县。

产区山岭重迭，峰峦耸峙，河谷深切，群山之间有广狭不一的谷地、丘陵地。由于地貌的影响，气候、土壤、植被等均有明显差异。按自然地理条件的差异，大体可分为高山区、半山区和河谷平坝区。高山区系海拔 2 200 米以上的地带，阴雨多雾，夏季温凉，冬季阴冷，常有霜冻和雪凌，农作物以玉米、马铃薯、荞麦、燕麦等为主，产区内有成片的森林和高山草场，畜牧业较发达，以羊、牛为主，其次是猪；半山区系海拔 1 000~2 200 米的地带，农作物以玉米、马铃薯为主，其次为水稻、大豆、甘薯等。畜牧业生产以猪、羊为主，牛、马次之。由于有大面积的草山、草坡可供常年放牧，故种猪数量较多，是乌金猪的主要产区。仔猪历来运销外地，是当地群众的重要经济来源；河谷平坝区系海拔 1 000 米以下的地带，是本地区的主要农产区，农作物有玉米、水稻、甘薯、小麦等。

乌金猪体质粗壮结实，头长，嘴筒粗而直，额部多有旋毛，耳中等大小、下垂。体躯较窄，背腰平直，后躯较前躯略高，腿臀较发达，大腿下部皮肤常有皱褶，俗称“穿套裤”，四肢粗壮，蹄质坚实，被毛多为黑色，部分为棕褐色，还有少数猪有“六白”特征。

乌金猪成年公猪平均体重 48.2 千克，体长 94.6 厘米，胸围 83.6 厘米，体高 53.7 厘米，成年母猪相应为：69.5 千克，109.7 厘米，97.0 厘米，59.9 厘米。母猪头胎平均产活仔数 5.67 头，二胎 7.26 头，三胎及三胎以上 8.69 头。以放牧为主，肥育期日增重为 200 克

乌金猪（♂）

乌金猪（♀）

乌金猪（图片来源：北京农业数字博物馆 http://www.agrilib.ac.cn）

左右，屠宰率为 71.8%，瘦肉率为 46.3%，脂肪占 34.4%，背最长肌含水分 73.4%。

乌金猪是云、贵、川三省接壤地区分布较广的猪种，适应高寒山地放牧和粗放的饲养管理，体质结实，腿部肌肉发达，肉质佳美，适宜腌制火腿，是著名“云腿”的原料猪，肥育后期脂肪沉积能力强，腹油比重大。由于产区饲料条件差，肥育猪增重缓慢。

2000 年 8 月，乌金猪被列入农业部颁布的《国家级畜禽品种资源保护名录》；2006 年 6 月，被列入农业部颁布的《国家级畜禽遗传资源保护名录》。

五指山猪

五指山猪又叫老鼠猪，原产于海南岛山区。五指山猪多分布在海南岛交通不便、比较偏僻的山村，仅白沙县南开公社、东方县公爱、天安、东方公社有少量种猪。

海南山地在岛的中部偏南，属热带山地气候。年平均气温达 25 ℃，年降水量 1 500~2 000 毫米。过去山区交通极为不便，农业生产亦很不发达，主要种植玉米、旱稻和甘薯，少数平坝区才能种植水稻。因粮食产量低，没有充足的饲料喂猪，主要靠放牧饲养，即早晨放其出圈，任其在野外奔跑觅食，傍晚回来宿圈前，喂给煮熟的甘薯、剩饭残渣或其他精料，作为补充，条件好的地方早晚补喂二顿，农忙季节，常不喂给饲料。在这种特定的生态环境和粗放的饲养管理条件下，山猪的生长缓慢，性格粗野，善奔跑。

五指山猪体型小，体质细致紧凑。头小而长，耳小而直立，嘴尖、嘴筒微弯。胸部较狭，腰背平直，腹部不下垂，臀部不发达，四肢细而长。全身被毛大部为黑色，腹部和四肢内侧为白色，鬃毛呈黑色或棕色，长达 2~10 厘米。

五指山猪成年母猪体长 50~70 厘米，体高 35~45 厘米，胸围 65~80 厘米，体重 30~35 千克，很少超过 40 千克。性成熟早，小母猪断乳后一个月有发情征状，3~4 月龄初配。头胎产仔 4 头，经产仔 6~8 头。小公猪 1~1.5 月龄有性行为，当地不留公猪，即小公猪性成熟配种后就宰杀。

五指山猪是我国特有的一种小型猪。过去因其体型小，增重慢，饲养周期长，被作为淘汰对象。但其具有抗逆性强，瘦肉率高，肉质好等优点。

2000 年 8 月，五指山猪被列入农业部颁布的《国家级畜禽品种资源保护名录》；2006

五指山猪(♂)

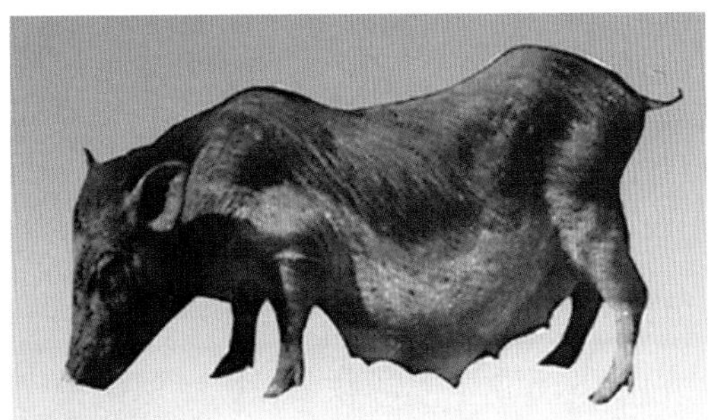
五指山猪(♀)

五指山猪（图片来源：北京农业数字博物馆 http://www.agrilib.ac.cn）

年6月，被列入农业部颁布的《国家级畜禽遗传资源保护名录》。

太湖猪（二花脸、梅山猪）

太湖猪是产于长江下游太湖流域的多类型地方品种，由二花脸猪、梅山猪、枫泾猪、嘉兴黑猪、横泾猪、米猪、沙乌头猪等猪种归并，主要分布于太湖流域的沿江沿海地带。

明末清初，长江下游沿江沿海地区已发展成为重要粮食产区，养猪增多。清顺治年间（1644—1661年），当地出现一种体大、骨粗、皮厚、面部皱褶多的大花脸猪。太平天国时期（1851—1864年）又出现一种由小型淮猪演变而来的米猪。其后，米猪与大花脸猪经过杂交，逐渐形成介于两者之间的小花脸猪（又称三花脸猪）。小花脸猪再与大花脸猪回交，渐又形成二花脸猪。随着杂种猪大量出现，杂种之间的杂交和杂种与亲本之间的回交相应增多，又出现具有不同差异的更多类型的猪。这些由当地大花脸猪与淮猪经多种形式杂交和群众长期选育的诸多类型地方猪，清末以前已相继形成。民国时期至20世纪50年代，生长较快、产仔多的二花脸猪逐渐取代了大花脸猪和小花脸猪，发展成为数量最多、影响较大的一个类型。1974年，鉴于该地区诸多类型地方猪的品种特性、形成历史和生态环境条件相近，被统一命名为太湖猪。

产区地处亚热带地区，气候温和，雨量充沛，农作物产量高，是我国著名的农业高产稳产地区之一。

太湖猪体型中等，各类群间有差异，以梅山猪较大，骨胳较粗壮，米猪的骨胳较细致；二花脸猪、枫泾猪、横泾猪和嘉兴黑猪则介于二者之间；沙乌头猪因含少量灶猪血统，体质较紧凑。太湖猪头大额宽、额部皱褶多、深，耳特大，软而下垂，耳尖齐或超过嘴角，形似大蒲扇。全身被毛黑色或青灰色，毛稀疏，毛丛密，毛丛间距离大，腹部皮肤多呈紫红色，也有鼻吻白色或尾尖白色的，梅山猪的四肢末端为白色，俗称“四白脚”，乳头数多为16~18枚。

成年公猪体重128~192千克，母猪体重102~172千克。繁殖力高，头胎产仔12头，三胎以上16头，排卵数25~29枚。60天泌乳量311.5千克。日增重为430克以上，屠宰率为65%~70%，二花脸瘦肉率45.1%。眼肌面积15.8平方厘米。

太湖猪（二花脸型）（♂♀）

太湖猪（二花脸型）（♂♀）

太湖猪（图片来源：北京农业数字博物馆 http://www.agrilib.ac.cn）

太湖猪是我国乃至全世界猪种中繁殖力最高、产仔数最高的一个品种。它分布范围广，数量多，品种内类群结构丰富，有广泛的遗传基础，肉色鲜红，肌内脂肪较多，肉质好。但纯种太湖猪肥育时生长速度慢，胴体中皮比例较高。

1987 年，江苏省太湖猪母猪约 60 万头。

2000 年 8 月，太湖猪被列入农业部颁布的《国家级畜禽品种资源保护名录》；2006 年 6 月，被列入农业部颁布的《国家级畜禽遗传资源保护名录》。

民猪

民猪又称大民猪、二民猪、荷包猪，原产于东北和华北部分地区。20 世纪 30 年代，民猪广泛分布于辽宁、吉林、黑龙江等省，现在以辽宁省的岫岩、建昌、复县、海城、昌图和朝阳等地，吉林省的九站、桦甸、永吉、靖宇和通化等地，黑龙江省的绥滨、富锦、集贤、北安、德都、双城和兰西等地以及河北省的迁西、遵化、兴隆、丰宁和赤城等地分布较多。此外，内蒙古自治区与辽宁省接壤的一些地区也有少量分布。

民猪头中等大，面直长，耳大下垂，体躯扁平，背腰窄狭，臀部倾斜，四肢粗壮，全身被毛黑色，毛密而长，猪鬃较多，冬季密生绒毛，乳头 7~8 对。

民猪成年平均公猪 195 千克，母猪 151 千克；公猪平均体高为 86 厘米，体长 148 厘米，胸围 139 厘米；母猪分别为 82 厘米，141 厘米，132 厘米。在 90 和 120 千克时屠宰，屠宰率分别为 72.5% 和 75.6%；在体重为 60 千克、90 千克和 120 千克时屠宰，胴体瘦肉率分别为 53.29%、46.13% 和 39.14%，脂肪率分别为 24.14%、35.88% 和 45.38%，民猪的瘦肉率在我国地方猪种中是较高的；民猪的肉质优良，肉色鲜红，肌肉中大理石纹适中，分布均匀。

民猪抗寒能力强，在 −28℃仍不发生颤抖，−15℃下正常产仔哺育。还有体质强健、产仔较多、脂肪沉积能力强和肉质好的特点，适于放牧和较粗放的管理，与其他品种猪进行二品种和三品种杂交，所得杂种后裔在繁殖和肥育等性能上均表现出良好的效果。但胴体脂肪率高，皮较厚，后腿肌肉不发达，增重较慢。

2000 年 8 月，民猪被列入农业部颁布的《国家级畜禽品种资源保护名录》；2006 年 6

民猪大型（♂♀）

民猪小型（♂♀）

民猪（图片来源：北京农业数字博物馆 http://www.agrilib.ac.cn）

月，被列入农业部颁布的《国家级畜禽遗传资源保护名录》。

两广小花猪（陆川猪）

两广小花猪又称为陆川猪、福绵猪、公馆猪、广东小耳花猪，广东小耳花猪又包括黄塘猪、中垌猪、塘猪、桂墟猪。两广小花猪分布于广东省和广西壮族自治区相邻的浔江、西江流域的南部，包括广东的湛江、肇庆、江门、茂名和广西的玉林、梧州等地区。

产区属亚热带地区，气候温和，雨量充沛。云开大山、云雾山纵贯南北，浔江、西江穿流东西。丘陵起伏，梯田层层。农作物以水稻、薯类为主，其次为小麦、玉米、豆类、花生等。农副产品丰富，青绿饲料繁多，四季常青，饲料资源充足。群众素有用米糠、甘薯丝、大米、米汤等碳水化合物饲料煮熟喂猪的习惯。饲料中缺乏蛋白质和矿物质。在这样的自然条件影响下，加上长期的人工选择，两广小花猪逐渐形成了体躯矮小、腹大背凹、骨胳纤细和早熟易肥的猪种。

两广小花猪体型较小，具有头短、颈短、耳短、身短、脚短和尾短的特点，故有“六短猪”之称。额较宽，有“<>”形或菱形皱纹，中间有白斑三角星，耳小向外平伸。背腰宽广凹下，腹大拖地，体长与胸围几乎相等。被毛稀疏，毛色为黑白花，除头、耳、背、腰、臀为黑色外，其余均为白色，黑白交界处有 4~5 厘米的黑皮白毛的灰色带。乳头 6~7 对。

两广小花猪成年公猪体重 130.96 千克，体长 124.33 厘米，胸围 122.50 厘米，体高 62.00 厘米；成年母猪相应为：112.12 千克，113.30 厘米，113.62 厘米，55.07 厘米。性成熟早，公猪 2~3 月龄就能配种，母猪 4~5 月龄初配，头胎产仔 8 头左右，三胎以上 10~11 头，种猪场经产母猪产仔数 12~13 头。肥育期日增重为 285~328 克，屠宰率为 67.6%，瘦肉率为 37.2%。

两广小花猪具有早熟易肥、产仔较多、母性好等优点，但背凹，腹大拖地，生长发育较慢，饲料利用率较低。

2000 年 8 月，两广小花猪被列入农业部颁布的《国家级畜禽品种资源保护名录》；2006 年 6 月，被列入农业部颁布的《国家级畜禽遗传资源保护名录》。

两广小花猪(♂)

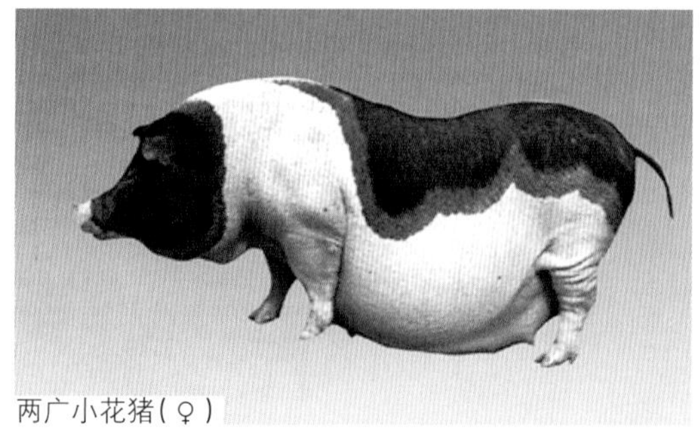
两广小花猪(♀)

两广小花猪（图片来源：北京农业数字博物馆 http://www.agrilib.ac.cn）

里岔黑猪

里岔黑猪中心产区为山东省胶州市里岔乡。

里岔黑猪具有杂食耐粗多胎高产的特点。体质结实，结构紧凑，头中等大小，嘴筒长直，额有纵纹，耳下垂，身长体高，背腰长直，腹大小适度不下垂，四肢健壮，后躯较丰满，被毛全黑色。

里岔黑猪腰椎数比一般猪多 2~3 个，其胸腰椎数为 21.7 个，成年母猪体重为 209.7 千克。经产母猪平均窝产仔为 12 头以上，最高达 21 头。肥育期日增重为 550.2 克，屠宰率为 73.03%，膘厚 2.9~2.6 厘米。

2000 年 8 月，里岔黑猪被列入农业部颁布的《国家级畜禽品种资源保护名录》; 2006 年 6 月，被列入农业部颁布的《国家级畜禽遗传资源保护名录》。

里岔黑猪（♂）

里岔黑猪（♀）

里岔黑猪（图片来源：北京农业数字博物馆 http://www.agrilib.ac.cn）

金华猪

金华猪又称两头乌猪、金华两头乌猪。原产于浙江省金华地区东阳县的划水、湖溪，义乌县的上溪、东河、下沿，金华县的孝顺、曹宅等地。主要分布于东阳、浦江、义乌、金华、永康、武义等县。

金华猪产区位于浙江西部金衢盆地，年平均气温 17.4℃，年降水量 1 479.1 毫米，无霜期 263 天，系亚热带气候，适于农业生产。当地土地贫瘠，农业生产极需有机肥料，多靠养猪积肥，农牧结合有悠久历史。产区饲料充裕，青绿饲料种类多，春季有绿肥、大麦，秋季有玉米、泥豆、番茄，冬季有红白萝卜等，为养猪提供了充裕的饲料条件。

金华猪体型中等偏小，耳中等大，下垂不超过口角，额有皱纹，颈粗短，背微凹，腹大微下垂，臀较倾斜，四肢细短，蹄坚实呈玉色，皮薄、毛疏、骨细，毛色以中间白、两头黑为特征，即头颈和臀尾部为黑皮黑毛，体躯中间为白皮白毛，在黑白交界处有黑皮白毛的“晕带”，因此又称“两头乌”或“金华两头乌”猪，但也常有少数猪在背部有黑斑，乳头数多为 15~17 枚。金华猪按头型可分寿字头型、老鼠头型和中间型三种，现称大、小、中型：寿字头型体型稍大，额部皱纹较多较深，结构稍粗；老鼠头型个体较小，嘴筒较窄长，额面较平滑，结构紧凑细致，背窄而平，四肢较细，生长较慢，但肉质较好；中间型则介于两者之间，体型适中，头长短适中，额部有少量浅的皱纹，背较长且平直，四肢结实，是目前产区饲养最广的一种类型。

金华猪成年公猪体重（111.87 ± 3.26）千克，体长（127.82 ± 0.75）厘米，胸围（113.05 ± 1.40）厘米，体高（73.92 ± 0.61）厘米，成年母猪相应为:（97.18 ± 0.72）千克,（122.56 ± 0.25）厘米,（106.27 ± 0.42）厘米,（61.49 ± 0.08）厘米。公、母猪一般5月龄左右配种，三胎以上产仔13~14头，成活率97.17%。肥育期日增重约460克，屠宰率为71.7%，眼肌面积19平方厘米，腿臀比例30.9%，瘦肉率为43.4%。有板油较多，皮下脂肪较少的特征，适于腌制火腿。

金华猪具有性成熟早、繁殖力高、皮薄骨细、肉质品质好、适于腌制优质火腿等优点，但仔猪初生重量较小，肥育猪在肥育后期生长较慢，饲料利用率较低。

2000年8月，金华猪被列入农业部颁布的《国家级畜禽品种资源保护名录》; 2006年6月，被列入农业部颁布的《国家级畜禽遗传资源保护名录》。

金华猪东阳型（♂♀）

金华猪金义型（♂♀）

金华猪（图片来源：北京农业数字博物馆 http://www.agrilib.ac.cn）

荣昌猪

荣昌猪原产于四川省荣昌和隆昌两县，主要分布在永川、泸县、泸州、合江、纳溪、大足、铜梁、江津、璧山、宜宾及重庆等十余个县市。

产区位于四川盆地东南部，属浅丘陵地区，海拔315~500米。气候温和多雨，年平均气温18℃左右。境内溪河纵横，灌溉便利。农作物一年两熟或三熟，以水稻为主，其次为高粱、甘薯、小麦、大麦、豆类和油菜。碾米、酿酒、磨粉、制糖、榨油等农产品加工极为普遍，米糠、碎米、酒糟、麦麸、粉渣、糖糟及饼类等副产品丰富；甘薯藤、青菜、叶用甜菜、蚕豆苗、蔬菜和野猪草等青绿饲料可常年轮流供应，为荣昌猪的形成，提供了丰富的物质基础。

荣昌猪体型较大，头大小适中，面微凹，耳中等大、下垂，额面皱纹横行、有漩毛，体躯较长，发育匀称，背腰微凹，腹大而深，臀部稍倾斜，四肢细致、结实，被毛除两眼四周或头部有大小不等的黑斑外，均为白色，也有少数在尾根及体躯出现黑斑或全白的，鬃毛洁白、刚韧，乳头 6~7 对。

荣昌猪成年公猪体重（98.13 ± 15.99）千克，体长（119.5 ± 12.33）厘米，胸围（103.25 ± 10.11）厘米，体高（67.38 ± 5.99）厘米；成年母猪相应为：（86.77 ± 1.44）千克，（123.51 ± 0.57）厘米，（104.29 ± 0.61）厘米，（59.9 ± 0.29）厘米。经选育的猪群头胎产仔 8~9 头。经产母猪窝产仔 11~12 头。不限量饲养日增重为 623 克，屠宰适期 7~8 月龄，体重 80 千克左右的肉猪屠宰率为 69%，瘦肉率为 42%~46%。

荣昌猪具有适应性强、瘦肉率较高、配合力好、鬃质优良等特点。

2000 年 8 月，荣昌猪被列入农业部颁布的《国家级畜禽品种资源保护名录》；2006 年 6 月，被列入农业部颁布的《国家级畜禽遗传资源保护名录》。

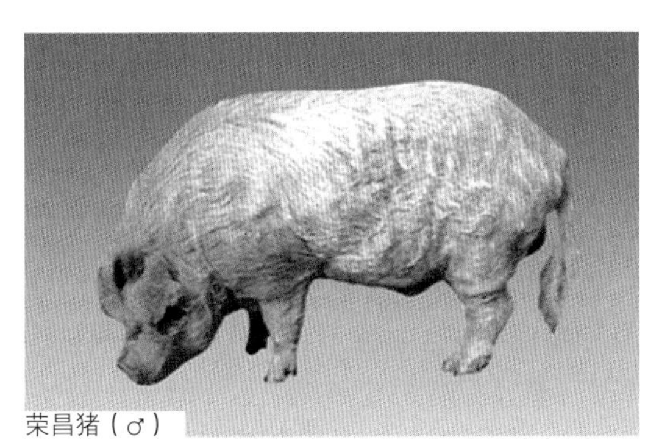
荣昌猪（♂）

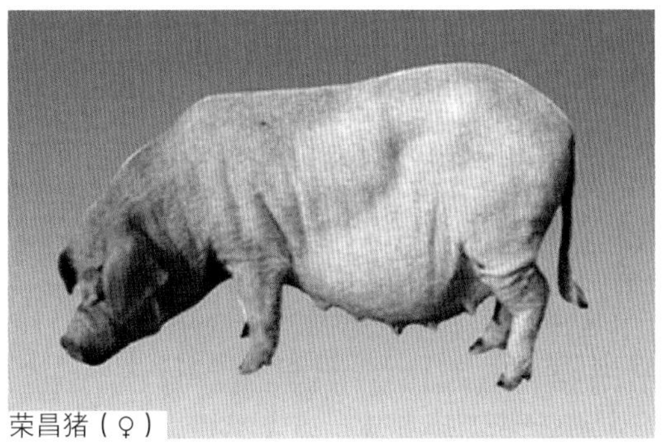
荣昌猪（♀）

荣昌猪（图片来源：北京农业数字博物馆 http://www.agrilib.ac.cn）

香猪（含白香猪）

香猪又称从江香猪、环江香猪。中心产区在贵州省从江县的宰便、加鸠两区，三都县都江区巫不公社和广西壮族自治区环江县，主要分布在黔、桂接壤的榕江、荔波、融水等县北部以及雷山、丹寨县等地。

产区位于贵州高原苗岭山脉向广西盆地过渡的低山和低中山地带，海拔最高达 1 670 米，最低为 154 米，中心产区多在 500~800 米。产区属中亚热带气候，年平均气温 15~18℃，无霜期 280~360 天，相对湿度 80% 左右。

香猪体躯矮小，头较直，额部皱纹浅而少，耳较小而薄、略向两侧平伸或稍下垂，背腰宽而微凹，腹大丰圆触地，后躯较丰满。四肢短细，后肢多卧系。皮薄肉细，毛色多全黑，但亦有“六白”或不完全“六白”的特征。

香猪 1~3 岁公猪平均体重 37.37 千克，体长 81.5 厘米，胸围 78.1 厘米，体高 47.4 厘米，成年母猪分别为：（41.09 ± 0.78）千克，85.74 厘米，81.96 厘米，45.86 厘米。性成熟早，公猪 170 日龄配种，母猪 120 日龄初配，头胎产仔 4.5 头，三胎以上 5~6 头。肥育期日增重较好条件下为 210 克，香猪早熟易肥，宜于早期屠宰。屠宰率为 65.7%，膘厚 3 厘米，眼肌面积 12.7 平方厘米，瘦肉率为 46.7%。肉质鲜嫩宜做腊肉和烤乳猪。

香猪体型小，经济早熟，胴体瘦肉含量较高，肉嫩味鲜，皮薄骨细，早期即可宰食，断乳仔猪和乳猪无腥味，加工烤猪、腊肉别有风味。

2000 年 8 月，香猪被列入农业部颁布的《国家级畜禽品种资源保护名录》；2006 年 6 月，被列入农业部颁布的《国家级畜禽遗传资源保护名录》。

香　猪（♂）

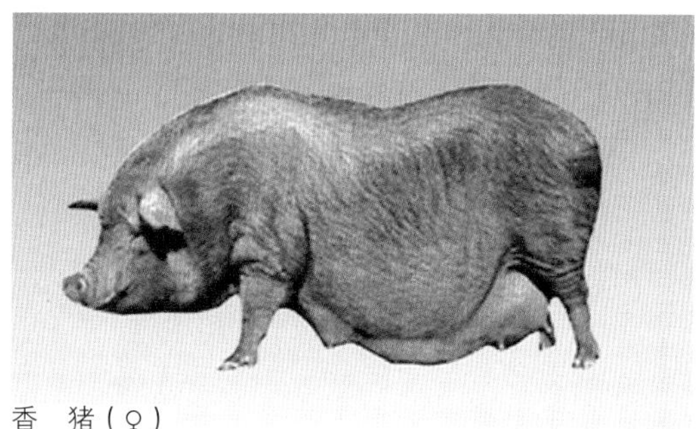

香　猪（♀）

香猪（图片来源：北京农业数字博物馆 http://www.agrilib.ac.cn）

华中两头乌猪（通城猪）

华中两头乌猪产于长江中游和江南平原湖区、丘陵地带，包括湖南沙子岭猪、湖北监利猪和通城猪、江西的赣西两头乌猪和广西的东山猪等地方猪。分布于湖北、湖南、江西、广西和长江中游及江南的广大地区。为长江中游地区数量最多、分布最广的猪种。

华中两头乌猪四肢较坚实，但常年圈养者多见卧系、叉蹄。毛色为“两头乌，中间白”，躯干和四肢为白色，头、颈、臀、尾为黑色，黑白交界处有 2~3 厘米宽的晕带，额部有一小撮白毛称笔苞花或白星。头短宽，额部皱纹多呈菱形，额部皱纹粗深者称“狮子头”，头长直、额纹浅细者称“万字头”或“油嘴筒”。耳中等大、下垂，监利猪、东山猪背腰较平直，通城猪、赣西两头乌猪和沙子岭猪背腰稍凹，腹大，后躯欠丰满，四肢较结实，多卧系、叉蹄，乳头多为 6~7 对。

由于产区分布广，饲养条件不一，类群之间有一定差异，赣西两头乌和通城猪较小，东山猪和监利猪较大。6 月龄体重，公猪 36 千克，母猪 38 千克。肥育猪 8 月龄体重可达 80 千克左右。肥育期日增重为 413~428 克，体重 80 千克左右的肥育猪，屠宰率 71%，胴体瘦肉率 41%~44%。6 月龄前生长发育较快，2 岁达到成年。公猪一般于 5~6 月龄、体重 30~40 千克开始配种，母猪一般于 5~6 月龄体重 40~50 千克配种。初产母猪产仔数为 7~8 头，三产及三产以上母猪产仔数为 11 头左右。

华中两头乌猪作母本与引进的瘦肉型品种杂交，生产商品瘦肉型猪，效果较好。

2000 年 8 月，华中两头乌猪被列入农业部颁布的《国家级畜禽品种资源保护名录》；2006 年 6 月，被列入农业部颁布的《国家级畜禽遗传资源保护名录》。

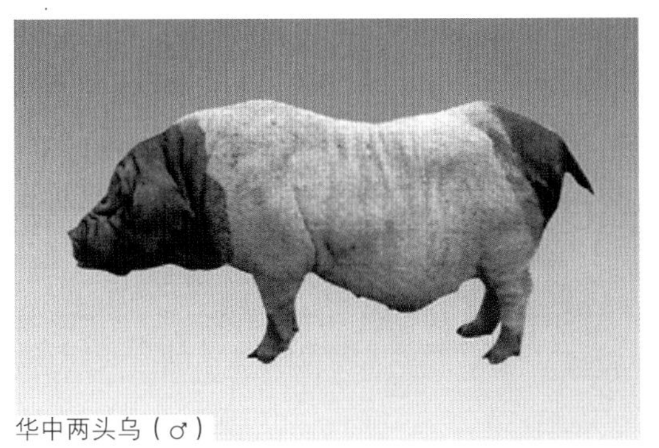

华中两头乌（♂）

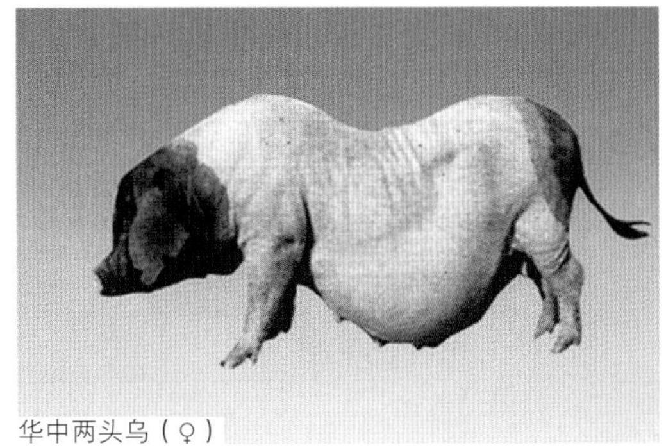

华中两头乌（♀）

华中两头乌猪（图片来源：北京农业数字博物馆 http://www.agrilib.ac.cn）

清平猪

清平猪中心产区在湖北省清平河（漳水在当阳县一段的名称）沿岸的淯溪、龙泉、官挡、慈化一带，地处江汉平原西北角，是我国华北、华中、西南三大类型猪种分布区接壤地带的一部分。清平猪分布于当阳县及邻近的枝江、荆门、宜昌、远安等县。

境内地势平坦，土地肥沃，气候温和，年平均气温 16.4℃。农作物一年二熟至三熟，是湖北省粮、棉、油的主要产地之一。盛产水稻、棉花、麦类、油菜、芝麻、花生、豆类、蔬菜等。农副产品充足，饲料资源丰富。

清平猪体型中等。体质细致健壮。额窄、较清秀，有细浅而清晰的纵向皱纹，耳中等大、下垂，嘴筒长直、个别略翘，背腰较平直，腹中等大，臀部平圆、间有斜尻。大腿欠丰满，骨胳较细，后肢多卧系。被毛全黑。鬃毛粗长、刚硬。乳房发达，乳头数 7 对左右。

清平猪成年公猪和成年母猪体重分别为（131.27 ± 3.73）和（103.16 ± 2.40）千克，体长分别为（136.14 ± 1.33）和（125.97 ± 0.30）厘米，胸围分别为（121.14 ± 1.66）和（109.99 ± 1.31）厘米，体高分别为（74.21 ± 1.96）和（60.76 ± 0.37）厘米。母猪怀孕期平均 110 天，头胎产 9~10 头，三胎以上 12 头。日增重为 500 克，屠宰率为 70%，眼肌面积 17 平方厘米，胴体瘦肉占 41%，脂肪占 42%。

清平猪具有骨细、易肥等优点，但屠宰率和瘦肉率不高。

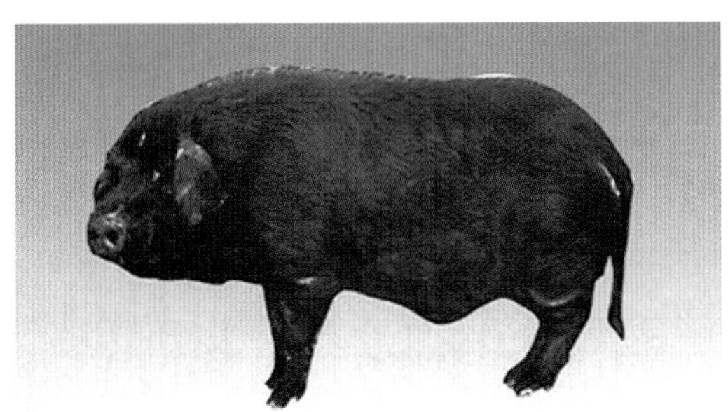

清平猪（♂）

清平猪（♀）

清平猪（图片来源：北京农业数字博物馆 http：//www.agrilib.ac.cn）

2000 年 8 月，清平猪被列入农业部颁布的《国家级畜禽品种资源保护名录》；2006 年 6 月，被列入农业部颁布的《国家级畜禽遗传资源保护名录》。

滇南小耳猪

滇南小耳猪又称为德宏小耳猪或景颇猪、傈匕猪、勐腊猪或爱尼猪、文山猪或阿尼猪。产于云南省勐腊、瑞丽、盈江等地。分布于德宏傣族景颇族自治州、临沧地区、西双版纳傣族自治州、思茅地区、红河哈尼族彝族自治州（红河、元阳、金平、绿春、河口）、文山壮族苗族自治州（麻栗坡、西畴、马关、富宁）和玉溪地区（元江、新平）等地。

滇南小耳猪产区地形复杂，山岳、丘陵、河谷、盆地相间分布，河流多，水源丰富。大部分地区海拔 800~1 300 米，属南亚热带湿润气候类型，年平均气温 17.7~20.2℃，年降水量 1 200~2 200 毫米；部分地区海拔在 400~700 米，属北亚热带气候类型，年平均气温 21.5~21.8℃，降水量 1 200~1 800 毫米。一般年份无霜，干湿季节分明，气候垂直变化显著，气温的季节变化不明显，四季如春，农作物一年二熟至三熟，坝区以水稻为主，其次为玉米、小麦、豆类；山区以玉米和旱稻为主，其次为小麦、荞麦和马铃薯等薯类，是云南省的粮食重要产区之一，产区林地广阔，森林植物极其丰富，盛产麻栗果、野芭蕉、椎栗等野生饲料，山场宽广，为滇南小耳猪提供了天然放牧场所，每当牧草果实成熟之际，猪往往早上空腹出牧，晚上饱腹而归，平坝农产区也有驱猪放牧的习惯，秋收后，让其寻食遗谷、田螺等，催肥期则用炒玉米或大米喂猪，这与小耳猪沉积脂肪多、肉质嫩等特点有一定的关系，产区地处边疆，是一个多民族的聚居区，傣族多居平坝，喜养肥猪，其他民族多居山区，习惯养母猪，为坝区提供猪源。

滇南小耳猪体躯短小，耳竖立或向外横伸，背腰宽广，全身丰满，皮薄、毛稀，被毛以纯黑为主，其次为“六白”和黑白花，还有少量棕色的，乳头多为 5 对。按体型可分为大、中、小 3 种类型：大型猪体型较大，面平直，额宽，耳稍大，多向两侧平伸或直立，颈部短、厚，背腰平直，腹大而不下垂。四肢较粗壮，毛色以全黑为主，间在额心、尾尖或四肢系部以下有白毛；小型猪体型短小，有“冬瓜身，骡子屁股，麂子蹄”之称，头小，额平无皱纹，耳小直立而灵活，耳宽大于耳长，嘴筒稍长，颈短肥厚，下有肉垂，背腰多平直，臀部丰圆，大腿肌肉丰满，四肢短细、直立，蹄小坚实；中型猪体型外貌介于大、小型猪之间。

滇南小耳猪成年大型公猪体重（64.16 ± 3.65）千克，体长（103.0 ± 2.87）厘米，胸围（95.41 ± 2.18）厘米，体高（59.05 ± 1.14）厘米；成年大型母猪相应为：（76.03 ± 4.37）千克，（109.0 ± 2.16）厘米，（58.17 ± 0.85）厘米；成年小型公猪相应为：（39.57 ± 5.61）千克，（88.50 ± 3.63）厘米，（78.81 ± 4.27）厘米，（49.45 ± 0.99）厘米；成年小型母猪相应为：（54.31 ± 2.54）千克，（93.35 ± 1.38）厘米，（90.70 ± 1.81）厘米，（51.58 ± 0.63）厘米。初产母猪平均产仔数（7.7 ± 0.17）头，产活仔数（7.25 ± 0.16）头，初生窝重

（4.93 ± 0.10）头；经产母猪相应为：产仔数（10.12 ± 0.09）头，产活仔数（9.91 ± 0.09）头。肥育期日增重为 220 克，屠宰率为 74%，瘦肉率为 31%。

滇南小耳猪数量大，分布广，能适应湿热气候和放牧为主的饲养条件，具有早熟易肥，屠宰率高、皮较薄、肉质好的特点。但性情较野，生长速度较慢，饲料利用率较低。

2000 年 8 月，滇南小耳猪被列入农业部颁布的《国家级畜禽品种资源保护名录》；2006 年 6 月，被列入农业部颁布的《国家级畜禽遗传资源保护名录》。

滇南小耳猪（♂）

滇南小耳猪（♀）

滇南小耳猪（图片来源：北京农业数字博物馆 http://www.agrilib.ac.cn）

槐猪

槐猪主要产于漳平县的永福、双洋，上杭县的稔田、兰溪及平和县的大溪一带。槐猪是福建省闽西南山区的一个分布较广的地方猪种。分布于龙岩地区的永定、上杭、龙岩、漳平，三明地区的大田，龙溪地区的平和、长泰、华安、南靖，晋江地区的安溪，德化、永春等 10 多个县。产区属南亚热带气候，年平均气温 19~21℃，最冷月份平均 10~12℃，年降水量 1 500~1 700 毫米，四季常青，于 12 月至翌年 2 月份有断续霜冻出现，霜期仅 10~20 天，农作物以水稻，甘薯为主。

槐猪头短宽，额部有明显的横行皱纹，耳小竖立，稍向前倾或向侧稍倾垂，体躯短，胸宽而深，背宽而凹，腹大下垂，臀部丰满，多卧系，尾根粗大，全身被毛黑色，乳头 5~6 对。槐猪可分为大骨和细骨两个类型：大骨猪体型较大，骨稍粗，背较平，产仔数略高；细骨猪体型矮短，骨较细，脂肪沉积较早，出肉率较高。

槐猪成年公猪体重 62.29 千克，体长 107.06 厘米，胸围 87.0 厘米，体高 53.18 厘米，成年母猪相应为：65.17 千克，105.69 厘米，93.40 厘米，48.09 厘米。性成熟较早，公猪 6 月龄配种，母猪 4 月龄发情，6~8 月龄第一次初配，头胎产活仔 5~6 头，三胎以上产活仔 9 头以上。出生单个体重 0.61 千克。屠宰率为 66.2%，眼肌面积 17.8 平方厘米。

槐猪具有早熟易肥、脂肪沉积能力强、边长边肥、骨细、肉嫩味美、屠宰率高、性情温驯和耐粗放饲养管理等特点，是烤猪肉的良好原料猪，但生长缓慢，个体差异较大。

2000 年 8 月，槐猪被列入农业部颁布的《国家级畜禽品种资源保护名录》；2006 年 6 月，被列入农业部颁布的《国家级畜禽遗传资源保护名录》。

槐　猪（♂）

槐　猪（♀）

槐猪（图片来源：北京农业数字博物馆 http://www.agrilib.ac.cn）

蓝塘猪

蓝塘猪产于广东省紫金县，以紫金县蓝塘公社为主要繁殖中心。蓝塘猪分布于海丰、陆丰、揭西、五华、龙川、河源、惠阳、惠东等30多个市县。

蓝塘位于紫金县的西南部，属丘陵山区，气候温和，雨量充沛。年平均气温26℃，四季常青，宜于农作物生长。农作物一年三熟，以水稻、小麦、甘薯、花生、大豆为主，其次为木薯、黑豆、绿豆、扁豆、豌豆、蚕豆以及蔬菜和瓜类等。农副产品丰富，为猪种的形成提供了物质条件。

蓝塘猪头大小适中，嘴筒稍扁而翘，额部有三角形和菱形皱褶。耳小直立、薄而尖。体躯宽深短圆，背腰微凹，腹大，臀部较平，四肢较矮小。毛色比较一致，从头至尾沿背线为黑色，并向左右延伸至体侧中部，体侧下半部、腹部和四肢均为白色，整个体躯的毛色黑白各占一半，黑白分界线比较平整，接近水平直线，且在分界处有黑皮白毛的灰白带。乳头多为5对。

蓝塘猪成年公猪体重127.0千克，体长132.8厘米，胸围131.5厘米，体高68.0厘米；成年母猪相应为：85.5千克，102.2厘米，106.6厘米，56.7厘米。初产仔8头，三胎以上产仔11~16头。肥育期日增重为397克，屠宰率为65.5%，膘厚5.3厘米，眼肌面积19.5平方厘米，腿臀比例24.6%，瘦肉率为35.2%。

蓝塘猪（♂）

蓝塘猪（♀）

蓝塘猪（图片来源：北京农业数字博物馆 http://www.agrilib.ac.cn）

蓝塘猪早熟易肥，肉质鲜美，遗传性能比较稳定，与一些外来猪种杂交，有显著的杂种优势，但繁殖性能不够理想。

2000 年 8 月，蓝塘猪被列入农业部颁布的《国家级畜禽品种资源保护名录》；2006 年 6 月，被列入农业部颁布的《国家级畜禽遗传资源保护名录》。

藏猪（阿坝藏猪）

阿坝藏猪中心产区在四川省的阿坝藏族自治州和甘孜藏族自治州等地。产区地处青藏高原，地形复杂，大体可分为高山区、半高山区和河谷区。高山区海拔 3 000 米以上，属牧区。年平均气温 1~7℃（最高 27.7℃，最低 -28.6℃），无霜期 40~129 天，年降水量 640 毫米左右。境内牧场宽广，属高原草甸草地，牧草以禾本科，莎草科为主，少量为豆科、蔷薇科。农作物一年一熟，以青稞、春小麦、马铃薯为主，荞麦、燕麦、蔓青等次之。畜牧业较发达，以牦牛，绵羊量多，马次之，猪较少，以常年放牧为主。半山区海拔在 2 000~3 000 米，属半农半牧区，是藏猪的主要产区。年平均气温 7~12℃（最高 30.2℃，最低 -15℃），无霜期 110~190 天。气候干燥，日照长。农作物一年一熟或两年三熟，以青稞、小麦、玉米和马铃薯为主，蚕豆、豌豆次之。畜牧业以羊、牛为主，其次是猪。河谷区海拔在 2 000 米以下，属农区。年平均气温 12~18℃（最高 35℃，最低 -3℃），无霜期 180~300 天，年降水量 850 毫米左右。农作物一年两熟，主产小麦、玉米，其次为水稻、青稞、马铃薯等。畜牧业以猪、羊为主，其次是牛、马。

阿坝藏猪体小，嘴筒长、直，呈锥形，额面窄，额部皱纹少，耳小直立或向两侧平伸，转动灵活。体躯较短，胸较狭，背腰平直或微弓，腹线较平，后躯较前躯高，臀部倾斜。四肢结实紧凑，蹄质坚实、直立。鬃毛长而密，鬃毛一般延伸到荐部，其长度一般 12~18 厘米，每头猪可产鬃 93~250 克。此外，部分初生仔猪的被毛有棕黄色纵行条纹，但随着日龄增长而逐渐消失。乳头以 5 对居多。

阿坝藏猪成年公猪平均体重 25.91 千克，体长 85.10 厘米，胸围 64.0 厘米，体高 42.0 厘米；成年母猪相应为：33.04 千克，85.10 厘米，73.25 厘米，49.92 厘米。在放牧条件下，母猪一般年产仔一窝。仔猪初生重 0.4~0.6 千克，2~3 月龄时自然断乳，断乳体重 2~5 千克。

阿坝藏猪终年放牧，饲养管理粗放，与牛、羊混群或单群放牧，以采食蕨麻、酸酸草、野蒿、野胡萝卜、珠芽蓼、野苜蓿等牧草、草籽和橡树等的落果、农作物的落谷为主。夏秋季（约 5~10 月份）野生饲料丰富，冬春季则以蕨麻和草根为主。阿坝藏猪放牧性能良好，每日放牧 10 小时左右，据测定放牧采食时间占 86%，游走和休息时间占 15%，采食率 14.07%，全日可采食 3.71 千克饲草。

阿坝藏猪由于饲养管理条件差和野兽猛禽的侵害，母猪性野，哺育率较低。在终年放牧条件下，肥育猪增重缓慢。12 月龄体重 20~25 千克，24 月龄 35~40 千克。在舍饲条件下，用每千克含消化能 13.8 兆焦，消化粗蛋白 166 克的混合料不限量饲养，307 日龄体重达 53.0 千克，日增重 173 克，每千克增重耗混合料 5.24 千克。阿坝藏猪能适应恶劣的高原气候、终年放牧和低劣的饲养管理条件，但屠宰率不高，皮较薄，胴体中瘦肉较多，采用舍饲不限量饲养，虽增重较快、屠宰率提高，但胴体中脂肪含量增多。

2000 年 8 月，阿坝藏猪被列入农业部颁布的《国家级畜禽品种资源保护名录》；2006 年 6 月，被列入农业部颁布的《国家级畜禽遗传资源保护名录》。

阿坝藏猪（♂）

阿坝藏猪（♀）

藏猪（图片来源：北京农业数字博物馆 http://www.agrilib.ac.cn）

浦东白猪

浦东白猪分布于上海的南汇区及川沙等地。

浦东白猪耳大下垂，额长多皱，头粗大，分为三型即短头型、长头型、中间型，四肢粗而高，后肢多外弯或内曲，全身被毛白色，腹大略下垂。

浦东白猪成年公猪体重 225 千克，母猪体重 160 千克。经产母猪平均窝产仔为 15 头，肥育期日增重为 414 克，屠宰率为 67%，背膘 2.7 厘米。

2006 年 6 月，浦东白猪被列入农业部颁布的《国家级畜禽遗传资源保护名录》。

浦东白猪（♂）

浦东白猪（♀）

浦东白猪（图片来源：北京农业数字博物馆 http://www.agrilib.ac.cn）

撒坝猪

撒坝猪分布于云南省楚雄彝族自治州。

撒坝猪按体型大小、头式、外貌特征及性成熟的早晚分大、中、小 3 型，其中大型称为“八卦头”，头大、耳大、腹大不下垂，身长、尾粗长、面部微凹，四肢粗壮“穿套裤”，较晚熟；小型称为“狗头”或“油葫芦”猪，嘴筒细，尾细、耳小、身短、四肢细短、被毛稀疏；中型称为“羊头”或“二虎头”，介于大、小两型之间。被毛黑色居多，有 22.7% 的火毛猪。

撒坝母猪平均产仔 7~8 头，肥育期日增重为 423 克。

2006 年 6 月，撒坝猪被列入农业部颁布的《国家级畜禽遗传资源保护名录》。

撒坝猪（♂）

撒坝猪（♀）

撒坝猪（图片来源：北京农业数字博物馆 http://www.agrilib.ac.cn）

湘西黑猪

湘西黑猪又称为桃源黑猪、浦市黑猪、大合坪猪。产于湖南省沅江中下游两岸。其主要繁殖中心为泸溪县的浦市镇、浦阳和长坪，沅陵县的大合坪、七甲溪、火场以及桃源县的车湖垸、茅草街、枫树、陬市和三叉港等地。湘西黑猪分布于古丈、大庸、辰溪等县，并销往邻近的慈利、石门、常德和临澧等地。

湖南省西部武陵山和雪峰山之间的大部分地区，海拔 1 000 米以上，沿河分布着一些小型红层盆地。山多地少，耕作粗放，养猪多采用白天放牧，晚上舍饲的方式。浦市和桃源均为位于盆地的小城镇。农作物以水稻、棉花为主，其次有蚕豆、芝麻等。当地又有小型粮食加工作坊生产农产品，再加上水陆交通便利，周围集市多，仔猪销路好，历来有饲养母猪的习惯。

湘西黑猪的头中等大小，有长头型和短头型之分，额部有深浅不一的“介”字形或“八”字形皱纹，耳下垂。中躯稍长，背腰较宽平，腹大不拖地，臀略倾斜。四肢粗壮，卧系少。被毛黑色，偶在躯体末端出现白斑。乳头数 7 对左右。

湘西黑猪成年公猪平均体重（126.83 ± 4.27）千克，体长（135.33 ± 1.21）厘米，胸围（116.00 ± 1.62）厘米，体高（71.33 ± 1.39）厘米；成年母猪相应为：（102.82 ± 1.76）千克，（127.14 ± 0.63）厘米，（108.36 ± 0.04）厘米，（66.55 ± 0.29）厘米。性成熟较早，公猪 4~6 月龄配种，母猪 3~4 月龄开始发情，初产仔 6~7 头，经产仔 11 头。肥育期日增重为 280~300 克，屠宰率为 73.2%，眼肌面积 21.5 平方厘米，腿臀比例 24.2%，瘦肉率为 41.6%。

湘西黑猪体质结实，四肢健壮，适应性强，耐粗放饲养管理，肥育猪屠宰率较高，后期脂肪沉积能力强，是适于山区饲养的优良地方猪种，也是湖南省沅水中、下游流域和湘西部分地区开展杂种优势利用的良好亲本。但目前产区的种猪外形和生产性能尚不够一致。

2006 年 6 月，湘西黑猪被列入农业部颁布的《国家级畜禽遗传资源保护名录》。

湘西黑猪（♂）　湘西黑猪（♀）

湘西黑猪（图片来源：北京农业数字博物馆 http://www.agrilib.ac.cn）

大蒲莲猪

大蒲莲猪又名五花头、大褶皮、莲花头，主要分布于山东省济宁市西部，菏泽地区东部的南旺湖边沿地区。是山东体型较大的华北型黑猪，具有抗病耐粗、多胎高产、哺育力强、肉质好等优良特性。

大蒲莲猪体型较大，外观粗糙，结构松弛，头长额窄，有“川”字形纵纹，呈莲花形，嘴粗细中等，长短适中微上翘，耳大下垂与嘴等长。胸部较窄，欠丰满，单脊背，背腰窄长，微凹，腹大下垂，臀不丰圆，斜尻，后躯高于前躯，四肢粗壮，被毛黑色，长鬃。乳头 8~9 对，排列整齐。

大蒲莲猪高 67~75 厘米，体长 124~133 厘米。成年母猪体重 130 千克。大蒲莲母猪性成熟较早，一般 3~4 月龄，体重 20~30 千克达性成熟，多在 5 月龄以后开始配种。发情周期 18~20 天，持续期 4~5 天，一般发情 3 天后配种，受胎率高。孕期 113~115 天，仔猪断奶后 3~5 天母猪开始发情。母猪利用年限一般可达 10 年，最多者 13 年，公猪利用年限 3~5 年。大蒲莲母猪一般初产 8~10 头，经产 10~14 头，最高达 33 头。仔猪初生重 0.75 千克。大蒲莲母猪性强，泌乳力高，护仔性好，哺乳期内仔猪极少死亡，哺育率达 98% 以上。

大蒲莲猪具有适应性强、繁殖率高、肉质好等宝贵特性。但是由于大蒲莲猪的体型大，经济成熟晚，肥育性能较差，一般喂养一年以上，体重 100 千克才能成肥。

2006 年 6 月，大蒲莲猪被列入农业部颁布的《国家级畜禽遗传资源保护名录》。

大蒲莲猪（♂）

大蒲莲猪（♀）

大蒲莲猪（图片来源：北京农业数字博物馆 http://www.agrilib.ac.cn）

巴马香猪

巴马香猪来源于土猪，据说系野猪驯化而成，群众称之为冬瓜猪、芭蕉猪或两头乌。中心产区为广西巴马县城关和田东县义圩等一带，分布于巴马县凤凰、那桃、羌圩，田东县的朔良和田阳县的玉凤等地。

巴马香猪的体型小、矮、短、圆、肥。头轻小，嘴细长。多数猪的额平而无皱纹，有的个体眼角上缘有两条平行浅纹，耳小而薄。颈短粗。背腰稍凹。胸宽圆。腹下垂，多触地。前肢直，后肢卧系，管围细。毛色：头至颈部前 1/2 或 1/3 处及臀部为黑色，脸正中有白斑或白线伸至鼻端。部分猪只在背腰间有大小不等的黑斑，黑白交界处有 2~5 厘米宽的黑底白毛灰色带。被毛纤细柔软。尾长，过飞节。尾端毛呈鱼尾状。乳房不甚显露，乳头 10~14 个，排列匀称。

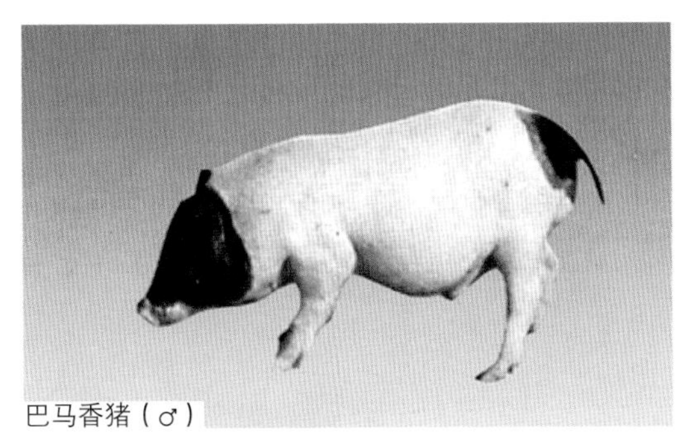

巴马香猪（♂）

巴马香猪（♀）

巴马香猪（图片来源：北京农业数字博物馆 http://www.agrilib.ac.cn）

成年母猪体重为50~60千克，胸围96厘米。经产母猪平均窝产仔为10.4头，育成率93%，妊娠期平均111.7天。活重35千克的猪屠宰率为66.9%，眼肌面积为10.8平方厘米。

巴马香猪胴体骨细、皮薄，脂肪洁白，肌肉鲜红，肌纤维纤细。但屠宰率不高，脂肪含量大，其最大的特点是断乳小猪的肉味佳良。

2006年6月，巴马香猪被列入农业部颁布的《国家级畜禽遗传资源保护名录》。

玉江猪（玉山黑猪）

玉江猪又称玉山黑猪、玉山乌猪、广丰乌猪、江山乌猪。主要产于江西省玉山县的古城、岩瑞、下镇、四股桥、六都、群力和浙江省江山县的大桥、坛石、关村等地，分布于江西省的广丰、上饶、横峰、铅山和浙江省的常山、衢山、遂昌等县。

产区属半山、半丘陵区，气候温和，雨量充沛，无霜期长，农作物多为一年三熟，以水稻为主，其次是玉米、豆类、小麦、大麦、甘薯和胡萝卜等，农副产品和青绿多汁饲料比较丰富，为发展养猪生产提供了有利条件，产区人多田少，为解决农业肥料来源和增加收入，养猪历来为农家主要副业。

玉江猪体型稍小，体质较疏松，耳中等大、下垂，嘴筒短宽、微翘，颈短而丰满，背腰较宽、稍下凹，腹大小适中，臀稍丰满、略倾斜，四肢较短，坚实，皮松、毛短，被毛全黑，乳头数6对左右。

玉江猪成年公猪体重（84.22 ± 4.39）千克，体长（118.48 ± 2.21）厘米，胸围（100.64 ± 2.05）厘米，体高（62.36 ± 1.22）厘米，成年母猪体重（75.63 ± 0.78）千克，体长（111.54 ± 0.42）厘米，胸围（98.53 ± 0.41）厘米，体高（54.53 ± 0.18）厘米。母猪头胎产仔数（8.56 ± 0.31）头，产活仔数（7.50 ± 0.36）头；二胎相应为：（9.51 ± 0.36）头，（8.16 ± 0.27）头，三胎及三胎以上相应为：（11.61 ± 0.19）头，（10.38 ± 0.16）头。肥育期日增重为290~362克，屠宰率为70%~75%，膘厚4.5~5.5厘米，瘦肉率为37.2%。

玉江猪是一个数量较多、分布于赣东和浙西的地方猪种，具有脂肪沉积较早，品质较好等特点。

玉江猪（江山乌猪）（♂♀）

玉江猪（江山乌猪）（♂♀）

江山乌猪（图片来源：北京农业数字博物馆 http://www.agrilib.ac.cn）

2006 年 6 月，玉江猪被列入农业部颁布的《国家级畜禽遗传资源保护名录》。

河西猪

河西猪以产在甘肃河西而得名，主要分布于河西走廊的武威、张掖、酒泉 3 个地区 20 个市县的农业区与浅山区。

河西走廊自古是“丝绸之路”的通道和重要的农业基地。气候干旱、昼夜温差大、多风沙、日照强，蒸发强烈，种植业靠积雪储水灌溉，所有这些自然生态特征，是造成河西猪明显区别于甘肃其他地方品种猪的重要因素。本产区除农作物外，还种植甜菜、胡萝卜、苜蓿、草木樨和箭舌豌豆等饲料作物。

河西猪种有大型、小型之分。大型猪 20 世纪 60 年代已绝种。小型猪以体型小、结构紧凑、皮薄、骨细、外形清秀为特点。颈长而单薄，鬐甲明显突起，背窄胸浅，背凹，肋骨弓圆，腹大下垂，臀部倾斜，后肢较前肢高，体型略呈前小后大的梯形。皮薄而有弹性，全身无皱褶。毛色上沿祁连山地的猪多为黑色，川地灌区多饲养黑白花猪，亦有棕色猪，各种毛色多具有不完整的“六白”。除“六白”特征外，额部着生一丛白毛，称“玉顶”。唇端多为粉白色，称“粉嘴”。颈部和背部粗毛间有卷曲绒毛，夏秋脱落，初冬复生。头轻，嘴直呈楔形，额部仅有两条不清晰的纵形皱纹，鼻梁横纹不明显，耳小下垂，两耳距宽，耳根硬，耳短于嘴 5~6 厘米，长者与嘴端齐。背腰凹陷，腹大小垂，腹部皮肤紧凑，乳头 6 对，亦有 7~8 对者。乳头细长，排列整齐，较纤弱。前肢端正，后肢软弱呈刀状，多卧系，是一个血统来源复杂的小型地方品种。

河西猪体重较小，成年公猪最大体重 104 千克，成年母猪平均体重 82 千克。性成熟早，公猪 3~4 月龄开始配种，母猪 4~5 月龄开始配种，母猪可利用 10 年以上，一般正常繁殖年龄 1~5 岁，产 8 胎，产仔数一般 10~14 头，最少 5 头，最多 27 头。平均产仔数 11.71 头，育成率 89.63%。河西猪在农村肥育，主要用糠麸饲料。10 月龄活重 50~60 千克；两年活重可达 120~180 千克，用较好的饲料肥育，增重速度较快。8 月龄为适宜的屠宰期（12 月龄屠宰较为经济），屠宰率较低，活重 70 千克时屠宰率为 62.87%。肉红色，

河西猪（♂）

河西猪（♀）

河西猪（图片来源：北京农业数字博物馆 http://www.agrilib.ac.cn）

肉质细嫩，呈大理石结构，口味佳美，皮薄骨轻。母猪护仔强，耐粗性差，挑剔饲料，喜食精细的各种熟食，不喜食青绿饲料。河西一带引进的苏白、长白、巴克夏和内江猪 4 个品种与河西猪杂交效果好。

2006 年 6 月，河西猪被列入农业部颁布的《国家级畜禽遗传资源保护名录》。

姜曲海猪

姜曲海猪又称为大伦庄猪、曲塘猪、海安团猪，主产于江苏省海安、泰县一带，而以姜埝、曲塘、海安镇为主要集散地，因而得名。姜曲海猪分布在长江北岸的如皋、江都等县以及里下河地区南部的兴化、高邮及沿海垦区西南部的南通等市县。近年来，它还逐渐向北移至盐城地区的东台、大丰等县。

姜曲海猪产区地势较高，地下水位低，土壤为沙质壤土，缺乏团粒结构，需施大量有机肥料，因而该地区是江苏省传统的重点产猪区，这就为姜曲海猪的形成提供广泛的群众基础，过去农作物有大麦、元麦、小麦、玉米、高粱、花生、大豆和胡萝卜等。产区劳动人民习惯利用酿酒、榨油和制粉等副产品喂猪，猪粪肥田，增产粮食，形成了“猪、油、酒”的循环经济。在特定的自然与社会经济条件下，群众用当地所称的“本种”猪（类属淮猪）和“沙种”猪（类属大花脸猪），进行长期轮回杂交，逐渐培育形成一种早熟、易肥的猪种新类群。故又称之为“沙夹本”或“沙夹子”。据清嘉庆二十三年（1818 年）《海曲拾遗》记载，当地产有“非若淮北苦脸猪”，说明那时已形成姜曲海猪品种。

姜曲海猪头短，耳中等大、下垂，体短腿矮，腹大下垂，皮薄毛稀，全身被毛黑色，部分猪在鼻吻处偶有白斑，群众称“花鼻子”，乳头多在 9~10 对。

姜曲海猪成年公猪体重（156.42 ± 16.25）千克，体长（125.33 ± 5.34）厘米，胸围（128.83 ± 7.64）厘米，成年母猪相应为:（141.40 ± 3.34）千克，（116.58 ± 0.82）厘米，（127.27 ± 1.42）厘米，母猪头胎每窝总产仔数（9.96 ± 0.25）头，二胎（12.06 ± 0.26）头，三胎及三胎以上（13.51 ± 0.15）头。在较好的饲养水平下日增重为 464 克，低水平日增重为 385 克，屠宰率为 66.2%，瘦肉率为 40%。眼肌面积 22.3 平方厘米。

姜曲海猪从 19 世纪初期形成至今已有 200 年左右的历史。它具有产仔较多、性温驯、

姜曲海猪（♂）

姜曲海猪（♀）

姜曲海猪（图片来源：北京农业数字博物馆 http://www.agrilib.ac.cn）

早熟易肥、脂肪沉积能力强、肉质鲜美等特点，是“北腿”（如皋火腿）的主要原料猪之一，但其个体较小，增重慢，瘦肉偏少。

2006 年 6 月，姜曲海猪被列入农业部颁布的《国家级畜禽遗传资源保护名录》。

关岭猪

关岭猪产于贵州省关岭县，以该县的花江一带为其繁殖中心。关岭猪分布于安顺地区、黔东南苗族侗族自治州、黔南布依族苗族自治州和贵阳市，是贵州省中南部山区分布较广的地方猪种。

关岭猪产区位于黔中高原和黔南高原低山峡谷地区，地形复杂，岭谷起伏，平地很少，海拔 296~1 900 米，年平均气温 13.1~19.8℃，年降水量 928~1 394 毫米，无霜期 247~330 天，相对湿度 80% 左右，属中亚热带和南亚热带气候类型。产区大部分是山地，其中间有谷地和坝区，以农业为主，农作物大部为一年两熟，主产水稻、豆类、花生、甘蔗等，农副产品丰富，野生饲料充足。

关岭猪体型中等，头大小适中，额有“八”字形或菱形皱纹，额心有旋毛，耳较小下垂，嘴长适中，颈较短，体躯较深宽，胸部发达，背腰微凹，腹大下垂，臀部较丰满略倾斜，四肢直立，蹄质坚实，皮肤多皱褶，鬃毛浓密，长 12~15 厘米。全身被毛以黑色为主，额心、腹部、四肢下端及尾尖为白色，也有全身黑白花或全黑和少量棕红色的，乳头数一般 5~6 对。

关岭猪成年公猪 18 月龄体重为 95.9 千克，体长 124.8 厘米，胸围 107.9 厘米，体高 63.3 厘米，成年母猪相应为：75.7 千克，115.3 厘米，99.9 厘米，56.4 厘米。初产母猪平均产仔数 7.8 头，经产为 10.4 头，仔猪初生重分别为 0.63 和 0.77 千克。8~9 月龄增重最快，日增重为 400~430 克，公猪 3 月龄有配种能力，母猪 4~6 月龄初配。屠宰率为 62% ~ 74%，眼肌面积 15~19 平方厘米，瘦肉率为 39%，脂肪占 38%。

关岭猪是当地各族人民长期选育而形成的一个地方品种，分布面广，饲养量大，在贵州省养猪生产中占有较大比重，它具有在不良条件下肥育性能好、杂种优势较明显、肉嫩味美等优点，但生长较慢，产仔数偏低、皮厚、乳头少，因个体间差异较大，故有较大的

关岭猪（♂）

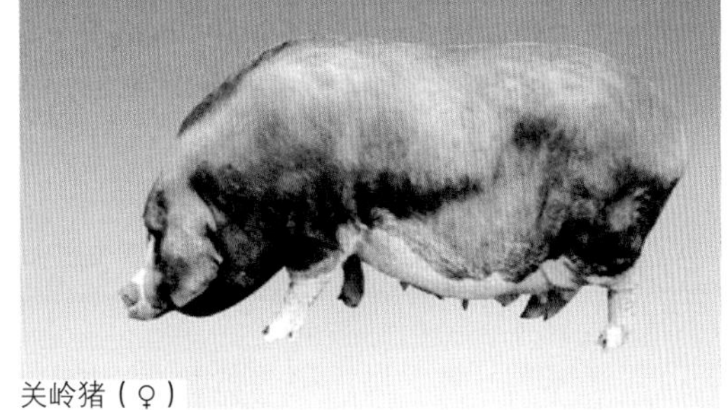
关岭猪（♀）

关岭猪（图片来源：北京农业数字博物馆 http://www.agrilib.ac.cn）

选育潜力。

2006年6月，关岭猪被列入农业部颁布的《国家级畜禽遗传资源保护名录》。

粤东黑猪

粤东黑猪又称为惠阳黑猪、饶平黑猪。中心产区是广东省惠阳、饶平和蕉岭等县，分布在惠阳地区的惠东、宝安、东莞、博罗和惠州市，以及汕头地区的澄海、南澳、惠来和梅县地区的大埔、梅县等地。

粤东黑猪产区位于粤东丘陵地带，气候温暖，雨量充沛。农作物基本上一年三熟，主要有水稻、甘薯、花生、大豆、玉米、黄麻等。境内坡地广阔，适于放养。

粤东黑猪体型略呈长方形。头清秀、大小适中，额宽平，仅少数呈倒“八”字形或菱形皱褶，耳较小而斜竖，嘴筒稍长而较尖，下颌狭窄，当地群众称之为“禾虾头”。背腰微凹，腹部稍大，但不拖地，臀部较平直。四肢直立、坚实有力、长短适中，后腿肌肉较丰满。尾长而不过飞节。皮薄。被毛黑色，部分猪的腕关节和跗关节以下为灰白色。乳头数6对左右。

粤东黑猪成年公猪的测定，平均体重74.98千克，体长115.5厘米，胸围98.83厘米，体高63.08厘米，成年母猪相应为：58.48千克，102.39厘米，89.65厘米，53.04厘米。性成熟早。头胎产仔9~10头，三胎以上11~12头。肥育期日增重为281克，屠宰率为70.3%，瘦肉率为46%。

粤东黑猪具有皮薄、肉质鲜美、瘦肉较多的特点。但生长速度慢，饲料利用率不高，乳头数较少，公、母猪的体型较小。

2006年6月，粤东黑猪被列入农业部颁布的《国家级畜禽遗传资源保护名录》。

粤东黑猪（♂）

粤东黑猪（♀）

粤东黑猪（图片来源：北京农业数字博物馆 http://www.agrilib.ac.cn）

汉江黑猪

汉江黑猪又称为黑河猪、铁河猪、铁炉猪、水磑河猪、安康猪等。产于陕西省南部汉江流域。主要分布于汉中地区的略阳、勉县、留坝、宁强、南郑、城固、洋县、西乡、镇巴和安康地区的平利、镇坪、安康、旬阳、紫阳、汉阴、白河、宁陕、石泉等市县，汉江下游的湖北郧阳地区亦有分布。

地处北亚热带与南温带交接地带，具有亚热带气候特点，地形复杂，气候温暖湿润，年降水量1 000毫米左右。土壤肥沃，农业发达。农作物有水稻、小麦、玉米、油菜、薯类和豆类等。农副产品丰富，青绿饲料多样，为发展养猪业提供了良好的饲料条件。

汉江黑猪可分为大耳黑猪和小耳黑猪两大类型：大耳黑猪，又可分为“狮子头”和“马脸”二型。马脸型猪体型大，头长，脸直，身长，腿高。目前数量极少。现存的主要是狮子头型猪。狮子头型猪头短宽，面微凹，额纹较深，耳大下垂，达于嘴角或与嘴齐，形如蒲扇，耳根较软，嘴筒粗。单脊背，腰微凹，腹大下垂，臀斜。四肢较粗，后肢卧系。公猪阴囊小而皱缩。皮肤紫红色，间有白鼻吻、蹄冠白沙毛者。被毛稀疏，黑色，尾有粗长毛，脸部多有长毛，鬃毛粗长。乳头粗大，14枚左右。小耳黑猪，头小，嘴尖，额纹较浅，耳小而薄，耳根较硬半下垂，仅达眼下，形如杏叶。脸部多有长毛，鬃毛粗长，被毛稀疏、黑色，尾细长，皮肤灰白色。单脊背，斜臀，腹大，四肢细小、直立、不卧系，后肢前踏，间有白鼻吻、蹄冠白沙毛者。乳头细小，12~14枚。

汉江黑猪成年公猪平均体重（137.56 ± 10.14）千克，体长（132.29 ± 4.38）厘米，胸围（123.57 ± 2.88）厘米，体高（75.86 ± 0.70）厘米；成年母猪相应为:（91.93 ± 3.10）千克,（119.00 ± 1.65）厘米,（105.60 ± 1.81）厘米,（64.29 ± 0.87）厘米。性成熟早，农村公猪3~4月龄、母猪4~5月龄开始初配，初产仔8~9头，经产仔10头。肥育期日增重为561克，屠宰率为66%，腿臀比例27.5%，瘦肉率为49.3%。

汉江黑猪具有耐粗饲、耐潮湿、性情温驯、适应性强、肉细味香等特性。

2006年6月，汉江黑猪被列入农业部颁布的《国家级畜禽遗传资源保护名录》。

汉江黑猪（♂）

汉江黑猪（♀）

汉江黑猪（图片来源：北京农业数字博物馆 http://www.agrilib.ac.cn）

安庆六白猪

安庆六白猪产于安徽省安庆市诸县。

安庆六白猪体型中等偏小，耳大下垂至嘴角，头轻，嘴筒分为长嘴筒和短嘴筒两类型，全身被毛黑色，具六白特征，腹微下垂。

安庆六白猪成年公猪体重 110 千克，母猪体重 97 千克。经产母猪平均窝产仔为 10~14 头。肥育期日增重为 265 克，屠宰率为 73.3%，背膘 3.2 厘米。

2006 年 6 月，安庆六白猪被列入农业部颁布的《国家级畜禽遗传资源保护名录》。

安庆六白猪（♂）

安庆六白猪（♀）

安庆六白猪（图片来源：北京农业数字博物馆 http://www.agrilib.ac.cn）

莆田猪

莆田猪产于福建省莆田、仙游两县和福清县的西北部。莆田猪分布于福建省的惠安、晋江等县。

莆田猪产区位于福建省东南沿海，属南亚热带气候，冬无严寒，夏无酷暑，无霜期 330 天，年降水量 1 293.9 毫米，雨量多集中在 5~9 月，由于自然条件好，复种指数高，除部分山区为一年两熟外，均为一年三熟，盛产水稻、甘薯、花生、大豆、大麦、蚕豆和豌豆等，蔬菜栽种普遍，农副产品和青绿饲料丰富，此外还有海产饲料，常被用来喂猪。

莆田猪体型中等大，头略狭长，脸微凹，额纹较深呈菱形，耳中等大、薄、呈桃型，略向前倾垂，颈长短适中，体长，胸较浅狭，背腰平或微凹，臀稍倾斜，后躯欠丰满，肚大腹圆而下垂，背腰体侧部皮肤一般无皱褶，四肢较高，被毛稀疏呈灰黑色，乳头多为 7 对。

莆田猪（♂）

莆田猪（♀）

莆田猪（图片来源：北京农业数字博物馆 http://www.agrilib.ac.cn）

莆田猪成年公猪平均体重 126.04 千克，体长 131.5 厘米，胸围 120.75 厘米，体高 79 厘米，成年母猪相应为：77.37 千克，116.99 厘米，100.37 厘米，63.9 厘米。初产仔 6~7 头，经产仔 13 头。肥育期日增重为 311 克，屠宰率为 70%，瘦肉率为 42%。

莆田猪具有较早熟、耐湿热等优点，但生长速度较慢。

2006 年 6 月，莆田猪被列入农业部颁布的《国家级畜禽遗传资源保护名录》。

嵊县花猪

嵊县花猪又称富润猪、新昌猪、章镇猪、蒋岩桥猪。嵊县花猪产于浙江省嵊县、新昌二县。分布于相邻的上虞、绍兴、天台、奉化、余姚等县。产区位于曹娥江上游、四明山西南麓，境内多丘陵、山地，以酸性红壤、沙质土为主。气候温和湿润，年平均气温 16.4℃，年降水量 1 200~1 300 毫米，无霜期 240 天左右。农作物一年二熟或三熟，以水稻、大小麦为主，其次为甘薯、马铃薯、玉米、大豆、蚕豆、豌豆等，紫云英播种面积约占冬种耕地面积的一半以上。农业产量不高。农民历来把养猪作为积肥和增加收入的主要家庭副业，素有养母猪的习惯。

嵊县花猪头中等大。耳大而厚、垂向前下方，面微凹，额部皱纹多呈菱形。颈较细。胸较宽，背腰多平直，腹下垂。四肢粗壮，大腿不够丰满。尾尖扁平。体躯皮肤有皱褶。毛色大体可分为三类，群众习惯将全身黑色，仅肢端、尾尖、额部有白斑者称“六白”猪；仅四肢端为白色者称“乌猪白脚”或四蹄白猪；身躯有大块白色者称“大斑花”。前两者占总数的 80% 左右。母猪乳房发达，部分母猪乳头粗大。

嵊县花猪成年公猪体长（136.00 ± 2.95）厘米，胸围（119.67 ± 2.77）厘米，体高（72.13 ± 2.63）厘米；成年母猪相应为：（107.49 ± 0.22）厘米，（89.87 ± 0.22）厘米，（58.01 ± 0.12）厘米。性成熟早，头胎产仔 7~8 头，三胎及以上 15~16 头。农村肥育期日增重为 257 克，屠宰率为 70%，瘦肉率为 45%。

嵊县花猪具有繁殖力较高、适应性强、配合力较好等优点。

2006 年 6 月，嵊县花猪被列入农业部颁布的《国家级畜禽遗传资源保护名录》。

嵊县花猪（♂）

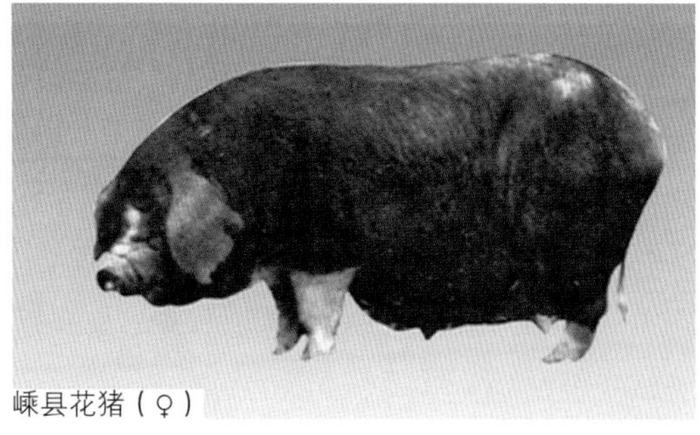
嵊县花猪（♀）

嵊县花猪（图片来源：北京农业数字博物馆 http://www.agrilib.ac.cn）

宁乡猪

宁乡猪又称草冲猪或流沙河猪。原产于湖南宁乡县的草冲和流沙河一带，主要分布于与宁乡县毗邻的益阳、安化、连源、湘乡等县以及怀化、邵阳两地区。

宁乡县地处湘中，境内丘陵起伏，海拔50~120米，年平均气温16.8℃，年降水量1 358.4毫米，相对湿度85%，气候温和，无霜期278天，农作物以水稻为主，其次为甘薯、豆类、荞麦、油菜等，草冲、流沙河位于县城西南部，四周环山，过去交通闭塞，当地农民所产稻谷和杂粮，自给有余，难于远销，兼之该地多属沙质壤土，需要有机肥料较多。

宁乡猪体型中等，头中等大小，额部有形状和深浅不一的横行皱纹，耳较小、下垂，颈短粗，有垂肉，背腰宽，背线多凹陷，肋骨拱曲，腹大下垂，臀部微倾斜，四肢粗短，大腿欠丰满，多卧系，撒蹄，群众称之为“猴子脚板”。多数猪后脚较弱而弯曲，飞节内靠，尾尖、尾帚扁平，俗称“泥鳅尾”，皮肤松弛，有些猪后腿飞节附近皮肤有皱褶，毛粗短而稀，毛色为黑白花，习惯分为3种：体驱上部为黑色，下部为白色，在颈部往往有一宽窄不等的、俗称“银颈圈”的白色环带，这种毛色的猪在中心产区较多，称“乌云盖雪”，约占60%以上；如在中驱上部黑毛被白毛分割为一、两块大黑斑者，则称“大黑花”，占产区母猪的25%左右；在体躯中部散见数目不一的小黑斑者，称“小散花”“金钱花”或“烂布花”，为产区群众所忌。在黑斑四周边缘，往往有宽窄不一的白毛黑皮的“晕”。这3种毛色的遗传性不很稳定，乳头6对左右。按头型可分为3种，狮子头、福字头、阉鸡头。狮子头型头大额宽，嘴短上翘，额部皱纹深厚，形成皱褶，颈粗短，体驱宽，腹常拖地；福字头型额较宽，有深厚的横行皱纹，鼻嘴中等长、微凹，体躯呈圆桶形，四肢较短；阉鸡头型头颈较狭长，额部皱纹较浅平，多呈菱形，嘴较直长，背腰平直，四肢较高，繁殖力较以上两种类型为高。

宁乡猪成年公猪体重（87.22 ± 2.54）千克，体长（119.48 ± 1.90）厘米，胸围（103.72 ± 2.00）厘米，体高（64.02 ± 0.93）厘米，成年母猪相应为：（92.66 ± 0.97）千克，（122.08 ± 0.49）厘米，（109.42 ± 0.44）厘米，（59.29 ± 0.21）厘米。平均排卵17枚，

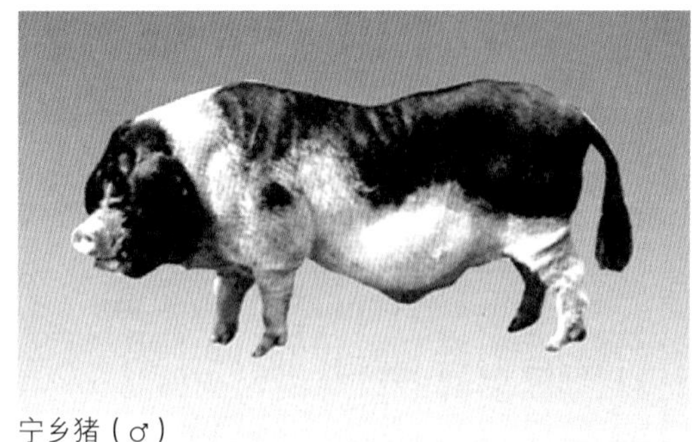

宁乡猪（♂）

宁乡猪（♀）

宁乡猪（图片来源：北京农业数字博物馆 http://www.agrilib.ac.cn）

三胎以上产仔10头。肥育期日增重为368克，饲料利用率较高，体重75~80千克时屠宰为宜，屠宰率为70%，膘厚4.6厘米，眼肌面积18.42平方厘米，瘦肉率为34.7%。

宁乡猪具有早熟易肥、脂肪沉积能力强、生长较快、性情温驯等特点，但繁殖力较低，且多有凹背、垂腹、卧系等缺陷。

2006年6月，宁乡猪被列入农业部颁布的《国家级畜禽遗传资源保护名录》。

九龙牦牛

九龙牦牛是我国横断高山型犊牛的地方良种，主要产于四川省甘孜藏族自治州的九龙县及康定县南部的沙德区，中心产区位于九龙县境内九龙河西大雪山东西两侧的斜卡和洪坝。斜卡地区的牦牛，体格高大，驮力强，属高大类系；洪坝地区的牦牛，毛绒产量特高，属多毛类系。邻近九龙县的凉山彝族自治州的木里藏族自治县、盐源、冕宁以及雅安地区的石棉等县的高山草场上均有分布；横断高山区的其他地区及大、小凉山的高山草场上也已引进饲牧。

产区位于青藏高原东南边缘横断山系北段，大雪山主峰贡嘎山（海拔7 556米）之南，地域虽处北纬28°21′~29°21′，属亚热带气候，但因山高谷峡，岭谷高差三四千米，而亚热带纬度性气候为垂直地带性所代替。牦牛分布在海拔3 500米以上的高寒山区，全年无夏，无绝对无霜期，年平均气温2℃左右，年降水量900毫米。林带以上多灌丛草场，海拔4 500米以上多高山草甸草场。由于产区多灌丛草场，难以发展绵羊，牧民只能用牦牛毛、绒代替羊毛编织毛衣和披衫，产区境内外有30余座马匹难越的高山，需要体躯高大、健壮有力的牦牛作运输工具。

九龙牦牛额宽头较短，额毛丛生卷曲，长者遮盖双眼。公、母均有角，角间距大，角基粗大，角形开张雄伟，母牦牛角较细，不如公牦牛粗大、开张。颈粗短，髻甲稍高有肩峰，尤以公牦牛为显著。前胸发达开阔，肋开张，胸极深，腹大不下垂，背腰平直，体躯呈矩形者多，后躯较短，发育不如前躯，尻欠宽而略斜。尾根着生较低，尾短，尾毛丛生帚状。四肢、体侧、胸前裙毛着地。四肢相对较短，前肢直立，后肢弯曲有力。蹄小，蹄叉紧，蹄质坚实。毛色整齐，除吻周灰白色外，全身黑毛者约3/4，黑白相间者约1 /4，无其他毛色。

品种性能：①产肉性能：经一般草地放牧，不补饲，10月份屠宰中等膘情的成年阉牦牛，宰前平均活重471.2千克，屠宰率54.6%，净肉率46.1%（净肉重217.4千克），骨肉比为1∶5.5，眼肌面积88.6平方厘米。成年公、母牦牛的屠宰率分别为57.6%及56.2%，净肉率为47.9%及48.5%，骨肉比为1∶4.8和1∶6.0，眼肌面积为83.7和58.3平方厘米。②产乳性能：母牦牛自第二个泌乳月开始挤乳，一般每年挤乳5个月（6~10月），入冬（11月）停止挤乳。挤乳季节每天早上挤一次。母牦牛产乳量随牧草生长季节而变化，7~8月牧草丰盛质高，其产乳量亦高，分别占全年产乳量的22%和25%左右，5个月泌乳量平均为（346.9 ± 16.1）千克。乳脂率因季节不同而异，6~7月为5%~6.5%。8~10月可达

7.5% 以上。母牦牛当年未孕，第二年春后又可挤乳。其产乳量为上年的 2/3 左右，乳脂率提高 30% 左右。③役用性能：九龙牦牛善爬陡坡，翻山越岭，极度耐劳，在驮载物资到达目的地后，如无放牧地放牧采食，2~3 天不饮不食，仍可驮物上路。一般每头可驮载 60~75 千克，个别体壮的可驮 150 千克，日行 20~25 千米，连续驮运半月至 20 天。④产毛性能：九龙牦牛每年 5~6 月份剪毛一次。毛的产量因地区间的小气候不同，差别甚大。如洪坝地区，终年有雾，一年内少见太阳，相对湿度高达 80% 以上，牦牛的被毛特别紧密厚实，其绒和毛的比例各半。种公牦牛剪毛量平均为（1.39 ± 0.6）千克；阉牦牛为（4.3 ± 0.3）千克；母牦牛为（1.79 ± 0.17）千克。洪坝以外地区的九龙牦牛，则毛多而绒少。种公牦牛平均剪毛量为（1.92 ± 0.2）千克，阉牦牛（1.31 ± 0.1）千克，母牦牛为（0.38 ± 0. 03）千克。公牦牛的产毛量随年龄的增大而增加；母牦牛 3~5 岁产毛量最高；阉牦牛的年龄变化对产毛量的影响较小。⑤繁殖性能：母牦牛一般 2~3 岁初配，17~18 岁丧失繁殖能力，6~12 岁繁殖力最强。2 岁配种 3 岁初产的母牦牛，占初产母牦牛数的 32.5%；3 岁配种 4 岁初产的占总数的 59.9%；5 岁和 6 岁初产的分别为 6.1% 和 1.5%。一般三年两胎。九龙牦牛每年 7 月进入发情季节，8 月为配种旺季，10 月底结束。性周期 15~20 天，发情持续期一般是 12~24 小时。有 10%~20% 的母牦牛可出现孕后发情。妊娠期约为 9 个月。翌年 3 月份开始产犊，5 月份为产犊旺季，6 月底结束。种公牦牛 4~5 岁正式留种使用，6~10 岁为配种最旺时期，使用年限一般为 8 年。一头壮龄公牦牛在一个配种季节，可配种 30~50 头母牦牛。

2000 年 8 月，九龙牦牛被列入农业部颁布的《国家级畜禽品种资源保护名录》；2006 年 6 月，被列入农业部颁布的《国家级畜禽遗传资源保护名录》。

九龙牦牛（♂）

九龙牦牛（♀）

九龙牦牛（图片来源：北京农业数字博物馆 http://www.agrilib.ac.cn）

天祝白牦牛

天祝白牦牛是中国最珍贵的牦牛品种，产于甘肃省天祝藏族自治区，以该县的西大滩、抓喜秀龙滩和阿沿沟草原为主要产地。

天祝白牦牛产区位于青藏高原北缘，祁连山东端。南部有终年积雪的玛雅雪山，东部为毛毛山，乌鞘岭从中部穿过。海拔 2 000~4 843 米。年均气温 0~0.1℃。年降水量

300~416 毫米，植物生长期约 120 天。年日照 2 553.3 小时。气候特点是寒冷，温度变化剧烈。全县有草原 734.7 万亩[①]。牧草生长茂密，以莎草科和禾本科为主。水源丰富，水质较好。阴坡有灌丛与半灌丛草原，适于饲牧牦牛。

天祝白牦牛是牦牛亚属的一个白变种，体高居中，体态结构紧凑，前躯发育良好，鬐甲隆起，后躯发育较差。两性异形显著。公牦牛头较大额宽，额毛卷曲。角粗长，浅黄色，角尖向外上方或外后上方弯曲伸出，角尖细，角轮明显。口大唇薄而灵活，鼻孔大，鼻镜小。颈粗，无垂皮。鬐甲显著隆起，肌肉较母牦牛发育好。前躯宽阔，后胸发育良好，腹稍大但不下垂，后躯发育较差，荐部高，尻多呈屋脊状，斜而窄。全身皮肤粉红色，多数有黑色斑点。四肢较短，骨骼结实，蹄小而质地致密，蹄壳黑色。睾丸较小，被阴囊紧裹。母牦牛头大小适中而俊秀，额较窄。角细长，角向外上方或外后上方弯曲。口和鼻子稍小。颈细薄，鬐甲稍高，背线较平，不像公牦牛起伏急剧。腹较大，一般不下垂。乳房发育差，乳静脉不明显，乳头短。被毛密长，丰厚而纯白，体躯各突出部位着生长而富有光泽的粗毛（也称裙毛），颈侧、背部、尻部着生较短的粗毛及绒毛，尾毛蓬松。

天祝白牦牛成年公牛体高为 121 厘米，体重为 260 千克；成年母牛分别为 108 厘米和 190 千克。驮重为 75 千克，最高达 100 千克，日行 30~40 千米。成年公牛屠宰率为 52%，净肉率为 36%，骨肉比 1∶2.4；母牛分别为 52%、40% 和 1∶3.7；阉牛 55%，41% 和 1∶4.1。成年公牛剪毛量为 3.6 千克，最高为 6.0 千克，抓绒量 0.4 千克，尾毛重 0.6 千克；母牛分别为 1.2 千克、0.8 千克及 0.4 千克；阉牛分别为 1.7 千克、0.5 千克和 0.3 千克。公牛尾毛长 52 厘米，母牛为 45 厘米。年产奶 400 千克，日产奶最高 4.0 千克，乳脂率为 6.8%。公牛初配年龄为 3 岁，母牛为 2~3 岁，繁殖率为 56%~76%。

2000 年 8 月，天祝白牦牛被列入农业部颁布的《国家级畜禽品种资源保护名录》；2006 年 6 月，被列入农业部颁布的《国家级畜禽遗传资源保护名录》。

天祝白牦牛（♂）

天祝白牦牛（♀）

天祝白牦牛（图片来源：北京农业数字博物馆 http://www.agrilib.ac.cn）

① 1 亩约为 667 平方米，全书同

青藏高原牦牛

青藏高原牦牛产于南部、北部两高寒地区，包括果洛藏族自治州和玉树藏族自治州的12个县，黄南藏族自治州的泽库县和河南蒙古族自治县，海西蒙古族藏族哈萨克族自治州的天峻县和格尔木市唐古拉山公社，海北藏族自治州的祁连县和海南藏族自治州的兴海县西部。

青藏高原牦牛分布境内，昆仑山系和祁连山系相互纵横交错，形成两个高寒地区。一个产区包括玉树藏族自治州西部的杂多、治多、曲麻莱3县的6个公社，果洛藏族自治州玛多县西部的两场、社，海西蒙古族藏族自治州格尔木市的唐古拉山公社，天峻县木里苏里公社和海北藏族自治州祁连县野牛沟公社，年平均气温 -2~-5.7℃，年降水量282~774毫米，年平均相对湿度在50%以上，多高山草甸草场，以莎草科和禾本科的矮生牧草为主，青草期4个月。另一产区包括玉树藏族自治州东部和果洛藏族自治州与黄南藏族自治州邻近黄河地区，年平均气温 -1.4~2.7℃，年降水量460~774毫米，牧草以莎草科和禾本科为主，株高而覆盖度大，青草期4~5个月。

青藏高原牦牛，由于不断混入野牦牛遗传基因，因而体型外貌上多带有野牦牛的特征。头短，角粗；皮松厚；鬐甲高长宽，前肢短而端正，后肢呈刀状；体侧下部密生粗长毛，犹如穿着统裙，尾短并着生蓬松长毛。公牦牛头粗重，呈长方形，颈短厚且深，睾丸较小，接近腹部、不下垂；母牦牛头长，眼大而圆，额宽，有角，颈长而薄，乳房小、呈碗碟状，乳头短小，乳静脉不明显。毛色多为黑褐色，嘴唇、眼眶周围和背线处的短毛多为灰白色或污白色。

品种性能：①产肉性能：据1980年12月测定，成年阉牦牛（12头）平均体重（373.6 ± 32.8）千克，屠宰率53.0%，净肉率42.5%。②泌乳性能：据测定（不包括犊牛哺食量），初产母牦牛日平均产乳量为0.68~1千克；经产母牦牛1.38~1.70千克。泌乳期一般为150天左右，年产乳量274千克，乳脂率6.37%~7.2%。③产毛性能：年采毛一次，成年牦牛年产毛量为1.17~2.62千克；幼龄牛为1.30~1.35千克，其中粗毛（裙毛）和绒毛各占一半。粗毛长度为18.3~34厘米，绒毛长度为4.7~5.5厘米。④役用性能：阉牦牛主要供役用，以驮为主，也供骑、挽用。一般驮货50~100千克，日行20~35千米，可连续行走15天以上；最大驮重（304.0 ± 75.9）千克，相当于平均体重的78.8%，高的可达115.8%。用作骑乘，单乘日行30~40千米。500米骑速1分43秒至2分50秒。跑后15~31分钟，生理状况即可恢复正常。⑤繁殖性能：公牦牛一岁左右即有性行为，但无成熟精子，两岁性成熟后即可参加配种；2~6岁配种能力最强，以后则逐渐减弱，个别老龄公牦牛有霸而不配的表现。自然交配时公母比例为1:（30~40），此时受胎率较高，个别可达1:（50~70），利用年龄在10岁左右。母牦牛一般2~3.5岁开始发情配种，个别的在1~1.5岁时有发情表现，有的3~3.5岁才发情配种。在正常年景，个别饲放管理好的母牦牛群，繁殖成活率为60%左右，差的仅30%~40%。母牦牛一年一产者在60%以上，两年一产者约30%左右，双犊率3%，繁殖利用年限一般长达15年。母牦牛季节性发情，一般在6月中下旬开始发情，7、8月为盛期，个别可延至年底。每年4~7月产犊，4~5月为盛期，个别可延至10月产犊。发情周期平均为21.3天，个体间差异大，14~28天者占56.2%。发情持续期为 41~51 天。一般在发情 12 小时以后排卵，有的在发情终止后 3~36 小时排卵。妊娠期为 256.8（250~260）天。⑤适应性能：青海高原牦牛能适应海拔 3 200~4 800 米，大气压 68 420.85~55 435.28 帕，氧分压 14 505.43~11 679.01 帕，含氧量 14.9%~11.44% 的生态环境。其胸廓发达，心肺发育指数大，心指数为 0.45~0.63，肺指数为 0.96~1.40。寒冷季节，牦牛胸部腹侧下、粗长毛根部着生密而厚的绒毛，借以保护胸、腹内脏器官、外生殖器官、乳房及各关节，以防受冻。据测定，在海拔 3 800 米的草甸草场上日放牧 9.5 小时，牦牛日采食鲜草（27.86 ± 1.42）千克。在牧草缺乏季节，利用其长而灵活的舌，舐食灌丛、落叶、根茬以及残留在凹处的短草，极耐艰苦，并具有宜于爬山的四肢和似马蹄铁样硬质蹄壳，随处都可攀登自如。

青藏高原牦牛是我国青藏高原型牦牛中一个面较广、量较大、质量较好的地方良种。它对高寒严酷的青海高原生态条件有着杰出的适应能力，是雪山草地不可缺少的特种役畜。但是，由于经营方式和饲牧管理粗放，畜群饲养周期长，周转慢，产品率和经济效益都还较低。为此，必须加强本品种选育，实行科学养育，制订区域规划，加强科学研究工作，充分发挥良种的生产潜力，加快畜群周转，提高出栏率。

2000 年 8 月，青藏高原牦牛被列入农业部颁布的《国家级畜禽品种资源保护名录》；2006 年 6 月，被列入农业部颁布的《国家级畜禽遗传资源保护名录》。

青藏高原牦牛（图片来源：新疆金牧网 http://www.xjjmw.cn）

帕里牦牛

帕里牦牛为乳肉兼用型牦牛地方品种，分布于西藏自治区日喀则地区。

帕里牦牛以黑色为主，深灰、黄褐、花斑也常见，还有少数为纯白个体。头宽额平，角间距大，有的达 50 厘米。颈粗短，鬐甲高而宽厚，前胸深，背腰平直，尻部欠丰，四肢强健较短。

帕里牦牛母牛初配年龄为 3.5 岁，一般利用 14 年。公牛初配年龄 4.5 岁，一般利用到 13 岁左右。大多数两年一胎。屠宰率为 52%，日产奶量为 1.6 千克（8 月份）。平均产绒为 0.6 千克，年产酥油平均为 12.5~15 千克 / 头。

2006 年 6 月，帕里牦牛被列入农业部颁布的《国家级畜禽遗传资源保护名录》。

帕里牦牛（图片来源：北京农业数字博物馆 http://www.agrilib.ac.cn）

独龙牛（大额牛）

独龙牛分布于云南省、西藏自治区。

独龙牛有极强的攀登能力，性喜群栖，常年野外放养，公牛性猛，母牛临产前隐蔽于丛林或草丛，离群独居。全身被毛黑色或深褐色，四肢下部为白色。角是粗大，向上渐呈圆锥形，两角向头两侧平伸出，微向上弯，角长 40 厘米左右，角间距达 100 厘米。体躯高大，公牛颈脖肌肉发达，颈下有明显垂紧，鬐甲较低。产后 5~6 天带犊合群活动。

独龙牛成年体重公牛为 400~500 千克，母牛为 350~400 千克。屠宰率高，肉质好，一般 4 岁性成熟，一年一胎。

2000 年 8 月，独龙牛被列入农业部颁布的《国家级畜禽品种资源保护名录》；2006 年 6 月被列入农业部颁布的《国家级畜禽遗传资源保护名录》。

独龙牛（图片来源：北京农业数字博物馆 http://www.agrilib.ac.cn）

海子水牛

海子水牛是主产于苏北沿海地区的沼泽型水牛，分布于江苏、上海、浙北等地，属中国水牛品种的一个地方品种类型。

从汉代至清代，该沿海地区盐业、渔业及农业逐步开发，源于南方的水牛被移入后，长期从事大宗海盐、水产运输和垦荒耕作的繁重劳役，加之滩涂草地饲草丰富，适宜放牧，经当地群众长期选育，逐渐形成了一种体大结实、耐粗耐劳的水牛新类型。该品种形成于清末，有近百年历史。

体型较大，被毛以石板青色为主，少数为白色，脊椎部多有深棕色背线。头部略大，额宽而突，角向后弯成环抱形。甲后方呈弓形隆起高出背部，背腰宽直，胸宽而深，肌肉丰满。四肢强健，筋腱发达，蹄圆大而色黑。母牛1~1.5岁性成熟，2.5~3岁初配，20岁以上老母牛尚能产犊，妊娠期320~330天。种公牛2.5岁开始配种，一般利用到8~9岁淘汰。成年公牛平均体重500千克以上（少数高达800千克），体高140~150厘米，体长154~162厘米，胸围218~233厘米；成年母牛平均体重575~626千克，体高135~149厘米。未经育肥的老残淘汰牛屠宰率40%~50%，净肉率32%~40%。役用性能强，日耕旱地（沙壤土）7~8亩、生荒地（土质坚实）2.5亩以上。拉车运输，一头驾辕一头帮套，载重1 500千克，日行土路20~30千米。最大挽力820千克。

海子水牛主要分布苏北沿海各县，以盐城市的大丰、东台、射阳、滨海、响水县较多，南通市的如东、启东、海安、海门县次之。1987年，全省海子水牛年末存栏量5.8万头，其中盐城市达4.8万多头，占83.6%。

2006年6月，海子水牛被列入农业部颁布的《国家级畜禽遗传资源保护名录》。

海子水牛（♂）

海子水牛（♀）

海子水牛（图片来源：北京农业数字博物馆 http://www.agrilib.ac.cn）

富钟水牛

富钟水牛分布于广西的富川和钟山。

富钟水牛体型高大、粗糙紧凑，发育匀称。毛色有黑灰和石板青两种，颈下胸前有条新月形的白带。头大小适中，角根粗，呈四方形，向后弯曲成半月形。背腰宽且平直，母牛后躯发达，尻略斜，乳房柔软，乳头呈圆柱状，左右对称。四肢粗壮，蹄圆结实。

富钟水牛成年公牛体高为124厘米，母牛为125厘米。公牛体重为420千克，母牛为415千克。公牛每小时耕地为500多平方米，母牛为440多平方米。平均屠宰率为44%，平均净肉率为33%。公牛性成熟期2.5岁，母牛2.5~3.5岁，母牛初配年龄3.5~4.5岁，繁殖率为 61%，犊牛成活率为 94%。

2000 年 8 月，富钟水牛被列入农业部颁布的《国家级畜禽品种资源保护名录》；2006 年 6 月，被列入农业部颁布的《国家级畜禽遗传资源保护名录》。

富钟水牛（图片来源：北京农业数字博物馆 http://www.agrilib.ac.cn）

德宏水牛

德宏水牛中心产区在四川省的德昌县。主要分布在四川省沿安宁河流域的德昌、西昌、冕宁，会理、会东、米易和宁南等县。产区气候温和，属河谷坝区，盛产水稻和杂粮，农副产品丰富，耕牛有充足的饲草。沿河两岸有宽阔的水草地，适宜于放养水牛。

德宏水牛体躯高大结实，骨骼粗壮，结构匀称，具优良役用体型。被毛稀疏，有位置不定的旋毛，毛色有黑、瓦达及白色 3 种，黑色较多，颈下有一道半环形白色毛圈。公牛头短、额宽，嘴岔深，鼻孔大，眼大圆鼓而有神，母牛头窄长，嘴较小，眼清秀。角形有“筲箕角”“箩筛角”“排角”等种类。角架大而长，最长超过 119 厘米，两角间宽有超过 138 厘米的，角向后弯成弧形。公牛颈较宽厚，母牛颈较细长。鬐甲高于荐部，胸深超过前肢长度，背腰短而宽平，尻长中等，斜尻（少数平尻），尾根粗大，着生处高，尾尖直达飞节。四肢端正粗壮，筋腱明显，管骨粗大结实。蹄黑色、大而圆，蹄质坚实。

德宏水牛成年公牛体高、体长、胸围、管围和体重分别为：132.7 厘米，141.7 厘米，

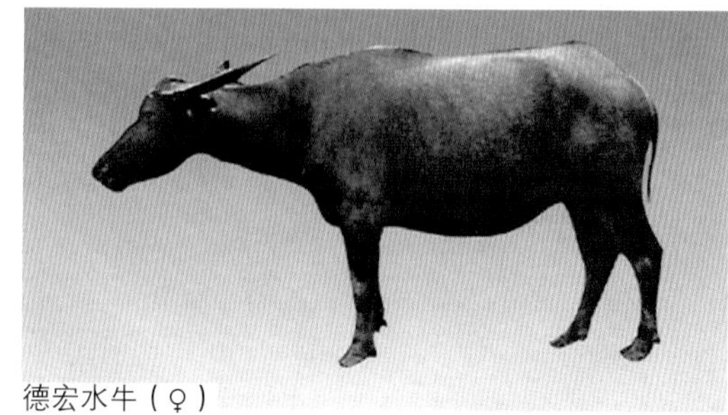

德宏水牛（图片来源：北京农业数字博物馆 http://www.agrilib.ac.cn）

196.2 厘米，23.7 厘米，506 千克，成年母牛分别为：128.7 厘米，134.4 厘米，189.8 厘米，19.9 厘米，450 千克。德宏水牛耕役能力较强，每天使役 8 小时，德昌水牛的最大挽力为 200~215 千克，约占体重的 45%，平均挽力 106.8 千克，占体重的 21.3%，每秒行速 0.29 米。成年阉牛屠宰率为 48%，净肉率为 39%。公牛性成熟为 1.5 岁，母牛 2~2.5 岁。产犊率为 50%~65%，犊牛成活率为 40%~80%。

温州水牛

温州水牛主要产于浙江省的温州地区，主要分布于浙江省的平阳、瑞安、永加、太顺、文成、温州市及乐清等地。

温州地区位于浙江南部。全区面积 11 035 平方千米，其中平原 2 204 平方千米（包括内陆水面约 270 平方千米），山地丘陵（包括荒山、山林）8 904 平方千米，另有已开垦海涂 11.3 万亩。境内有清江、楠溪江、瓯江、飞云江、敖江等主要河流流入东海。还有温瑞、瑞平、方全、乐清等主干塘河，组成了纵横交错的水网。全区年平均气温 17.8℃，≥ 10℃的积温为 5 678℃，极端最低气温 -2.3~-2.5℃，无霜期 275~300 天，年雨量 1 800 毫米，相对湿度 82%~83%，日照 1 826 小时。由于气候温暖，雨量充沛，各种农作物和青草生长茂盛，为农牧业的发展提供了极为有利的自然条件，农作物以种植水稻为主，占粮地面积 65% 以上，其他如番茄、油菜、大豆、花生、甘蔗、络麻等。畜牧业猪、牛、羊、禽、兔、蜂等全面发展。在农业经济中，农业产值占 61.62%，林业占 2.43%，牧业占 11.99%，渔业占 5.11%。

温州水牛体型矮壮、结构紧凑、肌肉丰满、胸部开阔，四肢适中，皮肤粗厚富有弹性，且富有黑色素。犊牛和青年牛被毛较长，棕色或淡黄色，皮肤色素也较淡，随着年龄的增长，皮肤色素逐渐加深，被毛逐渐稀短。体躯被毛根部淡黄色，中部青灰色，尖端棕黄色。成年牛毛青灰色的较多，黑色和黄褐色次之。颈部腹侧面靠近头部和近前胸部，各有一道白色半月状毛环，两耳内廓，腹下及四肢管部长有白色或浅黄色毛，四肢球节部背侧面有一指宽的褐色毛环。头呈长方形，大小适中，公牛雄壮，母牛清秀，额宽而平坦，眼大稍袭出，两眼内角有白星，下颌腹侧面中间有一肉疣袭起。角呈“八”字形、半月形或圆弧形，角基方形，上部圆尖。公牛角粗大，母牛角稍细长。颈长短适中，向前平伸，吻合良好。肩胛紧凑，肩峰隆起较明显，前胸深宽，腰背平直充实有力，腹大而圆，肋骨坚硬宽厚呈圆拱型，扩张较好。胸腹线基本上呈水平线（经产母牛稍垂），向上后方弧曲。尻部倾斜度较大而丰满，多为斜尻。腰角圆大而突出，后躯发育良好，乳房发达，乳头大而均称。尾长不过飞节，个别牛仍与飞节平。四肢粗壮端正，关节大，筋腱明显，蹄圆，蹄叉紧凑，蹄质坚硬，系部粗短。前肢平直后肢弯曲，两飞节间略呈“X”状。

温州水牛成年公牛体高、体长、胸围、管围和体重分别为：（126.5 ± 5.6）厘米，（148.7 ± 11.6）厘米，（195.5 ± 8）厘米，（23 ± 1.4）厘米，（517.3 ± 63.1）千克，成年母牛分别为：（123.34 ± 10.77）厘米，（146.4 ± 8）厘米，（194.3 ± 9.82）厘米，

（21.3 ± 1）厘米，（496.11 ± 50.54）千克。泌乳期 240 天，泌乳量 500~1 000 千克，乳脂率 8.5%~9.7%。屠宰率平均为 43%，净肉率为 32%~33%。平均挽力为 80~110 千克，5~9 岁时挽力最强。公牛 2~2.5 岁性成熟期，母牛 2.5~3 岁性成熟，初配年龄 3~3.5 岁，发情周期 22 天，持续期 24~48 小时。

温州水牛有较好的役用能力。

温州水牛（♂）

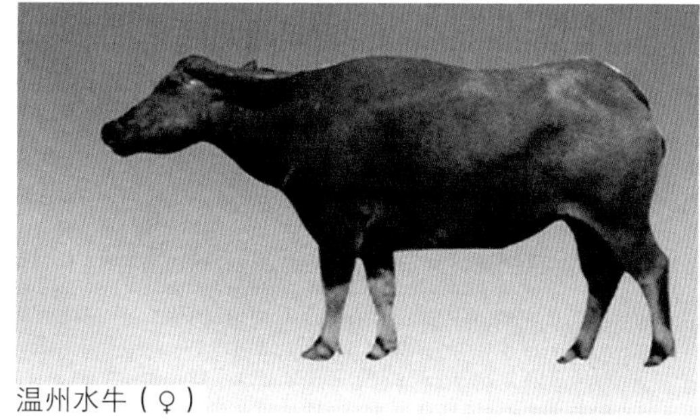
温州水牛（♀）

温州水牛（图片来源：北京农业数字博物馆 http://www.agrilib.ac.cn）

延边牛

延边牛是东北地区优良地方牛种之一，主要产于吉林省延边朝鲜族自治州的延吉、和龙、汪清、珲春及毗邻各县。主要分布于黑龙江省的牡丹江、松花江、合江 3 个地区的宁安、海林、东宁、林口、汤元、桦南、桦川、依兰、勃利、五常、尚志、延寿、通河等地，辽宁省宽甸县沿鸭绿江一带朝鲜族聚居的水田地区。延边牛是朝鲜与本地牛长期杂交的结果，也混有蒙古牛的血液。延边牛体质结实，抗寒性能良好，适宜于林间放牧，冬季都有暖棚，是北方水稻田的重要耕畜，是寒温带的优良品种。

延边朝鲜族自治州位于吉林省东部山岳地带，属大陆性寒温带半湿润季风气候区，年平均气温 2~6℃，年降水量 500~700 毫米，年平均湿度 68.6%，无霜期 110~145 天。土壤类型有棕色森林土、森林灰化土、生草灰化土、冲击土、水田土、草甸土、草炭沼泽土等。植被属长白山系。土地肥沃，农业生产较发达，农副产品丰富，天然草场广阔，草种繁多，并有大量的林间牧地，水草丰美，气候相宜，有利于养牛业的发展。朝鲜族素有养牛习惯，对牛特别喜爱，饲养管理细致，冬季采用“三暖”（住暖圈、饮暖水、喂暖饲料）饲养，夏季放牧，注意淘汰劣质种牛，严格进行选种选配。产区农业生产上的使役需要，对形成延边牛结实的体质、良好的役用性能都曾起过重要作用。

延边牛属役肉兼用品种。胸部深宽，骨骼坚实，被毛长而密，皮厚而有弹力。公牛额宽，头方正，角基粗大，多向后方伸展，成“一”字形或倒“八”字角，颈厚而隆起，肌肉发达。母牛头大小适中，角细而长，多为龙门角，乳房发育较好。毛色多呈浓淡不同的黄色，其中浓黄色占 16.3%，黄色占 74.8%，淡黄色占 6.7%，其他占 2.2%，鼻镜一般呈淡褐色，带有黑斑点。延边牛耐寒，在 −26℃时牛呼吸才出现明显不安，但能保持正常食欲和反刍。

延边牛成年公牛体高、体长、胸围、管围和体重分别为:(130.6 ± 4.4)厘米,(151.8 ± 6.2)厘米,(186.7 ± 7.1)厘米,(71.1 ± 3.8)厘米,(19.8 ± 1.2)厘米,(465.5 ± 61.8)千克,成年母牛分别为:(121.8 ± 4.4)厘米,(141.2 ± 5.3)厘米,(171.41 ± 6.8)厘米,(16.8 ± 1.0)厘米,(365.2 ± 44.4)千克。延边牛性情温驯,持久力强,能拉车、耕地、驮运等,不仅适用于水旱田耕作,并善走山路和在倾斜地带工作,连续作业不易疲劳。瞬间最大挽力:公牛平均为 425 千克,占体重的 72.5%;母牛平均为 331 千克,占体重 84.4%。挽车运输能力:用铁轮车,平均挽力 50~60 千克;载货重量,公牛 600 千克,母牛 400 千克;泌乳期 6~7 个月,一般牛产乳量 500~700 千克,优良牛 800~900 千克,乳脂率 5.8~6.6%,母牛产后 9 个月内产乳量达 50%。延边牛母牛初情期为 8~9 月龄,性成熟期平均为 13 月龄;公牛平均为 14 月龄。母牛发情周期平均为 20.5 天,发情持续期 12~36 小时,平均 20 小时。母牛终年发情,7~8 月为旺季。常规初配时间为 20~24 月龄。延边牛自 18 月龄育肥 6 个月,日增重为 813 克,胴体重 265.8 千克,屠宰率 57.7%,净肉率 47.23%,眼肌面积 75.8 平方厘米。

2000 年 8 月,延边牛被列入农业部颁布的《国家级畜禽品种资源保护名录》;2006 年 6 月,被列入农业部颁布的《国家级畜禽遗传资源保护名录》。

延边牛(♂)

延边牛(♀)

延边牛(图片来源:北京农业数字博物馆 http://www.agrilib.ac.cn)

复州牛

复州牛主要产于辽宁省的复县。复州牛分布于辽宁省的金县和新金县。

复县位于辽东半岛中部,气候温和,年平均气温 8~10℃,年降水量 600~700 毫米,无霜期 175 天。农作物以玉米为主,玉米秸是复州牛的主要饲料。有草山草坡 81 万余亩,饲料资源丰富,适于发展养牛业。当地群众也素有养牛习惯,对养牛极为重视。

复州牛体质健壮,结构匀称,骨胳粗壮。背腰平直,尻部稍倾斜。四肢健壮,蹄质坚实。公牛角短粗、向前上方弯曲,有雄性。母牛角较细、多呈龙门角。全身被毛为浅黄或浅红,四肢内侧稍淡,鼻镜多呈肉色。

复州牛成年公牛体高、体长、胸围、管围和体重分别为：147.8 厘米，184.8 厘米，221.0 厘米，22.8 厘米，764.0 千克，成年母牛分别为：128.5 厘米，147.8 厘米，179.2 厘米，17.3 厘米，415.0 千克。初生重公牛为 32.8 千克，母牛为 31.7 千克，6 月龄公牛体重为 152 千克，母牛为 138 千克。最大挽力公牛为 426 千克，占体重 55.8%；母牛为 259 千克，占体重 62.4%。肥育期日增重为 836 克，屠宰率为 50.7%，净肉率为 40.3%，骨肉比 1 ： 4，眼肌面积为 59.5 平方厘米。公母性成熟 1 周岁左右，一般 2 岁开始配种，母牛多为二年一胎。一般 2.5~3 岁开始使役。

复州牛为地方役用良种牛，具有体型大、挽力强、耐粗饲等特点，是产区主要农耕动力和肥料来源，但复州牛有后躯欠丰满、尻尖斜的缺点。

2000 年 8 月，复州牛被列入农业部颁布的《国家级畜禽品种资源保护名录》；2006 年 6 月，被列入农业部颁布的《国家级畜禽遗传资源保护名录》。

复州牛（♂）

复州牛（♀）

复州牛（图片来源：北京农业数字博物馆 http://www.agrilib.ac.cn）

南阳牛

南阳牛是中国地方良种，在中国黄牛中体格最高大。南阳牛产于河南省南阳市行河和唐河流域的平原地区，以南阳、唐河、邓县、新野、镇平、社旗、方城等 8 个市县为主产区。许昌、周口、驻马店等地区分布也较多。

南阳地区所处地理位置较偏僻，土质坚硬，需要体大力强的牛只进行耕作和运输，群众素有选锱大牛的习惯。群众以舍饲为主，喂养精心，育成了大型牛。

南阳牛属较大型役肉兼用品种。体高大，肌肉较发达，结构紧凑，体质结实，皮薄毛细，鼻镜宽，口大方正。角形以萝卜角为主，公牛角基粗壮，母牛角细。鬐甲隆起，肩部宽厚。背腰平直，肋骨明显，荐尾略高，尾细长。四肢端正而较高，筋腱明显，蹄大坚实。公牛头部雄壮，额微凹，脸细长，颈短厚稍呈弓形，颈部皱褶多，前躯发达。母牛后躯发育良好。毛色有黄、红、草白 3 种，面部、腹下和四肢下部毛色浅。鼻镜多为肉红色。

南阳牛较早熟，有的牛不到 1 岁即能受胎。母牛常年发情，在中等饲养水平下，初情期在 8~12 月龄。初配年龄一般掌握在 2 岁。发情周期 17~25 天，平均 21 天。发情持续期 1~3 天。妊娠期平均 289.8 天，范围为 250~308 天。怀公犊比怀母犊的妊娠期长 4.4 天。

产后初次发情约需77天。经强度肥育的阉牛体重达510千克时宰杀，屠宰率达64.5%，净肉率56.8%，眼肌面积95.3平方厘米。肉质细嫩，颜色鲜红，大理石纹明显。南阳牛体格高，步伐快，载重1 000~1 500千克时能日行30~40千米，是著名的“快牛”。

据1982年统计，南阳牛总头数达80万头以上。1991年底报道已发展到145万头，其中适龄母牛56万头，占牛群的38.6%。

2000年8月，南阳牛被列入农业部颁布的《国家级畜禽品种资源保护名录》；2006年6月，被列入农业部颁布的《国家级畜禽遗传资源保护名录》。

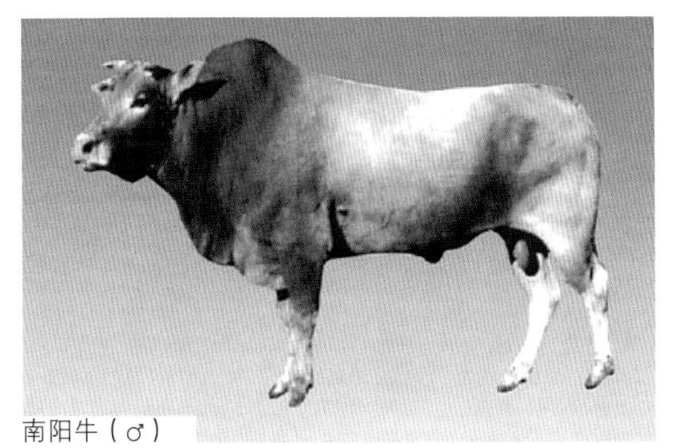
南阳牛（♂）

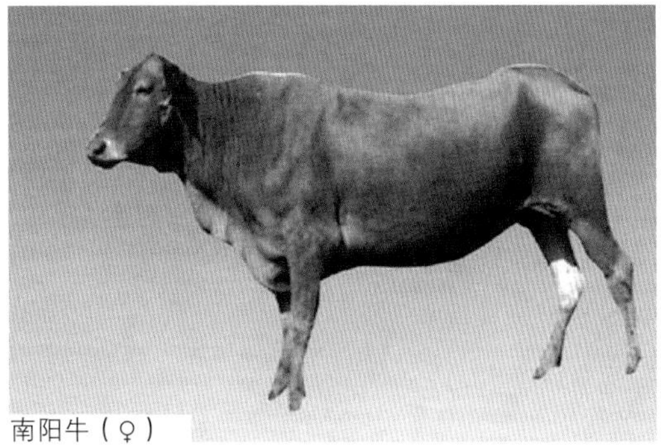
南阳牛（♀）

南阳牛（图片来源：北京农业数字博物馆 http://www.agrilib.ac.cn）

秦川牛

秦川牛为中国地方良种，是中国体格高大的役用牛种之一。产于陕西省关中地区，因“八百里秦川”而得名，以渭南、临潼、蒲城、富平、大荔、咸阳、兴平、乾县、礼泉、泾阳、三原、高陵、武功、扶风、岐山15个市县为主产区，还分布于渭北高原地区。甘肃省庆阳地区原产早胜牛，20世纪70年代主要引用秦川牛改良，于1980年经省级鉴定，并入秦川牛。

关中地区自古以来种植苜蓿，也是历代粮食主产区，农民对饲养管理和牛种选择积累有丰富经验。由于当地耕作精细，农活繁重，车辆挽具笨重，牛只都比较大。选种遵循农谚：“一长”“二方”“三宽”“四紧”“五短”的要求；在毛色上非紫红色不作种用，这些对现代秦川牛的形成起到了重要作用。

秦川牛属较大型的役肉兼用品种。体格较高大，骨骼粗壮，肌肉丰满，体质强健。头部方正，肩长而斜。中部宽深，肋长而开张。背腰平直宽长，长短适中，结合良好。荐骨部稍隆起，后躯发育稍差。四肢粗壮结实，两前肢相距较宽，蹄叉紧。公牛头较大，颈短粗，垂皮发达，鬐甲高而宽；母牛头清秀，颈厚薄适中，鬐甲低而窄。角短而钝，多向外下方或向后稍弯。公牛角14.8厘米，母牛角长10厘米，毛色为紫红、红、黄色3种。鼻镜肉红色约占63.8%，亦有黑色、灰色和黑斑点的，约占32.2%。角呈肉色，蹄壳分红、黑和红黑相间三种颜色。

秦川母牛常年发情。在中等饲养水平下，初情期为9.3月龄。成年母牛发情周期为

20.9 天，发情持续期平均 39.4 小时。妊娠期 285 天，产后第一次发情约 53 天。秦川公牛一般 12 月龄性成熟，2 岁左右开始配种。秦川牛是优秀的地方良种，是理想的杂交配套品种。经肥育的 18 月龄牛的平均屠宰率为 58.3%，净肉率为 50.5%。肉细嫩多汁，大理石纹明显。泌乳期为 7 个月，泌乳量（715.8 ± 261.0）千克。

鲜乳成分为：乳脂率（4.70 ± 1.18）%，乳蛋（4.00 ± 0.78）%，乳糖率 6.55%，干物质率（16.05 ± 2.58）%。公牛最大挽力为（475.9 ± 106.7）千克，占体重的 71.7%。

2000 年 8 月，秦川牛被列入农业部颁布的《国家级畜禽品种资源保护名录》；2006 年 6 月，被列入农业部颁布的《国家级畜禽遗传资源保护名录》。

秦川牛（♂）

秦川牛（♀）

秦川牛（图片来源：北京农业数字博物馆 http://www.agrilib.ac.cn）

晋南牛

晋南牛产于山西省西南部汾河下游的晋南盆地。主要分布于运城地区的万荣、河津、临猗、水济、运城、夏县、闻喜、芮城、新绛以及临汾地区的侯马、曲沃、襄汾等县、市。

晋南盆地位于汾河下游，傍山地带泉水丰富，气候温和，具有温暖带大陆性半湿润季风气候特征。夏季高温多雨，年平均气温 10~14℃，年降水量 500~650 毫米，无霜期 160~220 天。土壤为褐土，土层厚，表层含有机质 0.7%~1.2%，适宜农作物的生长。农作物以棉花、小麦为主，其次为豌豆、大麦、谷子、玉米、高粱、花生和薯类等，素有山西粮仓之称。当地传统习惯种植苜蓿、豌豆等豆科作物，与棉、麦倒茬轮作，使土壤肥力得以维持。天然草场主要分布在盆地周围的山区丘陵地和汾河、黄河的河滩地带，给草食家畜提供了大量优质的饲料和饲草及放牧地。

晋南牛属大型役肉兼用品种。体躯高大结实，具有役用牛体型外貌特征。公牛头中等长，额宽，顺风角，颈较粗而短，垂皮比较发达，前胸宽阔，肩峰不明显，臀端较窄，蹄大而圆，质地致密；母牛头部清秀，乳房发育较差，乳头较细小。毛色以枣红为主，鼻镜粉红色，蹄趾亦多呈粉红色。晋南牛体格粗大，胸围较大，体较长，胸部及背腰宽阔，成年牛前躯较后躯发达，具有较好的役用体型。

晋南牛成年公牛体高、体长、胸围、管围和体重分别为：138.6 厘米，157.4 厘米，206.3 厘米，20.2 厘米，607.4 千克，成年母牛分别为：117.4 厘米，135.2 厘米，164.6 厘米，15.6 厘米，339.4 千克。最大行进间挽力，公牛为 275 千克，母牛为 216 千克。成年牛屠宰率为 52.3%，净肉率为 43.4%。泌乳期 7~9 个月，泌乳量 745.1 千克，乳脂率为 5.5%~6.1%。母牛 9~10 月龄开始发情，2 岁开始配种，终生产犊 7~9 头。

晋南牛具有良好的役用性能，挽力大，速度快，持久力强。晋南牛产肉性能尚好。晋南牛是一个古老的役用牛地方良种，体型高大粗壮，肌肉发达，前躯和中躯发育良好，耐热、耐苦、耐劳、耐粗饲，具有良好的役用性能；在生长发育晚期进行肥育时，饲料利用率和屠宰成绩较好，是向肉役兼用方向选育有希望的地方品种之一，但目前还存在着乳房发育较差、泌乳量低、尻斜而尖等缺点。

2000 年 8 月，晋南牛被列入农业部颁布的《国家级畜禽品种资源保护名录》；2006 年 6 月，被列入农业部颁布的《国家级畜禽遗传资源保护名录》。

晋南牛（♂）

晋南牛（♀）

晋南牛（图片来源：北京农业数字博物馆 http://www.agrilib.ac.cn）

渤海黑牛

渤海黑牛原称“无棣黑牛”，主要产于山东省惠民地区沿海一带的无棣、沾化、利津、垦利等县。分布于阳信、滨县、广饶、邹平、博兴、高青、桓台等县。

渤海黑牛属中型役肉兼用品种。角短、质致密、呈黑色。身低，体躯广而长。蹄呈木碗状，蹄质坚实，四肢病及蹄病极少。全身被毛、鼻镜、角及蹄皆黑色。

渤海黑牛成年公牛平均体高、体长、胸围、管围和体重分别为：（129.4 ± 4.0）厘米，（145.9 ± 5.8）厘米，（182.9 ± 6.3）厘米，（19.8 ± 1.0）厘米，（426.3 ± 43.8）千克，成年母牛分别为：（116.6 ± 4.9）厘米，（129.6 ± 6.9）厘米，（161.7 ± 7.8）厘米，（16.2 ± 1.0）厘米，（298.3 ± 38.7）千克。初生公犊为 20.3 千克，母犊为 17 千克。公牛屠宰率为 53.1%，净肉率为 45.4%，骨肉比 1∶5.9；阉牛分别为 50.1%、41.3% 和 1∶4.7。公牛 10~12 月龄性成熟，母牛 8~10 月龄性成熟。母牛多在 1.5 岁初配，一年一胎。

渤海黑牛具有全身纯黑、生长发育良好、耐粗饲、役用能力和肉用能力较好等优点，但存在体重较小、后躯尻部发育较差、大腿不够丰富、日增重较小等缺点。

2000 年 8 月，渤海黑牛被列入农业部颁布的《国家级畜禽品种资源保护名录》；2006

年6月，被列入农业部颁布的《国家级畜禽遗传资源保护名录》。

渤海黑牛（♂）

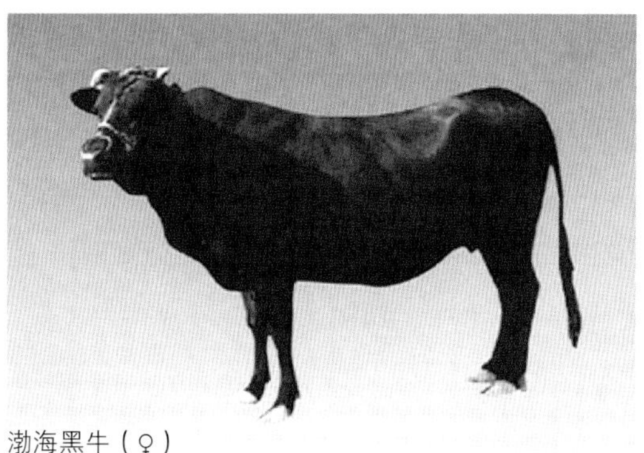
渤海黑牛（♀）

渤海黑牛（图片来源：北京农业数字博物馆 http://www.agrilib.ac.cn）

鲁西牛

鲁西牛是中国中原黄牛四大品种之一。主要产于山东省西南部的菏泽、济宁两地区境内，即北至黄河、南至黄河故道、东至运河两岸的三角地带。主要分布于菏泽地区的郓城、鄄城、菏泽、巨野、梁山和济宁地区的嘉祥、金乡、济宁、汶上等市县。聊城、泰安以及山东的东北部也有分布。产区地处平原，地势平坦，面积大而土质黏重，耕作费力，加之当地交通闭塞，其他役畜饲养甚少，耕作和运输基本都依靠役牛承担，且本地农具和车辆都极笨重，促进了群众饲养大型牛的积极性。

鲁西牛体躯结构匀称，细致紧凑，具有较好的役肉兼用体型。公牛多为平角或龙门角，母牛以龙门角为主。垂皮较发达。公牛肩峰高而宽厚。胸深而宽，后躯发育较差，尻部肌肉不够丰满，体躯明显地呈前高后低的前胜体型。母牛鬐甲较低平，后躯发育较好，背腰短而平直，尻部稍倾斜。关节干燥，筋腱明显。前肢多呈正肢势，后肢弯曲度小，飞节间距离小。 蹄质致密但硬度较差，不适于山地使役。尾细而长，尾毛常扭成纺锤状。被毛从浅黄到棕红色，以黄色为最多，约占70%以上，一般牛前躯毛色较后躯深，公牛毛色较母牛的深。多数牛的眼圈、口轮、腹下和四肢内侧毛色浅淡。俗称“三粉特征”。鼻镜与皮肤多为淡肉红色，部分牛鼻镜有黑斑或黑点。角色蜡黄或琥珀色。多数牛尾帚毛色与体毛一致，少数牛在尾帚长毛中混生白毛或黑毛。不同类型鲁西牛的外貌主要特点为：高辕牛个体高大，体躯较短，四肢长，侧视呈近正方形，角形多为龙门角和倒“八”字角，毛色较浅，黄色较多，“三粉”特征明显；行走步幅大，速度快，适于挽车运输，但持久力略差。抓地虎个体较矮，体躯粗而长，四肢粗短，胸广深，肌肉丰满，侧视成长方形。公牛多平角或倒“八”字角，母牛多不正角；行速慢但挽力大，持久力好，宜于农田耕作；屠宰率高。中间型体态与外貌介于高辕牛和抓地虎之间。

鲁西牛性情温驯，易管理，便于发挥最大的工作能力。一般中等个体和中等膘情的公牛和阉牛，日耕砂质土地5~6亩，母牛1~3亩。产肉性能良好。皮薄骨细，产肉率较高，肌纤维细，脂肪分布均匀，呈明显的大理石状花纹。一般屠宰率为 53%~55%，净肉率为 47% 左右。母牛性成熟早，妊娠期平均 285 天。

2000 年 8 月，鲁西牛被列入农业部颁布的《国家级畜禽品种资源保护名录》；2006 年 6 月，被列入农业部颁布的《国家级畜禽遗传资源保护名录》。

鲁西牛（♂）

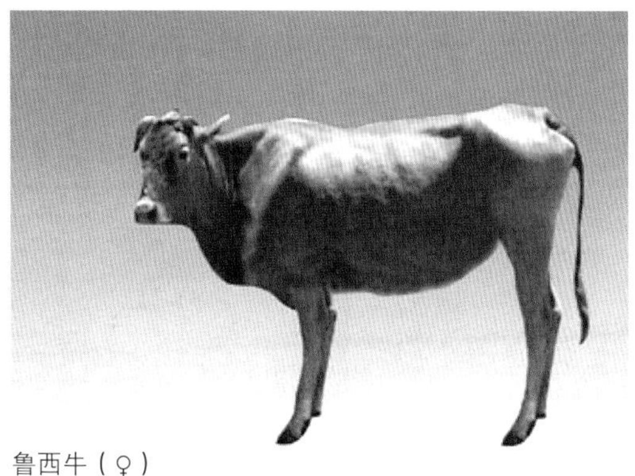

鲁西牛（♀）

鲁西牛（图片来源：北京农业数字博物馆 http://www.agrilib.ac.cn）

温岭高峰牛

温岭高峰牛原产于浙江省温岭县城南、松门、温西和大溪等地。温岭高峰牛分布于浙江省温岭县，黄岩、玉环、乐清等邻县有少量分布。

温岭县地处浙东南沿海，系平原水稻地区，也有一部分山区和半山区。境内平均海拔为 6.6 米，年平均气温为 17.3℃，最低气温为零下 6.6℃，年降水量 1 649 毫米，无霜期 251.2 天。主要农作物有水稻、甘薯、三麦、蚕豆、棉花、苜蓿和油菜等。由于该区气候温和，雨量充沛，饲草丰茂，青草期长，草质良好，加之有丰富的农副产品，利于发展养牛生产。

温岭高峰牛的主要特征为肩峰高耸，前躯发达，肌肉结实，骨胳粗壮，但后躯肌肉欠丰满。公牛头大额宽，尾粗壮开张，呈横担或龙门型，眼球圆大凸出，耳向前竖立，耳壳薄而大、内侧密生白毛。公牛颈粗大，肉垂发达，颈侧皮肤略有皱褶。母牛颈与前胸接合良好，乳房发育较好，乳头均匀分充。肩峰可分为两个类型：一是高峰型，形状象鸡冠，群众称之为“鸡冠峰”，峰高而窄，一般峰高 12~18 厘米；二是肥峰型，形状像畚斗，群众称之为“畚斗峰”，峰较低，高 10~14 厘米。毛色特征为黄色或棕黄色，眼圈、嘴环、腹下、四肢内侧及下部，常有少量灰白色细毛，有的牛背中线黑。尾帚黑色。鼻镜呈青灰色。公牛角粗壮而开张，角质基部粗糙，角尖黑而光滑发亮，呈“横担角”或“龙门角”；母牛角细短、多向前上方伸展。

温岭高峰牛成年公牛平均体高、体长、胸围、管围和体重分别为：（128.2 ± 4.2）厘米，113.8 厘米，（176.5 ± 9.9）厘米，（18.6 ± 0.7）厘米，（423.0 ± 63.1）千克，成年母牛分别为：（114.2 ± 10.0）厘米，111.6 厘米，（156.3 ± 7.8）厘米，（15.9 ± 1.1）厘米，

（289.5 ± 42.9）千克。公牛初生重为 19.5 千克。屠宰率为 52.9%，净肉率为 44.4%，骨肉比 1∶6，眼肌面积为 69.3 平方厘米。初配年龄公牛 2 岁，母牛 1.5~2 岁，母牛怀胎率为 90.5%。

温岭高峰牛是我国南方黄牛中优良的役肉兼用型地方品种之一。具有早熟、繁殖力强、发育匀称、骨胳结实、挽力大、产肉性能好、肉质佳等优良特性，主要缺点为后躯发育不良，臀部肌肉尚欠丰满，腿围小。

2000 年 8 月，温岭高峰牛被列入农业部颁布的《国家级畜禽品种资源保护名录》；2006 年 6 月，被列入农业部颁布的《国家级畜禽遗传资源保护名录》。

温岭高峰牛(♂)

温岭高峰牛(♀)

温岭高峰牛（图片来源：北京农业数字博物馆 http://www.agrilib.ac.cn）

蒙古牛

蒙古牛产于蒙古高地，在中国主要分布于内蒙古自治区及与此相邻的西北地区的新疆、甘肃和宁夏；华北地区的山西和河北；东北地区的辽宁、吉林、黑龙江等省区。在内蒙古，主要分布在锡林郭勒、昭乌达、哲里木、兴安四个盟，即分布在湿润度在 27% 以上的干草原地区；在新疆，蒙古牛数量也多，主要分布在巴音郭楞蒙古自治州和阿克苏地区等地；在黑龙江，主要分布在嫩江、绥化和松花江的部分地区；在甘肃、青海、宁夏等省、自治区分布亦广。

主要产区内蒙古多为高原和山地，一般海拔为 1 000~1 500 米，为典型的大陆性气候，年平均气温 0~6℃，年降水量 150~450 毫米，无霜期 80~150 天。境内土壤由东北向西南依次为黑土、黑钙土、栗钙土、棕钙土、灰钙土和荒漠土。植被组成，大部为干草原、半荒漠和荒漠地带，间有戈壁和少数沙丘。主要牧草为禾本科和菊科，间有豆科牧草。农业主要集中在黄辽灌区、土默川和一些水热条件较好的地区。主要作物有小麦、玉米、大豆、高粱、谷子、莜麦、大麦、糜黍、薯类等。

蒙古牛头短而粗重，角长、向上前方弯曲、呈蜡黄或青紫色，角质致密有光泽，平均角长：母牛为 25 厘米，公牛 40 厘米，角间线短，角间中点向下的枕骨部凹陷有沟。肉垂不发达。鬐甲低下。胸扁而深，背腰平直，后躯短窄，尻部倾斜。乳房基部大，结缔组织少，但乳头小。四肢短，蹄质坚实。从整体看，前躯发育比后躯好。皮肤较厚，皮下结缔组织发达。毛色多为黑色或黄（红）色，次为狸色、烟熏色。

蒙古牛母牛 8~12 月龄开始发情，2 岁时开始配种，发情周期为 19~26 天，产后第一次发情为 65 天以上，母牛发情集中在 4~11 月。平均妊娠期为 284.8 天。怀公犊与怀母犊的妊娠期基本没有区别。蒙古牛中等营养水平的阉牛平均宰前重可达 376.9 千克，屠宰率为 53%，净肉率为 44.6%，骨肉比 1：5.2，眼肌面积 56.0 平方厘米。放牧催肥的牛一般都超不过这个肥育水平。母牛在放牧条件下，年产奶 500~700 千克，乳脂率 5.2%，是当地土制奶酪的原料，但不能形成现代商品化生产。成年蒙古牛一般屠宰率为 41.7%，净肉率为 35.6%。

2000 年 8 月，蒙古牛被列入农业部颁布的《国家级畜禽品种资源保护名录》；2006 年 6 月，被列入农业部颁布的《国家级畜禽遗传资源保护名录》。

蒙古牛（♂）

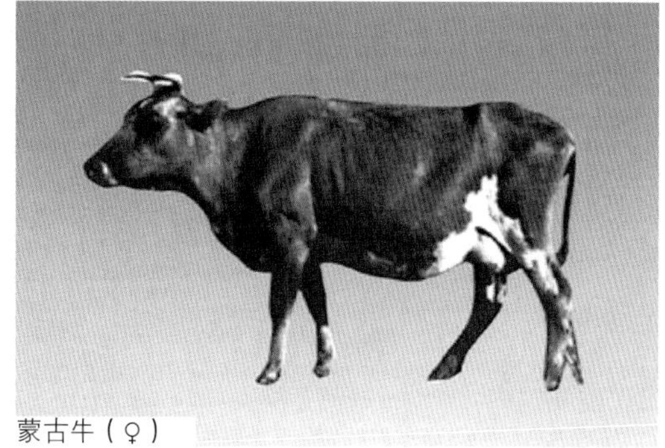
蒙古牛（♀）

蒙古牛（图片来源：北京农业数字博物馆 http://www.agrilib.ac.cn）

雷琼牛

雷琼牛原产于广东省雷州半岛最南端的徐闻县和海南岛的琼山县、澄迈县和海口市郊等沿海低缓的丘陵地带。

雷琼牛公牛角长，略弯曲或直立稍向外弯，母牛角短，或无角。垂皮发达。肩峰隆起，尾根高、尾长、且丛生黑毛。四肢结实，管围略细，蹄坚实。皮薄而有弹性。被毛细短，且富光泽，毛色以黄色居多，其次有黑色及不同深浅程度的褐色。

雷琼牛成年公牛体高为 119.7 厘米，母牛为 104.8 厘米，公牛体重为 282.4 千克，母牛为 215.6 千克。屠宰率为 49.6%，净肉率为 37.3%，泌乳量 400~500 千克，日产奶为 4~5 千克。公母牛 2 岁开始配种，繁殖率为 84.7%，成活率为 87.8%，一般一年一胎。

2000 年 8 月，雷琼牛被列入农业部颁布的《国家级畜禽品种资源保护名录》；2006 年 6 月，被列入农业部颁布的《国家级畜禽遗传资源保护名录》。

雷琼牛（♂）

雷琼牛（♀）

雷琼牛（图片来源：北京农业数字博物馆 http://www.agrilib.ac.cn）

郏县红牛

郏县红牛原产于河南省郏县，毛色多呈红色，故而得名。郏县红牛现主要分布于郏县、宝丰、鲁山 3 个县和毗邻各县以及洛阳、开封等地区部分县境。

产区地处南暖温带南部，气候温和，年平均气温 14.6℃，雨量充沛，年降水量 760 毫米，无霜期长达 210~220 天。河流纵横，水草丰盛，天然牧草种类繁多，除大部分为禾本科外，尚有野苜蓿、野豌豆等豆科牧草，为养牛提供了良好的放牧条件。农业生产较发达，作物种类多，饲料来源广，加之采取舍饲与放牧相结合的饲养方式，使牛只长期得到丰富的营养与良好的锻炼。这是形成郏县红牛体质结实，肌肉发达，结构匀称，后驱发育较好的主要条件。产地地势复杂，土质不一，砾质土和黄黏土地带耕作负担量大，工具笨重，这就需要体大力强的役牛，因此，群众有选留大牛、壮牛的习惯。

郏县红牛外貌比较一致，体格中等，体质结实，骨胳粗壮，体躯较长，从侧面看呈长方形，具有役肉兼用体型。垂皮较发达，肩峰稍隆起，尻稍斜，四肢粗壮，蹄圆大结实。公牛鬐甲宽厚，母牛乳房发育较好，腹部充实。毛色有红、浅红及紫红 3 种。红色占 48.51%，浅红占 24.26%，紫红占 27.23%。红色和浅红色牛有暗红色背线及色泽较深的尾帚，部分牛的尾帚中夹有白毛。郏县红牛由于未经系统选育，故角形很不一致，以向前上方弯曲和向两侧平伸者居多，而向前下方弯曲者，在母牛中亦不少见。角偏短、质细密、富光泽，色泽以红色和蜡黄色，角尖呈紫红者为多。

郏县红牛为役肉兼用型黄牛，成年公牛体高、体长、胸围、管围和体重分别为：（126.1 ± 7.0）厘米，（138.1 ± 6.2）厘米，（173.7 ± 11.8）厘米，（18.1 ± 1.2）厘米，（425.0 ± 64.5）千克，成年母牛分别为：（121.2 ± 6.2）厘米，（132.8 ± 7.2）厘米，（161.5 ± 7.8）厘米，（16.8 ± 1.2）厘米，（364.6 ± 47.2）千克。最大挽力公牛为 405.6 千克，母牛为 322.9 千克。未经肥育成年牛屠宰率为 51.5%，净肉率为 40.9%，眼肌面积为 69 平方厘米，骨肉比 1∶5.1。公牛 1 岁达到性成熟，母牛 2 岁开始配种，繁殖年限为 12~13 年。

郏县红牛属河南地方优良品种，虽未经系统选育，但外貌比较一致，后躯发育较好，结构匀称，遗传性稳定，役用能力强，肉用性能较好，并具早熟、繁殖力高等特点。

2006 年 6 月，郏县红牛被列入农业部颁布的《国家级畜禽遗传资源保护名录》。

郏县红牛（♂）

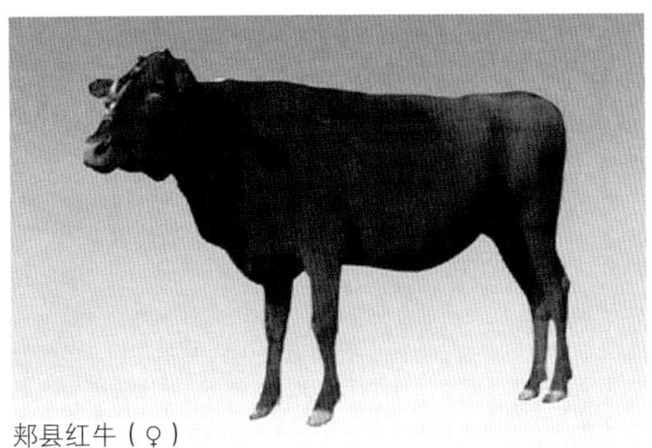
郏县红牛（♀）

郏县红牛（图片来源：北京农业数字博物馆 http://www.agrilib.ac.cn）

巫陵牛（湘西牛）

巫陵牛（包括恩施牛、湘西牛、思南牛）产于湖南、湖北、贵州三省交界处。巫陵牛主要分布于湘西的凤凰、大庸、花垣、桑植、永顺、慈利 6 县，黔东北的思南、石阡、沿河、务川、德江、道真及正安 7 县以及鄂西南的恩施地区。

产区境内多大山峡谷，地势高低悬殊，地形复杂，海拔 800~1 400 米，高者达 2 000 米以上，低者在 100 米以下，有高山、中山、低山、丘陵之分。由于产区境内地形复杂，地势高低不一，形成小气候。最高温有达 42℃，最低气温 -12℃，一般年降水量 1 200~1 700 毫米，无霜期 200~320 天。产区草场辽阔，牧草繁茂，有养牛所需的放牧地和丰富的饲草资源，为我国南方黄牛的重要产区之一。

巫陵牛被毛黄色最多，栗色、黑色次之。角形不一。公肩峰肥厚，高出背线 6~8 厘米，母肩峰不明显。尻斜，肢长中等，四肢强健，后肢飞节内靠，蹄形端正，蹄质坚实，尾较长。

巫陵牛成年公牛平均体高、体长、胸围、管围和体重分别为：114.9 厘米，129.0 厘米，158.6 厘米，16.4 厘米，308.1 千克，成年母牛分别为 105.0 厘米，118.3 厘米，144.8 厘米，14.4 厘米，232.1 千克。屠宰率公牛为 50.1%，母牛为 51.1%，净肉率公牛为 40.1%，母牛为 39.7%，眼肌面积公牛为 58.6 平方厘米，母牛为 50.1 平方厘米。公牛 18~24 月龄性成熟，母牛为 10~12 月龄，初配年龄公母牛 2.5 岁。

巫陵牛具有体质结实、肢蹄强健、行动灵活、善于爬山、耐劳、耐旱、抗湿及耐粗等特性。

2006 年 6 月，巫陵牛被列入农业部颁布的《国家级畜禽遗传资源保护名录》。

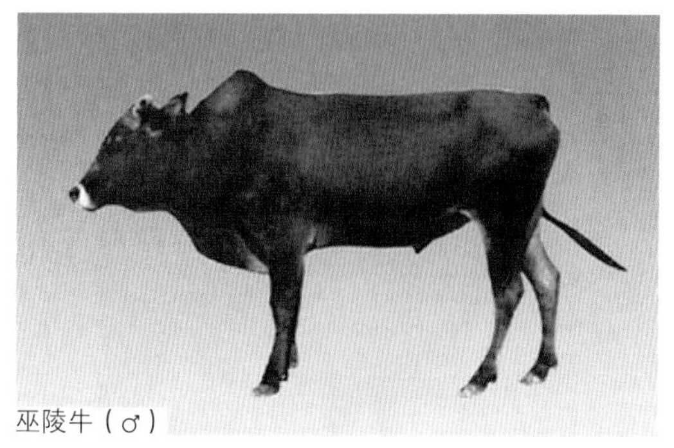
巫陵牛（♂）

巫陵牛（♀）

巫陵牛（图片来源：北京农业数字博物馆 http://www.agrilib.ac.cn）

辽宁绒山羊

辽宁绒山羊产区位于辽东半岛的步云山区周围，属长白山余脉，产区主要分布在辽宁省盖州、庄河、岫岩、凤城、宽甸、瓦房店、新宾、恒仁、辽阳9个县（市）。产区属暖温带湿润气候，年平均气温为7~8℃，年降水量700~1 200毫米，全年日照时数2 600~2 800小时，无霜期150~170天，平均海拔500~1 200米。辽宁省从1965年起开始在盖州市建立育种场，组织育种羊群，进行有计划的本品种培育，于1983年通过鉴定，1984年国家标准局颁布了《辽宁绒山羊（GB 4630—84）国家标准》，至1998年共有绒山羊70万只。辽宁绒山羊是我国乃至世界上的优良山羊品种之一，以产绒量高、绒质好而著称，是列入《中国羊品种志》和《国家级畜禽品种资源保护名录》的品种之一。

辽宁绒山羊体格大，毛色纯白，公、母羊都有角，公羊角粗大并向两侧平直伸展，母羊角较小，向后上方生长，体质结实，结构匀称，头较大，颈宽厚，背平直，后躯发达，四肢健壮有力，被毛光泽好。辽宁绒山羊体重，成年公羊（81.7 ± 4.8）千克，成年母羊（43.2 ± 2.6）千克；育成公羊体重（37.3 ± 3.2）千克，育成母羊（26.6 ± 1.9）千克。辽宁绒山羊的被毛由绒毛和粗毛混合组成，绒毛长度成年公羊6.8厘米，周岁公羊5.9厘米，成年母羊6.3厘米，周岁母羊5.7厘米；羊绒细度3岁公羊16.67~1.01微米，3岁母

辽宁绒山羊
（图片来源：新疆金牧网 http://www.xjjmw.com）

羊（15.4 1 ± 0.80）微米，周岁公羊（13.20 ± 1.02）微米，周岁母羊 3.70~1.07 微米；净绒率 76.37%。辽宁绒山羊产肉性能良好，成年公羊宰前体重 49.84 千克，胴体重 24.33 千克，净肉重 11.54 千克，屠宰率 50.65%；成年母羊相应为 41.50 千克，20.74 千克，14.07 千克和 52.66%。辽宁绒山羊公、母羊 7~8 月龄开始发情，周岁产羔，羔羊初生重 2.5 千克左右，平均产羔率 120%~130%。

2000 年 8 月，辽宁绒山羊被列入农业部颁布的《国家级畜禽品种资源保护名录》；2006 年 6 月，被列入农业部颁布的《国家级畜禽遗传资源保护名录》。

内蒙古绒山羊（阿尔巴斯型、阿拉善型、二狼山型）

内蒙古绒山羊产于内蒙古自治区伊克昭盟鄂托克旗，经过长期自然选择和人工选择培育而成。因终年放牧在阿尔巴斯山地草场而得名。产区位于东经 106°~108°，北纬 38°~40°，属于典型的温带半干旱草原气候，海拔 1 475 米。夏季炎热，冬季严寒，干旱少雨。年平均气温 6.4℃，最高气温 36.7℃，最低气温 −35.7℃，无霜期 120~150 天，年平均降雨量 288 毫米。草场植被以旱生牧草和灌木为主；牧草一般 5 月份返青，10 月中旬枯黄，羊只全年放牧。

内蒙古绒山羊头小，公母羊均有角。公羊角大，向后、向外伸展，呈扁螺旋状；母羊角小。体躯呈长方形，被毛全白色；根据被毛可分为长毛型和短毛型，短毛型绒厚密。成年公羊春季平均体质量 33.88 千克，秋季可增体质量 10 余千克；成年母羊春季平均体质量为 28.78 千克，秋季为 37.31 千克。

内蒙古绒山羊成年母羊产绒量为 270~295 克。据测定：151 只特一级公羊平均产绒量为 483.18 克，5 056 只特一级母羊平均产绒量为 369.45 克；绒的平均细度为 14.01 微米，长度为 5.53 厘米，净绒率为 75%。产肉性能：秋季屠宰，羯羊胴体质量 10~15 千克，屠宰率为 43% 左右。

内蒙古绒山羊公母羔一般 7~8 月龄达到性成熟。母羊常年发情，发情周期平均 15~17 天，持续期为 48 小时，适宜配种年龄为 1.5 岁。产区多采用自然交配，公母比例为 1∶50~1∶70，一般单羔。阿尔巴斯型绒山羊生性活泼、好斗，耐粗饲，具有对干旱气候极

内蒙古绒山羊
（图片来源：新疆金牧网 http://www.agrilib.ac.cn）

好的忍耐力和极强的适应性，抗病力强，易管理，繁殖性能好。

2000 年 8 月，内蒙古绒山羊被列入农业部颁布的《国家级畜禽品种资源保护名录》；2006 年 6 月，被列入农业部颁布的《国家级畜禽遗传资源保护名录》。

小尾寒羊

小尾寒羊原属古代北方蒙古羊。随着历代人民的迁移，把蒙古羊引入自然生态环境和社会经济条件较好的中原地区以后，经过长期地选择和精心地培育，而形成的地方优良的多胎高产的裘（皮）肉兼用型绵羊品种。新中国成立后，从 20 世纪 50 年代开始引用国内外细毛羊优良品种与小尾寒羊杂交改良，至 70 年代，原产区小尾寒羊已基本绝迹，为杂种细毛羊取代。现在小尾寒羊主要分布在山东省南部、河南省东部及东北部、河北省南部以及皖北、苏北地区，是农区较优良的绵羊品种之一，因其繁殖力高、生长快而用于肉羊杂交改良的母本。

小尾寒羊体质结实，鼻梁隆起，耳大下垂，少数羊眼圈周围有黑色刺毛，公羊有大的螺旋形角，母羊有小角、姜角或角跟。公羊前胸较深，背腰平直，身躯高大，侧视呈长方形，四肢粗壮。前后躯发育匀称，蹄质坚实；尾略呈椭圆形，尾下端有纵沟，尾长在飞节以上，毛色多为白色，少数在头部及四肢有黑褐色斑点、斑块。

小尾寒羊性成熟早，母羊四季发情，母羊 5~6 月龄即发情，发情周期为 18 天左右，妊娠期为 149（145~154）天。当年可产羔，公羊 7~8 个月龄可配种。小尾寒羊生长发育快，周岁公羊体高 92.85 厘米，周岁母羊为 80.32 厘米，成年公羊为 99.85 厘米，成年母羊为 82.34 厘米；体重周岁公羊为 91.92 千克，周岁母羊为 60.49 千克，成年公羊为 113.33 千克，成年母羊为 65.85 千克。小尾寒羊一年可产两胎或两年三胎。大多数一胎产 2 羔，也有一胎产 3、4 羔，最多可产 7 羔。产羔率平均为 270%，居我国绵羊品种之首。小尾寒羊每年剪毛两次，春季剪毛平均剪毛量公羊 1.25~2.25 千克，母羊 0.75~1 千克，秋季剪毛公羊 1~1.5 千克，母羊 0.5~1 千克。

小尾寒羊不仅产肉性能好，而且剥制裘皮质量优良。小尾寒羊的羔皮，以大毛羔皮的

小尾寒羊（♂）

小尾寒羊（♀）

小尾寒羊（图片来源：北京农业数字博物馆 http://www.agrilib.ac.cn）

品质最好（30~60日龄宰杀剥取的毛皮），该羔皮毛股结实，长5.04厘米，粗7.79毫米，有弯曲数3.2个，羔皮总面积为2 806平方厘米，其中有花面积占98.6%。

小尾寒羊适于农区舍饲，羔皮也适于制裘等优点。但是，小尾寒羊至今在品种内、体型外貌和生产力以及在个体和地区分布之间差异还很大，被毛异质，体躯部圆浑，肋骨开张不够，呈扁型，胸宽胸深欠佳，肉用体型不明显。因此，在发展我国肉羊业过程中，利用小尾寒羊作为一个母系品种是比较好的素材。

2000年8月，小尾寒羊被列入农业部颁布的《国家级畜禽品种资源保护名录》；2006年6月，被列入农业部颁布的《国家级畜禽遗传资源保护名录》。

中卫山羊

中卫山羊是我国独特而珍贵的裘皮山羊品种，又称“沙毛山羊”。产于宁夏的中卫、中宁、同心、海原、甘肃中部的皋兰、会宁等县及内蒙古阿拉善左旗。

中卫山羊体质结实，体格中等，成年羊头青秀，面部平直，额部有丛毛一束，有髯。公、母羊都有角，向后上方并向外延伸呈半螺旋状。体躯短而深，近似方形，结构匀称，结合良好，四肢端正，蹄质结实。被毛白色，光泽悦目，成年羊被毛形成独特的具有波浪形弯曲的毛股结构，主要由粗毛和两型毛组成。初生羔羊被毛具有波浪形弯曲。

中卫山羊羔羊在35日龄时屠宰毛皮品质最佳，毛股自然长度7.5厘米。平均裘皮面积为1 709.3（1 360~3 392）平方厘米。冬羔裘皮品质比春羔好。成年公羊抓绒量164~240克，母羊140~190克。剪毛量低，公羊平均400克，母羊300克，毛长14.5~18厘米，具有马海毛的特征。成年公羊体重为54.25千克，母羊37千千克。6月龄左右性成熟，1.5岁左右开始配种，繁殖率低，产羔率103%。

2000年8月，中卫山羊被列入农业部颁布的《国家级畜禽品种资源保护名录》；2006年6月，被列入农业部颁布的《国家级畜禽遗传资源保护名录》。

中卫山羊（♂）

中卫山羊（♀）

中卫山羊（图片来源：北京农业数字博物馆 http://www.agrilib.ac.cn）

长江三角洲白山羊（笔料毛型）

长江三角洲白山羊主要分布在江苏南通、苏州、扬州，上海郊县和浙江的嘉兴、杭州等地，是我国生产笔料毛的山羊品种。

长江三角洲白山羊公母羊均有角、有髯，头呈三角形，前躯窄，后躯丰满，背腰平直，被毛短而直，光泽好，羊毛洁白，弹性好。长江三角洲白山羊羊毛挺直有峰，是制作毛笔的优质原料。

长江三角洲白山羊成年公羊体重 28.6 千克，母羊 18.4 千克，羯羊 16.7 千克，初生时公羔 1.2 千克，母羔 1.1 千克，当地群众喜吃带皮山羊肉。羯羊肉质肥嫩，膻味小。所产板皮品质好，皮质致密、柔韧，富光泽。性成熟早，母羊 6~7 月龄可初配，经产母羊多集中在春秋两季发情。两年产三胎，初产每胎 1~2 羔，经产母羊每胎 2~3 羔，最多可达 6 羔，平均产羔率 228.6%。

2000 年 8 月，长江三角洲白山羊被列入农业部颁布的《国家级畜禽品种资源保护名录》；2006 年 6 月，被列入农业部颁布的《国家级畜禽遗传资源保护名录》。

长江三角洲白山羊(♂)

长江三角洲白山羊（♀）

长江三角洲白山羊（图片来源：北京农业数字博物馆 http://www.agrilib.ac.cn）

乌珠穆沁羊

乌珠穆沁羊产于内蒙古自治区锡林郭勒盟东部乌珠穆沁草原，故以此得名。主要分布在东乌珠穆沁旗和西乌珠穆沁旗，以及毗邻的锡林浩特市、阿巴嘎旗部分地区。

乌珠穆沁羊体质结实，体格大。公羊有角或无角，母羊多无角。胸宽深，肋骨开张良好，胸深接近体高的 1/2，背腰宽平，后躯发育良好。尾肥大，尾中部有一纵沟，将尾分成左右两半。毛色以黑头羊居多，约占 62%，全身白色者约占 10%，体躯花色者约 11%。

乌珠穆沁羊属肉脂兼用短脂尾粗毛羊，以体大、尾大、肉脂多、羔羊生产发育快而著称。乌珠穆沁羊的饲养管理极为粗放，终年放牧，不补饲，只是在雪大不能远牧时稍加补草。乌珠穆沁羊是在当地特定的自然气候和生产方式下，经过长期的自然和人工选择而逐渐育成的。

乌珠穆沁羊生长发育较快，2.5~3 月龄公、母羔羊平均体重为 29.5 和 24.9 千克；生后 6 个月龄的公、母羔平均达 39.6 和 35.9 千克。在完全放牧不补饲的条件下，当年羔羊的体重一般能达到 3 岁半羊体重的 50% 以上，少部分能达到 60%~65%。生长高峰为 2 月龄，日增重可达 300 克以上，个别试验组羊可达 400 克。6 月龄平均日增重 200~300 克。在不加任何补饲的条件下，成年羊秋季的屠宰率一般可达 50% 以上。据测定，成年阉羊秋季屠宰前活重为 60.13 千克，胴体平均重 32.3 千克，屠宰率 53.8%，净肉重 22.5 千克，净肉率 37.42%，脂肪（内脂肪及尾脂）重 5.87 千克，脂肪率 9.76%。

乌珠穆沁羔羊肉味鲜美，可供大批量肥羔生产。6 月龄羯羊平均活重 35.64 千克，胴体重 17.83 千克，屠宰率 50.02%，净肉重 11.73 千克，净肉率 32.93%，脂肪重 2.55 千克。乌珠穆沁羊年剪毛两次，产毛量低，毛质差。成年公、母羊平均年剪毛量为 1.9 和 1.4 千克，周岁公、母羊为 1.4 和 1.0 千克。净毛率高，平均为 72.3%（60%~88%）。乌珠穆沁羊泌乳性能较强，6~7 月间可挤奶 1.5~2 个月，产羔率低，仅 100.69%。

乌珠穆沁羊具有游走、采食、抓膘、贮脂、抗寒、抗风雪能力强和体大、肉多、脂尾肥厚、肉质鲜美、羔羊生长发育快等特点。6 月龄羯羊体重平均达到 42 千克，出肉 15 千克，成年羯羊一般胴体重 39 千克，净肉重 32 千克，脂尾重 5 千克多。乌珠穆沁羊肉水分含量低，富含钙、铁、磷等矿物质，肌原纤维和肌纤维间脂肪沉淀充分。自 1983 年以来，已累计向中东地区出口活羊 100 多万只。

2000 年 8 月，乌珠穆沁羊被列入农业部颁布的《国家级畜禽品种资源保护名录》；2006 年 6 月，被列入农业部颁布的《国家级畜禽遗传资源保护名录》。

乌珠穆沁羊(♂)

乌珠穆沁羊(♀)

乌珠穆沁羊（图片来源：北京农业数字博物馆 http://www.agrilib.ac.cn）

同羊

陕西同羊是我国优良的绵羊品种之一。自古以来，以其被毛柔细、肉质细嫩、羔皮洁白、花穗美观，具有珍珠样弯曲，并有硕大的脂尾著称。

同羊产区为半湿润易干旱区。近百年来，该品种推广到东邻的朝鲜和国内许多省（区）繁育良好，特别适应于我国干旱与半干旱区的生态条件，抗逆性很强。全国著名养羊学专家、中国农业大学教授蒋英先生这样评价同羊：将优质半细毛、羊肉、脂尾和珍贵的皮毛集于一身的同羊，不仅在中国，就是在世界上亦是稀有的绵羊品种，堪称世界绵羊品种资源中非常宝贵的基因库之一。

同羊屠宰率53%以上，净肉率41%以上，羊肉细嫩多汁，味美而色泽鲜明，尾脂成块，洁白如玉，食之肥而不腻；瘦肉绯红，肌纤维细嫩，烹之易烂，食之可口。至今，同羊肉仍为陕西关中地区广大人民群众所喜爱，当地饭馆所售水盆羊肉、羊肉泡馍、腊羊肉等食品所用的主要材料，均以同羊肉为上选。商家常以同羊的肥脂尾为幌子招徕顾客。

同羊被毛为同质和基本同质的半细毛，所产羔皮自古驰名，羔皮的特点是颜色洁白，具有珍珠样卷曲，花案美观悦目，即所谓珍珠皮。自唐作为皇室之贡品。据明、清资料记载，今大荔羌白、官池镇古系同羊皮的集散地，来自河北、山西等地的商贾，裘侩争相抢购。但现在产品极少，市场罕见。

同羊的主要缺点是产羔率低，仅105%左右；产毛量不高，平均1.5~2.5千克，20多年来，利用小尾寒羊和罗姆尼羊为同羊导血，先后选育出具有高繁殖率（190%~240%），高产肉力的多胎高产类型和肉毛兼优的优良群体，很受群众欢迎。

同羊为我国著名的肉毛兼用脂尾半细毛羊，属古老的地方良种之一，为《中国羊品种志》选载。千余年来，同羊经久不衰地繁育在华夏大地上，表现出对我国干旱、半干旱地区生态条件具有极强的适应能力，并以其独特的肉、毛、皮生产性能为人们所百般青睐，惟产羔率和产毛量较低。因此，应在继续加强本品种选育提高保持其优良品质的同时，导入外血（如小尾寒羊、罗姆尼羊、无角陶塞特羊等），提高同羊的繁殖率、产肉力和改善被毛品质，进行经济杂交，逐步建成我国农区具有一定规模的肉羊产业化生产基地。

2000年8月，同羊被列入农业部颁布的《国家级畜禽品种资源保护名录》；2006年6月，被列入农业部颁布的《国家级畜禽遗传资源保护名录》。

陕西同羊（♂♀）

陕西同羊（♂♀）

同羊（图片来源：北京农业数字博物馆 http://www.agrilib.ac.cn）

西藏羊（草地型）

西藏羊是我国地方绵羊品种中数量多、分布广的绵羊品种。原产于西藏高原。其中：①草地型西藏羊，在西藏境内的分布于冈底斯山、念青唐古拉山以北藏北高原和雅鲁藏布江的河流地带；青海境内的分布于海北、海西、海南、黄南、玉树、果洛藏族自治州广阔的高寒牧区；四川境内的分布于甘孜、阿坝北部牧区；甘肃境内的分布于夏河、碌曲县地区。②三江型西藏羊主要分布在昌都地区横断山脉的三江流域。③山谷型西藏羊，主要分布于青海省玉树和果洛藏族自治州的昂欠、班玛及玛沁县地区及四川省阿坝南部牧区。

草地型西藏羊产区地势高寒，海拔均在3 500~5 000米，多数地区气温平均在-1.9~6℃，无绝对无霜期，年降水量为300~800毫米，相对湿度为40%~70%。草场有高原草原草场、高原荒漠草场、亚高山草甸草场、半干旱草甸草场。牧草生长期短，枯草期长，植被稀疏，覆盖度差。在这种环境条件下生长的羊，体格均较大，体躯被毛以白色为主，呈毛辫结构、且长。羊毛光泽好，富有弹性。三江型西藏羊产区为高山深谷地貌，气候垂直变化明显。年平均气温为7.6~8.11℃，年降水量为450~800毫米，相对湿度在50%以上，无霜期为127~205天，气候温暖潮湿，是农林牧综合发展的地区。草场主要是高山草甸草场和山地疏林草场，牧草覆盖度为70%~90%，草质优良。山谷型西藏羊产区海拔在2 000~4 000米，主要是高山峡谷地貌，气候垂直变化明显。年平均气温为2.4~13℃，年降水量为500~800毫米。草场以草甸草场和灌丛草场为主。

草地型西藏羊体质结实。头粗糙呈长三角形，鼻梁隆起，公、母羊都有角，公羊角粗壮、多呈螺旋状向两侧伸展，母羊角扁平较小、呈捻转状向外平伸。前胸开阔，背腰平直，骨胳发育良好。四肢粗壮，蹄质坚实。尾呈短锥形，长12~15厘米，宽5~7厘米。毛色，以体躯白色、头肢杂色者居多，约占81.42%，体躯为杂色者约占7.71%，纯白者占7.51%，全身黑色者占3.36%。三江型西藏羊体躯呈长方型。公羊角形有两种，一是向后向前呈大弯曲，另一种向外呈扭曲状。母羊大部分有角。尾呈锥形，公羊尾长平均为12厘米。大多敷头、颈、尾部有黑色或褐色斑块。被毛属异质毛。毛色全白色和体躯白色者仅占42.0%。山谷型西藏羊体格小。头呈三角形，鼻梁隆起，公羊多有角，角短小，向上向后弯，母羊多无角，偶有小钉角。背腰平直，体躯呈圆桶状。尾短小，呈圆锥形，母羊尾长平均为10厘米。毛色全白和体躯白色者约占64%。

草地型西藏羊成年公羊平均体高、体长、胸围和体重分别为：68.3厘米，74.8厘米，90.2厘米，49.8千克，成年母羊分别为：65.5厘米，70.6厘米，84.9厘米，41.1千克。羊毛品质：被毛由绒毛、两型毛、粗毛及少量干死毛组成，毛辫长20~23厘米，最长达50厘米。剪毛量：公羊1.3千克，母羊为0.9千克。羊毛细度：细毛20微米，两型毛40~45微米，粗毛60~80微米。毛纤维类型重量比：细毛66.7%，两型毛19.5%，粗毛11%，净毛率70%。被毛为优质地毯毛原料。成年羯羊屠宰率46%。繁殖性能：一年一产，均为单羔。三江型西藏羊成年公羊体重平均为39.7千克，成年母羊平均为33.9千克。繁殖率

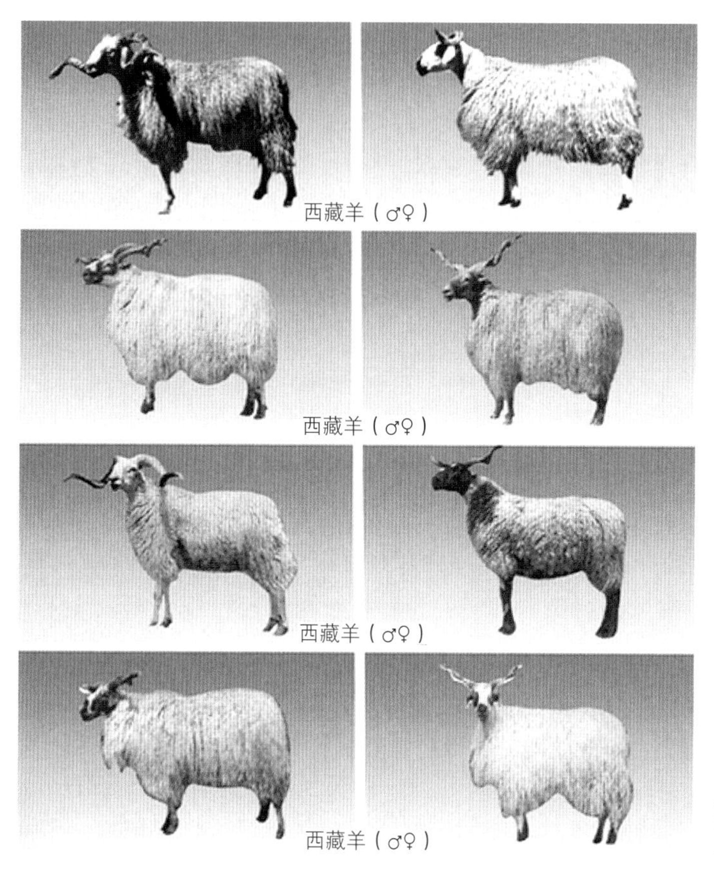

西藏羊（图片来源：北京农业数字博物馆 http://www.agrilib.ac.cn）

较低，每胎产单羔。剪毛量，成年公羊平均为 1.1 千克，成年母羊平均为 1.0 千克，毛较长，细毛长度，公羊平均为 11.9 厘米，母羊平均为 8.8 厘米；粗毛长度，公羊平均为 16.5 厘米，母羊平均为 13.7 厘米。净毛率平均为 79.03%，羊毛含脂率平均为 4.17%。山谷型西藏羊成年公羊体重平均为 19.7 千克，成年母羊平均为 18.6 千克。屠宰率平均为 48.7%。剪毛量，成年公羊平均为 0.6 千克，成年母羊平均为 0.5 千克。毛被质量差，普遍有干死毛。

2000 年 8 月，西藏羊被列入农业部颁布的《国家级畜禽品种资源保护名录》；2006 年 6 月，被列入农业部颁布的《国家级畜禽遗传资源保护名录》。

西藏山羊

西藏山羊产于西藏及四川、甘肃、青海部分地区。分布于西藏自治区全境，四川省甘孜、阿坝藏族自治州，青海省玉树、果洛藏族自治州等地区，是一个毛绒兼用的古老地方山羊品种。

西藏山羊公母羊均有角，公羊角型有倒“八”字形和向外扭去伸展两种类型。母羊角细，多向两侧扭去。个体小，额宽、耳长，颈细长，背腰平直，体质结实，前胸发达，肋骨拱张良好，腹大不下垂。母羊乳房不发达，乳头小。被毛杂色以黑、青色为主，约占 56%，白色仅占 7.88%，体白、头肢花者占 18.7%。

西藏山羊每年可剪毛、抓绒各一次，成年公羊剪毛 418.3 克，抓绒 211.8 克，母羊剪毛 339.0 克，抓绒 183.8 克。由于体格小，产肉量很低，成年羯羊宰前体重 25.5 千克，屠宰率 48.3%。母羊有 3 个月的泌乳期，日均产奶 0.2 千克，母羊性成熟晚，1.5 岁初配，一年一胎，一胎一羔，产羔率约 110.0%。

2000 年 8 月，西藏山羊被列入农业部颁布的《国家级畜禽品种资源保护名录》；2006 年 6 月，被列入农业部颁布的《国家级畜禽遗传资源保护名录》。

西藏山羊（♂）

西藏山羊（♀）

西藏山羊（图片来源：北京农业数字博物馆 http://www.agrilib.ac.cn）

济宁青山羊

济宁青山羊产于山东省菏泽、济宁地区的曹县、单县、成武、定陶、金乡、嘉样等 20 多个市县，所产羔皮称猾子皮，是我国独特的羔皮用山羊品种。

济宁青山羊公母羊均有角，角向上、向后上方生长，有须，有髯，颈部较细长，背直，尻微斜，腹部较大，四肢短而结实。尾巴小，向上前方翘。体格小，结构匀称，又叫“狗羊”。被毛由黑白两种纤维组成，外观呈青色，黑色纤维在 30% 以下为粉青色，30%~40% 者为正青色，50% 以上为铁青色。被毛结构较为复杂，大致有以下几种类型，即细长毛（毛长在 10 厘米以上者）、细短毛、粗长毛、粗短毛等。品质较好的是占多数的细长毛类型。初生羔羊被毛类型则有波浪形花纹、流水形花纹、隐暗花纹和片花纹等不同类型。全身有“四青一黑”特征，即背部、唇、角、蹄为青色，两前膝为黑色。

济宁青山羊繁殖力高是该品种的重要特征，母羊一岁前即可产第一胎，初产母羊平均产羔率 163.1%，一生平均产羔率 293.7%，最多时一胎可产 6~7 羔。年产两胎，或两年产三胎。

济宁青山羊以生产各类猾子皮著称，3 日龄羔羊被毛短，紧密适中，所得皮板品质最佳。成年公羊可剪毛 230~330 克，母羊 150~250 克，公羊抓绒 50~150 克，母羊 25~50 克。成年羯羊宰前体重 20.1 千克，屠宰率 56.7%。

2000 年 8 月，济宁青山羊被列入农业部颁布的《国家级畜禽品种资源保护名录》；2006

年6月，被列入农业部颁布的《国家级畜禽遗传资源保护名录》。

济宁青山羊（♂）

济宁青山羊（♀）

济宁青山羊（图片来源：北京农业数字博物馆 http://www.agrilib.ac.cn）

贵德黑裘皮羊

贵德黑裘皮羊主要产于青海海南藏族自治州的贵南、贵德、同德等县。产区为昼夜温差大、气候干旱、无霜期短、牧草种类单纯和生长期短、植株低矮、植被稀疏的青海高寒牧区。

贵德黑裘皮羊属短瘦尾型羊。体质结实，公母羊均有角，公羊多呈扁形扭转向两侧伸展，鼻梁隆起，两耳下垂。体躯呈长方形，背平直，四肢较高。成年羊毛被分为黑色、灰色和褐色。以生产黑色二毛裘皮为主要特性，具有皮板坚韧、柔软、毛色油黑、光泽悦目、花穗紧实美观、保暖性强等特点。

贵德黑裘皮羊成年公羊体重为56千克，母羊体重为43千克。被毛由绒毛、两型毛、粗毛及干死毛组成。净毛率达70%。毛股长4~7厘米，每厘米有1.7个弯曲。成年羯羊屠宰率为46%，母羊为43.4%。产羔率为101%。

2000年8月，贵德黑裘皮羊被列入农业部颁布的《国家级畜禽品种资源保护名录》；2006年6月，被列入农业部颁布的《国家级畜禽遗传资源保护名录》。

贵德黑裘皮羊（♂）

贵德黑裘皮羊（♀）

贵德黑裘皮羊（图片来源：北京农业数字博物馆 http://www.agrilib.ac.cn）

湖羊

湖羊产于太湖流域，主要分布于江苏省苏南的吴江、常熟、无锡、张家港、江阴、吴县、太仓、昆山、宜兴、溧阳、武进等市县。以常熟市湖羊数量最多，吴江小湖羊皮质量最好。

湖羊源于北方蒙古羊在淮北地区的变种淮羊（小尾寒羊），南宋时期随大批中原移民南下带入江南沿太湖地区饲养、繁衍。该地区自然地理条件优越，种植业和蚕桑业发达，丰富的自然饲草和大量农副产品及栽桑养蚕的副产品（桑叶、蚕沙等）为发展养羊提供了优厚的饲料条件。养羊又为农田提供了有机肥料，促进了农业生产。淮羊在这种特定的生态环境中饲养，其体型外貌逐渐与生长在淮北的淮羊有了不同的差异，经当地群众不断地选育，逐渐培育形成一种独特的羔皮用型绵羊品种。

湖羊头型狭长，鼻梁隆起，耳大下垂，公、母羊均无角。颈、躯干和四肢细长，肩胸不发达，体质纤细。全身被毛白色，是世界上目前惟一的白色羔皮用羊品种。湖羊以生长发育快，成熟早，全年发情，多胎多产，生产优质羔皮而驰名中外。湖羊羔皮品质以初生12 日龄宰剥的为好，称“小湖羊皮”。皮板薄而轻柔，毛色洁白如丝，光耀夺目，具有波浪式花形，甚为美观，被誉为“软宝石”，在国际市场享有盛名，为我国传统出口商品。羔羊生后 60 天以内宰剥的皮称为“袍羔皮”，皮板薄而轻，毛细柔，光泽好，是上好的裘皮原料。成年公、母羊平均体重为 52.0 千克和 39.0 千克，剪毛量分别为 2.0 千克和 1.2 千克，羊毛属异质毛型，适宜织地毯和粗呢绒。净毛率 55%，屠宰率为 46%~57%，产羔率212%。经产母羊日产奶量 2.0 千克左右。

湖羊
（图片来源：北京农业数字博物馆 http://www.agrilib.ac.cn）

1987 年，江苏湖羊年末存栏量 27 万只。

2000 年 8 月，湖羊被列入农业部颁布的《国家级畜禽品种资源保护名录》；2006 年 6 月，被列入农业部颁布的《国家级畜禽遗传资源保护名录》。

滩羊

滩羊原产于宁夏，现主要分布在宁夏回族自治区的中部及北部的银川、石嘴山、贺兰、平罗、陶乐、灵武、吴忠、同心、盐池等 10 多个市县，陕西省的定边，甘肃省的景泰、靖远、会宁、环县以及内蒙古自治区的鄂托克旗、乌海市等地。其中，以分布于宁夏境内的黄河以西、贺兰山以东的平罗、贺兰和银川等地所产的二毛裘皮品质为佳。适宜于农区和半农半牧区饲养。

滩羊外形与蒙古羊相似，但头短，额宽，眼大突出，耳有大、中、小 3 型，多呈半下垂状。公羊有大而螺旋形的角。且角尖向外伸展；母羊一般无角。尾长富脂肪，垂达关节以下，尾基宽阔，尾尖细圆，多数呈“S”状钩曲。毛白色，头部有斑。毛长而弯曲明显，形成花穗状。

滩羊体型中等大小，体高 61~65 厘米，体长 65~68 厘米，胸围 74~81 厘米，尾长 26~30 厘米，尾宽 9~13 厘米。成年体重：公羊 40~50 千克，母羊 33~40 千克。屠宰率 37%~46%。6~7 月龄性成熟，周岁左右初配，妊娠期 153 天，一年一胎，产羔率 100%，乳房发育良好，产奶较多。

滩羊裘皮或二毛皮是羔羊生后 1 月龄左右、毛股长 8~9 厘米时所宰杀剥取的白色毛皮。

滩羊
（图片来源：北京农业数字博物馆 http://www.agrilib.ac.cn）

其毛股细长，弯曲多而整齐，花穗美观，皮板轻薄，光泽悦目，呈玉白色，保温性能佳。我国滩羊产区的宁夏、甘肃、陕西和内蒙古4个省、区已经联合开展滩羊育种工作，以进一步发展羊群数量，提高二毛裘皮品质。

至2000年上半年，滩羊总数达200万只以上。

2000年8月，滩羊被列入农业部颁布的《国家级畜禽品种资源保护名录》；2006年6月，被列入农业部颁布的《国家级畜禽遗传资源保护名录》。

雷州山羊

雷州山羊分布于广东雷州半岛和海南岛，是一个以产肉和板皮为主的地方良种，也是能适应在高温多湿条件下饲养的山羊品种之一。是热带丘陵补饲型肉用山羊。

雷州山羊毛色多为黑色，角蹄则为褐黑色，也有少数为麻色及褐色。麻色山羊除被毛黄色外，背浅、尾及四肢前端多为黑色或黑黄色，也有在面部有黑白纵条纹相间，或腹部及四肢后部呈白色的。雷州山羊全身被毛短而密，富有光泽，无绒毛，股部、背部、尾部的毛较长，公羊尤其显著。雷州山羊面直，额稍凸，公、母羊均有角，公羊角粗大，角尖向后方弯曲，并向两侧开张，耳中等大，向两边竖立开张，颌下有髯。公羊颈粗，母羊颈细长，颈前与头部相连处角狭，颈后与胸部相连处逐渐增大。背腰平直，乳房发育良好，多呈球形。

雷州山羊性成熟早，一般4月龄开始即可达性成熟。雷州山羊常年发情，母羊初配年龄为11~12月龄，体重在28千克以上；公羊初配年龄为18月龄左右，体重在35千克以上。怀孕期140~161天。雷州山羊繁殖力强，一般产羔率为150%~200%，年产两胎或两年产三胎，每胎多产双羔，产单羔的比较少。雷州山羊成年公羊平均体重为54.1千克，母羊平均体重为47.7千克，阉羊平均体重为50.8千克。雷州山羊屠宰率为50%~60%，肉味鲜美，纤维细嫩，脂肪分布均匀，膻味小。雷州山羊板皮，具有皮质致密、轻便、弹性好、皮张大的特点，熟制后可染成各种颜色。根据体型将雷州山羊分为高脚种和矮脚种两个类型。矮脚种多产双羔；高脚种多产单羔。具有繁殖力强，适应性强，耐粗饲，耐湿热等特

雷州山羊（♂）

雷州山羊（♀）

雷州山羊（图片来源：北京农业数字博物馆 http://www.agrilib.ac.cn）

点。据群众经验，雷州山羊以4~6岁利用较好。母羊可利用到7~8岁；10岁以后的公母羊繁殖力均显著降低。

2000年8月，雷州山羊被列入农业部颁布的《国家级畜禽品种资源保护名录》；2006年6月被列入农业部颁布的《国家级畜禽遗传资源保护名录》。

和田羊

和田羊是短脂尾粗毛羊，以产优质地毯毛著称。和田羊分布于新疆的南疆地区，属于荒漠和半荒漠草原地带，分为山区型和草湖型两个类型。主要分布于新疆南疆地区的于田、洛浦、和田、墨玉、民丰、策勒、皮山等县。根据考古出土文物，和田地区在东汉时期就饲养有可供手工织制毛织品的白羊。产区地势南高北低，南部山区，北部沙漠，气候干旱，炎热，多风，蒸发量大于降雨量，无霜期200~220天。

和田羊公羊体重36~39千克，母羊体重29~34千克。分布于策勒河以东的大多属短瘦尾，尾基部呈不大的三角形，基部宽大向下收缩，下端为一下垂的稍长的瘦细尾尖；分布于策勒河以西的尾基部宽大肥厚，下端钝圆呈圆盘状，尾尖小或无尾尖。

和田羊全年均可发情，但主要集中在4月份和11月份。产羔率102.52%。剪毛量1.2~1.6千克，净毛率70%以上，屠宰率36%~42%。和田羊虽然为混型毛毛被，但两型毛含量多，长而均匀，毛的弹性、光泽和洁白度好，是织造地毯和长毛绒的优质原料。但存在体形较小，产毛量、产肉率和繁殖率低等缺点。和田羊对产区荒漠化和半荒漠草原的生态环境及低营养水平的饲养条件，具有较强的适应能力。

2006年6月，和田羊被列入农业部颁布的《国家级畜禽遗传资源保护名录》。

和田羊（♂）

和田羊（♀）

和田羊（图片来源：新疆金牧网 http://www.agrilib.ac.cn）

大尾寒羊

大尾寒羊属肉裘毛兼用型地方绵羊品种。分布在我国黄淮海平原的冀、鲁、豫等地。据单乃铨考证资料，大尾寒羊来源于古代中亚、近东及阿拉伯一带的脂尾羊，远在公元前5世纪就已出现在阿拉伯一带。通过以游牧生活为主的古代西方伊斯兰教徒，沿丝绸之路带入我国，相继出现在我国新疆维吾尔自治区和田、于田、哈密以及甘肃省河西走廊武威（凉州）、永登（庄浪卫）等地。由于寒羊和蒙古羊的分布，长期在地理上接壤交错，以及历代社会变革和民族的迁徙活动，出现了相当数量不同血缘成分的寒蒙混血种以及地区性变异的个体。

自20世纪60年代开展绵羊杂交改良工作以来，大尾寒羊的分布地区和数量逐渐缩小和减少，现主要分布在河北省的黑龙港地区，邯郸、邢台市以东各县及沧州市运河以西；山东聊城市的临清、冠县、高唐及河南省等地。大尾寒羊最早主产区为华北平原的腹地，属典型的温带大陆性季风气候，冬季寒冷干燥，夏季炎热多雨。是我国北方小麦、杂粮和经济作物的主要产区之一。农作物一年两熟或两年三熟，为大尾寒羊提供较丰富的农副产品。野生牧草生长期长，绵羊可终年放牧。长期以来，受中原地区优越的自然生态环境影响，当地群众对公母羊进行有意识的选择，使大尾寒羊形成了具有毛被基本同质、裘皮品质好的大脂尾的特点。

大尾寒羊体格大，体质结实，鼻梁隆起，耳大下垂。产于山东省和河北省的公、母羊均无角，产于河南省的公、母羊有角。前躯发育较差，后躯比前躯高，因脂尾庞大肥硕下垂，而使尻部倾斜，耆端不明显。四肢粗壮，蹄质坚实。公、母羊的尾都超过飞节，长者可接近或拖及地面，形成明显尾沟。体躯毛被大部为白色，杂色斑点少。断奶（月龄）公羔重平均为25千克，母羔平均为17.5千克。周岁公羊重平均为41.6千克，周岁母羊平均为29.2千克。成年公羊重平均为72千克（最大达105千克），成年母羊平均为52千克。成年公羊脂尾重一般为15~20千克，最重的可达35千克。成年母羊的脂尾一般为4~6千克，最重的达10千克以上。

大尾寒羊（♂♀）

大尾寒羊（♂♀）

大尾寒羊（图片来源：北京农业数字博物馆 http://www.agrilib.ac.cn）

大尾寒羊全年以放牧为主，多数农家以放牧和舍饲结合饲养。尾型较大的羊只多舍饲，羊只抗炎热及腐蹄病的能力强。大尾寒羊属大尾型，脂肉性能好，属农区绵羊品种。裘皮板毛长，柔软，成缕不擀，羔皮板薄，毛密，坚实，毛腹呈螺旋型花纹，为染制多色裘制品原材料和出口商品，在国内外市场享有“珍珠隽毛”誉称。

2006 年 6 月，大尾寒羊被列入农业部颁布的《国家级畜禽遗传资源保护名录》。

多浪羊

多浪羊是新疆的肉脂兼用型绵羊地方品种。主要分布在塔克拉玛干大沙漠的西南边缘，叶尔羌河流域的麦盖提、巴楚、岳普湖、莎车等县。该品种羊总数在 10 万只以上，因其中心产区在麦盖提县，故又称麦盖提羊。

多浪羊头较长，鼻梁隆起，耳大下垂，眼大有神，公羊无角或有小角，母羊皆无角，颈窄而细长，胸深宽，肩宽，肋骨拱圆，背腰平直，躯干长，后躯肌肉发达，尾大而不下垂，尾沟深，四肢高而有力，蹄质结实。出生羔羊全身被毛多为褐色或棕黄色，也有少数为黑色、深褐色，个别为白色者。第一次剪毛后，体躯毛色多变为灰白色或白色，但头部、耳及四肢仍保持初生时毛色，一般终生不变。被毛分为粗毛型和半粗毛型两种，粗毛型毛质较粗，干死毛含量较多，半粗毛型中两型毛含量比例大，干死毛少，是较优良的地毯用毛。

多浪羊特点是生长发育快，多浪羊性成熟早，体格硕大，母羊常年发情，繁殖性能高。在舍饲条件下常年发情，初配年龄一般为 8 月龄，大部分母羊可以两年三产，饲养条件好时一年可两产，双羔率可达 50%~60%，3 羔率 5%~12%，并有产 4 羔者。据调查，80% 以上的母羊能保持多胎的特性，产羔率在 200% 以上。饲养方式以舍饲为主，辅以放牧，小群饲养，精心管理。一般日喂鲜草 5~8 千克，补饲精料 0.3~0.5 千克；冬季饲料主要为玉米秸秆、麦秸秆及田间杂草，辅以农林副产品及少量苜蓿。多浪羊肉用性能良好，周岁公羊胴体重 32.71 千克，净肉重 22.69 千克，尾脂重 4.15 千克，屠宰率 56.1%，胴体净肉率 69.38%，尾脂占胴体重的 12.69% ；成年公羊产毛量 3.0~3.5 千克，成年母羊 2.0~2.5

多浪羊（♂）

多浪羊（♀）

多浪羊（图片来源：北京农业数字博物馆 http://www.agrilib.ac.cn）

千克。

2006 年 6 月，多浪羊被列入农业部颁布的《国家级畜禽遗传资源保护名录》。

兰州大尾羊

兰州大尾羊是肉用绵羊地方品种。主要产于兰州市及其郊区。据说，在清朝同治年间（1862—1875 年）从同州（今陕西省大荔县一带）引入几只同羊，与兰州当地羊（蒙古羊）杂交，经长期人工选择和培育，形成了今日的兰州大尾羊。

兰州大尾羊被毛纯白，头大小中等，公、母羊均无角，耳大略向前垂，眼圈淡红色，鼻梁隆起，颈较长而粗，胸宽深，背腰平直，肋骨开张良好，臀部略倾斜，四肢相对较长，体型呈长方形。脂尾肥大，方圆平展，自然下垂达飞节上下，尾中有沟，将尾部分为左右对称两瓣，尾尖外翻，紧贴中沟，尾面着生被毛，内面光滑无毛，呈淡红色。

兰州大尾羊体格大，早期生长发育快，肉用性能好。周岁公羊体重 53.10 千克，周岁母羊为 42.60 千克；成年公羊体重 57.89 千克，成年母羊 44.35 千克。10 月龄羯羔胴体重 21.34 千克，净肉重 15.04 千克，脂尾重 2.46 千克，屠宰率 58.57%，胴体净肉率 78.179%，脂尾重占胴体重的 11.46%；成年羯羊上述指标相应为 30.52 千克、22.37 千克、4.29 千克、62.66%、83.72% 和 13.23%。兰州大尾羊春秋两季各剪毛卫次，剪毛量成年公羊平均 2.45 千克，成年母羊为 1.38 千克。被毛异质，以母羊为例，无髓毛占 64.95%，两型毛占 17.58%，干死毛占 17.47%。兰州大尾羊母羔 7~8 月龄开始发情，公羔 9~10 月龄可以配种。饲养管理条件好的母羊一年四季均可发情配种，两年产三胎。产羔率为 117.02%。

2006 年 6 月，兰州大尾羊被列入农业部颁布的《国家级畜禽遗传资源保护名录》。

兰州大尾羊（♂♀）

兰州大尾羊（♂♀）

兰州大尾羊（图片来源：北京农业数字博物馆 http://www.agrilib.ac.cn）

汉中绵羊

汉中绵羊，又称墨耳羊，是产于陕西省汉中市的绵羊地方品种。系品种资源调查中发掘的品种，具有被毛同质，产肉性能好，繁殖性能高的特性。

汉中绵羊全身被毛以白色为主，大部分个体在其颈部、双耳和双眼周围有黑色或棕色毛分布，故又称黑耳绵羊；被毛较长；肤色为粉红色。体质结实，结构匀称，中等体格。头大小适中，头型狭长，呈三角形，额平；母羊无角，公羊极少部分有纤细的倒八字角；鼻梁隆起，耳大下垂。颈部细短，无皱褶，无肉垂。体躯呈长方形，胸深，肋拱起，背腰平直，尻斜；全身被毛分布较密，弯曲度好，有光泽，公羊睾丸大而均匀，母羊乳房排列对称且发育良好。四肢细短，蹄质呈黑色，较坚硬。尾呈锥形，短小，为短瘦尾。骨骼较细，肌肉发育中等。体重：公羊为35千克，母羊为31千克。剪毛量：成年公羊为1.8千克，母羊为1.4千克，羯羊为2千克。毛长为8~10厘米，羊毛细度30~38微米。屠宰率为48%，产羔率为137%~144%。

2006年6月，汉中绵羊被列入农业部颁布的《国家级畜禽遗传资源保护名录》。

汉中绵羊（♂）

汉中绵羊（♀）

汉中绵羊（图片来源：北京农业数字博物馆 http://www.agrilib.ac.cn）

圭山山羊

圭山山羊又称路南乳山羊，是乳肉兼用型山羊地方品种。圭山山羊产区以云南省路南县为中心，自陆良、师宗边界沿普拉河谷伸长至弥勒县中部绵延两百多里的圭山山脉一带。

圭山山羊主要分布在海拔1 800~2 400米，这个地区东部是地面起伏和缓的圭山高原，西部是土肥水好的巴江溶蚀坝子，中部是林立岩溶山。该区兼有亚热带森林气候特点。年平均气温15.5℃，极端最高气温33℃。极端最低气温-7℃，年平均无霜期255天，年平均降雨量1 000毫米，最高1 332.1毫米，最少665.5毫米，每年5月开始进入雨季，8月雨水较多，5~10月占全年降水量的85%，形成夏秋多雨、冬春干旱的干湿分明的气候特点。主产区土壤绝大部分为红壤。植物种类繁多，为多种亚热带植物。森林主要分布在山区，以圭山西南一带最多，大多数是云南松和华山松。路南全县林地面积56万亩，其中疏林面积近9万亩，灌木林29万亩；牧地面积近45万亩；耕地面积25万亩。农作物：坝区以水稻、玉米、小麦、蚕豆、烤烟为主；山区以玉米、马铃薯、荞子、豆类为主。

圭山山羊头小，额宽，耳大，鼻直，眼大有神，颈扁浅，鬐甲高而稍宽。胸宽、深而稍长，背腰平直，腹大充实，尻部稍斜，四肢结实，蹄坚实呈黑色，体躯丰满，近于长方形。公母羊皆有须、有角。梳子角占 7.8%，排角占 86.52%，前向螺旋角占 5.67%。圭山山羊全身黑色毛者占 70.21%，头、颈、肩部、腹部棕色毛者占 21.28%，全身棕色占 7.09%，青毛只有 1.42%。被毛粗短富有光泽，皮肤薄而富有弹性。母羊乳房圆大紧凑，发育中等。公羊睾丸大，左右对称。公羊颈肩和背部都长有较长的毛，雄性性征显著。

圭山山羊具有产肉、产乳特性。体重：成年公羊为 43.6 千克，母羊为 43.5 千克，周岁公羊为 28.3 千克，母羊为 24.4 千克。泌乳为 5~6 个月（长达 7 个月），除羔羊吸吮外，一个泌乳期可挤奶 45~90 千克，乳脂率为 5.0%。屠宰率为 44%~44.3%。产羔率为 156%。

2006 年 6 月，圭山山羊被列入农业部颁布的《国家级畜禽遗传资源保护名录》。

圭山山羊（♂）

圭山山羊（♀）

圭山山羊（图片来源：北京农业数字博物馆 http://www.agrilib.ac.cn）

岷县黑裘皮羊

岷县黑裘皮羊产于甘肃洮河和岷江上游一带。产区位于甘肃武都地区的西北部，地处洮河中游，是甘肃甘南高原与陇南山地接壤区。产区海拔一般为 2 500~3 200 米，山峰在 3 000 米以上。气候高寒，年平均气温为 5.5℃，最低（1 月）气温平均为 -7.1℃，最高（7 月）气温平均为 15.9℃，无霜期为 90~120 天，年降水量为 635 毫米，7~9 月为雨季，占全年降水量的 65% 以上，蒸发量为 1 246 毫米，相对湿度，夏、秋季为 73%~74%，冬、春季为 65%~68%。洮河干流在岷县境内自西向东、向北流过。南有达拉岭，北有木寒岭和岷山三个草山草坡地带，植被覆盖度好，是放牧的好草场。牧草以禾本科为主，还有柳丝灌木及部分森林草场。农作物有春小麦、蚕豆、青稞、燕麦和马铃薯等。经济作物主产油料和当归。

岷县黑裘皮羊属短瘦尾型羊，体质细致，结构紧凑。头清秀，鼻梁隆起，公羊有角，向后向外呈螺旋状弯曲，母羊多数无角，少数有小角。颈长适中。背平直。尾小呈锥形。体躯、四肢、头、尾和蹄全呈黑色。以产黑色二毛裘皮为特性，对高寒阴湿山区环境有较强的适应性。

岷县黑裘皮羊成年公羊平均体高、体长、胸围和体重分别为：(56.2 ± 0.7) 厘米，(58.7 ± 0.7) 厘米，(76.1 ± 0.9) 厘米，(31.1 ± 0.8) 千克，成年母羊分别为：(54.3 ± 0.3) 厘米，(55.7 ± 0.3) 厘米，(77.9 ± 1.0) 厘米，(27.5 ± 0.3) 千克。岷县黑裘皮羊主要以生产黑色二毛皮闻名。此外，还产二剪皮。羔羊初生后毛被长 2 厘米左右，呈环状或半环状弯曲，生长到两个月左右，毛的自然长度不短于 7 厘米，这时所宰剥的毛皮称二毛皮。典型二毛皮的特点是：毛长不短于 7 厘米，毛股明显呈花穗，尖端为环形或半环形，有 3~5 个弯曲。好的二毛皮的毛纤维从根到尖全黑，光泽悦目，皮板较薄。皮板面积平均为 1 350 平方厘米。二剪皮是当年生羔羊，剪过一次春毛，到第二次剪毛期（当年秋季）宰杀后所剥取的毛皮。其特点是：毛股明显，从尖到根有 3~4 个弯曲，光泽好，皮板面积大，保暖、耐穿。其缺点是：绒毛较多，毛股间易粘结，皮板较重。岷县黑裘皮羊每年剪毛两次，4 月中旬剪春毛，9 月份剪秋毛，年平均剪毛量为 0.75 千克。羊毛用于制毡。成年羯羊屠宰率为 44%。产羔率为一年一产，每产均为单羔。

2006 年 6 月，岷县黑裘皮羊被列入农业部颁布的《国家级畜禽遗传资源保护名录》。

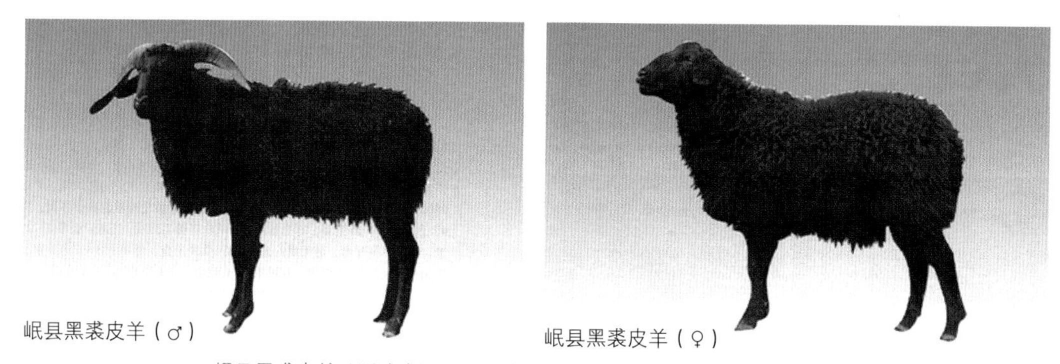
岷县黑裘皮羊（♂）　岷县黑裘皮羊（♀）

岷县黑裘皮羊（图片来源：北京农业数字博物馆 http://www.agrilib.ac.cn）

百色马

百色马产于广西壮族自治区百色地区的田林、隆林、那坡西林、凌云、乐业和百色等县（自治县）。分布于河池地区的东兰、巴马、凤山、天峨、南丹等县（自治县）以及邻境云南省文山壮族苗族自治州的广南、富宁、马关等县。

百色马体质干燥结实。头稍重，直头，颚凹宽广，耳小前竖。颈长中等，斜颈或稍呈水平。鬐甲适中。肋拱圆，背腰平直，腹稍大，尻略斜。肩短而立，肌腱、关节发育良好，骨量充实，蹄质坚实，前肢肢势正常，后肢多曲飞，部分呈外弧。鬃、鬣、尾毛较多。毛色以骝毛为主，其他有青毛、栗毛、黑毛等。百色马成年公马平均体高、体长、胸围和管围分别为：114.0 厘米，113.9 厘米，133.3 厘米，15.5 厘米，成年母马分别为：113.0 厘米，115.9 厘米，131.4 厘米，14.7 厘米。百色母马生后 10 个月开始发情，初配年龄为 2 岁半。一年一胎或三年两胎。公马 1~4 岁时的体高分别为成年马的 91.43%，92.76%，97.04%，

99.20%；母马 1~4 岁时相应为 93.41%，95.41%，95.57%，99.82%。

百色马是山区不可缺少的役畜，役力强。百色马能适应山地粗放的饲养管理，在补饲精料很少的情况下，繁殖和驮用性能正常，无论是酷暑还是严寒，常年行走于崎岖山路上。运销外地，也能表现出耗料少、拉货重、灵活、温驯、刻苦耐劳等特点。

2000 年 8 月，百色马被列入农业部颁布的《国家级畜禽品种资源保护名录》；2006 年 6 月，被列入农业部颁布的《国家级畜禽遗传资源保护名录》。

百色马（♂）

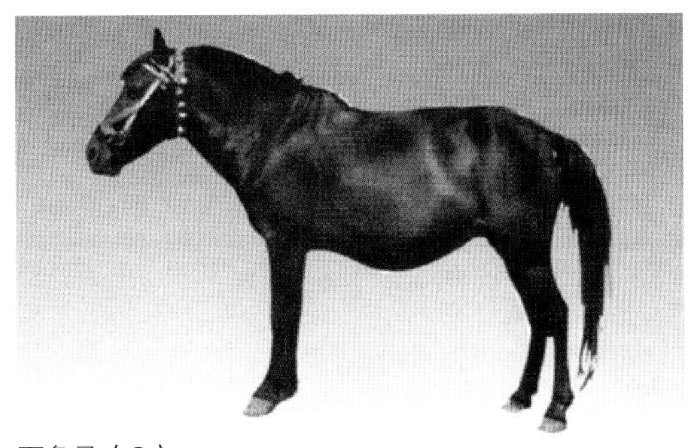
百色马（♀）

百色马（图片来源：北京农业数字博物馆 http://www.agrilib.ac.cn）

蒙古马

蒙古马（包括有乌珠穆沁马、百岔马和乌审马）主要产于内蒙古自治区。蒙古马是我国北方主要的地方品种，数量多，分布广，约占全国总马数的 1/3 以上。分布于我国华北、东北和西北的部分农村、牧区。

高原牧区是蒙古马的原产地，海拔 1 000 米以上，从东到西有草甸草原、典型草原、荒漠草原及荒漠等不同的草场类型，造成了东部地区蒙古马数量多、体格大，西部数量少、体格小的差异。牧区马匹终年大群放牧，无棚圈，不补饲，管理极为粗放。马匹营养状况随季节而变化，呈现“春危、夏复、秋肥、冬瘦”的现象，形成了蒙古马抗严寒、耐粗饲、适应性强的特性。农区的蒙古马主要用于使役。除了向牧区购买马匹外，多采取自繁自养。长期生活在农区的蒙古马，因饲养环境的改变，其体质外貌上也有一定的变化。由于蒙古马体格小、工作能力较差，不能适应生产发展的需要，20 世纪以来对其进行了杂交改良，并在此基础上培育了一些新品种。新品种含有少量蒙古马的血液，保留了蒙古马耐粗饲、适应性强的优良特性。

蒙古马体质粗糙结实。体格中等大，体躯粗壮，四肢坚实有力。头较粗重，直头或微半兔头，额宽平，鼻孔大，嘴头粗。颈短，颈础低，多呈水平颈。鬐甲低而宽厚。前胸丰满，肋拱圆，背腰平直而略长，腹大而充实，尻短而斜。四肢短粗，肌腱发育良好，关节不明显，蹄质坚硬。鬃、鬣、尾和距毛均发达。毛色复杂，青毛、骝毛、黑毛较多，白章极少。东北农区的蒙古马体型较重，身低躯广，骨量充实，中躯发育良好，前胸和尻较宽。

蒙古马成年公马平均体高、体长、胸围和管围分别为：130.3 厘米，132.3 厘米，155.3 厘米，17.5 厘米，成年母马分别为：126.7 厘米，132.5 厘米，152.9 厘米，16.8 厘米，体重一般为 300 千克。成熟为 1~1.5 岁，初配年龄为 3 岁，繁殖年龄为 15~18 岁，繁殖成活率一般为 50%。持久力强，120 千米长途比赛需 7 小时 32 分，速力 1 千米为 1 分 21 秒，载重 500~600 千克。

蒙古马适应性较强，能适应恶劣的气候和粗放饲养条件（如牧区冬季常有暴风雪的侵袭，饲料和饮水不足），抓膘迅速，掉膘缓慢。冬季靠刨雪采食，一般能采食雪深 40 厘米以下的干草。春季对牧场上的毒草有识别能力，很少中毒。抗病力强，除寄生虫病和外伤，很少有内科病。群马合群性强，听觉和嗅觉都很敏锐。公马护群性强，性情暴烈、好斗，能控制母马小群，防止兽害，但其体格小，挽力速力差。

2000 年 8 月，蒙古马被列入农业部颁布的《国家级畜禽品种资源保护名录》；2006 年 6 月，被列入农业部颁布的《国家级畜禽遗传资源保护名录》。

蒙古马（♂）

蒙古马（♀）

蒙古马（图片来源：北京农业数字博物馆 http://www.agrilib.ac.cn）

鄂伦春马

鄂伦春马产于大小兴安岭山区，主要产于内蒙古自治区鄂伦春自治旗以及黑龙江省塔河、呼玛、爱辉县和逊克县鄂伦春族分布的地区。主要分布于产区附近的加格达奇地区、莫力达瓦达斡族自治旗、布特哈旗、讷河县、嫩江县等地。

鄂伦春马属乘驮兼用型。体质粗糙。体格不大，头长中等，呈直头，眼较大，鼻翼开张。颈长中等，颈础较低，呈水平颈。鬐甲不明显。胸廓深宽，假肋较长，背腰平直，腰部坚实，尻稍斜。四肢较短，多呈曲飞，蹄质坚硬。毛色以青毛最多，骝毛次之，其他毛色较少。

鄂伦春马成年公马平均体高、体长、胸围和管围分别为：（129.6 ± 1.41）厘米，（133.0 ± 3.8）厘米，（159.8 ± 10.9）厘米，（18.2 ± 1.4）厘米，成年母马分别为：（129.8 ± 5.2）厘米，（137.8 ± 4.7）厘米，（159.3 ± 7.3）厘米，（17.7 ± 0.7）厘米。性情温顺，步伐稳健，行动敏捷，山地乘驮能力强，快步 20 千米 / 小时，狩猎一天，归猎时连同猎物能负重达 175~220 千克猎物。抗寒力强，在 −40~−50℃，可以露天过夜，能迅速攀登，在深雪陡坡下山，以犬座姿势一滑而下。忍饥渴力强。繁殖性能好，一年一驹，成熟晚，6~7 岁结束生长。其合群性好，公马护群、母马护驹能力很强，能与野兽搏斗。

2006 年 6 月，鄂伦春马被列入农业部颁布的《国家级畜禽遗传资源保护名录》。

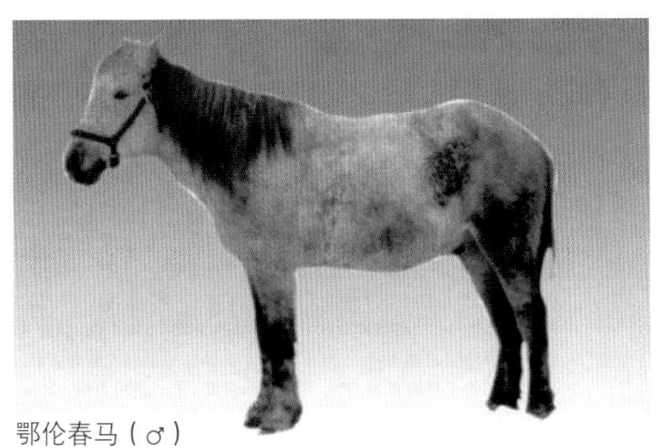
鄂伦春马（♂）

鄂伦春马（♀）

鄂伦春马（图片来源：北京农业数字博物馆 http://www.agrilib.ac.cn）

晋江马

晋江马是福建省优良地方马种，历史上主要分布在以晋江市（含石狮市）为中心产区的晋江、南安、同安、惠安、及仙游、莆田等县（市）。

晋江马属乘挽兼用轻型马种。母马平均体高为 124.3 厘米，公马为 125.0 厘米，体重母马为 284.2 千克，公马为 274.1 千克。毛色以枣红为主，青色次之。2 月龄体高达成年的 71.6%，载重 1 吨时时速 5.7 千米，骑乘日行 70~80 千米，时速 8 千米。初配年龄在 1.5~3 岁，一般年产一胎。

晋江马具有个体小、抗高温高湿气候，适应当地生态条件及用途广的特性，不仅可作为交通乘骑之用，而且可作为挽马，如拉车、犁田耕作，是宝贵的地方品种资源。

2006 年 6 月，晋江马被列入农业部颁布的《国家级畜禽遗传资源保护名录》。

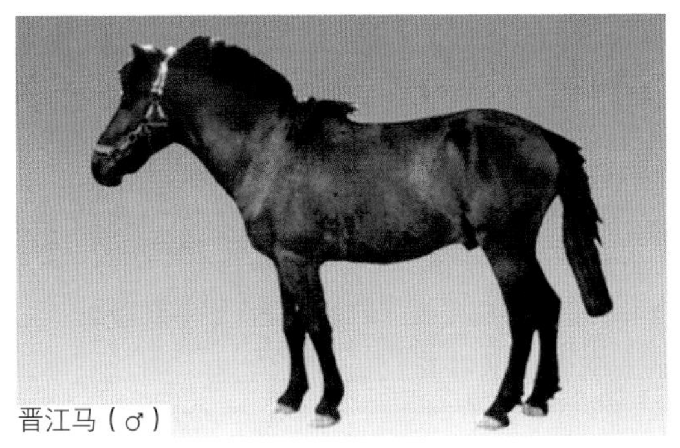
晋江马（♂）

晋江马（♀）

晋江马（图片来源：北京农业数字博物馆 http://www.agrilib.ac.cn）

宁强马

宁强马分布于四川及陕西的嘉陵江及汉水流域。

宁强马属西南马种，以体质紧凑结实，耐艰苦，体型轻小，适应山区自然条件等为特征。头清秀，血管显露，耳小灵活，性情机敏温顺。到胸发育适中，背腰短平，臀部肌肉丰满，多呈斜尻。四肢肌腱发达，前肢端正。蹄质坚实，尾毛厚长。毛色繁杂。宁强马公马体高、体长、胸围、管围分别为 113.6 厘米、113.3 厘米、127.5 厘米、14.4 厘米。母马的体高、体长、胸围、管围分别为 113 厘米、115.2 厘米、128.5 厘米、13.9 厘米。体重为 167.5 千克的 3 岁母马，载重为 263 千克，行程 20 千米需 3.67 小时，时速 5.45 千米，最大挽力为 120 千克。公、母马一般在 2.5 岁性成熟，3 岁开始配种，母马产后一般带仔一年，两年生一胎，终生产 4~5 个驹。

2006 年 6 月，宁强马被列入农业部颁布的《国家级畜禽遗传资源保护名录》。

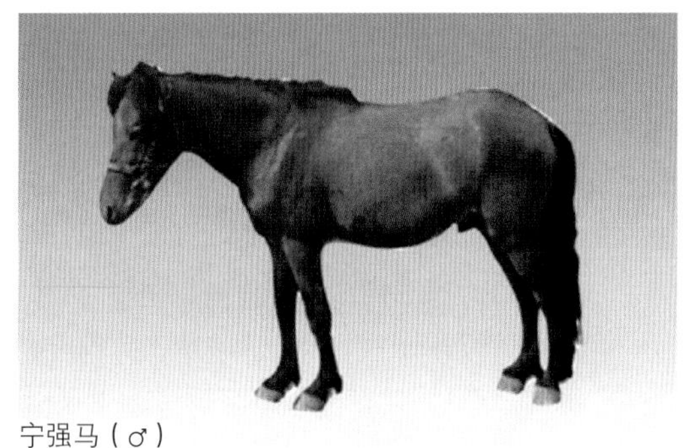
宁强马（♂）

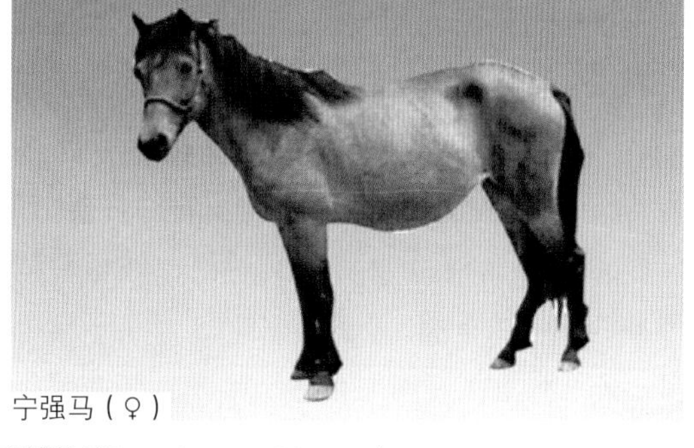
宁强马（♀）

宁强马（图片来源：北京农业数字博物馆 http://www.agrilib.ac.cn）

岔口驿马

岔口驿马是甘肃省河西地区的一个古老品种。分布在沿祁连山北麓各县的草原区和半牧区。

中心产区在甘肃省天祝藏族自治县和永登、古浪、景泰的部分交错接壤地带。产区境内有乌峭岭纵贯南北，海拔 1 550~3 100 米，低平处为高寒农作区和天然牧场。境内多小溪和泉水，可供人畜饮用。气温低，温差变化大，年平均气温 -0.2℃，无霜期 90 天左右，年平均降水量 385 毫米，多集中在了 7~9 月。天然草场的牧草在 5 月份萌芽，9 月份开始变黄，枯黄期达 7 个月以上。寒冷、多风、冰雹等灾害性天气多，对农牧业生产威胁甚大。土地利用分农、牧、半农半牧区及林区等。农区主要有耐寒性作物；牧区高寒，雨量较多，无霜期短，不宜农作，可种青刈燕麦，每亩可产青干草 400 千克左右。产区草原可分高山草甸草场、干旱草场和森林灌丛草场三大类型。高山草甸草场牧草以禾本科、莎草科为主，主要牧草有披碱草、早熟禾、苔草、蒿草、莎草等；干旱草场牧草以禾本科、菊科为主，主要牧草有针茅、扁穗冰草、芨芨草、寒地蒿等；森林灌丛草场的牧草以禾本科和苔草、杂草占优势，干草亩产 80.8 千克左右。产区的成片天然草场，为繁育马匹的优良基地。

岔口驿马体质结实，体型多呈正方形。头形正直，中等大，眼大眸明，耳小尖立，鼻孔大，颜面干燥。颈长中等，大多呈 30° 倾斜。鬐甲不高而长。前胸宽，胸廓深长，背长中等，腰短宽，腹部充实，尻广稍斜，肌肉发达。四肢关节、肌腱均发达，距毛少，蹄质坚硬，前肢肢势端正，后肢稍外向。公马的鬃鬣、尾毛较长。毛色以骝毛居多，青、黑、栗毛次之，头部白章较多见。岔口驿马成年公马平均体高、体长、胸围、管围和体重分别为：132.9 厘米，135.3 厘米，159.8 厘米，18.5 厘米，310.5 千克，成年母马分别为：129.9 厘米，136.2 厘米，158.7 厘米，17.2 厘米，303.9 千克。骑乘 1 200 米 1 分 53 秒 7，对侧步为 2 分 48 秒，最大挽力为 346 千克，单马载重为 1 000 千克，能适应恶劣环境，工作耐劳、持久，抗病力强。

岔口驿马以善走对侧快步而闻名，骑乘时步伐快速平稳，无颠簸之感。岔口驿马还有较强的挽力。产区山高气寒，马匹终年放牧，因而形成了耐粗放饲养管理的特性，能适应较恶劣环境条件，耐劳持久，抗病力强，分布地域亦广。

2006 年 6 月，岔口驿马被列入农业部颁布的《国家级畜禽遗传资源保护名录》。

岔口驿马(♂)

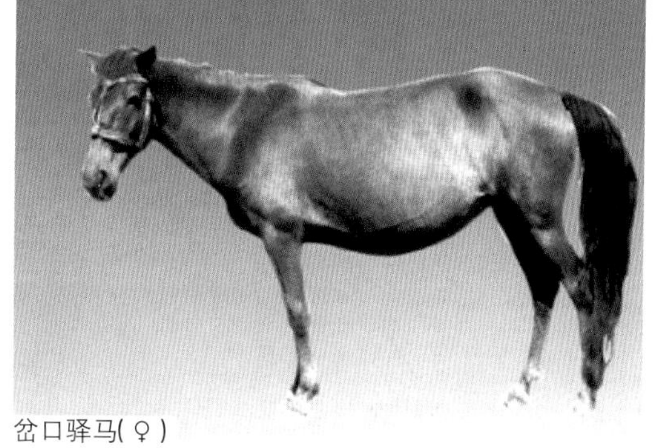
岔口驿马(♀)

岔口驿马（图片来源：北京农业数字博物馆 http://www.agrilib.ac.cn）

关中驴

关中驴产于陕西省关中平原。主要分布于关中地区 28 个县（市）和延安地区南部几县。

关中驴属大型驴。体质结实。体格高大，结构匀称，体形略呈长方形。头较清秀，眼大有神，耳竖立，头颈高昂。前胸较宽广，肋拱圆，背腰平直，腹部充实，尻短斜。四肢端正，肌腱明显，关节干燥，韧带发达，蹄质坚实，举止灵活，行动敏捷。毛色以黑色最多，约占 90% 以上；其余是栗色和青色，数量很少。关中驴成年公驴平均体高、体长、胸围、管围和体重分别为：（133.21 ± 6.64）厘米，（135.40 ± 7.16）厘米，（145.01 ± 8.67）厘米，（17.04 ± 1.54）厘米，263.62 千克，成年母驴分别为：（130.04 ± 5.93）厘米，

（130.31 ± 6.54）厘米，（143.21 ± 8.11）厘米，（16.51 ± 1.34）厘米，247.45 千克。最大挽力公驴为 246.6 千克；母驴为 185.63 千克；载重为 690 千克，行走 1 千米，公驴需 11 分 9 秒，母驴需 11 分 45 秒。性成熟公母为 1.5 岁，初配为 2.5 岁，公驴可到 18 岁，母驴到 15 岁仍可配种繁殖，驴 × 驴受胎率为 80% 以上，公驴 × 母马受胎率为 70% 左右。

关中驴适宜挽、驮等多种使役。关中驴对干燥较温和的气候及平原、川道地区适应性很好，生长发育正常，耐粗饲，少疾病。但其耐严寒性较差，在严寒和高寒地区，应注意防寒、保温工作。

2000 年 8 月，关中驴被列入农业部颁布的《国家级畜禽品种资源保护名录》；2006 年 6 月，被列入农业部颁布的《国家级畜禽遗传资源保护名录》。

关中驴（♂）

关中驴（♀）

关中驴（图片来源：北京农业数字博物馆 http://www.agrilib.ac.cn）

德州驴

德州驴产于鲁北平原沿渤海各县，以无棣、庆云、沾化、阳信、盐山为中心产区。德州驴主要分布于鲁北平原各县。

产区地处黄河、海河下游的鲁北冲积平原，地势较凹，土地平坦，海拔 5~10 米。年平均气温 12℃，无霜期 200 天左右，年平均降水量 650 毫米，气候适宜。土壤肥沃，自古以来农业发达，盛产小麦、谷子、高粱、大豆和棉花。随着退海地逐渐增多，近海处形成了大面积的天然草原，便于放牧。产区农民素有种植苜蓿的习惯，既改良盐碱地，又提供了优质饲料。地多人少，广种薄收，繁殖驴、骡，以牧补歉，曾是该区农村作物种植和农业经济的主要特点。

德州驴属大型挽驮兼用驴，侧观略呈长方形或正方形。体质紧凑、结实，皮薄毛细。体格高大，结构匀称。头颈、躯干结合良好，公驴前躯宽大，头颈高昂，眼大，耳立，嘴齐。鬐甲明显。肋拱圆，背腰平直，腹部充实，尻稍斜。四肢坚实，关节明显，蹄黑质坚实，个别个体表现出一些失格和损征。毛色分“黑三粉”和“乌头”两种，各表现出不同的体质和遗传类型。前者体质结实干燥，头清秀，四肢较细，肌腱明显，体重较轻，动作灵敏。后者全身毛色乌黑，无任何白章，全身各部位均显粗重，头较重，颈粗厚，鬐甲宽厚，四肢较粗壮，关节较大，体型偏重，动作较迟钝，为我国现有驴种中的“重型驴”。德州驴成年体尺：公驴体高为 142 厘米，体长为 143.6 厘米，胸围为 152.8 厘米，管围为 18.7 厘米，母驴相应为 140 厘米、137 厘米、160 厘米和 16.4 厘米。单驴载重 750 千克，日行 40~45 千米，可连续多日。最大挽力占体重的 75%~78%。性成熟为 12~15 月龄，初配年龄为 2.5 岁，1 岁驹体高、体长为成年驴的 85% 以上。

2006 年 6 月，德州驴被列入农业部颁布的《国家级畜禽遗传资源保护名录》。

德州驴（♂）

德州驴（♀）

德州驴（图片来源：北京农业数字博物馆 http://www.agrilib.ac.cn）

广灵驴

广灵驴产于山西省东北部的广灵、灵邱两县。广灵驴分布于广灵、灵邱两县周围各县的边缘地带。

产区全境大部有山岳起伏，小部为河谷盆地。产区为塞外的主要杂粮产地，并栽培苜蓿。由于秸草丰盛，豆类充足，群众常年以谷草、黑豆、豌豆、苜蓿草喂驴，为形成体型高大，骨胳粗壮的广灵驴，提供了优厚的物质条件。产区位于雁北高原，海拔在 700~2 300 米，风大沙多，气候差异大，年平均气温 6.2~7.9℃，最低气温 −34℃。寒冷多变的气候条件，锻炼和培养了广灵驴适应性强的特性。

广灵驴属大型驴。突出的外形特征是：体格高大粗壮，体躯较短，体质坚实，结构匀称。头较大，鼻梁平直，眼大微突，两耳竖立而灵活。颈粗壮高昂。鬐甲宽厚微隆。前胸开阔，胸廓深宽，背部宽广平直，腹部充实，尻宽而短斜。尾粗长，尾毛稀疏。四肢粗壮，肌腱明显，前肢端正，后肢多刀状肢势，关节发育良好，管骨较长，蹄较大，蹄质坚硬，步态稳健。全身被毛粗密，毛色以“黑五白”为主。广灵驴成年公驴平均体高、体长、胸围、管围和体重分别为：133.9 厘米、133.0 厘米、147.3 厘米、17.8 厘米、198.7 千克，成年母驴分别为：127.6 厘米、125.5 厘米、140.8 厘米、15.7 厘米、248.0 千克。广灵驴挽驮均宜。4 匹公驴的平均最大挽力 179.7 千克，相当于体重的 80.6%；8 匹母驴的平均最大挽力 152.5 千克，相当于体重的 76.2%。载重 400~500 千克。屠宰率为 45.1%，净肉率为

30.6%，性成熟为15月龄，初配年龄母驴为2.5岁，公驴为3岁。

广灵驴体大而粗壮，工作能力强，持久力好，能适应东北一带地方的寒冷条件，堪称我国惟一一个体大而粗壮的驴种，也是繁殖大型驴和骡的优良驴种。

2006年6月，广灵驴被列入农业部颁布的《国家级畜禽遗传资源保护名录》。

广灵驴（♂） 广灵驴（♀）

广灵驴（图片来源：北京农业数字博物馆 http://www.agrilib.ac.cn）

泌阳驴

泌阳驴原产于河南省泌阳县。泌阳驴分布于河南省的唐河、社旗、方城、遂平、叶县、襄县、午阳等县。

泌阳驴属中型驴。公驴富有悍威，母驴性温驯。头额部稍突起，干燥清秀，口方正，耳耸立，耳内多有一簇白毛。颈长适中，颈肩结合良好。背长而平直，多呈双脊背，腹部紧凑而充实，尻长而宽稍斜。肩偏直，四肢直立，关节干燥，肌腱明显，系短有力，蹄质结实而致密，尾毛上紧下松，似炊帚样。被毛黑色，有“三白”特征。泌阳驴成年公驴平均体高、体长、胸围、管围和体重分别为：（119.48 ± 8.97）厘米、（117.96 ± 8.77）厘米、（129.75 ± 9.26）厘米、（15.01 ± 1.42）厘米、（189.57 ± 42.09）千克，成年母驴分别为：（119.2 ± 9.2）厘米、（119.8 ± 9.4）厘米、（129.6 ± 10.7）厘米、（14.30 ± 1.30）厘米、

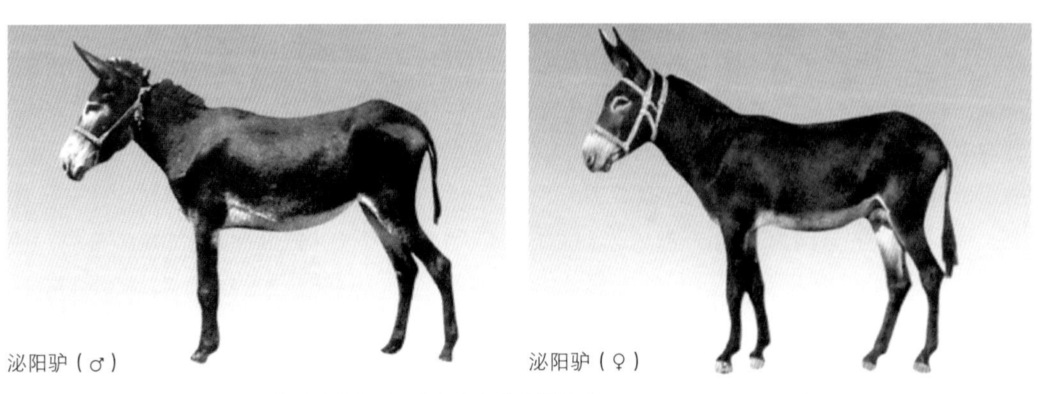
泌阳驴（♂） 泌阳驴（♀）

泌阳驴（图片来源：北京农业数字博物馆 http://www.agrilib.ac.cn）

（188.90 ± 43.33）千克。泌阳驴公驴最大挽力平均 205.0 千克，母驴为 185.1 千克，公、母驴最大挽力分别占体重的 104.4% 和 77.83%。载重 500 千克左右。日行 40~50 千米，驮重 100~150 千克。性成熟公驴为 1~1.5 岁，母驴为 9~12 月龄，初配公驴为 2.5~3 岁，母驴为 2~2.5 岁，受胎率为 70%，成年驴屠宰率为 48.29%，净肉率为 34.91%，肉味鲜美。

2006 年 6 月，泌阳驴被列入农业部颁布的《国家级畜禽遗传资源保护名录》。

新疆驴

新疆驴产于新疆南部塔里木周围的绿洲区域，主要集中产于喀什、和田、阿克苏、吐鲁番盆地和哈密等地区。新疆驴分布于新疆、甘肃、青海和宁夏的部分地区。

新疆驴为小型的驮用型驴，一般个体较小，唯吐鲁番和和田两地区的驴中，有少数个体较大。头粗重，耳长大，额宽，鼻短。颈薄。鬐甲低平。胸发育较差，肋平，背平腰短，尻高稍斜，发育较好。四肢细短，后肢微现刀状肢势，关节明显，蹄质坚实。从毛色上可分为两个主要类型：一种为白青或白色毛中夹有红褐色毛者，腹部为白色，有背线和斑纹，两肩胛部有鹰膀；另一种为黑驴，唯眼圈周围、嘴周、腹下及四肢内侧为白色或接近白色，较有悍威。前一类型驴的个体较小，数量最多；后一类型驴个体较大，但数量不多。

新疆驴成年公驴平均体高、体长、胸围和管围分别为：107.2 厘米、108.7 厘米、115.2 厘米、14.7 厘米，成年母驴分别为：107.9 厘米、109.6 厘米、117.9 厘米、14.5 厘米。役用性能载重 560~700 千克，挽力高达 230 千克。骑乘，拉运有一定的速力，拉运 150~160 千克行 1 000 米为 4 分 8 秒，初配年龄母驴为 2 岁，公驴为 2~3 岁。新疆驴性温驯，耐粗放管理，不苛求饲料，乘、挽、驮均宜，能经受当地寒暑风雪等艰苦自然条件的锻炼，适应性特强，既能忍耐吐鲁番盆地夏季的酷暑炎热，也能适应高寒牧区冬季 -40℃的严寒。在暴风雪袭击的条件下，仍能生存、繁殖和从事正常劳役。在简陋棚圈中，喂给粗劣的饲草和少量精料，也能保持比较好的体况和对各种疾病的抗病能力。

2006 年 6 月，新疆驴被列入农业部颁布的《国家级畜禽遗传资源保护名录》。

新疆驴（♂）

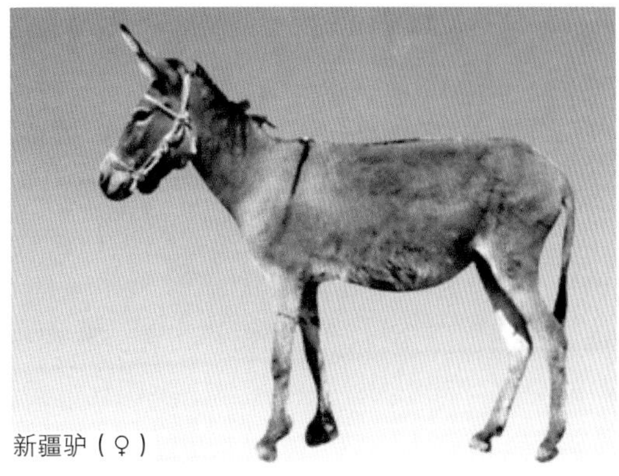
新疆驴（♀）

新疆驴（图片来源：北京农业数字博物馆 http://www.agrilib.ac.cn）

阿拉善双峰驼

阿拉善双峰驼主要分布在内蒙古阿拉善左旗、阿拉善右旗等地以及甘肃省的河西走廊地区。阿拉善驼又分为沙漠型驼、戈壁型驼两种生态类型。

阿拉善双峰驼的毛色可分为杏黄、紫红、棕褐和白色 4 种。毛色的深浅与所处地带有关。阿拉善驼的体质大致可分为粗糙紧凑型、细致紧凑型和结实型 3 种。外形呈高分型，个体大小中等。头短而宽，眼大明亮；胸深而宽，背短腰长。四肢细长，关节强大，筋腱明显。全身有 7 块角质垫，分布于胸、肘、腕、膝等部位。双峰呈圆锥状挺立，高为 30~40 厘米，峰间隔为 30~40 厘米。乳房小呈四方形。阿拉善双峰驼成年公驼平均体高为 172.3 厘米，母驼平均体高为 168.8 厘米。阿拉善驼可产绒毛、泌乳、役用、肉用，母驼繁殖年龄可达 20 岁以上，终生可产 7~10 个驼羔。

2000 年 8 月，阿拉善双峰驼被列入农业部颁布的《国家级畜禽品种资源保护名录》；2006 年 6 月，被列入农业部颁布的《国家级畜禽遗传资源保护名录》。

阿拉善双峰驼（图片来源：北京农业数字博物馆 http://www.agrilib.ac.cn）

敖鲁古雅驯鹿

驯鹿又称“林海之舟”“假四不象”。主要分布于内蒙古根河市敖鲁古雅鄂温克族自治乡。自 1964 年以来，一直徘徊在 1 100 只左右。1996 年年初从国外引种近 30 只。

敖鲁古雅驯鹿系中型鹿。成年公鹿体高 101~114 厘米，体长 113~127 厘米，体重 109~148 千克；母鹿体高 92~101 厘米，体长 104~115 厘米，体重 73~95 千克。家养驯鹿被毛以灰褐色为主。无背线和花斑。驯鹿头直面长，嘴粗，唇发达，耳似马耳，眼较大，眼眶突出，鼻孔大，颈粗短，下垂明显，无鼻镜，鼻孔生长着短绒毛。髯毛和会阴毛密生，呈白色。无距毛，掌面宽阔，是鹿类中最大的。驯鹿公母都长茸角，仔鹿生后 10 天左右就开始生长初角茸。阉割去势的公鹿也长茸。驯鹿的集群性和游牧性都很强。在我国，家养驯鹿能游牧到100千米以外的黑龙江省漠河一带。驯鹿在散放条件下可觅食200~300种植物性饲料，并喜食地衣类植物和鸟卵。驯鹿性极温驯，并由此而得名。

品种性能：①产茸性能。驯养的成年驯鹿，留茸茬高度2.0厘米左右，其平均每副成品茸重为0.5千克（公）和0.25千克（母）。茸质松嫩，茸的鲜干比例很高，茸毛密长。②繁殖性能。生后16~18个月性成熟。种用年龄以4~10岁（母）和2.5~5.5岁（公）为佳。发情周期15~16天。妊娠期225天（215~238天），雄性胎儿的妊娠期比雌性胎儿长3~5天。偶有双胎。产仔率为50%~85%。③产肉性能。成年公母鹿的屠宰率分别为47.4%和52.8%；屠宰量分别为50~80千克和40~60千克；出肉率42%左右。④役用。在大森林、山地、苔原道路、泥泞地、冰冻地面进行移牧、科学考察、狩猎、运送粮食物品等，可由役用的驯鹿来完成。作为役用的驯鹿是去势公鹿、空怀母鹿及部分种公鹿，约占全群的20%。夏季仅在夜间凉快、蚊蛇少时役用驯鹿。

目前，我国驯鹿亟待解决的是纯繁选育和从国外引进优良种鹿，以提高原有鹿群品质。

2006年6月，敖鲁古雅驯鹿被列入农业部颁布的《国家级畜禽遗传资源保护名录》。

驯鹿（图片来源：北京农业数字博物馆 http://www.agrilib.ac.cn）

福建黄兔

福建黄兔分布于福建省农村。福建黄兔是一种小型肉用兔。体型较小背毛粗而短，耳小、直立，眼睛虹膜有红、黑、天蓝色等。母兔乳头4~5对，以4对为多。成年兔体重为2千克左右，沿海的体重大于山区。

福建黄兔母兔一般4月龄发情，8月龄开始配种，年产3~4窝，平均每窝产6只，最高可达9只。福建黄兔体重为1.5~2千克时的屠宰率为54%左右，一般在8月龄体重达1.6~1.7千克时屠宰。

2006年6月，福建黄兔被列入农业部颁布的《国家级畜禽遗传资源保护名录》。

福建黄兔（图片来源：北京农业数字博物馆 http://www.agrilib.ac.cn）

四川白兔

四川白兔原产四川省，属中国白兔，在四川省境内的平原、丘陵、山地和高原均有饲养。其适应性、繁殖力和抗病力均较强，耐粗饲，为四川省分布较广的皮肉兼用地方品种。

四川白兔体型小，结构紧凑。头清秀，嘴较尖，无肉髯。眼红色，耳短小、厚而直立。乳头一般为 4 对，被毛优良，短而紧密。毛色，多数纯白，亦有少数黑、黄、麻色个体。四川白兔成年母兔体重为 2.35 千克，体长为 40.4 厘米，胸围为 26.7 厘米，耳长为 10.9 厘米，耳宽为 5.6 厘米，耳厚为 1.05 毫米。母兔最早在 4 月龄即开始配种。公兔一般都在 6 月龄开配。母兔最多的一年可产 7 窝，最多的一窝产仔 11 只。

2006 年 6 月，四川白兔被列入农业部颁布的《国家级畜禽遗传资源保护名录》。

四川白兔（图片来源：北京农业数字博物馆 http://www.agrilib.ac.cn）

（二）禽

大骨鸡

大骨鸡别名庄河大骨鸡、庄河鸡。大骨鸡原产地为辽宁省庄河市，中心产区为庄河市、东港市、普兰店市、瓦房店市、岫岩满族自治县、凤城县、盖州市等，现吉林、黑龙江、山东等省均有分布。

庄河市地处辽东半岛东侧南部，南临黄海，北依群山，由北向南依次为山地、丘陵、沿海平原，平均海拔 500 米，最高海拔 1 131 米，最低海拔 50 米。年平均气温 9.1℃，最高气温 36.6℃，最低气温 -29.3℃；无霜期 170 天。年降水量 800 毫米，相对湿度 65%~80%。年平均日照时数 2 416 小时。气候温和、四季分明，属暖温带湿润大陆性季风气候，具有一定的海洋性气候特征。农作物主要有玉米、水稻，其次是大豆、花生、甘薯等。北部山区草木繁茂，盛产柞蚕，蚕蛹较多。沿海地区水产丰富，动物性和矿物质饲料均较多。

据资料记载，早在 200 多年前，山东移民带入寿光鸡，与庄河土种鸡杂交。由于当地人喜饲养体型大、产蛋大的鸡，民间非常注意鸡的选种工作。每到孵化季节，多向饲养优良种鸡户串换种蛋孵化。在自养鸡群中注意选连产蛋、下秋蛋、生大蛋的种鸡，并重视选留体大、健壮的公鸡配种。加之当地的自然生态条件与丰富的饲料资源，形成具有体大、蛋大、觅食力强、耐粗饲、耐寒、适应性强等优良特性的大骨鸡。

大骨鸡骨架粗大，体躯敦实，头颈粗壮，胸深且广，背宽而长，腹部丰满，腿高粗壮，结实有力。喙前端为黄色，基部为褐色。单冠，呈红色。耳、肉髯呈红色。皮肤呈黄色。胫、趾呈黄色。成年公鸡单冠直立，红润。颈羽、背羽、腹羽呈棕红色，主翼羽、副主翼羽呈黑色，尾羽呈墨绿色。成年母鸡单冠，呈红色，具小齿。颈羽、背羽、腹羽呈黄色或黄麻色，主翼羽、副主翼羽、尾羽呈黑色，雏鸡绒毛呈棕褐色，部分雏鸡背部有深色纵向条纹。公鸡体重（3240 ± 250）克，母鸡体重（2540 ± 270）克，公鸡屠宰率（88.1 ± 1.8）%，母鸡屠宰率（92.6 ± 2.3）%。大骨鸡蛋品质测定结果为蛋重 64.6 克，蛋形指数 1.33，蛋壳强度 3.65 千克 / 平方米，蛋壳厚度 0.35 毫米，蛋壳色泽为褐色，哈氏单位 76.7，蛋黄比率 29.0%。根据大骨鸡核心群（笼养）2006 年和 2007 年资料统计，大骨鸡平均 167 日龄开产，72 周龄产蛋数 167.2 个，生产群 300 日龄平均蛋重 63.5 克。散养条件下，72 周龄产蛋数 120~140 个；舍饲平养条件下，72 周龄产蛋数 140~160 个。母鸡就巢率一般不超过 5%。

大骨鸡采用保种场和基因库保护。1959 年建立了庄河县大骨鸡育种场，1998 年成立了庄河市大骨鸡繁育中心，进行大骨鸡资源的收集整理。2005 年辽宁省家畜家禽遗传资源保存利用中心分别在辽阳市及庄河市建成辽宁省大骨鸡原种场和辽宁省庄河大骨鸡原种场有

大骨鸡（♂）

大骨鸡（♀）

大骨鸡
（图片来源：国家级地方鸡种基因库（江苏）http://www.genebank.org.cn）

限公司，承担大骨鸡的保种任务，2009 年核心群存栏大骨鸡约 1 200 只，其中公鸡约 200 只、母鸡约 1 000 多只。

大骨鸡具有体大、蛋大、蛋壳较厚的突出特点，并具有蛋香、肉鲜，耐粗饲、耐寒，觅食力、抗病力及适应性强，适合放养等优良特性。但该品种鸡产蛋量低，在今后的品种选育中应注重提高产蛋性能，并进行大骨鸡特色生态鸡蛋及肉品开发，利用新选育品系与其他品种鸡进行杂交配套，培育优质肉鸡配套系。

2002 年，国家地方禽种资源基因库引入大骨鸡进行保存。1989 年，大骨鸡收录于《中国家禽品种志》；2000 年列入《国家畜禽品种保护名录》；2006 年列入《国家畜禽遗传资源保护名录》。

鲁西斗鸡

鲁西斗鸡属玩赏型地方品种。原产地及中心产区为山东省西南部的菏泽、鄄城、曹县、成武等市（县）。原产地位于山东省的西南部，与江苏、河南、安徽三省接壤，属中部平原地区，平均海拔 40 米。年平均气温 13.5~14℃，无霜期 209 天；年降水量 600~800 毫米，相对湿度 68%~72%；年平均日照时数 2 496 小时。属暖温带大陆性气候。农作物主要有小麦、玉米、花生及薯类等。

据史料记载，鲁西斗鸡有 2 000 多年的饲养历史，其形成与当地群众嗜好玩斗鸡的习俗有密切关系。《史记》和《汉书》上多处记载有关“斗鸡、走狗”之事。据山东《成武县志》记载：斗鸡台在文亭山后，周鳌王三年（公元前 679 年），齐桓公以宋背北杏之会，曾率诸侯伐宋，单伯会之，取成于宋北境时，斗鸡其上。可见当时玩斗鸡已颇盛行。明高启（1336—1374 年）著有《书博鸡则者事》，至今成武县仍留有斗鸡台。

鲁西斗鸡体型高大，呈半菱形，体质健壮，肌肉丰满。体质紧凑结实。成年斗鸡具有“鹰嘴、鹅颈、高腿、鸵鸟身”的特征。头小，头皮薄而坚。脸狭长，毛细。喙呈黄色或玉白色，以黄色居多，短粗，呈弧形。冠呈瘤状，有“仙鹤顶”和“泰山顶”两种，以“仙鹤顶”为佳。肉垂已不明显。眼大，眼窝深，有水白眼和豆绿眼之分。耳叶短小，呈红色。虹彩呈橘黄色。皮肤呈白色，裸露处呈红色。胫呈黄色或水白色，以黄色居多。四趾，趾间距离宽。羽色种类较多，主要有黑色、红色和白色，还有紫羽和花羽等。黑羽斗鸡羽毛有光泽、似黑缎，腹部羽毛呈白色；红羽斗鸡羽毛呈枣红色；白色斗鸡全身毛色纯白，无杂色羽。公鸡胸肌发达，颈长腿高，尾羽高翘，体态英俊威武；黑羽公鸡尾部有 2~3 根白镰羽，红羽公鸡镰羽全黑或有白斑。母鸡腰背部平直，后腹部“蛋包”突出且明显，黑羽母鸡头顶部有白色羽点，似雪花状，俗称“雪花顶”；红羽母鸡尾羽带有豆红色。雏鸡绒毛主要有黑、黄、麻、白等色。

鲁西斗鸡公鸡体重约 3.9 千克，母鸡体重约 2.8 千克，蛋重（51.7 ± 4.1）克。鲁西斗鸡 180~220 日龄开产，平均开产体重 2 830 克，年产蛋数 60 个。公、母鸡配比一般为 1∶(8~10)，种蛋受精率 90%，受精蛋孵化率 90% 以上。母鸡就巢率约 70%，一般每年就巢 1 次。经过长期的不断选育，形成了鲁西斗鸡体型大、肌肉发达、斗性强的特点。按体重大小分为 3 种类型：体重 4 千克左右的为小型，体重 5 千克左右的为中型，体重 6 千克左右的为大型。毛色有青、红、紫、白、皂、芦花 6 种。

鲁西斗鸡品种保护采用保护区和保种场保护。20 世纪 80 年代，鄄城县畜牧局家畜改良站成立鲁西斗鸡保种场，2002 年 10 月经农业部批准建立“山东省中国斗鸡原种场”，保种核心群有 8 个品系，约 3 000 只鸡。2006 年中心产区鲁西斗鸡饲养量约 1 万只，周边市（县）饲养量约 3 万只。

鲁西斗鸡是优良斗鸡品种之一，该品种除具较高的观赏价值外，还是地方肉鸡的良好育种素材。目前，应加强现有鸡群的系统选育，保持斗鸡的特性，公鸡要选留具有“鸵鸟身、鹰嘴、高腿、鹅颈”特点的个体；母鸡除要求具本品种特征外，还要求后裆宽。在繁育过程中要保持适宜的群体数量，根据用途建立繁育体系。

鲁西斗鸡 1989 年收录于《中国畜禽品种志》；2006 年 6 月被列入农业部颁布的《国家级畜禽遗传资源保护名录》。

鲁西斗鸡(♂)

鲁西斗鸡(♀)

鲁西斗鸡（图片来源：北京农业数字博物馆 http://www.agrilib.ac.cn）

吐鲁番斗鸡

吐鲁番斗鸡属观赏型地方品种。原产地为新疆维吾尔自治区吐鲁番盆地，中心产区为吐鲁番、鄯善和托克逊一带，分布于伊犁、喀什及阿克苏等地。吐鲁番盆地位于北纬 42° 15′ ~43° 35′、东经 88° 29′ ~89° 54′，地处天山东段的博格达山与库鲁克山之间，属封闭性山间盆地，海拔 24~272 米。年平均气温 15.3℃，最高气温 49.6℃，最低气温 -27℃；无霜期 268~304 天。年降水量 3.9~25.5 毫米，年平均日照时数 3 056 小时，属典型的大陆性干旱荒漠气候。农作物主要有小麦、高粱、棉花等。

吐鲁番斗鸡饲养历史悠久，在清朝雍正十年（1732 年）当地就有人喜养大鸡，个别大鸡体重达到 9 千克。当地群众历来就有爱好斗鸡的习惯，有些人专门以养斗鸡为业，并代代相传，积累了一套选育、饲养、管理和调教的技术。他们专门挑选体大、颈长、脚高、斗性强、耐力好的斗鸡繁衍后代。经过长期的选育和调教，形成了良好的斗鸡品种。由于吐鲁番斗鸡具有耐干热、斗性强、打斗持久等优势，深受斗鸡爱好者欢迎，很早就传播到伊犁、喀什、阿克苏等地。

吐鲁番斗鸡体型高大，头顶宽、平而长，腿高，颈长，骨骼粗壮，胸肌、腿肌发达。羽毛以黑色居多，少数呈浅麻或栗褐色。双翼较短，紧贴体躯。喙短宽、略弯，基部呈褐色，尖端呈浅黄色。颌下有一块红色的皮皱与颈部连在一起。复冠，冠矮小，冠、肉髯、耳叶呈红色。虹彩呈红色或褐色。胫多呈黑色或青色，少数呈黄色或粉色，少数个体有胫羽。公鸡全身羽毛呈黑色，胸部带有黑色或间有红色羽毛，尾羽短；镰羽高翘，多呈黑色并有青绿色光泽；皮肤多呈红色。母鸡多为黑羽，皮肤呈白色。雏鸡头、颈、背及两侧绒毛均呈黑色，胸、腹部间有白色绒毛。公鸡体重 4 千克，母鸡体重 3 千克，蛋重（55.6 ± 7.0）克。吐鲁番斗鸡平均 225 日龄开产，年产蛋数 70 个，平均蛋重 55 克。种蛋受精率 71%，受精蛋孵化率 77%。母鸡就巢性较强，每年就巢 3 次。

吐鲁番斗鸡（♂）

吐鲁番斗鸡（♀）

吐鲁番斗鸡（图片来源：北京农业数字博物馆 http://www.agrilib.ac.cn）

吐鲁番斗鸡品种保护采用保种场保护。2005 年在新疆吐鲁番市郊建立了吐鲁番鸡保种场，承担保种工作，2009 年保种场有公鸡 400 余只、母鸡 200 余只。据 2003 年新疆维吾尔自治区畜牧厅与新疆农业大学专家组调查统计，纯种与杂交程度较轻的吐鲁番斗鸡有 8 000~9 000 只，其中包括库尔勒绿源养殖场经 6 年选育纯繁的 2 000 只吐鲁番斗鸡。吐鲁番斗鸡处于濒危—维持状态。

吐鲁番斗鸡具有耐干热、抗严寒、耐粗饲等特性。随着人民生活水平的提高，斗鸡观赏活动日益频繁，在吐鲁番、鄯善、库尔勒、喀什、伊犁等地已建立起能容纳数百人至上千人的斗鸡竞技场馆，斗鸡爱好者和饲养者人数日益增多。近些年来，由于河南斗鸡、泰国斗鸡、越南斗鸡的不断引进，吐鲁番斗鸡血统面临更大的冲击和威胁。今后应加强品种保护与选育。

1988 年，吐鲁番斗鸡收录于《新疆家畜家禽品种志》；1989 年收录于《中国家禽品种志》；2006 年被列入《国家畜禽遗传资源保护名录》。

西双版纳斗鸡

西双版纳斗鸡属玩赏型地方品种。原产地为云南省西双版纳州的景洪市、勐海县、勐腊县，中心产区在西双版纳州橄榄坝一带。主要分布于景洪市的景洪城区、嘎洒镇、勐罕镇、景哈乡、勐龙镇，勐海县的勐海镇、勐遮镇、勐宋乡，勐腊县的勐腊镇、勐捧镇、勐仑镇。

斗鸡是我国古老的鸡种，约有 2 000 多年的饲养历史。西双版纳斗鸡的形成历史，暂无文字资料可考，其形成与该地区民族和社会历史等方面的特殊性有关。据当地傣族老人反映，过去耕作粗放、广种薄收，一年仅半年从事农业生产，有半年农闲时间。农闲时，人们多以斗鸡取乐。尤其逢年过节，无论老人、小孩都喜看斗鸡比赛，以玩赏斗鸡作为文化娱乐活动，由此促进了斗鸡的不断选择和培育。由此可见，西双版纳斗鸡是当地群众长期驯化喂养，逐步发展形成的。当今，随着西双版纳州文化经济的发展，与周边老挝、越南、泰国、缅甸等国家交流不断加强，斗鸡品种相互交流，使西双版纳斗鸡的打斗性更强、更具玩赏性。

全州西双版纳斗鸡饲养数量 1981 年约 1 000 只，2002 年约 1 万只，2008 年约 1.5 万只。西双版纳斗鸡处于维持状态。

西双版纳斗鸡体型高大，呈菱形。羽毛稀少贴身，胸肌裸露。羽毛颜色有黑、白、芦花、灰、红褐、灰白、黑黄、绛红、绛紫、红、麻等色，但主要有纯白、纯黑、绛红 3 色。头小、呈半菱形，似老鹰头。颈较长，喙短粗、呈弓形，有黄、褐、铁灰等色。脸部呈红色。多数为豆冠，少数为单冠。冠和耳髯较小，呈鲜红色。虹彩颜色有橘红、金黄、淡黄、灰白、黑、黄黑、褐、灰褐、红等色。肤色有黄、白两色。胫色多数为黄色，也有少数为灰、黑、白、青色。无胫羽、趾羽。两胫间距离较宽，显得威武好斗。公鸡体大骨壮，颈、腿粗而有力，胸肌发达，眼神带有凶光，斗性强；胸、肘关节及肛门周围裸露处皮肤均为

西双版纳斗鸡(♂)　　西双版纳斗鸡(♀)

西双版纳斗鸡（图片来源：北京农业数字博物馆 http://www.agrilib.ac.cn）

红色。母鸡体躯近似卵圆形。雏鸡绒毛呈黑白、灰白或浅黄色。公鸡体重 2.5 千克，母鸡体重 1.7 千克。西双版纳斗鸡 180~210 日龄开产，年产蛋数 100~120 个，平均蛋重 42 克左右。母鸡就巢性强，自然状态下一年四季都可以起抱，每次就巢 20 天左右。

品种保护采用保种场保护方式。2004 年在景洪市嘎洒曼景保村建立了西双版纳斗鸡原种保种场，进行活体保种，2009 年保种核心群种鸡约 200 只。

西双版纳斗鸡是我国珍贵的家禽品种资源。斗鸡的培育、饲养管理以及训练技术，历代流传至今，内容极其丰富，从发掘祖国科学遗产角度出发，应加以收集、整理和研究。因该品种鸡体型大、肌肉发达、体质强健、抗病力强、耐炎热潮湿，亦可作为今后培育肉用型鸡种的原始素材。但其肉质粗硬、肉味欠佳，可通过育种进行改良。

1989 年，西双版纳斗鸡收录于《中国家禽品种志》；2006 年被列入《国家畜禽遗传资源保护名录》。

漳州斗鸡

漳州斗鸡别名咬鸡、打鸡、军鸡，属玩赏型地方品种。原产地为福建省漳州市，中心产区为漳州市芗城区和龙海市，主要分布于厦门、泉州等市。广东汕头和潮州也分布有一定数量的漳州斗鸡。

据 1999 年版《芗城区志》记载，明清时期漳州已有斗鸡，清朝饲养斗鸡已相当普遍。现有的斗鸡是清末由本地斗鸡和番鸡（国外引进的斗鸡）杂交繁衍而来，已有 100 多年的饲养历史。1960 年漳州农业展览馆曾收集一批优良的斗鸡品种，利用这些品种繁衍至今。

漳州斗鸡体型高大，胸深体长，骨骼粗壮，肌肉丰满结实，身形似鸵鸟。喙呈黄褐色。豆冠、呈红色。肉髯、耳叶无或短小。虹彩有白环、灰白、橘黄色 3 种。皮肤呈白色，胫呈黄色。公鸡胸宽且深、呈长方形。头较小，脸皮紧，喙粗长而尖利，颈长而粗。胫长，两腿健壮有力。羽毛稀疏紧贴，羽色以绛红色、黄褐色居多。主翼羽黑、红相间，胸部几近裸露。腿部和翅膀的骨腔小、骨层厚、质坚硬，抗打击能力强。母鸡颈细，身长，四肢较短，胸宽深而圆，腹部发达、呈方形。羽毛多呈红褐色或棕黄色，颈羽呈棕色，背羽至尾羽呈黄褐色。雏鸡大部分个体在头顶和背的正中有红褐色或黄褐色的粗线条斑纹，在背线两侧各有一条与背线同色而较细的条带，冠呈针尖粒状。公鸡体重 2.8 千克，母鸡体重 1.7 千克。蛋重（46.3 ± 4.0）克。漳州斗鸡 210 日龄初产，平均 230 日龄开产，年产蛋数 120~140 个。母鸡就巢性强，每窝产 10~12 个蛋就抱窝，每次抱窝 20 天左右，母鸡醒抱后 15~30 天可继续产第二窝蛋。

品种保护采用保护区和保种场保护方式。在厦门、晋江、汕头、潮州，漳州斗鸡也有一定的饲养量，1982 年约 200 只，1983—1984 年约 600 只。2003 年中心产区饲养量约 2 万只。漳州斗鸡处于维持状态。

漳州斗鸡具有精干结实、敢打善斗、机警敏捷、耐力持久、适应性强、耐粗饲、抗病力强等优点。漳州等闽南地区，历史上就有玩赏斗鸡的习俗，近年来随着人们娱乐生活的丰富，斗鸡爱好者越来越多，聘请当地经验丰富的斗鸡培育和训练行家，总结实施配套饲养技术和斗鸡训练方法，促进民间斗鸡选种选配工作和斗鸡活动朝健康科学方向发展，使漳州斗鸡得以保护，斗鸡文化得到弘扬。斗鸡在性成熟时（190 日龄左右），胸肌异常发达，约占胴体的 18%~22%，加之长期在舍外放牧，其肉质细嫩、味道鲜美、韧性大、风味独特，深受消费者的青睐，是培育优质肉鸡的良好素材。可以利用漳州斗鸡作父本，引进肉鸡品种进行杂交，培育长速适中、肉品质风味优良的优质鸡。因此，培养纯系斗鸡具有巨大的市场潜力。

目前，斗鸡品种面临退化和血缘混杂的危险，应开展提纯复壮工作，加强对斗鸡打斗性状（喙、腿、颈长、胸部肌肉）的选育，保护的重点是保持漳州斗鸡的斗性，以保持斗鸡的种质资源特性。

1989 年，漳州斗鸡收录于《中国家禽品种志》；2006 年，被列入《国家畜禽遗传资源保护名录》。

漳州斗鸡（♂）　　漳州斗鸡（♀）

漳州斗鸡（图片来源：北京农业数字博物馆 http://www.agrilib.ac.cn）

白耳黄鸡

白耳黄鸡又名白耳银鸡、江山白耳鸡、上饶地区白耳鸡、玉山白耳鸡。原产地为江西省广丰县，中心产区为江西省的广丰县及周边的玉山县和上饶县，主要分布于江西省广丰县及周边市、县和浙江省江山县等地。白耳黄鸡是经产地人民长期饲养和培育形成的地方品种。

白耳黄鸡体型较小、匀称，后躯宽大。全身羽毛黄色，大镰羽不发达，呈黑色并有绿色光泽，小镰羽呈橘红色。喙略弯，呈黄色或灰黄色，部分上喙端部呈褐色。单冠直立，冠齿4~6个，呈红色。肉髯呈红色。耳叶呈银白色，耳垂大，似白桃花瓣。虹彩呈金黄色。胫、皮肤均呈黄色，无胫羽。其典型特征为“三黄一白”，即黄羽、黄喙、黄脚、白耳。

成年公鸡体躯呈船形，肉髯软、薄而长，虹彩呈金黄色；头部羽毛短，呈橘红色；颈羽深红色，大镰羽不发达，呈墨绿色，小镰羽呈橘红色。成年母鸡体躯呈三角形，结构紧凑，肉髯较短，眼大有神，虹彩呈橘红色，全身羽毛呈黄色；少数母鸡性成熟后冠倒伏；冠、肉髯呈红色。雏鸡绒毛呈黄色。公鸡体重1.5千克，母鸡体重约1.2千克。公鸡、母鸡屠宰率分别为（87.0 ± 3.7）%、（89.8 ± 3.6）%，蛋重（54.1 ± 3.7）克。白耳黄鸡平均152日龄开产，300日龄平均产蛋数117个，500日龄平均产蛋数197个。300日龄平均蛋重549克。公鸡110~130日龄性成熟，公、母鸡利用年限1~2年。母鸡就巢性弱，就巢率约15.4%，就巢时间短，长的20天，短的7~8天。

品种保护采用保护区、保种场和基因库保护。1980年白耳黄鸡饲养量广丰县约50万只，上饶县约16万只，玉山县约8万只，浙江省江山县约7万只。产区饲养量2002年约80万只，2006年约2 000万只。

白耳黄鸡蛋较大，平均年产蛋数180个以上，是我国优良的蛋鸡育种素材。今后应重点扩大原种场种鸡群，进行本品种选育，提高产蛋性能，并进行杂交配套生产。进一步加强白耳性状遗传机理的研究，培育高产、优质特色蛋鸡品系。

白耳黄鸡（♂）

白耳黄鸡（♀）

白耳黄鸡
（图片来源：国家级地方鸡种基因库（江苏）http://www.genebank.org.cn）

1995 年，国家地方禽种资源基因库引入白耳黄鸡进行保存。1989 年，白耳黄鸡收录于《中国家禽品种志》；2000 年 8 月，被列入农业部颁布的《国家级畜禽品种资源保护名录》；2006 年 6 月，被列入农业部颁布的《国家级畜禽遗传资源保护名录》。

仙居鸡

仙居鸡又称仙居土鸡、仙居三黄鸡、梅林鸡等，属蛋用型地方品种。仙居鸡原产地及中心产区为浙江省仙居、临海、天台等地。主要分布于仙居县的埠头、横溪、白塔、田市、官路、城关等乡镇，临海市的白水洋、张家渡等县，广东、广西、福建、江苏、江西、上海等省、自治区、直辖市也有分布。

仙居鸡饲养历史悠久，明朝万历年间《仙居县志》已有仙居鸡的相关记载。当地农民素以养鸡作为主要副业之一，习惯选留体型小、产蛋多、补料较少的鸡作种用，经长期选育，使小型、高产的特性逐步形成和固定下来。据说明朝开国皇帝朱元璋品尝此鸡后评曰："此鸡喙黄、爪黄、羽黄，可称三黄鸡也"，"仙居三黄鸡"的名字便由此而来，并成为贡品，使仙居鸡名声大振。

仙居鸡体型紧凑，有黄、黑、白 3 种羽色，以黄色多见。黑羽体型最大，黄羽次之，白羽略小。目前选育的主要是黄羽鸡种。黄羽鸡种羽毛紧密，背平直，骨骼细致，神经敏捷，易受惊吓，善飞跃，具有蛋用鸡的体型和神经类型。头大小适中，颜面清秀，喙黄色或青色。单冠，冠齿 5~7 个。肉髯薄，中等大小，肉髯、耳叶为椭圆形，均呈红色。眼睑薄，虹彩多呈橘黄色，也有金黄、褐、灰黑等色。皮肤呈白色或浅黄色。胫以黄色为主，少数为青色，仅少数有胫羽。公鸡冠直立，高 3~4 厘米；羽毛主要呈黄红色，颈羽、鞍羽、梳羽、蓑羽色较浅、有光泽，主翼羽为红夹黑色，镰羽、尾羽呈黑色。母鸡冠矮，高约 2 厘米；羽色较杂，但以黄色为主，颈羽颜色较深，少数个体夹杂斑点状黑灰色羽毛，主翼羽羽片半黄半黑，尾羽呈黑色；尚有少数鸡为黑色羽和白色羽。雏鸡绒毛多为浅黄色。公鸡体重约 1.8 千克，母鸡体重约 1.3 千克，公鸡、母鸡屠宰率分别为（88.1 ± 2.3）%、（90.6 ± 1.9）%。蛋重（42.7 ± 3.1）克。仙居鸡平均 145 日龄开产，66 周龄产蛋数 172 个，平均蛋重为 44.0 克，母鸡就巢性弱。

品种保护采用保种场和基因库保护。2002 年仙居县建立了品种资源保护场，承担仙居鸡的保种工作，保种群有种鸡约 8 000 只。仙居鸡饲养量 1982 年约 60 万只，1996 年约 120 万只，2008 年约 148.4 万只。

仙居鸡属于蛋用型鸡种，该品种鸡耗料少，既适应山区放养也适合规模化笼养，产蛋量在我国地方鸡品种中较高，且蛋的品质好，可作为优质土鸡蛋开发推广。通过对仙居鸡多个世代的选择，现已选育了一个肉用型品系，该品系已达到较高的生产水平，生产性能较稳定，今后应加强该品种配套系的筛选。

1975 年，国家地方禽种资源基因库从产地引进仙居鸡种鸡保存。1989 年，仙居鸡收录于《中国家禽品种志》；2000 年 8 月，被列入农业部颁布的《国家级畜禽品种资源保护名

仙居鸡（♂） 仙居鸡（♀）

仙居鸡
（图片来源：国家级地方鸡种基因库（江苏）http://www.genebank.org.cn）

录》；2006 年 6 月，被列入农业部颁布的《国家级畜禽遗传资源保护名录》。

北京油鸡

北京油鸡原产地在北京城北侧安定门和德胜门的近郊一带，其邻近地区海淀、清河等也有一定数量的分布。因具有外观奇特、肉质优良、肉味浓郁的特点，故又称宫廷黄鸡。

北京油鸡在清朝中期已出现，距今至少有 300 余年的历史。北京是元、明、清等王朝的都城，历朝王公贵族对特优品质禽产品的需求是促使北京油鸡形成的重要因素之一。产区农民经过长期选择和培育，形成了具有特殊外貌（即凤头、毛脚和胡子嘴）、肉蛋品质兼优的地方优良鸡种。相传北京油鸡曾作为宫廷御膳用鸡，史料中有“太后非油鸡不食”的记载，并在当时德国举办的国际博览会上获得过金奖。

北京油鸡体躯中等，羽色呈赤褐色或黄色，其中赤褐色的鸡体型较小。喙呈黄色，尖部微显褐痕。单冠，冠叶小而薄，冠叶前段常形成一个小的“S”状褶曲，冠齿不甚整齐。冠羽、髯羽很明显，部分油鸡冠羽大而蓬松，常将眼的视线遮住。成年鸡的羽毛厚密而蓬松。有胫羽，有些个体兼有趾羽，约 70% 个体生有髯羽，通常将这种特有的外貌特征称为“三羽”（凤头、毛脚和胡子嘴）。具有髯羽的个体，其肉垂很小或全无。冠、肉髯、脸呈红色。耳叶呈浅红色。眼较大，虹彩多呈棕褐色。胫呈黄色。少数个体有五趾。公鸡头高昂，羽毛色泽鲜艳光亮，尾羽多呈黑色。母鸡头、尾微翘，腹部略短，体态墩实，尾羽与主翼羽、副翼羽中常夹有黑色或以羽轴为中界的半黑半黄的羽片。公母鸡均有冠羽和胫羽，部分个体兼有趾羽，不少个体的颌下或颊部生有髯须。因此，人们常将这“三羽”（凤头、毛腿和胡子嘴）性状看作是北京油鸡的主要外貌特征。初生雏鸡全身被着淡黄色或土黄色绒羽，冠羽、胫羽、髯羽很明显，体浑圆。300 日龄公鸡体重约 2.5 千克，母鸡体重约 2 千克。公鸡、母鸡屠宰率分别为 87.5%、86.1%。北京油鸡 145~161 日龄开产，开产体重 1 640~1740 克，29~31 日龄达到产蛋高峰，高峰期产蛋率 70%~75%。72 周龄产蛋数 140~150 个，平均蛋重 53.7 克。公鸡性成熟期 60~90 天。母鸡就巢率 6%~8%。就巢期长

北京油鸡（♂）　北京油鸡（♀）

北京油鸡
（图片来源：国家级地方鸡种基因库（江苏）http://www.genebank.org.cn）

者可达 60 多天，短者 20 天，平均为 25 天。公母鸡利用年限 1~2 年。

品种保护采用保种场和基因库保护。北京市农林科学院畜牧兽医研究所北京油鸡资源保种场（榆垡种鸡场）承担保种任务，2009 年有保种群鸡约 3 000 只。

北京油鸡外貌特征独特，肉品质和蛋品质优良，遗传性能稳定，适应性强，是珍贵的地方鸡种。可作为改善肉质、提高蛋品质的亲本。在今后的选育和利用工作中，应重点加强性成熟的选育，缩短上市日龄。

1975 年，北京油鸡由江苏省家禽研究所引入保存；2000 年，由国家地方禽种资源基因库保存。1989 年，北京油鸡收录于《中国家禽品种志》；2000 年，被列入《国家畜禽品种保护名录》；2006 年，被列入《国家畜禽遗传资源保护名录》。2007 年 9 月，发布了《北京油鸡》农业行业标准（NY/T 1449—2007）。

丝羽乌骨鸡

丝羽乌骨鸡别名泰和鸡、武山鸡、白绒乌鸡、竹丝鸡，属兼用、药用观赏型地方品种，原产地和中心产区为江西省泰和县和福建省泉州市、厦门市和闽南沿海等县。现已分布到全国各地及世界许多国家。

丝羽乌骨鸡是我国古老的鸡种之一，在 13 世纪末的《马可·波罗行记》“福州国”中就有记载：“……有一异事足供叙录，其地母鸡无羽而有毛，与猫皮同。鸡色黑，产卵，与吾国之卵无异，宜於食。”原注：“斡朵里克行经福州时，亦言有此鸡，谓其无羽，与吾辈之母鸡异，仅有毛，类羊毛。此种鸡中国各处几尽有之，其名曰丝毛鸡，或乌骨鸡。”该书“福州之名贵”，原注：“后数年，斡朵里克至福州时，叙述甚前，仅言周围有三十哩，其地公鸡较他处为大，母鸡色白如雪，无羽而有毛。”明代李时珍所著的《本草纲目》中写到：“泰和老鸡……产于江西泰和吉水诸县，”又写明：“乌骨鸡有白毛乌骨者，黑毛乌骨者，斑毛乌骨者，有骨肉俱乌者，肉白骨乌者，但观鸡舌黑者，则骨肉俱乌，入药更良。”这些资料说明，丝羽乌骨鸡早在 700 年前即已存在。产区群众素以养鸡为家庭副业，特别是在过去交通不便、缺医少药的年代，当地农户多养丝羽乌骨鸡，作为补品、治病之需。丝羽乌骨鸡还以其性情温驯、适应性强、外形美观、肉质鲜嫩而深受人们喜爱，并曾作为珍贵贡品上供。因此，这一独特的鸡种，经数百年的繁衍，至今仍得以保存。

丝羽乌骨鸡体型较小，颈短，脚矮，结构细致紧凑，体态小巧轻盈。外貌与其他鸡种有明显的不同，标准的丝羽乌骨鸡具有“十全”特征：一桑葚冠：冠型属草莓冠类型，公鸡比母鸡略发达。颜色在性成熟前为暗紫色，与桑葚相似，成年后则颜色减退，略带红色，有“荔枝冠”之称。二缨头：头顶有冠羽，为一丛缨状丝羽，母鸡冠羽较发达，状如绒球，又称“凤头”。三绿耳：耳叶呈暗紫色，在性成熟前现出明显的蓝绿色彩，成年后此色素逐渐消失，但仍呈暗紫色。四胡须：在下颌和两颊着生有较细长的丝羽，似胡须，以母鸡较为发达。肉垂很小或仅留痕迹，颜色与鸡冠一致。五丝羽：除翼羽和尾羽外，全身羽片因羽小枝没有羽钩而分裂成丝绒状。一般翼羽较短，羽片末端常有不完全的分裂，尾羽和公鸡的镰羽不发达。六五爪：脚有五趾，通常由第一趾向第二趾的一侧多生一趾，也有个别从第一趾再多生一趾成为六趾，其第一趾连同分生的趾均不着地。七毛脚：胫部和第四趾着生有胫羽和趾羽。八乌皮：全身皮肤以及眼、脸、喙、胫、趾均呈乌色。九乌肉：内脏膜及腹脂膜均呈乌色，全身肌肉略带乌色。十乌骨：骨质暗乌，骨膜呈深黑色。现在也存在一些不完全具备这“十全”特征的丝羽乌骨鸡和单冠、胫、趾无小羽等类型。江西所产300日龄公、母鸡体重分别为1.8千克、1.4千克。屠宰率分别为（88.1 ± 3.7）%、（87.8 ± 5.9）%。蛋重（43.6 ± 4.1）克。福建所产300日龄公、母鸡体重分别为1.6千克、1.5千克。屠宰率分别为屠宰率（90.4 ± 0.9）%、（90.8 ± 0.8）%。蛋重（45.1 ± 3.5）克。

来自江西的饲养资料，丝羽乌骨鸡平均156日龄开产，300日龄产蛋数70个，生产群300日龄平均蛋重39.5克。母鸡就巢率10%~15%。据福建省莆田市荔城区白绒乌骨鸡原种场记录资料统计，平均143日龄开产，457日龄平均产蛋数131.8个，300日龄平均蛋重45.1克。母鸡就巢性强。

品种保护采用保护区、保种场和基因库保护。1960年在原产地泰和县建立武山泰和鸡原种场，1979年由农业部投资建立泰和鸡原种场。2002年福建省建立莆田市荔城区白绒乌

丝羽乌骨鸡（♂）　丝羽乌骨鸡（♀）

丝羽乌骨鸡
（图片来源：国家级地方鸡种基因库（江苏）http://www.genebank.org.cn）

骨鸡原种场承担保种任务，2009年保种场保种群种鸡约800只。1976年国家地方禽种资源基因库引入该品种进行保存。

据统计，1980年丝羽乌骨鸡饲养量泰和县约15万只，福建省泉州市约4.5万只。2006年江西省的饲养量约1650万只。

丝羽乌骨鸡是我国古老的优良地方鸡种，具有独特的体型外貌，国外将其列为观赏鸡种。其“乌皮、乌肉、乌骨”的特点，是中医医治妇科病中药“乌鸡白凤丸”的主要原料，在国内被作为药用鸡，经济效益较高。今后在纯系繁育的基础上，可分别进行不同品系的定向选育。

1989年，丝羽乌骨鸡收录于《中国家禽品种志》；2000年8月，被列入农业部颁布的《国家级畜禽品种资源保护名录》；2006年6月，被列入农业部颁布的《国家级畜禽遗传资源保护名录》。2004年8月，发布了《丝羽乌骨鸡》农业行业标准（NY 813—2004）。

茶花鸡

茶花鸡属兼用型地方品种。原产地为云南省德宏、西双版纳、红河、文山4个自治州和临沧、普洱两地区。中心产区为盈江、潞西、耿马、沧源、双江、澜沧、西盟、景洪、勐腊、勐海、河口、富宁等县。周边普洱市、临沧市及德宏、红河和文山3个自治州有少量分布。

产区边境地区蕴藏有丰富的原始森林，林中分布有红色原鸡。每当作物收获季节，红色原鸡常成群至村寨附近与家鸡混群觅食田中遗谷等，有的公原鸡可与母家鸡交配。因红色原鸡公禽啼声、外貌与茶花鸡相似，故当地群众称红色原鸡为“野茶花鸡”。产区为多民族聚集区，有傣、佤、哈尼、拉祜、基诺等民族，喜追山打猎，有的将捕捉到的羽毛美丽、习性好斗的红色原鸡小公鸡加以驯养，供观赏或斗打取乐。在原鸡交配季节，常用驯养的小公鸡或其杂交后代诱捕原鸡。原鸡和家鸡杂交的后代公鸡，其啼声亦很像“茶花两朵”，羽毛美丽，有繁殖能力，为群众所喜爱。茶花鸡体型小，体重轻，骨细嫩。少数民族妇女产期喜吃未开产的仔母鸡，连骨剁碎吃，认为可滋补人体，增加泌乳。当地还有以“鸡肉稀饭”招待至亲好友的习惯，因而群众常大量饲养茶花鸡。因此，茶花鸡是红色原鸡在热带、亚热带生态条件下，经当地少数民族长期驯养培育过渡成为家鸡的一个地方品种。

茶花鸡体型较小，近似船形，性情活泼，好斗性强。头部清秀，多为平头，也有少数为凤头。翅羽略下垂。喙呈黑色，少数黑中带黄色。单冠，少数为豆冠，呈红色。肉髯呈红色。虹彩黄色居多，少数呈褐色或灰色。皮肤多呈白色，少数为浅黄色。胫呈黑色，少数黑中带黄色。公鸡羽毛除翼羽、尾羽、镰羽为黑色或黑色镶边外，其余呈红色；颈羽、鞍羽有鲜艳光泽。尾羽特别发达，大镰羽、小镰羽有墨绿色彩。母鸡羽毛以黄麻色、棕色、黑麻色、灰麻色、酱麻色为主，少数为纯白、纯黑和杂花色。雏鸡绒毛以褐色居多，灰褐色、黄灰色、白色次之，腹部绒羽为浅黄色，头部至尾部有深褐色条纹。500日龄公、母鸡体重分别为1.5千克、1.3千克，300日龄公、母鸡屠宰率分别为（90.3 ± 1.2）%、

茶花鸡（♂）　茶花鸡（♀）

茶花鸡
（图片来源：国家级地方鸡种基因库（江苏）http://www.genebank.org.cn）

（91.8 ± 3.0）%。蛋重（39.0 ± 2.7）克。茶花鸡 140~160 日龄开产，年产蛋数 70~130 个，开产蛋重 26.5 克，蛋重 37~41 克。母鸡就巢性强，每次就巢 20 天左右，就巢率 60%。

品种保护采用保护区、保种场和基因库保护。1986 年，西双版纳州畜牧兽医站建立了茶花鸡保种群。1999 年，在景洪市嘎洒镇建立了茶花鸡原种保种场，至 2006 年已建立了 20 个保种村。1998 年，国家地方禽种资源基因库引入该品种进行保存。西双版纳州茶花鸡原种场，2009 年有茶花鸡保种核心群 20 个家系、种鸡约 1 100 余只。西双版纳傣族自治州、临沧地区和普洱地区茶花鸡饲养量 1980 年约 66 万只，2002 年约 2 万只，2006 年约 12 万只。

茶花鸡为我国云南省境内、南部边境热带、亚热带地区分布较广的一种小型、骨细的地方品种，外貌美观，近似红色原鸡，且与红色原鸡杂交可产生有繁殖能力的后代，这对于研究我国鸡种起源具有重要价值。今后应加强对茶花鸡的生物学特性和经济性能的研究，确定其利用前途，以满足当地人民发展养鸡业的需要。

1989 年，茶花鸡收录于《中国家禽品种志》；2000 年，被列入《国家畜禽品种保护名录》；2006 年，被列入《国家畜禽遗传资源保护名录》。

狼山鸡

狼山鸡属肉蛋兼用型品种。原产地为江苏省南通市如东县，中心产区为如东县的马塘、岔河，主要分布于掘港、拼茶、丰利、双甸及通州市石港等地。历史上因集散地在江苏南通境内狼山附近，故得名。除江苏省外，在上海、黑龙江、湖南、湖北、云南、贵州等多个省区、市也有分布。原产地位于长江三角洲北部，东临黄海，土地多由逐年围垦海滩而成，农家历来居住分散，宅旁四周多植竹林或丛生芦苇，鸡群可充分觅食到动物性饲料和青绿饲料，这些为狼山鸡的形成提供了良好的物质基础。养鸡是当地农家主要副业之一，数量较多，多为自行繁育，很少混杂。当地乡俗对选种起了很大的作用，如对纯黑羽毛的选择就是因农家忌讳红羽为火灾的征兆，而视纯黑为吉祥，渔民出海祭祀时也要求用纯黑的大公鸡，这就逐步淘汰了杂羽鸡，由此形成了狼山鸡。清同治十一年（1872 年）狼山鸡被引入英国，后从英国传入美国、德国、日本、澳大利亚等国，成为名闻世界的鸡种。1883 年被列为国际标准鸡种，曾参与育成了奥品顿、澳洲黑等国际知名鸡种，并被列入英美等国家禽标准图谱，亦为我国惟一列为国际标准鸡种的地方鸡。

狼山鸡体格健壮，头昂尾翘，胸部发达，背部较凹，型似马鞍，体高腿长，腿上外侧多有羽毛。新中国成立初期调查时，按体型可分为重型与轻型 2 种，前者多产于马塘、岔河，公鸡体重为 4~4.5 千克，母鸡为 3~3.5 千克。后者以拼茶为多，公鸡体重为 3~3.5 千克，母鸡为 2 千克左右。狼山鸡按羽毛颜色可分为纯黑、黄色和白色 3 种，其中黑鸡最多，黄鸡次之，白鸡最少，杂毛鸡甚为少见。黑色狼山鸡也称“狼山黑”，羽毛黑而发绿、发蓝，黑鸡中有一品种头冠后有一蓬毛，又称作“狼山凤”，如东人称之为“蓬头鸡”。每种颜色按头部羽冠和胫趾部羽毛的有无分为光头光脚、光头毛脚、凤头毛脚和凤头光脚 4 个类型。如东县狼山鸡种鸡场建立之初，以体型中等的黑色、光头、光脚型作为选留对象。狼山鸡头部短圆细致，被称为蛇头大眼。单冠红色，冠齿 5~6 个。脸部、耳叶及肉垂均呈鲜红色。眼睛虹彩以黄色为主，间混有黄褐色。喙黑褐色，尖端稍淡。胫黑色，较细长。羽毛紧贴躯体，当年育成的新鸡富有黑绿色的光泽。成年黑色狼山鸡多呈纯黑，有时第 9~10 根主翼羽呈白色，但刚出壳的雏鸡，额部、腹及翼尖等处均呈淡黄色，一直到中雏换羽后才全部变成黑色，这与其他黑色鸡种明显不同。成年公鸡体重约 3.5~4 千克，母鸡 2.5~3 千克。成熟期迟，在放牧半喂养的条件下，约需 8 月龄开产。年产卵量 120~170 个，卵重 55~65 克，卵壳褐色。狼山鸡性情活泼，觅食能力强，适应性和抗病力也很强。狼山鸡的皮肤呈白色，肉质细嫩，滑嫩爽口。

品种保护采用保种场和基因库保护。1959 年在如东县掘港组建了如东县狼山鸡种鸡场，同年，在南通市狼山附近建立了南通市狼山鸡种鸡场，承担狼山鸡的保种工作。20 世纪 90 年代如东县狼山鸡种鸡场的保种群体始终保持在 2 000 只左右，南通市狼山鸡种鸡场饲养 1 000 只左右。2006 年年底如东县狼山鸡原种场保种群鸡约 5 000 只，南通市狼山鸡种鸡场保种群鸡约 1 000 只。2007 年年底产区种鸡存栏总数约 1 万只。狼山鸡处于维持状态。

狼山鸡遗传性能稳定，繁殖力、抗病力及适应性强。肉质品味鲜美，香气浓郁，致密

狼山鸡（♂）　狼山鸡（♀）

狼山鸡
（图片来源：国家级地方鸡种基因库（江苏）http://www.genebank.org.cn）

香嫩，深受消费者欢迎，市场开发潜力大，杂交利用前景广阔。狼山鸡与乌骨鸡的正反交具有乌皮、乌骨、乌肉等特征，保持肉质鲜嫩、肉味鲜美的特征。能适应国际黑色保健食品新潮流，特别是我国加入世贸组织后蕴藏着很大的商机。狼山鸡的屠宰分割包装及烧烤等食品加工制作销售，前景广阔。

2002 年，狼山鸡由国家地方禽种资源基因库引入保存。1989 年，狼山鸡收录于《中国家禽品种志》；2000 年被列入《国家畜禽品种资源保护名录》；2006 年被列入《国家畜禽遗传资源保护名录》。2009 年 11 月，《狼山鸡国家标准（GB/T 24705—2009）》发布。

清远麻鸡

清远麻鸡属肉用型地方品种。原产地为广东省清远市，中心产区为清远市所属北江两岸，主要分布于清城区的附城、洲心、横荷、龙塘、石角、源潭等镇和清新县的高田、山塘、太平、回澜、升平、大朗等镇，周边市（县）也有少量分布。

清远麻鸡形成历史悠久，自宋代就有饲养，历千年不衰。据南宋建炎三年（1129 年）《清远县志》记载“鸡，近来交通方便，计小贩收买各乡家禽之鸡运销省垣，每年售价数万元，省垣以清远鸡美，价比别处约高一成”。1957 年，全国家禽工作会议在清远召开，原清远县被誉为“三鸟之乡”。

清远麻鸡的特征可概括为“一楔、二细、三麻身”：“一楔”指母鸡体型呈楔形，前躯紧凑，后躯圆大；“二细”指头细、脚细；“三麻身”指母鸡背羽有麻黄、褐麻、棕麻 3 种颜色。喙呈黄色。单冠直立，冠齿 5~6 个，呈红色。肉髯呈红色。虹彩呈橙黄色。胫、皮肤均呈黄色。公鸡头大小适中，颈、背部的羽毛呈金黄色，胸羽、腹羽、尾羽及主翼羽呈黑色，肩羽呈枣红色。母鸡头细小，头部和颈部上端的羽毛呈深黄色，背部羽毛有黄、棕、褐 3 色，有黑色斑点，形成黄麻、棕麻、褐麻 3 种。主翼羽和副羽的内侧呈黑色，外侧有麻斑，由前至后变淡而麻点逐渐消失。雏鸡背部绒毛呈灰棕色，两侧各有一条白色绒毛带。300 日龄公鸡、母鸡体重分别为约 1.9 千克、约 1.5 千克，屠宰率分别为（89.3 ± 1.1）%、（88.7 ± 1.0）%。蛋重 45.8 克。清远麻鸡平均 161 日龄开产，年产蛋数 105 个，平均蛋重 46 克。母鸡就巢率约 3%。

品种保护采用保护区、保种场和基因库保护。风中皇清远麻鸡有限公司承担保种任务，目前有 2 个纯系，每个纯系有 150 个家系，羽色以黄麻为主，棕、褐麻较少。2005 年产区清远麻鸡的饲养量约 40 万只。2 000 年国家地方禽种资源基因库引入保存。

清远麻鸡以肉质优良而驰名，其皮色金黄、肉质嫩滑、风味独特。但该品种分布地区不广。20 世纪 80 年代，清远麻鸡还有 4 种类型（黄麻、白麻、棕麻、褐麻），为了适应市场，现在主要选留黄麻和褐麻，棕麻、白麻基本消失。今后应重点做好清远麻鸡的品种保护工作，建立纯种核心群，同时加强本品种选育，提高群体均匀度。

1989 年，清远麻鸡收录于《中国家禽品种志》；2000 年 8 月，被列入农业部颁布的《国家级畜禽品种资源保护名录》；2006 年 6 月，被列入农业部颁布的《国家级畜禽遗传资

清远麻鸡
（图片来源：国家级地方鸡种基因库（江苏）http://www.genebank.org.cn）

源保护名录》。

藏鸡

藏鸡属兼用型地方品种。原产地为青藏高原农区和半农半牧区，包括西藏自治区的雅鲁藏布江中游流域河谷区和藏东三江中游高山峡谷区，以及四川省西北高原甘孜、阿坝藏族自治州等。中心产区为西藏自治区的山南、拉萨市、昌都地区东南部、日喀则地区中南部、那曲地区东部和阿里地区西南部，四川省甘孜州的稻城、乡城、得荣、巴塘、雅江和理塘等县，阿坝州的茂县、黑水、松潘等县，甘孜州的丹巴、甘孜、白玉、石渠、色达、德格、新龙、炉霍、道孚和云南省迪庆州中北部高寒山区及干旱河谷农区等地均有分布。

1913 年《巴塘县志·物产》中记有马、骡、驴、牛、绵羊、山羊和鸡等畜禽，可见藏鸡的饲养由来已久。新中国成立前，藏族群众一般无食鸡食蛋的习惯，养鸡的主要目的是用公鸡司晨报晓，同时也作为贡品向上层交纳。新中国成立后，养鸡逐渐成为藏族群众的家庭副业之一，主要用于逢年过节、来客、祭祀等，但饲养管理极其粗放。藏鸡常年栖息于屋檐、畜圈梁架之上，露宿于宅旁树林，处于半野生状态。由于青藏高原高山深谷纵横其间，形成天然隔离屏障，在独特的生态环境中形成藏鸡这一地方品种。

藏鸡体型小而紧凑，头部清秀，头昂尾翘，呈船形。性情活泼，行动敏捷，富于神经质。翼羽和尾羽发达，有飞翔能力。喙多呈黑色，少数呈黄色或肉色。单冠红色，冠齿 5~7 个，少数为豆冠并伴有冠羽。肉垂呈红色。耳叶多呈白色，少数红白相间，个别为红色。虹彩多呈橘红色，少数呈黄栗色。胫以黑色居多，少数呈黄色或玉白色。皮肤多呈白色或浅黄色，少数呈乌黑色。公鸡冠大而直立。羽毛颜色鲜艳，主翼羽、副翼羽、主尾羽和大镰羽呈墨绿色，有光泽；颈羽、鞍羽呈红色或金黄色镶黑边；躯干羽毛黑色或红色为主，少数公鸡为白羽或其他杂色羽。镰羽长达 40~65 厘米。母鸡冠小，稍有扭曲。羽色复杂，多为黑色、黄麻、黑麻、褐麻、芦花等色，少数为白色。头、颈、背部羽毛多呈黄色并有灰褐色斑点，主翼羽、尾羽呈灰褐色，有黄色或白色斑点。腹羽多为黄色，少数灰褐

藏鸡
（图片来源：国家级地方鸡种基因库（江苏）http://www.genebank.org.cn）

色。雏鸡绒毛多呈褐麻色。

四川地区成年藏鸡公鸡、母鸡体重约为 1.6 千克、1.6 千克，西藏地区成年藏鸡公鸡、母鸡体重分别约为 1.5 千克和 1.2 千克。四川稻城县 2006 年测定 300 日龄公鸡、母鸡屠宰率分别为（83.7 ± 5.1）%、（85.4 ± 5.8）%。四川省测定藏鸡平均 240 日龄开产，西藏测定为 240~300 日龄开产。年产蛋数四川测定为 65~100 个，西藏测定为 80 个左右。平均蛋重四川测定为 48.1 克，西藏测定为 34 克。蛋壳颜色四川省为白色或褐色，西藏为褐色。母鸡就巢性较强。

品种保护采用保护区和基因库保护。保护区主要位于四川省稻城县、乡城县、得荣县、巴塘县、理塘县和雅江县。产区 1981 年藏鸡饲养量约 70 万只。四川省藏鸡饲养量 1985 年约 15.1 万只，1995 年约 12.4 万只。2005 年四川省饲养量约 10 万只，西藏自治区饲养量约 50 万只。藏鸡饲养一直沿用自繁自养方式，未开展系统选育工作。

藏鸡体型外貌和生活习性与家鸡祖先红色原鸡极为相似，处于半野生状态，适应高原、高寒地带的气候条件，青藏高原藏族人民经过多年选择而形成的独特品种。具有体型轻小、有飞翔能力、觅食力强、耐粗放、抗病力强、肉质鲜嫩等特点，能适应当地高海拔、气候寒冷的自然环境。缺点是蛋小、生长缓慢、开产较晚。由于没有任何引进品种能在产区环境条件下保持正常生理状态和生产性能，藏鸡是产区今后育种工作的基本素材。今后应加强资源保护和本品种选育，提高其生产性能。

2002 年，藏鸡由国家地方禽种资源基因库引入进行保存。1989 年，藏鸡收录于《中国家禽品种志》；2000 年，被列入《国家畜禽品种保护名录》；2006 年，被列入《国家畜禽遗传资源保护名录》。2009 年 11 月，《藏鸡国家标准（GB/T 24702—2009）》发布。

矮脚鸡

矮脚鸡属兼用型地方品种。原产地为贵州省兴义市，中心产区为兴义市的捧鲜、七舍、仓更、泥函等地，分布于兴义市及周边的兴仁、安龙、贞丰、册亨等县。

矮脚鸡饲养历史悠久，据 1941 年《捧鲜地方志》记载，已有 200 多年的饲养历史。产区内布依族、苗族、汉族等多民族聚居，历来有用鸡头祭祀、喝鸡血酒示盟拜友以及用鸡孝敬老人、宴请亲朋好友的习俗，又因矮脚鸡性情温顺、产蛋多和肉鲜味美，故当地群众有饲养矮脚鸡的习惯。

矮脚鸡体躯匀称、胫短，体呈匍匐状。羽色主要有黄、麻和黑羽。喙短，呈黄色或灰黑色。单冠，冠齿 5~8 个，呈红色。耳、髯红色。虹彩橘黄色。皮肤白色。胫有黄、白、黑 3 种颜色。公鸡背、翅、胸、颈羽色为黄色偏红，主副翼羽、腹羽、尾羽为绿色；背宽平，尾翘。母鸡以黄麻色为主，黑麻色次之，少量为白色。雏鸡背脊有少量条纹状灰绒和黑绒。300 日龄公鸡、母鸡体重分别为约 1.9 千克、1.4 千克，屠宰率分别为（87.7 ± 2.3）%、（90.5 ± 2.9）%。矮脚鸡 150~180 日龄开产，年产蛋数 120~150 个，蛋重 47~52 克。母鸡就巢率 10%~15%，平均就巢持续期为 25 天。

品种保护采用保护区和保种场保护。2006 年，兴义市建立矮脚鸡保种选育场，承担保种任务，保种场现有公鸡约 100 只、母鸡约 800 只。主产区矮脚鸡饲养量 1985 年约 3 000 只，2005 年约 2 万只。矮脚鸡处于濒危—维持状态。

矮脚鸡具有生产性能较好、肉嫩味鲜、适应性强和抗潮湿的特点。由于胫短、温驯，易于饲养管理，是当地群众喜爱的鸡种。20 世纪 80 年代因引种导致混杂。今后应加强保种，开展本品种选育，扩大纯种繁殖，有序开展杂种优势利用。

1993 年，矮脚鸡收录于《贵州省畜禽品种志》；2006 年，被列入《国家畜禽遗传资源保护名录》。

矮脚鸡（♂）

矮脚鸡（♀）

矮脚鸡（图片来源：北京农业数字博物馆 http://www.agrilib.ac.cn）

浦东鸡

浦东鸡别名九斤黄，属兼用型地方品种。原产地及中心产区为上海市南汇、奉贤、川沙三县沿海一带，主要分布于南汇的泥城、书院、老港等镇。由于产地位于黄浦江以东，故名浦东鸡。

浦东鸡的形成已有百余年的历史。浦东沿海滩涂宽广，以玉米、大豆等杂粮生产为主，加上鱼、虾等动物性蛋白饲料丰富，农户居住分散，习惯放养家禽，养鸡为主要的家庭副业。当地群众每逢节日和婚嫁喜事，多以大公鸡作为馈赠礼品，养成选大蛋、大鸡的习惯。经当地农户长期选择，形成了浦东鸡体大、蛋大的独特性能。

浦东鸡体型较大。喙短而略弯，基部呈黄色，上端部呈褐色或浅褐色。单冠，冠、肉髯、耳叶呈红色。虹彩呈黄色。皮肤呈白色或浅黄色。胫呈黄色，少数个体有胫羽、趾羽。公鸡冠直立，冠齿 5~7 个；羽色有黄胸黄背、红胸红背和黑胸红背 3 种；主翼羽、副翼羽多呈黑色，腹羽呈金黄色或带黑色；尾羽上翘，呈黑色并有墨绿色光泽。母鸡冠较小，有时冠齿不清；全身羽毛呈褐色，有深浅之分；尾羽短，稍向上，主尾羽不发达。雏鸡绒毛多呈黄色，少数头、背部有褐色或灰色绒毛带。成年公鸡、母鸡体重分别为 3.2 千克和 3 千克左右，屠宰率分别为（90.5 ± 2.5）%、（91.9 ± 2.5）%。据上海南汇区浦东鸡良种场 2006 年测定，浦东鸡平均 167 日龄开产，60 周龄产蛋数 136 个，生产群平均蛋重 54 克。母鸡就巢率 10%~15%。

品种保护采用保种场保护。由上海南汇区浦东鸡良种场承担保种任务。浦东鸡主要饲养在保种场，2000 年有 25 个家系、约 500 只母鸡，2008 年存栏母鸡约 1 250 只，2009 年有 28 个家系约 800 只母鸡。浦东鸡处于维持状态。

1989 年，浦东鸡收录于《中国家禽品种志》；2006 年，被列入《国家畜禽遗传资源保护名录》。

浦东鸡（♂♀）　　浦东鸡（♂♀）

浦东鸡

溧阳鸡

溧阳鸡别名九斤王、九斤黄、三黄鸡，属肉用型地方品种，原产地为江苏省溧阳市，中心产区为溧阳市的西南丘陵地区，主要分布于天目湖、戴埠、社渚、横涧等地，相邻的溧水、宜兴，安徽省的广德等地也有分布。

溧阳丘陵山区植被繁茂、昆虫丰富，山区农村鸡群采取放养，任其终日在外奔跑觅食，形成溧阳鸡腿粗长、胸宽、肌肉丰满、觅食力强等特点。另一方面，产区农家素有腌制咸鸡供春节食用的习惯，而且通常在婴孩满月时，要宰杀一只大公鸡作为庆贺，这些风俗习惯，促使群众喜养大鸡，选留大鸡，逐渐形成溧阳鸡。

溧阳鸡体型较大，体躯略呈方形，胫粗长，胸宽，肌肉丰满。冠、肉髯、耳叶呈红色。喙、胫、皮肤均为黄色。虹彩呈橘红色。公鸡单冠直立，冠齿 5~7 个，齿刻深；羽毛呈黄色或橘黄色，主翼羽有全黑与半黄半黑之分，副主翼羽呈黄色或半黑色，主尾羽呈黑色；胸羽、颈羽、鞍羽呈金黄色或橘黄色，部分羽毛有黑色镶边。母鸡单冠，有直立、倒冠之分；羽色绝大部分呈草黄色，少数为黄麻色。雏鸡绒毛为米黄色，部分有黑色条状绒毛带。成年公鸡、母鸡体重分别为 3.9 千克和 2.7 千克左右，屠宰率分别为（89.9 ± 1.3）%、（91.3 ± 1.5）% 。溧阳鸡平均 154 日龄开产，开产体重 2.3 千克，66 周龄饲养日产蛋数 145 个，300 日龄平均蛋重 57 克。母鸡就巢率约 6.4% 。

品种保护采用保种场保护。2002 年在溧阳西南部丘陵山区收集原种公、母鸡，饲养于溧阳市种畜场内，建立了溧阳鸡原始保种群。2009 年保种群已形成 60 个家系、约 3 000 只鸡规模的原种群。据江苏省畜禽品种资源调查统计，1980 年中心产区溧阳鸡饲养量约 20 万只。20 世纪 80 年代以后，由于外来品种的引进，溧阳鸡的饲养量急剧下降，至 20 世纪 90 年代后期，其数量在 2 万只左右。2002 年中心产区溧阳鸡饲养量约 10 万只。

溧阳鸡体型大、肉质鲜美，具有胫粗、胸宽、肌肉丰满、觅食力强、宜放牧饲养等特点，是我国地方鸡品种中少见的大型品种之一，是培育优质黄羽肉鸡的良好素材。但该品

溧阳鸡　　溧阳鸡（♂）　　溧阳鸡（♀）

种性成熟较迟、早期生长速度相对较慢。因此，今后应在保种的同时，加强本品种选育，进一步提高生长性能和繁殖性能，培育专门化品系讲行杂交利用。

1989 年，溧阳鸡收录于《中国家禽品种志》；2006 年，被列入《国家畜禽遗传资源保护名录》。

文昌鸡

文昌鸡属肉用型地方品种。原产地为海南省文昌市，中心产区为文昌市的潭牛镇、锦山镇、文城镇和宝芳镇，在海南省各地均有分布。

文昌鸡形成历史悠久，早在 17 世纪由福建、广东地区移民带入。在文昌特定的社会、经济和环境条件下，经当地群众长期选育而成。清代《岭南杂事诗抄》一书中记载有："文昌县属有一种鸡牝而若牡肉，味最美"。在产区，每逢节日或招待来客时，历来有"无鸡不成席"之说。

文昌鸡体型紧凑、匀称，呈楔形。羽色有黄、白、黑色和芦花等。头小，喙短而弯曲，呈淡黄色或浅灰色。单冠直立，冠齿 6~8 个。冠、肉髯呈红色。耳叶以红色居多，少数呈白色。虹彩呈橘黄色。皮肤呈白色或浅黄色。胫呈黄色。公鸡羽毛呈枣红色，颈部有金黄色环状羽毛带，主、副翼羽呈枣红色或暗绿色，尾羽呈黑色，并带有墨绿色光泽。母鸡羽毛多呈黄褐色，部分个体背部呈浅麻花，胸部羽毛呈白色，翼羽有黑色斑纹。少数鸡颈部有环状黑斑羽带。雏鸡绒毛颜色较杂，其中以淡黄色居多，少数头部或背部带有青黑色条纹。成年公鸡、母鸡体重分别为 2.2 千克、1.5 千克左右，屠宰率分别为（91.7 ± 0.9）%、（91.4 ± 1.0）%，蛋重（44.1 ± 1.2）克。2006 年海南罗牛山文昌鸡育种有限公司统计，文昌鸡平均 120~126 日龄开产，500 日龄产蛋数 120~150 个。平养条件下母鸡就巢性较强，笼养条件下就巢性约 2.3% 。

品种保护采用保种场保护。2002 年海口农工贸（罗牛山）股份有限公司在文昌市潭牛镇建立了 10 万只规模的海南罗牛山文昌鸡育种有限公司，承担文昌鸡的保种任务。文昌鸡

文昌鸡（♂）

文昌鸡（♀）

文昌鸡
（图片来源：国家级地方鸡种基因库（江苏）http://www.genebank.org.cn）

饲养量 1995 年约 795 万只，2000 年约 1 159 万只，2005 年约 5 050 万只。

文昌鸡觅食能力强、耐粗饲、耐热、早熟，且肉质鲜嫩、肉香浓郁，特别是屠体皮肤薄、毛孔细，肌内脂肪含量高，皮下脂肪含量适中。但该品种鸡毛色较杂、饲料转化比低、个体间差异较大，今后应加强本品种选育，提高遗传稳定性和群体均匀度。

2006 年，文昌鸡被列入《国家畜禽遗传资源保护名录》。

惠阳胡须鸡

惠阳胡须鸡又名惠阳鸡、三黄胡须鸡、龙岗鸡、龙门鸡、惠州鸡，属肉用型地方品种。原产地为广东东江和西枝江中下游沿岸的惠阳、博罗、紫金、龙门和惠东等县，主要分布于广东省河源、东莞、宝安、增城等地。

惠阳胡须鸡饲养历史悠久，《广志》(265—316 年) 中记载的鸡品种有 8 种，其中就有胡须品种。当地人喜欢客家咸鸡的烹饪方法，最早是客家人为了保存食料的一种做法。加之产区地处广州、香港等城市之间，对活鸡需求量大，质优价高，消费者对鸡的风味、骨骼的软硬度与鸡的烹调方法均有独特要求，这些对惠阳胡须鸡品种的形成产生了重要影响。

惠阳胡须鸡体型中等，胸深背宽，胸肌发达，后躯丰满。喙粗短，呈黄色。单冠直立，虹彩呈橙黄色。颌下有发达的胡须状髯羽，无肉垂或仅有一些痕迹。胫、皮肤均呈黄色。公鸡背部羽毛呈枣红色，颈羽、鞍羽呈金黄色，主尾羽多呈黄色，有少量黑色，镰羽呈墨绿色，有光泽。母鸡全身羽毛呈黄色，主翼羽和尾羽有些呈黑色。雏鸡全身绒毛呈黄色。成年公鸡、母鸡体重分别为 2.2 千克和 1.6 千克左右，屠宰率分别为 (89.6 ± 1.1) %、(90.0 ± 1.8) % 。惠阳胡须鸡平均 154 日龄开产，年产蛋数 108 个，开产蛋重 29 克，平均蛋重 46 克。母鸡就巢性强，就巢率 10%~20% 。

品种保护采用保种场和基因库保护。广东省农业科学院畜牧研究所对惠阳胡须鸡进行了长期的保种，2006 年建立资源场进行保护。惠阳胡须鸡 2004 年饲养量约 3 000 只，2008 年饲养量约 1.2 万只。惠阳胡须鸡处于维持状态。

惠阳胡须鸡
(图片来源：国家级地方鸡种基因库 (江苏) http://www.genebank.org.cn)

惠阳胡须鸡 (♂)　　惠阳胡须鸡 (♀)

惠阳胡须鸡具有耐粗饲、适应性强、抗病力强等优点，其肉质嫩滑、皮薄骨脆，享有盛誉，在现代鸡育种、生产和外贸市场有较高的经济价值。但目前该品种已经变得混杂，生产性能下降、群体规模减少，因此应对其实施保种选育，纯化种群，扩大群体数量。

2004 年，惠阳胡须鸡由国家地方禽种资源基因库引入保存。1989 年，惠阳胡须鸡收录于《中国家禽品种志》；2006 年，被列入《国家畜禽遗传资源保护名录》。

河田鸡

河田鸡属肉用型地方品种。原产地为福建省龙岩市长汀县河田镇，中心产区为河田镇及周边的策武、南山、濯田等十多个乡镇，分布于龙岩、上杭、连城、武平、漳平、永安等市（县）。

长汀县地处福建西部，年平均气温 18.3℃，无霜期 300 天左右。年降水量 1 731 毫米，年平均日照 1 785 小时，雨量充沛、温和潮湿，属中亚热带季风气候区。蕴藏丰富稀土，饲养的河田鸡肉质风味独特。河田鸡在长汀的饲养历史悠久。据传，河田鸡是在北宋年间由中原移民带入。清乾隆十七年（1752 年）修撰的《汀州府志》卷八记载："汀近有一种鹿角鸡，冠生二角如鹿。"历史上，养鸡是当地客家人的一种主要家庭副业。农民习惯早晨下田将鸡笼挑到田里，鸡随人走，由于田野虫草丰富、阳光充足，对河田鸡的生产性能和肉质的提高起了很大作用，加上山区交通极为不便，种鸡极少对外交流，经过历代不断的人工选择和自然选择形成了河田鸡。

河田鸡颈粗，胸宽背阔，躯短，近方形，有"大架子"（大型）和"小架子"（小型）之分，但大架子鸡较少，多数是小架子鸡，两者体型外貌相同，仅有体重、体尺大小之别。喙短、略弯曲，尖端呈黄色，基部呈深棕色。单冠直立，冠后端分裂成叉状冠齿，称"三叉冠"，为河田鸡所特有的冠型。肉髯大，呈红色。耳叶椭圆形，黄毛覆盖，呈红色。虹彩呈橘红色。胫、皮肤均呈黄色。公鸡头、颈部羽毛呈棕黄色，背、胸、腹部羽毛呈淡黄色，主翼羽呈黑色、有浅黄色镶边，副翼羽呈红棕色，尾羽和镰羽呈黑色、有光泽，但镰羽不发达。母鸡颈羽覆有黑斑点，在颈部形成环状黑圈，主翼羽和尾羽呈黑色，其余部位羽毛均呈黄色。雏鸡绒毛呈深黄色。河田鸡平均 110 日龄开产，300 日龄饲养日产蛋数 68~101 个，500 日龄饲养日产蛋数 95~145 个，300 日龄蛋重 45~51 克。母鸡有较强的就巢性，每年就巢 6~7 次。

品种保护采用保护区和保种场保护。1998 年在长汀县策武建立保种场，开始品种资源的收集筛选工作，2005 年 5 月组成了保种基础群 60 个家系，2006 年 10 月组建保种群零世代和选育群各 60 个家系。福建省长汀县远山河田鸡发展有限公司育种场饲养原种河田鸡 30 个家系，种鸡 330 只。河田鸡饲养量 1988 年约 130 万只，2006 年约 350 万只，2007 年约 295 万只。

河田鸡是我国著名的地方肉鸡品种，具有耐粗饲，觅食力、适应性、抗病力强的特点。育肥鸡屠体丰满、皮薄骨细、肤色金黄、肉质鲜美、风味独特。但河田鸡产蛋量少、早期

河田鸡（图片来源：北京农业数字博物馆 http://www.agrilib.ac.cn）

生长较慢、屠宰率较低、饲养成本相对较高，影响了市场竞争力，应加快培育繁殖性能高、饲料转化比高的配套系。

1989年，河田鸡收录于《中国家禽品种志》；2006年，被列入《国家畜禽遗传资源保护名录》。

边鸡

边鸡别名右玉鸡，为蛋肉兼用型地方鸡种。边鸡原产地及中心产区为内蒙古自治区乌兰察布市的凉城县与山西省北部的右玉县，主要分布于内蒙古的凉城县、卓资县和山西省的右玉县。

边鸡的起源至今尚未见到史料记载。据民间相传，该鸡系清代雍正、乾隆年间（约1750年）在原绥东四旗（今乌兰察布盟一带）进行垦殖时，由奉天（今辽宁一带）迁移来的农民带入的大骨鸡和本地鸡杂交，经过长期的选择、繁衍而形成的一个独特的体大、蛋大、适应高寒气候环境的地方鸡种。因产地（凉城、右玉）分布在长城内外一带，当地人视长城为边墙，故群众称之为边鸡。

边鸡全身羽毛蓬松，体躯深宽，前胸发达，头尾上翘，呈元宝状，头小，冠矮。喙短粗、略弯，以黑、褐、黄色居多。单冠居多，冠齿5~8个，间有少量草莓冠、豌豆冠，呈红色。肉髯呈红色。耳叶呈黄色、白色或深棕色。虹彩呈橘红色。皮肤呈淡黄色。胫多呈黑色，少数呈肉色、灰色，胫羽发达。公鸡羽色主要为红黑或黄黑色。颈羽多呈红黑色，少数呈黄色、红色，背羽呈红色，主翼羽、腹羽和鞍羽呈深红色，尾羽呈墨绿色；主尾羽下垂，部分个体具有特殊的软尾。母鸡冠较小，羽色较杂，有白、灰、黑、浅黄、麻黄、红灰等色，颈羽、尾羽多呈麻色，少数呈黑色，主翼羽、背羽呈黑色或麻色，腹羽呈麻黄色，鞍羽呈麻色或黑色。雏鸡绒毛多呈淡黄色。山西成年公鸡、母鸡体重分别为1.9千克、1.5千克左右；内蒙古成年公鸡、母鸡体重分别为2.7千克、2千克左右。据山西饲养资料，边鸡170~180日龄开产，开产蛋重39~42克，500日龄产蛋数123~136个，平均蛋重

边鸡（♂）　边鸡（♀）

边鸡
（图片来源：国家级地方鸡种基因库（江苏）http://www.genebank.org.cn）

53克。据内蒙古饲养资料，边鸡210~270日龄开产，年产蛋数119~130个，平均蛋重58克。边鸡的就巢性弱，就巢率约5%。

品种保护采用保种场和基因库保护。山西省2007年年初建立保种场，承担保种工作。2006年国家地方禽种资源基因库引入该品种进行保护。目前，内蒙古地区尚未建立保种场。20世纪70年代初，产区边鸡饲养量约100万只。内蒙古地区边鸡饲养量1981年约40万只，1985年约50万只。随着市场需求的变化，产区引进了大量的良种蛋鸡，使得边鸡的饲养数量逐渐减少。2006年年底产区边鸡存栏不足1 000只。边鸡处于濒危—维持状态。

边鸡是一个适合高原丘陵寒冷地区饲养的优良品种，具有体型大、蛋大、蛋肉品质好、耐粗放饲养、生活力强、抗寒和抗病力强等特点，适合农户分散饲养。目前，存在的主要问题是群体数量逐年下降，处于濒危—维持状态。品种退化、杂化严重，生产性能有所降低。今后需加强本品种保护和提纯复壮工作，通过系统选育提高其生长速度和产蛋性能。

1989年，边鸡收录于《中国家禽品种志》；2006年，被列入《国家畜禽遗传资源保护名录》。

金阳丝毛鸡

金阳丝毛鸡别名羊毛鸡，属兼用型地方品种，具有一定的药用价值。原产地为四川省凉山州金阳县，主要分布于金阳县的派来、基足、小银木、青松、放马坪、丙底、梗堡等乡镇，毗邻市（县）也有少量分布。

金阳丝毛鸡属中国丝毛鸡的一个稀有地方品种，是彝族人民长期选择形成的新类群。在奴隶社会，彝族村寨的奴隶主将丝毛鸡视为肉香、病少的珍鸡，当作神鸡饲养，相传在祭祀时一只鸡可抵一只羊。由于产区交通闭塞、村寨间相互不来往，使得金阳丝毛鸡在部分村寨得以长期保存。

金阳丝毛鸡（图片来源：北京农业数字博物馆 http://www.agrilib.ac.cn）

金阳丝毛鸡全身羽毛呈丝状，头、颈、肩、背、鞍、尾等处羽毛柔软，主翼羽、副翼羽和主尾羽有部分不完整片羽。羽色可分为白色、黑色和杂色 3 种，白色占 22.82%，黑色占 13.11%，杂色占 64.07%。喙呈黑色或白色。单冠直立，呈红色。脸呈红色或紫红色。耳叶多呈白色。虹彩呈橘黄色或橘红色。皮肤以白色居多，也有少数乌骨、乌皮个体。胫呈白色或黑色。公鸡体型中等，体躯宽阔，颈较粗壮，肉垂发达。母鸡体型较小，体躯稍短，头大小适中。雏鸡绒毛多为黄色，背部有黑线脊，部分雏鸡绒毛呈黑色或白色。成年公鸡、母鸡体重分别为 1.5 千克、1.3 千克左右，屠宰率分别为 86.6%、86.0%，蛋重 52.4 克。据对产区调查，金阳丝毛鸡平均 160 日龄开产，年产蛋数 110 个。母鸡就巢性强，每产 10~15 个蛋抱窝 1 次。

品种保护采用保护区保护。金阳县金阳丝毛鸡饲养量 1985 年为 500 余只，1995 年为 400 余只。2005 年饲养量约 200 只，其中公鸡 100 余只、母鸡 90 余只。2007 年金阳县全境饲养量仅 1 000 余只，其中公鸡 300 余只、母鸡 700 余只。金阳丝毛鸡处于濒危—维持状态。

金阳丝毛鸡有一定的观赏和药用价值，属珍稀品种，是适应粗放饲养管理条件的一种新类群丝毛鸡。目前，产区金阳丝毛鸡的数量已十分稀少，濒临灭绝。因此，应尽快建立保种场，开展保种及选育工作。

1987 年，金阳丝毛鸡收录于《四川家畜家禽品种志》；2006 年，被列入《国家畜禽遗传资源保护名录》。

静原鸡

静原鸡又名静宁鸡、固原鸡，原产地为甘肃省静宁县和宁夏回族自治区固原市，中心产区为静宁、庄浪两县和固原市的彭阳县、原州区，主要分布于甘肃的通渭、固原、华亭、张家川、秦安、会宁等县，以及宁夏的海原、西吉、隆德和泾源等县。

静原鸡的育成有着悠久的历史。早在汉唐时代，静宁一带就是重要的兵马国养基地，静宁、隆德等县及六盘山一带又是丝绸之路的必经之地，历代交通、贸易较为发达，对禽产品的需求量很大，不少地方以经营烧鸡而得名，烧鸡的制作有较高的工艺和悠久的历史。产区鸡肉是群众生活中不可缺少的肉食，传统的节日及亲友往来均需大量鸡肉和蛋品，养鸡成为重要家庭副业之一。由于以上特定自然环境条件及人民生活的需要，形成了耐高寒、干旱和体质结实的静原鸡。

静原鸡体型中等，多为平头，凤头较少。喙多呈灰色。冠型以玫瑰冠居多，少数为单冠。冠、肉髯、耳叶呈红色。虹彩多呈橘黄色。皮肤呈白色。胫呈青灰色，少数个体有胫羽。公鸡头颈高昂，尾上翘。羽色以红色和黑红色居多，少数为白色、芦花等；红公鸡颈羽、鞍羽呈棕红色，主翼羽、主尾羽呈黑色，腹部羽毛呈黑褐色，镰羽发达，并有绿色光泽。母鸡羽色较杂，以黄羽和麻羽居多，也有黑色、白色等。黄羽母鸡颈背面及两侧羽毛黑色镶黄边，腹羽呈浅黄色，主翼羽、尾羽呈黑色；麻羽母鸡腹羽呈浅黄色，主翼羽、尾羽呈黑色或麻褐色。少数个体有胡须。雏鸡绒毛多呈黄色或麻色，头顶及背部两侧有深褐色条带。成年公鸡、母鸡体重分别为 2.3 千克、1.8 千克，屠宰率分别为（87.9 ± 0.9）%、（88.2 ± 0.9）%。静原鸡 50% 开产日龄 176 天，年产蛋数 123 个，生产群平均蛋重 56.7 克。母鸡就巢性较强，年就巢 7 次左右。

品种保护采用保种场保护。1996—2007 年由固原市种禽场负责保种，2007 年后由彭阳县彭阳鸡扩繁场承担保种任务，现存栏基础群鸡约 8 000 只。甘肃省尚未建立保种场。宁夏静原鸡饲养量 1992 年约 14.8 万只，1999 年约 3.8 万只。2000 年以后饲养数量逐年增加，至 2006 年年底甘肃存栏约 3 万只、宁夏存栏约 41.5 万只。

静原鸡具有耐粗饲、适宜放牧、体质强健和抗寒能力强等特性，并有体大、蛋大、肉质肥嫩等特点。但存在就巢性强、产蛋量低和羽色不一致等缺点。今后应在降低就巢性、提高产蛋量、使羽色趋于一致等方面进行选育。

1989 年，静原鸡收录于《中国家禽品种志》；2006 年，被列入《国家畜禽遗传资源保护名录》。

静原鸡（♂）

静原鸡（♀）

静原鸡（图片来源：北京农业数字博物馆 http://www.agrilib.ac.cn）

北京鸭

北京鸭属肉用型品种。原产于北京玉泉山一带，现分布于全国各地和世界各国。据说育成于明代，距今已有 300 多年的历史，是世界上著名的肉用鸭种。1874 年传入美国，而后由美国传入英国，现今在世界各国分布普遍。国内分布较广，1980 年产肉鸭 1 000 万只左右，北京有种鸭 3 万只。

北京鸭体型硕大丰满，体躯长方形，前部昂起，与地面约呈 30° 角，背宽平，胸丰满，胸骨长而直。头大颈粗，喙中等大小，呈橘黄色或橘红色。眼大而明亮，虹彩灰蓝色。全身羽毛丰满，羽色纯白而带有奶油光泽。翅较小。尾短而上翘。公鸭有 4 根卷起的性羽，母鸭腹部丰满，胫粗短，蹼宽厚。胫、蹼橘黄色或橘红色。初生雏鸭绒羽金黄色，称为"鸭黄"，随日龄增加颜色逐渐变浅，至 28 日龄前后变成白色，至 60 日龄羽毛长齐，喙、胫、蹼橘红色。初生重为 58~62 克，150 日龄体重公鸭为 3.5 千克左右，母鸭为 3.4 千克左右。填鸭屠宰测定：公鸭半净膛为 80.6%，母鸭为 81%，全净膛公鸭为 73.8%，母鸭为 74.1%。开产日龄 150~180 天，年产蛋 180 枚，蛋重约 90 克，蛋形指数 1.41，壳厚 0.358 毫米。

北京鸭具有生长快、繁殖率高、适应性强和肉质好等优点，以北京鸭为原料加工的烤鸭享誉中外。

2000 年，北京鸭被列入《国家畜禽品种资源保护名录》；2006 年，被列入《国家畜禽遗传资源保护名录》。

北京鸭（♂）

北京鸭（♀）

北京鸭（图片来源：北京农业数字博物馆 http://www.agrilib.ac.cn）

攸县麻鸭

攸县麻鸭属蛋用型品种。主产于湖南省攸县的洣水和沙河流域，在洞庭湖区、长沙、湘潭、汉寿、常德、益阳、岳阳、郴州等地以及邻近的江西、广东、贵州、湖北、陕西、浙江等省均有分布。目前，湖南省攸县建有原种场。

攸县麻鸭体型狭长，呈船形，前躯高抬，羽毛紧密。喙黑色，喙豆铜绿色。虹彩黄褐色。公鸭头颈上部羽毛黑绿色并富有光泽，颈中下部有一约1厘米的白颈圈，前胸羽赤褐色；翼羽灰褐色，尾羽和性羽墨绿色。母鸭全身羽毛黄褐色或黄黑色相间，形成麻色，其中深麻羽占70%，浅麻羽占30%。胫、蹼橘黄色，趾黑色。

攸县麻鸭平均体重：初生38克；30日龄485克；60日龄公鸭850克，母鸭852克；90日龄公鸭1 120克，母鸭1 180克；成年公鸭1 325克，母鸭1 225克。70~75日龄全身羽毛长齐。90日龄公鸭平均半净膛屠宰率分别为85.00%、母鸭82.80%；90日龄公鸭平均全净膛屠宰率分别为70.66%、母鸭71.69%。母鸭平均开产日龄120天，春孵鸭平均开产日龄84天，秋孵鸭平均开产日龄90天。平均年产蛋225枚，高者达310枚，平均蛋重62克。蛋壳乳白色、翠绿色，以乳白色居多。乳白色平均蛋壳厚度0.36毫米，翠绿色平均蛋壳厚度0.37毫米，平均蛋形指数1.36。公鸭性成熟期80~100天。母鸭无就巢性。公鸭利用年限1年，母鸭3~4年。

湖南省攸县建有原种场进行攸县麻鸭品种保护。

2000年8月，攸县麻鸭被列入农业部颁布的《国家级畜禽品种资源保护名录》；2006年6月，被列入农业部颁布的《国家级畜禽遗传资源保护名录》。

攸县麻鸭（♂）

攸县麻鸭（♀）

攸县麻鸭（图片来源：北京农业数字博物馆 http://www.agrilib.ac.cn）

连城白鸭

连城白鸭又名绿嘴白鸭。属蛋肉药兼用型品种。因主产于福建省西部的连城县而得名。分布于长汀、上杭、永安、清流和宁化等地。这是中国麻鸭中独具特色的小型白色变种。该品种鸭具有滋阴降火和止血痢等功效，是当地民间传统的滋补良药。目前，福建省连城县建有原种场。

连城白鸭体躯细长，结构紧凑结实，小巧玲珑。头修长。喙宽，呈黑色，前端稍扁平，锯齿锋利。眼圆大外突。颈细长，胸浅窄，腰平直，腹钝圆且略下垂。公母鸭外表极为相似。全身羽毛洁白而紧密，成年公鸭尾端有 3~5 根卷曲的性羽。胫长有力，胫、蹼褐黑色，趾乌黑色。

连城白鸭平均体重：初生 37 克；30 日龄 351 克；60 日龄 687 克；90 日龄 959 克；成年公鸭 1 440 克，母鸭 1 320 克。成年公鸭平均全净膛屠宰率 70.30%，母鸭 71.70%。母鸭平均开产日龄 118 天。平均年产蛋 260 枚，高者达 280 枚。平均蛋形指数 1.46，蛋壳白色，少数青色。料蛋比 2.7∶1。公鸭性成熟期 110~120 天。公鸭利用年限 1 年，母鸭 2~3 年。

2000 年 8 月，连城白鸭被列入农业部颁布的《国家级畜禽品种资源保护名录》；2006 年 6 月，被列入农业部颁布的《国家级畜禽遗传资源保护名录》。

连城白鸭（♂）

连城白鸭（♀）

连城白鸭（图片来源：北京农业数字博物馆 http://www.agrilib.ac.cn）

建昌鸭

建昌鸭主产于平凉山彝族自治州境内安宁河流域的河谷坝区。该鸭以生长迅速，体大肉多，易于填肥，肥肝重、大等优点而著称。

建昌鸭属偏肉用型鸭种。体型较大，形似平底船，羽毛丰满，尾羽呈三角形向上翘起。头大、颈粗、喙宽；胫、蹼橘黄色，趾黑色；母鸭的喙多为橘黄色，公鸭则多呈草黄色，喙豆均呈黑色；母鸭羽毛主要分为黄麻、褐麻和黑白花 3 种颜色，以黄麻者居多。据 588 只母鸭统计，黄麻约占 67.2%，褐麻和黑白花次之，分别占 15.8%、16.2%。公鸭头颈上部及主、副翼羽呈翠绿色，颈部下 1 / 3 处多有一白色颈圈；尾羽黑色向上翘起，尾端有 2~4 匹性指羽向背部卷曲；颈下部、前胸及鞍部羽毛红棕色，腹部羽毛银灰色，俗称"绿头红胸、银肚、青嘴公"。建昌鸭中的白胸黑鸭公、母均无颈圈，前胸白色，体羽近黑色，喙黑色。

建昌鸭生长速度快，肥育性能好，饲料报酬高。建昌鸭的屠宰率高，经填肥 21 天的 7 月龄公鸭全净膛屠宰率为 78.7%，成年母鸭为 77.3%，7 月龄填肥鸭的肉料比为 8.16，未填肥鸭为 15.65；成年填肥鸭的肉料比为 11.07，未填肥鸭为 16.92。半舍饲 6 月龄公鸭全净膛屠宰率为72.3%，母鸭为74.1%。建昌鸭春秋两季平均每只产蛋108枚。据1980年引种测定，在舍饲条件下，500日龄平均每只鸭产蛋144枚。蛋壳绿色或白色，绿壳蛋占60%~70%。平均蛋重约72.9克；蛋壳平均厚度0.39毫米。建昌鸭公鸭4月龄左右性成熟，母鸭一般6月龄开始产蛋，早的在5月龄开产，公、母配种比例为1∶7，产地群众有“公鸭管七不管八”的谚语。产地以孵化季节不同，分为“早鸭”“大批鸭”和“迟鸭”3种。“早鸭”和“大批鸭”多留作产蛋用，“迟鸭”则作为肉用，当年屠宰上市。

建昌鸭历史悠久，外貌特征一致，遗传性稳定。经过产地调查和引种观察证实，该鸭饲料报酬高，产蛋性能较好，属于我国南方麻鸭类型中肉用性能特优的一个鸭种。建昌鸭颈粗短，易于填肥操作，是生产肥肝、制作板鸭的珍贵品种资源。

2000年8月，建昌鸭被列入农业部颁布的《国家级畜禽品种资源保护名录》；2006年6月，被列入农业部颁布的《国家级畜禽遗传资源保护名录》。

建昌鸭（图片来源：北京农业数字博物馆 http://www.agrilib.ac.cn）

金定鸭

金定鸭因为原产于福建省龙海县金定村而得名。

金定鸭是适应海滩放牧的优良蛋用鸭种。母鸭身体细长匀称，披着一身赤褐色的羽毛，羽毛上有大小不一的黑色斑点。金定鸭公鸭胸宽背阔，身躯比较长，头颈部羽毛为墨绿色，有光泽，公鸭背部羽毛灰褐色，胸部红褐色，腹部灰白色，主尾羽毛为黑褐色。成年金定鸭的体重一般在1.7~1.8千克。金定鸭可以放牧饲养，也可以圈养，在北方多以圈养为主。一圈3 000~4 000只，120天开始产蛋，到150天左右逐渐达到高峰。金定鸭产蛋高峰可以达到4个月以上，每只一年约能产260~280枚鸭蛋，大约是22千克。所产蛋都是青皮，个头较大，平均12~13个1千克，所以在市场上比较受群众欢迎。在北方圈养的金定鸭，主要喂配合饲料，在粗饲料中可以添加一些啤酒糟。金定鸭的蛋料比大约是2.5∶1，即每

1.25 千克饲料就可以生产 0.5 千克鸭蛋。

2000 年 8 月，金定鸭被列入农业部颁布的《国家级畜禽品种资源保护名录》；2006 年 6 月，被列入农业部颁布的《国家级畜禽遗传资源保护名录》。

金定鸭（图片来源：北京农业数字博物馆 http://www.agrilib.ac.cn）

绍兴鸭

绍兴鸭简称绍鸭，又称绍兴麻鸭、浙江麻鸭、山种鸭，属高产蛋用型品种。是我国优良的高产蛋鸭品种，因原产地位于浙江旧绍兴府所辖的绍兴、萧山、诸暨等县而得名。主产于浙江省、上海市郊区及江苏省太湖地区。目前，江西、福建、湖南、广东、黑龙江等十几个省均有分布。在浙江省绍兴市建有绍兴鸭原种场。

绍兴鸭根据毛色可分为红毛绿翼梢鸭、带圈白翼梢鸭和全白羽鸭 3 个类型。前 2 个类型就羽毛的颜色和体型来看，相同点是：全身羽毛为红棕色并带有黑色麻斑。不同点是：红毛绿翼梢母鸭的羽毛颜色较深，呈棕红色，主翼羽和副翼羽内侧为带有光泽的蓝绿色；带圈白翼梢母鸭的羽毛颜色较浅，呈黄绿色，主翼羽和腹部羽毛均为白色，颈中部有 2~4 厘米宽的白色颈圈，故称为“白颈圈”。红毛绿翼梢母鸭性情温顺，体型较小，宜于圈养；带圈白翼梢母鸭体型较大，性情暴躁好动，宜于放牧。从外貌看，2 个类型的鸭头呈“蛇头”形，眼饱满，口角狭长，嘴呈黑色，颈细长而高举，中躯较长而狭，翅紧贴于体躯；公鸭嘴黄带青色，母鸭嘴灰黄色。绍兴鸭平均体重：初生 38 克；30 日龄 450 克；60 日龄 860 克；90 日龄 1 120 克；成年 1 450 克。红毛绿翼梢成年公鸭体重 1 300 克，母鸭 1 260 克；带圈白翼梢成年公鸭体重 1 430 克，母鸭 1 270 克。公鸭平均半净膛屠宰率 82.56%，母鸭 84.77%；公鸭平均全净膛屠宰率 74.55%，母鸭 74.01%。母鸭平均开产日龄 110 天。红毛绿翼梢母鸭平均年产蛋 280 枚，300 日龄平均蛋重 70 克；带圈白翼梢母鸭平均年产蛋

绍兴鸭（图片来源：北京农业数字博物馆 http://www.agrilib.ac.cn）

270 枚，300 日龄平均蛋重 67 克。平均蛋壳厚度 0.35 毫米，蛋壳玉白色，少数白色或青绿色。公鸭性成熟期 110 天。公鸭利用年限 1 年，母鸭 1~3 年。

2000 年 8 月，绍兴鸭被列入农业部颁布的《国家级畜禽品种资源保护名录》；2006 年 6 月，被列入农业部颁布的《国家级畜禽遗传资源保护名录》。

莆田黑鸭

莆田黑鸭属蛋用型品种。我国惟一的蛋用型黑色羽品种。因主产于福建省莆田而得名。分布于平潭、福清、长乐、连江、福州郊区、惠安、晋江、泉州等市、县及闽江口的琅岐、亭江、浦口等地。该品种是在海滩放牧条件下发展起来的蛋用型鸭，既适应软质滩涂放牧，又适应硬质滩涂放牧，且有较强的耐热性和耐盐性，尤其适合于亚热带地区硬质滩涂饲养。在持续 35℃以上高温的情况下，鸭群最高产蛋率仍保持在 90% 以上。尤其是在海滩放牧可以获得丰富的优质蛋白质饲料，是莆田黑鸭高产蛋量的重要因素。

莆田黑鸭全身羽毛黑色，紧贴身躯，毛密厚重，加之尾脂腺发达，海水不易浸湿内部绒毛。羽色有深有浅，多为浅黑色。头椭圆。喙黑色，略长（公鸭嘴黑绿色）。眼突出而

莆田黑鸭（图片来源：北京农业数字博物馆 http://www.agrilib.ac.cn）

有神。颈细长（公鸭较粗短）。骨细而硬。体态轻盈、活泼，行动迅速。脚、爪、蹼黑色（公鸭脚黑绿色）。公鸭前躯比后躯发达；颈部羽毛黑色而有光泽，尾部有 4 根向上卷曲的性羽，雄性明显。母鸭骨盆宽大，后躯发达，呈圆形。莆田黑鸭平均体重：初生 40 克；56 日龄 891 克；成年公鸭 1 340 克，母鸭 1 630 克。母鸭平均开产日龄 120 天。平均年产蛋 265 枚。蛋壳白色，少数青绿色。料蛋比 3.84∶1。公鸭 180 日龄性成熟，公母鸭配种比例 1∶25。公鸭利用年限 2 年，母鸭 3 年。

2000 年 8 月，莆田黑鸭被列入农业部颁布的《国家级畜禽品种资源保护名录》；2006 年 6 月，被列入农业部颁布的《国家级畜禽遗传资源保护名录》。

高邮鸭

高邮鸭是原产于江苏高邮县境内的蛋肉兼用大型麻鸭地方品种，又称高邮麻鸭。主要分布在江苏省里下河地区的高邮、兴化、宝应三县（市），其他邻县也有饲养。

产地处于苏北、长江中下游冲积平原，境内湖荡众多，河道交织成网，水面积占 1/3 以上，螺蛳、鱼、虾、蚬、蚌等动物性饲料资源丰富，放鸭水域环境条件良好。产地历史上属于熟沤田地区，种一季早稻为主，利用收割后的遗谷放鸭，形成季节性养鸭的传统习惯。一般惯于养 7 月 8~18 日孵出的苗鸭，养到 90~110 日龄正值秋末，除选留部分种鸭过冬外，全作肉鸭出售。经当地群众长期选育，逐渐形成适宜放牧，潜水觅食力强，生长快、体型大，产肉、蛋性能良好，并以产双黄蛋驰名的地方优良品种鸭。高邮鸭的育成具有悠久的历史。作为重要的副业，在清代康熙年间（1662—1721 年）刊行的《高邮州志》中就有记载。宣统元年（1909 年）又曾将高邮双黄蛋参加南洋劝业会竞赛，说明高邮鸭和鸭蛋加工制品至少在 300 年前已成为重要的商品。

高邮鸭体型大，体态结构匀称紧凑，行动较敏捷。成年公鸭羽毛在头、颈上半部带黑色泛翠绿色，背腰部棕褐色，胸部红棕色，翅内侧为芦花羽，腹部白色，尾部黑色。头方形，眼大，虹彩褐色，嘴青带微黄色，嘴尖豆黑色。躯体胸深背阔呈长方形。胫、蹼橘黄色。群众俗称为“乌头白裆青嘴雄”。成年母鸭全身羽毛呈麻雀状，花纹细小，带黄米汤色，主翼羽带蓝黑色。头方眼大，虹彩褐黑色，紫嘴，嘴尖豆黑色。胸宽深，臀部方形。胫、蹼紫红色，爪黑色。高邮鸭生长速度快，放牧条件下，仔鸭 70 日龄平均体重 1.5 千克，用配合饲料饲喂，60 日龄达 2.3 千克。高邮鸭以放牧为主，适当补饲条件下，饲养至 1.75 千克，耗料（2.5~3.5）千克，料肉比（3.12~3.17）∶1。成年鸭平均体重公鸭为 2.3 千克左右，母鸭为 2.5 千克左右。屠宰半净膛率公鸭为 81.93%，母鸭为 82.9%；全净膛率公鸭为 72.09%，母鸭为 73.73%。全年平均产蛋量 160 个左右。公母鸭配比，春季为 1∶（20~25），入夏 1∶33，种蛋受精率 90% 左右。历史上高邮鸭双黄蛋产出率 0.2%~1.5%，平均蛋重 70~90 克，少数母鸭还产下三黄蛋和四黄蛋。

1987 年，主产区三县高邮鸭饲养量 800 万只左右，其中高邮县当年饲养种鸭 17.8 万只，炕孵苗鸭 110 万只。

高邮鸭（♂）

高邮鸭（♀）

高邮鸭（图片来源：北京农业数字博物馆 http://www.agrilib.ac.cn）

近年来，江苏省高邮鸭集团和扬州大学对高邮鸭开展了系统选育，生长速度和产蛋性能均明显提高。现在江苏省高邮市建有高邮鸭保种场。

2000 年 8 月，高邮鸭被列入农业部颁布的《国家级畜禽品种资源保护名录》；2006 年 6 月，被列入农业部颁布的《国家级畜禽遗传资源保护名录》。

四川白鹅

四川白鹅属中型绒肉兼用型鹅种，广泛分布在四川盆地的平坝和丘陵水稻产区，为一产蛋量高的地方良种。

四川白鹅全身羽毛洁白、紧密；喙、胫、蹼橘红色，虹彩兰灰色。成年公鹅体型稍大，头颈较粗，体躯较长，额部有一个呈半圆形的肉瘤；成年母鹅头清秀，颈细长，肉瘤不明显。四川白鹅生长较快，据开江县测定，初生重平均 71 克，60 日龄平均体重 2.5 千克，为

四川白鹅（♂）

四川白鹅（♀）

四川白鹅（图片来源：北京农业数字博物馆 http://www.agrilib.ac.cn）

初生重的 34.9 倍，平均日增重 40.1 克。90 日龄平均体重 3.5 千克，为初生重的 49.6 倍，平均日增重 34.8 克。产地群众喜欢吃肥嫩的仔鹅，因此，除选留种外，从 60~90 日龄就开始陆续上市出售。据在宜宾地区测定，6 月龄公、母鹅的半净膛屠宰率分别为 86.3% 和 80.7%，全净膛屠宰率分别为 79.3% 和 73.1%；成年公、母鹅的半净膛屠宰率分别为 83.1% 和 81.3%，全净膛屠宰率公、母鹅分别为 75.9% 和 73.5%。据产地调查，四川白鹅产蛋旺季为 1~8 月份，一般年产蛋量 60~80 枚，高的可达 100~120 枚，平均蛋重 146.3 克，蛋壳白色。母鹅一般无就巢性。公鹅性成熟期为 180 日龄左右，母鹅在 200~240 日龄左右开产。

2000 年 8 月，四川白鹅被列入农业部颁布的《国家级畜禽品种资源保护名录》；2006 年 6 月，被列入农业部颁布的《国家级畜禽遗传资源保护名录》。

伊犁鹅

伊犁鹅又称塔城飞鹅、新疆鹅，属小型绒肉兼用型鹅种。主产于新疆维吾尔自治区伊犁哈萨克自治州各直属市、县，分布于新疆西北部的该州及博尔塔拉蒙古自治州一带。

伊犁鹅体型中等，与灰雁非常相似。颈较短，胸宽广而突出，腿粗短。体躯呈扁平椭圆形。头部平顶，无肉瘤突起，颌下无咽袋。雏鹅喙黄褐色，喙豆乳白色。眼灰黑色。上体黄褐色，两侧黄色，腹下淡黄色。胫、趾、蹼橘红色。成年鹅喙象牙色，虹彩蓝灰色。羽毛可分为灰、花、白 3 种颜色。翼尾较长。灰鹤喙基周围有一条狭窄的白色羽环，头、颈、背、腰等部羽毛灰褐色，胸、腹、尾下灰白色，并缀以深褐色小斑，体躯两侧及背部深浅褐色相间，形成状似覆瓦的波状横带，尾羽褐色，羽端白色，最外侧两对尾羽白色。花鹅羽毛灰白相间，头、背、翼等部位灰褐色，其他部位白色，常见在颈肩部出现白色羽环。白鹅全身羽毛白色。伊犁鹅平均体重：成年公鹅 4 290 克，母鹅 3 530 克。240 日龄肥育 15 天活重 3810 克，平均半净膛屠宰率 83.60%，平均全净膛屠宰率 75.50%。每只鹅可产羽绒 240 克，其中绒羽 193 克。伊犁鹅每年一个产蛋期出现在 3~4 月，也有少数鹅分春秋两季产蛋。年产蛋 5~24 枚，第一个至第三个产蛋年分别产蛋 7~8 枚、10~12 枚、15~16

伊犁鹅（♂）

伊犁鹅（♀）

伊犁鹅（图片来源：北京农业数字博物馆 http://www.agrilib.ac.cn）

枚，第六个产蛋年产蛋量逐渐下降。平均蛋重154克，平均蛋壳厚度0.60毫米，蛋壳乳白色。母鹅有就巢性，每年1次，发生在春季产蛋结束后。公鹅利用年限2~3年，母鹅4~5年。

2000年8月，伊犁鹅被列入农业部颁布的《国家级畜禽品种资源保护名录》；2006年6月，被列入农业部颁布的《国家级畜禽遗传资源保护名录》。

狮头鹅

狮头鹅是中国鹅中体形最大的肉鹅品种，也是亚洲惟一的一个大型鹅种，是世界三大重型鹅种之一。狮头鹅的形成历史已有200多年，原产于广东省饶平县，主要产区在澄海县和汕头等地。目前，上海、黑龙江、北京、云南等20多个省市已引种饲养。

狮头鹅与亚洲和欧洲大多数鹅种不同，具有独特的体形外貌。体躯硕大，呈方形，头大颈粗短。头部黑色肉瘤发达，向前突出。覆盖于喙上；两颊有对称的肉瘤1~2对；成年公鹅和两岁母鹅的头部肉瘤特征更加明显；颌下咽袋发达，一直延伸到颈部，形成“狮形头”，故得名狮头鹅。眼皮凸出，多呈黄色，虹彩褐色；胫、蹼为橙红色，有黑斑。羽毛颜色大部似雁鹅，即全身背面羽毛、前胸羽毛和翼羽均为棕褐色，由头顶沿颈的背面形成鬃状的深褐色羽毛带，体侧、翼、尾羽有浅色镶边，腹部灰白或白色。现在在狮头鹅主产区建立了保种场，按羽色、体形外貌分为若干类型，经系统选育，形成了外貌特征一致、遗传性能较稳定的种群，为其在肉用型配套系中的有效利用奠定了重要基础。成年公鹅体重10~12千克，最大可达19千克；母鹅体重9~10千克，最大13千克。成年公鹅体重12~17千克；母鹅9~13千克。56日龄体重可达5千克以上，母鹅开产期6~7月龄，年产蛋20~38枚，产蛋盛期为第2年至第4年，公母鹅配种比例以1∶5为宜。在放牧饲养条件下，70~90日龄未经填肥的仔鹅公母平均体重可达5.84千克，半净膛屠宰率82.9%，全净膛屠宰率72.3%。母鹅开产日龄160~180天，产区习惯把开产期控制在220~250日龄，公鹅的配种年龄控制在200日龄以上。产蛋季节为每年9月至次年4月。全年产蛋量25~35枚，

狮头鹅（♂）

狮头鹅（♀）

狮头鹅（图片来源：北京农业数字博物馆 http://www.agrilib.ac.cn）

一般每年产 3 窝蛋，少数母鹅可产蛋 4 窝，蛋重 105~255 克，蛋壳白色。母鹅就巢性强。

狮头鹅肥肝性能是我国鹅种中最好的。据测定，肥肝平均重为 538 克，最大肥肝重 1 400 克，肝料比 1 : 40。以狮头鹅为父本，与太湖鹅、四川白鹅、豁眼鹅杂交，杂交后代的肥肝性能均明显优于母本品种。狮头鹅产羽绒性能良好，70 日龄仔鹅屠宰褪毛量平均 300 克 / 只，最多达 450 克 / 只。狮头鹅为灰色羽毛，羽绒质量不及白羽鹅。

今后可对狮头鹅进行进一步的系统选育，培育专门化的肥肝型品系，也可选育成为生产肥肝配套系或肉用型鹅配套系的父本品系。

2000 年 8 月，狮头鹅被列入农业部颁布的《国家级畜禽品种资源保护名录》；2006 年 6 月，被列入农业部颁布的《国家级畜禽遗传资源保护名录》。

皖西白鹅

皖西白鹅属中型绒肉兼用型品种。主产于安徽省西部丘陵山区和河南省固始一带，主要分布于安徽省的六安市金安区和裕安区、霍邱、寿县、舒城、肥西、长丰等地以及河南的固始县。

皖西白鹅体型中等，体态高昂，气质英武。颈长，呈弓形，胸深广，背宽平。喙橘黄色，喙端色较淡。肉瘤橘黄色，圆而光滑，无皱褶，约 6% 的鹅颌下带有咽袋。虹彩灰蓝色。全身羽毛洁白，少数个体头颈后部有球形羽束（即顶心毛）。公鹅肉瘤大而突出，颈粗长有力。母鹅颈较细短，腹部轻微下垂。胫、蹼橘红色，趾白色。皖西白鹅的类型分：有咽袋腹皱褶多、有咽袋腹皱褶少、无咽袋有腹皱褶、无咽袋无腹皱褶等。

皖西白鹅平均体重：成年公鹅 6 千克，母鹅 5.5 千克。240 日龄放牧饲养和不催肥的鹅，平均半净膛屠宰率 79.00%，平均全净膛屠宰率 72.80%。皖西白鹅羽绒质量好，尤以绒毛的绒朵大而著称。平均每只鹅产羽绒 349 克，其中绒毛量 40~50 克。母鹅平均开产日龄 180 天，但当地习惯早春孵化，人为将开产期控制在 270~300 日龄，产蛋多集中在 1 月份及 4 月份。皖西白鹅繁殖季节性强，时间集中。一般母鹅年产两期蛋，平均年产蛋 25

皖西白鹅（♂）

皖西白鹅（♀）

皖西白鹅（图片来源：北京农业数字博物馆 http://www.agrilib.ac.cn）

枚，3%~4% 的母鹅年产蛋 30~50 枚，当地群众称之为“常蛋鹅”。平均蛋重 142 克。平均蛋形指数 1.47。蛋壳白色。母鹅就巢性强，每产一期，就巢 1 次，有就巢性的母鹅占 99%，其中一年就巢两次的占 92%。公鹅利用年限 2~3 年，母鹅 3~4 年。

2000 年 8 月，皖西白鹅被列入农业部颁布的《国家级畜禽品种资源保护名录》；2006 年 6 月，被列入农业部颁布的《国家级畜禽遗传资源保护名录》。

雁鹅

雁鹅属中型肉用型品种。原产于安徽省西部的六安市，分布于安徽省各地和江苏省的镇江、南京丘陵山区。在江苏通常称雁鹅为“灰色四季鹅”。

雁鹅体型中等，体质结实。头部圆形略方。喙黑色、扁阔。头上有黑色肉瘤，质地柔软，呈桃形或半球形，向上方突出。眼睑黑色或灰黑色，眼球黑色，虹彩灰蓝色。颈细长，胸深广，背宽平，腹下有皱褶。皮肤多为黄白色。全身羽毛紧贴，呈灰色，背羽、翼羽、肩羽及胫羽为灰底白边的镶边羽，腹部灰白羽。成年鹅羽毛灰褐色和深褐色，颈的背侧有一条明显的灰褐色羽带，体躯的羽毛从上往下由深渐淡，至腹部为灰白色或白色。除腹部白色羽外，背、翼、肩及胫羽皆为银边羽，排列整齐。肉瘤的边缘和喙的基部大部分有半圈白羽。胫、蹼橘黄色，趾黑色。雏鹅全身绒羽墨绿色或棕褐色，喙、胫、蹼灰黑色。雁鹅成年公鹅平均体重 6 千克，母鹅 4.8 千克。成年公鹅平均半净膛屠宰率 86.10%，母鹅 83.80%；成年公鹅平均全净膛屠宰率 72.60%，母鹅 65.30%。母鹅平均开产日龄 250 天，早者 210 天。平均年产蛋 65 枚，平均蛋重 159 克。平均蛋壳厚度 0.60 毫米，蛋壳白色。公鹅性成熟期 120~150 天。母鹅就巢性强，就巢率 83%，一般年就巢 2~3 次。公鹅平均利用年限 2 年，母鹅 3 年。

2000 年 8 月，雁鹅被列入农业部颁布的《国家级畜禽品种资源保护名录》；2006 年 6 月，被列入农业部颁布的《国家级畜禽遗传资源保护名录》。

雁鹅（♂）

雁鹅（♀）

雁鹅（图片来源：北京农业数字博物馆 http://www.agrilib.ac.cn）

豁眼鹅

豁眼鹅又称五龙鹅、疤拉眼鹅和豁鹅，为白色中国鹅的小型品变种之一，以优良的产蛋性能著称，具有产蛋多、无抱性、繁殖力高、抗严寒、耐粗性，抗病力强等特点。广泛分布于山东莱阳、东北的辽宁昌图、吉林通化地区以及黑龙江延寿县等地。

豁眼鹅山东产区属海洋性气候的半岛地区，雨水充沛，气候温和，浅水渠塘较多，属于山东农业高产稳产地区；辽宁省昌图县位于辽河两岸，属丘陵和平原地区，土质肥沃，为辽宁省著名粮仓，并有草原 33 万亩；吉林省通化地区属山区和半山区，雨水充足，农作物以水稻、玉米、大豆和粟类为主，青草及树叶丰富；黑龙江中心产区延寿县是水草繁茂的北国粮食产区。各产区的共同特点为草地植被茂盛，水源充足，农业生产发达，饲料丰富，具有发展养鹅的良好自然条件。

豁眼鹅体型轻小紧凑，头中等大小，额前长有表面光滑的肉质瘤，眼呈三角形，上眼睑有一疤状缺口，为该品种独有的特征。颌下偶有咽袋，颈长呈弓形，体躯为蛋圆形，背平宽，胸满而突出，前躯挺拔高抬，成年母鹅腹部丰满略下垂，偶有腹褶，腿脚粗壮。喙、肉瘤、胫、蹼橘红色；虹彩蓝灰色；羽毛白色。山东产区的鹅颈较细长，腹部紧凑，有腹褶者占少数，腹褶较小，颌下有咽袋者亦占少数；东北三省的鹅多有咽袋和较深的腹褶。豁眼鹅成年公鹅体重 4.4 千克，成年母鹅 3.6 千克。在半放牧饲养条件下，年产蛋量为 100 个左右；在以放牧为主的粗放饲养条件下，年产蛋量为 80 个。一般第二三年产蛋达到高峰；产蛋旺季为 2~6 月份，通常两天产一个蛋，在春末夏初产蛋旺季可 3 天产两个蛋，高产鹅在冬季给予必要的保温和饲料，可以继续产蛋。个体饲养的在饲料充足、管理细致的条件下，年产蛋量为 100 个以上。蛋重为 120~130 克，蛋壳白色，蛋形指数 1.41~1.48，蛋壳厚为 0.45~0.51 毫米。屠宰测定：全净膛公鹅为 70.3%~72.6%，母鹅为

豁眼鹅
（图片来源：北京农业数字博物馆 http://www.agrilib.ac.cn）

69.3%~71.2%。公母配种比例 1：（6~7），种蛋受精率为 85% 左右。

山东莱阳五龙鹅农产品地理标志地域保护范围为莱阳境内的城厢、古柳、龙旺庄、冯格庄 4 个街道办事处和沐浴店、团旺、穴坊、羊郡、姜疃、万第、谭格庄、柏林庄、河洛、吕格庄、高格庄、大夼、照旺庄、山前店 14 个镇，共 784 个行政村。

2000 年 8 月，豁眼鹅被列入农业部颁布的《国家级畜禽品种资源保护名录》；2006 年 6 月，被列入农业部颁布的《国家级畜禽遗传资源保护名录》。

酃县白鹅

酃县白鹅属小型肉用鹅种。主产于湖南省炎陵县（原酃县）沔水流域的沔渡和十都等地，以沔水和河漠水流域饲养较多。与炎陵县毗邻的资兴、桂东、茶陵以及江西省的宁冈、遂川等县均有分布，莲花县的莲花白鹅与酃县白鹅系同种异名。

酃县白鹅体型小而紧凑，体躯近似短圆柱形。头中等大小。喙、肉瘤橘红色，但喙端颜色较淡。眼睛明亮有神，眼球稍突出，眼睑淡黄色，虹彩呈墨玉色。全身羽毛雪白，个别鹅头上有簇"顶毛"。成年公鹅头部有明显的肉瘤，肉瘤圆而光滑，无皱褶；母鹅的肉瘤扁平，不发达。颈长中等，与全长相近似，体躯宽深。公母鹅颌下均无咽袋，鸣叫时头颈弯，呈中半月状，自卫时头颈硬直，两翅平举。公鹅体型较大而雄壮，前胸发达，叫声洪亮。母鹅后躯较发达，经产母鹅沿腹线有垂皮。皮肤黄色。胫、蹼橘红色，趾玉白色。酃县白鹅成年公鹅平均体重 4.2 千克，母鹅 4.1 千克。对未经育肥的 6 月龄鹅进行屠宰测定，公鹅平均半净膛屠宰率 84.15%，母鹅 83.95%；公鹅平均全净膛屠宰率 78.17%，母鹅 75.68%。据对放牧加补喂精料饲养的肉鹅统计，从初生到屠宰生长期共 105 天，平均体重 3.7 千克，每只耗精料 3.28 千克，平均每千克增重耗精料 0.88 千克。母鹅平均开产日龄 158 天。每年分 3~5 个产蛋期，每期产蛋 8~12 枚，平均年产蛋 45.48 枚，平均蛋重 147 克。蛋壳平均厚度 0.59 毫米，平均蛋形指数 1.49，蛋壳白色。公鹅性成熟期 160 天。母鹅就巢性有一定规律，每产一窝蛋就开始就巢，年就巢 3~5 次。公鹅利用年限 2~3 年，母鹅

酃县白鹅（♂）

酃县白鹅（♀）

酃县白鹅（图片来源：北京农业数字博物馆 http://www.agrilib.ac.cn）

4~6 年。

2006 年 6 月，酃县白鹅被列入农业部颁布的《国家级畜禽遗传资源保护名录》。

太湖鹅

太湖鹅是原产太湖流域地区的肉蛋兼用型地方品种。分布于江苏全省各地，全国许多省、市也有大批引入和推广。

早在春秋战国时期，太湖地区已兴养鹅，距今已有 2 000 多年历史。明代《搜采异闻录》、清代《三农记》中均有太湖鹅的记载。该地区湖滩、水网密布，农业发达，群众利用丰富的饲草资源和农田收割后的遗谷放牧鹅群，经过长时期的选育，逐渐培育形成体型较小，宜放牧，成熟早，产肉、蛋性能良好的地方优良鹅种。

太湖鹅羽毛洁白，喙、胫、蹼呈橘红色，头顶有肉瘤呈姜黄色，颈细长呈弓形。公鹅肉瘤较母鹅大而突出，体型较大，体态雄伟，昂首挺胸，叫声洪亮；母鹅体型略小，性情温和，叫声较低。性成熟较早，公母配比 1 :（6~7）。3 月上旬孵出的雌雏养 150 日龄，至 8 月中下旬陆续产蛋。当年 9 月至次年 6 月，平均产蛋量 60 个，个别鹅群达 78 个，蛋重 140 克左右，蛋壳白色。产肉性能好，仔鹅 70 日龄即可上市，平均体重 2.25~2.5 千克，屠宰半净膛率在 70% 以上。成年鹅平均体重公鹅为 4.37 千克，母鹅为 3.23 千克，屠宰半净膛率公鹅为 85%，母鹅为 80%；全净膛率公鹅为 75.6%，母鹅为 68.7%。其羽毛洁白、轻软，富有弹性，保暖性能强，屠宰时每只鹅能得 0.2~0.25 千克羽绒。

苏州市太湖鹅种鹅场和无锡市种禽场建有保种群进行保种选育。江苏全省年末存栏太湖鹅种鹅 200 万只，年孵雏鹅 3 000 万只。

2006 年 6 月，太湖鹅被列入农业部颁布的《国家级畜禽遗传资源保护名录》。

太湖鹅（♂）

太湖鹅（♀）

太湖鹅（图片来源：北京农业数字博物馆 http://www.agrilib.ac.cn）

兴国灰鹅

兴国灰鹅属肉用鹅种。主产于江西省兴国县，现已分布到江西省赣县、宁都、于都、瑞金、泰和、永丰、遂川等县和湖北、福建、广东等省。原有大型和小型之分。大型鹅称“棉花鹅”，小型鹅称“石潭鹅”。因小型鹅体型小、生长速度慢，逐步被淘汰。现在饲养的兴国灰鹅主要是以“棉花鹅”为基础选育而成的。

兴国灰鹅喙青色。眼大有神，虹彩乌黑色。头、颈、背部、胸、腹部羽毛灰色，背翅羽毛形成波纹。公鹅体躯较长，颈粗长，前胸挺起，性成熟后前额有一肉瘤突起，似半个乒乓球形。母鹅体躯较圆，颈较细短，大多数有明显的腹褶。皮肤肉黄色。胫、趾黄色。平均体重初生 93 克；75 日龄 4 千克。75 日龄公鹅平均半净膛屠宰率 80.98%，母鹅 81.46%；75 日龄公鹅平均全净膛屠宰率 68.83%，母鹅 69.41%。成年鹅宰杀时可收集羽绒 300 克以上，其中绒毛 30 克以上；种鹅在 5~9 月休产期可以活拔羽绒 3~4 次，每次平均 30 克（不含毛片）；后备种鹅在 5~9 月可活拔羽绒 3~4 次，每次平均 30 克。母鹅平均开产日龄 195 天。平均年产蛋 35 枚，平均蛋重 149 克。平均蛋形指数 1.42。蛋壳白色。公鹅性成熟期 150~180 天。公鹅利用年限 2~3 年，母鹅 3~4 年。

2006 年 6 月，兴国灰鹅被列入农业部颁布的《国家级畜禽遗传资源保护名录》。

兴国灰鹅（♂）

兴国灰鹅（♀）

兴国灰鹅（图片来源：北京农业数字博物馆 whttp://ww.agrilib.ac.cn）

清远乌鬃鹅

清远乌鬃鹅又称“乌鬃鹅”，属小型肉用鹅种。原产于广东省清远市，因大部分羽毛为乌棕色而得此名。主要分布于该县北江两岸的江口、源潭、洲心、附城等 10 个乡，邻近的花县、从化、英德、佛岗等地也有分布。

清远乌鬃鹅体躯宽短而短垂，头小，颈细，腿矮。公鹅体形较大，呈榄核形，母鹅呈楔形。羽毛大部分呈乌棕色，从头顶部到最后颈椎有一条鬃状黑褐色羽毛带。颈部两侧的羽毛为白色，翼羽、肩羽、背羽和尾羽为黑色，羽毛末端有明显的棕褐色镶边。胸羽灰白色或灰色，腹羽灰白色或白色。在背部两边有一条起自肩部直到尾根的 2 厘米宽的白色羽毛带，在尾翼间未被覆盖部分呈现白色圈带。青年鹅的各部位羽毛颜色比成年鹅较深。虹彩棕色。嘴、肉瘤、胫、趾、蹼为黑色。成年体重公鹅平均 3.5 千克，母鹅 3 千克。

乌鬃鹅生活力较强，觅食力强，特别适应南方高温、高湿地区放牧饲养，舍饲时也有良好的肥育性能。该鹅早熟，育肥性能较好，骨细肉嫩，味鲜美，适应性强，食量少，觅食力强。半净膛屠宰率 88%左右，全净膛屠宰率为 78%。乌鬃鹅皮薄骨细，肉鲜嫩多汁，出肉率高。乌鬃鹅性成熟早，母鹅在 140 日龄开产。一年有 4~5 个产蛋期。母鹅就巢性很强，每年就巢达 4~5 次之多。年产蛋量 30~36 枚。平均蛋重 144.5 克，蛋壳白色。

2006 年 6 月，清远乌鬃鹅被列入农业部颁布的《国家级畜禽遗传资源保护名录》。

乌鬃鹅（图片来源：北京农业数字博物馆 http://www.agrilib.ac.cn）

（三）其　他

中华蜜蜂

中华蜜蜂又名中蜂、土蜂，是东方蜜蜂的一个亚种，是中国独有的蜜蜂当家品种，除新疆尚未发现中蜂外，其他各省、市、自治区都有野生中华蜜蜂分布。中华蜜蜂是以杂木树为主的森林群落及传统农业的主要传粉昆虫，有利用零星蜜源植物、采集力强、利用率较高、采蜜期长及适应性、抗螨抗病能力强，消耗饲料少等意大利蜂无法比拟的优点，非常适合中国山区定点饲养。中华蜜蜂体躯较小，头胸部黑色，腹部黄黑色，全身披黄褐色绒毛。

中华蜜蜂属中型蜜蜂，工蜂体长 10~13 毫米，蜂王 13~16 毫米，雄蜂 11~13 毫米。头部前端窄小，唇基中央稍隆起，上唇长方形，触角膝状，小盾片稍突起，后足胫节呈三角形且扁平，后翅中脉分叉。颜面触角鞭节及中胸呈黑色，上唇上颚顶端、唇基中央呈三角

中华蜜蜂
（图片来源：北京农业数字博物馆
http://www.agrilib.ac.cn）

形斑，触角柄节及小盾片呈黄色，足及腹部第3~4节红黄色，第五、第六节色较暗，各节上均有黑色环带，体被毛浅黄色，单眼周围及颅顶被毛灰黄色。具有筑巢性，巢脾大，多脾排列在一起。适应性强，飞行灵活敏捷，善于利用分散小蜜源。有较强的抗病、敌害能力。性情温顺，易管理，增殖力强，每群蜂年增殖一群。产蜜量较外国良种蜂低，但生产性能稳定，在蜜源丰富的环境下用新法饲养，平均每群蜂年产蜜量达到20千克左右。

中华蜜蜂有7 000万年进化史。在中国，中华蜜蜂抗寒抗敌害能力远远超过西方蜂种，一些冬季开花的植物如无中华蜜蜂授粉，必然影响生存。中国许多植物繁衍下来，中华蜜蜂功不可没。中华蜜蜂为苹果授粉率比西蜂高30%，且耐低温、出勤早、善于搜集零星蜜源，对保护生态环境意义重大。而洋蜂的嗅觉与中国很多树种不相配，因此不能给这些植物授粉。由于毁林造田、滥施农药、环境污染等因素，造成中华蜜蜂生存危机。而引入的意大利等国的洋蜂，是对中华蜜蜂最大的威胁。这些洋蜂对中华蜜蜂有很强的攻击力，且翅膀振动频率与中华雄蜂相似，导致中华蜜蜂误认，从而可以顺利进入蜂巢，还得到相当于同伴的待遇和饲喂。不同种群不能共存，洋蜂杀死中蜂蜂王不可避免。自西方蜜蜂的优良品种如意大利蜂和喀尼阿兰蜂的引进和大量繁育以来，中华蜜蜂受到了严重威胁，分布区域缩小了75%以上，种群数量减少80%以上。黄河以北地区，只在一些山区保留少量中华蜜蜂，如长白山区、太行山区、燕山山区、吕梁山区、祁连山区等，并处于濒危状态，蜂群数量减少95%以上；新疆、大兴安岭和长江流域的平原地区中华蜜蜂已灭绝，半山区处于濒危状态，大山区如神农架山区、秦岭、大别山区、武夷山区、浙江南部、湖南南部、江西东部、南部山区、南岭、十万大山等地区处于易危和稀有状态，蜂群减少60%以上；只在云南怒江流域、四川西部、西藏还保存自然生存状态。

2003年，北京市在房山区建立中华蜜蜂自然保护区。2000年8月，中华蜜蜂被列入农业部颁布的《国家级畜禽品种资源保护名录》；2006年6月，被列入农业部颁布的《国家级畜禽遗传资源保护名录》。

东北黑蜂

东北黑蜂是19世纪末20世纪初，由俄国传入我国东北地区的远东蜂后代，是中俄罗斯蜂（欧洲黑蜂的一个生态型）和卡尼鄂拉蜂的过渡类型，并混有高加索蜂和意大利蜂的血统，属黑色蜂种。目前主要分布在黑龙江省和吉林省东部山区。

后到分蘖初期表现最明显，所以农民叫它为雷火粘或红火癞。株高 110 厘米左右，比南特号、红脚早都稍矮。茎秆较粗。穗长 20 厘米左右，着粒较密，每穗一般 80 粒左右，多的有 160 粒以上，比南特号的穗子稍短，粒数也少一些，但有效分蘖较多。谷粒饱满，不实率低，千粒重 27 克左右。米白色，腹白小，硬度强，糙米率高。雷火粘生育期比红脚早还要短。在湖南、湖北两省，一般都是 3 月下旬到 4 月初播种，4 月下旬到 5 月初栽秧，7 月 20 日前后成熟。全生育期 110 天左右，其中本田生育期占 80 天左右。比南特号早熟 5~8 天，比红脚早早熟 1~2 天。

雷火粘对土壤的适应性比较广，在湖区、山区、丘陵区都可以栽培，最适宜于湖区和沿河雨岸的冲积土壤，但在冷浸田、滂泥田生长不是很好。雷火粘耐肥力比较强，不容易倒伏。雷火粘分蘖力比较强，幼苗抗寒力比较弱。

雷火粘在过去生产中，每亩产量一般是 250 千克左右，1951 年湖南省南县农民叶国宝种的一丘雷火粘，平均每亩产量曾获得 450 多千克，创造了当时全省水稻单位产量最高的纪录，并获得中央农业部的丰产奖励。雷火粘的产量虽然比南特号低，但成熟期要早一周左右，作双季早稻栽培，对调剂劳力、提高晚稻产量、获得雨季丰收作用很大，因此受到群众欢迎。

六十子（早籼）

六十子是安徽省农家良种。分布在安徽省淮南地区及沿江一带。坪田、山地均可种植，但以肥沃、红沙壤土为宜。

株高 100 厘米左右，茎秆细，分蘖中等，着粒密度中等，抽穗甚整齐，无芒，白米，怕旱，苗期能耐寒，耐肥不倒伏，籽粒饱满，清明前 3 天播种，立秋前后收获。生育期 85~95 天。

1957 年，六十子推广面积 40 余万亩，平均亩产 170~200 千克，比“503”早稻略高，最高亩产 250 千克以上。

五十子（早籼）

五十子（早籼）又名五十早，是安徽省农家良种。五十子分布在淮南地区及沿江一带。种植于地势略低，土质肥沃的壤土为宜。

五十子茎高约 100 厘米左右，茎粗壮，百节，叶大色浓绿，穗颈很长，粒长圆形，谷壳黄色，米瘦小，无芒，米暗灰色，耐旱，不耐涝，病虫害不重，不落粒，不倒伏，分蘖力弱。清明前 3~5 天播种，大暑左右收获。生育期 80~90 天。

1957 年，五十子推广面积 24.5 万亩，一般每亩产 145~175 千克，比“503”早稻高 10~15 斤。最高产量每亩 200 千克。

早三倍（早籼）

早三倍（早籼）原产浙江省诸暨县。早三倍分布在浙江省金华、嘉兴、建德的连作稻地区和诸暨等县；湖北蒲圻、武昌、汉川、汉阳、云梦等县及武汉市。

早三倍穗长粒多，壳浅黄，无芒，米质好，千粒重 26~28 克，糙米率 67%，适应性强，前期抗寒力强，早熟，高产，茎秆不够坚硬，易倒伏，耐肥力较弱，易感染稻热病。本田生育期 75 天左右。

1957 年，早三倍推广面积约 87 万亩，一般亩产 210 千克。湖北 1955 年在蒲圻等 6 县市种植 3 万亩，一般亩产 200~250 千克，最高达 300 千克以上。

中大帽子头（中籼）

1923 年，东南大学农科（1928 年改称中央大学农学院）在南京大胜关农场的水稻品种试验中，加入采自安徽当涂的农家品种帽子头，田间观察其生长茂盛，成熟早，于是 1924 年选出单穗，用洛夫纯系育种法试验，1927 年升入高级试验，成绩优良，于 1929 年育成中大帽子头纯系。

1930 年，中央大学昆山稻作试验场中籼各级试验即以此为标准种，并从是年起在南京附近各县及昆山等地试行示范，并经苏、皖、浙、赣、湘、豫各省合作试验，结果都很优良，每亩产量比当地种平均增加 25% 左右。

1930—1935 年间，中大帽子头共约推广 5 000 余亩。全国稻麦改进所成立后，1936 年即以中大帽子头为示范推广材料，在江苏、安徽、湖南等地共推广 3.5 万亩，增产显著，1937 年扩大至 21.3 万亩，平均每亩增产 18.5 千克，后因抗战爆发，示范推广受严重影响，战时仅在安徽、湖南推广。但苏皖等地农民仍自行留种、换种，至抗战胜利，在江宁、昆山、江浦、芜湖等地，已有 70% 农田种植中大帽子头。至新中国成立前，在南京、江宁、溧水、句容、丹徒、六合、江浦等丘陵地带种植面积很广，兴化、江都等地也有较大面积种植。新中国成立以后，中农四号、胜利籼等新品种推广后，帽子头的种植面积缩减，但在山区仍有种植。据 1957 年各地调查，帽子头的种植面积共 13.5 万余亩。

本种为中熟籼稻，由播种至成熟约需 130 天左右，适应能力大，其糙米率甚高，抗旱抗虫能力强，成熟早，分蘖多，出穗整齐，收量多，但易倒伏，于收获前应注意排水。据中大农学院及中农所历年在各地与推广结果，证明该品种适应力极广，长江流域皆可种植，河南信阳一带亦可栽培。

中大帽子头是我国第一个大规模推广的水稻选育良种。

灌县黑谷子（中籼）

灌县黑谷子，在郫县又称为麻谷儿。是四川灌县靠近山麓栽培的优良农家籼稻品种。

1953 年，灌县农场开始栽培灌县黑谷子，经 4 年选育，产量年年提高，一般每亩产量 300 千克以上，比较当地其他品种增产约 20%。

灌县黑谷子株高约 120 厘米，茎秆节紫色。分蘖中等，叶片不大，叶色淡绿，剑叶直立较短。穗长 22~23 厘米，着粒比较稀，每穗粒数一般 90 粒左右。谷粒黄色带有褐色斑点。谷粒上宽下窄，内外颖十分明显，稃尖为紫色。千粒重 28 克，籽粒饱满，谷壳薄，糙米率高，米质较差。黑谷子在川西成都平原不但作一季中稻栽培，同时还可作双季晚稻栽培，产量也很好。

灌县黑谷子适应性很强，无论在肥田、瘦田、泥田、沙田、冷浸田、烂泥田、土层深的田或土层浅的田内栽培，都生长良好，产量高，尤其是在比较肥沃的稻田内栽培，产量更高。黑谷子在灌县过去一般是栽培在山脚下，气温比较低，灌溉水是用的刚从山上融化后流下来的雪水，因此具有耐低温灌溉水的能力。

灌县黑谷子比较抗倒伏，分蘖力中等，分蘖很快，对稻瘟病抵抗力强；在作双季晚稻栽培时，有抽穗快而整齐的优点。这个品种在许多不同的条件下栽培，产量都很高。但在黄熟时有极易落粒的缺点。

乌嘴川（中籼）

乌嘴川是安徽省六安县农家良种。分布在安徽省安庆、六安地区。

乌嘴川秆硬、不易倒伏，无芒，着粒紧密，稃尖紫黑色，易落粒，穗形稠密，产量稳定，壳薄出米率高，米白，米嘴乌色，耐肥、耐涝、抗旱及抗病力强，适应性广；分蘖力强，但不耐寒。

乌嘴川宜种于肥沃的黏壤土。

1957 年，乌嘴川推广面积 222 多万亩，平均亩产 225~250 千克，最高亩产 275 千克。

油粘子（晚籼）

油粘子（晚籼）是江西省赣南农家良种。油粘子分布在江西省赣县、南康等县，在赣南双季连作晚稻区种植。

油粘子株高 100~117 厘米，叶片狭而下垂，穗长 18 厘米左右，每穗平均粒数 60~70 粒左右，谷粒细长，谷壳淡黄，无芒，千粒重 21~23 克，米质优良，白色。分蘖力较弱，耐肥、抗病虫害较强，不易倒伏。生育期 120~150 天。

1957 年，油粘子在南康县农场试验，每亩产 263 千克，比黄河禾子增产 14%。1958

年，油粘子在赣州试验站进行品种试验，亩产 307 千克。

黄禾子（晚籼）

黄禾子是赣南双季稻区推广的主要晚籼良种。20 世纪 50 年代后期，由于双季稻面积扩大，江西中部吉安专区、新喻（今新余）、丰城、萍乡、宜春等县以及上饶专区的大部分地区，均有栽培。

黄禾子是 1937 年从江西赣县农家品种鉴定中发现的，1938 年起进行品种比较试验，1940 年起进行地方品种比较试验，成绩良好。1956 年参加华中地区双季晚籼区域试验，除湖南南部能正常成熟，产量较高外，在湖南、湖北的其他地区，由于生育期较长，晚秋气温较低，不实率高，产量低。

黄禾子茎秆粗壮，株高 120~130 厘米。叶片柔软散垂，叶色黄绿，叶面密生茸毛。穗较长，着粒较密，平均穗长为 20~27 厘米，每穗 80~100 粒，多的达 150~200 粒。谷粒色淡黄，无芒，千粒重 22~24 克，米色洁白，品质好，糙米率高。本品种从播种到成熟，全生长期为 140~150 天。黄禾子耐肥，分蘖力强，分蘖期较长，但抽穗及成熟不够整齐。

黄禾子一般每亩产量 150~200 千克，高的达 250 千克，比当地农家品种增产 10% 以上；但产量虽较高，由于生长期较长，易于遭受晚秋低温影响、不实率较高，产量不够稳定。只是在气候温暖生长期较长和水源较充足的地区栽培比较合适。

西瓜红（晚籼）

西瓜红是浙江省平阳县优良农家品种。西瓜红分布在浙南平原地区，宜作为间作、连作或单作地区的晚稻。

西瓜红茎秆坚韧，穗头大小中等，谷壳黄褐，无芒；千粒重 24 克，糙米淡红，耐肥，分蘖力强，病虫害轻，不耐涝，后期抗寒力弱，剑叶枯黄较早。本田生育期在浙江省温州连作 105~110 天，间作 155~165 天。

1957 年，西瓜红推广面积 78 万亩，一般连作亩产 225 千克，间作 240 千克。

小红稻（晚籼）

小红稻原是安徽省庐江、无为一带的农家单季晚籼稻优良品种，栽培历史悠久。主要分布在芜湖、安庆两专区的双季稻栽培区，尤以怀宁、潜山、芜湖、宣城、郎溪等地栽培较多；六安专区的寿县、六安以及肥西、肥东等县也有种植；1958 年开始向淮北新稻区推广。

小红稻在安徽省的适应地区是一般暖性比较大的中等肥瘦田，以丘陵、岗区的冲畈田为宜。

20 世纪 50 年代，安徽省努力提高复种指数，扩大双季稻面积。小红稻因生长期短，产量比较高而稳定，逐渐成为安徽省的主要双季晚籼稻品种。小红稻在安徽全省的推广面积，1957 年约 168.7 万亩，1958 年扩大到 300 万亩以上，超过全省晚稻面积的 50%。

小红稻植株高在 1 米上下，茎秆细软，叶片狭长。穗长约 17~23 厘米，着粒比较疏，每穗 70~130 粒。籽粒长圆形，稃尖一端稍弯，谷壳和稃尖叶黄色，顶有短芒，多茸毛，千粒重在 25 克左右。米胀性中等，糙米率 75%~78%，米粒外皮红色，腹白大小中等，米质中等，煮饭柔软好吃。

小红稻全生育期，作双季晚稻栽培时，在青阳县为 131 天，是安徽省双季晚稻中生育期最短的品种，作单季晚稻及在安徽省北部栽种时，均要延长生育期。播种期用作双季晚稻的在 6 月上中旬播种，作单季晚稻的在 5 月中下旬播种；秧龄 50 天左右；收获期单季晚稻在 10 月中旬，双季晚稻在 10 月底。本品种分蘖力比较强，一般栽培每丛有效分蘖 15~20 根，最高可达 30 根左右。耐肥力中等，过肥容易倒伏或徒长。易落粒，严重时落粒可高达 23.5%。抗旱力比较强，抽穗期的抗寒力比一般粳稻差。因其叶面多茸毛，抗虫能力较强，螟害比其他品种轻，病害也较轻。耐涝性较差。

小红稻以往一般作双季晚稻的每亩产量是 100~200 千克，早播早栽的可达 400 千克。

白壳矮（晚籼）

白壳矮是广东省潮安县农家良种。白壳矮分布在广东省澄海、揭阳、潮阳等县，1950 年代逐渐推广到佛山、湛江、高要等地区。

白壳矮茎秆粗壮，穗长大，谷粒椭圆，米质中等，分蘖多，出穗齐一，比塘埔矮品种省肥，但多肥也不容易倒伏，不耐旱、不实粒多，易徒长。本田生育期在潮州、汕头约 115 天。

白壳矮适宜于肥沃的黏质土，但较瘦瘠沙质土亦可种植。

白壳矮一般每亩产 350~400 千克，高的达 490 千克。

十石歉（晚籼）

十石歉是广东省潮、汕区农家良种。

十石歉生长势强，分蘖力强，秆短而硬，株形直立，耐肥及抗倒伏性特强，米质中等，抗旱力中，抗风强，抗稻苞虫力强，抽穗整齐，退青早，秆叶未熟先枯，产量稳定，适应性广。本田生育期 110~120 天。

十石歉适宜于水源充足的深肥田种植。

1957 年，十石歉推广面积达 90 万亩，一般亩产 350~400 千克，比当地所有良种都增产 20%~30%，比塘埔矮多收 18.5 千克。

塘埔矮（晚籼）

塘埔矮（中熟晚籼）是广东省揭阳县渔潮区塘埔村农民从“绞盘矮”中选育出来的。主要分布在广东省汕头专区各地，该省的中部至最南部的海南岛均有种植。

塘埔矮生长势强，株较矮，分蘖力强，抽穗齐一，穗形集中，穗长中等，穗枝较多，着粒密度中，谷形长圆，米质中上，耐肥、耐旱、抗风、抗倒伏、抗病虫害力均强，特别是抗穗颈稻热病，但不耐涝。宜种于深肥田。本田生育期 110 天。

塘埔矮推广面积由 1955 年 10 多万亩，扩大到 1958 年 1 500 万亩，一般亩产 350~400 千克，高的达 450 千克以上，比当地种增产 20%~30%。

一粒种（晚籼）

一粒种是广东省农家良种。在广东省分布面广，其中以佛山、高要、韶关等地区较多。

一粒种生长势强，秆较矮，分蘖力特强，种一粒谷可分蘖 20~30 个，根群发达，出穗不大整齐，穗数少，但着粒密，粒细，米质中上，耐肥中等，较不易落粒，较耐涝，抗病虫害力强，适应性广。

一粒种适宜于丘陵地区中等肥的坑田、岗田、垌田种植。

1957 年，一粒种推广面积达 120 万亩，一般亩产 200~250 千克，高的达 355 千克。

粤油占（晚籼）

粤油占是广东省栽培历史悠久的农家良种。粤油占在广东省分布地区很广，全省其他各地区均有种植，其中以韶关、高要、惠阳为最多。

生长势较弱，秆高中等，分蘖力强，出穗成熟不甚整齐，不实粒较多，米质很好，白色透明，有香味，能耐瘠，耐肥力较弱，易受寒风为害，抗旱力中强，落粒性中，少病虫害，产量稳定。粤油占适宜种于坑、垌田中等肥沃的黏壤土。

1957 年，粤油占推广面积达 90 万亩，一般亩产 150~200 千克，高的达 300 千克。

矮仔占（晚籼）

矮仔占是广西容县的农家水稻品种。

据说最先是由华侨从东南亚传入的，新中国成立前就有种植，1952 年开始在全县范围内推广。20 世纪 50 年代中后期推广至长江流域，是我国第一个每亩产超 500 千克的籼稻品种。它具有矮秆、耐肥、抗倒等许多优良丰产性状。大多主要的优良性状都表现出较高的传达力。矮仔占是全国水稻最重要的矮缘，以矮仔占或具有矮仔占血缘为亲本的杂交衍生品种据不完全统计达 112 个，居我国三大水稻杂交亲本之首，成为我国南方稻区推广品种最广泛的血缘，在我国水稻育种和稻作生产中发挥了重大作用。

矮仔占秆很矮而粗硬，株高仅 100 厘米左右，分蘖力极强，穗较短少，着粒密，谷粒饱满，千粒重 24~26 克，米质中等，成熟一致，耐肥，不易倒伏，耐寒，易感稻热病。生育期在广西 130~140 天，广东 140~145 天。

1958 年，矮仔占在两广地区推广面积计达 27 万亩左右，其中广西壮族自治区为 25 万亩；1959 年可能扩大到 300 万亩。至 1973 年，矮仔占在我国南方稻区的 12 个省区市种植面积达 1 100 万亩以上。

黄壳早二十日（中粳）

黄壳早二十日属早中粳类型，是江阴县农民唐焕章用单穗混选法，从当地农家种早十日中选育而成。

黄壳早二十日在江阴、无锡一带种植面积广大，20 世纪 50 年代后期已分布到江苏全省，种植面积达 500 万亩以上。全国有 15 个省均引进种植。黄壳早二十日的适应性强，除了单作以外，还可因地制宜的作双季稻后作。

黄壳早二十日植株高大，茎秆强健，一般高 117~133 厘米。叶色淡黄，叶与茎的角度较小，向上挺直。穗大粒多，穗长平均 7 寸以上，着粒紧密，每穗一般 140~160 粒左右，多的有 602 粒。千粒重为 28~29 克。稃及稃尖均为秆黄色，芒甚长，稃毛亦多，不易落粒，谷粒为圆形，米质中上，腹白小，吃口较好，出米率在 80% 以上。分蘖力中等，较耐肥，但施肥不当时也有倒伏。适应性广、在黏质土上生长较好，在岗土、沙土上生长亦好。但易感染叶稻热病及纹枯病，对白叶枯病的抵抗力中等。太湖地区一般在谷雨前后下种，小满、芒种间栽秧，立秋前后抽穗，白露后成熟，生育期为 145~150 天。

黄壳早二十日是江苏省 20 世纪 50 年代产量最高、最受群众欢迎的中稻品种。

大车粳（中粳）

大车粳是一种适应性强的早中粳稻，是徐淮地区栽培历史最长的农家品种，据说是云台山僧人从河北带回种植而推广的。

1956 年以前，大车粳种植面积约有 5 万亩左右，生产改制后徐淮地区扩大旱改水面积，到 1958 年种植面积已达 30 万亩，主要分布在徐淮新稻区。

大车粳能耐寒耐碱，耐旱耐涝，既能水播又能旱播，属大穗型，粒大而重，增产潜力较大。大车粳植株在 117 厘米以上，节紫色，穗长 23 厘米左右，着粒密度中等，每穗 100 粒左右，多的达 150 粒，有紫红色长芒，谷壳黄色，颖上多毛，粒型大、呈椭圆，千粒重一般 28~30 克，重的有达 32 克。米色白，红米较多，糙米率为 78.1%。分蘖力不强，较易倒伏，口紧较松，落粒，能耐碱，耐旱耐涝，苗期也具有一定抗寒能力，较耐肥，一般成熟迟，不实率高达17.07%。适应性强，能春播，也能夏播，但由于它的感光性较强，一般在10月上旬成熟，因此4月下旬播种的，在10月初成熟，生长期达150~160天，初夏播种的全生长期一般140~150天，麦茬播种的一般110多天。

大车粳历史产量不高，一般150千克左右，原因是有直播无水灌溉变为旱稻。后改直播为移栽，同时增加密度和肥料，产量就大大提高。1956年，赣榆前进社栽培26.67亩，单产为288千克，丰产田达到450千克以上。

早石稻（中粳）

早石稻是早中粳稻，它与早杂稻、早木樨球均系同一类型品种，是江苏省江阴县农家良种之一，栽培历史较久，种植面积很广。1958年，早石稻种植面积达98万多亩，主要分布在苏州的江阴、昆山等地以及扬州的仪征、高邮、泰兴等县。早石稻是目前早中粳类型中比较好的一个农家良种，适应性较广，在苏南地区，不仅种植年代长，而且种植面积也大；苏北除了扬州种植20多万亩以外，淮阴新稻区也有种植；是江苏省早中粳类型中的主要品种之一。

早石稻植株较高，一般117~133厘米，茎秆强韧，较耐肥，但施肥不当或遭遇大风时，也较易倒伏。抽穗较整齐，穗长一般19~23厘米，着粒密，谷粒大，每穗一般80~140粒，多的有200粒。谷粒圆形，短芒，稃为褐黄色，稃尖秆黄色，落粒占0.87%。米粒腹白大，米质中上，吃口好，涨锅。分蘖力中强，容易感染稻热病和白叶枯病。早石稻生育期为138~145天，较黄壳早二十日早2~3天。

早石稻在试验站的比较试验中，产量仅次于黄壳早二十日，在大田生产中产量也很高。1957年，六合县中心乡种的3.1亩早石稻，单产572千克。在太仓县农场的品种比较试验中，早石稻亩产480千克。

小白稻（中粳）

小白稻又名垃圾稻，系中晚粳品种，是江苏武进一带的农家品种，种植历史悠久。20世纪50年代后期年种植面积约2万余亩。

小白稻具有穗大、不倒伏、千粒重较重等优点，生产上有一定的应用价值。小白稻植株较高，一般为4尺左右，茎秆较硬。穗长在19厘米左右，着粒中等，每穗80~90粒，但千粒重较重，一般为29~30克。分蘖力较强。谷粒有短芒，壳与稃尖均呈秆黄色，米质中等，出米率达80%。较耐旱，不易倒伏，白叶枯病发病较重。据前华东农科所记载，5月17日播种，10月22日成熟，生育期为159天左右。

小白稻产量较高，在过去的生产水平下，一般亩产250千克左右。据前华东农科所1957年记载，小白稻每亩产300千克左右。1958年，在武进县一带种植的小白稻，一般每亩产都在350~400千克。

412（晚粳）

412 是适于长江流域稻麦两熟地区的粳稻品种，

1947 年 10 月下旬，顾复等人在江苏无锡、吴县采选稻穗开始进行选种工作，412 是从无锡西乡农田中选来，原种是光头黄。412 品种于 1953 年开始推广于江苏无锡、吴县、武进的部分地区。1954 年起推广地区扩大到南京、丹阳、盐城、泰县、兴化等县及江西、湖北等省。1958 年江苏省共栽培 140 万亩左右。

412 的谷粒为短椭圆形稍厚，金黄色，偶有短芒，株高 130 厘米，单株栽培时，每株分蘖 6~7 根，每穗着粒数 90~100 粒，谷粒千粒重 25~28 克，不实率尚低。对于稻瘟病的抵抗力强。但在处暑白露间抽穗，容易遭受螟害。茎秆强韧能耐肥不易倒伏，增产潜力大，适于机械收割。412 全生育期共 150 余天，属于晚粳稻中的早熟类型。

412 每亩产量一般 300~350 千克，最高达 500 千克以上，产量比较稳定，米质良好，炊饭软硬适中，煮粥黏稠可口，适于食用。

三朝齐（晚粳）

三朝齐是晚粳类型农家品种，在昆山及太湖地区种植。明黄省曾《稻品》收录有此品种，则最晚从 16 世纪太湖流域一带即已种植该品种。

三朝齐植株高大，一般在 133 厘米左右。每穗长 19~23 厘米，着粒不密。谷粒扁椭圆形，大而壳薄，千粒重在 30~32 克。米白色，腹白小，品质好，黏性较大，出米率为 80%。该品种茎秆较硬，耐肥，不易倒伏。适应性大，分蘖力强，有一定抗逆能力，抗病力也较强。最大特点是抽穗整齐而快，一般从始穗到齐穗只要 2~3 天，故称之为“三朝齐”。一般于 5 月中旬播种，11 月 10 日成熟，生育期为 170 天左右。

三朝齐产量一般每亩 250 千克左右，高的每亩达 300~350 千克左右。

老来青（晚粳）

晚粳老来青是全国劳动模范陈永康从原江苏省松江县当地晚粳稻中用“一穗传”方法选出的优良品种。

随着 1956 年江苏省推行籼稻改粳稻、单季稻改双季稻的改制运动，老来青除在原产地继续扩大种植外，迅速向太湖和里下河地区及镇江山区推广，到 1958 年全省种植 447 万亩以上，是江苏省晚稻中栽培面积最广、受群众欢迎的一个品种。1950 年代后期已有 22 省区向江苏省引种老来青，并有 15 个国家引种老来青。

老来青植株高度中等，一般 122 厘米左右，茎秆粗壮，组织紧密，成熟时茎秆仍带绿色，所以叫老来青。叶色浓绿，叶片比较少，直立不倒伏，因之株间通风透光。穗长一般

20~21 厘米，每穗粒数一般 80~90 粒，着粒密。穗轴粗，带直立状，扬花时枝梗紧靠，穗不散开。不实率低，一般 7.3%~13.3%。谷粒椭圆形，粒大，黄色，无芒或间有顶芒，芒和稃尖赤褐色，千粒生 30~32 克左右。谷壳薄，糙米率 81%~83%。胀性好，米色蜡白，腹白小，米粒整齐，米质好，黏性大，作饭煮粥香软好吃，耐饥。

老来青对光照特别敏感，能抗旱耐涝，在平原、丘陵和圩田地区都能适应，比较耐寒，螟害少，抗白叶枯病的能力较强。产量比较稳定，耐肥，不倒伏，虽然穗不大，但不实率低，千粒重高，米质好，植株紧凑，适应密植、多肥的条件，增产潜力大。

老来青历年来表现高产稳收，1951 年，陈永康用老来青创造了单季晚稻每亩产 716 千克的高额丰产记录。1956 年，陈永康领头的联民农业社种植 5 716 亩，每亩平均产量 330 千克，比当地黄种、葡萄种等晚粳增产 10%~20%。

太湖青（晚粳）

太湖青是太湖地区种植较普遍的一个农家晚粳良种，由于分布于太湖周围，故名太湖青。

太湖青植株较高，一般在 120~133 厘米之间，生长整齐，穗长 19~23 厘米，着粒中等，每穗粒数 80~100 粒，不实率低，约占 12%。谷粒近卵圆形，无芒，壳为秆黄色，稃尖赤褐色，护颖短，谷秆黄色，千粒重 28~30 克。腹白小，有碎米，品质中等。该品种分蘖力较强，有效分蘖率并不高，占总分蘖数的 52%。茎秆较粗硬，耐肥，不易倒伏，但在大风影响下易倾斜及落粒，抗逆力较强，对病害感染亦轻，枯心苗为 0.52%，很少有白穗，穗颈稻热病为 1.21%。昆山、望亭一带于 5 月 22 日播种，6 月 24 日移栽，7 月底为最高分蘖期，9 月 15 日开始抽穗，11 月 5 日成熟，生育期为 168 天左右。

太湖青较耐肥，必须施足基肥和适时追肥，以促使结实率提高。应适当增加密度，但由于秆高而叶子宽长，应注意密植方法，改善通风透光条件。

在地方晚粳品种当中，太湖青的产量表现尚好，一般亩产 250 千克左右。

铁梗青（晚粳）

铁梗青是松江一带种植历史悠久的农家优良品种，《授时通考》记载有该品种。原产青浦、松江，是晚粳中主要品种之一。在苏州地区种植很广，1956 年发展到常州、扬州、盐城等地区；1957 年种植面积达到 57 万亩。

铁梗青茎秆硬而高，一般 117 厘米左右。秆和叶均直立，叶色深绿，穗长而大，一般在 19 厘米以上。着粒密，每穗 70~80 粒，籽粒较大有顶芒，稃色秆黄，稃尖赤褐，粒椭圆，谷壳厚，色淡黄，千粒重 29~31 克。出米率 78% 以上，腹白小，米质中等，分蘖较早而多，耐肥，不易倒伏，适期栽插螟害轻，全生育期 165 天左右。

铁梗青产量较高而稳定，一般 350 千克左右。

荔枝红（晚粳）

荔枝红是浙江省崇德、桐乡等县的农家单季晚粳优良品种，在当地已有较长的栽培历史。1955 年，浙江省农业科学研究所整理地方品种时加以选育、引种，并被评选参加华东区统一品种区域试验。1957 年，浙江省种植面积约 30 余万亩，主要分布在杭州、嘉兴、吴兴和德清县一带地势比较低洼地区，多数作为单季晚稻栽培。

荔枝红茎秆健硬，当地群众称它为“铁杆稻”。株高 125 厘米，穗长 22 厘米左右，每穗平均粒数 95~105 粒，粒形比较大，着粒紧密，谷壳紫褐色，似荔枝果壳的颜色，故名荔枝红。千粒重 28~30 克，不实率比较高，在生长后期缺肥或气温过低的情况下，可达 18%~20%。荔枝红在浙江省北部作单季晚稻栽培时，本田生育期约 132 天，自 5 月中旬播种，6 月中旬插秧，9 月中旬抽穗，10 月下旬成熟。在南京栽培，9 月上旬抽穗，10 月底成熟，本田生育期在 140 天以内。在浙江省北部地区作连作晚稻栽培时，本田生育期约 93 天，比单季栽培时，本田生育期缩短近 40 天。

荔枝红需肥较多，不易倒伏，适于在肥沃的土壤种植。植株分蘖力弱，而秸秆坚强，穗子尚大，为适于密植栽培的优良品种，又因其比较耐涝，能在低洼地区栽培。荔枝红的缺点是生育期间易受螟虫为害，同时对纹枯病和穗颈稻瘟病的抵抗力比较弱。

大黄稻（晚粳）

大黄稻是江苏省常州市武进县鸣凰一带的地方农家品种，属中晚粳类型品种，在当地有悠久的栽培历史。江苏省武进、江阴、宜兴、常州、无锡一带都有种植。

大黄稻是中晚粳类型的品种，株高中等，一般在 117~133 厘米，穗长 19~23 厘米，着粒较密，每穗有 100~120 粒左右，不实率高，达 30% 左右。谷粒椭圆形，长芒，秆黄色，稃与稃尖亦为秆黄色，护颖短，亦为秆黄色，千粒重为 24~26 克。米色白，腹白小，米粒整齐，品质甚佳。大黄稻植株较硬，但在施肥不当或遇台风侵袭时，有部分倒伏。分蘖力不强，但有效分蘖较高。抗病力较差，苗期螟害较重，白叶枯病、穗颈稻热病亦有感染。太湖地区于 5 月 22 日播种，10 月 22 日成熟，生育期为 154 天。大黄稻可以早播早栽，于谷雨立夏播种，芒种夏至栽秧。针对大黄稻分蘖力不强而有效分蘖高的特点，可以实行大株密植，以进一步提高产量，同时要施足基肥，合理分期追肥。

大黄稻由于产量高而稳定，很受当地群众欢迎，故有“大王稻”之称。一般每亩产 300~350 千克，高的每亩产近 500 千克。

三穗千（晚粳）

三穗千是江苏省太湖地区的农家优良品种，明黄省曾《稻品》收录有该品种，则最晚从16世纪太湖流域一带即已有种植，为名贵品种之一。20世纪50年代昆山、松江等地仍有种植，但面积不大。

植株高达117厘米左右。茎秆强度中等，叶中宽而深绿。分蘖力中等。三穗千是大穗型品种，穗长23厘米以上，平均每穗近200粒，多的达300~400粒，是晚粳中穗型最大的品种。千粒重30克左右。穗大粒多，不易落粒。生育期为165~170天。耐肥力强，不易倒伏，胡麻斑病感染轻，白叶枯病也少。谷粒大，壳黄，有短芒。米质及出米率与老来青相仿。

三穗千的产量较高，平均亩产300千克以上。

四上裕（晚粳）

四上裕属晚粳类型，是农家优良品种，晚粳种植地区都有种植。上海金山、松江、青浦等县及太湖东部地区栽培较多，俗称四石余；湖北、湖南、江西、安徽、浙江等地都有引种推广。

四上裕株高120~127厘米。茎秆粗壮，耐肥，抗倒伏力强。穗长23厘米以上，每穗80~100粒，不实率低，为13.9%。谷粒有芒，稃秆黄色，有毛，稃尖茶褐色，护颖短，千粒重为27~30克。米色白，腹白大，米质好。抗逆力强。5月中下旬播种，11月上旬成熟，生育期为172天左右。植株高度适中，秆硬，耐肥，不倒伏，分蘖力强，有较大的增产潜力，是一个符合增产要求的地方良种。

四上裕常年亩产300~350千克，通过改进栽培技术，每亩产可达500千克。在1958年各试验研究单位的区域性试验中，四上裕产量大都超过当地对照品种。

鸭血糯（糯稻）

常熟鸭血糯，别名红莲糯、血糯、补血糯，主要产于江苏省常熟市境内。本是吴地农民对水稻进行优化选择后培植的良种。因其有着天然的红润和香糯，故又名红莲稻。明代范成大有诗曰“觉来饱吃红莲饭”。清人金鹤翀于《金村小志》中记载：糯米之佳者曰“落霜青”，曰“红莲糯”，江阴人亦来购取，云：唯产金村者为佳（金村距常熟城北三十五里，是常熟有名的古镇）。鸭血糯与陕西黑米、岭南紫米齐名，从明代起就成为朝廷贡品，被列为特优御米之一。

鸭血糯的古老品种在常熟得以保存并形成地方特产，与当地独特的水土有关。常熟西部近虞山水稻区多为优质鳝血黄泥土，多矿物质，十分适宜鸭血糯的生长。

鸭血糯栽培种一直有变异，1949 年后，经常熟农业科学研究所培育改良，1983 年正式定型，取名矮秆鸭血糯。鸭血糯属于籼稻型，红芒长秆，成熟时谷粒皮壳呈浅紫色，脱皮精碾后米粒殷红如鸭血，故称鸭血糯。鸭血糯米粒细长、颜色紫红、粒质透明、质地软糯、上口香甜。

鸭血糯米质好，营养价值高，据测定，粗蛋白质含量 13.8%，并含有生物吡咯素，有强身补血之功能。血糯从明代起就成为朝廷贡品，被列为特优御米之一。以血糯做酒酿、粉圆子、八宝饭、红米酥、米粉等食品，不仅色泽美观，而且香甜可口。冬令酿制的甜酒，称作“喜酒”，味醇厚甜润，如陈至 3 年，酒味更加浓郁可口，系酒之珍品。饭菜馆和民间筵席用血糯作甜点，“血糯八宝饭”“炒血糯”均为筵席上之高档食品。

鸭血糯以前产量很低，一般每亩产仅 150~250 千克，改良后每亩产提高到了 300~350 千克。

1922 年，鸭血糯在中国物产评选会上曾荣获大奖。

金坛糯（糯稻）

金坛糯是江苏名贵的糯稻品种之一，金坛糯原产于江苏金坛县（今金坛市）南门外的高桥、大浦港一带，是一个栽培历史悠久、种植面积较广的农家优良品种。在当地有金坛标米、白壳糯、中子糯之称，至少已有 200 多年的栽培历史。清朝时，金坛糯为贡米。新中国成立前，在上海米市场统称为标米。

据中华民国农业部 1929 年统计，金坛全县的金坛糯种植面积约有 39 万余亩，占稻田总面积的 56.5%。新中国成立后，该县大力发展粳稻，金坛糯的种植面积逐渐缩小，到 1958 年仅剩 8 万余亩。金坛糯在常州、苏州种植较多，扬州、盐城等地区亦有引进种植。

金坛糯的植株较高，茎秆坚韧，叶细狭，叶色淡绿，穗较长，着粒比较密，每穗平均 90~100 粒，不实率约 21.18%，谷粒圆形，大小中等，谷壳黄色，无芒或有红色短芒，稃尖茶褐色，千粒重为 24.25 克。米色白，米粒整齐，品质很好。金坛糯的单株分蘖不多，约为 7.7 个，有效分蘖为 5.3 个。耐肥力中等，较易倒伏。迟播迟栽易遭螟害，稻热病感染中等。当地一般于立夏前后播种，芒种前后栽插，秋分寒露间收割，生育期为 145~155 天。

金坛糯产量高，品质好，黏性大，做糕团点心都很可口；而且茎秆坚韧，搓成的绳子拉力大，经久耐用。金坛糯用来酿酒出酒率特别高，据绍兴酿造业者论述，标米蒸发有 9 孔，出酒特别多，颇有名声。

苏御糯（糯稻）

苏御糯，简称御糯，是太湖流域粳稻资源中的一个著名古老品种，历史悠久，闻名中外，据传它在历史上曾作为贡品，故名“苏御糯”。

苏御糯属中熟中粳类型，在南京 5 月 10 日播种，6 月 10 日移栽，8 月中旬左右齐穗，

9月下旬成熟，全生育期135天左右。其株高约120~130厘米，穗长27厘米左右，每穗130余粒，粒型大，粒长6.96毫米，粒宽3.06毫米，千粒重36克左右，出糙率81.0%，精米率66.6%。米质极好，米色洁白，黏性强，饭软而有光泽，香味浓郁纯正，是加工副食的上等原料。该品种生育期较短，植株偏高，耐肥抗倒性差，不抗稻瘟。

苏御糯产量偏低，一般每亩产250~300千克，该品种在20世纪80年代中期开始在苏南地区的常熟、吴县、沙洲，苏北地区的宝应、铜山等地种植，每亩产300~350千克。

苏御糯品种除在生产上少量种植直接利用外，作为优质资源进行系统选育或杂交育种均可获得高量、质优的新品系。

苏御糯因其质优，在当地久负盛名，群众很喜爱，后因熟制的变革，生产上不再使用，仅作为优质资源被长期保存下来，今天为满足人民生活需要作为特需优异品种开发出来。在1984年江苏省首届优质稻米品尝会上，其外观品质与蒸煮品质经评定总分在特色稻米中居首位。在1985年全国优质米评选会上，食味也居糯米组的第一位。

贵州黑糯米（糯稻）

贵州黑糯米（惠水黑壳糯）是贵州省惠水县农家良种，贵州省惠水县种植最广。

贵州黑糯米秆硬，抗病虫力强，分蘖少，不易倒伏，穗长约23厘米，粒大，米质好且味香。

贵州黑糯米宜种于肥沃的寨脚田，每亩产量250千克。

胭脂稻（粳稻）

胭脂稻是河北省独具风味的珍稀特种稻，至今已有300多年的栽培历史，长期以来，在河北省唐山市丰南县（现丰南区）特定的生态环境下种植，以其优良的品质和独特的风味备受宠爱。

胭脂稻外观形似旱粳子，有芒，属于粳米。这种稻米因味腴、气香、微红、粒长，煮熟后红如胭脂，色微红而粒长，气香而味腴被称做“御田胭脂米”，又称胭脂米，民间则称之为红稻米，因过去是皇宫贡米而闻名遐迩。1962年，胭脂稻标本在全国农业展览馆展出，声名大噪。

胭脂稻株高150厘米，穗长22厘米，单株有效穗数5个左右，每穗结实粒数85个，空秕率9.8%，千粒重25克左右。颖壳黄褐色、长芒，生长期胭脂色，鲜艳壮观，成熟后红褐色。米粒长圆，糙米胭脂色，精米色略淡。生育期在唐山一带155天左右，一般每亩产250千克左右。糙米率81%，精米率73%，整精米率60%，糊化温度小于70。蒸煮性和食味性好，做米饭有一种清香味道，食后清香满口，煮粥3次回锅米质不散，且每次回锅，米粒都伸长一段（长达1.2厘米），所以当地称为三伸腰。蛋白质含量10.6%，赖氨酸含量0.37%，精氨酸含量0.83%。田间鉴定，对稻瘟病、稻曲病有较强的抵抗能力，对白叶枯中感，对纹枯病抗性一般。

“文化大革命”时期，由于胭脂稻产量极低，丰南当地为提高粮食产量，大力推广高产作物，造成胭脂稻种植面积锐减，至“文化大革命”末期，已经近乎绝迹。近年来，胭脂稻得到恢复，开始在原产区扩大种植。

水葡萄（粳稻）

水葡萄为湖北省蕲春县稀有名贵的地方粳型优质水稻品种，其加工后的稻米即成为水葡萄米。早在封建时代，多位地方官吏就曾以水葡萄米向皇宫岁贡，成为贡米。

相传清光绪元年（1875 年），郑家山（现青石镇郑山村）吴中湾一位名叫吴洪一的农民，因灾逃荒到江西武陵葡萄山烧窑度日，年终窑主给 8 斤稻种作工钱，他带回后在当地作中稻种植，因该水稻种来自葡萄山，便取名“水葡萄”。

水葡萄具有特定的地域适应性，现仅在海拔 500~800 米的郑山村莲儿塘一带种植，现常年种植面积在 70 亩左右，引至它处则品质下降。

水葡萄米粒外观玉白晶亮，蒸煮性好，米饭柔软清香、口感好；加之高秆、茎秆纤细坚韧，适宜用于打藤扭索，编草鞋，经久耐用；且适宜于高海拔地区山垅冷浸田种植，因此，世代相传，延续至今。

水葡萄在原产区种植，株高 130 厘米左右，叶片长而窄，叶色淡绿，株型松散，分蘖力中等，谷粒椭圆，颖壳灰白。耐寒、感温性强，不耐高温、高肥，易感稻瘟病，全生育期 156 天，一般每亩产为 150 千克左右。经分析，该品种糙米率 78.12%，整精米率 74.88%，直链淀粉含量 14.53%，蛋白质含量 8%，胶稠度 45.5 毫米。

1984 年 9 月，湖北省科委、省农业厅、省农科院现代化研究所将水葡萄作为稀有珍贵的地方品种资源征集并保存。

八宝稻（籼稻）

八宝稻是云南省文山州广南县特有地方品种，属籼型稻，因原产于该县八宝镇而得名。据广南府志记载：“八宝米每岁贡百担，为明清两代贡米”。

八宝米色泽雪白微青，粒大，质软，味香，口感好，饭粒软而不烂，隔夜不硬，富黏性，蒸煮时间短，质地松软，味道清香，久食不厌。以其独特的品质而享誉天下。

八宝稻的特异品质，来源于广南特殊的生态环境，广南县自古有“小桂林”之称，气候温暖湿润，雨量充沛，适宜稻谷生长，培育了很多优良的品种。由于当地特殊的气候和水土条件使八宝米无法被其他地区成功引种。

八宝稻株高 120~154 厘米，穗长 22~24 厘米，穗粒平均 78.6 粒。谷粒长 0.7 厘米，宽 0.3 厘米，每千粒重 25 克。谷壳呈淡黄色，颗粒饱满，易脱粒。每亩产 200~400 千克。生长期为 180 天。单株分蘖 10~20 株。空秕率 5%~10%，出米率 70%~72%，出饭率 230%~240%，饭粒软糯，味香可口。惊蛰送肥，清明育秧，立夏始栽，10 月秋收，与一般水稻栽种无异。

广南县的八宝米虽然质量优异，但长期以来，由于单产低、产品价值得不到充分体现，导致群众种植的积极性不高，形不成规模。21世纪初开始，广南县对八宝米的生产、加工、销售进行行业管理，进一步提出“做强做大”八宝米产业的发展思路，明确了发展目标，制定了发展规划，找准工作重点，提出了具体措施，以广南县八宝贡米业有限责任公司为龙头企业，逐步形成了“公司+基地+科技+农户”的产业化经营模式。到2007年年底，八宝米基地种植面积稳步发展到10.4万亩，总产4 459.5万千克，总产值11 594.8万元，种植面积、总产量和总产值分别比2000年增加6.2万亩、2 648万千克和8 334万元，规模生产初步形成。销售量达573.8万千克，实现销售收入3 578万元，产品已销往省内的昆明、曲靖、红河、玉溪、文山及省外的广东、广西等沿海地区。

1981年，八宝米被国家列为名贵稻米之一。2001年，广南县被授予“中国八宝贡米之乡”称号。2014年，以八宝稻生产为核心的广南八宝稻作生态系统被列入第二批“中国重要农业文化遗产”。

丝苗（籼稻）

丝苗是广东增城市的特优籼稻品种。该市丝苗米种植已有100多年的历史，据《增城县志》（1911年）记载：“……案近来早熟有拣赤、有上造丝苗，有白谷仔颇佳；晚熟有泉水粘丝苗最佳。”

丝苗米外观品质美观靓丽，长粒形、细长苗条、晶莹洁白、米泛丝光、玻璃质；直链淀粉含量中等，质地软硬适中，煮饭爽滑可口，具有清新香味，口感佳，饭粒条状而不烂。素有“米中碧玉，饭中佳品”的美誉。传统的老丝苗品种，以增城市朱村白水矮脚丝苗米为佳，高脚丝苗则以派潭灵山和正果水口村为上品。

矮脚丝苗和高脚丝苗均属晚籼中熟品种，全生育期130天左右，每亩产150~200千克。矮脚丝苗株高90厘米左右，叶青绿、穗中等长，着粒疏，谷色麻黄，粒细长，稃端微显弯曲，生势较弱，分蘖力较强，抗病虫性较差，米质极优，饭佳、饭味极好。高脚丝苗株高110~120厘米，叶色青绿，谷色麻黄，粒细长，分蘖力弱，抗旱性、抗病性强，耐阴耐旱，产量较稳定，但不耐肥，不耐浸，易倒伏。

至新中国成立初期，增城市丝苗米种植仍有较大面积，正果晚稻丝苗种植面积十分之四五，不少以丝苗谷交纳公粮。可见丝苗种植之广。20世纪50年代中后期，由于传统的老丝苗品种种植年代久远，品种混杂退化严重，表现产量低、易感病、不抗倒，加之当时粮食生产强调高产自给，忽视质量，没有按质论价，丝苗米种植面积逐年减少。著名的矮脚丝苗于1958年泯灭。1973年，高脚丝苗种植面积已不足5万亩，总产900万千克，出口量500万千克；1982年，高脚丝苗种植面积不足200亩。

自20世纪80年代起，针对丝苗品种的混杂、种植面积日益缩减的状况，该市农业局种子站、市农科所的农业科技工作者采用系统选育、野生稻远缘杂交遗传育种、聚焦太阳能辐射诱变育种等技术手段，成功地选育出了丝苗选 6、矮丝苗 83–1、矮丝苗选 8、野澳丝苗、桂野丝苗、增野丝苗、长粒丝苗等系列丝苗新品种（品系），它们的共同点是：口感、食味与原老丝苗品种无异，产量却比原老丝苗品种成倍增加，抗病虫性、抗倒性明显增强，适应性更广，因此，在生产上迅速得到广泛应用。新丝苗品种不但在增城市大面积种植，而且还被邻近省、市、县大量引种。1986 年，全市丝苗米种植面积为 4.5 万亩，1999 年达到 16.6 万亩。

2004 年，增城丝苗米申报国家地理标志保护产品并获得通过。现在，古老的农家丝苗已被新育成品种所代替，保留下来的单株，仅作后人育种材料。

（二）小　麦

矮立多（小麦）

矮立多（Ardito）是 20 世纪 50~60 年代广泛种植于长江流域及西南地区的小麦品种。

矮立多原产意大利，1929 年引入我国，1934 年以后由中央大学农学院鉴定为适于我国南方各麦区推广的品种。由于原始编号为亚 –23–2509，最初定名为中大 2509，后又据原文的读音和性状特点改称矮立多。1942 年开始在四川省推广，以后扩展到西南及长江流域各省。四川等省用作亲本，育成品种较多。据 1957—1960 年的不完全统计，全国种植面积 600 万亩，其分布范围仅次于南大 2419。

矮立多芽鞘绿色。幼苗半匍匐，深绿色。株高 90~100 厘米。茎秆挺立粗壮，叶片宽而短，叶色翠绿。耐肥抗倒。长芒，红壳。穗短，长约 7~8 厘米。小穗密度中等，每穗有小穗 17~20 个。中部小穗结实 4~5 粒，全穗结实 35~40 粒。籽粒红色，卵圆形。千粒重 30 克左右，软质至半硬质。

矮立多有弱冬偏春性。在南京 –5~–8℃条件下经 20 天通过春化阶段。对光照反应不敏感。中早熟。生育期 200 天左右。分蘖力强。耐旱耐湿性弱，耐寒性中等。高抗条锈病。对散黑穗和吸浆虫存较强抗性。轻感叶锈病，易感秆锈病和赤霉病。

1956 年江苏省推广 32 万亩，综合丰产性好，一船比当地品种增产 10%~30%。在土质疏松，肥力较高，水分适中条件下，增产显著。

金华白蒲

金华白蒲是浙江省金华县农家小麦良种，分布在浙江省金华、义乌、兰溪等地。

金华白蒲半冬性，穗形椭圆，小穗紧密，无芒，白壳，红皮，籽粒淡红，分蘖力强，耐湿力强，抗锈；千粒重 26.2 克，皮厚，出粉率低，成熟遇雨易发芽，适应性广。生育期 210 天。

1957 年，金华白蒲栽培面积约 200 万亩，一般每亩产 175 千克左右，最高可达 200 千克以上。

碧玉麦

碧玉麦又名玉皮、白玉麦、美玉。山东称为泗水 38 麦，原产美国，引入澳洲后，1924 年又由澳洲引入我国。

碧玉麦栽培面积的迅速扩大是在解放以后，曾是我国分布区域最广的品种之一。长江流域的湖北、江苏、浙江，黄河流域的山东、河南、陕西，淮河流域的安徽等冬麦区以及甘肃、青海等省的春麦区，都有大面积的种植。1954 年，仅据河南、江苏、山东、甘肃、青海 5 省的不完全统计，种植面积达 650 余万亩。

碧玉麦幼苗淡绿色，越冬时直立，分蘖力较弱，叶宽大呈绿色，叶面叶鞘及茎部均被有白色蜡质，易与其他品种识别。茎秆强硬，高度中等。

碧玉麦的成熟期适中。春性较强，耐寒力弱。据华东农业科学研究所试验分析的结果：在 2~12℃的温度下，10 天以内，可以通过春化阶段，属于春麦类型。

碧玉麦对条锈病免疫，对叶锈病有高度抵抗能力，对秆黑粉病及腥黑穗病也有一定的抵抗能力；但易感染秆锈病、赤徽病，易受吸浆虫的危害。碧玉麦是一个喜欢肥料大水分足、不易倒伏和不易落粒的品种。

在一般肥力中等的田地，增产比率并不突出；在土壤肥料水分条件较差的情况下，产量就显著下降；但在肥料水分充足、耕作适宜的地区，单位产量就显著提高，一般较当地种增产 15%~25%。据河南省农业厅 1954 年调查，碧玉麦一般每亩产为 75~100 千克，较当地品种增产 10%~20%；但在生产条件优良的情况下，每亩产可达 250~350 千克。

扁穗小麦

扁穗小麦系由山东省文登县高村于青绶夫妇所选出。他们于 1942 年在红秃头小麦地内，选出了四个优异的单穗，繁殖一年后，交周培植培育，后由文登县农场繁殖试验，产量甚高。

1946 年，乳山、昆仑、威海、石岛、荣城、海阳、掖县等农场开始试种，并在群众中推广，均证明其产量高。1953 年，文登专区农场及文登、昆仑、牟平等县农场试验与示范，平均增产 26.9%。1953 年，郎东县李善修合作社种植的扁穗小麦，旱地每亩收 308 千克，水浇地每亩产量达 408 千克。1954 年山东的扁穗小麦种植面积约达 190 余万亩。

扁穗小麦麦穗呈棒状形，无芒红壳、壳上无毛、小穗着生较密，平均穗长为 5.6 厘米，与蚰子麦相等，每穗平均有 18.4 个小穗，每小穗一般结实 2~3 粒，多至 4~5 粒，平均每穗结实 38.7 粒。籽粒中小，椭圆形，白皮、质软、腹沟较深、品质差。千粒重 26.5 克，比蚰子麦小 0.8 克。粗蛋白质含量 8.55%，淀粉 71.3%，灰分 1.4%。幼苗绿色，无茸毛，茎秆强硬而脆，株高 106.3 厘米，分蘖力较差。

扁穗小麦生长期较长、成熟较晚。1954 年，山东省农业科学研究所调查，生长期为 244 天，比蚰子麦晚熟 5 天。耐条锈病，发病程度较轻。对秆黑粉病、散黑穗病均无抵抗力，对腥黑穗病与线虫病亦易感染。扁穗小麦耐寒能力较强，在山东气候条件下，尚未发生过严重冻害现象。

扁穗小麦秸硬耐肥，适宜一般较肥沃的旱地或水浇地栽培，一般山岭薄地不宜种植。

碧蚂一号

碧蚂一号是西北农学院赵洪璋主持育成的杂交小麦品种，杂交组合为蚂蚱麦 / 碧玉麦（Quality）。碧蚂一号品种培育的基础工作是从民国二十三年（1934 年）开始的。是年，西北农学院在陕、甘、宁、青、察等省区挑选优质麦穗 32 042 个，之后又引进中外优良小麦品种，经过长期培育和研究，民国三十一年（1942 年）开始碧蚂一号小麦的实验研究。民国三十七年（1948 年）在关中进行区域试验。中华人民共和国成立后，始得在全国大面积推广。

1959 年全国种植面积达 600 万公顷，主要分布在黄淮冬麦区。新中国成立后累计推广 9 000 多亩，是目前世界小麦累计推广面积最大的品种。

碧蚂一号弱冬性，中早熟。秆较硬，耐肥，不易倒伏。抗条锈病和散黑穗病。白粒、质佳，种子休眠期短，适应性广。1974 年已确定其品质与产量优于当时推广的“302”号小麦品种。

1978 年 3 月，碧蚂一号成果获全国科学大会奖。

成都光头麦

成都光头麦又名和尚头、白花光头麦，是四川省西南部分布最广、栽培已久的冬小麦地方良种。

成都光头麦原产于四川省金堂县，经成都郊区龙潭寺农民引种种植，表现极为良好。1939—1940 年在四川省各地进行区域试验，在川南表现特别良好，平均比当地栽培面积最大的泸县白麦子增产 18.3%，并早熟两天。1941 年起在泸县与荣县开始推广，发展很慢。1949 年以后，在泸县、江津、内江、宜宾、乐山各专区迅速扩大种植。据 1959 年不完全统计，四川全省种植面积在 70 万亩以上。

成都光头麦芽鞘淡绿色。幼苗半匍匐，叶片较细长，淡绿色。株高中等，约 115 厘米左右，叶细长。穗纺锤形或长方形，有钩状微芒。护颖白色，无茸毛，短椭圆形，肩斜，嘴鸟嘴形，外颖薄而软。穗长中等，一般 6~8 厘米；小穗着生稀密中等，密度平均 2.5 左右；每穗一般有小穗 19~21 个，其中不实小穗 2~3 个；多花多实，中部小穗多结实 4 粒，全穗结实 45 粒左右。籽粒红色，卵圆形，腹沟浅而窄。千粒重 30~35 克，容重在坝地每升仅约530克，在旱地则达730克，软质。成都光头麦在北京0~12℃下经9天通过春化阶段。中熟，在川南一带一般10月下旬播种，4月底或5月初成熟，生育期180天左右，在川西10月中下旬播种，5月上、中旬成熟。生育期190天左右，均比南大2419晚熟3~5天。分蘖力较强，但不很整齐。茎秆粗细中等，尚坚韧，可用来编织草帽，抗倒伏力较弱，在土壤水分充足的坝田或肥地栽培，茎叶生长繁茂，易发生倒伏。颖壳比较薄软，落粒性中等。种子休眠期长度中等。抗旱力较南大2419、中农28及矮立多等品种强。群众反映，在比较贫瘠和干旱的丘陵旱地，产量常高于南大2419。常年仅轻微感染叶锈病和条锈病，散黑穗病较重。

成都光头麦由于分蘖力强，成穗数高，结实粒数多，历年来很少发生因病减产现象，且耐旱、耐瘠，适应性强，在丘陵地区栽培倒伏也不严重。

滁县白和尚头

滁县白和尚头是安徽省滁县一带栽培历史悠久的冬小麦地方品种，主要分布在安徽省滁县、来安、全椒、嘉山等县。1951年、1952年曾被评选为初选种和决选种。

滁县白和尚头芽鞘绿色。幼苗半匍匐，绿色。株高中等，一般高110~120厘米。穗棍棒形或长方形，无芒。护颖白色，无茸毛，长圆形，肩方，嘴钝，脊明显，但无锯齿。穗长6~7厘米。小穗着生较密，密度3.0~3.2左右。全穗约有小穗19~21个，其中不实小穗1~3个，据安徽省淮南专区农试站1957—1959年观察，在50多个地方品种材料中，本品种的不实小穗最少，中部小穗结实3粒，每穗结实35粒左右。籽粒红色，长圆形，腹沟深，籽粒中至大，千粒重近30克，有时达35克，软质或半硬质，品质较差。滁县白和尚头弱冬性，对光照反应不敏感。中晚熟。一般在10月下旬至11月初播种，5月底至6月初成熟，生育期205天左右，比三月黄（苏、皖）迟熟4~8天，比南大2419迟熟1~3天。分蘖力中等偏高，单株有效分蘖数比南大2419多10%~30%。茎秆比较粗壮，比较耐肥，不易倒伏。种子休眠期短。耐寒性强，在当地幼苗越冬良好，春季冻害轻。耐旱，同时又有相当的耐湿能力。耐条锈病，轻微感染叶锈病，中度感染秆锈病，感染程度比一般地方品种略轻；感染赤霉病，但比南大2419轻；易感染秆黑粉病和散黑穗病；高度抵抗线虫病；易感染腥黑穗病。

滁县白和尚头适应性较强，穗大粒多粒重，不易倒伏，植株生长整齐，成熟一致，丰产性能较好，抗逆力较强，产量比较稳定。在1956年滁县发生严重秆锈病和涝灾的情况下，尚有相当好的收成，为滁县附近群众所喜爱。滁县白和尚头一般每亩产50~100千克，高的达105~150千克。其产量虽不如南大2419，但比当地三月黄（苏、皖）约增产10%，在品种比较试验中，产量多占前列，因此在这一地区，农民仍看作优良品种，和南大2419搭配种植。1957年调查，栽培面积近10万亩，1958年占滁县麦田面积的20%。

定兴寨（春麦）

定兴寨春麦是原产山西省忻县定兴寨村的农家春小麦良种，已有 100 余年的栽培历史。因其成熟稍早，秆强壮，不易倒伏，不易落粒，粒大皮薄，腹沟浅，皮色鲜亮，所以多年来在百里附近的农民，多自动到该地换种。

1948 年忻县解放后，政府大力号召群众互换，到 1951 年忻县专区种植面积已达 2.5 万余亩，1952 年，定襄、阳曲、崞县等县引入种植。1954 年晋北各县种植面积约达 5.3 万余亩，占该地区春小麦播种面积的 27% 以上。

定兴寨麦穗为长方形，有黄色长芒，颖白色，无茸毛，颖壳厚硬，小穗着生比较稀疏，穗较长。据忻县专区农场记载，平均穗长 6.68 厘米，每穗有小穗 11.7 个。籽粒大，皮白而薄，呈卵圆形，腹沟较浅，千粒重达 35 克，面色洁白，唯膠质较少。幼苗嫩绿色，直立，叶较宽，生有多数白色茸毛，茎秆强硬，高度中等，分蘖力弱。定兴寨春小麦成熟期中等。据忻县专区农场记载，3 月 20 日播种，7 月 5 日成熟，生长期 108 天。对条锈病较易感染，腥黑穗和散黑穗病也易发生，但一般不见秆锈病及秆黑粉病。

定兴寨春小麦比较耐肥，对肥料和水分的要求较高，在旱地瘠地种植，一般每亩仅产 50 千克左右，但若种在肥沃的水浇地，可产 150~200 千克。定兴寨春小麦的籽粒大，需要肥料、水分较多，宜采用密植和多施肥料的栽培技术。据山西省农业试验场 1951 年在太原试验结果，在 17 个品种中，以定兴寨春麦产量最高，每亩平地产量为 120 千克，超过当地标准种 100%。

方六柱（小麦）

方六柱（六柱头）是江苏太湖流域及上海市栽培历史悠久，种植面积最广的冬小麦地方良种。

方六柱芽鞘绿色。幼苗半匍匐，株高 125~130 厘米。茎秆比较坚硬，有一定耐肥力。无芒，白壳。穗长方形或棍棒形，长 7~8 厘米。小穗密度 25 左右。每穗有小穗 20 个左右，不实小穗 2~3 个。全穗结实 30~40 粒。籽粒红色，长圆形至卵形。千粒重 25~28 克。半硬质。弱冬性。对光照反应迟钝，中早熟。生育期 201~204 天。分蘖力中等。较能耐寒，一般不发生冻害。耐湿性较好。条锈病轻，中度感染叶锈病，易感秆锈病。赤霉病轻。轻度发生黑穗病和白粉病。

本品种主要分布在江苏苏州地区各县，宜兴、武进及上海市各县也有栽培。据 1961 年调查，在苏州地区，本品种与常熟铜柱头共占小麦播种面积的 80%。

方六柱可在地势低的水田应用，适于中晚稻轮作。能适当迟播，有一定耐肥力，比一般地方品种产量高而稳定。

黄县大粒半芒

黄县大粒半芒麦属普通小麦，是山东省莱阳专区黄县楼西涧村仲潍芳夫妇于1947年从“小粒半芒”中穗选培育出来的，1950年麦收选种运动中被选为县选种。据黄县农场1953年试验结果，比“蚰子麦”增产1.4%；1954年试验结果，比当地种“方穗麦”增产30.1%。在栖霞、蓬莱、掖县、掖南、招远等地，均比当地种增产。由于历年的表现良好，栽培面积迅速扩大。据1953年的调查，黄县全县已推广30万亩，占全县48万亩麦田的62.5%；在邻近黄县的招远、掖县、蓬莱等县，约种植5万亩，也受群众的欢迎。

黄县大粒半芒麦穗呈纺锤形，短芒，颖壳白色，壳上无毛，小穗排列中密。平均穗长6.2厘米，比扁穗小麦长1.1厘米，比蚰子麦长0.5厘米。每穗有15.4个小穗，每穗平均结实32.27粒。籽粒较大，白皮，粒呈椭圆形，品质中等，每升重746.3克，在水浇地的生产条件下千粒重34.96克，粗蛋白质含量为10.42%，淀粉65.2%，灰分1.581%。在旱地栽培条件下千粒重32.4克，粗蛋白质含量为9.98%，淀粉70.7%，灰分1.401%。幼苗直立，淡绿色，秆高中等，分蘖力弱。平均株高102.8厘米，平均有效分蘖为1.63个。成熟期较晚，据莱阳专区农场的调查，从出苗至抽穗为220天，抽穗至成熟为38天，全部生长期为258天，在当地是比较晚熟的品种。

黄县大粒半芒麦能耐条锈病，但不抗秆锈病。春性较强，抗寒性弱，播种过早冬季容易发苗过旺而遭受冻害。但春季返青拔节较晚，所以遭受春冻较轻。黄县大粒半芒麦秆硬耐肥，适于较肥沃的土地及水浇地，但亦不宜追施氮肥过多和浇水过勤，以免倒伏减产。

江东门（小麦）

江东门是苏、皖地区种植的早熟小麦品种。1923年，东南大学大胜关农场主任原颂周经过南京江东门外，见有农家栽种小麦，性状整齐，成熟特早，收获时购得种子数担，翌年在大胜关农场种植，其成熟期较该农场任何品种为早，经过数年选育，育成早熟品种江东门，因其原产地为江东门，故名。江东门于1928年开始推广。

江东门是红皮硬性普通小麦，与三月黄的性状相同，而较三月黄生长整齐一致，植颗较矮，穗较疏长，呈橄榄形，成熟时穗稍下垂，每穗有结实小穗14~16枚，壳粒暗赤色，透明而略具光泽，背部脊形较明显，含角质多，故硬度较大，蛋白质含量12.6%，千粒重24.12克。

江东门的优点是成熟早，当时是苏、皖淮南地区成熟最早的品种。其成熟期几与大麦相仿，我国南方栽培作物多为两熟制，故本品种颇受农民的欢迎。江东门不仅早熟，且品质优良，同时茎秆壮健，倒伏不易，在肥地表现亦佳。

江东门具有成熟早的突出优点，农业研究单位利用其早熟性作为杂交的亲本材料，选育出一些新的早熟品种，如骊英3号、骊英4号、特早487及华东6号等。

晋江赤仔

晋江赤仔系福建省晋江县的地方品种，主要分布在晋江县的安海、内坑一带。后被改良品种所取代。

晋江赤仔幼苗直立。株高 100~120 厘米。穗纺锤形，长芒，芒呈窄扇形。穗长 7~10 厘米，小穗着生稀密中等偏稀。每穗有小穗 17~20 个，其中不育小穗 2~3 个，每小穗一般结实 2~3 粒，全穗结实 30 粒左右。护颖赤褐色，无茸毛，椭圆形，肩方或斜形，脊明显到底。籽粒淡红色，椭圆形，腹沟较浅，软质到半硬质。千粒重 30 克左右。口紧，不易落粒。春性。中熟。生育期 150 天。在福建省晋江县一般在 10 月中旬播种，1 月下旬抽穗，3 月底、4 月初成熟。前期生长较快，拔节抽穗较早。分蘖力中等。茎秆坚韧，根系发达，耐旱力较强。适宜在丘陵旱地种植。感染叶锈病和秆锈病，重感白粉病。

晋江赤仔熟期中等，播种期不宜过早。宜选择中等肥力土壤种植。在肥料施用上，应重施基肥，早施分蘖肥。注意防治锈病与白粉病。一般每亩产 100 千克左右。

1954 年，晋江赤仔被评选为福建省晋江县良种。

蚂蚱麦（关中）

蚂蚱麦是 20 世纪 50 年代前陕西关中丰产性最好、种植最多的古老冬小麦地方品种。从穗的侧面观察，穗形很像蚂蚱的腹部，故名。

蚂蚱麦主要分布在肥沃的渭河平原。新中国成立前在陕西种植约 500 万亩，约占全省小麦面积的 1/3 左右，以后逐渐被从本品种内选出的泾阳 302 所代替。自碧蚂 1 号大力推广后，蚂蚱麦在关中已种植很少。本品种是碧蚂 1 号、4 号等品种的亲本。

蚂蚱麦芽鞘绿色。幼苗半匍匐。株高中等，一般 100~110 厘米。叶片中大，披散。穗棍棒形，长芒。护颖白色，无茸毛，椭圆形，肩斜，嘴锐，脊明显。穗长约 5 厘米。小穗着生紧密，密度 3.3 左右。每穗有小穗约 15~16 个，其中不实小穗 1~2 个。中部小穗结实 3~4 粒，全穗结实 35~40 粒，多花多实。籽粒白色，椭圆形，腹沟窄而浅，大小不整齐，千粒重 26~28 克，半硬质。弱冬性偏春性。初春返青中早。中熟，9 月底播种，4 月底抽穗，6 月上旬成熟。分蘖力中等。茎秆较硬，较抗倒伏。种子休眠期短，遇雨易在穗上发芽。耐寒、耐旱、耐晚霜能力较差。感染条锈病、散黑穗病和秆黑粉病。

南大 2419

南大 2419（齐头红）原是意大利中北部的早熟品种蒙塔那（Mentana），1932 年引入我国后由中央大学农学院鉴定为适于我国种植的品种，1934 年的原始用号为Ⅲ -23-2419，1942 年开始推广时定名为中大 2419，新中国成立后改称南大 2419，陕甘一带又称为齐头红。

南大2419在新中国成立后获得迅速发展，在南方冬麦区广泛栽培，并扩展到北方冬麦区的南部，在部分春麦区作为春麦种植，成为20世纪50~60年代我国分布最广、面积仅次于碧蚂1号的品种。20世纪80年代前，南大2419在江苏省主要分布于太湖稻麦区，镇江、仪征、六合山区，南通、扬州粮棉区，里下河稻麦区及徐州、淮阴稻区。

南大2419芽鞘淡绿，幼苗直立。株形紧凑，高度中等，一般为110~120厘米。茎秆粗壮，成熟时呈白色。叶片略短，宽窄中等，剑叶斜立。茎叶颜色较深，略带蜡质。穗纺锤形至长方形，小穗着生中等偏稀，密度1.9~2.3。芒长而硬，有锐利锯齿，成熟时向外张开。颖壳包合紧密，无茸毛。护颖红色，边缘有明显的棕红色条纹，长椭圆形，肩方，嘴鸟嘴形，脊明显。穗长大，约8~9厘米，有小穗16~18个，中部小穗结实3粒，全穗约30~40粒，在优越的大田营养条件下，主穗可结实百粒以上。籽粒白色，长圆形而两端较尖，腹沟较深，横切而近三角形，籽粒大，千粒重在长江中下游地区为30~35克，在高原地区多达40克以上，一般为软质。春性。在南京10~12℃下经10天通过春化阶段。对光照反应迟钝。生育期短，在江苏省为210天左右，在江淮地区和西南各省均表现早熟至中早熟，是一个适于晚播而早熟的品种。茎秆较强，不易倒伏，在肥地增产潜力大。抗寒及分蘖力较弱，较抗旱，不大耐涝，抗条锈、叶锈病，抗腥黑穗病、散黑穗病，易感染赤霉病，高产稳定，品质中等，口紧不易落粒。

据不完全统计，20世纪50~60年代南大2419推广面积达6 000万多亩（1956年江苏省586万亩），一般每亩产100~200千克，高的达500千克以上，比当地种一般增产10%~40%。全国育种单位用其作为亲本，育成品种100余个。

平原50麦

平原50麦，原系河南省修武、温县、武陟、沁阳、博爱等县的农家品种。平原50麦原来的名称很不一致，如在修武县称为白秃头麦，武陟称为铁耙齿，沁阳名德国红，温县名野麦，但以其形态基本相同，经前平原省人民政府研究统一命名为平原50麦。

平原50麦栽培历史已久，据在修武、温县、獲嘉3个县9个重点村的调查，在抗日战争以前已有种植。原产地修武、温县、武涉、沁阳、博爱等地，普及到各县麦田总面积的60%左右。其他如河北省的保定、邯郸地区，山东省的菏泽、胶州地区以及河南省的安阳地区，均有大面积的栽培。据1954年不完全统计，河南、河北、山东三省平原50麦的种植面积约达250万亩。

平原50麦麦穗呈纺锤形，齐头、顶芒带弯曲，芒与颖壳为白色，每穗的小穗多。结实粒数亦多，据新乡专区农业技术推广站和百泉农场的调查：一般穗长7.8厘米，长者达9.2厘米，短者6.2厘米。每穗有小穗14~21个，每个小穗结实3~4粒，比一般品种每小穗多一两粒。平原50麦的籽粒较大，皮厚，腹沟深，粒软，品质较差。据新乡专区农业技术推广站和百泉农场的调查，千粒重为28.3克，每升容重750~800克，种皮厚，面筋少，麸皮多。平原50麦的茎秆较矮而粗壮，一般株高83厘米左右，比蚰子麦稍高。分蘖力较强，一般肥地有4~5个，薄地也有2个。

平原50麦的成熟期适中，在河南省修武一带，一般在10月1日前后播种，6月2日左右收获，生长期约240天。平原50麦抵抗条锈病的能力在某些地区表现较强，对于散黑穗病感染较轻。平原50麦的适应性较广，对土壤的要求不大严格，耐肥耐水，旱地不少收。据调查在沁阳、温县、博爱、孟县的河井灌溉区产量稳定，在获嘉水旱地带的黏性地产量也高，在延津沙土地、盐碱地产量也高于当地农家品种。平原50麦的的抗寒力弱，晚霜的冻害比其他品种为重，冬季酷寒亦易遭受冻害，但受冻后的再生力很强。此外，平原50麦的后熟期较长，收割时发芽率低，2个月后发芽率逐步提高。平原50麦的种植历史久，栽培面积广，到50年代品种性状出现不少变异。

1950年，修武一带条锈病危害严重，当地一般麦种多发病、产量低，而平原50麦则条锈轻而产量高。在同等土地上比一般品种增产20%~30%，因而在1950年夏季小麦评选运动中，为上述五县群众公认的当地优良品种。

商丘葫芦头

商丘葫芦头是河南省东部地区古老的冬小麦地方良种。主要分布在商丘、虞城、宁陵、鹿邑、郸城、太康、柘城、夏邑、睢县、民权、沈丘等县，种植面积一度达500万亩左右。自碧蚂1号等改良品种推广后，种植面积有所缩小。但由于产量稳定，对土质条件选择不严，在中等肥力的淤土地上产量并不低于碧蚂1号，因而在生产上仍占一定的比重。据1959年的统计，种植面积约为200余万亩。

商丘葫芦头芽鞘紫色。幼苗匍匐，绿色。株高中等，100~110厘米。穗纺锤形，在肥地则呈棍棒形，短芒。护颖红色，无茸毛，椭圆形，肩斜，嘴锐。穗长中等，约6~7厘米，小穗着生稀密中等，密度2.7左右。每穗有小穗14~18个，其中不实小穗2~3个。中部小穗结实3粒，全穗结实25~30粒。籽粒白色，椭圆形，腹沟较浅，粒中等偏小，千粒重25克左右，容重每升770克，品质较差。冬性，在北京0~7℃下经40~45天可通过春化阶段。对光照反应中等敏感。中熟，在豫东地区一般10月上旬播种，5月底、6月初成熟，生育期235天左右。分蘖力中等偏强。茎秆较硬，一般不易倒伏。口松，易落粒。耐寒、耐旱、耐瘠、耐盐碱性都强，但成熟时期不耐旱风。感染条锈病轻，发病晚而严重率低，有一定的耐病力，感染叶锈病较重，并易感染秆黑粉病与线虫病。

铜柱头

铜柱头又名紧六柱头，是江苏省常熟县栽培历史悠久的冬小麦地方品种。分布在江苏省苏州稻麦两熟地区，集中分布在常熟县的梅李区一带。

铜柱头芽鞘绿色。幼苗半匍匐，色淡绿。株高中等，一般为105~125厘米。穗长方至棍棒形，无芒。护颖白色，无茸毛，椭圆形，肩倾斜，嘴鸟嘴形，脊明显、有齿。穗长5~6厘米，短而密，密度3.2~3.5。每穗有小穗20~23个，其中不实小穗2个左右。每小穗结实2~3粒，多的可达4粒，每穗结实40粒左右。籽粒红色，椭圆形至卵形，千粒重25~30克，半硬质或软质。弱冬性。对光照反应迟钝。中熟或中晚熟，10月下旬或11月初播种，4月下旬至5月初抽穗，6月上旬成熟，生育期200~216天。分蘖力中等，有效分蘖率比一般品种高。茎秆比校强壮，耐肥，不易倒伏。有一定耐寒能力，在当地一般年份很少受冻害。易脱粒，但在田间一般不会落粒。种子休眠期中等。

铜柱头感染3种锈病，但一般年份条锈病较轻，赤霉病显著轻于南大2419，间或感染散黑穗病，很少发生白粉病。据人工接种鉴定结果，对秆黑粉病、腥黑穗病、线虫病感染程度中等，但在当地很少发生。

1951年，铜柱头曾被评选为良种。

小红麦

小红麦，又名小红皮、小红袍，是当地群众在长期栽培过程中，自然形成的群体品种。有百年以上栽培历史。

小红麦春性，适应性强，栽培范围广，东起锡林郭勒盟的正蓝旗，西至巴彦淖尔盟的五原县，北自乌兰察布盟的四子王旗，南到鄂尔多斯高原，均有种植，但主要分布在阴山以北高寒丘陵区，是乌兰察布盟栽培历史比较悠久的旱作地方品种。小红麦广泛种植于内蒙古自治区干旱丘陵山区，至20世纪90年代全区种植面积仍有7万公顷。

小红麦抗寒、抗旱、抗风沙，生命力较强，只要捉住苗，就可见收成，即所谓“见苗一半收”。同时，相对稳产，一般每亩产量50千克左右，风调雨顺年份，大面积亩产可达75~100千克。麦穗为纺锤形，红色长芒，护颖卵圆形，斜肩、嘴锐、脊明显。幼苗直立。叶细长，色灰绿，叶尖下披，植株茎叶有茸毛。株高一般为80~90厘米。穗长为6~7厘米。小穗数10~17个。穗粒数20~25粒，多者30多粒。千粒重为32~36克。籽粒长圆形，红色，腹沟较浅，硬质或半硬质，蛋白质含量12.5%，淀粉含量为66%，脂肪含量1.03%。生育期为110~115天。

小红麦面粉质量较好，在局部地区尤为突出，如达茂、武川交界处的百灵、火烧地一带，小红麦的品质特好，加工的面粉，既白又精，味香可口。正如当地农民所说：“百灵火烧地风头高，小红麦子长得好，穗头大而颗粒饱，面粉精白比不了”。正因为有这许多优点，所以，被列为当地的当家品种，长期种植。因其适应性强、稳产、质优，推广的新育成品种虽然丰产性较优，但稳产性、适应性不及该地方品种，因此不能取代小红麦。

小红麦易感染锈病和散腥黑穗病，播前要注意药剂拌种，做好种子消毒工作。丘陵旱作区一般十年九旱，春旱频繁，要注意适期抢墒顶凌播种。这样扎根较深，耐旱。在下湿地和肥沃的滩水地种植，要注意防止贪青徒长和倒伏。

蚰子麦

蚰子麦是河南省清丰、濮阳一带（在河南、河北、山东三省的交界处）的农家品种。

1949 年，蚰子麦引入山东省，再引入江苏省。经各地试验试种结果，成绩良好，是黄河下游部分地区比较丰产的品种。据河北省 1954 年在 19 个县 65 个对比结果，比当地种平均增产 24.2%。由于各地试验试种结果，证明它有增产的作用，尤其是成熟较早，有高度抵抗秆黑粉病的能力，所以受到群众的欢迎，栽培面积不断扩大。据 1954 年不完全统计，仅河南、河北、山东三省的种植面积约达 1 100 余万亩，主要分布在河南省北部的清丰、南乐、濮阳、内黄、长垣、延津等县，河北省的石家庄、邢台、邯郸等 51 县的水浇地区，以及山东省的德州、聊城、昌潍、济宁等地区。此外，江苏省北部的徐州地区和安徽省北部的宿县等地，也有零星栽培。

蚰子麦麦穗呈棍棒形，长芒，颖谷白色，壳上无毛，颖长圆形，颖肩斜形，颖尖乌嘴形，小穗着生紧密，穗短，子粒较多。据 1954 年山东省区域试验的田间记载，平均穗长 4.83 厘米，每穗有 14.05 个小穗，每个小穗结实 2~3 粒，多者 4~5 粒，每穗平均有子粒 30.75 粒。蚰子麦的子粒中小，白皮，麦粒卵圆形、腹沟浅，半硬质，品质中等。据山东省的试验记载，千粒重为 25.7 克，每升容量为 778.6 克，粗蛋白质含量为 12.07%，淀粉含量为 73.72%，灰分含量为 1.93%。幼苗期匍伏，芽鞘白色，苗绿色，茎秆矮而较粗，分蘖力中等。蚰子麦春季返青早而生长迅速，拔节期和成熟期都较早。据山东省的试验记载：从出苗到抽穗约 200 天，由出苗到收获的全部生长期为 239 天。由于成熟较早，可以调剂夏收夏种的劳力，并可提早后作的播种期，也是群众喜欢种植的一个原因。

蚰子麦除具有早熟的优点外，还对秆黑粉病有高度的抵抗性，比较能耐条锈病。但蚰子麦对腥黑穗病及线虫病均易感染。蚰子麦属冬性类型，但冬性较弱。由于冬性较弱故耐寒性较差，在冬季严寒的地区，不能种植；又因其早春返青快、拔节早，抵抗春霜的能力也弱。蚰子麦适于一般较肥沃的土壤种植，如种在瘦地上，不孕实的小穗较多。又因其耐旱性和抗盐碱性较差，在气候及土壤干旱条件下和盐碱地上，不宜种植。

三月黄（苏、皖）

三月黄（苏、皖）在江苏南京江宁又名早红芒，溧阳又名黄三月黄，高邮又名红芒子。是江苏、安徽两省在长江两岸分布较广、栽培历史悠久的冬小麦早熟地方品种，能适合稻麦两熟茬口的要求，在当地适应能力强，产量稳定，推广地区较广。

20 世纪 60 年代，三月黄在安徽种植面积 100 万亩以上。20 世纪 80 年代前，广泛种植于江苏西南部的丘陵地区和中部的里下河地区。20 世纪 60 年代后由于茎秆软弱易倒伏，种植面积受到一定限制。

三月黄芽鞘紫色。幼苗半匍匐。株高中等，一般为 100~125 厘米。成熟时茎秆带淡紫色。叶较宽，色较淡。穗纺锤形，长芒。护颖红色，无茸毛，长圆形，肩方，嘴锐，脊明显、有齿。穗长中等，一般为7~9厘米。小穗着生稀，密度2.0~2.2。每穗有小穗17~19个，其中不实小穗2~4个。每小穗一般结实2粒，多的3粒，每穗结实25~30粒。籽粒红色，卵形至椭圆形，千粒重一般在25克左右，间有30克的，硬质或半硬质，间或软质，品质较好。弱冬性。在南京5~8℃下经25~30天通过春化阶段。对光照反应迟钝。特早熟，10月下旬至11月初播种的，一般4月下旬抽穗，5月下旬成熟，生育期200天左右，比南大2419早2~7天。分蘖力较强，有效分蘖率比南大2419高30%左右。茎秆较软，易倒伏。口松，易落粒。种子休眠期长度中等。有一定耐寒能力，在当地一般不发生冻害，或仅叶尖受冻。感染3种锈病，但一般年份条锈病较轻，秆锈病由于成熟早，对产量影响较小。赤霉病和散黑穗病轻，极易感染白粉病，感染秆黑粉病。

1951年、1952先后在江苏南京、镇江两市和安徽合肥市被评选为地方良种。有不少农业研究单位用它作为早熟亲本，培育早熟的新品种。

（三）棉　花

长丰黑子（亚洲棉）

长丰黑子是民国时期南通农学院从百万棉与孝感长绒杂交的黑籽后裔中，经过多年选育而成。曾在江苏省南通地区推广。

长丰黑子生育期94天。植株近于塔形，株高90厘米左右。茎紫色。叶色暗绿，茸毛少。第一果枝着生节位4~5节，果枝19个，果枝与主茎的角度较大，每一个果枝的果节多。叶枝4个。叶片较大，裂口较浅；苞叶较宽，长达花瓣1/2左右，颜色比叶淡。花冠大，花瓣深黄色，有红心，花药和花粉深黄色。铃卵圆形，全株平均3.3室，每室种子8.3粒。铃重3.1克，衣分32.0%~34.0%，子指7.5克，黑色光子，子端具有稀少短毛。纤维长度24.1毫米，在亚洲棉中以长绒著称。

百万棉（亚洲棉）

百万棉是1919年金陵大学采用系统育种法育成。曾在江苏、浙江等省推广。

百万棉生育期（出苗至吐絮）93天，为中熟品种。株高125~135厘米。叶枝1个左右，果枝20个，第一果枝着生节位4~5节，节间距离短。叶掌状，淡绿色，叶背及枝干有茸毛，黄紫色。花黄色，有红心。铃较小，多3室，单株结铃8.1个，铃重1.9克。衣分31.4%，衣指3.0克，子指6.6克，种子被短绒，灰白色。纤维长度19.7毫米，细度3 577米 / 克，强度6.3克，断裂长度22.6千米。

百万棉纤维细长洁白，抗病虫力弱，红铃虫为害严重，秋季雨水过多，下部棉铃易烂。

江苏常熟鸡脚棉（亚洲棉）

江苏常熟鸡脚棉是江苏省常熟农家品种。

常熟鸡脚棉生育期121天。植株呈塔形，株高120厘米。茎绿色，第一果枝节位4节。叶中等大，鸡脚形。花小，白色，开花时，花冠开放角度大，花基部无红心。铃小，2.0克，衣分39.5%，子指5.6克，种子黑褐色，光子。纤维长度18.1毫米，细度3 480米/克，强度5.4克，断裂长度18.9千米。

常熟鸡脚棉具有早熟，衣分高，抗黄萎病，白花，无红心，光子等性状，为特点较多的亚洲棉品种。

南通青茎鸡脚丫铃黄花（亚洲棉）

南通青茎鸡脚丫铃黄花是南通地区农家品种。

南通青茎鸡脚丫铃黄花生育期（出苗至吐絮）93天。植株呈筒形，紧凑，株高80厘米左右。主茎粗壮，节间较短，停止生长早，茎青色，茸毛一般。叶鸡爪形。第一果枝着生节位5.3节，果枝18个，节间短，无叶枝。花冠较小呈黄色，花药和花粉橘黄色，花丝黄色，苞叶狭长，齿少。主茎和果枝的叶腋间均有丫果。铃小卵圆形，全株平均3.4室，每室种子6.7粒，铃重2.4克。衣分38.3%，子指6.4克，光子黑色，子端有短毛，纤维长度19.4毫米。抗虫及耐肥力强，抗黄萎病。

江阴白子（亚洲棉）

江阴白子原产江苏省江阴县，民国时期由东南大学育成。

江阴白子的来源有三方面：一是1910年在常阴沙选单株百余个，种于南京光华农场，表现良好，称之为常阴沙棉。二是1922年东南大学从江阴购买一批白籽棉，分在东南大学江浦农场及前南通、通泰盐垦公司繁殖，加以去劣和选择，因避免与常阴沙棉纯系混淆，取名江阴白子。三是1929年该校在江苏大江南北选择单铃两千余个，初在南京育种，后陆续移往上海杨思农场选育。

江阴白子生育期（出苗至吐絮）98天。植株近于塔形，株高81厘米。茎暗红色，不受光之处青色，其他苞叶、铃面及叶脉部分，也有这种性质，茸毛一般。第一果枝着生节位6.8节，果枝22个，下部果枝长，上部果枝短，叶枝2个。叶片大，通常5裂，裂口深约1/2，裂片呈矛头形而尖。叶脉上有蜜腺，苞叶颇大，长达花瓣2/3，后期能遮盖成熟铃的全部。苞叶刻齿很浅，齿数5~10个不等。花萼顶部很平成杯状，略有浅红心。花为深黄色，花瓣甚大，超过苞叶，花心深紫色。铃卵圆，全株平均3.3室，每室种子7.9粒，铃重3.5克左右，在中棉属大铃类型。衣分36.9%，子指7.8克，短绒灰白色。纤维长度

20.6毫米，细度3 404米/克，强度5.1克，断裂长度17.6千米。

孝感长绒（亚洲棉）

孝感长绒来源于湖北省孝感县。

孝感长绒生育期130天。植株塔型，较高，茎红色，茸毛稀少，第一果枝节位低。阔叶淡绿色，中等大，叶背茸毛稀少，苞叶心脏形。花冠淡黄色，花心紫红色，花药金黄色。铃圆锥形，3室，铃柄长，铃重2.8克，铃下垂。籽指8.3克，种子短绒灰色。衣分33.9%，衣指4.5克。纤维2.5%，跨长21.9毫米。成熟偏晚，抗枯萎、感黄萎病。

紫血花（海北洋花、红槿槭花）（亚洲棉）

紫血花，又名海北洋花、红槿槭花，是浙江省杭嘉湖一带农家品种，因全株均呈紫褐色而得名。

紫血花生育期115天，成熟较迟，10~11月初可收花完毕。植株高大，株高122厘米、粗壮。茎、枝、叶及铃均呈紫红色。叶枝1个，果枝20.1个，第一果枝着生节位7~8节。黄花黄心，苞叶正面紫色，叶脉红色。铃较大，铃重2.3克，单株结铃10.9个，多3室。衣分33.8%的，衣指3.5克，子指6.8克，絮白色，种子有短绒，灰色。纤维长度19毫米。

紫血花抗风雨力强，吐絮时棉瓣不易脱落，耐肥，纤维长度柔软，光泽洁白，品质好。缺点是衣分低，产量不稳定。

石系亚1号（亚洲棉）

石系亚1号是河北省石家庄“日伪时期”的石门支场于1940年从当地种植中棉经系统选育而成。

石系亚1号生育期130天，为中熟品种。植株呈塔形，秆高大。长势旺。叶大，5裂，第一果枝节位6.5节，第一果枝高度14.2厘米。花小白色，有紫红心，花冠开放时呈筒形，开放角度小，花药黄色。铃较大3.1克，衣分39.0%，衣指3.0克，子指7.0克，短绒灰白色。纤维长度19毫米，细度3 959米/克，强度3.8克，断裂长度15.1千米。经枯萎病鉴定为高抗品种。

石系亚1号表现铃大，结铃性强，丰产，抗病，为综合性状优良的品种。谷雨后3~5天播种为宜，每亩密度7 000~8 000株。前期注意松土保苗，后期防治叶跳虫。

保山土棉（亚洲棉）

保山土棉是云南省保山地区农家品种。本品种主要特点是生长旺，茸毛多，抗黄枯萎病，抗蚜虫，曾在保山一带山区种植。

保山土棉生育期 146 天。植株呈塔形，株高 140 厘米。茎红色，叶稍大，全株密披茸毛。长势强，第一果枝节位 6 节。花黄色较大，花基部有红心。铃重 2.7 克，衣分 31.0%，衣指 3.4 克，子指 6 克，纤维长度 18.8 毫米，种子短绒灰褐色。

通农 2 号（亚洲棉）

通农 2 号是 1946 年南通农学院自长丰黑子中用单株选择法育成。1949 年，决选其中第 234 系，命名通农 2 号，较长丰黑子平均每亩增产子棉 30 斤。1950 年，在南通农学院种植，每亩产籽棉 350 斤。1950 年春在南通郊区学田乡推广。以后被岱字棉 15 号所代替。

通农 2 号成熟早，霜前花占 99%。紫茎，黄花红心。叶形似鸡脚，但裂口深不及 2/3，裂片较青茎鸡脚亦宽。果枝较长，节间稍长。土壤肥、水分足，果枝节上易生小果枝。铃重 2.5~2.9 克，4 室铃多，抗铃腐病，僵瓣率 6%，耐肥易丰产。衣分 34%，种子大，纤维长度 25 毫米。抗卷叶虫和红蜘蛛，但不抗盲蝽象。

安西草棉（草棉）

安西草棉是甘肃省安西县种植多年的地方品种。

安西草棉生育期 122 天，播种至出苗 12 天，出苗至现蕾 25 天，现蕾至开花 36 天，开花至吐絮 49 天。植株呈塔形，紧凑，株高 43 厘米。茎绿色，茸毛少而短。第一果枝着生节位 1.8 节，主茎节间长 3.5 厘米。叶形小，掌状 5 裂，裂口浅于叶长。花小，黄花红心。铃卵圆形，有尖，铃面光滑，油腺不明显，铃 3 室，铃重 1.24 克，吐絮时铃壳开展不大。纤维白色、粗、短，纤维长度 21.6 毫米。衣分 19.5%，衣指 1.8 克，子指 6.9 克，种子短绒灰白色。单株产量 25.3 克。

安西草棉抗逆性特强，耐旱、耐盐碱，抗风暴，抗病虫害能力也强，一般不易感染。但不耐涝，在雨水较多、湿度较高的地方种植，株形松散，脱落严重，易倒伏。谷雨后播种，每亩密度 1 万株以上。要加强苗期管理，中耕除草，可以不摘心整枝。

金塔草棉（草棉）

金塔草棉属非洲棉种，当地称“小棉”“旱棉”。先传入甘肃，首先种植在河西走廊西部的敦煌、安西、金塔等县，后逐步向东扩展至高台、张掖、民勤诸县，发展成各种地方品种。

金塔草棉生育期100~115天，极早熟。出苗至现蕾25~30天，现蕾至开花20~25天，开花至吐絮45~50天。植株紧凑呈塔形，株高30~40厘米，茎浅绿色。子叶主脉基部无红斑。叶形小，掌状5裂，裂口浅于叶长，黄花红心，铃形圆而小，铃面光滑，油点不明显，铃3室，铃重1~1.3克，吐絮时铃壳开展不大。衣分率低仅20%许，衣指1.55克，子指6.4克，种子短绒灰白色，纤维白色粗而短，长度20毫米左右。

金塔草棉抗逆性特强，特别耐旱，脱落率亦少，对于病虫害的抵抗力甚强，一般不易感染。不耐涝，在雨量较多、湿度较高的黄河流域棉区种植后，脱落严重。以往种植一般在谷雨前后下种，小株密植每亩株数在1万以上，甚至2万株；可以不进行摘心整枝。

金塔草棉单产一般为10~15千克皮棉。

第4章 中国工程类农业文化遗产

一、运河闸坝工程

海口川字闸

海口川字闸位于云南省昆明市。

昆明地区河流纵横、水网密布，水利便利，但由于昆明地区的降雨比较集中在夏秋季节，所以水患就比较频繁而且越来越严重。每当雨季来临的时候，洪水来势汹涌，难以阻挡。由于时代的局限，当时的人们对水患很难进行很好的防治，所以就会把战胜灾害的事情寄托于大自然的力量；当地百姓认为水患频繁而严重是因为有蛟龙在作祟。于是在唐代，人们在常乐寺塔（东寺塔）、惠光寺塔（西寺塔）的塔顶各筑建四只铜制迦楼罗。迦楼罗的外形像鸡，昆明人把它称为金鸡。据佛经里说，迦楼罗翼展360万里，整个浮提（世界）只能容得下它的一只脚，更重要的是它以蛟龙为食，所以就能镇住水患。接着人们又在最容易发生洪灾的盘龙江江畔修建了不少神祠、庙宇，用来祈求神灵的祐护，如今盘龙江边南太桥畔的“金牛”，便是当年祭祀神灵的遗物。由此可见古代人民对于治理水患的殷切期望。

终于在元至元十一年（1274年），当时出任云南平章政事（相当于省长）的赛典赤·赡思丁注意到了这个严峻的问题。他决心对滇池进行系统地、有规划地治理。他选定流入滇池最主要的河流盘龙江的松华山口和滇池的出水口海口河作为治理的重点。

海口河是指螳螂川从滇池水口到与马料河汇合处10多千米的水道。海口河的河床平缓、水流缓慢，再加上河的两岸，时不时有山中竹林流出的小河汇入，每当暴雨来临的时候，两岸山洪奔流而下，夹带着泥沙和石块，就容易冲淤成滩，导致河流阻塞、排水不畅，最终造成滇池的水溢漫，爆发洪涝灾害。由此可知，海口河的通畅与否，是关系滇池沿岸人民生命财产安全与否的直接原因。

海口河的治理主要由张立道负责，赛典赤的三儿子忽辛进行协助。他们汲取了大禹治水的良好经验，决定采取“疏导”的办法来根治水患。他们率领两千多民工，用了整整 3 年的时间，清扫了海口到石龙坝一带河底中的积沙淤泥，挖开鸡心、螺壳等险滩，并把海口河开凿出了一条宽敞的河道，使水能够顺畅流出。同时，还把河床向下挖，降低了滇池的水位。开垦了无数的良田，无形中为明代大规模的屯垦打好了良好的基础。

但是，疏浚海口河虽然是成功了，也抓住了治理滇池水患的关键，并没有彻底解决当地的水患问题。据史料记载，明清 700 多年间，昆明大的水灾发生 44 次，“毁民居无数”“坐在城墙上可以踔足”“田地无收”，“哀鸿遍野，惨绝人寰”。古人诗云：“渺渺竟天边，登高泪眼前。环城三面水，雨匝四重天。村舍难看树，原陆不辨田。一时飘泊者，何处问炊烟。”这些都是明清年间，不断爆发的洪涝灾害带给人们的惨痛而真实的写照。

于是明清时期，政府对于疏浚海口河的治理从未停止过。在明朝统治云南 279 年间，几乎每隔四五十年就要对海口河进行一次大规模整修。其中，以弘治十四年（1501 年）、嘉靖二十八年（1549 年）和万历三年（1575 年）的疏浚工程的规模最为庞大。明朝末年，由于不断地对其疏浚，海口河的河床不断降低，河中的两个石滩逐渐浮出水面，出水口一分为三，就形成了一河三流的川字格局。

清朝时期对海口河的重要作用有了进一步的认识，曾八次大规模地治理疏挖海口河。自元代海口河开始疏浚治理以来，每次大修都是采用先筑坝断流、河中筑拦水坝、打围堰，等到施完工后，再挖开拦水坝以泄水。这种办法存在很多缺点，其一是浪费人力物力，其二是无法及时调节和控制滇池的水位。为了更好的治理海口河，道光十六年（1836 年），总督伊里布提议在海口河中滩的川字河上建造三座桥闸结合的石闸，石闸共 21 孔，全长 109 米。特意取名为“屡丰闸”，为的是期望能够年年都有好收成。屡丰闸是用巨石垒砌、用铁锭连接而成，每两个桥墩之间开槽，放上两层闸板，关闭时则在两层闸板中间填上土来增加强度。开启时，先把土除干净再起板。这次大修过后，既省去了频繁筑坝的辛劳，还避免了坝上经常堵塞的现象，真正达到了事半功倍的效果。

屡丰闸建立的初衷是为了避免每次疏浚海口河要筑坝挖坝的辛苦，但是长此以往它带来的另一个益处是增加了河流蓄水的功能，在保持滇池的水位方面发挥了巨大的作用。

海口川字闸的第一和第三道闸

1964 年，昆明市成立“海口河工程委员会”，开始了全面整修海口闸的工程。先将屡丰闸的木质闸坊改装为机械闸门。后来又分别在中河、北河和南河上另建新的电动手动两用平板钢闸，并命名为“海口闸”，又称“川字闸”。至今屡丰闸的南河闸保持着清代的原貌，并且作为文化遗产保护起来。

1986 年，海口川字闸被昆明市西山区政府公布为区级重点文物保护单位。1988 年，被列为昆明市市级文物保护单位。

成都府南河

成都府南河位于四川省成都市区内。到今天已经有着 2 300 多年的历史，曾给成都带来荣耀。

成都地处川西平原岷江及其支流复合冲积扇上，历史上曾是一座河湖错列的水网城市，河流众多，而且绝大部分的河流属于岷江水系，丰富的水源使成都早在汉唐时就有了“门泊东吴万里船”的便利通航能力。其中的府河与南河对成都市构成“二江环抱”之势，都属于岷江水系，曾经在灌溉、航运、漂木、动力、水产、娱乐、排水、泄洪、防御等许多方面发挥着重要的作用，使成都地区自古以来就享有“天府之国”的盛名。府河和南河流经市区 29 千米，其中府河在旧城区内长 6.67 千米，南河长 6.71 千米。

2 000 多年来，成都依傍府南河因势利导、疏浚开凿。城中池塘密布、河渠纵横、桥梁众多。人与水环境的和谐相处，为成都地区经济文化的发展提供了良好的环境基础。成都浓郁的水文化特色城市格局一直留存下来。可以说水是成都这个城市的灵魂、是当地城市文化最重要的载体。府河和南河环抱、绿意盎然的自然环境让成都人乐于绿化城市、美化城市。生活在这样的环境下，市民的生活充满着闲趣和幸福。

20 世纪 80 年代末，由于城市的不断发展和人口的增加，在自然因素和人为因素的双重影响下，府南河的面貌发生了很大的变化。首先在自然因素方面，因为府南河属于平原河道，纵向的坡度较小，随着上游下来的水量的日趋下降，泥沙淤积越来越严重、过水断面缩小、河岸垮塌、老河堤日久风化；其次在人为因素方面，随着人口的不断增加，一些企事业单位和市民侵占河道，并在河堤和河道上修建房屋，还在河中乱倒垃圾、废物，人

成都府南河

为地缩短了河道断面；另外随着工业的迅猛发展，大量的工业污水和生活废水排入府南河，严重污染了河水。等到枯水季节，沿河散发恶臭，河水污浊、浮萍丛生；到了洪水季节，河道容纳水量能力小、泄洪能力差，导致洪涝灾害频繁、水患威胁越来越严重。

1993 年，成都市全面启动府南河综合整治工程。该工程城区段整治于 1997 年完成，整治过后的府南河工程取得了良好的综合效益，不仅解决了持续很久的环境污染问题，而且还完善了城市功能、树立了良好的城市形象、提高了城市知名度，使成都城市可持续发展建设迈上了新台阶。

庆丰闸

庆丰闸位于首都北京，元代人工开挖了一条通惠河，通惠河自东便门大通桥至通州段 20 千米，中间建了五座闸，即大通闸、庆丰闸、高碑闸、花园闸、普济闸。第二个闸原名东籍闸，俗称二闸，后改称庆丰闸。

自 1292 年通漕运至民国初年，庆丰闸和三闸（原名平津闸）间一直是船来船往的，沿岸有“北方秦淮河”之称，为明清时期的著名风景区。庆丰闸对通惠河在蓄水泄洪、通航运输漕粮方面曾经起过重要作用。

庆丰闸在元代时不仅是我国重要的水利建筑，更有趣的是在古时，这里和什刹海、陶然亭、万柳堂（龙潭湖南）、玉渊潭（钓鱼台）、长河等景点一样，都是平民百姓踏青游览的好去处，文人墨客也会在此聚会吟诗作画。通惠河两岸风景秀丽，特别是庆丰闸一带，流水不断、芦苇丛丛、晚舟遍布。再加上两岸还有不同的亭子楼阁，都是吸引百姓的地方。

由于通惠河历经多年历史沧桑，再加上年久失修，淤塞特别严重，周围又是杂草丛生、河坡坍塌、垃圾成堆，大大影响了现代北京城市的发展状况。1998 年 2 月 7 日，市委书记、市长贾庆林等领导先后察看了城市河湖水系情况时强调：“以水为中心，进行综合治理。下决心用 3 年时间，建立健全京城水系造福人民。与此同时要抓好凉水河、清河、永定河、通惠河等的治理，把首都水利建设提高到一个新的水平。”

很快就在通惠河庆丰闸遗址处，用虎皮条石垒砌了新的河墙，用混凝土板砌筑河底。

庆丰闸

一座长 38 米，宽 4.4 米，高 7.8 米的汉白玉石雕刻的拱型庆丰桥横跨在河面上。著名水利专家张含英亲笔题了“庆丰桥”三个大字。庆丰桥上游两岸的河墙，用大青石雕刻了 4 尊虫八蝮（又叫镇水兽）；北岸的虎皮河墙上，镶着一块长 350 厘米、宽 60 厘米、厚 45 厘米的青龙石宝，因为传说青龙是水利事业兴旺发达的象征。这些传说中的镇水神兽都是人民对于水利事业能够顺利发展的殷切希望。

另外在北岸巡河路挡土墙上，新建一座仿元代壁画石刻的艺术长廊，总长 27 米，高 3 米，上边屋脊是用汉白玉石雕刻、下边镶嵌三块黑色墨玉石板，每块石板上都刻有一段通惠河的历史。其中在第一块长 7 米的长墨玉石板上，刻有“庆丰闸遗址”5 个大字；第二块墨玉石板是一幅大壁画，也是在 7 米长的位置上，刻有五个字“二片舌修禊”，记载着 1820 年农历三月三日的春禊活动盛况。第三块 7 米长的墨玉上，刻有通惠河自 1293 年元代郭守敬兴建通惠河、明代吴仲义整治通惠河和清代时期修建二闸的历史。

金门闸

金门闸位于河北省涿州市东北部义和庄乡北蔡村北面 3.5 千米的永定河右岸。此闸创建于清康熙四十年（1701 年），最初为草闸，金门闸的作用就是引莽牛河的水，然后流入永定河，来减轻永定河的淤塞问题。永定河是北京地区最大的河流，也是北京城的母亲河。全长 680 千米，流域面积 4.7 万平方千米。永定河史称浑河，因为其流动的过程中挟带大量泥沙、水质浑浊而得名。又因河中泥沙淤积、水流不畅，导致永定河经常改道，带来水患，于是又有“无定河”之称。

据文献记载，清康熙三十七年（1698 年）大水，浑河大泛滥，康熙帝亲自巡视京城以南时，只见灾民到处都是，没有粮食吃，只能以水藻为食，百姓苦不堪言。见到这些悲惨的状况后，康熙帝立刻下诏治理浑河水患，清代著名廉吏于成龙担任整个工程的主管。治理工程分三部分：一是疏浚河道、使河道畅通无阻；二是在两岸筑堤、防止水流随意改道；三是改通下游河道，不与其他相近的河流同一条道路流进，不再造成淤塞。工程竣工后，康熙赐名“永定河”。这是清朝以来第一次对浑河进行大规模的治理，也是将名字由浑河、无定河改为永定河的缘由。

永定河经康熙三十七年（1698 年）的大规模治理后，河水泛滥的问题得到了解决，但是长而久之，泥沙淤积现象并未减少，而且愈演愈烈，经常有漫溢的危险。于是在康熙四十年（1701 年），派人在永定河右岸修建了一座草闸，名“金门闸”，引莽牛河里的水来冲刷永定河的泥沙，即所谓“借清刷浑”。后于康熙四十六年（1707 年）改为石闸，这是建闸的开始。然而，从改为石闸到雍正二年（1724 年），金门闸才使用了这么短的时间就因为永定河泥沙量过大，河床日夜淤积，逐渐高出莽牛河的河床，河水转化为倒流的趋势，刚开始建闸的“借清刷浑”的方法无法实施下去，于是金门闸遭到了废弃，不复使用。

光绪三十四年（1908 年）5 月，总理永定河道吕佩芬巡视永定河到达金门闸的所在地，发现坝顶只比河岸高出不到一尺，而且只有一个小土埝阻挡着，一旦这个小土埝坍塌，势

金门闸示意图与实景

必造成河水奔腾而下，其中可能引起的水患问题将不可预测，难以抵挡。于是立刻命令有河防工程经验的张黼廷对其进行勘查和修葺。张黼廷勘查后认为："金门闸以坝而称闸，名实即不相符，且坝有定型，不若闸启闭由人，可因水大小以为渲塞。"于是和吕佩芬一起商议，提出了正好趁着金门闸大修的时机，重新将残留的坝改为闸的意见。提议奏请准行后，于宣统元年（1909 年）2 月开工，历时 4 个月终于完成，用银五万二千两。至此，金门闸终于在由废闸变为坝的将近两百年后，恢复了它作为闸该发挥的作用。

金门闸是我国古代建筑史上一项不朽的工程，也是永定河流域仅存的一处保存完整的古代治水工程，曾在治理永定河的过程中发挥了重要作用。它的多次修建不仅得到清朝几代帝王的重视，更凝聚了历代河员与工程建设者的聪明智慧和辛勤汗水。金门闸是古人改造自然、利用自然、与自然和谐共存的最好见证。1975 年永定河断流，金门闸最终全部废弃。此闸自康熙四十年（1701 年）始建至今，期间经历了兴与废、修与弃，闸而坝、坝而闸的不断更替的过程，在当今技术发达的时代，金门闸虽然失去了实用功能，但旧迹犹存，它在古代为保护永定河两岸人民的生命财产曾经发挥过不可低估的作用，其宏伟的气势、建造的精良足以体现出它的科学价值和历史价值。

2006 年 5 月，金门闸被列为第六批全国重点文物保护单位。

金中都水关遗址

金中都水关遗址位于北京市丰台区右安门外玉林小区今凉水河以北 50 米处。

1990 年 10 月，北京市园林局在此小区建造住宅楼时发现有大石条，并上报市文物局。经国家文物局审批后于 1991 年 3 月至 6 月进行了正式考古发掘。发掘总面积为 660 平方米。经过文物专家多次研究论证，最终鉴定金中都水关遗址是 12 世纪北京城市水利工程的重要标志，并且具有极高的文物价值。

金中都水关遗址是迄今为止发现的惟一一处完整的金中都建筑遗址，它的建筑年代应该是在 1151—1153 年。金中都水关是跨城墙而建，水流经水涵洞由北向南穿城而出，流入

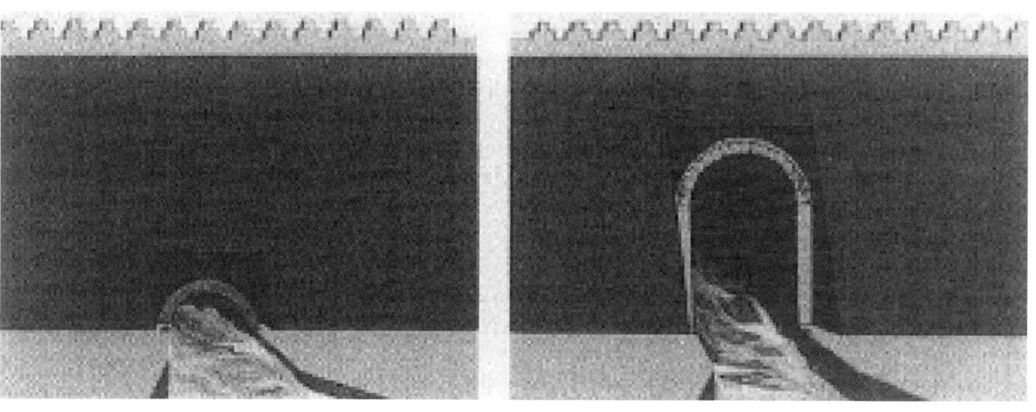
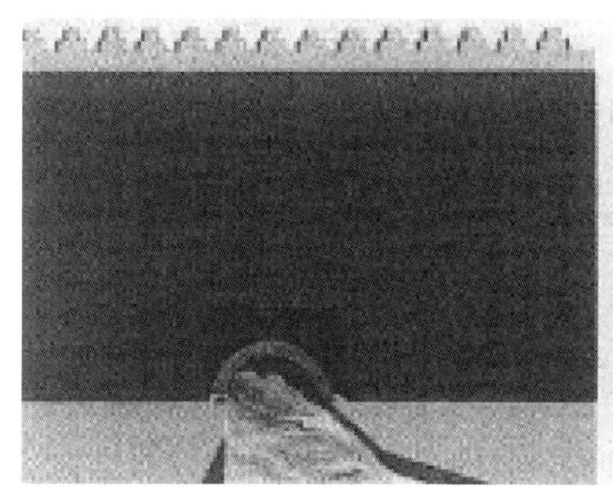

金中都水关遗址（图片来源：籍和平《850年沧桑金中都水关遗址》）

护城河（今凉水河）。金中都水关遗址是目前国内发现规模最大、保存最完整的一处水关遗址，为金中都城和中国古代城市的研究提供了宝贵的实物资料。

水关修建在永定河冲积地带的沙层之上。遗址上半部分的建筑已损毁，遗留下来的基底部分保存较为完整，呈南北方向，其中北部为入水口，南部为出水口。南面距今凉水河（中都南护城河）的距离为50米。现存水关遗址主要由城墙下过水涵洞底部的木桩、木杤、地面石、洞内两厢的残石壁、进出水口两侧的四摆手以及水关之上残存的夯土城墙组成。水关遗址全长43.4米，过水涵洞长21.35米，宽7.7米；南北两端的出水口宽128米、入水口宽11.4米；进出水口及岸边两侧都设有石桩；底部过水面距离地表5.6米。水关建筑整体是木石结构，最下层基础密布的是木桩，木桩之间用碎石及碎砖瓦砂土夯实。木桩之上放置排列整齐的衬石，石杤上又铺设过水地面石。石杤下面的木桩使用榫卯结构相连接；衬石杤之间用樟木相连接；衬石杤与石板之间用铁钉相连；而石板之间用铁银锭相连。这样两两紧密相连，整体坚固而又合理。

金中都水关遗址的发现，为金中都水系的研究提供了重要的实物资料。另外由于水关遗址处在金中都的关键位置，拥有众多的价值：它是现在北京除部分金代城墙外仅存的金中都城遗址的重要标志；是金中都城市建筑及工艺水平的重要实物参考标志。通过考古了解到水关遗址的基础建筑结构。保存比较完整，采用的技术在当时也是非常先进的，是研究我国古代建筑和水利设施的重要实例。

1990年，金中都水关遗址被评为全国十大重要考古发现之一，同年北京市政府正式决定在水关遗址上建立“辽金城垣博物馆”对其进行原地保护，并开放供游人观光游览。2001年，金中都水关遗址被列为全国重点文物保护单位。

柳林闸

柳林闸又称柳林古闸，位于邯郸市柳林桥村北 1 千米处滏阳河上。

柳林闸开始建造的时候是用砖砌成，遇到旱季枯水期，柳林闸可见旧址。

据机辅通志记载，该闸始建于明万历年间，由张其庭主持修建。闸修好以后，附近的村子都受益。当时在闸十八村，有干沟 3 条，即东干沟、西干沟和周沟，一共浇地 3.8 万余亩，修闸规定按照夫备料，240 亩是一名夫，共有 161.5 名夫。

柳林闸于清顺治十四年（1657 年）重修一次，发现土内有残碑的一角，因为湮没已久，上面只有年代，没有记录的人名；另外还有红砂石碑一段，因为石头质量太差，经过风雨的剥蚀，字迹已经很难辨认清楚。清光绪八年（1882 年），南苏曹村进士郭家修，在担任户部侍郎的职位时，又对其进行重修。这次重修将在闸村各自按夫备料的大小、数目、启闭闸的期限和闸内的田地的亩数，一并刻在碑中记载。

民国八年至九年（1919—1920 年），十数月没有下过雨，地面龟裂、草木干枯，干旱持续将近半年。国民生活十分艰难，所以当时就有人向上级申请，要求以工代赈，又修了一次，还是按照以前的做法将浇地的亩数、按夫备料全部刻石记载。自建闸到新中国成立前，柳林闸一修再修，但浇地面积却没有太大的发展。

新中国成立后，做到了浇地、交通两不误。闭闸三四天，就可以有足够的水浇地。1949 年，由张凤仪科长领导废除阎坝、常坝，改修东干沟进水闸，新建了西干沟进水闸。1974 年在原古闸南侧 50 米地方进行重建：设计流量为 50 立方米 / 秒，校核流量为 55 立方米 / 秒，相应闸上最高水位 55.517 米（黄海高程），采用预应力钢筋混凝土闸门；选用 32 吨电动手摇两用启闭机 1 台。

柳林闸因为处在邯郸市主城区的核心位置，所以肩负着很多重要作用，包括雨季的排

柳林闸

沥功能、邯郸电厂配送水以及龙湖公园、滏阳公园的水输送等。2001 年，市政府对滏阳河河道进行综合治理，在闸口上新建一座水泥桥，河道两侧用青石砌面，使闸体与河道相连，河道两边设立仿古栏板、水泥路和绿化带，使周边景观协调一致。另外还在柳林闸附近开设出一条出入龙湖公园的航道，这样来观赏的游客们就可以坐着游船，更好地欣赏古闸的景观。

1995 年 10 月，柳林古闸被邯郸市政府公布为第一批市级文物保护单位。

京杭大运河

京杭大运河北起北京通州，南至浙江杭州，全长约 1 800 千米，是中国古代重要的漕运通道和经济命脉。

京杭大运河始建于春秋时期。不过那时候开凿运河基本是为征服别国的军事行动而服务的。隋朝在统一天下后决定贯通南北运河，所以这已经具有经济方面的动机了。隋代形成了以洛阳为中心，由永济渠、通济渠（汴渠）、邗沟和江南运河组成的南北大运河；元代统一全国后，建都大都（今北京），着手建设以大都为终点的南北运河。至元二十六年（1289 年），组织人员修会通河，从安山到临清连接卫河，南方来船可以入会通河直接经卫河北上。后来把济州河和会通河合称会通河；至元二十九年至三十年（1292—1293 年）修通惠河，从北京北面引白浮泉之水入北京城，再开河至通州接北运河，至天津接南运河

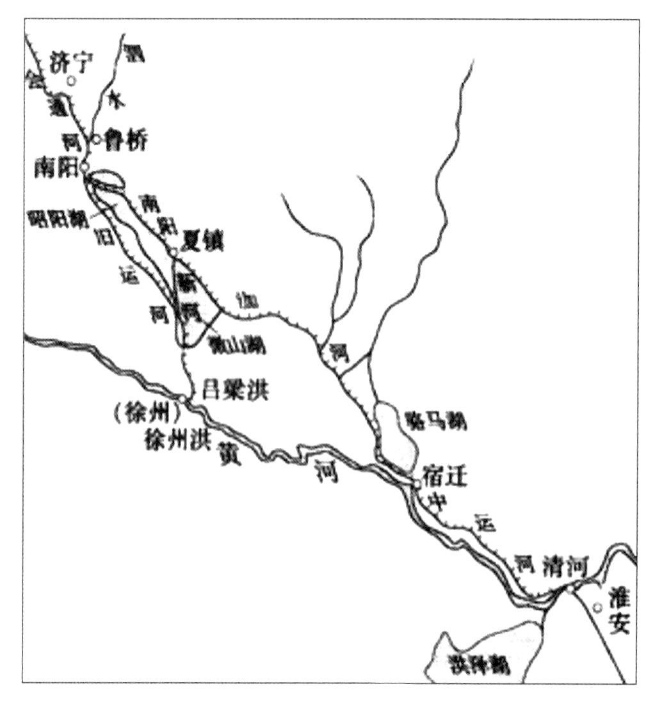

京杭大运河示意图
（图片来源：姚汉源《京杭运河史》）

（临清以下为卫河）。这样一来，由北京经通惠河、北运河、南运河、会通河可至济宁，再沿泗水河道至徐州入黄河，经黄河顺流至淮安入邗沟（淮扬运河），经扬州至瓜洲，过长江至镇江入江南运河，最后到达杭州。从此京杭大运河全线贯通。

京杭大运河在明清两代是国家的主干运输线路，所以两个朝代都对其投入大量的人力、物力进行维修和管理。明永乐九年（1411 年），于山东汶河上筑戴村坝，引汶水至南旺入运河南北分流，解决了会通河段水源缺乏的问题。嘉靖四十四年（1565 年）修南阳新河，北起济宁以南的南阳镇至徐州以北的留城，将原昭阳、独山诸湖西的运河线路改往湖东，这样就可以避开黄河泛滥的影响。清康熙二十七年（1688 年），开自宿迁至清口的中运河，河身紧邻黄河左岸与黄河平行，船舶就可以避开在黄河中航行的风险，至清口过黄河就可入淮扬运河，使运河河道完全脱离黄河。

经过 40 多年的治理，京杭大运河已改建成连接山东、江苏、浙江三省，沟通了淮河、长江、太湖和钱塘江水系，形成纵贯中国沿海东部地区的水运主通道。京杭大运河共有 966 千米航道，其中二级航道 404.5 千米、三级航道 240.5 千米、四级航道 321 千米，另外还有船闸 37 座、港口 10 处以及相应的助航设施。治理过的运河在排涝、灌溉、排洪、供水等方面取得了巨大的综合效益。现代的运河进一步扩大了航道尺寸、改善了通航条件、货运量得到了大幅度增长。济宁至杭州段的年货运量于 1999 年超过了 2 亿吨，约为 1957 年的 20 倍，其中苏北段达 7 000 万吨，长江以南运河超过 1.3 亿吨；运河的建设还提高了沿河地区的防洪、排涝能力，增加了灌溉面积，仅苏北运河段的灌溉面积就扩大了 56.2 万平方千米，排涝面积达到 416 平方千米。运河的补水工程还解决了沿河城镇生活和工业用水的问题。京杭大运河的建设，给人们带了多重福利，一方面在航运上发挥了重要的作用，另一方面，满足了在防洪、排涝、供水、沿河城镇建设及生态环境等的要求，更重要的是它为南水北调东线工程的建设奠定了良好的基础。

2006 年，京杭大运河被公布为全国重点文物保护单位。2014 年 6 月，中国大运河项目被第 38 届世界遗产大会宣布入选世界文化遗产名录，成为中国第 46 个世界遗产项目。

鸿沟

鸿沟位于河南省郑州市荥阳，是人工引用黄河水凿成的水道，是在战国时期凿成的。也是最早沟通黄河和淮河的人工运河。

战国时期的魏惠王十年（前 361 年），为了战争需要，曾两次兴工，开挖了鸿沟。它西自荥阳以下引黄河水为源，向东流经中牟、开封，折而南下，入颍河通淮河，把黄河与淮河之间的济、濮、汴、睢、颍、涡、汝、泗、菏等主要河道连接起来，构成了鸿沟水系。鸿沟有圃田泽调节，所以水量十分充沛，与其相连的河道水位又是相对稳定，对发展航运十分有利。它向南通淮河、与长江贯通；向东通济水、泗水，沿济水而下，可通淄济运河；向北通黄河，顺着黄河向西，与洛河、渭水相连，良好的地理环境使河南成为全国水路交通的核心地区。鸿沟的开凿，也为后来南北大运河的开凿创造了条件。秦始皇统一中国后，

鸿沟碑刻和鸿沟示意图

充分利用了鸿沟水系和济水等河流，把从南方征集的大批粮食运往北方，并在鸿沟与黄河分流处兴建规模庞大的敖仓，作为粮食的中转站。

汉武帝元光三年（公元前132年），黄河在濮阳决口，菏水和汴水河道泥沙严重淤积，鸿沟水系遭到破坏；特别是汉平帝时（公元1—5年），黄河水冲入鸿沟，淤塞更为严重；汉明帝永平十二年（公元69年），王景和他的助手王吴共同治理黄河、汴水，汴河的水运能力有所恢复，但其他河道没有进行治理，从此鸿沟水运逐渐淹废。

鸿沟的开凿是当地劳动人民大众巧妙地利用济、汝、淮、泗四条大川之间的自然地形的结果。这四条大川之间是一望无垠的广漠平原，是有足够的能力引水开渠的。另外这个地区有众多的湖泊，还有很多的自然水道，这些都为开凿鸿沟系统提供了良好的基础。如荥泽和其东的圃田泽，以及孟猪泽（今河南虞城县），又如淮水所经过的白羊陂（今河南杞县东北）和逢洪陂（今河南商丘县南），沙水所经过的阳都陂（今河南鹿邑县南），都是相对较大一点的湖泊。梁惠成王时，劳动人民引河水入于甫田（即圃田泽），接着又开了一条大沟，由甫田中再把水引出来，这就是一例具体的利用。尤其像涡水这样一条水道，当时是鸿沟系统中一条重要水道，后来鸿沟断流之后，一直还是流着，现在仍然是安徽北部的一条大川。鸿沟是一个非常巧妙的构思，它是自北向南，连接诸水，在黄河与淮河之间形成一条交通大动脉，在当时的航运上发挥着巨大的作用。

灵渠

灵渠位于广西壮族自治区兴安县境内，于公元前214年凿成通航。

灵渠古称秦凿渠、零渠、陡河、兴安运河、湘桂运河，流向是由东向西，将兴安县东面的海洋河（湘江源头，流向由南向北）和兴安县西面的大溶江（漓江源头，流向由北向南）相连，是世界上最古老的运河之一，有着“世界古代水利建筑明珠”的美誉。

灵渠是秦始皇二十八年（公元前219年），为运送军粮而开凿。当时修筑了拦江大坝，打通了南渠渠口阻隔的岩石，开山筑堤，穿越分水岭，凿深了漓江上源的有关河道，还开了北渠。全部工程是一个有机的整体，需要具备相应的测量技术、整体规划设计能力和施工技术，这些在实现通航时都得到了体现。西汉元鼎五年（公元前 112 年）和东汉建武十七年至十八年（公元 41—42 年）2 次用兵南方，都将灵渠进行整修，并作为军需供给线，为国家的统一作出很大的贡献。隋、唐、北宋国家实现统一，以洛阳为中心的南北运河畅通无阻，灵渠便成为全国运河网的南段干线。宝历初年，李渤维修运河，做了铧堤（大天平、小天平）和陡门，使灵渠工程渐趋完善。咸通九年（868 年），鱼孟威又进一步完善了李渤所建的工程，使灵渠畅通。北宋嘉祐三年（1058 年），李师中挖渠并修成了 36 个陡门，使灵渠工程技术得到进一步的完善。元、明、清三代，对灵渠也进行过多次的维修，河道十分通畅，两广地区的经济文化迅速发展起来，加上人口的不断增多，逐渐成为发达地区。灵渠作为两广与中原地区的交通干线一直到京广、湘桂两条铁路建成通车后，灵渠的航运功能也逐步消失。

灵渠由渠首、南渠和北渠 3 部分组成。渠首是用拦河坝拦断湘江的上游段（称海阳河），抬高水位，分水入南渠和北渠，分别与漓江和湘江的上游沟通，以实现通航。拦河坝今称大天平和小天平，平时壅水入两渠，洪水季节的时候就将多余的水平顶溢流排入下游的湘江故道。南渠自进水闸南陡开始至入漓江上游段的大溶江为止，共长 33 千米，分为人工河段、半人工河段和天然河段。天然河段曾经多次进行人工整治。南渠的作用是实现湘江至漓江间的顺利通航；北渠自进水闸北陡开始，在湘江原河槽右岸另开凿一条弯曲的人工渠道，长 3.1 千米。它的作用是实现自分水塘至湘江下游的顺利通航，并保证渠首的合理分水。灵渠的渠道上建有多处分洪和节水的建筑物，来保障渠道的安全和通航的水深。从总体上看，灵渠的分水与通航是有保证的。但由于来水时间上的不均匀，在枯水季节的

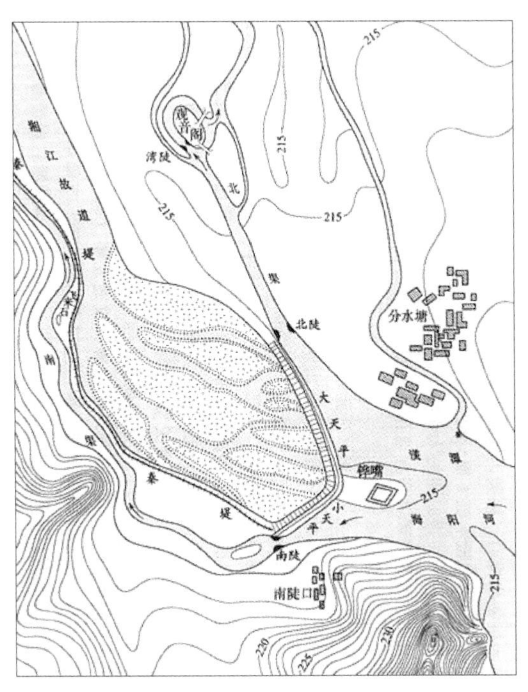

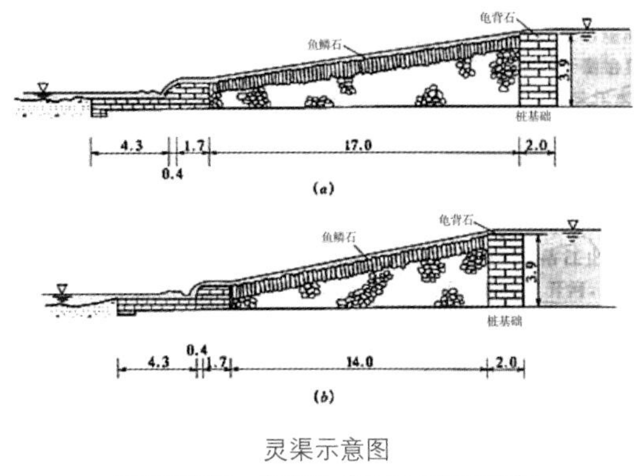

灵渠示意图
（图片来源：唐兆民《灵渠文献粹编》）

时候，需要用陡在渠道上层层蓄水以增加水深，所以不同季节的通航能力差别很大。

陡门也称斗门，相当于现代的闸，是为枯水季节蓄水行船而设置。灵渠在水流浅急处曾密集设置陡，它的作用相当于船闸或多级船闸。灵渠又称“陡河”也是来源于此。历史上灵渠最多时有36个陡。陡是用加工后的巨型条石在渠道水流浅急处两侧砌筑相对的两个墩台，形状有半圆形、圆角方形、梯形、蚌壳形和扇形等多种形式。在宽河槽中一侧墩台的后面还设有减水坝，与岸相连。陡口宽（两墩台间的距离）一般为5~6米，用陡杠、马脚、水并、陡簟的组合进行关闭，用锤击陡杠使上述组合解体的办法开启陡门，操作起来较为简易。

新中国成立后，灵渠已成为以灌溉为主，兼有城市供水、工业供水和风光旅游等综合效益的水利工程。40余年来，上游修建蓄水工程调节水源，整修渠首渠道，修建大大小小支渠共74条，共长35.3千米，建斗门165座，灌田面积2.4万亩。另外当地还利用古老工程和沿岸美丽迷人的风光，开发旅游业，每年接待的游客就数以万计，还有有关部门也在关注和研究重新开发灵渠航运事业的前景未来。

1988年，灵渠被列入第三批全国重点文物保护单位。

南越国木构水闸遗址

南越国木构水闸遗址位于广州市中心老城区西湖路，它在建设光明广场的工地上被发现。南越国水闸遗址现存长度35米，宽度5米，是目前中国发现时代最早、规模最大、保存最完整的木构水闸。

水闸闸口宽5米，南北长3.5米。闸坝护壁自闸口向南、北两个方向呈“八”字形展开。北向的闸坝护壁东西间距约比闸口处扩大一倍，南向的闸坝护壁延伸情况尚不明确。但南向正对闸口处有一大片木结构建筑遗址，约十几米见方，以南北向排列的枕木为主，上面还有残留的木桩。这些被尘封2 000多年的南越国遗迹在广州历史文化名城中具有重

南越国木构水闸遗址

要的地位与作用，是广州历史文化名城的精华所在。

南越国木构水闸在水利工程技术方面有很多创意之处。据相关研究表明，该水闸建于灰黑色淤泥质粉土的软土地基上，兴建时通过了精心的策划与设计，与现在的建闸原则要求相符合；宫苑曲流石渠利用各种不同的卵石和弧形的石陂控制水的流速、波浪、声音，达到人造自然的效果；宫苑的地表排水系统中，水来于石水池，通过木暗槽导入，具有一定的科学性；曲流石渠尽头设置排水闸口，闸口内设置木闸板来调节水位，外层的石箅既可阻隔树叶、垃圾将暗渠堵塞，又可以防止龟鳖外逃，设计十分巧妙。

南越国木构水闸遗址内涵丰富，设计水平很高，比较全面地体现了该历史阶段水工建筑的大致技术水平。据水闸史料考证，历代兴建的水闸工程很多，但能保留下来的很少，且多为年代较晚的石质水闸。南越国木构水闸遗址不仅为已知同类中最早的遗址，而且保存完好，也证明了水闸工程设计的科学性。

2006年，南越国木构水闸遗址被列入第六批全国重点文物保护单位。

戴村坝

戴村坝位于山东省东平县境东部大清河与大汶河分流的地方，是山东省省级文物保护单位。

戴村坝的结构是石结构，巨大的石料镶砌的十分精密，石块与石块之间采用的是束腰铁扣相结合的方法，气势磅礴、雄伟壮观。根据史料和碑文上的记载，该坝始建于明朝永乐年间。明成祖继位后，从各方面开始做迁都北京的准备。他首先考虑到的是江南物资朝北运，用来供应京师的需要，因而决定治理大运河。永乐九年（1411年），工部尚书宋礼、刑部侍郎金纯等奉命疏浚运河。当时从济宁到临清的运河地段多为丘陵，地势高，“河道时患浅涩，不胜重载”。元代曾在里城（今山东省宁阳县境内）筑坝，迫使坟水南入光河，流至济宁，再分水南北，以济运道。但济宁向北至南旺一段，由于水老是爬坡上行，最终因为水势不足，经常有干涸的现象。宋礼等官员对此束手无策，后来采纳民间治水专家白英提出的“引汉绝济”的建议，破元代里城坝，迫坟水西行，并在坟水下游大清河东端的戴村附近拦河筑坝，使坟水入小仪河南流，“使趋南旺，以济运道”。在水流湍急、水面宽广的河面上建拦水坝是十分艰难的。但是经过宋礼等人征调大批民夫，动用了无数的能工巧匠，大家共同努力，克服了一道道难关，终于修成了一条长5华里的全桩型土坝，取名戴村坝。

大坝修成之后，使仪水顺小坟河南下，流向南旺运河最高处，再分水南北。分水闸分水一般是：三分南注，七分北流，即所谓“七分朝天子，三分下江南”之说。从此妥善地解决了丘陇地段运河断流的现象，使船只能够畅通无阻。后来明成祖迁都北京之后，大运河便成了交通大动脉，每年从南方运粮米等物资数百万石，用来接济京师。

明万历元年（1573年）把主洪道的一段土坝加固成规模较小的石坝；万历二十二年（1594年），尚书舒应龙奉命扩大主洪道坝长度，增至433.5米，并全部用大型石灰石砌垒。

戴村坝

巨大的石料垒砌十分精密，石与石之间采取束腰扣华结合法，一个个铁扣把大坝锁为一体，十分坚固；清道光二年（1822年），中示琦善奉命进一步加固改造戴村坝，在主体坝的北面增筑三合土坝，长262米，成为坟水巨泛时的滋洪道，起到保护石坝的作用。三合土坝与石坝之间有一段堤防相衔接，称太皇堤（后称窦公堤），同时也进行了改造和加固；又经光绪六年（1880年）、光绪三十年（1904年）、民国二十二年（1933年）几次大的修葺、加固，就形成了现在的主坝、窦公堤、三合土坝三位一体的完善的水利调节工程。

戴村坝三位一体、相互配套的水利枢纽工程的建设，是我国水利史上的一大壮举。虽历经数百年，任凭洪水侵袭打击，依旧岿然不动。近年来，国内外许多游客、学者和考察团体先后到戴村坝考察观光，都为这一伟大的水利工程所折服，称其为“中国第二个都江堰”。

三江闸

三江闸位于今浙江省绍兴县城东北的三江口，是古代大型的挡潮排水闸，共28孔，以星斗28宿命名，又名应宿闸。

三江闸是在明代嘉靖十六年（1537年），由绍兴知府汤绍恩主持修建。全闸长108米。闸的顶端连在一起，成一座平坦的大桥，行人可以走也可以在上面走马拉车。闸桥宽9.16米，其桥墩也就是闸墩都是两头尖的梭子墩，每一墩由每块约千余斤重的大石砌成，自下而上筑成，底层与岩基相卯，再灌注生铁，每层块石之间，用榫卯衔接，再以秫灰胶住。每隔五墩设置一个大梭墩，关键的地方则是隔三墩。梭墩深浅视岩基高低而定，最深达5.4米，最浅也有3.4米，每一闸洞下的基石上，设置内外两槛，用来支撑闸门。闸桥建成后，历经六次修建。现在大闸东南一段的八小墩、三大墩、十二孔和西北一段的八小墩、二大墩、十一孔，计二十一墩、二十三孔仍为明代原物。

萧山、绍兴平原地势平坦，沿海则是潮汐出没。于是在东汉永和五年（140年）修筑了鉴湖。唐代开元十年（722年），又增修了海塘，此后又在今绍兴北部三江一些支流上陆

三江闸

续修建越王山堰（后改称玉山斗门）、朱储斗门和新泾斗门等蓄水泄水的建筑物。宋代时期鉴湖逐渐失去作用，此地的旱、涝、潮灾加重。三江闸建成后，与各支流原有斗门和新建斗门联合运行，提高了对内河水量的调蓄功能。三江闸设有水则，绍兴城里还有一个校核的水则，用作控制闸门启闭的标准，起到抵御咸潮、调蓄淡水的作用，保护了萧绍平原 80 多万亩农田。后代对三江闸进行过多次的重修改建。近代实测该闸平均泄量为 280 立方米每秒，即使萧山、绍兴三天内降雨达到 110 毫米都不会造成灾害。闭闸蓄水可满足灌溉和航运的需要。三江闸建成后，闸外淤积堵塞，979 年在三江闸外 2 500 米处，另建新三江闸一座，代替老闸，老闸则作为文物妥善保留。

目前，三江闸已被列为浙江省省级文物保护单位。

邗沟

邗沟位于江苏省里下河平原西侧，南起扬州以南的长江，北至淮安以北的淮河。邗沟又名邗江、韩江、中渎水等，是联系长江和淮河的古运河，是中国最早见于明确记载的运河。

春秋时期吴王夫差争霸，于公元前 486—前 484 年筑邗城（今扬州），为了北上伐齐，开通邗沟。从今天扬州市西长江边向东北开凿航道，沿途拓沟穿湖至射阳湖，至淮安旧城北五里与淮河连接。这条航道大多利用天然湖泊沟通，史称邗沟东道。东汉时期向西改道取直，由樊梁湖直接向北，经津湖、白马湖北入淮。魏晋南北朝时期，由于自然条件的变化，江水已不能引入运河，于上游开支河从今仪征引江水通航，并在运河口建堰堤、水门节水，河上也建有多处堰堤。新中国成立后，京杭大运河苏北段经过多次整治，在古邗沟范围内建成了江都和淮安两个梯级水利枢纽，成为南北运输的重要环节，而且集流域防洪、排涝、灌溉、调水、航运、城乡供水等综合效益于一体，成为促进苏北区域经济发展的水上黄金通道。

邗沟是大运河重要的组成部分，开挖之初用于军事，是江、淮、河、济四大水系的重要枢纽，但随着历史的变迁，邗沟逐渐成为我国东部平原地区的水上运输大动脉。东汉末年，邗沟即用于漕运。明清两代，其漕运地位更加重要，每到运粮季节，有 1.2 万漕船、

邗沟

12万漕军在此往返。今天，在古邗沟范围地段，共有三级控制，其中以淮安水利枢纽为最，这里水系纵横交错，高水低水错综复杂，航运和排洪呈立体交叉，灌溉与排水布置为楼上楼下式穿越，水工建筑物高度集中，在3万平方米的地面上，建有以大中型建筑为主体的水工建筑物近30座，是古今中外少有的布局。可以说，它涵盖了古运河的基因，是大运河的杰作。

今邗沟名里运河，上承中运河，北起淮阴水利枢纽的淮阴船闸，南到扬州市邗江区六圩入长江，过江在镇江市谏壁口与江南运河相接，长197千米。为苏北航运干道，亦为江水北调工程中的主要输水线路。

从历史角度看，邗沟古运河的兴衰史，也代表了扬州古城的兴衰发展史，而且带动了运河沿线一系列城市的发展和壮大，拉动了苏北的经济发展。

从科技方面看，邗沟古运河大量的驳岸、码头、斗门、弯道等的设计和施工巧夺天工，具有很高的科技水平。

从文化方面看，附近的文化遗址很丰富，包括大量的文物、古迹、建筑、村落、故事等，是苏北文化的重要载体，成为了苏北文化的重要组成部分。

从功能上看，邗沟古运河在历史上对军事、漕运、盐运、货运、巡视等以及防洪、排涝、灌溉、水利各个方面都起着重要作用，特别珍贵的是，它至今还在发挥着交通航运、城市防洪、水利灌溉等方面的巨大作用。

目前，古邗沟遗迹已被列为扬州市市级文物保护单位。

破冈渎和上容渎

破冈渎和上容渎在今江苏镇江和南京之间，连接太湖和南京。

三国时开凿的古运河，用以连接秦淮河和太湖水网，是通往建邺城（今南京）的运输干线。原太湖流域的行船都由京口（今镇江）出长江，沿此路去建邺。路途回远，风浪波涛很大。三国时，孙吴迁都建邺，为避长江风涛之险、加强首都与主要经济区太湖流域的联系，于赤乌八年（245年）发屯田将士三万人，凿句容中道以通吴（今江苏苏州）、会（今浙江绍兴）舰船，称为破冈渎。破冈渎自句容东至丹阳西的云阳西城，连接两端的原来有运道，使太湖流域的船只经此道直达建邺，所凿通的分水岭名

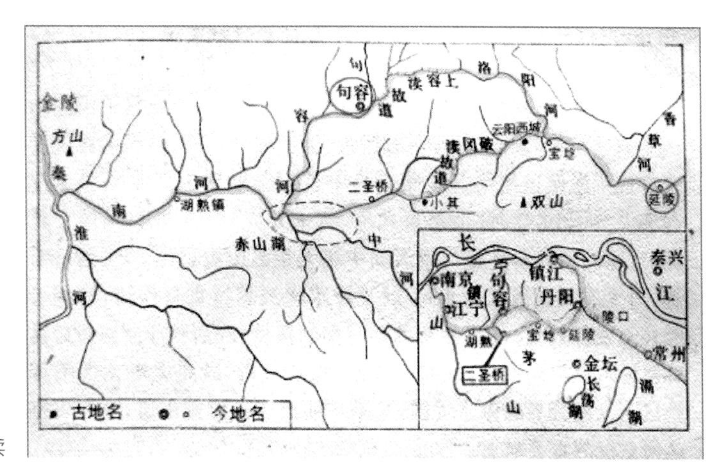

破冈渎与上容渎

破冈，所以称破冈渎。

这条运河起自句容小其（今江苏句容西南），横越高阜，东通云阳西城（今江苏丹阳延陵），与原丹徒水道衔接；西接淮水（今秦淮河），直抵建邺城下。此河纵坡比较陡，水源缺乏，沿途修建 14 座堰埭以蓄水。南梁时，因为破冈渎每值冬春就不便行船，又在其南另开一条“上容渎”，以改善通航条件。至陈朝，上容渎废弃，转而更修破冈渎。隋灭陈以后，二渎皆废。

破冈渎最大的特点是在于冈顶向两侧各建 7 座堰埭，共 14 座，用以节水和节制用水，成为我国有记载以来最早的完全用建筑物控制水量的运河。南朝梁时，又在破冈渎北，自分水岭顶点向西南建 5 座堰埭接淮河水系，向东南建 16 座堰埭接太湖水网，采取“顶上分流”，沿途筑有二十一埭，以改善通航条件。

破冈渎、上容渎的开凿，使太湖地区船只一度不经过京口入长江而直至建邺。破冈渎与上容渎的修建在当时起着积极的作用，但至今已经很少看到遗迹。

溧水胭脂河天生桥

溧水胭脂河天生桥位于南京溧水大西门外洪蓝镇天上桥村，宁高公路西侧，面积 1.1 平方千米。

胭脂河是明朝朱元璋为沟通江浙漕运而开凿的一条人工运河，现存天生桥长 34 米，宽 9 米，厚 8.9 米，桥面高程 35 米。沿岸奇峰倒挂，怪石高悬，因河两岸险峻、陡峭、秀丽、幽深，素有“江南小三峡”之美誉。

胭脂河开凿于明洪武年间，位于南京城南 50 千米处，北至秦淮河口，南达洪蓝埠入石臼湖，全长 7.5 千米。此河的开凿，沟通了南京与两浙地区的漕运。河道最深处 35 米，底宽 10 多米，上部宽 20 多米，其工程的艰巨，耗资的巨大，都是当时水利建设中罕见的，在胭脂河开凿时，工匠们选择石质坚硬、地势较高的地方作为县城向西的通道。河成之后，将一巨石下方凿开，石下可通舟楫，这就是著名的天生桥。

溧水胭脂河天生桥

据史载，朱元璋定都南京，派李新开凿胭脂河，有一巨石横于河中，挡住去路，遂利用热胀冷缩的原理，焚石凿河 15 里，中凿石孔十余丈，以通舟楫，上接石臼湖，下连秦淮河，10 年劳役死者万人，终于创造出天生桥这样的人间奇迹。桥因势而成，故名“天生”。后人建神工亭以示纪念，指天生桥为天下一绝，有鬼斧神工之妙。可惜南桥早在 1528 年崩塌，仅剩下北桥。

天生桥是在人工运河上留下巨石而成，国内仅此一座。20 世纪 90 年代初国家水运规划设计院院长胡家明教授称之为“在全国乃至全世界独一无二”，为金陵新四十八景之“凝脂沉霞”。

目前，溧水胭脂河天生桥已被列为江苏省省级文物保护单位。

淮阴水利枢纽

淮阴水利枢纽，又名杨庄水利枢纽，位于江苏淮安市西杨庄，地当中运河和里运河衔接处，废黄河、盐河和淮沭河亦交汇于此，是分泄淮河干流洪水和沟通京杭运河与淮北诸河航运的关键工程。

在淮安市区西郊的杨庄，由两条来水河道和三条排放河道组成，所以又叫“五叉河”口。1128 年后，黄河、淮河、运河即交汇于此。这里到码头一带，历史上属大小清口范围。从明永乐十二年（1414 年），陈瑄开新庄运口通漕起，到咸丰时，近 450 年间。今盐河起于淮安市淮阴水利枢纽，东北行，贯通六塘河、灌河、新沂河、五图河、车轴河、古泊、善后河达于连云港市新浦，汇于临洪河，长 175 千米。沿途所经重要市镇有王营镇、大伊山镇等。

明清两朝投入巨额国帑，都是头疼医头，脚疼医脚，治标而不治本。潘季驯蓄清刷黄，目的指示改善清口通航条件，以至于不惜工本，在清口附近修建了大量工程设施，除了筑坝建闸，开凿引河，不断南移运口，到康熙、乾隆时期，又北移黄河主流，目的仍然是为了解决清口附近泥沙淤积的问题。

盐河杨庄船闸，是沟通运河与连云港市的干线航道的起点。自康熙二十六年（1687 年）靳辅开下中河起，淮北盐场食盐，并不能直接进入运河，而是分别于下草湾、西坝、杨庄驳运。民国二十二年（1933 年），导淮计划在杨庄盐河闸附近兴建船闸，但只是纸上谈兵而已。1951 年，苏北行署水利局，开始修复淮阴船闸和杨庄活动坝，1952 年同时建成，使中运河与里运河实现平水沟通。1954 年一场百年不遇的淮河洪水，专家们开始酝酿淮河特大洪水出路问题，因此，淮沭河和淮阴水利枢纽，便在短短的三四年之间，从规划到实施，初具雏形。经过 20 世纪 70 年代治淮工程续建，始成今天的规模。

1958 年淮阴水利枢纽在兴建盐河闸的同时，建造了杨庄船闸，它的规模与民国淮阴船闸相同，可一次通过 800 吨船队一列，从此结束了盐河翻坝驳运的历史，实现了数百年来盐、运直航的梦想。淮沭船闸，是 1964 年建的中型船闸，它虽然目前仅为六级航道，但是从此结束了沭阳无水运的历史。改革开放 30 年来，它已经成为东海的石英、石材和沭阳黄砂外运的孔道。通过沭新河还可进入蔷薇河，直达连云港市，成为盐河的姐妹河。张福河船闸，是淮阴区于 20 世纪 70 年代兴建，是沟通运河与洪泽湖的纽带，历史上通向清口的引河，都已经成为陆地，这是惟一保留下来的出湖口门，但排水的功能已经被雄伟的二河闸所代替。

淮阴水利枢纽共有各类建筑物十余座，其中船闸 6 座，组成沟通洪泽湖、中、里运河、淮沭河、盐河的交通枢纽；以淮阴、盐河、杨庄、淮涟闸组成的节制网络，蓄、泄自如，既可排泄淮河洪水，又可为淮、宿、连、盐四市千万亩农田提供灌溉水源，目前 80% 以上都属于自流灌区，闸门一提，渠水便可直接流入田间。加上淮阴闸、活动坝和盐河闸水力发电站，充分利用了水能资源，都是昔日清口无可比拟的。

新中国成立后，淮阴水利枢纽以杨庄为中心，通过不断地治淮，先后修建杨庄闸、涟

淮阴水利枢纽

水闸、二河闸、淮沭闸、淮阴老船闸、淮阴船闸、盐河船闸和淮沭船闸。每年汛期，通过二河闸引水到淮阴水利枢纽，设计可调洪水 3 000 立方米 / 秒，经由淮沭河北上入新沂河；可调洪水 300 立方米 / 秒，经杨庄闸入废黄河东流入海。灌溉季节，通过二河闸和里运河引水到淮阴水利枢纽，设计可调水 750 立方米 / 秒，供下游各市、县灌溉之用。

淮阴水利枢纽在规划、设计、实施建设和不断完善的过程中产生的独特治水精神及其所蕴含的文化魅力。如果我们将古今的水文化加以挖掘、比照、整合，使水文化依水传承，让水来濡养文化，使两者相互辉映，相得益彰，那么定能起到增强现代水利工程的文化内涵、充实现代水利工程的文化底蕴等作用，更好地为现代水利和社会经济发展服务。而淮阴水利枢纽的管理者也应该是水文化的继承者和弘扬者，当科学地调度运用淮阴水利枢纽发挥巨大的工程效益时，它所延伸的旅游、休闲、娱乐、教育等社会综合效益必将反哺于水，使水文化之源更加醇厚、甘美、源远流长。

淮阴水利枢纽是淮河下游的具有综合效益的重要水利枢纽工程。集中了几代人的智慧、几代水利人的奋斗、几代水利人的贡献，铸就了治理淮河历史进程中的现代丰碑，使地方水文化的传承、弘扬和发展更加叶茂果硕，彰显了现代水利工程瑰丽怡人的魅力以及人水和谐的文化情怀。

无锡特色水系

无锡老城在古运河边初步形成后，随着人口增长和城镇建设的发展，为解决居民用水、出行交通、街区排水和物资运输，人们在古运河两侧开挖了大量河道，形成了以运河为轴线、四通八达、极具特色的城中水系。在 20 世纪 50 年代的城市建设中已经大多填塞殆尽，局部地区管中窥豹，可见当初的景象。

无锡城水系以城中直河为主干河道，在东西两面城厢边，有环城弧形的东、西里城河，直河与里城河之间又有多条横向河道联结，形成一个完整的河道网络。西里城河没有从北到南全线沟通，故有南北两个小水系。西里城河北段也叫留郎河，从北水关至西城门，东西向河道自北向南有西河头、胡桥河和州桥河，其中州桥河不通直河，但东头向北有营河

无锡城特色水系

沟通胡桥河（州桥河与营河合称玉带河），州桥河、营河、胡桥河和西里城河四河之中则为无锡县治（县衙或县府）所在地。西里城河南段较短，北起后西溪（又名水哒河），南至西水关，东西向河道自北向南有后西溪、前西溪（不通直河）、束带河（东接直河，西接西里城河，并西出西水关通梁溪河，著名的将军堰即建于此河西段上）。东里程河自北水关经东城门至南水关全线贯通，呈弧形，古称弓河。以直河比作弓弦，则其间东西向河通称之谓箭河，呈现弓张箭发之势。箭河共九条，其中，第三（即新开河）、第六（即师姑河）两条东西贯通，其余均为只通东里程河的河滨。一箭河在最南端，但河道极短小，早已淹没，九箭河在盛巷北端，亦很短小，至元末已仅存河口 3~6 米，后也已淹没。除九条箭河外，在北头金匮县治南侧和东侧，另有县前河和锦澍里河，两端沟通直河和东里程河。在九箭河东、八箭河北有映山河（为一河塘，不通外河）。

这个发育极为完善的水系，在无锡发展成为一个市场繁荣、人居方便的著名江南水城的历史中发挥了重大的作用，当时锡城到处可见小桥流水人家，岸边垂柳翠绿，河中船橹吱呀的宁静幽雅的水景。无锡以水兴市的发展格局，形成了很多发达的人工城市河网与河边水街，而且风格不一、各有特色，成为无锡历史上的亮丽水景，为城市繁荣兴盛作出了杰出贡献。

无锡水文化历史悠久、底蕴丰富，但实物古迹不多，这是个缺憾，无法把宝贵的历史遗迹向世人、向社会展示，对宣传无锡水文化历史不利。还有许多宝贵的资料需要好好发掘。

洪泽三河闸

三河闸位于江苏洪泽县蒋坝镇南三河头，地处洪泽湖的东南角，是新中国成立初期我国自行设计、施工的大型水利工程，也是治理淮河的重要设施之一。

三河闸址在清代曾建有礼字坝，为高家堰五座减水坝之一。因坝下原有三道泄水引河，“三河”即由此得名。三河闸工程于 1952 年 10 月动工兴建，1953 年 7 月建成放水。闸身为钢筋混凝土结构，共 63 孔，每孔净宽 10 米，总宽 697.75 米，底板高程 7.5 米，宽 18 米，共 21 块底板，闸孔净高 6.2 米。闸门为钢结构弧形门，每孔均设有电力、人力 2 × 7.5 吨两用卷扬启闭机一台。左右岸空箱内各设有水电站一座，装机容量分别为 160 千瓦、125 千瓦。门墩架设公路桥，采用双车道，净宽 10 米。三河闸按洪泽湖水位 16 米设计、17 米校核，原设计流量为 8 000 立方米 / 秒，加固后的三河闸设计行洪能力提高到 12 000 立方米 / 秒。设计抗震烈度 8 度，属大 I 型水闸。

为了提高三河闸的防洪标准，江苏省水利厅于 1968 年、1970 年两次对该闸进行了加固，闸墩接长 1.45 米，增建工作桥、检修门槽及浮箱式检修门，加厚消力池底板，加固闸门等。1976—1978 年进行了抗震加固，对排架、门墩进行抗震加固，公路桥加横向夹板。1992—1994 年又对三河闸进行全面加固，更新钢闸门、加厚消力池、加宽公路桥、处理工作桥裂缝等。2001 年新建了彩钢板启闭机房。2003 年安装了闸门自动监控系统，实现了水

洪泽三河闸

利工程管理自动化。

三河闸工程的建成，极大地减轻了淮河下游的防洪压力，保证了苏中里下河地区不再受到淮河洪水灾害之苦，50 年来，成功抗御了 1954 年、1991 年、2003 年等特大洪水，充分发挥了骨干水利工程的作用，2003 年三河闸泄洪达 600 多亿立方米，2006 年三河闸泄洪历时 104 天，共下泄洪水 136 亿立方米，截至年底，已累计安全泄洪 10 657.39 亿立方米，保证了里下河地区 3 000 万亩农田和 2 000 万人民生命财产的安全。三河闸拦蓄淮河上、中游来水，使洪泽湖成为一巨型平原水库，为苏中、苏北地区的工农业、人民生活用水及航运提供了丰富的水源。三河闸工程以其雄伟的身姿和磅礴的气势以及在淮河抗洪中的巨大作用，成为了国内外人士关注的热点，胡耀邦、温家宝、回良玉、李源潮等领导都曾到这里视察过。

三河闸建成后，经过三次加固，泄洪能力已达到每秒 1.2 万立方米，迄今已安全泄洪 10 050 亿立方米。有着“天湖锁钥”之称的三河闸发挥了防洪保安、蓄水灌溉、便利航运、水利发电等综合效益，平时蓄水“固得于池挂碧空”“烟波浩森有无中”，汛期排洪“滔滔巨浪归江海，滚滚狂涛走巨龙”，站在闸桥上凭栏远眺，“白蟒化龙龙戏水，吞去吐雨万花中”更为壮观。

目前，三河闸成为爱国主义教育基地、观光考察和休闲度假的国家旅游区。三河闸是我国自行设计的全国第二大闸，建闸 50 年来已安全引洪 1 万亿立方米，相当于长江一年的流量。闸区内月亮湖为咸丰六年（1851 年）洪水决堤冲成的封闭湖泊，栖息有白鹭、大鸨、灰鹭等近 20 种国家一、二级保护鸟类。

三河闸是 20 世纪 50 年代初新中国为治理淮河兴建的第一座大型水利工程建筑物，为近代代表性建筑。三河闸于 2003 年、2005 年分别被水利部授予“国家水利风景区”和“国家一级水利工程管理单位”称号。

南京东水关

东水关位于江苏南京秦淮河上，南京人一般把它叫作东关闸，更习惯叫它东关头。东水关是南京内秦淮河的起点，自古十里秦淮的繁华盛景便是自东水关而始，不仅结构精巧而且功能众多。

东水关始建于五代杨吴时期，当时的金陵府尹下令扩建金陵城，金陵府城成为“高坚甲于天下”的一座大城，东水关就是在这次扩建中建成的。东水关是古代建造的一处调节内外秦淮河水的水关，由水闸、桥道、藏兵洞三部分组成。现在的东水关遗址主要是明代所拓建的。明朝初期，明太祖朱元璋建造南京城。为了控制秦淮河的水位，经过精心设置，与原来明城墙相接，明城墙原有城门 13 座、水关 2 座。东水关遗址，则是南京城墙中至今尚存的惟一一座水关，旧称上水门。将东水关辟为通济水关“偃月洞”，水关共 3 层，每层各有 11 个券洞，共 33 券，现尚存中、下两层共 22 券。东水关是秦淮河流入南京城的入口，也是南京古城墙惟一的船闸入口。

东水关实际上是一座兼用来调节秦淮河水的水城门。秦淮河水流到这里便一分为二，一股顺城墙外侧流，成为护城河，一股穿关入城，是为十里内秦淮河。因此，老南京人又把东水关称为“东关头”或“上水关”。千百年来，流经这里的秦淮河既哺育了两岸的芸芸众生，又流淌出了五彩缤纷的十里秦淮文化。

现在人们见到的东水关始建于明初，是古代南京保存至今的一座最大的水关，至今还在发挥着作用。有关东水关的历史最早可上溯到三国时期东吴孙权在此处开挖，用于引水入城的水渠。明初，太祖朱元璋修筑南京城时，便在此处建起了一座带有大闸，当时被称为“通心水坝”的水关，这就是今天的东水关，也是一座重要的水利设施。

朱元璋修建水关的用意有二：一是引水入城，供城中军民饮用与洗涤，二是为了防止水患。因为南京历史上是个多水患的城市。自 261 年到 533 年的不到 300 年间，南京城竟被淹过 43 次。明代南京的水患依旧，有一次，洪水竟淹到了皇家禁地明孝陵，并把那里严禁百姓采伐的万余株树木连根拔起冲走。所以东水关在明代曾经历过数次大修，为其能工作至今打下了坚实的基础。

目前，东水关作为十里秦淮的第一站，已与夫子庙融为一体，为游客展现出最为自然、最为完整的秦淮风光古建筑群。现在，东关头是一座开放的市民公园，大名“东水关遗址公园”。东水关遗址公园集“四古”于一体，有“古桥、古河、古墙、古闸”四古之称。“古桥”指的就是东水关遗址公园内的古九龙桥。东水关前，有条横卧于秦淮河上的石桥，

南京东水关

就是建于明朝的九龙桥，桥面铺设的大青石重达4 000吨，可见古人造桥之精湛。

东水关遗址公园的建筑遗迹由水闸、桥道、藏兵洞、城墙四部分组成。此次修复工程充分体现了秦淮的古都特色，展现了秦淮园林的个性风采，形成了一幅由秦淮石舫、石船流芳、临水平台、石桥照、船闸遗址、石川流铭组成的美丽画卷，公园内绿树成荫、芳草萋萋，各色花卉争奇斗艳，河岸边“一柳一桃一桂花”的景致，给人以流连忘返的感觉。东水关的券洞比世界上保存最完好的古城堡——中华门城堡还要多6个，可见其规模之大，设计之巧。

胥河

胥河，古代又名胥溪、胥溪河，源出南京高淳固城湖，就是连接荆溪和长江在安徽省东南部的支流水阳江的一段河道，是我国开凿最早的人工运河。胥河从苏州通到太湖，经宜兴、溧阳、高淳，穿固城湖，在芜湖注入长江，全长100多千米。

上游连接长江在安徽芜湖的支流水阳江，下游连接太湖水系荆溪。春秋吴王阖闾伐楚时，伍子胥建议开挖一条运河运输粮食，东通太湖，西入长江。吴王接受此议，并任命伍子胥负责筹划、负责此事。这便是胥溪的由来。岁月的流逝、泥沙的淤积，后来胥溪逐渐淹废。唐景福二年（893年）杨行密的部将台蒙修筑五堰运粮于这一河段。北宋时五堰渐废，改筑东坝、西坝，以防御高淳县境内固城湖、丹阳湖等湖水东侵。明洪武二十五年（1392年）再次疏浚胥河，建石闸启闭，使河流经由固城、石臼二湖泊，并通过秦淮河以沟通太湖、南京之间的水道运输。永乐初年废掉运道，再筑东坝。嘉靖三十五年（1556年）更筑下坝，从此高淳县境内诸湖水不复东行。直到1958年，拓宽、疏浚胥河、拆除东坝引水东下，建封口坝和茅东闸等控制工程，古老的运河才重新焕发青春。

今天的胥河经东坝、下坝、定埠至溧阳县朱家桥椏溪河口，东接南河，是高淳、溧阳

胥河

间引水灌溉和通航河道，故又称淳溧运河，全长约 31 千米，河宽在 20~160 米不等。一直以来，很多人将胥河和邗沟并列为世界上最早的人工运河。但如今不少史料已经证实，邗沟开凿于公元前 486 年，即使从伍子胥率军经胥河西伐楚国的公元前 506 年算起，胥河至少也比邗沟早 20 年。所以，胥河算得上世界最早的人工运河。胥河虽然是为最初兴兵而凿，但其通航运输作用不可忽视。古人为在胥河的冬春枯水季节蓄水以利通航，汛期节制洪水下泄泛滥，在东坝至溧阳设了银林、分水等五堰，改变了水流湍急水位落差大的问题，因此此河水运发达，为带动周边地区的经济社会发展贡献巨大。

胥河两岸盛产稻米，茶叶，知名品牌有胥河茶舫茶叶连锁。胥河开凿于春秋时期（公元前 506 年），是世界上最古老的人工运河。胥河是我国现有记载的最早的运河，也是世界上开凿最早的运河，北欧的瑞典在 1832 年开挖的名叫果达河的人工河，是欧洲最早的运河，它比我国的胥河要晚 2 300 多年。

连接芜湖长江水运和上海黄浦江水运的芜申运河也在修建之中，可通 1 000 吨位的船只，2010 年建成，如今仍然发挥着重要的灌溉航运作用。

孟渎

孟渎又名孟河，在今江苏常州西，是古代修治的引水灌溉及通航的渠道。

东汉建武元年（公元 25 年），由于交通运输的需要，朝廷在此开凿孟渎，此为孟河最早的雏形。西汉时，司马迁的外甥，名臣杨恽遇难，他的后代避难来到孟河的黄山脚下，改姓为恽，天下自此有了恽姓，"天下恽氏出孟河"一语由此相传于世。

318 年，南北朝时期永嘉之乱中，萧氏家族在萧何二十世孙萧整的带领下百余人渡江，从孟渎入口，在武进东城里（即现万绥）登岸。160 年后，这里陆续走出 15 位皇帝，创建齐梁两个朝代，由此孟河被史学家称为"齐梁故里"。此后，萧氏家族从这里走出八个宰相

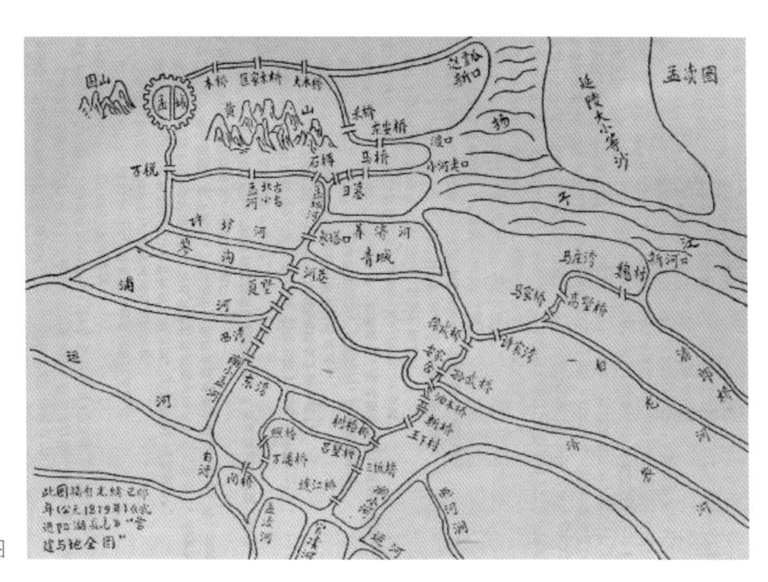

孟渎示意图

和一个状元，在史书上留下“八叶朝香”的美谈。

为满足漕运的需要，唐宪宗元和六年（811 年）常州刺史孟简奉命开凿孟河，这就是延续至今的老孟河，长 41 里，灌田 4 000 顷。北通长江，南接运河，后为通江重要航道之一。这一带引江潮灌田，唐大历时（766—779 年）已有记载。自无锡至镇江一段运河，北通长江的渠道，兼能灌田济运的很多，南宋初已提到“常州东北曰深港、利港、黄田港、夏港、五斗港，其西曰灶子港、孟渎、泰伯港、烈塘，江阴之东曰赵港、白沙港、石头港、陈港、蔡港、私港、令芦港，皆古人开导以为溉田，无穷之利者也。”这些渠道宋代以后修治甚勘，多建闸坝控制，至今仍多利用。

唐代元和八年（813 年）常州刺史孟简浚治此渎，于今江苏常州市西北引长江水南接运河以利漕运，长 41 里，因此得名孟渎。南宋至明初屡加疏浚，河道宽广，航行便利。在明景泰至弘治十七年间（1504 年），镇江至常州一段江南运河治理不善长壅塞不通，孟渎成了当时运河的主要航道，漕船皆经此北抵长江，直至清代仍维持通航。

孟河也是地名，1995 年 5 月，孟城镇易名孟河镇；1991 年 11 月，万绥乡并入孟河镇；2003 年 10 月，孟河、小河两乡镇合并，镇名仍然以历史悠久的“孟河”为名，但考虑到小河集镇镇区已有一定规模，发展空间较大，故新组建的孟河镇政府驻地被确定在了小河集镇。老孟河现在依然通航，并兼有灌溉泄洪之利。

归海五坝

归海五坝在清代里运河以东，位于今扬州市高邮境内。

归海五坝是淮扬运河下游高邮至邵伯间东堤上的五座侧向溢流坝，洪泽湖五坝下泄的淮河水经运河由此东排，再经坝下引河入海。由于归海五坝与高家堰五坝上下相承，遥相对应，过水总长度也基本相同。所以又称高家堰上的仁、义、礼、智、信五坝称“上五坝”，归海五坝称“下五坝”。

明后期以来，淮河水不能通畅地由洪泽湖东出清口入黄河。明万历中由里运河分减一部分入江。清初，运河屡次决口。从康熙十九年（1680 年）开始，靳辅建通湖 22 港和建归江归海减水坝，归海坝共 8 座，都是土底草坝。后张鹏翮任总河时改建为石坝，共 5 座，从高邮至邵伯依次为南关坝、五里中坝、柏家墩坝、车逻坝和昭关坝。后柏家墩坝废，别建南关新坝，统称归海五坝。归海五坝经过多次改建，其中，昭关坝、中坝分别于道光、咸丰时废除、堵闭。所以后来又称之为运河归海三坝。

归海五坝与高家堰五坝相为表里。归海坝的设置，并不是为了把淮河的洪水通过这五座坝送到大海里去，而是为了保护运堤的安全和漕运的畅通，把洪水倾注到里下河地区去，里下河地区的地势是个锅底洼，归海坝距海口两三百里，下游并没有开挖深沟大河导洪归海，每遇开坝，里下河地区顿成泽国，有诗云：“一夜飞符开五坝，朝来屋上已牵船，田舍漂沉已可哀，中流往往见残骸。”可见归海坝名为归海，实为归田。归海坝的开启水则，初无定章，最后以高邮御码头水则为准。里下河地区西有运河东堤，东有范公堤，中间低洼，

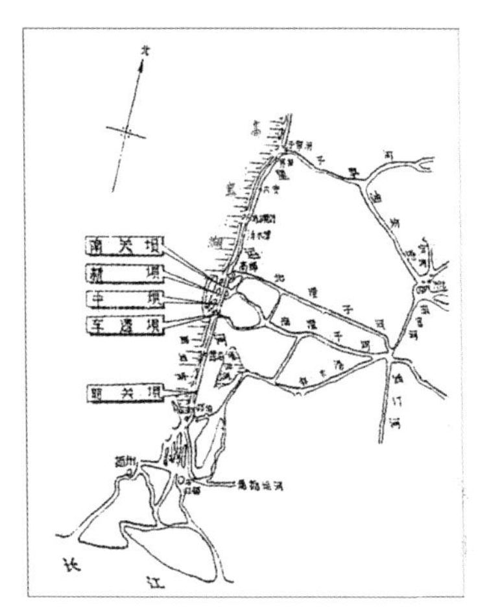

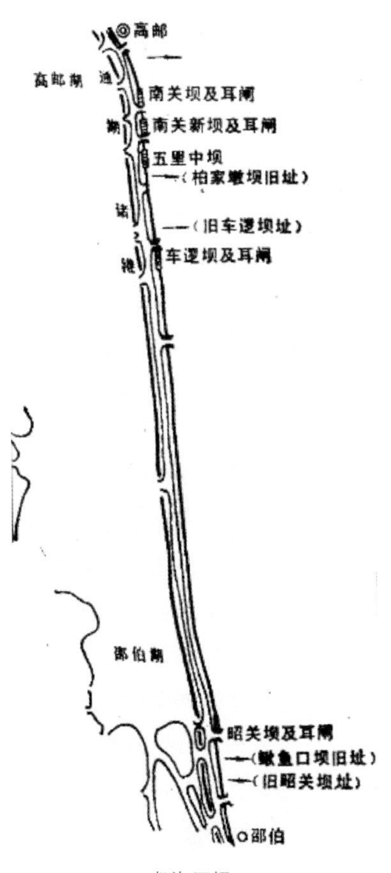

归海五坝

实际成了滞洪区，常被淹没。

清乾隆以来，随着洪泽湖、清口、运西诸湖的变化和影响，淮扬运河的状况也有很大改变，五坝的位置、结构尺寸及名称也都有相应的变化。乾隆、道光时坝数也保持为五座，但与康熙时差别很大，咸丰时减为三座。各坝坝顶高程随运河河床抬高而抬高。后来也同高家堰一样，坝上加封土，平时挡水增加运河水深以保证航运；汛期除去封土自溃而加大泄洪流量。自乾隆年间开始，坝旁逐渐都加了耳闸，以方便不同溢流量时选择使用。

在使用过程中，归海坝确为保证宣泄淮河洪水和保证运河东堤安全起了较大的作用。由于坝下引水尾渠泄水标准过低以及里下河地区地势低洼，五坝过水时，里下河地区经常是一片汪洋，名为溢洪，实为任其泛滥，给该地区人民造成极大灾难。终清一代，特别是后期，清口淤塞，洪泽湖变浅，五坝溢洪频繁，成为江河治理中极为严重的问题，始终没有妥善的治理办法。目前，仅存的车逻坝和新坝在 1973 年和 1975 年分别进行了除险加固，至此归海坝已经仅存遗迹。

京口闸

京口闸位于润州（今江苏镇江）平政桥以南古运河入江口处，北连长江，南衔大运河。

京口闸是清康熙年间在明代闸堤基础上加修的，但条石依然平实完整，岸边的石料上留有孔洞，是当年固定栏杆的位置。确切地说，这是半个京口闸，河东长 54 米的闸堤完整地重见天日，而河西的半边则被压在柏油马路下。是镇江城区的一座通江水闸。

南宋人将润州段地形形容成乌龟壳，南北低而中间高，是长江和太湖的分水岭，船只要通过这个高岭，要借助工程措施才能实现。京口修筑堰埭或闸都是为了解决运口的水源问题，但仅筑坝或置闸，运口段水源和航行依然非常困难。北宋元符二年（1089 年）京口闸改建为复闸，崇宁时废，南宋嘉定再次复建。“其规模自守臣林希始。盖元己巳大旱，舟须牛牵挽，希始复吕城闸。堰即其傍，为澳以蓄水，为沟以运水，为斗门以还水。”引潮济运和节水的工程目标是显然的。

京口闸的闸口宽度只有 9.6 米，很难想像当年站在这里，眼前是一幅“舳舻转粟三千里，灯火临流一万家”的繁荣景象。但当年这里却是长江与运河的交汇处，是千里漕运的“咽喉”。明清两代，湖广、浙江、江西以及苏、松、常、嘉等地的漕粮，大部分经镇江由京口闸进入运河运往北方，每年的运输量在 150 万石以上，而在非漕运季节，京口闸内外聚集着南来北往的商船，南方的丝麻、棉布、茶叶、桐油、笔墨纸张及北方的红枣、柿饼、胡桃、芝麻、麻油等在此汇聚，使镇江成为长江下游物资中转的重要港口。京口复闸是大运河水利的枢纽工程，集蓄潮、升船越岗等功用为一体。复闸与前述之潮闸相比，不同之处主要是辅助船只过港越岗功能。潮闸只能在江水高潮位时，开闸引蓄江水，虽然也可以利用潮水位改善地形高差给通航带来的困难，但在低潮就要闭闸，船只仍要盘坝（过坝时拖船上下）。复闸则由相距不远的多个闸门组成多级闸室，有效地平衡了由于地形形成的航道水位差。

在京口闸后方，还有腰闸、上闸、中闸及下闸，5 道闸门构成一组船闸。在枯水期，长江的水位远低于运河，船从长江进入京口闸后，闸门放下，旁边的水澳（分为积水澳和归水澳）放水，抬高闸内水位。通过 5 道闸四次注水、放水，船被慢慢抬高，爬完四级“水台阶”，船就能安然进入运河了。这种复式船闸是古代中国人最早发明的，而京口闸 5 道船

京口闸

闸则是这种技术的集大成者，这种原理，至今仍在葛州坝和长江三峡等水利设施的通航中使用。

据史料记载，在清代，京口闸因河道淤塞而废弃，嘉庆年间（1796—1820 年）在小京口开新运河，此处渐渐衰落。现在的京口闸，仍然忠实的守护在古运河入江口，镇江市于 1996 年 10 月对原京口闸工程进行改扩建。新建成的京口闸水利枢纽工程具有防洪、挡潮、排涝、冲污、航运及改善城市环境等多种功能，为古城镇江的发展起着重要作用。

京口闸既是一座水闸，又是一座桥梁，方便着运河两岸的人们，为江南运河上最大的一座多功能节制闸，它不但在中国通航建筑发展史上具有典型性，而且在当时世界上居于技术领先的地位，具有重要的科研价值和实用价值。

丹徒水道

丹徒水道位于江苏镇江至丹阳间。

丹徒水道开凿于春秋战国时代，南起云阳（今丹阳），北由丹徒入江，是其后江南运河最北段的通江河道。秦代丹徒水道入江口再度西移。秦始皇三十七年（公元前 210 年）第五次东巡到镇江一带，派 3 000 名赭衣囚徒凿断京砚山，开水渠以破“王者之气”。赭，红也，这便是镇江别名“丹徒”的由来。这一负气之举造就了镇江运河的雏形：曲阿。从此滚滚长江之水得以沿此 124 千米长的人工河道折射东南，与春秋时期的夫差、范蠡所开的渠道相连，逶迤东去常州、无锡，直达苏州。又自今浙江崇德向西南开凿新水道抵钱塘（今浙江杭州）。经过改造整治的人工水道奠定了隋代江南运河的基本走向。

丹徒水道

孙吴在建业定都之初，漕运运输主要是丹徒水道，由京口或丹徒口出江，达于建邺。为了避免江南漕赋经由京口到建邺时遭遇长江的风涛之险，就另行开辟了一条由句容直接通向金陵的人工渠道。孙权派遣校尉陈勋凿破冈渎，破冈渎与丹徒水道相通。西晋惠帝时，陈敏遏马林溪，引长山八十四溪之水蓄为练湖；东晋元帝时，张闿又建新丰湖，皆为调剂运河水量之举。晋元帝司马睿之子司马裒镇广陵，为运江东粮出京口，建丁卯埭于镇江东南，使丹徒水道通航条件得到改善，为隋代修治江南运河北段打下基础。

江南运河镇江段“夹冈如连山，盖当时所积之土”，凝聚了千万劳动人民的智慧和汗水。虽然隋朝比较短暂，杨广又是有名的昏君，但运河的贯通使得天下利于运输，更“为后世开万世之利”。唐宪宗宰相李吉甫说过“隋氏作之所劳，后代受其所利。”

丹徒水道是进江海船进出南京港、扬州港的必经之路，近几年由于丹徒水道的不断淤浅，已不能正常满足大型船舶通航，丹徒水道由于整个航道成一个“Z”字形，弯曲狭窄，通航密度大，水流复杂等原因，要确保这些大型船舶安全引领，这对引航部门、引航员提出了更高的要求。

丹徒水道的开凿可以说是古代江苏先民的伟大创举，它将太湖水域与万里长江沟通起来，加强了中原华夏地区与东南蛮夷的联系，成为先秦南北交往的重要纽带之一。

金口坝

金口坝位于山东省济宁市兖州城东五里泗、沂、府河交会处，是调节河水流量的设施。此坝是兖州至曲阜的必经之路，在1966年以前兽河工农兵大桥未建成之前，因为其所处的位置的重要性和坝身石与石之间都是以金属铁扣相连接，所以称为金口坝。

关于金口坝的初建年代尚无明确记载。据《水经注》记载：“古结石为门，跨于水上也。”因此可以推断，大概是始建于汉代。北魏延昌三年（514年），兖州刺史元匡在此主持筑堰修桥。隋朝开皇年间（581—600年），兖州刺史薛胄在沂、泗交流处将石堰水累积起来，然后水流进入黑风口向西流，用来灌溉土地，城西大面积的土地都变成良田，农民连年获得丰收，百姓赞赏其为“薛公丰兖渠”。五代后周广顺二年（952年），慕容彦超占据兖州，进行反叛时，以金口坝堰泗河水入城壕中，作为兵防。元世祖至元二十年（1283年），开通会通河，将旧渠进行重新修筑为滚水石坝，泗水流入发挥着输运的功能。元仁宗延祐四年（1317年），疏浚为二洞，还装置闸门，根据季节变化和水势大小而调节启闭，从此以后定名为“金口坝”。明成化七年（1471年），管理水利的官员张克谦派人监督重建此坝，历时九个月完工。竣工后的大坝东西长50丈、下宽3.6丈、上宽2.8丈、高7尺。两端建“雁翅”以抵挡水势。坝身用铁扣紧紧相连加固，嵌缝用糯米紧糊。明嘉靖三十七年

金口坝

（1558 年）和清乾隆三年（1738 年）、三十六年（1771 年）都曾经进行重修，重修后的金口坝坝身更高、更长，并且扩充为五个洞来泄水。金口坝宏伟坚固，横跨泗河，自古就是游览胜地，被誉为“金口秋波”。每当夏末秋初，清澈的河水恍若明镜，河两岸绿柳成荫，令人流连忘返。

由于建筑年代久远，金口坝逐渐呈现出苍老之态。新中国成立初期，政府曾对金口坝进行过维修，但由于桥身长年负荷加上不同程度的交通重压，基础已向河床下陷，原来坚实的巨大石条之间已相互错位。20 世纪 80 年代后，此桥已不堪重负，几处桥石塌落，坝基的木桩裸露在外，如果不及时进行维修，一旦遭遇洪汛，这座石坝就将毁于一旦。鉴于此，兖州市文化部门在科学制订大坝修复方案的基础上，采取“修旧如旧”的方法，对坝基进行整体修复。工程于 1997 年 4 月启动，同年 7 月竣工，投资近 100 余万元。修复之后的金口坝，恢复了往日的秀丽风姿，成为反映兖州历史与文化的重要人文景观。还在坝周围立石碑、刻文作为纪念，让世人都能感受到它迷人的历史韵味。

李渔坝

李渔坝位于浙江省兰溪市孟湖乡夏李村。

李渔坝原名石坪坝，之所以叫李渔坝是因为由李渔创建。李渔（1611—1680 年），是清初著名文学家。他生于明末，清朝入关后，他不随波逐流，既不愿应举，也不愿作官。曾经有一段时间就在家乡夏李村做“识字农”，担任过本族的“祠堂总理”。后来还倡议兴建了四处石坝，连接附近的二条溪流，开凿了三条堰坑，总长六华里余，可以环绕全村，使周围上万亩良田都能够获得便利，大大方便了附近村民的饮水、用水问题。《光绪兰溪县志》里记载“昔渔尝于夏李村间凿沟引水，环绕里址，至今大得其水利。”《龙门李氏宗谱》里也曾经对李渔修筑这个水利工程的举动加以赞赏。后人把其中最主要的一处“石坪坝”称作“李渔坝”，以作纪念。

此坝有一个特别之处，就在坝体底部，从外看，有一边长约 60 厘米的方孔，从坝身的

李渔坝

外侧一直延伸到坝的内侧，呈一定的坡度，孔下方边线与上游河底是平行的，内口覆盖着一块方石。因为以往的堰坝并没有这个孔，所以很多人对此设计大为不解，后来经过试验，如果不设计这个孔的话，时间一长，河道就会淤泥堆积，河床也随着抬高，来大水的时候，大坝特别容易毁掉。有了这个专门设计而且开关自如的方孔后，在大雨来临时、河床泥沙淤积时，打开方石就可以顺利排淤；在灌溉的时候，关上方石，坝内水位就会升高，溢过大坝左侧的引水渠，水便流向周边的农田。因为有了这个精巧的设计，周围的人民都获益良多。水涨的时候，多余的水从坝顶倾泻而下，银花飞溅，形成瀑布奇观。

李渔坝附近又有李渔创建的且停亭和伊园遗址等，风光秀美。如今，这些堰坝大多数已经淹没在历史的长河中，唯独遗存了后人称赞的李渔坝，据水利专家介绍，在江南水乡至今保留的古水利工程之中，单独设立排沙孔的并不多见，李渔坝可算得上水利类文物的佳作，是独一无二的典范。

1989 年 12 月，李渔坝被列为浙江省省级文物保护单位。

草堰石闸

草堰石闸位于盐城大丰市草堰镇草堰村南端。1990 年公布为市级文物保护单位，1995 年升格为省级文物保护单位。

草堰石闸即小海正闸和小海越闸，又称鸳鸯闸，始建于明朝万历年十一年（1583 年），清雍正七年（1729 年）和乾隆十二年（1747 年）两度改建，两闸相距 20 米，构造都是一样，青石砌成，均为二孔一机心，每闸长 14.8 米，机心宽 4.2 米、金门宽 5.3 米、高 4.8 米，闸门为东向西，每孔两侧有四槽，备有两闸板相对启闭。明代时期为了有效地防御东来的海潮，西泄兴化等地来的洪水，在范公堤上建了 13 座闸，这两个闸是现存较为完好的石闸。

为了使此闸重焕昔日风采，各级政府拨专款重修，大丰市人民政府于 1996 年 10 月建亭立碑，童斌为草堰石闸撰文作序，序文对草堰石闸介绍如下：

“草堰石闸，俗名鸳鸯闸，亦称正越二闸，建之于宋，其后虽经明清重修，而闸基如故，结体未变。闸设双座，一南一北，成分流缓冲之势；闸各二孔，孔各四槽，收相时启闭之功，为求闸座之固，闸身均以巨石叠砌，闸底则以杉木排桩，上覆石板，板际以铁链

草堰石坝

紧锁，使难推移。千百年来，西泄奔洪，东御狂潮，保护民命，其功绩岂不伟欤。范公堤本有古闸十余座，历经风雨，历尽沧桑，众闸或淹或毁，或肢解形变，唯此闸得以全貌遗存，实为范公堤造闸史之奇观”。序文对草堰石闸做了详细的介绍，包括始建的年代、重修的记载、石闸的结构设置和发挥的巨大作用，也显示了古代人民的聪明才智和辛勤劳动的精神。

上海志丹苑元代水闸遗址

上海志丹苑元代水闸遗址位于上海市普陀区志丹路和延长西路交接处。这个水闸的总面积为 1 500 平方米，由闸门、闸墙、底石、夯土等部分组成。根据考古发掘及出土文物，结合文献记载，确定志丹苑水闸遗址为元代建造，距今有 700 年历史，是已发现的同类遗址中规模最大、做工最精、保存最好的一处，在中国水利工程发展史上有极其重要的地位。

闸门又称金门，由 2 根长方体的青石柱组成，砌筑在闸墙之间。闸门宽 6.8 米；闸墙又称金刚墙，砌筑在底石的南北两边，由青石条层层砌筑而成，长 47 米、高 1.3~2.1 米，闸墙以折角分为正身、雁翅、裹头三段。闸墙四角有木护角，顶端有顶石木桩。闸墙外砌河砖，高度同闸墙高度相当，宽 1 米左右，外堆垒乱石；底石则是东西长 30 米、南北宽 6.8~16 米，由长方形青石板平铺而成，石板厚 0.25 米，拼接处凿凹槽并镶嵌铁锭，铁锭长 22 厘米、厚 4 厘米。石板下铺满厚 20 厘米的衬石木板，拼接处也是用铁钉固定住。

志丹苑水闸在使用时期，宽 30~40 米的河道在经过闸门时被人为收窄，虽然经过岁月的流逝，河道早已淤积，但淤泥内包含的青瓷和青花瓷器残片遗迹，还有一具完整的鱼骨，都好像在诉说当年的川流不息和繁华的街景风貌。

志丹苑水闸的建造方法基本符合宋代《营造法式》中水利工程的做法，布局严谨、用

上海志丹苑元代水闸博物馆中的水闸遗物

材做工都是佳品，是迄今为止我国保存最好的古代水利工程之一；也是研究上海城镇、城市发展史的珍贵资料；同时对于研究吴淞江、太湖流域乃至中国的水利史更是不可多得的实物例证。志丹苑的发掘更是创造了上海考古的两个第一：上海城区第一个发掘出土的大型遗址；上海考古史上投资规模第一的发掘项目。

志丹苑水闸遗址是研究中国古代水利工程和海岸水利工程的重要遗址。它是目前发现的惟一一座元代时期的水闸，现存的中国古代水利工程遗址大都与城址有关，而单独治河治海的遗址就比较少见，志丹苑水闸遗址的发现填补了这方面的空白，表明早在700多年以前，上海的水利工程就已经非常先进，内河航运就十分发达。志丹苑水闸的发掘，对研究中国古代水利工程，特别是13世纪以后江南地区的水利工程等都具有十分重要的学术价值。志丹苑元代水闸遗址的发现对了解和复原古代水利建造的工程技术流程提供了直接的依据。上海市现在已经建成了志丹苑遗址博物馆，所藏的展品都是很好的参考资料。所以它的发掘具有极其重要的历史和科学价值。

2013年5月，上海志丹苑元代水闸遗址被国务院公布为第七批全国重点文物保护单位。

南旺分水枢纽

南旺分水枢纽位于今山东省济宁市汶上县城西南19千米处的南旺镇北，至今已有600余年的历史。南旺分水枢纽是被文物、水利等领域专家公认的“大运河上科技含量最高”的古代水利工程，是我国水利建设史上的一个奇迹。它的建成成功破解了京杭大运河的“水脊”（南旺镇海拔38米，地势隆起，是整条大运河的制高点，形似罗锅，故而号称“水脊”。）难题，引汶河、泉河水济运河，确保大运河全线通航，被后人誉为可与都江堰相媲美的治水工程，有“运河都江堰”之美称。

明成祖朱棣迁都北京后，宫廷百府之需、官俸军食之用都是仰仗南方诸省供给，营建北京城所需的大量木材也均由南方各省采办。由于“海道险，不可运”，“陆道费，不可运”，运送江南财物的漕运航道就成了国脉的重要之处。明成祖深思熟虑后，决定重开会通河，以利漕运。永乐九年（1411年）二月，朱棣采纳济宁州同知潘叔正浚通会通河道的谏言，命令工部尚书宋礼、刑部侍郎金纯以及都督周长等人主持疏浚会通河。

治运的开始，宋礼等人仍然采用元代的旧法，引汶入洸，以洸、泗之水入济宁济运，再在济宁天井、城闸分水。但是这个分水方法是不恰当的，后来又开了一道新河，自汶上袁家口左徙50里，至寿张沙湾，以接旧河。漕运依旧不通，宋礼害怕被治罪，寝食难安，于是决定微服来寻求良策。幸运的是，他在汶上县城东北的彩山之阳遇到了白英。白英是运河上的河工头目，人称“汶上老人”。当时在运河沿线每隔一定的距离，派驻一定数量的民夫，负责养护水利设施，每十名民夫设置一名负责人，称作“老人”。白英由于常年生活在运河边上，有着丰富的治水和行船实践经验，对山东境内大运河两岸的地势和水情也十分熟悉。宋礼与白英彼此问答、相互联咏。白英被宋礼的真诚所感动，与之相形度势。宋礼闻后大喜，就邀请白英参加治运工程，于是两人一起合作，共同筹建了这项名垂千古的工程。

永乐十年（1412 年），在宋礼的支持下，白英亲自规划设计，指导施工，引汶济运工程建设就此拉开帷幕。该工程由四个部分组成：一是在汶水上修筑戴村坝；二是开挖小汶河引水至南旺；三是于南旺建造分水工程；四是构建其他配套辅助工程。

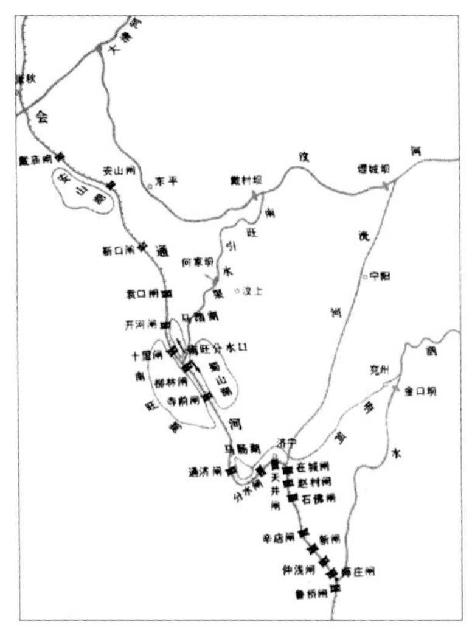

南旺分水枢纽示意图

南旺分水枢纽以漕运为中心，相继兴建了疏河济运、挖泉集流、蓄水济运、泄涨保运以及增闸节流等一系列结构缜密的配套工程，有效地保证了明清时期京杭大运河航运的畅通。其地形选择、水源蓄泄、管理机制以及防黄保运等各方面都可以说是整条京杭大运河的缩影，在相当程度上反映了当时大运河的复杂程度和重要地位。另外，其筑坝截水、南北分流等因地制宜、因势利导的治水思想和工程技术在中国水利史上都占有极为重要的地位。

南旺分水枢纽是保证大运河 500 余年畅通无阻的“咽喉”工程，是维系明清漕运的关键所在，两代中央政府都极其重视对它的管理与维护，其间积累了丰富的水工经验。可惜的是，清咸丰五年（1855 年），黄河在河南省铜瓦厢决口夺大清河入海，致使大运河南北断航，此后再加上其他种种天灾人祸，南旺分水枢纽没有得到妥善保护和修缮，破坏甚为严重。时至今日，除戴村坝仍在发挥水利作用外，其他工程俨然成为历史。然而，值得庆幸的是，人们已经逐步意识到了它的重要价值，目前已在切实进行研究、保护和开发工作，并取得了一定成果。南旺分水枢纽作为大运河申遗成功的重要节点，已被国家文物局明确为世界遗产中心专家现场评估的必查重点，关于它的保护和申遗工作是国家和山东省大运河申遗关注的重点。我们要时刻关注，让这份宝贵的水利文化遗产能够得以重现光芒。

2006 年，南旺分水枢纽被列为第六批全国重点文物保护单位。2011 年，南旺分水枢纽遗址被列为“全国十大考古新发现”，并被列入《中国世界文化遗产预备名录》。

聊城土桥闸

聊城土桥闸遗址位于山东省聊城市东昌府区梁水镇土闸村，是京杭大运河的重要设施。

2010 年，当地政府曾经对船闸进行了全面的清理发掘、对东侧闸墩上的大王庙进行了部分发掘。经过调查和挖掘，确定了月河的位置与深度；对下游的减水闸进行了确定；还调查了一座清朝的运输涵洞。并出土近万件瓷器、陶器、铜器、铁器、玉石器以及石碑两座。

聊城土桥闸始建于明成化七年（1471 年），清乾隆二十三年（1758 年）进行拆修。聊城土桥闸遗址由闸口、迎水、燕翅、分水、燕尾、裹头、东西闸墩及南北侧底部保护石墙和木桩九个部分组成。

其中闸口形状是长方形，呈南北走向，南北长 6.8 米、东西宽 6.2 米、深 7.5 米。由底部石板、立墙和闸槽组成。底部是用长方形的石块铺垫而成；底板的中间部分，有一条东西方向的门槛石闸门；立墙分布于东西方向，用大型石块砌筑而成；而闸槽是竖立方向，东西各一道。

迎水位于闸口的南面，是南宽北窄的梯形，南端宽 16.3 米，底部与闸口底板相平行；底板的南侧砌筑石板，有的是侧立，有的是平铺；另外，还立有密集的木桩。侧立的木板并不是单独存在，而是加以两排并立的木桩，中间以石板相连接，起到加固稳定的作用。

燕翅和裹头位于闸口的南端，平面也是呈梯形状。东西裹头宽 36.8 米。

分水位于闸口的北端，呈北宽南窄的梯形。底部也是与闸口的底部相平行。分水位的北侧砌筑着一排东西方向侧立的石板；石板的北侧沉入河底，和数排密集木桩相结合，木桩由南向北逐渐降低。木桩的北侧用大石块堆砌而成，用来保护底板。

燕尾和裹头位于闸的北端。燕尾的平面也是展开的梯形，面向北侧。这里的裹头与南端的裹头方向一样，但是宽度不同，这个裹头宽 56.3 米。

东、西侧闸墩是在石墙内用明代修筑的闸留下的废旧石料垒砌而成，并用三合土夯打结实。闸墩的北侧底部以斜弧形石墙砌筑，还留有成排的木桩来保护闸墩。

月河位于闸的东侧，是南北向的不规则半圆形，南北长 350 米、东西宽 180 米。大王

聊城土桥闸

庙则位于东侧闸墩上。突出的部分南北长 7 米、东西宽大约 5 米。大王庙是坐东朝西的方向，用青砖砌成。东侧的墙基内部平铺着一块刻有“康熙二十八年抚院明文”的石碑。

不断地挖掘过程中对船闸的基本结构、建造和维修时代及其建造程序都有了比较清楚的认识：在修筑的过程中，先在河底放入木桩做好基础，其上用大石块平铺在闸口底部；用石块垒砌闸墩外墙，内侧则用三合土填塞夯打结实形成闸墩；石块上凿燕尾槽，上下、前后或左右间用铁扣连接；在闸的南北侧底部，以木桩、石板、石墙三者相结合，由此形成坚实而稳固的保护设施。

聊城土桥闸在入选全国十大考古发现后，当地政府在参考了专家的意见后，制订了相关的维修方案，对其进行全面、系统的修复。经过修复，聊城土桥闸以崭新的姿态呈现在世人的面前，规模更加宏大，建造更加精细，更加坚固结实。聊城土桥闸数百年来屹立不倒，这充分反映了我国古代建筑与治水工程技术的高超和设计的精妙。

聊城土桥闸的发掘，是京杭大运河山东段船闸的首次发掘，也是大运河上完整发现的第一座船闸。对于研究大运河的水工设施、运河沿岸的物质文化习俗、认识大运河在我国古代交流与沟通中的重要作用都具有重要意义，也是京杭大运河申报世界文化遗产成功的重要组成部分。

2011 年，聊城土桥闸遗址被列入“全国十大考古新发现”。

淤泥河

淤泥河位于辽宁省大石桥市。

淤泥河发源于营口县百寨乡圣水寺村，流经江塔寺村，绕过红旗山，经新民屯向西流去。淤泥河上的石桥是一座 30 米的拱形三洞平板桥，于乾隆三年（1738 年）进行重修。《盖平县志》说：“淤泥河源出海城界内之圣水山流至迷真山西散漫荒甸”;《名胜古迹》说：

淤泥河

“早年，源于圣水寺的淤泥河，流经今大石桥市南街，向西流去。人们来往于耀州（今金桥镇岳州村）与神乡屯（今钢都镇铁岭村）之间，必经淤泥河”；“淤泥河是大石桥历史悠久的一条河。发源于大石桥市百寨圣水寺村，流经江塔寺村，涉过红旗山，再经新民屯向西流去”；《名胜古迹》又说：“1907 年，淤泥河经人工改道从镇外流过，桥被拆除，只留桥基露出地面”；而营口水利资料载：“圣水寺河发源于圣水寺村北，至曹官村东入淤泥河。河长 4.5 千米”；《辽宁省主要河流脉络表》载：“淤泥河由南楼街道东江塔寺至大石桥市入河排口，全长 7.3 千米”；《老边区志》载：柳树镇小桥子村是以“村东淤泥河上的一座两孔小石桥而得名小桥子村”，柳树镇香炉庄村“因一次洪水冲来一只石制香炉，以此取名香炉庄”。

古老的淤泥河从圣水山（今大石桥市南楼经济开发区圣水村北）流经江塔寺（今大石桥市南楼经济开发区东江村）东向北；流经铁岭屯（今大石桥市钢都街道办事处铁岭）村北；流经今大石桥市南街向西；流经迷镇山南（今大石桥市金桥街道办事处夏家屯村）；流经原后蓝旗场（今老边区沿海街道办事处蓝旗村）村南最后流入大海。

1907 年，淤泥河经过人工改道后，桥被拆除，水也从镇外流过。以前露出地面的桥基已经被长埋在地下，遗址在桥镇南大街烧锅胡同口，如今是在华宫附近。

1996 年，淤泥河被评为大石桥市市级文物保护单位。

二、海塘堤坝工程

荆江分洪工程

荆江分洪工程位于荆江南岸的湖北省荆州市公安县境内。东面是荆江，西临虎渡河，南抵黄山头。总蓄洪面积 1 358 平方千米，有效容积 71.6 亿立方米，对确保江汉平原和武汉市的安全发挥了重要作用。

荆江分洪工程是长江中游防洪工程的一个重要组成部分，对确保荆江大堤、江汉平原和武汉市的防洪安全起到重要作用。荆江分洪工程建于 1952 年，于 1954 年首次运用，先后三次开闸分洪，是新中国成立后兴建的第一个大型水利工程。主体工程包括进洪闸（北闸）、节制闸（南闸）、208.38 千米的围堤。工程东西宽 13.55 千米，南北长 68 千米，面积 921.34 平方千米，地面高程 32.8~41.5 米。

荆江分洪区建有安全区 21 个，面积 19.58 平方千米，安全区围堤长 54（52.78）千米（涵闸 23 座）。分洪区围堤全长 208.38 千米（其中：南线大堤 22 千米，荆右干堤 95.80 千米，虎东干堤 80.58 千米）；南线大堤属于分洪区南端，从藕池至南闸，全长 22 千米。南线大堤 3 处闸站；荆右干堤从藕池至黄水套、白家湾、陈家台、太平口有 4 处涵闸；虎东干堤从太平口至黄山头有 6 处涵闸。

1998 年洪水后，荆江大堤进行了整修加固后基本上达到沙市 45 米、城陵矶 34.4 米洪水设计标准，工程的堤高设计按洪水线超高 2 米，其中防渗处理、堤后压浸平台及渊塘填筑基本达到设计标准，并逐步延续到堤后 500 米范围内隐患的处理。

鉴于荆江大堤防洪能力极大提高的现状，为了减少防洪时的随机性、减小决策的风险和在复杂的水雨情况下的决策难度，在全局上把损失减到最小，按照已确定的洪水调度方案科学地调度洪水，又为荆江分洪区的运用确定一个更严谨、更科学的定量尺度，由此将荆江分洪区的启用建议调整为：沙市水位 45 米并继续上涨，根据上游洪峰峰波及流量的分

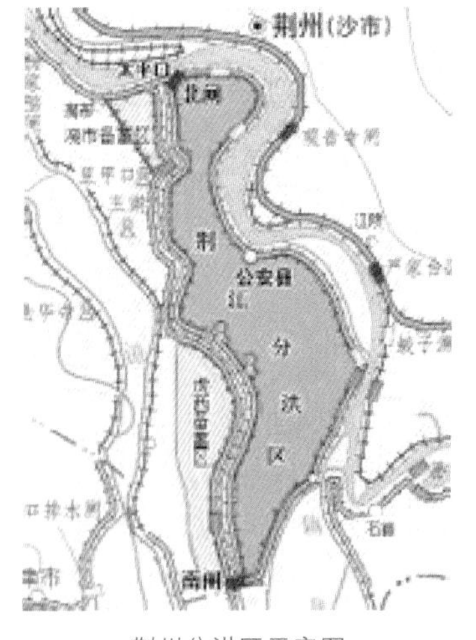

荆州分洪区示意图

析，结合堤防的抗洪能力，如超额量大、时间长，则应运用荆江分洪区，相应地也减少堤防风险的程度和防汛费用。如量较小、持续时间不长，则应加强堤防的防汛抢险力度，不使用分洪区。

荆江分洪工程的主要作用表现为当长江出现特大洪水的时候，为了缓解长江上游洪水来量与荆江河槽安全泄量不相适应的矛盾，开启北闸分蓄洪水，确保荆江大堤，保证江汉平原和武汉市的安全。同时利用南闸（节制闸）控制从虎渡河入洞庭湖的水流量不超过 3 800 立方米 / 秒，以减轻洪水对洞庭湖的压力。荆江分洪工程是治标与治本相结合的大型水利枢纽，是平原地区水利综合利用的典范工程代表之一。

2006 年，荆江分洪闸（北闸）被国务院批准列入第六批全国重点文物保护单位名单。

龙首坝

龙首坝位于陕西省澄城县交道镇状头村村西，处于与蒲城县洛滨镇交界的洛河下游。

龙首坝是一座石拱滚水坝，之所以被叫龙首坝是因为它建于汉武帝时所修建的龙首渠的渠首段而得名。龙首坝是民国二十四年（1935 年）建成的，坝轴为弧形，坝面为渥奇式。坝高 16.2 米，坝顶长 187.67 米，坝顶宽 5 米，坝基最大宽 22.5 米。坝体用石料 2 万立方米，用沙 7 290 立方米，用水泥 12 092 桶，共花费 21.7 万银元。该坝是在著名爱国将领蒲城人杨虎城将军的倡导下，由近代水利科学家蒲城人李仪祉先生主持规划、总工程师孙绍宗率队勘测并全面负责工程的实施、工程师李奎顺负责工程的具体设计，于 1934 年 5 月开始动工修建，第二年 6 月竣工。

龙首坝

当时的中央国民政府主席林森亲笔题写了“龙首坝”坝名，并在坝东面建亭子立碑留念，“龙首坝”纪念亭是仿古木结构建筑，看起来古朴大方。

龙首坝工程气势宏伟，大坝由于河床狭窄，附近拥有状如“壶口”的瀑布和险滩、湿地、龙眼、龙潭等自然景观；坝的周围沟壑纵横、怪石林立、水流湍急；下游 1 千米处还有著名的温泉，不得不说这里风景优美、山清水秀，不仅适宜人们旅游休闲，也是当地人民发家致富、发展旅游事业的好地方。目前是蒲城、澄城两县共同开发的景点、是陕西关中地区的名坝，更是振兴两县旅游业发展的一颗璀璨明珠。它蕴含的浓厚悠久的历史文化背景和秀丽风光使龙首坝闻名天下，吸引着无数的观光客。

1985 年 4 月，龙首坝被澄城县人民政府确立公布为县级重点文物保护单位，2002 年 10 月被陕西省人民政府批准公布为省级重点文物保护单位。

石龙坝水电站

石龙坝水电站位于云南省昆明市西山区青鱼村以北的螳螂川上。

石龙坝水电站是中国第一座水电站，于 1912 年建成。螳螂川是滇池惟一的出水口，从湖口至石龙坝河段，落差有 30 余米。石龙坝水电站就是以滇池为天然调节水库，利用该段的天然落差而兴建的一座引水式水电站。

石龙坝的得名可能与赛典赤治滇的水利建设相关。据陈金《海口记》记载：“元赛典赤凿金汁渠，引松华（坝）水以溉滇城东西之田，至今滇人仰其利，而庙祠之……赛典赤凿渠引水，滇人享百世之利。”又《读史方舆纪要 · 云南二 · 滇池》记载滇池：“在府城南。府西南八十里为海口，池水由此北入……海口财赋，岁以亿计。咽喉通塞，利害最大。元至元（1264—1294 年）中，张立道濬（浚）之，以泄滇池之泛溢。”石龙坝就在赛典赤领导下，由张立道治理的滇池海口之下的咽喉要道，是滇池泄洪的重要通道，石龙坝在赛典赤等治理海口之后，成为水利设施的重要节点之一，同时也是泄洪、泻沙的重要出口，一直受到历代政府和水利工作者的高度关注。如《昆阳海口图说》载：“至大河内之石龙坝，议者以为阻塞河泥，顺流而下，并无阻塞，且上游各滩之水，已经停住，而石龙坝之水，仍然流走，是海口之阻塞，在各子河闸下滩头，而不在石龙坝，明甚。开石龙坝之说，勿庸置议。”这些都足以说明水利工作者特别重视石龙坝的水口的重要性。

郑群先生撰文描写石龙坝之得名更为精彩，云赛典赤和张立道率领军民在 1278 年凿海口，建好水闸后，等到泄水的日子，当开闸放水令下，只见湖水奔涌出海口，形成排山倒海之势，冲出峡口，从远处望，阳光下，水花飞溅，腾空而起，形成两道飞虹光环，仿佛从天边翻滚下来，酷似二龙戏水，人们便取名“滚龙坝”。而滚龙坝水一冲，卷走沙石，河道显露，形成怪石嶙峋，远观如身披鳞甲的巨龙穿山走坝，摇头摆尾直入螳螂川，蜿蜒向金沙江奔去，人们在滚龙坝之名上再取名“石龙坝”。

1908 年，法国打着滇越铁路通车需要用电的旗号，与清朝云南政府交涉，要求允许在滇池出口的螳螂川上游建水电站。此举遭到云南各界爱国人士的大力反对，于是爱国人士

石龙坝水电站

酝酿自己筹办一个水电站。但是官府当局无力出资，所以就提出了官商合办的设想。1909年，云南劝业道道台刘岑舫与云南商会总理王筱斋商议，决心以商界为主自办石龙坝电站。次年初，成立了“云南耀龙电灯股份有限公司”，王筱斋担任董事，左益轩担任总经理，向社会招股筹资，同年7月聘请了德国工程师毛士地亚·麦华德，全套设备向德商“礼和洋行”购买。电站一厂于1910年8月21日开工，工程历时21个月，实际耗资50万银元。1912年5月28日正式发电，当时装机容量为480千瓦，发电机由德国西门子公司制造。所生产的电通过32千米23千伏线路向昆明供电。当时的电厂名为“耀龙电灯公司石龙坝发电厂”。1926年利用一厂尾水兴建二厂；1937年又兴建三厂。

几次扩建之后，石龙坝水电站在抗日战争前已经成为中国最大的水力发电站，并且在抗战期间，电站担负着云南军工生产、防空报警等供电的任务。中华人民共和国成立后又进行了扩建，兴建了第四车间。至今仍有8台机组，总容量7 040千瓦。现水电站隶属于中国华电集团公司华电云南发电有限公司石龙坝发电厂。2008年12月12日政府成立了中国水电博物馆，2010年被国家能源局授予“中国第一座水电站”称号。

1987年，石龙坝水电站被列为昆明市文物保护单位；1993年，被列为云南省文物保护单位；1997年，被命名为“云南省爱国主义教育基地”；2006年，被列为全国重点文物保护单位。

松花坝

松花坝位于云南省昆明市东北盘龙江上游，是一座中国古代灌溉和供水的拦河坝工程，由担任云南平章政事的赛典赤·赡思丁于元至元年间主持兴建。

松花坝初建时是一座土坝，盘龙江经松花坝分为两条干渠引水，渠水向东流七十余里，流入滇池，当时的灌溉面积号称达到万顷。经过明清两代的不断经营，工程日臻完善。工程中的各级分水工程与滇池水系的银汁、宝象、马料、海源四条河流上的堰渠相互串联、

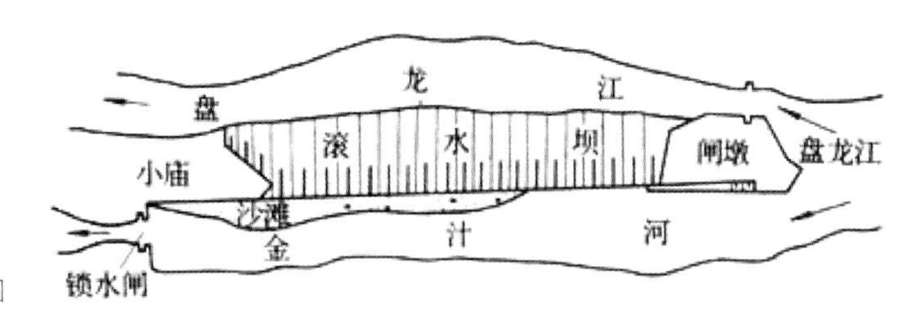

松花坝示意图

灌排配合，统称昆明六河水利，成为昆明一带主要的灌排水系。

明万历四十六年（1618 年），云南府水利道水利佥事朱芹改建渠首，修筑了一座石闸，称松花闸。闸口长三丈、宽一丈七尺、高一丈余，采用的是叠梁闸门的方法，启闭方便，提高了控制引水能力。明清两代松花坝由水利道主管，规定每年都要有计划的对其进行维修和养护，花费的经费由省库拨出。明末清初、咸丰、同治年间松花坝曾经因为战乱而破败失修，战乱后政府立即着手重新恢复，松花坝在昆明一带农田灌溉中占有一席之地。

1946 年，松花坝上游约 7 千米处修建了混凝土坝，名谷昌坝，这个工程由挡水、溢流、泄水底孔组成，成为松花坝反调节水库。1959 年，在松花坝原来的地址处重建拦河坝，坝高 47 米，从而替代了原来的谷昌坝。1966 年、1976 年又相继进行改建，增开了溢洪道、非常溢洪道，成为具有城市供水、灌溉、防洪等综合效益的水利工程。

九里堤

九里堤位于四川省成都市区西北方向，金牛区境内。九里堤公园于 2000 年由成都市园林局开始修建，2001 年 5 月 1 日正式对市民免费开放。九里堤遗址已经被评为成都市文物保护单位。

九里堤最早是一个水利工程。由蜀汉时期著名的蜀国丞相诸葛亮主持修建，当时是作为蜀国的防水工程，因为堤坝的长度约九里长，所以得名九里堤。在《成都县志》有这样一段记载："县西北十里，其地洼下，水势易趋，汉诸葛孔明筑堤九里捍之。宋太守刘熙古再加以重修。"把九里堤名称由来介绍得十分清楚。专家还考证出，唐末高骈和宋代太守刘熙古都曾组织修复堤堰。后来随着时间推移，堤坝逐渐损毁，现仅存约 38 米长的土埂遗址，而九里堤的名称就这样一代代流传了下来。

成都平原是冲积平原，古代时候经常发生水患，所以历代官府都十分重视沟、渠、堰等水利工程的建设。大禹、开明王、李冰郡守等，都曾经为川西坝子的水利设施建设作出过重要贡献。尤其是在战国末年，李冰开凿了成都城外两条江，一条是锦江，另一条是郫江。郫江经縻枣堰向南流经同仁路、通惠门、南较场、西胜街、文庙西街，向东流经过上池街、纯化街、中莲池、下莲池，到安顺桥合江亭注入锦江，几乎流过了半个成都，为整

九里堤

个成都城内提供水源和运输交通便利。

历史上的九里堤是顺着河床堆砌而成的，九里堤埂虽只有九里长，但它与历史上成都城“穿城三里”比，也算是不小的水利工程。而今的九里堤虽面目全非，但地名却保留了下来。1981 年，成都市进行文物古迹和地名普查，注意到九里堤的九里堤小学内的功德庙叫“刘公祠”（当地村民叫“诸葛庙”），一块比门板大的石碑上刻有“宋太守刘熙古”等字。于是政府将九里堤小学定为市级文物保护单位。并且对仅存遗址的九里堤也进行了相关方面的保护。

清坝

清坝位于河北省承德市，与避暑山庄一起是一个完整的古建筑群，在保护山庄及市区人民的生命财产方面具有非常重要的作用。清坝历经几百年的沧桑变幻，至今神韵尤存。

清坝是清代水利工程的杰作。分外坝和内坝，外坝即武烈河防洪坝，建于康熙四十二年（1703 年）。目的是用来抵御洪水。据《承德府志》对外坝的描写是：“东起东北，东门外长堤蜿蜒，北起狮子沟，南尽砂堤咀（今半壁山），延袤 12 里，石七层，广约丈许”；内坝又称迎水坝，北起德汇门五孔闸向南至草市段与外坝连在一起，于乾隆三十六年（1771 年）所建。

康乾时建造的外坝、内坝结构基本相同，所用的石条长 1.35 米、宽 0.50 米、高 0.48 米，坝的外层石条都是用银锭榫相连接，坝体层数是 5~10 层，极为牢固。《承德府志》对内外坝的描述为“在府治东有二坝，各经十五丈，广四尺，穹九尺有奇”。道光十年（1830 年），热河道兵备道道台海忠为防止武烈河洪水泛滥，带领大家一起出钱，齐心协力修筑了今草市至大桥的一段堤坝，因为用料及工程质量比不上康乾时代筑建的清坝，所以在使用的过程中，因为洪水的冲刷而决口被毁。现存西起市统建办向东约百米左右的部分还算是比较好的。

自康熙年间建好清坝至光绪八年（1882 年）180 年的历史中，清坝曾经抵御过多次洪

清坝

水侵袭却安然无恙。但是到了光绪九年（1883 年），一场突如其来的特大洪水对内外坝损毁较大，狮子沟至迎水坝一带连绵数里的石坝基本损毁。洪水过后，光绪帝下令对内外坝进行全面整修，在保存原坝结构的基础上，将堤坝加高了二到三层，层数越来越多，变得牢固不已。1998 年橡胶坝施工中发现了康熙时修筑的百余米长的外坝得以验证。但是发掘的过程中所不同的是这段外坝用料不是很规整，经实地测量，条石的长度大至有 1.55 米、0.95 米、1.20 米、0.91 米、2.07 米等，也没有银锭榫相连接。修复后的内外坝虽然不像原坝那样牢固，但是也挺过了多次洪水的考验，至今屹立于市区武烈河西岸，雄风不减当年。

现如今的清坝在城市建设中正发挥着越来越重要的作用，它一方面见证着承德的历史和未来，另一方面它是承德的守护神。清坝由于所处地理位置的重要，历代对于清坝的修缮和保护工作极其重视，据《武烈河西崖大坝岁修章程碑记》记载："热河大坝关系全郡之安危，尤必格外慎重。倘遇有损伤之处，随时修补"。

中华人民共和国成立后，政府曾数次对清坝进行加固、修补。根据承德市城市总体规划，将清坝作为历史建筑予以保护，并于 2009 年启动了清坝景观改造工程。如今的清坝已成为市民休闲娱乐的好去处。

林公堤

林公堤位于河南省开封市柳园口黄河游览区，由清代名臣林则徐主持修建。

"哀国步维艰，禁烟评忠，近代首写攘外史；痛民生疾苦，兴利除弊，千秋敬仰文忠公。"这是林则徐祠的一副楹联，也是人民对林则徐一生的最好评价。站在开封林公堤上，只见黄河滔滔东流、大堤风光无限，高大威严的林公塑像迎风而立，气宇轩昂，一股傲视强权的英雄气概令人肃然起敬。

1841 年农历六月十六，黄河在水稻乡张湾村的东面决口，决口的口宽达到 260 多米（一说冲毁大堤约 1 千米），开封首当其冲。洪水漫过护城堤后，分 3 段直注城门，全城一片洪水泛滥，房屋倒塌无数、城墙多处坍塌。河南巡抚牛鉴束手无策，快马加鞭上报朝廷，朝廷特派大学士、军机大臣王鼎来此察看险情。经过实地考察后，王鼎力排众议，坚持要

林公堤

堵口、排险，保卫开封。

王鼎将实情向朝廷奏明后，东河河道总督袁文冲被革职，由王鼎代河道总督。因为林则徐在任两广总督、查禁鸦片之前，曾担任过河南布政使和河道总督，所以王鼎又上疏皇帝，请调林则徐来共同商议堵口复堤的相关事情。接到“折回东河效力赎罪”的圣旨后，林则徐日夜兼程向开封进发。到达开封后，林则徐目睹了严重的水患给开封人民造成的巨大的灾难，于是悲愤地写道：“尺书来，汴地秋，叹息滔滔注六州，鸿雁哀声流野外。鱼龙骄舞到城头。谁输决塞宣房费，况值年储仰屋愁。江海澄清定河日，忧时频倚仲宣楼。”足以说明当时的开封地区民不聊生的惨状。

王鼎将堵口的重任交给他，林则徐立即上堤察看水情、制订了堵口方案，于当年农历九月初七正式动工。虽然这时的林则徐已年近花甲，而且还体弱多病，但他没有松懈，每件事情都要亲自出动，吃住都是在大堤上；更难得的是，他还和民工一起参加劳动，这个举动大大鼓舞了堵口复堤的军民的士气，加快了工程进度。林则徐主持修复的这段黄河大堤西起水稻乡马头村，东至柳园口乡小马圈村，全长 7.5 千米，修复工程由东西两端相向进行。经过 5 个多月的苦战，大堤于翌年农历二月初八在柳园口 39 号坝至 41 号坝上堵口成功合拢。

大堤成功堵上后，林则徐便被派往伊犁地区，当地百姓设宴含泪欢送他。林则徐修复的这段黄河大堤，较决口前的旧堤向北推移了约两千米，离河道较近，所以有人称其为“前进大堤”。又有人因为这段大堤形似月牙，而称它“月牙堤”。开封人民为了感恩怀念林则徐筑堤救城的功劳，把他堵口修复的这一段黄河堤称之为“林公堤”。

如今，开封的林公堤上绿树成荫、伴着徐徐的清风。新中国成立后，这段大堤不断加高加宽，并进行了加固。依托这段大堤，开封市河务系统在此开辟了“黄河游览区”，游览区内矗立着一尊林则徐的雕像，雕像后面是一排用文字、图片记录当时林则徐在这里堵口复建的事迹。

赵家闸

赵家闸位于湖北省荆门市北部的仙居祠上，是一座由民助、民建、民管的水利工程，也是一座灰土护面过水土坝。该坝建成 100 多年来，经历了无数次洪水过流，1935 年坝顶过流水深达 3.9 米，都没有被冲毁，这足以看出赵家闸的坚固。

赵家闸始建于同治十三年（1874 年），坝高 8 米、坝顶长 47 米，基底是板状砂岩。坝身由黏土夯实筑成，外面是 1 米厚的灰土夯筑层。这种由夯实的黏土外包灰上保护层是河道滚水坝的独特筑坝方式，不仅在国外没有见过报道，在我国国内也是极其少见的。据有关统计，我国仅在湖北荆门、山西平遥和湖南株洲有 4 座类似的工程。

采用这种坝型有以下几个特点：整个滚水溢流面没有接缝，不透水，使得过坝水流平顺；由于水头较小，又是在比较坚硬的砂岩基础上，虽然没有消能工和坝坡的排水设施，但是至今坝体还没有发生破坏和渗漏的现象，材料使用合理。黏土夯实后作坝体，降低了造价，而且灰土作为外包层能充分发挥其耐冲抗磨的优点，而且灰土的比重一般为 1.6 左右，与夯实黏土的比重相差无几，所以二者一层层的结合良好，从而能有效地防止裂缝；就地取材、施工方便、造价低廉。灰土材料历来就是我国民间修建水利工程的主要材料之一。道光十六年（1836 年）成书的《河工器具图说》介绍说："凡修建闸坝，须用油灰，以资胶固"。这里所说的油灰，就是用细石灰与纯净的桐油配制，碾制成胶状，作为闸坝止水和配制灰土的材料。该书又记道"南河石工后槽，例用三合土，系以灰、土及米汁捣成"。这里的三合土，没有提到掺砂，其实就是指现在的灰土。由此可见，民间已经总结了不少灰土配制和使用的经验。而赵家闸工程由当地村民组织施工，还使用了当地生产的优质石灰和黏壤土，这些都使得工程造价较低。

由于有严格的维修规则，该闸得以久存，又由于时常对其进行局部的修复，隔 8~10 年再加厚进行大修，这也是维系大坝存在的原因。经过长年风吹日晒和冻融剥蚀的考验，大

赵家闸

坝至今依然完好，造福两岸 3 000 亩的肥沃土地，它称得上是中华民族坝工建筑史上一块绮丽的瑰宝。1962 年当地政府在灰土护面上用水泥浆砌石包护，并增做了两岸冀墙，基本消除了剥蚀，减少了维修量，使其更好的得到了保护和利用。

盐官海塘及海神庙

盐官海塘位于浙江省盐官镇南门外，是古代的海堤。关于它始建的年代还不是很确切，现存的鱼鳞石塘建于 1736 年，建筑包括天风海涛亭、占鳌塔、中山亭、镇海塘铁牛等。盐官海塘为条石海塘，工程结构复杂，具有重要的历史价值和工程技术价值。

盐官的古海塘始建于 1 700 多年前，在 713 年曾经重筑，当时称为“捍海塘”，意思是能够捍卫海岸平安太平的一条堤坝，因此又取名为“太平塘”。刚开始修筑的海塘是用泥土来堆建的，到了中国的元代，开始使用一种独特的筑塘方法—木桩石塘法。筑塘工艺继续发展下去，直到 1718 年，清政府决定在盐官修筑鱼鳞石塘。这鱼鳞石塘至今已有 300 多年的历史了，它每天要经受两次洪峰的冲击，每次冲击，塘身每平方米必须承受 6 吨多的压力，但到今天为止，它仍然发挥着非常重要的水利作用，所以称之为“捍海长城”。钱塘江古海塘现保存最完好的就是盐官段的海塘，这是人类改造自然的伟大成果，与长城、古运河并称为中国古代三大工程，更是中国最伟大的建筑工程和水利文化遗产之一。

海神庙又称为“庙宫”，始建于 1730 年，是一座专门祭祀“浙海之神”的宫殿式建筑。在中国南方，皇家式样建筑一般是不允许建造的，但是在盐官，却破例由清朝雍正皇帝下旨、由国家拨款、政府要员监督，建造了这么一个规模庞大的建筑群。海神庙原占地 40 亩，在遭到了数次战乱后，现存面积只有原来的 1/3。它的建造十分考究：选取优质汉白玉等建材来构建重要部位，殿宇内的绘画也是仿照中国皇室专用的传统图案来绘制的。总之，整个建筑群特别凸显了中国建筑中最讲究的雕刻技艺与文化内涵，有一种神圣的寓意在其中。

中国古代十分注重精神的力量，认为人与自然的沟通需要借助于神灵：人类与钱塘江

盐官海塘及海神庙

的沟通就需要借助于“浙海之神”的力量，这位海神可以决定沿海所有人和物的命运。所以在中国，这座供奉海神的庙宇地位十分高，号称“江南紫禁城”。

2001 年，盐官海塘被列为第五批全国重点文物保护单位，海神庙（庙宫）也被列为全国重点文物保护单位。

镇海堤

镇海堤位于福建省莆田市木兰溪下游两岸，又称南北洋海堤。

镇海堤是在唐元和元年（806 年）由闽浙观察使裴次元创建，是在莆田南洋围垦东北角最易被风潮冲毁的土堤外加建石堤 3.4 千米，自黄石镇东甲村至遮浪村。据史载，石堤于明洪武二十年（1387 年）被拆，堤石用于筑平海、莆禧两城。此后仅剩土堤，屡修屡毁。清道光七年（1827 年），莆田人陈池养重修石堤，改称“镇海堤”。海堤总长 87.5 千米，

东甲堤自遮浪起至东甲止，全部工程包括石堤、附石土堤。石堤与附石土堤是同一堤的两面，外为石砌，内为土筑，土筑高于石砌，水埕堤是土筑，距石堤后半里。旧志载，东甲、遮浪一带，有洋田与埭田之分，洋田依山附海，由高趋岸，前人于洋田尽处筑堤，是为内堤；又把内堤外的海滩，垦为埭田，渐围渐垦，就有一埭、二埭、三埭之称。于堤田外筑堤障潮，是为外堤。埭田低于洋田，高差 0.58~1.17 米；埭田以内堤来保障灌溉田地，用外堤来抵挡海水的侵袭。石堤就是所说的外堤，而附石石堤就是所说的内堤。

明洪武二十年（1387 年），江夏侯周德兴将堤石拆砌平海、莆禧两城，仅留下附石土堤。洪武三十年（1397 年），土堤溃决。永乐三年（1405 年），堤又崩坏，洪水直奔至壶公山麓，南洋一片沃土被淹，造成严重的灾荒。此后至嘉靖十三年（1534 年）的 100 多年间，土堤被海浪吞噬过 8 次。其中，弘治六年（1493 年），狂风大作，土堤几乎全部溃决，海船可驶入平田。民众为了修复石堤，曾几次选人进京奏请修筑，但是都没有实现，只好自行继续修建土堤，由于土堤不结实，也耐不住洪水的侵袭，所以屡修屡坏，民众因此困苦不堪。明嘉靖十三年（1534 年），兴化府知府黄一道开始修筑石堤，先用巨木杂竹为楗，将乱石块塞进去，来抵挡汹涌的潮势，紧接着又用石块砌堤，长 1 400 丈，高 9 尺，但是遗憾的是还没有完工，主持修建的黄一道就解官离去。后来知府潭铠接任将其修成。所以后人在东甲建宗祠，在遮浪建功德祠，祀此两人，以作纪念。

嘉靖二十九年（1550 年），土、石堤俱坏，砌筑修复。嘉靖四十一年（1562 年），倭寇陷城，群众逃亡，海堤经常遭遇风雨、无人管理，堤被冲决，水溢满城。邑人都御史林润，疏请帑金修堤。巡按檄县支帑金 1 000 余两进行修复，用石纵横交砌。万历六年（1578 年），堤坏，花银 1 000 两修筑石堤 420 丈，并添设石矶，明万历十六年（1588 年），堤坏，县动支帑金 575 两，修筑石堤 482 丈 2 尺。万历十九年（1591 年），支帑金 160 余两，维修石堤。万历三十年（1602 年），堤坏，拨赈银 480 两重修，添设石矶。清顺治十六年（1659 年）九月三十日，飓风猛袭，土、石堤大部分被破坏，海水淹入，晚稻绝收。顺治十八年（1661 年），截界祸起，东甲堤被划到界外，变为海港。清康熙三十年（1691 年）的几次

镇海堤

台风过后，海水充溢了大堤，淹没了田庐，海船漂入沙堤及五龙地方。雍正十三年（1735年），群众集资修筑石堤100丈，高9尺，底5尺，面3尺；附石土堤1 100丈，高1丈，底2丈，面1丈；并修东西二石涵和砌筑埭田100余亩，全部工程历经3年才完成。乾隆十七年（1752年）八月至三十九年（1774年）八月，堤坝溃决3次，海水淹至沙堤、水南诸村，沿海禾薯都被淹没。乾隆四十五年（1780年），堤坏掉，旧西涵变为深渊，沟海出入，称之为青龙港。群众移高筑堤，改设西涵。乾隆五十五年（1790年），堤坏，旧东涵溃，群众移高筑堤，改为东涵。乾隆五十九年（1794年）秋，海溢堤溃，禾薯绝收，那一年还爆发了大饥荒。道光六年至七年（1826—1827年），邑人陈池养依靠群众力量，大修东甲堤，填截青龙港50丈，筑石堤1 114丈，高1.1丈，面宽4尺，底宽8尺，纵横迭砌，满灌灰浆；又设东西两石涵，以泄埭田水；筑附石土堤1114丈；砌水埠内堤一道；抛乱石11.5万块坦坡护堤。经过这次整修，东甲堤比以前更加牢固。总督孙尔准特地到现场观察，看到重修好的镇海堤，对其赞不绝口，并手书了“镇海堤”三个大字。

此后虽然也有大风大浪的侵袭，但是并没有受到太大的影响，至今仍是福建省最早最大的海堤，保护着兴化南洋平原20多万亩良田。早在1981年被莆田县人民政府列为第一批重点保护单位，并于2000年列为莆田市爱国主义教育基地之一，还在2003年组织了镇海堤文物保护理事会。

2001年1月20日，镇海堤由福建省人民政府公布为省级文物保护单位。2006年5月25日，镇海堤由国务院公布为第六批全国重点文物保护单位。

浮山堰

浮山堰位于安徽省五河、嘉山及江苏省泗洪三县交界的淮河浮山峡内。

浮山堰是南北朝时期淮河上修建的拦河大坝。梁天监十三年（514年），为夺回北魏所占的寿阳（今安徽省寿县），采取水攻。在浮山峡筑坝拦淮，壅高水位，回水淹寿阳，200

浮山堰

千米以外的寿阳被水围困。

浮山堰的修建历时两年，用军民 20 万人。主体为土坝，两岸同时填土进筑，中间用大量铁器垫底，并用巨石大木截流。天监十五年（516 年）四月完工，坝高 20 丈（约合 48 米）、顶宽 45 丈、底宽 140 丈、长 9 里。坝旁曾开有两条溢洪道。上游形成巨大水库。堰底河床为沙土。浮山堰建成的当年八月涨水，又溃堤，下游受难的居民数以十万计。20 世纪 50 年代初治理淮旱时，峰山切岭工程利用了一条呈梯形断面，边坡陡峻，底宽 100 米的干河槽，应该是浮山堰水库溢洪道的遗迹之一。另外，在下游老河道中发现了方井形大木笼，疑是当年填石截流所用。浮山堰如今只剩下少许的遗迹。

浮山堰工程的规模在当时是举世无双的，据估算，其主坝高 30~40 米，形成的水域面积估计约有 6 700 多平方千米。总蓄水量在 100 亿立方米。浮山堰主副坝填方约达 200 多万立方米。这几项指标在当时都是世界第一位。由于坝高往往是水利工程技术水平最直接的表现。而国外的土石坝至 12 世纪才突破 30 米高度，比浮山堰晚了 600 多年。浮山堰的建成突出反映了古代中国人民惊人的力量和气概。限于当时的历史条件和人们对自然认识的深度，浮山堰只存在了 4 个月就被冲垮，但它在世界水利史上留下了不可磨灭的一页。

2004 年 12 月，浮山堰被安徽省明光市政府公布为市级重点文物保护单位。

渔梁坝

渔梁坝位于安徽省歙县渔梁镇，是新安江上游最古老、规模最大的古代拦河坝，是徽州古代最知名的水利工程，有“江南都江堰”之称。据考证，早在隋朝，人们就曾在此垒石筑坝，现在的古坝为明代重建，有明万历三十三年（公元 1605 年）修坝的记事碑可考。

渔梁坝可以储蓄上游的来水，也可以缓冲坝下的水流。无论灌溉、行舟、放筏、抗洪，都可以发挥作用。坝长 138 米，底宽 27 米，顶宽 4 米，全部用清一色的坚石垒砌而成，每块石头重达吨余。它们垒砌的建筑方法科学、巧妙，每垒十块青石，都立一根石柱，上下层之间用坚石墩如钉插入，这种石质的插钉称为“稳定”，也称元宝钉。上下层就如同穿了

渔梁坝

石锁，互相衔接，极为牢固。每一层各条石之间，又用石锁连接，这样上下左右紧联一体，构筑成了跨江而卧的坚实渔梁坝。坝中间有开水门，用于排水。我国著名古建专家郑孝燮先生说："渔梁坝的设计、建设和功能，均可与横卧岷江的都江堰相媲美！"

站在石坝上，向远处眺望，只见坝上碧波如明镜、小舟行走于其中，激起层层涟漪；坝下有嶙峋的石块，形状各异；西岸是巍然屹立的紫阳山，另外还有建于明代的紫阳桥，此桥在歙县城三座古桥中是最高、最宽的，因为桥的上游是徽商行舟的码头，所以桥建的高以方便过往的船只航行。

渔梁坝位于歙县城南 1 千米处的练江中，是新安江上游最古老、规模最大的古代拦河坝，它将练江横截，然后坝上的水势平坦，坝下则是激流奔腾。坝南端挨着龙井山，北端接渔梁古镇老街。这条老街至今保存完好，是典型的徽派民居布局，窄窄的青石板一级级往下，便可到达渔梁坝，感受历史的同时也可以欣赏古朴的徽派特色。

2001 年 6 月 25 日，渔梁坝作为唐至清时期古建筑，被国务院批准列入第五批全国重点文物保护单位。

苏北海堤

苏北海堤（范公堤）位于江苏长江口以北沿海地带。是江苏著名的文物古迹。

宋代建成的范公堤，大致从盐城至东台一线约百千米，海堤堤高约 5 米、堤宽约 10 米，堤面是宽约 3 米的夯实土堤，在河流穿堤入海处则用砖石加以围衬，并在堤内插柳植草，以固堤防，施工技术十分完善，又可美化荒凉滩涂。明代诗人曾以"参差万柳障遥天，翠拂芳堤捍海边"的诗句加以赞颂。

江苏海塘是以长江口为界，江北是苏北海堤，受海岸线变迁影响较大；江南是苏松海塘，包括现在的上海市与太仓、常熟两县海塘，亦有江塘、海塘的分别。关于苏北的海堤记载最早见于 6 世纪中叶。北齐官吏杜弼在任职海州（治所在今江苏连云港市西南）时，“于州东带海而起长堰，外遏咸湖，内引淡水”。(《北齐书·杜弼传》) 这里的遏潮长堰就是防潮大堤，是我国关于海堤建筑最早最明确的记载。

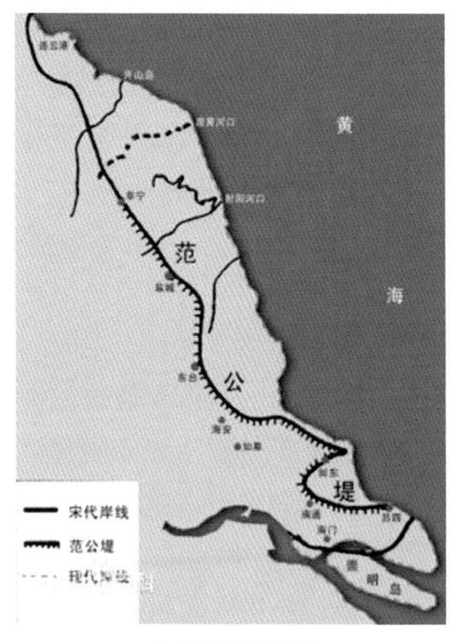

苏北海堤示意图

唐代宗大历年间，李承也筑起了一条比较重要的捍海堤。南起通州（在今南通），北至盐城。此外，在海州也筑起一条永安堤，长 7 里。自秦汉到隋唐，是我国海塘初建阶段。这一阶段，基本都是土塘。这种土塘，修建起来比较简单，可以就地取土，还省工省力，技术也比较简单。但经不起大潮冲击，平时也必须经常维修。

北宋时，范仲淹将苏北海堤系统修整、扩建，后人称范公堤。为了对堤外波浪消能，堤外斜坡较大，同时种上草皮，这也是最早的堤坝生物防护。苏北海堤在元、明时继续增修，到明万历末年南起吕四场北至庙湾，号称八百里，后因海岸线外伸，这些海堤今已距海渐远至一二百里。

苏北海堤是为抵御海潮侵袭、保护沿海城乡安全和生产所建。该段海堤历史上投入大量人力物力，从杜弼到范仲淹再到元明，代有增修，堤顺水势，堤外斜坡较大，有利于消能防冲，堤身密种草皮，是最早的生物防护堤坝技术的应用，体现了古人的治潮决心和聪明才智。范公堤的作用在其后已为历代官吏所共识，作为官吏在任期间的一项保民安邦之举，使得范公堤得以维护和扩充，逐渐向南北延长。今存堤北起阜宁南至启东之吕四，全长 580 千米。新中国成立后，沿岸人民特别是启东县群众在老石挡浪墙的基础上，不断加固，先后投资近 2 亿元，动用近 300 万吨石料和土方，筑成了 30 多千米长的混凝土灌砌抛石标准堤。近几十年来随着改革开放后经济发展的需要，一座现代化的高大的防潮堤坝才出现在与范公堤相平行的内侧，正在发挥着巨大的经济和社会效益。

淮安高家堰

淮安高家堰位于江苏省淮安市淮阴区。高家堰和洪泽湖周边历代工程建筑或遗存、碑刻等是宝贵的历史文化遗产。也为京杭大运河“申遗”成功做出了自己的贡献。

大堤所形成的洪泽湖原为塘泊洼地，淮河斜穿而过，隋代通济渠及唐宋汴渠、洪泽新河、龟山运河等均经由今湖区。古代时期，位于今大堤南部的白水塘及毗邻的破釜塘、羡塘等开发较早，历代常用以灌溉屯田。大堤西侧至淮河东岸的洼地里，隋代出现“洪泽浦”一名，明中期曾有洪泽、阜陵、泥墩、万家、灰墩等湖组成的湖群；淮河左岸溧河洼隋代已成运河堤岸壅塞湖，名永泰湖，明代称影塔湖。

黄河南徙夺淮后，淮水排泄不畅，洪泽湖一带水面扩大，逐渐有堤防修筑。高家堰在明嘉靖年间是一道防洪长堤，兼作淮安城通往西南盱眙诸县的一段大路。隆庆六年（1572年）大修，堤长5 400丈（约合17千米）、高1丈（约合3.2米）。隆庆、万历年间，黄河与淮河、运河在清口（今马头镇附近）交汇，下游不通畅时，常常倒灌淮河，威胁并危害高家堰。潘季驯于万历六年（1578年）决定将洪泽诸湖建成一个大湖蓄水，统筹解决蓄淮、刷黄、济运三大问题，接着大修高家堰。堰高1.2~1.3丈，长10 878丈（约合37千米），其中3 400丈为“笆工”（排桩防浪工）。万历七年（1579年）大湖建成，形成洪泽湖水库。大堤北起武家墩以北至新庄一带，南至越城。越城以南不筑堤，留作“天然减水坝”（溢洪道）。竣工不久，设高堰大使1名，统领500名河兵组成的专修队伍，这一制度一直延至明朝灭亡。万历八年（1580年）十月至万历十一年（1583年）三月，在高家堰迎水面创建石工墙，长3 110丈，高1丈（约合3.2米），厚2.5尺。万历十年（1582年），“永济河”开通，洪泽湖大堤自武家墩起借“永济河”西堤向北延长至运河岸边的文华寺。万历十六年（1588年）前，土堤向南延伸至周桥。万历二十年（1592年）以前，土堤迎水面几乎全部做了笆工。万历二十三年（1595年）以后的3年中，在大堤上就原有退水渠的地方接连设置了武家墩、高良涧、周家桥3座泄水闸，淮河上游洪水来临时可向高家堰下游分泄，另设古沟闸以资备用。

明清之际，洪泽湖水面开阔，风浪冲击大堤，大堤屡冲屡修，无大变化，只有周桥以南不断出现民堤，也常有冲决。清康熙十六年（1677年）靳辅治河时，周桥以南的低岗地带已被日益扩大的洪泽湖冲出9道大水沟。靳辅于康熙十七年（1678年）十一月至次年五月，将水沟全部堵塞并在此基础上加筑永久性副坝。康熙十九年（1680年），改明代泄水闸

淮安高家堰

为减水坝6座，依次为武家墩、高良涧、周家桥、古沟东、古沟西、塘埂，口门总宽170.4丈（约545米），用以取代明“天然减水坝”及泄水闸。与此同时，武家墩西北出现横堤，与纷杂的运口堤防一起，逐渐将大堤引至马头镇旁的清口。

康熙十六年至二十四年（1677—1685年）填筑土坦坡，消浪效果较好。康熙三十一年（1692年）以前，周桥以南减水坝增至6座，总宽200丈。康熙三十九年（1700年），大堤石工墙向南扩展至古沟，次年扩展至林家西，并用3年时间建成了林家西坝（宽73丈）。康熙四十四年（1705年），周桥南6座减坝改为3座滚水坝，溢流总宽保持不变，后称之为仁、义、礼三坝，并有天然土坝2座。雍正九年（1731年），高家堰大翻修。乾隆十六年（1751年），增建智、信两坝以取代天然土坝，与仁、义、礼坝合称“山盱五坝”。信坝以北全改为石工，信坝至蒋坝新做石基砖工（后也改石工墙）。五坝过水后往往冲坏，因而不断改建、移建。咸丰元年（1851年），礼坝溃决未堵，淮河在清口受阻，即由此循三河改道经运河入江，诸滚水坝亦废。清代石工最长时达60.1千米，后北段因湖底淤高，不受风浪影响，渐有拆除。传说知府吴棠曾拆条石4.5千米修淮安城。

抗日战争时期，高堰石工常被偷盗，1943年和1945年，曾补砌两次。新中国成立后，残破的大堤得到了彻底改造和加高加固，洪泽湖成为淮河干流上的大型水利枢纽工程，同时也是中国五大淡水湖之一。

淮安周桥大塘

淮安周桥大塘位于淮安洪泽县东双沟镇向北1千米，洪泽湖高家堰大堤之上。

周桥大塘系清道光年间（1824年）冰凌冲决大堤而成，清政府于1830年沿大塘建成的一道环形直立式石工墙，墙高8米，即为现在的周桥大塘越堤段，越堤的迎湖面还有一道主堤，越堤只是大堤的一道“副堤”。周桥大塘是古代人民治理洪泽湖大堤决口的见证。据洪泽湖大堤所遗“周桥大塘石碑”记载：在1824年清道光四年农历十一月十二日午后，天气突变，湖面结成冰凌，风助冰势，浪击冰摧，终将周桥息浪港堤防冲垮，并且将这里冲成了宽400米、深27米的大塘，湖东顷刻成为一片汪洋，此后，清政府用了6年时间修筑成这段周桥大塘内堤。目前，这段730米长、180多年的石工墙依然巍然矗立着，述说着那段悲壮的历史。

洪泽湖周桥大塘因周桥地名而得名。该处原来既无堤也无塘，而是古淤平地。明嘉靖三十一年（1552年）以后，周桥成为洪泽湖泄水口门之一，筑有滚水坝。清道光四年（1824年）十一月十二日周桥坝被暴雨冻凌壅塞，决堤后冲成深塘，塘底冲深至废黄河口海平面下16.16米，即地面向下约24米深。据记载，该年十一月十一日午后，西风骤起，猛烈异常，泼房拔树，骇浪如山，浪高两三丈，越泼堤顶，加以凛冽严寒，浪之所经，旋即冻结，百里长堤，形若琉璃。是年洪泽湖最高水位14.91米，周桥息浪庵过水八九丈。

周桥溃堤后，由于决口太大，大塘深不可测，到第二年仍然无法堵塞。朝廷遂令时任江苏巡抚林则徐前往现场指挥。林则徐老母病逝，重孝在身，但是他义无反顾，身着重孝

淮安周桥大塘

前往高家堰，与当地官民风餐露宿，经过几个月的奋战，终于完成使命。1826 年补建石工墙，外首筑做土坡，包砌碎石。道光十年（1830 年），在息浪庵创筑裹越内堤，将深塘及周闸水塘均围于内，计长二百二十余丈，顶宽十丈，外堤砌石工，以资垂障，经六年之久形成二道圈堤。由于外临大湖，内贴深塘，三面犯风，历来为防守重点。

1951 年毛主席发出“一定要把淮河修好”的伟大号召后，苏北人民采取补吊洞、匀缝口、设船坞、拆砌旧石墙等措施，对周桥大塘圈堤进行了加固。并于 1977 年和 1978 年花了两个冬春的时间，填土 33 万立方米，将 24 米深塘填平，彻底消灭了险工隐患。周桥大塘近年来仍保存完好，历代增修痕迹明显，但以清代工程最为细致、紧密。

在周桥大塘，能看到洪泽湖大堤上最壮观的石工墙。在主堤外，围着一圈 700 多米长的半月形大堤，从底到顶，码着 13 层巨型条石，有 10 来米高，是古代人民治理洪泽湖大堤决口的历史见证和当时最高石工水准。

三、塘浦圩田工程

太湖围田

太湖围田是太湖流域的灌排水网和围有圩堤的水田，是江南人民在长期治田治水实践中创造出来的一种独特的水利工程。

围田又称圩田，是指沿江、濒海或滨湖地区筑堤围垦成的农田。地势低洼，地面低于汛期水位，甚至是低于常年水位。其中，地势较低、排水不良、土质黏重的低沙圩田，大都种植水稻；而地势较高、排水良好、土质疏松、不宜保持水层的高沙圩田，则常种棉花、玉米等旱地作物。

太湖流域的东面是海，北面是长江，南面是钱塘江，西部山区丘陵也是水源地。流域里多湖泊，地势较低容易发生涝灾；边沿较高，容易干旱；其间又是沟渠纵横，南北向的称为纵浦，东西向的称为模塘，又有任、渎、港等名称。这些沟渎多为天然水道，也有的是人工开凿。沟渎可用来灌溉排水，也可以用来通航；开沟渠、筑堤塘是太湖地区历代的主要水利工程。

唐代太湖地区的水利营田，已进入一个新的开发时期，无论是圩堤建设的规模，还是防洪、排灌工程兴建的数量，都比以前有所提高。而五代时期的吴越在太湖流域治水治田，发明并完善“塘浦制”，七里十里一横塘，五里七里一纵浦，纵横交错，横塘纵浦之间筑堤作圩，使水行于圩外，田成于圩内，形成棋盘式的塘浦圩田系统。这也是当地人因地制宜的一种最好的体现。

北宋初年，由于朝廷偏重于漕运，忽视了农田水利的建设，所以导致太湖围田遭到破坏。到了北宋中期才开始恢复，到徽宗时开始进入发展时期。那时候朝廷鼓励人们进行围田的建设，从而将围田的范围由太湖地区逐渐扩大到今安徽当涂一带，并延伸到浙东钱塘江的附近。

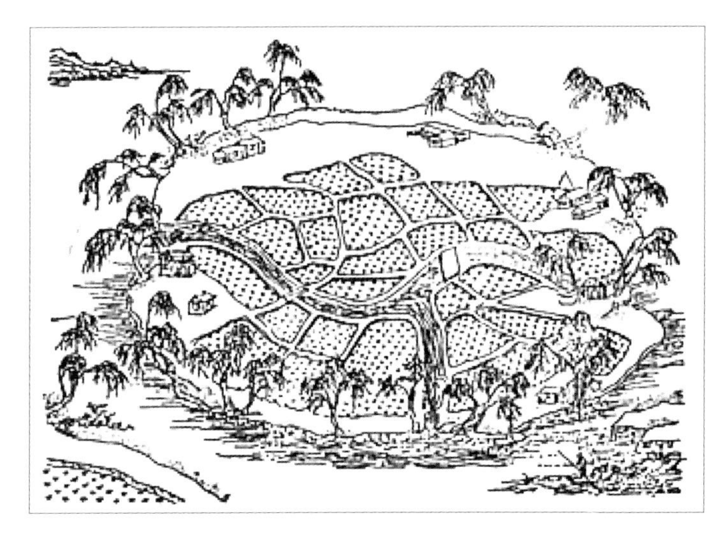

太湖围田

北宋末年，都城迁至浙江临安，南方人口剧增，迫切需要增加耕地，圩田便成为开发江南广大低洼地区的重要形式。清朝时期，也曾设招田之官，大兴围湖造田，促进了江南圩堤的建设。当时太湖流域及长江沿岸的江宁、芜湖、宁国、宣州、当涂等地都兴起大批圩田，堪称圩区建设的鼎盛期。明、清两朝都曾把发展军屯、民屯作为养兵裕国之本，再度加大了沿江圩堤建设的力度。新中国成立以后，江南地区的圩田面积仍在扩大，并继续发挥着作用。

围田的特点是主要针对江南地区水多的地理特点，使大量的沿江沿湖的滩涂变成了造福百姓的良田。这种土地利用形式是江南人民在长期实践中的伟大创举，在很多方面都有诸多的优越性，但同时它也具有弊端，如果过度的开发就会造成环境的破坏，也会带来相应的洪涝灾害。所以在现代社会中，应该合理、科学、适度的开发围田。

高淳相国圩

相国圩位于南京高淳县，有着“天下第一圩”的美誉。

相国圩是长江下游历史悠久的坪子之一，筑于春秋时代，距今已有 2 400 余年历史，地处水阳江流域下游高淳县境西南，西濒水阳江，与宣城县金宝坪隔江相望，北邻永丰好，东毗秦家汗，南接保胜坪，西南以水碧桥与宣城县秦国圩相连，总面积 38 平方千米，其中耕地 2.8 万多亩，水面积 1.1 万多亩。坪堤周长 24 千米，坪内一般地面高程 7 米左右（吴淞零点），堤顶高程 15 米，宽 10 米，外坡 1：2，内坡 1：3，设二级平台，平均堤身断面 350 平方米。

相国圩筑于春秋战国时期，距今已 2 400 有多年的历史，它在水利史上的地位很高。是江苏省第二大圩，素以“铁相国”“相国山”闻名遐迩。“周公故居”“一里三相”“一门三进士”等古迹广为流传。据《天下郡国利病书》和高淳县志记载，固城湖地区的相国圩

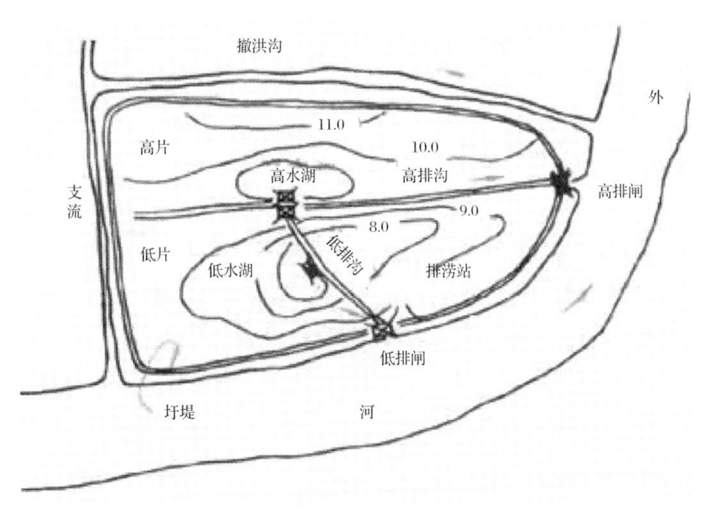

相国圩圩区排水示意图
（图片来源：郭元裕、吴存礼《中国大百科》第一版）

为春秋末期吴国人所建，周长 40 里，是我国湖区最早兴建的第一座大圩。为了鼓励人们屯田，周瑜还曾一度把家眷搬迁到相国圩内。相国圩近几百年来没有破过圩。

高淳西部属于水网地区，东面有胥河横穿。明代，朝廷对高淳重点投资的大型水利工程为起固水、通航作用而在胥河中所筑的东坝、下坝址，在相国圩亮徒门主节制水闸，永丰圩筑西徒门水闸以及通向石臼湖的藕丝闸等大型水利工程。其水利工程庞大，计耗银数千万两，为江南水利投资仅有。

相国圩虽固若金汤，但它离不开堤外水埠所起的重要作用。在固城上至花滩大约 7 千米范围内，分别布设“九埠八挡”，用土石构筑起挡水之埠，从上游水碧桥始名“头水埠”，其后称二水埠、三水埠等，各埠间距 150~200 米，除分水埠外，其他规模逐渐小于头水埠。其中，分水埠尤为独特，其作用是将上游江水分为二股，左入水阳江下泄，右归县内狮树，双桥渡至县城官溪河通航灌溉。远远望去，就如鳡鱼嘴，青石外砌内填土层郁郁葱葱。

头水埠，呈圆形，残高 2.5 米，平面纵横长 16.5 米，三面用长 0.82 米、宽 0.32 米、厚 0.16 米的青石块构筑，中间堆土。分水埠，沿相国圩外的水阳江中，用青石外砌高 3.5 米、宽约 20 米，内填土层，形呈鱼嘴长条形，俗称鳡鱼咀。上游设分水尖。

相国圩古圩堤的根基现在还在，古人造田的智慧清晰可见。高淳县砖墙镇内圩堤下，应该是古代堤坝遗迹，虽然经过历代增修、包裹，但由于该圩堤从未残破，故内里仍为旧时所筑。1954 年特大洪水，这里依然固若金汤。它是生活在湖区的人民与湖争地，开垦利用湖滩地的代表作。这种蓄泄并筹、排灌兼施的水利系统，以及湖泊滩地围垦方式，甚至可以与关中的郑国渠和四川的都江堰相媲美。

兴化垛田

兴化垛田位于江苏中部里下河腹地的兴化地区，这是一种独特的农业文化遗产。

垛田是一种高出水面1米乃至数米的台状高地，由当地先民在号称“锅底洼”的湖荡沼泽地带开挖河泥堆积而成。其形状因地制宜，大不过数亩，小的仅有几分，垛田地势较高，土壤肥沃疏松，排水良好，光照充足，宜种各种旱作物，尤适于瓜果蔬菜的种植。每到春季，垛田之上油菜花烂漫开放，形成了“河有万湾多碧水，田无一垛不黄花”的旖旎景色，恍若仙境，令人流连忘返。

垛田产生的首要因素当是该地生态环境的剧烈变迁。其次，由于黄河南下夺淮，明廷为保祖陵、漕运，长期执行“黄淮合一、束水攻沙”的治水方针，黄淮二渎归一，淮河流域承担了流域面积比其大2.8倍的黄河全部洪水泄量。由于黄河多沙、善淤，中下游的淮河流域不断被泥沙淤积，汛期上游来水与中下游的泄洪能力相差逐渐悬殊，入海通道严重受阻，兴化地区水患频仍，民不聊生。当时的兴化先民为了抵御洪水，就选择稍高的地段，挖土增高，形成土垛，再在垛上种植，形成垛田。垛田的地势很高，要大大高于当地的整体地形地势，远远望去，就像是从水中高高冒出的一个个小岛，高的高出水面可达四五米，低的也有两三米。如此高的地势，在涝灾之年至少可保一家口粮无虞。

人口增多需开辟新的田地，是垛田出现的另一原因。据统计，明清时期兴化一县共增加农田近2 000顷，折合田亩为20万亩。此时所增长的田地最大可能应该来自向水要田，在湖中开辟垛田，这是兴化垛田得以诞生和发展的重要经济原因。现在的垛田在新中国成立后土地平整，一般高出水面仅1.5米左右，防洪能力有所降低，但这也是与新中国成立以后大力整治江河、兴化地区的水灾显著减少是相适应的。

垛田的核心区域位于江苏省兴化城区东南部的垛田镇。全镇南北长12.7千米、东西宽7.5千米，总面积60平方千米，其中陆地面积37平方千米、水域面积约为23平方千米，地处北纬30° 40'、东经119° 43'的里下河腹地。由于现代的人们追求利益的最大化，作为文化遗产，垛田保护应该受到重视，同时更应该采取各种积极有效的措施来促进它的可持

兴化垛田

续发展。

2009 年 2 月，兴化垛田在国家文物局主编的《2009 年第三次全国文物普查重要新发现》中榜上有名，是苏中地区惟一入选的文物普查重要新发现。2011 年 12 月，垛田地貌被江苏省确定为省级文物保护单位。2013 年 5 月，兴化垛田正式入选中国重要农业文化遗产名录。2014 年 6 月，兴化垛田被评选为全球重要农业文化遗产保护试点。

四、陂塘工程

泗华陂

泗华陂位于福建延寿溪下游大石下旁，距莆田县龙桥城西北 3 千米许，离上游东圳水库 4 千米，陂南为龙桥村，陂北为下郑村。

宋代往省驿道由此经过，旁边有使华亭，因而得名。原陂创建年代无可考，据《兴化府志》卷五十三，记载："唐吴兴筑延寿陂，专为灌溉平洋，尊贤里地高未食其利，泗华陂建成，始分水北注。明永乐年间（1403—1424 年）重修，改名永利陂。天顺二年（1458 年），参政方逵募众修陂。明万历十五年（1587 年），吴兴裔孙同知吴日强捐金倡修"。

原坝长 253.12 米、高 3 米、顶宽 1.2 米。坝水平面成弧形凸向上游。基底用直径 15 厘米的松木卧椿横向密密排列，上面铺有三层顺水大条石，每层各露出径边宽 30 厘米，其上用块石干砌迭成弧形，外坡比例是 1∶1，内陂比例是 1∶2。陂顶中间有一缺口，宽 42 米、深 0.65 米，以利于溪洪下泄。陂两端各有 1 条渠道，南渠宽 1.47 米、长 1 千米，灌溉龙桥、四步岭两个村，出吴公庙前流入延寿溪，灌溉面积 100 多亩；北渠（今名泗华支渠，属东圳水库灌区），宽 3.5 米、长 4.67 千米，灌溉下郑、吴庄、洋西、下刘、白杜、霞尾、企溪、洞湖（原淡头）等村，灌溉面积 3 000 多亩。

20 世纪 50 年代初，当地政府成立泗华陂管理委员会，分期对其进行整治。1953 年 10 月，在店仔头附近修建横跨延寿溪的 1 座倒虹吸管，长 63 米，开挖长 2.75 千米的渠道，灌溉畅林、南郊一带 1 074 亩的良田。1956 年泗华陂并入木兰陂灌区。1958 年春，中共莆田县委要求实现自流灌溉，决定引用泗华陂水源，就在北渠首段新开长 4.67 千米的渠道，建 6 座过沟木渡槽、1 座公路倒虹吸管，使企溪、北大、洞湖、龙山、吴江、埭里等村 8 000 亩田地得到自流灌溉。该工程于当年通水，遇上 3 次台风暴雨的袭击，企溪后沿福厦公路平行的渠道（高出 1.5~2.0 米）屡修屡坏，尤其是 8 月 31 日延寿溪的山洪暴发，泗华

泗华陂

陂被冲毁 200 米，当即组织力量抢修，修复后的陂顶宽 2 米，抬高正常水位 0.6 米。被毁坏的工程因此不再修复。

1964 年，原泗华陂灌区划归东圳水库城郊渠道站管理，灌溉城郊、西天尾等公社 9 个大队的 7 000 亩耕地。1973 年 7 月 3 日，一号台风猛袭莆田，泗华陂被东圳水库下泄的洪水冲毁。灾后，改原干砌为浆包干滚水坝，修复后的滚水坝外露高度 3.1 米，顶宽 2 米，在坝高 1.5 米处下游处留一平台，宽 1 米，平台下坡度 1∶0.3，平台上坡度 1∶0.6，全部用条石砌好，坝顶浇灌混凝土盖面。坝两端为浆砌块石堤岸，与下游公路拱桥相连接。

泗华陂为莆田仅存的唐代大型水利工程。其工程规模仅次于木兰陂，在莆田四大陂中名列第二。陂长 120 余米、宽 10 米，为唐代吴兴所建。以巨石垒筑，历经千年，仍然保存完好。陂上的泗华溪高出北洋河流 3 米，全长 1.5 千米，水面面积 300 多亩，常年水流缓缓而过，河水也是清澈见底，远远望去，很是迷人，溪旁还有碧树参天等美丽风光。

太平陂

太平陂位于福建省莆田市涵江区萩芦镇崇村的莲花石下，是莆田四大陂之一。

宋嘉佑年间（1056—1063 年），知军刘谔在萩芦溪上游莲花石下拦溪筑坝建太平陂。原来是用草木拦阻断流，陂长 92 米、宽 50.55 米、深 6.85 米，又用大溪石垒筑成滚水坝，坝顶设置泄水口，宽 1.1 米、深 0.65 米。陂南侧开圳沿山而行，用石铺砌，“迂壑断处，乃作砥柱联驾石船飞渡之。”石圳蜿延 20 余里。在入境处才分上下二圳。上圳长 11 千米，得水七分来灌溉兴教、延寿二里（林外、枫岭、下刘、松坂等）高仰田地；下圳长 5 千米，得水三分，专门负责灌溉兴教、吴（梧）塘、漏头（林外、东张、东牌、太平庄、埔头等）处平洋田地。

太平陂自知军刘谔创建以后，历代屡有修建，不断的对其进行完善。宋绍定年间（1228—1233 年），知军曾用虎重修太平陂，一度更名为曾公陂；明嘉靖四十三年（1564 年）再次进行修建；清乾隆十三年（1748 年）和道光二年（1822 年）重新整修上下两圳水渠；咸丰五年（1855 年）陂首又重新进行整修加固。

近代从 1950 年开始，太平陂多次进行全面整修，开挖干支分渠。主干渠一条长达 22.5 千米，支渠 25 条共长达 33.7 千米。灌溉范围除原来的萩芦、梧塘外，再扩大延伸到西天

太平陂

尾、江口、涵江等地30多个行政村，灌溉面积由原来的6 000多亩增到2.3万多亩，保灌的面积就有1.9万亩，基本上实现了自流灌溉。

后来百姓为了纪念刘谔、曾用虎修建太平陂造福于民的功劳，于宋绍兴二年（1191年）在梧塘修建太和庙，奉祀刘谔和唐太守何玉。后来，又增祀蔡襄、曾用虎等修建太平陂有功之臣。明隆庆六年（1572年）进行重建。此外，宋朝时还在枫岭另建庙祀刘谔、曾用虎，庙名为世惠祠。太平陂600多年来几经兴废，现存的陂坝为明成化十八年（1482年）十月重建，巧妙地设置了12道闸门，用来控制水位。太平陂作为一个古老的水利工程，至今仍然发挥着作用。

槎滩陂

槎滩陂位于江西省泰和县禾市镇桥丰村境内，是江西省最早的水利工程。

槎滩陂是由南唐金陵监察御使周矩父子凿石所建，距今已经有超过一千年的历史，如今还灌溉泰和县4万多亩的良田。据史料记载，周矩在天成末年（930年）随儿子周羡和女婿吉州刺史杨大中迁居泰和的万岁（今泰和螺溪镇）。他体察民情，深知当地群众遭受大旱、欠收的痛苦，于是便决定兴修水利。937年，周矩经过多年的谋划后，选择了属于赣江水系禾水支流的牛吼江上游的槎滩村畔，用木桩、竹筱、土石压为大陂。槎滩陂分为主坝和副坝两部分。在主坝上的基角处，露出的众多红石条是最早的筑坝材料，阻挡洪水已经超过千年。这些红石条分四五层垒叠筑起。浸于水中的红石条长4米、宽0.4米、厚约0.5米。据《泰和县志》记载："古陂长一百余丈，横遏江水，开洪旁注，故名槎滩陂。又于滩下七里许，伐石筑减水小陂，储蓄水道，俾无泛滥，名碉石"。

古陂拥有众多的优点，如设计合理、都是设置在河床坚硬、水流缓慢的地方，避免遭受冲毁的威胁，还在陂上设置大小泓口，供船、排通行，保证航运畅通。建成槎滩陂后，周矩父子开挖灌溉渠道36条，使当时禾市镇和螺溪镇9 000多亩田地变成吉泰盆地的鱼米之乡。

由于周矩生前对古陂管理制定了完善的制度，古陂历时千年仍屹立不倒，惠泽万顷，至今仍可灌溉泰和、吉安两县四个乡镇的 4 万多亩良田，对我国现有农村水利工程的管理具有重要的借鉴意义。据史料记载，古陂建成后，当地就立刻成立了由陂长负责、各有业大户轮流执政的管理机构。同时，周矩父子置办田产，获取谷物，以确保古陂的日常维护经费。槎滩陂至今已经进行过多次修复，并得到扩展和完善。1998 年，水电部门在古陂上发现了两块刻有明嘉靖十三年（1533 年）蒋氏重修槎滩陂的条石。

槎滩陂

2013 年，槎滩陂被国务院核定为第七批全国重点文物保护单位。

木兰陂

木兰陂位于福建省莆田市木兰溪上，是著名的御咸蓄淡灌溉工程。

木兰陂由钱四娘于北宋治平四年（1067 年）主持创建，建成后不久就被洪水冲毁，钱氏也殉身。接着林从世在下游河口附近重建，又被海潮冲毁。熙宁八年（1075 年），侯官人李宏在僧人冯智日的协助下，在前两次坝址中间的木兰山下建陂，元丰六年（1083 年）完工并投入使用。木兰陂代替了唐代以来县内的多处塘泊，下游可以防御海潮，上游拦截永春、德化、仙游三县的来水用于灌溉农田。

木兰溪发源于德化县，自莆田入海，全长 100 多千米。建陂前，兴化湾的海潮可沿木兰溪上溯至陂首上游 3 千米的樟树村；南岸的南洋平原上围垦的大片农田，仅靠少数水塘蓄水灌溉，容易涝灾也容易发生干旱，不易控制。李宏建陂的过程中，采用古代沿海桥工使用的“筏形基础”，建陂堰长 35 丈、高 2.5 丈，设置了 32 孔闸，在陂首右端建斗门，开渠数十里，灌田号称万顷，南宋时每年提供军粮 3.7 万斛。元延祐二年（1315 年）在陂首左端建万金斗门，开渠数十里，灌溉溪北的北洋平原，以南七北三的比例分水。元至正年间（1341—1368 年）堵塞 3 孔闸，在陂南端设置 1 孔冲沙闸，并筑堤护陂。明、清两代大修二三十次，闸孔减为 28 个。清康熙时灌溉面积 9 万余亩，到了道光七年（1827 年），灌溉南北洋的农田达

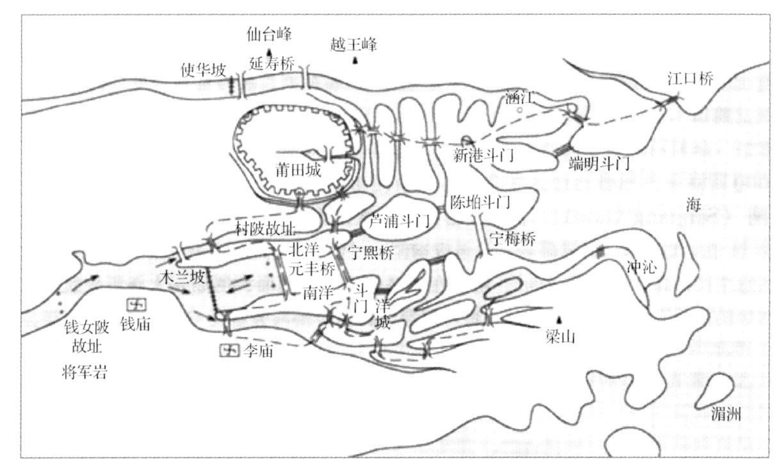

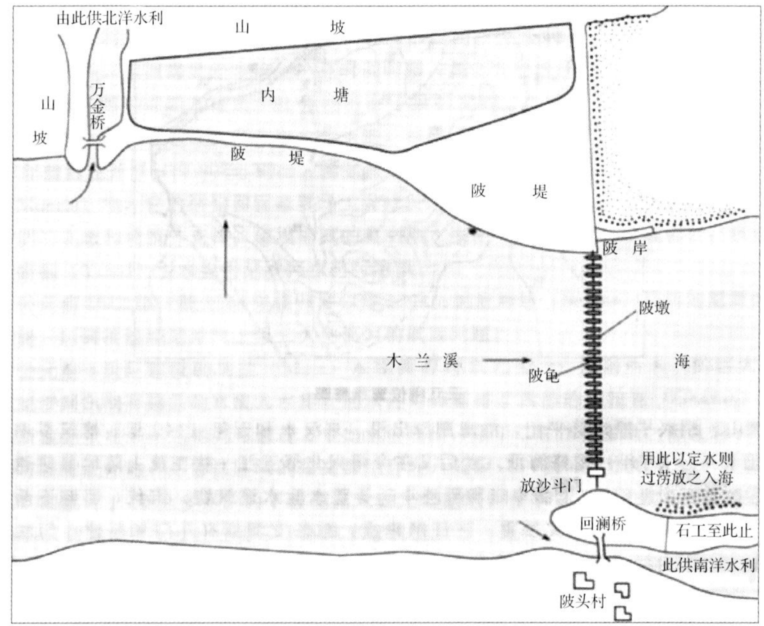

木兰陂示意图

到了 20 余万亩。

拦河坝是木兰陂的主体工程，坝上游流域面积 1 124 平方千米。为了保护两岸不受水流的冲刷，引导流向，设置了 3 条导流堤。陂南 1 条，介于南洋进水闸（迴澜桥）干渠首段与拦河坝、下游港道之间，堤长 227 米，导流堤内外两侧岸墙均用长条石丁顺交插、分层迭砌，堤中夯填黏土，上填一层白灰三合土，顶面再用石板铺砌成为“陂埕”。陂北有 2 条：1 条长 113 米，用条石分层砌筑，上连北洋进水闸（即万金桥）下接北陂埕顶端；另 1 条位于重力坝和堰闸坝之间，堤长 56 米，与溪流同向，底宽起端 6 米，末端 4 米，顶宽都是 2.6 米，用条石浆砌。据传说下游港道

赤山湖规划图

立方米。后逐渐淹废，现代全垦为田。为进一步整治赤山湖，1974 年秋，经省、地、县三级领导和技术人员沿湖实地查勘，提出浚河建闸分洪，将湖堤及南、中、北河进行改线，裁弯取直，加高培厚。经过整治，赤山湖水面由原来 14.3 平方千米缩小为 7.8 平方千米，整个水利枢纽配套设施已基本形成，抗灾能力明显提高，人民生命财产的安全有一定保障，赤山湖资源亦得到进一步开发利用。

赤山湖开发利用的历史悠久。是古代劳动人民特地修筑的一只巨大的“水柜”，在它湖面宽阔，调蓄得当时，周边颇受其利，但当这只“水柜”被毁的只剩下一只小“水勺”时，句容诸山汹涌而下的洪水不但年年威胁南京的安全，还经常让秦淮河下游两岸的百姓身陷泽国。

作为秦淮河水系上游惟一的一座天然湖泊，原湖面广阔，但由于历代围圩垦种，导致赤山湖蓄滞洪库容不断缩减，环河堤防防洪标准降低。近几年，赤山湖启动退渔还湖工程以及赤山湖 10.7 千米环河内侧堤防进行加固等两项内容。

赤山湖是主要用于秦淮河上游蓄水灌溉的湖泊，后经改进作用更加明显。中下游居民颇得其利，反之如果加以围垦，则调蓄作用削弱，周边地区水患频发。于赤山湖一例可见湖泊湿地对于旱涝的调节作用极为明显，其兴废历史也是今天我们引以为鉴的重要参考。

鉴湖

鉴湖位于中国浙江省绍兴市南，是我国古代长江以南著名的水利工程。

鉴湖原名镜湖，俗称长湖、大湖、庆湖，比较文艺的叫法是镜湖或者贺鉴湖，是古鉴湖淹废后的残留部分。相传黄帝铸镜于此而得名。鉴湖湖面宽阔、水波浩森，泛舟其中，近处碧波映照，远处青山重叠，犹如在镜中游玩。

东汉永和五年（140 年），会稽太守马臻纳山阴、会稽两县三十六源之水为湖，总面积曾达 200 多平方千米。湖在唐中叶之后逐渐淤积。北宋时，有权势的人家在湖上修筑堤堰，筑湖垦田，造成湖面积大大减少。如今的湖塘、容山湖、层石湖、白塔洋均为其遗迹。湖

鉴湖

长约 15 千米，面积 3 平方千米。湖滨有马臻墓、陆游故里、三山、快阁遗址等古迹。

鉴湖水质极佳，驰名中外的绍兴酒就用鉴湖水酿制。鉴湖所在的绍兴，距杭州东南 60 米处，历史悠久，春秋时为越国都城，称“越池”。南宋初年，宋高宗赵构南逃，曾在此暂住，取“绍祚中兴”之义，改越州为绍兴，而得名至今。

湖不仅有独特的自然风光，还有许多名胜古迹为之增色。湖东岸有马臻之墓，马臻为人民带来不小的贡献，他曾经发动民众兴修水利，却因此得罪了豪绅，被诬告致死，后来会稽百姓设法把他的遗骸运回，安葬于鉴湖之畔，建墓立庙，永久祭扫。墓在鉴湖东跨湖桥下，后靠鉴湖，前临旷野，墓前有一座石坊，上面刻着“利济王墓”（“利济王”为北宋仁宗所赐）四个大字。墓碑上刻有：“敕封利济王东汉会稽郡太守马公之墓”，为清康熙五十六年（1717 年）修墓时所立。墓东侧有马太守庙，始建于唐开元年间（713—741 年）。现存前殿、大殿和左右厢，为晚清建筑。

鉴湖在唐中叶之后逐渐淤积。北宋中期以后，湖上多被建筑堤堰，湖面积大大减少。北宋末围湖最盛时终于成田。到元代仅少数特别低洼处还保留着潴水，鉴湖已经名存实亡。今天只剩下零星的残迹。

留公陂

留公陂位于福建省泉州市洛江区双阳街道坝南村、惠安县洛阳镇陈坝村。

留公陂旧名丰谷陂，俗称陈三坝。由南宋右史留元刚主持修建，所以称为“留公陂”。陂内可防止溪流横溢，外可抵御海潮涌入。该陂有五坎陡门，视水量大小而蓄泄。明嘉靖十二年（1533 年），土陂被溪洪冲垮，泉州郡守居东崖采纳众议，在陂的左边筑了一条 22 丈的石堤作为护坡，阻挡来势汹涌的水势。从此，此陂改名为“居公陂”（石碑仍在村中）。不久便崩坏，民众只好背井离乡，后来重新组织人员修好陂堤，将改道的水流引回原来的水道，重新恢复灌溉。

最早留公陂只筑很小的一部分，灌田面积也不是很多，而且还有土石堤。明嘉靖十二年（1533 年），土堤被洪水损坏，泉州太守居倬于陂左筑堤 36 丈，深九丈五尺。后来历代

留公陂

均有修葺。1963 年，泉州市人民政府以旧堤为基础，重建了花岗岩石堤挡河坝，堤长 150 米，高 3 米，设置 15 孔闸门来泄洪。陂南的前埭社区坝南村有明时屠公碑 1 块。坝南、北面各设置排水渠。坝南灌溉鲤城区的城东和双阳农场，约 1 000 亩；坝北灌溉洛阳镇陈坝、霞星等村的农田 500 多亩。乌潭水库建成后，陈坝等村农田可直接引乌潭水灌溉，不再用留公陂的水。

留公陂是泉州最早的水库堤坝，恩泽百姓的同时又是重要的历史人文景观。

1998 年 3 月，留公陂由泉州市人民政府公布为第四批市级文物保护单位，并于 2009 年被公布为第七批福建省文物保护单位。

天宝陂

天宝陂位于福建省福清市宏路镇观音埔村。

天宝陂始建于唐天宝年间（742—756 年），故称天宝陂。引水坝是由河卵石砌成，长 219 米，高 3.5 米。此后历代都对其进行过大大小小的重修：宋大中祥符年间（1008—1016 年），时任知县郎简进行重修，后被洪水冲毁；熙宁五年（1072 年），知县崔宗臣再修，他亲自上阵，鸣鼓来激励工人按时修筑这项工程，对于迟到的工人还进行责罚，修筑过后的天宝陂灌田千余石，但是后来还是毁于洪水；宋元符二年（1099 年），知县庄柔正主持重

天宝陂

修，这次的重修采用了铁来固定其根基，并且拓宽了陂的长度，造福周边的百姓；明洪武二十四年（1391 年），按察司佥事陈灏又招募工人进行重修，如今留有渠道碑；明万历年间（1573—1619 年），知县欧阳劲、王命卿先后主持修复；清咸丰十年（1860 年）秋，洪水暴发，天宝陂随即被冲决，直至咸丰十五年才开始修复，所以也曾改名为“咸丰坝”。

民国三十四年（1945 年），有当地人在天宝陂水坝挖缺口来排水捕鱼，次年天宝陂遭受洪水的猛烈冲击，缺口不断扩大；当时政府拨款 60 亿元金圆券进行重修，但是实际拨款量很少，而且大部分还被那些豪绅权贵收入囊中，所以陂没有修成。第二年春天，十三洋水利协会筹集经费，在决口处抛筑块石来堵住决口，从而当地的灌溉得到了维持。新中国成立后，政府贷款旧人民币 38.25 亿元对天宝陂进行加固重修。并在 1951 年成立天宝陂水利管理委员会，配备专门管理的人员，不断加强工程的管理养护。2009 年，福清市政府再次重修，2010 年落成。改建过后的天宝陂不仅负责周边地区的农田灌溉，也向附近的工厂提供水源的供应。

2001 年 1 月，天宝陂被评为福建省第五批文物保护单位。

五、农田灌溉工程

坎儿井

坎儿井是新疆吐鲁番绿洲特有的农业工程文化景观。吐鲁番绿洲的坎儿井总长度约 5 000 千米，是迄今世界上最大的地下水利灌溉系统，被誉为中国的地下万里长城，同时也是中国古代最伟大的三大工程之一。

坎儿井迄今已有 2 000 多年的历史，是古代吐鲁番地区劳动人民改造自然、利用自然的杰作。吐鲁番地区劳动人民大量兴建坎儿井，是源于当地特殊的自然地理条件。吐鲁番盆地干旱酷热，年降水量只有 16 毫米，而年蒸发量却高达 3 000 毫米，是中国极端干旱地区之一。坎儿井的独特之处就在于巧妙运用地下暗渠输水，使得用水既不受季节、风沙的影响，又极大减少蒸发量，保持流量稳定，可以常年进行自流灌溉。

坎儿井主要由竖井、暗渠、明渠和涝坝组成。竖井的主要功能是开挖或清理坎儿井暗渠时，作为运送地下泥沙或淤泥的通道，同时也是通风口。竖井的深度因地势和地下水位的不同而不同，一般是越靠近源头竖井就越深，最深的竖井可达 90 米以上。竖井与竖井之间的距离，会随坎儿井的长度而略有不同，一般每隔 20~70 米就有一口竖井。一条坎儿井，少则 10 多个竖井，多则上百个竖井。竖井的井口多呈长方形或圆形，长 1 米，宽 0.7 米。当人们乘车临近吐鲁番盆地时，可以远远看见在那郁郁葱葱绿洲外围的戈壁滩上，顺着高坡而下的一堆一堆的圆土包，状如一个一个小火山锥，错落有序地伸向绿洲，这就是坎儿井的竖井口。

暗渠，又称地下渠道，是坎儿井的主体。暗渠的作用是把地下含水层中的水汇聚到渠中来，通常是按一定的坡度由低往高处挖，这样，水就可以自动地流出地表来。暗渠一般高 1.7 米，宽 1.2 米，短的 100~200 米，最长的可长达 25 千米，暗渠全部是在地下挖掘的，掏捞工程十分艰巨。暗渠越深空间越窄，有时仅容一个人弯腰向前掏挖而行。由于吐

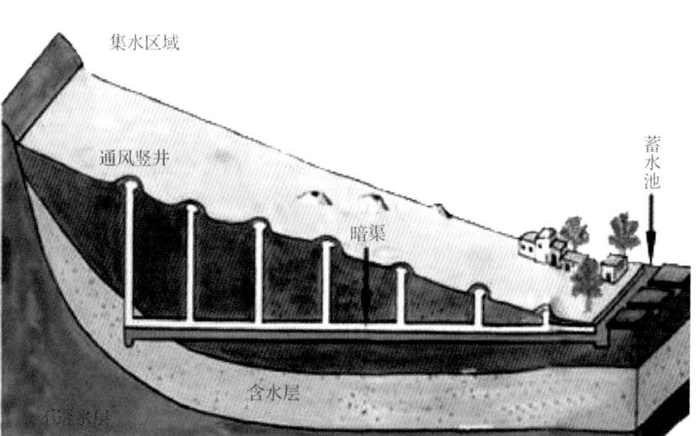

坎儿井及示意图

鲁番盆地的土质是坚硬的钙质黏性土，加之作业面又非常狭小，因此，要掏挖出一条 25 千米长的暗渠，要付出极大的艰辛。

龙口是坎儿井的明渠、暗渠与竖井口的交界处，也是天山雪水经过地层渗透，通过暗渠流向明渠的第一个出水口。暗渠流出地面后，就成了明渠。明渠，顾名思义就是在地表上流的沟渠。涝坝是人们在一定地点修建了具有蓄水和调节水作用、大大小小的蓄水池。坎儿井的水先蓄积在涝坝里，然后哪里需要，就输送到哪里。

坎儿井所具有的自流灌溉功能，不仅克服了缺乏动力提水设备的问题，而且也节省了动力提水设备的投资。它优良的水质可供农田灌溉和人畜饮用。吐鲁番气温高，蒸发量大，而坎儿井的输水渠道深埋于地下，减少了水分的蒸发。吐鲁番坎儿井最多时有 1 237 条，年流量 5.6 亿立方米，灌溉面积约 35 万亩。

近年来，由于缺乏管理，肆意使用坎儿井资源，使坎儿井流域系统受到了严重破坏，坎儿井的数量也随之迅速减少。据 2003 年进行的坎儿井普查，吐鲁番有水的坎儿井已骤减到 405 条，灌溉面积减少到 13 万亩左右。

坎儿井作为吐鲁番盆地的农业文化遗产具有重要的文化内涵，已成为 2 000 多年人类文明史上的里程碑，亦是世世代代居住在吐鲁番盆地的各族劳动人民改造和利用自然的巧妙创造。目前，当地政府正按照农业部中国重要农业文化遗产保护工作要求，制定了保护规划和管理办法，采取有效措施保护坎儿井，使这一伟大农业文化遗产得以继承，继续为当地百姓带来清冽甘甜的幸福泉水。

2006 年，吐鲁番地区坎儿井地下水利工程被国务院公布为全国重点文物保护单位，自此，坎儿井的保护利用工作得到了质的提升。

察布查尔大渠

察布查尔大渠是新疆伊犁地区的水利文化景观，是完全用人工方式开挖的一条大渠。

据传，1766 年年初，锡伯军民被伊犁将军明瑞调驻伊犁河南岸，组成锡伯营及其八个牛录（牛录为满语箭之意，是清朝八旗制度下军政合一的基层组织）。当时伊犁河南岸还是一片荒野，只有海努克等地有准噶尔时代的庙宇宫殿废墟和少部分塔兰奇（准噶尔统治时期从南疆迁徙伊犁种地的维吾尔人）垦种的田亩遗迹，锡伯族军民西迁刚来时，便选择靠近伊犁河南岸的可耕之地定居下来，一边当兵，一边种植农田，自耕自食（清政府不承担粮食供应）。

经过了许多年的岁月轮换，锡伯营人口繁衍至 7 000 余人，仅靠万余亩土地已经不能满足口粮的需要，为了解决已经发生的生计危机，只得另行开渠，扩大耕地面积，发展农业生产，以便维持全营的生计，并能完成戍边军事任务。时任锡伯营总管的图伯特面对危情，足迹踏遍了伊犁河以南所有地方，认真听取各方面意见，经过深思熟虑，提出了开渠引伊犁河水上岸的主张。在与各牛录佐领及耆老商议时，不少人提出反对意见（因乾隆皇帝曾口头答应西迁戍边的锡伯族军民 60 年后返回东北故土，所以很多人相信此话，准备 60 年满期后回故乡），图伯特又召集开会论证，在取得大多数人的支持后，果断作出开渠的决定，上报伊犁将军松筠，以“渠不成则灭吾九族”来表示决心，以其赤诚勤勉获得伊犁将军的批准。

嘉庆七年（1802 年）9 月 1 日，大渠正式开工。首先在察布查尔山口开凿，南引伊犁河水。工程艰巨，劳动力不足，图伯特将有关渠工、资费、工具、用工方式等均做了周密安排。决定每牛录抽 100 个青壮年，八牛录共 800 劳动力，分编成两个大队，春秋两季分期换工，轮班劳作，采取边挖渠边放水、边开荒边种地的办法，力求当年动工，当年受益。这样不但解决了渠道的试水问题，而且解决了劳动力的口粮问题。图伯特在开工前带头捐款，募集款项作为劳工资费；开工后亲临工地，起早贪黑地忙碌，及时解决出现的各种难题。这种公而忘私、不辞辛劳的精神，也极大地激励了广大军民的士气。经过 6 年的艰苦奋斗，终于在 1808 年春天大渠胜利竣工，全渠总长 100 千米，渠深 3.3 米，宽约 4 米，大

察布查尔大渠

渠流经察布查尔全境，最终流入哈萨克斯坦国境内的巴尔喀什湖。大渠最初称锡伯渠，后因大渠龙口之山崖名察布查尔，因与锡伯语“粮仓”音近，故名察布查尔大渠。

时至今日，经过不断修缮和扩大，已开垦出20余万亩农田，成为伊犁地区主要的大河灌区主干水渠之一，养育着察布查尔地区县属20多个乡镇场、新疆生产兵团3个团场（67、68、69团）共20余万各族人民（全县共有27个民族）。该渠还成为伊犁地区乃至全新疆在历史上开挖的最大引水渠之一，迄今已有206年的历史。该渠在清代水利学家徐松所著《西域水道记》中亦有记载。

锡伯营驻地在民国年间曾称为河南县、苏木尔县、宁西县，1954年3月17日成立锡伯族自治县时，按照锡伯族人民的意愿，以他们最喜爱、最引以为自豪的母亲河——察布查尔大渠的名字作为自治县的县名。

察布查尔大渠能够在当时极其困难的条件下开凿成功，与图伯特的远见卓识、大力倡导和辛勤努力是分不开的。锡伯人民把察布查尔大渠视为母亲河，将图伯特视为民族英雄和恩人，世代传颂，生前在察布查尔大渠龙口为他建造了图公生祠，绘有图公彩像，门额木匾上书写有“政声神明”“仁政堪比古贤瑞麦呈吉祥”“懿行垂范后昆恩泽布四方”的对联。每逢春秋两季在此举行祭祀活动。

20世纪90年代初，锡伯族人民自行捐资，在今察布查尔锡伯自治县七牛录村（原锡伯营正蓝旗）重新修建了图伯特纪念馆，成为人们缅怀他的重要场所和伊犁地区重点文化旅游景点。人们歌颂他的颂词、碑铭等现已发现4部：即道光元年（1821年）正黄旗佐领德克精阿等人的《献图公匾额及颂辞》；道光十年（1830年）锡伯营总管和特恒额等人的《铭刻图公碑文》；同治十三年（1874年）署锡伯营领队大臣喀尔莽阿的《祭图公文及颂辞》和1933年锡伯营副总管正蓝旗牛录章京巴达兰的《献图公颂辞》等，这些颂辞、颂文对图伯特的历史功绩给予了高度评价，如今已经成为具有重要价值的历史文物。

宁夏古灌区

宁夏古灌区位于今宁夏回族自治区的古代引黄灌区，元狩年间（公元前122年—前117年），西汉政府从匈奴的统治下夺回这一地区后开始实行大规模的屯田而创建。

据《汉书·匈奴列传》里记载，从朔方（郡治在今内蒙古自治区乌拉特前旗，黄河南岸）的西面到今天的甘肃省永登县的西北，处处开通渠道，设置田官。另外东汉时期也曾在这一带发展水利屯田。又《魏书·刁雍传》里说到在富平（今吴忠市西南）的西南30里有座艾山，旧渠从山南进行引水，在北魏太平真君五年（444年），薄骨律镇（治今灵武市西南古黄河沙洲上）的守将刁雍在旧渠口下游开辟了新口，利用河中沙洲筑坝，分河水入河西渠道。新开渠道向北40里和旧渠会和，沿着旧渠80里到灌区，灌溉田地的面积达到4万余顷，历史上称为艾山渠。开渠3年后就可以向今天内蒙古五原一带运送军粮60万斛。《水经注》记载，黄河从青铜峡的下游还向东面分出支河，用来灌溉富平一带的农田。

宁夏水利沿袭2 000多年，除有黄河的方便引水条件外，主要还靠兴修水利的实践，在

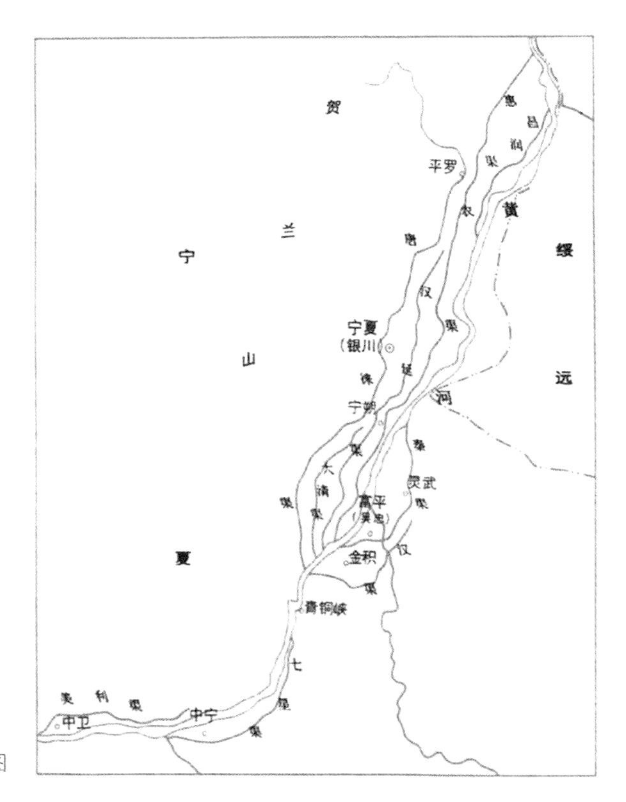

宁夏古灌区示意图

特定的自然条件下创造和发展了一套独特和完整的水利技术。在引水工程中采用无坝取水形式，大多采用分劈河面约 1/4 的垒石长（坝）来引导河水入渠。闸前渠道大多都是长 10 余里的。“跳”是指在闸前渠道上设有堰顶略高于正常水位的滚水石堰，当渠水位过高时就会自动溢流，此下还建有多座退水闸，再往下则是引水正闸。旧时的闸座大多数是采用木质，明隆庆六年（1572 年）后，逐渐改为石筑。而在正闸以下、渠两岸的长堤称为“坝”；支斗渠口多为分水涵洞或闸门，称作“陡口”；“飞槽”是不同高程的渠道相交的木质渡槽；横穿渠道的泄洪和退水的涵洞，称作暗洞或沟洞；渠道疏浚时常采用埽工封堵渠口的方法，这个方法同样也适用于修筑护岸、桥、涵、闸等的护坡或者临时性的拦水工程等。

每年工程整修时就会利用埋入渠底的底石作为渠道清淤的标准。测水位则用木制的刻字水则。“卷埽”是指入冬后以埽塞渠口，到清明时征召工人进行维修清淤，立夏的时候就撤埽“开水”；“开水”后先关闭上游支渠斗口将水逼至渠尾，称“封水”，同时还要防冲决堤岸。而“依水”则是指上游各斗口仅留一二分水，水至渠尾后，就自下而上逐次开支渠浇灌，灌足后再逼水至渠尾，再进行新一轮的封、依、灌。第一轮是大致立夏至夏至以水浇夏田；第二轮是立秋至寒露浇秋田，第三轮为冬灌，时间是从立冬到小雪，三轮过后可以提高土壤层水分含量状况，用来准备来年的春耕。如果在夏秋两季能及时浇三四次的，来年就可以丰收。

郑白渠

郑白渠是古代陕西关中地区的大型引泾灌区，是秦代郑国渠和汉代白渠的合称，也是近代泾惠渠灌区的前身。

郑国渠是由韩国水工郑国在秦王政元年（前 246 年）主持兴建，整个工程耗费 10 年。渠全长 300 余里，灌溉面积 4 万余顷，西起泾阳，引泾水向东，下游注入洛水。据《史记·河渠书》上说自此以后，关中地带就变为肥沃的良田，沃野千里，秦国由此变得愈益强盛，最终吞并诸侯，一统天下。

西汉太始二年（公元前 95 年），赵中大夫白公建议再进行修建新渠，引泾水向东，至栎阳（今陕西临潼东北）注于渭水。这个渠长 200 里，灌溉面积 4 500 余顷。此后灌区称郑白渠。《汉书·沟洫志》记载当年广泛流传的一首民谣："田于何所？池阳谷口。郑国在前，白渠起后。举臿为云，决渠为雨。泾水一石，其泥数斗，且溉且粪，长我禾黍，衣食京师，亿万之口。"这首民谣反映的就是白渠建成后，这一带土地的土肥条件得到了改善，促进了生产的发展，人民的生活得到了提高。所以编成歌谣来赞扬白公，人民的感激之情溢于言表。

前秦苻坚时期（357—385 年），曾发动 3 万民工对郑白渠进行整修。到了唐朝，郑白渠分为 3 条干渠，分别是太白渠、中白渠和南白渠，统称三白渠。灌溉主要分布于石川河以西。其中一条干渠即中白渠穿过石川河，在下邽县（今陕西渭南东北 25 千米）注入金氏陂。永徽年间（650—655 年），郑白渠灌溉面积达到 1 万多顷。但是由于官吏豪强大量设置水磨，浪费了水资源，导致到大历年间（766—779 年），灌溉面积只有 6 200 余顷。虽然政府多次下令废毁水磨，但大多得不到有效贯彻。唐《水部式》中有专门的郑白渠管理制度的规定。灌区设立泾堰监等专管机构，这个专管机构受京兆少尹（首都副行政首长）的统辖；渠道上的主要枢纽如彭城堰等设专人管理；比较大的渠道上建有木质闸门，根据预先编制的用水计划，轮流定量供水；渠道和渠系等建筑物的维修有一定的报批手续和监督办法，严禁私自拆修。另外每年农历正月初一至八月三十日将沿渠水磨封存，以保证灌溉用水。此时的干渠进水闸是 6 座石门，渠首处建有拦河壅水石坝，称为"将军"，"长宽皆百步，捍水雄壮"，后毁于水。

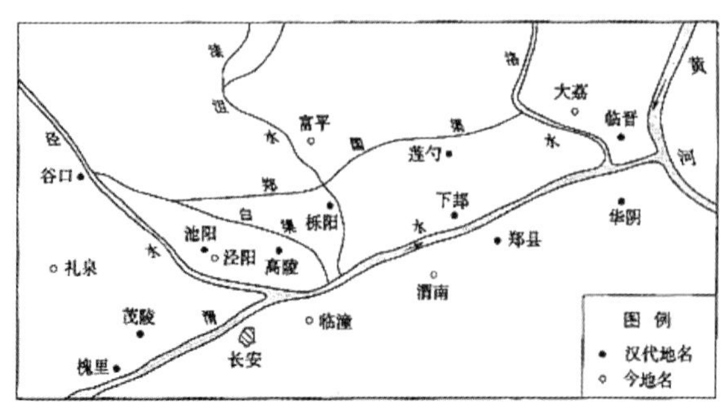

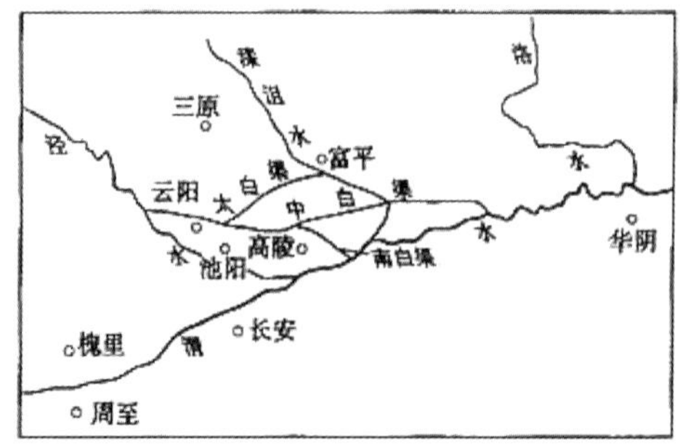

郑白渠示意图

宋代时改用临时性的梢桩坝，但每年都需要进行重修。由于泾水河床下切，历代曾多次将引水渠口上移。北宋乾德年间（963—967 年）、至道元年（995 年）、景德三年（1006 年）、景枯三年（1036 年）、庆历七年（1047 年）、熙宁五年（1072 年）、大观二年（1108 年）都曾多次维修郑白渠，其中以大观年间赵佺主持维修的规模最大：共修石渠 3 141 尺，上宽 14 尺，底宽 12 尺，土渠 3 978 尺，干渠设节制闸和退水闸以及一系列交叉建筑物，省去了渠口梢桩坝，灌溉面积达 25 093 顷，并改名为丰利渠。大德八年（1304 年），泾水水位暴涨，冲毁干渠。所以在延祐元年（1314 年）由王琚主持改建，渠首再次上移，延展石渠 51 丈，宽 1.5 丈，深 2 丈。因王琚官职为御史，所以就改称王御史渠，灌溉面积曾达 9 000 顷。改建后的拦河坝改为石囷结构，就是用卵石填充的木笼砌筑水坝，东西长 850 尺，宽 85 尺，共用了 1 166 个，并设立分水闸 135 座，还订立了一整套管理制度，这在《长安志图·泾渠图说》中有详细记载。此后王御史渠又经历过几次维修。

明代近 300 年间又断断续续修治 10 余次。天顺至成化年间（1457—1487 年）曾调集泾阳、三原、礼泉、高陵、临潼五县民工在小龙山和大龙山下进行隧洞施工，改建后的干渠再次上移 1.3 里，并改称广惠渠。正德十一年（1516 年）又花费两年对干渠的一段进行裁弯取直，修建的新渠长度是 42 丈，深度是 24 尺，为通济渠。

由于引水困难和泥沙淤积，清乾隆二年（1737 年）将渠口封闭，改为龙洞渠，专门引干渠段的山泉来灌溉，灌溉面积不断减少。开始灌溉面积还能维持在 7 万多亩，清朝末年骤减到 2 万多亩。直到 1932 年，在李仪祉的主持下，泾惠渠初步建成后，引泾灌溉才得以恢复。中华人民共和国成立后，对泾惠渠灌区进行了大力扩建和改建，古灌区重新变成了陕西省主要的粮棉生产基地。

成国渠

成国渠是位于今陕西渭北平原上的古代大型人工灌溉工程。汉武帝年间开凿，故址的渠首位于陕西省眉县东北面、渭水的北岸，引渭水向东流，中间流经今扶风县南，武功、兴平、咸阳之北，至灞、渭汇合处东注入渭水，全长约 121 千米。

三国时，魏征蜀、魏尚书、左仆射卫臻重又开凿成国渠，水源改用陈仓以东的千水，实际上卫臻所开凿的成国渠只是把汉成国渠向西延伸了 47 千米而已。郦道元编撰《水经注》时成国渠已经没有水。

直到西魏大统十三年（548 年）才在漆水河上修筑了六门堰用来节水。由此可以想象从汉至西魏，成国渠的灌溉效益因为时修时废可能不是很大。到了唐代经过多次规模较大的修治，又纳韦川、莫谷、香谷和武安四水，灌溉武功、兴平、咸阳、高陵等县 2 万多顷田地，它才发挥了巨大的作用，并给当地人民带来很大的利处。当然唐代的成国渠除了灌溉作用外，还承担着重要的交通任务；陇县千阳一带的木材可以通过这条渠道运送到长安，它的流线仍然像汉代一样。而陈仓以东至眉县的这一段唐代称为升原渠，这与卫臻所开的成国渠实际上是一回事，但是关于升原渠是否利用卫臻所开的成国渠故道的问题，还不能

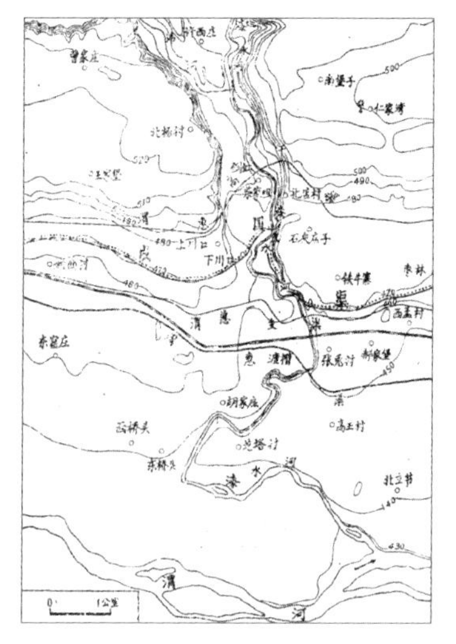
成国渠示意图
（图片来源：朱学西《中国古代著名水利工程》）

确指。升原渠由西向东到眉县即与汉成国渠合二为一，到武功县漆水河东又分开，成国渠奔向东北，而升原渠则向东南流去。

到了宋代，虽然成国渠也有历史记载，但它已堵塞不再通水，而升原渠虽尚有部分存在，也不再用于水运，成国渠也就逐渐成为了历史陈迹，而成国渠渠道附近的文物对研究古代劳动人民如何创造劳动财富以及创造财富的能力是很有帮助的。

黄河水车工程

黄河水车工程位于甘肃省兰州市，在相当长的历史时期内，黄河大水车是兰州黄河沿岸惟一的提水灌溉工具。其中比较有名的是西固区新城下川村的老水车，已经被列为省级文物保护单位。

黄河大水车又称为天车、翻车、灌车和老虎车，是兰州地区一个独特的大型提水工具。从明朝到现在已经有六百多年的历史。黄河水车的使用原理是利用河水流动的冲击力，带动有水斗的车轮转动，从而将河水从低处提升到高处，提水高度可以达到15~18米，更独特的是仅仅以河水作动力，日夜不停歇。

明清两代，地方政府都非常支持用水车来提水。清代陕甘总督左宗棠曾在总督府门前凿了一个“饮和池”，将黄河的水引入水池，用水车来提取，从而供城内百姓饮用。到民国时期，兰州近郊的水车已达160多架，数量如此多的水车保证了兰州绝大部分农田的灌溉的同时，也为人们提供了足够的饮用水。当时兰州黄河岸边的大水车三五成群，处处可见，无疑是一道亮丽的风景线。著名历史学家顾颉刚1938年8月游兰州时曾发出感叹：“黄

黄河水车工程

河之岸河堤之旁，水车声隆隆，对面细谈为之禁遏，兰州最胜处也。”显示了这个时期，黄河两岸的水车数量之多。1952 年，黄河水车工程的规模达到了最高峰时期，林立在黄河两岸的水车达到了 252 架，总提灌面积更是达到了 10 万亩。尤其是广武门至雁滩河段，单轮、双轮、三轮、五轮等形态各式的水车聚集于此，尤其壮观。所以人们将这里称作“水车园”，兰州也被称为“水车之城”。

黄河水车是一种高效且廉价低碳的灌溉工具，它的工作原理是利用水流的冲力。早些年，虽然在提灌能力上没有太大的优势，但是因为它可以昼夜旋转不停，老百姓还是对它青睐有加。一架水车的工作时间从每年三四月间河水上涨时开始，到冬季水位下降时为止，大的可以灌溉农田六七百亩，小的可以浇地二三百亩。后来由于经济的大力发展、电力灌溉的兴起，黄河老水车渐渐地退出了历史舞台，很多都被人们拆除。

现如今，兰州地区剩下的老水车已经为数不多了，其中西固区新城下川村 1 架；榆中县青城镇峡口村 1 架。除了下川村的被列为保护单位外，兰州当地对于黄河大水车的认识程度和保护力度仍然不够。所剩无几的老水车“做头”工匠技艺闲置，由于年事已高，急切需要相关方面的扶持帮助和保护；青城峡口村数百年的老水车并没有作为重点文物来进行保护；另外随着社会的发展，乡村旅游也得到了大力的发展，所以水车是个存在巨大潜力的行业，但有些地区仅仅把它作为民间加工，从而缺乏了更深一步的开发。所以当地政府应该倡导人们多关注黄河水车工程这一珍贵的农业文化遗产，从而在完善保护的基础上对它进行更好地利用和发展。

西域古明渠

西域古明渠位于新疆维吾尔族自治区内，是当时新疆地区重要的农田灌溉工程，惠及万千百姓。

新疆古时候称为西域，汉武帝还没有派遣张骞出使西域之前，南疆的且末、于阗（都城在今和田境内）等国，就都已经开始栽培谷物，可能已经建造简单的水利工程，引附近的河水来灌田了。但是南疆大型水利工程的兴建，要从汉武帝时屯田西域开始。西汉后期，随着屯田区的扩大、地面灌渠的建设，便进一步发展起来。《史记》和《汉书》都记载，汉武帝时期，在天山南麓的轮台，灌溉田地面积在 5 000 公顷以上。灌溉这样多的土地，水利设施的规模当然就要求比较高。当代考古学家黄文弼深入到新疆实地考察，发现阿克苏地区沙雅县境内的地表，仍然可以见到汉代的古渠，长约 200 里。他说当地人称它为“黑太也拉克”，意思是汉人渠。旁边有古城的遗址，当地人称为“黑太沁”，指的是汉人城。1965 年参加新疆生产建设兵团的工作人员，在今天若羌县东面，发现了一个相当完整的汉朝灌溉网，总干渠从米兰河引水，下分为七条支渠。干渠和支渠上建有总闸和分闸。渠道怀抱米兰古城。据说，这些渠道只要稍加清理，仍然可以进行使用。文献的记载、遗迹的发现，表明在汉朝时南疆的地面灌渠建设，已经很有成就。

从三国两晋南北朝到隋唐，西域灌渠建设进一步扩大，特别是在唐朝。从不完备的文献中，我们仍然可以知道，无论在高昌还是巨丽城，都修建过一定规模的灌溉渠道。

高昌位于吐鲁番东南，是唐朝西州的治所，曾经一度是安西都护府的驻地。据吐鲁番出土文书记载，唐朝在此设有专门的水官，负责统筹当地的水利建设和管理；参加水利建设的，不仅有汉人，还有突厥等少数民族。文书还说，高昌城南有一条渠道，遍布着16处堤堰，每一堤堰都有一条支渠，由此可见渠道密布的情况。也说明了唐朝很重视这里的水利设施建设。

巨丽城位于塔剌斯河边。玄奘《大唐西域记》中称为坦罗斯城（今哈萨克斯坦江布尔城）。唐朝时隶属于安西都护府，所以有许多唐人居住于此。据载，巨丽城外有一条重要的灌溉渠道，它是安西节度使所属参谋官、太原人王济之带领当地居民所修建。这条渠道质量很好，到蒙古汗国的军队西征到这里时，它还在发挥作用。蒙古汗国有一位重要大臣耶律楚材，在他西往中亚参见铁木真的路途中，曾亲眼见到这条灌渠，并把它记在《西游录》中。

清朝，图伯特、松筠、林则徐、左宗棠等官员都为天山南北修建了更多灌渠，作出过重大的贡献。当时回疆最高军政首领、伊犁将军松筠（蒙古族正兰旗人），在伊犁河北面，进行了大规模的水利建设，修理旧渠的同时还穿凿新渠。在一系列的渠系建设中，最重要是引伊犁河支流哈什河（喀什河）为水源的渠道的拓展，修了170多里新支渠。后来命名为通惠渠。

道光二十二年（1842年），清政府将禁烟有功的林则徐谪戍伊犁，“效力赎罪”。林则徐在伊犁深得将军布彦泰的器重，1844年授命他与全庆共同兴办南疆水利。两人组织各族人民，在南疆的和尔罕（今若羌北）、叶尔羌（今莎车）、喀喇沙尔（今焉耆）、伊拉里克（今托克逊西）、库车、乌什、和阗、喀什噶尔等地，经过约一年的努力，修建成数量众多的水利工程，垦地近70万亩，成绩斐然。

同治三年（1864年），中亚浩罕国在英国支持下，派阿古柏率兵侵入我国南疆。接着，俄国也以护侨为借口，强占我国伊犁地区。南北疆许多水利设施随之废弃。后来，左宗棠统兵入疆，曾纪泽赴俄交涉，在军事和外交双重努力下，大部分失地收复。光绪十二年（1884年），新疆建省。建省前后，当时在新疆担任军政要职的左宗棠和刘锦棠，都把恢复和发展南北疆的农田水利作为善后工作的重要内容之一，他们组织士兵和各族人民一起在新疆各地修建了许多渠道，开垦出大量的农田。为百姓提供了众多的便利。据后来编写的《新疆图志·沟洫志》统计，当时全区已有干渠900多条，灌田面积达到1 100多万亩。

五门堰

五门堰位于陕西城固县，至今已有两千多年历史，是陕西省保存最完整、年代最久远，而且至今仍发挥灌溉作用的惟一一座古代水利，有“陕南都江堰”之称。1993年陕西省政府将五门堰设为省级重点文物保护单位。2006年5月25日，国务院批准五门堰作为元代古建筑，列入第六批全国重点文物保护单位。

五门堰工程始建于西汉居摄二年（7 年），有着 2 000 多年的历史。工程规模宏大，建筑雄伟。它座落于城固县北 15 千米的许家庙镇东南 0.5 千米处，因其引水口为五个方口而得名。据宋代石刻《妙严院碑记》记载："山（斗山）之根有湑谷之水，截水作堰，别为五门，灌溉民田之利，盖其博也。"虽然很是宽广，但是也只有斗山北面的前湾数千亩田地受益。这是因为主渠行十余里就被斗山阻挡住，造成水无法向南流。斗山自西而来，一直伸入湑水河中，由于技术等多重原因的限制，在宋代无法逾越这一天然障碍，只能弃水入河，斗山南面的数万亩良田，就只能望水兴叹，不久就沦为旱地。另一方面，由于五门堰是土坝，经过多年的使用，很多地方都被水流冲垮。

到元朝惠宗（顺帝）至元年间（1335—1340 年），当时的城固县令蒲庸，对已崩溃的土坝进行重新修建，在原先的土坝处，用块石垒砌，建成了一座拦河石坝。石坝底端开 5 个放水涵洞，开关自如。在每个涵洞出口，砌一条引水石渠，坝东两条引水石渠，坝西三条引水石渠，共五条，故名"五门堰"，城固人民把它视为养命之源。最初，五门堰南流 10 里，至斗山北麓抱石嘴，又是因为山石的阻挡，水不能穿山而过。但是为了让水越山而过，当地百姓想出了一个好方法，他们刳木为槽，槽木之间，垒石来支撑，使木槽绕山而过，灌溉田地。但是木槽的缺点是经过长期的风吹雨打日晒，就逐渐腐烂垮掉，当地百姓屡修屡坏，难以忍受这样的辛苦。明朝弘治五年（1492 年），汉中府推官兼摄城固县篆郝晟，发动灌区百姓，想到了"用火烧水激"这个办法，开凿抱石嘴，修深二丈的石渠，使五门堰的水畅通无阻，灌溉城固县周围大片的田地。

1948 年，民国政府在清水上游修筑了现代水利工程清惠渠，于是湑水河两岸的古堰便废弃不用。但是过了不久恰逢大旱，由于清惠渠供水不足，昔日良田又沦为旱地，百姓扼腕叹息。1951 年，在人民县政府大力支持下，当地民众集资 3 万元，对五门堰进行了重修，从一开始的灌溉面积只有 5 300 亩，到后来将近万亩，古老的五门堰重新焕发了勃勃生机。

五门堰历经数百年风吹雨打如今依然长惠于民，这不仅是因为它是当地的"生命线"，使人们对它爱护有加，更重要的是，人民对它的每次改进都几乎伴随着技术上的革新和发展，所以它更凝聚了古代劳动人民无数的心血和智慧。

近代以来，当地政府采取了切实有效的措施来保护这颗璀璨的古堰明珠，早在 1929 年

五门堰

城固县政府就专门设立五门堰文管所进行保护，现在保存的历代水利碑记有 40 余块，加上匾额、楹联等许多文物，都是研究古代水利建设与管理的珍贵历史文献材料。

都江堰

都江堰位于四川省成都市都江堰市城西，坐落在成都平原西部的岷江上，是灌溉成都平原的大型水利工程。都江堰在晋代称为都安大堰、湔堰，唐代又名楗尾堰，宋代始称都江堰。到今天已有 2 000 多年的历史，是世界上现存历史最长的无坝引水工程。

都江堰创建于秦昭王末年（公元前 256—前 251 年），传说是秦蜀郡守李冰开凿了进水口并修建了引水渠道，将岷江水引入成都平原。根据现代地质调查表明岷江原来有 1 条支流，自都江堰市分出，流经成都平原，至新津归回岷江，李冰利用当地的地形条件凿宽进口，整治河道，增加进水量，这个进口即为都江堰永久性进水口，因为形状如瓶状而名为“宝瓶口”。据《华阳国志》记载，李冰还在白沙邮（渠道上游约 1 千米处，今为镇）筑了 3 个石人，立于水中“与江神要（约定），水竭不至足，盛不没肩”。这代表了他对水位流量关系已经有了一定的认识，接着还提出了有利于下游用水的大致水位标准。据《史记·河渠书》的记载，早期的都江堰主要是进行航运，同时还有灌溉效益，后来才逐步演变成为以灌溉为主。最晚在魏晋时，就已经具备了分水、溢洪、引水三大主要工程设施的雏形。

湔堰（又称堋、金堤）将岷江一分为二，它是修筑在江心洲，左侧河水经宝瓶口进入灌区，凭着湔堰的高度和宝瓶口的大小来控制引水流量；到了汛期，堰被反复冲刷，形成决口时，水流经决口归入岷江正流，又可以进行下一步的调节。到唐代时，都江堰成为由分水导流工程楗尾堰、溢流工程侍郎堰、引水工程宝瓶口三大工程为主体的无坝引水枢纽。规模已经基本完善。宋元时称分水工程为象鼻，明清至今天称为鱼嘴，均因形似而得名。鱼嘴建在岷江江心洲滩脊的顶端，长 30~50 米，高 8~12 米，低水位时分流入渠。清道光以后侍郎堰又得名飞沙堰。飞沙堰为侧向溢流堰，高 2 米左右，宽 150~200 米，低水位时壅水（因水流受阻而产生的水位升高现象）入宝瓶口，到了汛期时堰顶溢流，特大洪水时

都江堰

允许冲决堰体，溢流量增大。

现代的都江堰保持着清代以来的基本面貌，由分水工程鱼嘴，导流工程百丈堤、金刚堤，溢流堰工程飞沙堰、人字堤及引水工程宝瓶口组成。都江堰是一个集防洪、灌溉、航运的综合性水利工程。都江堰的创建，开创了中国古代水利史上的新纪元，都江堰历史悠久、规模宏大、布局合理、运行科学，且与环境和谐结合，在历史和科学方面具有突出的价值。

因此在新的社会条件下，要使都江堰持续发展、发挥更大的效益，就必须具有变化中求生存、改造中求发展、尊重自然规律、尊重科学的可持续发展理念。都江堰历经 2 250 多年经久不衰，而且还在发挥着越来越大的效益。所以要保护都江堰这一世界文化遗产，就需要保证其精髓的不变性，这一精髓体现在渠首枢纽工程所运用的科学原理上，采取各种有益的保护工程措施来保护都江堰这一古老的水利工程，让它能够适应现代社会的发展需要，在新时代上实现可持续发展。

2000 年，联合国世界遗产委员会第 24 届大会上，都江堰被列入世界文化遗产名录。

红河哈尼梯田水利工程

红河哈尼梯田水利工程位于云南省元阳县，是各族人民以哈尼族为主利用当地“一山分四季，十里不同天”的特殊地理气候条件创造的农耕文明奇观，据载已有 1 300 多年的历史。

红河哈尼梯田水利工程规模宏大，仅元阳县境内就有 19 万亩。这里水源丰富、空气湿润、雾气变化多端，云雾缭绕于山谷和梯田，将山谷和梯田装扮得含蓄生动、优美动人。摄影家在 20 世纪 80 年代对其进行介绍，自此红河哈尼梯田开始名扬世界，世界各地的人们都被它壮美的自然景观所吸引。

哈尼族等民族发挥了巨大的天才和创造力，在大山上挖筑了成百上千条水沟干渠，已建成骨干沟渠 4 653 条，其中，灌溉面积达 50 亩以上的有 662 条。从滇西北的怒江、澜沧江、长江水系到滇南江河水系流域。梯田稻作文化越来越发达，并最终在红河南岸哀牢山南段哈尼族地区形成全国、全省最集中、最发达的梯田稻作区的地理构成环境。大大小小沟箐中流下的山水被悉数截入沟内，这样就解决了梯田稻作重要的水利问题。

哈尼族人民将沟水分渠引入田中进行灌溉，由于其特殊的地理条件，山上的水是四季长流，所以梯田中所需要的水源长期充足，从而保证了稻谷的发育生长和丰收。哈尼族人民开垦开发梯田，也不是随意而为，而是随山势地形变化，因地制宜：坡缓地大则开垦大田，坡陡地小则开垦小田；甚至沟边坎下石头缝隙中，都可以开垦田地。所以就形成了一幅美丽的画面，梯田的形状各异，大的有数亩，小的只有簸箕大。坡上遍布的都是大大小小的梯田。

红河哈尼族梯田水利工程生态系统呈现着以下特点：每一个村寨的上方，都拥有着茂密的森林，提供着人们用水、用木材、用薪炭的源泉，其中的寨神林神圣不可侵犯；每一

云南哈尼梯田水利工程

个村寨的下方，是层层相叠的千百级梯田，提供着哈尼人生存发展最基本所需要的粮食；而中间的村寨由座座古意盎然的蘑菇房组合而成，形成人们最温馨的居所。这一结构被文化生态学家盛赞为“江河—森林—村寨—梯田”四度同构的人与自然高度协调统一的、可持续发展的、良性循环的生态系统。

红河哈尼梯田水利工程显示出少数民族居民不断发挥着聪明才智，顺应自然发展规律的同时，对其进行改造和发展，开垦成千上万梯田，将沟水分渠引入田中进行灌溉，促进了作物的发展和丰收。收获经济效益的同时，凭借着美丽的梯田风光，还吸引了来自世界各地的游人前来观赏，也获得了旅游的收益。现在人们对其进行了不同程度的保护，或是采取退耕还林，或是颁布保护管理细则，都是在为红河哈尼梯田的明天做着贡献。

2013 年 6 月 22 日，在第 37 届世界遗产大会上，红河哈尼梯田获准列入世界遗产名录。

龙泉渠桥背水

龙泉渠桥背水位于云南省丘北县，距今已经有数百年的历史。据《丘北县志》里说，龙泉渠桥背水古水利工程位于丘北县八道哨乡阿鲁白村南。桥的长度是 318 米，这座桥是一座三孔石拱桥，总共用了两万多立方米的石料，桥高 13.5 米、宽 1.5 米，桥孔宽 5.5 米，引南面的水向北灌溉。这项工程于清乾隆五十年（1785 年）开始修建，清乾隆五十九年（1794 年）竣工通水，是一项桥渠引水合二为一的工程。

这座桥横跨于美丽的清水河上，桥身背负蓝天，清澈的泉水从桥身上流淌，桥的旁边是美丽的象鼻岭，所以当地群众形象地称之为象鼻岭桥背水。整个桥身采用的石料是五面石，古朴典雅，引人注目。龙泉渠的前方有一个叫旧城的村寨，当地百姓为了充分利用村寨附近的龙潭这一天然资源，很早以前就自发集资修筑了一座大坝，名为龙泉坝，用来蓄水灌溉；还开挖了一条大沟，叫龙泉渠。灌溉的时候，把龙潭里的水引到龙泉坝下游地区，数千亩的荒滩沼泽地全部开垦成旱涝保收的良田，每年都是丰收年。为了惠及周围更多的百姓，象鼻岭易懂的村寨派当地有名望的人和建龙泉坝的人经过良好的沟通协商，同意了从龙泉坝的另一端开辟新渠引水。1770 年，村民们自发捐资捐物，经过村民的辛苦工作，

龙泉渠桥背水

终于开凿了一条象鼻岭隧道，这条隧道长 180 米，宽 2.53 米，高 2 米，到 1785 年才凿通隧道，之后又历时 9 年，至 1794 年才建成桥背水渡槽。整个象鼻岭桥背水工程建成后，把龙泉坝的水向东引 24 千米，灌溉面积约 12 万亩。达到了惠及更多百姓的目的。

龙泉渠桥背水是丘北古水利工程的杰作，也是云南最大的古水利工程。它对于研究古代的水利设施有着重要的价值。其中开凿山洞、引水沟渠，桥背水沟渠横跨在河上，这样既节省了土地资源的利用，保护了耕地，同时也减少了水分的蒸发量、避免了河流对田地的破坏。以上都显示了在当时这是一项先进的水利工程。另外龙泉渠桥背水工程还拥有很多优点：地点选择恰当、因地制宜；工程布置合理；规模宏大、造型优美；配套设施严密完整；与自然环境和谐统一。这项伟大的水利工程，历经数百年的风雨沧桑一直沿用至今，水流源源不断，至今仍在抗旱、农业生产、旅游、饮水、水利文化研究等方面发挥着重要作用。

目前，龙泉渠桥背水已被列为云南省省级重点文物保护单位。

东风堰

东风堰位于四川省乐山市夹江县，是一座集农田灌溉、城市防洪、城乡工业发电、居民生活供水于一体的水利工程。

东风堰工程始建于清康熙元年（1662 年），位于青衣江流域。自建成使用至今，已超过 350 年。

青衣江源自于夹金山，拥有丰沛的水量和广阔的流域面积，这为两岸灌溉农业的发展提供了便利的条件。元、明时期，青衣江流域仅有八小堰、市街堰等众多小型渠堰。至清康熙元年（1662 年），由于青衣江水资源的短缺，当时在任的夹江县令王世魁下令在青衣江建筑堤坝、开辟渠道、引水灌溉，同时将八小堰、市街堰等众多小型渠堰亦纳入整个工程体系，将其命名为毘卢堰（因堰首取水口位于毘卢寺外），后于光绪二十六年（1900 年）更名为龙头堰，并最终于 1967 年更名为东风堰。

东风堰

350余年来，东风堰为夹江县的农业发展、旅游景区的美化及居民生活环境的改善都做出了重要的贡献。东风堰是青衣江流域上传统无坝引水灌溉工程的典范。在东风堰的发展历史中，为了抵消青衣江河床不断下切的影响、保持灌区的可持续利用，东风堰的取水口位置从最初的龙脑沱迁至上游的石骨坡（1930年），后最终上移迁至迎江群星村五里渡（1975年）。而今，通过传统的无坝引水技术而实现自流灌溉，青衣江两岸的灌溉面积、农作物种植面积及灌区农作物复种指数都有了大幅的提升，此外每年通过改造中低产田地新增的产值也非常可观。东风堰与千佛岩摩岩造像景区构成青衣江畔的历史文化走廊。东风堰东、西干渠穿夹江城而过，完善了城市供排水体系，美化了城市环境。几百年来，这项水利工程不断推进当地的农业发展，因为成立了专门的机构进行管理，保证了东风堰源源不断的造福当地百姓。

此次东风堰列入世界灌溉工程遗产名录，能够更好的保护和利用这项水利工程，挖掘和宣传这项水利工程以及对世界文明进程的影响，对当地的经济和旅游带来巨大的益处，从而吸引更多的中外游人。另外，这一工程见证了灌溉工程在历史文化中的重要地位，展现了传统水利设施的可持续利用，也是水利与当地文化的完美结合。能够列入世界灌溉工程遗产名录，为东风堰的明天提供了强有力的支持。

2014年9月16日，在韩国光州举行的第22届国际灌排大会上，四川东风堰成功入选第一届世界灌溉工程遗产名录。

后套八大渠

后套八大渠位于今内蒙古自治区巴彦淖尔盟，南靠黄河，北至乌加河，它是指清代黄河后套的8条引黄灌溉渠道。自西而东是：永济渠（又名缠金渠）、侧目渠（又名刚济渠）、丰济渠（原名中和渠）、沙河渠（又名永和渠）、义和渠、通济渠（原名老郭渠）、长济渠（又名长胜渠）和塔布渠（原名塔布河）。

后套八大渠都从黄河引水，退水到乌加河。汉武帝元朔年间（约前126年），后套地区水利开始发展；唐代曾在此开辟陵阳渠等；清乾隆以后本区水利又进一步发展。道光五年（1825年）开缠金渠，渠口在黄河向东的转弯处，这条缠金渠长160里，并和5大支渠一起灌溉今杭锦后旗、临河县的田地771顷；咸丰年

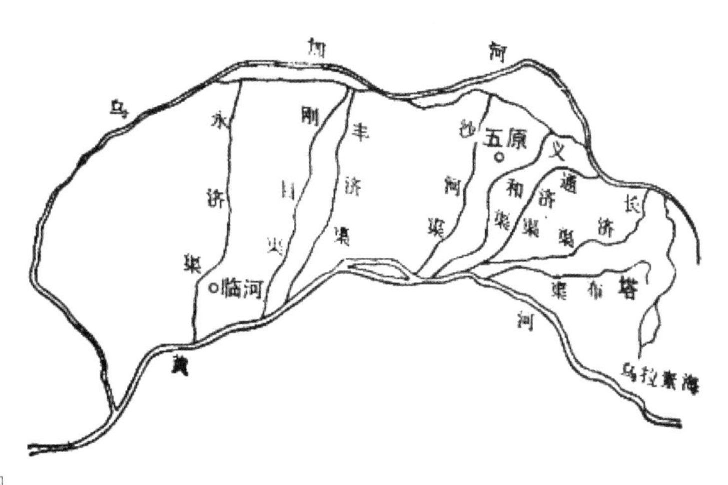

后套八大渠示意图

间开凿刚目渠，渠长 70 里，灌田面积 255 顷；光绪年间开凿了丰济渠，渠长 90 里，灌田面积 315 顷；开凿的沙河渠长 85 里，灌田面积 770 顷；开凿的义和渠长 83 里，灌田面积 82 顷，退水入乌加河后，灌溉乌拉特前旗地 1731 顷；同治八年（1869 年）年开通济渠，长 102 里，灌田 45 顷；咸丰七年（1857 年）开长济渠，长 109 里，灌田 212 顷；道光三十年（1850 年）大水冲决而成的塔布渠，长 97 里，灌田 50 顷。后三条渠道另外合灌 1 420 顷。八大渠合计灌溉 5 651 顷，全后套灌区的灌溉面积总计 9 000 余顷。

当时这些渠道大多是由民间私人组织开凿，开凿一条大渠要花费十几或者几十年的时间，施工过程中主要依靠技术人员的经验，缺乏科学的测量和规划，出现了许多无法解决的问题，如进口缺乏控制。再如渠道比降过缓，经常会造成淤塞，清淤工程量、难度都很大。光绪二十九年（1903 年），清政府任命贻谷为督办垦务大臣，强制性的规定将河套渠道和沿渠田地由国家来赎买，又对其进行了较大规模的整修，重新制定了灌区管理制度，从此以后灌溉面积不断增加，在此基础上还订立了收取水费标准，灌区的维修经费也在一定程度上得到了保障。

清代开渠比较著名的专家有甄五、侯应奎、郭敏修、王同春等人。其中以王同春（1851—1925 年）最为出名。他是河北邢台县人，没进过学堂，12 岁逃荒到河套。他非常善于思考，而且勤劳。他主持和参加开凿了八大干渠中的义和渠、丰济渠、抄河渠、刚目维和灶王河。在当时没有太多先进技术的条件下，他用夜间灯火和下雨时水流方向测量地形，用生物周期性现象和其气候的变化、个人生活经验来预测水情。1914 年，农商总长和导推督办张春聘王同春为水利顾问，共同商讨过开垦河套和导淮计划。1925 年，冯玉祥请他主持后套水利技术建设方面的工作。

据 1935 年资料显示，当年的众多大渠和小渠加起来，总计灌溉面积达到 200 万亩，足以看出民国期间，河套地区水利发展的态势良好。后套八大渠给当地人民带来了很多的便利。

长渠

长渠位于湖北省襄樊市南漳县，根据历史文献资料的记载，公元前 279 年，秦国大将白起领兵进攻楚皇城时，曾引此渠的渠水来进行作战，因此，又有“白起渠”之称。

有关长渠的兴衰历史在许多重要古籍中都有记载，而且内容丰富，所以有着十分深厚的历史文献基础。北魏郦道元所撰的《水经注》中，对长渠有着比较详细的记载，秦国大将白起因为针对敌人的军事活动修建了长渠，对楚国边城鄢城实行水攻的过程及其工程布局。鄢城当时是楚国的别都，随后秦国攻下它，并把它作为秦国的一个县。而当年白起修筑的河渠没有被废弃，转而被用鄢水引出来灌溉农田，使当地的农田变为肥沃的土壤。此后各个朝代对长渠的维修、扩建都有比较详细的记载。如《宋史・河渠志》中就记载了两宋时期 5 次重修的简要过程以及有关督修、经费、劳动力筹集、效益等方面的细节。

现代的长渠由渠首枢纽和渠道两大部分组成。渠首枢纽于 1953 年 5 月完成并投入运用。新渠首枢纽建成后，由于不断加强管理，在维修、扩建、配套、挖潜方面都下了很大的功夫，并充分利用灌区的 10 座中小型水库及 2 000 余口塘堰，引水和蓄水相结合，形成长藤结瓜式的自流灌溉系统。渠首枢纽包括长 120 米的拦河滚水坝、进水闸、冲刷闸、防洪坝等工程。干渠长 46.78 千米，共有支渠 15 条。渠系建筑物有泄水闸、倒虹吸管、渡槽、桥梁等 200 余处。1959 年又在蛮河上游修建了 3 道河水库。干渠输水流量由原来设计的 10.2 立方米增加到 30 余立方米，年引水量也由原来设计时的 8 000 余万立方米增加到 3 亿立方米左右，灌溉面积扩大到 1.6 万公顷，长渠的灌溉效益变得越来越大。这样长久高效的工程效益给后人带来很大的启示。

据南漳县志记载，关于历代修筑的长渠有六座碑文记载。另外在沿渠地带，也有着极其丰富的历史文化资源。渠首的“林荫寺岗”（也叫临沮寺岗），是汉代古城遗址；武镇东

长渠

面刘家河一带，春秋战国时期的古陶片俯首可见；渠首向西十余里的姚岗村，有一处西周时期的遗址；长渠南面有一处西周时期古城遗址；武东南边蛮河的申家咀，有古代冶炼的遗址。它们都是中华民族抗争、统一、发展、进步的历史见证。这些遗迹和长渠一起，经过时代的变迁，依然焕发迷人光彩。

引漳十二渠

引漳十二渠位于河南省安阳市以北。是战国初期以漳水为源的大型引水灌溉渠系。

引漳十二渠

《史记》等古籍记为战国魏文候时邺令（治今临西南 40 里的邺镇）西门豹所创建（前 422 年）。第一渠首在邺西 18 里，相隔 12 里处有 12 道拦河低溢流堰，各堰都在上游的右岸开引水口，设引水闸，共成 12 条渠道。灌区灌溉面积不到 10 万亩。西门豹的建造方法是“磴流十二，同源异口”。“磴”就是高度不同的阶梯。在漳河不同高度的河段上筑 12 道拦水坝，这就是“磴流十二”。每一道拦水坝都向外引出一条渠，所以说是“同源异口”。据记载，每个磴相距 300 步，连续分布在 20 里的河段上。漳水浑浊多泥沙，可以淤积起来使田地肥沃，提高粮食的产量，邺地因此而渐渐富庶起来，

东汉末年（公元 25—220 年），曹操以邺为根据地，在十二堰的基础上大修渠堰，十二堰从此改名天井堰。东魏天平二年（535 年），天井堰改建为天平渠，并形成单一渠首，灌区面积扩大，后世也称为万金渠。渠首在现在安阳市北 40 余里，漳河南岸。隋代（581—618 年）、唐代（618—907 年）以后，这一带逐渐形成了以漳水、洹水（今安阳河）为源的灌区。唐代重修天平渠，并开分支，灌溉田地的面积达到十万亩以上。清代（1644—1911 年）、民国还时有修复并加以利用。1959 年，国家在漳河上动工修建岳城水库，安阳市随后开挖漳南总干渠，引库水建成大型灌区——漳南灌区，设计灌溉面积达 120 万亩，从此代替了古灌渠。

别公堰

别公堰位于河南省西峡县城北 6 千米处。又名石龙堰，初建的时候叫乔家堰（亦称三河堰）。

据说宋代范仲淹在邓州做官的时候，曾经在此调查，并试图开凿河渠，但是没有达成愿望；还有一位在西峡口经商发了财的陕西人，打算投资开渠，引鹳河之水灌溉北堂、五里桥一带的土地。但是因为施工困难、技术限制等多方面的因素，也没有成功。不过当地人一直没有放弃改变当地生产条件的愿望，没有条件开凿大渠，就在灌区边沿石门至城关开了一系列小堰来灌溉土地，效率不是很高。

民国十七年（1928 年），地方民团司令别廷芳采用村治派的主张，开始由单纯办民团改为全面推行以“自卫、自治、自养”为内容的地方自治。民国十八年（1929 年），别廷芳经过多次实地考察，决定在羊沟口修一个大石坝，准备开渠引水灌田。当时自治派高层和社会大部分人持反对态度，也有不少人劝其放弃修堰的念头。而别廷芳有自己独特的看法，他认为宋代范仲淹、陕西商人修堰失败，有很多方面的因素，如渠线太长、河流湍急、石坚坡陡、施工困难，加上当时技术落后，又很少有人懂得水利方面的知识，还缺乏治河经验，所以很难成功。于是他坚持己见，说服了大家并大胆决策，决定修堰开渠。

别公堰建设的整个安排都是别廷芳具体主持，并没有经过专业水利工程技术人员的正式测量设计，他在参考群众筑坝经验的基础上亲自定了坝线、确定了进水口、撤水道和溢流堰的位置。该渠先由石门渠首先开工，别廷芳亲自坐镇指挥，他采纳了时任南阳专署秘书李静之的意见后，由河南省水利局长高孚五派人测量设计、按图施工，把水引上莲花寺岗，修建了一个小水电站，使西峡口成为河南省最早使用水利发电的地区。该大坝从石门进水闸起，长 300 米，整体都是用石头所砌，略呈弧形斜至对岸，弧形的曲线宛若巨龙，

别公堰

因此称“石龙堰”。石龙堰及其周围的灌渠竣工后，灌溉面积达到 7 000 多亩，其中 3 000 亩为稻田。鹳河水质良好、盆地土壤肥沃，种植的大米，质软而甜香，被誉为贡米，远销中州大地。

1937—1938 年，别廷芳在石龙堰全线贯通后又新修建了三间水泥砌砖式古建筑，还在山边修建了山亭、花园等休闲建筑。更重要的是他对石龙堰的维护和管理十分规范，他颁布了堰规、推广了种稻新法，并将各种条款刻在石条上，镶嵌在石门花厅的墙壁上。虽然措辞不是很细腻，但是言简意赅，容易让人理解，至今有很大一部分仍然在沿用。1938 年，正好南阳六区专员朱玖莹巡视到这里，亲自题了“别公堰”三字，刻碑赞扬别廷芳的伟大功劳。

新中国建立后该堰重新进行修建，将拦水石坝改为水泥坝，全长 520 米。1954 年，新开干渠和莲花土门支渠，东西总干渠长 30 千米，有支渠 23 条，还有 300 多座渡槽、闸门等各种建筑，灌溉面积 2.9 万亩，灌区涉及周边的城关、五里桥、回车、双龙 4 个乡镇。别公堰及其周围的建筑群是河南省最大的地方水利工程项目，具有重要的保护价值；同时它为当今兴修水利、合理有效利用水资源、科学种田、管理维修水利工程提供了宝贵的借鉴价值和科学的依据。

红旗渠

红旗渠位于河南省林县，是 20 世纪 60 年代林县人民为解决居民用水问题，在极其艰难的条件下，从太行山腰修建的引漳入林工程。被世人称之为“人工天河”。

红旗渠的渠首位于山西省平顺县石城镇侯壁断下，以浊漳河为源。总干渠长 70.6 千米，渠底宽 8 米、渠墙高 4.3 米，设计最大流量 23 立方米 / 秒，全部开凿在峰峦迭嶂的太行山腰，工程艰险。从 1957 年起，林县人民就发扬“自力更生、艰苦奋斗”精神，以“重新安排林县河山”的决心，先后建成英雄渠、淇河渠和南谷洞水库、弓上水库等水利工程。但由于水源有限，仍然没有解决大面积灌溉的问题。

“引漳入林”一直是林县人民多年的愿望。先经过河南和山西两省协商同意，后经国家计委委托水利电力部批准，在省、地各级领导和山西省平顺县干部群众的共同支持下，并在各级水利部门及工程技术人员的帮助下，地方政府组织数万民工，发扬林县人民“一不怕苦、二不怕累”的精神，从 1960 年 2 月开始动工，于 1965 年 4 月 5 日总干渠通水；1966 年 4 月三条干渠同时竣工；1969 年 7 月完成干、支、斗渠配套建设。至此，以红旗渠为主体，引、灌、蓄、排综合利用的水利灌溉网。历时十年，整个灌区的有效灌溉面积达到 54 万亩。解决了当时人口和牲畜的吃水问题。

10 万林县人民，苦干 10 个年头，用简单的工具，建成了在国际上被誉为“人工天河”的红旗渠。如今人们从分水苑风景区乘车向前行驶 30 千米，就可到达红旗渠所在的青年洞风景区，这里是豫、冀、晋三省交界处，有“鸡鸣一声闻三省”之说的牛岭山村。人们可以看见红旗渠悬挂在巍峨雄峙的太行山悬崖绝壁之上，八米宽的红旗渠从山中穿过，相

红旗渠

伴着天下一绝的“一线天”、情景交融的“阳凤垴”、让人胆战心惊的“铁索桥”和险峻的“凌空栈道”，这些都是当时人民在艰苦环境中修筑红旗渠的体现，更体现了林县人民改天换地的雄心壮志，它代表的是一种时代的气魄。今天的红旗渠已经不是一项单纯的水利工程，它已经成为民族精神的一个象征，并成为青少年教育基地。

2006 年，红旗渠被评为第六批全国重点文物保护单位。

五龙口水利设施

五龙口水利设施位于河南省济源市。

五龙口水利设施始建于秦始皇二十六年（公元前 221 年），至明代完成，历经 10 余个朝代修建完成以后，形成一个庞大的水利体系，辐射周围并浇灌豫西北地区的土地，至今仍然使用并发挥着重要作用。

沁河发源于山西沁源县二郎神沟，进入河南境内后，将济源北部的太行山、孔山等切断，形成河流流出山口，使五龙口一带呈现北边高山、南边平原的两级地势。五龙口水利设施就在五龙口镇北的沁河出山口、东西两侧有高近 1 000 米的悬崖断壁的河道转弯处。该工程利用河边石崖壁穿山凿洞不断扩建，到明代后期，建成广济、永利、利丰、大利渠、小利渠等五条水渠，每次引水的时候，形成五龙分水的宏大气势，所以称其为五龙口。整个工程现保存有广利、永利、广济、大利、小利、甘霖、广惠等七座渠首遗迹。

广利渠首是整个水利设施中最早开凿的，位于沁河南岸偏向下游的河道转弯处。后来几经修建，面貌改变比较大。通过文物调查后，仍然可以看到具体的遗迹。1958 年，国家大兴水利，将明代修建的利丰、永利、广济三渠合并成新的广利总干渠，灌溉济源、焦作等地，而其中的利丰洞、广济洞渠首逐渐废弃不用，完好地保存至今。

永利渠首位于沁河南岸，南距广利渠首 14 米，是一项隧洞式无坝取水渠首工程。由济源知县史纪言在明万历二十八年（1600 年）主持所建。而广济渠首座落于沁河南岸、永利渠首上游 22 米处的岸边，面临沁河的主流，是河内知县袁应泰于明万历二十八年至三十年（1600—1602 年）主持开凿，过了四年工程才完全结束。其结构形制与广利渠相似，下有引

五龙口水利设施

水洞、闸板室、操作室，渠首上边有露台及和依山建造的袁公祠石窟。不同的是广济渠的引水孔与操作室比较宽，工程规模也相对较大一些。广济渠首在两望水门蹲狮之间有楷书题额“广济洞”的一块大石匾。

大小兴利渠中的大利渠，又名兴利小河，位于沁河南岸、广利渠首下游 100 米，明万历四十七年（1619 年），济源知县涂应选与县民李三统创建开凿，属于敞开式取水渠首。引水口用大卵石砌成，上面用条石砌成简易的闸门操作室。闸板已经不复存在了。引水口将沁水分开导入渠道，灌溉济源县河头、和庄、王寨等村的田地 160 顷 80 亩。小利渠又名磨河，紧临大利渠的下游，与大利渠同时开创，结构、式样基本相同。小利渠是将沁水引到河头村带动水磨工作后，剩下的水流入沁河。因此该河仅仅是用作推动石磨，如今已经废弃不用。大、小利渠特点是工程规模小、结构简单，所以作用也不如其他渠首那么大。

广惠渠首在沁河北岸石梯处，南距广利渠首约 1 600 米，是涵洞式无坝引水工程，怀庆知府纪诫于明隆庆二年（1568 年）创建开凿；清乾隆二十八年（1763 年），县令萧应植重新进行疏浚；嘉庆六年（1801 年），进行重建；嘉庆十一年（1806 年），主体工程基本修通，广惠渠首主体工程前后经历 239 年才基本结束。1978 年进行文物普查时，还能看到比较简单粗糙的渠首部分，引水孔由石头砌成，上设闸板操控室一间；有门一扇，两侧有石刻对联，现在已经淹没在沁河的北岸。

五龙口水利设施作为一个伟大的水利工程，不仅是我国最早的水利工程之一，更是我国古代具有鲜明特色的建筑、技术工程。渠首的建筑物雕刻形象生动，具有重要的科学、历史和文物价值。

1986 年 11 月，五龙口水利设施被河南省人民政府公布为省级文物保护单位。2013 年 5 月 3 日，五龙口水利设施被国务院公布为第七批全国重点文物保护单位。

新化紫鹊界梯田

新化紫鹊界梯田位于湖南新化县水车镇。

紫鹊界梯田集云南哈尼梯田的大气、广西龙胜梯田的壮美、菲律宾巴拉韦梯田的险峻

新化紫鹊界梯田

和越南沙坝梯田的飘逸于一身，线条流畅，层次分明，气势雄伟壮观，如级级阶梯，似根根纬线，层层叠叠、依山就势盘旋于群山沟壑之间。梯田景观随四季千变万化，美不胜收。春来，水满田畴，如面面玉镜五彩斑斓；夏至，佳禾吐翠，如排排绿浪，青翠欲滴；金秋，丰收在望，像座座金塔遍地澄黄；隆冬，漫山瑞雪，仿佛条条银蛇起舞群山。

紫鹊界的背面，有万亩金银花基地，还有48座瑶人寨遗址等人文景观。据调查，这片梯田形成至现时的规模，已有2 000年的历史，是苗、瑶、侗、汉等多个民族先民共同创造的物质文明成果，是南方稻作文化与苗瑶山地渔猎文化融合的历史文化遗存，也是梅山地域一处突出的标志性文化景观。它规模之大，数量之多，形态之美，在全省乃至全国都是罕见的。其独特的耕作方式和利用山泉天然的灌溉系统同样在稻作文化中亦很独特。

紫鹊界梯田起源于先秦、盛于宋明，梯田成型已有2 000年历史，紫鹊界梯田山有多高，田有多高，水就有多高，这里没有一口山塘、一座水库，也无须人工引水灌溉，天然自流灌溉系统令人叹为观止。国家水利专家评价其可与都江堰和灵渠相媲美，把这种自流灌溉系统称之为“世界水利灌溉工程之奇迹”，是古梅山地域突出的标志性文化景观，是一块藏在深山人未识的旅游黄金宝库。是南方稻作文化与狩猎文化的巧妙融合成就了紫鹊界人与自然和谐共处的稻作文化遗存，这里民风淳朴，苗瑶风俗世代相传，梅山山歌独具韵味人人知晓；梅山饮食、梅山武术等风格独特；当地的民居古色古香、颇有特色；草龙舞、傩面狮身舞等风俗表演更是原始神秘、别有风情。

紫鹊界梯田依山就势而造，小如碟、大如盆、长如带、弯如月、形态各异、变化万千，婉如天上瑶池，人间仙境。它集云南哈尼梯田的宏伟、广西龙胜梯田的秀美、菲律宾梯田的飘逸于一身，面积广大、坡度陡峻、线条流畅、形态优雅、风格独具，享有“梯田王国”的美誉。

2014年9月16日，新化紫鹊界梯田入选第一届世界灌溉工程遗产名录。

六门堤

六门堤位于河南省邓州市西城区新西小学院内，是汉代穰县湍河截流工程。也是召信臣兴建的数十处工程中最著名的一处，现存遗址有岔股路村北渠首和通往韩凹村北的槽渠一段。

据记载，西汉建昭五年（公元前 34 年），南阳太守召信臣“断湍水、立石碣、开三门、提水位、灌良田”。最长的渠道是由闸门渠首向东修干渠，经穰县城向东北方向，再折向东南进入新野，全长共 200 里。再沿着干渠修筑陂、堰共 29 处，受益面积达到 3 万顷；元始五年（公元 5 年），将开三门改为六石门，所以叫做六门堰（水经湍水注作六门堤），灌溉穰、新野、朝阳三县的土地 5 000 余顷；西汉末年，六门堤工程失修，功效不大；东汉建武七年（公元 32 年），南阳太守杜诗重新修复六门堤，并在此基础上加以扩展，将陂堰增至 31 处，受益面积达到 4 万顷。汉朝末年毁废；太康三年（282 年），重新修建六门堤，在旧址的基础上，引湍水及周围河流的水灌溉农田，并延伸到襄阳，另外陂堰增至 44 处；其后一大段时间内，由于战乱不断，水利全面失修；刘宋元嘉二十二年（445 年），沈亮任南阳太守期间，曾经修复古代水利工程，但缺乏详细的史料记载；北宋真宗时，邓州知州谢绛按如召信臣六门陂旧址组织兴修，既考虑到壅塞的水流又考虑到湍水泛滥的危害，对六门堤的灌溉系统进行了部分的恢复，受益面积 3 万顷，但是北宋末年再次废弃；明洪武初年，邓州知州孔显稍微疏导了一下；正德年间（1506—1521 年），六门堤系统恢复到引陂堰；嘉靖三十三年（1554 年），知州王道升再次组织修复，发展到 38 陂 14 堰；崇祯（1682—1644 年）以后再次荒废。

六门堤系统中的各个陂都有蓄水，相互补充，形成排水、蓄水、灌溉相结合的综合水利体系。像这种“长藤结瓜”的独特的水利形式，标志着西汉时期，南阳郡的水利建设已经达到了一个新的水平，六门堤为研究这一工程提供了可靠的实物资料。

六门堤遗址

七门堰

七门堰位于安徽省六安市舒城县西南七门山下，距今已有2 000多年历史。

七门堰是中国古代著名的水利灌溉工程之一，具有极其悠久的历史。汉高祖七年（公元前200年），刘信担任羹颉侯，封地在舒城，所以开始在七门岭下建筑堤堰来阻挡河水，曰“七门”，引水向东北，大力发展农耕，灌田面积8万余亩；又在东面加筑乌羊、槽牍堰，叫做“七门三堰”，灌田1 500顷。另外在明宣德年间（1426—1435年），县令刘显在进行疏浚、扩大灌溉面积的同时，制定了相关的用水办法和管理制度，人民世世代代受其恩惠。于是为了纪念刘信、刘馥、刘显，在七门堰建造“三刘祠”，立石碑来记载纪念三人的伟大功德。七门堰的显著特征是充分利用自然陂、荡、塘、沟，形成自流灌溉网。这里山与水相互映衬，特别适宜游人前来观光。其中的“三堰余泽”，被誉为“龙舒八景之一”。

2 000多年来，七门堰的水利历尽沧桑，时兴时废。尤其是到了近代，由于长期战乱、反动当局的横征暴敛、地主大户的强取豪夺，七门堰的水利日趋衰落，等到新中国成立前夕，已经是摧毁殆尽。新中国成立以后，党和政府十分重视水利事业的发展，从1951年11月份开始动工，对七门堰进行了全面的大整修和扩建，至1953年底竣工。在26个月内，共开新干、支渠36千米，建156处涵闸、斗门、水坝等，计完成土石方230 806方（其中石方18 628方），实际用款35.6万余元，灌溉面积达9.7万亩。并于1954年正式成立七门堰灌溉工程管理处，加强养护、管理、岁修、开发和灌溉等方面的事务。到1957年，七门堰灌溉面积扩展到15万余亩。至此，这个古老的水利工程才真正焕发光彩，不断发挥着巨大的灌溉能力。后来又在杭埠河上游兴建了龙河口沛干渠，自此七门堰灌区纳入杭沛干渠配套工程，成为闻名中外的沛杭工程的一个组成部分。而七门堰的遗址则作为历史古迹永远保留在祖国的大地上。七门堰上游的龙河口水库建成后，蓄水8亿立方米，并入了世界著名的淠史杭灌区，七门堰则与龙河口水库的杭北干渠相沟通，发挥着效益，并且不断给人们带来更大的福利。

七门堰不仅具有历史悠久、工程浩繁的特点，而且在水利科学上也积累了极其丰富的经验。它是中国古代汉族劳动人民在遵循自然规律基础上，改造利用自然的智慧结晶。

七门堰

2001 年，七门堰被列为第五批全国重点文物保护单位。

通济堰

通济堰是位于浙江省丽水市区西南碧湖平原上的一处古代水利工程。

通济堰创建于南朝梁天监年间（502—519 年），这是一项构思独特、极具科技水平的古代水利工程，也是浙江最古老的大型水利工程。堰区处在松荫溪与瓯江汇合口附近，由于它的地势西南高东北低，所以落差有 20 米。巨大的拱形堰坝将松荫溪的水注入广袤的碧湖平原，灌田面积达 20 万余顷，不仅承担着丽水碧湖平原农业用水的重任，更是灌区人民生活用水的重要来源。堰区的水渠贯穿整个碧湖平原，干渠迂回长达 22.5 千米，分凿支渠 48 条、毛渠 321 条，并开挖众多的水泊湖塘储水，形成了以引灌为主，储泄兼顾的综合水利灌溉网。

近代以来，随着传统农耕方式的变化，在人为作用下，我国古代灌溉水利工程消失的速度大大地超过了自然界风霜雪雨的侵蚀。古代水利工程或者与之有关的文物，大都分布在野外，受到自然风化的影响后，很难完整的保留下来，所以通济堰能够较完整地保留下来，并能继续沿用其灌溉的功能是非常不容易的。但在最近的几十年来，通济堰遭受破坏的速度不断加快，最主要的是来自建设性破坏。如随着经济的发展，当地村民为了更方便的进行生产生活活动所产生的渠道整治，或者是为了灌溉对水利工程的新建或扩建等。这一系列活动都给通济堰区的相关文物造成了不同程度的损坏。所以在新中国成立以后对通济堰渠进行的多次整修，多数主要概闸被改建为混凝土结构，有的概闸则被废弃；碧湖平原内新建的高溪水库、郎奇水库和新治河排水渠系，形成了新的水利灌溉系统。

在改建的同时，存在着方便也存在着不同程度的破坏，如部分地段渠道由原来自然土岸被改用为块石护堤、与原有古朴自然的风貌相去甚远；部分毛渠、湖塘被填埋，灌区内居民的生产生活垃圾堆放与污水放流等。这些变化都对通济堰堰区在妥善保护方面造成一些负面影响，严重地影响着对通济堰保护的进程，所以仍需要更多的努力。通济堰及整个水利工程，连同碑刻，是研究我国古代水利工程的珍贵资料，更应该合理的对其进行相关方面的保护和发展。

通济堰

1962 年，通济堰被列为浙江省省级重点文物保护单位。2001 年 06 月 25 日，通济堰作为南朝至清代古建筑，被国务院批准列入第五批全国重点文物保护单位名单。2014 年 9 月 16 日，通济堰成功入选第一届世界灌溉工程遗产名录。

台湾古灌区工程

自元代开始，就有移民在台湾垦殖，开始修建小型水利工程。明末郑成功收复台湾后，曾通令全岛，奖励农业，发展水利。清康熙二十二年（1683 年）有文献记载的灌溉工程还有 20 余处。据统计，至光绪二十一年（1895 年）灌田千甲（1 甲合 14.6 市亩）以上的工程近 20 处，其中 10 万亩以上有 4 处。

台湾古灌区中著名工程有康熙五十八年（1793 年）在彰化县浊水溪兴建的八堡圳，因为可以灌溉东螺、西螺等八堡的田地而得名，又称浊水圳和施后圳。是由凤山县（今高雄县）人施世榜出资修建，以后都由施氏子孙世代相袭为圳主，收取水费，进行维修管理。光绪二十四年（1898 年）洪水将圳冲垮，地方政府修复过后将其收为公家所有，拦水堰是藤木石笼砌筑，有两条干渠，一条长 33 千米，一条长 29 千米。1904 年灌溉良田 10 万亩，1948 年发展到 37 万亩。

道光十七年（1837 年），凤山县令曹谨在高屏溪上创筑了曹公圳，是岛上惟一一座官修的水利工程，经历两年完工。圳长四万余丈，灌溉凤山县南部的农田 46 万亩。五年后又增开新圳，灌溉县北部的农田。至 1948 年灌溉面积达 15.6 万亩。

台湾古灌区工程最著名的是嘉义县的嘉南大圳，建于 1920—1930 年。嘉南大圳包括两大灌区：一是乌山头水库（珊瑚潭）灌区，自曾文溪取水，通过 3.1 千米的隧洞引入官田溪。在溪上修建水库，土坝坝长 1 273 米、坝高 5.6 米，库容 1.67 亿立方米，可以灌溉 150 万亩农田；二是油水溪灌区，自溪上三个引水口直接引水，可以灌田 70 万亩。嘉南大圳总计干渠 112 千米，支渠 1 200 千米，排水渠 500 余千米。全岛灌溉面积约 300 万亩。到 1937 年，灌溉面积增加到 700 万亩。1937 年以后，因战事的影响，台湾生产受到严重影响，灌溉面积减为 400 万亩。1946 年台湾回归祖国，至 1948 年灌溉面积发展到 800 万亩。

它山堰

它山堰位于今浙江省鄞县鄞江镇西南，是古代御咸蓄淡引水枢纽工程。现为全国重点文物保护单位。

它山堰在唐大和七年（833 年）由鄮县（今鄞县南）令王元玮创建。筑堰以前，海潮可沿甬江上溯到章溪，“来则沟浍皆盈，出则河港俱涸，田不可稼，人渴于饮”。由于海水倒灌，使耕田变得卤化，城市用水也越来越困难。于是设计者在鄞江上游出山处的四明山与它山之间，用条石砌筑一座上下各 36 级的拦河滚水坝。堰顶长 42 丈，用 80 块半条石板砌筑而成。堰身中空，用大木梁作支架。

它山堰

据记载，堰的设计可做到“涝则七分水入于江（奉化江），三分入于溪（南塘河），以泄瀑流；旱则七分入溪，三分入江，以供灌溉”。就是说平时可以挡住下游咸潮的上溯，拦蓄上游溪水，经上游左岸引水渠（南塘河）灌溉鄞西平原数千顷农田；引水渠下游进入宁波市蓄为日、月二湖，供城市用水。由于引水渠首没有设置闸门控制，为了防止洪水涌入城市，就在南塘河右岸建乌金、积渎、行春三个溢流堰，如果入渠水量过大可自行泄洪入江。南塘河也是鄞西平原的一条主要运道。宋代在宁波城东北修建了 3 座泄水闸，用来泄城市的积水。这样由堰、渠道、闸门就组成了完整的灌排系统。南宋时为增加引水量，将堰顶加高七八寸，不久被洪水冲毁。初建时淤积较少，因为每年渠道只疏浚一次，所以到南宋时泥沙淤积越来越严重。淳祐二年（1242 年），魏岘在堰上游 40 余丈处建 3 孔回沙闸，水大时闭闸拦沙，水小时启闸淘沙，用来减少渠道的淤积。

今日的它山水系工程，已发展成以皎口水库为主体，旧日的它山堰仍起着辅助的作用。它山堰古代水利工程所运用的先进技术是宁波人民勤劳智慧的历史见证。先进的建造技术在当时非常少见，所以显示了古代人民的聪明和智慧，值得当代人学习。

铜山向阳渠

向阳渠位于江苏徐州城北铜山县柳泉乡境内，是典型的乡土建筑代表。

柳泉丘陵山区，荒山秃岭，水贵如油，晴旱雨涝，耕地大都是干田山坡地，自然条件差，靠天吃饭。20 世纪 70 年代，在农业学大寨的群众运动中，柳泉人民在一无水源、二无经验的情况下，用勤劳智慧的双手，修涵洞建水渠，开人工河，引来微山湖水，灌溉柳泉万亩田，大搞旱改水，取得粮食丰收。一时间，向阳渠成为徐州市民参观的热点，江苏省柳琴剧团还创作排演了柳琴戏《向阳渠》，在彭城剧场公演，场场爆满。

向阳渠位于铜山县柳泉镇微山湖畔，始建于 1970 年，先后完成了 123 华里的向阳渠一、二干渠。共兴建中型翻水站 5 座，大渡槽 5 座，桥涵闸 369 个，隧洞 5 个，架设高压

铜山向阳渠

线 25 千米。向阳渠水利工程于 1976 年竣工，与河南省林州红旗渠齐名于全国。

向阳渠现在依然可用，灌溉作用明显。该渠分地面和地下两部分，从微山湖通过翻水站取水，流入地面明渠，向东后逐步进入地下，流过有名的红旗洞，流经地区通过分渠灌溉万亩良田。

向阳渠是新中国农田水利工程的代表，为苏北地区的旱改水作出了重要示范作用。

第5章 中国技术类农业文化遗产

一、土地利用技术

梯田技术

梯田，是在山地和丘陵等坡地上沿等高线修成的台阶形田地。中国梯田可分为南北两大类型，若细分，则又可分出黄土高原、云贵高原以及江南丘陵等梯田。目前，云南、广西、福建、湖南、江西等地的梯田较为出名，这些地方雨多、山多，梯田依山而建，其中，又以红河哈尼梯田、新化紫鹊界梯田、尤溪联合梯田、龙胜龙脊梯田、江西崇义客家梯田等为代表。北方旱作梯田，则以河北涉县梯田为代表。

据考证，中国古代梯田，并不始祖于上述记载，也并不仅仅出现于一时、一地。其别称复杂繁多。其中，如土旁田、排田、田曾田以至梯田，都可算是近代名称，是指发展较完全的所谓“标准”的梯田；其他如山田、岩田、亩丘、阪丘、阪田等，大都是古称或泛

云南红河哈尼稻作梯田

称，不但包括所谓“标准”的梯田，而且也包括原始型的梯田。[①]

云南红河哈尼稻作梯田分布于云南红河南岸的元阳、红河、金平、绿春4县的崇山峻岭中，面积约18万公顷，具有极高的经济、科学、生态和文学艺术价值。据史书以及口传家谱考证，红河哈尼梯田已有1 300多年的耕种历史，养育着哈尼族等10个民族约126万人口。红河哈尼梯田依山造田，最高垂直跨度1 500米、最大坡度75°，最大田块2 828平方米，最小田块仅1平方米。

哈尼族创造发明了“木刻分水”和水沟冲肥法，利用发达的沟渠网络将水源进行合理分配，同时为梯田提供充足肥料。哈尼人还构建了多套微循环再利用系统，稻草喂牛，牛粪晒干做燃料，燃料用完做肥料，肥料养育稻谷；哈尼人珍惜土地资源，房前屋后的空地用来种菜，路边的墙缝也会成为菜地。此外，屋旁沟箐凡是有水的地方就会用来养鱼，鱼在池塘下面，池塘上面养浮萍，浮萍喂猪，猪粪喂鱼；鱼长大后又被放回梯田……这种充分利用并遵循自然的劳作传统，不仅创造了哈尼民族丰富灿烂的梯田文化，也集中展现了中华民族天人合一的思想文化内涵。[②]

湖南新化紫鹊界梯田位于新化县水车镇，涉及13个行政村，属雪峰山余脉的奉家山地段，总面积26万余亩，核心区域面积2万余亩，享有“梯田王国”之美誉。紫鹊界梯田始于秦汉，盛于宋明，至今已有2 000余年的历史，是苗、瑶、侗、汉等多民族历代先民共同创造的劳动成果，是南方稻作文化与苗瑶山地渔猎文化交融揉合的历史遗存。紫鹊界梯田依靠森林植被、土壤和田埂综合形成自然的储水保水系统，凭借神奇独特的基岩裂隙孔隙水源，构成纯天然自流灌溉工程。潺潺流水，四季不绝、久旱不竭、洪涝无忧，山有多高，水有多高，田就有多高。历史上有“天下大乱，此地无忧；天下大旱，

湖南新化紫鹊界梯田

① 刘忠义:《古代梯田的称谓》,《陕西水利》, 2003年第1期，第46-47页

② 中华人民共和国农业部乡镇企业局:《云南红河哈尼稻作梯田系统》, http://www.moa.gov.cn/ztzl/zywhycsl/dypzgzywhyc/201306/t20130613_3490475.htm，2013年6月13日

福建尤溪联合梯田
（图片来源：农业部网站 http://www.moa.gov.cn）

广西龙胜龙脊梯田
（图片来源：农业部网站 http://www.moa.gov.cn）

此地有收”之说。[1]

福建尤溪联合梯田位于尤溪县联合乡，涉及 8 个行政村，面积达 1 万多亩，梯田垂直落差 600 多米，连延数十里，田在山中，群山环抱，被誉为中国五大魅力梯田之一。自宋朝以来，联合村民使用木犁、锄头等工具开垦梯田、种植水稻，在险峻的金鸡山中创造了神奇壮丽的梯田，成为村民几百年来的主要生存方式。

尤溪联合梯田通过山顶竹林截留、储存天然降水，再以溪流流入村庄和梯田，形成特有的“竹林—村庄—梯田—水流”山地农业体系。

广西龙胜龙脊梯田地处桂北龙胜山区，分为平安壮寨梯田、龙脊梯田和金坑红瑶梯田三个部分。龙脊梯田始建于宋代，完工于清初，距今已有 800 多年的历史。梯田所在山脉山高谷深，落差巨大，海拔最高为 1 850 米，最低只有 300 米。山顶是大面积原始森林和次

① 中华人民共和国农业部乡镇企业局：《湖南新化紫鹊界梯田》，http://www.moa.gov.cn/ztzl/zywhycsl/dypzgzywhyc/201306/t20130613_3490465.htm，2013-06-13

江西崇义客家梯田

生林，森林下方是规模宏大的梯田。当地壮族、瑶族居民根据海拔差异因地制宜种植水稻、辣椒、甘薯、芋头等普通作物和茶叶、罗汉果、凤鸡、翠鸭等地理标志性农副产品，保存和培育了丰富的作物种质资源。

崇义客家梯田位于江西省崇义县，坐落在海拔 2 061.3 米的赣南第一高峰齐云山山脉之中，总面积达 3 万亩。梯田最高海拔 1 260 米，最低 280 米，垂直落差近千米，最高达 62 梯层，且大多数为只能种一二行禾的“带子丘”和“青蛙一跳三块田”的碎田块，被上海大世界基尼斯认证为“最大的客家梯田”。崇义客家梯田始建于元朝，完工于清初，距今已有 800 多年的历史。

河北涉县旱作梯田位于河北省西南部，晋冀豫三省交界处，地处太行山东麓。涉县旱作梯田建造历史悠久。据考证，从元代初期就有人开始修建梯田。涉县境内均为山地，全县旱作梯田总面积达 21 万亩。其中，最具代表性、最具规模的梯田位于井店镇王金庄，梯田面积 1.2 万亩，分为 5 万余块，土层厚的不足 0.5 米，薄的仅 0.2 米，石堰长度近万华

河北涉县旱作梯田

里，高低落差近500米。1990年，涉县旱作梯田被联合国世界粮食计划署专家称为“世界一大奇迹”“中国第二长城”。

根据李根蟠的研究，云南大理的白云遗址有种呈“生红土台阶”状、又可引水灌溉的农田，“理应视为原始的梯田，起码是梯田的萌芽”，并指出：“云南多山，农业历史悠久，当地居民在长期山地耕作过程中首先创造了梯田这种土地利用方式的可能性很大。[①]结合殷商甲骨文的相关文字，我们认为李先生对云南洱海新石器时代出现梯田的推测是可信的，尽管当时的梯田不如后来的梯田那样规整和典型。[②]

虽然中国梯田的起源很早，并从西周到唐代都有了很大的发展，但“梯田”名称的正式出现则要到南宋朝。范成大《骖鸾录》有“岭坂上皆禾田，层层而上至顶，名梯田”之句，楼钥《玫媿集》中也有“百级山团带雨耕，驱牛扶耒半空行”的描述。

梯田与一般的山地丘陵地开垦有极大的不同，在农业技术上有重大发展。关于梯田的修筑技术，王祯《农书》有较详细的记载，其要点是：其一，在山多地少的地方，把土山“裁作重蹬”修成阶梯状的田块，即可种植；其二，如果有土、有石，则要垒石包土成田；其三，上有水源，可自流灌溉，种植水稻，如无水源，只好种粟、麦，但这种田收成无保证。这也说明元代我国修建梯田的技术亦已经积累了相当丰富的经验了。[③]

梯田是针对既要垦山，又要防止水土流失这种生产上的需要而创造出来的。梯田是治理坡耕地水土流失的有效措施，蓄水、保土、增产作用十分显著。梯田的通风透光条件较好，有利于作物生长和营养物质的积累。修筑梯田时宜保留表土，梯田修成后，配合深翻、增施有机肥料、种植适当的先锋作物等农业耕作措施，以加速土壤熟化，提高土壤肥力。

当然，随着现代农业、经济与社会的发展，传统农耕方式和技术面临失传、梯田也有被破坏和抛弃的危险，这种传承至今的珍贵、独特的农业及技术系统正遭遇困境。因此，梯田土地利用技术系统的挖掘、保护、传承工作势在必行。可喜的是，目前很多当地人民利用梯田积极从事特色农副产品生产、加工和休闲农业产业；政府则按照农业文化遗产保护工作要求，陆续出台了一些有关梯田系统保护与发展的专项规划和管理办法，并通过生物多样性的恢复、传统农耕文化的传承以及与休闲农业的结合，从根本上解决当地农业可持续发展、农民增收和文化遗产保护问题。因而，目前梯田保护工作正在稳步推进，梯田农业文化系统也越来越受到人们的关注，相信通过多方面的工作和努力，传统梯田农业技术遗产将会得以保护、传承和有效利用，焕发新的生命和光彩。

---

① 李根蟠：《我国少数民族在农业科技史上的伟大贡献（中篇）》，《农业考古》，1985年第2期，第277页

② 王星光：《中国古代梯田浅探》，《郑州大学学报》（哲学社会科学版），1990年第3期，第104页

③ 梁家勉：《中国农业科学技术史稿》，农业出版社，1989年10月，第399页

架田技术

架田，又称葑田或浮田，是一种漂浮在水面上的农田。一般在沼泽中用木桩作架，挑选菰根等水草与泥土搀和，摊铺在架上，种植稻谷等农作物或蔬菜。这样种植的作物飘浮在水面，随水高下，不致淹没。架田有天然葑田和人造浮田两种，它是我国劳动人民在人口压力下与水争田的一个创造。根据文献记载，历史上人造架田的分布是很广的，在江苏、浙江、广东、广西、淮南、海南、云南等很多水网地区相当流行。当然，这种水面人造耕地在生产上已不多见，但民间仍有些许应用，至今在我国台湾的日月潭中还有古老的架田存在，《金陵晚报》2008 年 9 月 14 日头版《秦淮河上漂菜地》也曾对现在的浮田作过报道。

人造的架田，最初是由天然的葑田发展而来的，因泥沙淤积茭草根部，日久浮泛水面而成的一种自然土地。天然葑田在我国利用的历史很早，东晋郭璞在《江赋》中记载有“标之以翠翳，泛之以游菰，播匪艺之芒种，挺自然之嘉蔬”之句，有人认为这是对葑田的描述；赋中“泛之以游菰”，指的是漂浮的葑田，“芒种”与“嘉蔬”指的水稻和蔬菜。[①] 五代时期，一本名为《玉堂闲话》的书曾记载了广东番禺农民失窃蔬圃的案子：“海之浅水中有荇藻之属，风沙积焉，其根厚三五尺，因垦为圃以植蔬，夜为人所盗，盗至百里外，若浮筏故也。”这种漂浮于水面的蔬圃就是葑田，可见，当时葑田已在广东一带发展起来。

北宋苏颂的《图经本草》也曾说到：“今江湖陂泽中皆有之，即江南人呼为茭草者……两浙下泽处，菰草最多，其根相结而生，久则并浮于水上，彼人谓之菰葑。割去其叶，便可耕治，俗名葑田。”这种人造耕地在宋代以前仍旧称为葑田。葑田或浮田，设于天然水泊之上，厚度不同，厚的可达数尺，薄的只有几寸；大小不等，小的不到一亩，大的甚至可达几百亩，由于可随水浮沉，无旱涝之忧，收成较好，故而受到了当时农民的普遍欢迎，在唐宋之际的江南、两广河网地带得到了大发展。

台湾日月潭浮田

① 梁家勉：《中国农业科学技术史稿》，农业出版社，1989 年 10 月，第 399 页

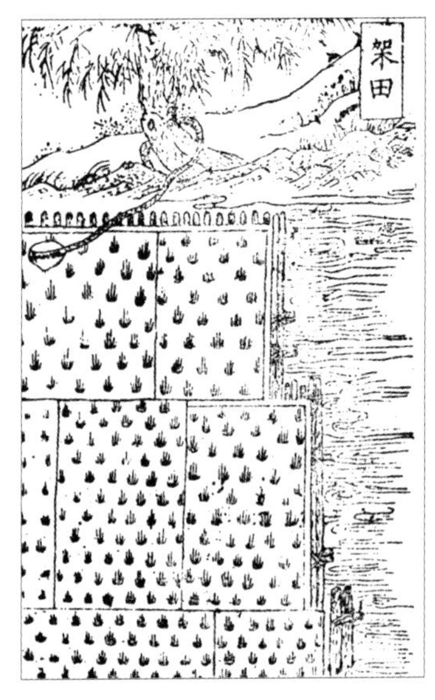

架田
（图片来源：元·王祯《农书》）

“架田”最早的文献记载，则要见于南宋的陈旉《农书》：“深水薮泽，则有葑田。以木缚为田丘，浮系水面，以葑泥附木架而种艺之。其木架田丘，随水高下浮泛，自不渰溺。”是为架田之建造方法。到了元代，农学家王祯《农书》中记载的架田，则“以木缚为田丘，浮系水面，以葑泥附于木架上而种艺之，其木架田丘，随水高下浮泛，自不萎浸”，并正式将其命名为架田：“架田，架犹筏也，亦名葑田。”虽然仍称作葑田，但架田已突破了葑田的限制，而成为真正意义上的人造耕地。

清代的《致富奇书广集》（疑17~18世纪面世）亦介绍过这种架田，但说得更加具体和明白：“架田，一名排田，谓以木为排筏，架以水上，布土而种之也。一名葑田，谓湖水既退，民取其水草之泥，筑以木上以为浮田也。葑草最能肥田，故名葑田，有力无田之家，联筏种田，浮于水上，而雨则易于取水，水高则田高，水下则田下，大雨则田不留水而有所归，两广及滨湖之地多有之。芒种后下种，两月而谷可食也，用力少而收成速，水旱无忧，莫良于是，诚水乡之美利也。”

除了木架铺泥的架田外，还有一种用芦苇或竹蔑编成的架田，但不铺泥，只用来种植蔬菜。这种架田比木架田的历史还要早，晋代《南方草木状》记载的岭南蕹菜田便是此种：“南人编苇为筏，作小孔，浮于水上，种子于中，则如萍根浮水面，及长，茎叶皆出于苇筏孔中随水上下，南方之奇蔬也。”这种架田，虽不见于宋元文献的记载，但清代的《广东新语》上尚有记载：“蕹无田，以篾为之，随水上下，是曰浮田”。因此推断这种用芦苇或竹篾编成的架田，在宋元时代也一定会存在的。这种用浮田种植蕹菜的方式，几个世纪以来，主要流行于广东和福建等地，直到今天，广东地区仍有实行在筏上种植水蕹的。

架田浮在水面，是一种活动的农田，为了防止它们随波逐流，或人为的偷盗，人们用绳子将其拴在岸边树上。有时为了防止风吹雨打，毁坏庄稼，人们又将其牵走，停泊在避风的地方，等风雨过后，天气好转，再把它们放到宽阔的水面。当然，架田是在葑田基础上发展而来自宋元以来，在江浙、淮南、两广、云南都有分布，只是由于记载欠详，其中哪些是天然葑田，哪些是人造架田，现在已经难分清。

架田是中国农业科技史上的一项重大发明，它利用水面种植，不仅扩大了耕地面积，而且不用担心干旱，因此在人多地少的水乡地区最为适宜。架田是人们对土地利用的一种特殊形式，在今天人口压力日增的情况下尤其珍贵，主要体现在以下几点：其一，架田利用草、木、葑泥结构，投资低廉，来源丰富，而且可以随水浮沉，无水旱之灾，有利于保收；其二，架田是任人牵引、去留、任水涨落上下的“活田”，因此，它不像围湖围海中的围田，会破坏水利，导致生态失衡，而且有益水利、农业、渔业多方资源开发利用，促进生态平衡。其三，在江、湖、河区堤外架设浮田，不仅可以有效封杀水势、阻挡风浪，而且还可以发展水面农业蓝色农业，净化水质、改善自然和生态环境，可谓两全其美。[①]

塗田技术

海潮夹带着泥沙沉淀在海滨，民户在沿海岸边筑墙，或者是立桩抵抗潮泛，并将之开垦成田称之为塗田或涂田。塗田设有专门的排水和灌溉设施，源于唐代、成型于宋元时期，主要分布在浙江东部沿海地区。

塗田，最初源于唐代对于海涂的利用。根据《新唐书・李承传》记载：“李承……淮南西道黜陟使，奏置常丰堰于楚州，以御海潮，溉屯田瘠卤，收常十倍它岁。”采用的是筑堤法，外以挡潮，内以捍稼。另外，又《宋史・河渠七》：“至本朝天圣改元（1023 年），范仲俺为泰州西溪盐官日，风潮泛槛，渰没田产，毁坏亭灶，有请于朝，调四万馀夫修筑，三旬毕工，遂使海濒沮洳潟卤之地，化为良田，民得奠居，至今赖之。”宋代范仲淹于通、泰、海地区修筑海堤，采用的也是上述办法。

在唐宋筑海堤的基础上，人们创造了一种直接利用海涂耕作的办法，这就是涂田。这在王祯《农书》中有相关的记述：“沿边海岸筑壁，或树立椿橛，以抵湖泛，田边开沟，以注雨潦，旱则灌溉，谓之甜水沟。”它包括筑堤挡潮水、开沟排盐、蓄淡灌溉 3 种措施，其中，田边开沟是为中国滨海盐地使用沟洫条田耕作法的开端，使用这种方法利用海涂，“其稼收比常田，利可十倍”。但是，海涂一般含盐分很高，所以一开始还不能种庄稼，必须先经过一个脱盐的过程，其法是“初种水稗，斥卤既尽，可为稼田”。塗田的出现，表明中国在利用海涂的技术上又有了新

塗田
（图片来源：元・王祯《农书》）

① 桑润生：《试论“架田”的实用价值》，《农业考古》，1988 年第 2 期，第 104 页

的发展。[1]

中国塗田及其技术利用的历史悠久，是为防治海涂、生物治碱和开荒种植三者相结合的典范，若再将其与现代科技融合起来，则会发挥更大作用、更具现实意义。浙江余杭县就曾于20世纪70年代，在其围垦海涂进行过早稻铺纸种稻的试验，结果是比移栽的亩产增加100%~160%，而且成熟期要提早3天。当然，由于海涂中含盐量较高、土质情况不同，因此在栽培技术上还要注意以下几点：一要保持勤灌浅灌，既保持土壤湿润、防止断水盐分回升，又解决纸张浮起的矛盾；二要少量多次施肥，防止因土壤沙性造成的肥分挥发与流失；三要随翻耕随铺纸，防止由于土壤与纸分开风吹飘动造成的出苗不整齐或闷死。[2]

柜田技术

柜田，方形小围田，为旧时沼泽或低洼之地中用泥土围墙拦筑而成的农田。主要应用于黄河中下游、江淮河湖沿岸地区。

柜田形状如长方形之柜，故名。筑堤护田，像围田而小型，四岸都开设涵洞，其制有如柜形。里面顺地形修筑田丘，便于耕种。如若遇上水患，田制既是小型，容易把堤岸加高加固，外水难以侵入，内水则容易车戽干涸。元代王祯《农书》对此有记载："筑土护田，似围而小，四周俱置瀽穴，如柜形制，顺置田段，便于耕莳，若遇水荒，田制既小，坚筑高峻，外水难入，内水则车之易涸。浅浸处，宜种黄穋稻。……如水过，泽草自生，穇稗可收。高涸处，亦宜陆种诸物，皆可济饥。此救水荒之上法。"柜田内依据地势，可以种植水旱各种作物，也是宋元时期出现的一种有效防止低田水灾办法的土地利用方式。

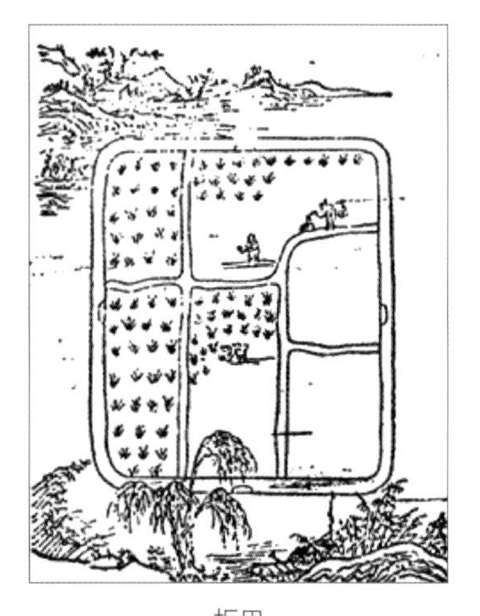

柜田
（图片来源：《东鲁王氏农书译注》）

另外，王祯还在柜田后附上诗歌："江边有田以柜称，四起封围皆力成。有时卷地风涛生，外御冲荡如严城。大至连顷或百亩，内少塍埂殊宽平。牛犁展用易为力，不妨陆耕与水耕。长弹一引彻两际，秧垄依约无斜横。旁置瀽穴供吐纳，水旱不得为亏盈。素号常熟有定数，寄收粒食犹囷京。庸田有例召民佃，三年税额方全征。便当从此事修筑，永护稼地非徒名。吾生口腹有成

① 梁家勉主编：《中国农业科学技术史稿》，农业出版社，1989年10月，第400页

② 余杭县科办：《海涂田上铺纸种稻大有希望》，《科技简报》，1977年第12期，第32-33页

计，终焉愿作江乡氓。”

王祯所写柜田的诗非常生动，详尽叙述了柜田的建造、耕种及其防旱防涝、高产稳产的巨大优越性，足见作者对这一农业技术的高度重视。王祯还希望统治者不要改变佃庸田的规定，应鼓励农民大量修筑和耕种柜田，以使农业生产获得发展。本诗不仅有助于我们认识柜田这一古代耕作技术，更使我们认识到，在漫长的历史时期里，我们的先人在农业生产的改田、耕作、高产稳产等方面所作的探索和努力，因此，本诗和《梯田》一样有着重要的农史价值，是古代农业科技史研究的重要资料。

柜田流行于宋元时期，用这种方法保护农田不受洪水淹没，不仅可以扩大土地面积，还可以种植适宜涝地的农作物，保证农作物的产量。但是，柜田的使用是在人少地多的情况下利用土地的一种办法，对于后来人多地少的国情不适宜，所以近代以来已很难见到。

圩田技术

圩田（亦称围田），是一种在浅水沼泽地带或河湖淤滩上通过围堤筑圩，围田于内，挡水于外；围内开沟渠，设涵闸，实现排灌的水利田。正如北宋范仲淹所谓：“江南应有圩田，每一圩方数十里，如大城，中有河渠，外有门闸，旱则开闸，潦则闭闸，拒江水之害，旱涝不及，为农美利”。圩田是江南地区人们在长期治田治水实践中创造的农田开发的一种独特形式，它广泛分布在江苏西南部、安徽南部和浙江西北部。[①]

“圩田”或“围田”，其词称首见于宋代（杨万里《诚斋集》卷三十二《圩丁词十解序》农家云：“圩者，围也。”)，就单纯的筑堤围田来说，围田和圩田没有两样。但从历史发展的阶段来看，二者却有着不同的含义，筑堤围田是比较低级的和自发性的，（而）圩田是和

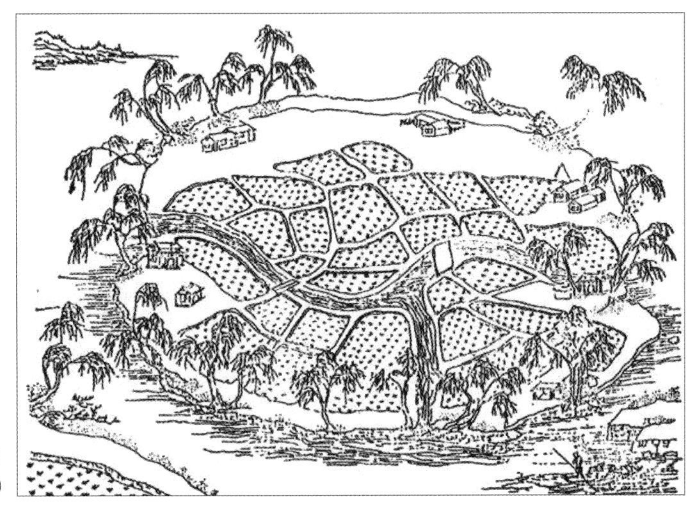

圩田
（图片来源：元 · 王祯《农书》）

① 庄华锋:《古代江南地区圩田开发及其对生态环境的影响》,《中国历史地理论丛书》, 2005 年第 3 期，第 87 页

合肥牛角大圩

灌溉系统互相配合的有机组成部分，是在大片平原上开发建成的。[①] 筑堤围田的事实起源很早，春秋末年，以越族为主体建立的吴国和越国，就已经在长江下游筑围成田了，为利用和改造低洼湖滩地闯出了一条路，成为后世太湖地区塘浦圩田体系的滥觞。[②]

圩田大致滥觞于三国之际，迅速发展于两宋，全盛于明清，是江南人民在长期治水营田实践中创造的一种独特的农田开发形式。圩田的开发相沿近两千年，十分适合江南地区水乡泽国的地理特点，使大量沿江、沿湖的滩涂变成了良田，加之其在抗旱防涝、夺取稳产高产等方面存在诸多优越性，对于圩区社会经济发展发挥了重要作用，也是我国古代重要的农业技术，具有极高的历史价值。中华人民共和国成立以后，江南地区继续加强浚河筑圩工作，完善水网圩田系统。至今，仍然是广泛应用的农业生产方式，是农业生产经营的重要组成部分。

不过，圩田这种垦殖形态利弊并存，过度开发也会带来诸如破坏湖泊河流水文环境和水生资源、影响湖泊蓄水量和涝汛期排水等问题。所以，还要摸清圩田形成的历史过程，总结利弊，根据不同的地貌特征和水文情况采取不同的方式进行整治，在以防治水患为基础、提高圩田开发水平的同时，应加强湖泊生态工程建设，改善生态环境，以保证圩田地区“生态—经济—社会”三维复合系统的健康运行与可持续发展。[③]

砂田技术

砂田，亦称“铺砂地”或石子田，是由一层厚度6~15厘米粗砂砾或卵石夹粗砂铺盖在土壤表面形成，可种植不同的农作物或瓜果蔬菜，是我国西北干旱地区经过长期生产实践形成的一种世界独有的保护性耕作方法。

---

① 梁家勉:《中国农业科学技术史稿》，农业出版社，1989年10月，第299-330页

② 缪启愉:《太湖地区塘埔圩田的形成和发展》,《中国农史》，1982年第1期；李根蟠:《在我国农业科技发展史上少数民族的伟大贡献》,《农业考古》，1985年第2期

③ 庄华锋:《古代江南地区圩田开发及其对生态环境的影响》,《中国历史地理论丛》，2005年第3期，第94页

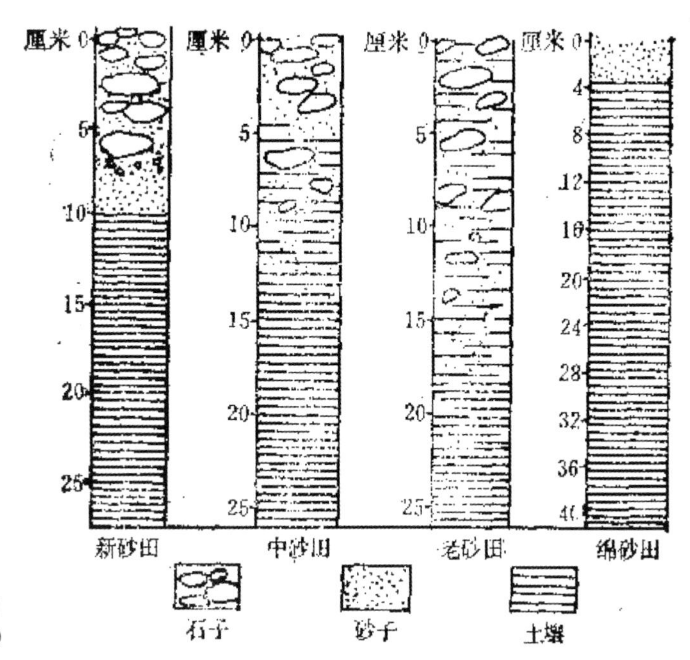

各类型砂田剖面
（图片来源：《中国农业科学技术史稿》）

砂田主要分布在甘肃的景泰、兰州等特别干旱地区，青海、宁夏的干旱地区也有，海拔约在 1 300~2 500 米；大陆性气候显著，冬季寒冷，夏季炎热，雨量稀少，日照充足，年平均温度 8~10℃，年降水量 180~300 毫米，蒸发量为降雨量的 6~10 倍，春旱严重，夏秋之间雨水较多，且多暴雨，7~9 月三个月的降雨量占年降水量的 60% 以上，易引起水土流失。[①] 另外，这些地区作物生育期短，水资源不足且地下水含碱成分高。砂田就是在这种自然条件下的特殊产物。

砂田的发展经历了漫长的过程，但关于砂田的起始，《兰州古今注》说"不知其所自始"。不过，根据《甘肃通志稿》的记载和近人的研究，中国的砂田起源于甘肃省中部地区，约在今永登与景泰两县交界处的秦王川一带，[②] 且"应当起始明代中叶，距今大约四五百年的历史"，[③] 在陇中地区得到迅速发展后，扩展到毗邻的陇东、河西和宁夏、青海的部分地区。近一百年来，砂田有几次较大的发展，19 世纪 60 年代，第一次以政府力量提倡推广；20 世纪 70 年代初期达到 140 多万亩，呈现出逐步发展的趋势。[④] 又以甘肃省为例，1949 年，砂田约有 3 万公顷，到 20 世纪 80 年代中期，总面积达 8 万公顷左右，1990 年，省政府发布的《甘肃省基本农田保护管理暂行办法》明确将砂田列为基本农田加以保护，[⑤]

① 高炳生：《甘肃的砂田》，《中国水土保持》，1984 年第 1 期，第 8 页

② 杨来胜，席正英，李玲，等：《砂田的发展及其应用研究（综述）》，《甘肃农业》，2005 年第 7 期，第 72 页

③ 辛秀先：《论甘肃砂田的形成及其起源》，《甘肃农业科技》，1993 年第 5 期，第 5–7 页

④ 李凤岐，张波：《陇中砂田之探讨》，《中国农史》，1982 年第 1 期

⑤ 杨国强，杨敬青，张明玺：《砂田在干旱山区农业持续发展中的作用与效益》，《中国水土保持》，1995 年第 5 期，第 31–33 页

兰州甘肃砂田西瓜

至1992年年底，仍有砂田10万公顷。[①]近年来，随着水果蔬菜无公害生产的兴起和与设施农业技术的结合，砂田又呈现不断扩大的发展趋势。

砂田有旱砂田和水砂田之分，两者最大的区别在于：前者于水地里压沙，所采砂多来源于黄河滩边，后者则是在旱地里压砂，所采砂多来源于山洼山沟或地面土层下的洞子砂。旱砂田使用年限较长，20年以前为新砂田，20~40年为中砂田，40年以上为老砂田；水砂田年限较短，3年以前为新砂田，4~5年为中砂田，6年以上为老砂田。其建设程序是：先将土地深耕，施足底肥，耙乎、墩实，然后在土面上铺粗砂和卵石或片石的混合体，砂石的厚度，旱砂田约8~12厘米，水砂田约6~9厘米。[②]

砂田长期种植农作物后，由于耕作不当，或砂石质量不高，或播种、施肥、灌水时操作不严，可会导致砂、土逐渐混合，就会丧失效果，称为砂田老化，故砂田经一定年限之后要铲除老砂，重铺新砂石，然后休闲、恢复地力。有些地区将混合的老砂土过筛，去掉土后重新铺到田间，这对砂源较远的地区可节省劳力；有的地区采用垒砂的办法更新砂田，就是砂田老化后，在原来砂层上增铺一层新砂，这种更新的办法，抗旱力强，尤其在干旱年份，比其他老砂田增产20%~30%，但是用垒砂法更新的砂田，维持的年限短，一般仅30年左右，土壤肥力低，在正常气候条件下，产量不如其他砂田，同时由于砂层厚起砂困难。[③]

砂田耕作法是一种特殊的免耕形式，这种举世称奇的砂田，不仅可以蓄水保墒、防旱抗旱、提高地温、减轻盐碱，还可以防治土壤侵蚀、提高产量、改善品质，是甘肃中部农民长期与干旱斗争的产物，它丰富了干旱和半干旱地区蓄水保墒的技术经验，也体现着中

① 宋维峰:《甘肃砂田》,《甘肃水利水电》，1994年第6期，第56-58页

② 梁家勉:《中国农业科学技术史稿》，农业出版社，1989年10月，第482页

③ 高炳生:《甘肃的砂田》,《中国水土保持》，1984年第1期，第10页

国人民改造自然的气概和才智。不论旱砂田还是水砂田，产量都超过同类不铺砂的田地，超过的比例，一般新砂田（10 年以内者）高达 30%~50%，中年砂田（10~20 年者）为 10% 或稍高，经济作物如棉花，因温度和水分条件限制、在一般田地上不能结实吐絮，而在砂田上可采收 25~30 千克皮棉；兰州能享有“瓜果之城”的美称者，主要是砂田之功。①

当然，砂田也存在如铺设费力、耕作不便、施肥困难和功效退化等缺陷。但由于其作用持续的时间长，具有增温、保墒、保土、压碱等综合性能，且平均每年用工并不多，铺砂仍然是一种价廉的覆盖物，应因地制宜地进行推广。总之，砂田的原理是先进的，其在适宜地区的作用也是其他覆盖方式不可替代的，铺压砂田、发展砂田产业，在干旱地区农业和农村经济的发展中仍具有极其重要的作用和意义。②今后发展砂田，必须考虑运用现代农业科学技术，特别是旱砂田，应在精耕细作，营养物质平衡上深入研究，以充分发挥砂田的增产潜力，③在新的经济、社会和技术条件下赋予砂田新的生机。

江苏兴化垛田技术

江苏兴化自古地势低洼，湖荡纵横，历来饱受洪涝侵害。当地先民在沼泽高地之处垒土成垛，渐而形成一块块垛田，发展出一种独特的土地利用方式。垛田，也叫“垛”，或方或圆或宽或窄或高或低或长或短，形态各异且大小不等，大的两三亩，小的只几分、几厘，垛田四面环水，垛与垛之间各不相连，形成一个个状如小岛的精致农田，有人称之为“千岛之乡”。目前，兴化共有 6 万多亩这样的耕地，分布在垛田、缸顾、李中、西郊、周奋、沙沟、林湖一带。至今，垛田还保存着传统的农耕方式，用天然生态的肥料种植蔬菜。2013 年 5 月 21 日，兴化垛田传统农业系统入围“中国重要农业文化遗产”。

明代以前，兴化地区生态环境优良，河湖众多，水流顺畅，很少有水灾发生。自明代以降，尤其是明中后期，由于黄河南下夺淮，二渎归一，淮河河道不断被泥沙淤积，越淤越高，汛期上游来水与中下游的泄洪能力相差逐渐悬殊，入海通道严重受阻，水患频仍，里下河地区环境严重恶化，民不聊生。

在日益肆虐的洪魔面前，勤劳智慧的兴化先民为了生存，千方百计抵御洪水。他们选择稍高的地块，挖土增高，形成土垛，再在垛上种植，形成垛田。垛田的地势很高，要大大高于当地的整体地形地势，远远望去，就像是从水中高高冒出的一个个小岛，在小岛之上遍植庄稼、果蔬。垛田高的高出水面可达 4~5 米，低的也有 2~3 米，在面对频频来袭的洪水灾难时，基本可以高“垛”无忧了；而且高高的垛田，除了平面，还有四周的坡面，都可以栽种作物，达到增产之效，在涝灾之年至少可保一家口粮无虞。

---

① 梁家勉:《中国农业科学技术史稿》，农业出版社，1989 年 10 月，第 483 页

② 陈年来，刘东顺，等:《甘肃砂田的研究与发展》，《中国瓜菜》，2008 年第 2 期，第 31 页

③ 高炳生:《甘肃的砂田》，《中国水土保持》，1984 年第 1 期，第 10 页

江苏兴化垛田

明代中后期垛田在里下河地区的产生也和当地人口的快速增长有着密切的联系，自元至明清，兴化地区人口增长 30 多倍。尤其是在明代中后期及清康乾时期，兴化人口增长很快，几乎成几何级数直线上升。正如县志中所载："国初（清朝初年）人丁不过三万有奇，二百年来数增十倍，即阖闾生齿之繁证"。兴化地区农业开发很早，无山林荒地，为了适应人口的快速增长，在低洼的湖荡地区开筑垛田就成为必然。因此，兴化垛田的出现应在明末及清中前期，它是以当地地理环境的变迁为背景、以防治洪涝为目的，适应人口快速增长的一种独特的土地利用方式，为全国所仅见。垛田的特点，排在第一位的是防洪，垛田以高出水面 5~6 米的身躯，可以有效阻挡着洪水来袭，为灾时提供紧缺的衣食来源。除此之外，还有以下三方面的特征：一是果蔬飘香；二是盛产鱼虾；三是景色秀丽。

兴化垛田除了直接的农业经济效益以外，在今天仍然有其他方面的价值。

一是科研价值。垛田是里下河最具典型意义历史地理变迁的活化石，是研究当地生态环境变迁和土地利用方式转变的一件珍贵标本。更为难能可贵的是，几百年来，垛田地区基本保持原有的地貌特征，田间劳作无舟不行，家家有船，户户荡桨成了一道罕见的风景。另外，由于垛田地理、地貌的独特性，现代化的耕作方式在这里一直无法展示拳脚功夫。至今，垛田地带还保存原始古老的农耕方式。

二是文化价值。兴化地区早先受楚文化的滋养，后又融入吴文化的内涵。深厚的文化积淀，造就了众多文人雅士，也孕育了丰富的民间艺术。垛田地区的老百姓大多邻城而居，又常进城卖菜买货，能较多较快地接受文化信息的辐射。这里既曾留下大文学家施耐庵的足迹，又是郑板桥的出生之地，晚清还有"琼林耆宿"大儒王月旦。得益于此，垛田的民间文艺可谓是根深叶茂。其形式主要有以下几种，高家荡的高跷龙、垛田歌会、垛田农民画等，都有鲜活的地域特色和垛田风情。

三是旅游价值。垛田地区万岛耸立、千河纵横的独特地貌和独特景色，在全国乃至全世界都是惟一的。近年来，聪明的兴化人民利用垛田这种独特的地貌，从事大规模的油菜生产，发展休闲观光农业，已经成为享誉全国的新兴旅游亮点。

现在兴化垛田很多已被平整和污染，河道中水草丛生，富氧化严重。同时，垛田大多毗邻城市，日益受到城市开发的占据，如不认真加以保护，20 年之内，这种独特的土地利用方式将在里下河地区消失殆尽。目前，兴化市委市政府按照农业部中国重要农业文化遗产保护的要求专门制定了保护规划和保护办法，正在加大挖掘、保护、传承的力度，让垛田农业系统为兴化推进农业现代化，促进农业增效和农民增收发挥更大的作用。

二、土壤耕作技术

畎亩法

畎亩法是我国先秦农田结构的一种形式，畎是沟，亩是垄，畎亩法也就是一种垄作栽培法（中国上古时代的垄作随着农田沟洫的发生发展而出现）。[1]夏、商、西周时期，旨在排水防渍的垄作法即已形成，时称为“亩”，如《诗经·小雅·信南山》中“我疆我理，南东其亩”，《大雅·绵》中“乃疆乃理，乃宣乃亩”，所说的“亩”都指的是“畎亩”之“亩”。西周至春秋战国时期，垄作法得以发展成“畎亩法”并被普遍采用。由于“畎亩”是这一时期农田的突出特征，所以当时常把“畎亩”作为农业的代名词，如《国语·周语》中就称农夫为“畎亩之人”，《国语·晋语》则称牛耕为“畎亩之勤”，《孟子·梁惠王上》和《庄子·让王》中都把在农田中从事农耕的人称作在“畎亩之中”。[2]畎亩法，主要应用

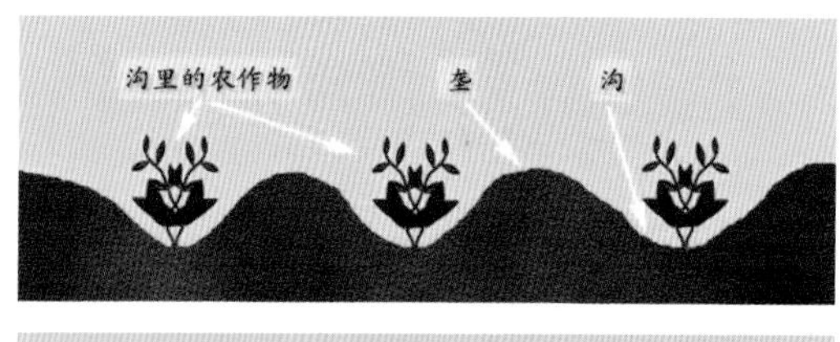

畎亩法：上田弃亩和下田弃畎

① 梁家勉:《中国农业科学技术史稿》，农业出版社，1989 年 10 月，第 125 页
② 郭文韬:《关于“畎亩法”的辨析》，《中国农史》，1995 年第 2 期，第 21 页

于秦岭和淮河一线以北的广大旱作区，着眼点除排水防涝外，还有抗旱保墒之效。

“畎亩法”对于土地的利用包括“上田弃亩，下田弃畎”两种方式，其技术规格的总结与理论说明，见于《吕氏春秋》中的《任地》和《辩土》两篇。根据《吕氏春秋》的相关记载，畎亩法的特点是：在高田里，将作物种在沟内，而不种在垄上，这就叫“上田弃亩”；在低田里，将作物种在垄上，而不种在沟内，这就叫“下田弃畎”。高田种沟不种垄，有利抗旱保墒；低田种垄不种沟，有利于排水防涝，且有利于通风透光，比西周时代单纯排涝的垄作法似乎进了一步，反映了当时技术的发展和土地利用范围的扩大。不过，从《吕氏春秋》中《任地》和《辩土》两篇的整个论述看，仍以“下田弃畎”的方式为主。①

“下田弃畎”的农田结构，要求“亩欲广以平，畎欲小以深”。这就说，合乎规格的垄应当是垄台宽而平，垄沟窄而深。大体上垄台五尺宽（指周尺，下同），垄沟一尺宽，合起来正是“六尺为步”宽度要求。只有这样的垄才能“下得阴，上得阳”，使农作物生长发育良好。因为“亩广以平则不丧本”，就是说，垄台宽而平，可以保证一定的苗数，而且可以使“茎生于地者五分之以地”。即在五尺宽的亩面上实行宽幅条播，行宽一尺，行距一尺，每亩面（即垄台）上播种面行，两行中间，行距为一尺，两侧各一尺，共五尺，每种植行占垄台的五分之一。借以提高土地利用率。

同时，书中还指出了两种不合规格的垄形：一是“大畎小亩”，即沟大垄小。这种垄，长出禾苗只有窄窄的一行，就像马鬃似的，严重浪费耕地即所谓“苗若直鬣，地窃之也”。二是“高而危”的垄，也是不合格的。因为，高而尖的垄，不保墒，容易颓塌，不抗风，易倒伏，不保苗，加上冷热失调，多病多灾，长不出好庄稼，得不到好收成。这样就从反面论证了垄台宽而平、垄沟窄而深的重要。

对于垄体内部的结构状况，如土壤松紧、孔隙多少等，《辩土》也作了精辟的总结。所谓“稼欲生于尘，而殖于坚者”，就是要创造一个“上虚下实”或“硬床软被”的耕层构造，以保证种土相亲和根土相着，从而为农作物生长发育创造良好的土壤环境。

《吕氏春秋》所提出的“上田弃亩，下田弃畎”对后世产生了重大的影响，为人们平地势以免旱涝指出了方向。例如《氾胜之书》所说的耕田方法，就是继承并发展《辩土》篇所说的耕田方法，并且赵过的代田法和氾胜之的区田法，也和《任地》篇所说“上田弃亩，下田弃畎”有关系。《吕氏春秋》对畎亩技术规格的总结和理论说明，可以说是奠定了我国垄作技术的理论基础。② 直到今天，这种耕作方法仍然适用于中国大部份农作区。

以畎亩法为代表的垄作耕作法，垄台土层厚，土壤空隙度大，不易板结，利于作物根系生长；垄作地表面积比平地增加20%~30%，昼间土温比平地增高2~3℃，昼夜温差大，有利于光合产物积累；垄台与垄沟位差大，利于排水防涝，干旱时可顺沟灌水以免受旱；垄台能阻风和降低风速；利于集中施肥。中国华北、东北和内蒙古等地多用于栽培玉米、

① 梁家勉：《中国农业科学技术史稿》，农业出版社，1989年10月，第125页

② 梁家勉：《中国农业科学技术史稿》，农业出版社，1989年10月，第126页

高粱、甜菜等旱地作物，其他地区主要用于栽培甘薯、马铃薯等薯芋类作物以及花生等。

代田法

“代田法”是西汉赵过推行的一种适应北方旱作地区的耕作方法。由于在同一地块上作物种植的田垅隔年代换，所以称作代田法。它在用地养地、合理施肥、抗旱、保墒、防倒伏、光能利用、改善田间小气候等方面多有建树，是后世进行耕作制度改革的先驱和祖师。代田法为中国历代农学家所关注，《齐民要术》、王祯《农书》《国脉民天》《农政全书》《政论》等都摘录和论述有“代田法”在农业技术改革中的作用，代田法是在西汉时期生产力相对落后的农业经济时代和存在大量荒地的基础上产生的，在目前的条件下，中国大部已没有代田法的痕迹，但对后世农业技术如条播等影响深远。

“代田法”及其内容首见于《汉书·食货志》：“武帝末年……以赵过为搜粟都尉。过能为代田，一晦三甽，岁代处，故名代田，古法也。后稷始甽田，以二耜为耦，广尺探尺曰甽，长终晦。一晦三甽，一夫三百甽，而播种于甽中。苗生叶以上，稍耨垄草，因隤其土，以附苗根……比盛暑，陇尽而根深，能（耐）与风旱，故儗儗而盛也。其耕耘下种田器，皆有便巧。率十二夫为田一井一屋，故晦五顷也。用耦犁，二牛三人，一岁之收，常过缦田晦一斛以上，善者倍之。”后来代田法不仅适用于三辅地区，也推广到河东、弘农、西北边郡乃至苏北等地，收到了提高劳动生产率和增产的效果。

“代田法”是综合性的技术改革，包括耕作制度、农具改革、耕作技术等各方面，并非只限于“畦种法”或“丰产田”的单项改革。[①] 由于“代田”采用独特的农田结构，又实行耕耨结合、用养兼顾，并将垄上之土填回到垄沟内，有抗旱保墒防风之效，所以能够提高单位面积产量。同时，又配合推行耦犁等先进的农具，二牛三人可耕田五顷（汉大亩），其劳动生产率为原来一夫百亩（小亩）的十二倍。所以班固在记叙代田法实施效果时，以

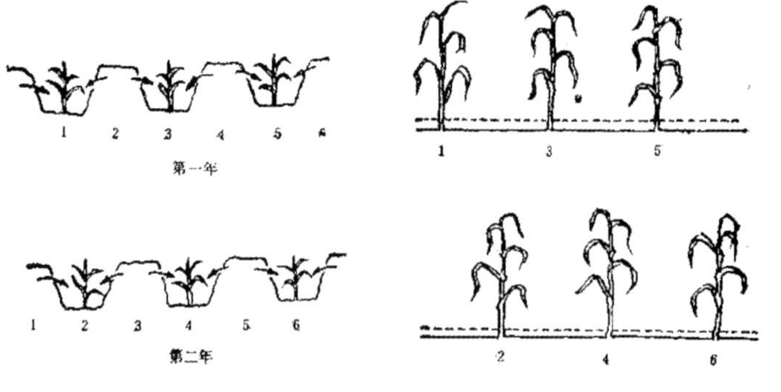

代田法经营示意图
（图片来源：《中国农业科学技术史稿》）

① 张履鹏，赵玉蓉：《论汉代推行“代田法”在农业技术改革中的作用》，《中国农史》，1988年第1期，第50-51页

“用力少而得谷多”一语概括它。[1]

和没有实行代田的平作田（当时称为缦田）相比，亩产量常常要超过一斛以上，好的时候甚至还要加倍。代田法的实行，不但对于恢复汉武帝末年围征战、兴作、使用民力过甚而凋敝的农村经济起过一定的作用，而且对后世农业技术的发展也产生了深远的影响。

“代田法”虽然没有经久实行，但它所包含的先进技术因素则为后世所继承，如后世区田法中的宽幅区田，就吸收了“代田法”中的某些技术因素。尤其是与“代田法”相辅而行的耦犁、耧车等新农具，更获得了继承和发展，“代田法”的施行促进了牛耕的推广，而牛耕的推广正是“耕、耙、耢”旱作技术体系形成的前提。代田法由于引入新的动力和农具，大大提高了生产效率，在耕作管理技术上也作了相应的改进，基本上形成了我国直到近代仍在应用的农业生产技术。[2] 甚至在今天，带有“代田法”某些特点的垄沟种植法，在自然条件比较特殊的地方（如黄土高原沟壑区）仍被作为抗旱丰产的有效措施而被应用。[3]

对于代田法而言，垄、沟的“岁代处”及其所采用的“半面耕法”，恰到好处地保护了该地区“风化壳”的可持续利用性，蕴含了丰富的生态智慧，其在适应生态环境方面的价值直到今天仍具有很高的生态效用。[4]

区田法

区田法（亦称区种法），是西汉后期在畎种法和代田法基础上发展起来的一整套抗旱高产的集约耕作方法和栽培技术，当时适用于以关中为代表的旱作地区。它的特点是，将农田作成若干宽幅或方形小区，在区内综合运用深耕细作，合理密植，施肥灌水，加强管理等项措施，夺取高额丰产。区田法最早载于汉成帝时的《氾胜之书》，据传最早为伊尹在汤（约公元前 16 世纪）七年连续大旱期间所创，但这很可能是氾胜之伪托，现已经无从考证，实际上应是氾胜之本人总结农民的先进经验而加以倡导的。

自《氾胜之书》以后，中国历代的主要农书如《齐民要术》《务本新书》《农桑辑要》、王祯《农书》、徐光启《农政全书》、清代的《授时通考》等，都有关于区田法的相关记载和转述。《氾胜之书》中所记载的区田法，有两种布置方式——宽幅点播区种法和方形点播区种法。其中，宽幅点播区种法是代田法的引申和发展。

区田法是综合运用当时精耕细作原理与技术成就、抗旱高产的一种耕作栽培方法。主要具有下列五个技术特点。[5]

其一，作区深耕。“区”读作“欧”，它的原义是向地平面以下洼陷进去，在这样作成的“区”中种植，有防止水分和营养物质损失的作用，并有利于集中使用人力与物力。

---

① 梁家勉:《中国农业科学技术史稿》，农业出版社，1989 年 10 月，第 206–207 页

② 刘驰:《区田法在农业实践中的应用》,《中国农史》，1984 年第 2 期，第 29 页

③ 梁家勉:《中国农业科学技术史稿》，农业出版社，1989 年 10 月，第 209 页

④ 邵侃:《“代田法”新解——汉族农业遗产的个案研究》,《原生态名族文化学刊》，2010 第 2 期，第 14 页

⑤ 梁家勉:《中国农业科学技术史稿》，农业出版社，1989 年 10 月，第 210–212 页

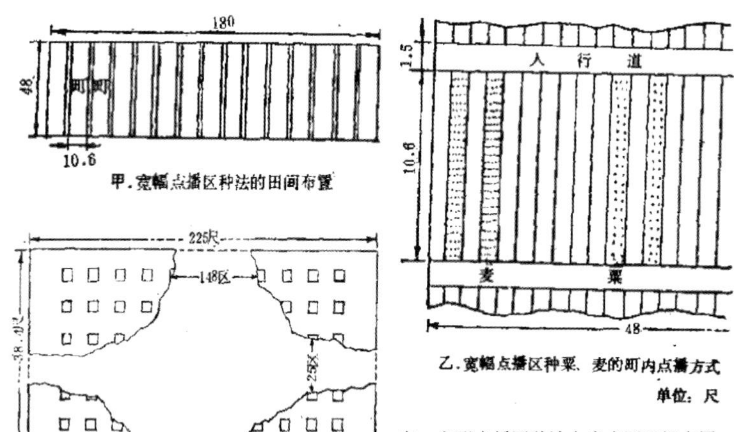

区田法田间布置与点播方式（图片来源：《中国农业科学技术史稿》）

其二，集中施肥。《氾胜之书》说："区田以粪气为美，非必须良田也。"说明区田不一定要求好地，但是必须要注重施肥。其特点是，在区内集中施肥。

其三，等距点播。宽幅点播区种禾、黍、麦、豆等农作物，其行株距都有一定的规格，呈等距点播的形式。

其四，及时灌溉。《氾胜之书》说："区种，天旱常溉之，一亩常收百斛"，区种麦"秋旱，则以桑落时浇之"；区种大豆"临种沃之，坎三升水"，在生长期间，"旱者溉之，坎三升水"。说明区田很重视及时集中灌水。

其五，中耕除草。区田非常重视中耕除草。

显然，区种法是一种特殊的播种方法，它需要其他各种措施的搭配，再将农田做成若干宽幅或方形小区后，还要在区内综合运用深耕细作、合理密植、施肥灌水、加强管理等各项措施，才能夺取高额的丰产，是一项复杂的栽培技术体系。不过，如上述"亩收百斛"似乎夸大，或者仅是一种理论上的指标。《齐民要术》引述《氾胜之书》区田法，在谈了区田的具体做法后，有"验，美田至十九石，中田十三石，薄田一十石"语，这大概是经过试验确实能够达到的产量指标。这个指标较为现实，是有可能达到的。当然，比起汉代仲长统《昌言·损益》所说"通肥之率……亩收三斛"产量来说，已是相当可观的数字。

区田法虽有抗旱高产的优点，但缺点是费力太多，往往把区田法作为救济的措施利用，如东汉明帝时期、三国曹魏正始年间、前秦苻坚时期、金章宗时期皆有推行。明清时代，由于人口增加、耕地不足，人们为了提高单位面积产量，试验区种法的人也多起来，而在民间，类似区种的特殊抗旱、高产栽培法，在一定条件下，也仍然断断续续地被人们所采用。[①] 甚至到20世纪50年代以后，"区田试验"又在河南、甘肃等地开始盛行，其中以张履鹏在河南辉县的试种影响最大。

① 梁家勉：《中国农业科学技术史稿》，农业出版社，1989年10月，第212页

嫩江大豆“垄向区田”示范

区田是一种特殊的旱地农业形式，区田法的原理具有较高的科学价值，带有一定的粗放简化性质，适宜山地农业的具体条件，[①] 也是一种有效的水土保持措施。有些地区至今仍在运用，但由于技术、人力条件要求过高，故而不能普遍推广。今天研究“区种法”仍有其价值所在，除了蕴含的栽培原理和技术环节，还包括体现的生态系统及其理念，所以要因地制宜、与时俱进地辩证看待。

亲田法

“亲田法”是明末耿荫楼设计的一种农作法，它综合了区田法和代田法的某些特点，即在大块土地中选出小块土地，进行人力和物力的倾斜投资，以夺取最后的稳产和高产，以后逐年轮换，还可以起到改良土壤的作用。亲田法的设计缘于“青齐地宽农惰，种广收微”(《国脉民天》)，耿荫楼曾任知县的临淄、寿光两县都属青州府，位于渤海之滨。亲田法在明清时期的北方地区曾有所应用。

关于“亲田法”的具体实施办法，耿荫楼在其《国脉民天》一书中作了介绍：“有田百亩者，将八十亩照常耕种外，拣出二十亩，比那八十亩件件偏他些。其耕种、耙耢、上粪俱加数倍……旱则用水浇灌，即无水亦胜似常地。遇丰岁，所收较那八十亩定多数倍。即有旱涝，亦与八十亩之丰收者一般。遇蝗虫生发，阖家之人守此二十亩之地，易于补救，亦可免蝗。明年又拣二十亩，照依前法作为亲田。”因为对这二十亩“偏爱偏重，一切俱偏，如人之有所私于彼，而比别人加倍相亲厚之至”，所以耿荫楼称之为“亲田”。

亲田法的实施，首先改变了过去粗放耕作、地力衰退的状况。轮亲土地精耕细作、增施肥料和有效灌溉，改变了土壤的物理性质，增加了有机质含量、提高了肥力。因此，轮

① 卜风贤：《重评西汉时期代田区田的用地技术》，《中国农史》，2010 年第 4 期，第 25 页

亲一遍以后，土地得到了改良、增加了肥力。其次，由于亲田面积不大，容易抵御自然灾害。遇旱，则亲田优先灌溉；遇涝，则先排除亲田中的积水；遇虫，则先在亲田中治虫，可确保灾害之年有相当的收成，以维持生计。再者，由于人口密度较低、土地面积较广，加之当时技术条件限制，无法对所有的田地进行精耕和保证水粪充足，因此，以往人们采用的广种薄收方法在经济上是不合算的，正如陈旉《农书》所说：“多虚不如少实，广种不如狭收”，而采用亲田法可提高地力、保证产量，尤其是在肥水条件较差的地区，增产效果明显。

最后，每一农户并不是只单纯栽种一、二种作物，既有粮、棉等主要作物，又有麻、豆、蔬菜等次要作物，以及其他经济作物。栽培于亲田的必是主要作物，其他作物则种于非亲田的土地上。由于“亲田”每年轮换，各种作物轮流栽植，多少具有轮作的效果，无形中调整了土壤的肥力和避免了病虫。

“亲田法”是在地多人少情况下实施的一种保证土地丰收的政策之一，对于保持土壤肥力、确保灾年收成等有独特的效用，同时也是轮作、轮耕、轮施肥等耕作制度的重要表现形式。当然，在目前地狭人少的状况下，特别是对于日益发展的化肥、农药和机械化农业而言，“亲田法”已经很难适应发展的需要、罕见踪影。但是，如果把它当作旱涝保收田或试验田对待，还是有其现实意义的，而且其蕴含的土地循环利用和生产经营思想，对于今天的生态农业发展和农村家庭经营同样具有重要的应用价值。

耦犁法

汉武帝末年，以赵过为搜粟都尉，推行“代田法”。与代田法相配合，“其耕耘下种田器，皆有便巧……用耦犁，二牛三人”（《汉书·食货志上》）。耦犁的发明是中国农业史上的一件大事。两牛三人的耦犁法在中原地区虽然早已退出历史舞台，但在某些边远地区的少数民族中仍然长期保留着，有人从这些活的材料中初步找到了对耦犁的正确解释。[①]

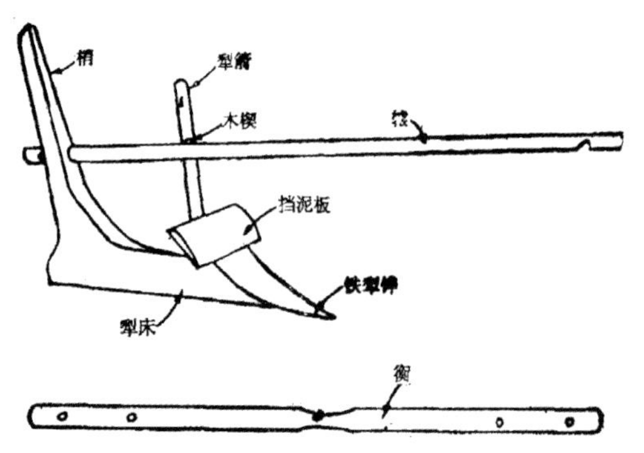

云南剑川白族二牛三人耕作和纳西族木犁结构（图片来源：左图《中国农业科学技术史稿》）

① 宋兆麟：《西汉时期农业技术的发展》，《考古》，1976年，第1期；李朝真：《从白族的“二牛三人”耕作法看汉代的耦犁法》，《农史研究》第5辑，农业出版社，1985年

云南少数民族耦犁法

据记载，唐代南诏“每耕田用三尺犁，格（犁横）长丈余，两牛胡去七、八尺，一佃人前牵牛，一佃人持按犁辕，一佃入秉耒（犁）”（唐・樊绰《蛮书》卷七《云南管内物产》）。又说：“犁田用二牛（按原作一，据向达《蛮书校注》改）三夫，前挽、中压、后驱”（新唐书・南诏传）。解放前后云南剑川白族（原南诏地区）和宁蒗纳西族仍残留这种牛耕法。他们使用的犁正和汉代的直长辕的框形犁相似。

如纳西族的犁由犁梢、犁床、犁辕、犁箭、铁犁铧、挡泥板（功用与犁壁相似）和犁衡组成。这种犁采取二牛抬扛方式牵引，又由于犁箭是固定不能活动的，因而犁辕与犁床之间的夹角也是固定的，不能起调节耕地深浅的作用。为了调节耕地的深浅，耕作时除了牵牛（前挽）和掌犁（后驱）的人以外，还要有压辕人。压辕人或站在辕旁（如纳西族），或坐在犁衡上（如白族）。汉代两牛三人耦犁法三个人的分工应与此相类。[①] 至于汉代牛耕图中两牛一人的“耦犁”法，应是耕犁结构有了某种改进、牛耕技术有了某种提高以后的结果。

目前，中国还有地方保留有“耦犁法”，特别是以云南的少数民族最为代表。又以丽江市玉龙纳西族自治县黄山镇为例，这里位于世界文化遗产丽古城西南，距丽江古城 2 千米，东北与古城区接壤，南抵五台山，西靠马鞍山、文笔山，是一个典型的纳西族乡镇。黄山镇完整地保留着传统的农耕文化，耕作时仍采用的二牛抬杠犁耕法、耦犁法和曲辕犁，具有 1 200 多年的历史；在漫长的岁月里，融入了纳西文化，边耕作边即兴咏唱的犁牛调、田间对歌等都具有鲜明的民族特色，是体验传统农耕文化和纳西民族风情的重要载体。

① 梁家勉：《中国农业科学技术史稿》，农业出版社，1989 年 10 月，第 173 页

耧播法

耧车或叫耧犁，是中国在两千多年以前发明的畜力条播器，也是继耕犁之后中国农具发展史上又一重大发明。耧车发明者为汉武帝时的赵过，当时使用的是三脚耧，后来又有独脚、两脚和四脚等不同形制。根据王祯《农书·耒耜门》记载，两脚耧的具体结构为："两柄上弯，高可三尺，两足中虚，阔合一垄，横桄四匝，中置耧斗，其所盛种粒各下通足窍。仍旁挟两辕，可容一牛，用一人牵，傍一人执耧，且行且摇，种乃自下。"

根据汉崔寔《政论》记载，耧播的方法和功效是："三犁共一牛，一人将之，下种挽耧，皆取备焉，日种一顷。"现在中国北方种谷子还有用耧播法的，耧播时套上牲口拉上耧，一人在前牵牲口，一人在后摇耧，随着犁铧翻起的一行行条垄，谷种自然均匀地撒进去，每垄间隔大约半尺。摇耧的活儿看似轻松，却极关键，摇起耧来一定要用力均匀才行，用力过大了，种子下得多，出苗会太稠密，间苗既麻烦，又浪费种子；用力过小了也不行，会形成出苗太稀甚至断垄。不过一般情况下，为了保证出苗率，谷种通常要播得略稠一些。

20 世纪 50 年代，山西省榆次专区推广站曾经做过调查，对当时老农摇耧播种的经验进行了总结：摇耧播种工作，是综合地集中了一个人的手、臂、腰、腿、眼、耳的技巧和注意力以及农业技术经验和人畜动作的协调，才能在耧播的方法下，达到行道、籽匀、深浅一致的播种质量要求，使种籽顺利发芽出土，保证全苗；同时，他们还搜集了以歌谣形式流传下来的掌耧技术经验，指出了在各种不同的情况下应掌握的技术关键。[①]

> 两手端平，两臂夹紧，脚步要碎，脚步要稳。摇耧要有三只眼；一看耧眼出籽匀，二看牲口两耳中，宽窄曲直都照顾，耳听耧里滴籽声。土地要绵，耧要找好，插耧三

三角楼和耧播

① 高建章，葛承斌，张沛忠：《榆次专区农民摇耧播种技术经验》，《农业科学通讯》，1954 年第 09 期，第 469-470 页

摇，停耧三不动。籽眼大小要合适，混身精力要集中。耧要斜插不须直，插耧入土破底墒。上坡慢摇，下坡快摇，籽多快摇，籽少慢摇。回牛停住斗，回耧踢一脚。扰耧摇耧一股劲，一步一摇下籽匀。轻打牲口，轻喊牛。虚土扶，实土压，放耧要轻，摇耧要稳。凸湾牛走宽，凹湾牛走窄。

以上之典籍记载和流传歌谣，是劳动人民长期生产实践的总结，也是耧播法所要掌握的关键技术要点，对于农作中的耧播作业具有现实指导意义。使用耧车播种法，第一能保证行距一致，播种深度一致，能使作物出苗整齐；第二能均匀播种，防止稀密不匀；第三开沟、下种、覆土等作业联合进行，不仅有利于保墒抗旱，而且在提高播种质量的同时，也可以大大提高播种效率，[1] 对于促进农业生产发挥了重要作用。

耧播也促使条播方法在中国北方旱地农业中成为主流，北朝时期，耧犁已推广到西北边区。在敦煌壁画（454 窟）中，还可以看到五代该地区使用耧车的情况，为研究五代犁的构造提供了重要依据，对研究 2 000 年来耕犁的发展演变史和了解敦煌及河西古代播种工具的应用情况都有重大意义。[2] 目前，在我国部分农村和一些偏远地区，仍然有使用耧车进行半机械的播种。耧车是世界上最早的播种机，欧洲一直到 16 世纪才发明了和耧车原理相同的播种机械，比中国晚了 1 000 多年。耧播法承载了我国农业科技发展史研究极其珍贵的形象资料，有益于保存、体验传统工具播种记忆和技术以及维持农作的多样性。

刀耕火种

刀耕火种，又称“刀耕火耨”“火耨刀耕”，是指砍倒树木，经过焚烧，烧死害虫和杂草，疏松土壤，空出地面以播种农作物的一种耕作方法。历史上，刀耕火种在中国很多地方都零星地、短暂地存在过，但近代以来，主要分布在一些边远山区或海岛，如云贵地区、长白山和大小兴安岭地区、海南岛等，汉族也有从事刀耕火种的，但不如少数民族广泛和流行。特别需要指出的是，长期以来，在云南澜沧江以西地区，西起怒江傈僳族自治州和德宏傣族景颇族自治州，中经临沧和思茅地区西南部、西双版纳傣族自治州、红河哈尼族彝族自治州，东达文山壮族苗族自治州南部，这一横跨千里的弧形地带，刀耕火种特别盛行，在时间上绵延不断，在空间上分布密集，甚至被称为“滇西南刀耕火种地带”。[3]

关于刀耕火种的技术内容，中国古代典籍亦有相关记载。如《旧唐书 · 严震传》说：“梁汉之间，刀耕火耨”。宋许观《东斋纪事》则说：“沅湘间多山，农家惟植粟，且多在冈阜，每欲播种时，则先伐其林，纵火焚之，俟其成灰，即播种于其间。如此则所收必倍，盖史所言刀耕火种也。”

---

① 梁家勉:《中国农业科学技术史稿》，农业出版社，1989 年 10 月，第 176 页
② 王进玉:《生动形象的农业科技史（陇上行之七）》，《人民日报海外版》，2011 年 12 月 09 日，第 15 版
③ 李志雄，张缘子，许文昆:《布朗山最后的刀耕火种》，《文明》，2007 年第 12 期，第 111 页

云南西双版纳勐海县布朗山乡新囡寨刀耕火种（李志雄，张缘子摄影）

至于具体的刀耕火种技术措施，对于灌丛林地来说，人们会选择在农历七八月天气晴朗的日子将灌木砍倒（大树一般只修枝不砍伐，树木在砍伐时要留出一定长度的树桩，以利于再生），因为此时树木不再新长枝叶易被晒干，然后再用柴刀和盘刀将枝桠剃光削好、与草紧压黏到地面，以防止悬空被风刮跑。七八月份雨季已过，不再怕被水冲走，待到来年二月份火烧后，方可点种或撒播种子。放火烧时，要选择阴凉天气，在土周围割上一道很宽的防火线，点火时，从高处点起，火从上往下燃，火势不凶猛，不会蔓延到其他地方造成森林火灾。[①] 如果是大片荒草坡地方实行刀耕，则不须于前一年把草割倒，只待二月份晴朗的天气，也不用开挖防火线，只用从坡脚放火把坡烧光就可种下作物。

实际上，刀耕火种不仅仅是一种农作制度和技术，它还是一个系统的产出结构，是刀耕火种生产与采集、狩猎三者的有机结合体。

另外，在基诺族的整个刀耕火种过程中，还贯穿有妥模确（过年，汉农历正月）、砍地仪式（正月）、科比达若（祭鼓仪式，正月）、苗姐若（砍地结束仪式，正月）、烧地仪式（二月）、冬布若（盖窝棚仪式，三月）、恰思若（播种仪式，四月）、贺西早（吃新米仪式，七月）、谷萨苦罗苦（叫谷魂，九月）等农业礼仪，[②] 它们同样体现出了刀耕火种的原始性、朴素性和独特性，与上述制度和技术体系共同构成刀耕火种不可或缺的内容。

实际调查的结果表明，少数民族的刀耕火种在不断毁林开荒的同时，也在尽力保存和恢复森林植被，努力使森林生态与作物生产协调，这种努力使人与自然和谐相处的思想和行为通过他们的宗教、祭祀而在长期的历史进程中被沉淀下来，形成了与刀耕火种生产方式相适应的特殊的少数民族农耕文化，千百年来这种文化和宗教一直规范着当地人们的思想和行为。[③] 刀耕火种不是一种简单的农业生产类型，而是特定地区、民族与自然环境共同作用的结果，并深刻反映了与之紧密联系的制度、文化、风俗、政治、宗教等社会问题。

因此，我们在对刀耕火种农业技术遗产进行考察时，有必要从历史学、农学、生态学、

① 吴佺新：《从江县侗族刀耕火种经过》，《农业考古》，1988 年第 02 期，第 388 页

② 尹绍亭：《基诺族刀耕火种的民族生态学研究》，《农业考古》，1988 年第 01 期，第 325–326 页

③ 诸锡斌，李健：《试析农业现代进程中的少数民族传统耕作技术——对云南和山地少数民族刀耕火种的再认识》，《科学技术与辩证法》，2004 年第 02 期，第 60 页

经济学、社会学等不同角度对其进行深入研究，充分挖掘刀耕火种农业所蕴含的朴素而深刻的生态智慧，包括如何在保证生态稳定的前提下实行有序的轮歇循环制，合理利用资源、适度开发、保护自然植被和林木，维护生态平衡和经济社会的可持续性发展等，并进一步探索刀耕火种农业技术文化遗产的保护路径和方法。

耜耕法

耜耕就是用耒耜耕作。《易经・系辞》中说神农“斫木为耜，揉木为耒，耒耜之利，以教天下”，《礼・含文嘉》也谈到神农“始作耒耜，教民耕种”，二者所讲皆由神农氏发明耒耜、教人耕种。7 000 年前生活在我国东南沿海一带的河姆渡人就已经开始使用耒耜从事农业生产活动，虽然木制农具容易腐朽，不容易保存下来，但河姆渡遗址中还是发掘到了木耜、木铲和木耜柄。在新疆地区的一些新石器时代遗址中也发现了方头木铣和类似木耒的三棱锥形的本质掘土工具。在黄河中下游，河北武安磁山、陕西临潼姜寨、河南陕县庙底沟、山东茌平、山西襄汾陶寺等遗址则发现有木耒的痕迹。[①]

“斫木为耜，揉木为耒”，说的是两种不同农具的加工方式。耜刃是砍削加工成的，耒则须用“火”把柄部烤出合适的弯度，并把刃尖烤硬。在以后的发展中，单尖木耒发展为双尖木耒。在黄河中下游，从仰韶文化后期到龙山文化时期，双尖木耒已是重要翻土工具之一。木耜下部的板刃因木质不耐磨，而接上骨质或石质的耜身，这样便出现了骨耜或石耜。考古报告中所称的石铲、谷铲、蚌铲，大部分当系安上木柄使用的耜。耒耜是手推足蹠的直插式翻土农具，适合在肥沃疏松的黄土地区和河流两岸的冲积平原上使用，是中国原始农业最有待色的代表性农具。它的使用一直延续到铁器时代的初期，有的还留存至现代偏远山区。

河姆渡出土骨耜和木耜
（图片来源：
《中国农业科学技术史稿》）

关于耜耕的耕种方法，耒和耜又稍有差别。耒是一根尖头木棍加上一段短横梁，使用时把尖头插入土壤，然后用脚踩横梁使木棍深入翻出，改进后的耒则有两个尖头或有省力曲柄。耜类似耒，但尖头被做成了扁形的板状刃（耜冠），称为“木耜”。木制板刃不耐磨，容易损坏，又逐步被改造成石质、骨质或陶质，有

① 梁家勉：《中国农业科学技术史稿》，农业出版社，1989 年 10 月，第 26 页

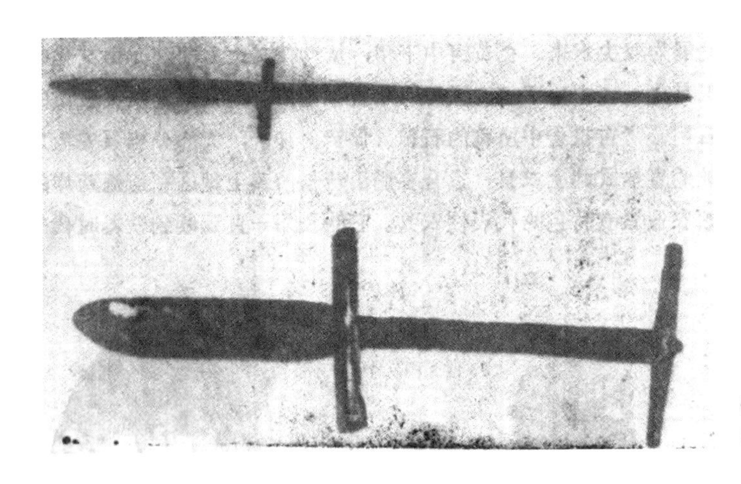

门巴族木耒（上）和珞巴族木耜（下）（图片来源：《中国农业科学技术史稿》）

的制成耐磨的板刃外壳，损坏后，还可以更换，这就是犁的雏形了。耜在翻土操作时，翻起的土块在前，未翻的土在后，人的操作方向是后退的，用锄掘土则相反，翻起的土在后，未翻的土在前，人的操作方向是前进的，从出土的耜、铲等使用方式看，与其称为“锄耕”，不如称为“耜耕”更为确切。[1]

在中国某些少数民族中，或多或少保持原始农业成分，仍在使用木制农具的不乏其例，如云南的独龙族、苦聪人等普遍用尖头木棒或竹棒刺穴点播，用天然树杈做成本锄除草、点播和松土；在西藏的门巴族和珞巴族，还分别使用本耒和木耒。这些情况表明，木质农具在原始农业时代使用是很普通的。

耒耜的发明提高了耕作效率，有了耒耜，才有了真正意义上的“耕”和耕播农业。另外，耒耜也是后来犁的前身，所以有人仍称犁为耒或耒耜。将耜耕法列为技术类农业文化遗产原因在于：一方面有益了解和探索历史上耕播农业的发生过程，另一方面还有助于展示、发挥古老耜耕方法与技术的应用及其观赏和教育意义。

耦耕法

耦耕是战国之前普遍实行的一种以两人协作为特征的耕作方法。当时由于农业工具和技术都较为落后，许多生产活动均非一人所能独立完成，正如清代人程瑶田所言：“言耕者必言耦，以非耦不能善其耕也。耦之为言并也，共事并行，不可相无之谓耦。”当然，由于历史上流传的材料并不多，所以关于两人究竟如何具体协作，曾在学术界一度争论较大。

夏、商、西周时期，在大田耕作中广泛采取协作劳动的方式。商代有所谓劦田。劦，甲骨文中作㽞，为三耒同耕之形。“三”在古代也表多数，故 田当是三人或三人以上的一种协作劳动。在商代，奴隶主驱使奴隶劳动就是使用这种方式。殷墟卜辞“王大令众人曰劦田”（罗振玉：《殷墟书契续编》二、二八、五），便是这一情况的实录。

① 梁家勉：《中国农业科学技术史稿》，农业出版社，1989年10月，第28页

西周时代则流行耦耕。《诗经》中有所谓“十千维耦”(《周颂・噫嘻》)、“千耦其耘”(《周颂・载芟》)的记载。《周礼・地官・里宰》说当时“以岁时合耦于锄，以治稼穑，趋其耕褥”。《逸周书・大聚》也谈到了“兴弹相庸，耦耕俱耘”等等。二物相配对、相比并谓之耦，在农业生产上的耦耕则是以两人为一组的协作劳动方式。

这种两人协作的耦耕是如何进行的？又是如何形成的呢？从有关材料看，它与使用耒耜和修建沟洫有关。《周礼・考工记》:“匠人为沟洫，二耜为耦，一耦之伐，广尺深尺谓之甽”。郑玄注:“古者耜一金，两人并发之，其垄中曰甽，甽上曰伐，伐之言发也”。他在《地官・里宰》注中又说:“考工记曰:‘耜广五寸，二耜为耦。此言二人相助，耜而耕也。”由此可见，当时修建农田沟洫，是采用两人为一组、各执一耜、相并挖土的方式进行的。这大概是耦耕的原始方式。为什么要采取这种劳动协作方式呢？这与耒耜的使用有关。[①]

耒是一种尖锥式农具，耜虽改成扁平刃，但刃部较窄（一般不及现代铁锹宽度的一半)，由于手推足蹠，入土比较容易，要挖出较大土块则有困难。解决的办法是实行多人并耕。民族志中不乏这种并耕的实例。甲骨文中的劦田也就是使用耒耜并耕的反映。但在修建沟洫的劳动中，最合适的是实行二人二耜的并耕。人多了反相互妨碍。正如清人程瑶田所说，“必二人并二耜而耕之，合力同奋，刺土得势，土乃迸发”(《沟洫疆理小记・耦耕义述》)。因此耦耕又是以农田沟洫制度的存在为前提的。

中国农田沟洫出现很早，耦耕的出现也不晚。例如《荀子・大略》:“禹见耕者耦，立而式。”《汉书・食货志》:“后稷始甽田，二耜为耦。”耦耕开始很可能要溯源到夏禹时代或其前。[②] 不过，它的广泛流行当在西周农田沟洫系统大发展的时期，并延续到春秋时代。[③]耦耕不限于挖掘农田沟洫，也推行于垦耕、除草、播种等各种农事中。《周颂・载芟》“载芟载柞，其耕泽泽，千耦其耘，徂隰徂畛。”毛传，“除草曰芟，除木曰柞。”郑笺:“隰谓新发田也，畛谓旧田有径路者。”所以，这里的“千耦其耘”实际上包括了新垦地和休闲复耕地的芟除草木和修治畎亩等工作。[④]

《左传》昭公十六年载郑子产说:“昔我先君桓公与商人皆出自周，庸次比耦以艾杀此地，斩之蓬蒿藜藿而共处之”。《国语・吴语》:“譬如农夫作耦，以艾杀四方之蓬蒿”。这些记载表明，在垦荒中也是实行“比耦”(“作耦”）的。又《论语・微子》载“长沮桀溺耦而耕”，桀溺在回答子路问话后，“耰而不辍”。这是在耕播覆种中实行耦耕，而当时播种是包括了播前松土（耕）和播后覆种（耰）这两个不可分割的工序。而《周礼・地官・里宰》说“合耦”是为了“以治稼穑，趋其耕耨”，则包括了一切农事活动在内。在农事活动中广泛协作，是这一时期农业的又一显著特点。

这种现象显然与农具简陋、单个农民力量不足有关。当时还大量使用石、木、骨、蚌制作的农具，即使有了部分的青铜农具，单个农民也难以独力完成全部农田作业，因此，

---

① 《礼记・月令》：季冬之月，“命农记耦耕事，修耒耜，具田器。”也反映了耦耕与使用耒耜的关系

② 《世说新语》载“昔伯成耦耕，不慕诸侯之荣馥。”伯成是尧舜禹时代人物，这时可能已有耦耕

③ 见《国语・吴语》《论语・微子》《说苑・正谏》诸篇

④ 梁家勉:《中国农业科学技术史稿》，农业出版社，1989 年 10 月，第 63 页

龙脊梯田壮族村民所谓“耦耕”农活

就必须实行这种在低生产力水平下的劳动协作。至于这种协作之所以采取耦耕的方式，则仍然与沟洫制度的存在有关。当修建农田沟洫的劳动使耦耕成为习惯后，自然就推广到各种农活中去了。之后，随着铁农具的普及和牛耕逐步推广，单个农民生产能力大增，而农田沟洫制度又发生了根本变化，耦耕基本也就在中国历史上消失了。[1]

耦耕在先秦之前，人们司空见惯，不言自明，秦汉以来，随着牛耕的普遍推广，木耒耜基本上摒除，藕耕不再成为效率最高的耕作方法，在生产上虽未完全“匿迹”，却大大的“消声”，以致汉魏注家于耦不得不加以解释。[2] 当然，后世“耦耕”说法仍有沿用，只不过往往随时代变化而有所转义，有些实际上就转变成了连续向前翻土的犁耕了，与横向倒退的“耦耕”已不相类。如目前还存在的龙脊梯田中的耦耕，已经成为当地举行传统农事活动——开耕节展示的一种重要农耕技艺。

农田沟洫

沟洫——田间水道也。农田沟洫是中国最早的排水系统，起源于西周时期的井田制，具备完善的蓄水、输水、分水、排水等不同功用，后代也泛指农田水利中的排灌系统。直到今天，这种农田沟洫思想仍然广泛应用于一些低洼农作区。

农田沟洫系统的存在，是夏、商、西周黄河中下游地区农业的显著特点之一。根据考古发现有距今 3 600 年前殷商都城附近的灌溉系统，在长约 245 米的渠道遗迹中，可以看出干渠、支渠和毛渠间存在着显著的差别：在干渠与支渠相交处发现了分水石堤，渠道断面的改变显示了支渠分出毛渠的走向，纵横交错的渠道将田地分割成若干长方形，渠与渠、

① 梁家勉：《中国农业科学技术史稿》，农业出版社，1989 年 10 月，第 64 页

② 张波：《周畿求耦——关于古代耦耕的实验、调查和研究报告》，《农业考古》，1987 年 01 期，第 24 页

地与地之间有明显的水位落差。[①]

这种沟洫系统在《周礼》一书中有较详细的记载。如《考工记·匠人》职文:“匠人为沟洫，耜广五寸，二耜为耦，一耦之伐，广尺、深尺谓之甽(即畎、圳)。田首倍之，广二尺、深二尺渭之遂。九夫为井，井间广四尺、深四尺渭之沟。方十里为成，成间广八尺、深八尺渭之洫。方百里为同，同间广二寻、深二仞谓之浍。专达于川。各载其名。”《地官·遂人》也记述了遂、沟、洫、浍的沟恤系统，但采取十进法。

又《论语·泰伯》载孔子说大禹“尽力乎沟恤”,《尚书·益稷》说禹“濬畎浍距川”[②]，这里的沟恤畎浍，都是指田野间水沟。甲骨文中的田字作田、田、田等形，正是被沟洫和界畔划分成一个个方形田块的耕地形象(《甲骨文编》第 522 页)。甲骨文中有甾(董作宾:《小屯、殷墟文字乙编》1155、2044)，从田从∨，是畎字的初文。卜辞中省“令尹作大甾”“勿令尹作大甾”(《殷墟文字缀合》136)，这是当时挖掘田间沟洫的明证。《尚书·梓材》说:“若稽田，既勤敷菑，惟其陈修，为厥疆畎。”这是说修治田畴过程中要设界衅(疆)挖沟洫(畎)，反映商代田间沟恤是普遍存在的。[③]

《周礼》中所载沟洫体系正好，是由田中的小沟(畎)开始，按照遂、沟、洫、浍的顺序，逐级由窄而宽、由浅而深，最后汇集于河川。很明显，这是一个农田排水体系。《尚书·益稷》说“濬畎浍距川”，距作“达”解，也是沟恤用以排水的证明。郑玄注《周礼·小司徒》说;“沟洫为除水害”。孔颖达疏:“言沟洫为除水害者,《尚书·益稷》云“濬畎浍距川”，是其从畎遂、沟、洫，次第入浍、入川，故云为除水害也。”这种解释是对的，正如清程瑶田指出的，沟洫的作用是“备涝，非为旱也。岁岁治之，务使水之来也，其涸可立而待”(《沟洫疆理小记》)。[④] 农田沟洫体系的修建与形成，是中国上古人民与洪涝灾害长期斗争的结果，不但是当时发展农业的基础，而且深刻地影响到后世农业生产技术的各个方面。

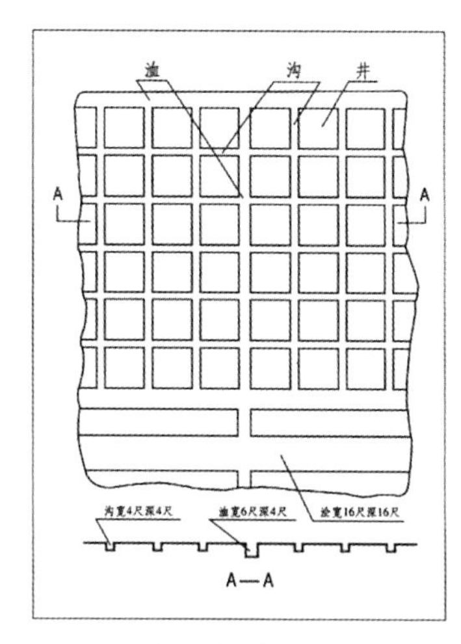

井田沟洫布置图
(图片来源:中国水利国际合作与科技网 http://www.chinawater.net.cn)

据此渊源沟史和实践经验，在黄河、长江流域等地区，现时仍有挖沟取土筑埂，筑成畦田，谓之“沟恤畦田”;在排水较畅之地挖浅而密的田间沟，形成条田，谓之“沟恤条田”;在地势低洼，下游水位顶托排水不畅易涝易碱地区，挖深而密的田间沟渠，用其沟土抬高田面，抬成台田，谓之“沟恤台田”。畦、条、台田等都是以开挖沟恤成田的，也都是借沟恤通利水道之功，排降田间过饱和之水，

---

① 中国水利国际合作与科技网:《井灌与井田沟洫》, http://www.chinawater.net.cn/guojihezuo/CWSArticle_View.asp?CWSNewsID=22149

② 《史记·夏本纪》作“浚畎浍致之川”,《集解》引郑玄说:“畎浍，田间沟也”

③ 梁家勉:《中国农业科学技术史稿》, 农业出版社, 1989 年 10 月, 第 52 页

④ 梁家勉:《中国农业科学技术史稿》, 农业出版社, 1989 年 10 月, 第 52 页

变水患为水利的“成田利稼”之法。[1]

开挖沟洫，自古至今不衰，视为农田水利、农业增产之重要措施。当前，新的农业技术已经完全改变了原有的模式与范畴，在新的设计和实验基础上，大大提高了农田沟恤的水平和质量，成为当前科学治理潜育化（淹害型）稻田所必不可少的重要措施之一。特别是对于长江中下游地势低洼的平原湖区，仍然具有非常重要的利用价值。

稻麦二熟复种制

稻、麦二熟复种制是指在水稻收获以后种植小麦或大麦的种植制度。中国南方和北方都有稻茬麦，主要分布在长江流域，长江流域以北以稻、麦两熟为主，长江流域以南除稻麦两熟外，江苏、浙江、江西、湖南、福建、云南等省地，还有早稻、晚稻、小麦（或大麦）一年三熟的。另外，20 世纪 70 年代以后，黄淮地区有些地方推行旱改水以及水稻旱种，扩大种植水稻面积，从而发展了稻麦两熟种植制。种植稻茬麦地区小麦商品率较高，而且有较大的增产潜力，这种栽培制度与方法对提高粮食总产量有重要的作用。

我国境内最早出现的稻、麦二熟制，是在唐朝时的南诏（即今云南）地区。樊绰在《蛮书·云南管内物产》曾记载：“自曲靖已南，滇池已西，土俗唯水田……从八月获稻，至十一月十二月之交，便于稻田种大麦，三月四月即熟。收大麦后，还种粳稻。”后传至长江流域，到宋朝（主要是南宋）才有了较大的发展，并成为江淮地区具有广泛性的、比较稳定的耕作制度。

稻麦二熟在江南最早出现在苏州地区。

嘉庆时，苏州地区的稻麦二熟制产量：“亩常收三石，麦一石二斗，以中岁计之，亩米二石，麦七斗，抵米五斗。”

稻麦二熟是指在同一块田中，稻麦轮种，此举大大提高了土地利用率，增加了农民的收入，是技术和经济的一大进步。宋代麦作在南方得到了发展，但由于自然条件、经济和技术发展，以及人们的生活习惯等历史原因，稻麦复种还是有限的。直至到明清时，才在江南流行并大幅度的提高作物的产量，稻麦二熟制对粮食生产的一个重大的特点就是从以往依靠扩大耕地面积求产量的生产方法转到从提高单位面积产量为主要目标的轨道。

稻麦二熟制是一种复种制度，有利于解决南方地少人多的矛盾，但是稻麦的季节不同以及自然条件、技术要求较高。稻麦复种制的形成和发展是中国耕作制度史上的一件大事，在苏南地区，一般每年六月份种水稻，十一月份水稻收获后，翻耕播种三麦，越冬，至来年五月收获，麦茬翻耕灌溉后再种水稻。稻麦二熟使这一地区的粮食生产走上了利用提高复种指数以提高粮食产量的新途径，这在苏南地区粮食发展史上，具有重大的意义。因为它不仅提高了土地利用率和粮食产量，也使日趋严重的人多地少矛盾得到缓和；同时水旱

① 孙树森:《古为今用话沟洫》,《农业考古》, 1992 年 01 期，第 214 页

云南剑川稻麦复种系统

轮作的稻麦二熟制，又有利于用地养地，这对减轻病虫草害和保持地力，也有重要的作用，甚至对当地饮食习惯的改变都有着重要的影响，且这种影响一直延续到今天。

稻、麦二熟复种制在云南也有重要的代表——云南剑川稻麦复种系统，已经入选第二批中国重要农业文化遗产。云南剑川稻麦复种系统位于大理白族自治州剑川县，涵盖全县 7 万亩水稻面积，核心区为金华镇、甸南镇和沙溪镇，核心区面积 3 万亩。每年 5~6 月栽种水稻，10~11 月份水稻收获后，翻耕播种大麦或者小麦，来年 5~6 月收获，麦茬翻耕后再栽水稻。水旱轮作，提高复种指数，减轻病虫草害，改善土壤结构，促进养分循环。

自 3 000 多年前新石器时代晚期开始，剑川稻麦复种水旱轮作的农作方式一直延用至今，目前仍是当地的主要耕作制度和方式，是传统农业生产发展的历史见证和缩影，是农业文化、生物多样性、人与自然和谐发展的典型代表，具有文化、生态、经济等多重价值。[①]

不过，由于受到气候变化、自然灾害、城市化、工业化、科技发展、外来文化等因素的影响，云南剑川稻麦复种系统生物多样性减少，农业生态环境退化，传统农业生产工具面临消失，农村劳动力特别是年轻劳动力有向城市流动趋势，传统农耕的方式正在面临被破坏、抛弃的危险，挖掘、保护和传承工作势在必行。值得欣慰的是，目前剑川县政府已经制定了稻麦复种系统农业文化保护与发展规划和措施，并做好稻麦复种系统及相关的生物多样性、传统农耕方式、农业文化和景观等的保护、开发和利用，并与现代农业、生态农业、休闲农业结合，提高农业收益，促进地方经济和社会的发展。

① 中华人民共和国农业部：第二批中国重要农业文化遗产——云南剑川稻麦复种系统，/ztzl/zywhycsl/depzgzywhyc/201406/t20140624_3948583.htm，2014-06-24

耕、耙、耮、压旱地耕作技术体系

耕—耙—耮—压抗旱保墒耕作技术是我国北方旱作水平的杰出代表。该技术体系形成于魏晋南北朝并以粟、黍栽培为中心，包含了诸多传统耕作的技术环节，后来又逐步得到发展和完善。魏晋南北朝时，由于有了畜力拉耙，旱作农具配了套，土壤翻耕后反复耙耮，消灭了土层中的大小坷垃，形成上虚、下实的土层，保墒蓄墒的能力和持久性大大加强，正如贾思勰之《齐民要术》所云："再劳地熟，旱亦保泽也。"这里以《齐民要术·耕田》为例，当时的耕整地技术及要求可概括为：

一是耕地要以湿燥得所为佳。无论是春耕、夏耕和秋耕，或是初耕、转耕（第二遍耕），还是深耕和浅耕，除考虑作物、播期、茬口等因素外，具体都要以土壤墒情为准，即所谓"必须燥湿得所为佳"。

二是秋耕欲深，春夏欲浅。因为秋耕到春耕之间，有较长的时间可让土壤自然风化，因此秋耕宜深，而春耕距播种期近，夏耕要赶种一季作物，因此这两个时节耕地都宜浅。

三是"犁欲廉，劳欲再。""廉"就是犁条要窄小，这样地才耕得透而细，在此基础上再多次耮（又叫耱）地，才能使地熟而收保墒防旱之效。

四是灵活掌握"挞""辗"。

魏晋南北朝以后，粟的耕整地技术基本沿袭《齐民要术》所总结的体系，但局部也有发展创新的。如唐代重视耙、耮并强调顶凌耙地（《齐民要术·杂说》），就是整地保墒技术的一项重大发展；宋元时期，总结了分缴内外套翻耕法（王祯《农书》），还把多耙、细耙提到了重要的地位（《农桑辑要》）；明清时期，则推进了浅—深—浅耕作法（《知本提纲·农则·耕稼》），更加讲求春、夏、秋耕之间的关系和多次耕耙，俗谓"耕三耙四锄五徧，八米二糠再没变"（《马首农言·种植》），都是对北方旱地耕作技术的继续发展和进一步完善。耕、耙、耮、压旱作技术体系，是中国古代劳动人民在长期与不利自然条件斗争中创造的巧妙农艺，是传统农学光辉的成就之一，直到今天仍在北方旱作区被广泛运用。

古代北方旱田耕耙耮压耕作技术（部分）

耕、耙、耖、耘、耥水田耕作技术体系

耕、耙、耖、耘、耥水田耕作技术是我国南方水田的杰出代表。该技术体系以水稻为中心并最终完成于宋元时期，后来又得到进一步的完善。南方长江流域的水稻生产，经过东晋、南朝以来劳动人民的不断经营，已有一定的基础，至隋唐五代时，随着大运河的修凿和延伸以及南北经济交流的加强，南方稻米生产有了进一步的增长。与此同时，为了适应人口增加和提高粮食产量的需要，宋元时期，长江流域太湖地区人民还着力于耕作栽培技术的改革，从而最终形成了耕—耙—耖—耘—耥相结合的一整套耕作技术，并奠定了南方水稻田精耕细作的技术基础。目前，这一耕作技术体系沿用至今。

水田翻耕以后的土壤，泥面高低不平，土块大小不一，不能马上栽种，所以翻耕以后接着要进行耙地，陆龟蒙在《耒耜经》中说："耕而后有爬（耙），渠疏之义也，散坺去芟者焉。""和土去草"是南方耙地的重要要求。唐代在水田耕耙之后，又添增一道用砺礋或磟碡破碎水田土块的工序，针对南方水田土壤较黏重和阻力大的特点，砺礋和磟碡均用木制，以利达到平整田面和提高效率的要求。还应该指出的是，砺礋外有列齿，不仅能破碎土块还能混合泥浆，负荷又较轻，它是当时比较适合水田作业的一种先进农具。

宋代在耕作技术上的发展，突出表现在耖的发明和应用上。如上所说，唐代太湖地区已经使用耕、耙、砺礋，由于砺礋在破碎土块、打混泥浆方面所起的作用还不尽人意，因而宋代又将砺礋改成了耖。这在楼璹的《耕织图・耖》诗中已见记载："脱绔下田中，盎浆著塍尾，巡行遍畦畛，扶耖均泥滓"。这样便形成了耕、耙、耖结合的整地技术。

耘田技术出现于北魏，但形成为田间管理中的一种专门措施，则同样是在宋代。陈甫《农书》记载当时的耘田技术说耕田"必先审度形势，自下及上旋干旋耘。先于最上处收滀水，勿致水走失。然后自下旋放令干而旋耘"，这样就保证了田块有水便于耘田，并避免了尚未耘过的田块水干土硬，影响耘田质量。耥田，是元代太湖地区创造的一种技术，所以王祯《农书》称之是"江浙之间新制也"。耥田是使用一种船型木板下钉有铁钉、上安竹柄

古代南方水田耕耙耖耘耥技术（部分）（清・乾隆《御製刺绣耕织图》）

的工具（当时称为耘荡，现称为耥），“推荡禾垄间草泥，使之溷溺，则田可精熟”，且“既胜耙锄又代手足，所耘田数，日复兼倍”。这也是稻田中耕除草方面的一大改革。

由于上述这些技术革新和创造，太湖地区水稻生产的精耕细作程度明显获得了较大提高，从而使这一时期水稻产量也获得了大幅度的提高。当然，这一时期南方水稻耕作技术的发达，还是和当时生产工具的改革、农田水利工程的兴修等措施是分不开的。“灌钢”技术的流行提高了铁农具的质量，江东犁（曲辕犁）的出现标志着中国传统犁臻于完善，水田耕作农具、灌溉农具等均有很大发展。在这基础上，才形成了耕—耙—耖—耘—耥相结合的水田耕作技术体系。

中国中唐以前，精耕细作主要体现在旱地农作技术体系的成熟上，晚唐宋元以后则主要体现在水田农作技术的成熟上。耕—耙—耖—耘—耥相结合的水田耕作技术体系，尤以太湖流域为中心的江浙地区最为突出，且一直沿用和保持这种优势到近现代。

轮作与间、套、混作技术体系

轮作，是指在同一块田地上有顺序地在季节间或年间轮换种植不同的作物或复种组合的一种种植方式。如一年一熟的大豆→小麦→玉米三年轮作，这是在年间进行的单一作物的轮作；在一年多熟条件下既有年间的轮作，也有年内的换茬，如南方的绿肥→水稻→水稻→油菜→水稻→小麦→水稻→水稻轮作，这种轮作有不同的复种方式组成，因此也称复种轮作。轮作的命名决定于该轮作中的主要作物构成，被命名的作物群应占轮作区的 1/3 以上。中国实行轮作的历史悠久，常见的有禾谷类轮作、禾豆轮作、粮食和经济作物轮作，水旱轮作、草田轮作等，长期以来在中国各地分布极为广泛。

战国以前，农作物主要施行垦荒制和休闲制，土壤肥力主要依靠休闲来维持。战国以后，就主要实行连作，为了克服连作引起的弊害，人们又发展了有关粟的轮作制与技术。如“今兹美禾，来兹美麦”，就是一种早期的禾—麦轮作制，“禾收，区种”，隔年麦收再种

麦后留茬播种玉米

一茬禾，则是一种两年三熟制。又郑玄注《周礼・地官・稻人》引郑众语云："今时谓禾下麦为荑下麦，言芟刈其禾于下种麦也。"注《周礼・薙氏》又曰："今俗谓麦下为夷下，言芟夷其麦以种禾豆也。"（此注见于孙治让《周礼正义》引）郑玄是东汉末年人，而郑众是东汉初年人，说明东汉时期"禾—麦—豆"的两年三熟制也有可能存在了。

由《齐民要术》可知，北魏以前就已建立了完善的轮作制度，如《种谷篇》明确指出"谷田必须岁易（年年轮换）"，意思是谷子连作就会"莠多而收薄"。《齐民要术》记载有多种谷子轮作方式，兹列举以下几种：绿豆→谷子→黍；大豆→黍→谷子；麦→大豆→谷子；麦→小豆→谷子；小豆→麻→谷子；小豆→瓜→谷子；麦→芜菁→谷子。从这些轮作方式也可以看出，当时谷子在轮作周期中占有相当地位，其特点是广泛采用禾谷类和豆类轮作，并往往在轮作中加入绿肥作物，形成用养结合、灵活多样的轮作体系。

在这种谷子的轮作体系中，肯定了许多作物的前、后茬关系，把前作收获留下的根茬地称作"底"，现在一般叫做前茬或茬口。其中，常把豆科作物当作谷子的前作，且最好前茬是绿豆、小豆，中等是麻、黍和胡麻，下等是芜菁、大豆。(《齐民要术・种谷》："凡谷田，绿豆、小豆底为上，麻、黍、胡麻次之，芜菁、大豆为下。"）不过，这样的轮作要注意时令，"悉皆五六月中穊（漫种也）种"，而且需"七八月，犁掩杀之"，如果能做好土壤的耕作和田间管理，就可达到"为春谷田则亩收十石，其美与蚕矢熟粪同"的效果。谷子的后茬则小豆最好，黍、穄最差，亦可接种大豆和黑豆(《马首农言・种植》曰"黑豆多在去年谷田或黍田种之")。

近现代土壤科学也证明，作物轮作具有许多优点，可以均衡利用土壤营养，提高作物产量、改善作物品质、减轻杂草和病虫害。北魏《齐民要术》所载的轮作制，在古代中国北方地区具有典型的代表性。18世纪中叶以后，中国北方除一年一熟的地区外，山东、河北、陕西关中等地已普遍实行了三年四熟或二年三熟的轮作制，这种农作制后来又经过逐步完善，到19世纪前期，传统的种植制度就基本定型了。

间作，是指在同一块地上，同时期按照一定行数的比例间隔种植两种以上的作物。套作，是指在同一块地上，按照一定的行、株距和占地的宽窄比例种植几种庄稼。一般把几种作物同时期播种的叫间作，不同时期播种的叫套种。混作，是指在同一块地上，无规则地栽培不同作物，可以无规则分布种植，也可在同行内混合种植。间、套、混作是我国农业传统经验之一，合理的间、套、混作，可以发挥生态效益，充分利用地力和太阳光能，不仅利于用地养地，还可以提高单位面积的产量。

中国的间、套与混作始于公元前1世纪，西汉《氾胜之书》中已有关于瓜、薤、小豆之间的间作套种和桑黍之间混作的记载。氾胜之在区种瓜条中说："区种瓜，一亩为二十四科（坎），区方圆三尺……以三斗瓦瓮理著科中央……种瓜，瓮四面各一子……又种薤十根，令周迴瓮，居瓜子外。至五月瓜熟，薤可拔卖之，与瓜相避。又可种小豆于瓜中，亩四五升，其藿可卖。"这是瓜、薤、小豆之间的间作套种。氾胜之在种桑法中又说："每亩以黍、椹子各三升合种之。黍、桑当俱生，桑令稀疏调适。黍熟获之。"

经过550年的发展，到后魏时期，已初步奠定了间、套、混作的技术基础。贾思勰

玉米间种豆类

《齐民要术·种桑柘》记述了多种间、套、混作方式，如桑苗“下常斸掘种绿豆、小豆”，“种禾豆，欲得逼树”（不失地利，田又调熟，绕树散芜菁者，不劳逼也），桑间套作绿豆、小豆、谷子、芜菁等，其中一种就是与谷子有关。这种桑树田中栽培谷子的间、混作方式，一方面可以在逼树生长的同时兼收谷子，另一方面又可以调节地力，改善土壤的环境和质量，对于农家来说是一举两得的事情。

间、套、混作是我国农业文化遗产的重要组成部分，是精耕细作、集约种植的一种传统技术。到了明清时期，随着人口的急剧增加，可供利用的土地日益减少，为了提高土地的利用效率和增加产出，各种间、套、混作普遍推行。《农政全书》中有关于大麦、裸麦和棉花套作，麦和蚕豆间作以及棉薯间作等记载;《农蚕经》记述了麦与大豆的套作。此外，明代还有早稻育晚稻套作，清代豆稻套作、粮菜间作和粮豆间作普遍流行。目前，间、套、混作广泛分布于各地农作区，是增加农作物产量的重要措施。

三、栽培管理技术

踏粪技术

踏粪法是一种积制肥料的方法。北魏贾思勰在《齐民要术》中首次提到了利用牛粪制造堆肥的“踏粪法”的记载，“凡人家秋收治田后，场上所有穰、壳秸等，并须收贮一处。每日布牛脚下，三寸厚；每平旦收聚堆积之；还依前布之，经宿即堆聚。计经冬一具牛，踏成三十车粪。至十二月、正月之间，即载粪粪地”。“计小亩亩别用五车，计粪得六亩。匀摊，耕，盖著，未须转起。”踏粪法就是用厩舍中的蓐草铺垫在牛舍中、让牛践踏，也混入牛的粪便，扫集堆积制成肥。踏粪法使用于中国传统农作的大部分地区。

这是利用牛踏粪，制造厩肥的一种方法，这种方法一直沿用至今，从后来南方地区的

南京高淳县乡间厩舍

实际来看，使用最普遍的还是养猪踏粪。元代王祯在《农书》中记载的积肥方法有所不同，王祯讲的不单单是蓐草，也是收集“扫除之猥，腐朽之物”，所取材料比《齐民要术》中范围扩大了。《沈氏农书》记载：羊圈垫以柴草，“养胡羊十一只……垫柴四千斤”；“养山羊四只……垫草一千斤”。猪圈垫以秸秆，“养猪六口……垫窝草一千八百斤”。

明代《宝坻劝农书》中也记载了“踏粪法，“南方农家凡养牛羊豕属，每日出灰于栏中，使之践踏。有烂草腐柴，皆拾而投之足下，粪多而栏满，则出而叠成堆矣。北方猪、羊皆散放，弃粪不收，殊为可惜。然所有穰谷稭等，并须收贮一处。每日布牛之脚下三寸厚，经宿，牛以蹂践便溺成粪。平旦收聚，除置院内堆积之。每日如前法，得粪亦多。”其实就是以碎草和土为垫圈材料，经猪羊踩踏后与粪尿充分混合而成的一种厩肥。踏粪，不仅仅是踏以牛足，而且往往还要经过堆制使其充分腐熟。

踏粪法所积制的其实是厩肥，这种积制肥料的方法，充分利用牛、羊、猪等动物来踩踏垃圾、草屑、树叶等杂物，并加以动物的粪便发酵而形成有机肥料。在中国部分农村地区依然用此法积制有机肥料，但已比较罕见，主要是因为踏粪法气味难闻，难以提高舍棚的整洁度，容易影响牲畜健康，目前已逐渐被化学肥料所代替。用踏粪法积肥，不仅仅是踏以牛足，而且往往还要经过堆制，在这个过程中动物粪便和以蓐草加以发酵而形成的有机肥料，已是充分腐熟，极其利于农作物吸收，因此，用这种方法积制的肥料不但节省钱财还肥沃土壤，在今天的有机农业种植中仍然值得提倡。

堆肥技术

堆肥是一种有机肥料，它是利用各种植物残体（作物秸秆、杂草、树叶、泥炭、垃圾以及其他废弃物等）为主要原料，混合人畜粪尿经堆制腐解而成的有机肥料，是中国农家肥的典型，长期以来被人们所沿用。堆肥法应用于中国大部分农作区。

南宋时期，陈旉《农书》在“粪田之宜”这篇中，提出了堆肥“粪屋”的作法：“凡农居之侧，必置‘粪屋’。低为檐楹，以避风雨飘浸——且粪露星月，亦不肥矣。粪屋之中，凿为深池，甃以砖甓，勿使渗漏。凡扫除之土，烧燃之灰，簸扬之糠秕，断稿落叶，积而焚之，沃以粪汁。积之既久，不觉其多。凡欲播种，筛去瓦石，取其细者，和匀种子，疏把撮之；待其苗长，又撒以壅之。何患收成之不倍厚也哉？”

除了这种专门的，在固定设备中作堆肥之外，就地掩埋枯死或新鲜植物，增加土壤有机质，陈旉《农书》也很注意：在“耕耨之宜”中，提出了“加粪壅培，而种豆、麦、蔬菜，因以熟（作动词用，使土壤变熟）土壤而肥沃之”；“薅耘之宜”中，说明“耘除之草……和泥渥浊稻根之下，沤罨既久，即草腐烂，而泥土肥美矣”；又将杂草锄转下去，“根荄腐朽，来岁不复生，又因得以粪土田也”，“善其根苗”篇，“窖烂粗谷壳”，“种桑之法”里“十月中……并其下腐草败叶锄转，蕴积根下，谓之罨萚（音掩脱），最浮泛肥美”。

民国三十四年（1945 年）南京特别市乡区自治实验区的农民，在每年 4 月和 8 月期间，农村普遍用塘草、青草和稻草三配合积制堆肥。此外，近郊农民还进城收购粪肥，后

现代秸秆堆肥

由粪商雇人送肥下乡销售，水粪每担二分，干粪每担一角，农民的经验，一亩田耗肥金一元，丰收年可收小麦一石，水稻四石。堆肥既方便人们处理垃圾，又肥沃了土地。其所含营养物质比较丰富，肥效长而稳定，同时有利于促进土壤固粒结构的形成，能增加土壤保水、保温、透气、保肥的能力，由于它的堆制材料、堆制原理，和其肥分的组成及性质和厩肥相类似。

堆肥是堆肥材料在堆肥化过程中的产物，过去农业时代制造堆肥称为粪，但是产生的气味比较难闻，特别是在人口密集的地区不适合这种方法。现在人们已在传统操作的基础上发展出高温堆肥，在中国不少地区得到推广。堆肥操作方法简单，肥料来源方便，即方便处理垃圾又肥沃了土壤，肥效长而稳定，故深受农民的喜爱，长期以来在乡间沿用，对夺取粮食高产丰收和保持地力常新壮起到了不可替代的作用。现在有机农业生产条件下，堆肥的绿色无污染积制方法、处理生活垃圾的独特优势仍应得到保持和发扬。

基肥技术

基肥是在播种前或移植前施入土壤的肥料。基肥的作用主要是供给作物整个生长期所需养分。为改良土壤而施用的肥料一般也视为基肥。基肥的施用方式和数量因肥料种类和地区习惯而异，没有共同的标准。战国时期，人们已开始利用河泥作基肥。《韩非子·解老篇》:“积力于田畴，必且粪溉。”秦汉时期仍然重视河泥的应用,《诗经》:“土地河流之所归，利之所聚。”基肥技术广泛应用于中国农作区。

汉代施肥方式中已有基肥。《氾胜之书》所载施用基肥的作物有：粟、枲、芋、瓜、大豆等。施用的方法有两种，一是漫撒法，一种是穴施法。种枲第一般采用漫撒法，“春冻解，耕治其土。春草生布粪田，复耕，平摩之”。这样的措施不仅有利于培肥地力，而且也能陆续为农作物提供所需养分。随着牛耕的推广，这成为最基本的施肥方法。采用区种法

农民施用基肥

的田块，则一般采取穴施类肥的方法。[1]

古代农民很重视基肥，称为“垫底”，民谚说：“垫底之粪在下，根得之而愈深。”水稻施足基肥的好处是：“垫底多则虽遇大水，而苗肯参长浮面，且不至淹没。遇旱年虽种迟，易于发作。”河泥的施用一般先将河泥凉干，敲碎，这有利于消除河泥中夹杂的有毒物质如硫化氢等。具体的做法很有考究：“晴天（指夹取的河泥）在大地，阴天在田埂，雨天在潭里。候干，挑在远地，泥干，趁晴倒，晒曝如菱壳样，敲碎如粉，方肥。”就是做成现今仍旧广泛流行的草塘泥（一层河泥一层杂草），或者如《沈氏农书》中所说的“窖花草”（河泥拌紫云英），“窖蚕豆拇”（河泥加蚕豆秆）等。

也有以水河泥直接施用于稻田的冬作（菜、麦）或桑园。《知本提纲》将底肥和追肥比较，认为基肥更重要，称之为“胎肥”，施足胎肥，然后下种生苗，“胎元祖气，自然盛强，而根深干劲，子粒倍收。若薄田下种，胎元不肥，祖气未培，虽沃浮粪，终长空叶，而无益于子粒也。”作者是把谷种发芽长出的种子根称作“祖气”，有了祖气，“然后旁生浮根”（即指须根），认为茎秆和子粒是由祖气发展而来，而浮根的作用只长叶片，无益于子粒。

基肥主要供给植物整个生长期中所需要的养分，为作物生长发育创造良好的土壤条件，也有改良土壤、培肥地力的作用。基肥施用的肥料大多是迟效性的肥料。厩肥、堆肥、家畜粪等是最常用的基肥。基肥在现在的中国大部农村一直沿用，这也是让庄稼长好的基础，不论是北方的小麦、谷子、玉米还是南方的水稻等都使用基肥。

基肥和追肥的种类在施用时并非孤立，而要讲究搭配、互补。所谓：“壅须间杂而下，如草泥、猪壅垫底，则以牛壅接之；如牛壅垫底，则以豆泥、豆饼接之。”各地土性不同，肥料种类因之而异，所谓：“盖种田全凭粪力。然用法则各处不同。如会稽山阴之田，灌以盐滷，或用盐草灰，否则不茂。宁波、台州近海处，田禾犯咸潮则死，故作砌堰以拒之。严州壅田多用石灰，因山水性寒，令土不发，故用之。台州、江阴则锻螺蚌蛎蛤之灰，而

① 梁家勉:《中国农业科学技术史稿》，农业出版社，1989 年 10 月，第 199 页

不用人畜粪。如以粪壅田，则草禾并茂，蛎灰则草死而禾茂。宾州有冷水田，用骨灰蘸秧根，石灰淹苗足，骨灰者乃猪羊杂骨之灰也，难以枚举。”

追肥技术

追肥广泛应用于中国大部农作区。西汉施追肥，似乎还未普遍，在《氾胜之书》中，仅有种麻时施追肥的记载。“麻生布叶，锄之……树高一尺，以蚕矢粪之，树三升。无蚕矢，以溷中熟粪粪之亦蓄，树一升”。看来，当时的追肥技术，已经达到较高的水平，从追肥时期来看，在麻高一尺的时候，正是需肥的关键时机，此期追肥得当会收到良好效果；从肥料种类的选择上看，追肥使用比较速效的蚕矢或腐熟的人的粪尿，也是比较理想的。[1]

施用追肥虽然早在西汉《氾胜之书》里记载了，但被人们重视却比较晚，宋代以前还很少提到施追肥，至宋代才重视施追肥，并强调要多次追肥，南宋罗愿在《尔雅翼》中曾提到施用追肥要看苗色而定：“粪视稼色而接之。”

明清时期更发展到看苗追肥的水平。明万历二十九年（1601 年）刻印的浙江桐乡《乌青志》则记述了当地农民看单季晚稻的苗色施追肥（称接力）的精彩经验；“盖以处暑正值苗之做胎，此时不可缺水。下接力都在处暑后做胎及苗色正黄之时，倘苗茂密，度其力短，俟抽穗之后，每亩下饼三斗，以接其力。亦有未黄先下者，每致有好苗而无好稻。”到明末的《沈氏农书》中基本上抄录了《乌青志》这段文字，并在中间加上“如苗色不黄，断不可下接力，到底不黄，到底不可下也”。同时，又对“亦有未黄先下者一”改为“切不可未黄先下”，使之更为强调而明确。

明代马一龙在其论著《农说》中用阴阳消长的学说指导追肥原则。他认为：“天地之间，阳常有余，阴常不足。”如果阳有余而不抑制之，则发生徒长；如果阴不足而不接济之。则导致粃谷减产。他举例说：“今有上农，土地饶，粪多力勤，其苗勃然兴之矣，其后徒有美颖而无实粟，俗名肥腝（相当于现代所谓徒长），此正不知抑损其过，而精泆者耳（指阳太盛而得不到抑制）。”反之，如果“土力既衰，润滋不继（指追肥不及时），滛浊未去，清气有伤，此正不知补助，故米粒有空头，枯干、粉黛诸病也。”对于徒长的稻苗，他提出：“断其浮根，剪其附叶，去田中渍污，以燥裂其肤理，则抑矣。”马一龙的这种观点只是知识分子所能想象到的对施肥的过与不及的理论解释，对于指导实践缺乏标准和措施。

我国传统的施肥技术称基肥为“垫底”、追肥为“接力”。关于水稻追加肥料的施用，沈氏认为到立秋追肥，“（稻）苗已长足，奎力已尽，千必老，色必黄”，稻苗的叶色发黄，说明缺氮，这时“接力愈多愈好”。如果稻叶片颜色浓绿，叶片纷披而不挺拔，便不能追肥。也就是说追肥必须在苗色正黄时才可施下，否则苗旺谷少。他又说：“无力之家既苦少奎薄收，粪多之家，每患过肥谷秕”。这是说肥料不足，水稻固然少收，但是追肥过多或追肥时期不当，也会使水稻减产，说明当时的江南先民已很明确追肥的时间和条件，从而确

① 梁家勉：《中国农业科学技术史稿》，农业出版社，1989 年 10 月，第 200 页

村民为冬麦追肥

保作物的丰产。

追肥的施用，可以确保禾、稻等农作物在抽穗季节获得充足的养分，在不断的实践总结中，中国各地区的劳动人民又掌握了施用追肥的时间和条件，从而保证丰收，也使得地力长盛不衰。现在农民仍然用追肥，只是古人用粪便等有机肥料。目前，我们大部分使用化肥做追肥来满足作物不同时期的不同营养需求。水稻的追肥是很难掌握的技术，施少了产量不高，施多了则引起徒长、倒伏。但是施用追肥与不施用追肥的作物是明显不同的，古人用有机肥料做追肥的效果缓慢，现在用高效的化肥能很快地满足作物缺失的营养元素，施用时间和火候上有所差别，但化肥对土壤的板结作用明显，不如农家肥来得环保和持久，因此，施用追肥仍然可大力提倡农家肥。

绿肥技术

早在西周和春秋战国时代，人们就开始利用锄掉的杂草来肥田。《诗经・周颂・良耜》中有“荼蓼朽止；黍粟茂止”的记载，把腐烂在田里的荼蓼和黍粟的生长茂盛联系起来了。这一时期人们采用了“锄恶草，当肥料”的措施，这是利用绿肥的萌芽阶段。

西晋郭义恭所著的《广志》一书中。记载：“苕，草色青黄，紫华。十二月稻下种之，蔓延殷剪，可以美田，叶可食。”这是栽培绿肥被应用的阶段。《齐民要术》中记载了使用绿肥的方法：“凡美田之法，绿豆为上，小豆、胡麻次之；悉皆五六月中穰种，七八月犁掩杀之。为春谷田则亩收十石，其美与蚕矢熟粪同。”这时期已从西周时的锄草肥田发展为专门的养草肥田。

在元代以前，我国栽培的绿肥作物种类主要是绿豆、小豆、胡麻、苕草、芜箐、蚕豆、大麦、苜蓿等，到了明清时代绿肥作物种类扩大了两倍多，主要有紫云英（翘摇）、满江红、紫苜蓿、金花菜、香豆子、爬山豆、绿豆、小豆、胡麻、蚕豆、梅豆、油菜、萝卜，

南京高淳东坝青枫村
绿肥种植试验基地

黛豆、茅草、大麦、小麦、萍、蔓青等。明代《天工开物》记载“南方稻田，有种肥田麦者，不冀麦实，当春小麦、大麦青青之时，耕杀田中蒸罨土性，秋收稻谷必加倍也。”这是绿肥生产向广度深度发展的阶段。

绿肥是用作肥料的绿色植物体，是天然的、无污染的生物肥源。它首先是田中的杂草腐烂而成肥料，后来栽培绿肥作物，到明清时栽培的种类已接近 20 种。这是在化肥没施用之前人们种田的主要肥料之一，应用绿肥最大优点就是不污染环境，不像化肥那样给人们带来的不仅是河流环境的污染，还给人们的身体健康带来隐患。这种方式一直延续至今，目前中国部分地区仍然用苕子等绿色植物作稻田冬绿肥，面积仍然很大。

绿肥能为土壤提供丰富的养分。各种绿肥的幼嫩茎叶，含有丰富的养分，一旦在土壤中腐解，能大量地增加土壤中的有机质和氮、磷、钾、钙、镁和各种微量元素。改善土壤结构，提高土壤肥力；能使土壤中难溶性养分转化，以利于作物的吸收利用。绿肥作物在生长过程中的分泌物和翻压后分解产生的有机酸能使土壤中难溶性的磷、钾转化为作物能利用的有效性磷、钾；能改善土壤的物理化学性状。

绿肥翻入土壤后，在微生物的作用下，不断地分解，除释放出大量有效养分外，还形成腐殖质，腐殖质与钙结合能使土壤胶结成团粒结构，有团粒结构的土壤疏松、透气，保水保肥力强，调节水、肥、气、热的性能好，有利于作物生长；促进土壤微生物的活动。绿肥施入土壤后，增加了新鲜有机能源物质，使微生物迅速繁殖，活动增强，促进腐殖质的形成，养分的有效化，加速土壤熟化。目前，绿肥仍旧比较广泛应用于中国传统农作区。

聚糠稿技术

聚糠稿法是中国古代农家普遍使用的一种沤肥方法，一般用作基肥施入稻田，最早出现在宋代，广泛应用于中国大部分农作区。具体的做法陈旉在《农书・种桑之法篇》中详细的介绍："于厨栈下，深阔凿一池，结甃，使不渗漏。每舂米即聚砻簸谷壳；及聚腐稿败叶，沤渍其中。以收涤器肥水，与渗漏泔淀。沤久，自然腐烂浮泛……"

《农书》记载的"聚糠稿法"，就是在厨房旁凿一宽池，用砖砌好不渗漏。将舂米收集的谷壳、腐革败叶"沤渍其中"，再另入洗碗水及剩饭剩菜等，"沤久自然腐烂浮沉"。这实际上就是现代的"沤肥"。"一岁三四次，出以粪苎，因以肥桑，愈久而愈茂"。经这种方法沤制出来的肥料称为"糠粪"，养分全，含量低；肥效迟而长，改土培肥效果好，长久以来被江南地区的农家所沿用，糠粪主要用于育秧、栽苎和种桑。

聚糠稿法是沤肥的一种，它是把人们不要的生活、生产垃圾以及人畜粪便等沤制成农田需要的肥料，这样既方便人们处理垃圾，又肥沃了土地，其原料来源广，数量大，是中国农家肥的典型。

用聚糠稿法沤肥是城镇、农村的简单易便，又很实用的方法。至今稻作区的一些农民仍有用"灰粪塘"积家庭杂肥的习惯，主要包括日常从家前屋后房内打扫出的垃圾、秸草屑、蔬菜、瓜果皮壳残渣及锅屑等物。人们用这种方法沤制肥料，仅仅需要一个池子存放并发酵，既方便处理垃圾又肥沃了土壤，但是用这种方法沤肥，产生的气味比较难闻，特别是在人口密集的地区不适合这种方法。在今天的部分农村仍可见一定规模的应用。

火粪技术

用火粪法制作粪肥以肥田，很早就被中国先民掌握和利用，目前，在中国部分传统农作区仍有使用。南宋著名农书陈旉《农书·粪田之宜篇》提出："凡扫除之土，烧燃之灰，簸扬之糠秕，断稿落叶，积而焚之，沃以粪汁，积之既久，不觉其多"。这是一种熏土造肥的方法，利用这种方法制造出来的粪，称为火粪，或土粪，依其含土量的多少。据陈旉《农书》的有关记载，火粪主要用于种植蔬菜和桑，水田中的冷浸田和秧田也使用熏土，不过他的用意不仅在于提高土壤肥力，更主要的还在于提高土壤温度。陈旉《农书·耕耨之宜篇》："山川原隰多寒，经冬深耕，放水干涸，雪霜冻冱，土壤苏碎；当始春，又遍布

农妇正在烧火粪
（图片来源：周国勋《安庆日报》2009年9月18日）

朽薙腐草败叶以烧治之，则土暖，而苗易发作，寒泉虽冷，不能害也”。在“善其根苗篇”中，陈旉还提到：“又积腐稿败叶，剗薙枯朽根荄，遍铺烧治，即土暖且爽”。

朱熹也在《劝农文》中提到了这种造粪方法，其曰：“其造粪壤，亦须秋冬无事之时，预先剗取土面草根晒曝烧灰”。后来王祯所提到的火粪，实际上与此有关，其曰：“积土同草木堆叠烧之”。《国脉民天》的砌窖烧土制火粪法一直延续到今天，具体熏法因地制宜，有窑熏、灶熏、堆熏，以暗火熏制肥效更好。

用火粪法制作肥料的方法，采用火熏、土制的方法来制成。根据不同的原料采用不同的制作方法，大大丰富了肥料的种类和来源。火粪法制作的肥料来源广泛，制作简单，所含营养成分更加全面，容易被庄稼吸收，利于保证庄稼丰收和地力常新壮。这种制作有机肥料的方法在古代应用较多，现在的中国乡间仍时常可见。

用火粪法制作肥料能使有机营养成分和无机营养大混合，营养成分更加全面，但制作的技术太陈旧繁杂，浪费较多，不适于现代的应用和推广，特别是化肥出现后，几乎被完全淘汰了。但火粪属于绿色无污染的农家肥，有其科学性成分，今天要大力发展可持续发展的有机农业，火粪法部分技术仍应得到传承。

水稻育秧移栽技术

育秧移栽技术在汉代已出现。据东汉崔寔《四民月令·五月》：“是月也，可别稻及蓝，尽至（夏至）后二十日止。”“别稻”就是秧苗移栽。这说明，我国黄河流域水稻移栽技术的出现不晚于东汉时期。水稻育秧移栽技术应用于中国大部分稻作产区。

早期水稻栽培采用直播方式，容易出现出苗不齐、早期生育不良、杂草丛生的现象。正如《齐民要术》所说：“既非岁易，草稗俱生，芟亦不死。故须栽而游之。”这是水稻育秧移栽技术产生的直接动因。隋唐时期，水稻育秧移栽在南方已很普遍。宋元以后，随着

水稻育秧移栽

经济重心的南移和北方人口的大量南迁，粮食需求急剧增加，南方水稻种植面积迅速扩大，“江淮民田十分之中，八九种稻”；同时，不断积累的丰富栽培经验，亦使水稻单产不断提高。正是在这样的条件下，育秧移栽技术逐渐成熟，并得以代替直播面积占据主要地位。

其进步之处在于重视壮秧的培育：“凡种植先治其根苗，以善其本。本不善而末善者鲜矣。”并掌握了培育壮秧的技术。陈旉提出培育壮秧的关键在于“种之以时，择地得宜，用粪得理。”加上管理上“勤勤顾省修治，俾无旱干、水潦、虫兽之害”，就能根苗壮好；如再“徙植得宜，终必结实丰阜。”反之，如果秧苗瘦弱，移栽后不发棵，根系不发达，经不住旱潦，就会减产歉收。因此，《沈氏农书》也说：“秧好半年田”“本壮易发生”，并介绍了疏播育壮秧的经验。到明清时期在育秧技术上的一项创举是旱育秧技术。水稻旱育秧是将水稻播种在旱地幼苗期无需淹灌在旱地培育秧苗的技术。日本等国于20世纪50年代才开始形成旱育秧移栽技术体系，而我国古代的旱育秧技术在18世纪业已定型。

对于这种人工移植水稻的方法，虽然对于水稻的生长、节水作用很大，但是人工的方法浪费时间，现在大部分使用的是机械化育秧移栽，但仍有部分地区使用。育秧移栽技术具有如下的重要作用：

一是节水省功。依宋应星所说的“凡秧田一亩所生秧，供移栽二十五亩”和“秧生三十日，即拔起分栽”计，在秧田期的30天时间里，能够把25亩田的灌溉、像草、排水等工作，缩减到小面积内，这样可节约灌溉用水，即用水量仅为直播田的1/25。同时，又能节省大量人工。二是把发芽初期对外界环境抵抗力薄弱或适应外界环境能力弱的幼苗，集中在小面积培育，容易进行精细管理，在环境条件不良、温度低且不稳定、不利幼苗生长的情况下，也能育成优良秧苗。三是扩大土地利用，增加复种指数，解决前后作物间的矛盾，提高粮食产量。四是能促进稻株在移栽大田后深扎根、多分蘖，增强抗旱能力。五是便于进行大田管理，没有“撒谷则颗粒难匀，艰于耘耔，工力烦费”的弊病。

稻田灌溉水温调节技术

水温调节技术法，是指利用稻田灌溉水与稻田温度之差促进作物生长的方法。水稻生长初期对水温的要求较高，可将稻田的出水口和进水口安排在田地的同一侧，使水在稻田的一边直线穿过。这样整块田地的水流动不大，从而保持原有水温。夏至后天气炎热，水温过高则不利于水稻生长发育，这时可将出水口和进水口错开，使水流斜穿过田面，稻田原有的温度较高的水很快被新注入的温度较低的水所取代，从而降低了稻田的温度。另外，

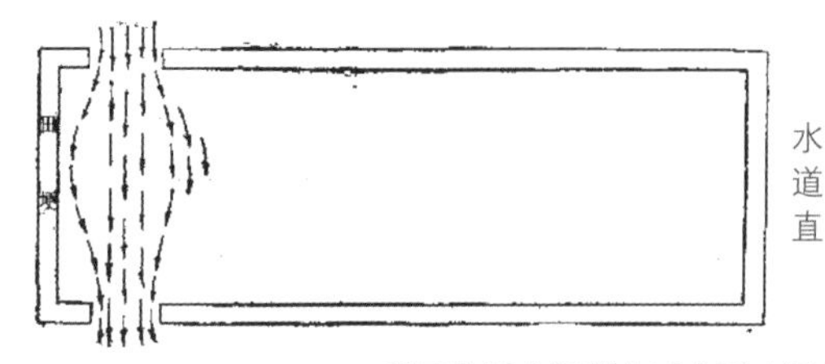

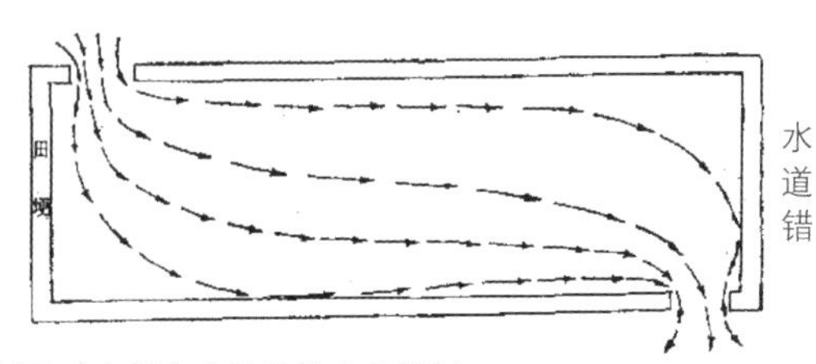

稻田灌溉水温调节示意图（图片来源：《中国农业科学技术史稿》）

利用温度较低的井水灌溉时，可以先将抽出的井水放在太阳下暴晒从而提高水温，避免水温较低影响作物生长。稻田水温调节法应用于中国大部稻作农区。

《氾胜之书》书中说："始种稻欲温，温者缺其塍，令水道相直；夏至后大热，令水道错。"这是说，水稻刚播种的时候，需要较高的水温，稻田水层浅，受日光照射水温较高，用水温较低的外水灌溉时，办法是使田埂上所开的进水口和出水口，安排在田边的同一侧，使过水道在田的一边，这就是所谓"水道相直"（串灌）。水道相宜时，灌溉水流从田的一边流过，对田里原有的水牵动较少，原有水的水温就能保持。

到了盛夏酷暑的时候，水温过高不利于水稻的生长发育，为了降低稻田的水温，就要使田埂上所开的进水口和出水口错开，这就是所谓"令水道借"（漫灌）。水道错开以后，就会使灌溉水流斜穿过田面，这样稻田里原有的水，就会较多轻快地为新引入的溜溉水所代替，从而能相对地降低稻田水温。

早在 2 000 多年以前，我们的祖先就已能通过精心构思，巧妙地设计出这种调节稻田水温的溜溉方法，是非常难能可贵的。它反映了我国水稻栽培技术的发展。虽然这种串灌和漫灌方式，还存在容易造成肥料流失的缺点，但就其能调节稻田水温来说，仍不失为稻田灌溉技术上的一项创举（汉代黄河流域在旱田灌溉上也同样注意水温问题。旱田利用井水灌溉，由于水温较低，往往不利于作物生长发育，为此，采取利用太阳暴晒以提高水温的办法。《氾胜之书》在种麻条中说："天旱，以流水浇之，树五升；无流水，曝井水，杀其寒气以浇之。"这反映当时人们能够对事物进行细致的观察，并按不同情况采取适当的技术措施）。[①]

烤田技术

烤田又称晒田，是指在水稻分蘖末期，为控制无效分蘖并改善稻田土壤通气和温度条件，充分利用晴朗天气里的太阳光照晒稻田面，使田面干裂能挺住人，增加土壤中的氧气，并有利于水稻对氮、磷、钾元素的吸收，促进水稻生长，长久以来为江苏、浙江、两湖地区等稻作产区所沿用。目前，烤田这一技术在中国稻作区部分农村还在使用。

烤田最早出现在北魏贾思勰的《齐民要术》中，但是，形成田间管理中的一种专门措施是在宋代，宋代采取了在田中开挖水沟进行烤田的方法，这种办法可以防止因简单的决水所致的肥水外流。《沈氏农书》在"运田地法"一篇中说："立秋边，或荡干，或耘干，必要田干缝裂方好。古人云六月不干田，无米莫怨天。唯此一干，则根派深远，苗秆苍老，结秀成实，水旱不能为患矣"。立秋时节正是单季晚稻从营养生长向生殖生长转变的关键时期，这时烤田具有抑止稻苗贪青疯长，促进根系下扎防止倒伏减产的重要作用。

明清时烤田技术已相当精熟，能准确掌握土壤的温度与湿度。后发展为在耘田后，"随于中间及四滂为深大之沟，俾水竭涸，泥坼裂而极干"。这种沟，现在苏南的农民亦称之为

① 梁家勉：《中国农业科学技术史稿》，农业出版社，1989 年 10 月，第 205 页

霍邱县农民水稻烤田

丰产沟。这样，“干燥之泥，骤得雨即苏碎，不三五日间，稻苗蔚然，殊胜于用粪。”通过烤田这一措施，土壤水分减少，促使植物根向土壤深处生长，它既能满足水稻高产生理生态需水要求，又符合气候特点，有利于植物的生长发育和粮食丰收。

烤田是水稻精细管理的技术之一，可以控制无效分蘖，让养分集中到有效分蘖和主茎上，有利于成穗结实提高和空秕率下降，千粒重增加；改善土壤条件，土面无水空气大量进入耕作层内，增加土壤含氧量，加强好气性微生物活动，促进有机质分解增加有效养分；促使稻株健壮，水稻根系转旺、黑根减少，白根增多，老根下扎，吸肥能力增强，为壮杆大穗打好基础；光照充足，土温升高，稻株的光合效率高；减少病虫危险等。

棉花整枝摘心技术

棉花整枝摘心技术是我国首创，最早记载于元朝农书《农桑辑要》，书中记载“苗长高二尺之上，打去冲天心（顶心），旁条长尺半，亦打去心，叶叶不空，开花结实。”14世纪的王祯《农书》中说：棉花产量高“其株不在乎高，其枝干贵乎繁衍。”在1314年出版《农桑撮要》有棉花“掐去苗尖，勿要苗长高，若苗旺者，则不实。”17世纪初，棉花整枝技术，有了广泛的发展。在《群芳谱》中有对棉花打顶尖“勿令交枝相柔”为宜。棉花整枝摘心技术主要应用于中国棉区。

另据明代徐光启《农政全书》有云：“苗高二尺，打去冲天心者，令旁生枝则子繁也。旁枝尺半，亦打去心者，勿令交枝相柔，伤花实也。”明朝张五典在一篇植棉的文章中详细记载整枝摘心的道理，棉苗去除叶心，“在伏中晴日，三伏各一次；有苗未长大者，随时去之。”这是他强调整枝摘心应在晴天，不应在雨天进行，否则会导致病害蔓延，蕾铃脱落。他是在这一地区第一个提出整枝摘心的人。

18世纪出版的《三农纪》中有：“棉苗高七八寸掐去冲心苞，令四旁生枝，半尺上者掐去心，母令交枝相柔，若如此，则花多实多。”根据河北省保定存有一套清乾隆三十年（1755年）凿刻的《御题棉花图》的石刻，其中第四幅《括尖图》中碑文：“苗高一二尺，

新疆建设兵团棉农为棉花整枝摘心

视中茎之翘出括去其尖，又日打心，碑枝皆旁达，旁枝尺半以上亦去尖，勿令交柔，则花繁而实厚。”至今，种植棉花并通过抑制棉花营养生长促进生殖生长来增加棉花产量依然要整枝摘心。

整枝打心技术主要有去叶枝、打顶、打边心、抹赘芽、打老叶、去空枝五个步骤。去叶枝棉株的叶枝（亦称木枝或营养枝）一般有 2~4 个，着生于主茎下部第 3~7 节。当第一果枝现蕾时，除保留果枝以下一两片主茎叶外，将其他各节的主茎叶和所有的叶枝全部除去，使棉株体内营养充分供应果枝上蕾铃的发育。现在中国种植棉花的区域，仍然用这一技术来保证棉花的高产。

棉花打去顶尖，有调节营养物质重新分配，促使棉株体内营养物质向生殖器官运输，改善棉田透光通风条件，提高光能利用率，减少蕾铃脱落，增加铃重及霜前收花率，促进果枝繁茂，达到“叶叶不空，开花结实”的目的。陈扶摇在《花镜》中有棉“苗长成后，不时括头，使不上长，则花多棉广。”这说明打顶尖能增加产量。在《陶园诗集》中进一步提出棉花“打心三伏去雄枝”的方法，就是在打去顶尖的同时，打去徒长枝，才能更好节约养分和调节养方重新分配。

赶霜露技术

古人对霜害和露害的防治积累了宝贵的经验。西汉《氾胜之书》就说到：“植禾，夏至后八十九十日，常夜半候之，天有霜若白露下，以平明时，令两人持长索相对，各持一端，以概禾中，去霜露，日出乃止。如此，禾稼五谷不伤矣。”意思是说，如果遇到霜、露天，在快到天明时，用两人相向拉一根长绳子在谷子上刮去霜，直到太阳出来为止。这样，可以使谷子不受早霜、露的危害。赶霜、露能减轻霜、露之害，可能是因为赶霜、露使禾的植株摆动，空气上下温度交换，处于穗部的最低临界完全发生变动；霜、露被赶掉后，太阳出来温度回升时，不需要吸收更多的热量溶化霜露，穗部温度不致再次降低。[1]

① 梁家勉:《战国农业科学技术史稿》，农业出版社，1989 年 10 月，第 202 页

古往今来的实践都证明，赶霜、露的确是一种减轻霜冻危害的有效方法。防止露害的方法与防霜法差不多："黍心初生，畏天露。令两人对持长素，搜去其露；日山乃止。"这是说，用两个人相向拉着长绳子刮去黍心上的露水，以免黍在孕穗期间露水流入茎内而伤及黍穗的形成。[①] 今天，在中国的部分农作区仍有采用这种古老方法者。

品种选育技术

中国很早就注意品种的选育，最迟至魏晋南北朝时期，农作物的品种选育技术有了新的进步。《齐民要术·收种》有曰："粟、黍、穄、粱、秫，常岁岁别收，选好穗纯色者，劁刈高悬之。至春治取，别种，以拟明年种子。（耧耩掩种，一斗可种一亩。量家田所须种子多少而种之。）其别种种子，常须加锄。（锄多则无秕也。）先治而别埋，（先治，场净不杂；窖埋，又胜器盛。）还以所治蘘草蔽窖。（不尔，必有为杂之患。）"此处表达有两层意思：一是谷类作物须年年选种，将纯色好穗选出，勿与大田生产之作物混杂；二是良种宜单收单藏，并以自身的稿秸来塞住窖口，免得与别种相混。

这里实际上是在穗选法的基础上，建立了一套从选种、留种到建立"种子田"的育种制度，与今天混合选种法颇为相似，反映了当时较高的品种选育水平，这比德国选种学家仁傅 1867 年改良麦种时使用的混合选择法要早 1 300 多年。

魏晋南北朝之后，农作物的品种选育技术基本稳定，但到了明清时期，农作物的良种繁育技术又取得了一个重大进展，即在混合穗选基础上产生了单株选择法。所谓单株选择法，就是将某些优良性状的单株或单穗，选育出一个新的农作物优良品种的方法，也叫"一株传""一穗传"。在自然环境条件下，由于生物、化学和生理的因素，或诱使作物本身变异，或引起作物间的天然杂交而变异，这种变异的存量众多，其中不乏具有优良性状的

陕西富平试验站品种区域种子试验田

① 梁家勉：《战国农业科学技术史稿》，农业出版社，1989 年 10 月，第 203 页

单株或单穗，如果把这些优良单株或单穗选择出来，经过精心培育后，就能产生一个新的优良品种。

《康熙几暇格物编》就有这样的记述："粟米有黄白二种，黄者有黏有不黏……七年前，乌喇地方树孔中忽生白粟一科，土人以其子播，获生生不已，遂盈亩顷，味即甘美，性复柔和。有以此粟来献者，朕命布植于山庄之内，茎、干、叶、穗较他种倍大，熟亦先时。作为糕饵，洁白如糯稻，而细腻香滑殆过之。"康熙帝及时吸取劳动人民的经验，亲自实验，证明这是一种早熟、高产、优质的粟品种，并将其选育、推广、实验、对照比较的全部过程详细记录下来。这是古人运用单株选择法选育良种的一个典型事例，也是世界选种史上弥足珍贵的科学实验资料。实际上，此法在我国出现的时间可能要早得多，正如康熙帝所云："想上古之各种嘉谷，或先无而后有者，概如此。"

我国作物品种选育的历史非常悠久，《诗经》时代就有了良种的概念，汉代之前穗选法已见诸记载，南北朝时期出现了类似今日的"种子田"，清代出现了"一穗传"技术。这些方法和技术代表了古代作物品种选育的水平，也为中国传统农作的发展做出了重要贡献。今天，这些技术虽然已有大的变革和发展，但基本原理仍然相沿流传。

选种用种技术

古人在长期的生产实践中，逐步认识到选种和用种的重要性。春秋战国前，人们就已经懂得播种前的选种工作。《诗经·大雅·生民》有曰："诞后稷之穑，有相之道。茀厥丰草，种之黄茂，实方实苞，实种实褎，实发实秀，实坚实好，实颖实栗。即有邰家室"。这首诗在"实种实褎"处分为两部分：前半部讲播种前的准备工作，后半部讲作物从播种到成熟的过程，"种之黄茂""实方实苞"就指的选种。"黄茂"是光润美好，"方"是硕大，"苞"是饱满或充满活力，实际上是对选种的具体要求。

新疆建设兵团农二师小麦穗选留种

那古人又是怎样保藏种子的呢？穗选在汉代之前早就出现了。又战国白圭曰："欲长钱，取下谷；长石斗，取上种。"（《史记·货殖列传》）意思是说，如果想赚钱，最好收购低价谷物做粮食生意；如果想增产，最好是采用优良的种子，表明当时已认识到选用良种是最经济的增产方法。

西汉的《氾胜之书》中得到了总结，"取禾种，择高大者，斩一节下，把悬高燥处，苗则不败"，这是我国有关选种法的最早的可靠记录，实际上，就是常说的"穗选法"，即要把植株高大健壮、穗大粒饱作为谷子选种的标准。当然，这种方法并非此时才有，人们在之前的生产实践中可能已广泛使用。

魏晋南北朝以后，人们又认识到，要做到品种的保纯防杂，必须将选种和繁育良种技术结合起来。

到了明清时期，选种方法更进一步了，即还要讲求谷子的粒选、穗选和混合繁殖，方法近似现代混合选种或集团选种法。在我国，这种方法奠基于魏晋南北朝，明清时期更加完善和普及。耿荫楼的《国脉民天·养种》认为，种地必先仔细拣种，具体方法是："于所种地中拣上好地若干亩。所种之物，或谷或豆，即颗颗粒粒皆要仔细精拣肥实光润者，方堪作种用。此地比别地粪力、耕锄俱加数倍，愈多愈妙……则所长之苗与所结之子，比所下之种必更加饱满，又照后法加晒，下次即用此种所结之实内，仍拣上上极大者作为种子……如此三年三番后，则谷大如黍矣。"

除上面的选种工作外，播种之前还要进行一次选种。如《齐民要术·收种篇》就提到一种清水选种法："凡五谷种子……将种前二十许日，开出，水洮（淘）。"播种要用饱满的种子，种前还要用清水漂去轻浮而不饱满的种子、秕子，以及混杂的种子，并指出这样做可使"浮秕去则无莠"，对于谷子将来的成长多有裨益。《齐民要术》还反复强调晒种，如《收种篇》就提到，谷子在"水洮"后"即晒令燥，种子干燥后不易受潮损坏，这对于保证种子的发芽率具有重要作用，否则"浥郁则不生，生者亦寻死"，前面的选种工作就会白费。

另外，选种结束、用种之前还要进行一些种子处理工作。西汉《氾胜之书》提到的溲种法就属于此类[①]。

实际上就是在种子外面包上一层以蚕矢、羊矢为主要材料的粪壳，类似现代的"种子肥料衣"方法。从其所用的材料上看，碎骨煮出来的骨胶，可能起粘胶的作用；蚕矢和羊矢起种肥作用；附子是一种热性而有毒的药物，可能有驱虫作用。这种方法用于粟的栽培。20世纪50年代，有人作过"溲种法"及其栽培试验，试验结果表明，"溲种法"具有早苗、全苗、壮苗的效应，包衣胶体有较强的保水力，加以早苗、壮苗的作用，间接产生了抗旱效应，同时也具有一定的增产作用。[②③] 除了溲种法，元鲁明

① 万国鼎：《氾胜之书辑释》，中华书局，1957年，第45，49页

② 南京农学院植物生理教研组：《二千年前的有机物溲种法的试验报告》；张履鹏、蒿树德：《溲种法试验报告》，均载《农业遗产研究集刊》第2册，中华书局，1958年版

③ 朱培仁：《中国包衣种子的发生与发展》，《中国农史》，1983年第1期

善《农桑衣食撮要・三月・种粟谷》还提到“寖谷”，即“用腊雪水寖过，耐旱、辟虫伤”。《农蚕经・七月割谷》也曰：“割谷所收佳种，用清水淘种之，庶免乌霉 、秕谷之病。雪水淘之，尤佳。”这种方法和“溲种法”具有同样的功效，可以耐旱、防病与治虫。

明清时期还有一种冬月种谷法。明朝中叶以后，我国不少地方水利失修，水旱灾害严重，尤其在北方地区，往往由于秋涝，积水难排，或秋旱得雨过迟，不能及时播种冬麦，于是人们创造了一种迟播早收的“冬月种谷法”。

内蒙古敖汉旱作农业技术

内蒙古赤峰敖汉旗位于燕山山脉东段北麓、科尔沁沙地南缘，历史文化悠久，早在 1 万多年前，这里就有人类生息繁衍，全旗境内有古文化遗存 3 000 多处。敖汉旗以谷物种植为代表的旱作农业，保持了连续的传承，时至今日还有古老的耕作方式、耕作工具和耕作机制，呈现了与所处环境长期协同进化和动态适应，千百年来支撑着敖汉经济社会的发展和百姓的生存需要。2012 年 8 月 18 日，联合国粮农组织批准敖汉旗旱作农业系统为全球重要农业文化遗产暨“世界旱作农业发源地”，成为我国 6 个、全球 18 个农业文化遗产之一。2013 年成为第一批中国重要农业文化遗产。

2001—2003 年，由中国社会科学院考古研究所和敖汉旗博物馆及部分外国研究人员，对兴隆沟这处重要遗址进行了考古发掘，[①] 其第一地点的大型聚落遗址属兴隆洼文化中期，出土了数十余粒粟、约 1 500 粒的黍。

历经 8 000 年的风雨变迁，粟和黍等古老物种不但没有在敖汉旗土地上灭绝和消失，而且繁衍不息，世代传承。最有名的粟分为黑、白、黄、绿 4 种，是第一大杂粮作物；黍的品种也很多，有大粒黄、大支黄、大白黍、小白黍、疙瘩黍、高粱黍和庄河黍等。还有其他粮食作物（荞麦、高粱、杂豆等）、经济作物、蔬菜、瓜果和畜禽。

因地、因时、因物制宜，最终形成了“耕、耙、耱、压、锄”相结合和以防旱保墒为目的的旱作技术体系；重视积制肥料，合理施肥，培养地力，采取“用中有养，养中有用、用寓于养、养寓于用”的用养结合办法，以长期保持土壤肥力常新壮；同时，采用间补苗、中耕除草、适当灌溉、综合防治病虫害等措施，保持作物的茁壮生长，最终创造和发展了内涵丰富的农业栽培与管理的制度、技术体系。

另外，在长期的旱作农业耕作实践中，原始的民间文化经过数千年的沉淀，逐步形成了耕技、节令、习俗、歌谣等丰富多彩的具有地方特色的文化表现形式，并得以世代传承。正月初八祭星，是敖汉旗蒙古人所独有的祭祀风尚，此习俗至今在四家子镇牛汐河屯仍在保留和延续。位于敖汉旗境内的国家级重点文物保护单位城子山遗址，被专家称为中国北方最大的祭祀中心，还有诸多不同时期的出土文物，均与祭祀有关。流传在敖汉旗境内的

① 刘国祥：《兴隆沟聚落遗址发掘收获及意义》，《东北文物考古论集》，科学出版社，2004 年 7 月

内蒙古敖汉旱作农业系统

庙会、祭星、祈雨、撒灯等民俗以及民间的扭秧歌、踩高跷、唱大戏，等等，也大都是为了祈求一年风调雨顺、五谷丰登和庆祝丰收。[①]

目前，敖汉旗原始地理环境和自然风貌没有大的改变，仍保留原始农业种植形态，是旱作农业系统的典型代表。同时，悠久的农耕条件，良好的生态环境，传统的种植方式，朴实的乡土人情，铸就了敖汉谷子的绿色品牌。谷子施用农家肥，少施或不施化肥，大多采用生物技术防治病虫害，再现了敖汉杂粮的天然特性，也赢得了“优质杂粮出赤峰，绿色杂粮在敖汉”的美誉。随着人们对农产品质量安全问题的重视，敖汉旗开展了谷子无公害生产，制定了《谷子标准化生产技术规程》，农民按照规程要求生产。这些都为旱作技术农业文化遗产的保护作出了重要贡献，也为当地带来了更好的社会和经济效益。

江西万年稻作农业技术

始建于1512年的江西万年县，仙人洞、吊桶环古文化遗址所在地，经中美联合农业考古发掘，出土了目前世界最早的栽培稻植硅石标本，将中国稻作的历史提前了5 000年，万年仙人洞由此成为世界稻作之源，享有“世界稻作文化发源地”“中国贡米之乡”“中国优质淡水珍珠之乡”之美誉。

2010年，江西“万年稻作文化系统”被联合国粮农组织命名为全球重要农业文化遗产保护试点。2013年，入选首批中国重要农业文化遗产。

在万年县裴梅镇荷桥村，至今还种植着一种质地独特的稻米，即“万年贡谷”（原名

① 闵庆文，白艳莹:《敖汉旱作农业系统世界上第一个旱作农业文化遗产》,《农民日报》，2013年06月07日04版

江西万年贡米原产地

“坞源早”），万年贡谷体长粒大、形状如梭、其白如玉、光洁透亮，其历史可追溯至南北朝，在明朝时期，被钦定为“代代耕作，岁岁纳贡”之珍品。由于其地山高垅深，日照时短，泉流清澈，水土含有多种矿物质，形成培植贡米得天独厚的自然环境，因此，在贡谷所生长的农林生态系统中，不但保留了独特的物种和丰富的生物多样性，而且还形成了高效的水资源利用和良好的水土保持技术体系。[①]几千年来，万年人民总结出一套从良种培育更新、播种移栽、田间管理、收割贮存到精制加工等一系列传统稻米生产技术：[②]

播种——立夏过后，天气渐暖，农民开始把隔年翻好的田地整平，再把周围杂草丛棘砍光，拓开荒秽，付之一炬，俗名“烧田”。焚烧之后，经雨水冲刷，肥水尽入田中。这种较为原生态的耕作方式，可谓是“刀耕火种”之余韵。播种之前还要做好秧田，即先把整好的田耙烂，再用“盪耙”（一种农具）把田盪一遍，做到平整如镜，再踩成墒，然后又把“墒”弄平，再在墒上播种。“种”不能太密，又不能太稀，须要由种田高手完成。

育秧——培育秧苗是种植中的一个重要环节。

拔秧——第一次拔秧，俗称：“开秧门”。旧时，开秧门在当地非常受重视，要举行一个简短的祭祀典礼。太阳刚刚升起的时候，拔秧农民，聚集在秧田一旁，点燃香烛，朝天祷告，祈求风调雨顺，五谷丰登，接着燃放鞭炮，而后便走下田动手拔秧。

插秧——插秧也是一门技术性很强的农活，既要插得好，又要插得快。

耘禾——秧苗栽下以后，经过十天半月，就要耘禾除草，促其成长。农谚说：“禾耘三道仓仓满，豆锄三遍粒粒圆。”

割禾——收割是一年农事中最为辛苦的一个环节。割早禾天气热，不但要割还要翻田、

① 闵庆文，何露：《万年稻作文化系统：稻作之源稻香万年》，《农民日报·中国农业新闻网》，2013 年 5 月 4 日

② 万年县传统稻作文化办公室：《稻作文化看万年》，http://www.china-wannian.gov.cn/news/jinrixinwen/ 2013-04-26/1475.html，2013 年 4 月 26 日

栽插，时间紧，劳动强度大。

晒谷——稻谷收回家，要翻晒、过筛、过扇，扬净晾干后才可进仓。

入仓——谷进仓，要用斛桶量过，才知道收了多少。明清时期农村计量谷物一般不用“秤”，而是用“量”来计数的。这种方法一直沿用到民国时期。

综上所述，从一粒粒种子撒在田里，到一穗穗稻谷收割归仓，万年水稻要经过播种、育秧、栽秧、拔秧、栽插、耘禾、割禾、晒谷等一系列程序。同时，在长期辛苦的水稻耕作实践中，还形成了不少农谣、民谣以及节令习俗，如“懵里懵懂，嵌社浸种”“雷打惊蛰前，无水做秧田”“清明前后，撒谷种豆”“谷雨前，好种棉”“大暑前三日割不得，大暑后三日割不出”“七月半，借花看；八月半，捡一半（棉花）”，很好地再现了当地人掌握的“农事理论”和耕作习惯；教犁、春社祭社公、敬五谷神、清明敬土神，开秧门，端午划龙舟，尝新节，拜稻祖，祈龙求雨，开镰谢谷神等，则聚集了当地醇厚的民间习俗文化。

总之，万年仙人洞发现的古栽培稻、东乡野生稻和荷桥贡米及万年现代水稻生产一起形成了野生稻—人工栽培野生稻—栽培稻—稻作文化系统这一完整的演化链，[①] 包含着丰富的技术内涵和深厚的文化底蕴，是人类缩影和稻作文化发展的一个缩影，有着深远的历史文化价值、重要的农业研究价值和可观的经济价值。近年来，万年投资兴建了仙人洞、吊桶环遗址博物馆，还将“万年稻米习俗及万年贡米生产技术”申报国家级非物质文化遗产保护，并按照农业部中国重要农业文化遗产保护工作要求，不断完善相关政策法规，采取了诸多措施，有益于进一步宣传和保护这一珍贵的稻作技术系统。

河北宣化传统漏斗架葡萄栽培技术

河北宣化古城历来就有“葡萄城”的美誉，是传统漏斗架式葡萄种植的产区，在国内乃至世界上具有独一无二之地位。根据《宣化葡萄史话》的记载，宣化葡萄最早引进栽培时间为唐代，距今已有 1 300 多年的栽培历史。如今，在宣化古城的观后村里，还有一株近 600 岁的古葡萄藤，依然枝繁叶茂、硕果累累，见证了宣化葡萄发展的历程。

宣化漏斗架栽培葡萄以牛奶葡萄为主，是由外域引进，经过上千年精心培育发展起来的本地独有的优质葡萄种质资源，具有不可移植性。牛奶果肉脆而多汁，酸甜比适中，含有丰富的葡萄糖、维生素和矿物质，可剥皮，具有刀切不流汁的特点，是我国最佳鲜食葡萄品种之一。葡萄栽培也是当地农民的主要收入来源之一。

中国葡萄栽培技术历史悠久，且以棚架栽培方法最为普遍。《齐民要术·种桃奈》篇指出葡萄“蔓延，性缘不能自举，作架以承之。叶密阴厚，可以避热”。作架把它抬起来，就可以通风透光，使葡萄着色良好，含糖量高，香味浓。所说“叶密阴厚，可以退热”，当是较大型的水平棚架，目前水平棚架仍是北方地区的常用架式。[②]

---

① 闵庆文，何露:《万年稻作文化系统：稻作之源稻香万年》，《农民日报·中国农业新闻网》，2013 年 5 月 4 日

② 梁家勉:《中国农业科学技术史稿》，科学出版社，1989 年 10 月，第 291 页

宣化庭院漏斗架式葡萄园

河北宣化漏斗架葡萄栽培技术体系是对上述栽培技术的另一种改进。由于该区降雨稀少，气候干燥，土壤沙石多，漏水漏肥，宣化牛奶葡萄栽培至今，仍然大量沿用传统的漏斗架及多株穴植栽培方式。漏斗式棚架是一种古老的传统架式，架身向上倾斜 30°~35°，呈放射状，架根高 30 厘米，架梢高 3 米，棚架直径 10~15 米，每座可栽 3~4 架，该架势的优点是肥源集中、水源集中、光源集中，适于观赏、乘凉的庭院栽培，其栽培技术体系主要包括树上管理和土、肥、水管理。①

对于漏斗架葡萄栽培技术的树上管理来说，主要包括：(一）出土上架：出土时间不宜过早，一般年份在 4 月上旬。因为过早出土，地温低，加上春天风大，枝条易失水，影响萌芽率。内外围立柱顶端连线与地面呈 45° 左右。(二）抹芽定枝：从萌芽至嫩梢长到 4~5 片叶、可辨别花序时分 2~3 次进行抹芽，定枝应在新梢长至 15~20 厘米时分 1~2 次进行。(三）绑梢与摘心：5 月中旬，当少量枝条生长到 30~40 厘米时进行第 1 次绑梢，时间应在晴天上午 10 点后至下午 5 点前，一年大约绑 3~4 次。延长梢于 7 月初留 18~20 片叶摘心，树势衰弱的于花前摘心，留 10 叶以上。树势中庸或偏弱的果枝于花前 1 周内摘心，长势强的果枝于 6 月中旬结合第 2 次绑条和掐穗尖时进行摘心。(四）疏花和疏果：抹芽定梢后要疏除多余的花序。留果准则是壮果枝留 1~2 个花序，中庸枝留 1 个花序，弱枝不留。疏果在 6 月中下旬当葡萄长至黄豆粒大小时进行，注意疏果不能太晚，否则对果实生长不利。每果穗留 80~100 粒。(五）冬季修剪：修剪时宜采用长、中、短梢结合的修剪方法。延长枝一般进行长梢修剪，留 8 芽以上。结果枝组应灵活应用单枝、双枝更新修剪，基部的枝条一定要短截留 1~2 芽做预备枝，以利更新。结果母枝剪留 2~5 芽。(六）培养更新蔓：选留生长健壮的萌孽每年放蔓，冬季修剪时留长 1 米，剪口粗度 1.2 厘米，60 厘米以上每隔 20~30 厘米培养一个结果枝组。随着新蔓的生长，由下而上逐年疏除老蔓的结果枝组，当新蔓有一定产量并且老蔓影响其扩大架面时，再将老蔓从基部去除。

---

① 张晓荣：《漏斗架牛奶葡萄优质稳产栽培技术》，《中外葡萄与葡萄酒》，2011 年第 5 期，第 52 页

对于土、肥、水管理来说，则主要包括：(一)深松土保墒：于施肥灌水后、结合清除施肥坑内反复生长的无用萌蘖进行松土保墒，深度为5~10厘米，每年2~3次，8月份结合施肥进行一次深中耕，深约15厘米，以除掉部分细根为度，刺激根系向深处生长。(二)扩坑施肥：每3~4年进行一次，结合施肥于8月中下旬进行。方法是通过挖根调查、待根系长满坑后，在原埂的位置上挖宽、深各40厘米的沟，以见少量细根为准，施入腐熟的优质有机肥，与表土混匀覆土后充分灌水。施肥时人粪尿可施于坑表，牛羊粪、鸡粪等有机肥要翻入土壤，以在根的附近铺施肥为主。全年施肥至少4次。(三)灌水和排水：掌握早春、初夏浇透水，夏秋看降水，花期、采前需停水，采后防寒灌透水的原则。一般年份全年浇水5~7次，砂质土壤应少量勤浇。果实成熟期的8~9月，如遇大雨要及时排水，以防裂果造成损失。

由于独特的漏斗架型和文化景观以及深刻的文化内涵，宣化古城传统葡萄园于2013年6月被授予全球重要农业文化遗产（GIAHS）保护试点。但不可忽视的是，由于城市化进程的不断加快，加之人们对传统农业的日益淡漠，宣化传统漏斗架葡萄园难免受到冲击，栽培面积和数量急剧下降，从事漏斗架葡萄栽培的农民数量越来越少，意味着这种传统葡萄栽培技术可能消失，也预示着传统特色景观、生物多样性和文化多样性可能丧失。为此，宣化区人民政府按照农业部中国重要农业文化遗产保护工作要求，先后出台了《关于加快葡萄产业发展的补助办法》《宣化传统葡萄园保护管理办法》等文件，制订了宣化传统葡萄园保护与发展专项规划。通过生物多样性的恢复、传统葡萄栽培技艺的文化传承以及与休闲农业的结合，从根本上解决农民的增收、农业的可持续发展和文化遗产保护问题。

甘肃皋兰什川古梨栽培技术

什川位于甘肃兰州东北方向的皋兰县，黄河穿腹而过。什川古梨园现存百年以上的古梨树9 000多株，面积达4 000亩。日本早稻田大学植物学家赞其为“植物界奇迹”、全球罕见的“活植物标本”、难得的“梨园博物馆”。

2013年4月，什川古梨园被录入2013年世界吉尼斯大全，被誉为“世界第一古梨园”；2013年5月，什川古梨园又以古梨树存量最多的梨树栽培体系的独特优势入选首批中国重要农业文化遗产。

皋兰县什川古梨树的栽培历史悠久，自明嘉靖年间，当地果农仿建水车汲黄河水灌溉田园，开始栽植梨树。这里群山环绕，黄河穿境而过，气候温和，土壤肥沃，梨树长势旺盛。现存古梨树大多种植于明清两代，至今仍然硕果累累。什川古梨品种多，计有冬果梨、软儿梨、酥木梨、长把梨、彬州梨、吊蛋子、平头梨、窝梨等土产品种，以及引进的巴梨、鸭梨、苹果梨、莱阳梨等20多个品种。

长期以来，什川人对于梨树的栽培管理颇有心得。当地将种植梨树称为种“高田”，果农不仅要为梨树松土、施肥，早春“刮树皮”、花期“堆砂”防虫，更需要“天把式”(当地人称天梯，是什川古梨园特有的一种农具，一般长达十多米、状如蜈蚣)，穿梭于半空的

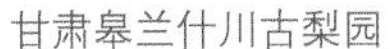

甘肃皋兰什川古梨园

什川古梨园“天把式”采摘软儿梨

梨树间进行空中作业，给梨树修枝整形、疏花疏果、竖杆吊枝、采摘果实。另外，独特的嫁接技术，还可以使梨树不断焕发青春，且一棵树上最多可以结出香梨、冬果梨等 10 多种梨。这些技术特点集合在一起，形成了独特的古梨栽培管理方式与文化。

近年来，当地政府依托古梨树资源，已连续举办了多届旅游节，把旅游观光、文体娱乐等融为一体，形成以梨园美景观赏、黄河风光游览、农家休闲娱乐等为主的新型休闲农业旅游区，给当地带来了丰厚的经济收入。但随着生产发展，人口增多，梨园面临被蚕食、挤占的危险，古梨园的古梨树数量减少数百株，且如“天把式”及其使用者已经越来越少，什川古梨园的技术文化面临失传的危险。目前，皋兰县人民政府按照农业部中国重要农业文化遗产保护工作要求，成立了专门的机构，并制定古梨园保护发展规划和管理办法，希望通过摸底建档、信息采集、养护复壮，科学合理利用古梨树资源，传承弘扬古梨园的栽培技术和农作文化，使独特珍贵的世界第一古梨园焕发青春、再创辉煌。[①]

辽宁鞍山南果梨栽培技术

南果梨（又名“鞍果”）原产辽宁鞍山市千山区大孤山镇对桩石村。据《中国果树志第三卷》记载，现南果梨树母株仍生长于此。1986 年经中国果树研究院权威专家鉴定，该树被认定为南果梨祖树，自发现至今已有 150 多年历史，是仅存的一株自然杂交实生苗南果梨树。依靠自身独特的地理、气候条件和栽培经验，鞍山南果梨品种适应性强，耐寒，中

① 农业部乡镇企业局:《甘肃皋兰什川古梨园》，http://www.moa.gov.cn/ztzl/zywhycsl/dypzgzywhyc/201306/t20130613_3490513.htm，2013 年 6 月 13 日

辽宁鞍山南果梨园

小型果，产量高；果实近球形，果肉变黄白色，肉质细，柔软多汁，石细胞少；果皮薄，色泽美丽阳面带有红晕，风味独特，初熟脆甜，后熟柔软多汁，果实耐运输贮藏，在气调冷藏条件下可贮藏5~7个月。2013年，鞍山南果梨栽培入选中国首批重要农业文化遗产。

由南果梨祖树而形成的“辽宁鞍山南果梨栽培技术”，具有显著的历史性、代表性、影响性、濒危性和多样性等特点，并成为由其派生出的传统梨文化的重要载体，鞍山南果梨优质栽培管理技术主要包括：[①]

合理定植：定植前要挖定植穴，底土分两份，其中一份拌入农家肥。回填时，先铺入秸秆，然后将表土填入穴内，再将拌好农家肥的底土填在中间，将另一份底土覆在表面，起土台，踩实，栽苗，使根部高于地面，沉实后根颈高于地面。栽后灌水、定干，然后覆盖地膜，以保持土壤温、湿度，促进生根。定植后第二年开始，还进行果园扩穴深翻。

灌水：果园土壤水分状况直接影响果树的产量和品质。南果梨园全面采用覆草、覆膜等节水技术，同时还要加强梨园水利设施建设，修建蓄水方塘，积极发展管灌、滴灌等，注意在南果梨花后10天、果实膨大期和采收前20天要重点进行灌水。

合理整形修剪：在不影响果园作业的情况下，栽植密度可以适当密一些。一般株行距为3米 ×4米，栽植840株/公顷。树形采用纺锤形，这种树形成形快，光照条件好，进入结果期早，管理方便，适合密植栽培的乔砧南果梨园，即株距3米以内的梨园应用。

花果管理：南果梨自花结实率低，建园时要选择亲和力较高的花盖梨、尖把梨等品种作为授粉树。当南果梨全树中心花有60%~70%开放时，即可采用人工点授、液体授粉或梨园放蜂等方法授粉。

病虫害防治：在加强预测预报的基础上，对梨大食心虫、梨小食心虫、桃小食心虫、梨象鼻虫、梨木虱、梨茎蜂及梨黑星病、腐烂病、轮纹病等进行全面综合防治，将病虫果率控制在最低水平。

① 鞍山农业信息网：《南果梨优质栽培技术》，http://www.asny.gov.cn/Item/Show.asp?m=119&d=219，2010年8月27日

随着生产的发展，辽宁鞍山南果梨栽培技术系统正面临无公害生产水平较低、果品质量下降、商品价值低等问题，保护与发展工作势在必行。千山区政府按照农业部中国重要农业文化遗产保护工作要求，制定了《鞍山南果梨栽培系统保护与发展规划》和《千山区人民政府办公室关于对辽宁鞍山南果梨栽培系统保护工作的意见》，使鞍山南果梨栽培系统这一具有技术独特性、丰富生物多样性和文化多样性、生产与生态功能突出、人与自然和谐发展的重要农业文化遗产焕发出新的生机。

辽宁宽甸柱参传统栽培技术

柱参，亦称石柱人参、石柱子参，产于辽宁省宽甸满族自治县振江镇石柱子村，中国地理标志产品。石柱子村位于鸭绿江北岸，与朝鲜隔江相望，属于长白山余脉，山水连绵纵横、森林茂密、湿度较大，是盛产山参的地方。柱参芦高体灵、皮老纹深、须长须清、珍珠疙瘩多、形态优美。经历代参农培育，已形成圆膀圆芦、草芦、线芦、竹节芦四个特有品系，成为人参家族的一个独特种类。因其酷似野山参，被誉为“园参之冠”“国之瑰宝”。

2013 年，宽甸柱参传统栽培体系入选首批中国重要农业文化遗产。

柱参源于野山参，栽培历史久远。据《宽甸县地方志》的记载，石柱子村还是个山高林密、荒无人烟的地方，明万历年间（1610 年前后），柱参原产地东有七翁结伴到此采挖野山参，大参拿走，幼参及参籽就地栽种，为了以后采参能找到这个地方，就在石柱子村上屯街西的三岔路口竖起一块 2 米多高的石柱，同时还在石柱旁栽了 1 株榆树。一石奠基业，一榆扬旗帜，柱参就此而得名。柱参需要特定的栽培环境和技术条件，目前，其传统

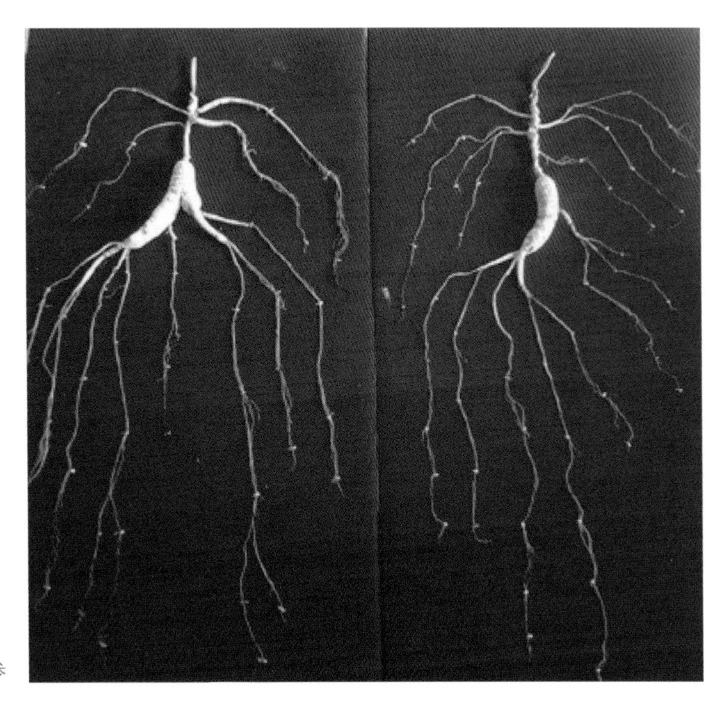
辽宁宽甸柱参

栽培技艺已经列为辽宁省重要非物质文化遗产，从选场到收获，都有严格的规范和要求。

参场选择：参场必须选在石柱子村境内，否则形体特征和成分将发生劣变。

整地：其原则是早整地、细整地。

种子处理：采收后的柱参果须用凉水浸泡 2~3 天，待果皮、果肉软化时用手搓洗种子，除去果皮和果肉，按种、沙体积比 1:3 的比例，拌匀装编织袋或麻袋中，选择地势干燥、背风向阳、排水良好的地方挖 50~80 厘米深的坑，放入种袋，上面覆土 15 厘米，土上盖草保湿。待翌年春天土壤解冻后取出播种。

播种：时期以春播最好，4 月 15 日前后进行。柱参有点播和散播两种方法。

栽参：柱参栽植时首先要对参苗进行整形。秋栽一般在秋分以后开始，立冬前后结束。

生产管理：一要搭棚架，有全阴棚和透光平棚两种。二要除草、松土，5 年生以下的参床要及时除草，6 年以上的参床除草不必过频，每年 3 次。三要撤帘、盖防寒土。四要床面消毒。五要防治病虫害，柱参主要病害发生在雨季。

产品收获及产后处理：当柱参参龄达到 13~15 年时即可采挖上市。采挖时要求选择在晴天进行，务必小心翼翼，确保柱参各部位完整，无任何损伤。通常根据参龄、品种、形状、各部位的完整性等对鲜参分为 4 个等级，即特级品、一级品、二级品、三级品。根据加工原料、加工技术及加工后的感官指标等对生晒参、糖参、红参、参粉等加工品分 3 个等级即特级品、一级品、二级品。

随着生产的发展，宽甸柱参的传统栽培技艺有失传和被抛弃的危险，传统的生产方式面临严峻挑战，挖掘、保护和传承传统栽培方式势在必行。目前，柱参传统栽培技艺已列为辽宁省重要非物质文化遗产，宽甸县政府也按照农业部有关要求，结合省政府提出的建设辽宁休闲农业与乡村旅游第一县的目标，制定出台了柱参发展规划、重要农业文化遗产柱参传统栽培系统保护办法，在重大科研项目、资金、保护措施等方面全力支持。

辽宁省宽甸柱参栽培设施

新疆吐鲁番坎儿井农业灌溉技术

坎儿井，维吾尔语“坎儿孜”（karez）的音译，早在公元前 100 多年的汉朝，新疆、甘肃一带就已经开始利用坎儿井开采地下水，至今已有 2 000 多年的历史。坎儿井是世界上最大的地下水利灌溉系统，与万里长城、京杭大运河并称为中国古代三大工程。坎儿井主要是用于截取地下潜水来进行农田灌溉和居民用水，普遍适用于中国新疆吐鲁番地区，目前吐鲁番的坎儿井总数达 1 100 多条，全长约 5 000 千米。长期以来，是吐鲁番各族人民进行农牧业生产和人畜饮水的主要水源之一。由于水量稳定水质好，自流引用，不需动力，地下引水蒸发损失、风沙危害少，施工工具简单，技术要求不高，管理费用低，深受当地人民的喜爱。

2013 年，新疆吐鲁番坎儿井农业系统入选首批中国重要农业文化遗产。

坎儿井是荒漠地区一种结构巧妙的特殊灌溉系统，它由竖井、暗渠、明渠和“涝坝”（小型蓄水池）四部分组成。其中，竖井具有集水和便于施工的作用，暗渠具有输水与集水的功能，明渠为直接引水区，“涝坝”作为绿洲的心脏，主要功能是蓄水。总的说来，坎儿井的构造原理是：在高山雪水潜流处，寻找水源，在一定间隔处打入深浅不等的竖井，然后再依地势高下在井底修通暗渠，沟通各井，引水下流。地下渠道的出水口与地面渠道相连接，再把地下水引至地面的灌溉农田。

新疆吐鲁番坎儿井

坎儿井结构示意图
（图片来源：崔峰、王思明、赵英：《新疆坎儿井的农业文化遗产价值及其保护利用》，《干旱区资源与环境》2012 年第 2 期）

坎儿井所具有的自流灌溉功能，不仅克服了缺乏动力提水设备的问题，而且也节省了动力提水设备的投资。其优良的水质可供农田灌溉和人畜饮用。吐鲁番气温高，蒸发量大，而坎儿井的输水渠道深埋于地下，减少了水分的蒸发。今天，坎儿井仍在当地人们的生产和生活中发挥着重要作用：雨季，它可有效地储存多余的降水，防止水灾和水土流失，旱季，储存的雨水既可灌溉农田，又使人畜饮用水得到保障；又可以为棉花、葡萄、哈密瓜等经济作物提供良好的生长条件，增加和提高了当地居民的收入与生活水平；还能开发成当地的旅游资源、展示坎儿井的农耕文化，有力地推动了吐鲁番的经济发展。

另外，坎儿井还营造了一个独特的生态和文化系统。根据调查，新疆吐鲁番坎儿井区的土堆、井壁、暗渠、明渠或涝坝，为 3 种鱼类、1 种两栖类、5 种爬行类、6 种鸟类、3 种兽类，[①] 提供了特殊的空间结构和适宜的小气候，生物多样性明显，再加上其灌溉的农田和哺育的绿洲，坎儿井农业已经形成了一个完整的生态系统。坎儿井还造就了新疆独特的文化形态和新疆人独特的文化心理特征，孕育了新疆独具特色的绿洲文化。[②] 自 2006 年开始，吐鲁番地区率先建立了我国第一个“世界文化多样性综合示范区”全面展示了当地丰厚的历史、文化和自然资源，而坎儿井成为重点关注的对象。[③]

综上所述，有着近 2 000 年历史的新疆吐鲁番坎儿井，不仅仅是一项古老的农业灌溉技术，还是一种对自然、社会环境的协同和适应方式，其中蕴含着丰富和宝贵的生态智慧，并对当地农业和社会的可持续发展做出了重要贡献。

不过，由于肆意使用坎儿井资源，缺乏管理，使坎儿井流域系统受到严重破坏，其数量已迅速减少。吐鲁番坎儿井最多时有 1 237 条，年流量 5.6 亿立方米，灌溉面积约 35 万亩，但根据 2003 年的普查，吐鲁番有水的坎儿井已减少到 405 条，灌溉面积则减少到 13 万亩左右。[④] 与此同时，由于坎儿井数量急剧减少，灌溉水源不足，撂荒弃耕的土地不断增多，加之人口增长以及包括大型水库、地表引水渠和机井等先进水资源利用技术的使用，人类对自然的索取已经开始打破整个地区的水平衡，地下水位不断下降，植被大量减少，生态屏障被削弱、涵养水源和防风固沙能力锐减，自然灾害频繁发生，使本来就很脆弱的生态环境日趋恶化，大漠绿洲现正被干旱的沙漠所包围、吞噬，[⑤] 加之石油等工业造成的环境破坏使坎儿井所处的生态安全受到严重威胁，坎儿井农业灌溉技术系统亟待加强保护。

今天，人们对于坎儿井的保护工作包括《新疆坎儿井普查及初步研究报告》《新疆维吾尔自治区坎儿井分布图》《新疆坎儿井保护利用规划》等已相继开展，《新疆维吾尔自治区坎儿井保护条例》又于 2006 年获得通过。目前，当地政府还按照农业部中国重要农业文化

---

① 罗宁，兰欣，贾泽信：《脊椎动物在吐鲁番盆地坎儿井区的分布格局》，《动物学杂志》，1993 年第 6 期，第 24-28 页

② 崔峰，王思明，赵英：《新疆坎儿井的农业文化遗产价值及其保护利用》，《干旱区资源与环境》，2012 年第 2 期，第 49 页

③ 刘兵：《坎儿井走出存废之争尴尬》，《瞭望》2007 年第 50 期，第 62-63 页

④ 农业部乡镇企业局：《新疆吐鲁番坎儿井农业系统》，http://www.moa.gov.cn/ztzl/zywhycsl/dypzgzywhyc/201306/t20130613_3490519.htm，2013 年 06 月 13 日

⑤ 马玉辉：《救命的坎儿井谁来拯救您》，《环境》，2008 年第 6 期，第 42-44 页

遗产保护工作要求，制定了保护规划和管理办法，保护和善待坎儿井，使坎儿井农业灌溉技术这一文化遗产得以继承。更值得一提的是，“当地民众在建造维修坎儿井方面已有一套成熟的传统工艺，如挖沉沙池、井口构筑土堆及井盖、定期掏捞暗渠等，他们甚至还自发制定了《坎儿井村民公约》用以保护坎儿井”，[①] 这种自下而上的保护行动将会焕发出更为持久的生命力，也将为坎儿井农业灌溉技术系统的保护和利用增加新的动力。

云南普洱古茶树栽培管理技术

普洱市位于云南省西南部，是世界茶树的原产地之一，也是野生茶树群落和古茶园保存面积最大、古茶树和野生茶树保存数量最多的地区，拥有完整的古木兰化石和茶树的垂直演化系统。普洱境内分布着 40 余处 117.8 万亩野生茶树群落，有树龄 2 700 年的千家寨野生古茶树和古老的人工栽培千年万亩古茶园，还有距今 3 540 万年前的宽叶木兰化石，是我国乃至世界茶树资源的重要宝库，被誉为“世界茶源”。这些野生茶树群落是茶叶原产地的活化石，是茶叶的种质资源库，是普洱重要的自然和历史文化遗产。

普洱市素有一市连三国，一江通五邻之说，是祖国西南边疆的瑰丽宝地，其种茶和制茶的历史悠久。早在明万历年间，普洱府已设官职专门管理茶叶交易。清代以来，普洱茶成为皇家贡品，国内外交易路线也已基本畅通，普洱府成为普洱茶生产和贸易的集散地，是茶马古道的起点，也是茶文化传播的中心节点。

2012 年 8 月，“云南普洱古茶园与茶文化系统”被联合国粮农组织授予“全球重要农业文化遗产（GIAHS）保护试点”，2013 年 5 月，“普洱古茶园与茶文化系统”入选首批中国重要农业文化遗产。

普洱市布朗族居民茶园采茶

① 中华人民共和国国家文物局：《抢救坎儿井的启示：文物局局长单霁翔谈文化遗产保护》，http://www.sach.gov.cn/tabid/813/infoid/17574/default.aspx，2009 年 06 月 25 日

加强古茶（园）保护与管理的技术方法和措施：[①]

茶园耕作。大多古茶园森林覆盖率高，腐殖层厚、土壤疏松、肥力较高，一般不需要中耕松土。但对于森林覆盖率低、肥力低下和土壤板结的古茶园，则需要采取适当的中耕除草措施。

茶园肥培管理。古茶园施肥可采用基肥与追肥相结合。

茶树剪枝。每年5月中下旬，对古茶树上的细小枯枝和病弱枝进行修剪，剪后进入雨季较容易形成新的枝条。

采养结合，合理采摘。在对古茶园加强肥培管理的同时，应贯彻采养结合，合理采摘的技术措施，采取"春茶采摘、夏茶留养、秋茶采摘"的采养方式：春茶留鱼叶采，夏茶不采或留一叶采，秋茶留鱼叶或一叶采，以保持良好的树势。

清除寄生（附生）植物。古茶树大多生长在阴湿的环境条件下，随着生理机能的衰退，很容易受一些寄生（附生）植物的侵染，如苔藓、地衣等。如果寄生（附生）植物已严重影响到古茶树的生长，导致树体衰老加剧，则应采取用削好的竹片仔细将寄生在树干上的苔藓、地衣等刮除干净，以保障古茶树的正常生长。

历史悠久的栽培管理技术和经验，融合古茶园的农业生物多样性，经过长期的劳动实践和积累，形成了涵盖布朗族、傣族、哈尼族等少数民族古茶树栽培利用方式与传统文化体系，承载了良好的文化多样性与传承性，同时，还促进了当地社会经济的可持续发展，兼具非常重要的生态、社会和经济价值。目前，普洱市全面进行了古茶树资源普查，并制定了对野生古茶树资源保护办法，出台了《云南省澜沧县古茶园保护条例》《云南省宁洱县困鹿山古茶树原生境保护区管理规定》等相关的保护法规，并制定了一系列条列和措施，希望能够有效保护古茶树的生长环境、传承和创新古茶树的栽培管理技术，不断提高质量、优化品质，提供更好的生态、绿色、安全的产品。

浙江杭州西湖龙井茶栽培技术

西湖龙井产于浙江杭州西湖的狮峰、翁家山、虎跑、梅家坞、云栖、灵隐一带的群山之中。三面环山的独特小气候是保障龙井茶品质的重要因素，这里气候温和，雨量充沛，光照漫射。土壤微酸，土层深厚，排水性好。林木茂盛，溪涧常流。年平均气温16℃，年降水量在1 500毫米左右，优越的自然条件，有利于茶树的生长发育。西湖龙井茶栽培技术是以龙井茶品种选育、种植栽培、植保管理、采制工艺为核心的农业生产体系，以及在生产过程中孕育的生物多样性。

2014年6月，"浙江杭州西湖龙井茶文化系统"入选第二批中国重要农业文化遗产。

西湖龙井茶历史悠久，最早可追溯到中国唐代，当时著名的茶圣陆羽，在所撰写的世

① 殷丽琼，刘德和，王平盛:《古茶树（园）保护与茶树（茶园）管理》，http://www.puercn.com/puerchazs/peczs/15238.html，2012年04月17日

杭州西湖龙井茶栽培系统

界上第一部茶叶专著《茶经》中，就有杭州天竺、灵隐二寺产茶的记载。西湖龙井茶之名始于宋，闻于元，扬于明，盛于清。杭州西湖龙井茶素以色翠、形美、香郁、味醇冠绝天下，其独特的"淡而远""香而清"的绝世神采和非凡品质，在众多的茗茶中独具一格，冠列中国十大名茶之首。经过千年的栽培，龙井茶区人民根据自然条件和茶树生育特点，从长期实践中总结出一套成熟的精耕细作栽培技术：[①]

一要选用适制龙井茶的茶树品种。良种龙井种茶原产于龙井茶区，最适宜于炒制龙井茶；"龙井长叶、龙井 43"系从龙井茶群体中单株选育而成的，属次特早生和早生，育芽能力强，耐采，适制龙井茶。当前炒制西湖龙井茶的主栽品种仍为龙井种。

二要做到"三耕四削"。土壤三耕，即通过春耕、伏耕、秋耕，结合施肥，既可熟化土壤，深埋虫蛹，又可提高土壤肥力，促进土壤微生物分解有机质，改善根系生长营养条件。四削，指削春草、梅草、伏草和秋草。旨在解决杂草与茶树争肥水的矛盾，变杂草为肥料。

三要施肥四看。一是看天施肥，雨季采用干施，旱季采用湿施。二是看地施肥，土壤板结施栏畜肥，土壤疏松施饼肥；土层薄的追肥用量少，土层厚的追肥用量多。三是看肥施肥。有机肥与磷、钾肥，秋冬季作基肥；氮素肥料作追肥和根外肥。四是看树施肥。幼龄茶树以磷、钾肥为主，辅以氮肥；采叶茶树以氮肥为主，配施磷、钾肥。

除了栽培管理技术以外，龙井茶的采制技术也相当考究，龙井茶采摘有三大特点：一是早，二是嫩，三是勤。同时，及时、分批、多次、留叶采的制度和采摘方法，是龙井茶区长期积累的经验。采摘的顺序为：因茶树品种的生长状况和产地条件的不同而异，早发园先采，迟发园后采；地力差的先采，地力好的后采；阳坡先采，阴坡后采；低山先采，高山后采；成年茶园先采，幼年或更新园后采。总的要求是偏早嫩采，开采期宜早不宜迟。

① 中国农业网:《西湖龙井茶的栽培管理技术》，http://tc.zgny.com.cn/NewsHtml/6/1/6/164542.html，2013 年 3 月 7 日

由于产地小生态条件和栽培、炒制技术的略微差异，西湖的龙井茶向有“狮”“龙”“云”“虎”“梅”5个品类之别。悠久的栽培历史和深厚的文化底蕴，让西湖龙井茶融入到杭州的各个角落。为了稳定西湖龙井茶基地面积，加强西湖龙井茶基地的保护和管理，保障西湖龙井茶生产，从而更好地保护和利用这一宝贵的栽培和制茶工艺，杭州市制定了《杭州市西湖龙井茶基地保护条例》《西湖区国家级标准茶园建设实施方案》，进行施肥、耕作、修剪、采摘和病虫害统防统治等综合管理，建立完善的茶园农事活动档案记录及茶园投入品登记制度，采用标准化工艺，实行清洁化加工，确保茶产品质量安全。

福建安溪铁观音茶栽培技术

福建安溪铁观音茶源于福建省东南部晋江西溪上游的安溪县西坪镇，核心区包括松岩、尧山、尧阳、上尧、南阳等5个村。这里属于亚热带湿润季风气候，夏季高温多雨，冬季温和少雨，年平均气温在16~19℃，年降水量在1 700~2 100毫米，春末夏初，雨热同步，秋冬两季，光湿互补，土质大部分为酸性红壤，pH4.5~5.6，十分适宜茶树生长。

2014年6月，福建安溪铁观音茶文化系统以其独特的铁观音品种选育、种植栽培、植保管理以及采制工艺和茶文化入选第二批中国重要农业文化遗产。

安溪产茶始于唐末。宋元时期，安溪所见寺观和农家均已产茶。据《清水岩志》载：“清水高峰，出云吐雾，寺僧植茶，饱山岚之气，沐日月之精，得烟霞之霭，食之能疗百病。老寮等属人家，清香之味不及也。鬼空口有宋植二三株，其味尤香，其功益大，饮之不觉两腋风生，倘遇陆羽，将以补茶话焉”。明清时期，安溪茶叶走向鼎盛。根据清代名僧释超全“溪茶遂仿岩茶制，先炒后焙不争差”的诗句记载，说明清代已有溪茶的生产，安溪茶农创制了铁观音。铁观音属于乌龙茶，乌龙茶介于绿茶和红茶之间，属于半发酵茶类，是中国六大茶类之一。乌龙茶采制工艺的诞生，是对中国传统制茶工艺的又一重大革新。清光绪二十二年（1896年），安溪人张乃妙、张乃乾兄弟将铁观音传至台湾木栅区。并先

福建安溪铁观音茶栽培系统

后传到福建省的永春、南安、华安、平和、福安、崇安、莆田、仙游等县和广东等省。这一时期，安溪乌龙茶生产技术也不断向海外广泛传播，铁观音等优质名茶声誉日增。

安溪铁观音起源于唐末，兴于明清，盛于当代，近 300 年的发展铸就了“安溪铁观音茶文化”的标签。铁观音既是茶叶名称，又是茶树品种名称，在长久的历史栽培过程中，福建安溪铁观音已经形成了一套种植技术体系。

茶园耕作锄草。传统茶园讲究疏松土壤，对于茶园行间的杂草，要进行深度为 10~15 厘米的耕作除草，对于茶树根部的杂草则应进行人工摘除，茶园梯壁及周围杂草采用人工割草并覆盖于行间做肥料，不仅可以促进土壤微生物活动，提高茶树吸水吸肥能力，还可以杀虫、杀菌，促进茶树根系更新和生长。

茶园铺草覆盖。为了调节茶园土壤湿度、保蓄土壤水分，增加茶园有机质含量，提高土壤肥力，从而提高茶叶品质，可将收割的稻草或茶园周边割下的绿草覆盖于茶树行间，厚度在 8~10 厘米。

茶树修剪。安溪铁观音茶树修剪主要采用清兜亮脚和边延修剪。

茶园施肥。这里主要指追肥，即在秋茶新梢萌发生长期间，结合中耕除草施入速效肥料。

茶树病虫害防治。茶树病虫害防治应掌握以下原则：一是要采取以茶园管理的农业防治为主，尽量少用化学农药；二是要重视生物防治措施，减少茶园污染，如推广使用白僵菌、苦参碱等生物农药；三是合理使用化学农药，控制茶叶农残，选用农药时，应选择高效、低毒、低残留农药。

另外，安溪茶农还孕育了多项茶树无性繁殖的技术，并创制了乌龙茶的制作技术。

安溪铁观音茶栽培技术具有丰富的地域历史内涵和地域文化特色，也是安溪所承载的地方文脉与传统文化历经沧桑的见证，极具农艺价值和研究价值。保护、挖掘和传承安溪铁观音茶栽培技术及其文化，对于促进现代生态农业的发展，加快农村生态文明建设、农村生态环境改善、农村经济社会可持续发展和美丽乡村建设，具有十分重要的现实意义。

湖北赤壁羊楼洞砖茶栽培技术

湖北赤壁羊楼洞砖茶产地位于幕阜山脉北麓余峰、湘鄂交界的低山丘陵地带，范围为湖北省赤壁市赵李桥镇、新店镇、茶庵岭镇、神山镇、余家桥乡 5 个乡镇现辖行政区域，是茶马古道的三大源头之一。这里雨水充足，日照时间长，土地肥沃，具有得天独厚的茶叶生长环境。羊楼洞砖茶栽培历史悠久，源于唐，盛于明清，是全世界公认的青（米）砖茶鼻祖之地。

2013 年以来，赤壁先后被授予“中国青砖茶之乡”“中国米砖茶之乡”的称号。2014 年 6 月，赤壁羊楼洞砖茶文化系统入选中国重要农业文化遗产。

湖北采茶的历史长达 2 000 多年，远在盛唐，赤壁就被朝廷辟为“园户”，宋元之时更被定为“傕茶”之地。在明清两朝，赤壁羊楼洞凭茶一跃为国际名镇，俗称“小汉口”，赤

湖北赤壁羊楼洞砖茶栽培系统

壁也成为“茶马古道”的三大源头之一。清朝乾隆年间“三玉川”和“巨盛川”两茶庄在其生产的砖茶上特别压制了代表羊楼洞三口泉水的“川”字为产品标牌，在草原牧民中信誉最著名。经过代代茶农的长期栽培，当地已经总结出了一套完整的技术体系：[①]

立地条件。保护区范围内海拔 100 米至 700 米，土壤质地为带砾石的红壤和黄壤土，有机质含量≥ 1%，pH5.5~6.0，土壤厚度≥ 50 厘米。

栽培管理。苗木繁育：每年 6 月初至 7 月上旬或 9 月初至 10 月下旬进行短穗扦插育苗；苗木栽植：每年 2 月初至 3 月上旬、10 月下旬至 11 月下旬进行苗木种植。种植密度每公顷≤ 6.8 万株；茶园施肥：施肥深度≥ 25 厘米。每公顷每年施用饼肥≥ 3 吨，或施用农家有机肥≥ 15 吨；环境、安全要求：农药、化肥等使用必须符合国家的相关规定，不得污染环境。

原料采摘。采摘时间：老青茶面茶采摘在每年 5 月中旬后至 10 月中旬进行，老青茶里茶采摘在每年 6 月中旬后至 11 月中旬进行；采摘（割）标准：老青茶原料要求采割停止生长后的熟嫩梢，即乌巅白梗，红色及嫩白梗各半；老青茶里茶采当年生红梗新梢，不能带老麻梗。

加工工艺。青砖茶工艺流程：鲜叶→初制→渥堆发酵→陈化→复制（拣制）→紧压→烘制→成品青砖茶；米砖茶工艺流程：红茶片末→复制→紧压→烘制→成品米砖茶。

羊楼洞砖茶在国际贸易史上展示过骄人的辉煌，在国内西域各民族的交往中，为促进民族团结起了非常重要的作用。19 世纪到 20 世纪初，羊楼洞更是成为中俄茶叶国际商道的起点，砖茶从羊楼洞由独轮车运抵新店装船，经汉口逆汉水至唐河，再转运内蒙古，进入俄罗斯的恰克图、西伯利亚至莫斯科和圣彼得堡，在 1 000 多年历史的茶马古道上，形

① 国家质量监督检验检疫总局:《国家关于批准对羊楼洞砖茶（洞茶）、巴东玄参、田东香芒、凉亭鸡、博白空心菜实施地理标志产品保护的公告》（2011 年第 93 号公告），http://www.aqsiq.gov.cn/zwgk/jlgg/zjgg/2011/201108/t20110830_197084.htm

成了独特的“羊楼洞砖茶文化”。[①]

近年来，多种因素影响，砖茶独特的制作工艺和砖茶文化就像濒危的物种一样亟须得到保护和继承。目前，赤壁市出台了《赤壁市羊楼洞砖茶（洞茶）地理标志产品管理保护办法》和《赤壁市羊楼洞砖茶（洞茶）地理标志产品保护专用标志使用管理办法》等规定，并按照中国农业文化遗产保护的要求，强化对砖茶的生产管理，制定和实施无公害茶叶科技行动方案，强制推行无公害羊楼洞砖茶生产技术、严格执行砖茶产地环境、采收、加工、包装和储运无公害操作规程，保证羊楼洞砖茶和羊楼洞绿茶的质量和安全，传承羊楼洞砖茶栽培、制作技艺和文化，更好地推动赤壁市以文化为依托的茶产业发展。

广东潮安凤凰单丛茶栽培技术

广东潮安凤凰单丛茶源于潮州市北部山区的凤凰镇，面积 230 平方千米。凤凰镇濒临东海，气候温暖，雨水充足，茶树均生长于海拔 1 000 米以上的山区，终年云雾弥漫，空气湿润，昼夜温差大，年均气温在 20℃左右，年降水量 1 800 毫米左右，土壤肥沃深厚，含有丰富的有机物质和多种微量元素，有利于茶树的发育与形成茶多酚和芳香物质。凤凰单丛茶始于南宋末年，历经 600 多百年数十代人的传承，资源物种仍基本保持历史原貌。凤凰山茶农，富有选种种植经验，现在尚存的 3 000 余株单丛大茶树，树龄均在百年以上，性状奇特，品质优良，单株高大如榕，每株年产干茶 10 余千克。2014 年 6 月，广东潮安凤凰单丛茶文化系统入选第二批中国重要农业文化遗产。

潮安凤凰山产茶历史悠久，最早可追溯至唐代。民间盛传宋帝南逃时路经凤凰山，口渴难忍，侍从们从山上采下一种叶尖似鵰嘴的树叶，烹制成茶，饮后既止渴又生津，故后人广为栽种，并称此树为“宋种”或叫鵰嘴茶。根据明朝嘉靖十四年《广东通志》（初稿）

广东潮安凤凰单丛茶栽培系统

① 农业部农产品加工局：《第二批中国重要农业文化遗产——湖北赤壁羊楼洞砖茶文化系统》，http://www.moa.gov.cn/ztzl/zywhycsl/depzgzywhyc/201406/t20140624_3948693.htm，2014 年 06 月 24 日

的记载："茶……潮之出桑浦者佳"，当时潮安已成为广东产茶区之一。又据康熙年间饶平知县刘抃主修的《饶平县志》记述："待诏山（今之大质山），在县西南十余里，四时杂花竞秀，名为百花山，土人植茶其上，潮郡称待诏茶；风凰山，在县治西十里，高压诸峰，山顶翠如风冠，乘风能鸣，与郡城西湖山相应；凤髻山，在大尖峰下，五峰如云。物产：茶……近于饶中百花、凤凰山多有植之。"说明清代凤凰茶逐渐被人们所认识。

"凤凰单丛"作为一种产品和商品形态，已知的早期记录在鸦片战争之前。

主要栽培技术措施概述如下。①

园地的开辟。凤凰茶园要求开垦"工字形"梯级茶园，并做到头上戴帽（即山顶植树造林），脚下穿鞋（山下种杂粮等作物）。

选种与育苗。当茶苗长至尺来高时，存优去劣，选定一株苗，其余的移植或抛弃。从点穴直播到单粒条播，发展到苗床散播和苗床条播，以至营养钵育苗，一步步地向前发展。尤其是从种子育苗的有性繁殖，发展到长条茶枝扦插、短穗扦插，以至嫁接换种的无性繁殖，包括劈接法、单芽切接法和单芽皮下腹接法等。

茶树的种植。茶树要适时种植，茶园在种植之前必须进行土壤整理，茶沟要提前下足基肥，把基肥深埋在茶沟内，让其熟化，上面用表土覆盖后方可种植。

茶园的管理。由于单丛茶苗娇贵，较其他茶苗要求条件比较高，加上目前白叶单丛茶苗嫩稚，因而容易受高温烈日的伤害，不比老熟茶苗，所以植后的初期管理要加倍做好。

茶叶种植是当地人民的主要经济来源，是潮州茶文化的重要组成部分。凤凰单丛古茶树是不可再生的遗传资源。古茶树易因病虫侵害、管理失当等原因死亡。仅1996—1998年，就有80株古茶树死亡，单丛古茶树遗传资源的数量不断下降。为保护和利用好这一农业文化遗产资源，潮安县政府将加大对古茶树的宣传保护力度，潮州市潮安日前已实施《广东潮安凤凰单丛茶文化系统农业遗产保护管理暂行方法》，做好古茶树登记造册确认，加强凤凰单丛茶文化系统母本园建设，保护种质资源，引导茶农科学管理古茶树，推进无公害茶叶标准化生产，规划开发农业文化遗产保护区，发展山区特色农业，保护茶区农业生态。②

① 潮州茶叶网：《单丛茶栽培》，http://www.0768tea.com/news_view2.asp?id=4

② 农业部农产品加工局：《第二批中国重要农业文化遗产——湖北赤壁羊楼洞砖茶文化系统》，http://www.moa.gov.cn/ztzl/zywhycsl/depzgzywhyc/201406/t20140624_3948679.htm，2014年06月24日

四、防虫减灾技术

火烧蝗虫法

火烧法是利用昆虫趋光性消灭蝗虫的方法，广泛应用于中国黄淮、江淮农作区。商代卜辞中有：“癸酉卜，其……。弜亡雨。其出于田。”是“长角修股，善跳害稼”的蝗虫的形象。[1]辞意为：癸酉日占卜，贞问不合没有雨吧，蝗虫在农田中出现了没有？[2]表明当时人们警惕蝗灾的发生，并似乎意识到蝗灾发生与久旱有一定关系。《诗经》中关于虫害的记载不少。如“蟊贼蟊疾，靡有夷届”（《诗经·大雅·瞻卬》）、“降此蟊贼，稼穑卒痒”（《诗经·大雅·桑柔》）、“天降罪罟，蟊贼内讧”（《诗经·大雅·召旻》），说明当时的虫害是相当严重的。[3]

《诗经·小雅·大田》中说：“去其螟螣，及其蟊贼，无害我田稺，田祖有神，秉畀炎火。”毛传：“食心曰螟，食叶曰螣、食根曰蟊、食节曰贼。”螟、螣、蟊、贼皆指害虫，陆玑认为“螣，蝗也”。所谓“秉畀炎火”，郑玄的解释是“持之付与炎火，使自消亡”。唐代姚崇说：“秉畀炎火者，捕蝗之术也。”（唐·郑棨《开天传信记》）朱熹《诗集传》说：“姚崇遣使捕蝗，引此为证；夜中设火，火边挖坑，且焚且瘗。盖古之遗法如此。”这说明以

火烧蝗虫图
（图片来源：《中国动物志·昆虫纲》）

① 梁家勉：《中国农业科学技术史稿》，农业出版社，1989 年 10 月，第 64 页

② 范毓周：《殷代的蝗灾》，见《农业考古》，1983 年第 2 期。（亦有人解释为蜂，兹从范说）

③ 梁家勉：《中国农业科学技术史稿》，农业出版社，1989 年 10 月，第 65 页

火光诱杀害虫的技术在距今 3 000 年前的西周时代已经萌芽了。[1]

以火诱焚，唐开元四年（716 年），山东蝗虫大起。姚崇奏曰："《毛诗》云：'秉彼蟊贼，以付炎火'。……蝗既解飞，夜必赴火，夜中设火。火边掘坑，且焚且瘗，除之可尽。"乃遣御史分道杀蝗。汴州刺史倪若水执奏曰："蝗是天灾，自宜修德。刘聪时，除既不得，为害更深。"仍拒御史，不肯应命。崇大怒。牒报若水曰："刘聪伪主。德不胜妖。今日圣朝·妖不胜德。古之良守，蝗虫避境。若其修德可免，彼岂无德致然。今坐看食苗，何忍不救？因以饥馑，将何自安？幸勿迟迴，自招悔怯。"若水乃行焚瘗之法。获蝗一十四万石。投汴渠流者不可胜纪。

利用"蝻性向火""蝗性向火"的习性，以火诱蝻、以火诱蝗的防治方法亦见载于清代江苏无锡人顾彦所辑的《治蝗全法》："蝻性又向光，凡开沟捕蝗者，最宜夜间用柴烧火沟边。蝻见火光，必俱来赴。人即从后逐入沟内，以火焚之最易为力……"《治蝗书》亦载有："若遇黑夜则惟火攻一法。其法于飞蝗所向之地，如自东飞来，则所向在西，自北飞来，则所向在南，大抵西南向为多，间亦有自东北至者。相隔百余步，视蝗多寡，刨数大坑，每坑约相隔二十余步，围圆六七丈，周围深五六尺，中间宽一二丈，深三四尺。用极干柴草堆积中间，一齐点烧明亮，随集数十百人多带响器鞭炮，潜至蝗停后面。一时齐响，驱令前飞，一见飞飏，众响俱寂。惟用柳条拂扫禾间，令其尽起。此物飞起，见火即投，火烈烧翅便坠坑内。坑旁用人执柳条扑打，不令跃出，聚而歼旃不难矣。惟响声不宜太近，尤不可近坑，恐其闻声不敢扑火复延害他处也。"

利用蝗虫的向光性火烧驱虫，较之汉代的掘沟治蝗有很大的进步性，有效避免了蝗虫落沟不死留下的后遗症，且简单易于推广。正如唐代宰相姚崇所认为的"蝗即能飞，夜必赴火，夜中设火，火边掘坑，且焚且瘗，除之可尽。"宋代董熠在其所著《救荒活民书·捕蝗法》中提到火烧法时说："掘一坑，深阔约五尺，下用干柴茅草发火正炎……蝗虫倾下坑中，一经火气，无能跳跃。"

随着我国农药生产能力和治蝗技术的提高，1954 年火烧蝗虫的方法陆续在全国被禁用，因为用火在田地烧蝗虫的方法，容易引起火灾，特别是在干旱季节。如今中国境内已经很少见，但蝗灾时节仍可见农人偶一为之。

人类经长期与蝗虫的较量，共总结出火烧蝗蝻和成虫的 8 种方法，包括直接烧蝻法、聚集蝗蝻烧草法、挖沟火烧法、麦茬烧蝻法、诱蝗烧杀法、干草烧蝗法、火烧飞蝗法等。用这些方法防治、治理蝗虫，对提高作物的产量，减少蝗虫的危害有重大的作用。

蚕种浴种法

蚕种浴种法主要应用于长江三角洲和珠江三角洲地等传统养蚕区。汉代的《尚书大传》中说到："大昕之朝，夫之浴种于川"。"大昕"指季春朔日，这天早晨，把蚕种在河流中浸

① 梁家勉：《中国农业科学技术史稿》，农业出版社，1989 年 10 月，第 65 页

蚕种浴种法（图片来源:《蚕织图》）

洗去卵面的蛾尿、鳞毛、尘埃等污垢。周代养蚕方法已较成熟，浴种是清除蚕卵上杂菌，以白篙煮汁，浸泡蚕种，促其发蚁。

秦汉时《神农本草经》也记载除去蚕卵尘垢。宋元时期农书记载有两种，一种是天浴，陈旉《农书》:“腊月大雪，即铺蚕种于雪中，令雪压一日。”《农桑辑要》:“腊日取蚕种笼挂桑中，任霜露雨雪飘冻。”《蚕书》“腊之日，聚蚕种，沃以牛溲，浴于川。”金朝《务本新书》介绍的浴种方法是:“除夕夜用五方草，同桃符，木且以水同煮放冷，元旦五更浴连”，这样可以“辟诸恶、解厌魅，宜蚕”。

到了明清时代，浴种的方法多种多样，《广蚕桑说》用食盐溶液来处理种子，还用石灰水、桑枝灰、稻草灰淋汁浴种。《广蚕桑说》详细记载咸种法浴种，在腊月，用炒过的食盐，凉后均匀的铺在蚕种上，然后浸在凉茶中。至 24 日取出展开，摊在米筛上，用清水轻轻淋洗，直到“试之以舌，绝无咸味乃止”。淡种法是先用沸水冲入风化石灰中，制成石灰水。把蚕种纸折叠起来，浸入石灰水数次，每次浸入片刻，最后用浓温茶轻轻冲洗。浴种的操作方法，或用溶液冲淋，或将蚕种在溶液中浸泡，浸泡时间，短的片刻，长的数天。

用这些水溶液浴种可以起着微弱的卵面消毒作用，用这种方法处理种子，能减少种面的有害病菌，从而减免蚕病发生的目的，达到较高的出子率和成活率。现在江苏境内的部分蚕农还使用此种方法处理种子，随着现代科技的发展，有更多的药剂处理蚕种，这种方法已逐渐趋于淘汰。浴种是用生态的方法处理种子，可减免蚕病的发作，从古至今浴种方法在不断发展变化，浴种目的也不再局限于清洁卵面尘垢，进一步注意到卵面消毒，借以达到减轻蚕病发生和蚕卵孵化的目的。

盐浥贮茧法

盐浥法主要应用于长江三角洲和珠江三角洲等传统养蚕区。在常温下，采茧后七八日即会化蛾，因此，若要延长缫丝的期限，必须贮茧。我国最早的贮茧法是晒茧，利用太阳能将蛹杀死。后来采用盐浥法，用盐杀蛹，获得的茧丝质量也有所改善；元代起有蒸茧，利用热能杀蛹，但仍不能久贮；清代开始烘茧，直到现在仍在使用，此法效率高，但对茧子损伤亦较大。在采用日晒杀蛹贮茧以后不久，又出现了盐浥贮茧法。

北魏贾思勰在《齐民要术》中写道："用盐杀茧。易缫而丝韧；日曝死者，虽白而薄脆，兼练衣着几将倍矣。"作者将盐浥和日晒二法进行了比较，指出盐腌法比日晒法好得多，丝质"坚脆悬绝"，并可看出，日晒法在前，盐浥法则后来居上；而且在应用上已有一定的经验，时间应早于南北朝。《本草纲目》也曾引用了南朝人陶弘景的一段话："东海盐官盐自草粒细……而藏茧必用盐官者。"可见当时对盐浥法已经很有讲究。

盐浥法的使用，可能是由于收茧多在雨季，日晒贮茧法有较大的局限性，人们不能不设法寻找一种比日晒更有效而可靠的贮茧方法。宋人陈旉的《农书》中载道。"藏茧之法：先晒令燥，埋大瓮地上，瓮中先铺竹篑，次以大桐叶覆之，乃铺茧一重，以十斤为率，掺盐二两，上又以桐叶平铺，如此重重埸之，以至满瓮，然后密盖，以泥封之，七日之后出而缫之。"又宋人楼涛诗"盘中水晶盐，井上梧桐叶，陶器固封泥，窖茧过旬浃。"可见在宋代盐泡贮茧技术已相当成熟，其方法亦可谓详尽，以致以后的元、明、清各代也沿用此法。

到了明代，在继续使用盐浥法的同时，又发展了一种闷法，即密闭容器，使蚕蛹窒息而死，再放些盐（不直接与茧接触），抑制蚕蛹腐烂。具体方法：一为每大缸用盐四两，荷叶包之于缸瓮之口，又塞实荷叶（明・黄省曾《蚕经》）；二为"只于瓮中藏茧，另用纸或箬或荷叶包盐一、二两，置茧上亦可，但只须瓮中密封不走气耳，此必用盐泥乃可。"其实二法同出一辙，只是操作差异。闷法是盐浥法的发展，其最大特征是耗盐量大大减少，手续也较简便。清代时，人们又把闷法杀蛹和日晒干燥结合起来，使贮茧技术更为完善。《蚕桑简明辑说补遗》中载："贮茧坛中，竹箬扎口，以泥封之，勿令泄气，一昼夜即死，茧必潮湿，亦须晒干。"

盐浥法就是用盐杀蛹，达到长久存茧，并杀死害虫的目的。此法效率比较高，直到现在苏南、珠三角农村地区仍可见使用，但对茧子损伤亦较大，容易影响出丝的质量。随着后来闷法的出现，其耗盐量不仅大大减少，手续也较简便，是江苏、珠三角蚕农经常使用的方法之一。

人工扑打蝗虫法

人工扑打是我国沿用了两千年的灭蝗办法，在当时生产力落后的情况下，也是十分有效的方法。在我国史书中，捕蝗之法始见于《汉书·平帝本纪》元始二年（公元 2 年）："郡国大旱，蝗，青州尤甚，民流亡……遣使者捕蝗。民捕蝗诣史，以石斗受钱。"在王莽地皇三年（公元 22 年）开始动员官吏和人民进行捕打蝗虫。人工扑打蝗虫法主要应用于江淮、黄淮等蝗灾高发地区。

古代对飞蝗的蝗蝻及成虫的捕捉与捕打方法多种多样，有布围式、鱼箔式、抄袋式、合网式、人穿式、捕捉飞蝗式、围扑飞蝗式、扑打庄稼地内蝗蝻式等。到清朝咸丰六年（1856 年）钱炘和撰《捕蝗要决》中，分别就蝗虫不同发育阶段提出了 6 种扑打方法。

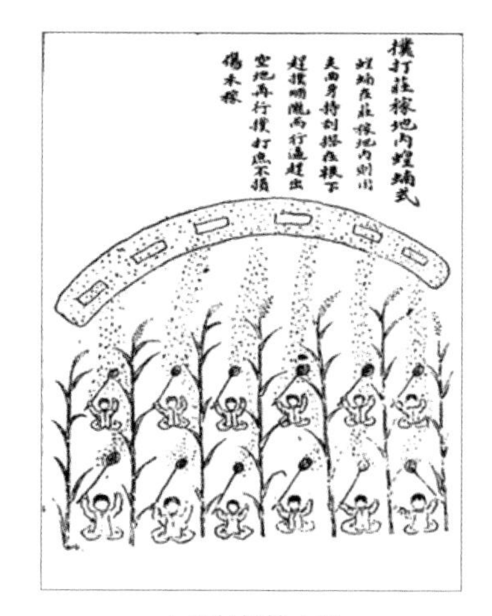

人工扑打蝗虫图

一是扑打刚出土的蝗蝻。"蝻初生如蚁，乘其初生，用笤帚急扫，以口袋装而杀之。"就是在蝗蝻刚出土时，乘其肢体幼嫩，用笤帚迅速扫入口袋内将其杀灭。

二是扑打 2 龄以上蝗蝻。"视蝗蝻宽广程度，或百人一围，或数百人一围，每人手持扑击物相接连围起，席地而坐，举手扑打，由远而近，由缓而急，打绝一处，再往他处。"就是使用一百多人至数百人将聚集的蝗蝻围起来，由四周向中间推进扑打，直至聚而歼之。

三是扑打农田的蝗蝻。"用人夫手持刮搭子（又称蚂蚱拍子），在庄稼地顺垄赶捕。"这种方法有扑打与驱赶相结合的意思，顺垄捕打可以把部分活的蝗蝻赶出田外。

四是扑打成虫。"蝗沾露不飞，多集黍稷之顶，于黎明前人背口袋捕捉。"意为在早晨趁露水多时，蝗虫多在庄稼顶部栖息，因露湿双翅，无飞翔能力，人可以捕捉装入口袋后杀死。

五是合网扑打。"蝗长翅尚嫩，不能高飞则缯网罾之，两人执网奔捕，则蝗入网内捉之。"这种方法类似于我们在河内捕鱼的方法，做一张大网，矩形或方形，两人各执一端，使网张开，奔捕蝗虫。

六是抄袋法。"有翅之蝗，早晨露尚未干，用小斛或菱角形小口袋抄之。"这种方法类似于我们今天捕虫网捕捉昆虫的做法，在有露的早晨趁蝗虫飞翔能力差，用抄袋捕杀蝗虫。

清咸丰七年（1857 年）颜彦在《治蝗全法》中在肯定了钱忻和倡导的捕蝗办法的基础上，又提出了捕芦中蝻法、捕田中蝻法、捕田旁垄畔蝻法、以火诱蝻捕法、捕田中蝗法、捕地上蝗法、捕空中蝗法等，其中强调的一点是扑打时间问题，提出蝗虫早晨沾露不飞、中午交媾不飞、日暮群聚不飞，是扑打的最好时机。咸丰八年（1858 年）李炜在《捕除蝗蝻要法三种》中，提出了利用蝗虫的习性，趁雨捕法、因风捕法、向月捕法和执灯捕法等四种扑打技巧，使我国的人工扑打蝗虫技术更加完善。

用人工方法治理蝗虫，人们并根据蝗虫的不同习性和扑打的时间，说明我国的劳动人民已掌握扑打技巧。在当时生产力较落后的时代，是正确的措施。但随着化学工业的发展，化学药剂的普遍，人工扑杀蝗虫的方法目前在中国已很少见到。用人工扑打的方法治理蝗虫，主要是缘于当时的技术比较落后，没有化学药剂治理等更好的方法，但古代先民对于扑杀时间和方式的选择等，在当时依然可见其科学性。

挖沟掩埋灭蝗法

挖沟掩埋灭蝗法，顾名思义就是在田间地头挖深沟或坑，然后利用蝗虫的习性，设法将蝗虫驱赶入坑，以土掩埋，达到灭蝗的目的，曾广泛应用于黄淮、江淮、华北等地。

我国较早用此法灭蝗的见诸东汉，在东汉王充所撰《论衡·顺鼓篇》中有地方官吏率百姓挖坑掩埋蝗虫的记载。《晋书》中描述了当时挖坑掩埋的灭蝗史实，公元 316 年，“河东大蝗，后汉刘聪勒准率部人收而埋之……后乃钻土飞出，复食黍豆。”可见这是一次不成功的掩埋灭蝗，有一部分蝗虫钻出土来重新为害谷类和豆类作物。唐开元三年（715 年），山东诸州大蝗，姚崇在率民众灭蝗时“夜中设火，火边掘坑，且焚且瘗。”就是说以火引蝗虫，蝗虫被烧后落到坑中，这样一边烧一边埋，效果更好。

到了宋代，挖坑掩埋灭蝗技术有了进一步的规范，董熠在论述挖坑掩埋灭蝗的技术要领时说：“掘一坑，深阔约五尺，下用干柴茅草发火正炎，将袋中蝗蝻倾入坑中，一经火气，无能跳跃……埋后即不复出。”这段论述从字面意思看，是掩埋已捕捉的蝗虫，还不能说是一种完整的灭蝗方法。

挖沟掩埋灭蝗法示意图

明代徐光启总结了前人掩埋灭蝗的技术，并有所发展，他在

《农政全书·除蝗疏》中谈到“已成蝻子，跳跃行动，便须开沟捕打，其法：视蝻将到处，预掘长沟，沟中相去丈许即作一坑，以便掩埋。多集人众，不论老弱，悉要趋赴沿沟摆列，或持帚，或持扑打器具，或椿锹铺。每五十人，用一人鸣锣其后，蝻闻金声，努力跳跃，或作或止，渐令近沟，临沟即大击不止，蝻虫惊入沟中，势如注水，众各致力，扫者自扫，扑者自扑，埋者自埋，至沟坑俱满而止。”其实这是徐光启提出了驱赶掩埋相结合的方法。针对他提出了沟深广各二尺，蝗虫易从沟上跃过逃脱的弊端。

清代予以了完善，1759 年，清代乾隆朝户部对掩埋蝗虫所挖的沟提出了更为详细的技术要求，“生蝻之处，如近田亩，则应度地挑浚长濠，宽三四尺，深四五尺，长倍之，掘出之土，堆置对面濠口，宜陡不宜平。”后来又有人提出了所挖之沟要上口窄，底部宽，以防跳入沟中的蝗虫逃逸的方法。

挖沟掩埋法灭蝗也即是用物理的方法扑捉蝗虫，在过去生产力水平低下的情况下发挥了重要的作用，我国一直沿用了两千多年，尤其在明清时期应用较为普遍。直到新中国成立初期，部分省市在灭蝗工作中，仍然较大面积的使用。随着我国生产力水平和灭蝗技术的提高，这一方法逐渐为新的防治技术所取代。目前已不再使用此种方法治理蝗虫。

传统农业防治法

农业防治是中国古代最常用的一种灾害防治法，其具体措施包括适当耕耘、合理轮作换茬、间作、选育能抵抗或避免病虫的优良品种和贮藏时进行防治等。《吕氏春秋·任地》有曰：“五耕五耨，必审以尽。其深殖之度，阴土必得，大草不生，又无螟蜮，今兹美禾，来兹美麦。”这是在利用深耕改变土壤环境，消灭杂草和防止虫害，以达到增产的目的。另一种农业防治措施是要掌握适宜的播种期，《吕氏春秋·审时》就指出，种庄稼“其早者先时，晚者不及时，寒暑不节，稼乃多菑实”，如果种庄稼适时则可以避免这一弊病。

战国李悝曾提出，种庄稼“必杂五种，以备灾害”（《太平御览》卷八百二十一引《史记》逸文），各种栽培作物互相搭配种植，也是预防各种自然灾害，保证收成的措施之一。《氾胜之书》指出：溲种法中所用的马骨、蚕矢、附子“令稼不蝗虫”，[①]“以原蚕矢杂禾种种之，则禾不虫。”这是采用种子处理防虫的办法。《氾胜之书》在谈到冬闲田的积雪保墒时，还说：“冬雨雪、止，辄以（物）蔺之，掩地雪，勿使从风飞去，后雪，复蔺之，则立春保泽，虫冻死，来年宜稼。”积雪保墒不仅有抗旱作用，还有防虫、保护越冬作物的效果。

《说文》曰：“木人水畐，治黍禾豆下溃叶。”段玉裁注：“溃叶烟萎，恐其伤谷，故必治之，治之者，当以杷以鉏。”据解释，谷子、糜子地点种豆子，豆类叶柄基部有“离层”，叶子受害即脱落，豆叶腐烂堆积后易使糜谷感染白发病，或烂茎而倒伏，豆子本身亦易生红蜘蛛，故须锄杷治之，锄杷豆叶还可使豆子根部空气畅通，利于好气性根瘤菌生长，有改土增肥作用。汉代人虽然不可能作出这样科学的解释，但在实验经验的启示下已经采取

① 游修龄认为蝗通作惶，“不惶虫”即不怕发生虫害。《古农书疑义考释》，《中国农史》，1981 年第 1 期

了这种防治病虫害的农业措施，并给它起了一个专名。[①]

另外，采用特殊的品种也是一种防治灾害的办法。这在很多农书中都有记载，《齐民要术》就提到有朱谷等14个具“免虫”特性（因早熟故）的品种；有今堕车等24个具“免雀暴”特性（因穗皆有毛故）的品种，可以有效地防治虫、鸟灾，甚至直到今天，这种方法在现代作物育种中还广泛运用，具有积极的现实意义。在贮藏时晒干种子趁热贮窖等，类似现在热进仓的做法，也是防治虫害的办法。另有灰盖麦吸湿，以防止麦蛾产生的办法。（晋·干宝《搜神记》）另有一法是“麦倒刈薄布，顺风放火，火既著，即以扫帚扑灭，仍打之（使脱粒），如此者夏虫不生，然唯中作麦饭及面用耳”（《齐民要术·大小麦》）。

传统生物防治法

生物防治就是利用一种生物对付另外一种生物的方法。生物防治，大致可以分为以虫治虫、以鸟治虫和以菌治虫三大类。它是降低杂草和害虫等有害生物种群密度的一种方法。它利用了生物物种间的相互关系，以一种或一类生物抑制另一种或另一类生物。它的最大优点是不污染环境，是农药等非生物防治病虫害方法所不能比的。

关于生物防治，古人有许多技术、经验。历史上有关鸟类治虫的记载相当早，《尔雅·释鸟》就提到过“鴩鸫（剖食苇皮中虫）、鴷（啄食树中虫）”等。由于人类对鸟类的除虫作用认识久远，所以很早就采取了保护鸟类的措施。如《礼记·月令·孟春》和《吕氏春秋·孟春纪》均提到一种禁令：“无覆巢，无杀……胎（未出生的）、夭（已生未长的）飞鸟。”

又如汉宣帝元康三年（公元前63年）下诏曰：“三辅毋得以春夏擿巢探卵，弹射飞鸟，具为令。”（《汉书·宣帝纪》）现代科学研究表明，鸟类中绝大多数为食虫益鸟，保护鸟类对抑制害虫发生是有积极作用的。关于益鸟和作物生长相关系的，较早记载的有晋·黄义仲《十三册记》：“上虞县有雁为民田，春拔野草根，秋啄除其秽（杂草），是以县官禁民不得妄害此鸟，犯则有刑无赦。”这是有意识地保护益鸟以防除杂草的记载。古人还很重视保护益鸟和保护青蛙，其目的就是要保护害虫的天敌以抑制害虫的发生。[②]

另外，古人还利用天敌治蝗。据史载，五代后汉政权于乾祐元年（948年）曾诏令民间禁捕鸜鹆（即八哥），以利用鸜鹆食蝗。（《新五代史·汉隐帝纪》）宋代以后，又开始采用掘蝗卵的办法，注意掌握治蝗的有利时机。周焘《敬筹除蝻灭种疏》就认为，捕成虫不如捕若虫，捕若虫不如掘蝗卵，李秘园《捕蝗记》则认为一天之中要抓住蝗虫的“三不飞”，即早晨沾露不飞、中午交配不飞、日暮群聚不飞的时机进行扑打。

养鸭治虫是一种生物防治技术，就是在水稻秧苗栽插时，将役用雏鸭放入稻田中，在稻田生长发育直到水稻成熟，让植物（水稻）和动物（鸭子）共在一个生态系统和谐相处，

① 张波：《浅谈段玉裁〈说文解字注〉的农事名物考证》，《中国农史》，1984年第2期

② 彭世奖：《我国古代农业技术的优良传统之一——生物防治》，《中国农业科学》，1989年第1期

相互协调，相互利用，共同成长。稻田为鸭子提供食料、劳作场所、栖息环境和嬉戏玩耍水面；而鸭子则每日为稻田不停的忙碌，辛勤的劳作，在稻田水稻行间来回跑动、捕虫、除草、施肥等。同时由于鸭子有群居的习性，在稻田群体活动，鸭嘴不停在泥中啄呷杂草和小动物，起到耘禾除草的作用。它的最大优点是不污染环境，是农药等非生物防治病虫害方法所不能比的，也是未来有机农业发展可以借鉴的一项重要的技术。

养鸭治虫最早见于明代，人们养鸭来治蝗和防治蟛蜞（螃蟹的一种，以谷芽为食）。根据农史专家闵宗殿的考证，养鸭治虫一法，实创于 1597 年。屈大均（1630—1696 年）在《广州新语》卷 20 禽语 577 条“鸭”中有这样的记载：“广州濒海之田，多产蟛蜞，岁食谷芽为农害，惟鸭能食之。鸭在田间春夏食蟛蜞，秋食遗稻，易以肥大。故乡落间多畜鸭，畜鸭有埠，埠有主。以民有恒产者为之。凡鸭食人田稻，责之畜鸭民。按名以长，无有敢为暴者。”稻田养鸭治虫技术主要应用于江南和珠江三角洲地区。

陈世元于乾隆年间（1736—1796 年）编撰的《治蝗转习录》记载这一史实。陈经纶在 1597 年写作的《治蝗笔记》中提供了如何以鸭灭蝗的详细指导：“侦蝗煞在何方，日则举烟，夜则放火为是号，用夫数十人，挑鸭数十笼，八面环吟接嗟之。两旬试飞，匝月高腾。一鸭较胜一夫，四十之鸭，可治四万之蝗。一夫挑鸭一笼，可胜四十夫。不惟治蝗，且可以牟利。”清初陆世仪（1611—1696 年）《除蝗记》曾介绍用鸭防治稻田蝗蝻的经验：“蝻尚未能飞，鸭能食之，鸭群数百入稻畦中，顷刻尽，亦江南捕虫豕一法也”。另一段叙说出现在顾彦（1857 年）《治蝗全法》中：“咸丰七年（1857 年）四月，无锡军嶂山山上之蝻，亦以鸭七八百捕，顷刻即尽。”

稻田养鸭治虫技术现今仍然是广泛应用的防治农业害虫方式，但随着农药的日益推广，稻田养鸭治虫逐渐式微。稻田养鸭治虫是中国生物防治史上一项了不起的发明，具有极高的历史价值和科技价值，李约瑟在他的科学巨著《中国科学技术史》一书中，多次提及中国应用鸭子防治害虫并给予高度的评价。称其“永远值得纪念的、中国发明的植物害虫的生物防治。”鸭子不仅可以消灭害虫，保护庄稼，它的粪便可以直接作为植物的肥料，同时还能促进养殖业的发展，起到化害为利的效果。稻田养鸭治虫具有较高的经济价值，因其不需要化肥、农药、除草剂，不仅大大节省了成本，培肥了地力，保护了生态环境，而且稻田养鸭技术简单易学，便于操作，适合大规模推广，是农业增效的有效实用技术之一。

传统药物防治法

中国药物防治的历史悠久，很早就已应用石灰和草木灰防治室内害虫。南朝陶弘景的《名医别录》曾指出：“矾石，杀百虫。”《齐民要术》中也有药物治虫方面的经验，如《种瓜》篇介绍过一种防治“瓜笼”的方法：“凡种法，先以水净淘瓜子，以盐和之”，原因是“盐和则不笼死”。又说“治瓜笼法”：“旦起，露未解，以杖举瓜蔓，散灰于根下。后一西日，复以土培其根。则迥无虫矣”。这里说的“瓜笼”究竟是什么？后人有不同的认识，但不外是一种病害或虫害。

此外，为防止立秋后贮麦生虫，又有采用蒿艾为药物的。据说，箪盛或蔽窖埋藏蒿艾奏效亦佳（《齐民要术 · 大小麦》）云。明代宋应星的《天工开物》还提倡用信石（砒霜）拌种，清代蒲松龄《农桑经》介绍的是用信石制成毒谷，再用以拌种。信石毒性猛烈，直接拌种，往往发生药害，制成毒谷，就不致粘附在种子上，而且临时用调油，可以诱使更多的害虫吞食，以提高治虫的效果。

浸种催芽法

浸种催芽法，就是用清水或各种溶液浸泡种子的方法。如水稻、棉花播种前先要浸种，其他作物必要时也要浸种，目的是促进种子较早发芽，还有可以杀死一些虫子卵和病毒。浸种催芽法广泛应用于中国传统农作区。

浸种促芽最早见于《齐民要术 · 水稻》："净淘种子，渍。经三宿，漉出，内（纳）草篅中裛之。复经三宿，芽生，长二分。一亩三升，掷（播）"。说明当时不仅水稻浸种催芽已有一套方法，其他作物也有采取浸种催芽的，如《旱稻》篇说，"渍种如法，裛令开口。耧耩稀种之"，并在小注中说："若岁寒早种，虑时晚，即不渍种，恐芽焦也。"这是说如果春天还寒冷，需要早些种，担心节令迟，就不要浸种催芽，因为浸过的种子，发了芽的，很可能因受冻而枯焦。说明当时已注意根据天气的冷暖来决定是否浸种催芽。

又如《种麻》篇说："泽多者，先渍麻子令芽生"，但"泽少者，暂浸即出，不得待芽生。耧头中下之。"《种胡荽》篇还说："地正月中冻解者，时节既早，虽浸，芽不生，但燥种之，不须浸子。地若二月始解者，岁月稍晚，恐泽少，不时生，失岁计矣；便于暖处笼盛胡荽子，一日三度，以水沃之，二三日则芽生。于旦暮时，接润漫掷之，数日悉出矣。"这是通过浸种催芽达到晚种争早出的目的。[1]

椒江农民浸种催芽

[1] 梁家勉:《中国农业科学技术史稿》，农业出版社，1989 年 10 月，第 271 页

五、生态优化技术

甽浴土技术

甽浴土主要应用于沿海和黄河两岸地区。《吕氏春秋·任地篇》中最早记载“甽浴土”，是指通过排水冲洗盐渍土。

战国以后，由于铁器农具的广泛使用，相继开凿了大型水利灌溉渠。自郑国渠、白渠修成以后，“关中为沃野，无凶年”。白渠、樊惠渠的开凿，也都是为了引水灌溉洗盐。凡是经过灌溉洗盐改良的盐碱土，不仅可种植作物，而且产量高。

《汉书·沟恤志》中明确记载了贾让治理盐碱地的办法，说：“若有渠灌，则盐卤下湿，填淤加肥，放种禾麦”。

中国古代在改良利用盐碱土方面，主要采用引水洗盐，放淤压盐和种稻洗盐等措施。这些措施不论是内陆盐碱地还是滨海盐碱地都适用。

甽浴土就是淹水种稻洗盐，是利用、改良相结合并很有效的改土措施之一。这一措施早在战国、秦汉时代已被采用。史起治邺、崔瑗改良汲县泽田都曾用过。西汉末年的贾让也建议用这个办法。在有丰富水源的低洼地区，土质较黏，具备了水稻栽培的许多有利条件。加上种稻期间，土壤长期受淡水淹灌，含盐量显著降低。因此，在苏北特别是盐城濒海等具备上述条件的低洼地区，可结合放淤，排水种稻改良盐碱土，盐碱地排水是指排出盐渍土地区土壤中为害作物生长的盐分和水分的措施。有改良盐渍土、防止土壤次生盐渍化的作用。用这种方法改造盐碱地不仅方便易行，还能对作物的灌溉防旱防涝有一定的成效。

应用现代科学研究排水始于 19 世纪后半期，20 世纪前后，人们对排水、灌溉和土壤盐渍化的关系进行了综合研究，但传统的甽浴土洗盐、洗碱在江浙等沿海地区仍可见使用。

控制地下水埋深在临界深度以下，是盐碱地排水的基本要求，也是设计排水沟深度的主要依据。地下水临界深度是指在一定的自然条件和农业技术措施条件下，不致引起耕层土壤积盐危害作物生长的最浅地下水埋深。影响确定地下水临界深度的因素有气候（主要是降雨和蒸发）、土壤质地、地下水矿化度等自然条件和耕作栽培、灌溉排水和施肥等人为活动，可采取定位观测，结合土壤调查分析来确定。

淹灌洗碱技术

漳水流出山谷后进入冀南平原，由于长期泛滥为害，其地逐渐形成了严重的盐碱化土壤，在邺县下游不远并有以“斥漳”为名的县，其地有“终古舄卤”之称。在这样的地区开辟水利农田，首要的问题是如何除去盐碱之害，但不能等脱碱之后才进行种植。从漳水十二渠开成后在盐碱地上种的庄稼首先是水稻看来，十二渠的作用主要是洗碱。[①]

科学实验证明，在盐碱地上一边洗碱一边种庄稼，最适宜的作物是水稻，通过对水稻的长期淹灌作用，可以便于土壤中的盐分随着水的排出和洗淋下渗作用而不断脱盐。所以种水稻是改良盐碱土的捷径，在漳水渠水源丰盛的条件下，这是改良与利用相结合的好方法。再就灌水方法来考察，如所周知，淹灌法使围有田埂的田块整个地表形成一层水层，对一般旱作物弊多利少，不宜采用。但水稻是水生作物，需要经常灌水和停蓄水层，采用淹灌法适得其所；同时也适合冲洗盐碱土的要求。故灌溉法种稻在洗碱的同时又利用了土地。

历史记载漳水渠灌区首种水稻，“亩收一钟”，如果不是通过这样的作物安排和灌水技术，是难以达到恶土渐次脱盐并填淤加肥而“成为膏腴”的。当时的作物种类为“稻粱”，粱应是旱作谷物的通称。旱作不宜掩灌，它采取怎样的灌水方法？可能是采取深甽灌水法，除浸润作物外，并浴洗盐碱土壤，溶解带走有害盐分，由深甽下泄排去。

漳水灌溉区通过低田淹灌种水稻，高地甽灌种旱作，采取不同灌水技术，达到洗盐压碱改良盐碱土的效果，水旱作物都能获得丰收。西汉贾让对此作出了很好的总结，“若有渠溉，则盐卤下湿，填淤加肥，故种禾麦，更种秔稻，高土五倍，下田十倍。”（《汉书·沟洫志》）但这必须以良好的排水条件为前提，必须把含有亩盐量的水排出去，才能巩固其功效。没有排水，就没有灌溉，在盐碱地尤为突出。历代渠道工程有渠首引水，必有尾闾泄水。左思《魏都赋》描述当时漳水渠灌区说：“畜为屯云，泄为行雨。水澍粳稌，陆莳稷黍。”反映有灌有排，排水良好，稻、稷并熟的丰收景象。[②]

淤灌压碱技术

郑国渠的淤灌压碱。泾水是多沙河流，郑国渠对泾水挟带而来的大量泥沙，采取怎样

① 灌溉排水能洗盐土，不能彻底洗碱土，唯“洗碱”已成通俗用语。此处从俗用之

② 梁家勉：《中国农业科学技术史稿》，农业出版社，1989 年 10 月，第 116 页

的技术措施予以处理和利用，文献记载几乎是空白。但从郑国渠的运用功效较长，特别是淤灌方面的效益广博，大致可以推知其合理设施的端倪。

粗沙入渠，势必沉积下来，淤高渠底，为害甚巨。所以，必须在渠首之前阻止沙砾入渠，入了渠的也必须设法排出渠外。根据《长安志因》所绘《泾渠总图》，郑国渠渠首下有"古退水槽"，除退水入泾外，兼可用于冲沙。再下为焦濩泽，兼有沉沙作用，泽下应有冲淤道，借以冲沙和泄水。《汉书・沟恤志》所谓"泾水一石，其泥数斗"，决非所有泥沙涌流入渠，必须阻止和排泻粗沙于渠外，始能延长渠的寿命。

郑国渠之所以能沿用较久，正好反证其处理较恰当。粗沙有害，但悬浮质的淤泥很肥，设法引出富含有机质的细颗粒的淤泥，通过沟渠流灌农田，淤积田面，足以压碱肥田增产，改良土壤，同时由于水的渗透作用，也能将地面盐分冲去。漳水渠主要在洗碱，已见前述。郑国渠主要在淤灌压碱，这就是《史记・河渠书》所记渠成后："用注填阏之水，溉泽卤之地。"这些技术措施，本不是轻而易举的，它关系到渠首位置、引水口方向、有关工程设施，渠道比降、断面，以及纪水流速等一系列复杂技术问题，必须合理解决，才能奏效。[①]

在河南、河北、山西、陕西一带，宋代曾广泛利用黄河、汴河、漳河、洺河、胡卢河、滹沱河、汾河等河水广泛进行放淤灌溉。淤灌也收到了良好的效果，一是改良了大片盐碱土，《梦溪笔谈》说："深、冀、沧、瀛间，惟大河滹沱、漳水所淤方为美田。淤淀不至处，悉是斥卤，不可种艺。"二是提高了产量，据记载，绛州正平县的"南董村，田亩旧直三两千，所收谷五七斗，自灌淤后，其直三倍，所收至三两石"。(《宋史・河渠志》) 说明宋代淤灌，确是取得了很大成绩。

宋代淤灌，还留下了不少技术经验：一要掌握好淤灌的季节。宋代已认识到不同的季节，水流含淤的成分和浓度有所不同，不是任何时候淤灌都能收到收土的效果。《宋史・河渠志》说："夏则胶土，肥腴；杪秋则黄灰土，颇为疏壤；深秋则白灰土，霜降后皆沙也。"因此，宋代放淤一般都抓住水流中含淤最丰富的季节进行。二要处理好淤灌同航运的矛盾。不然就容易发生上游放淤，下游阻运的事故。三要处理好淤灌同防洪的矛盾。淤灌一般都在汛期或涨水时期，这时流量大，水势猛，如不注意，就会造成决口，泛滥成灾，危及生命财产的安全。

陂塘综合利用技术

陂塘除用于灌溉和养鱼外，还往往种植水生植物、饲养水禽，有的还在陂塘的堤岸上种植林木等。东汉初年习郁"依范蠡养鱼法，作大陂，陂长六十步，广四十步……。列植松篁于池侧"，又"引大池水于（所居）宅北，作小鱼池，池长七十步，广二十步，西枕大道，东北二边，限以高堤，楸竹夹植，莲茨覆水"(《水经注》卷二十八"沔水")。

这种情况，在出土的陂池模型中也有反映，如四川成都天回山东汉崖墓出土的一个陶

① 梁家勉：《中国农业科学技术史稿》，农业出版社，1989 年 10 月，第 116 页

成都天回山出土东汉陶水田
（图片来源：
《中国农业科学技术史稿》）

水塘，中以高堤相隔，分左右两部分。右塘中莲叶挺立，莲花绽开，两只水鸭游弋其间，一叶小舟泊于塘中。右塘之水有渠道通往左边鱼池，池中有两条大鱼象征着渔业丰收。塘水可由矮堤浸入鱼池。[①] 又如贵州兴义出土的一个东汉晚期陶水田池塘模型，呈圆盘状，中间一泥条分隔为二，表示堤坝，“堤坝”中部有一拱顶闸门，水鸟昂立其上，稻田被三条竖曲田埂分为四块，田中长着秧苗，池塘中有大鱼、泥鳅、田螺、菱角、荷叶、莲瓣等。塘边刻画出成行的树木。[②] 上述这些记载相实物资料，给我们展示了一幅大田与水面综合利用、以水稻生产为主，农、牧、渔、林全面发展的生动图景。

至于陂塘、鱼池、水田之间的布局和比例，四川宜宾出土的汉代陶水田鱼塘模型提供了形象的材料。在这一模型中，陂塘中辟出专门的鱼塘，鱼塘与水塘的比是 3 : 2，水塘与鱼塘合起来占整个模型面积的 2/5，水田和渠道则占 3/5。[③] 这不一定能代表实际的比例关系，但耕地比水面大，鱼塘比水塘大，是可以肯定的。

水塘与鱼塘的堤坝均高出水田。水塘堤坝上有两个大的排水缺口，一个在靠近水田的堤坝上，另一个是在鱼塘与水塘之间的堤坝的一个角上，前者高些，后者矮些，这样可以使水塘的蓄水和鱼塘的用水都得到保证。鱼塘靠近水塘一边的堤坝上有一排水洞，下有一渠道，起排洪和灌溉双重作用。水塘与鱼塘之间的堤坝的角上有一大排水缺口，水塘的水从此流入鱼塘，环流一周后从排水洞流出，使鱼塘水活。排水洞口与塘底平，这就使得需要干塘时能将鱼塘的水全部排出。[④] 上述布局，保证了陂塘一定的蓄水量，兼顾了灌溉和养鱼两方面的需要，表明汉代陂塘养鱼已达到相当高水平。[⑤]

---

① 刘文杰，余德章：《四川汉代陂塘水田模型考述》，《农业考古》，1983 年，第 1 期

② 《贵州兴义兴仁汉墓》，《考古学报》，1981 年第 2 期；李衍恒：《贵州农业考古概述》，《农业考古》，1984 年第 1 期

③ 梁家勉：《中国农业科学技术史稿》，农业出版社，1989 年 10 月，第 230 页

④ 秦保生：《汉代农田水利的布局及人工养鱼业》，《农业考古》，1984 年第 1 期

⑤ 梁家勉：《中国农业科学技术史稿》，农业出版社，1989 年 10 月，第 231 页

稻鱼（鸭）共生技术系统

稻鱼共生技术系统，是中国南方一种长期发展的农业生态系统，其主要特征是在水稻田中养鱼，有的地方还发展为稻鱼鸭共生技术系统。稻田养鱼的最早记载是东汉末年题为曹操撰的《四时食制》“郫县子鱼，黄鳞赤尾，出稻田，可以为酱。”（《太平御览》卷 936 引），但稻田养鱼的事实很可能出现在文字记载以前。[1]

水稻与田鱼共生是一种自我平衡的生态系统，这种系统由于没有多少化学农药投放，对周遭的生态环境有重大的保护作用，是各国专家锐意要保存的传统农业模式。目前，稻田养鱼以浙、闽、赣、黔、湘、鄂、蜀等省的山区较为普遍。稻鱼共生技术系统的代表是浙江省青田县，稻鱼鸭共生技术系统的代表是贵州省从江县侗乡，这两个项目都被列入联合国粮农组织的全球重要农业文化遗产和中国重要农业文化遗产。

浙江青田县位于该省中南部，瓯江流域的中下游，稻田养鱼历史悠久，至今已有 1 200 多年的历史，不断发展出了独具特色的稻鱼文化。清光绪《青田县志》曾记载：“田鱼，有红、黑、驳数色，土人在稻田及圩池中养之”。金秋八月，家家“尝新饭”：一碗新饭，一盘田鱼，祭祀天地，庆贺丰收，祝愿年年有余（鱼）。2005 年 6 月该系统被联合国粮农组织列为首批全球重要农业文化遗产保护试点，成为中国第一个世界农业文化遗产。

稻鱼共生技术系统是一种典型的生态农业生产方式。在这一系统中，水稻为鱼类提供庇荫和有机食物，鱼则发挥耕田除草，松土增肥，提供氧气，吞食害虫等功能，这种生态循环大大减少了系统对外部化学物质的依赖，增加了系统的生物多样性。对稻田养鱼传统生产模式的研究，有利于吸收传统经验并在此基础上科学改进，逐步地推广应用。以浙江

浙江青田稻鱼共生技术系统

① 梁家勉：《中国农业科学技术史稿》，农业出版社，1989 年 10 月，第 231 页

省青田县龙现村为例，稻鱼共生传统技术系统主要由以下几个部分组成：[①]

一是选择鱼种。育苗首先要获得鱼籽。获得鱼籽的办法是在母鱼的繁殖期，将松树枝搭在水面上，待母鱼生产后鱼籽就会粘在松树枝上，时间差不多后，拿几颗鱼籽放到有一点水的小碗，差不多出苗的时候就可以放到小鱼塘。

二是做好放鱼前的准备工作。稻田养鱼要求每年水旱轮流，即去年的旱田今年养鱼，今年养鱼的水田明年则不用养鱼，而是栽培其他的农作物。

三是放养育苗。清明到夏至是鱼苗放入水田的季节，鱼苗放养一般是在早晨。

四是种稻除虫。以前当地人种植双季稻，现在种植单季稻。单季稻五月种，八月中旬前基本收割完。栽培时，先育秧然后插秧，大概 20 天后检查秧苗有没有生虫，如果有虫的话，当地人会使用油（菜籽油、茶油、桐油等）来除虫。

综上所述，稻田养鱼是水稻和鱼形成和谐共生系统，涉及生物多样性、生态系统性和农业多功能性，还兼具非常重要的经济和社会价值。悠久的田鱼养殖史还孕育了灿烂的田鱼文化，青田田鱼与青田民间艺术结合，派生出了一种独特的民间舞蹈——青田鱼灯舞，曾参加新中国成立 50 周年庆典、第五届中国国际民间艺术节、第七届中国艺术节和中西建交 30 周年庆典、北京奥运会、上海世博会、第八届全国残运会、中意建交 40 周年庆典等国内外文化交流活动。

从江侗乡稻鱼鸭复合技术系统已有上千年的历史，位于贵州省东南部，毗邻广西，隶属黔东南苗族侗族自治州，境内多丘陵，世居有苗、侗、壮、水、瑶等，少数民族比例高达 94%，当地民族长期保留着“饭稻羹鱼”的生活传统。这一系统最早源于溪水灌溉稻田，随溪水而来的小鱼生长于稻田，侗人秋季一并收获稻谷与鲜鱼，长期传承、演化成了稻鱼共生系统，后来又在稻田择时放鸭，同年收获稻鱼鸭，最终形成了在稻田中“种植一季稻、放养一批鱼、饲养一群鸭”的农业生产方式。如今侗族是惟一全民没有放弃这一传统耕作

从江侗乡稻鱼鸭复合技术系统

① 杨雯雯:《浙江省青田县龙现村“稻鱼共生系统”的传承与保护》,《学理论》, 2012 年第 33 期第 144 页

方式和技术的民族。

2011 年，从江侗乡稻鱼鸭系统入选全球重要农业文化遗产（GIAHS）保护试点地。2013 年，从江侗乡稻鱼鸭系统入选第一批中国重要农业文化遗产。

侗乡人利用智慧，使稻、鱼、鸭三者和谐共处，互惠互利。作为一种独特的农业文化遗产，它的意义，不仅仅是作为人们回望历史的窗口，也不仅仅是一块田地有了稻、鱼、鸭三种收获，更重要的是它对现代农业的宝贵启示。稻鱼鸭复合技术系统属于典型的生态农业模式，生产出的产品安全、健康，符合现代人对食品安全的要求并展现出无穷的生态与文化魅力，从而为当地经济、社会的可持续发展和美丽乡村建设提供重要支撑。

桑基鱼塘技术系统

桑基鱼塘是为充分利用土地而创造的一种挖深鱼塘，垫高基田，塘基植桑，塘内养鱼的高效人工生态系统。桑基鱼塘是池中养鱼、池埂种桑的一种综合养鱼方式。桑基鱼塘的发展，既促进了种桑、养蚕及养鱼事业的发展，又带动了缫丝等加工工业的前进，逐渐发展成一种完整的、科学化的人工生态系统。桑基鱼塘主要应用于珠江三角洲和江南地区。

桑基鱼塘由基塘系统发展而来，最早在汉代的陶制模型中可见其雏形，据史料记载，珠江三角洲早在汉代已有种桑、饲蚕、丝织的活动。公元 7 世纪初，唐代各地商人和外国人都相继来广州贸易，贩运绢丝。当时珠江三角洲已是“田稻再熟、桑蚕五收”之地，反映的田塘配合的布局可视作是水乡基塘生态的初级阶段。这个基塘系统到宋代已有明显的发展，与汉代的格局相比，增加了在塘基上种桑柘，桑柘下系牛、羊等牲畜。

明清时期，广东南海县的九江，顺德县的龙山、龙江，高鹤县的坡山等地，蚕桑业急剧兴旺起来，出现塘基种桑的地方很多。这一带农民经过长期种桑养蚕的经验，后来发现养蚕的蚕沙（蚕粪）可以养鱼，逐渐了解蚕沙是塘鱼很好的饲料。当时因需要生丝多，种桑养蚕亦多，蚕沙量日多，塘鱼的饲料也多，于是大量发展养蚕的同时，淡水鱼业也大量发展起来了。农民逐渐明确桑多、蚕多、蚕沙多，塘鱼也多。由此桑基鱼塘这种特殊生产方式经过长期生产实践，逐渐形成起来，并很快传到珠江三角洲各地。

这一时期，基塘系统在江苏苏南地区有了新的创新，当地先民根据低洼地区的自然条件特点，首创了水陆互相促进、立体种养的基塘系统。明朝中叶，在江苏常熟地区有一个名叫谈参的人，他十分善于经营。原来人们为了防止水害总是把低洼的地方填起来，他反其道而用之，将低洼的地方挖成塘，用于养鱼。挖出的土堆成堤岸，岸上种果树。池塘边种茭白等水生蔬菜，池塘上又架起了猪圈，用于养猪。猪粪又可以直接落入池塘喂鱼。堤外农田种植水稻，通过水塘的排灌，又可做到旱涝保收。

这些应是桑基鱼塘较早的前身。在这个基本体系中，桑树通过光合作用生成有机物质（桑叶）。桑叶喂蚕，生产蚕茧和蚕丝（生物工艺的物质转化）。桑树的凋落物、桑椹和蚕沙，或者直接返回桑基为桑树提供养分；或者施撒到鱼塘中，能使塘中有机质增加，有利于各种浮游生物的繁殖、生长，为鱼类提供了丰富的饲料，经过鱼塘内这一食物链过程转

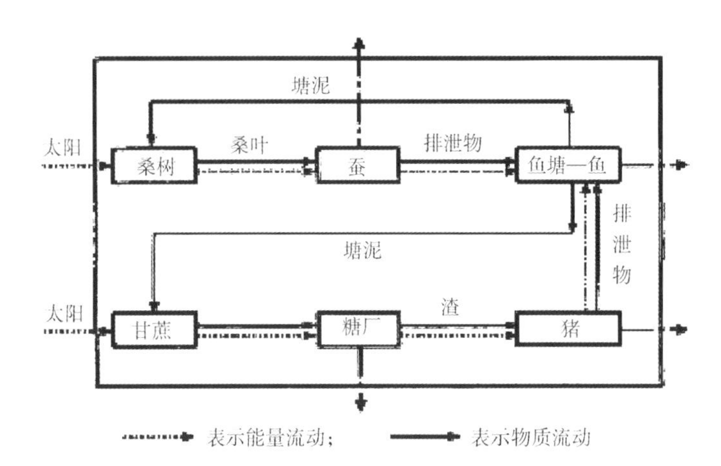

桑基鱼塘示意图

化为鱼。鱼的排泄物及其他未被利用的有机物和底泥，经过底栖生物的消化、分解，取出后可作为混合肥料返回桑基，培养桑树。

这种做法由于用地少而获利多，很快就在地势低洼的太湖地区推广开来，并依照各地的实际情况，加以变通。从而逐渐发展成“桑基鱼塘”的生态农业模式。随着农业生产的发展，太湖地区又出现了新的基塘方式——“果基鱼塘”。

桑基鱼塘技术系统自 17 世纪明末清初兴起，一直在不断发展，特别是随着近年来立体农业、生态农业、有机农业的发展，珠江三角洲、江南一些地区开始研究、推崇这种基塘模式。桑基鱼塘改变了人们传统的耕作方式，充分利用土地的空间与轮作的时间，以求最佳的经济效益，形成桑、蚕、鱼、泥互相依存、促进的良性循环，避免了洼地水涝之患，营造了十分理想的生态环境，收到了理想的经济效益，同时减少了环境污染。

目前，该技术系统最集中、最大、保留最完整的是湖州桑基鱼塘，位于浙江省湖州市南浔区西部，现存有 6 万亩桑地和 15 万亩鱼塘。千百年来，区域内劳动人民逐步创造了“塘基上种桑、桑叶喂蚕、蚕沙（粪）养鱼、鱼粪肥塘、塘泥壅桑”的桑基鱼塘生态模式，最终形成了种桑和养鱼相辅相成、桑地和池塘相连相倚的江南水乡典型的桑基鱼塘生态农业方式，并形成了丰富多彩的蚕桑文化。

2014 年，浙江湖州桑基鱼塘系统被列入第二批中国重要农业文化遗产。

浙江湖州桑基鱼塘技术系统

云南漾濞核桃—作物复合技术系统

云南漾濞核桃—作物复合技术系统遗产地即光明万亩核桃生态园，位于漾濞彝族自治县苍山西镇，涵盖整个光明村，地处苍山腹地，总面积15.73平方千米，雨量充沛，气候适中，土壤肥沃，保水力强日照充足，年平均气温在9~16℃以上，年降雨量800毫米以上，刚好适合核桃喜光果的特性。现在全村树龄在200年以上的核桃约有6 000多株。光明核桃以果大、壳薄、仁白、味香、出仁出油率高、营养丰富而誉满中外。2013年，由于生产与生态功能突出，体现了人与自然和谐发展的生存智慧，云南漾濞核桃—作物复合系统正式成为农业部首批中国重要农业文化遗产。

漾濞核桃历史源远流长。1980年，在漾濞县平坡（镇）高发村的核桃林中发现了埋藏在地下的一段核桃古木，经中国科学院1985年C14同位素树龄测定，证实了早在3 500多年以前，漾濞就有核桃分布。据《南诏通记》记载，有宋代段思平“获商人遗以核桃一笼”之事，可知远在1 000多年前的大理一带已将泡核桃作为商品。康熙《云南通志》卷十记载“核桃大理漾濞者佳”。《滇海虞衡志》记载“核桃以漾濞江为上，壳薄可捏而破之”，可知早在清朝以前，漾濞江流域已培育出闻名遐迩的漾濞大泡核桃。

核桃与各种农作物间套作形成的独特农耕模式彰显魅力，是云南漾濞核桃—作物复合技术系统的集中体现。该系统以核桃种植为主，核桃与粮食作物、核桃与水果、核桃与中草药材、核桃与蔬菜等间套作，还在核桃林下养畜禽，在耕种农作物的同时，又起到了为核桃施肥、中耕松土、除草、浇灌的作用，核桃生长快、结果早、结果多，而且还多收了粮食、增加了养殖模式，实现了农业生产的良性循环和可持续发展。

目前，漾濞核桃种植面积达92万亩，年产量2.7万吨，产值突破5亿元，农民人均核桃纯收入近3 000元。漾濞县委、县政府高度重视漾濞核桃—作物技术复合系统保护，按照农业部中国重要农业文化遗产保护工作要求，制定了保护与发展规划和管理办法，通过

云南漾濞核桃—作物复合系统

多种方式使这一重要农业文化遗产散发出浓郁的农耕文化魅力。[①]

浙江绍兴会稽山古香榧农业技术系统

香榧是榧树中人工选育的优良品种，其栽培自有文字记载至今已有近2000年的历史，对现存古香榧树树龄的科学测定也可追溯到1 400年前。[②] 绍兴会稽山古香榧群位于绍兴市域中南部的会稽山脉，面积约400平方千米，有结实香榧大树10.5万株，其中树龄百年以上的古香榧有7.2万余株，千年以上的有数千株。

会稽山古香榧群历经千年，是古代良种选育和嫁接技术“活标本”，现存古香榧树基部多有显著的“牛腿”状嫁接疤痕，也是先民创造的防止水土流失的良好生态系统和具有较高经济价值的山地利用系统。

2013年，绍兴会稽山古香榧群先后入选首批中国重要农业文化遗产和全球重要农业文化遗产。

会稽山古香榧种植、养护和采制技艺，以高矮嫁接相结合、上树采摘、堆沤处理和“双熄双炒”等技术最为突出，这些技艺世代相传，并在实践中不断加以改进。[③] 同时，绍兴先民利用陡坡山地，构筑梯田（鱼鳞坑），种植香榧树，香榧林下间作茶叶、杂粮、蔬菜等作物，创造了“香榧树—梯田—林下作物”的复合经营体系，构成了独特的水土保持和高效产出的陡坡山地利用系统。

会稽山香榧树冠浓密，叶面积指数高，林下落叶层厚，而且树叶不含树脂，容易腐烂，对涵养水源，改良土壤都有重要意义。

绍兴会稽山古香榧农业技术系统是以经济林果为主体的山地传统农林业的典范。但历

浙江会稽山千年古香榧林

---

① 农业部乡镇企业局：《云南漾濞核桃－作物复合系统》，http://www.moa.gov.cn/ztzl/zywhycsl/dypzgzywhyc/201306/t20130613_3490481.htm，2013年06月13日

② 徐远涛，闵庆文，白艳莹，等：《会稽山古香榧群农业多功能价值评估》，《生态与农村环境学报》，2013年第6期，第717页

③ 杨共鸣，王斌，白艳莹：《会稽山古香榧群传统农业动态保护途径探讨》，《湖南农业科学》，2014年第22期，第60页

天津滨海崔庄古冬枣园

崔庄古冬枣园生态系统以冬枣为核心，包含蔬菜、玉米、花生等农作物，杏、苹果等经济林木，木槿、黄杨等绿化树种以及各种野生植被和野生动物。枣林—村庄—农田“三素共构”的结构创造了人与自然高度融合，体现了结构合理、功能完备、价值多样、自我调节能力强的复合农业特征，具有重要的生态优化技术特点。[①]

近年来，该地区还不断发掘冬枣文化，扩大冬枣种植面积，积极开发旅游资源，在吸引大量游客的同时，崔庄也获得了全国一村一品示范村、天津市旅游特色专业村、天津市十大美丽乡村、全国休闲农业与乡村旅游示范点、全国清洁能源村、天津市首批文明生态村等荣誉称号。为加强对崔庄古冬枣园技术系统的保护和管理，滨海新区编制了滨海崔庄古冬枣园保护管理办法，遵照城乡一体化监督机制，对古冬枣园进行统一管理和保护，确保滨海崔庄古冬枣园这一宝贵财富得以传承和发展。

山东夏津黄河故道古桑树群栽培技术系统

山东夏津黄河故道古桑树群位于山东省夏津县，地处鲁西北平原、德州市西南部。古桑树群占地 6 000 多亩，古树千年以上的有 2 株，七八百年左右的有 550 株，百年以上的有 2 万多株，涉及 12 个村庄，被命名为“中国椹果之乡”，是远近闻名的“中国北方落叶果树博物馆”，古桑树树龄之老、种类之多、规模之大、保存之完整、资源之多样化、生物之多样性，在全国独一无二，是十分宝贵的古桑树群资源。夏津黄河故道古桑树群与当地的生态环境有机地结合在一起，构成了集农、林、牧为一体的农业系统结构，2014 年 6 月，成功入选第二批中国重要农业文化遗产。

① 新华社:《天津崔庄古冬枣园建成我国成片规模最大冬枣林》，http://www.tj.xinhuanet.com/tt/jcdd/2014-06/16/c_1111156398.htm，2014 年 06 月 16 日

山东夏津黄河故道古桑树群

植桑养蚕起源于中国，桑树的栽培历史已有 7 000 年。特别是战国至两汉时期，黄河中下游地区普遍种植桑树，育蚕缫丝，生产多种丝织品，齐鲁地区，更是传统蚕桑业的发达地区。《史记·货殖列传》“齐带山海，膏壤千里宜桑麻，人民多文彩布帛鱼盐。”又根据明《夏津县志》的记载，嘉靖年间（1522—1566 年）夏津已有生产桑葚的记载。

至 20 世纪 20 年代，夏津县桑树种植达到鼎盛时期，据不完全统计，面积已达 8 万亩。相传黄河故道内树木繁盛，枝杈相连，“援木攀行二十余里”。

在长期的栽培管理过程中，夏津县人民还探索出了一套桑树“种植经”，他们用土炕坯围树，畜肥穴施，犁垡晒土等方法施肥和管理土壤；用油渣刷或塑料薄膜缠树干的方法防治害虫，天然无公害；采用“抻包晃枝法”采收，当地流传着“打枣晃椹”的说法，[①] 还使古桑树群生态系统内古树、沙丘、河流、村庄各因子相得益彰、协调发展。

同时，桑树的生产力极其旺盛，在干旱半干旱荒漠，仍然能在自然状态下生长发育，抗性强，抗低温，耐高温，耐盐碱，数百年的古桑，枝繁叶茂，根系发达，冠幅达 10 米，具有强大的防风固沙保土功能。古桑树群群落则结构复杂，内部各成分间表现出稳定的生态平衡关系，群落以桑树为主，间有其他落叶乔木、灌木和草本。林间林木果树生长旺盛，林地苦菜、蒲公英、车前草、毛地黄、附地菜等生长茁壮；古树上还多生长着对环境要求苛刻的野生木耳、桑黄等菌落，体现出了系统的稳定平衡特征。[②]

山东夏津黄河故道古桑树群栽培技术系统是自然界和祖先遗留给现代人的珍贵财富，历经千百载，与当地的自然、社会、经济、文化等密切相关，也给当地带来了良好的生态环境和生存保障。但现在古桑树群的面积已经缩小到 6 000 多亩，加之劳动力缺乏、农药

① 农业部农产品加工局:《第二批中国重要农业文化遗产——山东夏津黄河故道古桑树群》，http://www.moa.gov.cn/ztzl/zywhycsl/depzgzywhyc/201406/t20140624_3948700.htm，2014 年 06 月 24 日

② 大众网:《夏津黄河故道古桑树群的主要特点和价值》，http://dezhou.dzwww.com/dzzt/bswc/gshq/201407/t20140724_10711557.htm，2014 年 07 月 24 日

化肥污染等原因使古桑树再次面临着生存威胁。目前，夏津县政府制定了古桑树群的保护与发展规划，充分利用千百年累积的丰富的桑树种植利用知识，坚持知识经济的创新，保护好桑树品种资源、利用其生物多样性，做好选择培育新的品种及其衍生物的综合开发利用，并将通过文化和产业的联动发展，使夏津黄河故道古桑树群焕发新的生机。

福州茉莉花种植与茶文化技术系统

福州是茉莉花茶的发源地。根据《中国植物志》、汉《南越行记》、晋《南方草木状》、宋《闽广茉莉说》和《福州三山志》的记载，茉莉花源于中亚细亚，西汉时经由印度传入中国并落户福州。福州在北宋时成为茉莉之都，开始制作茉莉花茶，成为世界香料和茶叶贸易中心之一；至明代时茉莉花茶加工技术有了较大发展；清朝道光年间，福州作为五口通商口岸之一，花茶畅销欧、美和南洋，成为中国三大茶市，出口量达 1 800 吨。[①]

2013 年 5 月，“福州茉莉花种植与茶文化系统”入选首批中国重要农业文化遗产。2014 年，在意大利罗马举行的联合国粮农组织全球重要农业遗产理事会和研讨会上，“福州茉莉花种植与茶文化系统”又入选“全球重要农业文化遗产”。

茉莉花茶用经加工干燥的茶叶，与含苞待放的茉莉鲜花混合、采制精湛的手工窨制技术加工而成。窨制就是让茶坯吸收花香的过程。花茶的窨制是很讲究的，有三窨一提，五窨一提，七窨一提之说，就是说做花茶，用一批的绿茶做原料，但鲜花却要用 3~7 批，才能让绿茶充分吸收花的香味，绿茶吸收完鲜花的香味后，就筛出废花渣。茉莉花茶色、香、味、形与茶坯的种类、质量及鲜花的品质有密切的关系，其共同的特点是：条形条索紧细匀整，色泽黑褐油润，香气鲜灵持久，滋味醇厚鲜爽，汤色黄绿明亮，叶底嫩匀柔软。

福州地处北纬 25.5 度的闽江入海口盆地，福州制茶茉莉花一般在江边沙洲种植，在海拔 600~1 000 米的高山上发展茶叶生产，充分利用自然资源，以农业防治为基础（修剪、

福州茉莉花种植与茶文化系统

① 杨文文:《福州茉莉花茶的起源与发展》,《现代园艺》, 2013 年第 6 期，第 25 页

立体种植、间作套种)、生物防治为中心、物理防治为辅助，逐渐形成适应当地生态条件的茉莉花基地（湿地）——茶园（山地）的循环有机生态农业系统，既可以固持土壤、改善生态环境，保持生态系统的生物多样性，又提高了单位面积的生产效益。茉莉花和茶的种植、茉莉花茶的制作全过程以及与龙眼、橄榄等的间作等已成为福州地区农民的重要生计手段，可以有效增加农户的收入。

另外，福州人民在长期的人与自然和谐发展过程中，还形成了茉莉花茶产业独特的文化特征以及饭前、饭后饮茶的饮食文化与国之天香、文人淡泊名利的精神；茉莉花茶又是朋友、团体以及社会组织等主体进行社交活动，表达友谊、亲情、经济相关关系的重要载体，形成了茶叶开采节、茉莉花开采节等重要活动，具有重要的生态、经济、文化和社会价值。[①] 福州茉莉花种植与茶文化技术系统在长达 2 000 年的协同进化过程中逐渐完善，是古人利用环境、适应环境发展农业的典范，是农业的活化石。[②]

当然，由于城市建设和其他产业发展，福州茉莉花茶传统生产模式变得濒危，花茶窨制工艺面临着严峻考验。近年来，福州市委市政府十分重视福州茉莉花茶产业的发展，2014 年出台并实施了《福州市茉莉花茶保护规定》，其中就福州茉莉花茶种植基地分级、加工制作工艺的传承、品种推广工作等作了规定，并按照农业部中国重要农业文化遗产保护工作的要求，统筹城市发展与保护生态的关系，不断提升产业整体水平。同时，福州市政府还通过恢复优质茉莉花生产基地，成立福州茉莉花茶产业联盟统一指导和协调全市茉莉花茶生产、销售的各项工作，制定统一的质量标准对茉莉花茶生产加工的地域、茶叶污染物、农残限量等安全性指标做明确规定等措施，大力振兴福州的茉莉花茶产业。

云南广南八宝稻作生态技术系统

广南八宝稻作生态技术系统位于云南省东南部，文山壮族苗族自治州东北部，地处滇、桂、黔三省交界，地域面积 2 800 平方千米，适宜八宝稻种植总面积 15 万亩。广南县自古有“小桂林”之称，气候温暖湿润，雨量充沛，适宜稻谷生长，八宝稻作不仅天赋凛然，更能够精确地把控种植生产体系，其独特的地域性使八宝米无法被其他地区所引种成功。

2014 年 6 月，广南八宝稻作生态系统成功入选第二批中国重要农业文化遗产。

八宝稻作生态技术系统最早可追溯到公元前 1 200 年前。由于当地特殊的气候和水土条件，加上长期以来人们精选土地，人畜耕种，顺时而为，培植有道，使得八宝米色白而有光泽，粒大、富于黏性，做饭质地松软，味道清香，久食不厌。同时，在漫长的历史长河中，八宝壮民们创造了绚丽多姿的优秀文化，形成了一系列富有特色的农耕文化、民俗、艺术、宗教信仰与社会制度，这些都是不可复制的活态文化，记录了整个壮族社会、经济、

① 杨文文:《福州茉莉花茶的起源与发展》,《现代园艺》, 2013 年第 6 期，第 25 页

② 农业部乡镇企业局:《福建福州茉莉花种植与茶文化系统》, http://www.moa.gov.cn/ztzl/zywhycsl/dypzgzywhyc/201306/t20130613_3490442.htm，2013 年 06 月 13 日

云南广南八宝稻作生态系统

文化的历史发展概貌。[1]

今天，八宝稻作生态技术系统正面临着气候变化与社会变迁的双重威胁，且稻作系统本身存在效益较低、企业带动力度不足、科技支撑薄弱等问题，亟须得到系统的保护与发展。目前，广南县正在对八宝稻作生态技术系统的保护工作投入专项经费，在资金上、政策上给以保障，并通过宣传、教育以及休闲农业的开展等，系统保护，打造品牌，从根本上解决农民增收、农业可持续发展和文化遗产保护问题。

① 农业部农产品加工局:《第二批中国重要农业文化遗产——云南广南八宝稻作生态系统》，http://www.moa.gov.cn/ztzl/zywhycsl/depzgzywhyc/201406/t20140624_3948647.htm，2014 年 06 月 24 日

六、畜牧养殖兽医渔业技术

圈养与放牧结合饲养技术

“牧”字在甲骨文中作牧、[illegible]、[illegible]，[1] 形象地反映了当时人们手持鞭子牧放牛、羊的情况。卜辞中还有“贞牧”的记载，[2] 反映了当时对放牧的关心。圈养家畜在商周时期也很普遍。畜圈在甲骨文中多数是用“冂”形或“几”形符号来表示，意思是圈栅为栏，圈养牲畜。当时被圈养的家育种类很多，有马、牛、羊、猪，等等。后世的牢（[illegible]）、图（[illegible]）、厩（[illegible]）等字，[3] 就是直接由此产生出来的象形文字。

《诗经》中也有不少圈养的记载，如“执豕于牢”（《大雅·公刘》），“乘马在厩”（《小雅·鸳鸯》）等等，都是西周时代实行圈养的反映。圈养必然促使饲料生产的发展。商代已有“获刍”“告刍”的记载。[4] 刍，甲骨文中作[illegible]，以用手取草会意，和《说文》“刍，割草也”的解释完全相符，表明割草作饲料，在我国商代已经产生。[5]

马在商周时代，是一种重要的家畜，人们甚至不惜用谷子等粮食来作饲料，称为“秣”（《诗经·小雅·鸳鸯》，毛传：“秣，粟也。”）。可见马在当时是很受人们珍视的。《诗经·周南·汉广》：“翘翘错薪，言刈别其楚，之子于归，言秣其马………翘翘错薪，言刈其楚，之子于归，言刈驹。”说的就是以谷子喂马的情况。[6]

圈养与放牧相结合的饲养技术，在《周礼》中也有反映。《周礼》中有“圉师”一职，

---

① 中国科学院考古研究所：《甲骨文编》，中华书局，1965 年，第 141、142 页

② 北京大学历史系考古教研室商周组：《商周考古》，文物出版社，1979 年，第 157 页

③ 中国科学院考古研究所：《甲骨文编》，中华书局，1965 年，第 35、276、37 页

④ 如：“获刍，……七月”（商承祚：《殷契佚存》五七〇），“告刍，刍，十一月”（王国维：《戬寿堂所藏殷墟文字》36 页）

⑤ 梁家勉：《中国农业科学技术史稿》，农业出版社，1989 年 10 月，第 80 页

⑥ 梁家勉：《中国农业科学技术史稿》，农业出版社，1989 年 10 月，第 81 页

它的职责是："掌教圉人养马。春除蓐，衅厩（厩），始牧。夏庌马。冬献马。射则充椹质。茨墙则翦阖闾。"当时是春夏放牧，秋冬厩养，马厩中有垫草，故春天始牧时要清理蓐草，冲洗（"衅"）马厩。厩养要供给饲草，饲草要切断，故有鈇椹之设。职文中的"椹质"，就是木质稾砧，习射时充作靶的。马匹夏天出牧时亦设有凉棚，供马避暑。郑玄注："庌，庑也，庑所以庇马凉也。"圉师还要负责厩、庌的修理。

牧地也有一套管理办法。《周礼》中有"牧师"一职，它的职责是"掌牧地，皆有厉禁而颁之。孟春焚牧，中春通淫，掌其政令"。牧地由牧师分配给圉师，有计划地利用。"孟春焚牧"，据郑玄的注释是为了"除陈生新草"。因为陈草被焚后，能促进新草生长，才能使牧地有充足的优质牧草供放牧之用。[①]

在家畜饲养方面，甲骨文表示的牢、家和厩，足以证明家畜早已处于舍饲环境中；饲料采用刍秣，刍是刈割后经过加工的草，秣是精料，以粟和菽（豆）为主。汉武帝时从西域带回的苜蓿种子，由关中逐步移植推广到北方广大地区，为家畜提供了优良的饲料来源。

阉割术

《周礼》中有"攻驹"和"攻特"的记载(《周礼・夏官・瘦人》《周礼・夏官・校人》)，这是与兽医有密切关系的阉割术。这一记载可以找到不少佐证，阉割术在夏、商、西周时代已出现。例如《周易》中有"豶豕之牙，吉"(《周易・大畜・爻辞》)的记载。豶豕，历来解释很多，但朱骏声的《六十四卦经解说》认为："豕去势曰劇，劇豕称豶。豕本刚实，劇乃性和，虽有其牙，不足害物，是制于人也"。《周易外传》也说；"牛牿故任载，豕豶故任饲。"（王夫之：《周易外传》卷二《大畜》）可知豶就是阉割，豶豕就是阉猪"。甲骨文中有[illegible]字，闻一多《释豕》一文释为"去阴之猪"，即阉猪，可与《周易》记载互证。

马的去势术在商代亦已出现。卜辞中有"[illegible]"字，为马腹下加一[illegible]形物，可能表示以绳索或皮条为套,将马势绞掉。[②]《夏小正》中有"攻驹"文(《夏小正・四月》"执陟攻驹")，应即《周礼》中的"攻驹"与"攻特"。郑玄注《周礼》引郑众说"攻特，谓騬之"，孙诒让《周礼正义》说："谓割去马势，犹今之骟马。"《夏小正》是西周至春秋时期的书。《周易》是反映西周时代及其以前情况的书。

上述材料互相参证足以说明，作为中国传统畜牧兽医技术重大特色的阉割术，至迟商周时代已经发明了。阉割术的发明，可以作为当时兽医技术已经出现的一个标志。[③]阉割术，从金石文物所见的騬、犗、羠、豕等古字以及《说文解字》的说明，各种家畜的阉割术在先秦时代已在应用，逐渐从猪普及到鸡和羊等。

---

① 梁家勉：《中国农业科学技术史稿》，农业出版社，1989年10月，第81页

② 王宇信：《商代的马和养马业》，《中国史研究》，1980年第1期

③ 梁家勉：《中国农业科学技术史稿》，农业出版社，1989年10月，第84页

河南增城出土画像石阉牛图
（图片来源：《中国农业科学技术史稿》）

中国的牲畜阉割术有悠久历史。汉代以前去势称为火割法，就是用烧红的烙铁烙断血管、摘除睾丸。这种方法的优点是止血可靠，缺点是使组织形成烧伤性坏死，创口长期不易愈合，影响使役。

汉代出现水割法，韩信军队中的战马可能采用水割法（参见《元亨疗马集》）。其具体作法是：将马横卧保定，术部消毒，左手擒住睾丸向下拉至最低位，右手以阉割刀在千斤金穴处割开阴囊皮肤和总鞘膜，挤出睾丸。以左手擒住睾丸，右手推起皮膜，将血管和腱索分离开，距睾丸五寸处用刀割断精索和提睾肌（腱），于三寸处用拇指甲刮挫血管，并加以波扭，直至血管被刮挫自动断裂，这样断口不整齐，易于自动闭锁止血，再用冷水冲洗净血污，利用冷刺激使血管收缩以止血。然后用炒盐和食用植物油（炼开消毒后放冷）灌注于创口内，以防止创口发炎化脓。手术后，放起牲畜，缓慢牵遛，直至血不下滴为止。马、牛、羊、犬、须等牲畜均已实行阉割去势术。

我国的阉割去势术，不仅起源早，历史悠久，而且保定方法简便，手术操作精巧快捷，器具简单，术后创口愈合快，效果好，为世人所惊服。[①]

相畜术

我国早在夏、商、西周时代，就有了相畜术的萌芽。殷墟卜辞中不少反映殷王朝使用牲畜的词句。其中卜问采用何种毛色的记载层见迭出。到了周代，相畜术有了初步发展，当时，除了对毛色的重视以外，还重视齿形和体形的选择。《周礼·夏官》有“马质”一职，是评议马价之官。为了评定各类马的价值，马质必须具有分辨马的优劣和类别的能力，也就是要有相马的技术。《周礼·夏官》还有“瘦人”一职，是掌管教练马的官员。为了搞好马的教练，也要区分马的体形高矮，所谓“马八尺以上为龙，七尺以上为騋，六尺以上为马”，就是按照马的体形大小来分类的。

随着相畜技术的发展，春秋战国涌现了许多相畜专家。其中最著名的，在秦国有相

① 梁家勉：《中国农业科学技术史稿》，农业出版社，1989 年 10 月，第 227 页

马的伯乐、九方堙，卫国有相牛的宁戚，传说他们还著有《伯乐相马经》和《宁戚相牛经》，可惜他们的事迹和著作都没有流传于后世，现在已不得而详了。战国时相马术有了进一步的发展，据《吕氏春秋·恃君览·观表》记载：当时著名的有十大家：寒风相口齿，麻朝相颊，子女厉相目，卫忌相髭，许鄙相尻，投伐褐相胸胁，管青相膹吻，陈悲相股脚，秦牙相前，赞君相后。都以相马的个别部位而著称。由此可见，中国的相马术到战国时已从相体形、毛色，发展到相马的口齿、颊、目、髭、尻、胸胁、膹吻，股脚，前，后等部位了。[①]

西汉已有《相六畜》三十八卷，大多是集春秋、战国时相畜专著而成；虽早已失传，但散见于后世古农书中的有关内容，经《齐民要术》承先启后的汇集和唐、宋时代的发挥充实，仍能为后世所用。传说伯乐以相马闻名，留长孺和荥阳褚氏分别是相彘和相牛的名手。相牛和相禽也有专门著作。近年还在山东临沂县银雀山西汉前期古墓中发现《相狗经》竹简残片，都说明了古代相畜技术的发展和对家畜选种的重视。

家畜引种和改良技术

在家畜繁殖方面，至少 2 000 多年来已十分重视配种的季节性。据《礼记·月令》记载，当时过了配种季节，就把种畜隔离，这已不是粗放的群牧管理。《齐民要术》说：“服牛乘马，量其力能，寒温饮饲，适其天性，如不肥充繁息者，未之有也。”更是科学地说明了饲养与繁殖的密切关系。至于家畜的引种和改良，自西汉通西域后，已有大宛马和其他畜种引入。隋唐时代，西域马、羊等良种更是源源而来。《新唐书·兵志》说：“既杂胡种，马乃益壮”，说明了引入良种对于改良中国原有畜种的重要作用。

中兽医治病技术

中兽医治疗兽病的原则，据《周礼·天官·兽医》所载，内科是“灌而行之，以节之，以动其气，观其所发而养之”；外科是“灌而劀之，以发其恶，然后药之，养之，食之”。这就是说，不论内科或外科，都要先灌药治疗，但外科在灌药后，还要进行手术治疗——“劀之”，清除其坏死组织利脓污，所灌药物很可能是托毒外出的方剂。然后在创口清洗干净的基础上，再外敷药物，并进行适当的护理和饮喂。针刺火烙是中兽医特有的一种外治疗法，其起源可上溯于原始社会及至春秋战国时期，针刺术已有所发展。如《内经》中的针刺，已不限于微针，九针中的馋针，为兽医所用，一般用于破尾针穴，放血，治守暑、脑充血和黑汗等病。[②]

① 梁家勉:《中国农业科学技术史稿》，农业出版社，1989 年 10 月，第 151 页
② 梁家勉:《中国农业科学技术史稿》，农业出版社，1989 年 10 月，第 154、155 页

护蹄技术

在古代，马是主要的交通、运输和作战工具，在长期的跋涉、奔驰、负重过程中，马蹄很易磨损和受伤，影响使役，因此，保护马蹄就成了保护马匹的一个重要内容，护蹄技术就是适应这一社会生产的需要而创造出来的。

护蹄技术在中国最初出现大约是西汉，因为最早记载护蹄技术的是《盐铁论》，书中记载的护蹄技术也比较原始。《盐铁论·散不足》说："古者，庶人傒骑绳控，革鞮皮荐而已"，又说："今富者连车列骑，骖贰资軿，中者微舆短毂、烦尾务掌"。文中提到"革鞮"，就是皮革制的马鞋，"务掌"，就是打马掌，亦有人认为是修理马蹄，[①] 这说明，护蹄技术已在西汉时代出现了。尽管这时出现的护蹄，还是一种皮革制品，但它却是后世使用蹄铁的开端。直至目前，类似革鞮的用竹或用稻草编的草履，在畜牧生产中还有所运用。[②③]

驯养鸬鹚捕鱼技术

鸬鹚，别名水老鸦、鱼老鸦、乌鬼、黑鱼郎、鱼鹰、海鹨、鸿鹅，其性善潜水捕鱼，是一种世界性的水鸟，全世界约有30余种鸬鹚，分布在我国的有5种，即普通鸿鹅、斑头鸿鹅、红脸鸿鹅、黑颈鸿鹅和海鸿鹅（郑作新《中国经济动物志》），我国驯养的多为普通鸿鹅。[④] 鸬鹚属鸟纲鹈形目，其身如鸭子，头如老鹰，眼睛绿如翡翠；遍体黑色羽毛，闪现绿色光泽；嘴长，顶端呈钩状；脖子粗长，颔下长有喉囊；脚蹼大如鹅掌，潜水快速自如；翼长，能飞翔。目前，根据考古发现和文献记载以及民俗资料，古代鸬鹚渔业主要分布在华北、华东、中南和西南地区。[⑤]

《尔雅·释鸟》曰："鹚，鷧"。郭璞注："鸬鹚也，嘴头曲如钩，食鱼。"杨孚《异物志》中也记载了鸬鹚能入深水中取鱼的事实（《后汉书·马融传》"广成颂"注引）。早在先秦时期，古人就认识到鸬鹚善于潜水捕鱼的生活习性。驯养鸬鹚捕鱼究竟起源于何时？比较可靠的证据出现在东汉时期。陈文华先生的《中国农业考古图录》收录了几条鸬鹚捕鱼画像石资料，画面上显示出人与鸬鹚的主从关系，鸬鹚为主人驱使捕鱼的主题一览无余。[⑥]

在四川郫县东汉画象石棺图象和山东武梁祠东汉画象石的渔猎图象中，同样刻画有利用鱼鹰捕鱼的形象。[⑦] 尤其是郫县的画象石棺图象，左边部分刻有一小船，船上三人，一人

---

① 孙宝琏：《我国马的修蹄与铁蹄史考》，《农业考古》，1985年，第1期

② 秦和生：《马骡装蹄业的历史性转变》，《农业考古》，1985年第1期

③ 梁家勉：《中国农业科学技术史稿》，农业出版社，1989年10月，第154、155页

④ 牛家藩：《鸬鹚小史》，《中国农史》，1991年第3期，第89页

⑤ 刘自兵：《中国历史时期鸬鹚渔业史的几个问题》，《古今农业》，2012年第4期，第44页

⑥ 刘自兵：《中国历史时期鸬鹚渔业史的几个问题》，《古今农业》，2012年第4期，第42页

⑦ 《郫县出土东汉画像石棺图像略说》，《文物》，1975年第8期；《略论山东画像石的农耕图像》，《农业考古》，1981年第2期

郫县东汉画像鱼鹰捕鱼图
（图片来源：《中国农业科学技术史稿》）

船后掌舵，一人船头撑船，一人中座，其间立一水鸟（鱼鹰），船周刻有鲤、鲢、蛇、蟾、鸟和莲等。图中的水鸟，无疑是人工饲养用以捕鱼的鱼鹰。这与文献的有关记载相互印证，说明汉代利用鱼鹰捕鱼已有一定的普遍性了。[①] 大量驯养鸬鹚捕鱼应在唐宋及以后，到了明清时期，家养鸬鹚则更为普遍。

自秦汉以来，中国劳动人民就开始驯养鸬鹚并使之成为捕鱼的一个重要手段。渔人在用鸬鹚捕鱼时，一般将其颈部绑着麻环，防止它们吃掉捕到的鱼。待鸬鹚抖落毛上的水珠时，渔夫便用手抓住喉囊，然后拿捏，囊内的鱼便逐条顺着鱼鳍的方向被挤出来。所谓“取鱼用鸬鹚，快捷为甚”（宋陶谷《清异录》“录纳脍肠小尉”条），驯养鸬鹚取鱼，多每日可达数十斤，或百余头，俨然成为很多渔民赖以生存之道。

随着时代的发展、生产生活方式的改变，传统的驯养鸬鹚捕鱼方式日渐式微，加之鸬

江苏洪泽县白马湖渔民鸬鹚捕鱼

① 梁家勉：《中国农业科学技术史稿》，农业出版社，1989 年 10 月，第 374 页

广西漓江渔民提灯鸬鹚捕鱼

鹚的饲养成本越来越高，撑船养鸬鹚捕鱼几乎难以为继。目前，驯养鸬鹚捕鱼只在偏远的河湖地区偶然见到，或是成为一些旅游景点表演的项目，鸬鹚捕鱼技艺正面临失传，鸬鹚捕鱼业逐渐淡出人们的视野。即便如此，仍有渔民坚守这一古老的捕鱼方式。

如江苏省白马湖、浙江嘉善、广东惠州龙门、广西漓江、湖北恩施来凤等地，还有老年渔民在依靠驯养鸬鹚捕鱼为生。以浙江嘉善魏塘桥港村为例，一些村民驯养鸬鹚捕鱼、补贴家用。驯养的鸬鹚三个月后羽毛长齐，可以开始学习捕鱼，鸬鹚捕鱼方法有 4 种：一是用渔网把鱼围住，然后让鸬鹚把鱼赶进网叫用网；二是把鸬鹚放到江中沿江而下叫放漂；三是在某处深潭停留不走让它捕鱼叫放潭；最后一种是渔火，是晚上工作，鸬鹚跟着渔夫的灯光流动性捕鱼，桥港村的渔民一般采取的方法是放漂和放潭两种。[①] 目前，鸬鹚捕鱼属于嘉善县级第二批非物质文化遗产。

另外，有些地方还将驯养鸬鹚捕鱼作为旅游观光项目，既保存了传统的捕鱼方式，又搞活了旅游和渔业经济。

驯养水獭捕鱼技术

水獭属哺乳动物，头部宽而扁，尾巴长，四肢短粗，趾间有蹼，毛褐色，密而柔软，有光泽；穴居在河水边，昼伏夜出，善于游泳和潜水，喜吃鱼类，又有“水狗”之名。[②] 水獭广泛分布于我国各地，东南沿海，东北、西北、华东、华南，西藏各地的大小河流，湖泊皆有。[③] 水獭在古代有“獭“和“猵”（又名獱）之名，《说文》曰：“獭，水狗也，食鱼，从犬，赖声。”至于猵，《说文》曰：“獭属，从犬，扁声。”猵又作獱。

① 嘉善新闻网：《鸬鹚捕鱼》，http://jsxww.zjol.com.cn/jsnews/system/2009/12/15/011671678.shtml，2009-12-15
② 明・李时珍：《本草纲目・兽部》（卷五十一），人民卫生出版社，2004 年 10 月，第 2892 页
③ 宋志明，冯永秀：《甘肃南部水獭调查报告》，《兰州大学学报》，1960 年第 1 期，第 129 页

中国古代很早就知道水獭可以捕鱼。曾有水獭捕鱼图象见于汉代画像石，图上“两兽两鱼相对”。[①] 鱼自然一望即识，兽则实际为水獭。由于水獭是食鱼动物，一度被认为是人工养鱼池的祸害。故《淮南南子·兵略训》说：“夫畜池鱼也必去猵獭。”不过，水獭捕鱼往往并不马上吃掉，而是把捕获的鱼陈列于岸边。对水獭的这种特性，早在先秦时代已被人们所发现。《礼记·月令》《吕氏春秋·孟春》等均有“獭祭鱼”的记载，根据高诱注：“獭猵，水禽也。取鲤鱼置水边，四面陈之，世谓之祭。”水獭把捕得的鱼陈列于水边，形如祭祀。后来，人们又逐渐学会利用水獭的这种特征为人类捕鱼了。

至于我国何时开始驯养水獭捕鱼，由于书缺有间、资料缺乏，现在尚难以确定。但唐代已有明确记载，如《朝野佥载》就有曰：“通川界内（今四川达县一带）多獭，各有主养之，并在河侧岸间，獭若入穴，插雉尾于獭穴前，獭即不敢出去，却尾即出，取得鱼必须上岸，人便夺之，取得多，然后放，今自吃，吃饱即鸣杖以驱之，还插雉尾，更不敢出。”说明当时养獭捕鱼在某些地方可能相当普遍。又有段成式《酉阳杂俎·诡习》曰：“元和末，均州郧乡县有百姓，年七十，养獭十余头，捕鱼为业，隔日一放。将放时，先闭于深沟斗门内今饥，然后放之。无网罟之劳而获利相若。老人抵掌呼之，群獭皆至，缘衿藉膝，驯若守狗。”这两则记载说明，当时驯养水獭的数量相当可观，而且水獭捕鱼的技术也已成熟。水獭捕鱼是我国继养鸬鹚捕鱼后利用动物捕鱼的又一创造。

临沂西张官出土汉画像石水獭捕鱼图（图片来源：《山东汉画像石选集》）

明代水獭捕鱼有了进一步发展。据陈继儒《眉公笔记》记载：“永州养驯水獭以代鸬鹚没水捕鱼，常得几十斤以供一家。”[②] 张岱《夜航船》也说：“永州养驯獭，以代鸬鹚没水捕鱼，常得数十斤，以供一家。鱼重一二十斤者，则两獭共畀之。”[③] 另外，《本草纲目》还说：“今川、沔渔舟，往往驯蓄（水獭），使之捕鱼甚捷。”[④] 这时，水獭捕鱼业似乎成为渔业中一个分支，呈现专业化的趋势，水獭捕鱼者可以供养一家人，有的生活已相当富裕。[⑤]

明代以后，关于水獭捕鱼的记载减少，随着人口的急剧膨胀、过度猎捕和环境的破坏，现代的水獭捕鱼业更渐势微。但这项农业技术遗产在近代仍有传承，如枝江周德富就曾经提供过一张名为《1911 年宜昌渔民》的旧照，照片上一位渔民牵着一只水獭站在渔船上正

---

① 山东省博物馆，山东省文物考古研究所：《山东汉画像石选集·图 402》，齐鲁书社出版社，1982 年

② 《古今图书集成》博物汇编“禽虫典”第七十九卷。“獭部”第 521 册，中华书局影印，第 41-42 页

③ 清·张岱：《夜航船·四灵部》（卷四十七），四川文艺出版社 1996 年版，第 293 页

④ 明·李时珍：《本草纲目·兽部》卷五十一，人民卫生出版社 2004 年版，第 2892-2894 页

⑤ 刘自兵：《中国古代对水獭的认知与利用》，《三峡论坛》，2013 年第 3 期，第 39 页

1911 年水獭捕鱼的宜昌渔民

准备靠岸，船底江水滔滔，江上渔网“出浴”，旁边还有另一条渔船在前行；这张照片的构图很是特别，拍摄者将渔民的头部省略，从而使置于照片最前端的水獭和正在“出浴”的渔网得到了很好的凸显。

由于生态环境恶化、栖息地破坏和食物短缺以及生产方式的改变，水獭种群的数量在急剧下降，目前，水獭在我国《国家重点保护野生动物名录》中被列为 H 级保护动物。时至今日，水獭捕鱼在江河湖泽中已经淡出了人们的视野，成为一种历史的追忆，或是村野渔夫的谈资，但古人对于水獭捕鱼能力的利用，说明历史上水獭与人类的关系极为密切，其在人类的生产生活中起到了重要的作用，而且它利用了自然界动物之间食物链的关系，化有害为有利，也反映了中国古代劳动人民的智慧。[①]

因此，通过对水獭的调查研究，再现记忆中的水獭捕鱼技艺，仍有非常重要的价值和现实意义。选择代表性的地区驯化水獭捕鱼，展示利用水獭捕鱼的传统技艺，追忆和体验古人的循环利用和生态智慧，不仅可以普及、传承农业知识和文化，还可以带动相关旅游业的发展，并在拓展水獭保护手段的同时实现一定的经济效益。

① 梁家勉:《中国农业科学技术史稿》，农业出版社，1989 年 10 月，第 374 页